DER WÄRMEINGENIEUR

Führer durch die industrielle Wärmewirtschaft
für Leiter industrieller Unternehmungen und den
praktischen Betrieb dargestellt

von

Städt. Baurat Dipl.-Ing. JULIUS OELSCHLÄGER

Oberingenieur Wismar

Zweite, vervollkommnete Auflage

Mit 364 Figuren im Text und auf 9 Tafeln

Springer-Verlag Berlin Heidelberg GmbH
1925

ISBN 978-3-662-27639-6   ISBN 978-3-662-29129-0 (eBook)
DOI 10.1007/978-3-662-29129-0

Spamersche Buchdruckerei in Leipzig

Vorwort zur ersten Auflage.

Das vorliegende Werk soll einen Überblick über die verschiedenen Gebiete der Wärmewirtschaft geben.

Das Ineinandergreifen der Gebiete erfordert eine Unterteilung des Stoffes nach verschiedenen Gesichtspunkten. Es muß deshalb zur Vervollständigung manchmal auf verschiedene Stellen des Buches zurückgegriffen werden.

Die Frage der Verwendung minderwertiger Brennstoffe, der Verwertung von Abwärme und der Wärmewirtschaft einer ganzen Anlage wurde den heutigen Verhältnissen entsprechend eingehend erörtert. Fragen der Betriebskosten, der Anschaffungskosten verschiedener Anlagen und Vergleiche über die Kosten bei verschiedenen Wegen zur Erstellung einer Anlage sind dagegen nicht behandelt. Sie sind ohne weiteres nach Aufstellung der Wärmebilanzen leicht zu prüfen. Infolge der großen Verschiedenheit der für eine und dieselbe Anlage innerhalb kurzer Zeiträume benutzten Brennstoffe tritt die Frage der rationellen Ausnutzung des jeweiligen Brennstoffes in den Vordergrund. Bei der Vielseitigkeit der Aufgaben, die hier in Betracht kommen, konnte manches nicht ausführlich behandelt und manches nur gestreift werden.

An Hand des Buches läßt sich an jeder Stelle die Prüfung der Energie- und besonders der wärmetechnischen Verhältnisse ermöglichen. Es kann dann auch die Kohlennot gemildert und an Volksvermögen gespart werden.

Stuttgart, 15. August 1920.

Neckarstr. 54.

Julius Oelschläger.

Vorwort zur zweiten Auflage.

Die zweite Auflage ist in manchen Teilen verändert.

Bei den Gleichungen zwischen Wärme und mechanischer Arbeit ist das Äquivalenzzeichen weggelassen, entsprechend dem Vorbild in neueren physikalischen Büchern, die beiderseits das gleiche Maßsystem zugrunde legen.

Neuere Forschungen wurden berücksichtigt und machten daher Umarbeitungen an einzelnen Stellen nötig.

Die Literaturnachweise wurden vermehrt, da das Werk als Handbuch in erster Linie keine neuen Forschungsresultate, sondern eine Zusammenstellung des bisher von verschiedensten Bearbeitern Erreichten geben soll.

Die Kapitel aus der Hüttenindustrie auf Seite 74, Zeile 17 von unten bis Seite 77, Zeile 6 von oben; Seite 214, Zeile 17 von oben bis Zeile 27 von oben; Seite 215, Zeile 9 von unten bis Seite 216, Zeile 16 von oben; Seite 217, oben bis Zeile 26 von oben; Seite 219, Zeile 6 von unten bis Seite 220, Zeile 4 von oben; Seite 226, Zeile 2 von unten bis Seite 231, Zeile 10 von oben; Seite 232, oben bis Zeile 15 von oben und Seite 235, Zeile 12 von oben bis Seite 236, Zeile 8 von oben wurden in liebenswürdiger Weise von Herrn Ingenieur *Ernst Trenkler* in Maxhütte-Haidhof bearbeitet.

Die zweite Korrektur wurde von meinem Assistenten, Herrn Ingenieur *Franz Oswald* in Plan b. Marienbad, gelesen. Beiden Herren danke ich für ihre mühevolle Mitarbeit.

Wismar a. Ostsee, 1. Dezember 1924.
Lübschestr. 65.

Julius Oelschläger.

Inhaltsverzeichnis.

Seite

1. Umfang der Wärmewirtschaft und ihre Grundlagen 1

Energie, Entropie (1). Kreisprozeß (6). Wärmefunktion (7). Schmelz-, Verdampfungs-, Sublimationswarme (10). Fundamentaldreieck (13). Strömende Energie (21). Dissoziation (23). Leitung (26). Strahlung (28). Reibung (30).

2. Brennstoffe und ihre Verbrennung 31

Energiequellen der Natur (31). Verbrennung (35). Brennstoffe (38). Verbrennungsvorgänge in rechnerischer und graphischer Behandlung (42). Zündgeschwindigkeit (57). Feste Brennstoffe (59). Flüssige Brennstoffe (63). Gasförmige Brennstoffe (63).

3. Anlagen zur Verbrennung, Entgasung und Vergasung 73

Hochofen (73). Schachtofen (76). Kalkofen (78). Ringofen für Kalk, Zement, Mauersteine und Chamottesteine (80). Gipsofen (81). Verbrennung auf dem Rost (83). Innenfeuerung (86). Unterfeuerung (86). Vorfeuerung (87). Unterwindfeuerung (95). Flammenlose Oberflächenverbrennung (112). Unterwasserfeuerung (119). Wärmeübertragung durch Leitung und Strahlung (117). Kohlenstaubfeuerung (120). Mullverbrennung (122). Flüssige Brennstoffe (130). Entgasung (145). Teergewinnung und Urteergewinnung (146). Halbkoks (149). Schwelteer (149). Gaswerksöfen (151). Vergasung (157). Festrostgenerator (158). Drehrostgenerator (160). Rekuperator (185). Regenerator (187). Gasbrenner (189). Gasarten (191).

4. Verwertung der Wärme zu Heizzwecken 200

Schmelzvorgänge im Hochofen (200). Kupolofen (215). Martinofen (217). Gießereiflammofen (219). Glasofen (220). Emaillierofen (227). Tiegelofen (228). Röstofen (228). Flammofen (228). Glühofen (229). Brennprozeß (232). Sublimierprozeß (235). Calcinieren (236). Kochen (236). Eindampfen (237). Kompressionsverdampfung (240). Trocknen (242). Ofenheizung (246). Zentralheizung (256). Dampfkessel (268). Speisewasser (283). Überhitzer (289). Eis- und Kältemaschinen (295). Kanäle und Rohrleitungen (302). Feuerfeste Materialien (304).

5. Verwertung der Wärme zu Kraftzwecken 306

Heißluftmaschinen (306). Verpuffungsmotoren (307). Gleichdruckmotoren (311). Gasturbinen (319). Dampfmaschinen (324). Entnahmedampfmaschinen (339). Dampfturbinen (341). Entnahmedampfturbinen (346). Dampf- und Wärmeverbrauch der Kraftmaschinen (347). Injektoren und Ejektoren (350). Kompressoren und Gebläse (351). Elektrischer Strom (352).

Seite

6. Abwärmeverwertung 355

Wärmespeicher (355). Kondensatoren (366). Kühltürme (376). Abgase (377). Kraftspeicherung (385). Papierfabrikation (389). Zuckerfabrikation (395). Textilindustrie (399). Spinnereien (399). Webereien (400). Färbereien (400). Appreturanstalten (404). Wäschereien (404). Bierbrauerei (405). Chemische Industrie (414). Kaliindustrie (416). Torf (419). Braunkohlenbrikettierung (420). Trockenanlagen (423). Maschinenfabriken (432). Landwirtschaftliche Betriebe (435). Lokomotivbetrieb (436). Schiffsbetrieb (437). Gebäude (438). Heizkraftwerk und Fernheizwerk (438).

7. Wärmebilanzen 449

Diagramme (449). Verbrennung und Vergasung der Kohle (450). Generatoren (453). Dampfmaschinen und Dampfturbinen (461). Motoren (465). Heizungsdiagramme (466). Generatoruntersuchung (481).

8. Energiemessung bei der Wärmewirtschaft 485

Grundlagen der Messung (485). Massenbestimmung (488). Druck- und Zugbestimmung (497). Tourenmessung (504). Drehungsmomente (504). Energiemessung (507). Temperaturmessung (512). Heizwertbestimmung (524). Rauchgasmessung (529). Zeitmessung (537). Längen-, Flächen- und Volumenmessung (537).

9. Verbindung verschiedener Energiequellen 540

Brennstofftransport (541). Windkraftwerk (546). Wasserkraftwerk (548). Kupplung der Werke (550).

10. Forderungen 551

Brennstofftransport (551). Lagerung (553). Brennstoffverwertung (553). Maschinenanlagen (553). Industrie-Ofenanlagen (555). Bedingungen für alte und neue Anlagen (564).

Sachregister 567

Literaturnachweis.

Block, Das Kalkbrennen im Schachtofen mit Mischfeuerung. 2. Aufl. Leipzig 1924, Otto Spamer.

Dietz, Lehrbuch der Heizungs- und Lüftungstechnik. München, R. Oldenbourg.

Dubbel, Taschenbuch für den Fabrikbetrieb. Berlin, Julius Springer.

—, Kolbendampfmaschinen und Dampfturbinen. Berlin, Julius Springer.

Essich, Die Ölfeuerungstechnik. Berlin, Julius Springer.

Feuerungstechnik. Zeitschrift für den Bau und Betrieb feuerungstechnischer Anlagen. Jahrgang I—XII. Leipzig, Otto Spamer.

Fischer, Kraftgas. II. Aufl. Leipzig, Otto Spamer.

Gluud, Die Tieftemperaturverkokung der Steinkohle. II. Aufl. Halle, Wilhelm Knapp.

de Grahl, Wirtschaftlichkeit der Zentralheizung. München und Berlin, R. Oldenbourg.

Gramberg, Maschinentechnisches Versuchswesen. Berlin, Julius Springer.

Greiner, Verdampfen und Verkochen. Leipzig, Otto Spamer.

Güldner, Das Entwerfen und Berechnen der Verbrennungskraftmaschinen und Kraftgasanlagen. Berlin, Julius Springer.

Hager, Neuzeitige Industriefeuerungen, Bergisch-Gladbach bei Köln, Selbstverlag.

Herberg, Feuerungstechnik im Dampfkesselbetrieb. Berlin, Julius Springer.

Hermann, Elemente der Feuerungskunde. Leipzig 1920, Otto Spamer.

Hüttig, Heizungs- und Lüftungsanlagen in Fabriken. Leipzig 1923, Otto Spamer.

Judge, The testing of high speed internal combustion engines. London, Chapman and Hall, Ltd., 1924.

Jüptner, Beiträge zur Feuerungstechnik. 1. u. 2. Teil. Leipzig 1920, Arthur Felix.

—, Heizgase der Technik. Leipzig 1920, Arthur Felix.

Izart, Méthodes économiques de combustion dans les chaudières à vapeur. Paris 1920, Dunod, éditeur.

Kraushaar, Über wirksame und wirtschaftliche Dampfwärmeübertragung, insbesondere bei Rohrschlangenverdampfer und Dampftellertrockner. Halle, Wilhelm Knapp.

Laßberg, Wärmetechnische und wärmewirtschaftliche Untersuchungen aus der Sulfit-Zellstoffabrikation. Berlin, Julius Springer.

Lecher, Rieckes Lehrbuch der Physik. Leipzig 1918, Veit & Co.

Lest, Wärmewirtschaft in der Papier- und Zellstoffabrikation, Umbau oder Neuanlage. Berlin, Verlag der Papierzeitung.

Litinsky, Wärmewirtschaftsfragen. Leipzig 1923, Otto Spamer.

Lorenz, Lehrbuch der technischen Physik, II. Band, Technische Wärmelehre. München, R. Oldenbourg.

Mache, Die Physik der Verbrennungserscheinungen. Leipzig, Veit & Co.

Mathesius, Die physikalischen und chemischen Grundlagen des Eisenhüttenwesens. Leipzig, Otto Spamer.

Maurach, Der Wärmefluß in einer Schmelzofenanlage für Tafelglas. München u. Berlin, R. Oldenbourg.

Mayer, Die Wärmetechnik des Siemens-Martinofens. Halle, Wilhelm Knapp.

Mitteilungen der Wärmestelle des Vereins deutscher Eisenhüttenleute, Nr. 1—61.

Möller, Der theoretische Wärmeverbrauch einer Rohzuckerfabrik für Verdampfen, Erwärmen Verkochen und Krafterzeugung. Berlin, Julius Springer.

Mollier, Neue Diagramme und Tabellen für Wasserdampf. Berlin, Julius Springer.

Münzinger, Höchstdruckdampf, Berlin 1924, Julius Springer.

Ost, Lehrbuch der chemischen Technologie. Leipzig, Dr. Max Jänecke.

Ostertag, Die Entropietafel für Luft. Berlin, Julius Springer.

Ostwald, Beiträge zur graphischen Feuerungstechnik. Leipzig, Otto Spamer.

Pohlhausen, Die Dampfmaschinen, Band I und II, Polytechnische Buchhandlung, Mittweida, 1922.

—, Berechnung, Ausführung und Wartung der heutigen Dampfkesselanlagen, Polytechnische Buchhandlung, Mittweida.

Pohlmann, Taschenbuch für Kälte-Techniker. Hamburg, Hanseatische Verlagsanstalt.

Planck, Thermodynamik. V. Aufl. Leipzig, Veit & Co.

—, Vorlesungen über die Theorie der Wärmestrahlung. Leipzig 1921, Johann Ambrosius Barth.

Rietschel-Brabbée, Heizungs- und Lüftungstechnik. Berlin, Julius Springer.

Scheithauer, Die Schwelteere, ihre Gewinnung und Verarbeitung. Leipzig 1922, Otto Spamer.

Schneider, Die Abwärmeverwertung im Kraftmaschinenbetrieb. Berlin 1920, Julius Springer.

Schüle, Technische Thermodynamik. Berlin, Julius Springer.

Sparsame Wärmewirtschaft. Berlin, Julius Springer.

Toldt und *Wilcke*, Regenerativ-Öfen. Leipzig, Arthur Felix.

Valentiner, Die Grundlagen der Quantentheorie. Braunschweig, Friedr. Vieweg & Sohn.

Volkmann, Chemische Technologie des Leuchtgases. Leipzig, Otto Spamer.

Weißgerber, Chemische Technologie des Steinkohlenteers. Leipzig, Otto Spamer.

Weyl, Raum, Zeit, Materie. Berlin, Julius Springer.

Wierz, Die praktischen und wissenschaftlichen Grundlagen der Warmeverlustberechnung in der Heizungstechnik. München, R. Oldenbourg.

Wilke, Der Indicator und das Indicatordiagramm. Leipzig 1916, Otto Spamer.

Wilke, Die Untersuchung von Wärmekraftmaschinen. Leipzig, Dr. Max Jänecke.

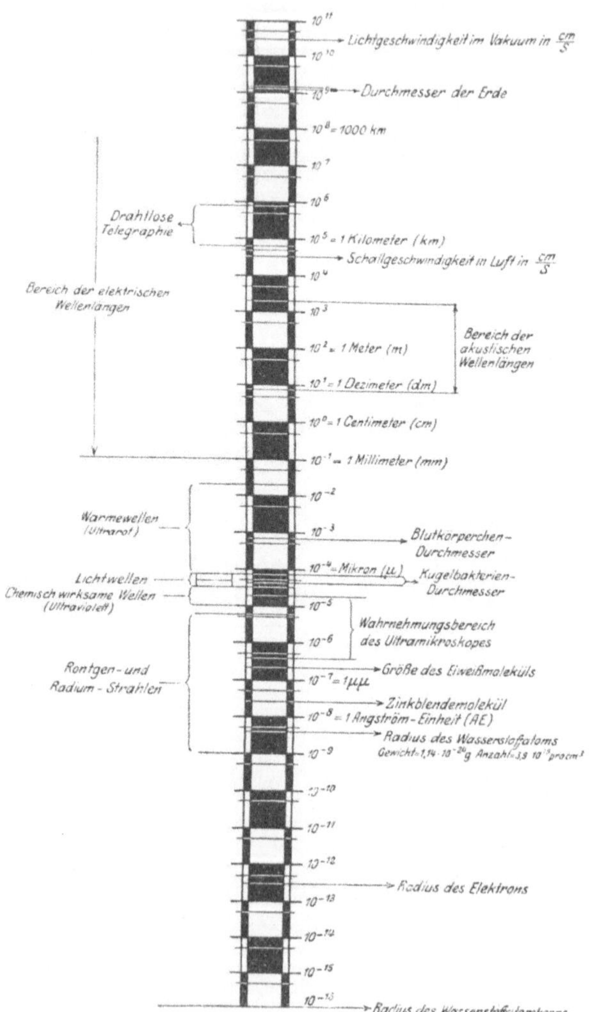

Physikalische Meßlatte.

1. Umfang der Wärmewirtschaft und ihre Grundlagen.

Während auf der einen Seite die naturwissenschaftlich-philosophischen Forschungen in Mechanik, Physik und Chemie sich immer mehr vertieften und durch Vermittlung der Mathematik gemeinsame Berührungspunkte und innere Gesetzmäßigkeiten in Form von invarianten Naturgesetzen herausgearbeitet wurden und damit allen Erscheinungen bis in ihr innerstes Wesen nachgegangen wurde, hat auf der anderen Seite die Forschung der Technik eingesetzt, sie hat Ausgeführtes mit den Ergebnissen der theoretischen Forschung verglichen, sie hat die Richtigkeit erkannt und hat falsche Anschauungen über Naturvorgänge aufgedeckt, endlich hat die technische Forschung die Wege zu neuen Problemen gezeigt und ist dieselben gegangen, oft mit vielem Erfolg. Durch diese innige Verschmelzung von wissenschaftlich-technischer Forschungsarbeit und deren Anwendung auf allen Gebieten des täglichen Lebens, sei es die Ofenfeuerung, sei es die Dampfkesselfeuerung, sei es die Dampfmaschine, die Dampfturbine, die Gasturbine, sei es ein Elektrizitätswerk oder ein Gebäude, mußte der Ingenieur sein Wissen vertiefen, um seinen Blick zu erweitern.

Der bekannte Physiker *Max Planck* sprach den Gedanken aus, daß die Natur eine Vorliebe für die Wärme habe und also bei allen Vorgängen eine derartige Konstellation sich herausbilde, daß Wärme in mehr oder weniger wesentlicher Form in Erscheinung tritt. Kein Ingenieur kann heute in der Technik ohne Kenntnis der Vorgänge sein, bei denen Wärme entsteht oder umgewandelt wird. Wie wichtig diese Erscheinungen für die allgemeine Wirtschaft sind, zeigt sich darin, daß Fabriken und Konzerne eigene Wärmebureaus und Wärmeingenieure haben, die, wenn zu fruchtbringender, wirtschaftlicher Arbeit geschaffen, als selbständige Einheit das ganze Gebiet der Produktion, von der Warenbestellung bis zur Ablieferung an den Kunden, überwachen und mit ihrem Rat vervollkommnen müssen[1]).

Der Kernpunkt wirtschaftlichen Schaffens ist der Wirkungsgrad. Zu jeder Produktion ist Energie, gleichviel in welcher Form, nötig. Dieser Energieverbrauch beginnt in dem Moment, in dem der Entschluß entsteht, irgend etwas zu erzeugen. Er zerteilt sich in alle Adern: in die Anfragen, in die Bestellungen, in das Heranschaffen der Rohmaterialien, in die Verarbeitung und in den Versand bis zur Gebrauchsstelle. Je nach seiner Größenordnung wird er

---

[1]) Zeitschrift des Vereins deutscher Ingenieure 68, 1924, Nr. 22, Wirtschaft und Wissenschaft im technischen Betriebe von *Rummel*.

berücksichtigt. Der Energieverbrauch für Anfragen und Bestellungen ist so klein gegenüber demjenigen der Produktion, daß er vernachlässigt wird. Der Energieverbrauch des Heranschaffens der Rohmaterialien drückt sich im Preise der Rohstoffe frei Verwendungsstelle aus. Der Energieverbrauch der Verarbeitung zerfällt in Arbeit der Konstruktion und der Werkstatt. Erstere wird in Unkosten ausgedrückt, letztere zeigt sich im Verbrauch von Wasserkraft, Dampfkraft, Gas oder Elektrizität und Kohle. Alle Verarbeitung zeigt sich in zwei Faktoren: Formänderungsarbeit oder chemische Umänderung und Wärmeverbrauch oder Wärmeerzeugung. Beide Faktoren sind aufs innigste miteinander verbunden, der eine hängt eindeutig vom anderen ab.

Im Nachfolgenden soll vornehmlich über die Wärmeerzeugung und den Wärmeverbrauch gesprochen werden, der Faktor Formänderungsarbeit oder chemische Umänderung wird nur insoweit, als es das gesamte Verständnis anlangt, behandelt.

Das ganze Gebiet der Wärmewirtschaft kann durch die drei Hauptsätze der Wärmetheorie behandelt werden. Der erste, der Satz von der Erhaltung der Energie, besagt, daß alle Energiearten: potentielle und kinetische, chemische, optische, magnetische, elektrische und thermische Energie Formen einer und derselben Eigenschaft sind, die einem in sich abgeschlossenen, allen äußeren Einwirkungen jeder Art entzogenen System innewohnt, und zwar in unveränderlicher Größe[1]). Die Summen aller Energien nennt man die Gesamtenergie. Es ist üblich, jede Energieart in einem besonderen Maßsystem auszudrücken. Die Verwandlung der einen in die andere zwecks zahlenmäßiger Berechnung geschieht durch sog. Äquivalenzwerte, die von den spezifischen Einheiten abhängen, welche bei der Maßbestimmung der verschiedenen Energiearten verwendet wurden. Es gibt drei Maßsysteme, und zwar:

> das technische,
> das absolute und
> das natürliche Maßsystem.

Im technischen ist:

die Einheit der Kraft	1 kg
die Einheit der Energie	1 mkg
die Einheit der Wärme (14,5 bis 15,5°) . .	1 kcal = 427,1 mkg
die Einheit des Stromes	1 A
die Einheit der Spannung	1 V
die Einheit der elektrischen Energie	1 W = 1 VA
die Einheit der Beleuchtung	1 Lux.

---

[1]) Ist in dem System T die kinetische Energie, $\varPi$ die potentielle Energie, so ist

$$T + \varPi = h = \text{konst.},$$

wobei h von der Zeit unabhängig ist. Über die Grenzen des Gesetzes der Erhaltung der Energie siehe auch *Robert Marcolongo*, Theoretische Mechanik, deutsch von *H. E. Timerding*, Leipzig und Berlin, B. G. Teubner, II. Band, S. 128.

Für die Verbindung zwischen dem technischen und absoluten Maßsystem gelten die Beziehungen:

Einheit der Kraft im absoluten Maßsystem $\quad 1 \text{ Dyn} = \dfrac{1}{9{,}81} \cdot 10^{-5}$ kg

Einheit der Energie im absoluten Maßsystem $\quad 1 \text{ Erg} = 1 \text{ Dyn} \cdot 1$ cm,
$$9{,}8 \cdot 10^7 \text{ Erg} = 1 \text{ mkg},$$

ferner

$$1 \text{ PS-Sek.} = 75 \text{ mkg-Sek.} = 735{,}4 \text{ W} = 632 \cdot 60^{-2} \text{ kcal}$$
$$1 \text{ Joule} = 1 \text{ J} = 1 \text{ W-Sek.} = 0{,}102 \text{ mkg} = 0{,}239 \cdot 10^{-2} \text{ kcal}[1]).$$

Über die Energie des Lichts in der Volumeinheit sei u. a. auf *Riecke*, Lehrbuch der Physik, Leipzig 1919, Vereinigung wissenschaftlicher Verleger verwiesen, woselbst im II. Band im 18. Teil Ausführliches enthalten ist. Es wird darin gezeigt, daß die Nullpunktsenergie des Äthers pro 1 ccm größer als $0{,}36 \cdot 10^6$ gcal ist und die in 1 ccm enthaltene Lichtenergie der Sonne $4{,}7 \cdot 10^{-5}$ Erg beträgt. Von den hier ausgehenden Theorien gelangte *Planck* zu dem natürlichen Maßsystem. Die Konstanten desselben sind in der Natur selbst gegeben und nicht mehr auf ein willkürliches Maß, das Metermaß, aufgebaut. Dieselben sind

die Lichtgeschwindigkeit im Vakuum . . . $\quad c = 3 \cdot 10^{10}$ cm/Sek.
die Gravitationskonstante . . . . $\quad f = 6{,}685 \cdot 10^{-8}$ ccm/g · Sek.^{2}
die thermodynamische Konstante . . . . . $\quad k = 1{,}375 \cdot 10^{-16}$ g · qcm/Sek.^{2} Grad
das Wirkungsquantum . . . . $\quad h = 6{,}52 \cdot 10^{-27}$ g · qcm/Sek.

und damit die

$$\text{Längeneinheit:} \quad \sqrt{\frac{fh}{c^3}} = 4{,}022 \cdot 10^{-33},$$

$$\text{Masseneinheit:} \quad \sqrt{\frac{ch}{f}} = 5{,}414 \cdot 10^{-5}.$$

$$\text{Zeiteinheit:} \quad \sqrt{\frac{fh}{c^5}} = 1{,}341 \cdot 10^{-43},$$

$$\text{Temperatureinheit:} \quad \frac{1}{k}\sqrt{\frac{c^5 h}{f}} = 3{,}536 \cdot 10^{32}. \quad [2])$$

Diese Maße werden in der Technik z. Zt. noch nicht verwendet, doch dürfte mit tieferem Verschmelzen von wissenschaftlicher Forschung, besonders in bezug auf physikalische Erkenntnis, mit technischem Denken und Arbeiten eine Loslösung subjektiver Begriffe gegen objektive langsam Platz greifen.

Der zweite Hauptsatz, der Satz von der Entropie, besagt, daß in der Natur eine Größe existiert, welche bei allen in der Natur stattfindenden Veränderungen eines in sich geschlossenen Systems sich immer nur in demselben Sinne ändert. Das innere Verständnis des Entropiebegriffes verdanken wir vornehmlich *Max Planck*. Die früheren Erklärungen der Entropie, besonders von *Clausius*, laufen entweder auf hinkende Vergleiche oder auf mathematische Definitionen hinaus. Damit ist aber dem inneren Verständnis der Thermodyna-

---

[1]) Ausführliches über diese Beziehungen: „Hütte", 24. Aufl., Band I u. II.
[2]) Die Grundlagen der Quantentheorie von Dr. *Siegfried Valentiner*, Braunschweig 1920, Friedr. Vieweg & Sohn.

mik kein Dienst geleistet. *Planck* geht von der thermodynamischen Wahrscheinlichkeit aus. Sie ist die Anzahl aller einer bestimmten Raumverteilung entsprechenden Komplexionen, d. h. ein bestimmtes Molekül kann in verschiedenen Elementargebieten eines Raumes gedacht werden und keines dieser Elementargebiete hat vor dem anderen den Vorzug. Ist N die Gesamtzahl aller Moleküle in einem bestimmten Raume, N_0, N_1, $N_2 \ldots$ die Anzahl der Moleküle in einem bestimmten Elementargebiet, so ist die Wahrscheinlichkeit einer gegebenen Verteilung im Raume

$$W = \frac{N!}{N_0!\, N_1!\, N_2! \ldots}.$$

Nun ist

$$N_0 + N_1 + N_2 \cdots = N,$$

$$\frac{N_0}{N} = W_0, \qquad \frac{N_1}{N} = W_1, \qquad \frac{N_2}{N} = W_2 \cdots$$

mit N als einer sehr großen Zahl

$$W = \left(\frac{N}{N_0}\right)^{N_0} \cdot \left(\frac{N}{N_1}\right)^{N_1} \cdot \left(\frac{N}{N_2}\right)^{N_2} \cdots = \left[\left(\frac{1}{W_0}\right)^{W_0} \cdot \left(\frac{1}{W_1}\right)^{W_1} \cdot \left(\frac{1}{W_2}\right)^{W_2} \cdots\right]^N,$$

also

$$\log W = - N \sum W_n \log W_n.$$

Die Entropie S eines Körpers ist nun eine Funktion des augenblicklichen Zustandes, also

$$S = f(W).$$

Sind nun S_1 und S_2 die Entropiewerte in den Zuständen W_1 und W_2, so ist

$$S_1 = f(W_1) \qquad\qquad S_2 = f(W_2)$$

und nach der Wahrscheinlichkeitsrechnung

$$W = W_1 \cdot W_2.$$

Die Gesamtentropie S des Systems setzt sich nun zusammen aus den Entropiewerten S_1 und S_2 der den Raum erfüllenden zwei Körper, es ist also

$$S = S_1 + S_2$$

oder

$$f(W) = f(W_1 \cdot W_2) = f(W_1) + f(W_2).$$

Diese Bedingung wird durch die Beziehung

$$S = k \log W = - k \cdot N \sum W_n \log W_n$$

erfüllt und besagt, daß die Entropie die Wahrscheinlichkeit einer bestimmten Zustandsform ausdrückt, und daß erst dann im Innern eines in sich abgeschlossenen Systems keine Energieumlagerung mehr stattfindet, wenn eine ganz bestimmte Molekülverteilung und Molekül- und Ätherschwingung erreicht ist. Da W_n stets ein echter Bruch ist, ergibt sich aus der letzten Gleichung, daß die Entropie stets einen positiven Wert hat.

In gleicher Weise wie die Entropie eines Körpers ist auch seine innere Energie U durch die Molekülverteilung und Schwingungsart bestimmt[1]). Sind u_0, u_1, u_2 ... die Energiemengen der einzelnen Moleküle in den Gruppen N_0, N_1, N_2 ... und ist u die mittlere Energie eines Moleküls, so ist

$$U = N_0 u_0 + N_1 u_1 + N_2 u_2 + \cdots = N(W_0 u_0 + W_1 u_1 + W_2 u_2 + \cdots) = N u.$$

Da nun u_0, u_1, u_2 ... von den Werten W_0, W_1, W_2 ... bestimmt werden, so ist bei einem bestimmten Zustand S und U eindeutig bestimmt. Es wird daher S und U in einem gegenseitigen Verhältnis stehen. Bei einer unendlich kleinen Veränderung von U tritt auch eine solche von S ein, so daß

$$\frac{dU}{dS} = T \qquad \text{und} \qquad U - TS = F$$

gesetzt werden kann, F ist die freie Energie, $U - F$ die gebundene.

Hat der Körper am Anfang und Ende eines Zustandes die Energieinhalte U_1 und U_2, so wird bei thermodynamischen Prozessen, um die es sich hier handelt, dem Körper die Wärmemenge Q und die Arbeit L zugeführt, so daß

$$U_2 - U_1 = Q + L$$

ist[2]). Ist $U_2 = U_1$, so spricht man von einem Kreisprozeß; es ist dabei

$$0 = Q + L,$$

d. h. die zugeführte oder abgeführte Wärme ist gleich der vom System oder auf das System geleisteten Arbeit.

Ist dL die von außen auf das System ausgeübte Arbeit, so folgt nach vorhergehendem

$$dU - T\,dS \leqq dL,$$

also

$$dS - \frac{dU - dL}{T} > 0 \qquad \text{oder} \qquad dS - \frac{dQ}{T} > 0.$$

Dieser Satz sagt aus, daß die Änderung der Entropie bei einer Zustandsänderung eines gegen äußere Einwirkungen geschützten Systems stets in positivem Sinne erfolgt, d. h. daß die Entropie zunimmt. In dieser letzten Fassung wird oft der zweite Hauptsatz der mechanischen Wärmetheorie ausgedrückt. Da in der Natur Wärme von selbst von einem wärmeren zu einem kälteren Körper übergeht, jedoch nicht umgekehrt, so folgt aus der Beziehung in einem Kreisprozeß

$$Q + L = 0$$

für

$$Q \leqq 0, \qquad\qquad L \geqq 0$$

und

$$-\frac{Q}{T} \geqq 0,$$

daß in dem System Arbeit verbraucht und Wärme erzeugt wurde.

---

1) Die Fortschritte der kinetischen Gastheorie von *Jäger*. Braunschweig 1906, Friedrich Vieweg & Sohn.

2) Es wird die zugeführte oder abgeführte Energie stets in demselben Maße gemessen, daher kann das vielfach übliche Äquivalenzzeichen wegfallen.

Der Faktor T, welcher die Beziehung zwischen U und S herstellt, wird nun die absolute Temperatur genannt. Sie läßt sich aus der kinetischen Gastheorie herleiten und ist proportional der mittleren Energie eines Moleküls[1]. Ist μ dessen Masse, w die mittlere Geschwindigkeit, so gilt mit α gleich einer Konstanten

$$\frac{\mu\,w^2}{2} = \alpha\,T.$$

Der Wert α ist eine universelle Konstante und wird zu $\frac{3}{2}\,k$ gefunden. Zugleich ergibt sich das ideale Gasgesetz aus der Beziehung:

$$p \cdot v = \frac{2}{3}\left(\frac{N\,\mu\,w^2}{2}\right) = \frac{2}{3}\,N\,\alpha\,T = P\,T,$$

$$\alpha = \frac{3}{2}\,\frac{P}{N} = \frac{3}{2}\,k.$$

Durch anderweitige Überlegung ergibt sich für ein gMol

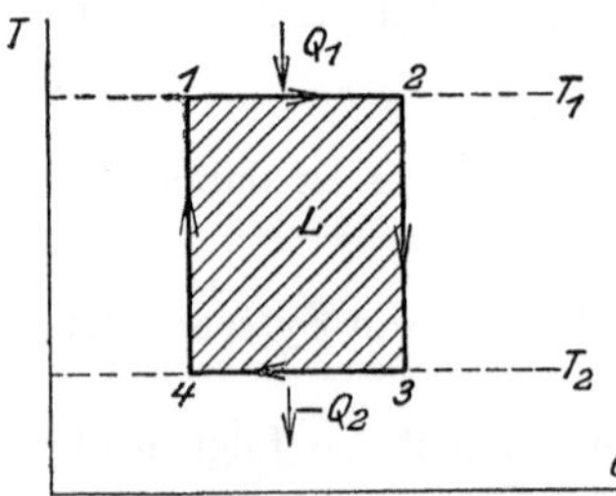

Fig. 1. Kreisprozeß.

$$P = 83 \cdot 10^6,$$
$$N = 6{,}07 \cdot 10^{22}$$

und damit

$$\alpha = 2{,}02 \cdot 10^{-16}. \quad [2]$$

Bei den Kreisprozessen unterscheidet man reversible und irreversible. Die ersteren dienen als Grundlage für die höchstmögliche Ausnützung von Wärme in Arbeit oder umgekehrt. Da bei jedem Prozeß Wärme zwischen Körpern höherer und niederer Temperatur von selbst ausgetauscht wird und sich diese Wärme durch das ganze Weltall verteilt, so läßt sie sich nicht rückgängig dem umgekehrten Prozeß zuführen, sondern es muß durch Umwandlung von äußerer Arbeit Wärme von höherer Temperatur erzeugt werden. Ist beim Kreisprozeß in einer Richtung Q_1 die zugeführte, Q_2 die abgeführte Wärmemenge, so gilt

$$Q = Q_1 - Q_2 = -L.$$

Soll nun beim umgekehrten Prozeß die Wärmemenge Q gewonnen werden, so ist die Arbeit L auf das System zu leisten.

Geht keinerlei Wärme durch Leitung und Strahlung verloren, so ist beim umkehrbaren Kreisprozeß

$$\frac{Q_1}{T_1} - \frac{Q_2}{T_2} = S_1 - S_2 = 0.$$

Da, wie schon erwähnt, in der Natur Wärme stets durch Leitung oder Strahlung von selbst bei einem in sich geschlossenen System nach außen übergehen muß oder von außen aufgenommen wird, und da die Außentemperatur

[1] Siehe *Lorenz*, Lehrbuch der technischen Physik, II. Band, Technische Warmelehre, München, R. Oldenbourg.

[2] *Riecke*, Lehrbuch der Physik. Leipzig 1918, Verlag von Veit & Co., § 200 bis § 210.

einen in jedem Moment festen, wenn auch variablen Wert hat, der im allgemeinen nie mit der augenblicklichen Temperatur des Systems übereinzustimmen braucht, so muß für den wirklichen Prozeß $Q_1' > Q_1$ oder $Q_2' < Q_2$ sein und damit wird

$$S_1' - S_2 > 0 \qquad \text{und} \qquad S_1 - S_2' > 0 \,,$$

die Entropie des Systems nimmt zu.

Aus der Ungleichung

$$dS - \frac{dU - dL}{T} > 0$$

folgt im Grenzfalle, also bei Ausschluß des Wärmeaustausches mit der Umgebung

$$dU = dL \qquad \text{und} \qquad dS = 0 \,.$$

Der Gleichgewichtszustand ist durch ein Maximum an Entropie gekennzeichnet.

Wird bei der Zustandsänderung die Temperatur konstant gehalten, so wird im Grenzfalle

$$d\left(S - \frac{U}{T}\right) + d\,\frac{L}{T} = 0 \qquad \text{oder} \qquad -dF = -dL \,.$$

Da aus dem vorhergehenden $U - ST = F$ die freie Energie des Systems ist, so kann eine Änderung derselben nur durch Leistung einer äußeren Arbeit erzeugt werden.

Wird endlich außer der Temperatur auch der Druck p, dem das System unterworfen ist, konstant gehalten, so ist, mit dV als Volumvergrößerung, im Grenzfalle

$$dL = -p\,dV \qquad \text{und} \qquad d\left(S - \frac{U + pV}{T}\right) = 0 \,.$$

Für alle in der Natur vorkommenden Fälle, also für irreversible Vorgänge wird die Funktion

$$\Phi = S - \frac{U + pV}{T}$$

zunehmen. Wird der Prozeß mit gleicher Anfangs- und Endtemperatur und bei konstantem Drucke geführt, so wird Wärme nach außen abgegeben oder Wärme von außen aufgenommen und man erhält

$$(U_2 + p\,V_2) - (U_1 + p\,V_1) = (S_2 - S_1)\,T = Q \,.$$

Die Wärmetönung W des Prozesses, d. h. die bei dem Prozeß freigewordene Wärme, ist also eine Funktion von $U + pV$. Die gewonnene äußere Arbeit ergibt sich zu

$$-L = p\,(V_2 - V_1) = \mathfrak{A}$$

$$\Phi = S - \frac{W}{T}$$

$$W = U + pV \,.$$

Aus diesen Gleichungen lassen sich nun mit Hilfe der Differentialrechnung nachfolgende Beziehungen aufstellen:

$$W = T^2 \frac{\partial \Phi}{\partial T},$$

$$V = - T \frac{\partial \Phi}{\partial p},$$

$$S = \Phi + T \frac{\partial \Phi}{\partial T},$$

$$\mathfrak{A} = W - T \int_0^T \frac{dW}{T},$$

$$= - T \int_0^T \frac{W}{T^2} dT. \quad [1]$$

Ist nun C_p die Wärmekapazität bei konstantem Druck, so ist

$$C_p = \frac{\partial W}{\delta T} = T \frac{\partial S}{\partial T},$$

$$\Phi = \int_0^T \frac{C_p}{T} dT - \frac{1}{T} \int^T C_p \, dT.$$

Mit dieser Gleichung ist die Funktion Φ auf die Messung von C_p und T zurückgeführt bis auf die Integrationskonstante $a + \dfrac{b}{T}$; dieser Wert kann nur noch vom Druck abhängen. Hier greift nun das *Nernst*sche Warmetheorem[2]), das man als den dritten Hauptsatz der mechanischen Wärmetheorie bezeichnet, ein und besagt, daß das Glied $a = 0$ ist. Dasselbe ergibt sich aus der Integration der Entropie bei der Temperatur $T = 0$ $S = 0$

$$\int^0 \frac{C_p \, dT}{T} = S_0 + a = 0 + a = 0.$$

Damit wird

$$S = \int_0^T \frac{C_p}{T} dT$$

und mit der Annäherung an $T = 0$ $C_p = 0$ für feste und flüssige Körper. Eine weitere wichtige Folgerung ist, daß auch

$$\frac{\partial V}{\delta T} = 0 \quad \text{für} \quad T = 0$$

wird.

------

[1]) Techn. Thermodynamik von Prof. Dipl.-Ing. *W. Schüle*, II. Band, Berlin, Julius Springer 1923, § 38.

[2]) Dinglers Polytechnisches Journal 338, 1923, Heft 9, Das Wärmetheorem von *Nernst* in rechnerischer und zeichnerischer Darstellung von *Schmolke*.

Die letzten Gleichungen zeigen, daß alle Funktionen der Wärmetheorie auf die Bestimmung von C_p und T hinauslaufen und daß die Bestimmung dieser Größen daher von größtem Wert für die wärmetechnischen Untersuchungen ist. Weiter ist mit

$$\frac{dU}{dT} = \frac{dF}{dT} + S + T\frac{dS}{dT}$$

beim Werte $T = 0$,

$$\frac{dU}{dT} = \frac{dF}{dT},$$

und da für $T = 0$ weiterhin $U = F$ ist, so haben die Kurven eine gemeinsame, horizontale Tangente. Je höher nun die Temperatur steigt, um so mehr entfernen sie sich voneinander.

In der technischen Thermodynamik spielen nun hauptsächlich die flüssigen und gasförmigen Körper eine Rolle, während in der chemischen auch die festen zu berücksichtigen sind. Es werden daher für die technische Thermodynamik die vorstehenden Formeln hauptsächlich für flüssige und gasförmige Körper weiter entwickelt. An der Spitze der Gesetze, die den Zusammenhang zwischen Druck, Volumen und Temperatur herstellen, steht mit großer Annäherung das *van der Waals*sche Gesetz

$$\left(p + \frac{a}{v^2}\right)(v - b) = RT \quad [1]$$

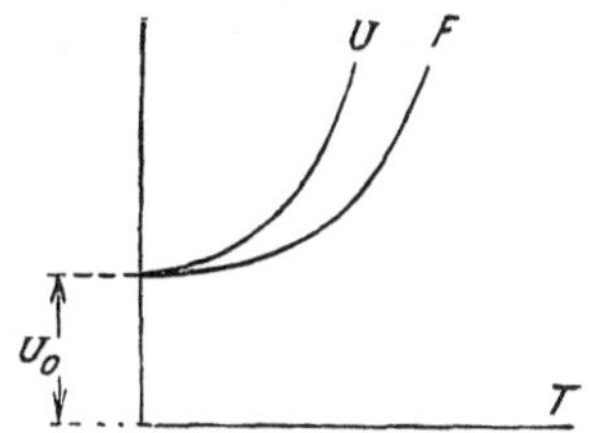

Fig. 2. Funktion Φ und F.

oder wenn man Druck und Volumen sowie Temperatur auf die kritischen Werte bezieht:

$$\left(\mathfrak{p} + \frac{3}{\mathfrak{v}^2}\right)(3\mathfrak{v} - 1) = 8\,\mathfrak{t}$$

wobei

$$\mathfrak{p} = \frac{p}{p_{\mathrm{Krit}}}, \qquad \mathfrak{v} = \frac{v}{v_{\mathrm{Krit}}}, \qquad \mathfrak{t} = \frac{T}{T_{\mathrm{Krit}}}$$

ist. Dies zeigt, daß alle Gase, gleichgültig, welches Molekulargewicht sie haben, ganz gleichmäßig in ihren Zustandsänderungen verlaufen und bei dieser Betrachtungsweise unabhängig von den Werten a, b, R sind. Sind die Dämpfe und Gase weit von ihrem Sättigungspunkte entfernt, d. h. wird der Wert v genügend groß, so reduziert sich das Gesetz auf

$$\mathfrak{p} \cdot \mathfrak{v} = \frac{8}{3}\,\mathfrak{t} \quad \text{oder} \quad p \cdot v = R \cdot T$$

R nennt man die Gaskonstante. Sie hat für jede Gasart einen bestimmten Wert, wenn man der Zustandsänderung 1 g oder 1 kg des Gases unterwirft.

---

[1] *W. Schüle*, Technische Thermodynamik, II. Band, Berlin 1923, Julius Springer, § 15 und *H. Lorenz*, Lehrbuch der Technischen Physik, II. Band, Technische Wärmelehre, München 1904, R. Oldenbourg.

Nimmt man jedoch für die Zustandsänderung ein g- oder ein kg-Molekül, so zeigt sich, da die Anzahl der Moleküle in einem g- oder kg-Molekül konstant sind, daß R für alle Gase gleich wird.

Bei $0°$ C und 1 phys. Atm wird das Volumen eines g-Molekels $v = 22,4$ l und man erhält

$$p \cdot v = 0,082 \; T \; (p \text{ in phys. Atm, } v \text{ in Litern})$$

Diese Gleichung gilt jedoch nur, wenn das Gas weit genug von seinem Sättigungspunkte entfernt ist. Kommt das Gas näher an den Druck oder die Temperatur, bei denen Verflüssigung möglich ist, so treten andere Gesetze: die der überhitzten Dämpfe und die der nassen und trockenen Dämpfe auf. In denselben sind alle technisch wichtigen Daten aufgenommen. Sie lassen sich schon heute mit großer Genauigkeit aus den allgemeinen thermodynamischen Gesetzen, der Molekulartheorie und der Quantentheorie ableiten und zeigen meist eine weitgehende Übereinstimmung zwischen Versuch und Berechnung. Wichtig ist die Beziehung zwischen der spezifischen Wärme einer Flüssigkeit und dem mit ihr in Berührung stehenden Dampfe. Sie lautet, wenn

r die Verdampfungswärme,

v das Dampfvolumen,

σ das Flüssigkeitsvolumen ist,

$$c_{\text{dampf}} - c_{\text{flüss.}} = \frac{dr}{dT} - \frac{r}{T} + \frac{r}{v - \sigma}\left(\frac{\partial v}{\partial T} - \frac{\partial \sigma}{\partial T}\right),$$

wobei p als konstant betrachtet wird, und wird als *Planck*sche Gleichung bezeichnet. Eine weitere hierher gehörige Beziehung ist die *Clapeyron*sche Gleichung:

$$\frac{r}{T} \cdot dT = (v - \sigma)\, dp.$$

Als Beispiel für die Anwendung dieser zwei Gleichungen sei Wasser und Wasserdampf gewählt. Bei $100°$ C ist:

$$T = 273 + 100 = 373,$$
$$v = 1674 \text{ ccm per 1 g Wasserdampf},$$
$$\sigma = 1,00 \text{ ccm per 1 g flüssiges Wasser},$$
$$\frac{dp}{dT} = 27,1 \text{ mm Hg per } 1°\text{C}$$
$$r = \frac{373\,(1674 - 1,00)}{4,19 \cdot 10^7} \frac{27,1}{760} \cdot 76 \cdot 13,596 \cdot 980,6 = 538,8 \text{ gcal}.$$

Der Wert $4,19 \cdot 10^7$ ist der Wert des mechanischen Wärmeäquivalentes 427 cmg im absoluten Maßsystem. Mit

$$\frac{dr}{dT} = -\,0,61\,,$$
$$\frac{\partial v}{\partial T} = \;\;\; 4,813\,,$$
$$\frac{\partial \sigma}{\partial T} = \;\;\; 0,001$$

wird:

$$c_{\text{dampf}} = c_{\text{flüssig}} - 0,61 - \frac{538,8}{373} + \frac{538,8}{1674 - 1,00}(4,813 - 0,001)$$

$$= 1,01 - 0,51 = 0,50.$$

Wird nun für eine bestimmte Temperatur c, v und σ gleich, so erhält man die kritische Temperatur und $r = o$.

Der weitere Fall ist der, daß der feste Körper mit dem Dampf oder Gas im Gleichgewicht ist. Die Wärme zur Überführung aus dem einen Aggregatzustand in den anderen heißt Sublimationswärme. Sie setzt sich zusammen aus der Schmelzwärme s und der Verdampfungswärme r. Da die *Clapeyron*sche Gleichung ganz allgemein auch hierfür gilt, so ist mit f als Volumen des festen Körpers

$$\frac{r + s}{T} \cdot dT = (v - f)\,dp.$$

Wählt man als Beispiel Eis und darüber befindlichen Wasserdampf bei $0,0075°$, so ist

$$\frac{dp}{dT}_{\text{(Eis-Dampf)}} = \frac{(604 + 80) \cdot 4,19 \cdot 10^7 \cdot 760}{273,0075 \cdot (206\,000 - 1,09) \cdot 76 \cdot 13,59 \cdot 980,6} = 0,383$$

mit
$$\begin{aligned} v &= 206\,000 \quad \text{ccm} \\ f &= 1,09 \quad\;\; \text{ccm} \\ r &= 604 \quad\;\; \text{gcal} \\ s &= 80 \quad\;\;\;\; \text{gcal} \end{aligned}$$

bei 1 phys. Atm und $0,0075°$ C und

$$\frac{dp}{dT}_{\text{(Wasser-Dampf)}} = \frac{604 \cdot 4,19 \cdot 10^7 \cdot 760}{273,0075\,(206\,000 - 1,00) \cdot 76 \cdot 13,59 \cdot 980,6} = 0,338.$$

Als weiterer Fall kommt das gleichzeitige Vorhandensein von festem und flüssigem Körper in Betracht. Hierfür gilt

$$\mathfrak{A} = W - T\int_0^T \frac{dW}{T} = -T\int_0^T \frac{W}{T^2}\,dT$$

mit der Bedingung, daß W mit der Schmelzwärme s identisch ist, so daß

$$\mathfrak{A} = -T\int_0^T \frac{s}{T^2}\,dT = -T\int_0^T \frac{(r + s) - r}{T^2}\,dT.$$

Führt man nun durch einen Kreisprozeß ohne Arbeitsleistung den Körper vom flüssigen in den dampfförmigen und von da in den festen Zustand über, so wird

$$\mathfrak{A} = 0,$$

also auch

$$s - T \int_0^T \frac{d\,s}{T} = 0,$$

$$s = T \int_0^T \frac{d\,s}{T}.$$

Die *Planck*sche Gleichung gilt nun ganz allgemein und hat in vereinfachter Form in diesem Spezialfalle den Ausdruck:

$$\frac{d\,s}{d\,T} = c_{\text{flussig}} - c_{\text{fest}},$$

so daß man erhält:

$$s = T \int_0^T (c_{\text{flussig}} - c_{\text{fest}})\, d \log T.$$

Der Wert von $\frac{d\,p}{d\,T}$ ergibt sich aus der *Clapeyron*schen Gleichung. Trägt man diese Werte in ein Koordinatensystem ein, so ergibt sich ein Bild gemäß Fig. 3. Daraus zeigt sich, daß ein Punkt existiert, bei dem Eis, Wasser und Dampf, oder wenn es allgemein gefaßt wird, fester, flüssiger und gasförmiger Körper

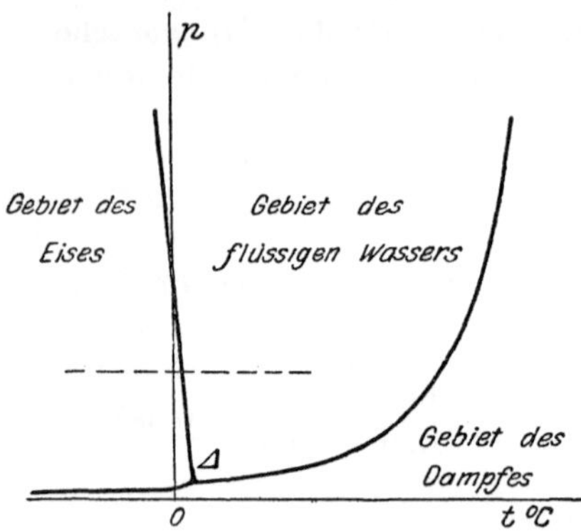

Fig. 3. Übergangskurven des Wassers.

zusammen existieren können. Die allgemeine Erörterung dieses Falles sei im Nachfolgenden ausgeführt. Es sind

M_1, M_2, M_3 die Massen im festen, flüssigen und gasförmigen Zustand,

$\qquad v_1$, v_2, v_3 die entsprechenden spezifischen Volumen,

$\qquad u_1$, u_2, u_3 die entsprechenden spezifischen Energien,

$\qquad s_1$, s_2, s_3 die entsprechenden spezifischen Entropien,

so ist

$$\begin{aligned}
M &= M_1 + M_2 + M_3 \\
V &= M_1\,v_1 + M_2\,v_2 + M_3\,v_3 \\
U &= M_1\,u_1 + M_2\,u_2 + M_3\,u_3 \\
S &= M_1\,s_1 + M_2\,s_2 + M_3\,s_3.
\end{aligned}$$

Die Variation der ersten drei Gleichungen ist 0, so daß die Variation von S, also $\delta S = 0$, die Bedingungsgleichungen ergibt. Dieselben lauten:

$$p_1 = p_2 = p_3 = (p)$$
$$T_1 = T_2 = T_3 = (T)$$

$$s_2 - s_3 = \frac{u_2 - u_3 + p\,(v_2 - v_3)}{T} = \int_3^2 \frac{d u + p\,d v}{T}$$

$$s_3 - s_1 = \frac{u_3 - u_1 + p\,(v_3 - v_1)}{T} = \int_1^3 \frac{d u + p\,d v}{T}$$

Es sind drei Fälle möglich:

1. nur ein Aggregatzustand:

$$v_1 = v_2 = v_3 = v$$

2. zwei beliebige Aggregatzustände:

$$v_1 \doteq v_2 = v_3 \qquad v_2 \doteq v_3 = v_1 \qquad v_3 \doteq v_1 = v_2$$
$$s_1 \doteq s_2 = s_3 \qquad s_2 \doteq s_3 = s_1 \qquad s_3 \doteq s_1 = s_2 .$$

Aus diesen Bedingungen geht die *Planck*sche und die *Clapeyron*sche Gleichung hervor[1]).

3. Drei beliebige Aggregatzustände:

$$v_1 \doteq v_2 \doteq v_3$$
$$s_1 \doteq s_2 \doteq s_3 .$$

Darin sind T, v_1, v_2, v_3 eindeutig bestimmt und somit auch p. Alle drei Aggregatzustände können also nur bei einem bestimmten Druck und einer bestimmten Temperatur, die Fundamentaldruck und Fundamentaltemperatur heißen (s. Δ in Fig. 3), bestehen. Schmelz-, Sublimations-, Verdampfungs-Druck und Temperatur sind einander gleich. Die Betrachtung der Kurven (Fig. 3) zeigt in jedem Kurvenpunkt, bei dem also zwei Aggregatzustände bestehen, zwei verschiedene Werte v. Als Grenzfall können diese Werte gleich sein. Es tritt dann der Fall der sog. kritischen Temperatur und des kritischen Druckes ein. Bei dem am meisten gebräuchlichen Stoffe, dem Wasser, ist der Fundamentalpunkt:

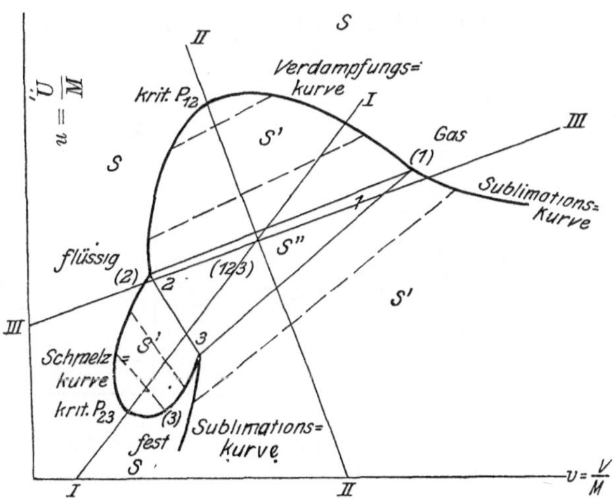

Fig. 4. Gleichgewichtszustand. Grundriß des Fundamentaldreiecks.

$$t = +0{,}0075° \text{ C}$$
$$p = 0{,}457 \text{ cm Hg}$$
$$v_1 = 1{,}09 \text{ ccm per 1 g}$$
$$v_2 = 1{,}00 \text{ ccm per 1 g}$$
$$v_3 = 206\,000 \text{ ccm per 1 g}$$

der kritische Punkt:

$$t = 374° \text{ C}$$
$$p = 224{,}2 \text{ techn. Atm}$$
$$v = 2{,}90 \text{ ccm per 1 g}.$$

---

[1]) *Planck*, Thermodynamik, Leipzig 1917, Verlag Veit & Co., § 166 u. f.

In Fig. 4 bis 7 ist eine graphische Darstellung dieser Vorgänge gegeben. Im Grundriß Fig. 4 ist das mittlere spezifische Volumen und die Energie aufgetragen. Man sieht darin das Fundamentaldreieck 1 2 3, das einer bestimmten Temperatur und einem bestimmten Druck, bei dem alle drei Aggregatzustände zugleich vorkommen, entspricht. Die Werte der Massen M_1, M_2, M_3 sind für jeden Wert v und u ebenfalls eindeutig gegeben[1]). In den Fig. 5 bis 7 sind die mittleren spezifischen Entropiewerte aufgetragen. Sie sind für das Fundamentaldreieck am größten.

Die charakteristische Funktion

$$\Phi = \frac{S\,T - (U + p\,v)}{T}$$

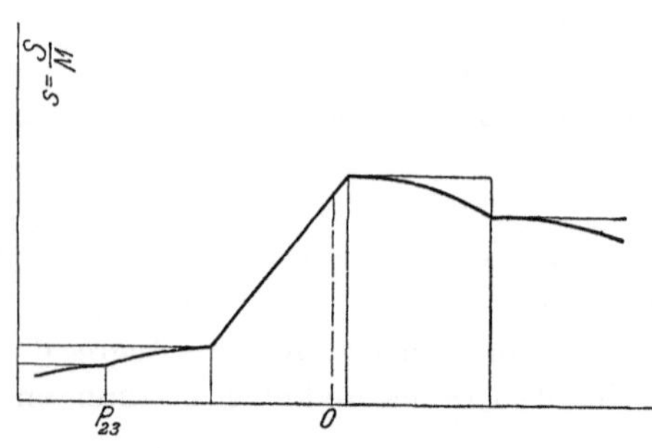

Fig. 5. Gleichgewichtszustand Schnitt I—I.

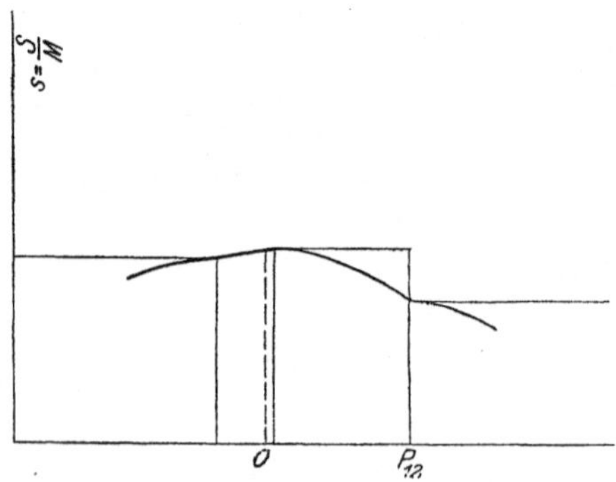

Fig. 6. Gleichgewichtszustand
Schnitt II—II.

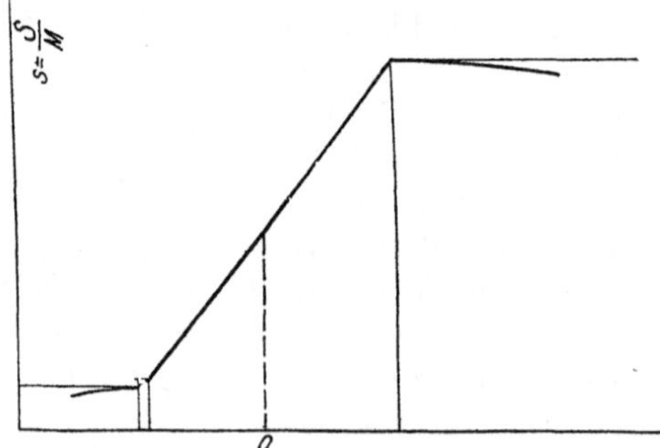

Fig. 7. Gleichgewichtszustand
Schnitt III—III.

wird für reversible Vorgänge, also im Grenzfalle $= 0$, d. h.

$$S\,T = Q = U + p\,v$$

oder

$$d\,Q = d\,U + p\,d\,v \qquad \text{für konstantes } p,$$

also

$$Q_2 - Q_1 = Q = U_2 - U_1 + \int_{p_1}^{p_2} p\,d\,v$$

$$= (U_2 + p_2\,v_2) - (U_1 + p_1\,v_1) - \int_{p_1}^{p_2} v\,d\,p = J_2 - J_1 - \int_{p_1}^{p_2} v\,d\,p$$

sowie

$$d\,Q = d\,J - \int_{p_1}^{p_2} v\,d\,p$$

---

[1]) Siehe auch Göttinger Nachrichten 1913, *G. Tammann*, 99.

für $p_1 = p_2$ wird also

$$Q = J_2 - J_1 = (U_2 + p_2 v_2) - (U_1 + p_1 v_1)$$

allgemein
$$J = U + p \cdot v.$$

J wird als Wärmeinhalt bei konstantem Druck bezeichnet. Er ist größer als der Energieinhalt U beim Druck p um die Arbeit $p \cdot v$, d. h. die Arbeit, die nötig ist, um den Körper, dem die Energie U zugeführt wird, gegen den Druck p mit dem Volumen v an Ort und Stelle zu bringen. Aus dieser Form ergibt sich ein allgemeiner Wert für die spezifische Wärme

$$c = \frac{dJ}{dT} = \frac{dQ}{dT} + \frac{\int_{p_1}^{p_2} v\, dp}{dT}.$$

Erfolgt die Wärmezufuhr bei konstantem Druck, so ist

$$c_p = \frac{dQ}{dT} = \frac{dU}{dT} + \frac{p\, dv}{dT}.$$

Die zugeführte Wärme wird also in zwei Teile zerlegt, in die Änderung der inneren Energie U und die äußere Arbeit $p\, dv$. Wird jedoch die äußere Arbeit $= 0$, so kann der Druck steigen und man erhält

$$c_v = \frac{dU}{dT},$$

$$U_2 - U_1 = c_v (T_2 - T_1) \quad \text{für} \quad v = \text{konst.}$$

$$U_2 - U_1 = c_p (T_2 - T_1) - \int_{v_1}^{v_2} p\, dv$$

mit der Annahme der Konstanz von c_v und c_p gegenüber T bzw. einem mittleren Wert zwischen den Temperaturgrenzen T_2 und T_1. Erfolgt nun die Wärmezufuhr derart, daß das Verhältnis zwischen Erhöhung der Energie U und der äußeren Arbeit ein konstantes bleibt, so kann man das Gesetz $p \cdot v^m = \text{konst.}$ ableiten mit

$$m = \frac{c_p - c}{c_v - c}.$$

Ferner erhält man

$$\int_{v_1}^{v_2} p\, dv = \frac{p_1 v_1}{m-1}\left[1 - \left(\frac{v_1}{v_2}\right)^{m-1}\right].$$

Für den Wert $c = 0$ ergibt sich dann das bekannte adiabatische Gesetz für Gase.

Während die Temperatur eines Gases mit großer Genauigkeit für Gase nach dem Gesetz

$$p \cdot v = RT$$

für 1 g oder 1 kg festgelegt wird, macht sich bei überhitzten Dämpfen und nassen Dämpfen die gegenseitige molekulare Anziehung, Reibung und Größe der Molekel geltend, so daß diese Gesetze in einfacher Form durch Näherungswerte ersetzt werden und zwar:

$$\text{bei überhitztem Wasserdampf} \quad p\,(v + 0{,}016) = 47{,}1\,T$$
$$\text{bei trockenem Wasserdampf} \quad p \cdot v^{\frac{15}{16}} = 1{,}724$$
$$\text{bei nassem Wasserdampf} \quad p \cdot v^{1{,}035 + 0{,}1\,x} = \text{konst.}$$

wobei x der Dampfgehalt, $1 - x$ der Wassergehalt in 1 kg Gemisch und p in kg/qm ausgedrückt ist[1]). Die nachstehenden Tabellen geben Zahlenwerte für die verschiedenen Stoffe.

Schmelzpunkt bei 760 mm Hg in ° C.

Platin	1750	Aluminium	657	Schweflige Säure	− 76
Flußeisen	1350 bis 1450	Zink	419	Ammoniak	− 78
Stahl	1300 bis 1400	Blei	327	Kohlensaure	− 79
Gußeisen, grau	1200	Schwefel	113	Chlor	−102
Glas	1200	Paraffin	54	Alkohol	−110
Kupfer	1083	Benzol	5,6	Äther	−118
Silber	961	Wasser	0	Stickstoff	−210
Messing	900	Quecksilber	−39	Sauerstoff	−227

Siedepunkt bei 760 mm Hg in ° C.

Zink	915	Äther	35	Sauerstoff	−183
Schwefel	445	Chloräthyl	12,5	Atm. Luft	−194
Quecksilber	357	Schweflige Saure	− 10	Stickstoff	−196
Paraffin	300	Ammoniak	− 33	Wasserstoff	−253
Wasser	100	Kohlensaure	− 78	Helium	−267
Benzol	80	Acetylen	− 84		
Alkohol	78	Äthylen	−104		

Kritische Temperatur in ° C und Druck in kg/qcm.

Wasser	374°	224,2 kg/qcm (2,9 l/kg)
Schweflige Saure	156	81,5
Chlor	141	84,0
Ammoniak	130	118,0
Kohlensaure	31	75,0
Sauerstoff	−118	52,5
Atm. Luft	−140	40,4
Kohlenoxyd	−141	37,0
Stickstoff	−146	36,2
Wasserstoff	−242	20,7
Helium	−268	2,3

Schmelzwärme in kcal/kg bei 760 mm Hg.

Eis	80	Paraffin	35	Zinn	14
Aluminium	77	Eisen	30	Schwefel	9
Hochofenschlacke	50	Benzol	30	Blei	6
Kupfer	43	Zink	28	Quecksilber	2,8

Verdampfungswärme in kcal/kg bei 760 mm Hg.

Wasser	539	Benzol	94	Wasserstoff	123
Schwefel	300	Schweflige Saure	91	Sauerstoff	51
Ammoniak	300	Terpentinöl	70	Stickstoff	48
Alkohol	210	Quecksilber	68		

[1]) Ausführliches: Technische Thermodynamik von *W. Schüle*, Band I, Berlin, Julius Springer, und Mechanische Wärmetheorie von *Erich Schmidt*, III. Teil, Strelitz i. M., Polytechnischer Verlag M. Hittenkofer.

Es folgen nun die Tabellen für die technisch am meisten vorkommenden Stoffe.

Gesättigter Wasserdampf per 1 kg[1]).

Druck in kg/qcm	Absolute Temperatur	Temperatur nach ° C.	1 cbm Dampf in kg γ	1 kg Dampf in cbm v_3	Entropie der Flüssigkeit s_2	Entropie des Dampfes s_3	$s_3 - s_2 = \dfrac{r}{T}$	Spez. Wärme an der Grenzkurve	Wärmeinhalt der Flüssigkeit i_2	Wärmeinhalt des Dampfes i_3	$i_3 - i_2 = r$	Energie des Dampfes u	Innere Verdampfungswärme ϱ	Äußere Verdampfungswärme ψ
0,02	290,3	17,3	68,126	0,01468	0,0616	2,0783	2,0167	0,478	17,3	602,9	585,5	571,0	553,6	31,91
0,06	309,0	36,0	35,387	0,02826	0,1004	2,0202	1,9198	0,479	28,8	608,3	579,4	575,1	546,3	33,15
0,08	314,3	41,3	18,408	0,05432	0,1411	1,9631	1,8220	0,481	41,4	614,1	572,7	579,6	538,2	34,49
0,10	318,6	45,6	14,920	0,06703	0,1546	1,9449	1,7903	0,481	45,7	616,0	570,4	581,1	535,4	34,94
0,20	332,8	59,8	7,777	0,12858	0,1984	1,8890	1,6906	0,484	59,9	622,4	562,2	586,0	526,1	36,42
0,60	358,5	85,5	2,777	0,3601	0,2734	1,8015	1,5281	0,494	85,8	633,7	547,8	594,6	508,8	39,01
1,00	372,1	99,1	1,7220	0,5807	0,3111	1,7615	1,4504	0,501	99,6	639,3	539,7	599,0	499,4	40,30
1,50	383,7	110,7	1,1834	0,8484	0,3422	1,7300	1,3878	0,508	111,4	643,9	532,5	602,4	491,1	41,36
2,00	392,6	119,6	0,9006	1,1104	0,3655	1,7077	1,3420	0,516	120,4	647,2	526,8	605,1	484,7	42,14
2,50	399,7	126,7	0,7310	1,3680	0,3839	1,6903	1,3064	0,521	127,7	649,9	522,2	607,1	479,4	42,74
3,00	405,8	132,8	0,6163	1,6224	0,3993	1,6760	1,2767	0,526	133,9	652,0	518,1	608,7	474,9	43,23
3,50	411,1	138,1	0,5335	1,8743	0,4125	1,6640	1,2515	0,531	139,4	653,8	514,5	610,0	470,8	43,65
4,00	415,8	142,8	0,4708	2,1239	0,4442	1,6537	1,2295	0,536	144,2	655,4	511,2	611,3	467,2	44,01
4,50	420,1	147,1	0,4217	2,3716	0,4347	1,6445	1,2098	0,541	148,6	656,8	508,2	612,4	463,9	44,33
5,00	424,0	151,0	0,3820	2,6177	0,4442	1,6363	1,1921	0,546	152,6	658,1	505,5	613,3	460,8	44,61
5,50	427,6	154,6	0,3494	2,8624	0,4529	1,6290	1,1761	0,550	156,3	659,2	502,9	614,2	458,0	44,87
6,00	430,9	157,9	0,3220	3,1058	0,4609	1,6221	1,1612	0,554	159,8	660,2	500,4	615,0	455,3	45,10
6,50	434,1	161,1	0,2987	3,3481	0,4683	1,6158	1,1475	0,558	163,0	661,1	498,1	615,7	452,8	45,32
7,00	437,0	164,0	0,2786	3,5891	0,4753	1,6101	1,1348	0,561	166,1	662,0	495,9	616,3	450,4	45,51
7,50	439,8	166,8	0,2611	3,8294	0,4819	1,6048	1,1229	0,565	168,9	662,8	493,9	616,9	448,2	45,67
8,00	442,5	169,5	0,2458	4,0683	1,4881	1,5997	1,1116	0,568	171,7	633,5	491,8	617,5	446,0	45,86
8,50	445,0	172,0	0,2322	4,3072	0,4939	1,5949	1,1010	0,572	174,3	664,2	489,9	618,0	443,9	46,02
9,00	447,4	174,4	0,2200	4,5448	0,4995	1,5905	1,0910	0,575	176,8	664,9	488,1	618,5	441,9	46,17
9,50	449,7	176,7	0,2091	4,7819	0,5048	1,5863	1,0815	0,578	179,2	665,5	486,3	619,0	440,0	46,30
10,00	451,9	178,9	0,1993	5,0180	0,5099	1,5822	1,0723	0,581	181,5	666,1	484,6	619,4	438,2	46,43
11,00	456,1	183,1	0,1822	5,4890	0,5194	1,5748	1,0554	0,588	185,8	667,1	481,3	620,2	434,6	46,67
12,00	459,9	186,9	0,1678	5,9600	0,5282	1,5678	1,0396	0,593	189,9	668,1	478,2	620,9	431,3	46,88
13,00	463,6	190,6	0,1557	6,4250	0,5364	1,5616	1,0252	0,598	193,7	668,9	475,3	621,5	428,2	47,08
14,00	467,0	194,0	0,1452	6,8890	0,5440	1,5557	1,0117	0,603	197,3	669,7	472,5	622,2	425,2	47,26
15,00	470,2	197,2	0,1360	7,3520	0,5513	1,5504	0,9991	0,608	200,7	670,5	469,8	622,7	422,4	47,43
16,00	473,3	200,3	0,1280	7,8140	0,5581	1,5452	0,9871	0,614	203,9	671,2	467,3	623,2	419,7	47,58
18,00	479,1	206,1	0,1145	8,7340	0,5707	1,5359	0,9652	0,623	210,0	672,4	462,4	624,1	414,6	47,85
20,00	484,3	211,3	0,1037	9,6480	0,5821	1,5274	0,9453	0,632	215,5	673,4	457,9	624,9	409,8	48,08

Da in neuerer Zeit sich die wirtschaftliche Überlegenheit höherer Dampfdrucke mehr und mehr Durchbruch verschafft, sind besonders die hier in Betracht tretenden Eigenschaften des Dampfes festgelegt worden. Aus den zahlreichen Tabellen sei hier diejenige von *W. Schüle* in der Zeitschrift des Vereins deutscher Ingenieure 1911, S. 1506 sowie *W. Schüle*, Technische Thermodynamik, Bd. II zugrunde gelegt. Detaillierte Angaben finden sich in einer Tabelle und einem Diagramm zu diesem Werke.

---

[1]) Nach Versuchen von *Regnault, Knoblauch, Klebe, Linde.*

Gesattigter Wasserdampf per 1 kg.

Druck in kg/qcm	Absolute Temperatur	Temperatur nach °C	1 cbm Dampf in kg v_3	1 kg Dampf in cbm γ	Flussigkeitswarme q	Verdampfungswarme r	Innere Verdampfungswarme ϱ	Äußere Verdampfungswarme ψ	Energie des Dampfes u
25	496,0	223,0	0,0829	12,063	227,9	448	400	47,8	627,9
30	505,9	232,9	0,0696	14,368	238,6	439	391	48,0	629,6
40	522,3	249,3	0,0524	19,084	257,0	422	374	48,0	631,0
50	535,8	262,8	0,0416	24,038	271,8	407	360	47,3	631,8
100	582,7	309,7	0,0189	52,910	326,4	328	287	41,0	613,4
150	613,7	340,7	0,0106	94,34	373,8	244	212	31,6	585,8
200	637,4	364,4	0,0059	169,50	425,8	146	127	18,8	552,8
224	647,0	374,0	0,0029	344,80	499,3	0	0	0,0	499,3

Man ersieht hieraus, daß die Energie des Dampfes einen Höchstwert bei 42,0 Atm zu 632 kcal hat.

Gesättigtes Ammoniak per 1 kg[1]).

Temperatur in °C	Druck in kg/qcm	1 kg Dampf in cbm	1 cbm Dampf in kg	Wärmeinhalt der Flüssigkeit i_2	Wärmeinhalt des Dampfes i_3	Verdampfungswarme $i_3 - i_2 = r$	Innere Verdampfungswarme ϱ	Äußere Verdampfungswarme ψ	Entropie der Flüssigkeit s_2	Entropie des Dampfes s_3	$s_3 - s_2 = \dfrac{r}{T}$
−30	1,192	0,9857	1,013	−32,72	295,2	327,9	300,4	27,52	−0,1265	1,2234	1,3499
−20	1,900	0,6373	1,570	−22,03	298,7	320,8	292,5	28,30	−0,0835	1,1850	1,2685
−10	2,923	0,4247	2,355	−11,13	301,9	313,0	284,0	28,95	−0,0414	1,1490	1,1904
− 5	3,579	0,3505	2,853	− 5,59	303,3	308,8	279,5	29,24	−0,0206	1,1315	1,1521
0	4,347	0,2914	3,432	0	304,4	304,4	274,9	29,50	0	1,1158	1,1158
+ 5	5,242	0,2439	4,103	+ 5,65	305,5	299,9	270,2	29,73	+0,0205	1,0998	1,0793
+10	6,271	0,2051	4,874	+11,35	306,6	295,0	265,1	29,89	+0,0405	1,0825	1,0420
+20	8,792	0,1749	6,768	+22,95	307,7	284,7	254,6	30,11	+0,0805	1,0513	0,9708
+30	12,009	0,1087	9,205	+34,79	308,3	273,5	243,4	30,08	+0,1207	1,0213	0,9006
+40	16,011	0,0814	12,289	+46,87	308,0	261,0	231,1	29,85	+0,1583	0,9922	0,8338

Gesattigte schweflige Saure per 1 kg[2]).

Temperatur in °C	Druck in kg/qcm	1 kg Dampf in cbm	1 cbm Dampf in kg	Wärmeinhalt der Flüssigkeit i_2	Wärmeinhalt des Dampfes i_3	Verdampfungswarme $i_3 - i_2 = r$	Innere Verdampfungswarme ϱ	äußere Verdampfungswarme ψ	Entropie der Flüssigkeit s_2	Entropie des Dampfes s_3	$s_3 - s_2 = \dfrac{r}{T}$
−30	0,39	0,822	1,217	− 9,05	88,72	97,77	90,27	7,50	−0,0351	0,3672	0,4023
−20	0,65	0,513	1,950	− 6,15	89,77	95,92	88,12	7,80	−0,0234	0,3557	0,3791
−10	1,04	0,330	3,024	− 3,14	90,46	93,60	85,57	8,30	−0,0117	0,3442	0,3559
− 5	1,29	0,270	3,708	− 1,58	90,96	92,27	84,15	8,12	−0,0059	0,3385	0,3443
0	1,58	0,223	4,490	0	90,82	90,62	82,62	8,20	0	0,3327	0,3327
+ 5	1,93	0,184	5,443	+ 1,61	90,86	89,25	80,99	8,26	+0,0059	0,3269	0,3210
+10	2,34	0,152	6,592	+ 3,25	90,81	87,56	79,28	8,28	+0,0117	0,3212	0,3094
+20	3,35	0,107	9,372	+ 6,62	90,47	83,85	75,55	8,30	+0,0234	0,3096	0,2862
+30	4,67	0,076	13,210	+10,11	89,78	79,67	71,44	8,23	+0,0351	0,2981	0,2629
+40	6,35	0,055	18,282	+13,71	88,74	75,03	66,95	8,08	+0,0468	0,2865	0,2397

[1]) Nach Versuchen von *Wobsa* und *Dieterici*; ferner Zeitschrift des Vereins deutscher Ingenieure **68**, 1924, Nr. 31: Zur Thermodynamik von Ammoniak und Wasserdampf von *Landsberg*.

[2]) Nach Versuchen von *Cailletet* und *Mathias*.

Gesättigte Kohlensäure per 1 kg.[1]

Temperatur in ° C	Druck in kg/qcm	1 kg Flussigkeit in cbm	1 kg Dampf in cbm	1 cbm Dampf in kg	Warmeinhalt der Flussigkeit i_2	des Dampfes i_3	Verdampfungswarme $i_3-i_2=r$	innere Verdampfungswarme ϱ	außere Verdampfungswarme ψ	Entropie der Flussigkeit s_3	des Dampfes s_2	$s_3-s_2 = \dfrac{r}{T}$
—30	15,0	0,00097	0,02697	37,1	—14,29	55,78	70,07	60,96	9,11	—0,0533	0.2350	0,2883
—20	20,3	0,00100	0,01954	51,2	— 9,93	56,11	66,04	57,21	8,83	—0,0363	0,2248	0,2611
—10	27,1	0,00104	0,01426	7,01	— 5,01	55,97	61,18	52,80	8,38	—0,0186	0,2140	0,2326
— 5	31,0	0,00107	0,01218	82,1	— 2,68	55,68	58,36	50,27	8,08	—0,0095	0,2083	0,2178
0	35,4	0,00110	0,01041	96,2	0	55,19	55,19	47,47	7,72	0	0,2021	0,2021
+ 5	40,3	0,00113	0,00887	112,7	+ 2,87	54,49	51,62	44,31	7,31	+0,0099	0,1956	0,1857
+10	45,7	0,00117	0,00752	133,0	+ 5,98	53,50	47,52	40,73	6,79	+0,0205	0,1884	0,1679
+20	58,1	0,00131	0,00524	191,0	+13,45	50,20	36,75	31,41	5,34	+0,0452	0,1707	0,1255
+30	73,1	0,00167	0,00296	338,0	+26,39	41,32	14,93	12,72	2,21	+0,0868	0,1361	0,0493

Spezifische Warme in kcal/kg.

Aluminium	0,210	Kupfer	0,095	Silber	0,560
Blei	0,031	Messing	0,092	Zink	0,096
Eisen	0,114	Nickel	0,110	Zinn	0,056
Gold	0,031	Quecksilber	0,033		

Basalt	0,200	Kalksandstein . . .	0,220	Paraffin	0,600
Beton	0,270	Koks	0,200	Sandstein	0,220
Eis	0,505	Korkstein . . . '. .	0,250	Schlacke	0,180
Glas	0,195	Mauerwerk 0,200 bis	0,300	Tannenholz	0,650
Holz . . . 0,510 bis	0,650	Öl (fest)	0,350	Ziegelsteine 0,190 bis	0,241

Äther	0,520	Flussige schwefl.Saure	0,320	Öl	0,400
Alkohol	0,600	Glycerin	0,580	Petroleum	0,510
Ammoniak	1,000	Gummimasse . . .	0,820	Wasser	1,000

	Proz. Wasser	spez. Wärme vor dem Erstarren	nach	Schmelzwarme
Mageres Fleisch	72	0,77	0,41	57
Fettes Fleisch	51	0,60	0,34	40
Fettes Schweinefleisch	39	0,51	0,30	31
Kalbfleisch	63	0,70	0,39	50
Eier	70	0,76	0,40	56
Kartoffeln	74	0,80	0,42	58
Kohl	91	0,93	0,48	73
Milch	87	0,90	0,47	69
Aal	62	0,69	0,38	49
Huhn	74	0,80	0,42	58

Die spezifische Wärme von Gasen, die sich weit vom Sättigungspunkt entfernt haben, gibt nachstehende Tabelle[2]).

---

[1]) Nach Versuchen von *Amagat*.

[2]) Zeitschr. f. techn. Physik **4**, 1923, Nr. 12: Die spezifische Warme der Luft bei 0 bis 200 Atm und —80 bis 250°.

Gas	Zeichen	Molekulargewicht μ	Gewicht in kg von 1 cbm bei 15° u. 1 Atm	Dichte auf Luft $=1$	Spezifische Wärme fur				$\dfrac{C_p}{C_v}$
					1 kg		1 cbm bei 15° und 1 Atm		
					c_p	c_v	c_p	c_v	
Helium	He	3,99	0,163	0,137	1,250	0,750	0,203	0,122	1,667
Argon	A	39,88	1,633	1,376	0,124	0,075	0,203	0,122	1,667
Luft	—	28,95	1,186	1,000	0,240	0,172	0,286	0,204	1,400
Sauerstoff . .	O_2	32,00	1,310	1,105	0,218	0,156	0,286	0,204	1,400
Stickstoff . . .	N_2	28,02	1,147	0,967	0,249	0,178	0,286	0,204	1,400
Wasserstoff . .	H_2	2,016	0,083	0,069	3,405	0,242	0,282	0,200	1,407
Kohlenoxyd . .	CO	28,00	1,147	0,967	0,250	0,179	0,287	0,205	1,398
Kohlensàure .	CO_2	44,00	1,801	1,518	0,210	0,165	0,380	0,300	1,280
Wasserdampf .	H_2O	18,02	0,738	0,622	0,500	1,390	0,370	0,280	1,280
Schweflige Saure	SO_2	64,07	2,624	2,212	0,154	0,123	0,400	0,320	1,250
Ammoniak . .	NH_3	17,03	0,697	0,588	0,530	0,410	0,370	0,285	1,290
Methan	CH_4	16,03	0,656	0,553	0,590	0,460	0,390	0,300	1,280
Äthylen . . .	C_2H_4	28,03	1,148	0,968	0,400	0,320	0,460	0,370	1,250
Acetylen . . .	C_2H_2	26,02	1,066	0,899	0,370	0,290	0,390	0,310	1,260

Die spezifische Wärme des Ammoniakdampfes wurde ausführlich untersucht. Die Resultate finden sich in „Tables of thermodynamic properties of ammonia", Circular 142 of the „Bureau of Standards" (Bezug durch Government Printing Office in Washington). Auszug findet sich in der Zeitschrift des Vereins deutscher Ingenieure Bd. 68, Nr. 13, S. 316 und 317. Die Variation ist:

$$
\begin{array}{llllll}
20 & \text{phys. Atm.} & \text{Sättigung} & 49,9° & c_p = 0,9186 \\
20 & \text{,,} & \text{,,} & 150,0° & c_p = 0,6223 \\
10 & \text{,,} & \text{,,} & \text{Sättigung } 25,3° & c_p = 0,7575 \\
10 & \text{,,} & \text{,:} & 150,0° & c_p = 0,5860 \\
1 & \text{,,} & \text{,,} & \text{Sattigung } 33,5° & c_p = 0,5593 \\
1 & \text{,,} & \text{,,} & 150,0° & c_p = 0,5563 \\
\end{array}
$$

Bemerkenswert ist, daß die spezifische Wärme bei geringen Drücken Minimalwerte aufweist, die zwischen Sättigung und 150° liegen.

$$
\begin{array}{llll}
0 & \text{phys. Atm.} & -30° & c_p = 0,4829 \\
0 & \text{,,} \quad \text{,,} & 150° & c_p = 0,5532 \\
\end{array}
$$

Wenn Gase und Dämpfe sich dem Sättigungsgebiete nähern, so ist die spezifische Wärme stark variabel, und zwar nimmt dieselbe mit der Höhe der Überhitzung ab. Für Wasserdampf ergeben sich für

Überhitzungstemperaturen $t_{ges.}$ bis $t°$ C.

| $p =$ | 1 | 2 | 4 | 8 | 12 | 20 | 26 | 30 |
$t_s =$	99,1	119,6	142,9	169,6	187,1	211,4	225,0	232,8
$t = t_s$	0,486	0,499	0,525	0,578	0,633	0,759	0,865	0,940
$t = 120$	481	—	—	—	—	—	—	—
180	474	487	512	569	—	—	—	—
240	472	482	500	539	570	689	799	893
300	473	480	495	524	555	619	675	714
400	—	483	494	514	—	—	—	—

diese Zahlenwerte als mittlere spezifische Wärmen zwischen den angegebenen Temperaturintervallen nach den Versuchen im Münchener Laboratorium für technische Physik.

Bei den Veränderungen, die die Körper durch Energiezufuhr und -Abfuhr in Form von Wärme oder mechanischer Arbeit erleiden, kommen in der Technik auch die Zustandsänderungen durch Strömung in Betracht. Für die Strömung in Rohrleitungen gilt für den stationären Zustand, wenn F der Querschnitt, w die Strömungsgeschwindigkeit, γ und v das spezifische Gewicht bzw. Volumen ist

$$F \cdot w \cdot \gamma = \text{konst.},$$

woraus weiterhin mit L_R als Reibungsenergie

$$-\,dJ + dQ = g\,w\,dw$$
$$= -\,v\,dp - dL_R$$

folgt. Wird Q und L_R vernachlässigt, so kann man die Gleichung auf die Form

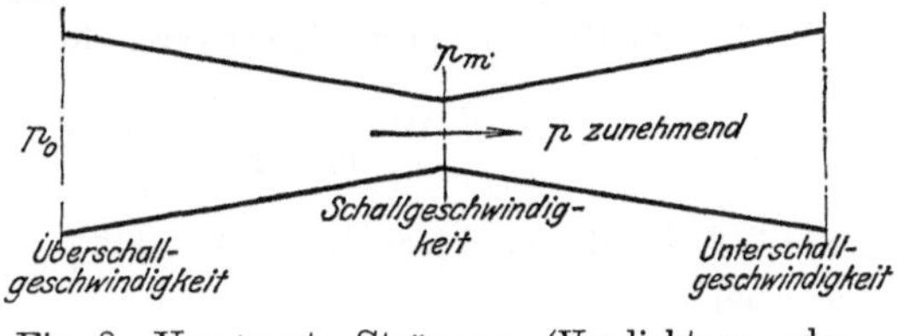

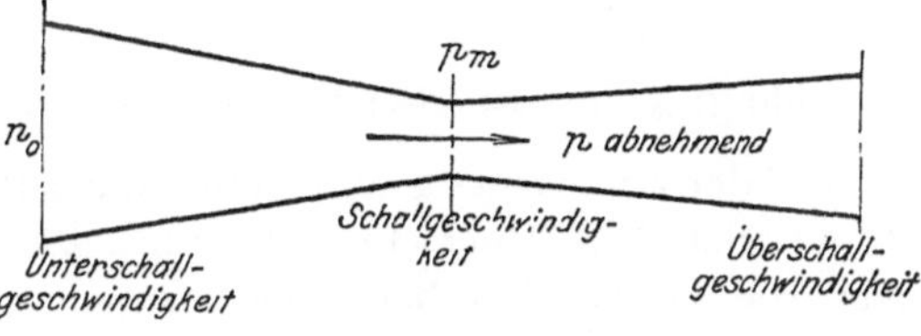

Fig. 8. Verzögerte Strömung (Verdichtung oder Kompression).

Fig. 9. Beschleunigte Strömung (Verdünnung oder Expansion).

$$\frac{dF}{F} = \left(\frac{g\,v}{w^2} - \frac{1}{k \cdot p} \right) dp$$

bringen und orhält dann die aus Fig. 8 und 9 ersichtlichen Beziehungen.

Die weiteren Erörterungen führen dann zu dem Resultat, daß für den Druck p_m im engsten Querschnitt zum Anfangsdruck p_0 die Beziehung

$$\frac{p_m}{p_0} = \left[\frac{k-1}{k+1} \cdot \frac{w_0^2}{g\,k\,p_0\,v_0} + \frac{2}{k+1} \right]^{\frac{k}{k-1}}$$

besteht, während

$$w_m = \sqrt{g\,k\,p_0\,v_0 \left(\frac{k-1}{k+1} \cdot \frac{w_0^2}{g\,k\,p_0\,v_0} + \frac{2}{k+1} \right)}$$

ist, wobei $w_{so}^2 = g\,k\,p_0\,v_0$ die dem Anfangszustande entsprechende Schallgeschwindigkeit ist.

Bei der Ausströmung aus Gefäßen wird

$$G_{\text{sek}} = \mu \cdot F \sqrt{2g \frac{m}{m-1} \cdot \frac{p_0}{v_0} \left[\left(\frac{p_a}{p_0} \right)^{\frac{2}{m}} - \left(\frac{p_a}{p_0} \right)^{\frac{k+1}{k}} \right]},$$

wo μ der Ausflußquerschnitt,
m der Exponent von $p \cdot v^m = \text{konst.},$

p_a der Außendruck,

p_0 der Innendruck in einem bestimmten Zeitpunkt
ist. Überschreitet der Innendruck eine gewisse Größe

$$p_0 \geqq \left(\frac{m+1}{2}\right)^{\frac{m}{m-1}} p_a,$$

so ist bis zu dem unteren Grenzwert, der

$$p_0 \geqq p_m = \left(\frac{m+1}{2}\right)^{\frac{m}{m-1}} p_a$$

ist, die Ausflußmenge konstant, für $p_0 < p_m$ ist die Ausflußmenge mit der Zeit
variabel[1]).

Es wird dann

$$G_{\mathrm{sek}} = \mu\,F \sqrt{\,2\,g\,\frac{m}{m-1}\cdot\frac{p_0}{v_0}\left[\left(\frac{p_a}{p_0}\right)^{\frac{2}{m}} - \left(\frac{p_a}{p_0}\right)^{\frac{m+1}{m}}\right]}$$

und hängt von $\dfrac{p_a}{p_0}$ ab, welcher Wert mit zunehmender Zeit zunimmt.

Bei der S t r ö m u n g durch eine Rohrleitung zwischen zwei Gefäßen treten
durch plötzliche Querschnittsveränderungen sog. Drosselungen auf. Wenn
man die Verhältnisse bei idealen Gasen betrachtet, so ist

$$J_2 - J_1 = \frac{w_1^2}{2\,g} - \frac{w_2^2}{2\,g}.$$

Daraus berechnet sich eine Abkühlung oder Temperatursteigerung, sofern
w_1 und w_2 voneinander verschieden sind. Diese berechnete Abkühlung stimmt
jedoch nicht mit den Versuchen überein, was daher rührt, daß bei der Drosselung die Moleküle näher aneinander rücken und sich gegenseitig beeinflussen.
Deshalb wird auch die Abkühlung oder Erwärmung von dem Druck abhängen.
Die dafür entwickelte Formel lautet:

$$d\,T = \frac{T\left(\dfrac{\partial v}{\partial T}\right) - v}{c_p}\,d\,p.$$

Die Integration dieser Gleichung kann wegen der verwickelten Verhältnisse nur annähernd erfolgen. Aus Versuchen folgt

$$T_2 - T_1 = (a - b\,p)\left(\frac{273}{T}\right)^2.$$

Es geht daraus klar hervor, daß bei Überschreiten eines gewissen Druckes
die gewöhnlich angenommene Kühlwirkung der Drosselung in eine Wärme-
wirkung übergeht, sie tritt ein für

$$T\left(\frac{\partial v}{\partial T}\right) < v.$$

---

[1]) *W. Schüle*, Technische Thermodynamik, Band II, und Großgasversorgung von
Starke, Abschnitt B, Verlag Otto Spamer, Leipzig.

Wie gestaltet sich nun die Einwirkung der **Wärmezufuhr** auf einen Körper **in chemischer Hinsicht?** Die Wärmezufuhr bringt neben der Erhöhung der Energie, die durch Temperatur und Volumveränderung meßbar ist, noch eine weitere Wirkung, und zwar eine Zersetzung einzelner Moleküle, eine **Dissoziation**[1]) hervor. Der Verband einzelner Moleküle wird gelöst, beispielsweise besteht eine Mischung von angeblich Kohlensäure und Luft in Wirklichkeit aus

Kohlensäure,   Sauerstoff,

Kohlenoxyd,   Stickstoff

und der Sauerstoff und Stickstoff haben hier infolge der Dissoziation der Kohlensäure ein anderes Verhältnis als reine Luft. Je nach der Temperatur und dem Drucke ist die eine oder andere Molekülart im Überschuß. In gleicher Weise, wie man durch Wärmezufuhr Stoffe chemisch binden oder zerlegen kann, kann zur Zerlegung oder Bindung Wärme frei werden. Denkt man sich diesen Vorgang restlos durchgeführt, d. h. werden die Teile einer entstehenden Verbindung in den Atomgewichten proportionalen Mengen zusammengeführt, so spricht man von Bildungs- oder Zusetzungs- bzw. Dissoziationswärme. Dabei kann auch äußere Arbeit geleistet oder aufgenommen werden. Ist W_p und W_v die Warmetönung bei konstanten Druck bzw. Volumen, ΔV die Volumzunahme, so ist

$$W_p = W_v - \Delta V p.$$

Wird nun bei einer chemischen Reaktion bei gleicher Anfangs- und Endtemperatur die Energie um U verkleinert, die Wärmemenge Q zugeführt und die Arbeit $\mathfrak{A}$ geleistet, so erhält man die *Helmholtz*sche Gleichung

$$\mathfrak{A} - U = T \frac{d\mathfrak{A}}{dT} = Q,$$

die für Reaktionen zwischen beliebigen Aggregatzuständen gilt. Der Druck des Gesamtgemisches setzt sich nun aus den Einzeldrucken der Bestandteile zusammen. Haben die Molekülzahlen n_1, n_2, $n_3 \ldots$ die Drucke p_1, p_2, $p_3 \ldots$ vor und n_1', n_2', $n_3' \ldots p_1'$, p_2', $p_3' \ldots$ nach der Reaktion, so ist

$$K_p = \frac{p_1^{n_1} \cdot p_2^{n_2} \cdot p_3^{n_3} \cdots}{p_1'^{n_1'} \cdot p_2'^{n_2'} \cdot p_3'^{n_3'} \cdots}$$

und mit

$$p_1 = c_1 \mathfrak{R} T \ (c \text{ die Konzentration, } \mathfrak{R} = 1{,}985),$$
$$p_2 = c_2 \mathfrak{R} T,$$
$$\cdots \cdots \cdots,$$
$$p_1' = c_1' \mathfrak{R} \cdot T,$$
$$p_2' = c_2' \mathfrak{R} \cdot T,$$
$$K_c = \frac{c_1^{n_1} \cdot c_2^{n_2} \cdot c_3^{n_3} \cdots}{c_1'^{n_1'} \cdot c_2'^{n_2'} \cdot c_3'^{n_3'} \cdots},$$
$$K_p = K_c (\mathfrak{R} T)^{\Sigma n_\lambda - n_\lambda'}.$$

---

[1]) Feuerungstechnik, 12. Jg., Heft 7, 8, 9: Technik und Reaktionsgeschwindigkeit von *Juptner*.

Damit erhält man die *van't Hoff*sche Gleichung

$$\frac{d \log K_p}{d T} = \frac{W_p}{\Re \cdot T^2} \qquad \text{oder} \qquad \frac{d \log K_c}{d T} = \frac{W_v}{\Re \cdot T^2}.$$

Durch entsprechende Umformung erhält man die maximale Arbeit einer Gasreaktion

$$\mathfrak{A} = W_p^{\cdot} - T \int \frac{d W_p}{T} - \Re \, T \, [\Sigma \, n_\lambda \, i_\lambda - \Sigma \, n_\lambda' \, i_\lambda' - (\Sigma \, n_\lambda - \Sigma \, n_\lambda') \log p] ,$$

wobei i die Dampfdruckkonstante oder chemische Konstante heißt. Sie ist von *Nernst* berechnet und hat den Wert für 1 phys. Atm bei

Wasserstoff	3,7	Kohlensäure	8,3
Stickstoff	6,0	Ammoniak	7,6
Sauerstoff	6,4	Wasserdampf	6,1
Kohlenoxyd	8,1		

Die Werte von W_p für verschiedene Stoffe sind im folgenden Schema zusammengestellt und gelten für 1 phys. Atm bei 15° C:

---

1 Mol C + 1 Mol O_2 = 1 Mol CO_2 + 97 700 kcal
12 kg + 32 kg = 44 kg + 97 700 ,,

---

1 Mol C + ½ Mol O_2 = 1 Mol CO + 29 300 kcal
12 kg + 16 kg = 28 kg + 29 300 ,,

---

1 Mol H_2 + ½ Mol O_2 = 1 Mol H_2O (flüssig) + 68 200 kcal
2 kg + 16 kg = 18 kg (flüssig) + 68 200 ,,

---

1 Mol H_2 + ½ Mol O_2 = 1 Mol H_2O (Gas) + 57 400 kcal
2 kg + 16 kg = 18 kg (Gas) + 57 400 ,,

---

1 Mol S + 1 Mol O_2 = 1 Mol SO_2 (Gas) + 71 100 kcal
32 kg + 32 kg = 64 kg + 71 100 ,,

---

1 Mol CS_2 (Gas) + 3 Mol O_2 = 1 Mol CO_2 + 2 Mol SO_2 + 265 100 kcal
76 kg + 96 kg = 44 kg + 128 kg + 265 100 ,,

---

1 Mol CS_2 (Gas) = 1 Mol CS_2 (flüssig) + 6400 kcal
76 kg (Gas) = 76 kg (flüssig) + 6400 ,,

---

1 Mol C + 2 Mol S = 1 Mol CS_2 − 19 500 kcal
12 kg + 64 kg = 76 kg − 19 500 ,,

---

1 Mol CH_4 + 2 Mol O_2 = 1 Mol CO_2 + 2 Mol H_2O (flüssig) + 211 900 kcal
16 kg + 64 kg = 44 kg + 36 kg (flüssig) + 211 900 ,,

---

1 Mol C + 2 Mol H_2 = 1 Mol CH_4 + 21 900 kcal
12 kg + 4 kg = 16 kg + 21 900 ,,

Die Werte der Dissoziation der Stoffe ändern sich, wie aus dem Vorhergehenden hervorgeht, mit dem Druck und der Temperatur. Die Ausführungen über dieses Gebiet finden sich in den Werken von *Planck*, Thermodynamik und *Schüle*, Technische Thermodynamik, auf die hier zwecks speziellen Studiums hingewiesen wird. Nachstehende Tabelle zeigt die Dissoziationsgrößen:

Kohlensäure $2\,CO + O_2 \rightleftarrows CO_2$ 1 phys. Atm
$$T = 1400 \qquad \alpha = \text{Dissoziationsgrad in Proz.} \qquad < 0,1$$
$$1700 \qquad 0,23$$
$$2000 \qquad 2,1$$
$$2500 \qquad 17,0$$
$$3000 \qquad 55,1$$

Wasserdampf $2\,H_2 + O_2 \rightleftarrows H_2O$ 1 phys. Atm
$$T = 1500 \qquad \alpha = \text{Dissoziationsgrad in Proz.} \qquad 0,03$$
$$2000 \qquad 0,57$$
$$2500 \qquad 4,1$$
$$3000 \qquad 13,0$$

Wassergas $CO + H_2O \rightleftarrows CO_2 + H_2$ 1 phys. Atm.
$$T = 800 \qquad\qquad K_p{}^1) = 0,390$$
$$1000 \qquad\qquad 0,652$$
$$1500 \qquad\qquad 2,560$$
$$2000 \qquad\qquad 4,630$$
$$2500 \qquad\qquad 6,520$$

Kohlenoxyd $C + CO_2 \rightleftarrows 2\,CO - 38\,800 \qquad K_p' = \dfrac{p_{CO_2}}{p_{CO}^2}$

$$T = 600 \qquad\qquad K_p' = 190\,500 \quad CO_2 : CO = 42,5$$
$$800 \qquad\qquad 60,3 \qquad\qquad 7,2$$
$$1000 \qquad\qquad 0,5 \qquad\qquad 0,4$$
$$1400 \qquad\qquad 0,002 \qquad\qquad 0,0$$

Kohlensäure $C + O_2 \rightleftarrows CO_2 + 97\,700 \qquad K_p' = \dfrac{p_{O_2}}{p_{CO_2}}$

$$T = 2000 \qquad\qquad K_p' = 0,16 \cdot 10^{-11}$$

Die **Neutralisationswärme** wässeriger Lösungen ergibt sich für 1 kg-Molekül in kcal:

$$(NaHCO_3\,aq) + (NaOH\,aq) = (Na_2CO_3\,aq) + 9200$$
$$CO_2\,aq + 2\,(NaOH\,aq) = (Na_2CO_3\,aq) + 20\,200$$
$$(SnCl_2 \cdot 2\,HCl\,aq) + (H_2O_2\,aq) = (SnCl_4\,aq) + 88\,800$$
$$(H_2O_2\,aq) = {}^{1}/_{2}\,O_2 + aq + 23\,200$$
$$H_2SO_4 + 5\,H_2O = H_2SO_4 \cdot 5\,H_2O + 13\,100$$
$$H_2SO_4 + 10\,H_2O = H_2SO_4 \cdot 10\,H_2O + 15\,100$$
$$H_2SO_4 + aq = H_2SO_4\,aq + 17\,900$$
$$Pb + S = PbS + 18\,400\,.$$

Die **Zuführung der Wärme** nach irgendeinem System kann auf zwei verschiedene Arten erfolgen:

1. durch Leitung,
2. durch Strahlung.

---

[1]) Der Dissoziationsgrad α, d. h. das Verhältnis des Gewichts der dissoziierten Moleküle zum Gesamtgewicht, steht mit der Gleichgewichtskonstanten K_p bei Zersetzung eines aus zwei Atomarten bestehenden Moleküls durch die Beziehung

$$K_p = p\,\frac{\alpha^3}{(1 - \alpha^2)\,(2 + \alpha)}$$

im Zusammenhang. Siehe auch Feuerungstechnik 12. Jg., 1924, Nr. 3 u. 4.

Die Wärmezuführung durch Leitung wird bei Zu- oder Abfuhr mit tropfbar-flüssigen oder gasförmigen Körpern in direkte Leitung und Konvektion unterschieden. Die direkte Leitung erfolgt entweder als gleichmäßiger Wärmefluß oder als fluktuierende Wärme. Im ersten Falle ist

$$dQ = \lambda \cdot F \cdot \frac{dT}{dx} \cdot dz,$$

wobei z die Zeit bedeutet, im zweiten Falle ist mit $\lambda_0 = \dfrac{\lambda}{G \cdot c}$

$$\frac{dT}{dz} = \lambda_0 \frac{d^2 T}{dx^2} = \lambda_0 \operatorname{div}(\operatorname{grad} T).\ [1])$$

Die Wärmeleitzahl λ ist nur wenig von der Temperatur und dem Drucke abhängig. Dieselbe hat folgende Werte:

Warmeleitzahl λ in kcal/qm-Std./1° C.

Fur Alkohol	. . . .	$\lambda = 0{,}18$
„ Aluminium	. . . .	$\lambda = 175$
„ Beton 1 : 4	. . . .	$\lambda = 0{,}65$
„ Eis	. . . .	$\lambda = 1{,}5$
„ Eisen	. . . .	$\lambda = 56$
„ Kalkstein	. . . .	$\lambda = 0{,}80$
„ Kiefernholz $\perp$-Faser	. . . .	$\lambda = 0{,}13$
$\parallel$-Faser	. . . .	$\lambda = 0{,}30$
„ Kupfer	. . . .	$\lambda = 320$
„ Linoleum	. . . .	$\lambda = 0{,}16$
„ Porzellan	. . . .	$\lambda = 0{,}90$
„ Chamotte bei 50°	. . . .	$\lambda = 0{,}50$
„ 550°	. . . .	$\lambda = 1{,}32$
„ Steinkohle	. . . .	$\lambda = 0{,}12$
„ Wasser	. . . .	$\lambda = 0{,}50$
„ Zement	. . . .	$\lambda = 0{,}78$
„ Ziegelmauerwerk	. . . .	$\lambda = 0{,}35$
„ Zink	. . . .	$\lambda = 0{,}54$

„ Asbest	bei $-100°$	$\lambda = 0{,}190$ [2])	$\Big\}$ 1 cbm $=$ 702 kg
	„ 0°	$\lambda = 0{,}201$	
	„ $+100°$	$\lambda = 0{,}167$	1 cbm $=$ 576 kg
„ Kieselguhr	„ 0°	$\lambda = 0{,}052$	$\Big\}$ 1 cbm $=$ 350 kg
	„ 100°	$\lambda = 0{,}060$	
„ Baumwolle	„ 0°	$\lambda = 0{,}047$	$\Big\}$ 1 cbm $=$ 81 kg
	„ 100°	$\lambda = 0{,}059$	
„ Sagemehl	. . . .	$\lambda = 0{,}055$	1 cbm $=$ 215 kg
„ Chromsteine	. . . .	$\lambda = 1{,}62$ bis $2{,}16$ [3])	
„ Magnesitsteine (amorph)	. . . .	$\lambda = 0{,}43$ bis $0{,}65$	
„ Magnesitsteine (krystallinisch)	. .	$\lambda = 2{,}39$ bis $4{,}35$	
„ Quarz $-190°$ $\perp$	. . . .	$\lambda = 21{,}1$	
„ „ 0° $\perp$	. . . .	$\lambda = 6{,}2$	

---

[1]) *Lorentz*, Lehrbuch der technischen Physik, II. Band, Warmelehre, Munchen, R. Oldenbourg, und *Gröber*, Die Grundgesetze der Warmeleitung und des Warmeübergangs, Berlin, Julius Springer.

[2]) Refrigerating Engineering 1924, 10, S. 256—279.

[3]) Zeitschr. d. Ver. deutsch. Ing. Bd. 68, Nr. 8, S. 181: Warmeleitvermögen feuerfester Steine bei hohen Temperaturen.

$$\text{Für Quarz} \quad 100° \perp \quad \ldots\ldots\ldots \quad \lambda = 4{,}8$$
$$\text{,,} \qquad \text{,,} \quad -190° \parallel \quad \ldots\ldots\ldots \quad \lambda = 42{,}1$$
$$\text{,,} \qquad \text{,,} \qquad 0° \parallel \quad \ldots\ldots\ldots \quad \lambda = 11{,}7$$
$$\text{,,} \qquad \text{,,} \quad 100° \parallel \quad \ldots\ldots\ldots \quad \lambda = 7{,}7$$

Wird nun in einem homogenen Körper zwischen zwei parallelen Flächen, bei denen stetig Wärme über die Temperatur T_0 nach T_2 fließt, die eine Fläche plötzlich auf T_1 erhitzt, so entsteht zunächst das Temperaturgefälle $T_1\,T_2$, das im Beharrungszustande allmählich auf $T_1\,T_2'$ übergeht. Die Darstellung ergibt aus Fig. 10 das **Temperaturleitgesetz**.

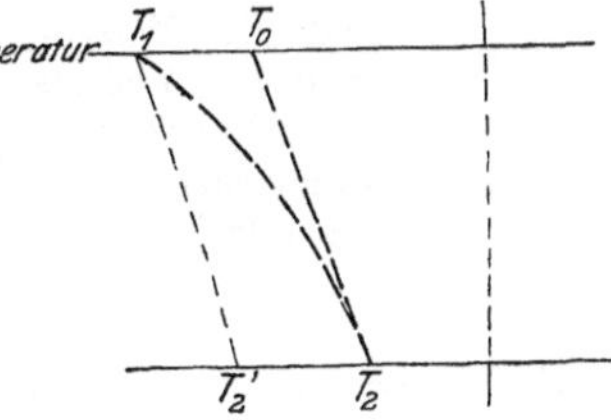

Fig. 10. Temperaturgefälle.

Für den Abstand der Einheit von T_1 und T_2 seien die Temperaturgefälle $\varDelta T_1$ und $\varDelta T_2$ und damit die Wärmemenge, welche durch die Flächeneinheit geht,

$$Q_1 = \lambda\,\varDelta T_1 \quad \text{und} \quad Q_2 = \lambda\,\varDelta T_2 \,.$$

Zwischen den Flächen wird die Wärmemenge $Q_1 - Q_2$ aufgenommen, welche die Gewichtsmenge G mit der spezifischen Wärme c um $\varDelta T$ erhöht, also

$$G \cdot c \cdot \varDelta T = \lambda(\varDelta T_1 - \varDelta T_2)$$
$$\varDelta T = \frac{\lambda}{G \cdot c}(\varDelta T_1 - \varDelta T_2)\,,$$

$\dfrac{\lambda}{G \cdot c}$ wird das Temperaturleitvermögen genannt. Die Werte λ, welche das innere Leitvermögen angeben, verlangen einen steten Wärmefluß in einer bestimmten Richtung. Die Temperatur zwischen zwei Punkten nimmt stetig ab oder zu, sofern stationäre Strömung vorhanden ist.

Um jedoch einem Körper Wärme zuzuführen, muß dieselbe durch die Oberfläche zugeführt werden. Dies geschieht

    1. durch direkte Berührung, wobei der Wärmeübergangswiderstand überwunden werden muß,

    2. wie, schon erwähnt, durch Strahlung.

Die durch die Oberfläche gehende Wärmemenge ist

$$dQ_k = \alpha\,\varDelta T$$

für die Flächeneinheit und die Zeiteinheit, wobei direkter Übergang zwischen festen Körpern, flüssigen Körpern oder Gasen (Konvektion) möglich ist. Tritt auch noch Wärme durch Strahlung hinzu, so kann man jedenfalls setzen

$$Q_s = \alpha_s\,dt$$

und damit

$$Q_k + Q_s = Q_1 = (\alpha + \alpha_s)\,dt = \beta\,dt\,.$$

Ist nun die Eintrittseite mit 1, die Austrittsseite mit 2 bezeichnet, so ist für die Dicke x mit der Temperatur t_1 des einen Mediums auf der einen, t_2

der anderen Seite des anderen Mediums, die gesamte durch eine Wand strömende Wärme pro Flächen- und Zeiteinheit

$$Q = \frac{t_1 - t_2}{\dfrac{1}{\beta_1} + \dfrac{x}{\lambda} + \dfrac{1}{\beta_2}} = k\,(t_1 - t_2)\,.$$

k heißt die Wärmedurchgangszahl[1]). An Zahlenwerten ist für kcal per 1 qm und Stunde

siedendes Wasser . . . . $\alpha = 2000$ bis 6000
ruhendes, nicht siedendes Wasser . . . $\alpha = 500$ bis 3000
mit Rührwerk bewegtes Wasser . . . . $\alpha = 2000$ bis 4000
kondensierter Wasserdampf . . . . . . $\alpha = $ max. $10\,000$
ruhende Luft . . . . $\alpha = 3{,}0 + 0{,}08\,\varDelta T\,(\varDelta T < 10°)$
$$\alpha = 2{,}2\sqrt[4]{\varDelta T}\,(\varDelta T > 10°).$$

Bei Gasen und Dämpfen, die um Rohre oder in Rohren strömen, sind besonders von *Nusselt* ausführliche Versuche vorgenommen und die Werte von β bestimmt worden. Sie zeigen die Abhängigkeit von w und γ.

Die Wärmestrahlung selbst ist für einen absolut schwarzen Körper nach dem *Stefan-Boltzmann*schen Gesetz

$$Q_s = 4{,}76\left[\left(\frac{T_1}{100}\right)^4 - \left(\frac{T_2}{100}\right)^4\right].\;{}^{2})$$

Der Wert $e = 4{,}76$ gilt nur für absolut schwarze Körper, also einen Körper, der alle auf ihn fallende Energie absorbiert. Ist nun e das Emissionsvermögen des absolut schwarzen Körpers, e_1 das Emissions-, a_1 das Absorptionsvermögen eines bestimmten Körpers, so ist

$$\frac{a_1}{e_1} = \frac{1}{e}\,.$$

Die nebenstehende Tabelle ergibt die Werte von e.

Nusselt und *Gerbel* haben die Formel auf tatsächliche Verhältnisse umgerechnet; es tritt dann an Stelle des Wertes $4{,}76\,{}^{2})$

bei Strahlung im geschlossenen Hohlraum $C = \dfrac{1}{\dfrac{1}{e_2} + \dfrac{F_2}{F_1}\left(\dfrac{1}{e_1} - \dfrac{1}{4{,}76}\right)}$

bei Strahlung naher paralleler Flächen $\quad C = \dfrac{1}{\dfrac{1}{e_1} + \dfrac{1}{e_2} - \dfrac{1}{4{,}76}}$

bei Strahlung geneigter Flächen $\quad C = \dfrac{e_1 \cdot e_2}{4{,}76}\,.$

Wichtig ist die Strahlung der Gewölbe in Dampfkesseln und industriellen Öfen. Ist für zwei Flächenstücke F_1 und F_2 die mittlere Entfernung r und die

---

[1]) Mitteilungen der Wärmestelle des Vereins deutscher Eisenhüttenleute, Heft 51.

[2]) *Valentiner*, Die Grundlagen der Quantentheorie, Braunschweig, Fr. Vieweg; ferner *Planck*, Theorie der Wärmestrahlung, Leipzig, Johann Ambrosius Barth; ferner Mitteilungen der Wärmestelle des Vereins deutscher Eisenhüttenleute, Heft 51. Laut neueren Forschungen nimmt man die Zahl $e = 4{,}9$, als der Wirklichkeit am nächsten kommend, an.

Neigung zwischen Verbindungslinie und jeweiliger Flächennormale α_1 und α_2, so ist

$$Q_s = C \frac{F_1 \cdot F_2}{r^2 \pi} \cos \alpha_1 \cdot \cos \alpha_2 \left[\left(\frac{T_1}{100} \right)^4 - \left(\frac{T_2}{100} \right)^4 \right].$$

$$= C \frac{F_1 \cdot F_2}{r^2 \pi} \cdot \cos \alpha_1 \cdot \cos \alpha_2 \left[\left(\frac{T_1}{100} \right)^2 + \left(\frac{T_2}{100} \right)^2 \right] \left[\left(\frac{T_1}{100} \right) + \left(\frac{T_2}{100} \right) \right] \left[\left(\frac{T_1}{100} \right) - \left(\frac{T_2}{100} \right) \right]$$

$$= C \frac{F_1 \cdot F_2}{r^2 \pi} \cdot \cos \alpha_1 \cdot \cos \alpha_2 \left[\left(\frac{T_1}{100} \right)^2 + \left(\frac{T_2}{100} \right)^2 \right] \left[\left(\frac{T_1}{100} \right) + \left(\frac{T_2}{100} \right) \right] [T_1 - T_2]$$

$$= \alpha_s (T_1 - T_2)$$

Körper	Oberflache	Temperaturbereich in ° C	e
Absolut schwarzer Körper . .	Hohlkugel gleicher Temperatur mit kleiner Öffnung	−180 bis +1262	4,76
Glas	glatt	20	44,0
Messing	matt	50 bis 350	1,03
Lampenruß	glatt	0 „ 50	4,40
Kupfer	schwach poliert	50 „ 280	0,79
Schmiedeeisen	matt, oxydiert	20 „ 360	4,40
Schmiedeeisen	blank	30 „ 108	1,60
Schmiedeeisen	hoch poliert	40 „ 250	1,33
Gußeisen	rauh, stark oxydiert	40 „ 250	4,48
Zink	matt	50 „ 290	0,97
Basalt	matt, glatt geschliffen	60 „ 200	3,42
Kalkmörtel	rauh, weiß	10 „ 90	4,30
Tonschiefer	matt, glatt geschliffen	60 „ 200	3,29
Humus	„ „ „	—	3,14
Roter Sandstein	„ „ „ .	60 bis 200	2,86
Granit	„ „ „	60 „ 200	2,12
Lehm	„ „ „	—	1,85
Ackererde	„ „ „	—	1,79
Kies	„ „ „	60 bis 200	1,37
Wasser	„ „ „	60	3,20
Eis	„ „ „	0	3,06

Über den Zusammenhang zwischen Wärme und Elektrizität sei auf *Riecke*, Lehrbuch der Physik, Bd. II verwiesen; im fünften Teil wird die Thermoelektrizität behandelt. Sind T_1 und T_2 die Temperaturen der zwei Lötstellen, A und B zwei Metalle, die zusammengelötet sind, so ist die

$$E = (\alpha_A - \alpha_B)(T_2 - T_1) + \frac{\beta_A - \beta_B}{2}(T_2^2 - T_1^2)$$

mit den Werten für

	Selen	Eisen	Platin	Kupfer	Blei	Wismut ⊥
α	+807,000	17,340	2,600	1,360	0	−45,000
β	—	−0,049	−0,008	0,009	0	—

wobei E in Volt gemessen ist.

Wärme wird bei jeder mechanischen Bewegung erzeugt. Ist die mechanische Arbeit, die zur Erzeugung der Wärme dient, bekannt, so läßt sich dieselbe sofort mit Hilfe des Wärmeäquivalents in kcal bestimmen. Strömt ein flüssiger oder gasförmiger Körper langs eines festen Körpers, so teilt sich die Reibung in zwei Teile: innere Reibung und äußere Reibung. Für die innere Reibung R_i gilt das Gesetz

$$R_i = \eta\, F\, \frac{d\,w}{d\,\delta} \text{ in Dynen,}$$

wo w die Geschwindigkeit in cm, F der Querschnitt in qcm ist und δ die Dicke der Flüssigkeitsschicht bedeutet. Es ist nun

fur Wasser . . . . $\eta\,{}^1) = 0{,}0178$	bei	$0°$ C
$0{,}0131$	„	$10°$ C
$0{,}0101$	„	$20°$ C
$0{,}0081$	„	$30°$ C
$0{,}0027$	„	$100°$ C
„ Quecksilber . . . . $0{,}0159$	„	$20°$ C
„ Alkohol . . . . $0{,}0131$	„	$20°$ C
„ Benzol . . . . $0{,}0658$	„	$20°$ C

und für Gase

$$\eta = \eta_0\, \frac{1 + \dfrac{C}{273}}{1 + \dfrac{C}{T}} \sqrt{\frac{T}{273}}$$

mit

$$\eta_0 \text{ für } -180 \text{ bis } 2200°\,C$$

bei Luft	$\eta_0 = 0{,}000\,166$	$C = 114$
„ Kohlensaure	$\eta_0 = 0{,}000\,137$	$C = 260$
„ Wasserdampf	$\eta_0 = 0{,}000\,087$	$C = 0\,.$

Die äußere Reibung wird nach

$$R_a = K \cdot \gamma \cdot u \cdot L \cdot \frac{w^2}{2\,g}$$

berechnet, wo γ das spezifische Gewicht, u den benetzten Umfang, L die Länge des Kanals oder Rohres und w die Geschwindigkeit bedeutet. Der Wert K ist ein Erfahrungswert, der für die verschiedenen Stoffe und Querschnitte variiert [2]).

Die Gesamtreibung [3]) ist demnach

$$R = R_a + R_i\,.$$

---

[1]) Zeitschr. f. angew. Chemie **57**, 1924, Nr. 1: Zur Temperaturabhangigkeit der Viscositat von *Konig*.

[2]) „Hütte" Band I, 2. Abschnitt: Mechanik. — *Huttig*, Heizungs- und Luftungsanlagen in Fabriken. Verlag Otto Spamer, Leipzig, Kap. IX. — Zeitschrift des Vereins deutscher Ingenieure **66**, 1922, S. 178, und Großgasversorgung von *Starke*, Abschnitt B. Verlag Otto Spamer, Leipzig.

[3]) Zeitschrift des Vereins deutscher Ingenieure **68**, 1924, Nr. 22: Der Druckabfall in glatten Rohren und die Durchlaßziffer in Normaldusen von *Jakob* und *Erck*.

Sie ist in der Grundgleichung der Energie mit zu berücksichtigen und tritt auf als Teil der zugeführten Wärmemenge Q bzw. Änderung der lebendigen Kraft des Systems. Ist U die innere Energie, M die lebendige Kraft, Q die zugeführte Wärmemenge, L die auf das System geleistete äußere Arbeit, R die durch Reibung verbrauchte Arbeit und Q' die zur Veränderung der inneren Energie in Erscheinung tretende Wärmemenge, sowie L' die effektiv in Erscheinung tretende äußere auf das System geleistete Arbeit, M' die lebendige Kraft, wenn die Reibung ausgeglichen werden soll, so ist die Gesamtenergie

$$dE = dU + dM = dQ + dL + dM,$$
$$dQ + dL = dQ' + dL' + dR,$$
$$dM = dM' - dR.$$

Weitere in das Gebiet der Wärmetheorie fallende Gesetze werden bei den einzelnen Spezialgebieten behandelt.

2. Brennstoffe und ihre Verbrennung.

Die in der Natur vorkommende Energie läßt sich in terrestrische und solare teilen.

Die terrestrische Energie stammt aus der Erde selbst; sie tritt in Erscheinung als Erdwärme, die ausgestrahlt wird, und die zu gewinnen bislang noch nicht gelungen ist. Beim Eindringen in das Erdinnere erhöht sich die Temperatur und geht daher Wärme von selbst von innen nach außen über. Auf der anderen Seite strahlt die Sonne Wärme nach der Erde aus, die per 1 Min. und 1 qcm an der Außenfläche der Atmosphäre 2 gcal beträgt. Die Wellenbewegung, die in Ebbe und Flut sich als große Energiequelle zeigt und vornehmlich vom Monde herrührt, sowie die Winde bilden eine bedeutende Energiequelle, die der großzügigen Ausnutzung noch harren.

Die terrestrische und solare Energie zeigt sich vereint in den Wasserkräften der ins Meer strömenden Flüsse. Die Verdampfung des Wassers, besonders der Meere, führt dem Boden Wasser zu, das in Form von Strömen und Grundwasser wieder dem Meere zufließt. Weiter wird neben den Wasserkräften in bedeutendem Umfang die in Form von fühlbarer und latenter Wärme gegebene Energie: heiße Gase, heiße Quellen[1]), Holz, Torf, Braunkohle, Steinkohle und Erdöl[2]) ausgenutzt. Die wirtschaftliche Verwertung gerade dieser Stoffe ist der wichtigste Teil der Wärmewirtschaft. Die terrestrischen Energieformen: Rotation der Erde, Bewegung der Erde in ihrer Bahn, Schwingung der Erdachse können noch nicht ausgenutzt werden. Es sei hier noch auf eine Energieform, diejenige der Elemente in ihren Bestandteilen und diejenige des Äthers, hingewiesen. Die Energie[3]) der Elemente setzt sich zusammen aus:

1. einem minimalen Teile, der die Moleküle zusammenhält;
2. einem größeren Teile, der die Atome im Molekül zusammenhält;
3. einem noch größeren Teil, der die Bausteine des Atoms, den positiven Atomkern und die negativen Elektronen zusammenhält;
4. dem größten Teil als der Eigenenergie des Atomkerns und der Elektronen selbst.

Von dieser Energie können wir die unter 1. und 2. angegebene verwerten, die unter 3. genannte entspricht dem radioaktiven Zerfall, ist also unserer

---

[1]) Feuerungstechnik XII, 1924, Heft 18 und 19: Die natürlichen Dampfquellen von Larderello von *Okrassa*. — Mechanical Engineering 46, 1924, Nr. 8, S. 446 bis 449.

[2]) Zeitschrift des Vereins deutscher Ingenieure 68, 1924, Nr. 19: Die Entwicklung der Erdölfrage seit dem Jahre 1911 von *Schlawe*.

[3]) Elektrotechnische Zeitschrift 45, 1924, Heft 34: Über Atomtheorie von *M. Born*.

Einwirkung entzogen. Die unter 4. angeführte Energie können wir — Gott sei Dank, wie manche Physiker sich ausdrücken — nicht zur Explosion bringen.

Der unter 3. erwähnte radioaktive Zerfall geht nach ganz bestimmten Gesetzen vor sich. Eine wirksame Einwirkung auf die Größe dieses Zerfalls und damit die in einer bestimmten Zeit zu gewinnende Energiemenge ist nicht möglich. Daher ist die Verwertung in wärmetechnischer oder mechanischer Richtung, ausgenommen die physiologische, vorläufig ausgeschlossen. Was die Energiemenge anbelangt, so ist die Zerfallsenergie von 1 g R_a

$$R_a - R_a \text{ Emanation} - R_a A - R_a B - R_a C = 122 \quad \text{gcal-St.},$$

während für die Zerfallszeit die auf die Hälfte des ursprünglichen Energieinhalts bestimmte sog. Halbwertszeit bei

$$R_a \ldots \ldots \ldots \ldots \ldots \ldots \ldots \quad 1750 \quad \text{Jahre}$$
$$R_a C \ldots \ldots \ldots \ldots \ldots \ldots \ldots \quad 1^1/_2 \quad \text{,,}$$

ist. Der radioaktive Zerfall ist ein spontaner, weder durch Druck, Temperatur noch Elektrisierung läßt er sich beschleunigen; es zeigt sich hier die Natur des Weltgeschehens potentiell → kinetisch in durchsichtiger Form und damit nach dem zweiten Hauptsatz der Wärmetheorie die Vergrößerung der Entropie. Da dieselbe jedoch eine Wahrscheinlichkeitsform ist, so ist es nicht ausgeschlossen, daß auch der umgekehrte Vorgang eintreten kann, womit die Rückbildung kinetisch—potentiell gegeben wäre. Damit ist dann die Geschichte mit dem Wärmetod erledigt.

Was die Energie der Urstoffe, also des positiven Atomkernes und des Elektrons betrifft, so sind die Anschauungen hier noch nicht einheitlich. Man unterscheidet vorläufig bei beiden Teilen eine mechanische und eine elektromagnetische Masse[1]). Bezüglich der Energie, die im Äther aufgespeichert ist, sei bemerkt, daß der Energieinhalt mit mindestens

$$t = 0{,}36 \cdot 10^6 \text{ gcal pro 1 ccm für die Nullpunktsenergie}$$

berechnet wird.

Der Energieinhalt der Materie in den vorgeführten vier Stadien beträgt im ganzen

$$\text{in 1 kg C} \ldots \ldots \ldots \ldots \ldots \quad 1{,}3 \cdot 10^{24} \text{ Erg}$$
$$\text{in 1 kg H}_2\text{O} \ldots \ldots \ldots \ldots \quad 9{,}0 \cdot 10^{23} \text{ Erg}^2)$$

Wenn man bedenkt, welchen kleinen Teil wir davon nur nutzbar machen können, so ist ersichtlich, welch weites Feld noch auf diesem Gebiete zu bearbeiten ist, und wie gering bis jetzt unsere Möglichkeiten zur Ausnutzung der Energie sind.

Wenn es uns in einem Jahrtausend nicht gelingt, die vielen hier angegebenen Energiequellen zu verwerten, so wird unsere hauptsächliche Energie-

---

[1]) *Riecke*, Lehrbuch der Physik, II. Band, 16. Teil, 18. Teil. — *Hermann Weyl*, Raum, Zeit, Materie. Berlin, Julius Springer. Siehe auch Berliner Tageblatt Nr. 189: 1924, Das Komptonsche Experiment von *Albert Einstein*.

[2]) *Hermann Weyl*, Raum, Zeit, Materie. Berlin 1919, Julius Springer, 24, Die Materie.

quelle für die Wärme, die uns in Form von Kohlen und Erdölen gegeben ist, versiegen. Abgesehen von den heute in erster Linie in Betracht zu ziehenden pekuniären Gesichtspunkten ist auch vom energetischen Standpunkte aus eine möglichst rationelle Verwertung der Kohlen und der Erdöle dringend geboten[1]).

Ehe auf die näheren Prozesse der Warmeerzeugung eingegangen wird, soll eine allgemeine Beschreibung der vorhandenen Brennstoffe vorangehen.

Die aus der Natur gewonnenen und mit Sauerstoff verbrannten Stoffe bestehen an nutzbaren Stoffen aus Kohle (C), Wasserstoff (H_2), Schwefel (S_2); beigemengt sind in den meisten Fällen Sauerstoff (O_2), Stickstoff (N_2) und mineralische Bestandteile, wie Eisen (Fe_2), Calcium (Ca_2), Natrium (Na_2) usw. Diese Stoffe kommen sowohl als reine Elementenmolekel als auch in mannigfaltigen Verbindungen, wie Wasser (H_2O), Methan (CH_4), Äthylen (C_2H_4), Eisenoxyd (F_2O_3) u. a. m. vor. Am wertvollsten sind die reinen Elementenmolekel C, H_2, S_2 für die technische Verwertung zur Erzeugung von Wärme, da sie bei ihrer Verbrennung zu CO_2, H_2O und SO_2 die größte Wärmemenge ergeben. Die Verbindung CH_4, z. B. zu $CO_2 + 2\,H_2O$, ergibt eine geringere Wärmemenge als C und 4 H zu $CO_2 + 2\,H_2O$, da dortselbst erst der molekulare Zusammenhang gelöst werden muß. Die übrigen Stoffe, wie N_2, Fe_2, Ca_2 usw., sind störend, da N_2 meistens nicht verbrennt, Fe_2, Ca_2 usw. in Verbindungen als feste Rückstände bleiben, die nachher als Asche abgezogen werden müssen.

Die Brennstoffe kann man in natürlich vorkommende und künstliche unterscheiden. Erstere finden sich direkt in der Natur und werden durch mechanische und chemische Bearbeitung gebrauchsfertig gemacht[2]). Letztere werden aus ersteren durch chemische und physikalische Umarbeitung erzeugt.

Zu den natürlich vorkommenden Brennstoffen gehören:

Holz	Ölschiefer
Torf	Schwefel
Braunkohle	Erdöl
Steinkohle	Naturgas

Die künstlichen Brennstoffe sind:

Holzkohle	Spiritus
Grudekoks	Schieferöl
Gaskoks	Paraffinöl
Hüttenkoks	Solaröl
Torfbriketts	Kreosotol
Braunkohlenbriketts	Leuchtgas
Steinkohlenbriketts	Gichtgas
Teere aus Torf, Braun- und Steinkohlen	Generatorgas
Pech aus Torf, Braun- und Steinkohlen	Mischgas
Erdoldestillate wie: Benzin	Wassergas
Benzol	Koksofengas
Masut	

---

[1]) Energiewirtschaft in statistischer Beleuchtung von *Reischle* und *Wachler*, herausgeg. von der Bayerischen Landeskohlenstelle, Verlag J. A. Mahr, München.

[2]) L'Industrie Technique 1924, Nr. 6.

Ferner gehören hierher die Metalloxyde, welche durch Umsetzung des Sauerstoffes Wärme erzeugen, und die Schwarzpulver, brisanten Sprengstoffe und die hochexplosiblen Körper.

Man nimmt an, daß der in den Brennstoffen vorhandene Wasserstoff und Sauerstoff meist in der chemischen Verbindung Wasser vorliegt und dann nur der überschüssige Wasserstoff, also $H - \dfrac{O}{8}$ nach Gewichtsteilen bestimmt, im Brennstoff zur Verbrennung und demnach Wärmeentwicklung zur Verfügung steht. Beim Verbrennen unterscheidet man nach oberen und unterem Heizwert. Unter oberem versteht man diejenige Wärmemenge, welche entsteht, wenn der im Brennstoff vorhandene Wasserstoff zu flüssigem Wasser, und unter unterem diejenige Wärmemenge, welche entsteht, wenn der erwähnte Wasserstoff zu gasförmigem Wasser verbrannt wird. Bei atmosphärischem Druck unterscheiden sich beide Werte um die Verdampfungswärme des Wassers, also rund 600 kcal für 1 kg Wasser. Um nun ein Maß für die bei der Verbrennung eines Stoffes erzeugte Wärmemenge zu haben, vergleicht man die Energie des Brennstoffes zuzüglich des zur Verbrennung notwendigen Sauerstoffes vor und nach der Verbrennung und versteht unter Heizwert diejenige Wärmemenge, die abgeführt werden muß, wenn die Verbrennung bei konstantem Druck erfolgt und die Temperatur am Ende des Verbrennungsprozesses gleich derjenigen am Anfang gemacht wird.

Bedeuten C, H, O, S, w den Gehalt an Kohlenstoff, Wasserstoff, Sauerstoff, Schwefel und Wasser in 1 kg festem Brennstoff, so setzt man den unteren Heizwert[1])

$$H_u = 8100\,C + 29\,000\left(H - \frac{O}{8}\right) + 2500\,S - 600\,w$$

und den oberen Heizwert

$$H_o = 8100\,C + 29\,000\left(H - \frac{O}{8}\right) + 2500\,S\,.$$

Außer der rechnerischen Methode der Heizwertbestimmung[2]) hat man noch diejenige mittels Calorimeter; sie gibt im allgemeinen einwandfreiere Daten, da in der obigen Formel nicht evtl. vorhandene chemische Verbindungen der verschiedenen Stoffe berücksichtigt sind. Es gibt drei Arten von Calorimetern:

1. die Substanz wird unter atmosphärischem Druck im Sauerstoffstrome verbrannt (Calorimeter nach *Fischer*);
2. die Substanz wird unter höherem Sauerstoffdruck fast explosionsartig verbrannt (*Berthelot-Mahler* oder *Hempel*sche calorimetrische Bombe);
3. die Substanz wird durch chemische Umsetzung von gebundenem Sauerstoff verbrannt (Calorimeter nach *Parr*).

---

[1]) The Iron and Coal Trades Review **106**, 1923, Nr. 2882: Die Formel von *Gontal* für Kohlenbewertung.

[2]) Siehe auch Abschnitt Energiemessung, 7. Heizwert.

Bei flüssigen Brennstoffen kann die vorstehende Formel ebenfalls für annähernde Bestimmung verwandt werden.

Bei gasförmigen Brennstoffen kommen zur Verbrennung: Wasserstoff H_2 zu Wasser H_2O, Kohlenoxyd CO zu Kohlensäure CO_2 und Kohlenwasserstoffe der Form C_mH_n zu Kohlensäure und Wasser, wobei besonders Methan CH_4, Äthylen C_2H_4 und Acetylen C_2H_2 zu erwähnen sind. Bei der Verbrennung der Gase ändert sich die Molekülzahl; es ändert sich demnach auch die Gaskonstante R. Die Verbrennung der Gase erfolgt entweder bei gleichbleibendem Druck (offene Verbrennung) oder bei gleichbleibendem Volumen (geschlossene Verbrennung).

Bei einem Brennstoff führt man zweckmäßig den in den Hanomag-Nachrichten Heft 11, 1919, und Heft 2, 1920 aufgeführten Begriff der Kernsubstanz ein. Enthält 1 kg Rohbrennstoff, in der Form, wie er zur Verbrennung kommt:

c kg Kohlenstoff,

h kg Wasserstoff,

o kg Sauerstoff,

s kg Schwefel,

n kg Stickstoff,

w kg Wasser,

a kg Asche,

so ist zunächst zu beachten, daß von den s kg Schwefel ein Teil mit Sauerstoff verbrennt, es seien $\mathfrak{s}$ kg, ein Teil $(s - \mathfrak{s})$ kg in der Asche unverändert zurückbleibt. Für den Stickstoff n liegen die Verhältnisse ähnlich, es ist jedoch der oxydierte Teil verschwindend klein.

Der Sauerstoff o kg zerfällt in zwei Teile

1. der mit Wasserstoff gebundene, chemisch im Brennstoff vorhandene Gewichtsteil v kg,

2. der disponible Sauerstoff $\mathfrak{o} = (o - v)$ kg.

$\mathfrak{o}$ verbindet sich mit h, s und n[1]. Da der Anteil von s und n für praktische Verhältnisse verschwindend ist und auch die dabei entwickelte Wärme ganz gering im Verhältnis zur Gesamtwärme ist, sollen diese Anteile vernachlässigt werden. Es ergibt sich dann der disponible Wasserstoff

$$\mathfrak{h} = h - \frac{\mathfrak{o}}{8} = h - \frac{o - v}{8}\,.$$

Der für die Wärmeentwicklung in Betracht kommende Brennstoffteil $\mathfrak{k}$ kg ist, bei Vernachlässigung von Schwefel und Stickstoff

$$\mathfrak{k} = c + \mathfrak{h} = c + h - \frac{\mathfrak{o}}{8} = c + h - \frac{o - v}{8}\,.$$

$\mathfrak{k}$ kann man die Kernsubstanz, d. h. den für Wärmeerzeugung wirksamen Anteil des Brennstoffes nennen.

---

[1] Es tritt auch eine Verbindung mit c ein, wenn $h - \dfrac{\mathfrak{o}}{8} < 1$ ist.

Enthält ein Brennstoff 1 kg Kernsubstanz, so ist unter Vernachlässigung von Schwefel und Stickstoff:

der Kohlenstoffgehalt $\dfrac{c}{\mathfrak{k}}$ kg,

der gesamte Wasserstoffgehalt $\dfrac{h}{\mathfrak{k}}$ kg,

der disponible Wasserstoffgehalt $\dfrac{\mathfrak{h}}{\mathfrak{k}}$ kg,

der gesamte Sauerstoffgehalt $\dfrac{o}{\mathfrak{k}}$ kg,

der disponible Sauerstoffgehalt $\dfrac{\mathfrak{v}}{\mathfrak{k}}$ kg,

der chemisch gebundene Wassergehalt $\dfrac{h - \mathfrak{h} + (o - \mathfrak{v})}{\mathfrak{k}}$ kg,

der hygroskopische Wassergehalt $\dfrac{w}{\mathfrak{k}}$ kg,

der Aschegehalt $\dfrac{a}{\mathfrak{k}}$ kg,

und

das Gesamtgewicht in kg

$$g = \frac{c + h + o + w + a}{\mathfrak{k}} = \frac{c + \mathfrak{h} + \mathfrak{v} + [h - \mathfrak{h} + o - \mathfrak{v}] + w + a}{\mathfrak{k}}.$$

Bei dieser Entwicklung zeigt sich, daß bei der Aufbereitung eines Brennstoffes durch Veränderung des Wassergehaltes oder des Aschegehaltes die Werte $\dfrac{c}{\mathfrak{k}}$, $\dfrac{h}{\mathfrak{k}}$, $\dfrac{\mathfrak{h}}{\mathfrak{k}}$ und $\dfrac{o}{\mathfrak{k}}$, $\dfrac{v}{\mathfrak{k}}$, $\dfrac{\mathfrak{v}}{\mathfrak{k}}$ stets konstant bleiben, es ändern sich nur $\mathfrak{k}$, $\dfrac{w}{\mathfrak{k}}$ und $\dfrac{a}{\mathfrak{k}}$. Erst bei der chemischen Aufbereitung durch Entfernen des chemisch gebundenen Wassers wird auch $\dfrac{h}{\mathfrak{k}}$ und $\dfrac{\mathfrak{h}}{\mathfrak{k}}$ verändert.

Durch diese Unterscheidung von Kernsubstanz und Reinkohle wird auch die Verschiedenheit des Heizwertes der letzteren bei hoch- und minderwertigen Brennstoffen erklärt. Auf die Kernsubstanz bezogen, kommen sich die Heizwerte ziemlich gleich, da bei dieser Methode der gebundene Wasserstoff, Sauerstoff sowie der Stickstoff, die bei minderwertigen Brennstoffen eine große Rolle spielen, wegfallen[1]).

Als Beispiel seien Braunkohlenbriketts angeführt:

Rohsubstanz . . . . 100 Proz. =	55,3 Proz.	C	
	4,5 „	H_2	
	24,4 „	$O_2 + N_2$	
	0,5 „	S	
	9,5 „	W	
	5,8 „	A	

---

[1]) Feuerungstechnik XI, 1923, Heft 16: Die Steinkohlen und ihr feuerungstechnischer Wert von *Starke*.

$$\text{Trockensubstanz} \ldots \ldots 90{,}5 \text{ Proz.} = 100 - 9{,}5$$
$$\text{Reinkohle} \ldots \ldots \ldots 84{,}7 \text{ ,,} \quad = 90{,}5 - 5{,}8$$
$$\text{Kernsubstanz} \ldots \ldots 55{,}8 \text{ .,} \quad = 84{,}7 - 4{,}5 - 24{,}4$$
$$\text{Der Heizwert der Kohle ist} \ldots \ldots \ldots 5932 \text{ kcal}$$
$$\text{Der Heizwert der Kernsubstanz ist} \ldots \ldots 8846 \text{ ,,}$$

Diese Zahl, durch Versuch bestimmt, ist gegenüber der rechnerisch festgelegten größer, da bei jüngeren Brennstoffen stets ein Teil des Sauerstoffes chemisch disponibel ist und sich bei der Entgasung und Verbrennung mit Kohlenstoff und Wasserstoff erst vereinigt.

Der Vollständigkeit halber sei hier noch der Vorgang der Verkohlung der Cellulose nach *Bergius*

$$4 \, C_6H_{10}O_5 = C_{21}H_{16}O_2 + 3 \, CO_2 + 12 \, H_2O + 284\,600 \text{ kcal,}$$

der Verkokung von Cellulose nach *Klason*

$$8 \, C_6H_{10}O_5 = C_{30}H_{18}O_2 + 4 \, CO_2 + 23 \, H_2O + C_{12}H_{16}O_3 + \text{Wärme}$$

und der Entgasung von Holzstoff nach *Klason*

$$2 \, C_{42}H_{60}O_{28} = 3 \, C_{16}H_{10}O_2 + 5 \, CO_2 + 3 \, CO + 28 \, H_2O + C_{28}H_{32}O_9 + \text{Wärme,}$$
$$C_{21}H_{12}O_2 \text{ ist künstliche Kohle,}$$
$$C_{30}H_{18}O_2 \text{ ist Cellulosekohle,}$$
$$C_{16}H_{10}O_2 \text{ ist Holzkohle,}$$

erwähnt.

Für das feuerungstechnische Verhalten eines Brennstoffes kommt bezüglich der Kernsubstanz die Verbindung von C mit H in Betracht.

Es zeigt sich, daß bei den Kohlenwasserstoffverbindungen mit abnehmendem H-Gehalt die Siedetemperatur steigt. Bei der gesättigten Kohlenstoffverbindung Methan, CH_4, ist der maximale Wasserstoffgehalt 25 Gewichtsprozente, die Siedetemperatur $-160°$. Bei der Verminderung des Wasserstoffgehaltes steigt in dieser Reihe die Siedetemperatur und erreicht bei Paraffin $C_{18}H_{38}$ mit 14,9 Gewichtsprozenten Wasserstoff $300°$.

Bei den anderen Reihen, Olefine, Acetylene, Terpentine, Benzole, Styrole, Indene, Naphthaline, tritt die Eigenschaft der Bildung leichtsiedender flüssiger und gasförmiger Körper noch mehr in Erscheinung.

Zur Verbrennung kommt nun die Oberflächenbeschaffenheit der Brennsubstanz, d. h. die Möglichkeit der Verbindung mit dem Sauerstoff der Luft in Betracht. Am vollkommensten ist dies bei Gasen der Fall, und zwar je weiter dieselben dissoziiert sind. Es kann dann das O-Atom mit dem anderen Atom direkt in Verbindung treten. Das Wasserstoffatom hat nun eine größere Neigung zur Verbindung mit Sauerstoff als das Kohlenstoffatom, es verbrennen daher die wasserstoffhaltigen Brennstoffe leichter. Die schweren Kohlenwasserstoffe, wie Äthylen (C_2H_4), Acetylen (C_2H_2), Benzol (C_6H_6) müssen mit der Verbrennungsluft vollkommen diffundiert sein, um zu verbrennen, andernfalls werden sie durch Wärmezufuhr im Verbrennungsraum erst in einfache Körper: Methan, Wasserstoff und Kohlenstoff zerlegt und dann verbrannt. Der hierbei ausgeschiedene Kohlenstoff verbrennt nicht immer, sondern scheidet sich als Ruß ab.

Der Unterschied in der Verbrennung der Brennstoffe hängt vom Verhältnis der Oberfläche zum Volumen ab; je größer die Oberfläche, um so mehr Sauerstoffatome können die im Volumen enthaltenen Atome zugleich angreifen. Daher erklärt sich auch die bessere Verbrennungsneigung von Kohlenstaub (sehr gasarm) gegenüber festem, gasarmem Kohlenstoff in großen Stücken. Bei einer Verbrennung treten folgende Erscheinungen auf:

1. Verbrennung der gasförmigen Teile, und zwar:
    a) freier Wasserstoff,
    b) wasserstoffreiche Kohlenwasserstoffe,
    c) wasserstoffarme Kohlenwasserstoffe;
2. Verbrennung der bei Wärmezufuhr vergasenden flüssigen und festen Teile des Brennstoffes, und zwar:
    a) wasserstoffreiche Kohlenwasserstoffe,
    b) wasserstoffarme Kohlenwasserstoffe;
3. Verbrennung der festen Brennstoffe, und zwar zuerst diejenigen mit großer Volumenoberfläche, als:
    a) wasserstoffreiche Kohlenwasserstoffe,
    b) wasserstoffarme Kohlenwasserstoffe,
    c) Kohlenstoff;

dann diejenigen mit kleiner Volumenoberfläche, in der Reihenfolge:

    a) wasserstoffreiche Kohlenwasserstoffe,
    b) wasserstoffarme Kohlenwasserstoffe,
    c) Kohlenstoff.

Je nach der Temperatur kann auch zunächst eine Dissoziation der Kohlenwasserstoffe mit kleiner Volumenoberfläche und teilweiser Verbrennung schon eintreten, ehe der Kohlenstoff mit großer Volumenoberfläche verbrennt. Allein auch dann wird durch die Zerlegung das obige Schema wiederhergestellt.

Aus diesem Vorgang ersieht man, in welcher Weise die Feuerung zu konstruieren ist, damit eine sachgemäße Verbrennung erzielt wird. Die Verbrennung der gasförmigen Teile, die Entgasung und Verbrennung der Entgasungsprodukte sollen durch ihre Wärmeerzeugung die Temperatur der festen Brennstoffe erhöhen, damit deren Verbindung mit Sauerstoff erleichtert wird und der Überschuß an Sauerstoff, d. h. das Vorbeiziehen von Sauerstoffatomen am Brennstoff, ohne Verbrennung zu erzeugen, vermindert wird.

Wenn man Kohle nach den Normen des berggewerkschaftlichen Laboratoriums in Bochum entgast[1]) (1 g pulverisierter Brennstoff im Platintiegel von 22 mm Bodendurchmesser, 35 mm Höhe, mit festem, übergreifendem Deckel, der in der Mitte ein Loch von 2 mm hat, wird über 18 cm hoher Gasflamme des Bunsenbrenners erhitzt, wobei der Tiegelboden 6 cm vom Brennerrand entfernt ist) und ein anderes Mal in Stücken entgast, so ergibt sich im letzteren Falle eine geringere Gasausbeute und höhere Koksausbeute, und zwar:

Anthrazitkohle	. . pulv.	93,9 Proz.	im Stuck	97,8 Proz.	Koks
Eßkohle	. . . . . ,,	95,2 ,,	,, ,,	87,6 ,,	,,
Fettkohle	. . . . . ,,	80,0 ,,	,, ,,	81,1 ..	,,
Gasflammkohle	. . ,,	67,9 .,	,, ,,	66,5 ,,	..

---

[1]) *Volkmann*, Chemische Technologie des Leuchtgases, Abschnitt: Das Steinkohlengas, Untersuchung der Gaskohlen, Leipzig, Otto Spamer.

Die Gasausbeute ist bei den ersten zwei Sorten verhältnismäßig bedeutend geringer bei Vergasung im Stück als in Pulverform. Das Gas selbst ergibt sich wasserstoffreicher als bei Fettkohle und Gasflammkohle.

Die Kohlenstücke selbst sind bei Anthrazit und Eßkohle wenig verändert, bei Fettkohle sehr voluminös und mit blasiger Oberfläche, bei Gasflammkohle weniger voluminös als bei Fettkohle, jedoch porös und mechanisch nicht sehr widerstandsfähig.

Die Entgasung von Braunkohle und Fettflammkohle ergab folgende charakteristische Merkmale:

Braunkohle mit 33,0 Proz. C, 2,5 Proz. H_2, 0,6 Proz. N_2, 21,8 Proz. O_2, 1,9 Proz. S, 33,4 Proz. Wasser, 6,8 Proz. Asche ergab bei etwa 400° Entgasungstemperatur ein Gas von 56,7 Proz. CO_2, 10,9 Proz. CO, 11,9 Proz. H_2, 20,5 Proz. C_nH_m, und Fettflammkohle mit 81,0 Proz. C, 4,7 Proz. H_2, 1,1 Proz. N_2, 12,3 Proz. O_2, 0,9 Proz. S, 0,0 Proz. Wasser und Asche ergab bei etwa 400° Entgasungstemperatur ein Gas von 16,2 Proz. CO_2, 8,8 Proz. CO_2, 6,5 Proz. H_2, 68,5 Proz. C_nH_m.

Die Entgasung sauerstoffhaltiger Brennstoffe, zu denen neben Braunkohle auch Torf zählt, ergibt eine exothermische Reaktion, und zwar hauptsächlich CO_2- und CO-Bildung. Diese bei der Entgasung entstehende Wärme kann gleichzeitig zur Verdampfung des hohen Wassergehaltes des minder wertigen Brennstoffes nutzbar gemacht werden; selbst wenn CO aus CO_2 zurückgebildet wird, ist ein Wärmeüberschuß vorhanden. Wenn nun durch Lagerung der minderwertigen Brennstoffe der disponible sowie der aus der Luft zutretende Sauerstoff zu CO_2 oder CO sich umsetzt, so tritt Wärmeentwicklung ein; es erklärt sich dadurch die starke Temperaturerhöhung beim Lagern dieser Stoffe, die bis zur Entzündung mit der in den Lagerräumen vorhandenen Luft sich steigern kann. Jedoch auch bei hochwertigen Kohlen macht sich dieser Einfluß des disponiblen Sauerstoffes bemerkbar. Besonders stark wird der disponible Wasserstoff vermindert, wodurch der Wert $\frac{\mathfrak{h}}{\mathfrak{k}}$ kleiner und damit die Kernsubstanz vermindert wird. Dies verkleinert die Flammbarkeit des Brennstoffes. Man muß, um diese Oxydation herabzudrücken, dafür Sorge tragen, daß die Temperatur bei der Lagerung der Kohle niedrig bleibt.

Die Eigenschaften der Brennstoffe lassen sich nun aus ihrer Entstehung teilweise erklären und damit ihr Wert für die einzelne Verwendungsarten beurteilen. Die heute wohl maßgebendste ist diejenige von *Franz Fischer* und *Hermann Schrader* des Kaiser-Wilhelm-Instituts in Mühlheim a. Rh.[1]). Die Ausführungen dieser Herren seien im folgenden wiedergegeben. Holz und alle pflanzlichen Stoffe bestehen aus:

Cellulose,

Lignin und

Wachs und Harz.

Cellulose wird nun im Laufe der Jahre in Kohlensäure, Methan und ali-

---

[1]) Revue de l'industrie minerale **4**, 1924, Nr. 78 par *Audibert* et *Raineau*, ferner Brennstoffchemie **5**, 1924, Nr. 12 von *Erdmann*.

phatische Säuren aufgelöst, Lignin wird teilweise in Humussäuren verwandelt, während Wachs und Harz zum größten Teile erhalten bleiben. Nachstehendes Schema gibt eine Übersicht:

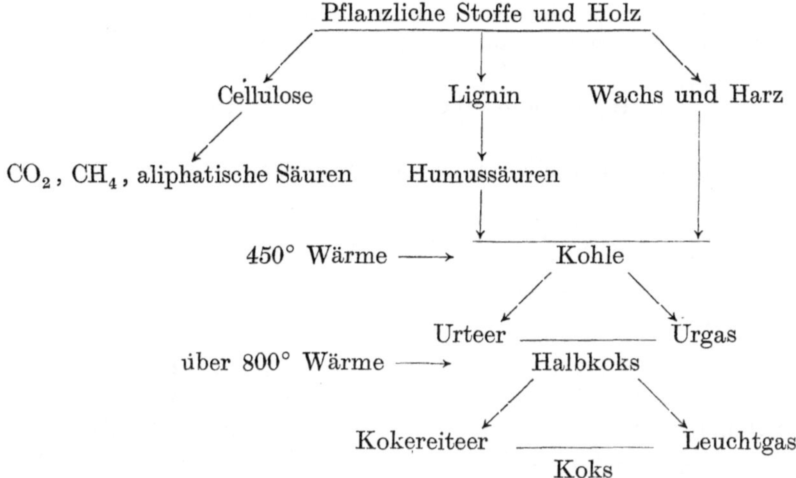

Damit ergibt sich auch eine Klassifikation der Kohle[1]), wobei zu bemerken ist, daß sich dieselbe wohl auf den Grad, nicht aber auf die Zeitdauer der Zersetzung bezieht. Dieselbe kann unabhängig vom Grad der Zersetzung, je nach den Einflüssen von Druck, Temperatur und Möglichkeit des Entweichens von Gasen, Durchspülen mit Wasser und ähnlichem sein. Das ergibt die Reihe:

Holz . . . . 50 Proz. Kohlenstoff 2,0 Proz. Wachs und Harz
Torf: jung . . . . . . 56 ,, ,, 4,2 ,, ,, ,, ,,
alt . . . . 61 ,, ,, 4,2 ,, ,, ,, ,,
Braunkohle: jung . . . 69 ,, ,, 5,7 ,, ,, ,, ,,
alt . . . . 77 ,, ,, 5,5 ,, ,, ,, ,,
Steinkohle:
Gasflammkohle . . . 81 ,, ,, 4,8 ,, ,, ,, ,,
Fettkohle . . . . . . 85 ,, ,, 4,0 ,, ,, ,, ,,
Magerkohle . . . . . 92 ,, ,, 2,5 ,, ,, ,, ,,
Anthrazit . . . . . . 97 ,, ,, 0,5 ,, ,, ,, ,,

Wenn man den trockenen, wasserfreien und aschenfreien Ruß der verschiedenen Kohlenarten vergleicht, so erhält man folgende Zusammenstellung:

Brennstoff	Wasser- und aschefreier Rein				auf 100 Atome C		Heizwert per kg in kcal
	C	H_2	O_2	N_2	H_2	O_2	
Cellulose	44,4	6,2	49,4	—	166,7	83,3	4200
Holz	50,0	5,9	44,0	0,1	139,3	66,0	4500
Torf	56,9	6,5	35,0	1,5	138,4	48,4	5200
Braunkohle	60,9	5,5	37,7	1,0	90,4	49,7	6500
Steinkohle	85,0	4,9	9,0	1,1	67,5	9,0	8000
Anthrazit	95,3	1,9	2,3	0,5	23,8	1,8	8500

[1]) Koppers' Mitteilungen **5**, 1924, Nr. 5: Die Gefugebestandteile der Steinkohle; Glückauf **59**, 1923, Nr. 16: Neuere Ansichten über die Entstehung der Kohlen, von *Gothan*.

Sie zeigt, wie allmählich der Wasserstoff und Sauerstoff frei wird. Auf die dadurch bedingten Eigenschaften der Entgasung und Vergasung wird dann später eingegangen[1]).

Für die Verbrennung der Kohlenwasserstoffe mit Sauerstoff[2]) hat man für eine Raumeinheit unverbrannten Gases bei konstantem Druck

$$C_m H_n + \left(m + \frac{n}{4}\right) O_2 = m\,CO_2 + \frac{n}{2}\,H_2O\,.$$

Besteht ein Raumteil eines Gases aus folgenden meist vorkommenden Gasen:

$$CO + CO_2 + CH_4 + C_2H_2 + C_2H_4 + H_2 + H_2O + \overline{O}_2 + \overline{N}_2 = 1,$$

und bezeichnen die chemischen Zeichen zugleich den Raumteil Gas, so erfolgt die Verbrennung zu

$$
\begin{aligned}
CO_2 &\doteq CO + CO_2 + CH_4 + 2\,C_2H_2 + 2\,C_2H_4 \\
H_2O &\doteq H_2 + H_2O + 2\,CH_4 + C_2H_2 + 2\,C_2H_4 \\
O_2 = 0{,}21\ \text{Luft} &\doteq 0{,}5\ CO + 0{,}5\ H_2 + 2\,CH_4 + 2{,}5\,C_2H_2 + 3\,C_2H_4 - \overline{O}_2 \\
N_2 = 0{,}79\ \text{Luft} &+ \overline{N}_2\,.
\end{aligned}
$$

Die Werte links geben die Raumteile des rechts stehenden Verbrennungsproduktes an, die Verbrennung ist mit Luft von $0{,}21\ O_2 + 0{,}79\ N_2$ pro 1 Raumteil Luft gedacht.

Für $\overline{O}_2 = 0$ ergibt sich die gerade nötige Luftmenge zu 40,5 Raumeinheiten.

Bei 1 Raumeinheit $C_m H_n$ ist die Kontraktion infolge Veränderung der Molekülezahl

$$\Delta V = \left(1 - \frac{n}{2}\right)\ \text{Raumeinheiten.}$$

---

[1]) An dieser Stelle sei auf die neuerdings von *Bergius* berichtete Hydrierung der Kohle hingewiesen. Bei Drücken von 100 bis 150 Atm, bei 400 bis 500° C und einer Reaktionsdauer von etwa 10 Minuten können fast alle Kohlenarten, außer den wasserstoffarmen, anthrazitartigen, verflüssigt werden. *Bergius* erhält aus 100 kg oberschlesischer Kohle mit 28 Proz. flüchtigen Bestandteilen, 6 Proz. Asche und 4 Proz. Wasser:

  22   kg unter 230° siedende Öle (Motorbetriebsstoffe),
  17   kg höher siedende Öle (Dieselöle, einschließlich Kresole),
  16   kg Pech,
  15   kg Gas (meist Methan),
  10   kg Wasser,
   6   kg Asche,
  15   kg wenig veränderte Kohlensubstanz,
  0,5 kg Ammoniak.

Die Hydrierung erfolgte mit ca. 4 Proz. Wasserstoff, der aus dem dazu verwendeten Kokereigas entnommen werden kann. Im Dauerbetriebe wurden in 1 Stunde per 1 Liter Gefäßraum ca. 0,8 kg Kohle hydriert. Siehe auch Brennstoff-Chemie 1924, Nr. 13.

[2]) Elemente der Feuerungskunde von *Hugo Hermann*. Leipzig 1920, Verlag Otto Spamer: Theoretisches über die Verbrennung und Verwendung gasförmiger Brennstoffe. Brennstoff-Chemie 5, 1924, Nr. 6: Beiträge zur Kohlenanalyse von *Kaltwinkel*.

Demgemäß ändert sich die Gaskonstante R_a vor der Verbrennung in die Gaskonstante R_e nach der Verbrennung gemäß

$$R_e\,(1 + \text{Luft}) = R_a\,(1 + \text{Luft} - \Delta V)\,.$$

Vorstehende Gasmischung ergibt also

$$\Delta V = \frac{\text{CO}}{2} + \frac{\text{C}_2\text{H}_2}{2} + \frac{\text{H}_2}{2}\,,$$

wobei die chemischen Zeichen Raumteile des gesamten Raumes 1 des Gases sind.

Der Heizwert H eines Gases von 1 cbm Inhalt bei 1 Atm und 15° ist

$$H = h\,\frac{\mu}{24{,}4}\,,$$

wo h den Heizwert für 1 kg unverbranntes Gas bedeutet und μ das Mol. Gewicht desselben bezeichnet.

Die Heizwerte bei gleichem Druck und gleichem Volumen unterscheiden sich durch die Arbeit der Raumveränderung. Diese setzt sich zusammen aus dem Werte ΔV der Gaskontraktion durch Molekulveränderung und dem Werte $\Delta V'$ durch evtl. Kondensation des Wassers, sie ist also für 1 Atm:

$$H_p - H_v = \frac{1}{427} \cdot 10\,000\,(\Delta V + \Delta V') = 23{,}4\,(\Delta V + \Delta V')\,.$$

Dieser Wert ist ziemlich gering und z. B. bei Wasserstoff 1,25 Proz. von H_p.

Wenn zu 1 kg brennbaren Gemisches O_2 kg Sauerstoff nötig sind und u', u'' bzw. i', i'' bzw. c_p', c_p'' bzw. c_v', c_v'' die Energien, die Wärmeinhalte und die spezifischen Wärmen bei konstantem Druck vor und nach der Verbrennung bedeuten, so ist

$$h_p = (1 + O_2)\,(i' - i''), \qquad h_v = (1 + O_2)\,(u' - u'')$$

und

$$h_p = h_p^0 + (1 + O_2)\,(c_p' - c_p'')\,t, \quad h_v = h_v^0 + (1 + O_2)\,(c_v' - c_v'')\,t\,,$$

wo der Index 0 für die Verbrennung des Gases bei 0° Temperatur gilt und t die Temperatur in ° C bei einer beliebigen Temperatur bezeichnet. Wenn die Verbrennungsprodukte teilweise aus Wasser bestehen, so ist die Änderung des Heizwertes Δh_p bedingt durch die Verdampfungswärme des Wassers. Ergibt 1 kg Brennstoff w kg Wasser, so ist für 1 kg Wasserstoff (H_2)

$$\Delta h_p = w \cdot r_{100°} = 9 \cdot 539{,}1 = 4852\ \text{cal}\,,$$

also

$$\frac{4852 \cdot 100}{28\,700} = 17\ \text{Proz. von } h_p \text{ für 1 kg Wasserstoff.}$$

Ferner wird

$$\Delta h_v = w \cdot \varrho_{100} = 9 \cdot 498{,}7 = 4488\ \text{cal}$$

oder

$$\frac{4488 \cdot 100}{28\,340} = 16\ \text{Proz. von } h_v \text{ für 1 kg Wasserstoff.}$$

Bei der Verbrennung von Brennstoffen kommt es oft vor, daß keine Wärme nach außen abgegeben werden soll, d. h. alle Wärme soll direkt in mechanische Arbeit verwandelt werden. Sind T_1, t_1, T_2, t_2 resp. c_{p1}, c_{p2}, c_{v1}, c_{v2} die Temperaturen und die bzw. Wärmen bei konstantem Druck und konstanter Temperatur vor und nach der Verbrennung, ist das Gewicht des Brennstoffes 1 kg und werden G kg Luft zur Verbrennung mit verwandt, so ist

$$h_p + (1 + G)\,c_{p1} \cdot t_1 = w \cdot r_0 + (1 + G)\,c_{p2} \cdot t_2 \,,$$
$$h_v + (1 + G)\,c_{v1} \cdot t_1 = w\,\varrho_0 + (1 + G)\,c_{v2} \cdot t_2 \,.$$

Bestimmt man hieraus $h_p - w r_0$ bzw. $h_p - w \varrho_0$, so hat man den unteren Heizwert des Brennstoffes.

Bemerkt sei noch, daß die Beziehung im unveränderlichen Raume für gasförmige Brennstoffe

$$\frac{p_1}{p_2} = \frac{R_1 \cdot T_1}{R_2 \cdot T_2}$$

gilt.

Da bekanntlich die spezifischen Wärmen mit der Temperatur variieren, so hat man für die verschiedenen c_p und c_v jedesmal die mittleren spezifischen Wärmen zwischen 0 und $t°$ zu setzen. Sind bei gasförmigen Brennstoffen v die Teilräume in 1 cbm Brennstoff, H_{pu} und H_{vu} die unteren Heizwerte für 1 cbm Brennstoff bei konstantem Druck oder Volumen, so ist

$$H_{pu} + \Sigma\,(v_1\,c_{p1})\,t_1 = \Sigma\,(v_2\,c_{p2})\,t_2 \,,$$
$$H_{vu} + \Sigma\,(v_1\,c_{v1})\,t_1 = \Sigma\,(v_2\,c_{p2})\,t_2 \,,$$

und

$$\Sigma\,v_2 + \varDelta\,v = \Sigma\,v_1 \,.$$

Die vorstehenden Gleichungen zeigen, daß zwecks genauer Berechnung die Kenntnis richtiger spezifischer Wärmen nötig ist. Ausführliche Angaben finden sich u. a. in *Jüptner*, Beiträge zur Feuerungstechnik, I. und II. Kap. und Seite 19 bis 21, Leipzig, Arthur Felix.

Die Brennstoffe können nicht mit dem theoretisch bestimmten Quantum Sauerstoff bzw. Luft verbrannt werden, da es infolge chemischer und physikalischer sowie technischer Bedingungen unmöglich ist, jedes O_2-Molekel beim Durchgang durch den Brennstoff mit einem auf die Entzündungstemperatur erwärmten C-, H-, S-, CH_4- usw. Molekel in Berührung zu bringen. Es enthalten also die Verbrennungsgase noch freien Sauerstoff O_2, oder es muß mehr Sauerstoff oder Luft zugeführt werden, als die theoretische Verbrennung verlangt. Da in 1 cbm Luft 0,21 cbm O_2 und 0,79 cbm N_2 oder in 1 kg Luft 0,23 kg O_2 und 0,77 kg N_2 enthalten sind, so enthalten alle Verbrennungsgase N_2. Dieser N_2 wird selbstredend auch durch die Verbrennungsgase erwärmt, ebenso der überschüssige O_2. Da nun die Verbrennungsgase stets mit einer unter ein gewisses Maß nicht fallenden Temperatur entweichen müssen, so nehmen neben der in den reinen Verbrennungsgasen enthaltenen Wärmemenge auch der bei der Verbrennung restierende Stickstoff und die überschüssige Luft eine gewisse Wärmemenge unbenutzt weg. Es ist also ein unbedingtes Erfordernis, diesen Luftüberschuß so gering wie möglich zu halten. Ferner enthält die Luft noch eine gewisse Menge Wasserdampf, der ebenfalls unnötig überhitzt wird. Argon und Kohlensäure sind in verschwindender Menge vorhanden; diese Werte werden dem des Stickstoffs zugerechnet.

Es benötigt 1 kg Brennstoff mit C, H und O Gewichtsteilen Kohle, Wasserstoff und Sauerstoff bei vollkommener Verbrennung an Sauerstoff O:

$$\text{Sauerstoff} = \frac{C}{12} + \frac{1}{4}\left(H - \frac{O}{8}\right) \text{Mol.}$$

mit 1 Mol. Sauerstoff = 32.

Dieser entspricht einer Raummenge Sauerstoff

$$\text{bei 1 Atm und } 15° \ V_{15}: = 24{,}4 \cdot \text{Sauerstoff-Mol. cbm,}$$
$$\text{bei 760 mm und } 0° \ V_v: = 22{,}4 \cdot \text{Sauerstoff-Mol. cbm.}$$

Wird an Stelle von reinem Sauerstoff Luft zugeführt, so ist der $\frac{1}{0{,}21}$fache Betrag nötig, daher

$$\text{Luft}_{15} = 9{,}7\,C + 28{,}1\left(H - \frac{O}{8}\right) \text{cbm},$$

$$\text{Luft}_0 = 9{,}9\,C + 26{,}7\left(H - \frac{O}{8}\right) \text{cbm}.$$

Nach vorstehendem wird mehr Luft zugeführt, als zur gerade vollkommenen, ausgeführten Verbrennung nötig ist. Ist L_{chem} die gerade nötige Luftmenge, L die zugeführte, so heißt

$$\lambda = \frac{L}{L_{\text{chem}}} \quad \text{der Luftüberschuß oder die Luftzahl}$$

und

$$\eta = \frac{L_{\text{chem}}}{L} \quad \text{der Luftfaktor}$$

und

$$\alpha = \frac{L - L_{\text{chem}}}{L_{\text{chem}}} \cdot 100 \quad \text{der prozentische Luftüberschuß.}$$

Es ist

$$\lambda \cdot \eta = 1 \quad \text{und} \quad \alpha = (\lambda - 1)\,100 = \left(\frac{1}{\eta} - 1\right) 100.$$

Ist das Gemisch mager, d. h. ist sehr viel überschüssige Luft vorhanden, so wird λ groß, η klein; ist das Gemisch fett, d. h. ist wenig überschüssige Luft vorhanden, so wird λ klein.

$$\lambda_{\max} = \infty \text{ entspricht } \eta_{\min} = 0$$
$$\lambda_{\min} = 1 \text{ entspricht } \eta_{\min} = 1.$$
$$0 > \lambda < 1 \text{ entspricht } \infty > \eta > 1$$

sind die Werte für unvollkommene Verbrennung bei ungenügender Luft- und Sauerstoffmenge.

Für überschüssige Luft wird für 1 kg Brennstoff in cbm

$$O_2 + N_2 = L_{\text{chem}} (\lambda - 0{,}21)$$

und das Verhältnis der trockenen Rauchgase zur zugeführten Luft

$$\frac{R}{L} = 1 + \eta \left(\frac{C}{12 \, L_{\text{chem}}} - 0{,}21 \right),$$

wobei das Wasser der Rauchgase abgesondert ist. In Raumteilen ergeben sich die Rauchgase, wenn

$$\frac{H - \dfrac{O}{8}}{C} = a$$

gesetzt wird, als

$$CO_2 = \frac{0{,}21}{\lambda + 3 (\lambda - 0{,}21) \, a} \, ,$$

$$O_2 = \frac{0{,}21 (\lambda - 1)(1 + 3 a)}{\lambda + 3 (\lambda - 0{,}21) \, a} \, ,$$

$$N_2 = \frac{0{,}79 \, \lambda (1 + 3 a)}{\lambda + 3 (\lambda - 0{,}21) \, a} \, .$$

Da 1 Mol. Sauerstoff zu 1 Mol. Kohlensäure verbrennt, kann bei jeder vollkommenen Verbrennung der Raumgehalt Kohlensäure + Sauerstoff nur 0,21 Raumteile der Verbrennungsgase im Höchstfalle betragen. Erhält der Brennstoff nur Wasserstoff oder Schwefel, so sinkt der Wert Kohlensäure + Sauerstoff unter 0,21. Obiger Wert kann nie erreicht werden, da Luft im Überschuß zugeführt wird. Für reinen Kohlenstoff als Brennmaterial ist

$$\text{Kohlensäure} = \frac{0{,}21}{\lambda} \, .$$

Ist der Kohlensäuregehalt eines Rauchgases bestimmt, und ist die Zusammensetzung des Brennstoffes in C, H und O bekannt, so ist

$$\left. \begin{aligned} \lambda &= 0{,}21 \, \frac{\dfrac{1}{CO_2} + 3 a}{1 + 3 a} \\[2ex] &= 0{,}21 \, \frac{\dfrac{1 - CO_2}{O_2} - 1}{0{,}21 \dfrac{1 - CO_2}{O_2} - 1} \\[2ex] &= 1 + \frac{0{,}79}{0{,}21 \dfrac{1 - CO_2}{O_2} - 1} \\[2ex] &= \frac{1}{1 - \dfrac{0{,}79 \, O_2}{0{,}21 \, N_2}} \end{aligned} \right\}$$

Es kommt häufig vor, daß C nur zu CO verbrennt. Es ist dann

$$\text{Heizwert von CO}:\text{Heizwert des Brennstoffs} = \frac{\dfrac{CO}{CO_2 + CO}}{5{,}04\,(0{,}2\mathrm{o}5 + a)}\,.$$

Flüssige Brennstoffe sind meist Kohlenwasserstoffe. Die Sauerstoffmenge ist für 1 Mol. $C_m H_n$

$$\left(m + \frac{n}{4}\right) \text{ Mol. Sauerstoff}$$

oder

$$\frac{1}{0{,}21}\left[\left(m + \frac{n}{4}\right) \text{ Mol. Sauerstoff}\right] \text{ Mol. Luft},$$

bei $\lambda = \eta = 1$.

Gasförmige Brennstoffe enthalten, wie schon erwähnt:

$$H_2, \quad CO, \quad CO_2, \quad CH_4, \quad C_2H_2, \quad C_2H_4, \quad N_2$$

als hauptsächlichste Bestandteile.

Anschließend an Gleichung $\left[C_m H_n + \left(m + \dfrac{n}{4}\right) O_2\right]$ auf Seite 42 ist die Verbrennung der einzelnen Gase angegeben. Es sind dann die jeweils vorhandenen Raumteile, die die Gase im Gesamtgas vom Raumteil 1 einnehmen, zu bestimmen. Nachstehende Tabelle zeigt die Berechnung.

Bestandteil	Raumteil ν	μ	$\mu\,\nu$	H_p	$\nu\,H_p$		O_2
CO	0,10	28	2,80	2800	280	$\tfrac{1}{2}$	0,050
H_2	0,45	2	0,90	2800	1260	$\tfrac{1}{2}$	0,225
CH_4	0,35	16	5,60	8700	3045	2	0,700
CO_2	0,05	44	2,20	—	—	—	—
N_2	0,05	28	1,40	—	—	—	—
	1,00	—	12,90	—	4585	—	0,975

Es ist daher der

Heizwert für 1 cbm bei 15° und 1 Atm 4585 kcal.

Die Dichtigkeit in bezug auf Luft ist $\dfrac{12{,}90}{29} = 0{,}444$.

1 cbm Gas wiegt $\dfrac{12{,}90}{24{,}40} = 0{,}529$ kg.

Zur Verbrennung sind 0,975 cbm O_2 oder $\dfrac{0{,}975}{0{,}21} = 4{,}643$ cbm Luft nötig bei $\lambda = 1$.

Werden dem Gase 7 cbm Luft zur Verbrennung zugeführt, so sind die Verbrennungserzeugnisse wie folgt:

$$
\begin{aligned}
\text{Kohlensäure} &\neq 0{,}05 + 0{,}10 + 0{,}35 = 0{,}500 \text{ cbm}\\
\text{Wasserdampf} &\neq 0{,}45 + 2\cdot 0{,}35 \quad = 1{,}150 \;\text{,,}\\
\text{Stickstoff} &\neq 0{,}05 \qquad\qquad\qquad = 0{,}050 \;\text{,,}\;\Big\}\;\text{zweiatomige Gase}\\
\text{Luft} - \text{Sauerstoff} &\neq 7{,}00 - 0{,}975 \;\; = 6{,}025 \;\text{,,}\\[2pt]
\Sigma \quad V_2 & \qquad\qquad\qquad\qquad\;\; = 7{,}725 \text{ cbm}.
\end{aligned}
$$

Die Raumverminderung ist daher

$$1 + 7{,}000 - 7{,}725 = 0{,}275 \text{ cbm.}$$

Die Wassermenge, die 1 cbm Gas liefert, ist

$$W = 1{,}150 \frac{18}{24{,}4} = 0{,}85 \text{ kg,}$$

und damit ist der untere Heizwert des Gases

$$Hp = 4585 - 0{,}85 \cdot 600 = 4075 \text{ Cal.}$$

Die bisherige Behandlung der Brennstoffe hat sich auf die Berechnung der Wärmemengen und die Gewichte und Volumen der Verbrennungsgase bezogen. Um ein klares Bild über die Wärmevorgänge zu erhalten, besonders bei der Überführung der Wärme von einem Körper auf einen anderen, ist noch das Temperaturgefälle von Wichtigkeit. Es ist daher noch die Höhe der Temperatur, die beim Verbrennungsprozeß entsteht, zu beachten. Man versteht unter Verbrennungstemperatur diejenige Temperatur, welche erreicht wird, wenn die Verbrennungserzeugnisse bei vollkommener Verbrennung und bei Ausschluß jeder Wärmeentziehung oder Zuführung entstehen. Es ist hier Verbrennung bei konstantem Druck (offene Feuerungen) und Verbrennung bei konstantem Volumen (Motoren, Explosionen) möglich. Es ist bei ersterer Verbrennungsart der Wärmeinhalt infolge der Leistung äußerer Arbeit oder Zufuhr äußerer Arbeit, bei letzterer die Gesamtenergie konstant. Wird die Verbrennung über eine gewisse Temperatur, 1800°, geführt, so erfolgt eine Zersetzung von Kohlensäure und Wasser, es wird also wieder Wärme gebunden. Die Temperatur wird bestimmt:

1. von der Art des Brennstoffes,
2. von seiner Temperatur vor Beginn der Verbrennung,
3. von der Temperatur der zugeführten Luft,
4. von der Menge der zugeführten Luft,
5. von der mit der Temperatur variablen, spezifischen Wärme der Verbrennungsprodukte.

Sie berechnet sich aus nachstehender Beziehung für 1 kg festen Brennstoff bei konstantem Druck für L kg Luft zu:

$$\mu \cdot h_u + L \cdot t_0 \,(\mu\, c_p')_0^{t_0} \text{ 2 Atom}$$
$$= t\left[\frac{C}{12}(\mu c_p)_0^t \text{ CO}_2 + \left(\frac{h}{2} + \frac{w}{18}\right)(\mu c_p)_0^t \text{ H}_2\text{O} + (L - 0{,}21\, L_{\text{chem}})\,(\mu c_p')_0^t \text{ 2 Atom}\right]$$

wo c_p' sich auf 1 cbm bei 1 Atm und 15°, c_p auf 1 kg bezieht[1]).

Die Beziehung für flüssige Brennstoffe und gasförmige Brennstoffe erfolgt sinngemäß nach dieser Formel.

Bei Verbrennung mit konstantem Volumen kommen in der Technik, mit Ausnahme der Sprengstofftechnik, fast nur noch flüssige und gasförmige

---

[1]) Zeitschr. d. Bayer. Revisionsvereins **28**, 1924, Nr. 5: Über die Verwendung von vorgewärmter Luft und von Abgasen bei Kesselfeuerungen, von *Deinlein*.

Körper in Betracht. Es gilt hierbei für die Temperaturbestimmung die Beziehung:

$$H_u + t_0 [\Sigma V_1 (c_v')_0^{t_0}] = t \Sigma [V_2 (c_v')_0^t]$$

oder für 1 Mol.

$$24,4\, H_u + t_0 [\Sigma V_1 (\mu c_v)_0^{t_0}] = t \Sigma [V_2 (\mu c_v)_0^{t_0}] .$$

Das zuvor auf S. 47 berechnete Beispiel der Verbrennung eines Gases werde bezüglich der Bestimmung der Temperatur und des Druckes weiter entwickelt. Dem Gemisch seien noch 1,5 cbm Rückstände beigemengt und die Anfangstemperatur sei 300°, die Verbrennung erfolgt bei konstantem Volumen.

Zunächst wird die linke Seite der Verbrennungsgleichung bestimmt:

Bestandteile	Menge V_1	$(\mu c_v)_0^{300}$	$V_1 (\mu c_v)_0^{300}$
Zweiatom. Gase	$0,1 + 0,45 + 0,05 + 7,0 + \dfrac{1,5}{7,725} \cdot 6,075 = 8,780$	5,00	43,900
CO_2	$0,05 + \dfrac{1,5}{7,725} \cdot 0,500 = 0,147$	7,76	1,141
H_2O	$\dfrac{1,5}{7,725} \cdot 1,150 = 0,223$	6,16	1,374
CH_4		0,350	8,00	2,800
		9,500	49,215

Es wird nun die rechte Seite bestimmt und dafür zunächst die Endtemperatur zu 2000° C geschätzt. Dies ergibt:

Bestandteile	Menge V_2	$(\mu c_v)_0^{2000}$	$V_2 (\mu c_v)_0^{2000}$	$(\mu c_v)_0^{1970}$	$V_2 (\mu c_v)_0^{1970}$
Zweiatom. Gase	$6,075 + \dfrac{1,5}{7,725} \cdot 6,075 = 7,254$	5,70	41,353	5,68	42,202
CO_2	$0,500 + \dfrac{1,5}{7,725} \cdot 0,500 = 0,597$	10,30	6,143	10,25	6,019
H_2O	$1,150 + \dfrac{1,5}{7,725} \cdot 1,150 = 1,373$	8,27	11,355	8,20	11,259
	9,224		58,851		58,480

Als erste Annäherung wird:

$$t = \frac{4075 \cdot 24,4 + 300 \cdot 49,215}{58,851} = 1940° ;$$

nimmt man nunmehr $t = 1970°$, so ergibt sich nach der nochmaligen Durchrechnung:

$$t = \frac{4075 \cdot 24,4 + 300 \cdot 49,215}{58,480} = 1953° .$$

Die Erhöhung des Druckes ergibt sich zu

$$p = p_0 \frac{2226}{573} \cdot \frac{9,225}{9,500} = 3,42\, p_0 .$$

Es sind noch die in den Rauchgasen vorhandenen Wärmeverluste zu berechnen. Ist t_1 die Temperatur der abziehenden Rauchgase, t_0 die Temperatur des Raumes, in den die Gase abziehen, so ist

$$\text{Verlust} = \frac{\text{Wärmeinhalt der abziehenden Gase}}{\text{Heizwert des Brennstoffes}}$$

$$= \frac{t_1\left[\dfrac{C}{12}(\mu c_p)_{t_0}^{t_1} CO_2 + \left(\dfrac{H}{2}+\dfrac{w}{18}\right)(\mu c_p)_{t_0}^{t_1} H_2O + (L - 0,21\,L_{\text{chem}})(\mu c_p)_{t_0}^{t_1}\,2\,\text{Atom}\right]}{\mu\,h_{pu}}$$

Nachstehende Tabelle gibt den Wärmeverlust für verschiedene Brennstoffe und Rauchgase bei 20° Außentemperatur an.

λ	CO_2 Gehalt der Gase aus der Analyse	Verbrennungstemperatur	Wärmeverlust für eine Abgastemperatur °C		
			500	300	100
Kohlenstoff; $h = 8140$					
1	0,210	2330	0,181	0,103	0,029
2	0,105	1304	0,346	0,199	0,055
3	0,070	945	0,511	0,295	0,082
Steinkohle 0,75 C, 0,05 H_2; 0,03 W; $h_u = 7500$					
1	0,181	2185	0,193	0,110	0,031
2	0,089	1285	0,363	0,207	0,058
3	0,059	910	0,534	0,304	0,086
Braunkohle 0,40 C; 0,03 H_2; 0,36 W; $h_u = 3600$					
1	—	1920	0,231	0,136	0,045
2	—	1170	0,414	0,244	0,080
3	—	850	0,596	0,352	0,113
Gichtgas 0,03 H_2+0,29 CO+0,08 CO_2+0,60 N_2; $h_u = 880$					
1	0,236	1595	0,279	0,158	0,044
2	0,159	1170	0,399	0,227	0,063
3	0,121	930	0,518	0,295	0,082

Man sieht hieraus, welch hohe Wärmewerte bei großem Luftüberschuß und hoher Abgangstemperatur der Abgase ungenützt entweichen.

Wie aus den vorhergehenden Formeln ersichtlich, ist die Berechnung der Abgase ziemlich umständlich und sind die Momente, welche die Verbrennung beeinflussen, oft nicht ganz übersichtlich. Es seien daher im nachfolgenden einige graphische Methoden angegeben, die in dieser Beziehung den Überblick erleichtern und für manche Fälle geeignete Unterlagen ergeben. Sie sind für die Fälle anwendbar, in denen der Brennstoff aus C, H_2, O_2, CO_2, CO, C_mH_n, N_2 besteht.

Feste und flüssige Brennstoffe enthalten C, H_2, C_mH_n, O_2 und haben vollständige Verbrennung zu CO_2, CO, H_2O und O_2. Trägt man im rechtwinkligen Koordinatensystem O_2 als Abszisse und CO_2 als Ordinate auf, so ergibt sich zunächst das Dreieck CAB für einen Brennstoff mit C = 75 Proz., H_2 = 6 Proz. und O_2 = 8 Proz. Auf der Linie CB erscheinen dann die Werte von $\eta = \dfrac{1}{\lambda}$. Punkt D wird bestimmt durch den zu C mit

$\eta = 1$ gehörigen Prozentsatz O_2 der Luft. Damit sind die zu CD parallelen Linien gegeben. Die Senkrechte von D auf CB ist die Grundlinie für die Teilung von CO. Damit ist das Abgas-Schaubild [Fig. 11[1])] für obige Kohle gegeben.

Bei gasförmigen Brennstoffen wird das Dreieck CAB in gleicher Weise gezeichnet. Es sei Gichtgas von $H_2 = 2,6$ Proz., $CO_2 = 6,2$ Proz.,

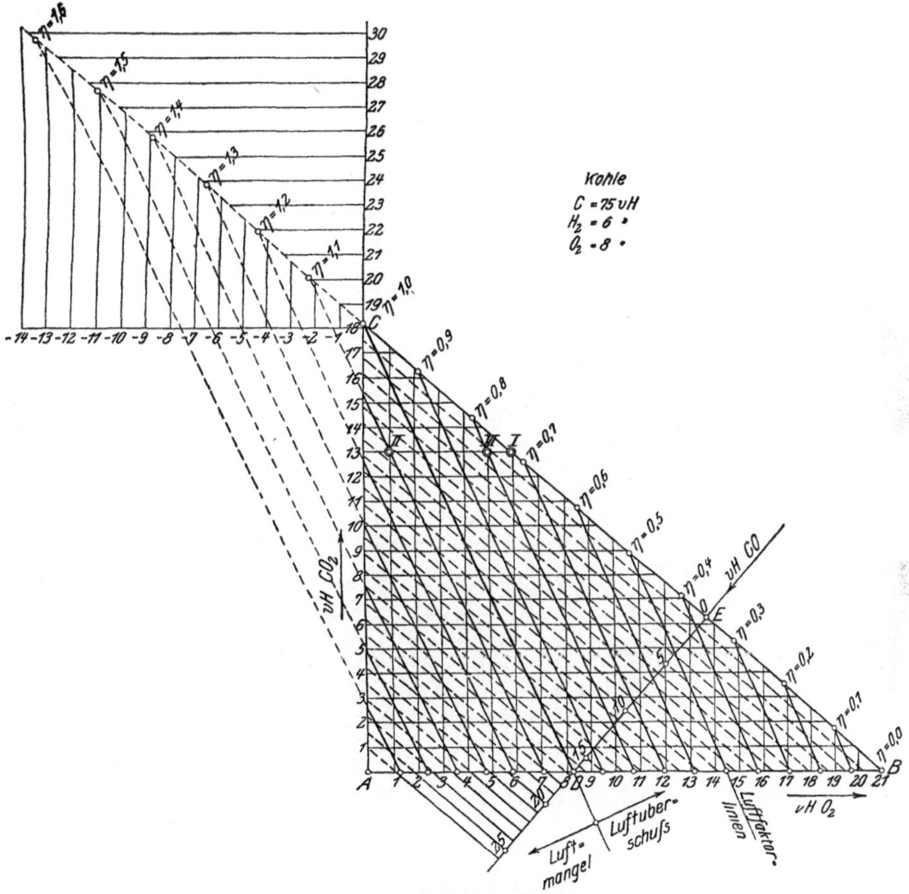

Fig. 11. Abgas-Schaubild von Kohle.
(Aus Zeitschrift des Vereins deutscher Ingenieure 1912, S. 506.)

$CO = 32,5$ Proz. und $N_2 = 58,7$ Proz. gewählt. Punkt D entspricht dem ursprünglichen CO_2-Gehalt des Gases. Punkt E entspricht $\eta = 1$, EF ist senkrecht CB, die Punkte auf EF ergeben den CO-Gehalt. Damit ist das Abgas-Schaubild für obiges Gas bestimmt (Fig. 12).

Bei obigen Schaubildern ist vorausgesetzt, daß aller Wasserstoff zu Wasser verbrennt; sie sind nach dem Kohlenstoffgehalt aufgebaut. Man kann nun

---

[1]) Feuerungstechnik **11**, 1923, Nr. 7: Zu den Hyperbeln der Rauchgasbestandteile, von *Szende*.

in einem sog. feuerungstechnischen Rechenkörper C, $ABED$ (Fig. 13), alles vereinigen[1]).

CAB ist das Kohlenstoffdreieck mit $AC = 21$ Proz. CO_2 und $AB = 21$ Proz. O_2. Bei Brennstoff nur aus H_2 ist gar kein CO_2 vorhanden. Es liegen also die Punkte in der Basis $ABED$. Wandert das Dreieck CAB parallel mit sich selbst mit der Spitze A längs AD senkrecht zu AB mit $AD = AB$,

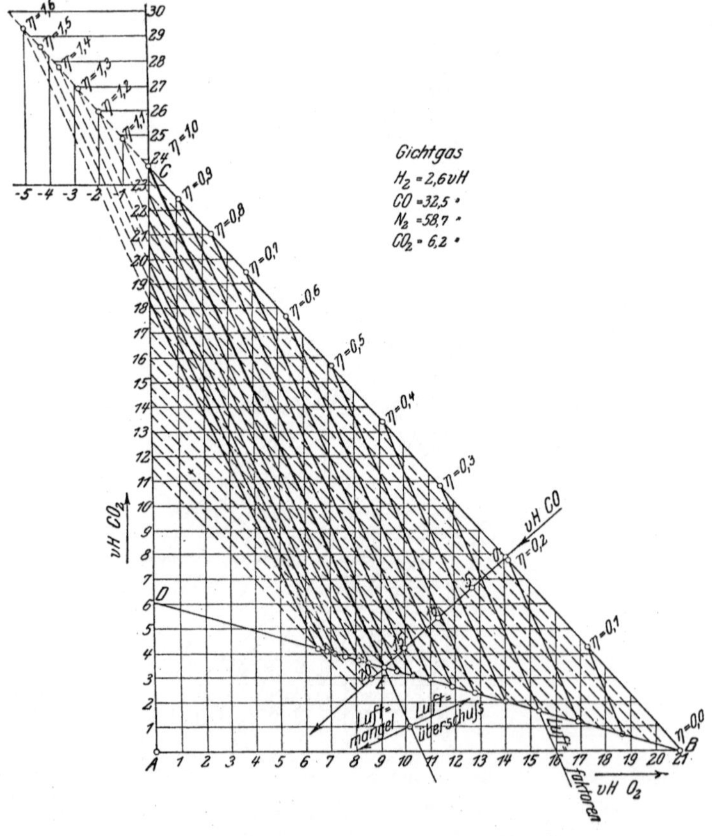

Fig. 12. Abgas-Schaubild für Gichtgas.
(Aus Zeitschrift des Vereins deutscher Ingenieure 1920, S. 506.)

so beschreibt C auf CD die verschiedenen Phasen geringeren C-Gehalts, der durch disponiblen H_2 gegeben wird. Das Dreieck CAD enthält also alle Fälle vollkommener Verbrennung ohne freien O_2-Rest. Die merkwürdig gekrümmte Fläche C, BED ist die Fläche der vollständigen Verbrennung ohne CO-Bildung. In Fig. 14 ist die Abwicklung dieses Körpers gegeben.

---

[1]) Feuerungstechnik **12**, 1924, Nr. 12: Zur räumlichen Darstellung von Verbrennungsvorgängen, von *Szende* und Monographie ou Traité des Abaques par *R. Soreau*, Editeur Etienne Chiron, Paris.

Die seitlich gezeichneten vier Funktionsskalen geben an:

1. größten Kohlensäuregehalt der Rauchgase des betr. Brennstoffes,
2. Verhältnis der disponiblen Wasserstoffatome zu Kohlenstoffatomen,
3. Prozente Wasserstoff bei Kohlenwasserstoffen,
4. eine Anzahl vorkommender Brennstoffe.

Die Aufgaben lassen sich außer in Koordinaten auch nach der bekannten Methode der Fluchtlinientafeln[1]) lösen. Fig. 15 ist eine solche Tafel für beliebige Brennstoffe. Sie ist mit CO_2 und η als Abszisse gezeichnet. In ähnlicher Weise ist Fig. 16 entworfen. Sie ist für disponible Wasserstoffatome zu Kohlenstoffatomen und Luftüberschuß in Prozenten gezeichnet.

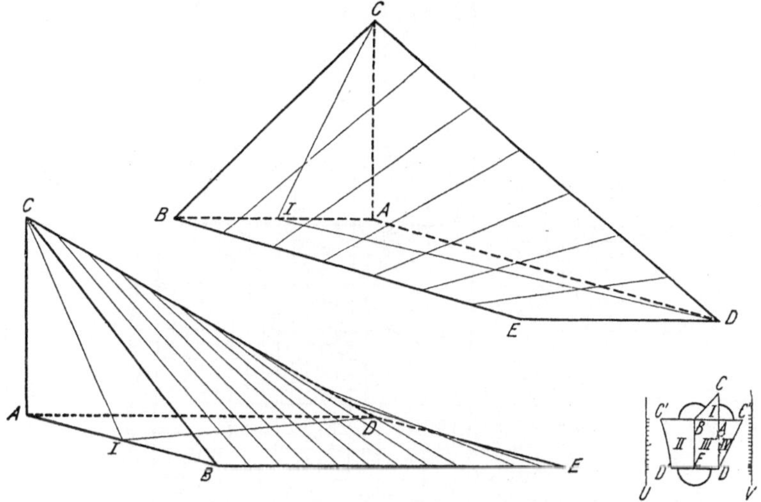

Fig. 13. Der feuerungstechnische Rechenkörper.
(Aus *Wa. Ostwald*, Beiträge zur graphischen Feuerungstechnik.)

Aus den vorstehenden Erörterungen ergibt sich, wie man bei gegebenem Brennstoff, der analytisch untersucht wurde, die Verbrennung prüfen kann. Wird mittels Rauchgasanalyse der CO_2-, evtl. CO-Gehalt festgestellt, so läßt sich die Vollkommenheit der Verbrennung und die Größe des Luftüberschusses an Hand von Rechnung oder graphischer Tafel feststellen. Hiernach wird dann die Stellung des Rauchschiebers und der Luftklappen verändert. Andererseits kann auch aus den Analysen und den Vergleichen mit der Rechnung oder graphischer Tafel bei bestimmten Zeitverhältnissen und Schieberstellungen bei bekannten Brennstoffen auf die Zweckmäßigkeit einer Änderung des Brennstoffes und ihre ungefähre Art geschlossen werden.

Es soll nunmehr eine kurze Charakteristik der Brennstoffe gegeben werden. Wenn ein Körper verbrennt, wenn also seine Molekel sich zerlegen und

---

[1]) Maschinenbau **3**, 1923, Heft 5: Grundlagen der Nomographie von *Dobbeler* und Die Nomographie oder Fluchtlinienkunst von *Kauer*, Berlin, Springer, sowie Graphische Darstellung in Wissenschaft und Technik von *Pironi*, Leipzig, Sammlung Göschen.

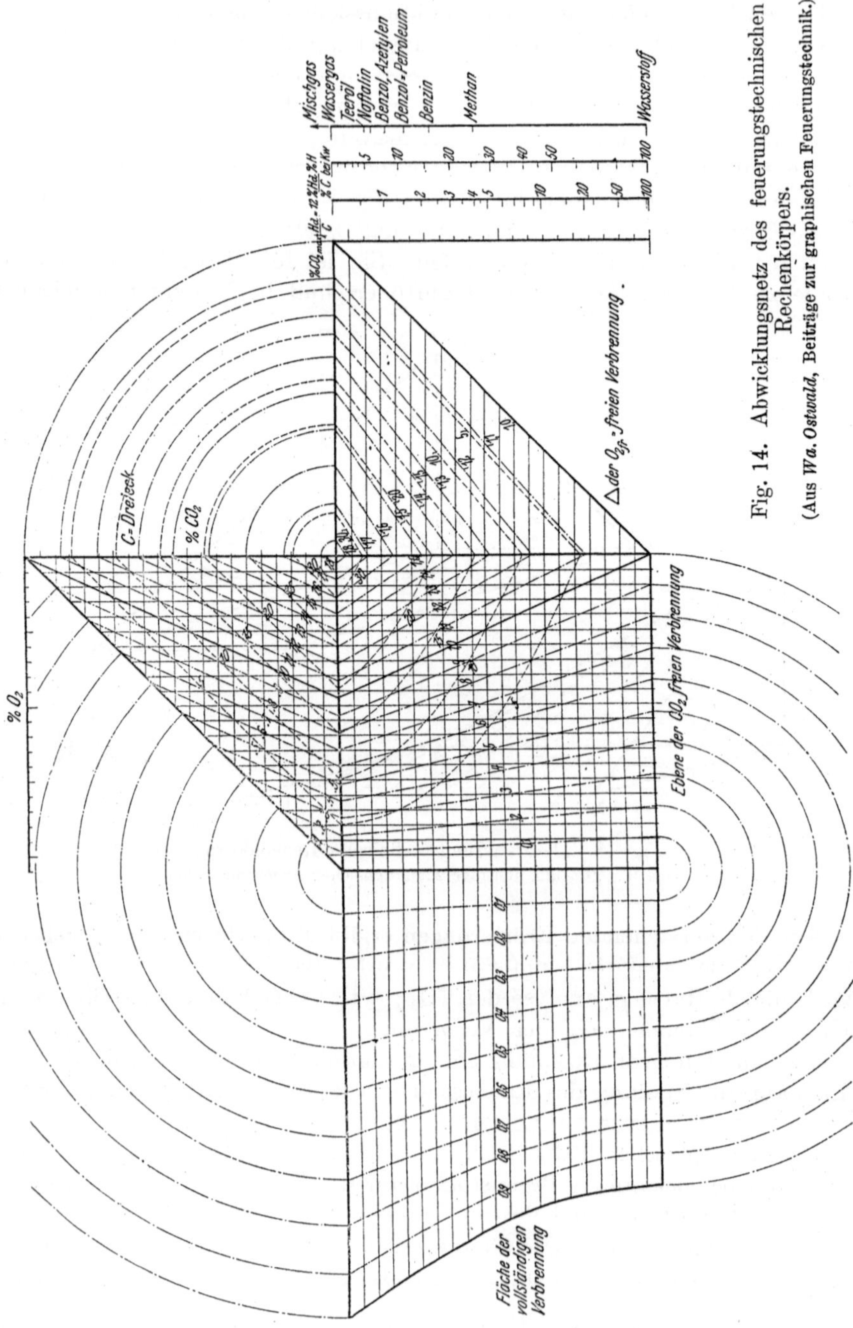

Fig. 14. Abwicklungsnetz des feuerungstechnischen Rechenkörpers. (Aus *Wa. Ostwald*, Beiträge zur graphischen Feuerungstechnik.)

sich mit dem Sauerstoff der Luft verbinden, hat er seine sog. Entzündungstemperatur erreicht. Er brennt dann so lange weiter, wie er die Entzündungstemperatur besitzt und genügend Sauerstoff zugeführt erhält. Bei der Erhitzung des Körpers auf die Entzündungstemperatur tritt zugleich eine Vergasung ein. Man hat dann zwei Fälle: die Verbrennung der ausgetriebenen Gase

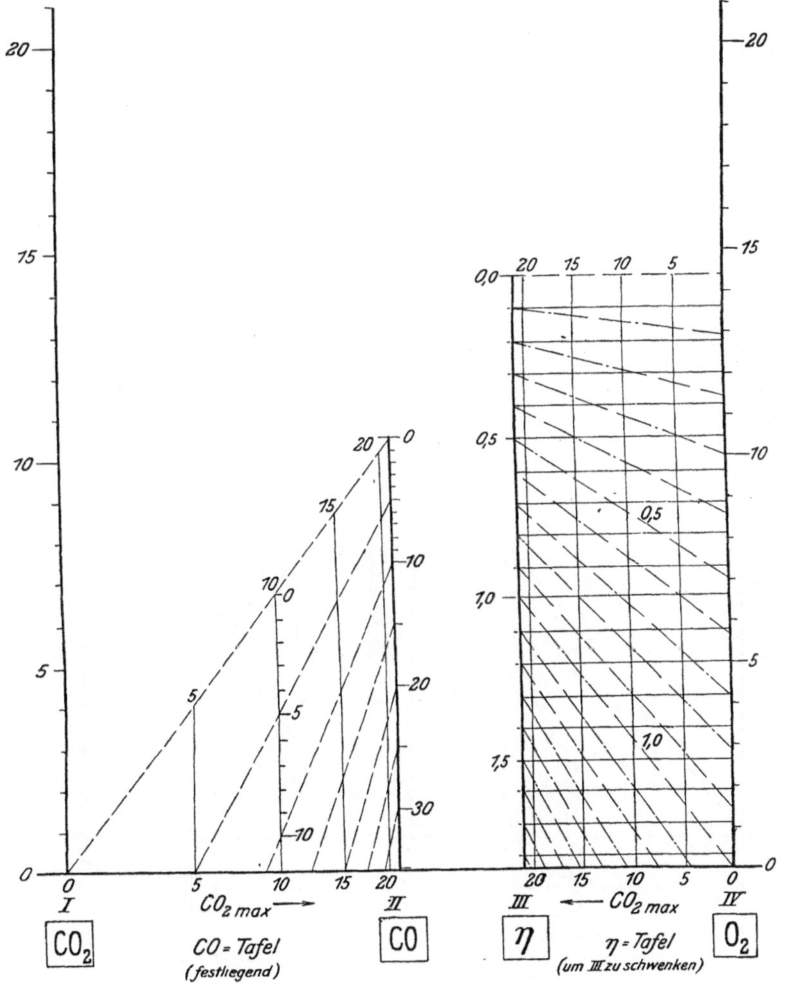

Fig. 15. Fluchtlinientafel.
(Aus *Wa. Ostwald*, Beiträge zur graphischen Feuerungstechnik.)

und die Verbrennung des festen Körpers. Der bei den üblichen Brennstoffen nach der Entgasung übrigbleibende feste Körper ist Kohlenstoff und Asche.

Die ausgetriebenen Gase verbrennen zu Kohlensäure und Wasser. Je nach der Höhe der Temperatur tritt zuerst die Zersetzung der Gase, z. B. bei Methan, Äthylen, oder nach deren Verbrennung zu Kohlensäure und Wasser wieder eine Neubildung dieser Gase sowie eine Zersetzung der Kohlensäure und des Wassers zu Kohlenstoff, Kohlenoxyd, Wasserstoff und Sauerstoff ein. In diesem Falle ist dann die entwickelte Wärmemenge kleiner als die bei vollkommener Verbrennung entstehende Wärmemenge. Es ist daher,

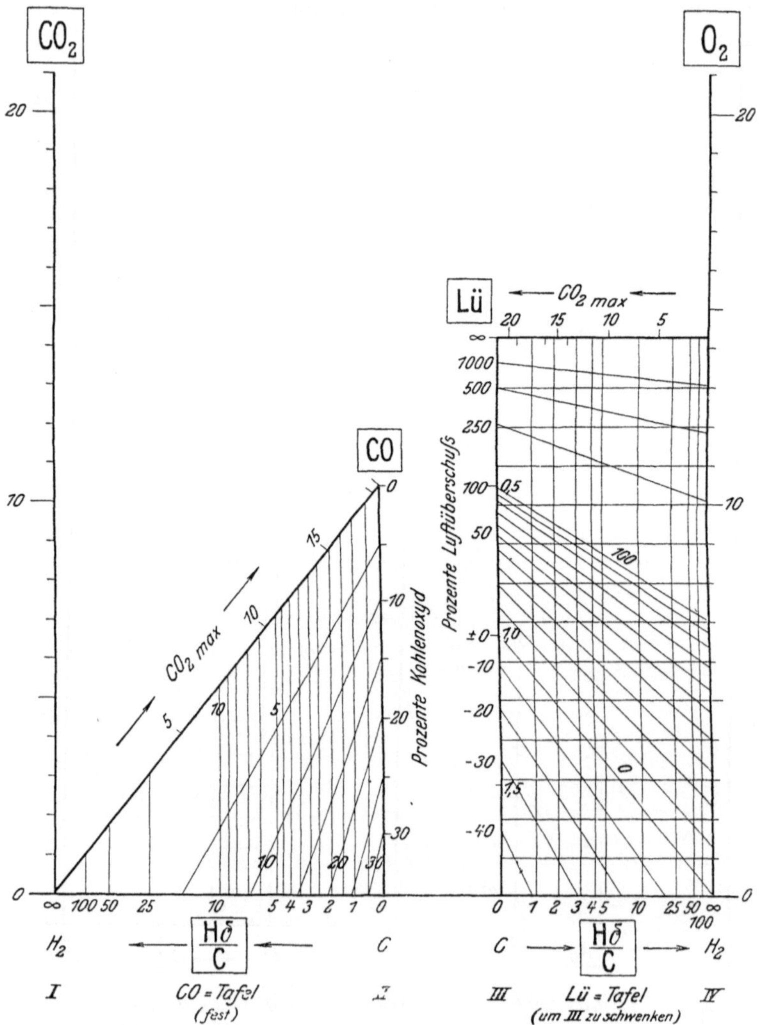

Fig. 16. Fluchtlinientafel.
(Aus *Wa. Ostwald*, Beiträge zur graphischen Feuerungstechnik.)

wenn sich bei der Untersuchung Differenzen zeigen, auch diesem Moment Rechnung zu tragen, und es sind die Abgase entsprechend zu untersuchen.

Der Kohlenstoff verbrennt durch die an ihn stoßenden Sauerstoffteile zu Kohlensäure, evtl. Kohlenoxyd. Letzteres verbrennt dann bei genügender Sauerstoffzufuhr als Gas zu Kohlensäure. Die direkte Verbrennung des festen Körpers zeigt sich in einem Glühen desselben ohne Flammenbildung.

Bei der Verbrennung der festen und flüssigen, besonders jedoch der gasförmigen Stoffe spielt die Zündgeschwindigkeit eine wichtige Rolle.

Sie wird bei langsamer Verbrennung durch die Wärmeleitung, die spezifische Wärme, die Dichte und die Temperatur des zu verbrennenden Körpers bedingt.

Bei schneller Verbrennung erfolgt die Fortpflanzung der Verbrennung dadurch, daß die durch starken Druck erzeugte Kompressionswelle und die damit verbundene Temperaturerhöhung eine rasche Entzündung bedingt. Es ist natürlich erforderlich, daß genügende Mengen Sauerstoff, mit dem Gase richtig gemischt, vorhanden sind.

Die diesbezüglichen Verhältnisse sind von *Le Chatelier* und *Mallard* untersucht. Es zeigt sich, daß die Zündgeschwindigkeit in der offenen Röhre anders vor sich geht als in der geschlossenen Bombe. Daher ist auch die Verbrennung in offenem Gefäß (gewöhnliche Feuerung für Gase) anders als in geschlossenem (Motorzylinder). Die bei offenen Gefäßen auftretende Explosionswelle tritt in geschlossenen Gefäßen nicht auf, auch ist die Fortpflanzung in einer bewegten, durchgewirbelten Gasmasse anders als in einer ruhenden. Wahrend die Verbrennungsgeschwindigkeit bis ca. 20 m-Sek. steigt, zeigt die Explosionsgeschwindigkeit Werte von über 1000 m-Sek. Auch ist es nicht nötig, daß das ganze Gemisch explodiert, es können auch nur einzelne Gasgruppen in demselben epxlodieren. Selbstredend steigt der Explosionsdruck auch ganz bedeutend[1]).

Nachstehende Tabelle[2]) enthält einigeWerte für dieZündgeschwindigkeit von

	Volumteil des Gases im Gemisch	Anfangsdruck in Atm abs.	Zundgeschwindigkeit m-Sek.
Wasserstoff-Luft	0,103	0,50	0,602
Anfangstemp. 15°,	0,101	2,50	0,508
$H_u = 2360$	0,181	0,50	4,378
	0,182	2,50	6,120
	0,240	0,50	8,220
	0,244	2,50	13,920
Leuchtgas-Luft	0,080	0,50	0,372
Anfangstemp. 75°,	0,080	2,00	0,108
$H_u = 4300$	0,110	0,50	1,560
	0,110	3,50	1,435
	0,160	0,50	4,033
	0,160	3,50	3,623
Generatorgas-Luft	0,300	0,50	0,526
Anfangstemp. 75°,	0,300	7,50	0,149
$H_u = 1180$	0,465	0,50	2,183
	0,465	5,50	1,913

---

[1]) *Schule*, Technische Thermodynamik, II. Teil: Die Verbrennungsgeschwindigkeit von Gasgemischen. Berlin, Julius Springer. — *Nagel*, Versuche über die Zündgeschwindigkeit explosibler Gemische in Forschungsarbeiten Heft 54. — *Clerk*, Engineering 1913, S. 21, 2. Halbjahr.

[2]) Nach Versuchen von *Nagel*.

Die Explosionsgrenzen liegen in Prozent der Mischung an brennbarem Gase bei

Kohlenoxyd	zwischen 16,6 und		74,8
Wasserstoff	„	9,5 „	66,3
Wassergas	.,	12,5 „	66,6
Leuchtgas	.,	8,0 „	19,0
Acetylen	..	3,5 „	52,2
Benzin	„	2,5 „	4,8

Neben der Zuggeschwindigkeit spielt auch die **Entzündungstemperatur**[1]) der Stoffe eine Rolle. Sie ist bei atmosphärischem Druck in atmosphärischer Luft nach *Holm:*

Pflanzenöle	400°
Braunkohlenteeröl	400 bis 550°
Steinkohlenteeröl	600 „ 630°
Petroleum	380°
Benzin	415 bis 460°
Alkohol	510°
Benzol	520°
Paraffin	310°
lufttrockener Torf	280°
Braunkohle	250°
Steinkohle (böhm.)	390°
Anthrazit	440°
Gaskoks	400°.

Die Entzündungstemperaturen der Gase sind für reinen Sauerstoff nach *Dixon* für

Wasserstoff	585°
Kohlenoxyd	637 bis 658°
Methan	580 „ 590°
Acetylen	416 „ 440°
Äthylen	500 „ 519°.

Nach *Wollers* und *Ehmke* gilt für

Benzoldampf	560 bis 570°
Ölgas aus Leichtol	615 „ 651°
Ölgas aus Teeröl	645°

Bei Entzündung in Luft sind die Temperaturen etwas höher.

Eine **Charakteristik der Brennstoffe** ist in der nebenstehenden unteren Tabelle gegeben.

Aus der Tabelle ist die große Variation der in den Brennstoffen enthaltenen brennbaren und flüchtigen Stoffe zu ersehen. Mit Rücksicht auf letztere Eigenschaft unterscheidet man bei Steinkohlen Magerkohle und Fettkohle. Diese Unterscheidung, die durch einen Verkokungsversuch und die Prüfung des Kokses und der flüchtigen Bestandteile vorgenommen wird, dient zur Klassifizierung für die Verwendungsart der Kohle. Danach ergeben sich fünf Haupttypen, die in der nachstehenden Tabelle (nach der „*Hütte*") zusammengestellt sind.

---

[1]) Zeitschrift des Vereins deutscher Ingenieure **68**, 1924, Nr. 22: Bestimmung des Zündpunktes unter Druck von *Tauß* und *Schulte.*

Kohlentype	Zusammensetzung	O : H	Koks nach der Destillation	Spez. Gew. des Kokses	Beschaffenheit des Kokses
Magere Kohle oder Anthrazit mit kurzer Flamme	90,0 bis 93,8 Proz. C 4,5 „ 4 „ H 5,5 „ 3,0 „ O	1	82 bis 92	1,35 bis 1,41	gefrittet oder pulverförmig
Fette Kohle mit kurzer Flamme	88,0 bis 91,0 Proz. C 5,5 „ 4,5 „ H 6,8 „ 5,5 „ O	1	74 bis 82	1,30 bis 1,35	geschmolzen, sehr kompakt, wenig zerklüftet
Fette Kohle (Schmiedekohle)	84,0 Proz. bis 89,0 C 5,5 „ 5,0 „ H 11,0 „ 5,5 „ O	1	68 bis 74	1,30	geschmolzen bis mittelmäßig, kompakt
Fette Kohle mit langer Flamme	80,0 bis 85,0 Proz. C 5,8 „ 5,0 „ H 14,2 „ 10,2 „ O	2 bis 3	60 bis 68	1,28 bis 1,30	geschmolzen, aber stark zerklüftet
Trockene Kohle mit langer Flamme	75,0 bis 80,0 Proz. C 5,5 „ 4,5 „ H 12,5 „ 15,0 „ O	3 bis 4	50 bis 60	1,25	pulverförmig, höchstens zusammengekittet

Feste Brennstoffe.

Brennstoffe	Lufttrockene Stoffe in 100 Gew.-Teilen: Kohlenstoff	Wasserstoff	Sauerstoff u. Stickstoff	Schwefel	Wasser	Asche	Brennb. Stoffe in 100 Gew.-T.	Wasser- u. aschefreie Stoffe in 100 Gew.-Teilen: Kohlenstoff	Wasserstoff	Sauerstoff u. Stickstoff	Schwefel	100 Teile Brennstoff geben: Koksausbeute	Fester Kohlenstoff	Flüchtige Bestandteile	Heizwert per 1 kg Stoff	Heizwert per 1 kg brennbare Stoffe
Kohlenstoff	100	—	—	—	—	—	100	100	—	—	—	—	100	—	8140	8140
Schwefel	—	—	—	100	—	—	100	—	—	—	100	—	—	—	2220	2220
Eiche	50,2	6,0	43,4	—	—	0,4	—	—	—	—	—	—	75,0	24,6	4620	4640
Buche	49,1	6,1	44,2	—	0,6	—	—	—	—	—	—	—	75,0	26,4	4780	4805
Tanne	50,4	5,9	43,4	—	—	0,3	—	—	—	—	—	—	75,0	24,7	5035	5050
Fichte	50,3	6,2	43,1	—	—	0,4	—	—	—	—	—	—	75,0	24,6	5085	5100
Ruhrkohle	80,0	4,7	6,0	1,5	1,3	6,5	92,2	86,8	5,1	6,5	1,6	77,0	70,0	22,0	7650	8300
Saar-, Schlesische, Sächsische Kohle	75,0	5,0	10,0	1,0	2,5	6,5	91,0	82,5	5,5	11,0	1,0	64,0	57,0	33,0	7100	7800
Oberbayerische Melasse-Kohle	53,0	4,0	12,0	5,0	9,0	17,0	74,0	71,6	5,4	16,2	6,8	56,0	38,0	35,0	5200	7100
Steinkohlenbriketts	82,0	4,2	3,7	1,2	1,7	7,2	91,1	90,0	4,6	4,1	1,3	83,0	76,0	15,0	7750	8500
Gaskoks	84,0	0,8	3,4	1,0	1,8	9,0	89,2	94,2	0,9	3,8	1,1	96,0	88,0	2,0	7000	7830
Westfál. Anthrazit	85,4	3,8	4,7	1,2	1,0	3,9	95,2	89,7	4,0	4,9	1,3	89,3	85,0	9,7	7975	8380
Böhm. Braunkohle	49,2	3,8	14,0	0,3	27,4	5,5	67,0	73,0	5,6	20,6	0,6	—	—	—	4395	6500
Sächs. Braunkohle	32,1	2,6	12,2	1,1	46,2	5,8	48,0	67,0	5,4	25,5	1,1	25,0	21,0	27,0	2785	6630
Braunkohlenbrikett	52,0	4,3	16,0	2,0	17,0	9,0	74,0	70,0	5,8	21,5	2,7	40,0	32,0	43,0	4800	6540
Torf	44,0	4,5	25,0	0,5	20,0	6,0	74,0	59,4	6,1	33,8	0,7	31,0	25,0	49,0	3800	5400
Torf	10,4	1,2	8,7	0,4	22,4	56,9	20,7	50,2	5,8	42,0	2,0	9,0	—	10,0	330	4260
Holzkohle	75,5	2,5	12,0	—	9,0	1,0	90,0	83,9	2,8	13,3	—	—	—	—	7000	7780
Estland. Ölschiefer	29,7	3,5	11,6	2,2	15,0	38,0	47,0	63,1	7,5	24,6	4,8	14,0	—	33,0	3309	9060
Lignit	28,8	2,5	9,6	2,9	40,4	15,8	43,8	65,7	5,7	21,9	6,7	—	—	—	2400	5480
Württ.-Ölschiefer	—	—	—	—	2,0	88,0	10,0	—	—	—	—	5,0	—	5,0	1300	10000

Beim Verkoken gehen die Kohlen entweder in Fluß über: Backkohlen; oder sie backen nicht: Sinterkohlen. Demnach erhält man folgende fünf Typen:

1. gasarme Sandkohle: Anthrazit;
2. gasarme Sinterkohle: Magerkohle;
3. Back-, Schmiede- oder Kokskohle (Fettkohle);
4. gasreiche Back- oder backende Sinterkohle: Gaskohle;
5. gasreiche Sinterkohle (Flammkohlen) und gasreiche Sandkohle (Braunkohle).

Die Einteilung der Steinkohlen[1]) erfolgt nach der Größe; man unterscheidet:

Fördergrußkohlen	mit 10 Proz. Stückgehalt
Forderkohlen	„ 25 „ „
Melierte Kohlen	„ 40 „ „
Bestmelierte Kohlen	„ 50 „ „
Aufgebesserte melierte Kohlen (Eß- und Mager-)	„ 60 „ „
Aufgebesserte melierte Kohlen (Eß- und Mager-)	„ 75 „ „
Forderschmiedekohlen	„ 25 „ „
Melierte Schmiedekohlen	„ 40 „ „
Stückkohlen I	abgesiebt uber 80 mm
Stückkohlen II	„ „ 50 „
Stückkohlen III	„ „ 35 „
Gasflammförderkohlen	mit 45 Proz. Stückgehalt
Generatorkohlen (Gas, Gasflamm)	„ 45 „ „
Gasforderkohlen (Gas, Gasflamm)	„ 45 „ „
Nußkohlen I	mit 50/80 mm Korngröße
Nußkohlen II (fett)	„ 30/50 „ „
Nußkohlen III (fett)	„ 13/30 „ „
Nußkohlen IV (fett)	„ 10/15 „ „
Nußkohlen V (fett)	„ 6/10 „ „
Nußgrußkohlen (fett)	mit 0/50 bis 0/75 „ „
Gewaschene melierte Kohlen (Eß und Mager) Stücke und Nuß III/IV	
Div. Nußgrußkohlen (Gas und Gasflamm) mit Sieb über 200 mm und unter 80 mm	
Nußgrußkohlen (Eß und Mager)	4/8 mm Korngröße
Fein- und Kokskohlen	0/6 bis 0,10 „ „
Hochofenkoks	
Gießereikoks	
Brechkoks I	etwa 50/80, 60/100, 70/100 mm Korngroße
Brechkoks II	„ 30/50, 40/60, 40/70 „ „
Brechkoks III	„ 20/30, 20/40 „ „
Brechkoks IV	„ 10/20, 10/30 „ „
Eiformbriketts	etwa 50, 80, 120 g schwer
Briketts (vierkantig)	etwa 1,5, 3, 5, 6, 7, 10 kg schwer.

Braunkohlen sind in ihrer Zusammensetzung sehr verschieden. Sie sind sowohl mit erdigen als auch sandigen Teilen vermischt. Sie werden als

  Siebkohle,
  Förderkohle und
  Klarkohle

---

[1]) Nach dem Rheinisch-Westfalischen Kohlensyndikat.

in den Handel gebracht. Je nach ihrem Gehalt an flüchtigen Brennstoffen werden sie neben vollständiger Verbrennung oder Vergasung vor der Vergasung entgast und auf Schwelteer oder auf Urteer verarbeitet.

Die Ölschiefer[1]) finden sich in sehr verschiedener Güte an verschiedenen Orten; bekannt sind die Vorkommen

> am Nordabhang des Jura, besonders Göppingen und Eislingen,
> in Württemberg[2]) sowie in Bayern,
> in Braunschweig bei Messel,
> in Tirol und dem Karwendelgebirge,
> in Schottland und Norfolk,
> in Frankreich bei Autin und Bruxière,
> in Rußland, Litauen, Livland,
> in Australien.

Der Inhalt an Gas, Teer und Kohle schwankt zwischen 10 bis 70 Proz. Der im Schiefer enthaltene Kohlenstoff kann nicht ohne weiteres für die Teer- und Gasgewinnung nutzbar gemacht werden, sondern bleibt als Koks im Schiefer zurück. Die Ölschiefer werden sowohl direkt unter dem Rost verbrannt, als auch zur Gasgewinnung und Ölgewinnung verarbeitet. In neuerer Zeit spielen sie eine nicht unbedeutende Rolle in der Herstellung von Romanzementen.

Die minderwertigen Brennstoffe entstehen:

1. bei der Aufbereitung hochwertiger Brennstoffe; hierher gehören:
> Staubkohle,
> Waschberge,
> Schlammkohle,
> Koksgrieß,
> Grudekoks,
> Brikettklein;

2. durch Verbesserung natürlicher minderwertiger Brennstoffe und umfassen:
> Naßpreßsteine aus Braunkohle,
> Preßsteine aus Koksgrus,
> Braunkohle, getrocknet oder mit geringem Wassergehalt;

3. bei der natürlichen Gewinnung; hierher gehören:
> Lignit,
> Torf,
> Holz,
> Braunkohle mit hohem Wassergehalt und Aschegehalt,
> Steinkohle mit hohem Wassergehalt und Aschegehalt,
> Ölschiefer;

---

[1]) Näheres: *W. Scheithauer*, Die Schwelteere. Leipzig, Otto Spamer und Petroleum **20**, 1924, Nr. 17.

[2]) Chemikerzeitung **45**, 1921, Nr. 105, S. 837—839.

4. als Abfall der Fabrikation; hierher gehören:
Holzabfälle,
Lohe,
Sägespäne,
Hausmüll,
Rauchkammerlösche,
die minderwertigen Abfälle der Teerfabrikation.

Die Minderwertigkeit rührt daher, daß die Brennstoffe entweder feinkörnig oder staubförmig sind, und daß sie einen hohen Aschengehalt über 15 Proz. oder hohen Wassergehalt über 25 Proz. besitzen.

Nachstehende Tabelle gibt eine Übersicht über den Kohlenverbrauch in Deutschland für die verschiedenen Industriezweige:

Steinkohlenverteilung in Deutschland[1].

Lfde. Nr.	Art der Industrie	1913 Mill. Tonnen	1913 Proz. Gesamt	1919 geschätzt Mill. Tonnen	1919 geschätzt Proz. Gesamt	Proz. des Friedensverbrauchs
1	Bergbau	21,9	11,5			
	a) Steinkohlenbergbau	10,0	5,2			
	b) Braunkohlenbergbau	5,9	3,1			
	c) Erzbergbau	2,6	1,4	} 27,0	} 25,8	} 37,4
	d) Blei- und Zinkhütten	2,2	1,1			
	e) Salinen	1,2	0,6			
2	Kokereien	45,0	23,4			
3	Eisenhüttenwesen	38,0	19,8	18,0	17,1	47,4
	a) Allgemeines Hüttenwesen	30,6	15,9	13,0		42,5
	b) Weiterverarbeitung des Eisens	7,4	3,9	5,0		67,5
4	Eisenbahnen	14,5	7,5	13,0	12,4	89,6
5	Binnenschiffahrt	2,5	1,3	} 3,0	} 2,9	} 46,9
6	Seeschiffahrt	3,9	2,0			
7	Elektrizitätswerke	3,1	1,6	6,0	5,7	193,5
8	Gaswerke	8,5	4,5	6,0	5,7	70,5
9	Wasserwerke	0,8	0,4	0,8	0,8	100,0
10	Industrie	34,3	17,8	15,2	14,5	44,3
	a) Ziegeleien	6,0	3,1			
	b) Zementindustrie	3,1	1,6			
	c) Kalk-, Gips- und Steinindustrie	2,2	1,2	} 4,0	} 3,8	} 29,0
	d) Glas- und keramische Industrie	2,5	1,3			
	f) Zuckerindustrie	3,4	1,8	1,2	1,2	35,3
	e) Chemische Industrie	2,8	1,4	4,0	3,8	142,8
	g) Gärungsindustrie	4,0	2,1	1,0	1,0	25,0
	h) Textilindustrie	2,0	1,0	1,5	1,4	75,0
	i) Papierindustrie	4,5	2,3	1,5	1,4	33,5
	k) Holz, Leder, Gummi	2,4	1,3	} 2,0	} 1,9	} 52,6
	l) Sonstige Industrien	1,4	0,7			
11	Landwirtschaft	1,9	1,0	1,0	1,0	79,0
12	Hausbrand und Vorrat	17,7	9,2	15,0	14,1	56,5
13	Gesamtbedarf	192,1	100,0	105,0	100,0	54,6

[1] Nach: Sparsame Warmewirtschaft, Heft 1. Berlin, Julius Springer.

Die Förderung im Jahre 1921 betrug
ohne Saar und Pfalz . . . . 131,3 Mill. Tonnen.

Die Steigerung in der Förderung der Braunkohle ergibt sich aus folgenden Zahlen:

1913 Braunkohlenförderung 87,1 Mill. Tonnen, davon für Briketts 21,4 Mill. Tonnen,
1914   „   83,5 „   „   „   „   „   21,3 „   „
1918   „   100,7 „   „   „   „   „   23,1 „   „
1919   „   93,8 „   „   „   „   „   19,7 „   „
1920   „   111,6 „   „   „   „   „   24,3 „   „

Eine Übersicht über die flüssigen und gasförmigen Brennstoffe zeigen nachstehende Tabellen[1]):

Brennstoff-bezeichnung	Spez. Gew.	Chem. Zusammensetzung				Wasserge-halt in Proz.	Unterer Heizwert in Cal. per 1 kg	L chem. cbm per 1 kg	Bei Verbrennung von 1 kg entsteht in cbm		Flamm-Punkt °C
		C	H	O+N	S				CO_2	H_2O	
Alkohole	0,794	52,17	13,04	34,79	—	—	6400	7,6	1,06	1,59	
Spiritus. 90 proz.	0,823	—	—	—	—	10	5630	6,8	0,96	1,57	
Spiritus. 75 proz.	0,861	—	—	—	—	25	4470	5,7	0,80	1,53	
Benzol	0,885	92,31	7,69	—	—	—	9590	11,2	1,88	0,94	
Horizontalofenteer	1,150	89,30	4,94	5,30	0,34	5,0	8200	9,1	—	—	65 bis 100
Vertikalofenteer	1,150	89,50	6,95	3,46	0,50	3,0	8750	9,4	—	—	40 „ 70
Kammerofenteer	1,090	88,70	6,80	4,15	0,35	1,5	8750	9,3	—	—	50 „ 60
Koksofenteer . .	—	89,00	6,10	4,50	0,40	5,0	8700	9,2	—	—	—
Teeröl	1,050	90,00	7,00	2,50	0,50	1,0	9000	10,0	—	—	65 bis 85
Naphthalin . . .	1,150	93,75	6,25	—	—	—	9600	10,0	—	—	80
Benzin	0,700	—	—	—	—	—	10000	12,8	1,71	1,95	—
Braunkohlenteer	0,870	86,00	11,00	2,40	0,60	2,0	9800	11,0	—	—	56 bis 116
Solaröl	0,830	85,50	12,30	1,38	0,83	—	9980	10,8	—	—	45 „ 50
Paraffinöl . . .	0,870	85,70	11,50	0,70	1,10	—	9800	10,7	—	—	66 „ 120
Kreosolöl . . .	0,940	80,1	9,70	8,90	1,30	—	8700	11,0	—	—	90
Schieferöl. . . .	0,880	—	—	—	—	—	8000	—	—	—	—
Kaliforn. Rohöl	0,960	86,90	11,80	3,00	—	—	9500 ·bis 11500	11,0	—	—	< 15
Russisches Rohöl	0,880	86,00	13,00	1,00	—	—		11,0	—	—	82
Mexikan. Rohöl	0,943	82,70	11,47	3,56	2,27	—		11,0	—	—	< 15
Deutsches Rohöl	0,939	86,00	11,00	2,00	—	—		11,0	—	—	24
Gasöl	0,860	86,20	12,65	1,15	—	—	9900	11,0	—	—	53 bis 109
Masut	0,900	86,30	12,5	1,20	—	—	10700	10,5	—	—	70 „ 140

Gastype	Spez. Gewicht Luft = 1	Chem. Zusammensetzung in Volum-Prozenten						Unterer Heizwert Cal. cbm	Ausbeute aus		Brennstoff	
		CO	CO_2	CH_4	C_mH_n	H_2	N_2			$\frac{cbm}{t}$	Proz. Wasser	Proz. Asche
Hochofengas .	0,86	28,0	8,0	—	—	—	60,7	1050		—	—	—
Koksofengas .	0,42	8,0	2,0	29,0	4,0	50,0	7,0	4800	Steinkohle	320	1,8	9,0
Leuchtgas . .	0,40	8,0	2,0	32,0	4,0	51,0	3,0	5000	„	340	2,5	6,5
Schwelgas . .	0,58	7,0	3,0	48,0	13,0	27,0	2,0	6900	„	100	1,3	6,5

[1]) Naheres: Feuerungstechnik, XI. Jahrgang, Heft 6: Beurteilung, Behandlung und Charakteristik der Heizöle von Ing. *Franz Stanek*, Berlin.

Gastype	Spez. Gewicht Luft = 1	Chem. Zusammensetzung in Volum-Prozenten						Unterer Heizwert Cal. cbm	Ausbeute aus	$\frac{cbm}{t}$	Brennstoff	
		CO	CO_2	CH_4	C_mH_n	H_2	N_2				Proz. Wasser	Proz. Asche
Wassergas . .	0,52	42,0	5,0	0,5	—	49,0	3,0	2600	Koks	1400	1,8	9,0
Halbwassergas	0,83	22,0	7,0	0,5	—	18,0	52,0	1180	,,	3200	1,8	9,0
Generatorgas.	—	23,7	5,0	1,9	—	0,5	62,9	1060	Steinkohle	—	1,3	6,5
,,	—	26,8	7,2	0,6	—	18,4	47,0	1345	Anthrazit	—	1,0	4,0
Mondgas . .	0,82	11,6	16,0	3,8	—	24,4	44,2	1330	Abfallkohle	—	11,1	21,5
,,	0,81	11,4	18,4	3,3	—	23,3	43,6	1230	Torf	—	48,5	1,2
Generatorgas	0,85	26,0	6,2	5,1	—	4,3	58,4	1330	Holz	—	?	?
,,	—	30,6	5,7	8,1	—	6,1	49,5	1520	Torf	—	32,3	3,3
,,	—	25,2	5,1	2,3	—	16,5	50,9	1400	Böhm. Braunkohle	—	30,0	7,0
,,	—	22,7	10,5	1,7	—	22,7	42,4	1175	Deutsche Braunkohle	—	46,8	7,0
,,	—	26,0	5,0	0,2	—	12,0	56,8	1100	Rauchkammerlösche	—	2,9	19,2
,,	—	8,2	13,6	3,6	—	21,9	52,7	1120	Saarabfallkohle	—	—	25,0
·,,	—	21,0	9,3	1,8	—	16,3	51,6	1210	Braunkohlenschiefer	—	15,9	19,7
,,	—	32,0	2,0	0,5	—	7,5	58,0	1210	Koks	4420	2,0	9,0
,,	—	30,0	3,7	2,0	—	10,7	53,9	1236	Braunkohlenbrikett	3150	15,0	9,0

Gasförmige Brennstoffe finden sich in der Natur hauptsächlich an Ölquellen und an manchen Erdspalten. Bis jetzt hat ihre Verwendung eine örtlich begrenzte Bedeutung, Italien, wo etwa 13 000 PS nutzbar gemacht sind und Nordamerika, wo in Pittsburg zahlreiche Gasquellen vorhanden sind. In Südrußland findet sich Erdgas bei Baku. Alle Erdgase haben hohen Methangehalt und hohe Heizwerte, etwa 7000 kcal per 1 cbm[1]). Die meisten gasförmigen Brennstoffe werden aus den festen und flüssigen gewonnen.

Von den vielen Methoden, die Gase zu klassifizieren, sei die von *Trenkler* in der Zeitschrift Feuerungstechnik VIII, Heft 19, angeführt. Sie ist in nebenstehender Übersicht zusammengestellt.

Die Gase bestehen aus Kohlenstoff, Wasserstoff, Sauerstoff und Stickstoff[2]) und deren Verbindungen. Kohlenstoff hat meist überwiegenden Anteil. Die Reaktionen in kg-Molekeln und kg-Calorien erfolgen nach nachstehenden Gleichungen:

$$C + O_2 = CO_2 + 97\ 700$$
$$C + 2\ H_2O = CO_2 + 2\ H_2 - 18\ 800$$
$$C + CO_2 = 2\ CO - 38\ 800$$

---

[1]) *Mathesius,* Die physikalischen und chemischen Grundlagen des Eisenhüttenwesens. Verlag Otto Spamer, Leipzig, Kap. X; *Volkmann,* Chemische Technologie des Leuchtgases; Das Naturgas. Leipzig, Otto Spamer.

[2]) In hochwertigen Gasen ist kein freier Sauerstoff enthalten, der stets darin vorhandene Stickstoff stammt aus der Luft.

$$2\,CO = CO_2 + C + 38\,800$$
$$CO_2 + H_2 = CO + H_2O - 10\,150$$
$$CO + H_2O = CO_2 + H_2 + 10\,150$$
$$C + {}^1/_2\,O_2 = CO + 29\,450$$
$$C + H_2O = CO + H_2 - 28\,800.$$

Da der Reaktionsweg zur Erreichung des Schlußresultats gleichgültig ist, genügen die drei ersten Gleichungen, da sie die im Gase enthaltenen Stoffe CO, CO_2 und H_2 ergeben. Wenn nach Menge die erste Gleichung a, die zweite b, die dritte c Anteile hat, so ergibt sich die Beziehung

$$(a + b + c)\,C + a\,O_2 + 2\,b\,H_2O$$
$$= 2\,c\,CO + (a + b - c)\,CO_2 + 2\,b\,H_2 - 97\,700\,a - 18\,800\,b - 38\,800\,c.$$

Übersicht.

	Gruppe		Art	Abart
I.	Naturgase	1.	Erdgase	
		2.	Sumpfgase	
		3.	Grubengase	Ausbläser, Schlagwetter
II.	Reichgase	1.	Schwelgase	
		2.	Kokereigase	Koksofengas, Leuchtgas
III.	Schwachgase	1.	Luftgase	Siemensgas; Hochofengas
		2.	Halbgase	Sauggas
		3.	Mondgas	
		4.	Regenerationsgase	reg. Essengas, reg. Hochofengas, reg. Kalkofengas
IV.	Vollgase	1.	Wassergas	
		2.	Doppelgase	Doppelgas nach *Strache*, Trigas, Leuwasgas
V.	Ölgase	1.	Sattgase	Pentairgas, Benoidgas, Aerogengas, Blaugas
		2.	Carbogase	carb. Wassergas, Ölteergas
VI.	Edelgase	1.	Methangase	
		2.	Kohlenoxydgase	
		3.	Wasserstoffgase	

Von den drei Variablen a, b, c sind zwei unabhängig, d. h. wenn zwei Größen bestimmt sind, ist die dritte eindeutig gegeben. Es ist der

$$CO\text{-Gehalt} = \frac{c}{2},$$

$$CO_2\text{-Gehalt} = a + \frac{b}{4} - \frac{c}{2},$$

$$H_2\text{-Gehalt} = \frac{b}{2}.$$

O_2 wird in die Gaserzeugung als $\frac{21}{100}$ Luft eingeführt, N_2 wirkt auf alle Gase gleichmäßig verdünnend und wird in der nachfolgenden Betrachtung über die wirksame Gaszusammensetzung weggelassen.

Da es sich um drei Reaktionen handelt, kann man *Gibbs*sche Dreieckskoordinaten anwenden. Fig. 17 gibt ein Bild, aus dem alles Wissenswerte zu ersehen ist. In demselben sind die Stoffe in g-Molekülen, die Wärmemengen in kcal angegeben.

C stellt die Erzeugung von CO,

A stellt die Erzeugung von CO_2,

B stellt die Erzeugung von $CO_2 + H_2$ dar.

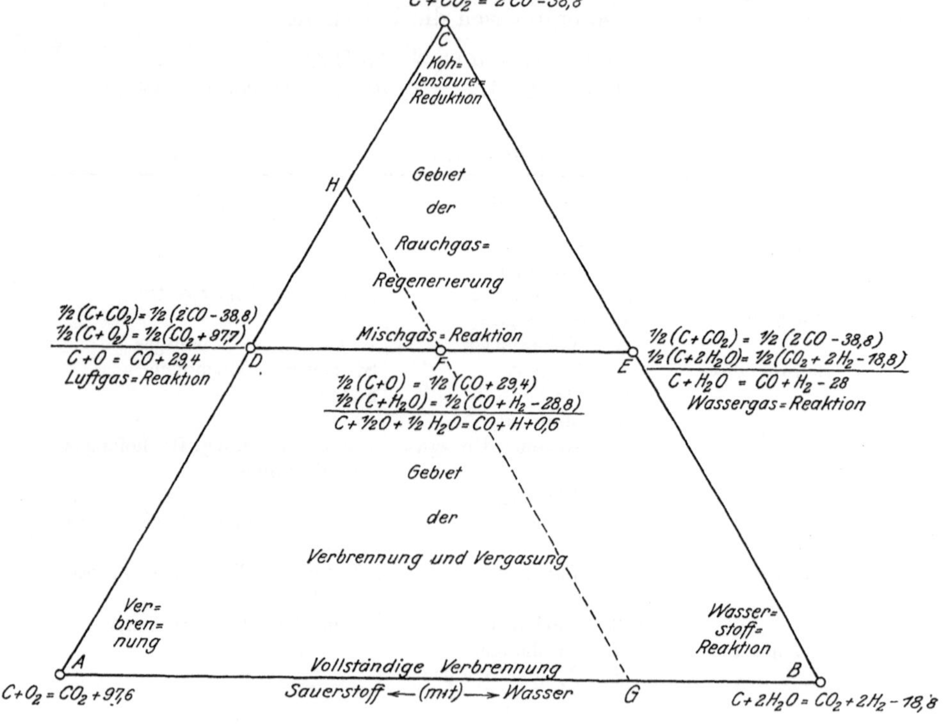

Fig. 17. Das Vergasungsdreieck.
(Aus *Wa. Ostwald*, Beiträge zur graphischen Feuerungstechnik.)

Eine Betrachtung der Figur zeigt folgende wichtige Momente:

Soll Verbrennung eintreten, sollen also Rauchgase entwickelt werden, so muß der Analysenpunkt sich A nähern.

Hochofengase, Koksgase von Schmelzgeneratoren müssen sich dem Punkte D innerhalb des Trapezes $D\,A\,B\,E$ nähern.

Mischgas hat sich dem Punkt F zu nähern, und zwar von D her, da auf Seite E Wärme verbraucht wird.

Wassergas muß in der Nähe von E liegen.

Rauchgasregulierung rückt nach C.

Wasserstofferzeugung rückt nach B.

Was die thermische Betrachtung anbelangt, so zeigt F sich thermisch fast neutral. Auf AC liegt von A bis etwa zur Mitte von D und C die exothermische Reaktion, auf BC die endothermische Reaktion.

Durch F kann eine Linie gelegt werden, die das Dreieck in zwei Teile teilt. Der Teil HAG gibt die exothermen Reaktionen. der Teil $HCBG$ die endothermen Reaktionen.

Trägt man senkrecht zur Dreiecksfläche noch wichtige Eigenschaften: die entstehende Wärme, die Reaktionstemperatur, Brennwert, Kohlen- und Wasserverbrauch für 100 cbm erzeugtes Gas auf, so kann man, wenn man diese Körper aus Karton macht, alle in Betracht kommenden Verhältnisse betrachten und wird bei der Analyse: Temperaturbestimmung, Heizwert-

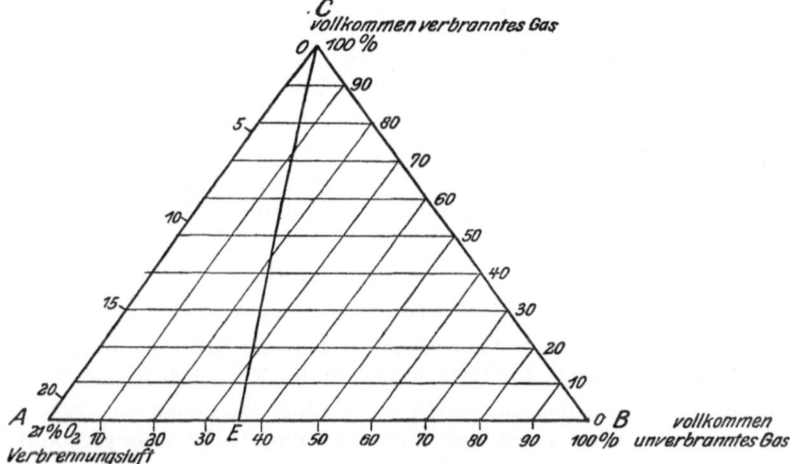

Fig. 18. Abgasdreieck für Generatorgas.

bestimmung, Kohlen- oder Wasserverbrauchbestimmung, sofort erkennen, ob die Reaktion richtig geführt ist, und wo Unregelmäßigkeiten vorkommen.

In ähnlicher Weise läßt sich auch für die verbrannten Gase ein *Gibbs*sches Dreieck konstruieren. In den Abgasen finden sich:

1. verbranntes Gas,
2. verbranntes Gas und unverbranntes Gas,
3. vollkommen unverbranntes Gas,
4. Luftüberschuß.

Fig. 18 zeigt die Darstellung; aus der Beschriftung ist alles zu ersehen.

Es wird dabei bemerkt, daß der O_2-Gehalt des Gases vernachlässigt ist. AB gibt die Mischung von Luft und unverbranntem Gas, A: Luftfaktor $\eta = 0$, $\lambda = \infty$, Gasmenge 0 Proz.; E: Luftfaktor $\eta = \lambda = 1$, Gasmenge gerade soviel, daß kein Luftüberschuß vorhanden. Der Punkt E ist abhängig von der Zusammensetzung des Gases, ist also bei jedem Gas an anderer Stelle; B: Luftfaktor $\eta = \infty$, $\lambda = 0$; es ist reines, unverbranntes Gas vorhanden. Auf AC liegen die vollkommen verbrannten Gemische mit verschiedener

Überschußluft, auf CB liegen die Gemenge von vollkommen verbrannten und vollkommen unverbrannten Gasen. Zieht man CE, so liegt im Dreieck CAE das Gemisch 1 bis 4, in dem trotz Luftüberschuß Gas nur teilweise verbrannt ist, in Dreieck CBE das Gemisch 1 bis 4, in dem infolge Luftmangels nur teilweise Verbrennung mit eintrat.

An Stelle des *Gibbs*schen Dreiecks können auch die in Fig. 15 aufgestellte Fluchtlinientafel oder Parallelkoordinaten, beispielsweise mit Prozent unverbranntes Gas als Abszisse und

$$\frac{\text{Verbrennbares im Abgas}}{\text{Kohlensäure im Abgas}}$$

als Ordinate, benutzt werden.

Die Verwertung der Brennstoffe[1]: fest, flüssig oder gasförmig, kann nun auf drei Arten vorgenommen werden:

direkte Verbrennung des festen, flüssigen oder gasförmigen Brennstoffes,

Verflüssigung oder Vergasung des festen resp. flüssigen Brennstoffes, wobei evtl. hochwertige Vorprodukte: Urteer und Kokereiteer so wie Gas gewonnen werden. Die hier auftretenden Möglichkeiten sind für:

A. Feste Brennstoffe.

1. Direkte Verbrennung.

Die Verbrennungsluft dient dazu, den Brennstoff in Kohlensäure und Wasser, bedingt durch die Hauptbestandteile Kohlenstoff und Wasserstoff, zu verwandeln. Bei diesem Prozeß wird sofort die ganze im Brennstoff enthaltene latente Wärme frei und kann von den Verbrennungsprodukten abgenommen werden. Für diesen Prozeß können alle in der Natur vorkommenden Brennstoffe verwandt werden. Wichtig ist hierbei die Luftmenge, mit der die Verbrennung erfolgt, und die Wassermenge, welche im Brennstoff, der auf dem Rost verbrannt wird, enthalten ist. Für die Aufnahme der Wärme aus dem Brennstoff ist es an und für sich gleichgültig, wieviel Luft zur Verbrennung genommen wird. Der mehr oder minder große Luftüberschuß hat nur Einfluß auf die Temperatur der Verbrennungsgase. Man erhält also bei größerem Luftüberschuß die Wärmemenge bei niederer Temperatur zur Weiterverwendung, also die Entropie der Verbrennungsprodukte größer. Haben die Verbrennungsprodukte ihre Wärme abgegeben, und das kann stets nur bis zu einer gewissen Mindesttemperatur T_2 erfolgen, so enthalten sie noch eine gewisse Wärmemenge. Infolge des Luftüberschusses ist das Gewicht der bei T_2 abgeführten Gase, und somit auch deren Wärmeinhalt größer. Daher wird also bei Luftüberschuß, also bei geringerem Temperaturgefälle, der Wirkungsgrad der Feuerung geringer. Es läßt sich nun zeigen, daß die Entropieänderung bei hohem Temperaturgefälle kleiner ist als bei niedrigem und damit auch der Wirkungsgrad, wie schon gesagt, höher.

---

[1] Revue industrielle minerale 1924, Nr. 19, S. 178—192.

Was den Wassergehalt anbetrifft, so wird das Wasser bei der Verbrennung verdampft; gleichgültig, ob die Temperatur höher oder niedriger ist, es muß in gasförmigem Zustande abgeführt werden, sofern nicht besondere Fälle eine Kondensation zulassen. Bei gasförmig abgeführtem Wasser geht also immer die für die Verdampfung gebrauchte Wärme verloren.

Da sofort die gesamte im Brennstoff enthaltene Wärme frei wird, so ist bei direkter Verbrennung darnach zu trachten, daß die Verbrennungsgase sofort mit dem wärmeaufnehmenden Körper in Berührung kommen. Durch Leitung und das mit der Umhüllung stets verbundene Wärmegefälle geht nutzbar nicht verwertbare Wärme verloren. Zugleich ist zu beachten, daß es hier nicht möglich ist, in einer bestimmten Stelle des Raumes eine höchste Temperatur zu erzielen. Sie findet sich stets direkt über oder nahe über dem Roste, je nach der Höhe des Gasgehaltes im Brennstoffe.

2. Vergasung.

Die zuvor erwähnte Unmöglichkeit, ohne große Verluste die freigewordene Wärme weiter zu leiten und an einer vom Verbrennungsort entfernten Stelle eine bestimmte evtl. höchstmögliche Temperatur zu erreichen, hat zur sog. Halbgas- und Gasfeuerung geführt. Das Prinzip der Gasfeuerung liegt darin, den Brennstoff unter möglichst geringem Aufwand an Wärme in ein Gas zu verwandeln, das dann beliebig weit geleitet werden kann und an einer bestimmten Stelle oder in einem bestimmten Raume zur Verbrennung gebracht wird. Der im Brennstoff enthaltene Kohlenstoff und Wasserstoff wird durch Zufuhr von Luft und Wasserdampf in Gas mit größtmöglicher latenter Wärme verwandelt, Kohlenstoff wird in Kohlenoxyd umgewandelt.

$$C + O_2 = CO_2 + 97\,700$$
$$CO_2 + C = 2\,CO - 38\,800$$
$$C + {}^1\!/_2 O_2 = CO + 29\,450.$$

Das Kohlenoxyd wird dann an der Verwendungsstelle zu Kohlensäure verbrannt

$$CO + {}^1\!/_2 O_2 = CO_2 + 68\,250.$$

Von der Energie der Kohle wird also zunächst bei der Vergasung $\frac{29\,450}{97\,700} \cdot 100 = 30$ Proz. zur Vergasung aufgewendet. Die dabei entstehende Wärme erhöht die Temperatur des Gases und geht bei der Weiterleitung teilweise wieder verloren. Geht sie ganz verloren, so kann bei der Verbrennung zu Kohlensäure nur $\frac{68\,250}{97\,700} \cdot 100 = 70$ Proz. nutzbar gemacht werden.

Für den Prozeß ist es gleichgültig, daß der Kohlenstoff zunächst zu Kohlensäure verbrennt und dann zu Kohlenoxyd durch Strömen durch überschüssige Kohle reduziert wird.

Wasserstoff wird zu Wasser verbrannt und teilweise wieder infolge der hohen Temperaturen dissoziiert.

Der eingeblasene Wasserdampf nimmt einen Teil der Wärme der entstandenen Kohlensäure auf und dissoziiert, so daß die Ableitungstemperatur des Gases sich erniedrigt. Die Wärmeverluste werden anstelle von Strahlung und Leitung in molekularem Wasserstoff und Sauerstoff gebunden und diese latente Wärme kann im Verbrennungsraum dann wirksam verwertet werden[1]). Um also die Kohlensäure zu Kohlenoxyd zu reduzieren, ist eine gewisse Schichthöhe von Kohlenstoff über der Verbrennungsschicht erforderlich, damit die Umsetzung zu Kohlenoxyd, die durch Bindung von Wärme und damit Temperaturerniedrigung erfolgt, möglich ist. Wird nun diese Kohlenschicht verkleinert, so kann nicht mehr alle Kohlensäure reduziert werden, es entsteht ein (ideales) Gas, das teils Kohlensäure, teils Kohlenoxyd enthält. Seine Temperatur ist höher als die des reinen Oxydgases, sein latenter Wärmewert jedoch geringer. Seine Entstehung kann folgendermaßen stattfinden:

$$C + O_2 = CO_2 + 97\,700$$
$$3\,CO_2 + C = 2\,CO_2 + 2\,CO + 254\,300,$$

sofern im entstehenden Gase dann Kohlensäure und Kohlenoxyd gleiche Volumina haben. Dieses Gas ist also zur Hälfte Verbrennungsprodukt, zur Hälfte brennbares Gas und wird daher Halbgas genannt. Zum Vergleich seien die fühlbaren Wärmeinhalte pro kg Molekül, also 22 400 l bei 0° und 760 mm Hg angegeben:

Vollkommene Verbrennung . . . . . 97 700 kcal
Halbgas. . . . . 63 575   „
Gas. . . . . 29 450   „

Der Einfluß des Luftüberschusses verringert den Heizwert pro 1 cbm Gas; er kann jedoch bei der Verbrennung durch Zuführen einer kleineren Luftmenge als beim richtig gehenden Prozeß teilweise wieder verbessert werden. Natürlich darf dann während der Weiterleitung des Gases keine Verbrennung vor sich gehen, d. h. die Gastemperatur muß unter der Entzündungstemperatur liegen. Der Wassergehalt des Brennstoffes dient zur Verschlechterung des Gases. Sofern Wärme durch Zerlegen des Wassers in Wasserstoff und Sauerstoff gebunden wird, kann sie beim Verbrennen wieder restlos gewonnen werden.

3. Vergasung und Entgasung.

In den Brennstoffen finden sich alle möglichen chemischen Verbindungen, wie Kohlenstoff, Wasserstoff, Sauerstoff und Stickstoff, die bei der Erwärmung entweder in der Urform, oder nach chemischer Veränderung ausgetrieben werden. Diese Stoffe zeigen sich dann in gasförmiger und flüssiger Form, wenn sie nach der Austreibung wieder abgekühlt werden. Der Rest, der entweder Halbkoks oder Koks ist, wird entweder vergast oder verbrannt. Das folgende Kapitel behandelt diese Verhältnisse näher.

---

[1]) *Schüle*, Technische Thermodynamik. II. Teil. Verlag Julius Springer, Berlin. *Ferd. Fischer*, Kraftgas. Verlag Otto Spamer, Leipzig. Abschn. Vergasung.

B. Flüssige Brennstoffe.

Bei der Verbrennung fester Brennstoffe wird die Luft zur Verbrennung unter und über den Brennstoffen zugeführt. Sie strömt durch die Zwischenräume und Poren des Brennstoffes. Dabei kann sich ihr Sauerstoff mit Kohlenstoff und Wasserstoff verbinden. Das Vorbeiströmen der Stoffe und die Reaktionsgeschwindigkeit kann nicht vollkommen aufeinander abgestimmt werden, die Verbrennung geschieht daher stets mit Luftüberschuß. Bei flüssigen Brennstoffen läßt sich nun ohne weitere Schwierigkeit eine ganz feine Zerstäubung ermöglichen, so daß der Überschuß an Sauerstoffteilen, die ohne Reaktion an dem Brennstoffteilchen vorbeigehen, sehr gering ist. Diese Vorteile der flüssigen Brennstoffe ist man auch in der Staubfeuerung der festen Brennstoffe auszunützen bestrebt und mit gutem Erfolge. Es sind 2 Wege gegeben: Der Brennstoff wird zu feinem Staub gemahlen und dann als Staubfeuerung verbrannt oder der Brennstoff wird in eine Flüssigkeit verwandelt und dann zerstäubt. Die Erfolge der Kohlenstaubfeuerung rühren vorläufig teilweise daher, daß die Umwandlung von festem in flüssigen Brennstoff nicht im großen rationell möglich ist. Die Versuche, Kohlen in flüssige Form durch Anlagerung von Wasserstoff zu bringen, sind schon in größerem Maße durchgeführt.

Die der Urteergewinnung ähnliche Entgasung entspricht bei flüssigen Brennstoffen der Rektifikation, also der Gewinnung von Leicht-, Mittel- und Schwerölen bei fraktionierter Destillation.

1. Direkte Verbrennung.

Wichtig ist das Problem der sachgemäßen Zerstäubung des Brennstoffes. Die Methoden hierfür werden in den nächsten Kapiteln besprochen.

Immer ist für eine möglichst feine Zerstäubung zu sorgen, bei der gleichzeitig eine innige Mischung mit Luft notwendig ist. Je nach der Ausnutzung der entstandenen Wärme in Feuerungen, Gleichdruck- oder Verpuffungsmotoren muß die Zerstäubungsvorrichtung ausgebildet sein. Je feiner die Zerstäubung, d. h. je kleiner die einzelnen Tropfen sind, eine um so bessere Verbrennung erfolgt. Bei Ölfeuerungen ist das Ausscheiden von festem Kohlenstoff ein unangenehmer Nachteil. Er rührt daher, daß bei der Verbrennung infolge Zersetzung der Kohlenwasserstoffe zuerst der Wasserstoff verbrennt, die Kohle, die wohl auf Zündungstemperatur erhitzt ist, kein geeignetes Sauerstoffteilchen findet, sich abkühlt und damit abscheidet.

2. Vergasung.

Die Vergasung des Brennstoffes vor der Verbrennung soll einerseits die Zerstäubung ersetzen, andererseits ermöglichen, daß eine noch vollkommenere Verbrennung erzielt wird. Es kommen dann die Gasmoleküle direkt mit Sauerstoffmolekülen in Berührung. Die teilweise auftretende Verdampfung, die im Verbrennungsraum Wärme absorbiert, wird schon im Vergaser vorgenommen; daselbst tritt auch ein Kraggen der Kohlenwasserstoffe auf, so daß die Verbrennung noch vorteilhafter geleitet werden kann.

C. Gasförmige Brennstoffe.

Die Verbrennung der Gase, gleichgültig welcher Herkunft, ermöglicht die Erzielung einer vollkommenen, neutralen Verbrennung, einer Oxydations- oder Reduktionsflamme, die bei gewissen metallurgischen und chemischen Prozessen notwendig ist. Die Erzielung hoher Temperaturen läßt sich dadurch erreichen, daß man sowohl dem Gase als der Luft schon vor der Verbrennung eine größere Menge fühlbare Wärme zuführt. In der Industrie wird dies durch Regeneratoren und Rekuperatoren bewirkt, auf dieselben wird später noch näher eingegangen.

Während die obere Grenze der Verbrennungstemperatur sowohl bei konstantem Druck als auch bei konstantem Volumen in weiten Grenzen variabel ist und dadurch der Wirkungsgrad beeinflußt werden kann, ist die untere Grenze der Verbrennungstemperatur durch Druck und Volumen in den meisten Fällen gegeben oder nur in ganz engen Grenzen variabel. Daher läßt sich die thermische Ausnutzung der Maschinen nur erreichen, indem man die obere Grenze, Druck und Temperatur hinaufsetzt, gleichgültig ob es sich um direkte oder indirekte Ausnützung der Wärme handelt.

3. Anlagen zur Verbrennung, Entgasung und Vergasung.

Die Wärme wird entweder direkt als Wärme verwendet oder zur Umformung in eine andere Energieart, wofür z. Z. fast ausschließlich zunächst mechanische Energie in Betracht kommt, gebraucht. Die allgemeinen Gesichtspunkte, die für die Verbrennung in Betracht kommen, geben jedoch für beide Verwendungsgebiete grundlegend gleiche Richtlinien.

A. Verbrennung fester Brennstoffe.

Die direkte Verbrennung und Vergasung ohne Rost erfolgt bei Schacht- und Ringöfen der Metall- und keramischen Industrie sowie der Kalk- und Steinindustrie.

Dazu gehört in erster Linie der Hochofen[1]) und der Kupolofen. Die wärmewirtschaftliche Behandlung der Hochofen ergibt als ideales Gichtgas ein kohlenoxydfreies Gas, das der Reaktion

$$Fe_2O_3 + 3\,CO \rightleftarrows 2\,Fe + 3\,CO_2 \pm 8400\ kcal$$

genügt. Da jedoch bei hoher Temperatur CO_2 durch Eisen zu CO reduziert wird, so stellt sich ein durch Temperatur und Reaktionsgeschwindigkeit bestimmtes Verhältnis $CO_2 : CO$ ein. Bei niederer Temperatur wird CO_2-, bei höherer CO-Bildung begünstigt. Bei 400° vollzieht sich durch Kontaktwirkung: $2\,CO \neq CO_2 + C$. Nach der Gicht hin wird die Bildung von CO_2 größer, etwa bis zum Verhältnis $CO : CO_2 = 2 : 1$ bis $3 : 1$. Je kleiner dieser Wert, um so größer ist der CO_2-Gehalt. Mit dem CO_2-Gehalt wächst die Bildung freier Wärme und zugleich die Wärmeausnützung. Da jedoch bei modernen Anlagen die abziehenden Gichtgase entweder zur Kesselheizung oder für Motorbetrieb eingerichtet sind, hat die mehr oder weniger große Bildung von CO keinen maßgebenden Einfluß mehr, wenn der gesamte Effekt der Anlage betrachtet wird.

Der endotherme Hochofenprozeß lautet:

$$Fe_2O_3 = Fe_2 + {}^3\!/_2\,O_2 - 195\,000,$$

der Prozeß

$$Fe_2O_3 + 3\,C = 3\,CO + Fe_2 - 106\,650$$

ist endotherm, wodurch eine niedere Temperatur und latente Wärme der Gichtgase resultiert.

---

[1]) Stahl und Eisen **43**, 1922, Nr. 27: Über die praktischen Erfolge neuer Theorien des Hochofens von *Mathesius*.

Die dem Hochofen zugeführte Luft muß auf 700 bis 800° erwärmt werden, da sie in der heißesten Zone eingeführt wird. Diese Erwärmung geschieht durch Winderhitzer oder Cowper. Eine normale Hochofenanlage ist in Fig. 19 abgebildet. Die Einzelheiten sind aus der Figur ersichtlich und zeigen in der Hauptsache, den Hochofen selbst, die Beschickungsanlage und den Cowper. Der Prozeß selbst im Hochofen spielt sich viel komplizierter ab, als vorstehend angegeben; doch genügt es prinzipiell für die Beurteilung, diesen Prozeß zu kennen, da er den idealen Verhältnissen entspricht und jede Abweichung die Unvollkommenheit desselben anzeigt. Als Wert aus der Praxis sei erwähnt, daß im Hochofen für eine mittlere Leistung von 200 t tägliche Roheisenproduktion etwa dieselbe Menge Koks benötigt und stündlich 30 000 cbm Luft, von 1 Atm und 15° auf 700 bis 800° C erwärmt, mit 0,5 Atm Überdruck eingeblasen werden. Die abgehenden Gichtgase werden mit 40 Proz. für den Winderhitzer oder Cowper verbrannt und verbraucht. 60 Proz. werden für Kraftzwecke unter Dampfkesseln oder in Motoren verbrannt.

Der Winderhitzer[1]) arbeitet periodisch, indem in der ersten Periode Gichtgase mit Luft verbrannt werden und die Wärme dem Steinmaterial zugeführt wird und in der zweiten Periode die in umgekehrter Richtung strömende Luft sich durch Wärmeaufnahme aus dem Steinmaterial erwärmt. Die eingeführten Gichtgase werden in Gasbrennern verbrannt; über deren Konstruktion siehe Mitteilung der Wärmestelle des Vereins deutscher Eisenhüttenleute Nr. 22. Neuere Konstruktionen von Cowpern über beschleunigte Winderhitzer-Beheizung siehe auch Archiv für Wärmewirtschaft 4. Jg., Heft 10 und Stahl und Eisen, 43. Jg., Nr. 43.

1. Verbrennung von Metallen und Metalloiden.

Bei der Verbrennung von Metallen und Metalloiden wird ebenfalls Wärme entwickelt. Die Wärmeentwicklung bildet die Grundlage einiger metallurgischer Prozesse, die von größter Bedeutung sind. Es ist dies das Bessemer- und Thomasverfahren in der Eisenindustrie und das Verblasen des Kupfersteines im Konverter. Die Verbrennung wird durch Einblasen von Luft in das flüssige Metallbad erreicht. Durch die Verbrennung wird nicht nur das Metallbad flüssig erhalten, sondern auch noch dessen Temperatur erhöht.

Die Verbrennungsprozesse erfolgen durch die Beziehungen:

$$
\begin{array}{llllll}
1\ \text{kg} & \text{Si} & \text{verbrennt zu} & SiO_2 & \text{mit} & 7800 \text{ kcal} \\
1\ \text{,,} & \text{Mn} & \text{,,} & \text{,, } MnO & \text{.,} & 1650 \text{ ,,} \\
1\ \text{,,} & \text{Fe} & \text{,,} & \text{,, } FeO & \text{,,} & 1170 \text{ ,,} \\
1\ \text{,,} & \text{Fe} & \text{,,} & \text{,, } Fe_3O_4 & \text{,,} & 1650 \text{ ,,} \\
1\ \text{,,} & \text{P} & \text{,,} & \text{,, } P_2O_5 & \text{,,} & 5900 \text{ ,} \\
1\ \text{,,} & \text{S} & \text{,,} & \text{,, } SO_2 & \text{,,} & 2280 \text{ ,,} \\
1\ \text{,,} & \text{C} & \text{,,} & \text{,, } CO & \text{,,} & 2450 \text{ ,,} \\
1\ \text{,,} & \text{C} & \text{,,} & \text{,, } CO_2 & \text{,,} & 8100 \text{ ,,}
\end{array}
$$

---

[1]) Feuerungstechnik, 12. Jg., 1924, Nr. 16 und 17: Die Entwicklung der Winderhitzerapparate beim Hochofen von *Illies* und Stahl und Eisen **43**, 1923, Nr. 7: Die Speicherung von Gasüberschüssen in den Winderhitzern von *Rummel*, sowie **44**, 1924, Nr. 2: Zur Theorie und Berechnung der Winderhitzer von *Gröber*.

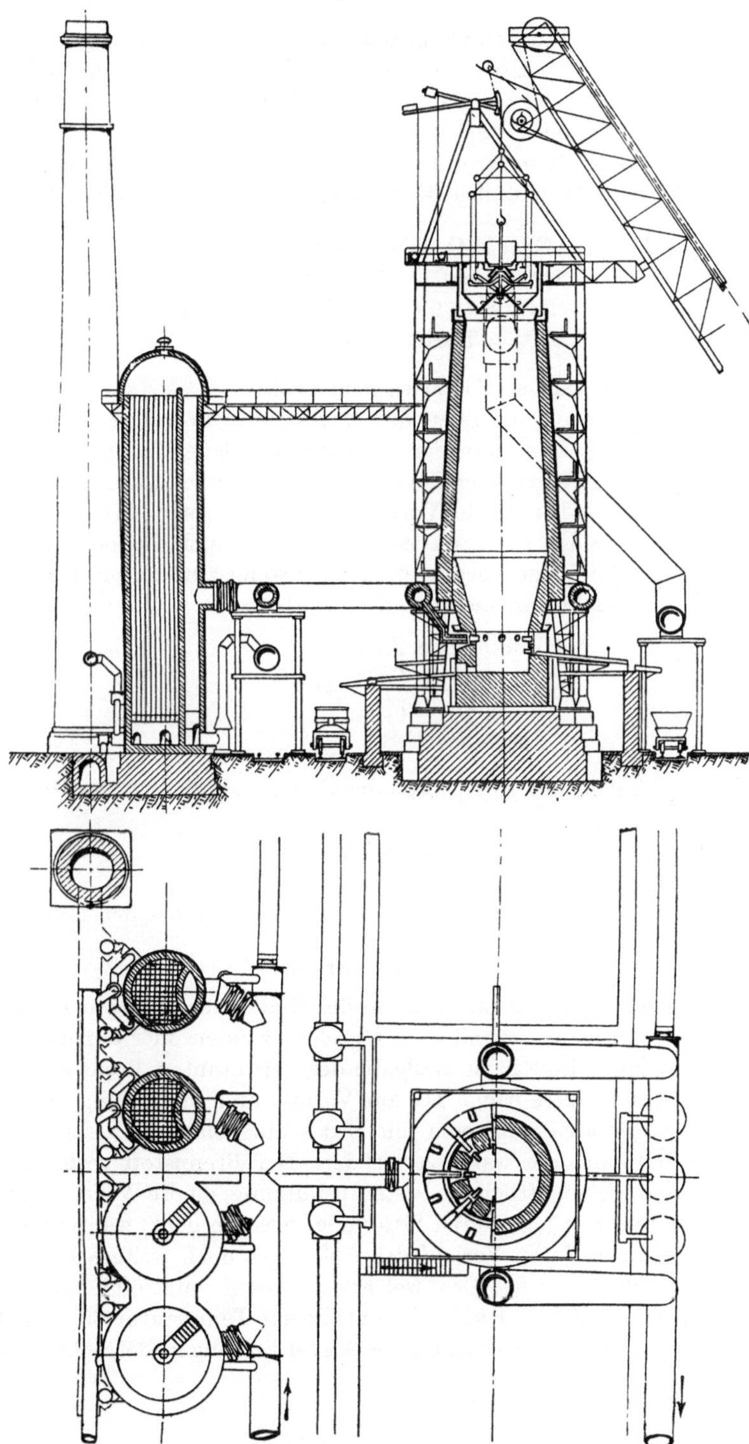

Fig. 19. Hochofenanlage nach *F. Lürmann*.

Es werden also die Verunreinigungen durch Verbrennung zum größten Teil ausgeschieden, und so aus Roheisen Flußeisen, bzw. Flußstahl erzeugt.

Wie sich die Wärmerechnung stellt, zeigt übersichtlich der Aufsatz „Die Wärmerechnung des Konverters"[1]).

Beim Verblasen des Kupferrohsteines geht man meistens von einem Stein mit 40 bis 55 Proz. Cu aus. Die Reaktionen, welche dabei auftreten, sind folgende:

$$FeS + 3\,O = FeO + SO_2 + 100\,000 \text{ kcal}$$
$$CuS + 3\,O = CuO_2 + SO_2 + 94\,000 \text{ kcal}$$
$$CuO_2 + 2\,Cu_2S = 6\,Cu + SO_2 + 29\,000 \text{ kcal}$$
$$FeO + SiO_2 = FeSiO_3 - 47\,200 \text{ kcal.}$$

Die Wärmetönungen sind also überwiegend positiv.

Auch bei Röstprozessen findet der Verbrennungsvorgang Anwendung. So wird z. B. aus Schwefelerzen der Schwefel mit Sauerstoff zu schwefliger Säure verbrannt, bei gleichzeitiger Entstehung von Metallen oder Metalloxyden. Derartige Prozesse werden bei der Vorbereitung der Kupfer-, Zink-, Blei- und anderer Erze angewendet, doch werden insbesondere auch die schwefelreichen Eisenerze auf diesem Wege verwertet, um Schwefelsäure zu gewinnen. Die vorwiegend in Betracht kommenden Erze sind:

$$\text{Zinkblende } ZnS,$$
$$\text{Kupferkies } CuFeS_2,$$
$$\text{Bleiglanz } PbS,$$
$$\text{Eisenkies } FeS_2,$$

Beispielsweise geht der Röstprozeß der Zinkblende bei 900 bis 1000° nach der Formel

$$ZnS + 3\,O = ZnO + SO_2$$

vor sich.

Eine weitere wichtige Verbrennungsart findet sich bei den Schachtöfen.

2. Schachtöfen.

Dieselben gehören der Bauart nach in die Klasse der rostlosen Öfen. Der Brennstoff wird an der Gicht mit dem zu schmelzenden oder umzusetzenden Gut eingetragen und sinkt nach Maßgabe des verbrannten Brennstoffes und des unten gezogenen Gutes nach. Die zur Verbrennung notwendige Luft wird nun entweder unten angesaugt oder mit Druck eingeblasen. Dieselbe wird je nach dem Prozeß kalt oder warm verwendet. Der Brennstoff verbrennt nun unten direkt, also wirtschaftlich die beste Ausnutzung, da die Wärme ganz dem Gute zukommt und nur jene durch Strahlung verloren geht, während die abziehenden Gase im weiteren Verlauf des Aufstieges noch weitere Funktionen übernehmen. Je nachdem das Gas, welches der Gicht entströmt, noch brennbar ist oder nicht, und mit Rücksicht auf dessen Temperatur sind auch die Einrichtungen verschieden, welche für die Gasverwertung in Betracht kommen.

---

[1]) Stahl und Eisen 1919, S. 961.

Da die einzelnen Öfen später noch im Abschnitt 4 getrennt behandelt werden, seien hier nur die einzelnen Typen genannt, die in diese Klasse der Schachtöfen fallen: Eisenhochofen, Kupferstein-Schachtofen, Bleischachtofen, Kupolöfen, Rostöfen für Erze, Kalkbrennöfen.

Die Brennstoffe, die in diesen Öfen verwendet werden, sind: Holzkohle, Koks, Koksklein, Steinkohle, Kohlenstaub.

Bei den Kupolöfen wird durch die eingeblasene Luft der zwischen Eisen geschichtete Koks zu Kohlensäure verbrannt, so daß dann die heißen Verbrennungsgase das Schmelzen des Roheisens veranlassen. Es wird so viel Luft geblasen, daß die Abgase fast nur CO_2 enthalten. Daher wird die Verbrennungswärme des Kokses ganz nutzbar gemacht. Die Verwendung' der im Kupolofen abgehenden Gase wird bei der Abwärmeverwertung besprochen. In ähnlicher Weise verhalten sich die Schmelzöfen für andere Metalle. In Fig. 20 ist ein Kupolofen abgebildet. (Siehe Tafel I.)

Es werden etwa auf 100 kg fertige Rohgußware, vom kalten Einsatz in den Kupolofen an berechnet, an Kilogramm Koks benötigt bei

Gußart	Als Vollguß in ungetrockneter Form	Als Hohlguß in getrockneter Form
Grauguß	30	50
Temperguß	140	160
Bessemerguß	60	90
Siemens-Martinguß. . .	80	120
Elektrostahlguß	200	280
Tiegelstahlguß	400	500

1 kg Koks erzeugt bei der vollständigen Verbrennung zu Kohlensäure 7200 kcal.

1 kg Roheisen braucht bei 15° Anfangstemperatur zur Verflüssigung 230 kcal.

Es müssen also ohne Wärmeverluste zu

$$1 \text{ kg Rohguß} \frac{230}{7200} = 0{,}03 \text{ kg Koks}$$

ausreichen.

In Wirklichkeit ist nach vorstehender Tabelle:

$$1 \text{ kg Rohguß} = \frac{30}{100} = 0{,}30 \text{ kg Koks.}$$

Der gesamte Wirkungsgrad der Anlage ist also

$$\frac{0{,}03}{0{,}30} = 0{,}1 = 10 \text{ Proz.}$$

90 Proz. der zugeführten Wärme gehen also durch Leitung, Strahlung und in den Abgasen verloren.

1 kg Koks benötigt $\frac{3}{2}\frac{2}{4}$ kg Sauerstoff zu seiner vollständigen Verbrennung, also

$$\frac{32}{24} \cdot \frac{100}{21} = 6,3 \text{ kg Luft.}$$

Bei $\lambda = 2$ werden also 12,6 kg verbrannte Gase abgeführt. Bei einer Temperatur von 300° entspricht dies einer Wärmemenge von 870 kcal. Es ist daher die Wärmebilanz:

Zugeführte Warme 0,3 kg Koks . . . . **2160** kcal
Abgeführte Warme:
  1 kg flüssiges Eisen . . . . 230 „
  12,6 kg Abgase von 300° . . . . 870 „
  Strahlungs- und Leitungsverluste . . . . . . 1060 „ [1]

Verbrennen von Kohle ohne Rost erfolgt ferner in der Kalkindustrie bei den sog. Schachtöfen. Dieselben sind in der Form ähnlich wie die Hochöfen. Fig. 21 gibt ein Bild.

Sie beruhen auf dem Prinzip, aus kohlensaurem Kalk die Kohlensäure zu entfernen; es liegt ein endothermer Prozeß vor:

$$CaCO_3 = CaO + CO_2 - 42\,500 \text{ kcal.}$$

Es muß somit durch Verbrennung von Kohle Wärme zugeführt werden, und zwar für

$$1 \text{ kg } CaCO_3 \; 425 \text{ kcal} = \frac{425}{8100} = 0,053 \text{ kg Kohlenstoff,}$$

der zu Kohlensäure verbrennt.

1 kg CaO (Ätzkalk) benötigt daher $0,053 \frac{100}{56} = 0,0946$ kg Kohlenstoff $= $ ca. 0,120 kg Steinkohle oder Koks zur Austreibung der Kohlensäure aus $CaCO_3$.

Es ist noch die Wärme zu decken, um den Kalk auf Glühtemperatur zu erhitzen, und um die Strahlung und Leitung der Wärme des Ofens zu ersetzen. Man rechnet daher in Schachtöfen mit stetigem Betrieb auf 1 kg CaO 0,18 bis 0,25 kg Steinkohle oder Koks[2]).

An Stelle der Schachtöfen treten in neueren Anlagen vielfach die Ringöfen und Tunnelöfen[3]). Dieselben gehen von dem Grundsatz aus, die zur Verbrennung der Kohle nötige Verbrennungsluft möglichst weit vorzuwärmen, und zwar an dem zur Abkühlung bestimmten Kalk und den Ofenwänden. Die Abwärme der Verbrennungsgase dient zum Vorwärmen des zu brennenden Gutes und der abgekühlten Ofenwände. Der Ringofen für Kalk mit einer täglichen Leistung von ca. 70 t Ätzkalk besteht aus 10 bis 12 Kammern, die in ovalem Ring angeordnet sind und durch Papierwände voneinander getrennt werden. Jede Kammer hat einen Zugang zum Füllen und Entleeren. Der Ofen ist während des Brennprozesses zugemauert. Jede

<hr>

[1] *W. Mathesius*, Die physikalischen und chemischen Grundlagen des Eisenhüttenwesens, V. Teil, Eisen- und Stahlgießerei. Verlag Otto Spamer, Leipzig. — Die Wärme. Zeitschrift fur Dampfkessel und Maschinenbetrieb, 46. Jahrg., Nr. 46f.: *Esselbach*, Die Warmebilanz des Kupolofens.

[2] *Block*, Das Kalkbrennen, Abschnitt E, Nr. 19 820. Verlag Otto Spamer, Leipzig.

[3] Stahl und Eisen 1921, 41. Jahrg., S. 583 und 1923, 43. Jahrg., S. 1165, und Tonindustriezeitung 1924, Heft 50, S. 544.

Kammer hat einen Kanal zum Rauchkanal und kann durch eine ringformige Glocke abgetrennt werden. Der Brennstoff wird durch Öffnungen in der Decke des Ringofens eingeworfen. Diese Öffnungen sind verschließbar. Ist

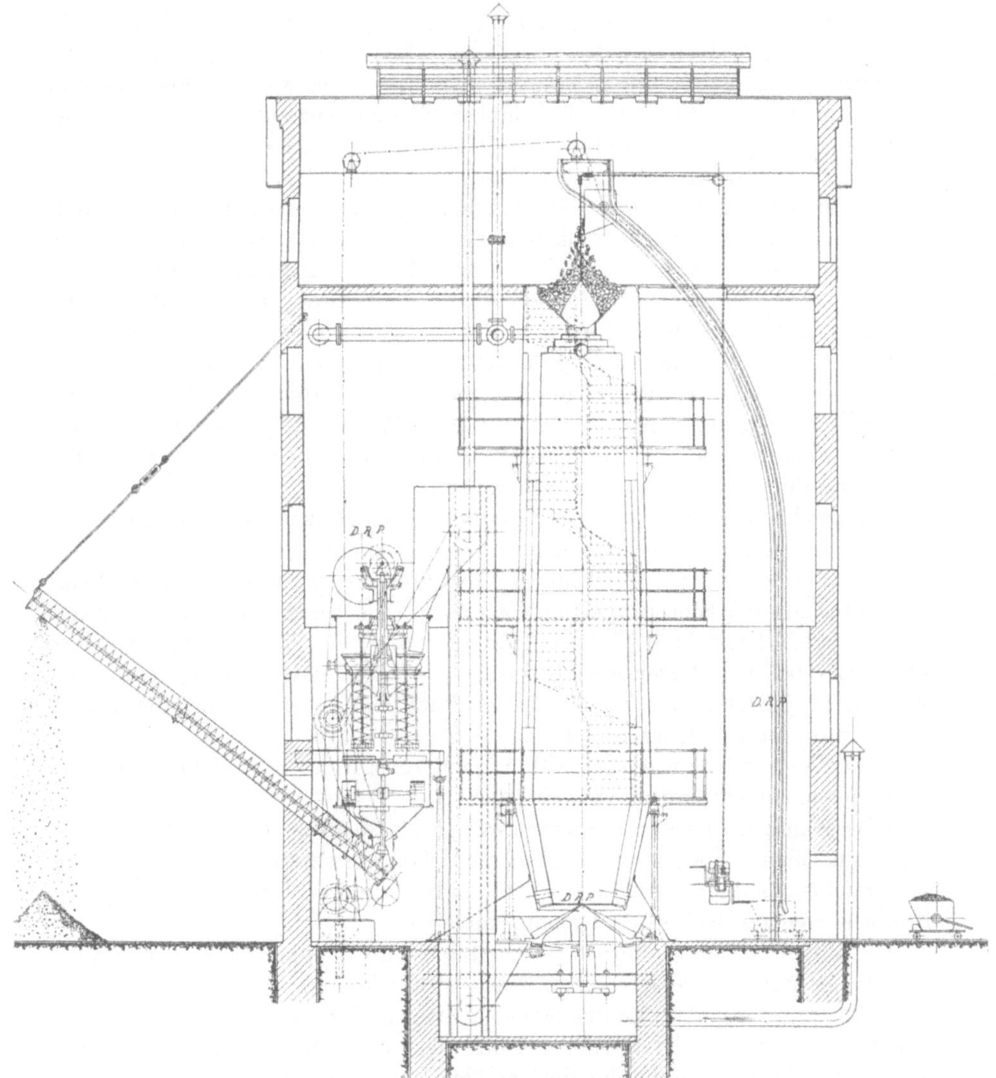

Fig. 21. Schachtkalkofen mit Kübelaufzug und selbsttätiger Kalkabzugseinrichtung.

z. B. Kammer 1 bis 12 mit Steinen gefüllt und Kammer 6 als Brennkammer bezeichnet, so wird in diese durch die Deckenöffnung der zum Brennen nötige Kohlenstoff eingeworfen. Vor Kammer 1 ist der Papierabschluß. Die zur Verbrennung nötige Luft tritt in diese Kammer ein und durchströmt die schon gebrannten Kammern 1 bis 5, die je näher an 6 um so heißer sind und so die Luft vorwärmen, die damit die Kammern 1 bis 5 zugleich abkühlt. Die in 6 erzeugten Rauchgase durchströmen die Kammern 7 bis 12, wo sie dann in den Schornstein entweichen. Auf diesem Wege erwärmen sie den eingesetzten noch ungebrannten Kalk. Ist in Kammer 6 der Kalk gebrannt, so tritt an dessen Stelle Kammer 7, Kammer 1 wird entleert, Kammer 13, die gefüllt ist, zugeschaftet. Fig. 22 gibt eine Zeichnung eines Ringofens, während Fig. 23 einen Zickzackofen wiedergibt. Durch Schieber werden einzelne Kammern dieses Ofens abgeschlossen, abgekühlt, geleert und dann wieder gefüllt[1]).

Größere Ringöfen haben zwei Feuer, oft auch sternförmige Form und drei Feuer, mit einer täglichen Produktion von 120 t Ätzkalk. Der Kohlenverbrauch sinkt dabei auf 0,16 bis 0,20 kg Steinkohle oder Koks für 1 kg CaO.

Der Tunnelofen ist ein langer Ofen von 50 und mehr Meter Länge. An einer Stelle in der Mitte wird die Verbrennung durchgeführt, während die verbrannten Gase dann seitlich am Ende abgezogen werden, zugleich das im Ofen befindliche noch nicht gebrannte Gut vorwärmend. Zugleich kann vom anderen Ende her Abkühlung des gebrannten Gutes durch Vorwärmung der Verbrennungsluft erfolgen. Das Gut wird auf Wagen durch den Ofen bewegt.

Die Drehöfen, die mit Staubkohle befeuert werden, werden bei der Besprechung der Staubfeuerungen behandelt.

In Schacht- und Ringöfen brennt man in ähnlicher Weise Roman- und Portlandzement, sowie Wasserkalk und Puzzolanzement.

Romanzement wird aus 60 bis 70 Proz. kohlensaurem Kalk und 25 Proz. Ton unterhalb der Sinterungsgrenze gebrannt. Portlandzement aus 75 Proz. kohlensaurem Kalk und 25 Proz. Ton oberhalb der Sinterungsgrenze, also 1400 bis 1500° C = Segerkegel 14 bis 18. Man rechnet auf 1 kg gebranntes Material im Ofen 0,18 bis 0,20 kg aschenarmen Koks, bei Romanzement kann man etwas weniger Koks annehmen.

Drehöfen werden, wie vorerwähnt, zum Kalkbrennen, und besonders für Portlandzementfabrikation verwandt[2]).

Wasserkalk wird aus Kalksteinen mit 10 bis 20 Proz. Tongehalt gebrannt. Puzzolanzemente sind, wenn sie nicht natürlich verwandt werden, aus kieselsäurereichen, kalkarmen Steinen gebrannt. Beide Stoffe benötigen zum Brennen weniger Kohle als Romanzemente.

In Ringöfen werden ferner Mauersteine und Schamottesteine gebrannt. Bei ihnen finden drei Arbeitsprozesse statt: erstens das Austreiben des Wassers, zweitens das Schmauchen, drittens das Brennen. Ersteres geschieht entweder durch Vorbeistreichen der durch Strahlung und Leitung über dem Ringofen entstehenden heißen Luft oder durch Erwärmen der gepreßten Steine in einer besonderen Trockenkammer entweder durch die Abgase des Ofens oder warme Luft, welche durch diese oder den Abdampf der Dampfmaschine der Ziegelei erwärmt wird. Das Schmauchen

---

[1]) Tonindustriezeitung 1924, Heft 50, S. 546.

[2]) *Block*, Das Kalkbrennen, 2. Auflage, Abschnitt K, Nr. 75. Verlag Otto Spamer, Leipzig. — Dasselbe, Abschnitt R, Nr. 115, Der Drehrost.

geschieht im Ofen selbst; es dient dazu, vor dem Brennen alles Wasser aus den Steinen auszutreiben. Dieses ausgetriebene Wasser darf sich natürlich nicht auf dem Wege der Abgase auf den kälteren Steinen absetzen. Es wird daher bei Ziegel- und Schamotteöfen noch ein sog. Schmauchkanal unten oder oben seitlich im Mauerwerk angebracht. Aus einer heißen Kammer werden dann die Gase teilweise abgesaugt und in eine, wie schon bei Kalk erwähnt, mit Papier abgeschlossene kalte Kammer geleitet und dort zum endgültigen Verdampfen des Wassers in den Steinen verwandt. Je nach der Art der Steine wird mit reduzierender oder oxydierender Flamme gebrannt. Mauersteine werden mit etwa 1000° (Segerkegel 05), feuerfeste Steine bis 1850° (Segerkegel 38) gebrannt. An Kohle sind, ohne die Maschinerie der Fabrik, also nur für den reinen Brennprozeß, für 1000 Mauersteine = 3250 kg Gewicht 150 bis 175 kg Steinkohle von ca. 7000 kcal nötig. Bei entsprechender Tonart kann auch mit Koksgrieß und selbst Rohbraunkohle gebrannt werden. Feuerfeste Steine benötigen etwa 175 bis 200 kg Steinkohle von 7000 kcal für ca. 3000 kg Steingewicht.

In ähnlichen Öfen wie Kalk wird auch Gips ($CaSO_4 + 2\,H_2O$) gebrannt, wobei das ganze oder Teile des in ihm enthaltenen Wassers ausgeschieden werden. Bei 120° entsteht $CaSO_4 + {}^1/_2 H_2O$, bei 170° $CaSO_4$. Brennen bei 500 bis 600° gibt ein gebranntes Material, das sich mit Wasser nicht erhärtet, erst bei 1000 bis 1300° C erhält man wieder ein brauchbares Produkt. Der

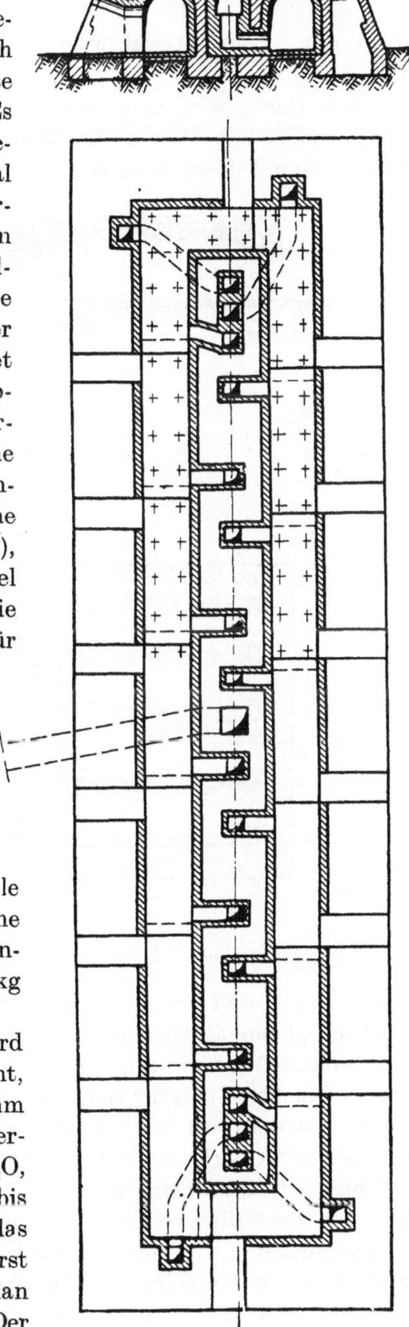

Fig. 22. Ringofen für eine Jahresleistung von 1 Million Mauerziegel von *W. Ruppmann*, Stuttgart.

Kohlenverbrauch ist für 1 kg gebrannten Gips bei 170° etwa 0,050 kg, bei 1000° etwa 0,100 kg. Der Gips wird im Schachtofen vorgebrannt und dann in Muffeln oder Pfannen, die mit Kohlen, auf Rost verbrannt, geheizt werden, fertiggebrannt. Das Material wird vielfach dabei durch ein Rührwerk umgerührt.

Von den vielen wichtigen chemischen Prozessen, die bei rostloser Verbrennung von Kohle Wärme benötigen oder durch chemische Umsetzung Wärme absetzen, sei nur noch die Bildung von Superphosphat erwähnt. Tri-

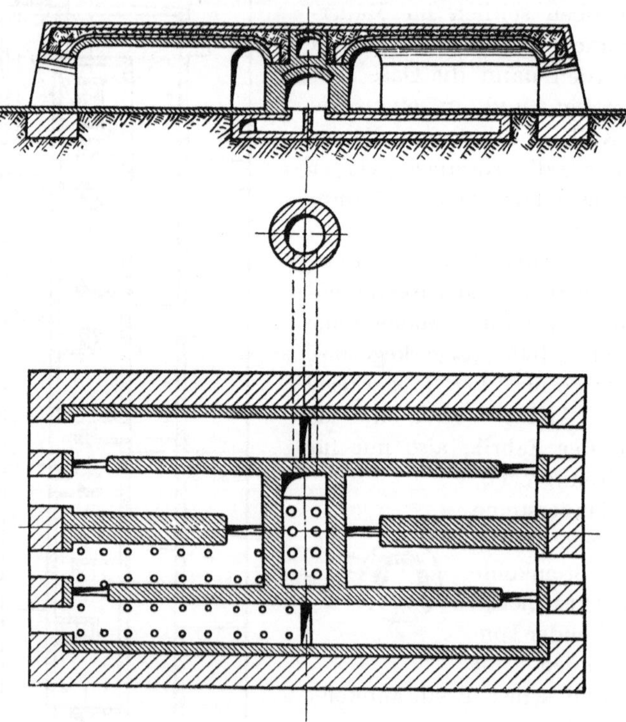

Fig. 23. Zickzackofen von *W. Ruppmann*, Stuttgart.

calciumphosphat und Schwefelsäure geben unter starker Wärmeentwicklung Monocalciumphosphat Gips und Wasser.

Eine weitere Verbrennungsanlage ohne Rost ist der sog. „Berliner Ofen". Er hat den Nachteil, daß die Asche nicht in einen Aschekasten fällt und daher bei jedem Anfeuern mit der Schaufel entfernt werden muß. Eine verbesserte Ausführung mit Oberluftzuführung zeigt Fig. 24 als Beispiel eines Types aus dem Gebiet der Raumheizung.

Auf dem Rost dieses Ofens werden Holz, Braunkohle und Braunkohlenbriketts verbrannt. Die Feuertür bleibt zur Verbrennung des Brennmaterials geöffnet. Wenn letzteres fast vollkommen verbrannt und der Ofen gut durchgewärmt ist, wird die Ofentür geschlossen.

Damit ist auf die **Feuerungen mit Rost** übergegangen. Der Rost, auf dem der Brennstoff liegt, besteht aus Platten oder Stäben. Zwischen diesen Stäben oder durch Löcher in den Platten strömt die zur Verbrennung notwendige Luft teilweise oder ganz ein. Der Rost ist bei Verwendung von Roststäben meist so ausgebildet, daß die Verbrennungsrückstände ganz oder teilweise durchfallen können, während der auf dem Rost liegende Verbrennungsstoff zwecks Verbrennung dort liegenbleiben kann. Ganz lassen sich beide vorstehenden Bedingungen nicht erfüllen. Da eine reine Verbrennung annähernd nur bei Koks möglich ist und alle übrigen Brennstoffe bei der Verbrennung zugleich mehr oder weniger Gase abgeben, wird der Fall der reinen Verbrennung fast nie vorliegen, sondern stets Vergasung und Verbrennung zusammen. Das Studium der Verbrennungsbedingungen an Hand der *Nusselt*schen Formel, die jedoch nur für reine Verbrennung ohne Gasentwicklung gilt, gibt interessante Aufschlüsse hierüber. Die Formel lautet:

$$B = 1{,}42 \cdot 10^{-4} (k_0 \, T)^{0,214} \cdot W_0^{0,786} \cdot d^{-0,782} \cdot \varrho \cdot s^{0,946} \cdot O_2 \,.$$

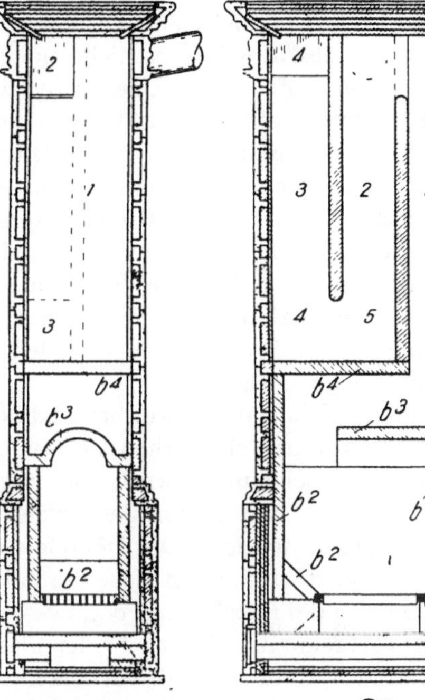

Es bedeutet darin B die Brenngeschwindigkeit, T die absolute Temperatur der Schicht, k_0 die Diffussionsgeschwindigkeit, W_0 das Gasvolumen, d den Durchmesser der Gaskanäle in der Brennschicht, ϱ die Anzahl dieser Kanäle, s die Schichthöhe und O_2 die Sauerstoffkonzentration. Es ist reiner Kohlenstoff mit senkrechten zylindrischen Kanälen zur Unterlage für diese Formel gewählt.

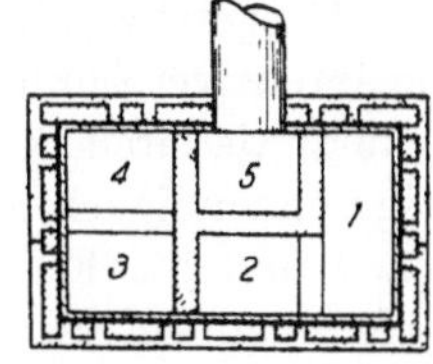

Fig. 24. Kachelofen.

Je höher T ist, desto größer wird die Brenngeschwindigkeit, zugleich wächst aber auch der Einfluß der Dissoziation. Bei industriellen Feuerungen geht man mit Rücksicht auf das Material mit T nicht über 1800° C hinaus. Wird T höher als 1800° C, so muß mit Rücksicht auf die Haltbarkeit der Feuerungsteile die dahin gestrahlte und geleitete Wärme abgeführt werden. k_0 wird erhöht durch Erhöhung von W_0 und Einleitung von Wirbelbewegungen. W_0 entspricht einer Erhöhung des Zuges. ϱ und d sind eine Funktion der zur Verfügung stehenden Oberfläche. Sie ist also um so größer, je feinkörniger der Brennstoff. Die Sauerstoffkonzentration O_2 kann durch die Schichthöhe s

reguliert werden. Wenn man in diese Betrachtung den noch bei den Brenn stoffen vorhandenen Gehalt an flüchtigen Bestandteilen einführt, so ergibt sich, daß die Verbrennung rascher erfolgen muß. Die Mischung des verbrennlichen Gases mit Sauerstoff erfolgt durch einfache Diffusion sehr rasch. Beim festen Brennstoff muß der Sauerstoff immer an der Oberfläche desselben diffundieren und die Kohlensäure entfernt werden, so daß neuer Sauerstoff herantreten kann. Ein Teil des verfügbaren Sauerstoffs muß nach Durchströmen der Brennschicht zur Verbrennung der Gase verfügbar sein. Entsprechend ist also die Brennschicht niedriger zu wählen als bei nicht gashaltigem Brennstoff. Diese Überlegung zeigt also:

Magere Brennstoffe, wie Anthrazit oder Koks, erfordern eine große Oberfläche zur Verbrennung, und zwar Anthrazit feine Körnung, Koks grobe Körnung, ersterer eine niederere Schicht als Koks.

Gasreiche Brennstoffe müssen entsprechend dem Gasgehalt mehr oder weniger hoch geschichtet sein. Die Schichttemperatur bleibt verhältnismäßig niedrig, da ein Teil der Verbrennungswärme zunächst gebunden bleibt und erst in der Flammenzone frei wird.

Minderwertige Brennstoffe[1]) erfordern eine hohe Schicht. Die Schichttemperatur ist niedrig.

Für die zwei Falle der gasreichen und der minderwertigen Brennstoffe ist zu beachten, daß durch die Erhöhung von T die Verdampfung der flüchtigen Bestandteile beschleunigt wird und zugleich die Zerlegung derselben in leichter flüchtige und gasförmige erfolgt. Dadurch wird Wärme gebunden und T wieder erniedrigt. Die Dämpfe und Gase durchdringen also die aufsteigenden sauerstoffhaltigen Gase durch Diffusion und mechanische Mischung. Durch Leitung des Entgasungsvorganges und Bemessung der Luftzufuhr kann also der Verbrennungsvorgang in der Flammenzone verkürzt oder verlängert werden. Sauerstoffüberschuß verkürzt ihn, Sauerstoffmangel verlängert ihn. Hohe Gasgeschwindigkeit, die meist scharfe Wirbelbildung mitbedingt, bringt eine intensivere und raschere Mischung von Gas und Sauerstoff hervor und verkürzt dadurch den Verbrennungsvorgang und die Flammenzone. Geringe Gasgeschwindigkeit mit schwacher Wirbelbildung verlängert den Verbrennungsprozeß und die Flammenzone.

Je nachdem also diese Prozesse geführt werden, kann eine kurze oder lange Flammenzone erreicht werden. Erstere ist meist im Kesselbetriebe bedingt, da die Flamme nicht über ein gewisses Maß hinausgehen darf. Dieses Maß wird durch die Wärmeentziehung und damit erfolgte Temperaturabnahme zwecks vollkommener Verbrennung bis zum Ende der Flammenzone bedingt. Letztere Bedingung tritt bei metallurgischen und keramischen Prozessen auf.

Die nicht brennbaren Beimengungen erniedrigen die Temperatur T der Brennstoffschicht, da sie einerseits das vollständige Verbrennen des Kohlenstoffes wesentlich verlangsamen infolge des Einhüllens desselben, andernteils

---

[1]) Chaleur et Industrie Jahrg. 4, 1923, Nr. 39: Verwendung von Abfall und minderwertigen Brennstoffen von *Vaudeville*.

die für das Verdampfen der flüchtigen Bestandteile nötige Wärme teilweise
binden. Bemerkt sei noch, daß bei höheren unverbrennlichen Beimengungen
auch der Heizwert der Reinsubstanz geringer ist: westfälische Fettkohle hat
8350 cal, deutsche Braunkohle 6500 cal, Torf 5200 cal für 1 kg Reinsubstanz.

Aus vorstehenden Bedingungen ergibt sich auch ein Bild der sog. Rostbelastung. Wird hochwertige, magere Kohle verbrannt, so ist bei hoher Leistung
des Rostes rasche Wärmeabfuhr und großer Luftüberschuß nötig. Bei langsamer Wärmeabfuhr und dadurch bedingtem geringen Luftüberschuß ist eine
schwache Rostbelastung nötig, um den günstigsten Wirkungsgrad zu erzielen.
Wird gasreiche Kohle verbrannt, so wird bei normaler Beanspruchung des
Rostes der günstigste Wirkungsgrad erzielt. Wird minderwertige Kohle verbrannt, so ist zur Erzielung des höchsten Wirkungsgrades eine hohe Rostbelastung nötig.

Es sei nun auf den Wirkungsgrad einer Feuerung eingegangen. Ist Q_1
die zugeführte, Q_2 die abgeführte Wärmemenge, so ist der Wirkungsgrad

$$\eta = \frac{Q_1 - Q_2}{Q_1} = 1 - \frac{Q_2}{Q_1}.$$

Q_1 ist durch die Art des zugeführten Brennstoffes gegeben.

Q_2 setzt sich aus nachstehenden Faktoren zusammen:

Q_2^1 = Rostdurchfall. Bei Planrosten wird dieser kurze Zeit nach dem
Brennen durch Schlacken und Aschenbelag sehr gering, etwa 1 bis 3 Proz.
Bei Wanderplanrosten und Kettenrosten, besonders bei Verbrennung von
Fein- und Staubkohle, steigt der Wert auf 12 bis 20 Proz. Ein Teil dieses
Verlustes kann wieder eingebracht werden, 4 bis 5 Proz. gehen jedoch in
der Asche verloren. Zweckmäßig wird der in der ersten halben bis ganzen
Stunde entstehende Durchfall nochmals verfeuert.

Q_2^2 = Verlust in Rückständen wird durch die Brennstoffbeschaffenheit,
Bedienung des Feuers und Art und Beanspruchung des Rostes bedingt. Bei
normaler Belastung ist der Verlust 2 bis 3 Proz., bei starker Rostbeanspruchung
6 bis 8 Proz. Ungeeigneter Brennstoff bei ungeeigneter Rostart lassen den
Verlust bis 20 Proz. steigen. Dieser Verlust wird sehr stark durch die Schichttemperatur beeinflußt. Ist die Schlacke schwer schmelzend, so wird der
Wert niedriger, ist sie leicht schmelzend, so umschließt die Schlacke Kohlen-
teile, die nicht mehr verbrannt werden können, und der Wert steigt. Bleibt
die Schichttemperatur zu niedrig, so verbrennt nicht alle Kohle, und der
Rest geht mit den Rückständen weg.

Q_2^3 = Verlust durch Flugkoks. Er wird durch hohe Luftgeschwindigkeit
über $3^1/_2$ m bedingt und tritt besonders bei minderwertigen Brennstoffen in
Erscheinung. Wurffeuerungen neigen auch zur Bildung von Flugkoks. Der
Verlust geht im ungünstigen Falle bis zu 20 Proz.

Q_2^4 = Verlust durch unvollkommene Verbrennung der Entgasungsprodukte
infolge mangelnder Sauerstoffkonzentration. Der Wert kann bis 12 Proz.
steigen.

Q_2^5 = Verlust als Ruß, der dadurch entsteht, daß die Kohlenwasserstoffe sich zersetzen und ungenügende Mengen Sauerstoff das Verbrennen des dabei freiwerdenden Kohlenstoffes verhindern. Der Verlust beträgt etwa bis 2 Proz.

Q_2^6 = Verlust durch Bildung von Kohlenoxyd statt Kohlensäure. Er ist oft einflußreicher als Q_2^4 und Q_2^5. Er läßt sich im Kontrollapparat leicht bestimmen, Q_2^4 und Q_2^5 nur im Laboratorium.

Q_2^7 = Verlust durch Leitung und Strahlung. Der Wert schwankt zwischen 3 bis 10 Proz. Er ist sehr schwer genau festzustellen und hängt ab von der Wärmedichtheit der Züge, Außenfläche der Leitungen und des Mauerwerks, Luftwechsel, Bodenbeschaffenheit und Grundwasserspiegel.

Q_2^8 = Abgasverlust[1]). Er ist durch den Warmeübergang der Heizflächen und der Temperaturgefälle bedingt. Der Wert kann unter Berücksichtigung daß die Abgase auf 100° herabgedrückt werden können, auf 6 bis 9 Proz. beschränkt werden. Unter den günstigsten Verhältnissen wird also:

$$\frac{\Sigma Q_2^{1-8}}{Q_1} = 0{,}19 \quad \text{oder} \quad \eta = 81 \text{ Proz. und mehr.}$$

Dieser Wert ist nach Möglichkeit zu erreichen.

Was nun die Feuerungen anbelangt, so werden sie in

Innenfeuerungen,
Unterfeuerungen und
Vorfeuerungen

eingeteilt.

Innenfeuerungen werden in die wärmeentziehende Apparatur eingebaut. Sie sind daher in bezug auf ihre Formgebung von beschränkter Dimension. Es gehören in erster Linie hierher die Kesselfeuerungen (Cornwallkessel, Tenbrinkkessel Lokomotivkessel), dann industrielle Feuerungen für hohe Temperaturen und große Wärmemengen (Schmelztiegel für Metalle, keramische Öfen). Bei Kesseln treffen die Verbrennungsgase auf gute Wärmeleiter, bei industriellen Feuerungen wird die strahlende Wärme gut ausgenutzt. Es findet also in beiden Fällen eine richtige Ausnutzung statt. Der Verbrennungsraum und die Flammenzone müssen sehr kurz sein, es sind daher magere, hochwertige Kohlen, Anthrazit, gasarme Steinkohle und Koks die besten Brennmaterialien.

Unterfeuerungen werden unter die wärmeentziehende Apparatur gebaut. Sie sind daher in ihrer Dimensionierung in ziemlich weiten Grenzen variabel. Sie werden für Wasserrohrkessel und Rauchrohrkessel verwandt, in der keramischen und Steinindustrie für periodische Öfen, in der Verdampfungs- und Trocknungs- sowie Röstungsindustrie unter den zu erhitzenden Kesseln (beispielsweise Braupfannen, Salzabscheidekessel, Glühpfannen). Zwischen dem Rost und dem wärmeentziehenden Teil muß ein größerer Verbrennungsraum bleiben, damit die entstehenden Gase verbrannt werden, ehe sie an die manchmal sehr kühlen wärmeentziehenden Wände kommen.

---

1) Feuerungstechnik XI. Jahrg., Nr. 22: Die Beurteilung der Warmeverluste im Schornstein nach dem CO_2-Gehalt der Abgase von *Litinsky*.

Hier hat auch schon das umgebende Mauerwerk durch Strahlung einen gewissen Einfluß. Der Verbrennungsraum und der Flammenraum können größer als bei Innenfeuerungen gewählt werden. Die Brennstoffe mittlerer Qualität mit gashaltigen Bestandteilen eignen sich am besten für diese Feuerungen. Die Feuerungen der Heizöfen und die Kessel für Zentralheizungen werden teilweise als Innenfeuerung, teilweise als Unterfeuerung zu betrachten sein.

Vielfach dienen die Unterfeuerungen auch für die Verbrennung minderwertiger Brennstoffe; bei der Konstruktion dieser Feuerungen ist dann auf genügend große Rostfläche zu achten.

Bei Vorfeuerung ist der Verbrennungsraum ganz getrennt von der wärmeentziehenden Apparatur. Der Rost ist durch feuerfestes Mauerwerk eingeschlossen. Dieses muß gegen Wärmeleitung und Strahlung nach außen geschützt sein. Die Verbrennung geschieht fast rauchfrei. Die nach innen strahlenden Wände der Ummauerung erhitzen die noch nicht verbrannten Gase auf die Entzündungstemperatur. Je nach dem Arbeitsprozeß wird die noch nötige Verbrennungsluft entweder in die Vorfeuerung oder in den Raum, in dem die Warmeentziehung stattfindet, geleitet. Sie muß unter allen Umständen angewärmt sein. Bei dieser Feuerung ist es möglich, den Verbrennungsraum und die Flammenlänge sehr lang zu halten. Die Feuerung eignet sich für minderwertige und für gasreiche Brennstoffe. Bei minderwertigen gasarmen Brennstoffen wird sie vielfach als Kesselfeuerung ausgebildet. Bei minderwertigen und gasreichen Brennstoffen dient sie zuweilen für metallurgische und keramische sowie chemische Zwecke. Die Feuerung selbst kann je nach der Höhe des zugeführten Sauerstoffes oxydierend oder reduzierend wirken. Es gehören hierher die Feuerungen der Siemens-Martinöfen, die Koksöfen, die Feuerungen für Leuchtgasbereitung, die Feuerungen der Porzellan-, Ton- und Braungeschirrindustrie, der Glasindustrie, die Muffelöfen für Sulfatbereitung, Zinkbereitung u. a. m. Die Feuerungen gehen dann je nach Brennstoffschichthöhe in Halbgasfeuerungen und Gasfeuerungen über, welch letztere bei industriellen Öfen der direkten Feuerung vorgezogen werden.

Ehe auf die grundlegenden rechnerischen Unterlagen für Feuerungen eingegangen wird, seien von allen Gattungen typische Beispiele besprochen.

In Fig. 25a bis c sind die Konstruktionen gegeben, welche für die Verbrennung verschiedener Brennstoffe, insbesondere auch Rohbraunkohle und Koksgruß, maßgebend sind. Die Fig. 25a zeigt einen Düsenrost mit Unterwind für Rohbraunkohle und evtl. Dampfzusatz für Koksgruß. Fig. 25b zeigt die Ausführung des Terrassenrostes. Bei dieser Rostanordnung wird das Durchfallen unverbrannter Brennstoffe sicher vermieden und zugleich eine gute Kühlung der Roststäbe erreicht, so daß alle Brennstoffarten auf demselben verbrannt werden können. Der Weg der eingeblasenen Luft soll eine möglichst geringe Bewegung der Brennstoffteile bedingen.

Da bei minderwertigen und staubreichen Brennstoffen eine starke Flugaschenbildung stattfindet, so ist zwecks Ersparnis an Bedienung, Erhöhung der Kesselleistung eine Flugaschen-Ausblasevorrichtung nötig; Fig. 25c gibt

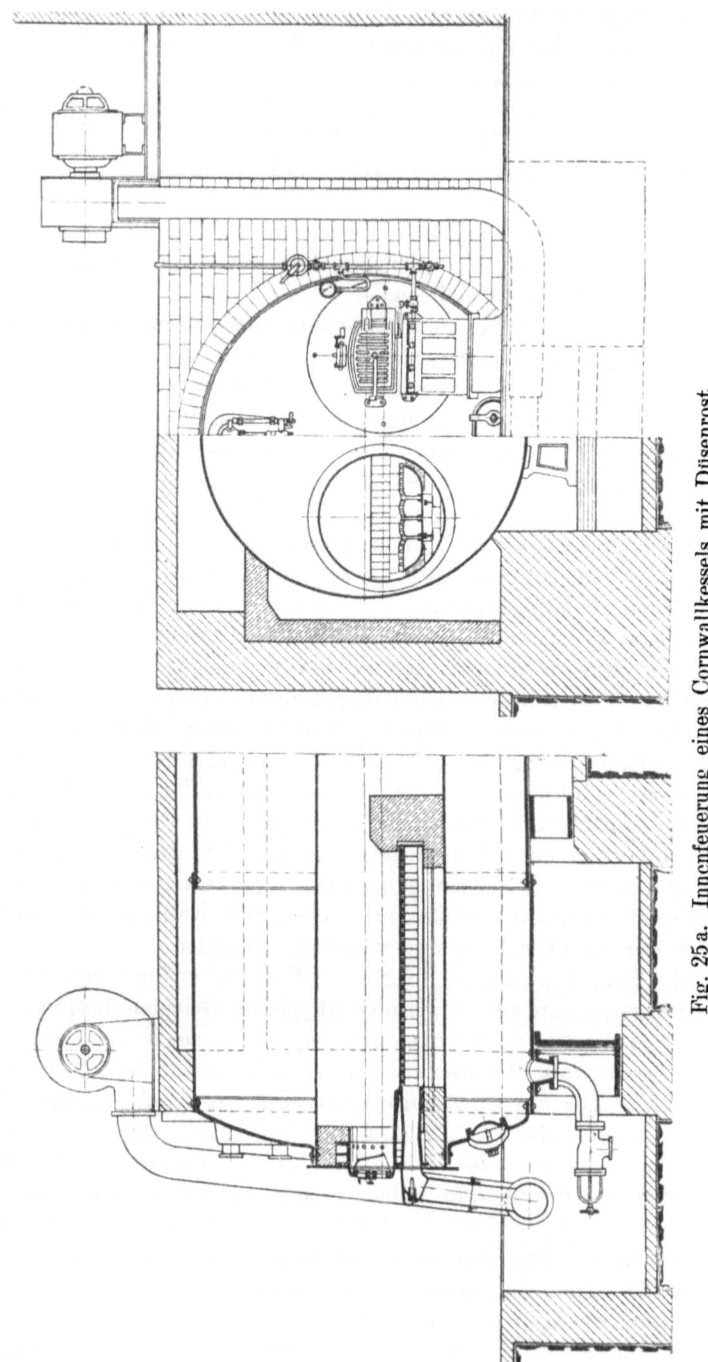

Fig. 25a. Innenfeuerung eines Cornwallkessels mit Düsenrost.

ein Beispiel einer derartigen Anordnung, wie sie von vielen Firmen nach verschiedenen Grundsätzen ausgeführt wird.

Fig. 26 gibt die Feuerung eines Tenbrinkkessels wieder. Dieselbe ist vornehmlich für hochwertige, gasreiche Kohle (Saarkohle) geeignet. Die

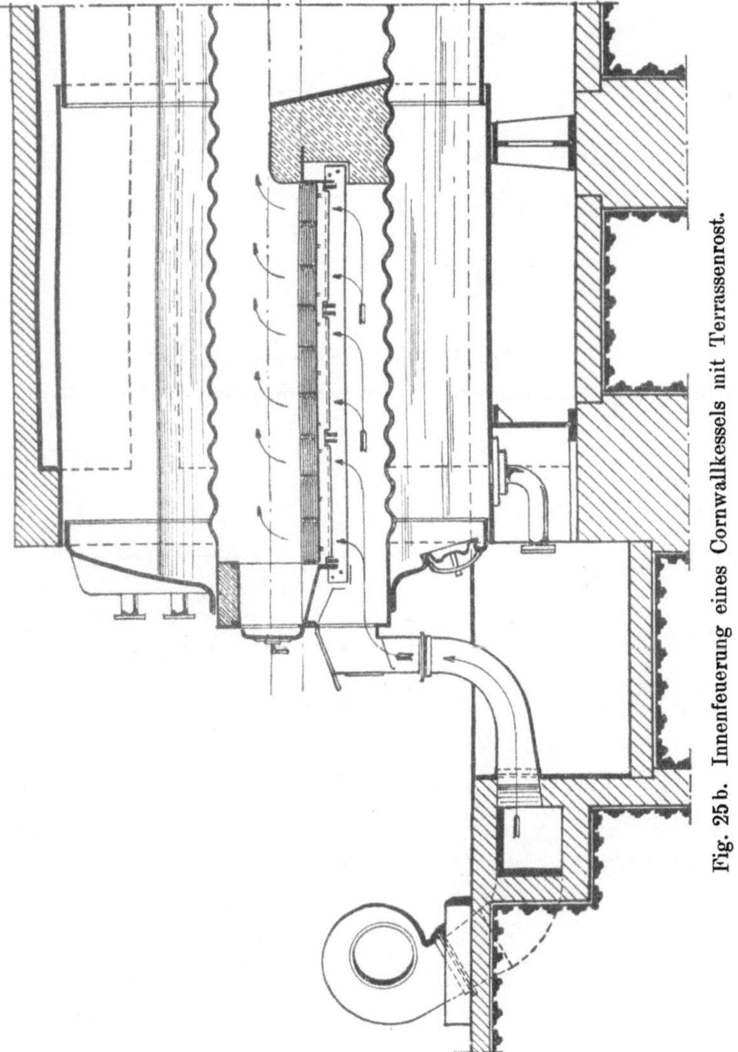

Fig. 25 b. Innenfeuerung eines Cornwallkessels mit Terrassenrost.

Wurffeuerung von Fig. 27 ist zweckmäßig für gleichartig gekörntes Brennmaterial geeignet. Neuere Konstruktionen, z. B. der Beschickungsapparat „Katapult" von *J. A. Topf & Söhne* in Erfurt, gestatten auch ungleichförmig gestücktes Material rationell zu verbrennen. Durch Spannung der Feder der Wurfschaufel in drei verschiedene Stärken kann die Bewerfung des Rostes in

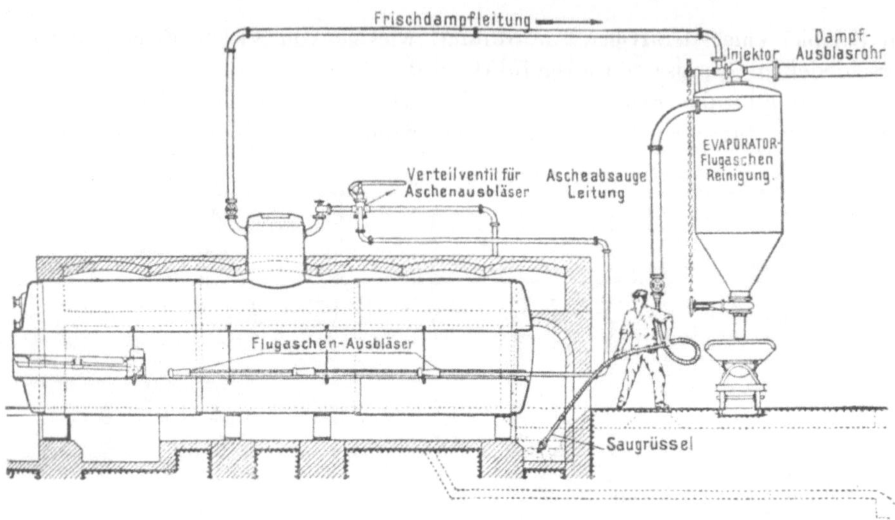

Fig. 25 c. Flugaschenreinigung.

Fig. 25 a bis 25 c. Rostausführungen der *Deutschen Evaporator-Aktiengesellschaft*, Berlin.

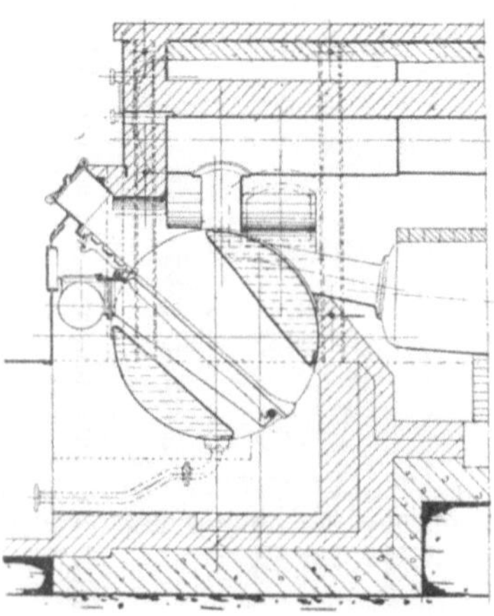

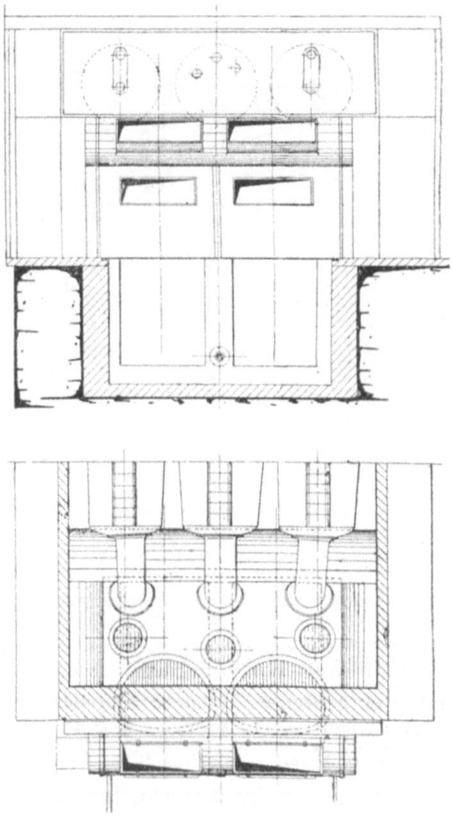

Fig. 26. *Tenbrink*feuerung mit Unterwind der *Maschinenfabrik Eßlingen*.

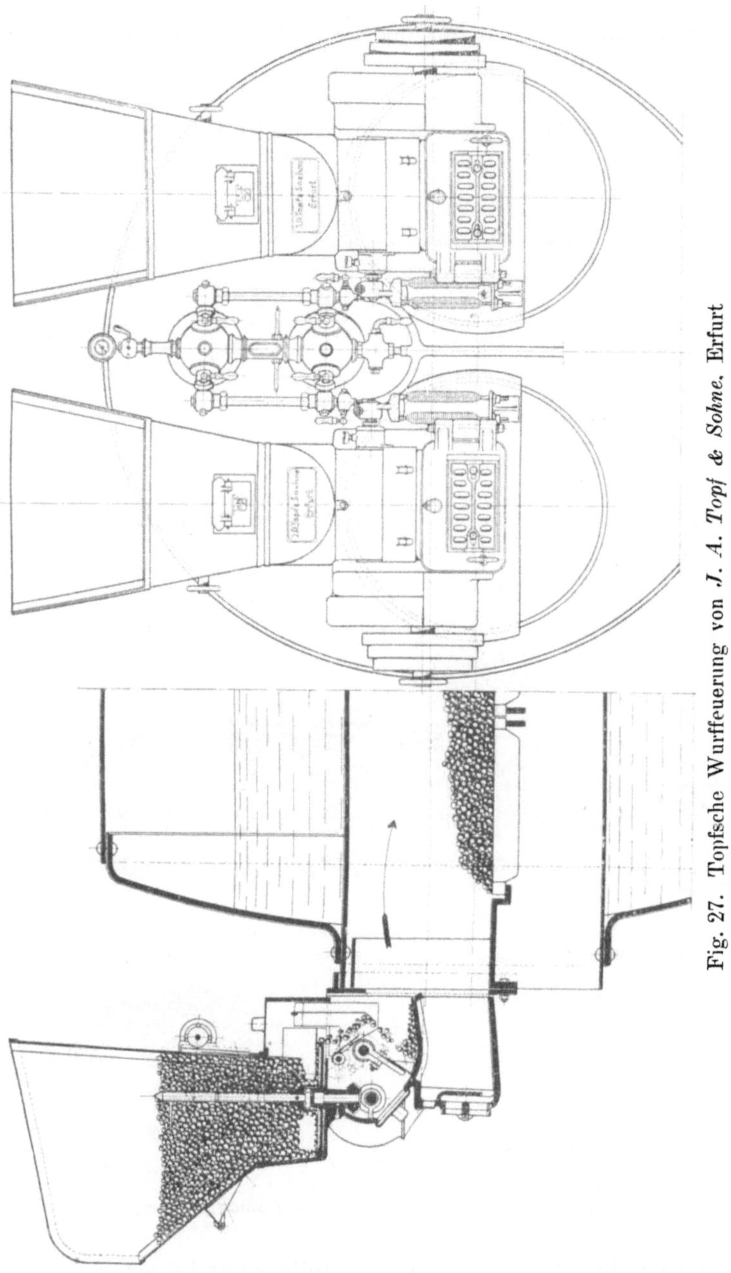

Fig. 27. Topfsche Wurffeuerung von *J. A. Topf & Sohne*, Erfurt

drei Wurfweiten erfolgen. Die Zahl der Würfe kann ebenfalls durch den Be-
triebsmechanismus verstellt werden. Damit ist eine Anpassung der Feuerung
an die Dampferzeugung in weiten Grenzen möglich. Die Feuerung ist jedoch
keine Universalfeuerung; nasse Braunkohlen, Kohlenstaub, Schlammkohle

und ähnliche minderwertige Braunkohlen werden zweckmäßig auf Vorfeuerungen verbrannt.

Bezüglich dieser Feuerungen ist zu bemerken, daß der neue B r e n n s t o f f v o n   o b e n zugeführt wird, also auf die glühende Brennstoffschicht gelangt.

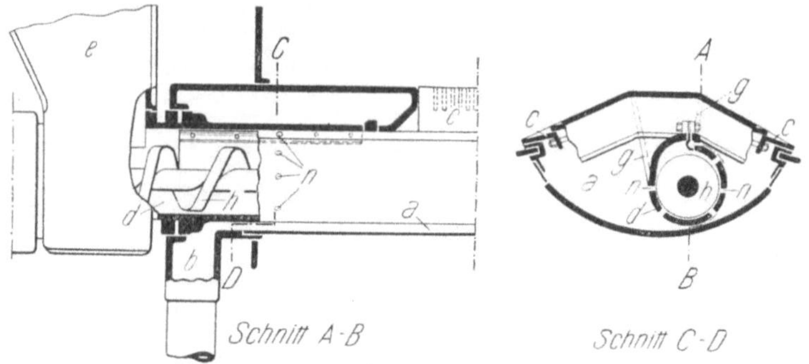

Fig. 28. Unterschubfeuerung (Bauart *Rohr*) mit Druckluftzuführung.

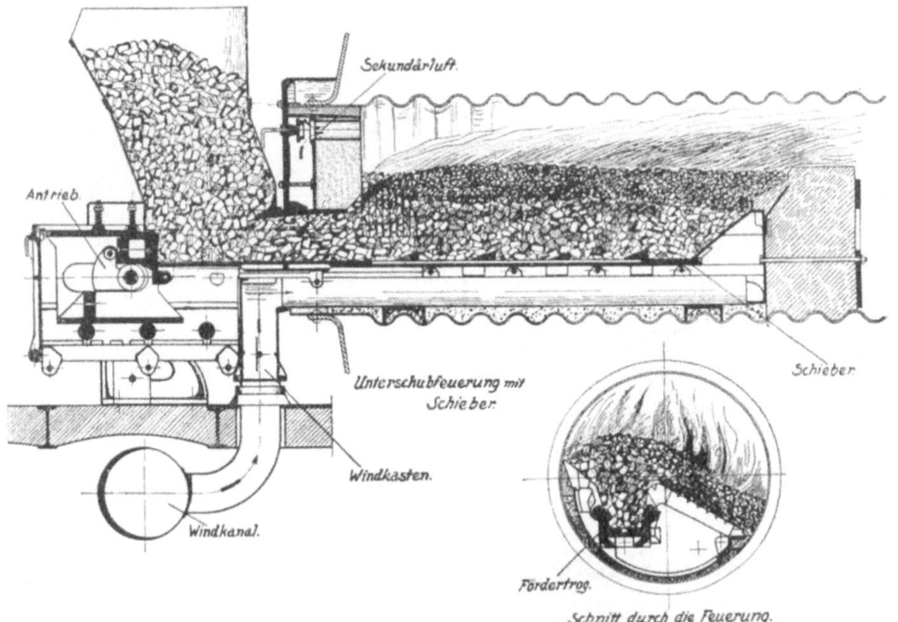

Fig. 29. Unterschubfeuerung der *Bamag*, Dessau.

Es entweichen daher zunächst die Wasserstoffgase und sonstigen gasförmigen Bestandteile. Man muß also dafür Sorge tragen, daß diese alsbald auf die Entzündungstemperatur erhitzt werden, und daß genügend Sauerstoff vorhanden ist, andernfalls wird ein großer Teil dieser Gase unverbrannt entweichen können. Um dies sicher zu erreichen, hat man Konstruktionen ausgebildet, bei denen der **Brennstoff von unten** zugeführt wird. Die Gase müssen durch die glühende Kohlenschicht streichen und werden dadurch auf genügend hohe Temperatur erhitzt. In Fig. 28 und 29 sind zwei Unterschubfeuerungen wiedergegeben.

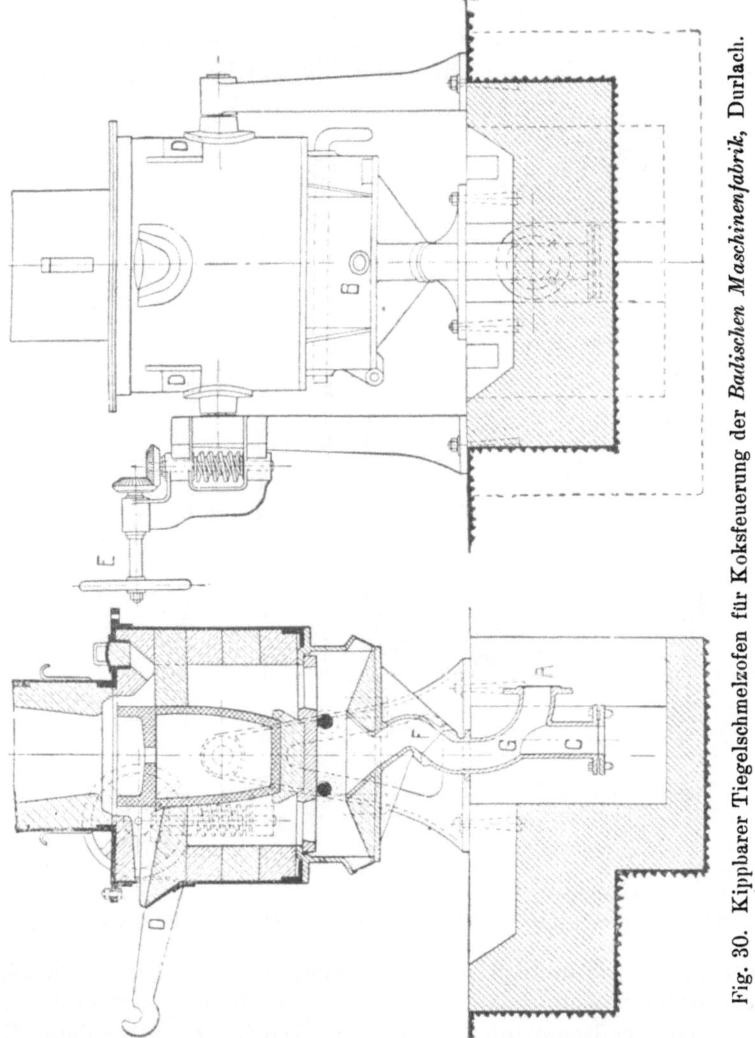

Fig. 30. Kippbarer Tiegelschmelzofen für Koksfeuerung der *Badischen Maschinenfabrik*, Durlach.

In Fig. 28 wird das Brennmaterial durch eine Schnecke unter den Rost und das stets nachgedrückte Material seitlich unter die Brennstoffschicht geschoben, von wo es dann nach rechts und links niedergeht.

In Fig. 29 ist eine Konstruktion der *Berlin-Anhaltischen Maschinenbau-A.-G.*, Dessau, angegeben. Auf einem hin und her gehenden Förderschieber befinden sich mehrere bewegliche und feststehende Mitnehmer. Man erreicht durch deren Versetzung eine Anpassung an die Kohlenart und eine gleichmäßige Beschickung des Rostes. Der Rost besteht aus Düsenroststäben, die durch Aneinanderreihen den Rost ergeben. Auf der der Rostfläche gegenüberliegenden Seite sind bei einseitig angeordneten Feuerungen kleine Düsenroststäbe eingelegt, die eine Entgasung und Verbrennung des sich frisch auf den Rost schiebenden Brennmaterials bewirken.

Die Aufgabe des Brennstoffgases erfolgt durch einen Trichter, von wo aus es in gewissen Abständen vor einen sich hin und her bewegenden Stempel

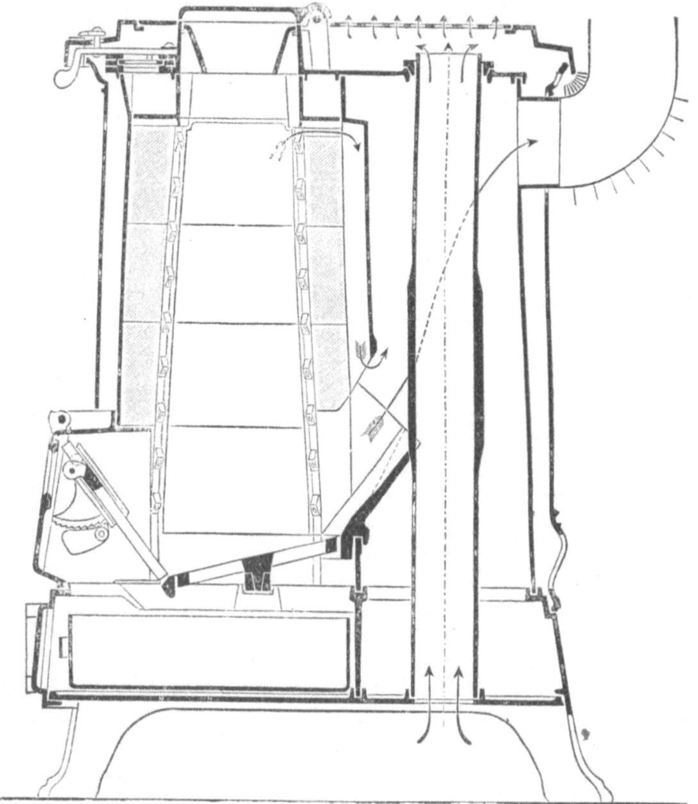

Fig. 31. Dauerbrandofen des *Württembergischen Huttenwerks* Wasseralfingen.

fällt, der es bei jedem Hub in die Feuerung drückt. Beim Rückgang des Stempels schieben sich zwischen Stempel und Brennstoff Riegel, die ein Zurückweichen des Brennstoffes verhindern. Die Konstruktion dieses Rostes gestattet Staub- und Stückkohle bis 50 mm Korngröße zu verfeuern. Auch kann Rohbraunkohle rein verfeuert werden.

Von den industriellen Feuerungen kann man die Feuerungen für Schmelztiegel hierher rechnen. Es ist zu berücksichtigen, daß die Schamottewände, die den Brennstoff umschließen, auch durch ihre Strahlung wirken und daher dem Prinzip der Vorfeuerung mit entsprechen. Fig. 30 stellt eine Ausführung der *Badischen Maschinenfabrik*, Durlach, dar.

Für Heizungszwecke ist die Feuerung allgemein als Innenfeuerung ausgestaltet. Der Brennstoff brennt teilweise von oben nach unten, in den meisten Fällen jedoch von unten nach oben, d. h. der frische Brennstoff wird auf die glühende Masse aufgeschüttet und fällt nach. In Fig. 31 und 32 sind zwei Typen von Öfen für Raumheizung wiedergegeben.

Beim Ofen Fig. 31 werden die Schwelgase den Verbrennungsprodukten zugeführt, wodurch eine gute Verbrennung erreicht und Explosionsgefahr vermieden wird.

Die Kessel für Zentralheizungen mit Dampf oder heißem Wasser können fast alle als Innenfeuerung angesprochen werden.

Fig. 33 ist die typische Innenfeuerung eines Zentralheizungskessels. Die Gase umspülen die Wandungen der Glieder und werden unten abgeführt. Fig. 34 ist für Braunkohlenfeuerung eingerichtet.

Die Verwendung einer Unterwindfeuerung, mit festem Rost als Unterfeuerung gebaut, zeigt Fig. 35.

Die Unterwindfeuerungen[1]) eignen sich besonders für minderwertige Brennmaterialien. Es ist jedoch dafür zu sorgen, daß die Luft nicht mit zu großer Geschwindigkeit den Brennstoff verläßt, da andernfalls der Staub als Flugasche durch die

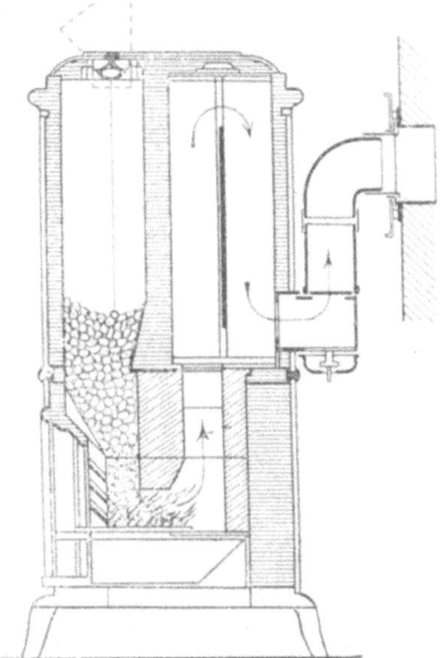

Fig. 32. Fullofen (*Stauß*ofen).

Züge gejagt wird. Es empfiehlt sich, eine kleine freie Rostfläche zu verwenden. Infolge des ungleichen Abbrennens des Materials kommt es vor, daß an der einen Stelle die Brennstoffschicht dünner wird als an einer anderen. Es strömt dann durch diese Stelle zuviel Luft oder Dampf. Diesem Übelstand wird durch kastenförmiges Unterteilen unter dem Roste gesteuert. Jeder Kasten erhält eine besonders regulierbare Luft- oder Dampfzuführung, die durch eine Klappe oder Schieber mehr oder weniger geschlossen werden kann. Dadurch hat der Heizer es in der Hand, die übermäßige Luft- oder Dampfzufuhr an den Stellen ungleichmäßigen Abbrandes zu vermindern.

Die Verminderung oder Ausschaltung von Flugasche, besonders bei Koksgrus und Rohbraunkohle, kann durch Einbau eines sog. Feuerstaus erreicht werden. Es ist dies beispielsweise ein Schamottering, der am Ende der Feuerung über derselben angebracht ist, umgekehrt etwa wie die Feuerbrücke, die erniedrigt und weiter in das Innere des Kessels geschoben wird. Durch das Niederdrücken der Flamme werden die am Ende des Rostes noch befindlichen unverbrannten Teile verbrannt und es wird eine Durcheinanderwirbelung von

---

[1]) Evaporator-Zeitschrift, 1922/23, Heft 4. Betriebserfahrungen mit Feuerungen für minderwertige Brennstoffe von *Köstlin*.

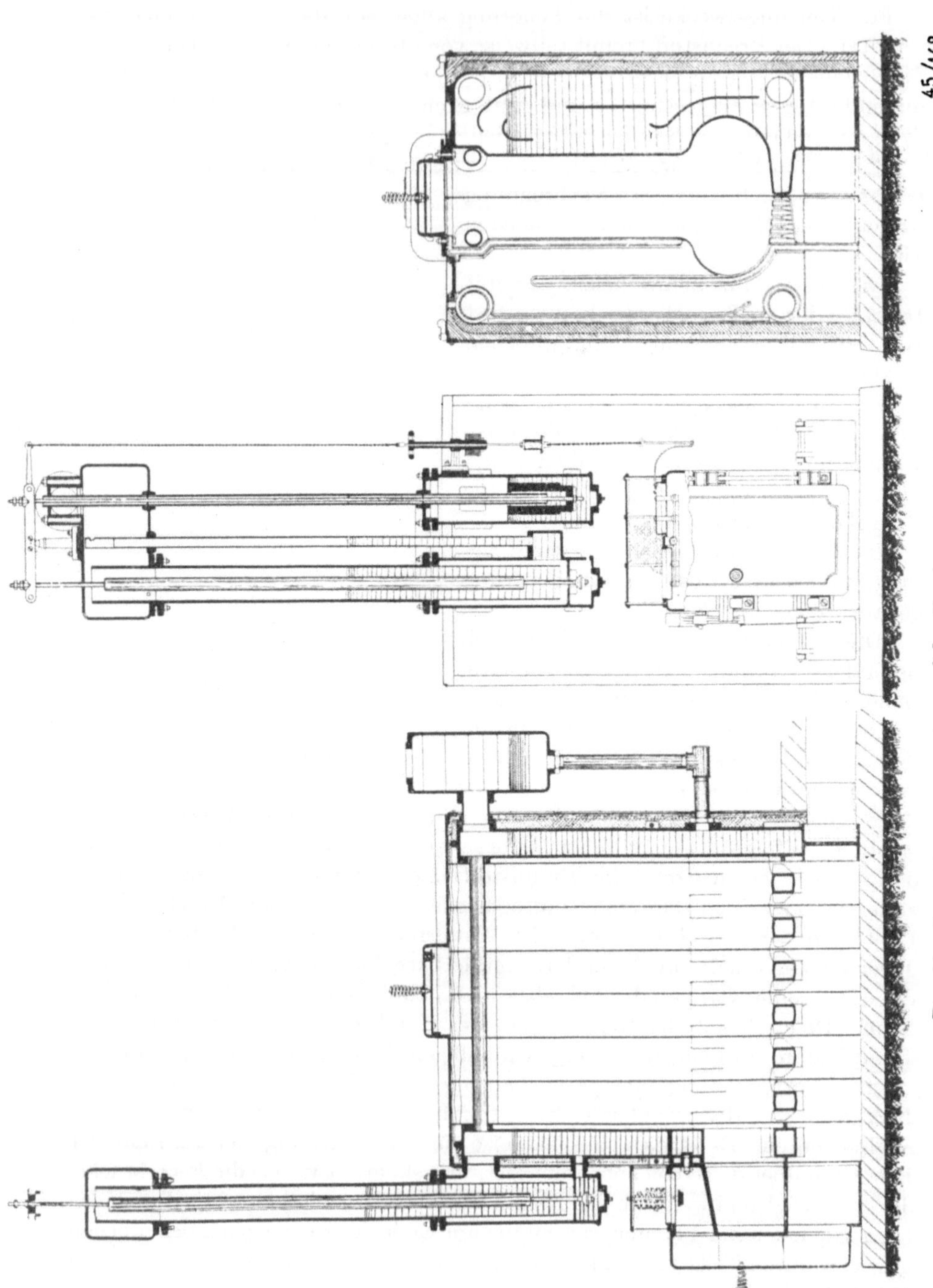

Fig. 33. Zentralheizungskessel von *Gebr. Körting, A.-G.,* Hannover-Linden.

unverbrannten Gasen und Luft erreicht. Die Flugasche wird an dem glühenden Schamottering und der verlängerten Feuerbrücke entzündet. Selbstredend darf dann die Windzufuhr nicht ganz bis an den Schamottering stattfinden.

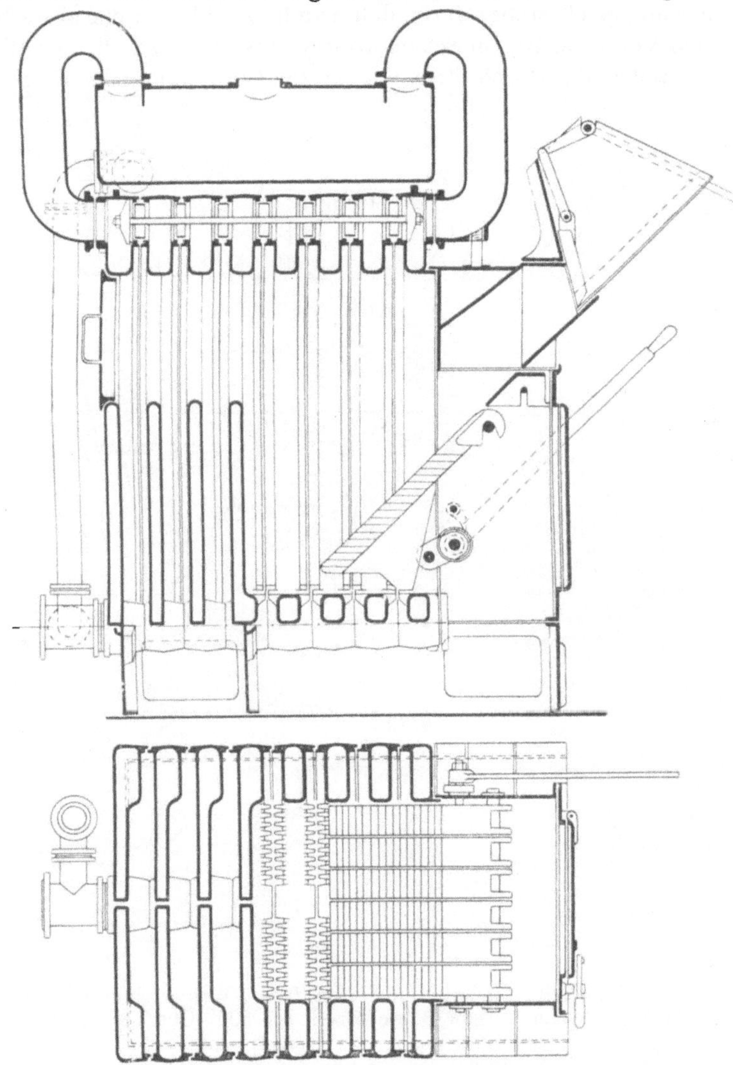

Fig. 34. Zentralheizungskessel des *Niederrhein. Eisenwerks Dülken G. m. b. H.*

Es werden durch diese Einrichtung die Wirkungsgrade der Kessel auf 45 bis 55 Proz. bei Planrosten und mit Koksgrus oder Rohbraunkohle auf 65 bis 70 Proz. erhöht. Die Anordnung stammt von *P. Nieß* in Hamburg[1]). Die Feuerungstechnik G. m. b. H. in Ludwigshafen a. Rh. hat ein sog. Feuerbrückengewölbe, das ist eine Verlängerung der Feuerbrücke in horizontaler

1) Evaporator-Nachrichten 1921/22, Heft 1, Über Flugkoksverluste von *Oelschläger.*

Richtung, die aus Schamottesteinen besteht. Damit wird eine Erhöhung des Kesselwirkungsgrades bis 10 Proz. erreicht, da die Gase infolge ihrer Durchwirbelung besser die Wärme im ersten Drittel der Heizfläche abgeben. Andere Anordnungen bestehen darin, daß man in das Flammrohr abwechselnd in Abständen von 2 bis $2^1/_2$ m Schamottesegmente einsetzt, die ein Warmereservoir darstellen, das durch Strahlung die zur Entzündung des Flugstaubes

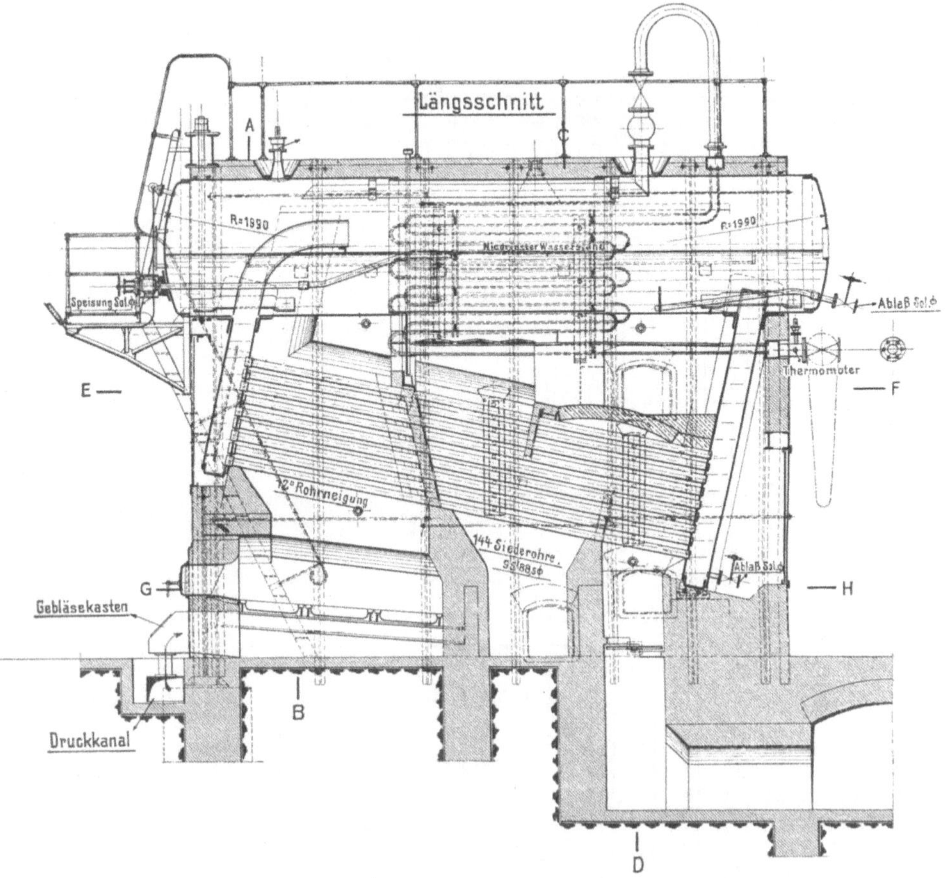

Fig. 35. Unterfeuerung mit Unterwind für einen *Borsig*-Wasserrohrkessel von 230 qm Heizfläche und 13 Atm Betriebsdruck bei 300° Überhitzung.

nötige Wärme ausstrahlt. In neuerer Zeit werden u. a. durch die Feuerungstechnik G. m. b. H. in Ludwigshafen a. Rh. sog. Drallsteine in die Flammrohre eingesetzt. Sie bestehen aus spiralförmig gewundenen Flügeln, die ein inniges Durchmischen von Luft und Kohlenstaub und damit infolge des Einflusses der strahlenden Wärme auch ein Verbrennen erreichen[1]).

<hr>

[1]) Archiv für Warmewirtschaft 1924, 5. Jg., Heft 4: Wirkung von Einbauten in Flammrohrkesseln von *Unger* und Die Warme **47**, 1924, Nr. 32: Einbau und Wirkungsweise von Drallsteinen in Flammrohrkesseln von *Unger*.

Infolge der Verwendung sehr sandhaltiger Rohbraunkohle ist man in neuerer Zeit auch zur Verwendung von Pendelrosten übergegangen. Sie bestehen darin, daß die horizontalen Roststäbe von Treppenrosten um eine Achse sich drehen. Dadurch wird das Festbacken der Schlacke[1]) vermieden und ein Weiterschieben des Materials erreicht. Am Ende des Treppenrostes befindet sich meist noch ein Schlackenrost. Die Backen der beiden Teile zermalmen die Schlacke und führen sie selbständig ab. Das Getriebe zur Bewegung der Roststäbe und Backen wird durch Elektromotor oder Transmission bewegt.

Die Verbrennung von Schlammkohle und Kokslösche kann auf zwei Arten geschehen: entweder man preßt die Rückstände in Ziegel, um sie dann in Ziegelform zu verbrennen, oder man verbrennt sie auf dem Rost direkt mit Unterwind bei Schlammkohle oder Unterwind mit Dampfzusatz bei Kokslösche. Die Schlammkohle enthält ca. 20 bis 30 Proz. Wasser, der Koksgrus meist nur wenige Prozente, während die unverbrennlichen Teile in beiden Brennstoffarten 10 bis 22 Proz. betragen. Der Rost selbst muß sehr feinlöcherig sein, damit der Brennstoff nicht durchfallt. Die Luftpressung unter dem Rost geht bis ca. 50 mm und verhindert ferner

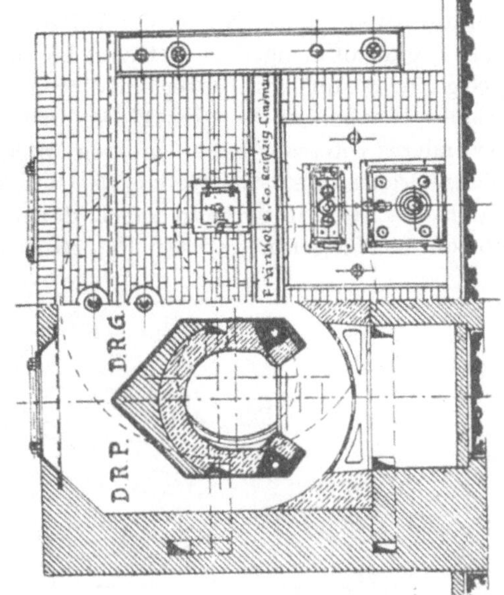

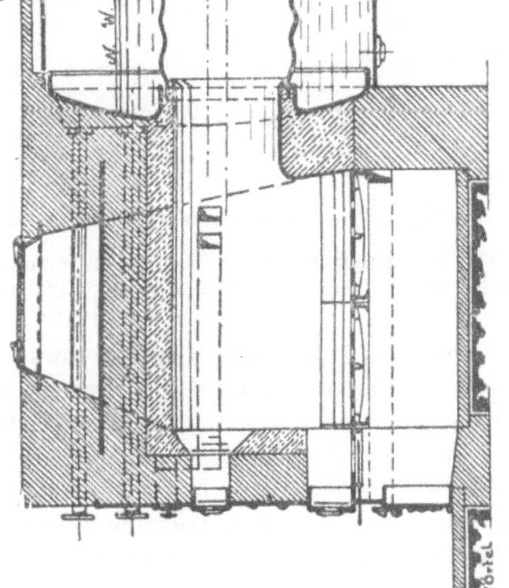

Fig. 36. Feuerung für einen Zweiflammrohrkessel von *Fränkel & Co.*, Leipzig-Lindenau.

---

[1]) Es sei hier auf das Überziehen von Roststäben mit Aluminium hingewiesen, das ein Festbacken der Schlacke und ein Verbrennen der Roststäbe verhindert und damit bessere Verbrennung erlaubt; bekannt ist die Ausführung der *Metallisator-A.-G.*, Altona.

ein Durchfallen der Brennstoffteile. Infolge des hohen Luftdruckes ist mit hoher Brennstoffschicht zu arbeiten. Ferner ist die nasse Schlammkohle und der schwer entzündbare Koks durch ein Strahlungsgewölbe auf Zündtemperatur zu erhitzen. Neben der Verwendung von Festrosten, die nur für kleinere Brennstoffmengen in Betracht kommen, bietet der Wanderrost hier die geeignete Rostart dar, da er alle obigen Bedingungen zu erfüllen vermag. Er erlaubt Rostbelastungen bis 175 kg/qm [1]).

Besonderes Interesse haben die sog. Muldenroste für minderwertige und gasreiche Brennstoffe. Sie werden als Unterfeuerungen oder Vorfeuerungen verwandt. Es ist dafür Sorge zu tragen, daß der seitlich den Mulden zugeführte Brennstoff nicht hochbrennt. In Fig. 36 ist eine Original-Fränkel-Feuerung abgebildet. Das Brennmaterial wird durch die das Schamotte-Mauerwerk durchdringende Wärme vorgewärmt und entgast; die entwickelten Kohlenwasserstoffe ziehen über das Brennmaterial weg, mischen sich mit der stark erwärmten Sekundärluft, verbrennen und ziehen mit den Verbrennungsgasen durch den Rost ab. Die Feuerung eignet sich besonders für minderwertige Brennmaterialien, wie Rohbraunkohle jeder Körnung, Torf, Lohe, Holzabfälle. In Fig. 37 ist ihre Anwendung in zwei Etagen bei einem Steilrohr

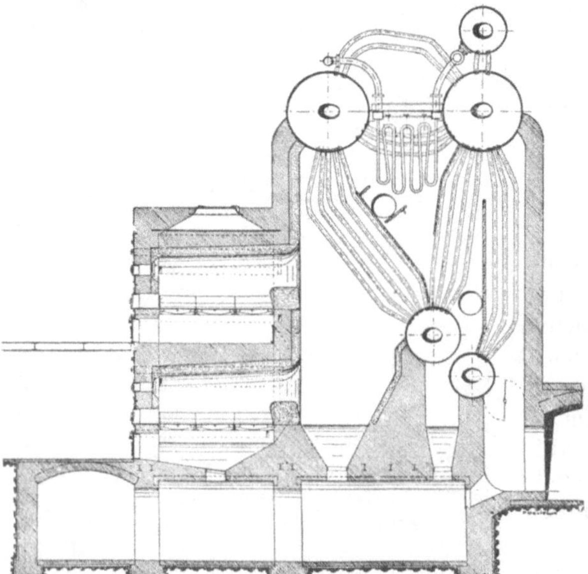

Fig. 37. Zweietagen-Fränkel-Feuerung für einen Steilrohrkessel von *Fränkel & Co.*, Leipzig-Lindenau

kessel gegeben. Die Zuführung des Brennstoffes erfolgt bequem durch Einschüttetüren horizontal abwärts. Der Brennstoff wird durch Karren, Transportband oder sonstwie an die Einschüttetüren gebracht. Bemerkt wird noch, daß manche Konstruktionen eine Unterbrechung des zugeführten Brennstoffes vornehmen, um das zuvor erwähnte Hochbrennen des Brennstoffes zu vermeiden (Konstruktion *Walther & Co.*, Dellbrück bei Köln).

Fig. 38 zeigt einen Wanderrost [2]).

[1]) Zeitschrift für Dampfkessel und Maschinenbetrieb 1916, Nr. 18 u. 19: Leistungsversuche an Kesseln mit Wanderrostfeuerungen für Verheizung minderwertiger Brennstoffe von *Schoppe*, und Organ für die Fortschritte des Eisenbahnwesens 1917, Heft 5: Verwertung der Rauchkammerlösche, von *Friedrich*.

[2]) Glückauf, Heft 25 bis 27: Untersuchungen an Wanderrosten und Zündgewölben für minderwertige Brennstoffe von *Ebel*.

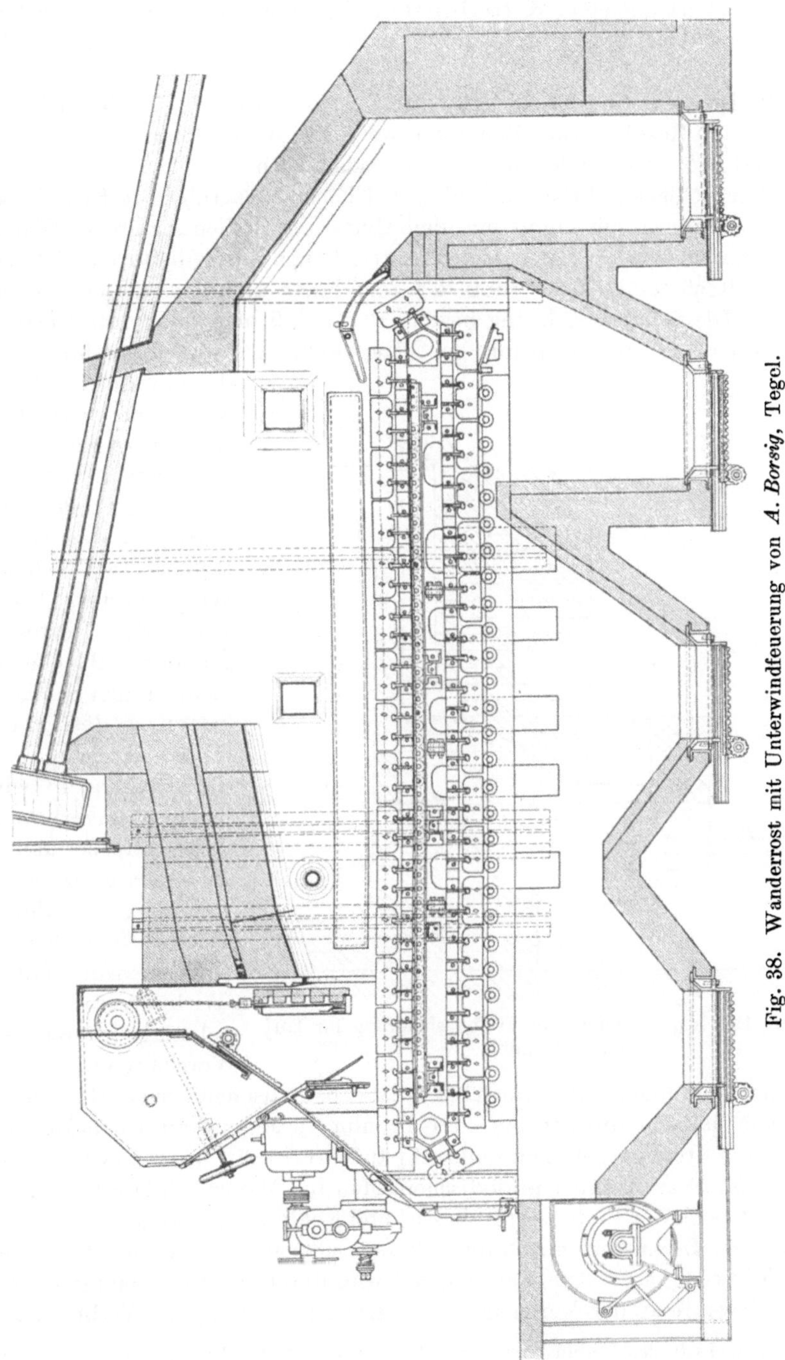

Fig. 38. Wanderrost mit Unterwindfeuerung von *A. Borsig*, Tegel.

Der Rost ist auf einer Kette befestigt, die endlos über zwei Wellen läuft. Die vordere Welle wird durch ein Zahnradgetriebe, das eine Verstellbarkeit der Umdrehzahl ermöglicht, mittels Transmission oder Motor bewegt. Am Ende des Rostes befindet sich der Schlackenstauer, welcher ein Abschieben der Schlacke vom Rost bewirkt. Bemerkenswerte Konstruktionen bieten *A. Borsig*, Tegel und *Gebr. Steinmüller* in Gummersbach a. Rh.

Da der Schlackenstauer besonders bei hoher Belastung des Kessels noch viel Unverbranntes mitnimmt und dem Heizer die Bedienung großer Wanderroste kaum möglich ist, haben sich Konstruktionen mit selbsttätiger Schürung auf dem Roste und Auswertung der vom Roste abfallenden Schlacke ausgebildet. Die Schürvorrichtung besteht darin, daß man über dem Roste den Brennstoff durch ein sägeförmig gebogenes Rohr, das wassergekühlt ist, und das hin und her bewegt wird, durchwirbelt und zerkleinert. Andere Konstruktionen heben an einzelnen Stellen durch unter dem Rost liegende Rollen die Glieder des Wanderrostes. Die am Ende des Rostes abgehende Schlacke fällt nicht in den Schlackenkasten, sondern in einen Generatorschacht, der die darin noch befindlichen unverbrannten Teile vergast und den Feuergasen zwecks Verbrennung zuführt [1]). Nach Versuchen an Garbekesseln geht der Wirkungsgrad der Kesselanlage durch diese Vorrichtung bis 83 Proz.

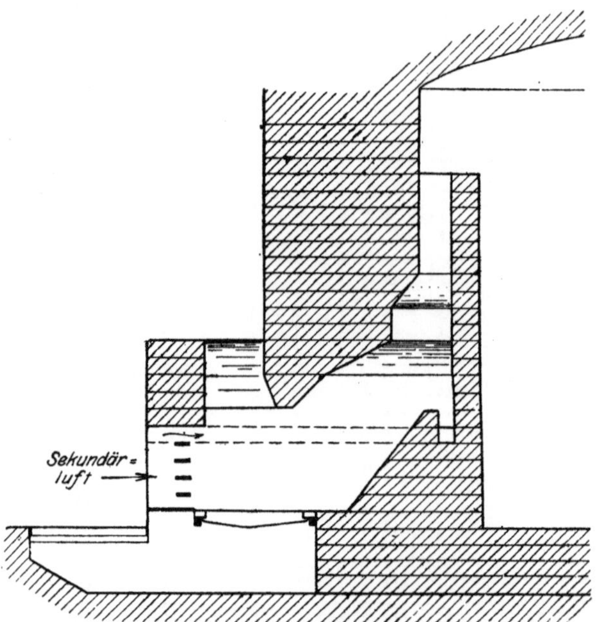

Fig. 39. Periodischer Ofen mit Halbgasfeuerung für Torf und Steinkohle.

Unterfeuerungen finden auch bei den sog. periodischen Öfen der keramischen Industrie vielfache Anwendung. Das Brennmaterial wird auf einem Roste verbrannt, die Brenngase steigen senkrecht aufwärts direkt in das zu verbrennende Gut. Fig. 39 zeigt einen periodischen Ofen für Mauersteinfabrikation.

Es ist noch der Einfluß von Wasser und Kohle auf die Feuerung zu prüfen.

Das im Brennstoff enthaltene Wasser übt auf die Verbrennung selbst keine Wirkung aus. Die Feuchtigkeit wird durch die Erwärmung der Kohle vor und während der Vergasung ausgetrieben, so daß beim Verbrennen von

<hr>

[1]) Zeitschrift des Vereins deutscher Ingenieure Bd. 68, Nr. 13: Kesselfeuerung mit selbsttätiger Feuerführung und Schlackengenerator von *Pfleiderer*.

Wasserstoff und Kohle sowie Kohlenwasserstoff meist kein Wasser mehr zugegen ist. Wasserdampf kommt mit der glühenden Kohlenschicht nicht oder kaum in Berührung, daher erfolgt auch keine Wassergasbildung, die für Grammolekel 28 800 kcal Bindung von Wärme ergeben würde.

Der Wassergehalt nimmt eine bedeutende Wärmemenge in Form von Wasserdampf in den Abgasen mit. Ist im Brennstoff Schwefel, so wirken die Verbrennungsprodukte des Schwefels destruktiv auf die Kessel und Vorwärmer.

Asche wird in grobem Maße bei der Aufbereitung beseitigt. Dies ergibt eine Erhöhung von f[1]). Der calorimetrische Heizwert steigt proportional mit der Erhöhung der Kernsubstanz, der Nutzungswert steigt in höherem Maße, da die Bedingungen rationeller Verbrennung, und zwar Annäherung an die zur Verbrennung nötige Luftmenge, infolge der günstigeren Oberflächenverhältnisse zum Angriff des Sauerstoffes, günstiger werden. Die Asche besteht aus einem mineralogischen und einem organischen Teil. Der erstere hat eine hohe Schmelztemperatur und gelangt fast unverändert in die Herdrückstände. Der zweite Teil stammt aus der Saft- und Fasersubstanz und ist innig mit der Kohle gemischt. Er schmilzt schon bei 1000 bis 1200°, da er aus Kali, Eisen, Schwefel, Kieselsäure besteht, wahrend der erste meist Tonerde ist. Dieser zweite Teil ist kugelig und blasig, während der erste Teil blätterig und scharfkantig in den Herdrückständen sich zeigt. Bei der Aufbereitung kann nur der mineralogische Teil vermindert werden.

Wenn also ein Brennstoff viel Asche enthält, so muß er nach Vorgehendem mit hoher Schicht verfeuert werden, damit der mit der Luft eintretende Sauerstoff genügend Angriffspunkt findet. Die hohe Brennstoffschicht ergibt einen großen Widerstand, der Zug muß vergrößert werden entweder durch Erhöhung der Schornsteine, durch Saugventilator oder durch Unterwind. Die abgehende Asche enthält bei diesen Brennstoffen neben der großen fühlbaren Wärmemenge auch noch viel Unverbranntes, da der Sauerstoff keine so gute Angriffsfläche an die brennbaren Atome hat. In der Asche befinden sich noch bedeutende Mengen Brennstoff, die durch sog. Aschenaufbereitung zurückgewonnen werden können. Die Aufbereitungsarten sind die trockene und die nasse.

Die trockene oder magnetische Aufbereitung besteht darin, daß man die Asche über eine drehbare Rolle laufen läßt, in deren Innerem ein starker Magnet ist. Da fast alle Kohle Eisen enthält und sich dieses Eisen bei der Verbrennung in der Asche vorfindet, so wird die Asche magnetisch und an die Oberfläche der Rolle angezogen, während die brennbaren Teile tangential abströmen. Die Ausführung dieser Anlagen erfolgt durch *Fr. Krupp, Grusonwerk*, Magdeburg-Buckau.

Die nasse Aufbereitung kann auf zweierlei Weise geschehen. Die eine besteht darin, daß man die Asche mit einem flüssigen Medium, das spezifisch schwerer als der Koks ist, zusammenbringt. Es wird durch Wasser mit Zusatz von Carbid, Lehm, Gips usw. hergestellt. Der durch eine Siebtrommel in Grus und grobkörnige Schlacke geteilte Aschenrückstand kommt nach

---

[1]) Siehe Seite 36 und 37.

weiterer Ausscheidung durch die rotierende Siebtrommel in Grobmaterial und
Mittelmaterial, welch ersteres direkt abgeschieden wird, nach dem eigentlichen Separator, in dem sich die Flüssigkeit befindet. Er enthält eine
obere und untere Schnecke. Die obere Schnecke befördert die leichten
schwimmenden Koksteile weg, die untere die niedergesunkene Schlacke.
Man benötigt etwa 2 PS für 3 cbm Rohschlacke. Die Apparate sind unter
dem Namen „Columbus" von *Schilde* in Hersfeld bekannt. Eine andere Ausführung, bei der in strömendem Wasser infolge des verschiedenen spezifischen
Gewichtes die Trennung erfolgt, ergibt nachstehende Werte bei täglicher Aufbereitung von 80 t Schlacke in 12 Stunden, wobei 12 PS und 20 cbm Wasser
stündlich nötig:

Am Leseband mit 10 Leuten	24 Proz.	Grobkoks
„ „ „ 10 „ . . . . 14 bis 17	„	Grobschlacke
Ferner durch mechanische Weiterverarbeitung 14 „ 16	„	gewaschener Kleinkoks
„ „ „ „ 18 „ 22	„	gewasch. Schlacke
„ „ „ „ 22 „ 25	„	Loscheschlacke.

Die Vergrößerung des Zuges bedingt eine Erhöhung der Flugaschenbildung.
Stark alkalische Flugasche ergibt außerdem im Mauerwerk leicht schmelzende
Schlackenflüsse.

Die Reinigung des Rostes von den bedeutenden oft schmelzenden Schlacken-
mengen erhöht die Dauer der Öffnung der Feuertüren und somit die Zufuhr
von kalter Überschußluft. Schon aus diesem Grunde ist eine automatische,
stetig wirkende Beschickung des Rostes der Handbeschickung, die eine Öffnung
der Türen verlangt, vorzuziehen.

Über die Entfernung der Flugasche und deren Auffangen findet sich Ausführliches in „Feuerungstechnik", 11. Jg., Heft 10: *Pradel*, „Neues im
Bau von Flugaschefängern". Das Prinzip besteht immer darin, durch Änderung der Richtung des Gasstromes sowie dessen Geschwindigkeit die Flug-
ascheteile nach einer Grube abzuscheiden[1]).

Die drei Feuerungsarten:

Innenfeuerung,
Unterfeuerung und
Vorfeuerung,

kann man nach der Art des Zubringens des Brennstoffes auch in

die Aufwurffeuerung,
die Vorschubfeuerung und
die Unterschubfeuerung

einteilen.

Die Aufwurffeuerung wird für Planroste und Schrägroste verwandt. Der
neue aufgeworfene Brennstoff wird durch die aus der darunterliegenden Verbrennungsschicht aufsteigenden Verbrennungsgase getrocknet und entgast.

---

[1]) Siehe auch Feuerungstechnik 12. Jg., Heft 9 u. 10: Die Beseitigung des Schorn-
steinauswurfs mittels elektrischer Gasreinigung von *Schröder*.

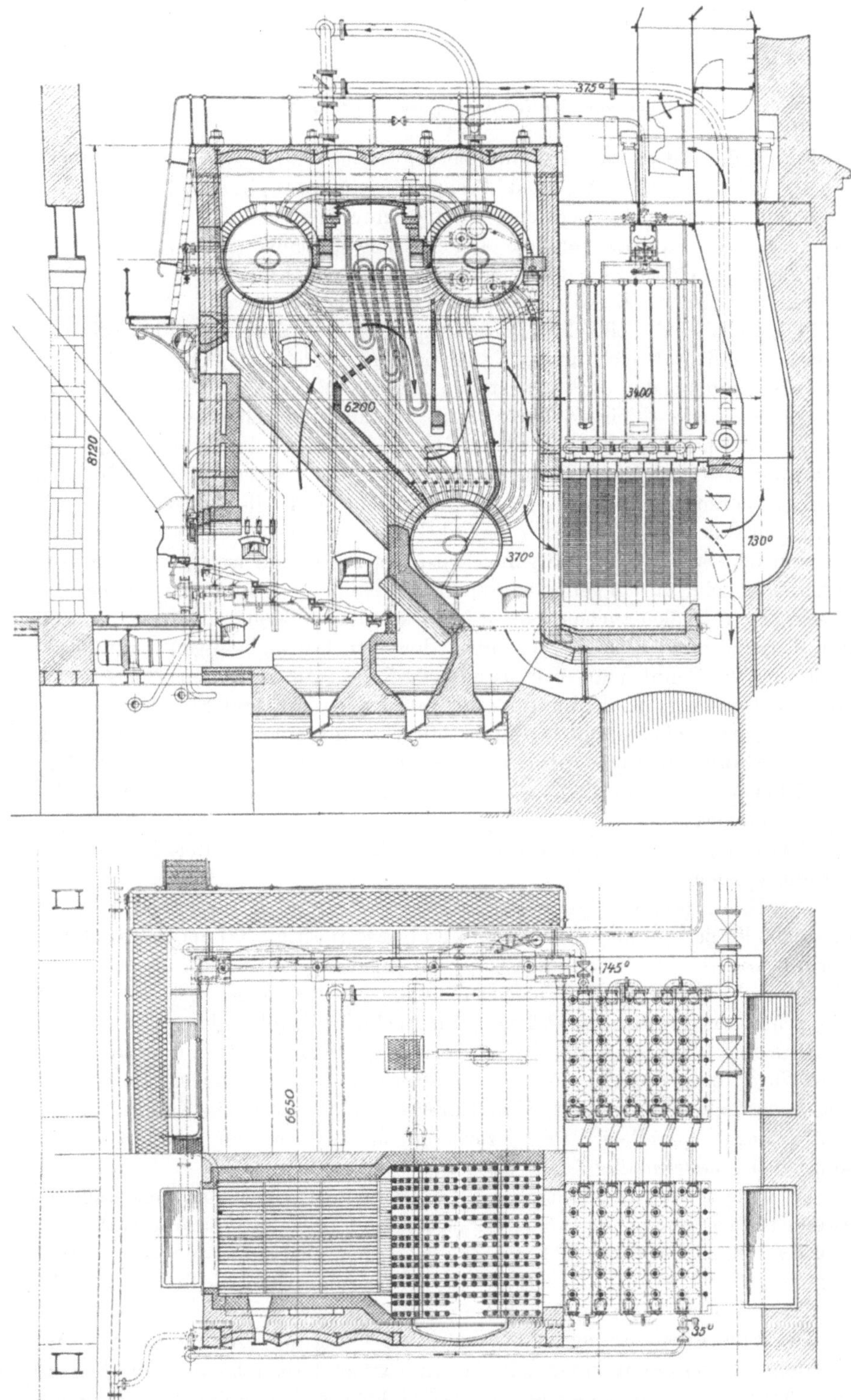

Fig. 39a. Kesselanlage mit Überschubrost und Economiser der Rigaer Gesellschaft für Ökonomie der Dampferzeugungskosten und Feuerungskontrolle *Richard Kablitz*, Riga.

Für große Rostleistungen kann das Aufwerfen von Hand nicht mehr erfolgen, daher ist es nötig, den Brennstoff automatisch einzubringen und weiter zu bewegen. Als typisches Beispiel unter den vielen Konstruktionen, die durch auf- und niedergehende oder hin- und hergehende oder wellenförmige Bewegung von Rostteilen die Weiterbewegung des Brennstoffes zu erzielen suchen, sei hier die Kablitz-Überschub-Feuerung dargestellt. Aus Fig. 39a ergibt sich, daß die einzelnen Roststabpartien auf durchgehenden Platten aufgelegt sind und nach unten Nasen besitzen, welche an Augen auf einem hin- und hergehenden Rahmen stoßen. Durch Verstellen der Augen kann eine größere oder kleinere horizontale hin- und hergehende Verschiebung der Roststabpartien erzielt werden. Der Gedanke bei der Konstruktion der Feuerung besteht darin, daß ein Hinüberwälzen der frischen Kohlenschichten über die bereits glühenden erfolgt; dies wird durch die buckelartigen Erhöhungen auf den Roststäben bewirkt, die mit denselben stoßweise vor- und zurückgehen. Beim Vorgehen wird der Brennstoff angelüftet und vorgeschoben, beim Zurückgehen wirken die vorderen, dem Innern der Feuerung zugekehrten Buckel zurückziehend auf die unteren Kohlenschichten, so daß die obern Kohlenschichten sich über dieselben hinwegbewegen. Mit dieser Feuerung verbrennt man erfahrungsgemäß bei guten Kohlen 300 kg, bei Anthrazit 250 kg, bei Rohbraunkohle 400 kg per qm und Stunde.

Bei stark aschehaltenden Brennstoffen ist für eine gute Wegnahme der Schlacke Sorge zu tragen. Die Verwendung von Dampfstrahl und Luft läßt die Schlacke blasig werden, so daß sie nicht in große, kompakte Klumpen zusammenbackt.

Wasserhaltige Brennstoffe dürfen natürlich nur mit Unterwindluft verbrannt werden.

Die Brenngeschwindigkeit der stark aschehaltenden Brennstoffe beträgt etwa 200 kg per qm und Stunde, während wasserhaltige 300 und selbst 500 kg per qm und Stunde Brenngeschwindigkeit ergeben. Um jedoch bei der hohen Brenngeschwindigkeit die Flugaschebildung zu verhindern, ist der Einbau des schon erwähnten Feuerstaus zu empfehlen. Infolge des starken Luftdruckes sind kleine freie Rostflächen, etwa 4 bis 6 Proz., nötig; die Luft selbst wird durch enge Spalten oder vorteilhafter durch kleine Löcher, die weniger leicht verstopfen, eingeführt. Eine Unterteilung des Rostes in Kanäle, die den Unterwind in parallele Streifen zerteilen, und die einzeln reguliert werden können, ist zweckmäßig (siehe auch S. 95).

Was die Stärke des Unterwindes anbelangt, so richtet er sich nach der Brennstoffart und Schichthöhe. Er beträgt oft über 30 mm Wassersäule, so daß über dem Rost 0 bis $\pm$ 1 mm Zug entstehen, gegenüber dem Schornsteinzug von 3 bis 5 mm. Am Ende des Vorwärmers ist jedoch der Zug bei Unterwind 5 bis 10 mm niedriger als ohne Unterwind.

Die Vorschubfeuerung ist entweder die Feuerung mit Treppenrost, mit Muldenrost oder der Wanderrost. Alle drei Typen haben das Gemeinsame; daß das Brennmaterial in seiner ganzen Schichthöhe vorgeschoben und damit allmählich in die Verbrennungszone und nach Passieren derselben in die Aschenzone geführt wird. Es findet damit zuerst die Trocknung, dann die Entgasung und zuletzt die Verbrennung des Kokses statt.

Bei Treppenrosten ist die Neigung von der Stückgröße des Brennstoffes neben seiner Rauheit und Härte abhängig. Sie beträgt

bei Feinkohle . . . . 26 bis 39°
„ Stuckkohle . . . . 30 „ 33°.

Die wechselnde Brennstoffzufuhr sollte also eine Verstellung der Rostneigung zulassen. Die Zufuhr des Brennstoffes geschieht bei Treppen- und Muldenrosten durch die darüber befindlichen Fülltrichter, die evtl. mit Bunkern verbunden sind. Zur Regelung der Zufuhrmenge ist dann ein Bunkerschieber nötig. Die Regelung der Höhe der Brennstoffschicht selbst erfolgt durch einen Einstellschieber. Bei breiten Rosten werden in den Zuführungskanal noch Wehre eingebaut. Sie regulieren die Brennstoffverteilung, da der außen am Mauerwerk liegende Brennstoff rascher verbrennt als der in der Mitte des Rostes liegende.

In Fig. 40 ist eine Braunkohlengroßfeuerung abgebildet, welche allen modernen Anforderungen genügt. Sie ist als Halbgasfeuerung gebaut. Im obersten Teil des Rostes findet die Entgasung statt, während der untere zur Verbrennung dient.

Treppenroste haben am Ende einen oder zwei horizontale oder schwach geneigte, ausziehbare oder niederklappbare Planroste zur Entaschung.

Auf den Wanderrost wird das Material stetig aus dem Fülltrichter in gleichmäßiger Höhe aufgelegt und je nach der Brenngeschwindigkeit vorbewegt.

Die Vorteile der mechanischen Vorbewegung des Brennstoffes bei Wanderrosten haben bei Treppenrosten zur Konstruktion der Vorschub- und der Schwingeroste geführt.

Treppenroste arbeiten vielfach ohne Unterwind, jedoch auch Treppenroste, Wanderroste, Muldenroste sowie Schwinge- und Vorschubroste werden mit reinem Unterwind oder Unterwind mit Dampfstrahl ausgeführt, je nach der Art des Brennstoffes.

Um eine Trocknung, Entgasung und gute Entzündung des schwer entzündbaren Brennstoffes zu erzielen, sind diese Roste mit Zündgewölben zu versehen. Bei gasreichen Brennstoffen sind sie, wie aus den Erörterungen über die Verbrennung hervorgeht, nötig. Ein Fehlen bedingt einen großen Luftüberschuß für die zu spät erfolgende Entgasung und sich daran anschließende Verbrennung des festen Brennstoffes.

Der Treppenrost ist für Braunkohlenbriketts, Rohbraunkohle und Torf geeignet. Die Brenngeschwindigkeit läßt 300 bis 400 kg per qm und Stunde zu. Die Firma *J. A. Topf & Söhne* in Erfurt baut einen Treppenrost als Hochleistungsfeuerung für Rohbraunkohle. Ehe die Kohle auf den Rost fällt, durchläuft sie einen senkrecht stehenden Vortrocknungs- und Vorvergasungsrost, so daß an Baulänge gegenüber dem schrägliegenden Treppenrost gespart wird und ein Überschütten der Roste verhindert wird. In diesem senkrechten Schachte ist ein gleichmäßiges Nachfallen der Kohle auf den Rost gegeben. Die austretende Feuchtigkeit und Entgasungsprodukte treten durch eine seitlich dem senkrechten Schacht angebrachte Kammer über den Treppenrost, auf dem dann eine reine Kohlenverbrennnung stattfindet.

Der Muldenrost bedingt gleichmäßigen, feinkörnigen Brennstoff mit Gasgehalt. Er eignet sich besonders für gasförmige Feinkohle und Lausitzer Rohkohle, die gashaltiger ist als die westfälische.

Der Wanderrost vermittelt durch das Zündgewölbe die Entflammung der Gase und damit dann die des Brennstoffes. Er kann zwar auch gasarme Brennstoffe (Koks) verbrennen, jedoch sind dann sehr niedere Zündgewölbe nötig.

Rohbraunkohle ergibt direkt auf Wanderrosten eine ungünstige Verbrennung. Man schaltet daher dem Wanderrost einen Treppenrost vor, so daß die Rohkohle getrocknet und entgast auf den Wanderrost kommt und dieser nur den schon glühenden Brennstoff zu verbrennen hat. Man kann mit dieser Vorrichtung im Mittel 300 kg per qm und Stunde Rohbraunkohle verbrennen.

Wenn man Rohbraunkohle mit hochwertigen Kohlen mischt (bis $^2/_3$ Rohbraunkohle), lassen sich Brenngeschwindigkeiten bis etwa 130 kg erreichen. Ist die Rohbraunkohle getrocknet, jedoch nicht auf dem Rost selbst durch das Zündgewölbe, so kann man bis etwa 175 kg Brenngeschwindigkeit gehen. In ersterem Falle hat sich auch eine besondere Heizung des Zündgewölbes als vorteilhaft erwiesen[1].

Bei Unterschubfeuerungen erfolgt die Zuführung des Brennstoffes unter die glühende Brennstoffschicht auf mechanischem Wege. Die Vergasung erfolgt während des Zutretens zum glühenden Brennstoff. Die Gase durchschreiten den glühenden Brennstoff, wobei sie gleichzeitig mit der Verbrennungsluft, die von unten zugeführt wird, verbrennen. Durch die Strahlung des oben glühenden Brennstoffes nach unten tritt die Entgasungstemperatur ein. Die Asche wird seitlich des Rostes abgeführt. Die Konstruktion des Rostes gestattet, daß an der Stelle, an welcher der Brennstoff nach Entgasung dem Roste zugeführt wird, die größte Menge Luft zutreten kann.

Was die Brennstoffe anbelangt, so ist der Unterschubrost für wasserhaltige Brennstoffe wenig oder gar nicht geeignet, dagegen neben hochwertigen für minderwertige und aschehaltige. Die Körnung muß gleichmäßig sein. Bei Nußkohle kann man 100 bis 130 kg per qm und Stunde verfeuern, bei Grießkohle und Staubkohle bis 180 kg.

Was die Rostöffnungen, d. h. freie Rostfläche, anbelangt, so sollen dieselben so verteilt sein, daß an den Stellen höherer Brennstoffschicht mehr Luft zutritt als an denen niedriger. Es ist daher das Verhältnis freie Rostfläche zu gesamter Rostfläche für parallele von der Feuertür nach der Feuerbrücke gehende Streifen abnehmend zu gestalten. Damit wird die Luftzufuhr der jeweils zur Verfügung stehenden Brennstoffmenge angepaßt.

---

[1] Feuerungstechnik XII, 1924, Heft 15: Neue Wege im Bau von Braunkohlen-Großfeuerungen von *Pradel*.

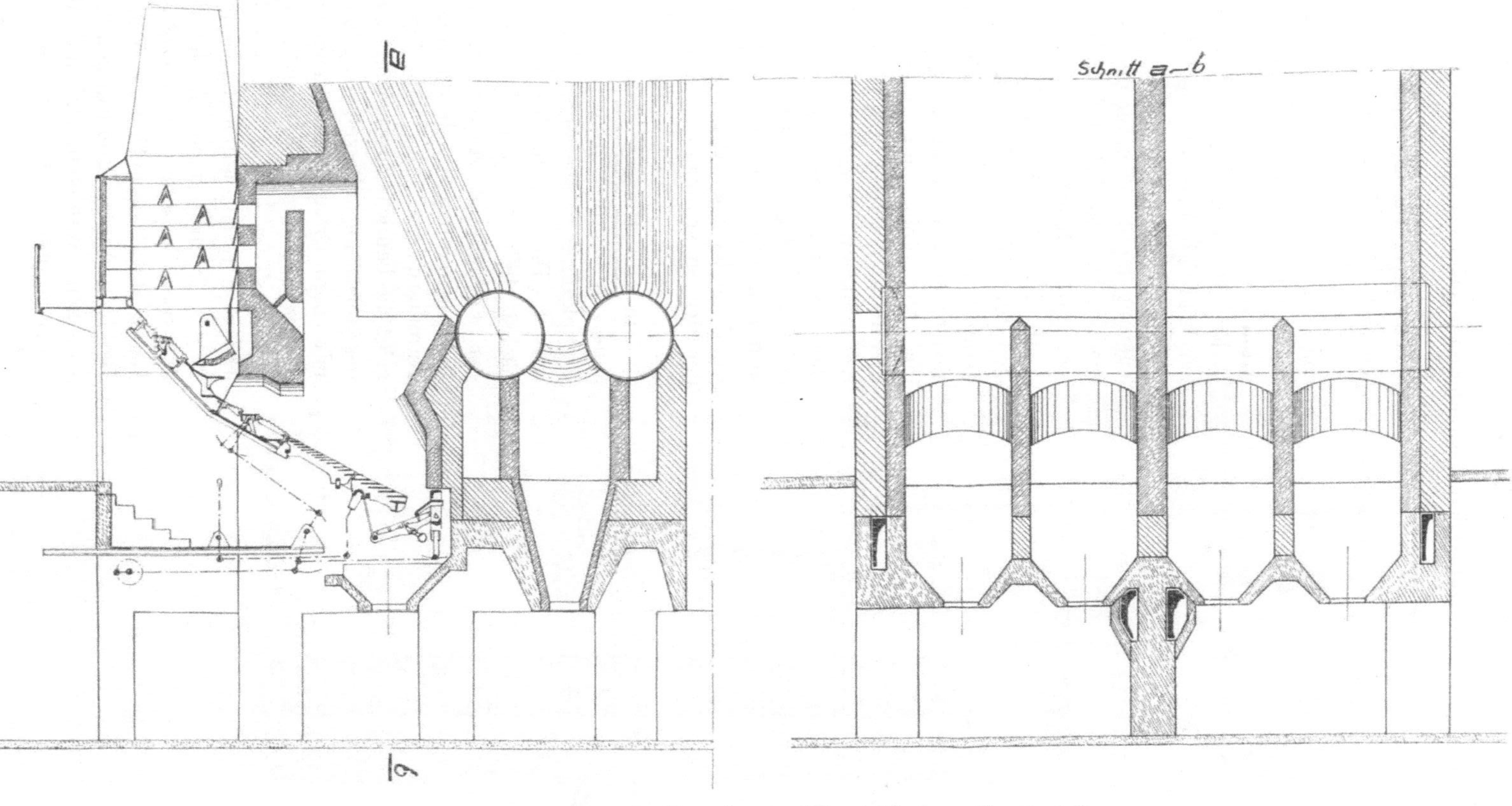

Fig. 40. Halbgasfeuerung „Vesuv" von *Adler & Hentzen*, Coswig i. Sa.

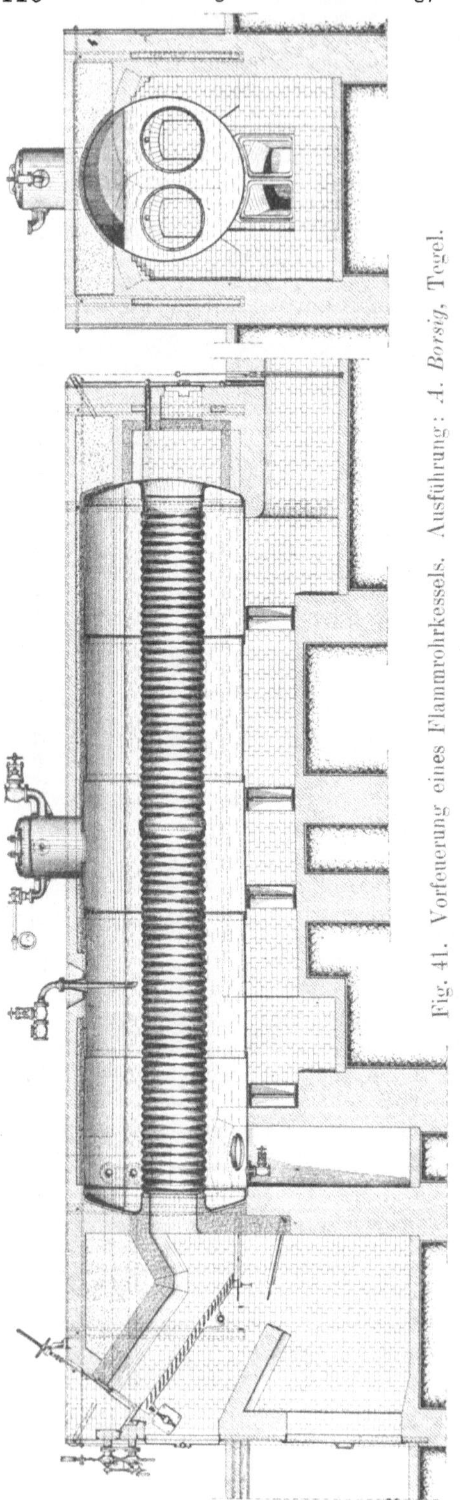

Fig. 41. Vorfeuerung eines Flammrohrkessels. Ausführung: A. Borsig, Tegel.

In Fig. 41 ist eine reine Vorfeuerung für einen Flammrohrkessel abgebildet. Die Verbrennung findet vollkommen vor dem Kessel statt, in den dann die heißen Abgase einströmen.

Fig. 42 zeigt eine Anlage für Leuchtgasfabrikation (siehe Tafel I).

Die Feuerung, welche hier Unterfeuerung heißt, ist unter dem Flur angebracht. Sie arbeitet meist als sog. Halbgasfeuerung.

In Fig. 43 ist ein Flammenofen für Tonwaren mit steigender Flamme, in Fig. 44 ein solcher mit niedergehender Flamme und in Fig. 45 einer mit wagrechter Flamme dargestellt. Bei der ersten Konstruktion steigen die heißen Gase von unten nach oben; bei der zweiten werden sie im Ofen gedreht, so daß sie am Boden in den Rauchkanal wieder abgezogen werden, bei der dritten strömen sie horizontal durch das zu brennende Material.

Um die Heizgase besser auszunützen, werden zwei und mehr Brennkammern übereinander angeordnet. Die Gase durchströmen zunächst die untere Kammer, in der der Fertigbrand stattfindet, und strömen dann weiter in die oberen Kammern zum Vorbrennen. Fig. 46 zeigt die bauliche Zusammenfassung des dreistöckigen Porzellanrundofens mit einem Drehrost-Gaserzeuger der *Gasgenerator- und Braunkohlenverwertung G. m. b. H.*, Leipzig. Die Heizgase treten aus dem Gaserzeuger in eine Staubkammer, in der sich Flugstaub absetzt und staubfreies Gas in die Gashauptleitung abzieht. Bei bituminösen Brennstoffen tritt zwischen Staubkammer und den Porzellanofen noch eine Teer- und

Wasserabscheidung. Wasser- und teerfreies Heizgas strömt durch die rund um den Ofen gelegte Gasleitung zu den Gasventilen, die den zwölf Feuerungen der unteren Scharfbrandkammer vorgebaut sind. Der Gasaustritt in den Ofen erfolgt auf halber Höhe der Scharfbrandkammer; das austretende Gasluftgemisch verbrennt mit nach oben steigender, überschlagender

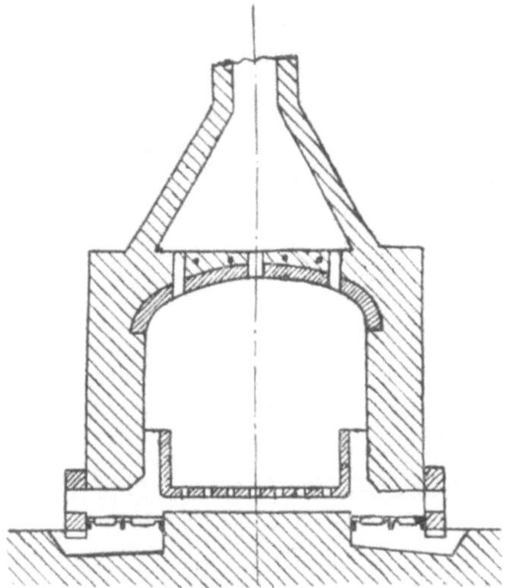

Fig. 43. Flammofen mit steigender Flamme.

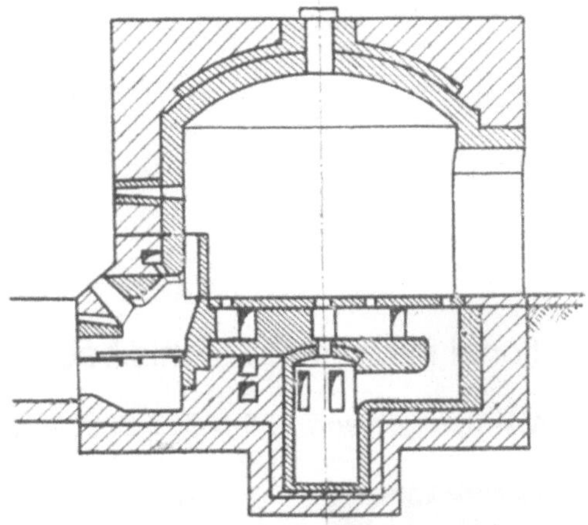

Fig. 44. Flammofen mit niedergehender Flamme von *W. Ruppmann*, Stuttgart.

Flamme. Eine gleichmäßige Verteilung der Flamme über den ganzen Ofenquerschnitt wird durch die symmetrische Anordnung der zwölf Gaszuführungskanäle sowie der in die Ofensohle eingebauten Abzugsschächte für die Verbrennungsgase gewährleistet. Die heißen, durch die Ofensohle der untersten Kammer ziehenden Abgase steigen in seitlichen Wandkanälen zum zweiten Stockwerk, wo ihre fühlbare Wärme

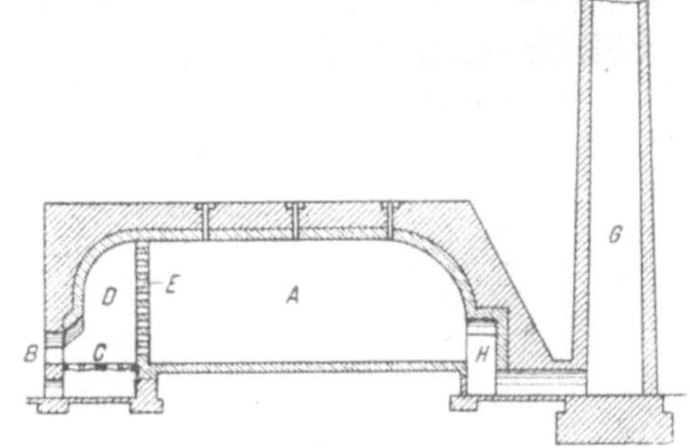

Fig. 45. Flammofen mit wagrechter Flamme.

zum Vorglühen des Geschirrs ausgenützt wird. Durch Schieberumstellung können die Abgase auch unmittelbar dem dritten Stockwerk zugeführt werden. Andernfalls treten sie durch Deckenöffnungen des zweiten Stockwerks in das dritte über und verlassen den Rundofen durch den Schornstein.

Einen Ofen, bei dem die verbrannten Gase Muffeln umströmen, zeigt Fig. 47.

Die vorstehend angeführten Feuerungen gehören teilweise in das Gebiet der Gasfeuerung. Sie haben für Kesselfeuerung nur wenig Anklang gefunden.

Additional information of this book

(Der WÃrmeingenieur; 978-3-662-27639-6; 978-3-662-27639-6_OSFO1) is provided:

http://Extras.Springer.com

Die flammenlose Verbrennung beruht darauf, daß ein Gemenge von Luft und brennbarem Gas durch eine poröse Schicht glühenden, feuerfesten Materials geleitet wird, um vollständig ohne Flammenbildung zu verbrennen. Die Verbrennung kommt fast mit dem theoretischen Luftquantum aus. Die

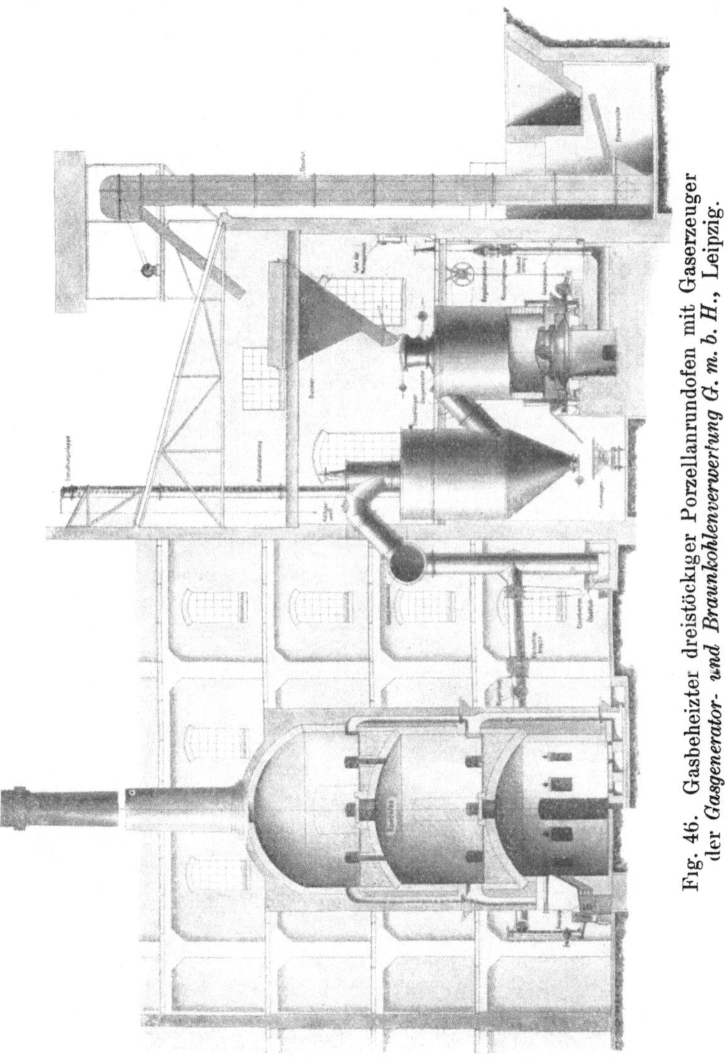

Fig. 46. Gasbeheizter dreistöckiger Porzellanrundofen mit Gaserzeuger der *Gasgenerator- und Braunkohlenverwertung G. m. b. H.*, Leipzig.

Wärmeübertragung erfolgt dann durch Leitung und Strahlung. Eine Anwendung bei Kesselheizung zeigt Fig. 48, während in Fig. 49 ein Glühofen dargestellt ist.

Versuche haben ergeben, daß für die gleiche Leistung bei der flammenlosen Verbrennung die verbrauchte Gasmenge bedeutend geringer ist. Die Kurven (Fig. 50) geben ein Vergleichsbild.

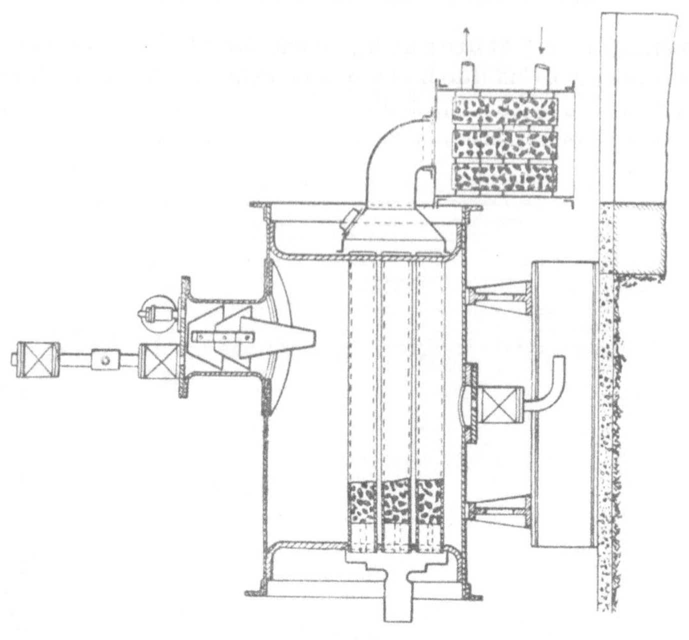

Fig. 48. Kesselheizung für flammenlose Verbrennung.

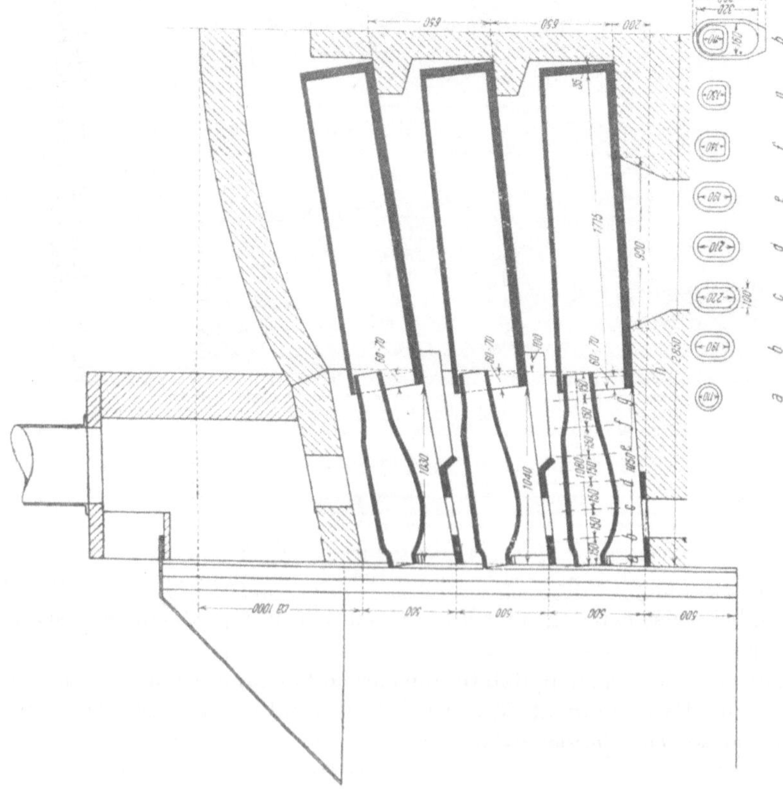

Fig. 47. Muffelofen für Zink.

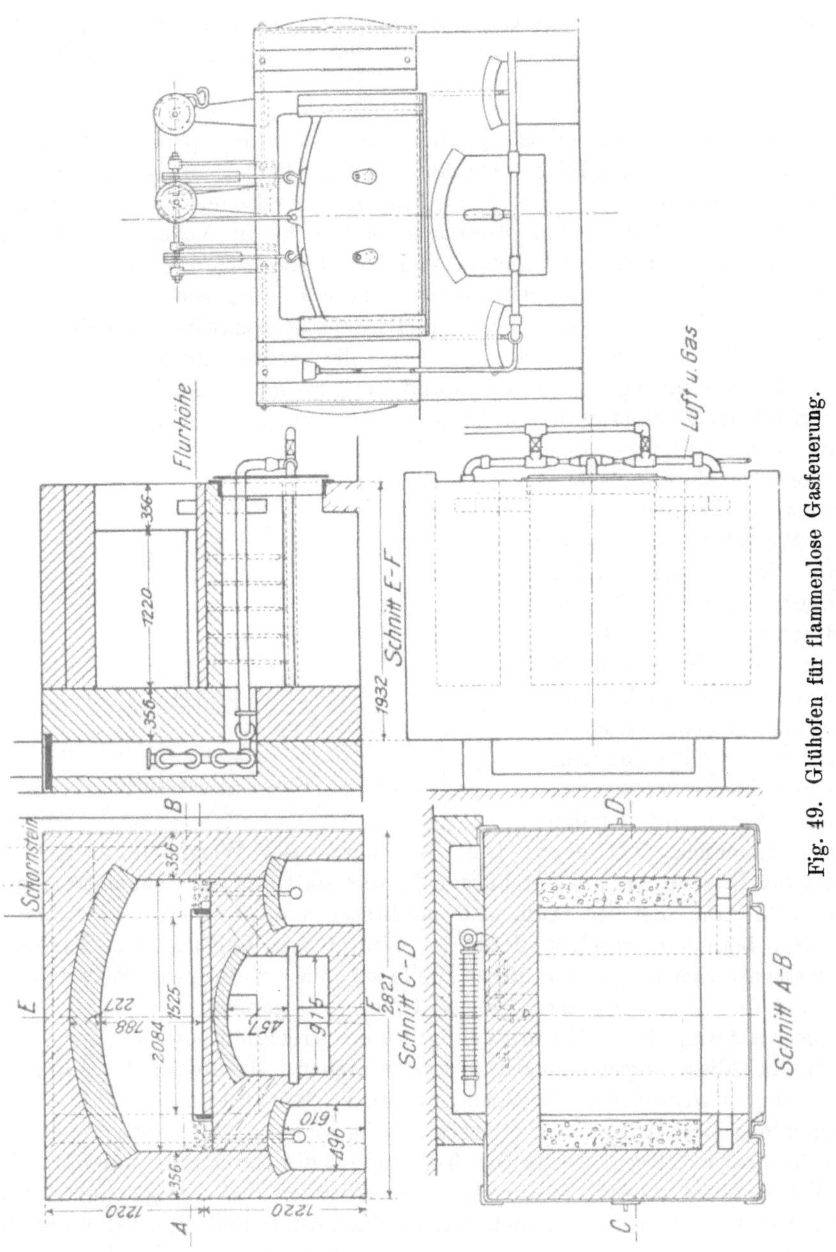

Fig. 49. Glühofen für flammenlose Gasfeuerung.

Da, wie erwähnt, die Verbrennung fast ohne Luftüberschuß erfolgt, so
werden hohe Verbrennungstemperaturen und Nutzeffekte erreicht. Sie nähern
sich der Verbrennungstemperatur bei konstantem Volumen. Es ergibt die
Verbrennung von:

Wasserstoff . . . . bei konst. Druck 1960^d C, bei konst. Volumen 2320° C
Kohlenoxyd . . . . „ „ „ 2100° C, „ „ „ 2430° C
Kohlenoxyd und Wasserstoff. „ „ „ 2040° C, „ „ „ 2370° C
Methan . . . . „ „ „ 1850° C, „ „ „ 2150° C

Infolge des Durchströmens von Luft und Gas durch poröse Schamottewände findet eine innige Mischung statt, die ermöglicht, daß jedes Sauerstoffmolekel an ein Gasmolekel tritt. Beim Anzünden der Feuerung ist die vordere und hintere Wand der Schamotteschicht kalt. Die im Verbrennungsraume durch die Entzündung entstehende Wärme erhitzt nur die diesem Raume zugekehrte Seite der Schamotteschicht. Dadurch wird schon in dieser die Entzündung vorgenommen. Ist nun die Strömungsgeschwindigkeit des Gases kleiner als die Zündgeschwindigkeit, so rückt die Verbrennungszone immer näher an die Einführungsseite von Gas und Luft, bis sie schließlich vor dieselbe rücken würde. Es muß in diesem Falle die Gas- und Luftgeschwindigkeit ent-

weder durch Erhöhung des Druckes oder durch größere Durchströmöffnungen, größere Porösität oder evtl. kleine Bohrungen erhöht werden[1]). Dieses Prinzip wird vielfach bei den Feuerungen für Industrieöfen verwandt. An Stelle der gleichmäßigen porösen Wand tritt eine Art Gitterbrenner, also eine mehr oder weniger poröse Wand mit runden oder rechteckigen Öffnungen. Die Übertragung der Wärme durch Leitung

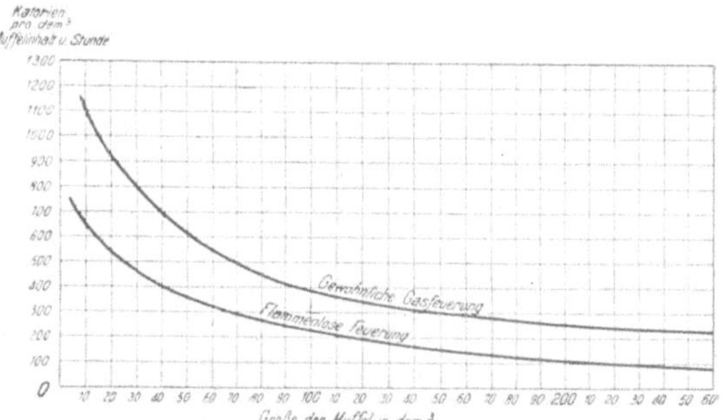

Fig. 50. Gasverbrauchskurven.

findet bei Kesseln nur auf der kurzen Strecke statt, auf der Schamottemantel und Kesselwand sich berühren, während hinter dem Gitter sich die verbrannten Gase befinden, woselbst dann der Einfluß von Leitung und Strahlung der Heizgase sich zeigt. An dieser Stelle sei nun auf die zwei Faktoren bei der Heizung: Leitung und Strahlung eingegangen.

Die Leitung der Wärme erfolgt an der Grenzfläche zweier Medien dadurch, daß diese verschiedene Temperatur haben. Je größer das Temperaturgefälle, um so größer ist die Wärmemenge, die übergeht. In der Technik, bei welcher das eine Medium dabei stets tropfbar-flüssig oder gasförmig ist, ist nun die Frage zu lösen, ob die Geschwindigkeit des strömenden Mediums auf die Wärmeübergangszahl Einfluß hat. Die neuesten Forschungen geben wohl der Ansicht recht, daß mit zunehmender Geschwindigkeit eine Erhöhung der Wärmeübergangszahl eintritt. Damit ist ein möglichst schnelles Vorbei-

---

[1]) Siehe *Jüptner*, Beiträge zur Feuerungstechnik, Leipzig, Arthur Felix, und *Mache*, Physik der Verbrennungserscheinungen, Leipzig, Veit & Co.; Glückauf Jg. 60, Nr. 10, 1924, Flammlose Oberflächenverbrennung zur Kesselbeheizung von *Thau*; Stahl und Eisen Jg. 1913, S. 593, 1934, Jg. 1921, S. 228, Jg. 1922, S. 425; Zeitschrift des Vereins deutscher Ingenieure Jg. 1913, S. 281 und Engineering Jg. 1911, S. 487 und Jg. 1912, S. 633.

streichen der Flüssigkeits- oder Gasteile an der wärmeaufnehmenden oder -abgebenden Wand gegeben. Hat jedoch ein Teilchen seine Wärme abgegeben, so ist es erforderlich, daß es von der Wand entfernt wird. Man erreicht dies durch kräftiges Durchwirbeln der Gasteile. Die dann ins Innere des Stromes geführten Teile werden durch andere wieder erwärmt und hierauf mit erhöhter Energie der Wand zugeführt. Schon bei verhältnismäßig kleinen Geschwindigkeiten zeigt sich, daß keine Laminarströmung, sondern eine turbulente Strömung vorhanden ist. Es ist nach der *Reynold*schen Gleichung die kritische Geschwindigkeit für Gase in Metern

$$w_k = 2 \cdot 10^5 \cdot \frac{\eta}{d}\, v,$$

wobei η die Zähigkeit und v das spezifische Volumen in cbm und d der Durchmesser der Rohrleitung in mm. Bei tropfbar flüssigen Körpern ist

$$w_k = \frac{k \cdot k'}{d} \cdot v$$

mit $k' = 1900$ bis 2000

$$
\begin{aligned}
k = 15 \cdot 410^{-3} \text{ bei } 10,1^\circ \text{ C}\\
13 \cdot 410^{-3} \text{ ,, } 15,5^\circ \text{ C}\\
12 \cdot 710^{-3} \text{ ,, } 17,9^\circ \text{ C}\\
11 \cdot 610^{-3} \text{ ,, } 21,6^\circ \text{ C (für Wasser genau).}
\end{aligned}
$$

Ist die Geschwindigkeit größer als w_k, was in den meisten Fällen zutrifft, so ist turbulente Strömung vorhanden.

Die Größe des Koeffizienten α der Gleichung

$$dQ_1 = (\alpha + \alpha_s)\, dt = \beta\, dt$$

hat *Nusselt*[1]) in die Form

$$\alpha = 0,067\, \frac{\lambda}{d} \left(1273 + \frac{d \cdot w \cdot \delta}{\eta}\right)^{0,716} \text{ kcal/qm-St.}$$

gebracht, wobei dieselbe für Windanfall von Rohren gilt und die Koeffizienten mittlere Werte besitzen, und zwar

λ die Leitfähigkeit in kcal pro m und St. und $^\circ$ C,

w die Windgeschwindigkeit, in m/Sek.,

δ die Dichte in kg/cbm,

η die Zähigkeit,

d den Durchmesser in m [2]).

Beim Wärmeübergang von Gasen und Dämpfen ist α nicht getrennt von α_s angegeben, es folgt nur

$$\beta = \frac{22,6\, \lambda}{d^{0,16} \cdot L^{0,054}} \left(\frac{w \cdot \gamma \cdot c_p}{\lambda}\right)^{0,786}\, [3])$$

mit L in m als Rohrlänge

---

[1]) Gesundheits-Ingenieur 1922, Heft 9, S. 97.

[2]) Power, Vol. 59, Nr. 11, Wärmeübertragung durch bewegte Gasströme von *Loyd-Stowe;* Refrigerating Engineering 10, Heft 9, März 1924. Mitteilungen der Physikalisch-Technischen Reichsanstalt, Zähigkeit und Strömungswiderstand von kalten Flüssigkeiten und Gasen von *Erk.*

[3]) *Nusselt*, Zeitschrift des Vereins deutscher Ingenieure 1917, S. 685; siehe auch *Nusselt*, Stahl und Eisen 1923, S. 458: Die Abhängigkeit des Wärmeübergangs von der Geschwindigkeit.

c_p der spez Wärme in kcal/kg/° C,

γ dem spezifischen Gewicht des Gases oder Dampfes in kg/cbm.

Bei dem Wärmeübergang spielt weiter die Bewegungsrichtung eine Rolle, wenn erwärmendes und erwärmtes Medium in Bewegung sind. Man unterscheidet:

Einstrom-,

Parallelstrom- und

Gegenstrom-Apparate.

Ist B der Heizwert eines Brennstoffes in kcal/kg, H die Größe der Heizfläche in qm,

T_1 und T_2 die Temperaturen des zu erhitzenden Körpers,

T_1' und T_2' die des wärmeabgebenden Körpers,

c_p die spezifische Wärme der Heizgase,

α die Wärmeübergangszahl (ohne Berücksichtigung der Strahlung),

L die effektive Luftmenge für 1 kg Brennstoff,

so ist

beim Einstrom:

$$B = \frac{\alpha \cdot H\,(T_1' - T_1)\,(T_2' - T_1)}{(1 + L)\,c_p\,(T_1' - T_2')} \,[T_1 = T_2],$$

beim Parallelstrom:

$$B = \frac{\alpha \cdot H\,(T_1' - T_1)\,(T_2' - T_2)}{(1 + L)\,c_p\,(T_1' - T_2')},$$

beim Gegenstrom:

$$B = \frac{\alpha \cdot H\,(T_1' - T_2)\,(T' - T_1)}{(1 + L)\,c_p\,(T_1' - T_2')}.$$

Man sieht hieraus die Überlegenheit des Gegenstroms gegenüber dem Parallelstrom und des Parallelstroms gegenüber dem Einstrom[1]).

Bezüglich der Wärmestrahlung ist zu bemerken, daß nach physikalischen Forschungen die strahlende Energie einen außerordentlich großen Wert bei der Wärmeübertragung hat. Nach dem *Planck*schen Strahlungsgesetz wächst dieselbe mit der fünften Potenz der Schwingungszahl. Wird die Intensität der Strahlung eines schwarzen Körpers als Funktion der Energieverteilung aufgetragen, so ergibt sich nachstehende Fig. 51.

Dies zeigt, daß mit zunehmender Temperatur sich die Energieverteilung immer mehr der Periode nähert, in der die Energie in Form von Wärme in der Natur sich vorfindet. Es ist die Wellenlänge $\lambda = \infty\,1 \cdot 10^{-3}$ bis $1{,}5 \cdot 10^{-3}$ mm. Die Figur zeigt weiter, daß die Energie dann zum größten Teile sozusagen aus Wärme besteht. Die Energie wird nun durch die Verbrennung den Gasen zugeführt und nach dem Gesetz von Emission und Absorption ausgestrahlt. Dieses Emissions- und Absorptionsgesetz von *Kirchhoff* lautet

$$A = E\,(1 - e^{-ax})\ \text{kcal/qm-St.,}$$

---

[1]) Beiträge zur Feuerungstechnik von *Jüptner*, Leipzig, Arthur Felix, Bd. II, und *Lorenz*, Technische Physik, München, R. Oldenbourg, Bd. II: Warme.

wobei A die absorbierte, E die eingestrahlte Energie, a die Absorptionskonstante und x die Dicke der Gasschicht ist. Bei gegebener Temperatur kann nun keine Energieanhäufung, die Temperaturerhöhung bei einem Körper niedriger Temperatur ergibt, entstehen, es muß also A ausgestrahlt werden nach Stellen niedriger Temperatur.

Die absorbierte und ausgestrahlte Energie hängt nur von der chemischen Beschaffenheit des Stoffes ab. Es zeigt sich, daß Kohlensäure und Wasserdampf sehr stark absorbieren und daher austrahlen. Diesbezügliche Versuche sind von *A. Schack* in Düsseldorf ausgeführt und in den Mitteilungen der Wärmestelle des Vereins deutscher Eisenhüttenleute in Heft 55 veröffentlicht. Es ergibt sich daraus, daß beim **Martinofen** mit 1900° Gas- und 1400° Badtemperatur bei 15 Proz. Kohlensäure und 6 Proz. Wasserdampf

die Strahlung des Gewölbes	ca. 30 000	kcal/qm-St.
„ „ der Kohlensaure	„ 18 000	„
„ „ des Wasserdampfes	„ 15 000	„
„ Konvektion des Gases	„ 3 500	„

beträgt.

Beim *Stoß*ofen ist mit 1700° Gas- und 1250° Blocktemperatur am Eintritt

die Strahlung des Gewölbes	ca. 15 000	kcal/qm-St.
„ „ der Kohlensäure	„ 15 000	„
„ „ des Wasserdampfes	„ 12 000	„
„ Konvektion des Gases	„	„

und in der Mitte bei 1100° Gas- und 500° Blocktemperatur

die Strahlung der Kohlensäure	ca. 10 000	kcal/qm-St.
„ „ des Wasserdampfes	„ 7 000	„

und im Mittel

die Strahlung von Kohlensäure und Wasserdampf	ca. 20 000	kcal/qm-St.
„ die Konvektion	„ 8 000	„

Beim **Dampfkessel** (Flammrohrkessel) mit 250 auf 200° innerer Flammrohrtemperatur wird bei gleicher Gaszusammensetzung mit 1200° Anfangstemperatur

die Strahlung der Kohlensäure	ca. 15 500	kcal/qm-St.
„ „ des Wasserdampfes	„ 14 000	„
„ Konvektion	„ 24 000	„

innerhalb des Flammrohres, jedoch ohne Einfluß der Strahlung des Rohres[1].

Bei der Wärmeübertragung ist noch das Zeitelement zu berücksichtigen[2]. Die Konvektion bedingt große Gasgeschwindigkeiten, während die Strahlung

---

[1] Mitteilungen der Wärmestelle des Vereins deutscher Eisenhüttenleute, Heft 51 und Zeitschrift für technische Physik 5, 1924, Nr. 6, S. 278.

[2] Metall und Erz 1920, Heft 21, und 1921, Heft 2, 4 und 5 und Beiträge zur Feuerungstechnik von *Jüptner*, Verlag Arthur Felix, Leipzig.

kleine Gasgeschwindigkeiten und dicke Gasschichten verlangt. Es ergibt sich daher für jede Konstruktion ein Maximalwert der Wärmeübertragung[1]).

Ein weiteres Moment ist die Frage der leuchtenden und nicht leuchtenden Flamme. Die von *Planck* aufgestellte Gleichung der Gesamtstrahlung

$$E = C\,\lambda^{-5}\,e^{-\frac{c}{\lambda T}}\left(\frac{1}{1 - e^{-\frac{c}{\lambda T}}}\right),$$

worin c und C Konstante, λ die Schwingungszahl und T die absolute Temperatur bedeutet, zeigt, daß die Energie mit zunehmender Temperatur steigt. Mit zunehmender Temperatur findet auch eine Verschiebung des Strahlungsmaximums in Richtung der kürzeren Wellen, also der Lichtempfindung ($\lambda = 0{,}4 - 0{,}5 \cdot 10^{-5}$ mm) hin statt. Daher ist die größere Wärmestrahlung bei höherer Temperatur als leuchtende Flamme erklärlich.

Das Prinzip der **Unterwasserfeuerung** besteht darin, daß fester, flüssiger oder gasförmiger Brennstoff unter Druck in einen Kessel eingeführt wird, der mit Wasser gefüllt ist, und die entstehende Flamme direkt von Wasser umgeben ist. Dadurch findet eine vollkommene Wärmeübertragung statt. Andererseits mischen sich die Verbrennungsgase mit dem Wasser, die Abfälle der Verbrennung fallen im Wasser nieder und müssen aus dem Kanal entfernt werden. Von den vielen hier versuchten Konstruktionen sei als Prinzip die in Fig. 52 dargestellte wiedergegeben.

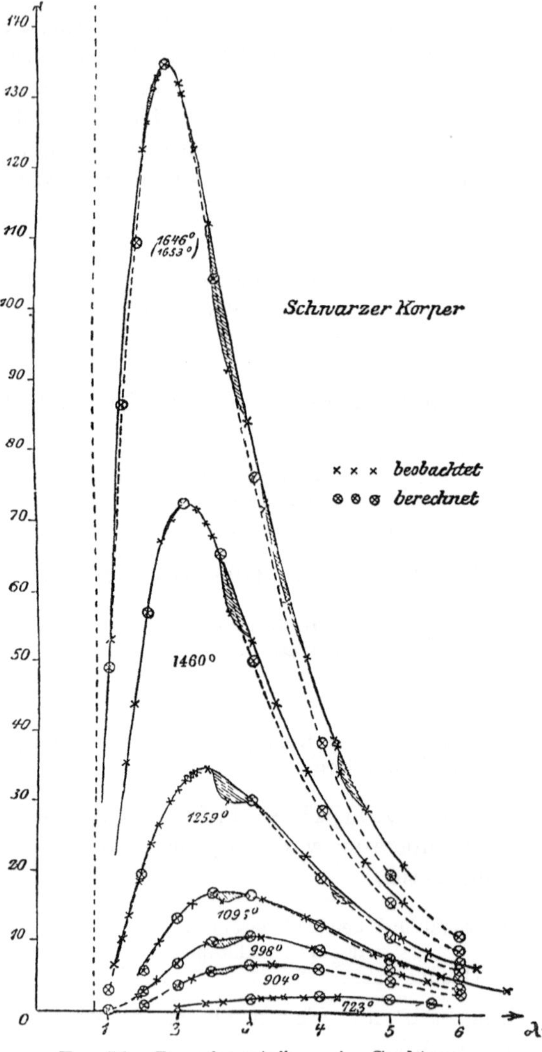

Fig. 51. Energieverteilung im Spektrum.

---

[1]) Siehe die hierher gehörenden Gesichtspunkte auch in *Juptner*, Beiträge zur Feuerungstechnik, Bd. II, Leipzig, Arthur Felix.

Anwendung haben diese Feuerungen bis jetzt wenig gefunden. Bemerkt sei, daß durch die hohe Temperatur der Flamme auch eine Zersetzung des Wassers eintreten kann.

Die **Kohlenstaubfeuerung**[1]) verfolgt das Prinzip, eine möglichst vollkommene Verbrennung zu erzielen und zur Erhöhung des Wirkungsgrades mit einem theoretischen Luftquantum auszukommen. Dieselbe kann mit mehr oder weniger feinem Staub vorgenommen werden. Wenn auch letzterer rationeller verbrannt werden kann, so sind doch die Energiemengen, welche derselbe zu seiner Herstellung benötigt, unverhältnismäßig groß. Die Mühlen zur Herstellung des Kohlenstaubes sind entweder Schleuder- oder Kugelmühlen. Ein Windsichter führt nur den für die Verbrennung geeigneten Staub bei manchen Systemen weiter. Der Transport des Staubes erfolgt meistens durch Druckluft. Die Brenner für Kohlenstaub sind einfach, meist genügt eine runde Öffnung, aus der der Kohlenstaub ausgeblasen wird. Die zur Verbrennung noch fehlende Luft wird durch ein um den Brenner gehendes Rohr eingeführt.

Fig. 53 zeigt eine einfache Einrichtung für Kessel- oder Industrieofenheizung, während Fig. 54 die Anordnung für einen Ingotofen und Fig. 55 für Lokomotiven zeigt. In Fig. 53 ist h der Vorratsbehälter für Kohlenstaub. Das endlose Förderband g schafft den Kohlenstaub vor die Düse des Blasrohres f. Aus a kommt niedrig gespannte Luft, welche das Kohlenstaub-Luftgemisch aus dem Rohr über den Konus b verteilt und dadurch das Rohr c gleichmäßig mit Kohlenstaub füllt. Genügen die Luftgeschwindigkeiten gegen den Verbrennungsraum nicht, so kann durch e noch Hochdruckluft zugeführt werden. Aus den beiden letzten Figuren ist zu ersehen, daß für die Verbrennung zunächst ein Zünd- und Brenngewölbe[2]) nötig ist, in dem die Verbrennungsgase erzeugt werden. Die Größe der zweckmäßig zu wählenden Verbrennungskammer ist im allgemeinen 30 bis 40 cbm für 1 t Kohlenstaub per Stunde[3]).

Für das Mahlen des Staubes und seinen Transport kann nasse Kohle nicht verwandt werden. Es ist deshalb vor dem Gebrauch eine Trocknung nötig.

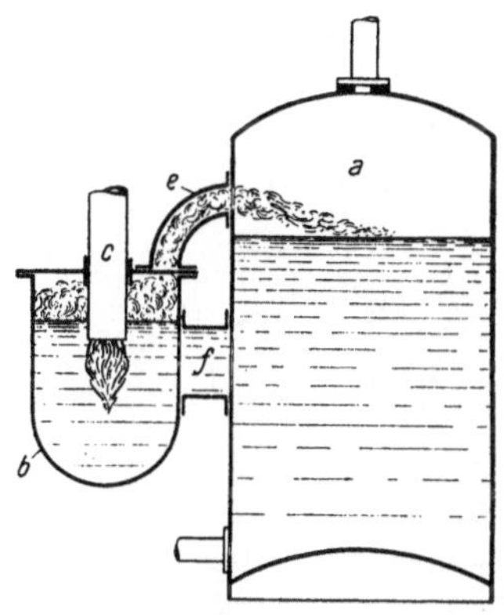

Fig. 52. Unterwasserfeuerung nach *Brünler* (D. R. P. 259 366).

a ist der Hauptkessel, im Nebenkessel b erfolgt die Verbrennung. c ist die Zuführungsachse des Brenngemisches, e und f sind Verbindungsachsen beider Kessel.

---

[1]) *Münzinger*, Kohlenstaubfeuerungen für ortsfeste Dampfkessel, Berlin 1921, Julius Springer, und The Engineer, 15. Febr. 1923 sowie Archiv für Wärmewirtschaft Bd. 5, Heft 3, 1924: Herstellung und Verwertung von Kohlenstaub, und *Power* **59**, 1924, Nr. 26, sowie Zeitschrift des Vereins deutscher Ingenieure 68. Jg., Nr. 41, S. 1071—1074.

[2]) Zeitschrift des Vereins deutscher Ingenieure Jg. 68, Nr. 6, 1924: Der Verbrennungsvorgang in der Kohlenstaubfeuerung von *Nusselt*.

[3]) Wärmestelle, Mitteilung 46, Verein deutscher Eisenhüttenleute, Düsseldorf, und Feuerungstechnik Jg. 12, Heft 7, 1924: Die Verbrennung von Kohlenstaub in kleinen Feuerräumen von *Helbig*.

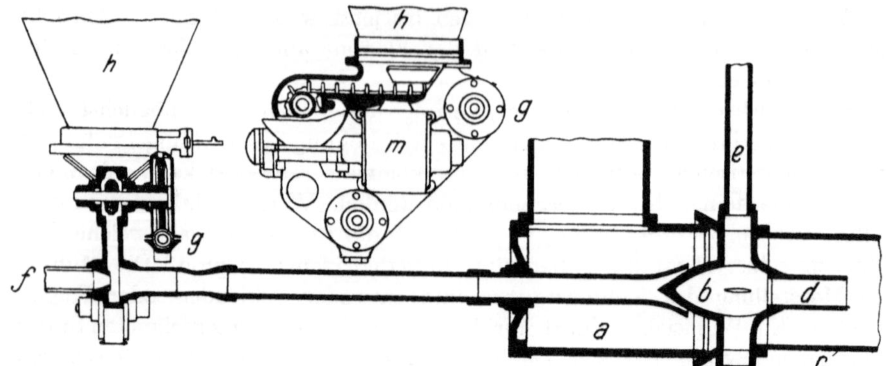

Fig. 53. Kohlenstaubfeuerung mit Preßluftförderung.

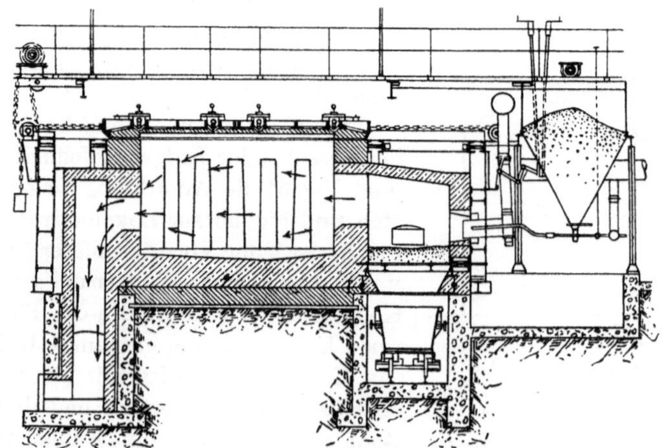

Fig. 54. *Ingot*-Tiefofen mit Staubfeuerung.

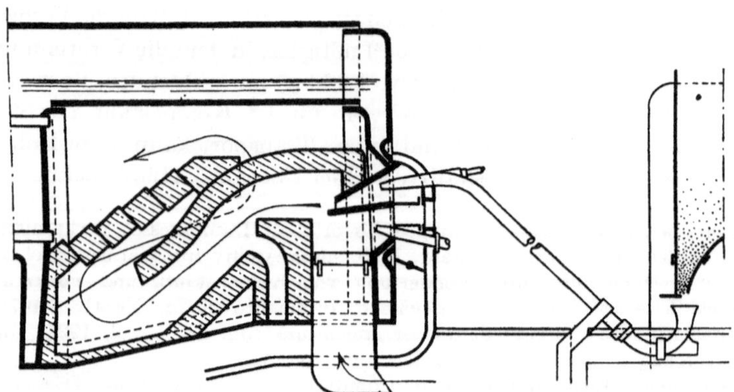

Fig. 55. Torfstaubfeuerung für Lokomotiven nach *v. Porat*.

Die Trocknung erfolgt entweder durch Abgase oder durch eine besondere Feuerung. Letztere Art der Anlage zeigt Fig. 56; in der Figur ist alles Wissenswerte eingetragen[1]). Im allgemeinen genügt die Trocknung bis auf 15 Proz. bei Rohbraunkohle, bei Steinkohle etwas geringerer Prozentsatz. Eine wichtige Anwendung findet die Staubfeuerung auch in der Zementfabrikation, in den Drehofenanlagen; eine Ausführung zeigt Fig. 57.

Der zu brennende Zement wird in einer rotierenden Trommel mit den Verbrennungsgasen des Kohlenstaubes, der am einen Ende eingeblasen wird, gesintert.

Ein bemerkenswerter Vorteil der Staubfeuerung ist die hohe Temperatur, die sich infolge des geringen Luftüberschusses erzielen läßt. Wenn auch bei

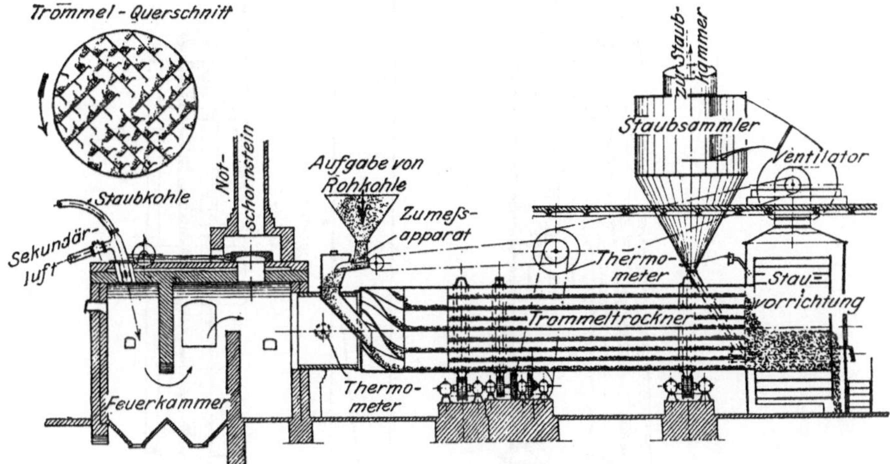

Fig. 56. Trocknungsanlage für wasserreiche Kohle von *Decker & Co.*, Krefeld.

älteren Kesseln nicht übermäßige Temperaturen wegen der Bleche ohne weiteres zulässig sind, so bieten doch die neuen Konstruktionen die Möglichkeit, diese Vorteile auszunutzen[2]). Ein weiterer Vorteil der Kohlenstaubfeuerung ist ihre leichte Regulierbarkeit durch Verringern der Kohlenstaubzufuhr. Damit läßt sie sich leicht schwankenden Betriebsverhältnissen anpassen.

Es sind nun noch die Anlagen für **Verbrennung von Abfallstoffen** zu erwähnen. Hier kommt vor allem Müll[3]) in Frage. Der Durchschnitt im Jahre kann per Mensch und Tag 0,47 kg = 0,87 l gesetzt werden. Je nach der Gegend ist der Rückstand an unverbrannten Kohlen darin sehr verschieden, z. B. in London 18 Proz., in Berlin 1 Proz. Danach ist auch das Ofensystem

[1]) Warme Jg. 46, Nr. 4 u. 5, 1923: Die Fuller-Kohlenstaubfeuerung von *Otto Wulf*.

[2]) Das Anwendungsgebiet der Kohlenstaubfeuerung von *K. Rummel*, Düsseldorf, Stahl und Eisen 43. Jg., Nr. 50, ferner Power, Bd. 58, Nr. 22, S. 809, und Die Wärme Jg. 47, Nr. 30, S. 128, 145 u. 154: Aussichten der Staubfeuerung an Wärmofen in Walzwerken von *Hochgesand* und Erfahrungen mit Kohlenstaub und die Verbrennung gemahlener Kohle von *de Grey*, Chaleur et Industrie 1924, Nr. 45.

[3]) Ausführliches: Feuerungstechnik Jg. 2, Heft 6, S. 89.

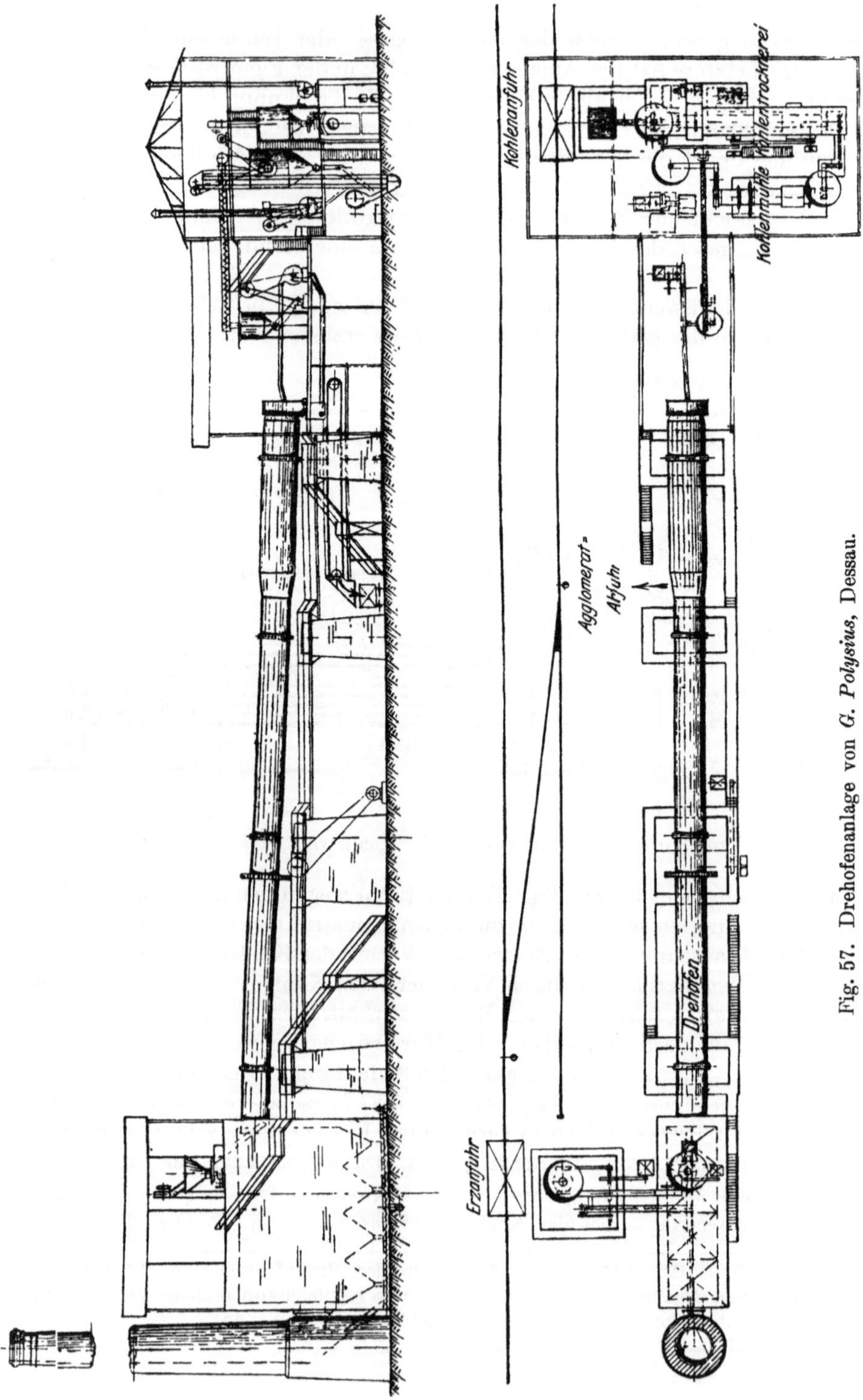

Fig. 57. Drehofenanlage von *G. Polysius*, Dessau.

und sind die mit dem Ofen herzustellenden Produkte zu wählen. Man kann entweder Dampf erzeugen oder Steine herstellen, indem man den Müll mit Zuschlag von Kalk zu einer flüssigen Masse verbrennt, die dann zu Steinen gegossen wird.

Eine Anordnung einer Müllverbrennungsanlage für Dampferzeugung zeigt Fig. 58 (s. Tafel II). Der Ofen ist für eine Leistung bis 25 t Müll in der Stadt Wiesbaden aufgestellt. Man kann in diesen Anlagen auf 1 kg verbrannten Müll 0,4 bis 0,8 kg Dampf rechnen. Wenn man die Anlage für Stromerzeugung baut, so geben 25 bis 35 kg Müll 1 kW-St. Dabei ist der innere Verbrauch der Anlage 15 bis 25 Proz. des erzeugten Stromes.

Eine Anlage für Schlackensteine zeigt Fig. 59 und 60. Im Ofen der Fig. 59

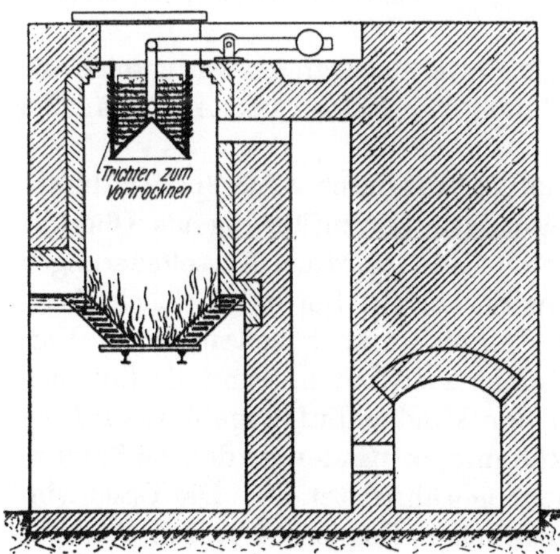

Fig. 59. Müllverbrennungsofen der *Müllverbrennungsgesellschaft*, Berlin-Oberschöneweide.

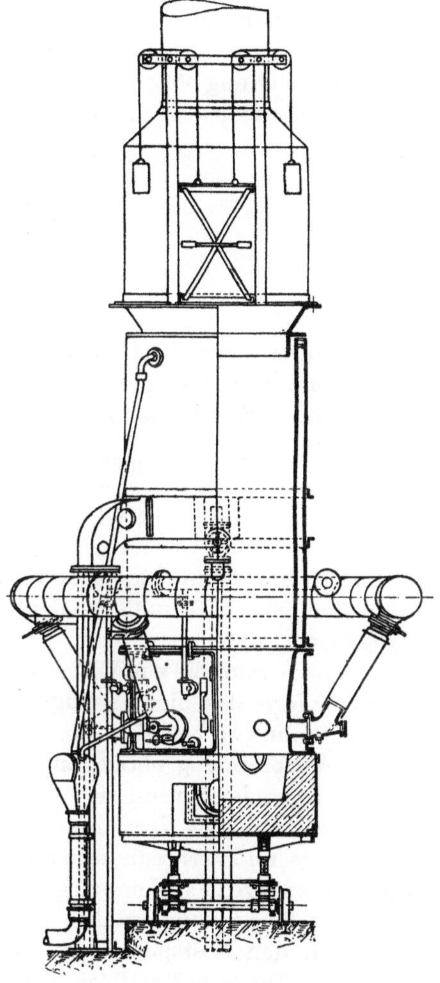

Fig. 60. Wassermantelofen.

werden die groben Teile des ständig durchgesiebten Mülls verbrannt; die entstehenden Abgase können weiter verwertet werden. Der fein gesiebte Müll wird zusammen mit der Asche des Mülls auf Fig. 58 brikettiert, und zwar evtl. unter Zusatz von 10 Proz. Koks, je nach Kohlengehalt des Mülls, und von Kalk. Die Steine werden getrocknet und dann im Ofen (Fig. 60) gebrannt. Beide Öfen werden sechsteilig gebaut; in 24 Stunden werden ca. 50 t Rohmüll verarbeitet. Der Siebdurchfall beträgt etwa ein Drittel.

Was die Temperaturen, die bei der Müllverbrennung erreicht werden, anbelangt, so kann man etwa mit 600° C im Ofen rechnen. Über neuzeitliche Gesichtspunkte für den Bau von Müllkraftwerken von Dr. Ing. *Marcard*, Frankfurt a. M., siehe „Archiv für Wärmewirtschaft", Jg. 4, Heft 9.

Zur Erreichung höherer Heizwerte ist das eine Mittel eine Siebung des Mülls; die hierbei erzielte Verbesserung zeigt beistehende Tabelle.

Absiebung in Proz.	Heizwert kcal
0	830
20	970
40	1180
60	1000
70	830

Ein anderes Mittel ist die Verwendung von erhitzter Luft. Dies ermöglicht besonders auch die Verbrennung von Müllsorten von geringem Verbrauch. Es ergibt eine Lufterwärmung auf etwa

100°	8 Proz.	
200°	20 „	
300°	30 „	höhere Ausnutzung des Mülls.

Ehe nun auf die Vergasung der Brennstoffe eingegangen wird, seien die hauptsächlichsten Grundlagen der Berechnung von Rosten und Abzugkanälen angegeben.

Der Rost muß die zur Verbrennung nötige Luft durch seine Spalten durchlassen; sofern das nicht genügt, ist sekundäre Luftzuführung als Oberluft oder Seitenluft zu bewirken. In den meisten Fällen wird bei Kesselfeuerungen die zur Verbrennung nötige Luft nicht vorgewärmt. Bei industriellen Feuerungen, besonders, wenn sie mit hohen Temperaturen arbeiten, findet Vorwärmung statt. Die Vorwärmung muß immer stattfinden, wenn die Luft den Vergasungs- und Verbrennungsprodukten als sekundäre Luft zugeführt wird. Es würde im anderen Falle eine zu große Abkühlung stattfinden, so daß die Entzündung der Vergasungsprodukte nicht mehr gewährleistet ist. Die Geschwindigkeit in den Rostspalten wird bei natürlichem Zug mit 1 m pro Sekunde bemessen. Die freie Rostfläche, durch die die Luft eintritt, ist das $x$fache der totalen Rostfläche. Daher ist die in 1 Stunde durch die freie Rostfläche x bei 1 qm gesamter Rostfläche strömende Luft 3600 x cbm. Wenn 1 kg Brennstoff L_{chem} cbm theoretische und L cbm effektive Luftmenge benötigt, so können auf 1 qm totaler Rostfläche in einer Stunde $\dfrac{3600\,x}{L}$ kg Brennstoff verbrannt werden, siehe nachfolgende Seite.

Um den Rost haltbar zu machen, werden einerseits temperaturwiderstandsfähige Eisenlegierungen gewählt, andererseits wird sowohl Innen- wie Außenkühlung der Roststäbe angewandt[1]).

---

[1]) Siehe Bemerkung Seite 99.

Additional information of this book

(Der WÃrmeingenieur; 978-3-662-27639-6; 978-3-662-27639-6_OSFO2) is provided:

http://Extras.Springer.com

Praktische Verbrauchswerte sind:

	Stucke	Zug	Grus	Zug	Staub	Zug
Anthrazit und magere Kohle	70	11	60	17	60	22
Halbmagere Eßkohlen	80	10	90	12	90	15
Fettkohlen	100	7	110	9	95	10
Gaskohlen.	100	5	105	6	120	9
Rohbraunkohle.	200	5	230	7	260	8
Erdige Braunkohle	200	5	200	7	200	8
Steinkohlenkoks	75	9	80	11	100	15
Braunkohlenbriketts	150	6	175	9	190	14

Die Zahlen geben die auf 1 qm Gesamtrostfläche in einer Stunde verbrannte Brennstoffmenge an, der Zug ist in Millimeter über der Brennstoffschicht gemessen, sie gelten für normale Belastung.

Die Brennstoffmenge auf dem Roste, die je nach Kesselbeanspruchung verschieden groß ist, dient stets zur Beheizung derselben Kesselfläche. Letztere nimmt also, je nach Dampfbedarf, verschieden große Wärmemengen auf; die Gasmengen, die also passieren, sind verschieden und haben daher auch verschiedene Geschwindigkeiten. Dadurch werden auch die aus denselben entnommenen Wärmemengen pro 1 cbm Gas verschieden sein und damit verschiedene Kesselwirkungsgrade bedingen. Die Versuche haben folgende Variation des Kesselwirkungsgrades ergeben:

Belastung . . .	$^1/_4$	$^1/_2$	$^3/_4$	normal	$^5/_4$
Wirkungsgrad .	35 Proz.	60 Proz.	72 Proz.	81 Proz.	75 Proz.

und gelten annäh[r]end für alle Kesselarten.

Die Roste selbst werden in allen möglichen Formen als Planroste, Schrägroste, Treppenroste und Wanderroste ausgeführt. Je nach ihrer Konstruktion können sie von hochwertigen bis zu minderwertigen Brennstoffen verwandt werden. Ihre Beschickung erfolgt von Hand oder mechanisch. Im ersteren Falle ist stets die Feuertür zu öffnen, es tritt also kalte Verbrennungsluft ein; im letzteren Falle wird dies vermieden. Man unterscheidet zwei Arten der Beschickung: entweder wird der Brennstoff über die ganze Rostfläche verteilt, oder er wird nur vorn aufgelegt. Eine gleichmäßige Verteilung des Brennstoffes eignet sich für hochwertige Kohle, eine Beschickung am Anfang des Rostes ist stets bei minderwertiger Kohle nötig. Dadurch wird der Brennstoff allmählich getrocknet und entgast, und die Entgasungsprodukte werden über die Brennschicht geleitet. Sie kommen daselbst auf die Entzündungstemperatur. Es ist dafür Sorge zu tragen, daß dann entweder durch die freie Rostfläche oder durch sekundäre Zuführung genügend heiße Verbrennungsluft für diese Gase vorhanden ist.

Ein wichtiges Moment ist ferner eine richtige Entschlackung, die von Hand oder mechanisch erfolgt. Sie geschieht entweder vorn heraus durch die Feuertür bei Entschlackung von Hand oder am Ende des Rostes bei Entschlackung von Hand oder mit mechanischem Betrieb. Es ist stets für geeignete Entschlackungsmöglichkeit zu sorgen, ebenso für zweckentsprechende

Abfuhr der Schlacke. Mit der in der Schlacke enthaltenen Wärme konnte bislang noch wenig angefangen werden. Bei den gebräuchlichen Brennstoffen beträgt sie nur einen geringen Prozentsatz des aufgeworfenen Brennstoffes. Anders verhält es sich bei den allmählich in verschiedenen Gegenden Deutschlands aufkommenden Ölschieferfeuerungen. Von Öl und Koks im Schiefer werden nur etwa 10 bis 15 Proz. des Brennstoffes verwertet; der Rest, dem Volumen nach etwa gleich dem Rohprodukt, kann evtl. für Steinfabrikation oder Romanzementfabrikation ohne Abkühlung verwandt werden.

Es sei nunmehr die Zugstärke bei der Verbrennung behandelt. Wie erwähnt, muß bei der Verbrennung oder Vergasung und Verbrennung ein regelmäßiger Luftstrom durch oder über das Brennmaterial ziehen. Dieser Zug wird entweder durch Bau eines Schornsteins oder Einbau eines Ventilators vor oder hinter der Feuerung, nachdem die Abgase ihre Wärme abgegeben haben, erzeugt. Es kann auch Ventilator und Schornstein kombiniert werden. Dann ist natürlich der Schornstein bedeutend kleiner zu dimensionieren als bei natürlichem Zug desselben. Es ist zu beachten, daß die Strömung nicht durch Verengen oder Erweitern der Kanäle, Ecken, unstete Temperaturverhältnisse und sonstige Widerstände gestört wird.

Wenn eine Feuerung für hochwertiges Brennmaterial gebaut ist und infolge der Verwendung minderwertigen Brennmaterials noch das bedeutend größere Quantum Brennstoff auf dem Rost verarbeiten soll, wird sie mit sog. Unterwind, Dampfgebläse, oder Unterwind und Dampfgebläse kombiniert, betrieben. Der untere Teil des Rostes wird dann nach außen abgeschlossen. In diesen Teil wird die Luft und der Dampf eingelassen und mit Überdruck durch die Rostspalten und die hohe Brennstoffschicht gedrückt. Ein Schornstein wird dadurch nicht entbehrlich. Bei Treppenrosten und Schüttfeuerungen kann die Verwendung von Dampfgebläse und Unterwind oft vermieden werden. Ein Beispiel hierfür sind die *Topf*schen Schüttfeuerungen.

Der Zug wird als Überdruck in Millimeter Wassersäule gegenüber der Außenluft gemessen. Ist z der Schornsteinzug in Millimeter Wassersäule, c die Gasgeschwindigkeit in Metern per Sekunde, m_t das Gewicht eines Kubikmeters Abgas, φ ein Koeffizient, so ist, mit $g = 9{,}81$ m,

$$ z = \varphi \, \frac{c^2}{2g} \cdot m_t $$

Der Wert m_t hängt von der Temperatur ab. Er ist, wenn m_t und m_0 die Gewichte per Kubikmeter, v_t und v_0 die Volumen per 1 kg betragen, und t_1 und t_0 die zugehörigen Temperaturen sind

$$ m_t = m_0 \, \frac{273 + t_0}{273 + t_1} , $$

$$ v_t = v_0 \, \frac{273 + t_1}{273 + t_0} . $$

Bei den Abgasen kann man ungefähr setzen, wenn CO_2, O_2 und N_2 die Volumenprozente Kohlensäure, Sauerstoff und Stickstoff bei vollkommener Verbrennung bezeichnen:

$$m_0 = \frac{1{,}977\,CO_2 + 1{,}430\,O_2 + 1{,}256\,N_2}{100},$$

wobei m sich natürlich auch mit der Temperatur ändert. Es ist dabei $CO_2 + O_2 = 21$, $N_2 = 79$. Die Zugstärke[1]) vom Rost bis an die Mündung des 10 m über der Rostunterkante beginnenden Schornsteins berechnet sich wie folgt:

$z_1 =$ Zugstärke unterhalb der Roststäbe,

$z_2 =$ Zugstärke in den Rostspalten an deren Oberkante,

$z_3 =$ Zugstärke über dem Brennstoff,

$z_4 =$ Zugstärke bis zum Fuß des Schornsteins,

$z_5 =$ Zugstärke von Fuß bis Oberkante des Schornsteins.

Versuche ergaben, daß der in Formel $z = \varphi\,\dfrac{c^2}{2g}\,m_t$ angeführte Koeffizient etwa $\varphi = 2$ ist, so daß

$$z = \frac{c^2}{g}\,m_t$$

für z_1, z_2, z_3 wird. Für z_4 und z_5 ist ein anderer Wert maßgebend.

z_2 wird mit $c = 1$ m bei einer mittleren Lufttemperatur von 50° C für natürlichen Zug und $c = 2$ bis 3 m für künstlichen Zug berechnet.

z_3 wird für ca. 4 m Geschwindigkeit der verbrannten Gase und 1000 bis 1200° C festgelegt.

z_4 ist der Widerstand, den die Gase von der Oberkante des Brennstoffes bis an den Fuß des Schornsteins erleiden; er ist die Summe der Differentialwiderstände, die sich aus der Abkühlung der Gase durch Wärmeentnahme und Reibung an den Wänden ergeben. Bei einer mittleren Gasgeschwindigkeit von 3 bis 3,5 m nimmt man die Abgastemperatur je nach der Anlage mit 150 bis 400° C an. Für diesen Wert z_4 ist der Koeffizient in Gleichung $z = \varphi\,\dfrac{c^2}{2g}\,m_t$ theoretisch nicht bestimmbar, er ist größer als 2, oft bis 10.

m_t wird für eine mittlere Temperatur zwischen Temperatur über dem Brennstoff und Temperatur am Fuße des Schornsteins berechnet.

z_5 wird folgendermaßen bestimmt:

Ist t_a die Temperatur der Außenluft, t_i die mittlere Temperatur im Innern des Schornsteins bei den Abgasen, m_{ta} und m_{ti} die entsprechenden Luft- und Abgasgewichte per 1 cbm, so ist, mit h als Schornsteinhöhe in m,

$$z_5 = h\,(m_{ti} - m_{ta})\,.$$

Die Abzugsgeschwindigkeit der Schornsteingase ist ungefähr 3,0 bis 4,0 m.

Der Koeffizient φ wird in $z = \varphi\,\dfrac{c^2}{2g}\cdot m_{ti}$ etwa 1,7 bis 2.

------

[1]) Schweizerische Bauzeitung Jg. 81, Nr. 25, 1923 von *Höhn:* Einfluß der Meereshöhe und der Witterung auf die Zugstärke eines Kamins.

Werden die Abgase mehrerer Feuerungen in einen gemeinsamen Schornstein geführt, so muß berücksichtigt werden, daß evtl. nur eine Feuerung in Betrieb ist. Es muß dann die Abgasgeschwindigkeit am oberen Schornsteinrand noch genügend groß sein. In diesem Fall wird jedoch φ infolge der geringeren Widerstände < 2.

Es treten natürlich noch diverse Momente auf, die die Zugstärke beeinflussen. Allein maßgebende Änderung der Zahlen wird nicht hervorgerufen.

Die Werte z_2 bis z_5 und somit die Summe aller Widerstände ist

$$z_1 = z_2 + z_3 + z_4 + z_5.$$

z_1 gibt die Druckdifferenz an, die zur rationellen Verbrennung nötig ist. Sie steigt bei Kesselfeuerungen und minderwertigen Brennstoffen, Rohbraunkohle mit Schlammkohle, auf 45 mm. Daraus ergibt sich die Geschwindigkeit, mit der die Luft unter die Rostspalten eintritt. Sie ist für

$z_1 =$		$v =$	
0,5	mm	2,1	m
1	„	3,0	„
2	„	4,2	„
3	„	5,2	„
4	„	6,0	„
5	„	6,7	„
10	„	9,5	„
15	„	11,6	„
20	„	13,4	„
25	„	15,0	„
30	„	16,4	„
35	„	17,7	„
40	„	18,9	„
40	„	18,9	„
45	„	20,1	„

Diese Geschwindigkeit resp. der ihr äquivalente Druck wird auf dem Weg durch die Rostspalten, den Brennstoff, die Züge und den Schornstein aufgezehrt.

Mit bedeutend höheren Druckdifferenzen wird in Industrieöfen gearbeitet. Der reine Schornsteinzug genügt in den wenigsten Fällen zum Durchbringen der Gasmengen durch die Widerstände von Regenerator und Rekuperator. Ferner muß das Eindringen kalter Luft in den Ofen vermieden werden, da eine Erniedrigung der Temperatur den Wärmeprozeß in erheblicher Weise beeinflußt. Man arbeitet hier mit Drucken bis 300 mm Wassersäule und mehr, die durch ein geeignetes Gebläse hervorgebracht werden[1].

Die Entfernung der Asche geschieht entweder von Hand oder mechanisch. Die durch die Rostspalten fallende und an den Rostenden befindliche Schlacke kommt in sog. Schlackenwagen. Bei großen Anlagen befinden sich unter den Rosten siloartige Kammern, die die Asche aufnehmen und in gewissen Zeiträumen entleert werden. Die mechanische Ascheabfuhr ist dadurch bedingt, daß die Asche auf ein Transportband fällt und stetig weggeführt wird. Auch

---

[1] *Procès-Verbal* 1924, Nr. 7, S. 172 bis 176, und Combustion **10**, 1924, Nr. 3, S. 186 bis 193.

durch ein Spülverfahren oder Preßluft findet eine Abführung statt[1]). Flugasche im Kessel wird entweder von Hand oder durch Saug- und Preßluftapparate entfernt.

B. Verbrennung flüssiger Brennstoffe.

Die Verbrennung flüssiger Brennstoffe nimmt immer mehr zu, einerseits weil es sehr viele natürliche und künstliche flüssige Brennstoffe gibt, andernteils, weil die Verbrennung flüssiger Stoffe mit sehr hohem Wirkungsgrad durchgeführt werden kann. Weiterhin ist der Heizwert für 1 kg flüssigen Brennstoff sehr hoch, 9000 bis 11000 kcal, die Zuführung und Regulierung sehr praktisch anzuordnen.

Die flüssigen Brennstoffe selbst werden als Flüssigkeit oder nach Umwandlung in Gas verbrannt.

Fast auf allen Gebieten des industriellen Lebens finden sich Feuerungsanlagen für flüssige Brennstoffe. Um dem Feuerungsraum das Öl zuzuführen, hat man zwei Wege.

Der erste Weg besteht darin, daß das Öl unter natürlichem Druck in den Feuerungsraum in Tropfen fällt. Es wird dann direkt als schwebender oder an der Wand hängender Tropfen verbrannt oder vergast und verbrannt.

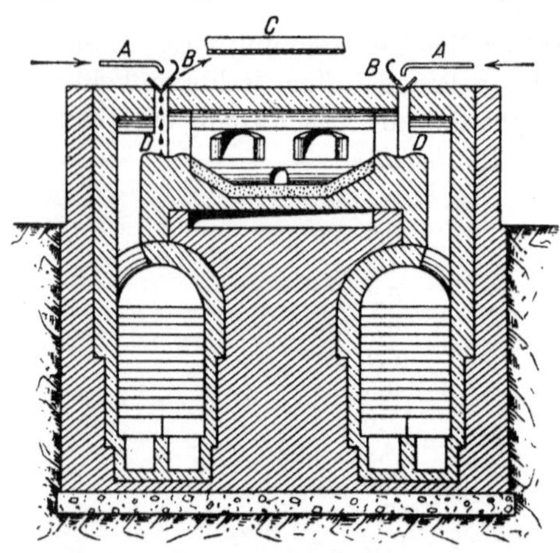

Fig. 61. *Siemens-Martin*-Ofen mit Tropffeuerung.

Eine andere Ausführung läßt den Öltropfen zunächst auf einen heißen Ventilteller oder Platte oder Muffel fallen, dort wird er verdampft und verbrennt nach dem Durchströmen des verdampften Öls durch das Ventil oder direkt über der Platte oder Muffel im Verbrennungsraum. Fig. 61 stellt die Ölfeuerung eines *Siemens-Martin*-Ofens dar. Es ist hier gemischte Tropfen- und Verdampferverbrennung vorhanden. Ölfeuerungen mit Tropfen oder Verdampferanordnung finden sich noch für Schmiedefeuer, Ofenheizungen und Muffelöfenheizungen. Eine Schwierigkeit dieser Öfen bildet das Anheizen. Es erfolgt bei Vorhandensein von Leucht- oder Gicht- oder Generatorgas dadurch, daß man durch diese Gase den Ofen in Glühzustand bringt, die Gaszuführung dann abschaltet und die Ölfeuerung arbeiten läßt. Im anderen Falle ist durch gewöhnliche Feuerung anzuheizen. Bei Unterbrechung des Prozesses wird vielfach mit einer geringen Flüssigkeitszufuhr, die gerade noch die Entzündungstemperatur an einer Stelle aufrecht erhält, gearbeitet. Auch durch Wasserstoff- oder Carbidgebläse kann die Glühtemperatur der Verdampferplatte aus dem kalten Zustand zum Zwecke der Ölfeuerung hervorgerufen werden.

Die Verbrennung selbst erfolgt verhältnismäßig langsam, da die Mischung von Luft, Öltropfen und Öldampf bei dem geringen natürlichen Zug langsam

---

[1]) *Helios*, 1923, Nr. 3 und 4.

vor sich geht. Bei industriellen Feuerungen ist die Luft vorzuwärmen. Durch Richtungswechsel der Flamme wird eine Wirbelbildung und innige Mischung von Öl und Öldampf sowie Luft erreicht, so daß eine vollkommene Verbrennung eintritt. Praktische Versuche haben ergeben, daß durch ein Zufuhrrohr

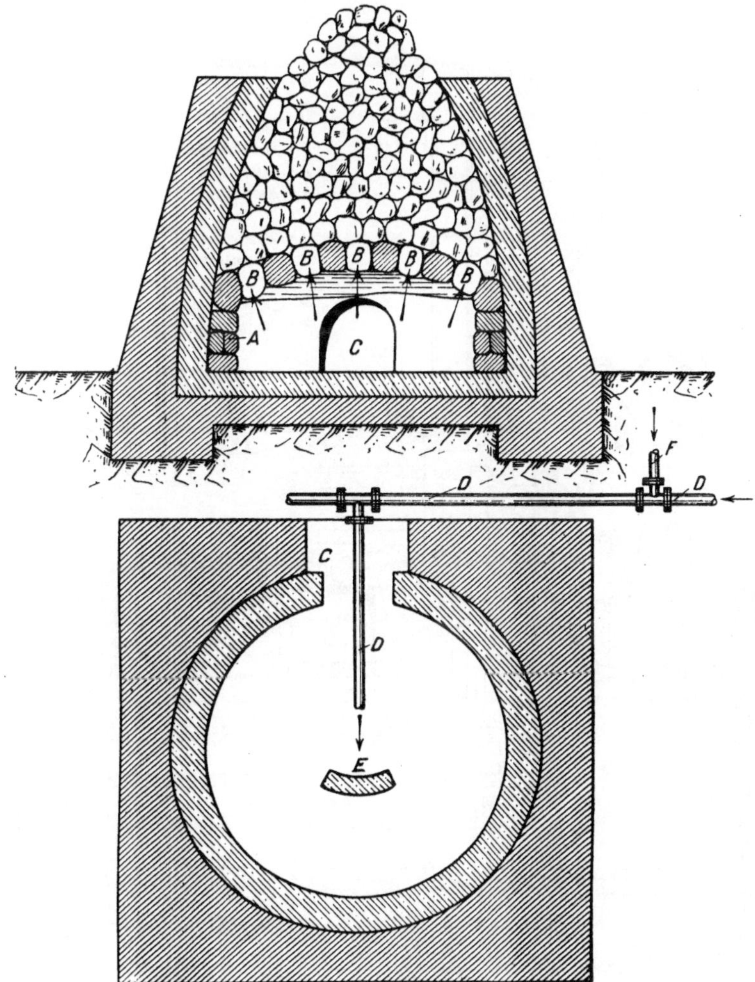

Fig. 62. Ölgefeuerter Baku-Kalkbrennofen.

höchstens 40 bis 50 kg Öl per Stunde zur richtigen Verbrennung zugeleitet werden können.

Um daher größere Wärmemengen zu erzielen und eine raschere Verbrennung zu erreichen, geht man einen zweiten Weg: das Öl wird in fein zerstäubtem Zustande verbrannt. Dies geschieht durch sog. Zerstäuber. Aus dem Zerstäuber wird entweder das reine Öl durch Vermittlung einer Pumpe oder Preßluft ausgedrückt und verbrennt dann in langem Strahl direkt oder durch Anstoßen gegen eine glühende Wand, oder das Öl wird im Zerstäuber mit Druckluft oder Wasserdampf gemischt und verbrennt beim Austreten aus dem Zerstäuber mit langer Flamme. Diese letztere Ausführung ist der Staubfeuerung analog. Eine Anordnung mit reiner Druckölfeuerung ohne Luft-

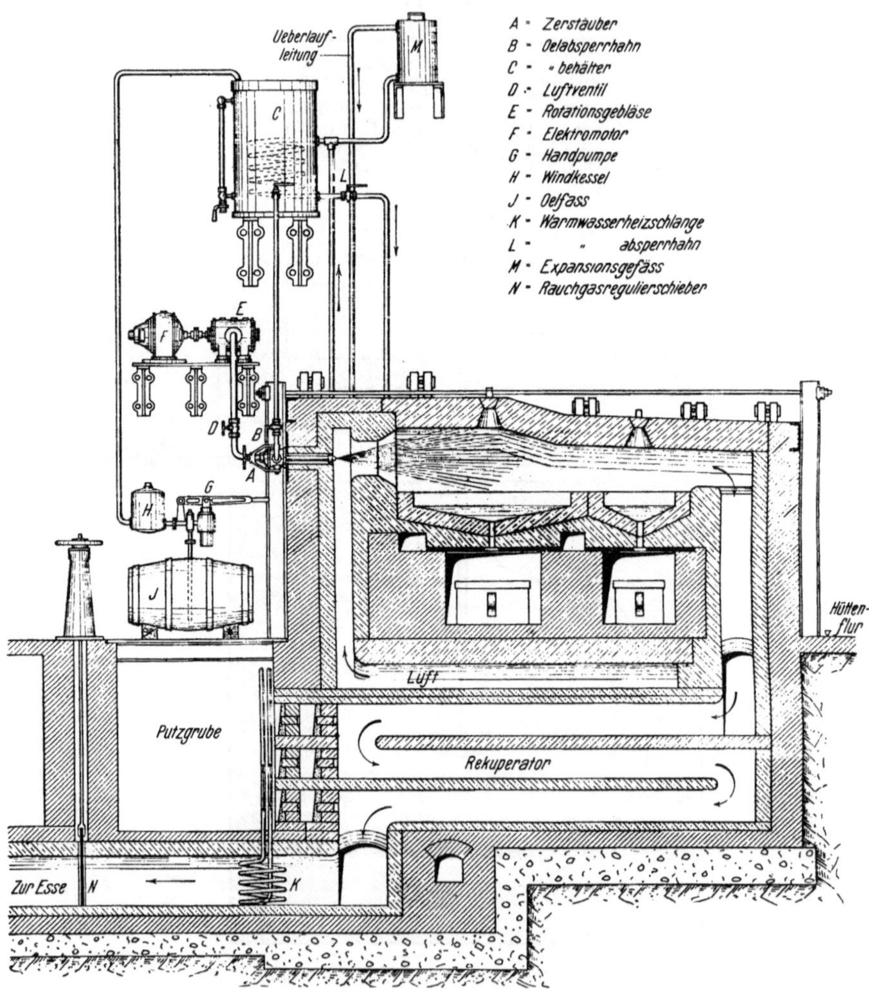

Fig. 63. Emailschmelzofen mit Ölfeuerung.

zuführung im Brenner zeigt Fig. 62. Es handelt sich hier um einen Kalkofen, bei dem das Öl gegen die Schamottewand E gepreßt wird.

Ehe auf die Zerstäuber eingegangen wird, sollen einige Anwendungsgebiete gezeigt werden. Fig. 63 zeigt einen Emailschmelzofen, die ganze Anordnung der Ölzuführung ist dabei ersichtlich. Fig. 64 die Anordnung für einen Kalkbrennofen, bei demselben wird bei A das Öl eingeführt. Fig. 65 zeigt einen Calcinierofen.

Auch für Schmelzöfen[1]) werden Ölfeuerungen angewandt. In Fig. 66 ist eine Anordnung gegeben, deren Details in Fig. 67 und 68 dargestellt sind. Das Öl wird tangential in den Schmelztiegel eingeführt durch die Öffnungen A. In Fig. 68 ist der Schmelzofen für Rohnaphthalin, das für den Tiegel dient, gezeichnet.

Die Leistung dieses Ofens ist: in 6 Stunden 40 Minuten sind 5 Schmelzungen gemacht, und zwar bei

1. Schmelzung	1000 kg	Stahlbronze
2. „	1200 „	Bronze
3. „	1000 „	Nickelbronze
4. „	1000 „	Nickelbronze
5. „	1000 „	Stahlbronze

Es sind dabei verbraucht einschließlich des Anwärmens 380 kg Öl = 7,5 Proz. des Einsatzes.

Fig. 69 zeigt einen Regenerativofen mit Ölfeuerung.

---

[1]) Year Book of the American Iron and Steel Institute 1922, S. 433 bis 463 by *Helm*.

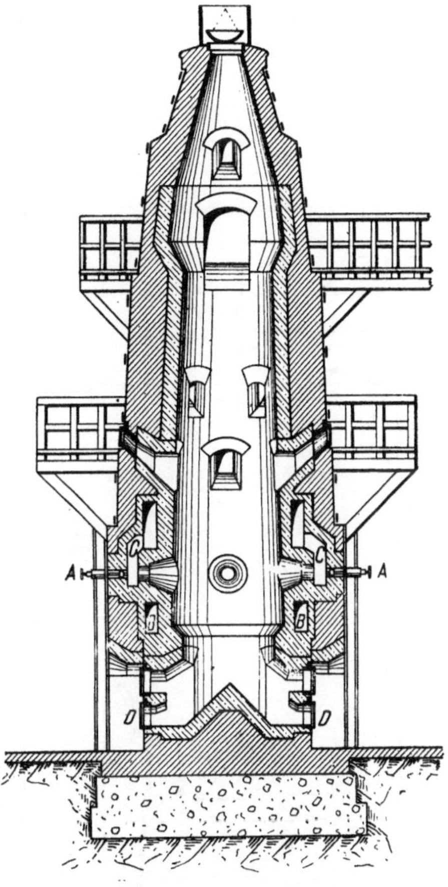

Fig. 64. Ölgefeuerter Kalkbrennofen.

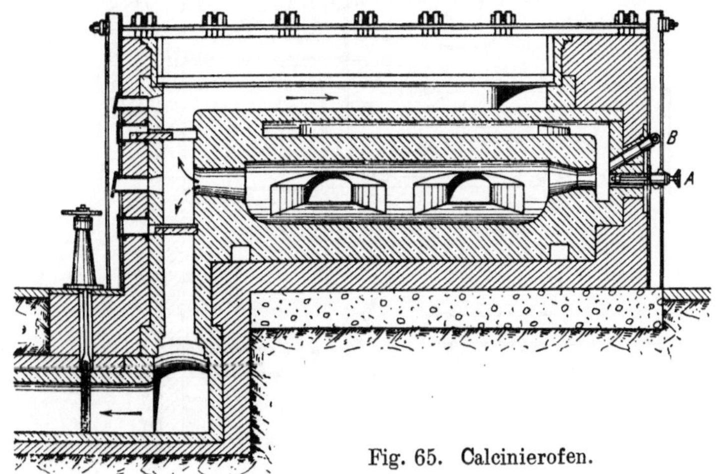

Fig. 65. Calcinierofen.

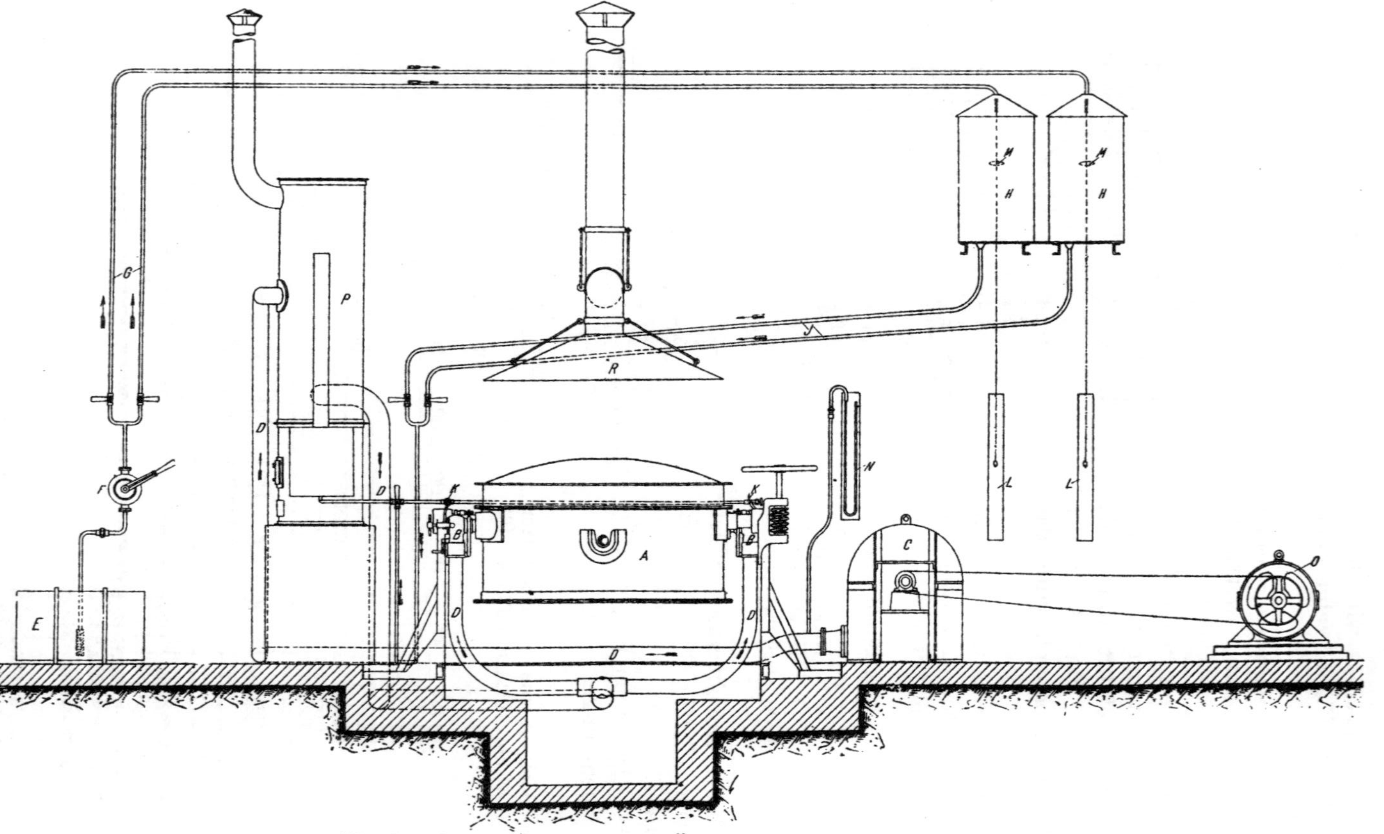

Fig. 66. Schmelzofenanlage mit Öl- oder Rohnaphthalinfeuerung.

A Schmelzofen für 1000 kg Inhalt, *B* Brenner, *C* Gebläse (00 cbm-St. 500—600 W., *D* Luftleitung, *E* Ölfaß, *F* Handpumpe, *G* Ölleitungen zu den Ölbehältern, *H* Ölbehalter, *J* Ölleitungen zu den Brennern, *K* Regulierventil, *L* Ölstandmesser, *M* Schwimmer, *N* Winddruckmesser, *O* Motor 3,5—4 PS., *P* Rohnaphthalin-schmelzofen, *R* Dunstfänger abschwenkbar.

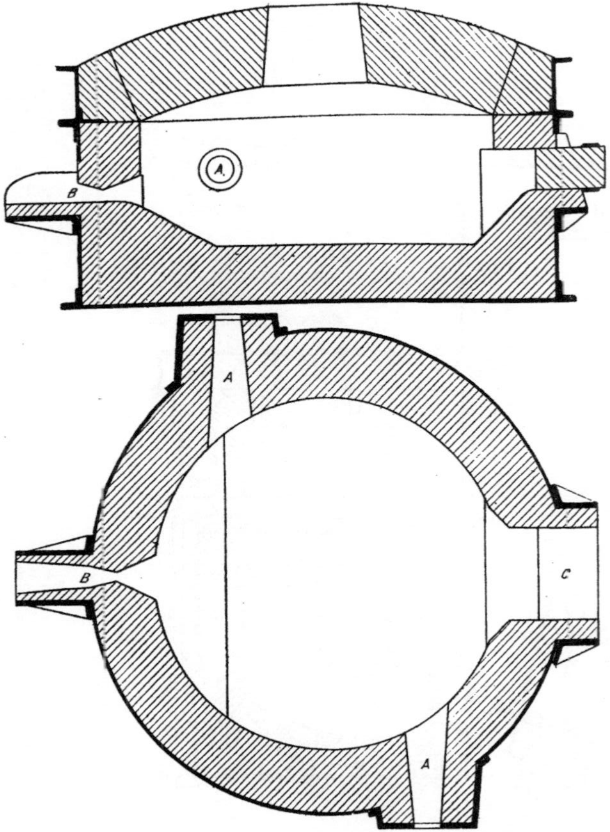

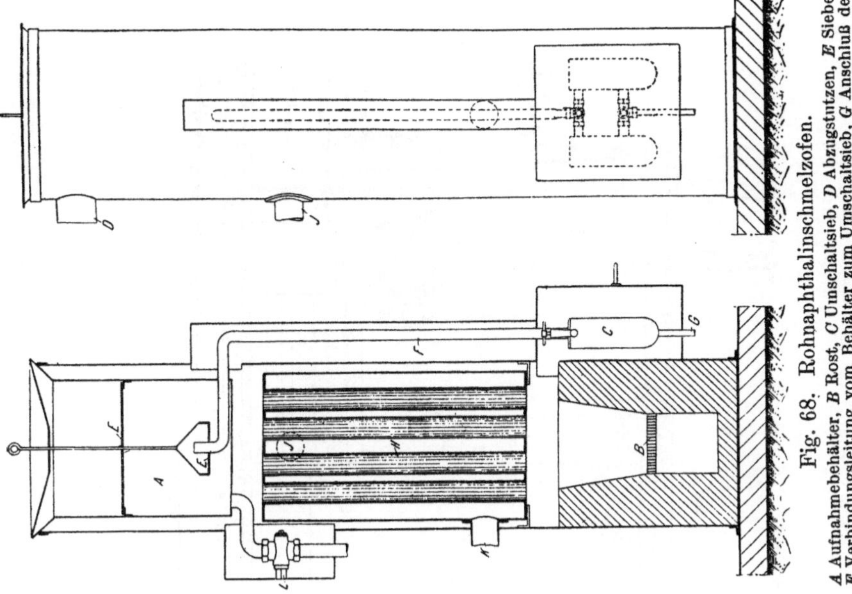

Fig. 68. Rohnaphthalinschmelzofen.

A Aufnahmebehälter, *B* Rost, *C* Umschaltsieb, *D* Abzugstutzen, *E* Siebe, *F* Verbindungsleitung vom Behälter zum Umschaltsieb, *G* Anschluß der Leitung nach der Verbrauchsstelle, *H* Luftvorwärmer, *J* Eintritt der kalten Luft, *K* Austritt der heißen Luft, *L* Abschlußbahn.

Fig. 67. Tiegelloser Schmelzofen. Längsschnitt und Grundriß.

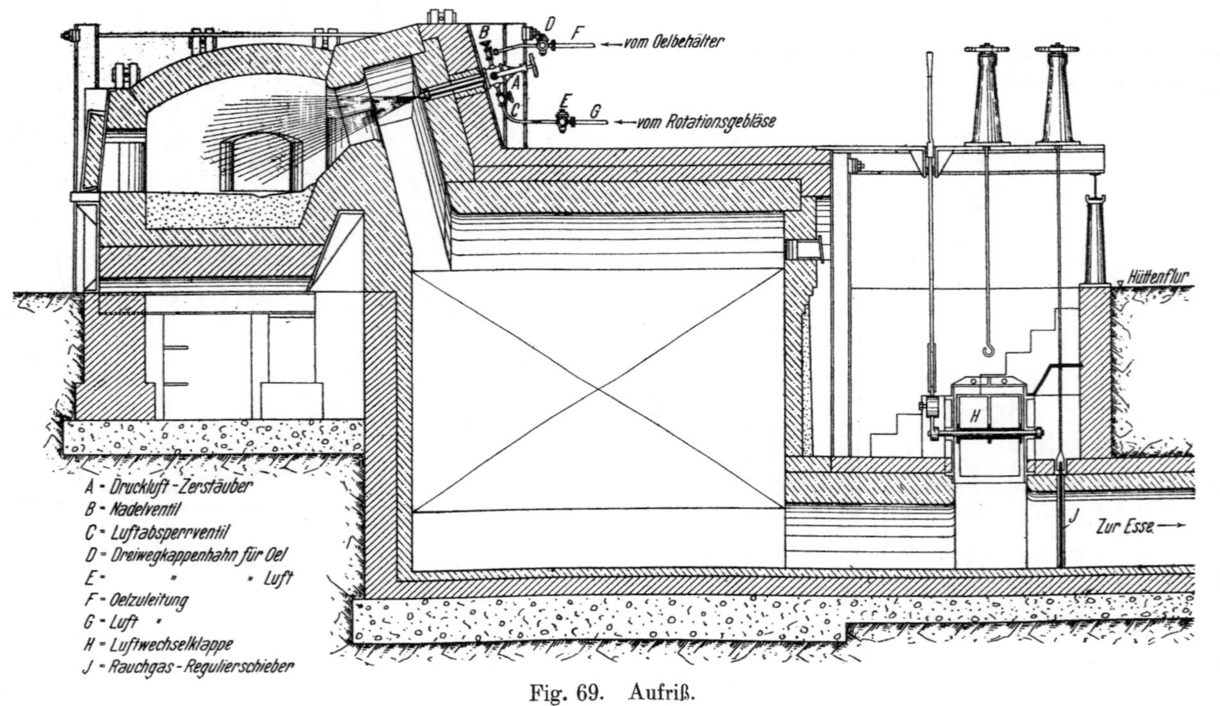

Fig. 69. Aufriß.

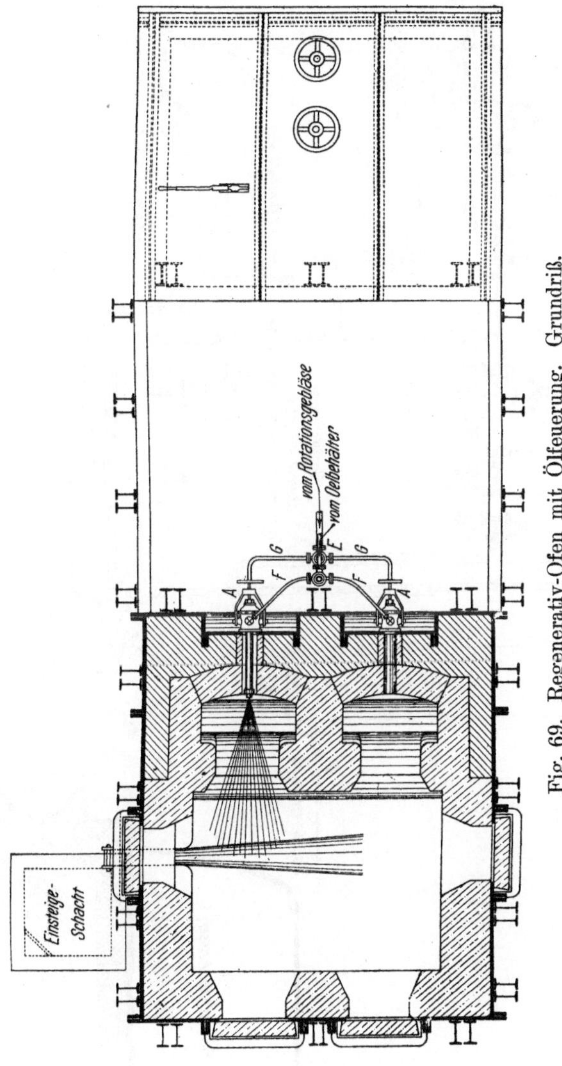

Fig. 69. Regenerativ-Ofen mit Ölfeuerung. Grundriß.

Auch für Kesselheizung ist Ölfeuerung vielfach verwandt. In Fig. 70 ist eine solche Anordnung dargestellt.

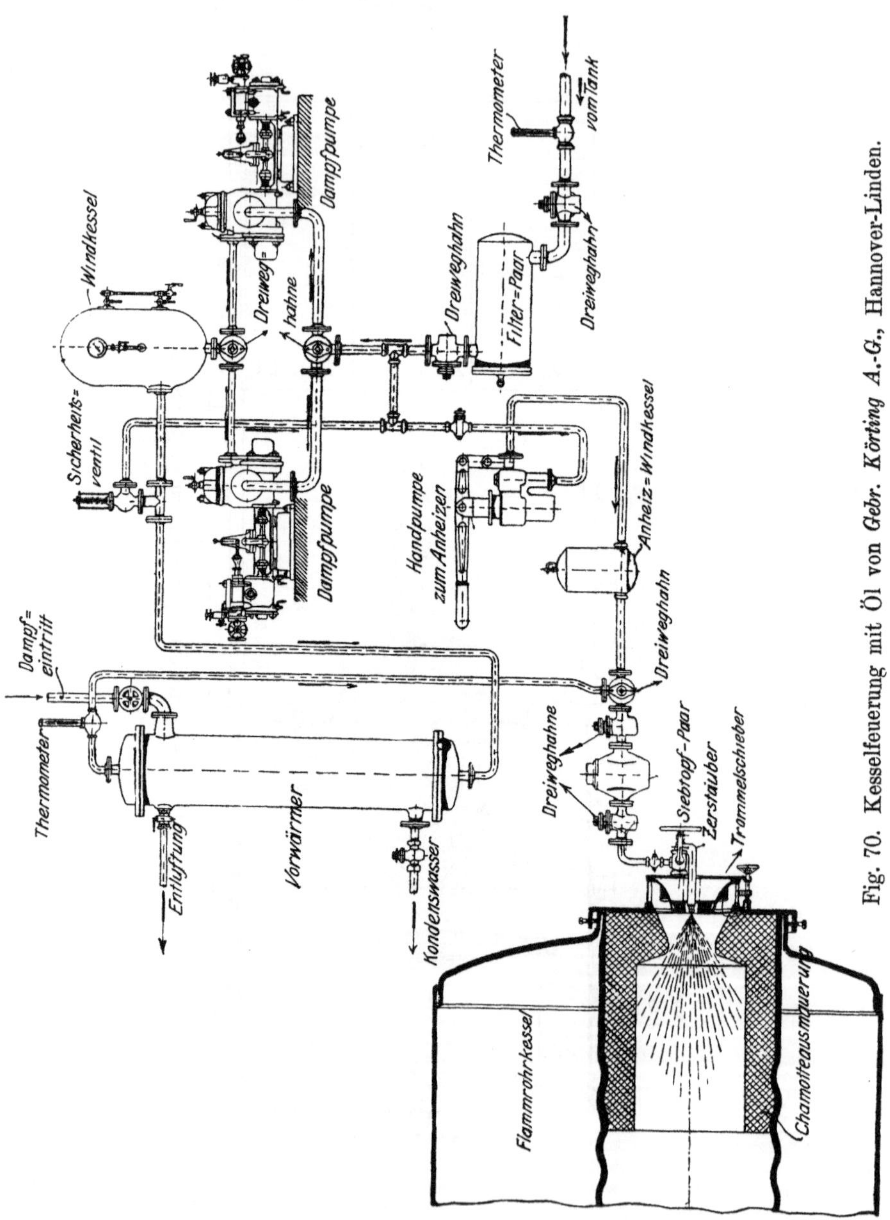

Fig. 70. Kesselfeuerung mit Öl von *Gebr. Körting A.-G.*, Hannover-Linden.

Vielfach wird besonders die Ölfeuerung in Verbindung mit der Verbrennung minderwertiger Brennstoffe angeordnet. Das Öl zerstäubt über den ganzen Rost, so daß die glühenden verbrannten Ölgase gerade mit der oberen Brennschicht des minderwertigen Brennmaterials in Berührung kommen und so für eine sichere Verbrennung und Entzündung Sorge tragen. Auch wird die Ölfeuerung hier verwandt, um bei forciertem Kesselbetrieb die erhöhte

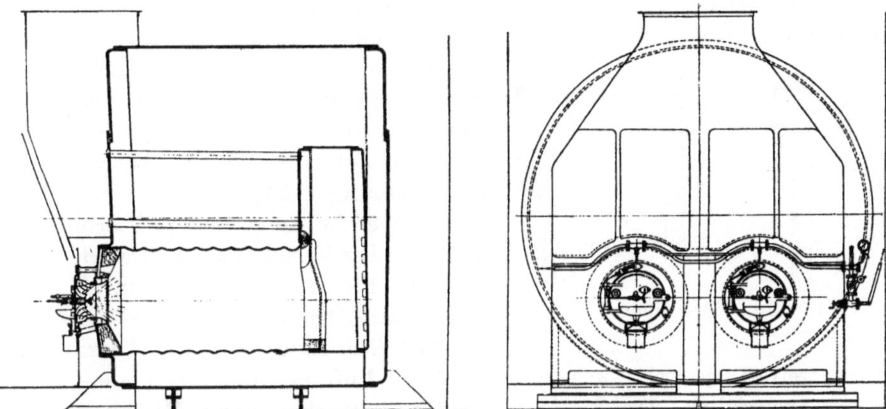

Fig. 71. Ölfeuerung (Bauart Vulcan) für wechselweisen Kohle- und Ölbetrieb an einem Zweiflammrohrkessel der *Vulcan-Werke A.-G.*, Hamburg und Berlin.

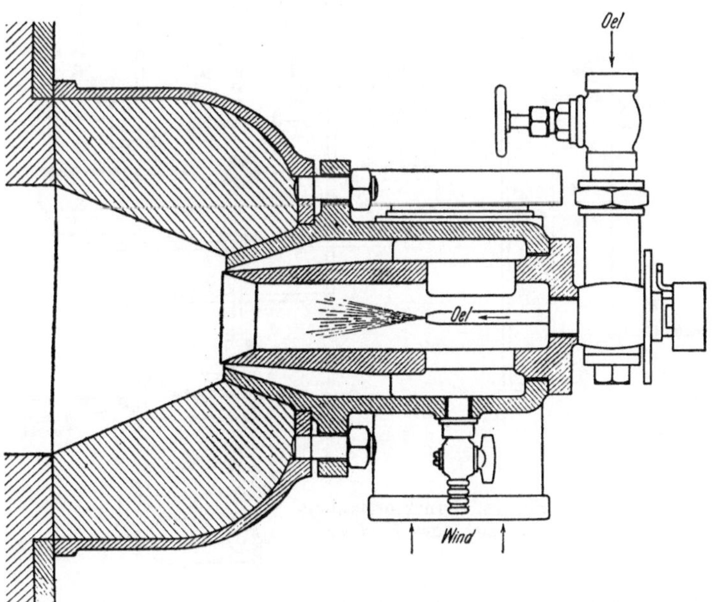

Fig. 72. Druckzerstäuber.

Dampfmenge zu leisten, die der minderwertige Brennstoff allein nicht zu leisten vermag. In Fig. 71 ist die Ölfeuerung an einem Schiffskessel wiedergegeben. Sie kann leicht ausgebaut und dafür eine Kohlenfeuerung eingebaut werden.

Die Zerstäuber[1]) zerfallen in zwei Klassen:

a) Druckzerstäuber,

b) Luft- und Dampfzerstäuber.

a) Druckzerstäuber. Der Druck, der das Öl in den Zerstäuber drückt, wird durch Preßluft, Kolben- oder Zentrifugalpumpen erzeugt. In Fig. 72 ist ein derartiger Zerstäuber dargestellt, in Fig. 73 die Köpfe von Zerstäubern.

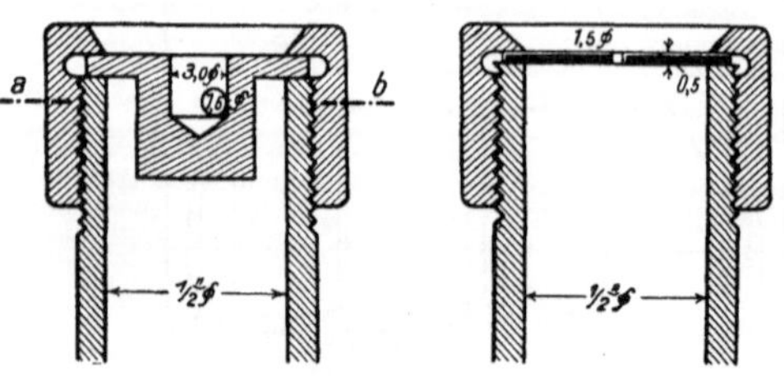
Fig. 73.   Zerstäuber.

Beim Zerstäuber Fig. 73 betrug die Pressung 2,5 kg/qcm und die stündliche Leistung 30 kg Teeröl von 15°. Die Verbrennungsluft wird, wie aus Fig. 72 ersichtlich, durch eine äußere Düse zugeführt, die 0,02 bis 0,04 Atm Luftdruck hat. Diese Zerstäuber werden jedoch auch mit direktem Luftzug, ohne besondere Gebläseluft, ausgeführt. Der Nachteil ist der, daß eine innige Mischung von Öl und Verbrennungsluft erst im Verbrennungsraum stattfindet, jedoch

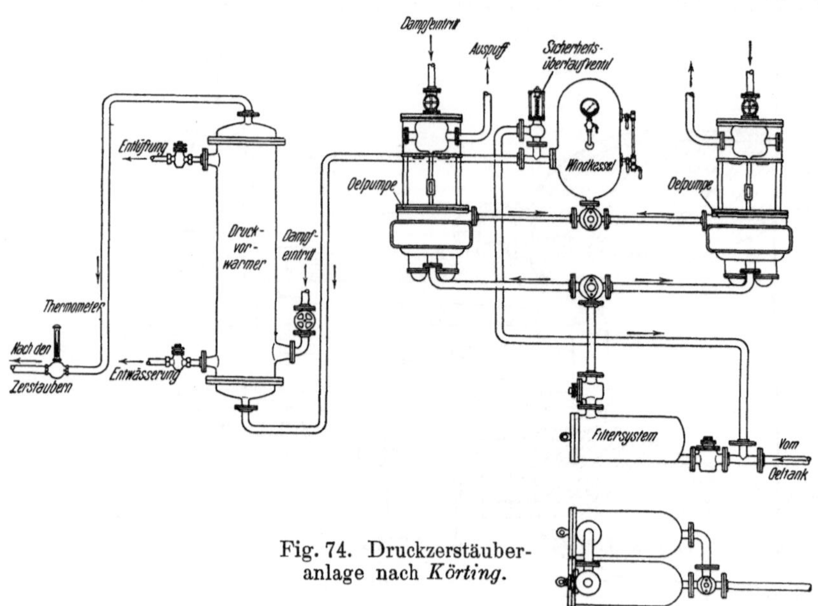

Fig. 74.   Druckzerstäuber-
anlage nach *Körting*.

nicht einwandfrei gewährleistet ist. Im allgemeinen werden Druckzerstäuber erst für Leistungen über 50 kg Öl per Stunde ausgeführt. Fig. 74 zeigt eine Zerstäuberanlage, System *Körting*, wie sie im Schiffsbetrieb üblich ist.

b) Den Bedingungen einer möglichst vollkommenen Mischung von Öl und

---

[1]) Chaleur et Industrie 4. Jg., Nr. 4, 1923, Schwere Heizöle von Auguenot, Gault & Flés. und Iron Age 113. Jg., Nr. 7, 1924, S. 518 u. 519.

Luft vor dem Verbrennungsvorgang genügen die Luft- und Dampfzerstäuber. Sie zerfallen in

Niederdruckzerstäuber mit Luftpressungen unter 0,1 Atm,
Hochdruckzerstäuber mit Luftpressungen über 0,3 Atm,
Wasserdampfzerstäuber.

Von den vielen Konstruktionen[1]) sei nur je ein Typ in Fig. 75, 76 und 77 wiedergegeben. Das Öl fließt beim Zerstäuber Fig. 77 in einen Luftstrom, mischt sich mit demselben und strömt durch die Düse aus, wo die weitere Luftmenge zutritt. Bei Fig. 76 und 77 strömt Preßluft oder Preßluft und Dampf direkt an die Ausflußdüse evtl. spiralförmig um den austretenden Ölstrahl. Dadurch wird eine innige Mischung von Öl und Luft erreicht. Der Dampf für Ölzerstäubung muß stark überhitzt sein und soll etwa 7 kg/qcm Druck haben.

Der Kopf des Brenners Fig. 76 ist schraubenförmig gewunden (*Körting*-Brenner). Dies ergibt einen kegelförmig austretenden Strahl.

Die Arbeit des Zerstäubens bei den Brennern kann entweder durch eine große Luftmenge von niederer Pressung oder durch eine kleine Luftmenge von hoher Pressung erfolgen. Die Regulierung des Brenners erfolgt durch Drosseln der Luft, die bei Niederdruck- in engen, bei Hochdruckbrennern in weiten Grenzen möglich ist. Ist p_1 der zur Verfügung stehende Luftdruck, p_2 der niederste Luftdruck, bei dem der Brenner noch arbeitet, so ist, da die Leistung annähernd proportional der Geschwindigkeit ist, die Regulierfähigkeit

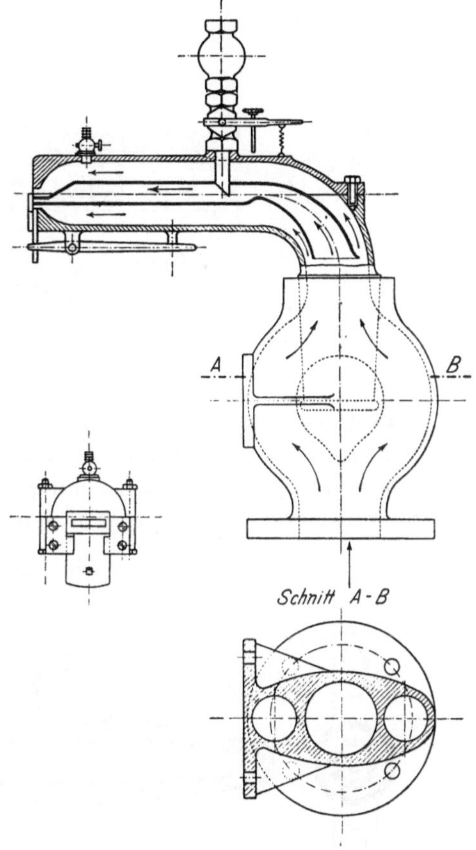

Fig. 75. Niederdruckzerstäuber von *Lochner*.

$$x = \sqrt{\frac{p_1}{p_2}}.$$

Die Arbeit der Zerstäubung wird bei den Druckzerstäubern durch den Druck des ausgepreßten Öls aus der Düse geleistet, bei den Zerstäubungsbrennern wird sie durch die Luft oder den Dampf geleistet.

---

[1]) Ausführliches: *O. A. Essich*, Die Ölfeuerungstechnik. Berlin, Julius Springer.

Bei Druckzerstäubern mit 5 kg/qcm Öldruck ist die zur Zerstäubung von
1 l Öl aufgewandte Arbeit 50 mkg.

Bei Niederdruckzerstäubern mit 0,1 Atm Luftmessung zur vollkommenen
Zerstäubung werden 50 Proz. der zur Verbrennung nötigen Luft von etwa
10 cbm durch die Zerstäuberluft geliefert. Es ist daher die Arbeit für die Zerstäubung von 1 l Öl im Niederdruckzerstäuber 500 mkg.

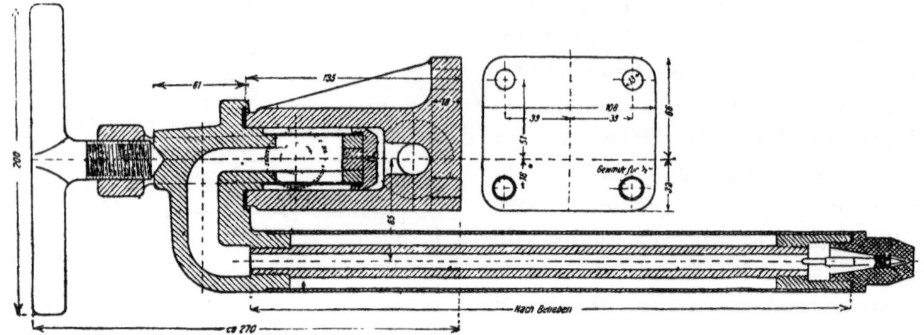

Fig. 76. Hochdruckzerstäuber von *Gebr. Körting*, Hannover.

Der Unterschied zwischen Niederdruck- und Hochdruckbrennern besteht
in der leichteren Beschaffung von Niederdruckluft und der verringerten Stich-
flammenbildung. Bei Anlagen mit großer Regulierfähigkeit ist die Verwendung von Hochdruckzerstäubern geboten.

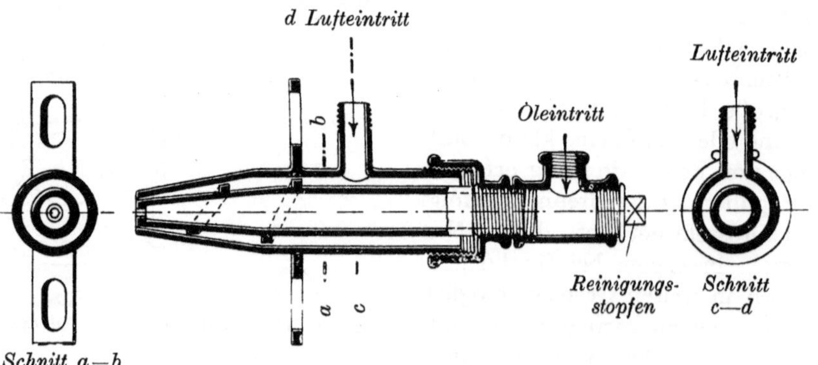

Fig. 77. Luft- oder Wasserdampfzerstäuber von *Bürgers & Co.*

Um Regulierfähigkeit auf der einen Seite, Verminderung der Stichflamm-
bildung auf der anderen Seite zu kombinieren, wird die innere Luftzuführung
mit Hochdruck-, die äußere mit Niederdruckluft vorgenommen. Es lohnt
sich dies nur bei größeren Anlagen mit Niederdruck- und Hochdruckluft und
vielen Arbeitsstellen.

Der Brenner selbst wird offen oder geschlossen am Ofen angebracht. Im
ersteren Falle wird ein Teil der Verbrennungsluft durch Injektorwirkung aus

dem Arbeitsraum angesaugt, im letzteren Falle muß die ganze Verbrennungsluft durch den Zerstäuber zugeführt werden.

Es ist stets auf gute Reinigung der Brenner und besonders der Ölkanäle Be-
dacht zu nehmen.

Bei Betrachtung der Verbrennung von Öl aus Brennern ist

1. die Zerstäubung,
2. die Vergasung,
3. die Verbrennung

zu unterscheiden.

Die Zerstäubung erfolgt in der Düse, und zwar muß sie vollständig sein.

Die Vergasung wird durch die Hitze der Flamme und der die Flamme
umgebenden Wände bewirkt. Sobald die Zündtemperatur erreicht ist, tritt
die Verbrennung ein. Je höher die Temperatur, um so größer ist die Zündgeschwindigkeit. Es tritt also der Fall ein, daß die Zündgeschwindigkeit gleich
der Strömungsgeschwindigkeit wird. Von
diesem Punkte an tritt die Flammenbildung
ein. Fig. 78 gibt ein Diagramm dieser Vorgänge. Im ersten Teil, der Vorwärmzone,
tritt eine teilweise Verdampfung der kleinsten Flüssigkeitsteile ein. Am Ende dieser
Zone, in der die Zündgeschwindigkeit gleich
der Strömungsgeschwindigkeit wird, beginnt
die Verbrennung. Gleichzeitig findet noch
auf eine gewisse Strecke die Vergasung der
noch vorhandenen Öltröpfchen statt. Diese

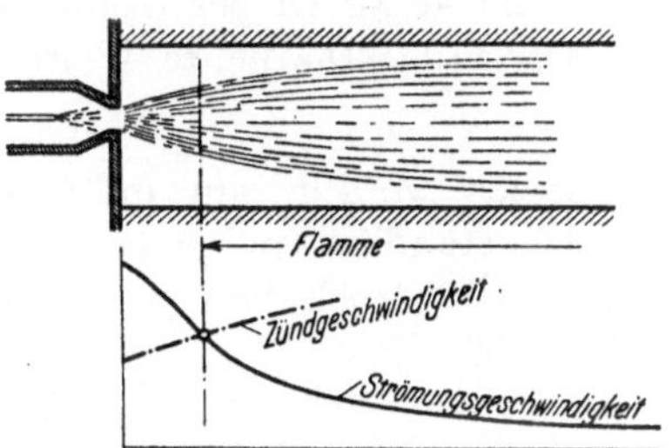

Fig. 78. Zünddiagramm.

Strecke ist um so länger, je unvollkommener die Zerstäubung war. Bei der
Verdampfung erfolgt zuerst die der Leichtöle, dann der Schweröle. Es
bleibt meist ein kleiner Rest Kohlenstoff zurück. Ist derselbe in der Schwebe
und genügend Luft vorhanden, so verbrennt er. Trifft ein Ölteilchen auf die
glühenden Wände, so erfolgt zwar Verdampfung, es bleibt jedoch das Kohlen-
stoffteilchen an der Wand und verbrennt erfahrungsgemäß auch bei großem
Luftüberschuß nicht. Man muß daher die Zerstäuberströmung so legen, daß
kein unverdampftes Öl an die Wände stößt.

Ist d der Durchmesser des Ölteilchens, so ist die Verbrennungszeit τ, wenn
c_1 eine Konstante ist:

$$\tau = c_1 \cdot d^2 \,.$$

Der Weg s dieses mit der mittleren Geschwindigkeit v bewegten Ölteilchens ist:

$$s = v \cdot \tau = c_1 \cdot v \cdot d^2 \,.$$

Ist f der Querschnitt des Verbrennungsraumes, so ist, wenn c_2 eine Konstante ist, die verbrannte Ölmenge

$$Q = c_2\, f \cdot v$$

und der Raum, der zu dieser Verbrennung dient:

$$V = f \cdot s = c_1\, v\, d^2 \cdot f,$$

damit also auch

$$V = c_3 \cdot Q \cdot d^2,$$

das heißt:

Der Raum wächst mit der Ölmenge und verkleinert sich, je vollkommener die Zerstäubung des Öles ist.

Versuche ergaben für 1 cbm Verbrennungsraum bei 0,05 Atm 1 kg Öl per Stunde, bei höheren Windpressungen wurden 2 kg Öl per Stunde erreicht.

Für Ölfeuerungen sind weiter nötig:

Ölbehälter: Dieselben sind je nach der Ölsorte mit einer Heizung (Dampfheizung) zu versehen. Die Gefällhöhe des Öles ist bei natürlichem Druck

$$h = 0,05 \, Q$$

zu wählen, wo h in m angegeben ist und Q die stündlich benötigte Ölmenge in kg angibt.

Ölleitungen: Dieselben sollen $\gtreqless {}^3/_8{}''$ engl. sein. Dieser Durchmesser genügt etwa für 40 kg Öl per Stunde bei $h = 0,200$ m.

Ölventile: Die lichte Weite derselben ist etwa

$$d = \sqrt[4]{Q}$$

zu setzen, wo d in mm und Q in kg per Stunde angegeben ist.

Die stündlich aus einer kreisförmigen Düse von f qmm Querschnitt bei einem Überdruck von p Atm ausströmende Ölmenge in kg beträgt bei ca. 70 bis 80° C

$$Q = 61 \cdot f^{0,81} \cdot p^{0,36}.$$

Ölpumpen und Ölfilter sind normaler Konstruktion.

Ölvorwärmer und Luftgebläse bedingen ebenfalls normale Konstruktionen.

Luftleitungen: Der lichte Durchmesser in mm ist:

$$d = c \, \frac{\sqrt{aQ}}{\sqrt[4]{p}},$$

wo Q die stündliche Ölmenge in kg, a der Quotient: Luft durch die Düse zu gesamter Verbrennungsluft, p Druckverlust in der Rohrleitung in mm Wassersäule, $c = 60$ bis 80.

Da Öl einen viel größeren Heizwert in der Volumeinheit besitzt, so ist die Stapelung von Wärmeenergie in Öl mit geringerem Raumbedarf möglich. Die *Vulcanwerke* in Hamburg und Stettin machen darüber folgende Angaben:

Kessel	3 Dreifeuer-zylinderkessel		5 Dreifeuer-zylinderkessel		46 Wasserrohr-kessel	
Heizflache	710 qm		1360 qm		18 900 qm	
Bunkerraum für.	Kohle	Öl	Kohle	Öl	Kohle	Öl
Reise Hamburg—Newyork	850 cbm	465 cbm	1390 cbm	758 cbm	11000 cbm	6000 cbm
Tonnen Brennstoff . . .	665 tons	465 tons	1085 tons	758 tons	8600 tons	6000 tons

Dazu tritt noch die bedeutende Ersparnis an Bedienungsmannschaft.

Bei allen Ölsorten[1]) kommen im Laufe der Zeit Ablagerungen und Absonderungen vor. Es ist daher bei der Anlage darauf zu achten, daß die Rohre nicht

---

[1]) Chemische Technologie des Steinkohlenteers von Dr. *R. Weißgerber*, Abschnitt H unter e: Die technischen Öle. Verlag Otto Spamer, Leipzig.

zu eng und bequem abnehmbar sind, so daß sie durchstoßen und durchblasen werden können. Bei freiem Zufluß des Öls soll mindestens eine Gefällshöhe von 0,2 m vorhanden sein.

C. Entgasung und Vergasung.

Die Verwertung der Brennstoffe für Heizzwecke kann auch dadurch geschehen, daß dieselben nicht direkt verbrannt, sondern zuerst in gasförmigen Zustand übergeführt werden. Diese Überführung ist nun auf zweierlei Weise möglich:

1. Man gewinnt die in dem Brennstoff vorhandenen Gase und Teere durch Erwärmen des Brennstoffes evtl. unter Luft- und Dampfzufuhr und verbrennt dann den übrigbleibenden Koks oder Halbkoks oder vergast denselben.

2. Man vergast den gesamten Brennstoff. Auf Seite 41 wurde bemerkt, daß die bei Destillation aus dem Brennstoff erhaltenen Produkte verschiedene Eigenschaften besitzen, je nachdem sie bei niederer oder höherer Temperatur ausgeschieden werden. Die Versuche haben ergeben, daß in beiden Fällen:

> Wasser, das ammoniakhaltig ist,
> Gas und
> Teer

entstehen. Es hat sich gezeigt, daß die entstandenen Produkte, besonders der Teer, prinzipiell in der Zusammensetzung verschieden sind, wenn die Destillation zwischen 20 bis 500° und 20 bis 1100° vorgenommen wird. Ob das Ausgangsprodukt Steinkohle oder Braunkohle ist, ist bezüglich der chemischen Charakteristik der erhaltenen Produkte gleichgültig. Die zurückgebliebenen Produkte sind bei der Tieftemperaturverkokung, also bis 500°, sog. Halbkoks, bei der Hochtemperaturverkokung, also evtl. bis über 1100°, Hütten- oder Gaskoks.

Da Urteer bei noch verhältnismäßig niederen Temperaturen aus dem Brennstoff gewonnen wird, so darf man der Ansicht zuneigen, daß diese Stoffe auch ursprünglich in der Kohle enthalten sind, und daß bei der Austreibung nur geringe chemische Umsetzungen stattfinden. Bei Hochtemperaturteer ist jedoch starke Einwirkung von Wärme bei dem Austreiben von Urteer und der Steigerung der Temperatur erfolgt. Daher ist dieser Teer ein Zersetzungs- oder Überhitzungsprodukt des Urteeres[1]). Was die Unterscheidung beider Produkte anbelangt, so zeigt sich, daß das Wasser beim Urteer nur wenig ammoniakalische Bestandteile enthält, daß also der größte Teil des in der Kohle enthaltenen Stickstoffes dort verbleibt. Erst die Hochtemperaturbehandlung treibt den Stickstoff aus der Kohle und führt zu ammoniakalischen Verbindungen.

---

[1]) Die Tieftemperaturverkokung der Steinkohle von *W. Gluud*, Halle 1921, Wilhelm Knapp; Chemische Technologie des Steinkohlenteers von Dr. *R. Weißgerber*, Leipzig, Otto Spamer; Kraftgas von Dr. *Ferd. Fischer*, Leipzig, Otto Spamer.

Das Gas der Tieftemperaturbehandlung unterscheidet sich von dem der Hochtemperaturbehandlung dadurch, daß es in bedeutend kleinerer Menge anfällt. Man erhält im Mittel aus

1 kg Torf	42 l Urgas	160 l Leuchtgas
1 „ Braunkohle	22 l „	90 l „
1 „ Steinkohle	50—150 l „	300—350 l „

Die chemische Zusammensetzung des Gases zeigt, daß bei Urgas der Wasserstoffgehalt ein sehr geringer ist. Erst wenn die Temperatursteigerung über 700 bis 800° steigt, zeigt sich eine plötzliche Wasserstoffentwicklung, während die Entwicklung von Paraffinwasserstoffen aufhört. Die Zusammensetzung der Gase ist bei Steinkohle:

CO_2	bei 400 bis 420° 4,7 Proz.,	bei 450° 3,8 Proz.
CO	3,6 „	3,8 „
C_nH_{2n}	10,1 „	5,6 „
CH_4	45,5 „	54,2 „
C_2H_6	28,4 „	15,2 „
H_2	7,7 „	17,3 „

und bei Braunkohle bei 450°:

CO_2	42,6 Proz.
CO	8,1 „
C_nH_{2n}	4,0 „
CH_4	8,0 „
C_2H_6	18,0 „
H_2	19,3 „

bei gewöhnlichem Leuchtgas aus Steinkohle ergibt sich bei westfälischer Kohle:

CO_2	2 Proz.	bis	2,5 Proz.
CO	12 „		9 „
C_nH_{n2}	3 „		1,2 „
CH_4	23 „		34 „
C_2H_6	1 „		3,8 „
H_2	55 „		47 „
N_2	4 „		2,5 „

Bei Kokereigas ist die Zusammensetzung im Mittel folgende:

C_6	8,1 Proz.
H_2	53,4 „
CH_4	34,0 „
C_nH_m	3,6 „
N_2	0,9 „

wechselnd nach der Kohlensorte.

Der Heizwert des Urgases ist bedeutend höher als der des Leuchtgases und Kokereigases. Er steigt von 7000 bis 10 000 kcal, während Leuchtgas im Mittel über 5000 kcal hat.

Der bei der Entgasung entstehende Urteer und Kokereiteer ist nun prinzipiell verschieden. Schon im äußeren Ansehen hat der Urteer folgende Eigenschaften:

er darf keine oder geringe Paraffinausscheidungen bei Zimmertemperatur haben und muß flüssig sein;

das spez. Gewicht ist 0,95 bis 1,06 bei 25° C; er riecht nach Schwefel-
wasserstoff oder Schwefelammonium, nie nach Naphthalin;
in dünner Schicht hat er rot-goldene Farbe[1]).

Der gewöhnliche Kokereiteer hat folgende äußere Merkmale:
bei gewöhnlicher Temperatur ist er eine dickflüssige, schwarze Masse;
das spezifische Gewicht des Kokereiteers ist zwischen 1,12 und 1,18, des
Gasanstaltsteers zwischen 1,18 und 1,25;
er riecht nach Phenol und Naphthalin.

Bezüglich der Zusammensetzung des Teers ergibt sich folgendes:
Der Urteer aus Steinkohle enthält nach Untersuchungen von *Fischer*

	bei Fettkohle	bei Gasflamm-Kohle
Hochwertige, viscose Öle	15,2 Proz.	10,0 Proz.
Paraffin	0,4 ,,	1,0 ,,
Nichtviscose Öle	33,5 ,,	15,0 ,,
Phenole	14,0 ,,	50,0 ,,
Harz	4,2 ,,	1,0 ,,
Pech	19,2 ,,	6,0 ,,
Verlust und Wasser	13,5 ,,	17,0 ,,
Teer im ganzen aus 1 kg Kohle	0,03 kg	0,10 kg

Aus Rohbraunkohle (rheinische) getrocknet ergab sich:

Hochwertige, viscose Öle	16,5 Proz.
Paraffin	14,5 ,,
Nichtviscose Öle	25,9 ,,
Phenole	29,0 ,,
Harz	2,6 ,,
Pech	9,5 ,,
Verlust und Wasser	1,0 ,,
Teer im ganzen aus 1 kg Kohle	0,08 kg

Die Verarbeitung des Urteers wird nach den Vorschlägen des Kohlen-
forschungsinstitutes zu Mühlheim in folgender Weise vorgenommen:
1. Leichtflüssige Öle,
2. Schmieröle,
3. Asphaltstoffe,
4. Paraffin,
und erfolgt auf chemischem Wege oder durch Destillation mit überhitztem
Wasserdampf[2]).

Der Gasanstalts- und Kokereiteer wird auf die nachfolgenden
Substanzen verarbeitet[3]):
1. Entwässerung und Gewinnung ammoniakalischen Wassers,
2. Leichtöl,
3. Mittelöl,

---

[1]) *W. Gluud*, Die Tieftemperaturverkokung der Steinkohle.

[2]) *W. Gluud*, Die Tieftemperaturverkokung der Steinkohle, Halle; W. Knapp, und
Kraftgas von *Ferd. Fischer*, Leipzig, Otto Spamer.

[3]) Chemische Technologie des Steinkohlenteers von Dr. *R. Weißgerber*. Leipzig,
Otto Spamer.

4. Schweröl,

5. Anthracenöl,

6. Pech.

Die Zusammensetzung des Gasanstaltsteers schwankt nach der Ofenart; er ist bei Horizontalofen schwarz und dickflüssig, während er beim Übergang vom Schräg- bis zum Vertikalofen schließlich braun und dünnflüssig wird. Nach den Analysen im Journal für Gasbeleuchtung 1906, 259, ist die Zusammensetzung folgende:

	Horizontalofenteer	Vertikalofenteer
Spez. Gew.	1,24	1,16
Wasser	2,80	3,00
Leichtol 170°	6,09	7,65
Mittelöl 230°	5,26	9,78
Schweröl 270°	9,43	16,55
Anthracenöl 320°	8,90	17,42
Pech	67,52	45,60

Aus Leichtöl wird Benzol gewonnen. Der größte Teil des heute verbrauchten Benzols entstammt jedoch dem Auswaschen von Kokereigas.

Es betragen im Rohteer der Kokereien

Öle und feste Ausscheidungen	ca. 41 Proz.
Pech	„ 55 „
Wasser und Destillationsverluste	„ 4 „

Zwecks Verwertung der Teere aus der Kohle kann auch bei höherem Druck destilliert werden. Bei 20 Atm und 600° entstehen aromatische Körper mit mehr oder weniger hochsiedenden Ölen. Die Gas- und Koksausbeute vergrößert sich gegen die Destillation bei atmosphärischem Druck.

Auch durch Extraktion mit Benzol kann der Teer aus den Brennstoffen gewonnen werden. Bei atmosphärischem Druck ergibt sich 0,5 Proz. Extrakt, bei 55 Atm und 270° etwa 6,5 Proz. Extrakt. Das Extrakt ist dem Petroleum ähnlich.

Anstelle der Benzolextraktion wurde auch mit SO_2 extrahiert. Man erhält dann 10 Proz. Lösliches, die rückbleibende Kohle quillt dabei auf und zerfällt.

Es bleibt nun noch der zurückbleibende Halbkoks und Koks zu besprechen. Der Halbkoks hat infolge der geringeren Wärmeeinwirkung noch mehr flüchtige Bestandteile in sich als der reine Koks. *Fischer & Gluud*[1]) geben folgende Werte von Gasflammkohle, Zeche Lohberg:

In Proz.	Feuchtigkeit	Fluchtige Bestandteile	Koks	Asche
Kohle	2,5	37,5	62,5	9,3
Halbkoks	—	15 bis 16	84 bis 85	18,2

die bei der Umrechnung auf Reinkohle ergeben:

In Proz.	Fluchtige Bestandteile	Koks	C	H	O	N	S
Kohle	39,7	60,3	82,2	5,2	8,7	2,1	1,8
Halbkoks	17,2 bis 18,3	81,7 bis 82,8	80,9	3,9	7,5	1,9	1,8
Koks	2,1	97,9	96,6	0,4	1,6		1,4

---

[1]) Gesammelte Abhandlungen zur Kenntnis der Kohle Bd. 3, S. 218.

Die physikalischen und chemischen Eigenschaften bei den Koksarten sind folgende:

H a l b k o k s[1]) ist ein weiches und lockeres Produkt, das leicht zerbröckelt wird. Er kann daher nur schwer als Brennmaterial für direkte Feuerung verwandt werden. Bei der Vermahlung als Staub ist es jedoch als Staubfeuerung zu verwenden. Da er infolge seines Gasgehaltes leichter entzündlich ist als Hochtemperaturkoks, so ist der Staubfeuerung hier nicht die Schwierigkeit wie der Koksstaubfeuerung eigen. Außerdem brennt er mit Flamme und nicht wie Koks fast flammenlos. Gewisse Kohlen geben einen Halbkoks, der nicht die Eigenschaften des Zerbröckelns hat, sie können daher ohne weiteres in der Feuerung verbrannt werden. Die Verbrennung des Halbkokses, der eines Teiles des Kohlenwasserstoffes der Kohle beraubt ist, erfolgt ohne Rauchbildung.

Zweckmäßiger wird heute der Halbkoks vergast entweder direkt bei der Urteergewinnung oder in einem besonderen Generator.

Der Heizwert des Halbkokses liegt nun ungefähr gleich mit dem der Kohle, so daß damit kein minderwertiges Brennmaterial gegeben wird.

K o k s ist aus den Kokereiöfen dichter und fester als Gasanstaltskoks. Der Heizwert beider Arten liegt bei 7100 bis 7400 kcal bei 8 bis 11 Proz. Asche- und 0,5 bis 1,2 Proz. Wassergehalt.

Bei dieser Gelegenheit sei noch auf eine andere Auswertung der Kohle: die Schwelung, eingegangen.

S c h w e l t e e r ist das Produkt trockener Destillation bituminöser Kohle oder bituminösen Ölschiefers. Das Bitumen, das der wichtigste Bestandteil des Ausgangsproduktes ist, dient zur Gewinnung des sog. Schwelteeres und findet sich in gewissen Braunkohlen und erdigen Feuerkohlen. Es besteht gute Schwelkohle aus:

Bitumen . . . . . . 16,8 Proz.
Huminsauren . . . . 39,9 „
Restkohle . . . . . 43,3 „

Die Gewinnung des Schwelteeres, dessen Hauptbestandteile

Paraffin,

Kreosol und

Rohöl

sind, ist mit der Erzeugung von Schwelwasser und Gas verbunden. Das bei Braunkohle zurückbleibende Produkt ist G r u d e k o k s. Er enthält im Mittel 20 Proz. Wasser, 15 bis 25 Proz. Asche und hat an 4000 bis 4800 kcal unteren Heizwert. Grudekoks ist körnig und glimmt beim Entzünden an der Luft weiter. Die ganze Industrie ist ausführlich in „Die Schwelteere" von Dr. *W. Scheithauer*, Leipzig, Verlag Otto Spamer beschrieben, woselbst die Analysen, Öfen und Verwendung der Schwelteere angegeben sind.

---

[1]) Feuerungstechnik 11. Jg., Heft 11, S. 128: Carbocoal; Power 29. Mai 1923 und Archiv für Wärmewirtschaft 5. Jahrg., Heft 3; 1924, Kohlenvergasung in Kraftwerken von *Landsberg*.

Die Verarbeitung der Kohle und Teergewinnung geschieht bei Urteergewinnung auf zwei Arten. Hauptprodukt: Urteer, Nebenprodukt: Halbkoks, oder Nebenprodukt: Urteer, Hauptprodukt: Gas.

Bei der Hochtemperaturteergewinnung hat man Kokereiteer, Kokereigas, Hüttenkoks oder Leuchtgas und Gasanstaltskoks. Die Erzeugnisse sind hier gleichwertig.

In England, wo die Kannelkohle sich vorzüglich zur Urteergewinnung eignet, wird die Gewinnung in stehenden, rechteckigen oder runden, gußeisernen Retorten vorgenommen, die durch die ausgetriebenen Gase beheizt werden[1]). Eine den deutschen Anlagen ähnliche Anlage, die an Stelle senkrechter Retorten wagrechte oder schwach geneigte setzt, ist die Anlage von *Crawford, Thomas & Del Monte-Everest*, die durch eine Schnecke in der Trommel einen

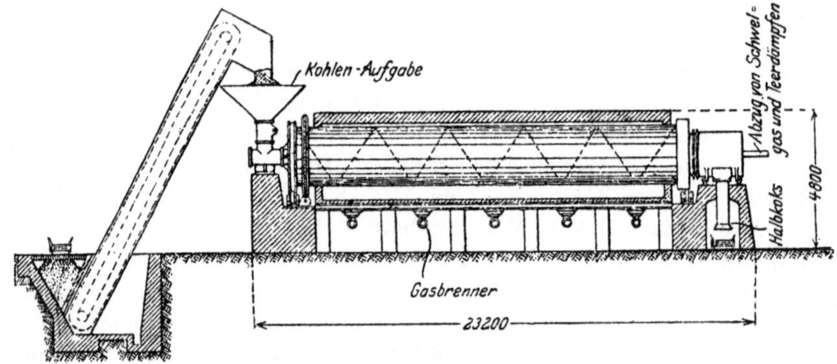

Fig. 79. Drehofen nach *Thyssen*.

kontinuierlichen Betrieb erreichen. In Deutschland hat sich der Drehofen von *Thyssen* als maßgebend erwiesen[2]). Seine prinzipielle Anordnung zeigt Fig. 79.

Er ergibt bei:

Gasflammförderkohlen der Gewerkschaft Friedrich Thyssen . 10,0 Proz.
Hirschfelder Rohbraunkohle. . . . . 6,5 „

wasserfreien Teer. Der wärmewirtschaftliche Wirkungsgrad der Schwelerei ist 90 Proz. Der entstehende Halbkoks wird entweder je nach Kohlenart verbrannt oder vergast. Die wichtigsten Anlagen der Entgasung stellen die Leuchtgasanlagen und die Kokereianlagen dar. In beiden Fällen wird die Kohle unter Abschluß von Luft in Retorten oder Kammern Temperaturen von 800 bis 1400° ausgesetzt.

Der Unterschied zwischen der Herstellung von Leuchtgas und Kokereigas besteht darin, daß bei der Leuchtgasfabrikation die Herstellung des Leuchtgases die Hauptsache ist und Koks als Nebenprodukt entfällt; bei der Herstellung von Hüttenkoks ist dessen Herstellung die Hauptsache;

---

[1]) Revue de Métallurgie 1920, *Janvier*.
[2]) Die Entgasung der Kohle im Drehofen von Dr. *Roser*. Stahl und Eisen 1920, S. 742.

er wird dann im Hüttenbetrieb und in industriellen Feuerungen und Prozessen jeder Art weiterverwendet; Teer, Ammoniak, Benzol sind Nebenprodukte, ebenso Kokereigas.

Zunächst sei eine Anlage für Leuchtgaserzeugung in Fig. 80 wiedergegeben. Bei älteren Anlagen (Fig. 80) sind die Retorten horizontal, bei anderen, wie Fig. 81 zeigt, sind sie schräg gelegt. Das Gas wird vorn an der Retorte abgefangen und zunächst in eine Wasservorlage geleitet.

Eine weitere Ausführungsart ist, von der horizontalen zur schrägen Retorte übergehend, die Vertikalstellung der Retorte, die in Fig. 82 (siehe Tafel II) ersichtlich ist.

In neuerer Zeit ist man entsprechend den Erfahrungen beim Kokereibetrieb dazu übergegangen, an Stelle der Retorten gemauerte Kammern zu setzen. Ein beliebter Typ ist der von dem Schrägkammerofen, Fig. 83. An Stelle der Retorten ist ein Schacht mit einem rechteckigen Querschnitt vorgesehen Der Entgasungsschacht wird neben Austragung in schräger Richtung auch in horizontaler oder vertikaler Richtung angelegt[1]).

Die Beschickung der Öfen geschieht mit mechanischen Beschickungsvorrichtungen. Die mittleren Dimensionen sind folgende:

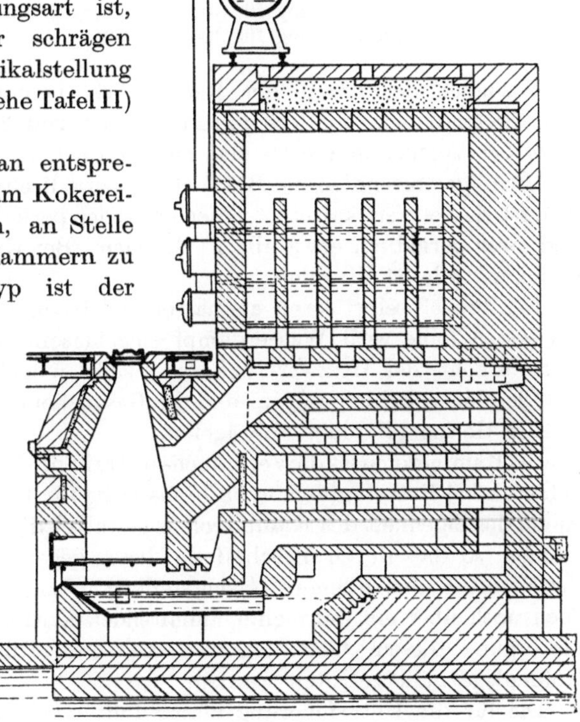

Fig. 80. Horizontalretortenofen.

Horizontalretortenofen:

Saarkohle:
Mittlere Retortenladung . . . . 650 kg
Gasausbeute aus 100 kg Kohlen bei 0° und 760 mm . . . 29,4 cbm
Unterer Heizwert bei 0° und 760 mm . . . . 5400 kcal
Unterfeuerung für 100 kg Kohle . . . . 12,6 kg
Unterfeuerung für 100 cbm Gas . . . . 42,7 kg

---

[1]) Siehe *Volkmann*, Chemische Technologie des Leuchtgases. Leipzig, Otto Spamer. *L. Litinsky*, Warmewirtschaftsfragen, Wirtschaftlicher Vergleich von Retorten und Kammeröfen. Leipzig, Otto Spamer.

Schrägretortenofen: 32° Neigung der Retorten:

Ruhrkohle: Mittlere Retortenbeschickung. 500   kg
Gesamtausbeute aus 100 kg Kohlen bei 0° und 760 mm .   29,5 cbm
Unterer Heizwert bei 0° und 760 mm 5500   kcal
Unterfeuerung für 100 kg Kohle . . . .   14,0 kg
Unterfeuerung für 100 cbm Gas . . . .   47,0 kg

Vertikalofen:

Schles. Kohle: Mittlere Retortenbeschickung . . . . : 500   kg
Gasausbeute aus 100 kg Kohlen bei 0° und 760 mm . . .   38,5 cbm
Unterer Heizwert 4500   kcal
Unterfeuerung für 100 kg Kohlen. . . . .   14,1 kg
Unterfeuerung für 100 cbm Gas . . . .   36,6 kg

Bezüglich der Länge der Retorten sei bemerkt, daß Horizontal- und Schrägretortenöfen mittlere Retortenlängen von 3 bis 6 m haben, während diese bei Vertikalöfen 6 m und mehr erreichen. Während bei Horizontal- und Schrägretortenöfen die Beschickung periodisch ist, etwa alle 8 bis 9 Stunden, ist sie bei Vertikalretortenöfen entweder periodisch oder ununterbrochen, und zwar periodisch etwa alle 10 Stunden. Bei Kammeröfen erfolgt die Beschickung alle 24 Stunden.

Der Prozeß selbst kann als nasser und trockener Prozeß geführt werden. Im ersten Falle wird Wasserdampf eingeblasen. Dadurch wird die Gasausbeute erhöht, der Heizwert des Gases sinkt jedoch.

Die obigen Zahlen zeigen, daß die Gasausbeute bei Vertikalöfen höher ist als bei Horizontal- oder Schrägöfen.

Bei Kammeröfen ist die Verbrauchsziffer für die Unterfeuerung bis jetzt etwas höher als bei Retortenöfen, etwa 15 bis 18 kg für 100 kg Kohle in der Kammer. Allein die Eigenheit des Kammerofens gestattet die Verkokung minderwertiger Kohlen, so daß durch Beschaffung dieser gegenüber den teuren Gaskohlen für Retorten eine billigere Gasherstellung möglich ist. Ferner sollte bei der doch noch über ein Jahrzehnt anhaltenden kritischen Lage unserer Kohlenversorgung diesem Gesichtspunkt auch mit Rücksicht auf Deutschlands Kohlenlage nähergetreten werden.

Die für die Unterfeuerung nötige Luft wird entweder in Regeneratoren oder in Rekuperatoren vorgewärmt bis auf etwa 800°. Mit Rücksicht auf eine hohe Gasausbeute wird in den Öfen heute mit hohen Temperaturen bis 1400° C gearbeitet. Die Zusammensetzung des Leuchtgases ist nach Volumprozenten gereinigt: 49 Proz. H_2, 34 Proz. CH_4, 8 Proz. CO, 4 Proz. C_2H_4 + C_6H_6 + usw., 1 Proz. CO_2, 4 Proz. N_2.

Aus 100 kg guter Gaskohle werden hergestellt:

65 bis 68 kg Koks,
5 ,, Teer,
8 ,, Gaswasser,
16 bis 19 ,, Gas = 30 bis 35 cbm Gas von 0,40 bis 0,42 spez. Gewicht.

Die vorerwähnte Gaszusammensetzung wird durch den vielfach üblichen Zusatz von carburiertem Wassergas verändert, so daß bei 20 Proz. Zusatz an carburiertem Wassergas die Zusammensetzung ist: 50 Proz. H_2, 27 Proz. CH_4, 14 Proz. CO, 4 Proz. $C_2H_4 + C_6H_4 +$ usw., 1 Proz. CO_2 und 4 Proz. N_2.

Die Nebenapparate für Leuchtgasfabrikation, welche die Gewinnung von Teer, Naphthalin, Cyan und Ammoniak bezwecken, und die alle wärmetechnisch und industriell eine große Rolle spielen, dürfen bei keiner Gasfabrik fehlen[1]).

Die nächste Type von Schachtgeneratoren stellen die Kokereiöfen dar. Von den vielen Typen, die hier in Betracht kommen, sei in Fig. 84 ein gebräuchlicher wiedergegeben.

Während früher in Europa und Amerika zur Koksherstellung die sog. Bienenkorböfen verwandt wurden (ähnlich wie die Holzmeiler für Holzkohlendarstellung), und dann später die Appolt- & Coppée-Öfen, an ihre Stelle traten, sind nunmehr die Destillationsöfen, wie in Fig. 84 dargestellt, getreten. Die Coppée-Öfen, von *Otto* verbessert, waren 9 bis 10 m lange, 0,6 m breite und 1,5 bis 1,7 m hohe Schächte, von Schamotte umgeben, die in Batterien nebeneinandergestellt waren. Dazwischen wurde durch die Abgase des Kokereiverfahrens unter Luftzuführung geheizt. Die Ausbeute war aus 100 kg trockener Kohle etwa 70 bis 80 kg Koks. Im Gegensatz zu der Leuchtgasfabrikation wird der Prozeß im Kokereiverfahren mit bedeutend niederer Temperatur, etwa 1000° C, geführt.

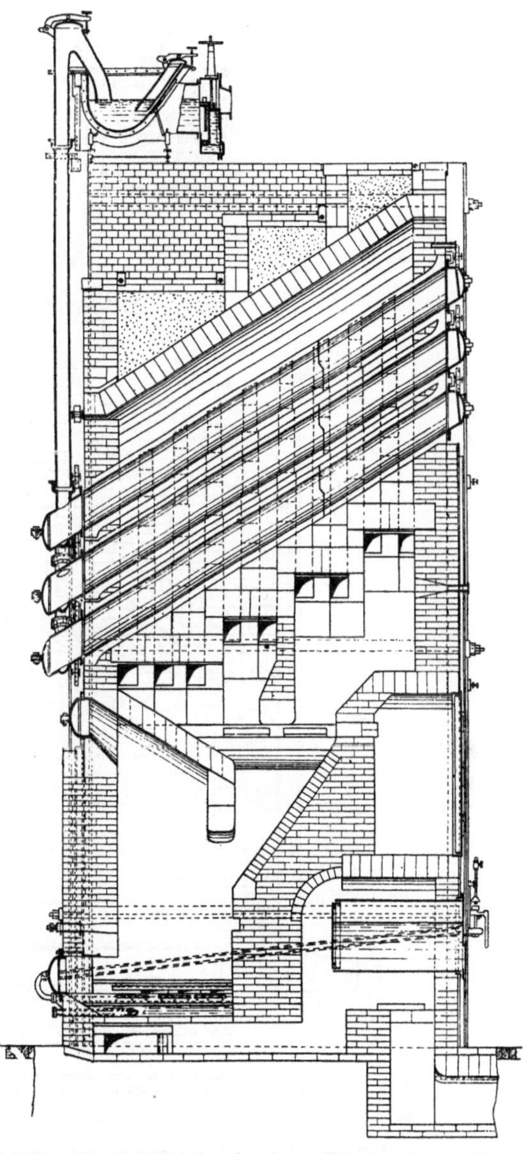

Fig. 81. Schnitt durch einen Schrägretortenofen. Retortenlänge etwa 4,5 m.

Die Erwärmung der Kokereiöfen geschieht entweder mit dem eigenen Gase aus den Öfen oder mit besonderem Generator- oder Mischgas oder Hoch-

---

[1]) *Volkmann*, Chemische Technologie des Leuchtgases. Leipzig, Otto Spamer.

ofengichtgas bei 750 bis 1200 kcal. Dadurch kann das Kokereigas, das 4000 bis 6000 kcal hat, sog. Reichgas, zu Beleuchtungszwecken verfügbar gemacht

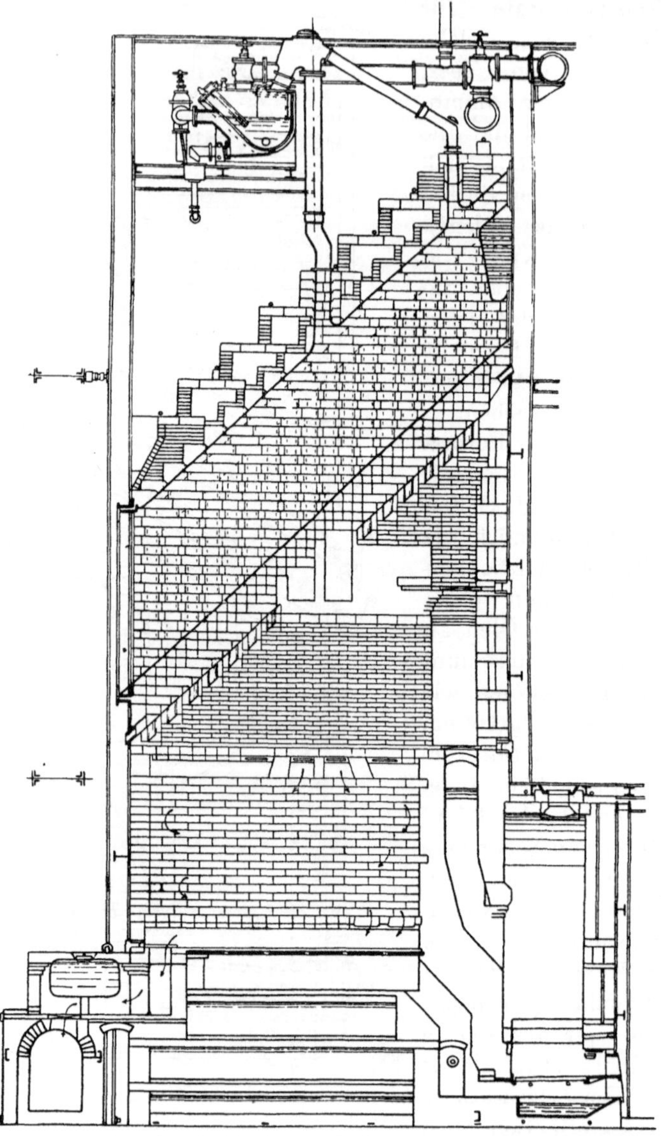

Fig. 83. Schrägkammerofen mit eingebautem Vollgenerator.

werden. Die Öfen, welche mit eigenem oder fremdem Gase geheizt werden, nennt man Verbundöfen[1]). Sie benötigen für 1 kg nasse Kohlen etwa

---

[1]) Iron Trade Review 71. Jg., S. 1055, 1922 und Feuerungstechnik XI, 1923, Nr. 8: Der Roberts-Koksofen von *Illies*.

700 kcal. Man erhält per 1 Tonne gewonnenen Koks etwa 380 bis 425 cbm
Gas, wenn die Öfen mit Fremdgas beheizt werden. Erfolgt die Beheizung
mit eigenem Gas, so werden etwa 90 bis 115 cbm frei. Die Beheizung der
Hilfsapparate ist dabei mit einbezogen.

Die Abgase der Kokereien strömen mit etwa 500° ab und scheiden Teer,
Ammoniak und Benzol aus. Die weitere Verarbeitung dieser Rohprodukte
geschieht durch Rektifizieren.

Es ergeben die modernen
Koksöfen aus 1000 kg Steinkohle:

700 bis 800 kg Koks,
  20 „   30 „ Teer,
        1 „ Ammoniak,
     10 „ Benzol nebst
              Leichtbenzol,
250 „ 310 cbm Gas von 3500 bis
              4500 kcal.

Der Teer enthält:

0,1 bis 0,5 Proz. Leichtbenzol,
0,5 „ 1,0   „   Schwerbenzol,
0,5 „ 1,0   „   reine Carbolsäure,
4,0 „ 6,0   „   Naphthalin,
0,3 „ 0,5   „   Anthracen,
     0,25 „   Pyridinbasen,
20,0 „ 30,0 „   schwere Teerole,
50,0 „ 60,0 „   Pech,
5,0 „ 10,0 „   Kohlenstoff.

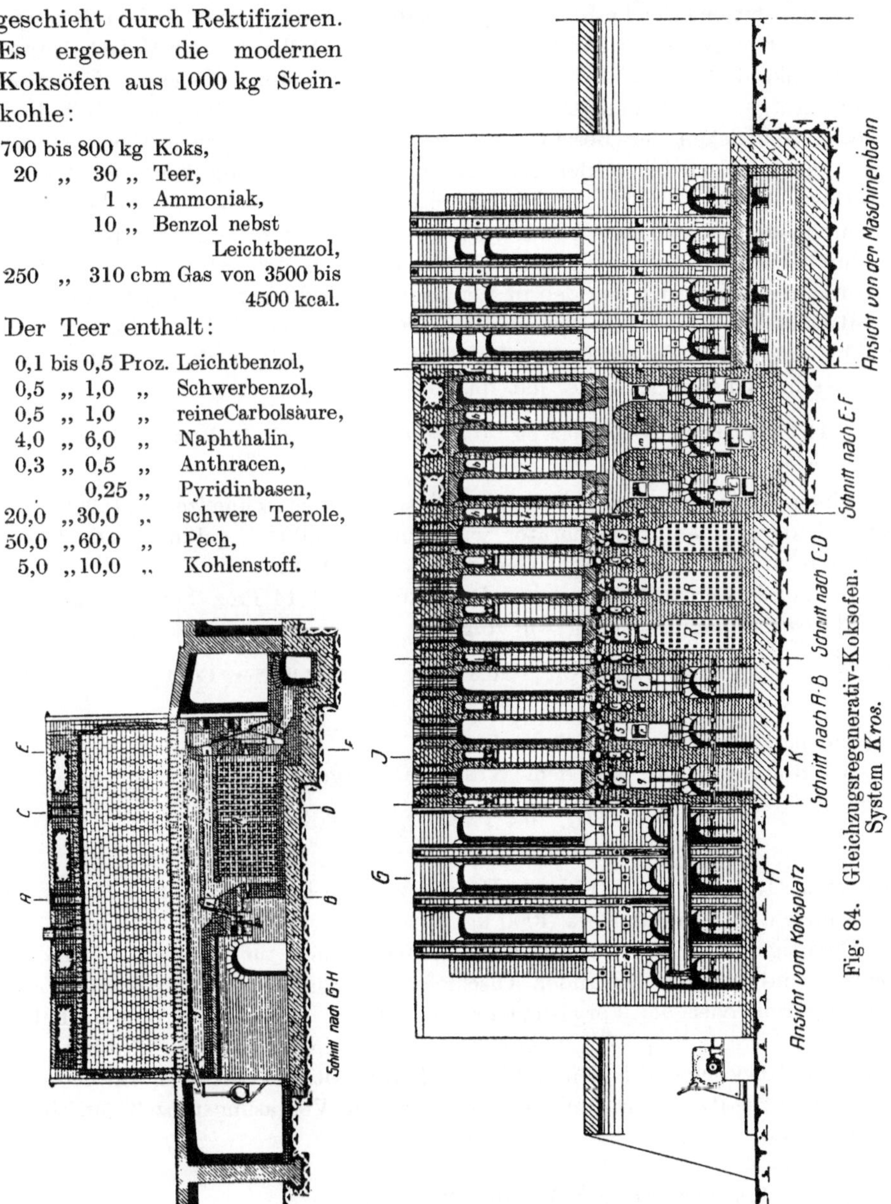

Fig. 84. Gleichzugsregenerativ-Koksofen.
System Kros.

Die Teerprodukte werden entweder zu chemischen Produkten weiterverarbeitet oder als Brennstoffe verbraucht.

Der Leuchtgasteer, etwa prozentual gleicher Zusammensetzung wie oben, ergibt sich aus 100 kg Kohle zu 5 bis $5^1/_2$ Proz.

Die hier genannten Typen von Kokereiöfen dienen zur Verarbeitung hochwertiger Kohlensorten. Es sind jedoch auch Typen geschaffen, die für minderwertige, bitumenreiche Brennstoffe geeignet sind. Fig. 85 (s. Tafel III) zeigt einen sog. Ringgenerator zur Verarbeitung von Abfällen bei der Verarbeitung von Steinkohle[1]). Je vier Kammern bilden ein System. In einer Kammer erfolgt Entgasung, in den drei anderen Vergasung. Die Entgasung hat den Zweck: Heißziehen der Beschickung zur Erzeugung teerarmer Gase: Heizgas, oder Glühendziehen der Beschickung zur Erzeugung teerfreier Gase: Kraftgas. Die Entzündung und Vorbereitung der Beschickung wird bewirkt: 1. durch das noch glühende Mauerwerk des vorgehenden Vergasungsprozesses, 2. durch die vom vorhergehenden Prozeß noch im Aschfall liegende Masse, 3. durch die Beheizung von den in Vergasung befindlichen Nachbarkammern.

Bei einer Kohle mit Schiefer von 10 bis 28 Proz. reiner Kohle und 2400 kcal, 3,5 bis 4,5 Proz. Wasser und 9 bis 14 Proz. flüchtigen Bestandteilen bei leicht schmelzbarer Schlacke, hat das Gas im Mittel:

$$11 \text{ bis } 12 \text{ Proz. } CO_2, \quad 0,2 \text{ bis } 0,3 \text{ Proz. } O_2, \quad 9 \text{ bis } 10 \text{ Proz. } CO,$$
$$2 \text{ „ } 3 \text{ „ } CH_4, \quad 18 \text{ „ } 22 \text{ „ } H_2, \quad 53 \text{ „ } 56 \text{ „ } N_2$$

bei einem Heizwert von 1100 kcal. Die Schlacken schmelzen bei 900 bis 950° C; der Prozeß im Generator wird bei ca. 1000° C geführt. Die Gase haben beim Austritt aus dem Generator ca. 500° C.

Bei minderwertiger böhmischer Braunkohle mit 14 Proz. Schlackengehalt ist die Gaszusammensetzung wie folgt:

$$6,2 \text{ Proz. } CO_2, \quad 0,8 \text{ Proz. } O_2, \quad 24,6 \text{ Proz. } CO,$$
$$4,5 \text{ „ } CH_4, \quad 21,6 \text{ „ } H_2, \quad 40,5 \text{ „ } N_2,$$

bei einem Heizwert von 1743 kcal.

Bei Rohbraunkohle aus dem Westerwald ergab sich:

$$12,5 \text{ Proz. } CO_2, \quad 0,4 \text{ Proz. } O_2, \quad 14 \text{ Proz. } CO,$$
$$5,3 \text{ „ } CH_4, \quad 1,7 \text{ „ } H_2, \quad 50,7 \text{ „ } N_2,$$

bei einem Heizwert von 1317 kcal. Hierbei war die Betriebszeit einer Kammer 31 Stunden, ihr Inhalt etwa 4000 kg.

Derartige einfache Schachtgeneratoren sind auch zur Ausnützung der in Deutschland vielfach lagernden Ölschiefer geeignet. Der Prozeß kann als Schwelprozeß oder als Vergasungsprozeß geführt werden. Im ersten Falle käme die Urteer- resp. Ölgewinnung in Frage, im zweiten Falle dürfte es sich mit Rücksicht auf den hohen Aschengehalt der Schiefer empfehlen, evtl. durch Zusatz von Braunkohle oder Torf den Vergasungsprozeß günstiger zu gestalten.

---

[1]) Nach Feuerungstechnik 1. Jg., Heft 13, S. 225 f.

Die **Vergasung** des Brennstoffes[1]) hat den Zweck, den gesamten zur Verfügung stehenden Brennstoff in Gas überzuführen. Dabei kann eine Urteergewinnung während des Vergasungsprozesses durchgeführt werden. Die Apparate, die zur Vergasung dienen, heißen Generatoren. Die zwei Haupttypen sind:

Festrostgeneratoren
und
Drehrostgeneratoren.

Der Festrostgenerator wird als Planrostgenerator, Schrägrostgenerator mit rechteckigen Rosten oder als Rundrostgenerator gebaut. Die älteste Ausführung ist der *Siemens*-Generator. Fig. 86 und 87 geben zwei Generatoren für Rohbraunkohle und Braunkohlenbriketts wieder.

Die Luft tritt unter dem Schrägrost zu und das Gas geht bei *a* in den Gaskanal. Die älteren Generatoren dieser Art arbeiten alle mit natürlichem Luftzug. Um von den Witterungseinflüssen unabhängiger zu sein und ein gleichmäßiges Gas zu erhalten, werden die neueren Generatoren mit Druckluft, evtl. mit Wasserdampfbeimischung ausgeführt. Eine derartige Konstruktion zeigt Fig. 88. Der Abschluß nach unten geschieht durch ein Wasserbassin. An Stelle des schrägen Rostes tritt auch ein horizontaler Rost bei kleineren Anlagen. Letzterer gestattet bei nicht zu hoher Kohlenschicht dann auch die Verwendung als

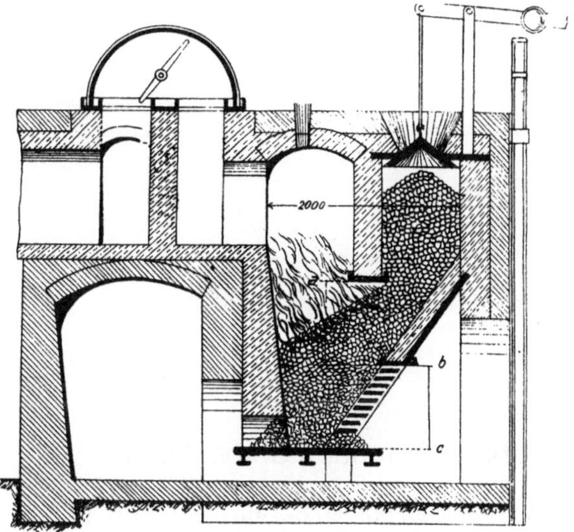

Fig. 86. Rohbraunkohlengenerator.

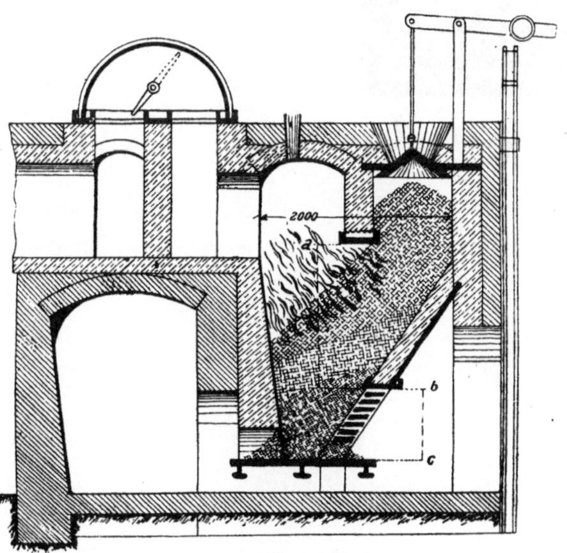

Fig. 87. Brikettgenerator.

_____

[1]) Forging, Stamping, Heat Treating 9. Jg., Nr. 3, S. 156 bis 160, 1923.

Additional information of this book

(Der WÃrmeingenieur; 978-3-662-27639-6; 978-3-662-27639-6_OSFO3) is provided:

http://Extras.Springer.com

Halbgasfeuerung. Da dieselbe ein warmes Gas erzeugt, wird sie meist an den Industrieofen, bei dem das Gas verwandt wird, angebaut. Eine Ausführung zeigt Fig. 89, die als Generator für Gas und Halbgasfeuerung verwandt werden kann. Was die Belastung der Generatoren anbelangt, so rechnet man bei guten Steinkohlen folgende Werte:

Planrostgeneratoren

Rostgröße in qm	Belastung in kg/qm-St.	Durchsatz in kg-St.	Gas per cbm-Min.
0,250	180	45	9
0,350	175	61	12
0,640	170	105	21

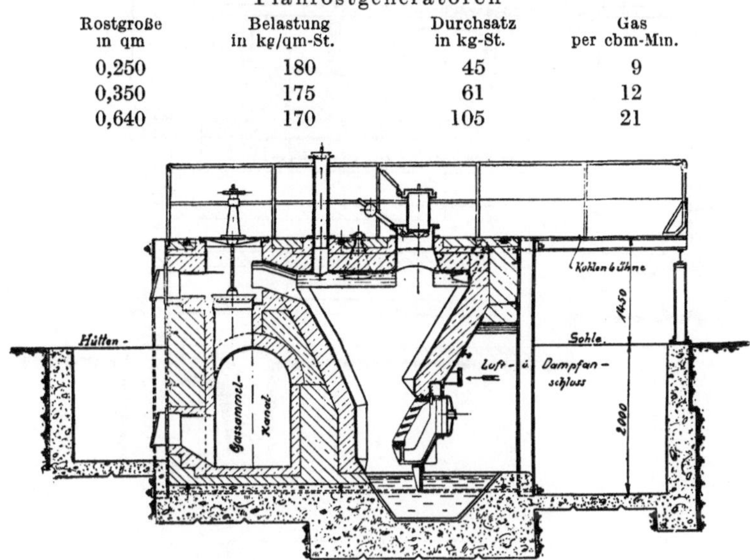

Fig. 88. Schrägrostgenerator von *W. Ruppmann*, Stuttgart.

Schrägrostgeneratoren

Rostbreite in mm	Schachtbreite in mm an Oberkante Rost	Belastung in kg/qm-St.	Durchsatz in kg-St.	Gas per cbm/Min.
600	500	130	45	8,5
1000	850	120	104	21
1500	850	110	142	28
1800	1000	100	180	38

Bei Rohbraunkohle und Braunkohlenbriketts können diese Werte bis 30 Proz. vergrößert werden. Der Dampfzusatz wird bei trockener Kohle bis 0,15 bis 0,30 kg pro 1 kg vergaster Kohle genommen, bei nasser Kohle, Rohbraunkohle ist er schädlich. Diese Generatoren eignen sich weniger für feinkörnige und staubförmige Kohle, sie geben gute Resultate nur bei stückiger Kohle.

An Stelle der Plan- und Schrägrostgeneratoren[1]), die im allgemeinen aus Mauerwerk hergestellt werden, hat man die Rundgeneratoren gesetzt. Bei denselben ist die Möglichkeit gegeben, durch Drehen des Rostes ein selbsttätiges Herabziehen der Asche und Ausfahren derselben aus dem Generator zu ermöglichen.

---

[1]) An Stelle der Planroste treten in neuerer Zeit auch dachformige Roste (Konstruktion von *Friedrich Siemens A.-G.*, Berlin NW 6).

In Fig. 90 ist ein Festrostgenerator angegeben. Die Aschenausführung kann trocken oder naß erfolgen. Die Entschlackung erfolgt intermittierend. Während dieser Periode ist die Gaserzeugung unregelmäßig oder unterbrochen.

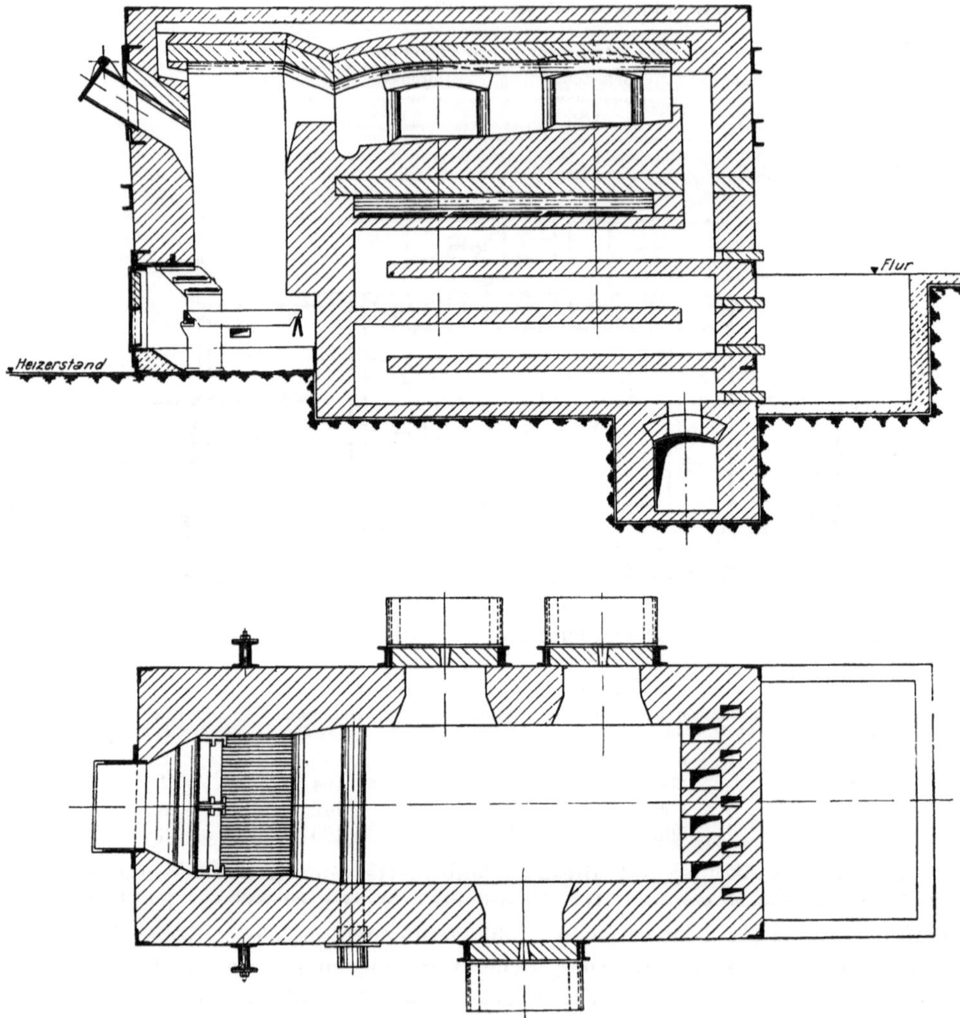

Fig. 89. Schmiedeofen mit Halbgasfeuerung von *Gebr. Pierburg A.-G.*, Berlin-Tempelhof.

Auch ist die Regulierung der Feuerzone sehr schwierig. Sie kann leicht zu weit nach unten steigen und dadurch ein Schmelzen der Schlacke und Verschmutzen und Verstopfen der Luftzuführung verursachen. Staubförmige Brennstoffe und Brennstoffe mit leicht backender Schlacke sind für diesen Generator ungeeignet. Um diesem Umstand abzuhelfen, hat man an Stelle

des festen Rostes einen Drehrost gesetzt. Derselbe wird durch Zahnrad oder
Schneckengetriebe angetrieben. Sowohl der Festrost als auch Drehrost werden
entweder eben, dachförmig oder konisch ausgeführt, wobei Luft und Dampf

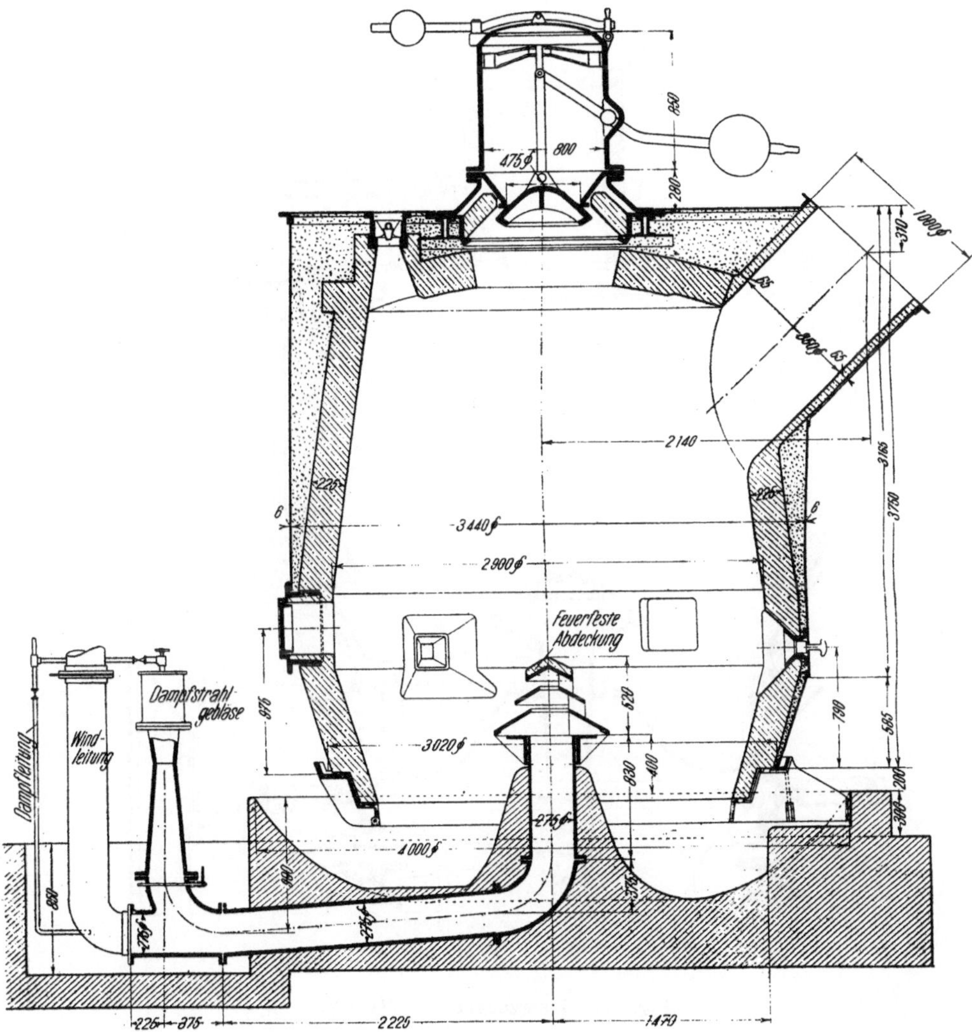

Fig. 90. Morgan-Gaserzeuger von *Ehrhardt & Sehmer*.

zwischen den Roststäben eingeblasen wurde. Um das Brennmaterial
gleichmäßig zu verteilen, und die Aschabführung zu erleichtern, wird
auch eine mechanische Stochvorrichtung eingebaut, die durch Transmission betätigt wird.

Der in Fig. 91 dargestellte Gaserzeuger von *Hughes* hat einen Hebel zum

Stochern des Materials. Er dient zur Gaserzeugung mit gewaschener Nuß-kohle von 7780 kcal für 1 kg Brennstoff. Das erzeugte Gas hat:

5 bis 6 Proz. CO_2, 21 bis 24 Proz. CO, 2,5 Proz. CH_4,
0,18 „ C_2H_4, 10 „ 11 „ H_4, 0,1 „ O,

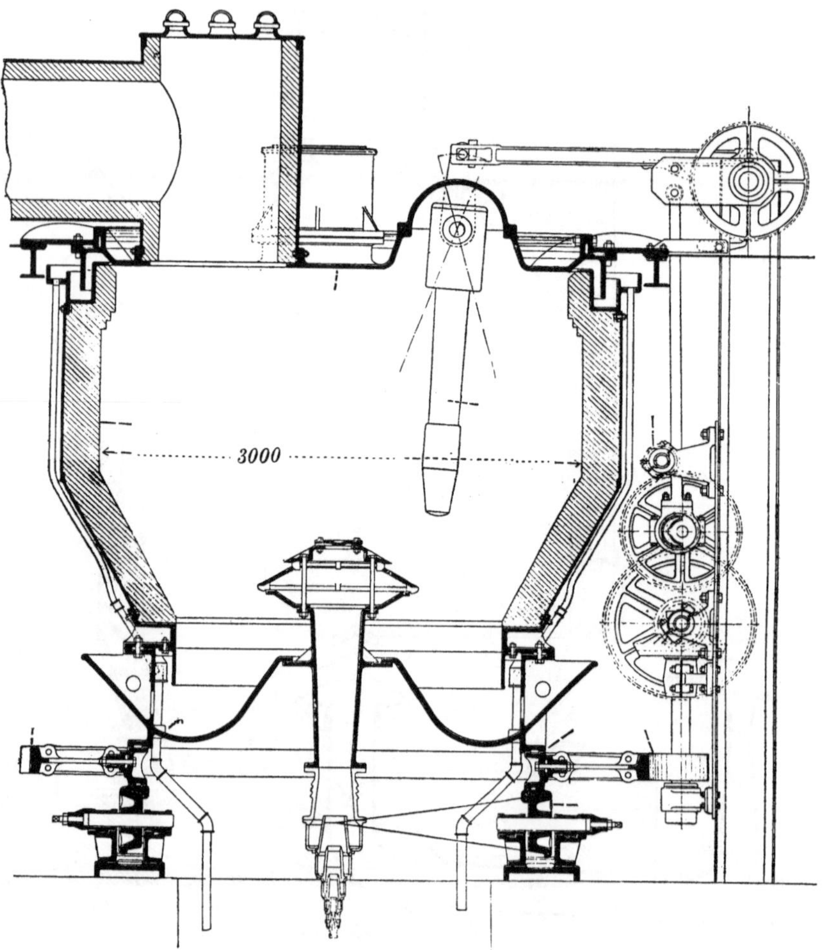

Fig. 91. Gaserzeuger von *Hughes*.

bei einem Heizwert von 1210 kcal per 1 cbm Gas. Bei 3 m lichtem Durch-messer werden stündlich 590 kg Kohlen vergast, also für 1 qm Schachtfläche 80 kg. Der eingeblasene Wasserdampf war für 100 kg Brennstoff 30 kg bei etwa 1,3 Atm Druck. 1 kg Brennstoff ergab 4,3 cbm Gas mit im Mittel 60 g Wasser in 1 cbm Gas. Die Asche hatte 6 bis 20 Proz. brennbare Bestandteile. Der Kraftbedarf zum Betrieb des Generatorschachtes (der untere Teil steht fest) und des Stocharmes beträgt rund 3 PS am Schaltbrett gemessen.

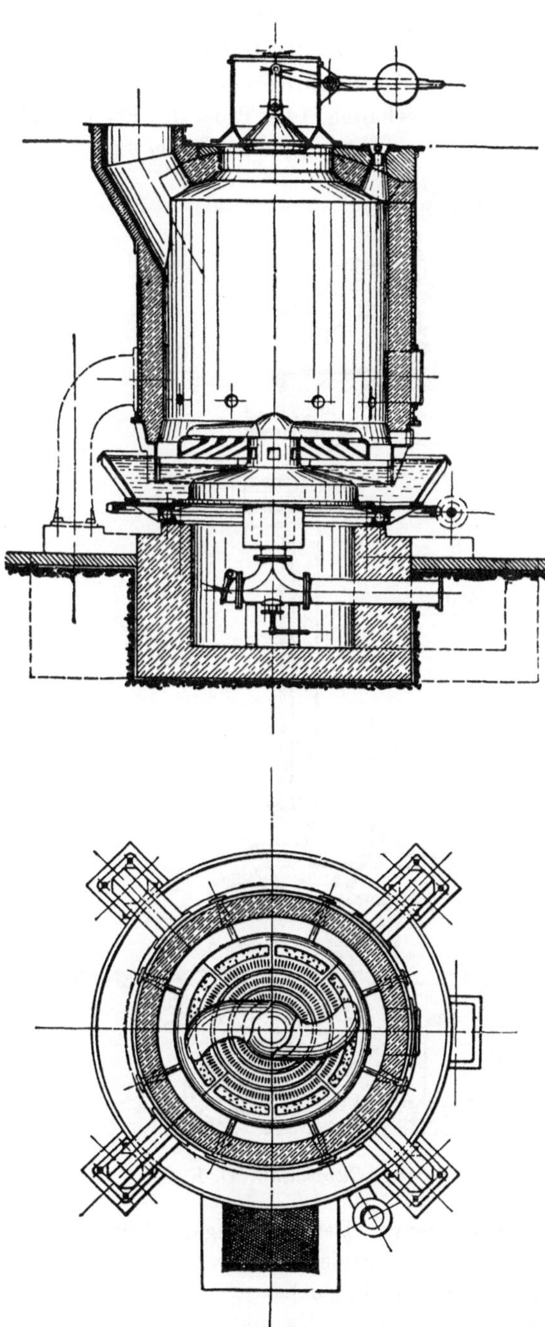

In Fig. 92 ist ein Generator abgebildet, der einen festen Rost besitzt, über welchem ein doppelarmiger Ausstreifer liegt. Dieser Rost eignet sich besonders zur Vergasung von Rohbraunkohle. Der doppelarmige Ausstreifer rotiert über dem Rost und entfernt die Asche durch die Öffnungen des festliegenden Rostes. Dadurch wird die Säule der Rohbraunkohle in Ruhe gelassen. Die Ausbeute an Gas soll höher sein, da es durch den festliegenden Rost leichter möglich ist, die genügende Luftmenge senkrecht durchzublasen und andererseits doch die Asche sachgemäß abzuführen.

Im allgemeinen versteht man unter Drehrostgeneratoren solche Generatoren, in denen bei feststehendem Schacht der Rost gegen den Schacht gedreht wird. Ein Typ dieser Art ohne Teergewinnung ist in Fig. 93 dargestellt. Das Stochen erfolgt durch oben angebrachte Stochlöcher.

In Fig. 94 ist ein anderer Typ eines Drehrostgenerators gezeigt. In Fig. 95 ist der Prozeß im Generator veranschaulicht.

Der Gedanke, die an den Schachtwänden vorhandene Wärme auszunützen, hat u. a. zur Konstruktion des Generators Fig. 96 geführt.

Fig. 92. Gasgenerator des *Eisenhüttenwerks Keula A.-G.*, Keula (O.-L.).

Dieser Generator wird vielfach zur Vergasung von Förderkohle verwandt. Eine Untersuchung derartiger Generatoren ergab: die Heizfläche des Gaserzeugerdampfkessels war 60 qm, 75,4 Proz. des Brennstoffwertes sind aus dem Heizwert des Brennstoffes (Koks) als Gas erhalten, 14,4 Proz. des Brennstoffwertes sind im erzeugten Dampf enthalten. Auf 1 qm Heizfläche sind 9,9 kg

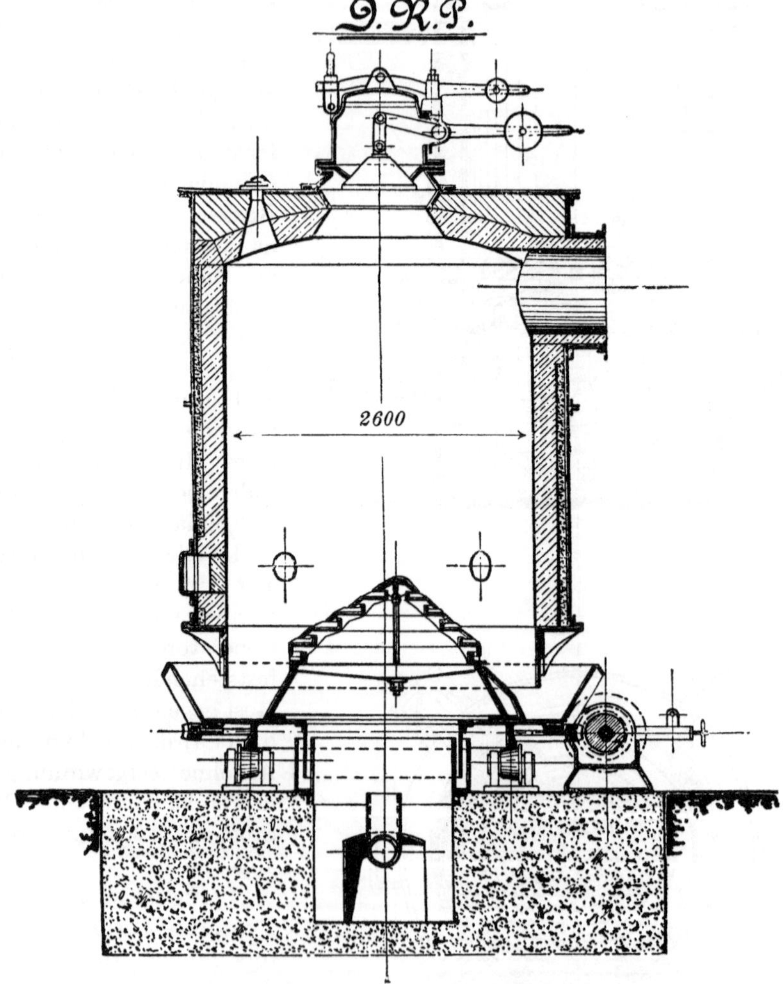

Fig. 93. Drehrostgenerator, System *Ruppmann*, D. R. P.

Dampf, auf 1 kg Koks 1,4 kg Dampf erzeugt. Der Wirkungsgrad des Generators ist also 89,8 Proz., wobei zu berücksichtigen ist, daß ein Teil des erzeugten Dampfes im Generator verbraucht wird (ca. 8 Proz.).

Die Belastung der Drehrostgeneratoren schwankt zwischen 85 bis 100 kg/qm-St. bei Steinkohle und steigt bis 130 kg/qm-St. bei Rohbraunkohle[1]).

---

[1]) Stahl und Eisen 43. Jg., Nr. 23: Vergasungsmaschine Bauart Morgan.

Die Vergasung von Braunkohle und Braunkohlenbriketts und die Untersuchungen über diese Brennstoffe haben dazu geführt, die in letzteren enthaltenen wertvollen Urteere zu gewinnen.

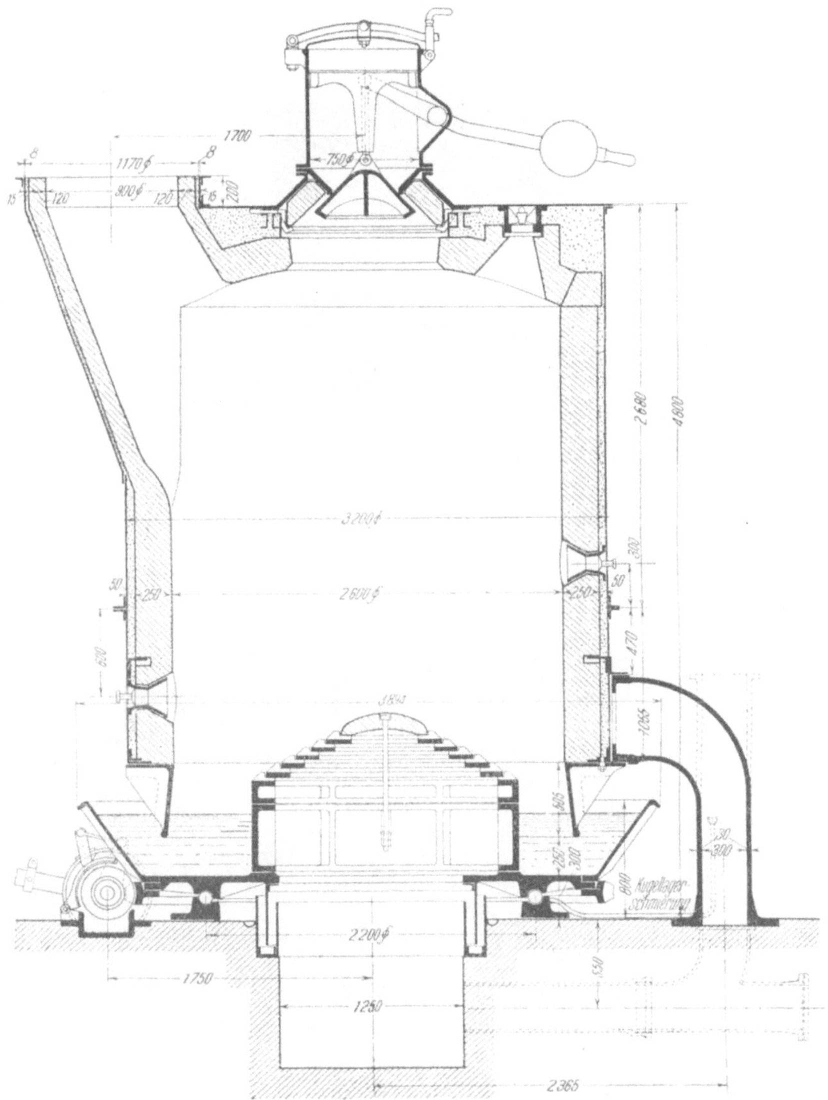

Fig. 94. Drehrostgenerator von *Ehrhardt & Sehmer*.

Bei der Urteergewinnung im Generator ist es nötig, daß der Prozeß der Teergewinnung 500° C nicht übersteigt, da sonst die hochwertigen Paraffinteere in Naphthalinteere zersetzt werden und eine Teergewinnung ausgeschlossen

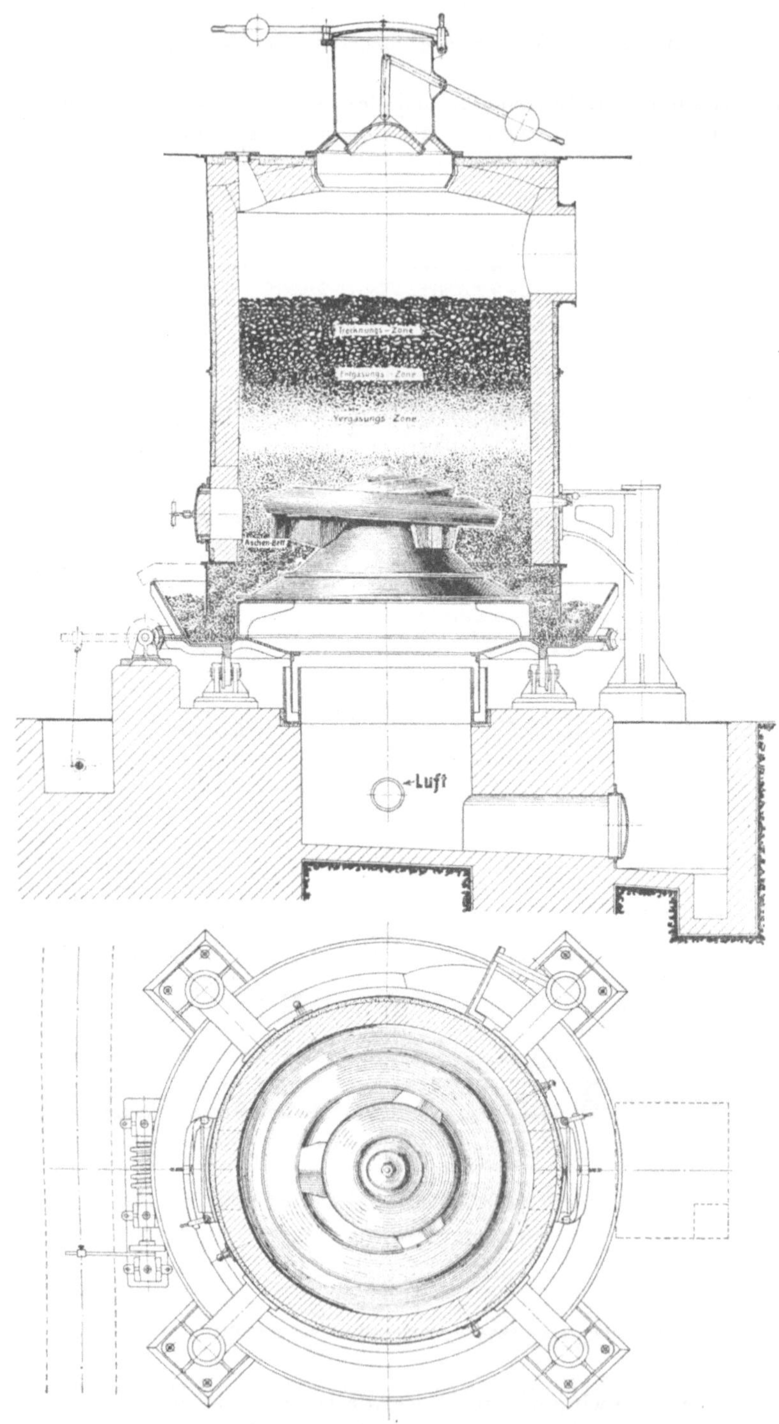

Fig. 95. Gaserzeuger mit Wackelringrost fur Rohbraunkohle der *Gasgenerator und Braunkohlenverwertung, G. m. b. H.*, Leipzig.

ist. Die unten an dem Generator hochsteigenden Verbrennungsprodukte werden in der darüber liegenden Schicht zunächst zu Kohlenoxyd reduziert und abgekühlt. In der nun folgenden Schicht werden die ca. 500° warmen Gase zur Urteergewinnung verwandt, indem sie dieselben in sich aufnehmen. Bei feuchten Kohlen erfolgt in der weiter darüber liegenden Schicht eine Trocknung. Bei den bis jetzt genannten Generatoren nimmt nun das Gas die Urteere und Feuchtigkeit mit sich fort. Durch Abkühlung in der Leitung wird ein Teil Urteer und Wasser kondensiert und am Boden der Kanäle abgeleitet. Will man das Gas trocknen und daraus Urteer gewinnen, so mußte man die gesamte erzeugte Gasmenge durch Kühlapparate leiten. Da diese Kühlapparate enorme Dimensionen erhielten, hat man einen anderen Weg beschritten. In Fig. 97 ist ein Aufbau über dem Generator vorhanden. Die an der Oberschicht austretenden Gase von ca. 500 bis 600°C zerteilen sich. Ein Teil geht in das Hauptgasrohr, während ein anderer Teil durch den Aufbau geht, hier die Urteergewinnung und evtl. Trocknung des Brennstoffes vornimmt und durch eine oben angezeigte Leitung nach der Urteergewinnungsanlage geleitet wird[1]). Nach Ausscheiden des Urteers und evtl. Wasserdampfes wird das gereinigte Gas der Hauptleitung zugeführt. In Fig. 98 ist ein Generator mit anderem Einbau gezeichnet und die Teerverwertung angegeben.

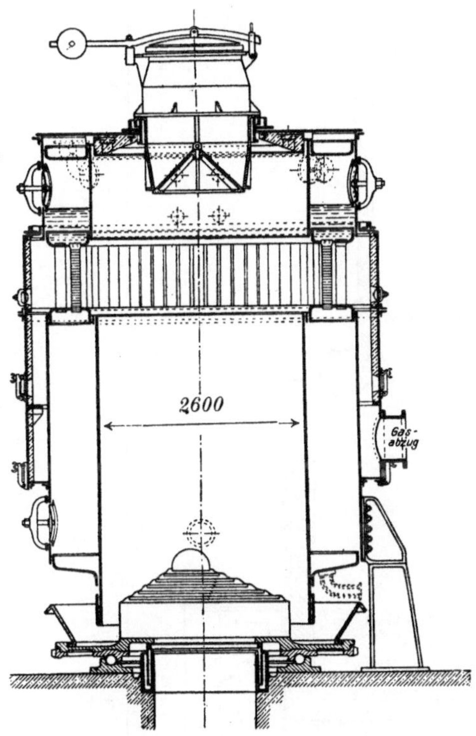

Fig. 96. Vereinigter Drehrostgaserzeuger und Dampfkessel von *Morischka*.

Was die Menge des Gases anbetrifft, die man zur Urteergewinnung benötigt, so kann man durch den Aufbau etwa $^1/_4$ bei Steinkohlenvergasung und $^1/_3$ bis $^1/_2$ bei Braunkohlenvergasung der gesamten im Generator erhaltenen Gasmenge schicken. Will man die besonderen Konstruktionen zur Urteergewinnung vermeiden, so kann man auch, wie beim Mondgasverfahren, den Generator mit niedrigerer Temperatur gehen lassen. Die Gase dürfen dann an der Oberfläche der Schicht keine 600 bis 800° haben, sondern nur etwa 200 bis 250°. Sie enthalten dann zur Abscheidung die noch nicht

---

[1]) Chemical and Metallurgical Engineering 30. Jg., Nr. 7, S. 271 bis 273, 1924.

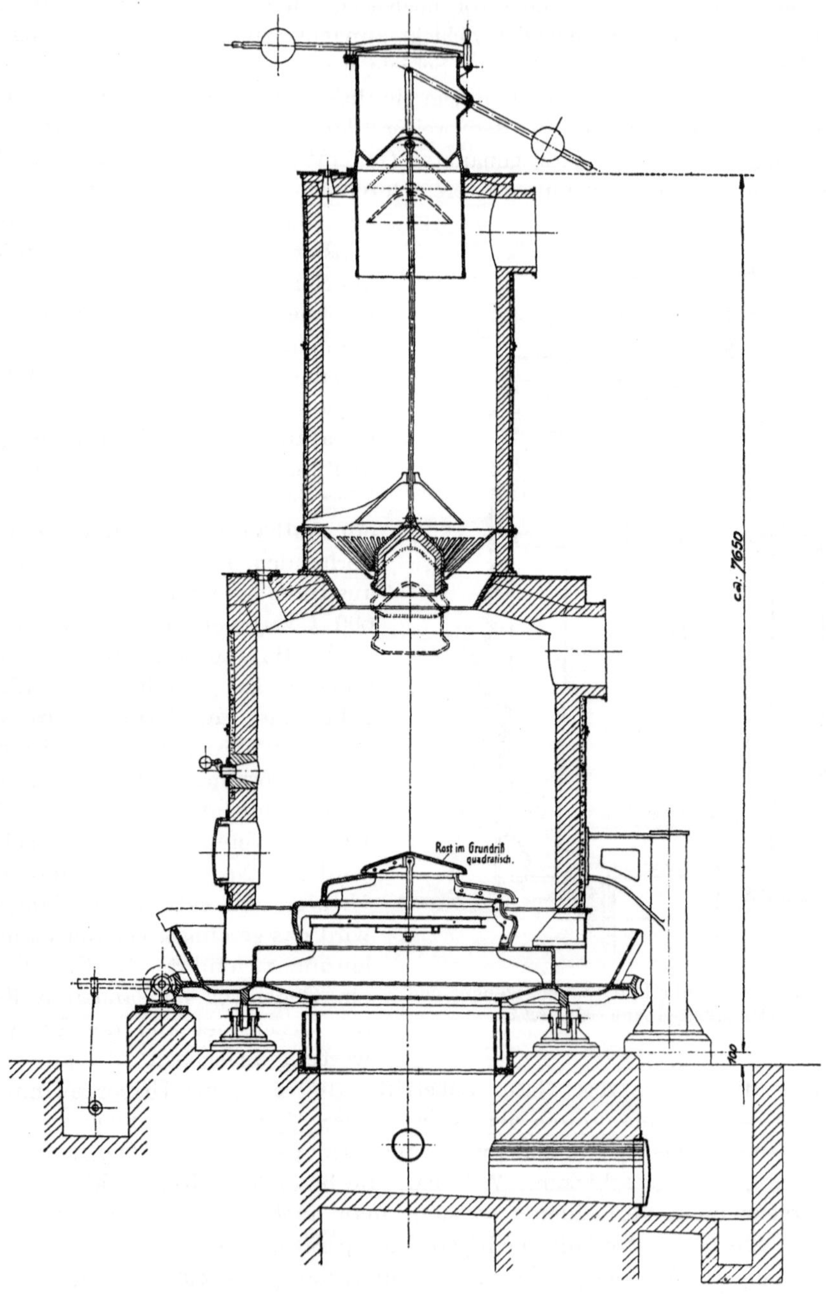

Fig. 97. Gaserzeuger mit Schwelaufsatz für Rohbraunkohle nnd Braunkohlenbriketts zur Erzeugung von Urteer und Reingas. (Bauart der *Gasgenerator und Braunkohlenverwertung G. m. b. H.*, Leipzig.)

zersetzten Urteere[1]). Ursprünglich ist der Mondgasgenerator für Ammoniakgewinnung eingerichtet[2]).

Für gewisse Zwecke hat es sich gezeigt, daß man an Stelle einer Feuerzone im Generator zwei Feuerzonen unterhält, Fig. 99 zeigt einen derartigen Generator.

In ihm sind zwei Feuerzonen: eine unmittelbar am Rost, eine zweite unmittelbar unter der Beschickungszone. Das erzeugte Gas selbst wird in der Mitte des Generators abgesaugt, der Generator arbeitet also mit Unterdruck.

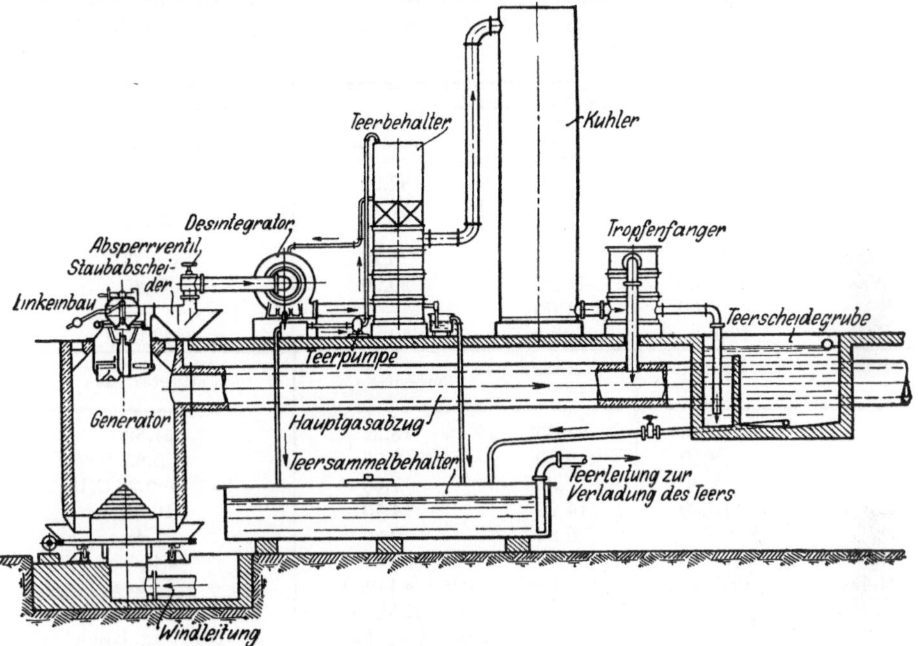

Fig. 98. Generatoranlage für Urteergewinnung der *A.-G. für Brennstoffvergasung*
(Ehrhardt & Sehmer).

In der oberen Feuerzone werden die Kohlen entgast. Die freiwerdenden Teer- und Wasserdämpfe zersetzen sich beim Durchstreichen der Glühzone und strömen nach der Gasabzugleitung. Die entgasten Kohlen werden über dem Rost durch normale Vergasung vergast und das entstehende Gas strömt dem Abzugskanal zu.

Diese Generatoren dienen vornehmlich zur vollständigen Vergasung von Rohbraunkohle und Braunkohlenbriketts sowie Torf und Holz. Ihre Leistungsziffern sind folgende:

Rohbraunkohle. . . . 2000 bis 3500 kcal,   1000 kcal unterer Heizwert des Gases
Braunkohlenbrikett. . 4300 ,, 5000 ,,   1150 ,,   ,,   ,,   ,,   ,,
Torf . . . . 3000 ,, 3500 ,, 900 bis 1000 ,,   ,,   ,,   ,,   ,,
Holz . . . . 3000 ,, 4500 ,, 900 ,, 1000 ,,   ,,   ,,   ,,   ,,

[1]) Kraftgas von *Fischer*, Leipzig, Otto Spamer, 1921, S. 319; *Gluud*, Die Tieftemperaturverkokung der Steinkohle, Halle 1921, Wilh. Knapp, S. 47.

[2]) Die Schwelteere von *Scheithauer*, Leipzig 1921, Otto Spamer, S. 51.

Dabei werden per 1 kg Brennstoff bei

$$
\begin{aligned}
\text{Rohbraunkohle} &\ldots\ldots\ldots\ldots\ 1750 \text{ bis } 3000 \text{ kcal}\\
\text{Braunkohlenbriketts} &\ldots\ldots\ldots\ 3000 \text{ ,, } 4000 \text{ ,,}\\
\text{Torf} &\ldots\ldots\ldots\ldots\ 1500 \text{ ,, } 3000 \text{ ,,}\\
\text{Holz} &\ldots\ldots\ldots\ldots\ 1500 \text{ ,, } 3500 \text{ ,.}
\end{aligned}
$$

ausgenützt.

Aus 1 kg Rohbraunkohle erhält man im ganzen einschließlich des zersetzten Teeres, auf 0° reduziert, ca. 3,5 cbm Gas. Jedoch wird meistens der wertvolle Teer durch Vergasung im Einfeuergenerator gewonnen. Nachstehend folgen einige Versuchsdaten[1]):

	Zweifeuergenerator			Einfeuergenerator
	Union-Briketts	Lausitzer Briketts	Bohm. Rohbraunkohle	Mitteldeutsche Rohbraunkohle
C	54,70	49,90	32,00	20,97
H_2	4,60	4,40	} 41,00	} 32,45
$O_2 + N_2$	21,10	27,80		
Asche	5,80	5,60	6,10	6,33
Wasser	12,80	11,30	20,90	40,25
S	1,00	1,00	—	—
Heizwert	4940 kcal	4270 kcal	5050 kcal	3173 kcal
	Teerfreies Gas	Teerfreies Gas	Entteertes Gas	Entteertes Gas
CO	19,50	21,20	16,32	24,32
CO_2	8,10	9,20	9,70	5,85
CH_4	2,80	1,30	1,68	$2,69 + 0,26\ C_nH_{2n}$
H_2	16,20	14,90	14,73	10,56
O_2	—	0,20	0,20	1,49
N_2	54,40	52,90	57,37	54,83
Heizwert	1240 kcal	1150 kcal	1025 bis 1100 kcal mit 0,22 kg Dampf per 1 kg Kohle	1278 kcal ferner 0,2 kg Teer per 1 kg Kohle Teerheizwert: 3100 kcal

Wichtig ist auch die Vergasung des Torfes. Die eine typische Konstruktion (Fig. 100) stammt von der Firma *Körting* in Hannover, die andere (Fig. 101) von der *Görlitzer Maschinenbau-A.-G.* in Görlitz. Beim *Körting*generator werden die im oberen Feuer infolge der starken Feuchtigkeit ausgetriebenen Schwelgase nicht vollkommen zersetzt. Daher werden sie durch einen Umführungskanal nach dem unteren Feuer zwecks vollkommener Zersetzung geleitet. Man kann Torf von 20 bis 50 Proz. Feuchtigkeit vergasen und erhält im letzteren Falle noch ein Gas von 1029 kcal bei 17,6 Proz. CO, 13,3 Proz. CO_2, 10,9 Proz. H_2, 2,5 Proz. CH_4 und 55,7 Proz. N_2.

Torf von 3065 kcal ergibt bei 29 Proz. Feuchtigkeit und 6,1 Proz. Asche: 37,5 Proz. C, 3,7 Proz. H_2, und 23,7 Proz. $O_2 + N_2$; ein Gas von 1187 kcal bei 17,0 Proz. CO, 11,2 Proz. CO_2, 5,9 Proz. H_2, 0,3 Proz. O_2, 6,2 Proz. H_4 und 59,4 Proz. N_2.

---

[1]) Nach Versuchen in Generatoren der *Gasmotorenfabrik Deutz* in Deutz.

Der Görlitzer Generator verfolgt den doppelten Zweck, im Gegenstrom die fühlbare Wärme der abziehenden Gase zur Vorwärmung der Primärluft zu verwenden und weiter durch die Strahlung der Schamottewände die Vorwärmung der Primärluft zu erzielen. Der Generator selbst ist ohne Rost. Am Generatordeckel soll durch ein Abzugrohr ein Teil des Wasserdampfes

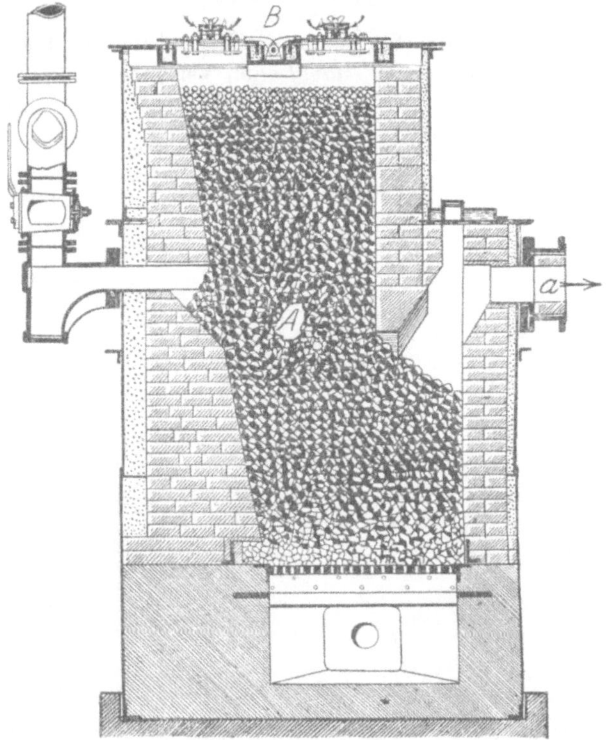

Fig. 99· Doppelfeuergenerator der *Gasmotorenfabrik Deutz,*
Köln-Deutz.

bei sehr nassem Torf abziehen. Ein Versuch von Dr. *L. C. Wolff* ergab folgende Resultate:

$$
\begin{aligned}
\text{Torf von C} \quad &= 29,06 \ \text{Proz.} \\
\text{H}_2 \quad &= 3,06 \quad ,, \\
\text{O}_2 \quad &= 19,56 \quad ,, \\
\text{Wasser} \quad &= 45,54 \quad ,, \\
\text{Asche} \quad &= 2,51 \quad ,,
\end{aligned}
$$

hatte einen oberen Heizwert von . . . . 2799 kcal

     ,,   unteren   ,,   ,, ... 2360 ,,

und ergab ein Generatorgas von

$$
\begin{aligned}
\text{CO} \quad &= 14,96 \ \text{Proz.} \\
\text{CO}_2 \quad &= 14,74 \quad ,, \\
\text{CH}_4 \quad &= 0,86 \quad ,, \\
\text{C}_n\text{H}_m \quad &= 0,18 \quad ,,
\end{aligned}
$$

$$H_2 = 19,25 \text{ Proz.}$$
$$O_2 = 0,28 \;\;,,$$
$$N_2 = 49,73 \;\;,,$$

bei einem unteren Heizwert von 1028 kcal bei 0° und 760 mm.

Aus 1 kg erhielt man 1,73 cbm Gas von 0° und 760 mm.

Der Generatoreffekt ist also $\dfrac{1,73 \cdot 1028}{2360} = 0,753 = 75,3 \text{ Proz.}$

Es ist hier noch außer der Vergasung die Verkokung des Torfes zu besprechen. Diese erfolgt nach dem *Wielandt*schen Verfahren gemäß Fig. 102.

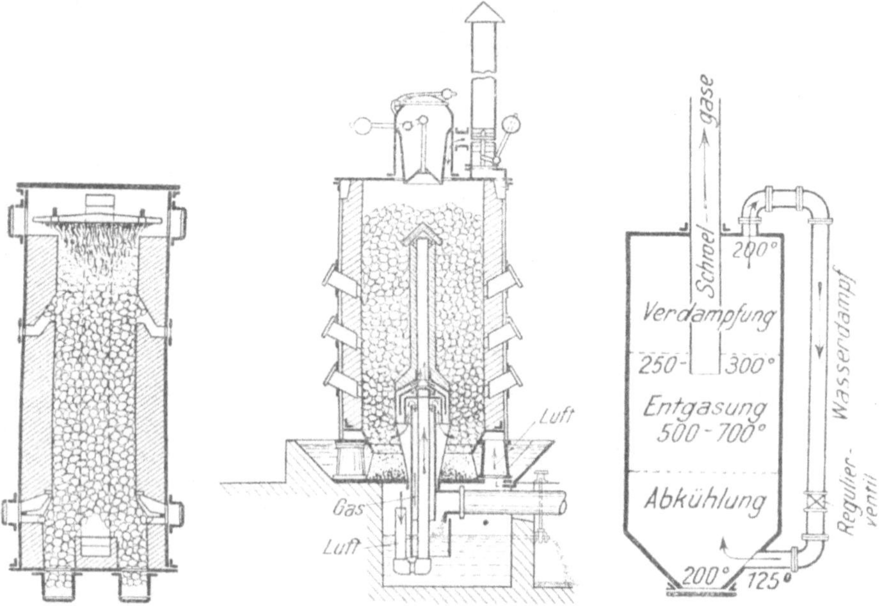

Fig. 100. Torfgenerator von *Körting*, Hannover.

Fig. 101. Torfgenerator der *Görlitzer Maschinenbau A.-G.*, Görlitz.

Fig. 102. Schema der Torfverkokungskammer.

Man gewinnt aus 10 t lufttrockenem Torf 3 t Koks oder aus 10 t wasserfreiem Torf 4,1 t Koks.

Die Energieverteilung ist wie folgt:

Koks per kg wasserfreier Torf.	$0,41 \cdot 7500 =$	3070 kcal =	61,2 Proz.
Teer per kg wasserfreier Torf		600 ,, =	12,0 ,,
Schwelgase per kg wasserfreier Torf		1330 ,, =	26,8 ,,
1 kg wasserfreier Torf enthält		5000 kcal =	100 Proz.

Es stehen also per 1 kg wasserfreier Torf 1330 kcal zur Trocknung zur Verfügung.

Torf von 25 Proz. Wasser (Torf : Wasser = 1 : 0,33) benötigt zur Austreibung des Wassers 247 kcal = 18,5 Proz., Torf von 50 Proz. Wasser 740 kcal = 55,7 Proz. der verfügbaren Schwelgaswärme, wenn Wasserdampf und Schwelgase mit 300° abgehen.

1 kg wasserfreier Torf gibt 0,35 cbm Gas von 3800 kcal. An Teer werden 4 bis 5 Proz. des wasserfreien Torfes gewonnen, an Pech werden 0,5 Proz. des wasserfreien Torfes gewonnen, an Stickstoff werden 0,3 Proz. des wasserfreien Torfes als Ammonsulfat gewonnen. (Torf enthält 1 Proz. N_2, davon kann ein Drittel zu Ammonsulfat verarbeitet werden.)

Fig. 103 zeigt eine Generatorgasanlage, die auch für Holz[1]) geeignet ist.

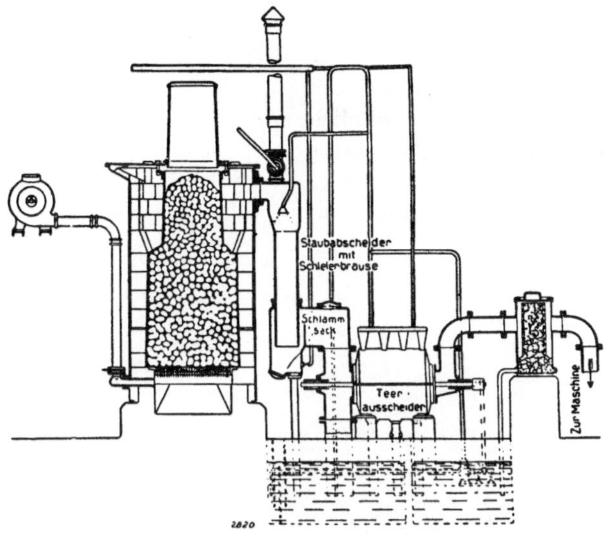

Fig. 103. Generatoranlage fur Holz, Torf und Rohbraunkohle
der *Gasmotorenfabrik Deutz.*

Holz ergibt per 100 kg etwa 40 cbm Gas von 3000 kcal sowie 10 kg Teer und 35 kg Holzkohle. Der Teer wird zu

essigsaurem Wasser,
leichtem Holzteeröl,
schwerem Holzteeröl,
paraffinhaltigerem Holzteeröl und
schwarzem Pech

verarbeitet.

Da die Konstruktion der Roste sehr teuer ist, wurde angestrebt, dieselben beim Generator ganz auszuschalten, ähnlich dem Hochofenprozeß. Die nachstehenden Fig. 104 und 105, Fig. 104 *Heller*-Generator und 105 *Pintsch*-Generator, zeigen zwei Typen.

Während der *Heller*-Generator mit fester Schlacke arbeitet, wird bei dem *Pintsch*-Abstichgenerator und bei den meisten rostlosen Generatoren mit flüssiger Schlacke gearbeitet. Der Arbeitsprozeß dieser Generatoren ist nicht anders als bei denjenigen mit festem oder mit Drehrost. Da die höchste

---

[1]) Journal of the American Ceramic Society 6. Jg., Nr. 12, S. 1219 bis 1223, 1923: Die Verwendung von Holz in Gaserzeugern von *Saxlon.*

Temperatur dieses Generators wie bei den anderen auch kurz über der Windzuführung liegt, gelangt dorthin nur entgaster Brennstoff von oben. Es ist, weil die Entgasungszone viel höher liegt, auch hier eine Urteergewinnung möglich. Zugleich haben diese Generatoren infolge der einfachsten Schlackenabführung die größte Durchsatzleistung.

Im allgemeinen wird hierbei kein Wasserdampf, sondern nur Wind zugesetzt, so daß ein stark kohlenoxydhaltiges Gas gewonnen wird.

Bei einem Schachtdurchmesser von 3250 mm ergab sich bei einem ähnlich wie Fig. 105 konstruierten Generator eine stündliche Leistung von 4170 kg Koks und eine Gasentwicklung von 20 000 cbm, wobei auch etwa 20 000 cbm

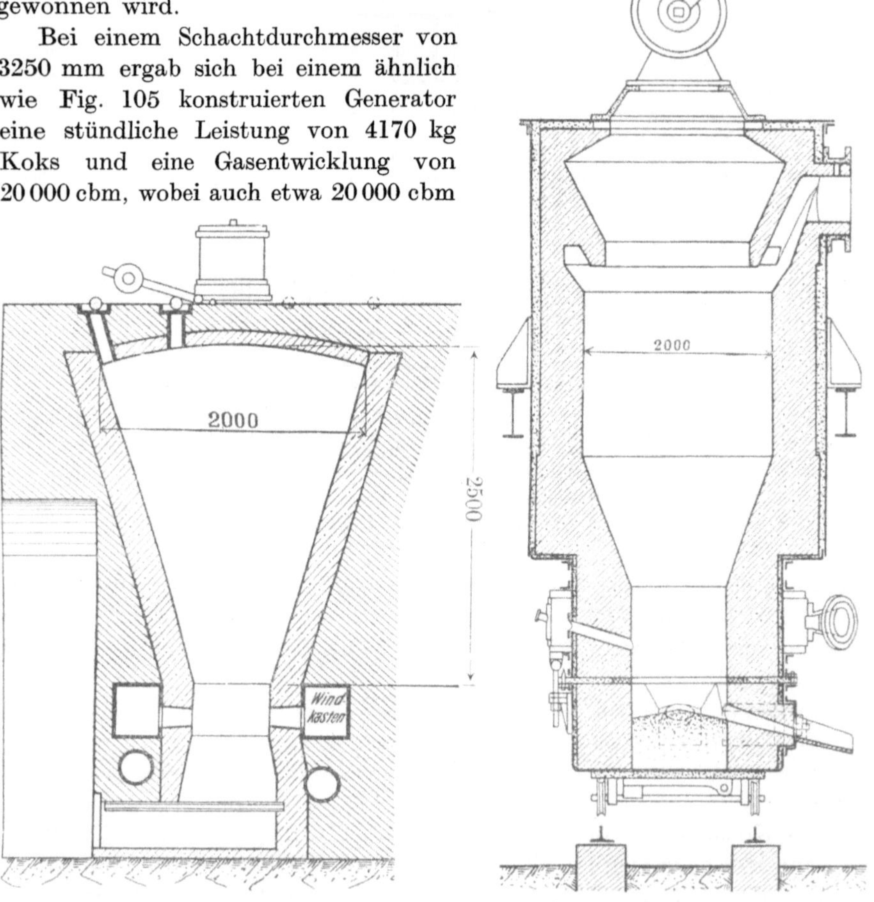

Fig. 104. *Heller*-Generator.   Fig. 105. Abstichgenerator von *Pintsch*.

Wind eingeblasen wurden. Das Gas hatte die volumetrische Zusammensetzung von

$$0,5 \text{ Proz. } CO_2, \; 33 \text{ Proz. } CO, \; 1,2 \text{ Proz. } CH_4, \; 0,1 \text{ Proz. } H_2,$$
$$12 \text{ g Wasser und } 0,3 \text{ g Schwefel per } 1 \text{ cbm}$$

bei einem Heizwert von 1133 kcal per 1 cbm. Die Leistung für 1 qm Schachtquerschnitt betrug also 410,0 kg und für 1 kg Koks 4,8 cbm Gas.

Zu den rostlosen Generatoren[1]) können evtl. die Hochöfen gerechnet werden. Ihr Prozeß ist schon früher erwähnt; es soll noch die Zusammensetzung des entstehenden Gichtgases angegeben werden. Es enthält 1 cbm Gichtgas

$$8 \text{ bis } 12 \text{ Proz. } CO_2, \ 24 \text{ bis } 30 \text{ Proz. } CO,$$
$$1 \text{ bis } 2 \text{ Proz. } H + CH_4, \ 55 \text{ bis } 60 \text{ Proz. } N_2$$

bei einem Heizwert von 750 kcal per 1 cbm. Die Gichtgase verlassen den Hochofen mit etwa 200°, in der Formebene geht der Prozeß mit 1600 bis 1700° C vor sich. Er beruht auf der Zerlegung von

$$Fe_2O_3 = 2 Fe + 3 O - 195\,000 \text{ kcal.}$$

1 kg Fe hat also zur Reduktion 1740 kcal nötig. Wenn diese Wärme durch Verbrennung von C erzeugt wird, und wie oben $^1/_3$ CO_2 und $^2/_3$ CO entstehen, so wären zur Reduktion von 1 kg Fe 0,41 kg C nötig. In Wirklichkeit sind doppelt soviel C nötig. Die eine Hälfte von C wird durch Reduktion von Fe_2O_3, die andere Hälfte durch Verbrennung mit Luft zu Luftgas verbraucht, um die Wärme, wovon eine Hälfte im Prozeß, die andere durch Leitung und Strahlung aufgezehrt wird, zu erzeugen.

Luftgas hat eine ähnliche Zusammensetzung wie Gichtgas; nach Volumprozenten sind in 1 cbm Luftgas bei Erzeugung aus Koks

$$4 \text{ Proz. } CO_2, \ 25,5 \text{ Proz. } CO, \ 0,2 \text{ Proz. } CH_4,$$
$$0,8 \text{ Proz. } H_2, \ 0,5 \text{ Proz. } O_2, \ 69,0 \text{ Proz. } N_2$$

und bei Erzeugung aus Steinkohle:

$$5,5 \text{ Proz. } CO_2, \ 24 \text{ Proz. } CO, \ 1,9 \text{ Proz. } CH_4,$$
$$1,9 \text{ Proz. } H_2, \ 62,7 \text{ Proz. } N_2.$$

Der Heizwert per 1 cbm ist 750 kcal.

Es sind nun noch die Bedingungen, die ein Generator erfüllen muß, zu erörtern.

Bei vollständiger Verwertung des Brennstoffes für Vergasung oder Urteergewinnung und Vergasung ist die erste Bedingung: Lieferung eines heizkräftigen Gases. Daran schließt sich die weitere Bedingung, daß eine möglichst große Durchsatzmenge per 1 qm Schachtquerschnitt möglich ist. Es ist ferner die Bedienung so einfach wie möglich zu gestalten. Selbsttätige Aschenabfuhr, ob fest oder flüssig, ist wichtig. Sie kann als nasse oder trockene Abfuhr durchgeführt werden. Es ist die Bildung von Kohlenoxyd im Gase anzustreben, Kohlensäure soweit als möglich zu vermeiden. Bei den hohen Temperaturen, die zur Kohlenoxydbildung führen, liegt die Gefahr der Schmelzung der Asche und damit der Klumpenbildung nahe.

Weiter ist an den Seitenwänden die Abfuhr von Wärme durch Strahlung und Leitung nach außen zu vermindern. Dies geschieht durch Einbau von Schamottesteinen oder bei manchen Systemen durch Ausbildung des Mantels als Dampfkessel.

---

[1]) Stahl und Eisen 43. Jg., Nr. 46: Untersuchungen über den Betrieb des Abstichgaserzeugers von *Wilhelmi*.

Besonders wichtig ist, daß die Höhe der Brennzone im Generator keinen Verschiebungen ausgesetzt ist. Dies wird durch zweckmäßige Wasserdampf- und Windzuführung über den ganzen Querschnitt ermöglicht. Es ist die Verteilung dieser Zufuhr so zu treffen, daß die äußeren Teile des Querschnittes, die sich durch Leitung stärker abkühlen, eine größere Luftmenge zwecks Kohlensäurebildung und Wärmezufuhr erhalten: Bei Wasserdampf ist gerade das Gegenteil nötig. Um jedoch eine gleichmäßige Brennschicht zu erhalten, ist für eine richtige Zuführung des Brennstoffes Sorge zu tragen. Durch rotierende Zuführungsrohre, durch Abfallen mit natürlichem Böschungswinkel wird diese Bedingung erreicht. Besonderes Augenmerk ist darauf zu richten, daß das ungleichmäßig vorhandene Material, große und kleine Stücke und Staub, gleichmäßig über den Querschnitt verteilt wird. Bei ungestörtem Zufallen werden die großen Stücke stets nach außen an den Schachtrand, die kleinen in den mittleren Ring und der Staub um die Achse des Schachtes fallen. Durch Einlegen von Abführungsschienen in den Zufallkanal wird diesem Übelstand abgeholfen. In gleicher Weise wie Brennstoff- und Luft- oder Dampfzuführung ist auch die Ascheabführung von einschlagender Bedeutung für die gleichmäßige Erhaltung der Brennschichthöhe und die gleichmäßige Erzeugung von Gas. Die bei Festrostgeneratoren zeitweise wiederkehrende Entschlackung hat notwendigerweise eine Verschiebung der Brennstoffschichten und eine Störung der zu einer guten Gasbildung nötigen Brennstoffzone zur Folge. Bei Drehrostgeneratoren und rostlosen Generatoren mit stetem Aschenabfall ist dieser Übelstand beseitigt. Ein Durchstoßen der Brennstoffschicht mit Stochstangen, um Schlackenklumpen zu zerstören, läßt sich jedoch auch hier nicht gänzlich vermeiden.' Bei rostlosen Generatoren ist mit einer konischen Verjüngung des Schachtes nach unten zu rechnen, da das oben eingeführte Brennmaterial nach Entgasung und Vergasung ein geringes Volumen einnimmt und bei gleichbleibendem Querschnitt ein Durchfallen der ganzen Masse eintreten würde. Die Neigung des Konus und damit die Länge ist vom natürlichen Böschungswinkel und der Reibung der Schlacke an der Wand abhängig.

Es ist noch die Schütthöhe zu beachten. Dieselbe ist dadurch bedingt, daß die obere Schicht, auf der der Brennstoff zugeführt wird, keine zu hohe Temperatur annimmt, so daß dort ein Schwelen eintritt, das sich in den Schütttrichter fortpflanzen kann. Andererseits darf auch keine Kondensation der Entgasungs- und Vergasungsprodukte eintreten, um den Prozeß nicht wärmetechnisch zu stören. Sie schwankt zwischen 500 bis 800° bei trockenen Brennstoffen und ist bei nassen entsprechend niedriger. Die Höhe der Brennstoffschicht wechselt je nach der Prozeßgeschwindigkeit, d. h. dem Durchsatz durch 1 qm Schachtquerschnitt.

Bei der Vergasung minderwertiger Brennstoffe mit hohem Wassergehalt ist zu berücksichtigen, daß in 1 cbm Gas eine große Menge Wasser aus dem Brennstoff verdampft wird, bei Rohbraunkohle sind in dem theoretischen Verbrennungsprodukt bei 0° pro cbm 250 g Wasser, bei Steinkohle nur 60 g Wasser. Selbstredend ergibt sich ein Grenzwert, bei dem die Vergasung wasserhaltiger Brennstoffe nicht mehr wirtschaftlich ist. Ist x der Feuchtigkeitsgehalt des Brennstoffes, so kann man bei Rohbraunkohle, Torf usw. den Heizwert der trockenen, aber aschehaltigen Brennsubstanz mit 5700 kcal annehmen. Wenn auf Teer und Gas gearbeitet wird, so gibt 1 kg trockener, aschehaltiger Brennsubstanz etwa 3,5 cbm Gas. Man hat also:

$$\frac{x \cdot 600}{100} + \frac{(100 - x) \cdot 0{,}29 \cdot 900}{100} = \frac{(100 - x)\, 3{,}5 \cdot 0{,}35 \cdot 800}{100}$$

$$x = 0{,}54 = 54 \text{ Proz.}$$

0,29 und 0,35 sind die spezifischen Wärmen von trockenem Brennstoff und Gas, 800° ist die Eigentemperatur des Gases, 900° die Umsetzungstemperatur des Prozesses.

Wie schon erwähnt, darf die Temperatur der Abgase nicht zu niedrig sein, da sich sonst der Teer und das Wasser niederschlägt und in den oberen Schichten des Generators eine breiige Masse entsteht.

Da die Teerbildung bei 500° beendet sein muß und das Abgas nicht unter 400° in seiner Temperatur wegen der Kondensation sinken soll, so ist der Feuchtigkeitsgehalt bei Teergewinnung aus

$$\frac{x \cdot 600}{100} + \frac{(100 - x)\, 0{,}29 \cdot 500}{100} = \frac{(100 - x)\, 3{,}4 \cdot 0{,}33 \cdot 400}{100}$$

$$x = 0{,}34 = 34 \text{ Proz.} ,$$

wobei 0,33 die spezifische Wärme des Teer enthaltenden Gases ist.

Neben der Vergasung wasserreicher Brennstoffe kommt auch die aschereicher vor. Es ist ebenfalls der Höchstgehalt x an Asche in 1 kg Brennstoff zu bestimmen. 0,2 ist die spezifische Wärme der reinen Asche, 0,3 die des Brennstoffes, 900° die Reaktionstemperatur, 10 Proz. ist der Feuchtigkeitsgehalt, 1 Proz. der brennbaren Substanz soll 6,6 kcal ergeben [1 kg Reinsubstanz $= 0{,}850$ kg C $= 7500$ kcal; 1 cbm Gas enthält 0,160 g C; bei 1 cbm Gas somit $7500\, \dfrac{160}{850} = 1500$ kcal in Reaktion tretend; in 1 cbm Gas 1100 kcal Heizwert $+ 50$ kcal Teer $+ 38$ kcal Eigenwärme $+ 180$ kcal Verlust ($\eta = 88$ Proz.) $= 1368$ kcal, auf 160 g C $1500 - 1368 = 132$ kcal freiwerdend; Reinsubstanz soll 80 Proz. vergasten C enthalten, somit 1 Proz. brennbare Substanz 6,6 kcal], also

$$\frac{x \cdot 0{,}2 \cdot 900}{100} + \frac{10 \cdot 600}{100} + \frac{(90 - x)\, 0{,}3 \cdot 900}{100} = (90 - x)\, 6{,}6$$

$$x = 0{,}51 = 51 \text{ Proz.};$$

bei 10 Proz. Feuchtigkeit darf also der Aschegehalt 51 Proz. betragen, um noch ein Gas von 1100 kcal zu erhalten.

Aus diesen Zahlen zeigt sich, daß stark aschehaltige Brennstoffe, also Ölschiefer, nicht mehr wirtschaftlich vergast werden können. Es gibt dann zwei Wege: entweder Schwelung bei niederer Temperatur in Retorten mit Außenheizung oder innere Destillation. Im ersten Falle[1]) ergaben schottische

---

[1]) *Scheithauer*, Die Schwelteere. Leipzig, Otto Spamer.

und deutsche Ölschiefer ein Schwelgas von 3000 kcal. sowie Öl. Das Gas reicht für die Retortenheizung gerade aus. Im zweiten Falle kommt eine Innendestillation in Frage, die schon früher angedeutet wurde.

Es bleibt noch die Gegenüberstellung von Verbrennung und Vergasung. Eine Überprüfung der Flammentemperaturen zeigt, daß man bei der direkten Verbrennung mit ca. 1200° Flammentemperatur rechnet, während man bei Gasfeuerungen höhere Temperaturen erzielt:

$$
\begin{array}{ll}
\text{Rohgas mit } 100° \ldots\ldots\ldots\ldots\ldots\ldots & 1330° \\
\text{Entteertes Gas mit } 80° \ldots\ldots\ldots\ldots\ldots & 1270° \\
\text{Gekühltes und entteertes Gas} \ldots\ldots\ldots\ldots & 1540° \\
\text{Gas bei vollstandiger Nebenproduktgewinnung} \ldots & 1570°
\end{array}
$$

Die Temperatur ändert sich natürlich mit dem Luftüberschuß, und zwar bei Luftüberschuß:

$$
\begin{array}{l}
\eta = 1 \quad\; 2210° \\
\eta = 1{,}5 \;\; 1620° \\
\eta = 2 \quad\; 1280°
\end{array}\left.\begin{array}{l} \\ \\ \\ \end{array}\right\}\begin{array}{l}\text{Steinkohlen-}\\ \text{gas}\end{array}
\qquad
\begin{array}{l}
2120° \\
1580° \\
1250°
\end{array}\left.\begin{array}{l} \\ \\ \\ \end{array}\right\}\begin{array}{l}\text{Braunkohlen-}\\ \text{brikettgas}\end{array}
\qquad
\begin{array}{l}
1670° \\
1290° \\
1040°
\end{array}\left.\begin{array}{l} \\ \\ \\ \end{array}\right\}\begin{array}{l}\text{Rohbraun-}\\ \text{kohlengas}\end{array}
$$

Es ist daher bei der Heizung das Wärmegefälle beim Generatorgas höher als bei der direkten Verbrennung.

Besonders wichtig ist die Frage, ob Rohbraunkohle vergast oder brikettiert werden soll.

Beim Brikettieren[1]) erhält man aus etwa 2,85 t Rohbraunkohle von ca. 3000 kcal 1 t Braunkohlenbriketts von ca. 4900 kcal. Es sind demnach zur Erzeugung von 573 kcal Braunkohlenbriketts 1000 kcal Rohbraunkohle nötig.

Bei der Vergasung erhält man aus 1000 kcal Rohbraunkohle 820 kcal Gas und Teer. Das Verhältnis ist für Rohbraunkohle:

$$\frac{\text{Vergasung}}{\text{Brikettierung}} = \frac{820}{573} = 1{,}43.$$

Der Umweg Rohbraunkohle, Brikettierung, Vergasung ergibt:

$$\frac{\text{Vergasung der Rohbraunkohle}}{\text{Vergasung der Braunkohlenbrikett}} = \frac{1{,}43}{0{,}82} = 1{,}74$$

mit 0,82 als Wirkungsgrad der Brikettvergasung.

Für die Herstellung von **Wassergas**[2]) nach *Dellwick-Fleischer* verwendet man ebenfalls derartige Generatoren. Ein solcher ist in Fig. 106 abgebildet.

Der Prozeß in der Sauggasanlage, bei der die Kohlenwasserstoffe nur gering sind, wegen der Verwendung von Anthrazit oder Koks, ist:

$$
\begin{array}{lll}
C + H_2O \text{ (Dampf)} & = CO + H_2 & - 28\,800 \text{ kcal,} \\
C + O & = CO & + 29\,450 \text{ kcal.}
\end{array}
$$

Es kann demnach zur Zuführung von Luft und Wasserdampf der Prozeß so geführt werden, daß er neutral wird, d. h. daß weder Wärme verbraucht

---

[1]) Zeitschrift für die Gewinnung und Verwertung der Braunkohle Nr. 41, S. 337, 1918.

[2]) Department of the interior, Bureau of Mines, Bulletin 203, Washington 204 by Odell and Dunkley.

noch erzeugt wird. Mit Rücksicht auf die Strahlung und Leitungsverluste ist der Prozeß schwach exotherm zu führen. Man erhalt dem Volumen nach

$$5 \text{ Proz. } CO_2, \ 28 \text{ Proz. } CO, \ 12 \text{ Proz. } H_2 \text{ und } 55 \text{ Proz. } N_2$$

bei einem Heizwert per 1 cbm von 1200 kcal.

Die Wassergaserzeugung erfolgt nach zwei Methoden; sie ist nur mit Anthrazit oder Koks durchzuführen. Wie früher erwähnt, ergibt sich bei Einführen von Dampf bei

$$1000° \text{ C: } C + \ \ H_2O = CO \ + H_2 - 28\,800 \text{ kcal}$$
$$< 700° \text{ C: } C + 2\,H_2O = CO_2 + 2\,H_2 - 18\,800 \text{ kcal};$$

je nachdem also der Prozeß geführt wird, mehr oder weniger CO oder H_2.

Nach der einen Methode wird zunächst durch Einblasen von Luft in eine hohe Brennstoffschicht Weißglut erzeugt (heißgeblasen), wodurch Luftgas $CO + N_2$ entsteht. Nach dem Heißblasen erfolgt Umschaltung; es wird Wasserdampf eingeblasen und je nach der Temperaturhöhe ein Wassergas von vorerwähnter Zusammensetzung erzeugt. Allmählich kühlen sich die Kohlen ab (Kaltblasen), und es erfolgt wieder Umstellung auf Heißblasen. Luftgas und Wassergas werden getrennt aufgefangen.

Das Gas ist wie folgt zusammengesetzt. Aus 1 kg Koks entstehen:

4 cbm Luftgas von 850 kcal für 1 cbm,
1 cbm Wassergas von 2600 kcal für 1 cbm.

Die Zusammensetzung des Wassergases ist nach Volumprozenten:

$$2 \text{ bis } 6 \text{ Proz. } CO_2, \ 45 \text{ bis } 41 \text{ Proz. } CO, \ 1 \text{ bis } 0,2 \text{ Proz. } CH_4,$$
$$45 \text{ bis } 51 \text{ Proz. } H_2, \ 7 \text{ bis } 2 \text{ Proz. } N_2.$$

Das neuere Verfahren von *Dellwick-Fleischer* vermeidet die Herstellung von Luftgas; es wird ins Freie geblasen. Die Brennstoffschicht ist sehr niedrig, etwa 1,2 m. Wird Luft mit starker Pressung durchgeführt, so geht der Luftsauerstoff bis in die obersten Schichten und verbrennt die Kohle zu Kohlensäure. Dadurch wird ein geringerer Teil der Kohle zum Heißblasen verwendet, da bei CO_2-Bildung 97 700 kcal, bei CO-Bildung nur 29 450 kcal frei werden und zur Erhitzung von Anthrazit oder Koks dienen können. Man erhält bei dieser Methode aus

1 kg Koks 2 cbm Wassergas.

Die Verbrennungsgase beim Luftblasen sind hier 17 Proz. CO_2, 8 Proz. CO und 75 Proz. N_2; sie entweichen durch die Esse.

Wassergas hat nur etwa die Hälfte Calorien wie Leuchtgas, ergibt jedoch bei der Verbrennung eine höhere Temperatur, da der Gehalt an Wasserdampf bei der Verbrennung von Leuchtgas eine große Wärmemenge bindet.

Weiter ist noch das Mondgas zu erwähnen, das ebenfalls im Festrostgenerator hergestellt wird. Die im Generator mit Luft vergaste Kohle erhält eine reichliche Zuführung von Wasserdampf. Es entsteht dadurch eine

höhere Ammoniakausbeute als bei der trockenen Vergasung der Zersetzungs-
destillation (Leuchtgas). Aus 100 kg Kohlen gewinnt *Mond* 3 bis 4 Proz.
Ammoniumsulfat, wobei das Gas 1200 bis 1300 kcal hat.

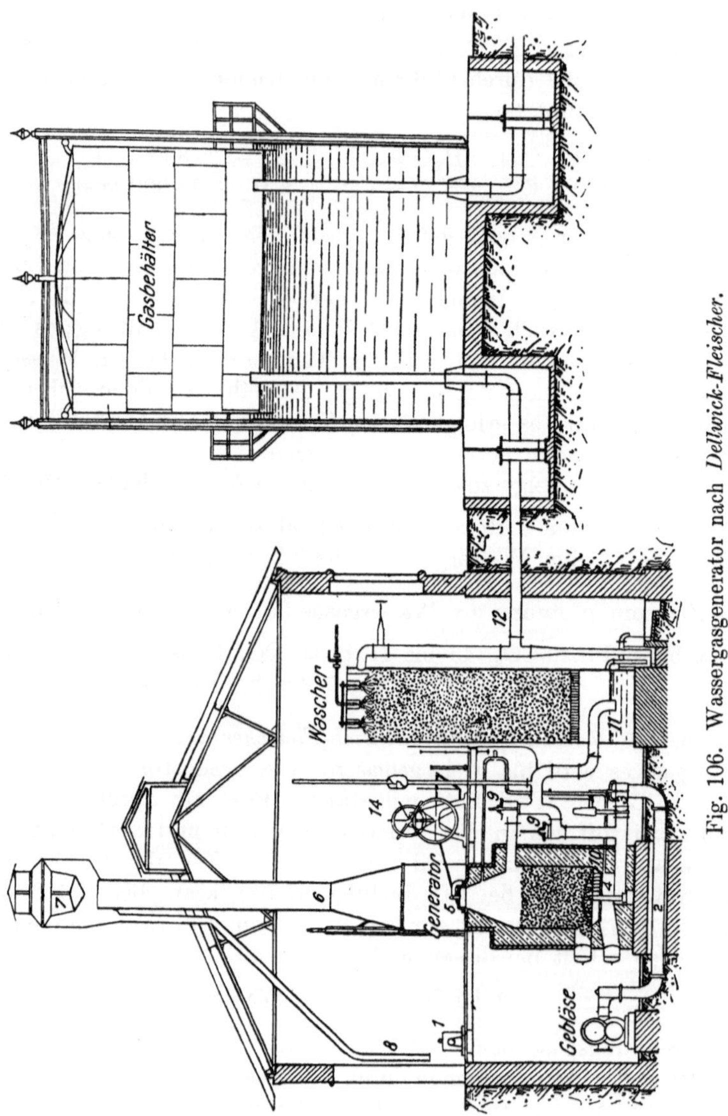

Fig. 106. Wassergasgenerator nach *Delwick-Fleischer.*

Wassergas kann mit Benzol oder Gasöl, das aus Petroleum oder Braunkohlenteer gewonnen wird, carburiert werden[1]).

---

[1]) Chemische Technologie des Leuchtgases von *Volkmann*: Das Wassergas. Leipzig,
Otto Spamer.

Carburieren mit Benzol wird sog. „kaltes Carburieren" genannt. Folgende Tabelle zeigt die Aufnahmefähigkeit von Benzol:

1 l Benzoldampf wiegt	bei ° C	Hat Spannung	1 cbm des carburierten Gases enthalt
3,62	− 10	12,9 mm Hg	1,7 Proz. = 61,5 g/cbm
3,49	0	25,3 ,, ,,	3,3 ,, = 116,5 ,,
3,37	+ 10	45,3 ,, ,,	6,0 ,, = 200,8 ,,
3,25	+ 20	76,3 ,, ,,	10,1 ,, = 328,0 ,,
3,13	+ 30	120,2 ,, ,,	15,8 ,, = 495,0 ,,

Leuchtgas von 5000 kcal soll 20 Proz. Wassergas von 2600 kcal enthalten. Es sinkt dann der Heizwert auf 4520 kcal. Werden 1,3 Volumprozent Benzoldampf — 47 g/cbm = 450 kcal zugesetzt, so wird der Heizwert wieder 4970 kcal. Da Steinkohlengas 1 Volumprozent = 40 g Benzol enthält, so enthält es nach obigem Zusatz 47 + 40 = 87 g. Die Niederschlagstemperatur des Benzols ist daher ·−5°.

Carburieren mit Gasöl wird „heißes Carburieren" genannt.

Wassergas, das durch Gasöl heiß carburiert wird, hat folgende Heizwerte:

150 g Öl per 1 cbm Wassergas . . . . 3750 kcal Gasheizwert
200 g ,, ,, 1 ,, ,, ... 4050 ,, ,,
300 g ,, ,, 1 ,, ,, ... 4600 ,, ,,
400 g ,, ,, 1 ,, ,, ... 5100 ,, ,,
500 g ,, ,, 1 ,, ,, ... 5600 ,, ,,

Beim Abkühlen des Gases fällt stets Ölteer aus. Ölteer, der zur Naphthalinwäsche verwandt wurde, ist ein gutes Heizöl.

Doppelgas[1]) wird durch Destillation der Kohle und Wassergaserzeugung gewonnen. Es wird dabei die ganze im Generator enthaltene Kohlenmenge vergast. Das Verfahren rührt von Prof. *Strache* her. Die Zusammensetzung ist etwa folgende:

CO	27 bis 30 Proz.,		H_2	48 bis 50 Proz.,	
CH_4	6 ,, 7 ,,		C_nH_m	2,5 ,, 3,5 ,,	
CO_2	6 ,, 8 ,,		$O_2 + N_2$	8 ,, 10 ,,	

wobei aus 100 kg Kohle von 7700 kcal mit 34 Proz. flüchtigen Bestandteilen 147 cbm Gas von 0° und 760 mm Hg bis 3400 kcal als Heizwert gewonnen werden[2]).

Das bei Wassergaserzeugung entstehende Luftgas dient zur Erhitzung von Schamottegittern. Wird auf Wassergas umgestellt, so werden die Schamottegitter mit Gasöl beträufelt, das vergast und dann dem Leuchtgas zugesetzt wird. Das ölcarburierte Wassergas erhält dadurch 4500 bis 5000 kcal per 1 cbm, wobei in 1 cbm etwa 0,400 kg Öl vergast enthalten sind. Das Ölgas hat ca. 30 Proz. äthylenreiche schwere Kohlenwasserstoffe, die leichter als die Benzoldämpfe vom Leuchtgas aufgenommen werden.

---

[1]) Chemische Technologie von *Volkmann*, Abschnitt Wassergas, Leipzig, Otto Spamer, und Kraftgas, von *Ferd. Fischer*, Gasbildung im Generator, Leipzig, Otto Spamer.
[2]) Feuerungstechnik 9. Jg., Nr. 18: Über Doppelgas von *Hudler*.

Im Gegensatz zu Feuerungen läßt sich die Leistung des Generators durch vermehrte Luftzufuhr oder Dampfzufuhr nicht in so weiten Grenzen steigern. Man kann im allgemeinen folgende Durchsätze rechnen:

	Sauggasanlagen	Festrostgenerator	Drehrostgenerator
Gebrochener Maschinentorf	110	130	170
Mitteldeutsche Rohbraunkohle. . . .	100	65	90
Böhmische Rohbraunkohle	150	150	190
Braunkohlenbrikett.	110	130	170
Lignit.	110	130	190
Magerkohle	125	120	140
Westfälische Flammkohle	110	120	125
Fördersteinkohle	80	66	110
Anthrazit ca. 15 mm Korn	110	105	140
Koks ca. 30 mm Korn	60	105	155

Sie beziehen sich auf kg/qm-St. des mittleren Schachtdurchmessers. Die unteren Heizwerte der entstehenden Gase sind:

Rohbraunkohle.	1150 bis 1250 kcal/cbm
Braunkohlenbriketts	1450 „ 1650 „
Magerkohle	1400 „ 1550 „
Westfälische Flammkohle	1350 „ 1400 „
Fördersteinkohle	1300 „ 1400 „
Koks	1030 „ 1070 „

Gasfeuerung.

Das vom Erzeuger gewonnene Gas hat einen Wärmeinhalt, bestehend aus

1. latenter Wärme;
2. fühlbarer Wärme.

Die fühlbare Wärme des Gases kann nur dann ausgenutzt werden, wenn der Verbraucher nahe am Erzeuger steht, da sonst durch Leitung diese Wärme verloren geht. Ist diese Anordnung möglich, so spielt es auch keine große Rolle, wenn der Generator als Halbgasfeuerung betrieben wird.

In Fig. 107 (Tafel II) ist ein Stoßofen mit Halbgasfeuerung und Rekuperator abgebildet. Der Oberwind ist 60 cbm per Minute bei 0,015 Atm. Es ist der Effekt des Ofens:

Kalter Einsatz.	99 700 kg	
Ausbringen nach 10 Std.	96 200 „	also 3,5 Proz. Abbrand des Einsatzes
Kohlenverbrauch in 10 Std.	5 700 „	à 7300 kcal = 5,7 Proz. des Einsatzes

Rostfläche. . . . . 2,1 qm
Rostbeanspruchung. . . . . 270 kg/qm
Temperatur am Herdanfang. 1450°
    „   der Walzenknüppel . . . . 1100°
    „   am Herdende. . . . . 725°
    „   der Rauchgase am Rekuperatorende . . . . 325°
    „   der Luft in den Feuerungsbränden . . . . 225°

somit ist die theoretische Ausnutzung des Herdes

$$\eta = \frac{1450 - 725}{1450} = 0{,}50 = 50\ \text{Proz.}$$

Der Wirkungsgrad des Rekuperators ist

$$\eta = \frac{725 - 325}{725} = 0,55 = 55 \text{ Proz.},$$

der Wirkungsgrad von Herd und Rekuperator

$$\eta = \frac{1450 - 325}{1450} = 0,78 = 78 \text{ Proz.},$$

der thermische Wirkungsgrad des Ofens einschließlich Rekuperator

$$\eta = \frac{99\,700 \cdot 0,16 \cdot 1100}{5700 \cdot 7300} = 0,42 = 42 \text{ Proz.}$$

In Fig. 108 ist ein Ofen mit einer Gasfeuerung dargestellt. Er ist mit Gaskohle von 7100 kcal bei 8 Proz. Asche bedient. Die Schichthöhe des Generators ist 0,700 bis max. 1,000 m.

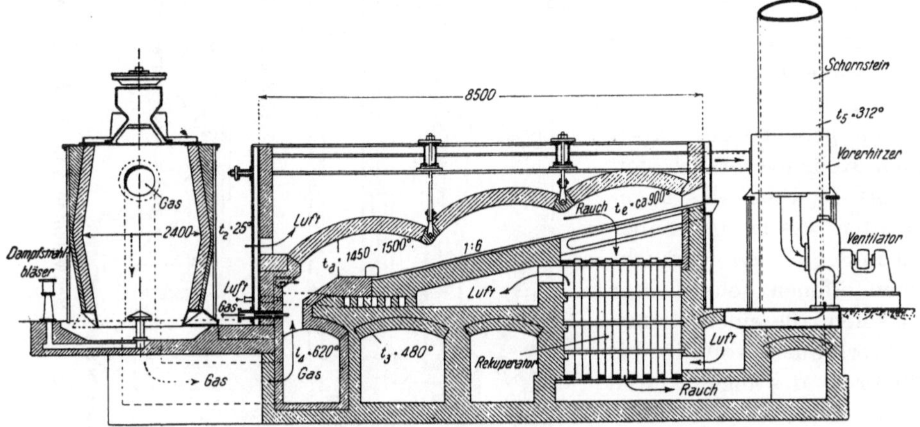

Fig. 108. Gasfeuerung.

Einsatz in 10 St. . . . . 94 000 kg
Austrag nach 10 St. . . . . 92 950 ,, also 1,1 Proz. Abbrand des Einsatzes
Kohlenverbrauch in 10 St. . . . . . 5 200 ,, = 5,5 Proz. des Einsatzes
Temperatur der Walzknüppel . . . . 1100°
Außenluft. . . . . 25°
Heißluft. . . . . 480°
Gas am Ofen . . . . 640°
Rauchgase im Schornstein . . . . 312° bei 0,023 m Zug.

Die theoretische Ausnutzung des Ofens ist

$$\eta = \frac{1450 - 900}{1450} = 0,38 = 38 \text{ Proz.},$$

der Wirkungsgrad des Rekuperators ist

$$\eta = \frac{725 - 320}{725} = 0,56 = 56 \text{ Proz.},$$

der Wirkungsgrad von Herd und Rekuperator ist

$$\eta = \frac{1450 - 320}{1450} = 0,78 = 78 \text{ Proz.},$$

der thermische Wirkungsgrad des Ofens einschließlich Rekuperator ist

$$\eta = \frac{94\,000 \cdot 0,16 \cdot 1100}{5200 \cdot 7100} = 0,45 = 45 \text{ Proz.}$$

Die Asche des Generators enthielt ca. 6 Proz. Kohlenstoff.

Während der eben beschriebene Ofen einen vom Ofen getrennt stehenden Generator zeigt, ist in der folgenden Fig. 109 ein Schmiedeofentyp von der Firma *W. Ruppmann* in Stuttgart dargestellt, bei dem der Generator mit dem Ofen direkt zusammengebaut ist. Wenn die Generatoranlage für den einen Ofen speziell dient, so ist es richtiger, den Generator mit dem Ofen direkt zusammenzubauen, da man hierbei die geringsten Wärmeverluste hat. Diese Flammöfen, die speziell für Schmiedewerkstätten gebaut sind, haben einen Kohlenverbrauch von 10 bis 15 Proz. des angewärmten Eisens gegenüber den in Schmieden gebräuchlichen offenen Feuern oder Koksöfen, die einen Brennstoffverbrauch von 75 bis 100 Proz. des angewärmten Eisens haben.

Fig. 110 zeigt eine mit Hochofengas geheizte Tiefofenanlage.

Bei warmem Einsatz liefert der mit Hochofengas beheizte Ofen in 10 Stunden etwa 800 t, bei kaltem Einsatz etwa die Hälfte. Der Bedarf für 1000 kg gewärmter Blöcke an Hochofengas ist 80 bis 90 cbm, bei kalten Blöcken 160 bis 180 cbm, wobei hier Gas und Luft bis 1200° vorgewärmt waren.

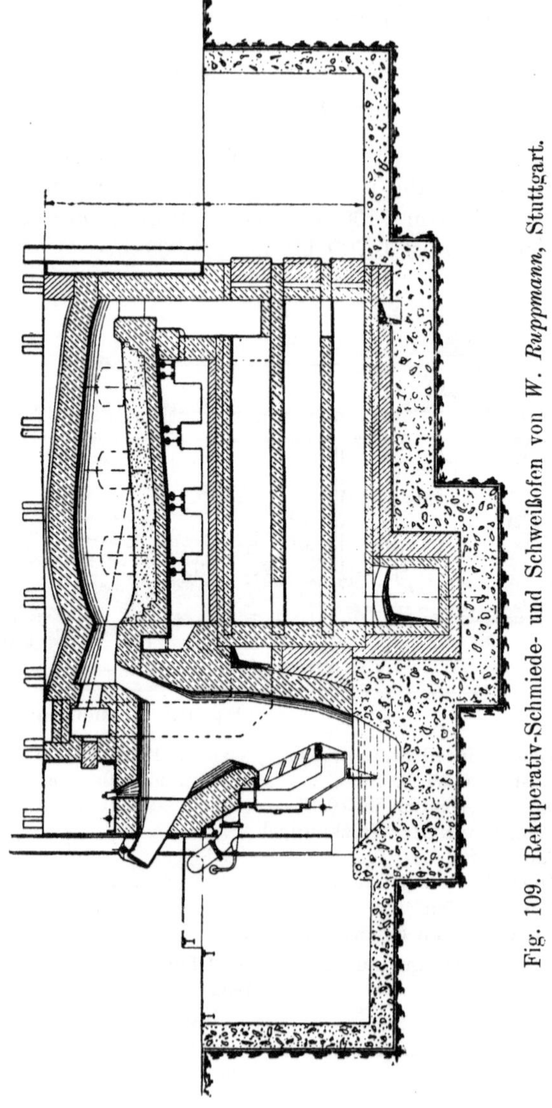

Fig. 109. Rekuperativ-Schmiede- und Schweißofen von *W. Ruppmann*, Stuttgart.

Ein wichtiges Kapitel ist die Vorwärmung von Gas und Luft. Sie kann geschehen auf zwei Arten, und zwar in

Rekuperatoren und Regeneratoren[1]).

Die Vorwärmung hat den Zweck, dem Gase vor der Verbrennung fühlbare Warme zuzuführen, wodurch die Verbrennungstemperatur erhöht wird.

---

[1]) Siehe auch S. 152 ff., 457 ff.

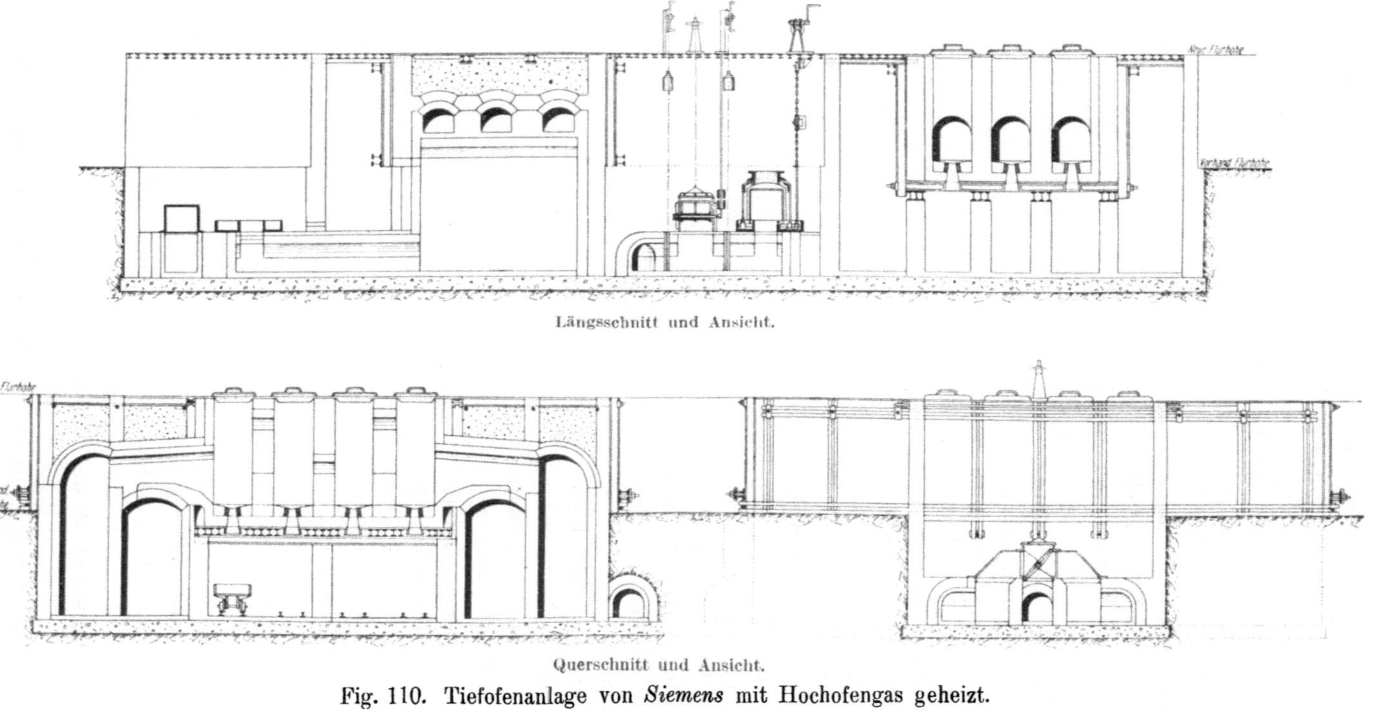

Fig. 110. Tiefofenanlage von *Siemens* mit Hochofengas geheizt.

Diese fühlbare Wärme wird den Abgasen entnommen, so daß damit zugleich der thermische Wirkungsgrad der Anlage sich erhöht.

Das Prinzip des Rekuperators besteht darin, daß die Abgase durch ein Kanalsystem geleitet werden, und daß dann durch die Wände des Kanalsystems die Wärme auf die zu erwärmende Luft oder das zu erwärmende Gas, meist in entgegengesetzter Richtung strömend, übertragen wird.

Das Prinzip des Regenerators besteht darin, daß die Abgase durch ein Gitterwerk aus Schamotte- oder Mauersteinen geleitet werden und daselbst ihre Wärme abgeben. Nach einer gewissen Zeit wird der Abgasstrom abgestellt, durch eine zweite derartige Kammer geleitet und nunmehr Luft oder Gas in umgekehrter Richtung durchgeführt. Die in den Steinen enthaltene Wärme wird dabei aufgenommen.

Während also beim Rekuperator eine ständige, gleichmäßige Erwärmung eintritt und ohne Ventile, abgesehen von der Regulierung durch den Schornsteinschieber, gearbeitet wird, ist beim Regenerator ein Umstellventil nötig, das den Gasstrom abschaltet und den Luftstrom in umgekehrter Richtung einschaltet.

Der Rekuperator wird entweder unter oder neben den Ofen gesetzt. Die technische Ausführung eines solchen ist aus Fig. 111 zu ersehen.

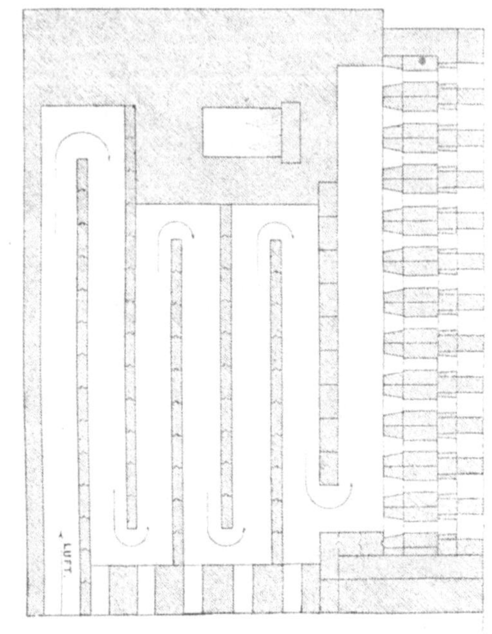

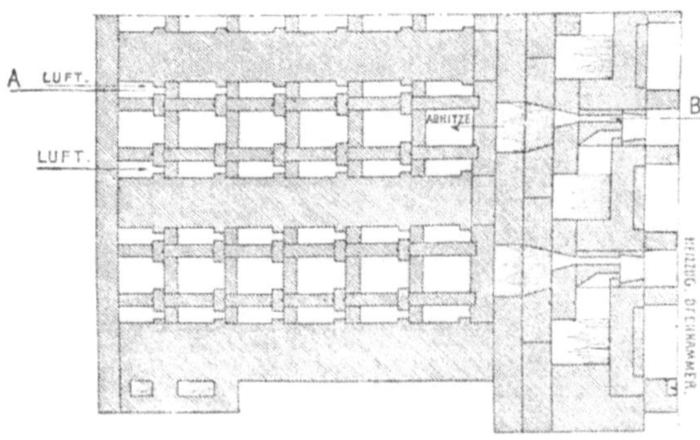

Fig. 111. Rekuperator für einen Leuchtgasofen.

Wie schon erwähnt, ist der Wärmeübergang
$$Q = k \cdot F (T_2 - T_1)$$
T_2 ist die Temperatur des Abgases, T_1 diejenige der Luft an der T_2 gegenüberliegenden Stelle.

Der Wärmedurchgangskoeffizient ist nun

$$k^1) = \cfrac{1}{\cfrac{1}{\beta_1} + \cfrac{1}{\beta_2} + \cfrac{\delta}{\lambda}},$$

wobei β den Übergangskoeffizienten bei Gas oder Luft nach dem Schamotte-material, λ den Wärmeleitkoeffizienten bedeutet.

β setzt sich aus dem Übergang durch Konvektion und Strahlung zusammen. Beim Eingang der Abgase in den Rekuperator, also bei Temperaturen von

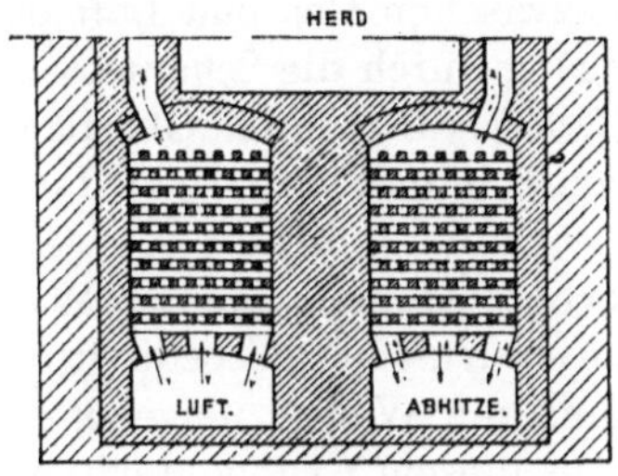

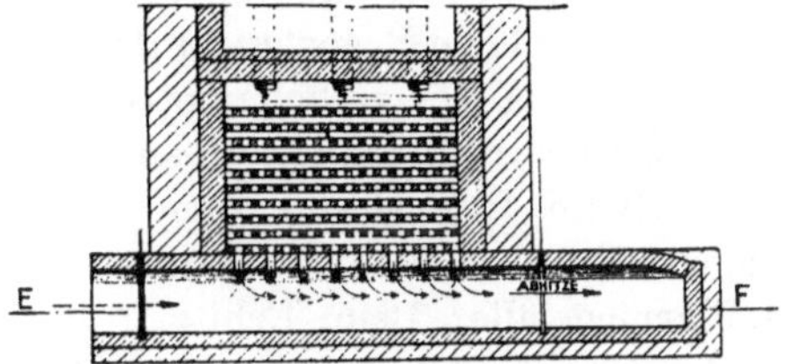

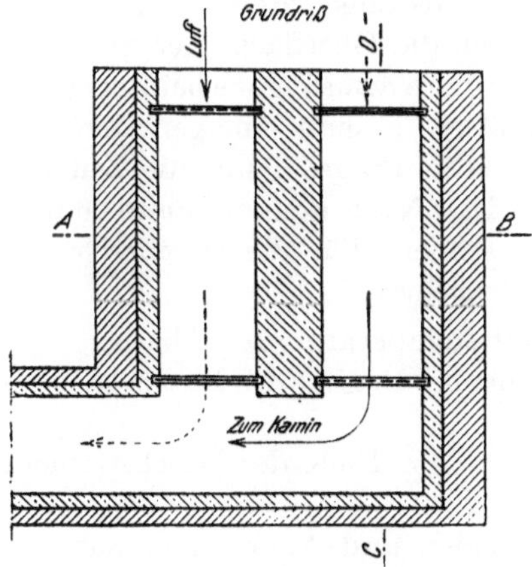

Fig. 112. Regenerator.

meist 800 bis 1100° überwiegt die Strahlung, beim Austritt, also bei 350 bis 500° die Leitung. Die Berechnung von β selbst erfolgt nach den Seite 26 u. f. gemachten Angaben.

Als mittlere Werte kann man nach *Litinsky*, Wärmewirtschaftsfragen (Otto Spamer, Leipzig), bei Abgasgeschwindig-keiten von $w = 4$ m und Gasgeschwin-digkeiten von $w = 2$ m per Sekunde im allgemeinen setzen:

$$\beta = 0{,}000\,28 \left(2 + \sqrt{w}\right).$$

Für praktische Fälle berechnet L daraus mit den obigen Geschwindig-keiten bei einer 65 mm starken Scha-mottewand und Temperaturen von 1000 auf 450° beim Abgas und 20 auf 720° bei Luft, die Temperaturdifferenz der Schamottewand zu 145°, bei gleichen Geschwindigkeiten von Abgas und Luft zu 105°. λ ist hier zu 0,0026 angenommen. Die Berechnung[2]) geht also folgendermaßen vor sich:

1. Festlegung der Eintritts- und Austrittstemperatur der Abgase;
2. Festlegung der Eintritts- und Austrittstemperatur der Luft;
3. Bestimmung von Gas- und Luftgeschwindigkcit;

---

[1]) Stahl und Eisen, 43. Jg, Nr. 41, S. 1302 und Mitteilungen der Warmestelle des Vereins deutscher Eisenhüttenleute Nr. 46.

[2]) Iron Trade Review 1923, Bd. 73, Nr. 17, S. 1172 und 1173 sowie 1181 und 1182.

4. Wärmeinhalt und Wärmeverlust der Abgase;
5. Wärmeinhalt und Wärmegewinn der Luft;
6. Wärmedurchgangsfläche und Größe des Warmedurchganges.

Die Berechnung erfolgt zuerst am besten durch Annahme von 1 und 2, die Werte aus 3 bis 6 müssen dann damit in Einklang gebracht werden, was evtl. eine zweimalige Durchrechnung mit etwas veränderten Annahmen nötig macht.

Eine Anordnung eines Regenerators zeigt Fig. 112[1]).

Es sind in dieser Figur die zwei nebeneinander stehenden Kammern gezeichnet, die für eine Gasart, also entweder für Luft oder für Gas, nötig sind. Während beim Rekuperator das Wärmegefälle zwischen Gas und Luft durch die zwei Oberflächenübergänge und den Durchgang durch die Schamottewand bedingt ist, ist beim Regenerator das Wärmegefälle bedingt durch Oberflächenübergang von Abgas zu Schamottestein und von Schamottestein[2]) zu Luft, es ist also kleiner, d. h. man kann eine höhere Erwärmung von Luft oder Gas erzielen. Beim Regenerator dient nun das Schamottematerial als Wärmespeicher. Die Wärme muß ins Innere des Steins eindringen und bedingt damit ein Wärmegefälle. Beim Erhitzen der Luft muß die Wärme umgekehrt aus dem Innern des Steins nach außen strömen. Aus diesem Grunde dürften also schmale Steine in großer Anzahl günstiger sein als dicke Steine in geringerer Anzahl. Für den Wärmeübergang kommt noch die Oberfläche der Steine in Betracht Da infolge der höheren Temperatur die Wärmeabgabe bei Regeneratoren stärker infolge der Strahlung beeinflußt ist, kommt eine geringere Geschwindigkeit der Gase als bei Rekuperatoren in Frage, damit die Zeit des Austausches der Temperaturen eine größere ist. Nach dem auf Seite 26 u. f. Gesagten läßt sich der Warmeaustausch berechnen. Für die Durchrechnung selbst ist es von Vorteil, folgendermaßen vorzugehen:

1. Festlegung der Eintritts- und Austrittstemperatur der Abgase;
2. Festlegung der Temperaturen der Steine bei Beginn des Durchströmens der Gase;
3. Festlegung der Temperaturen der Steine am Ende des Durchströmens der Gase;
4. Wärmeinhalt der Abgase beim Einströmen und Ausströmen während der Heizperiode und Verlust an Wärme;

---

[1]) *Litinsky*, Warmewirtschaftsfragen. Otto Spamer, Leipzig.

[2]) Archiv für Warmewirtschaft **4**, 1924, Nr. 10, S. 193 bis 196, und Stahl und Eisen **44**, 1924, Nr. 29, S. 846 bis 854. Es wird in letzterem Aufsatz der Ersatz der Gittersteine durch Semmelsteine behandelt, und zwar fur *Cowper*. Der Vergleich ist:

	Raum	Gewicht	Oberfläche	Stein-querschnitt	Freier Quer-schnitt	Wärmeabgabe	
						kcal pro qm-St.	kcal pro cbm-St.
	cbm	kg	qm	Proz	Proz.		
Gittersteine	1	1100	12.6	56	44	1740	23500
Semmelsteine	1	840	28	44	56	2000	79000
Sechseckige Steine . .	1	920	28	49	51	2620	62000
Strack-Steine	1	1060	52	56	44	—	—

5. Temperaturen der Luft oder des Gases nach Beginn des Umschaltens auf Luft oder Gas am Eintritt und Austritt des Regenerators;

6. Temperaturen der Luft oder des Gases am Ende der Umschaltperiode für Luft und Gas am Eintritt und Austritt des Regenerators;

7. Warmeaufnahme der Luft während dieser Periode;

8. Steingewichte[1];

9. freie Steinoberfläche,

8 und 9 unter Berücksichtigung der Umfassungswände.

Gegeneinander ausgeglichene Zahlen verlangen meist eine zweimalige Durchrechnung.

Diese Rechnungsart ist in beiden Fallen bequemer als die Lösung einer Anzahl Gleichungen mit vielen Unbekannten.

Die Gas- und Luftgeschwindigkeiten im Gitterwerk schwanken sehr stark; im Mittel durften 6 bis 15 m/Sek. in Betracht kommen. Was die freie Oberfläche per Kubikmeter Gitterwerk anbelangt, so wechselt dieselbe zwischen 8 und 18 qm, mit Abweichungen sowohl nach oben als auch nach unten.

Vielfach wird die Verhältniszahl: $\dfrac{\text{Inhalt des Gitterwerkes}}{\text{Inhalt des Ofens}}$ als konstruktive Richtlinie gegeben, sie schwankt in den einzelnen Fällen und Ofenarten zwischen 0,2 und 1, gibt also keine wärmetechnische Beurteilung einer Konstruktion.

Die Rekuperatoren haben als Vorteil die Einfachheit der Steuerung. Zwischen Rauchgas mit Unterdruck und Luft mit Überdruck ist eine Druckdifferenz, die bei Rissen und undichten Stellen Luft in die Rauchgase eintreten läßt. Aus diesem Grunde ist die Erwarmung von Gas in einem Schamotterekuperator wenig zweckmäßig. Soll Gas nur wenig erwärmt werden, so tritt an Stelle der Schamottekanäle ein System von schmiedeeisernen Rohren.

Die Regeneratoren können für Gas- und Lufterwärmung benützt werden. Es sind jeweils zwei Kammern für Wechselbetrieb erforderlich. Die Erwärmung kann auf höhere Temperaturen erfolgen, deshalb ist dieser Apparat stets zur Erzielung hoher Verbrennungstemperaturen in Industrieöfen der gegebene.

Während beim Rekuperator die Flamme im Ofen stets dieselbe invariable Richtung hat, ist beim Regenerator infolge Umwechselns von Abgaskammern in Gas- und Luftvorwärmkammern, wobei Gas- und Luft in umgekehrter Richtung strömen, im Ofen eine Umkehr der Flammenrichtung gegeben[2]. Die Flamme muß also von zwei Seiten her nach dem namlichen Punkt fließen. Die im Ofen herrschende Temperatur ist daher nur kleineren Schwankungen unterworfen. Daher ist besonders für Schmelzprozesse der Regenerator zu wählen[3].

---

[1] Zeitschrift des Vereins deutscher Ingenieure, Bd. 67, Nr. 21. Aus der Praxis des Glasschmelzofens von *Maurach*.

[2] Feuerungstechnik 12. Jg., Heft 7, S. 78. Neue Umsteuervorrichtungen für Regenerativofenbetriebe; Stahl und Eisen. 43. Jg, Nr. 19, S. 635. Neue Wechselventile für Martinöfen.

[3] Englische Regeneratoren siehe Stahl und Eisen **43**, 1923, Nr. 3, S. 86, 87 und 89.

Bei Wärme-, Schmiedeflamm- und Glühöfen, Roll- und Stoßöfen, bei denen an einer Stelle das warme Material gezogen und an anderer Stelle zwecks Vorwärmen eingebracht wird, ist eine nach einer Richtung abnehmende Flammentemperatur zweckmäßig, und dies ist durch stets in einer Richtung fließende Flamme, also mit Luftvorwärmung durch Rekuperator, gegeben. Es gibt natürlich auch Schaltungen, die hier den Regenerator zulassen.

Bei Verwendung der einseitigen Flammenrichtung kann die Dimensionierung der Gas- und Luftkanäle beim Eintritt und der Abgasöffnungen beim Austritt genau bestimmt werden. Bei wechselnder Flammenrichtung muß die Öffnung und der Kanal sowohl für Gas- und Luftzufuhr als auch für Abgasabfuhr geeignet sein.

Bei Verwendung von Gasbrennern unterscheidet man:

1. Brenner mit Gaszuführung allein;

2. Brenner mit Gas- und Luftzuführung.

Die Gase, die zur Verwendung kommen, sind:

a) verbrannte Abgase,

b) brennbare Gase, denen noch Luft zur Verbrennung zugeführt werden muß.

Bei der Brennertype 1: Brenner mit Gaszuführung allein, kommen in erster Linie die verbrannten Abgase in Betracht; es ist hierbei jegliche Zuführung von Frischluft zu vermeiden, da diese nur die Temperatur der Gase und damit das Warmegefälle in der Verbrauchsanlage herunterdrückt.

Die Abgase, die zur Verwendung kommen, sind:

Abgase aus *Siemens-Martin*-Öfen.

Die Abgasverluste dieser Öfen sind ca. 30 Proz., Temperatur der Abgase 600 bis 700° am Ofenende. Diese Temperatur kann bis 250 bis 300° in Dampfkesseln nutzbar gemacht werden, wobei bei Vorwärmen noch tiefere Temperaturen möglich sind. Es muß durch diese Widerstandserhöhung mit höherem Schornstein oder künstlichem Zug gerechnet werden.

Abgase aus Puddel- und Wärmeöfen.

Die Kessel, die mit diesen Abgasen geheizt werden, stehen sowohl neben als auch direkt über den Öfen. Es sind, besonders im letzten Falle, höhere Abgastemperaturen als bei *Siemens-Martin*-Öfen oder bei Kesselaufstellung neben dem Puddel- oder Wärmofen möglich.

Bei Puddelöfen ist per 1 kg Kohle im Ofen eine Dampferzeugung von 2 bis 3 kg möglich, bei Schweißöfen 3,5 bis 5,5 kg. Kessel erster Ofenart haben etwa 40 bis 80, zweiter bis 120 qm Heizfläche.

Fig. 113 zeigt einen Kessel, wie er für Abgasheizung durch die Abgase von Zinkschmelzöfen verwendet wird. Die Gase haben beim Eintritt in den Kessel eine Temperatur von 900° und verlassen den Kessel mit 450°. Der Kessel hat 230 qm bei 8 Atm und benötigt pro Stunde 7700 cbm Abgase (auf 0° reduziert) bei 18 Proz. CO_2, 6 Proz. O_2 und 76 Proz. N_2. Die Leistung ist 8 bis 11 kg Dampf per 1 qm Heizfläche. Der Kessel hat noch einen Ekonomiser von 120 qm.

Fig. 114 (Tafel IV) zeigt einen Kessel für Abgase von Martinöfen mit 300 qm Heizfläche bei 900° Eintrittstemperatur der Abgase und 17 kg Dampferzeugung per 1 qm.

Additional information of this book

(Der WÃrmeingenieur; 978-3-662-27639-6; 978-3-662-27639-6_OSFO4) is provided:

http://Extras.Springer.com

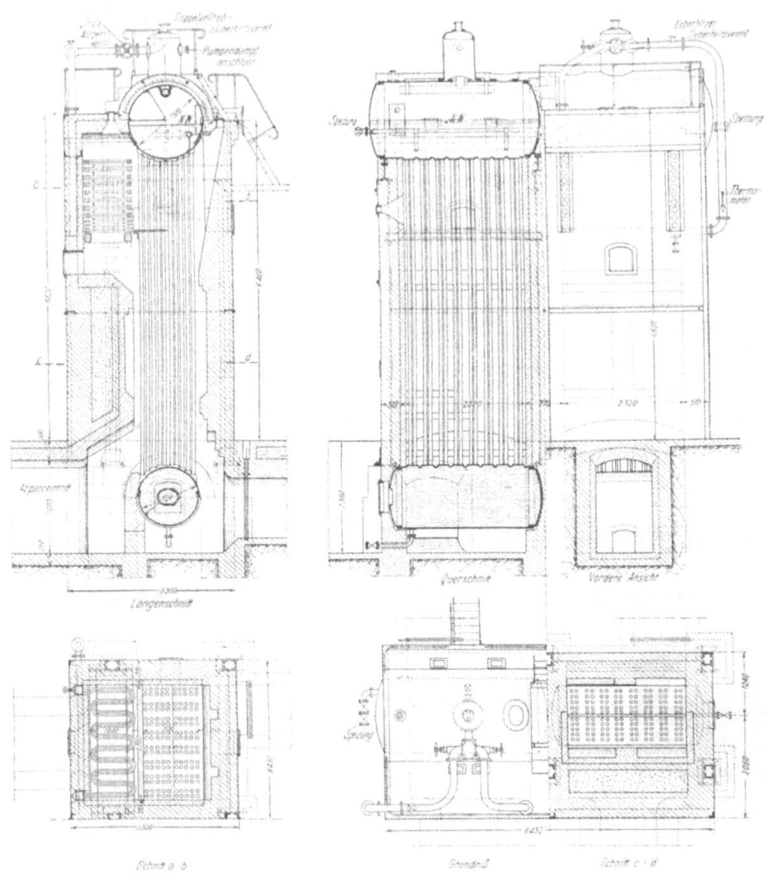

Fig. 113. Abgaskessel.

Nachstehende Versuche an einem *Siemens-Martin*-Ofen geben ein Bild über die Auswertung:

Ausbringen der Blöcke . . . . 75 t		Kohlenverbrauch im Generator 23,7 t	
Einsatz: Flüssiges Roheisen . . 42.8 t		Heizwert der Kohle . . . 5940 kcal	
Kaltes Roheisen . . . . 0,6 t		Kohlensäuregehalt der Abgase 13 Proz.	
Eisenschrott . . . . . 6,0 t		Chargendauer . . . . 9 Std. 35 Min.	
Stahlschrott . . . . . 32,5 t		Roheisen . . . . 56,0 Proz.	
Erz . . . . 6,7 t		Schrott . . . . 36,8 „	
Kalkstein . . . . . . 6,8 t		Erz . . . . 7,2 „	
Dolomit . . . . 2,4 t		mit ca. 80 Proz. F_2O	
Flußspat . . . . 0,3 t			
Ferrosilicium . . . . . 0,1 t			

1 t Blöcke = 316 kg Kohle = 3410 kg Gas = 5040 kg Abgas.

Bei 670° sind in demselben per Stunde

6 550 000 kcal = 43 Proz. der aufgewendeten Kohle enthalten.

Davon werden ausgenutzt: 52 Proz. für Abhitzeverwertung.

Das ist an Generatorkohle ein Gewinn per Stunde von

$$\frac{23{,}7 \cdot 0{,}43 \cdot 0{,}52}{9 \,\text{St.} \, 35 \,\text{Min.}} = 577 \,\text{kg Kohle.}$$

Die Gase, die im Kessel verbrannt werden, erhalten seitlich Luft zugeführt. Da hierdurch eine innige Vermischung von Gas und Luft ausgeschlossen und damit eine unvollständige Verbrennung erzielt wird, sind derartige Ausführungen wenig gebräuchlich.

Was nun die hier in Betracht kommenden Brenner 1 anbelangt, so bestehen sie im wesentlichen nur in einem Rohr, das sich evtl. gegen den Kesselraum hin in rechteckigem Querschnitt verbreitert. Eine kleine Querschnittsverminderung erhöht die Gasgeschwindigkeit, um ein gutes Zuströmen an die Heizflächen zu erreichen.

Bei der Brennertype 2 hat man die gleichen Variationen wie bei Brennern von Ölfeuerungen. Es kommt nur Luft als Zusatz zum Gase in Frage. Sie werden nie für Abgase, sondern nur für brennbare Gase gebraucht. Man unterscheidet Brenner für:

I. Naturgase,	IV. Vollgase,
II. Reichgase,	V. Ölgase,
III. Schwachgase,	VI. Edelgase.

Hieraus krystallisieren sich zwei Haupttypen:

Brenner für hochwertige Gase: Reichgase, Vollgase, Ölgase und Edelgase, und Brenner für Schwachgase: Naturgase, Schwachgase.

Der Heizwert der hochwertigen Gase liegt bei 1200 bis 5000 kcal, der der schwachen Gase bei 700 bis 1200 kcal.

Die Brenner dieser Typen sind nach dem Bunsenprinzip ausgeführt. Fig. 115 a bis c zeigen solche Brenner.

Für schwache Gase ist eine geringe Luftzufuhr nötig, der *Terbeek*-Brenner eignet sich in diesem Falle sehr gut für diese Gase. Es ergibt sich bei Hochofengas[1]) von etwa 1000 kcal gereinigt, mit

$$CO_2 = 5{,}8 \text{ Proz.,} \quad CO = 30{,}8 \text{ Proz.,} \quad CH_4 = 0{,}6 \text{ Proz.,}$$
$$H_2 = 6{,}8 \text{ Proz.,} \quad O_2 = 0{,}2 \text{ Proz.,} \quad N_2 = 55{,}8 \text{ Proz.}$$

ein Verbrauch von 22,1 cbm per qm und Stunde bei einer Dampferzeugung von 25,8 kg per qm und Stunde. Der hier verwandte *Stirling*-Kessel von 350 qm Heizfläche, 14 Atm und 100 qm Überhitzfläche hatte nach dem ersten Rohrbündel 21,5 Proz. CO_2, 0,3 Proz. CO, 0,9 Proz. O_2 und 402° hinter dem Kessel und 207° hinter dem Überhitzer. Es war·

Nutzbar gemachte Warme . . . . 79,5 Proz.
Schornsteinverlust . ·. . . . . 8 „
Strahlung und Leitung . . . . 12,5 „

Der *Bone-Schnabel*-Kessel mit 1,95 qm Heizfläche und 8 Atm hatte Gas von 4600 kcal und benötigte für 1 qm und Stunde 21,9 cbm Gas bei einer Dampferzeugung von 140 kg. Die nutzbar gemachte Wärme ist 93,8 Proz.[2]).

---

[1]) Stahl und Eisen, 43 Jg., Nr. 48, Die Elektro-Filterversuchsanlage zur Reinigung von Hochofengas auf den Rheinischen Stahlwerken in Duisburg-Meiderich von *Lenk*.

[2]) Stahl und Eisen 1913, S. 593, 1934, 1921, S. 228; Zeitschrift des Vereins deutscher Ingenieure 1913, S. 281; Engineering 1911, S. 487 und 1912, S. 633.

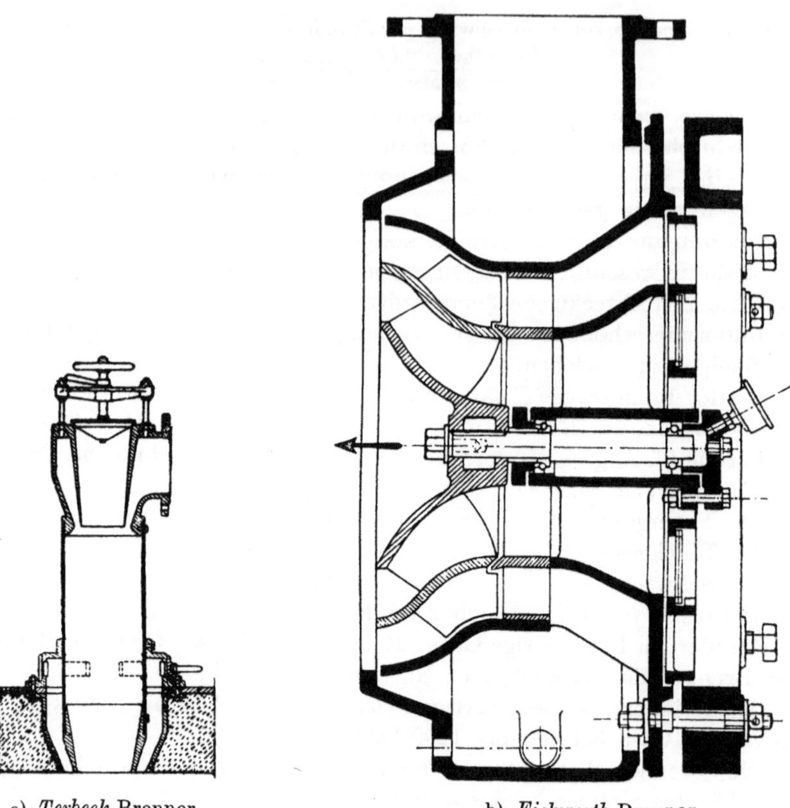

a) *Terbeek*-Brenner.

b) *Eickworth*-Brenner.

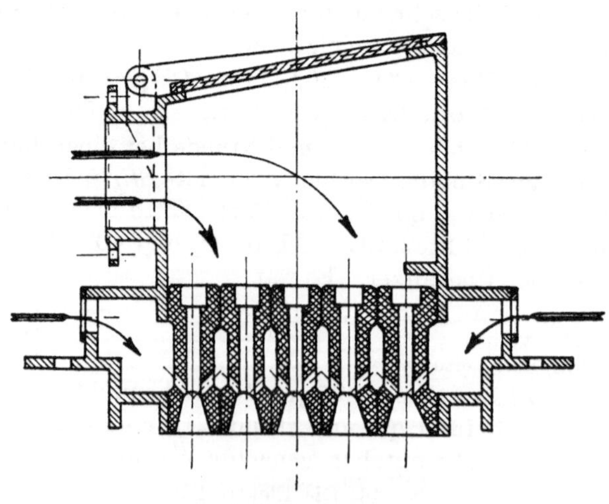

c) *Pellix*-Brenner.

Fig. 115. Gasbrenner.

Fig. 115b stellt einen *Eickworth*-Brenner von *Eickworth & Sturm G. m. b. H.* in Dortmund dar. Das durch die Rohrleitung eintretende Gas stößt gegen den äußeren Schaufelring und treibt denselben an. Die primäre Verbrennungsluft

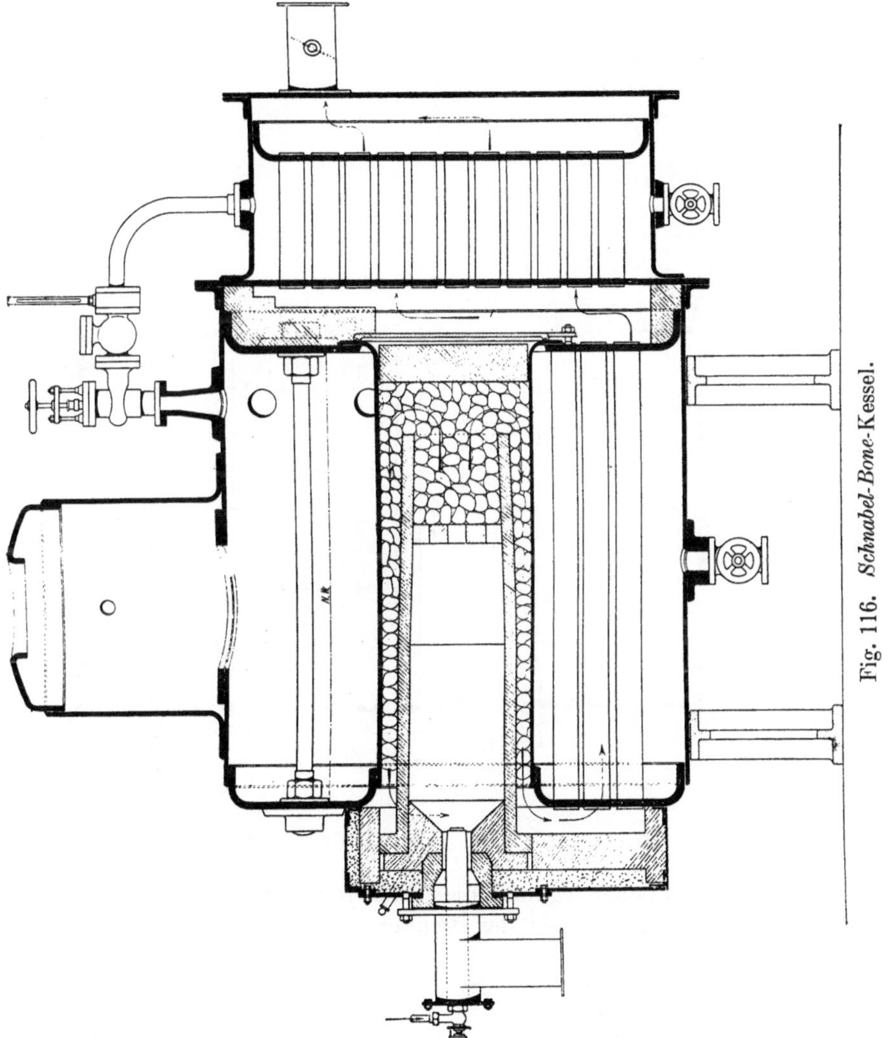

Fig. 116. *Schnabel-Bone-Kessel.*

wird durch die zuvor genannten Schaufeln angezogen und mischt sich mit dem Gase. Die sekundäre Verbrennungsluft wird durch die inneren Flügel des rotierenden Rades angesaugt, in den Verbrennungsraum gedrückt und mit dem Gase gemischt. Infolge der durch den Gasdruck gegebenen Tourenzahl des Rades bleibt das Verhältnis von Gas- und Luftmengen proportional. Ein außen

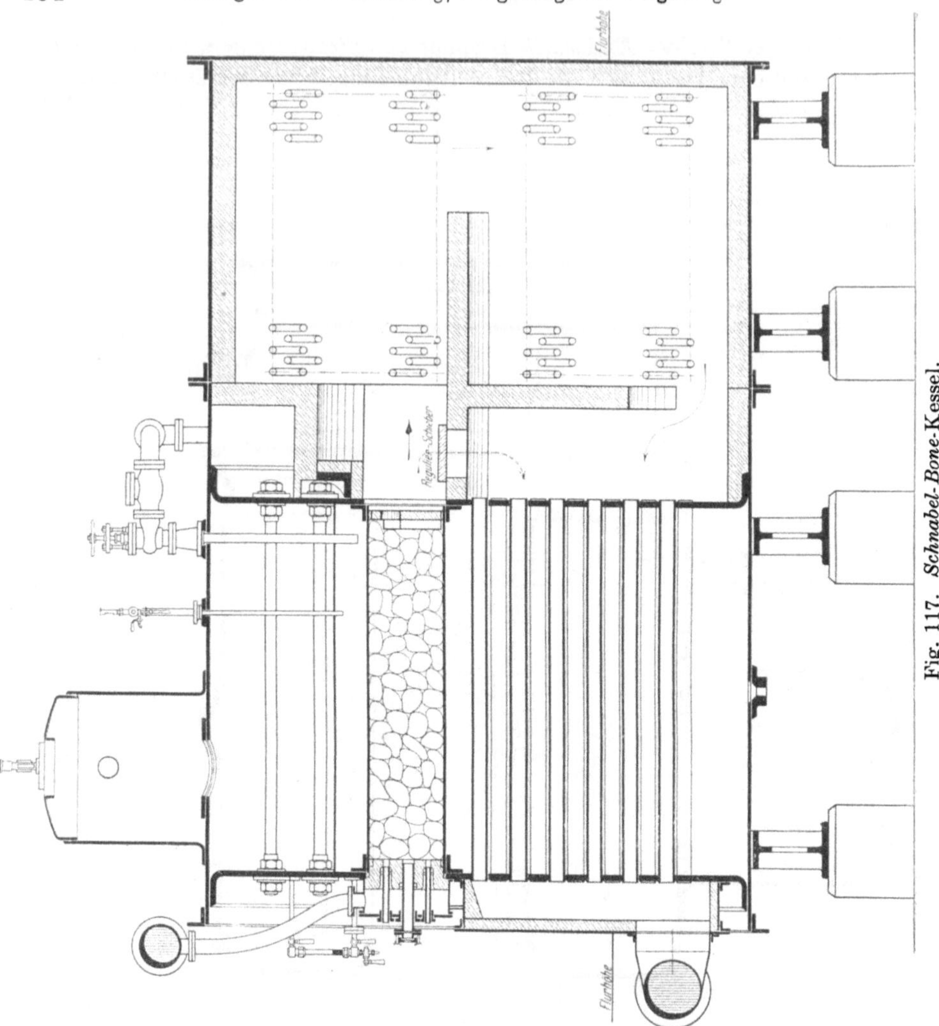

Fig. 117. *Schnabel-Bone*-Kessel.

befindlicher Drehschieber reguliert die Luftzufuhr je nach Gasart. Versuche
über die Anspannungsfähigkeit des Brenners in einem Hüttenwerk ergaben:

Zweiflammenrohrkessel . . . . 91,06 qm
    (Pufferglied für die Schwankungen im Gichtgasnetz)
Gasdruckschwankung . . . . 20 bis 80 mm WS
Gasmenge je Brenner und Stunde . . . . 550 ,, 800 cbm
Gichtgasverbrauch für 2 Brenner und Stunde . . . . 1525 ,,
Dampf: qm Heizfläche und Stunde . . . . 18,2 kg
      cbm Gas und Stunde (955 kcal) . . . . 1,09 ,,
CO_2-Gehalt der Abgase . . . . 24,3 Proz.
Abgastemperatur (zu kurze Kessel) . . . . 320° C.
Zug am Kesselende . . . . 4 mm WS
Maximale Schluckfähigkeit eines Brenners . . . . 1400 cbm-St.
Kesselwirkungsgrad . . . . 74,5 Proz.

Fig. 115c stellt den *Pellix*-Brenner von *Poetter G. m. b. H.* in Düsseldorf dar. Er besteht aus Gußeisen, in welchen die Düsensteine aus feuerfestem Material eingesetzt sind. Ihre Form bewirkt eine innige Mischung von Gas und Luft, so daß hinter dem Brenner eine vollständige Verbrennung mit der höchstmöglichen Temperatur möglich ist. Infolge der Düsenform ist ein Abreißen der Flamme verhindert.

In Fig. 116 ist eine Anwendung für teilweise flammenlose Verbrennung gegeben.

Ein Teil des Gases wird dort erst in einem Brenngewölbe und dann durch flammenlose Verbrennung verbrannt. Es wird jedoch auch zu reiner Oberflächenverbrennung übergegangen. Eine Ausführung dieser Art zeigt Fig. 117, die Temperaturverteilung in einem Heizrohr Fig. 118. Das Gasluftgemisch wird hier durch einen hinter den Rohren gelegenen Exhaustor abgesaugt.

Weitere Ausführungen zeigen Fig. 119 und 120. Der Brenner Fig. 119 soll mit 0,5 Proz. Sauerstoffüberschuß eine vollkommene Verbrennung geben.

Zur Beheizung der Industrieöfen werden die Brenner aus Schamottesteinen hergestellt. Das Gas wird in Kanälen zugeleitet, die Luft in besonderen Kanälen. Die Mischung von Gas und Luft findet entweder durch die ineinanderströmenden Gas- und Luftteile statt, oder das Gemisch strömt durch ein mehr oder weniger feinmaschiges Gitterwerk, um gemischt zu werden. Je nach der verschiedenen Richtung und Geschwindigkeit des Luft- und des Gasstromes läßt sich der Verbrennungspunkt, d. h. der Ort der größten Temperatur, an eine bestimmte Stelle im Ofen legen. Dieser Punkt spielt beispielsweise bei Flamm- und Schweißöfen eine Rolle, da vor oder an der gezogenen Stelle das zur Verarbeitung zu ziehende Stück dann die größte Hitze erhalten kann und die daneben liegenden durch die Wärme der abziehenden Gase vorgewärmt werden.

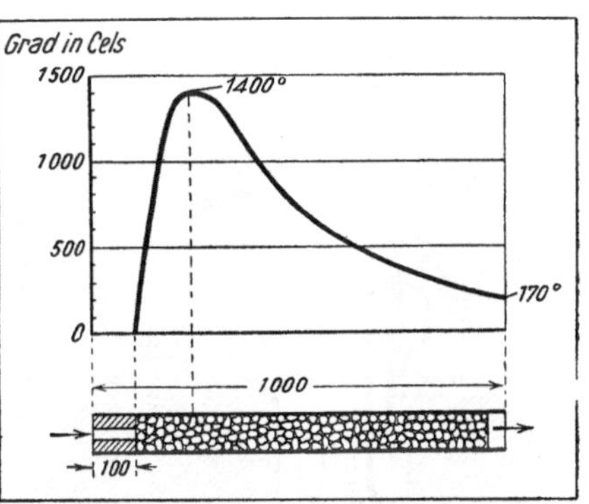

Fig. 118. Temperaturverteilung.

Die Geschwindigkeiten von Gas und Luft in den Zuleitungskanälen zu den Brennern schwanken zwischen 1,5 und 20 m-Sek., die Geschwindigkeit im Brenner selbst ist bei Luft meist größer als bei Gas und ergibt für *Siemens-Martin*-Öfen Werte zwischen 20 und 52 m-Sek., bei Glasöfen 4 bis 13 m-Sek.; die Werte für andere Ofenarten liegen dazwischen und sind bei Wärm- und Glühofen teilweise niedriger. Die Abgasgeschwindigkeit ist infolge der gleichen Brenner im Flammenumkehrverfahren bestimmt und annähernd gleich obigen Worten, im Rekuperativverfahren meist niedriger.

Die Brenner für große Gasmengen bei industriellen Feuerungen[1]) kommen

---

[1]) Stahl und Eisen 44, 1924, Nr. 47, Erzielung hoher Wirtschaftlichkeit der Feuerungen von *Huffelmann*.

bei hochwertigen Gasen in großen Mengen meist für Koksofengas in Betracht. Das Gebiet der hochwertigen Gase umfaßt jedoch auch Leuchtgas mit seinen verschiedenen Abarten. Die Brenner hierfür beruhen alle auf dem Prinzip des Bunsenbrenners, wobei die Luft mit natürlichem Zug durch Injektorwirkung angesaugt wird. Je nach der Verwendungsart: Kochzwecke, Leuchtzwecke oder Heizzwecke wird der Brenner als Schnitt- oder als Breit- oder als Ring- oder als Flachbrenner ausgebildet.

Für industrielle Heizzwecke findet Leuchtgas bei Glühöfen[1]) vielfache Anwendung. Ferner wird es bei Schneide- und Schweißapparaten angewandt. Die Verwendung bei Kochherden und Gasöfen ist bekannt. Es verbrennt

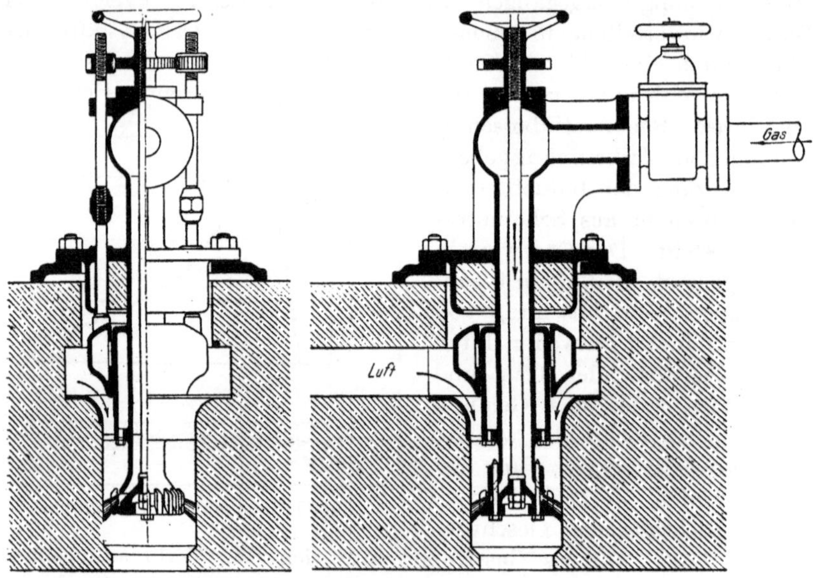

Fig. 119. Gasbrenner.

bei 1 Volumteil Gas und 3 Volumteilen Luft vollständig ohne Kohlenstoffausscheidung, wobei etwa 1750° entstehen.

Eine weitere Gasart ist das Acetylen, das aus Calciumcarbid nach dem Prozeß

$$CaC_2 + H_2O \ = C_2H_2 + CaO,$$
$$CaC_2 + 2\,H_2O = C_2H_2 + Ca(OH)_2$$

hergestellt wird, wobei die Reaktion bis 40° nach der ersten, zwischen 40 und 140° nach beiden und über 140° nach der zweiten Gleichung erfolgt. Acetylen darf keinem zu hohem Druck und keiner zu hohen Wärme ausgesetzt werden, da es endotherm

$$C_2H_2 = C_2 + H_2 + 60\,000 \text{ kcal}$$

---

[1]) Transactions of the American Society for Steel Treating, 3. Jg., Nr. 4, 1923: Gasfeuerung für Hartereien von *Smith*.

ist. Bei 0° und 21,5 Atm ist es flüssig. Der untere Heizwert des Acetylens ist 11 700 kcal/kg oder 13 600 kcal/cbm.

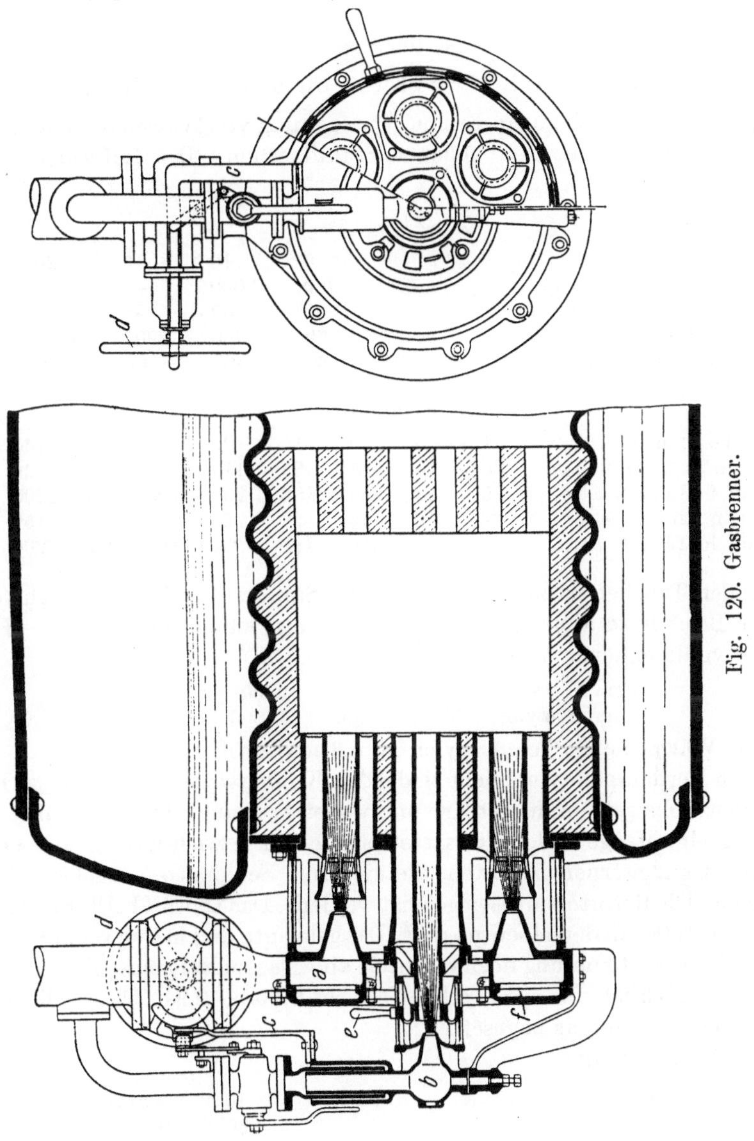

Fig. 120. Gasbrenner.

Wasserstoff dient ebenfalls zu Heiz- und Schweißzwecken. Er verbrennt nach der Beziehung

$$H_2 + {}^1\!/_2\, O_2 = H_2O + 68\,200 \text{ kcal } (H_2O \text{ flüssig}),$$

also 1 cbm H_2 zu H_2O = 3080 kcal (H_2O flüssig);

$$H_2 + {}^1\!/_2\, O_2 = H_2O + 57\,400 \text{ kcal } (H_2O \text{ gasförmig}),$$

also 1 cbm H_2 zu H_2O = 2590 kcal (H_2O) gasförmig.

Die Temperatur bei der Verbrennung von H_2 zu dampfförmigem H_2O bei konstantem Drucke ist 3400°, sofern keine Dissoziation (bei 2000° und 1 Atm 1,7 Proz.) eintritt.

Aus nachstehender Tabelle ist der

Gasverbrauch für Schweißen und Schneiden

von 1 m Flußeisenblech zu ersehen bei Verwendung von Wasserstoff oder Acetylen und Sauerstoff aus den üblichen Stahlflaschen. Der Luftsauerstoff ist nicht berücksichtigt.

A. Schweißen.

Blechstärke in mm	1	5	10	15	20	30
Wasserstoff in Liter × Atm	70	750	3000	—	—	—
Sauerstoff in Liter × Atm	9	80	400	—	2—	—
Acetylen in Liter × Atm	5	70	300	900	1550	2800
Sauerstoff in Liter × Atm	9	80	400	1200	1900	3500

B. Schneiden.

Blechstärke in mm	1	5	10	15	20	50	100	150	200
Wasserstoff in Liter × Atm	20	45	65	85	110	250	420	625	820
Sauerstoff in Liter × Atm	25	80	130	180	230	600	1200	2200	3200
Acetylen in Liter × Atm	4	10	15	20	25	60	100	150	200
Sauerstoff in Liter × Atm	25	80	130	180	230	600	1200	2200	3200

Aus den Tabellen ist zu ersehen, daß der Sauerstoffbedarf beim Schweißen mit der Blechdicke abnimmt, während er beim Schneiden zunimmt. Es ergibt bei vollkommener Verbrennung

$$1 \text{ cbm Wasserstoff } 0°, 760 \text{ mm,} \qquad 2590 \text{ kcal}$$
$$1 \text{ cbm Acetylen } \quad 0°, 760 \text{ mm,} \qquad 13600 \text{ kcal,}$$

d. h. die Wärmemenge bei Acetylen ist 5,3 mal größer.

Durch Verdampfen von leicht siedenden Kohlenwasserstoffen, die z. B. auf glühenden Koks geträufelt werden, und wobei evtl. auch Luft zugeführt wird, sind noch eine Menge anderer Gasarten möglich. Die wichtigste ist das Ölgas. Es wird in gußeisernen Retorten, die evtl. mit Schamotte ausgekleidet sind, gewonnen. Die Retorten müssen geheizt werden. Das Öl wird bei Temperaturen von 700 bis 1000° in derselben gekragt. Das gekragte und in Gas verwandelte Öl scheidet bei der Abkühlung noch Leichtöle ab. Das zu kragende Öl ist Leichtöl, und zwar sog. Gasöl vom spezifischen Gewicht 0,86 bis 0,94. Dieses Ölgas wird vielfach dem Wassergas zugesetzt.

Das Ölgas enthält:

Wasserstoff	10 bis 20	Proz.
Methan	30 ,. 50	,,
Schwere Kohlenwasserstoffe	25 ,. 50	,,
Kohlenoxyd	0.5 ,, 3	,,
Stickstoff, Sauerstoff	2 ,. 4	,,

je nach Herkunft des Öls[1]). Der Heizwert ist 10 000 bis 12 000 kcal.

---

[1]) Chem. Technologie des Leuchtgases von *Volkmann*. Das Ölgas. Otto Spamer, Leipzig.

Luftgas ist mit Benzindämpfen gesättigte Luft, es hat etwa 3000 kcal.

Trigas wird in einem Generator mit hohem Schacht erzeugt, der untere Teil desselben ist breit, der obere eng; der Brennstoff ist Steinkohle oder Braunkohle, die auf dem Weg von oben nach unten entgast und verkokt werden. Es wird abwechselnd Luft und Wasser in verschiedenen Richtungen durchgeblasen. Das Gas wird in einer Teervorlage aufgefangen und weiter gereinigt. Es eignet sich gemäß seiner Herstellung zur Tieftemperaturteergewinnung.

Aus 100 kg Kohle entstehen 80 bis 150 cbm Gas von 2000 bis 3300 kcal. Es enthält:

Wasserstoff	40 bis 50 Proz.
Methan	6 „ 10 „
Schwere Kohlenwasserstoffe	1 „ 2 „
Kohlenoxyd	26 „ 30 „
Kohlensäure	5 „ 10 „
Stickstoff	4 „ 20 „

Die weiteren Gase: Blaugas, Benoidgas, Pentair usw. haben untergeordnete Bedeutung und je nach Herstellungsart Heizwerte von 2000 bis 3500 kcal.

Alle Gasarten, gleichviel, wie sie entstehen, können bei der Verbrennung genau mit der theoretischen Luftmenge verbrannt werden. Sie haben dadurch gegenüber der Wärmeerzeugung auf dem Roste eine Überlegenheit im Wirkungsgrade. Allerdings ist stets zu beachten, daß auch für den Vergasungsvorgang selbst Wärme evtl. auch in Form von Ventilatorarbeit benötigt wird. Diese Wärme kommt dann bei dem gesamten Wirkungsgrad in Abzug.

4. Verwertung der Wärme zu Heizzwecken.

Die Verwertung der Wärme zu Heizzwecken erfolgt:

1. direkt durch Übertragung der Wärme der Verbrennungsgase an das wärmeaufnehmende Medium;
2. indirekt durch Zwischenschaltung eines Wärmeträgers, der die in ihm enthaltene Wärme an das zu erwärmende Medium abgibt und wobei zuerst durch das Medium mechanische Energie erzeugt wird.

Im ersten Falle gehören hierher industrielle Feuerungen für chemische und physikalische Prozesse, und zwar:

1. Schmelzprozesse	9. Rektifizieren
2. Röstprozesse	10. Verdampfen
3. Glühprozesse	11. Destillieren
4. Brennprozesse	12. Erwärmen
5. Sublimieren	13. Abspalten
6. Calcinieren	14. Trocknen
7. Kochen	15. Dörren.
8. Eindampfen	

Im zweiten Falle wird als Wärme übertragendes Medium hauptsächlich gewählt:

16. Luft
17. Wasser (in flüssigem oder dampfförmigem Zustand)
18. Andere Stoffe, wie Quecksilber, schweflige Säure, Kohlensäure, Ammoniak.

Die Wärme wird entweder direkt nach ihrer Erzeugung durch Verbrennung oder evtl. vorherige Verflüssigung oder Vergasung und darauffolgende Verbrennung des Brennstoffes verbraucht oder sie wird zuerst für Krafterzeugung (17 bis 18) ausgenützt und dann erst im abgehenden Medium die noch vorhandene Wärme in irgendwelcher Weise zu Heizzwecken verwandt. Die letzte Verwendungsart heißt meist Abwärmeverwertung. Sie wird in Abschnitt 6 besprochen.

1. Schmelzprozesse.
I. Hochofen, Kupolofen und ähnliche Hochofen.

Die wärmewirtschaftliche Behandlung der Hochofen ergibt als ideales Gichtgas ein kohlenoxydfreies Gas, das, wie auf Seite 73 ausgeführt, der Reaktion

$$Fe_2O_3 + 3\,CO \rightleftarrows 3\,Fe + 3\,CO_2 \pm 8400\,kcal$$

genügt.

Der Hochofenprozeß[1] ist ein Schmelzprozeß, bei dem chemische Umsetzungen und physikalische Änderungen stattfinden. Als Einsatzprodukt kommen

---

[1] Ausführliches findet sich in *Mathesius*, Die physikalischen und chemischen Grundlagen des Eisenhüttenwesens. 2. Auflage. Leipzig 1924, Otto Spamer.

vier Erzsorten: gerösteter Spat[1]), roher Spat, Roteisenstein und Brauneisenstein in Frage. Ihre Analyse sowie die des Kalkzuschlages ist in nachstehender Tabelle gegeben.

	Gerösteter Spat	Roher Spat	Roteisen	Brauneisen	Kalk
Fe_2O_3	67,35	—	75,29	63,11	—
FeO	—	42,98	0,60	0,41	0,32
Mn_3O_4	13,02	—	—	—	—
MnO.	—	8,74	0,18	1,50	—
CaO	2,74	0,85	2,25	2,45	54,16
MgO	3,19	2,73	0,40	0,80	0,72
Al_2O_3	2,58	0,69	2,73	4,72	1,45
SiO_2	10,77	9,30	15,05	17,38	0,70
CO_2	—	34,27	1,78	2,48	43,20
P_2O_5	—	—	0,32	1,51	—
Cu.	0,05	0,20			
	$= 0,06\,CuO$	$= 0,25\,CuO$	—	—	—
H_2O chem.	—	—	1,40	5,14	—
	100,000	100,00	100,00	100,00	100,55
S	0,35	0,36	—	0,01	—
H_2O mech.	9,00	0,06	9,65	13,90	0,47
Fe.	47,10	33,41	52,67	44,45	0,25
Mn	9,44	6,77	0,14	1,16	—

Aus diesen Zahlen soll der Kohlenstoff bzw. also Koksbedarf zum Schmelzen festgelegt werden[2]). Natürlich ist zu berücksichtigen, daß die Beimengungen des Eisens, mehr Mangan bei rohem und geröstetem Spat, mehr Phosphor bei Roteisenstein und Brauneisenstein, nicht geändert werden können und daher in Rechnung zu ziehen sind. Die in allen vier Fällen ausfallende Schlacke habe das Verhältnis $SiO_2 : CaO = 36 : 33$. Für die Gas-, Wind- und Staubmengen ist angenommen, daß für 1 t erzeugtes Metall 4500 cbm Gas von 58 Proz. Stickstoffgehalt und 5 g Staub per 1 cbm Gas abgehen. Die Windfeuchtigkeit sei 9 g für 1 cbm Luft. Weitere Annahmen sind:

Reduktion des Eisens der Erze auf . . . . . 97 Proz.
       „   „ Mangans . . . . 55 „
       „   „ Kupfers. . . . . .100 „
       „   „ Phosphors. . . . . .100 „

Inhalt bei

rohem Spat	an Silicium 1 Proz.,	am Kohlenstoff	3,5 Proz.,	an Schwefel	0,02 Proz.
geröstetem Spat	„ „ 1 „	„ „	3,5 „	„ „	0,05 „
Roteisenstein	„ „ 2 „	„ „	3,0 „	„ „	0,60 „
Brauneisenstein	„ „ 2 „	„ „	3,0 „	„ „	0,10 „

---

[1]) Stahl u. Eisen, 42. Jg., Nr. 45: Über einige Versuche an Siegerlander Röstöfen von *Oberhoffer und Weyel.*

[2]) Siehe Feuerungstechnik 4. Jg., 173 u. f.; Stahl u. Eisen, 43. Jg., Nr. 28: Über die praktischen Erfolge neuer Theorien des Hochofens von *Mathesius.*

Damit ergeben sich aus 100 kg Erz bei der Verhüttung von:

Erzart	Eisen	Mangan	Kupfer	Phosphor aus Erz	Phosphor aus Koks	Summe
Geröstetem Spat . . .	45,68	5,19	0,05	—	0,30	51,12
Rohem Spat	32,40	3,72	0,20	—	0,30	36,62
Roteisenstein	52,67	0,07	—	0,14	0,30	53,20
Brauneisenstein . . .	43,11	0,63	—	0,60	0,30	44,64

Dazu kommt noch der Gehalt an Schwefel, Silicium und Kohlenstoff bei:

	Schwefel	Silicium	Kohle	Summe
Geröstetem Spat . . .	0,05	1,00	3,50	4,55
Rohem Spat	0,05	1,00	3,50	4,55
Roteisenstein	0,10	2,00	3,00	5,10
Brauneisenstein	0,10	2,00	3,00	5,10

Das Ausbringen des Metalles ist daher bei

geröstetem Spat und rohem Spat $\dfrac{\text{Summe der reduzierten Elemente} \times 100}{95,45}$

Roheisenstein und Brauneisenstein $\dfrac{\text{Summe der reduzierten Elemente} \times 100}{94,50}$

Man benötigt daher zum Ausbringen von 100 kg Metall:

bei geröstetem Spat . . . . 186,50 kg Erz, also 53,66 Proz. Ausbeute
„ rohem Spat . . . . 260,60 „ „ „ 38,37 „ „
„ Roteisenstein . . . . . 178,40 „ „ „ 56,05 „ „
„ Brauneisenstein . . . . 212,60 „ „ „ 47,03 „ „

Es ergeben sich damit die stofflichen Mengen für die Herstellung von 100 kg Metall:

	Gerösteter Spat	Roher Spat	Roteisen	Brauneisen
Menge in kg	186,5	260,6	178,4	212,6
Fe_2O_3	125,6	—	134,3	134,2
FeO	—	112,0	1,1	0,9
Mn_3O_4	24,3	—	—	—
MnO	—	22,8	0,3	3,2
CaO	5,1	2,2	4,0	5,2
MgO	5,9	8,1	0,7	1,7
Al_2O_3	4,8	1,8	4,9	10,0
SiO_2	20,1	24,2	26,8	36,9
CO_2	—	89,2	3,2	5,3
P_2O_5	—	—	0,6	3,2
CuO	0,1	0,6	—	—
H_2O chem.	—	—	2,5	10,9
	186,5	261,0	178,4	211,5

Die Schlacke ergibt sich aus dem Verhältnis $SiO_2 : CaO = 36 : 33$ oder $SiO_2 = 0{,}916\ CaO$; ferner habe der Koks 3,50 Proz. SiO_2 und 0,50 Proz. CaO, und der Koksbedarf sei 100 Proz. Es sind damit durch Erz eingebracht:

aus geröstetem Spat . . . . 20,1 kg SiO_2 und 5,1 kg CaO
„ rohem Spat . . . . 24,2 „ „ „ 2,2 „ „
„ Roteisenstein . . . . . ~ . . . . . . 26,8 „ „ „ 4,0 „ „
„ Brauneisenstein . . . . 36,9 „ „ „ 5,2 „ „

Von SiO_2 wird ein Teil verschlackt, ein Teil SiO_2 wird reduziert und geht, wie erwähnt, ins Eisen, ein Teil findet sich im Staub. Die reduzierte SiO_2-Menge beträgt

bei geröstetem Spateisen und rohem Spateisen $1 \cdot 1{,}88 = 1{,}88$ kg SiO_2
„ Roteisenstein und Brauneisenstein . . . . $2 \cdot 1{,}88 = 3{,}76$ „ „

Für 100 kg Metall ist die Staubmenge $450 \cdot \frac{5}{1000} = 2{,}25$ kg; bei 7 Proz. SiO_2 und 5 Proz. CaO-Gehalt ist

$$SiO_2 = 2{,}25 \cdot 0{,}07 = 0{,}16\ \text{kg},$$
$$CaO = 2{,}25 \cdot 0{,}03 = 0{,}06\ \text{kg}.$$

Aus Koks wird eingeführt

$$3{,}5\ \text{kg}\ SiO_2\ \text{und}\ 0{,}50\ \text{kg}\ CaO.$$

Damit ergibt sich

Erz	SiO_2 durch Erz u. Koks eingeführt	CaO wird dadurch verlangt	CaO durch Erz u. Koks eingeführt	CaO ist zu beschaffen
Gerösteter Spat . . .	21,6	19,7	5,1	14,6
Roher Spat.	25,7	23,5	2,2	21,3
Roteisenstein	26,4	24,2	4,4	19,8
Brauneisenstein	36,5	33,4	5,2	28,2

Der verhüttete Kalk enthält 54,16 Proz. CaO, also benötigt man

bei geröstetem Spat . . . . 14,6 : 0,5416 = 26,9 kg = 14,4 Proz. Kalksteine
„ rohem Spat . . . . 21,3 : 0,5416 = 39,3 „ = 15,0 „ „
„ Roteisenstein . . . . 19,8 : 0,5416 = 36,5 „ = 20,4 „ „
„ Brauneisenstein . . . . 28,2 : 0,5416 = 52,1 „ = 24,5 „ „

Damit ergibt sich an Schlacke

bei geröstetem Spat . . . . $\dfrac{19{,}7 \cdot 100}{33} = 59{,}6$ kg für 100 kg Eisen

„ rohem Spat . . . . $\dfrac{23{,}5 \cdot 100}{33} = 71{,}2$ „ „ 100 „ „

„ Roteisenstein . . . . $\dfrac{24{,}2 \cdot 100}{33} = 73{,}3$ „ „ 100 „ „

„ Brauneisenstein . . . . $\dfrac{33{,}4 \cdot 100}{33} = 101{,}2$ „ „ 100 „ „

Der Staubgehalt[1]) ergibt 2,25 kg.

---

[1]) Féuerungstechnik 11, Jg., Heft 2: Gichtstaubverwertung in Amerika von *Illies*; Industrie u. Technik, 5. Jg., Nr. 3, 1924: Trockengasreinigung für Hochofengas; Siemens-Zeitung, 4. Jg., Nr. 1, 1924: Elektrofilter-Gasreinigung von *Hahn*; Blast Furnace, 12. Jg., Nr. 2, 1924: Trockengasreinigung mittels Filterung durch Gichtstaub von *Cramp*, Stahl und Eisen **44**, 1924, Nr. 28: Neuere Ergebnisse der elektrischen Gasreinigung von *Durrer*, sowie The Iron Trade Review Vol. 68, Bd. 21, 1921, S. 836.

Bei 58 Proz. Stickstoffgehalt des Gases hat man per 100 kg Metall

$$450 \cdot \frac{58}{100} = 261 \,\text{cbm}\, N_2 = 261 \cdot \frac{100}{79} = 330,3 \,\text{cbm Luft}.$$

Bei einem Feuchtigkeitsgehalt von 9 g per 1 cbm Luft kommen in den Ofen

$$330,3 \cdot \frac{9}{1000} = 2,97 \,\text{kg Wasserdampf}.$$

Da die Erze in nassem Zustande gegichtet werden, so sind die gegichteten Erzmengen

$$\text{bei geröstetem Spat im Verhältnis } \frac{100}{100 - 9,00}$$

$$\text{,, rohem Spat ,, ,, } \frac{100}{100 - 0,06}$$

$$\text{,, Roteisenstein ,, ,, } \frac{100}{100 - 9,65}$$

$$\text{,; Brauneisenstein ,, ,, } \frac{100}{100 - 13,90}$$

zu vergrößern. Es ergibt sich dann

	Nasse im Erz kg	Nasse im Kalk kg	Gesamte Nässe kg	Auszutreibendes Hydratwasser kg
Gerösteter Spat .	18,40	0,12	18,52	—
Roher Spat . .	0,15	0,19	0,34	—
Roteisenstein .	19,74	0,21	19,98	2,50
Brauneisenstein.	29,55	0,24	29,79	10,93

Die auszutreibende CO_2-Menge sei an CaO gebunden, was noch übrig ist, an MgO, bei den Spateisensteinen an FeO und MnO. Damit ergeben sich folgende Übersichten über die Carbonatmengen der Erze und des Zuschlagkalkes:

kg		$CaCO_3$ kg	kg-CO_2	$MgCO_3$ kg	kg-CO_2	$FeCO_3$ kg	kg-CO_2	$MnCO_3$ kg	kg-CO_2
26,90	Gerösteter Spat . .	3,19	1,71	16,85	8,75	180,29	68,81	12,54	10,03
	Zuschlagkalk . . .	25,99	11,43	0,39	0,20	0,12	0,09	—	—
11,72	Auszutreibende CO_2 .	—	11,43	—	0,20	—	0,09	—	—
39,30	Roher Spat	3,19	1,71	16,85	8,75	180,29	68,81	12,54	10,03
	Zuschlagkalk . . .	37,87	16,59	0,58	0,30	0,18	0,14	—	—
107,33	Auszutreibende CO_2 .	—	18,30	—	9,05	—	69,95	—	10,03
36,50	Roteisenstein . . .	7,2	3,2	—	—	—	—	—	—
	Zuschlagkalk . . .	35,17	15,41	0,26	0,30	0,06	0,05	—	—
18,96	Auszutreibende CO_2 .	—	18,61	—	0,30	—	0,05	—	—
52,10	Brauneisenstein . . .	9,26	4.05	2,38	1,25	—	—	—	—
	Zuschlagkalk . . .	51,23	22,01	0,76	0,39	0,26	0,20	—	—
27,90	Auszutreibende CO_2 .	—	26,06	—	1,64	—	0,20	—	—

Die CO_2 des gerösteten Spates wurde schon beim Rösten ausgetrieben. Auf Grund dieser Festsetzungen kann die

thermische Berechnung

durchgeführt werden.

1. Reduktionswärme.

Aus der Tabelle für die stofflichen Mengen zur Herstellung von 100 kg Metall erhält man die zur Reduktion nötigen Wärmemengen, wenn man die Stoffmenge mit der Reduktionswärme multipliziert.

Stoff	Reduktions-wärme kcal	Gerosteter Spat		Roher Spat		Roteisenstein		Brauneisenstein	
		kg	kcal	kg	kcal	kg	kcal	kg	kcal
Fe_2O_3 . .	1260	125,6	158 256,0	—	—	134,3	169 218,0	134,2	169 092,0
FeO . .	1053	—	—	112,0	117 936,0	1,1	1 158,3	0,9	974,7
Mn_3O_4 .	1420	24,3	34 506,0	—	—	—	—	—	—
MnO . .	1340	—	—	22,8	30 552,0	0,3	402,0	3,2	4 288,0
SiO_2 . .	3680	1,8	6 642,0	1,8	6 642,0	3,7	13 616,0	3,7	13 616,0
CuO . .	256	0,1	25,6	0,6	153,0	—	—	—	—
P_2O_5 . .	2732	—	—	—	—	0,6	1 639,2	3,2	8 742,4
H_2O . .	3194	2,9	9 262,6	2,9	9 262,6	2,5	7 985,0	2,9	9 262.6
	—	—	208 692,2	—	164 535,6	—	194 018,5	—	205 948,7

2. Wärmeabfuhr im Eisen.

Der Wärmeinhalt per 1 kg Eisen ist 270 kcal, daher

$$270 \cdot 100 = 27\,000 \text{ kcal.}$$

3. Wärmeabfuhr in der Schlacke.

Dieselbe hat per 1 kg ca. 440 kcal, daher

$$\begin{aligned}
\text{bei geröstetem Spat} &\ldots\ldots 59,6 \cdot 440 = 26\,224 \text{ kcal} \\
\text{„ rohem Spat} &\ldots\ldots 71,2 \cdot 440 = 31\,328 \text{ „} \\
\text{„ Roteisenstein} &\ldots\ldots 73,3 \cdot 440 = 32\,252 \text{ „} \\
\text{„ Brauneisenstein} &\ldots\ldots 101,2 \cdot 440 = 44\,528 \text{ „}
\end{aligned}$$

4. Wärmeabfuhr im Gas.

Bei 150° Gichttemperatur und der spezifischen Wärme für 1 cbm Gas $= 0,24$ kcal ist

$$450 \cdot 0,24 \cdot 150 = 16\,200 \text{ kcal.}$$

Ferner kommt noch der im Gase vorhandene Heizwert hinzu, der durch Verbrennung von abgehendem CO zu CO_2 entsteht, ferner der Heizwert, der durch die im Gichtgas vorhandenen Kohlenwasserstoffe und reinen Wasserstoff weggeht. Bei der idealen Untersuchung wird aller C zu CO_2 verbrannt, ebenso auch CH_4 und H_2, so daß die Abgase ein neutrales Gas sind. Bei Anlagen mit Abgasverwertung kommt natürlich noch der Heizwert dieser Gase in Betracht. Im Ofen wird dann die exothermische Wärme von C zu CO und die endothermische zur Bildung von CH_4 und H_2 verbraucht. Um die hier sich ergebenden C-Mengen wird der Koks in der Gicht zu vergrößern sein. Die CH_4- und H_2-Mengen geben eine Verminderung des Wassergehaltes der Abgase. O_2, aus H_2O entstehend, ist entsprechend als freies O_2, CO oder CO_2 einzuführen.

5. Wärmeabfuhr im Staub.

Bei der spezifischen Wärme von 0,17 ist

$$2,25 \cdot 0,17 \cdot 15 = 57,4 \text{ kcal}$$

abzuführen.

6. Wärmeverbrauch durch Wasserverdampfung.

Bei der Gichttemperatur 150°, Eigentemperatur 15° und der spezifischen Wärme von 0,48 ist der gesamte Wärmeverbrauch:

bei geröstetem Spat . . . . 18,5 (621 + 50 · 0,48) = 11 932,5 kcal
„ rohem Spat . . . . . . 0,3 (621 + 50 · 0,48) = 193,5 „
„ Roteisenstein . . . . . 19,7 (621 + 50 · 0,48) = 12 706,5 „
„ Brauneisenstein . . . . 29,8 (621 + 50 · 0,48) = 19 220,0 „

7. Wärmeverbrauch für Hydratwasser.

Für 1 kg sind 76 kcal nötig, daher sind nötig

bei Roteisenstein . . . . . 2,50 (76 + 50 · 0,48) = 252,0 kcal
„ Brauneisenstein . . . . 10,93 (76 + 50 · 0,48) = 1093,0 „

8. Wärmeverbrauch durch CO_2-Austreibung.

	Wärme-verbrauch kcal	Gerösteter Spat		Roher Spat		Roteisenstein		Brauneisenstein	
		kg	kcal	kg	kcal	kg	kcal	kg	kcal
$CaCO_3$.	1016	11,4	11 582,4	18,3	18 592,8	18,6	18 897,6	22,1	22 453,6
$MgCO_3$.	729	0,2	145,8	9,1	6 633,9	0,3	218,7	1,6	1 116,4
$FeCO_3$ ..	342	0,1	32,2	70,0	23 940,0	0,1	34,2	0,2	68,4
$MnCO_3$.	342	—	—	10,0	3 420,0	—	—	—	—
		—	11 762,4	—	52 586,7	—	—	—	23 638,4

Damit ergibt sich der

gesamte Wärmebedarf,

es werden für Strahlung und Leitung 10 Proz. zugeschlagen.

Wärmebedarf	Gerösteter Spat	Roher Spat	Roteisenstein	Brauneisenstein
Reduktion	208 692,2	164 535,6	194 018,5	205 948,7
Eisen	27 000,0	27 000,0	27 000,0	27 000,0
Schlacke	26 224,0	31 328,0	32 252,0	44 528,0
Gas	16 200,0	16 200,0	16 200,0	16 200,0
Staub	60,0	60,0	60,0	60,0
H_2O-Verdampfung	11 932,5	193,5	12 706,5	19 220,0
Hydratwasser	—	—	252,0	1 093,0
CO_2-Austreibung	11 762,4	52 586,7	19 150,5	23 638,4
	301 871,1	301 903,8	301 639,5	337 688,1
Strahlung 10 Proz.	30 187,1	30 190,4	30 164,0	33 768,8
Gesamter Wärmebedarf . . .	332 058,2	332 094,2	331 803,5	371 456,9

Die Reduktionsverhältnisse sollen ideal verlaufen. Man erhält dadurch das Minimum an zugeführter Energie und kann durch Vergleich mit dem wirklichen Verbrauch die Vollkommenheit des Prozesses bestimmen. Es wird einerseits der zur Reduktion nötige Kohlenstoff und der dabei auftretende Wärmegewinn berechnet, andererseits bestimmt man nach obigem den gesamten Wärmebedarf, der bei der Reduktion, dem Schmelzprozeß, der Schlacke, dem Gas, Staub, Wasser und Hydratwasserverdampfung, Kohlensäureaustreibung und Strahlung und Leitung nötig ist.

Die Differenz zwischen dem zweiten und ersten Werte gibt die Wärmemenge, welche durch Verbrennung des Kokskohlenstoffs mit dem erhitzten Gebläsewind zugeführt werden muß.

Es bestimmt sich der Reduktionskohlenstoff und die daraus sich ergebende Wärmemenge bei:

Geröstetem Spateisenstein.

Es ist zu reduzieren		Benötigt werden		Geliefert werden		Wärme-einnahme
	kg	C	CO	CO	CO_2	kcal
Fe_2O_3 . .	126,5	9,48	22,14	—	69,57	129 789,0
Mn_3O_4 . .	24,3	2,55	—	—	9,38	20 606,4
SiO_1 . . .	1, 8	0,71	—	1,67	—	1 764,0
CuO . . .	0,1	—	0,04	—	0,05	84,4
H_2O . . .	2,9	1,93	—	4,51	—	4 770,5
	—	14,67	22,18	6,18	79,00	157 014,3

Da 22,18 kg CO = 9,43 kg C entsprechen, so ist

der gesamte Reduktionskohlenstoff $14,67 + 9,43 = 24,10$ kg,

der Wärmemangel $332\,058,2 - 157\,014,3 = 175\,075,9$ kcal.

Rohem Spateisenstein.

Es ist zu reduzieren		Benötigt werden		Geliefert werden		Wärme-einnahme
	kg	C	CO	CO	CO_2	kcal
FeO . . .	112,0	9,29	—	—	3,41	75 376,0
MnO . . .	22,8	1,94	—	—	7,09	15 640,8
SiO_2 . . .	1,8	0,71	—	1,67	—	1 764,0
CuO . . .	0,6	—	0,20	—	0,33	206,4
H_2O . . .	2,9	1,93	—	4,51	—	4 770,5
	—	13,87	0,21	6,18	11,34	97 757,7

Da 0,21 kg CO = 0,09 kg C entsprechen, so ist

der gesamte Reduktionskohlenstoff $13,87 + 0,09 = 13,96$ kg,

der Wärmemangel $332\,094,2 - 97\,757,7 = 235\,336,5$ kcal.

Roteisenstein.

Es ist zu reduzieren		Benötigt werden		Geliefert werden		Wärme-einnahme
	kg	C	CO	CO	CO_2	kcal
Fe_2O_3 . .	134,3	10,07	23,50	—	73,86	137 791,8
FeO . . .	1,1	0,09	—	—	0,33	740,3
MnO. . .	0,3	0,03	—	—	0,09	205,8
SiO_2 . . .	3,7	1,45	—	3,34	—	3 626,0
P_2O_2 . .	0,6	0,25	—	0,58	—	625,2
H_2O . . .	2,5	1,66	—	3,89	—	4 112,5
	—	13,55	23,50	7,81	74,28	147 101,6

Da 23,50 kg CO = 9,98 C entsprechen, so ist

der gesamte Reduktionskohlenstoff 13,55 + 9,98 = 23,53 kg,
der Wärmemangel 331 803,5 — 147 101,6 = 184 701,9 kcal.

Brauneisenstein.

Es ist zu reduzieren		Benötigt werden		Geliefert werden		Wärme-einnahme
	kg	C	CO	CO	CO_2	kcal
F_2O_3 . .	134,2	10,15	23,48	—	73,81	137 689,2
FeO . . .	0,9	0,07	—	—	0,01	605,7
MnO. . .	3,2	0,27	—	—	0,99	2 195,2
SiO_2 . . .	3,7	1,45	—	3,43	—	3 626,0
P_2O_2 . .	3,2	1,35	—	3,16	—	3 334,4
H_2O . . .	2,9	1,93	—	4,51	—	4 770,5
	—	15,22	23,48	11,10	74,81	152 221,0

Da 23,48 kg CO = 9,98 kg C entsprechen, so ist [der gesamte Reduktionskohlenstoff 15,22 + 9,98 = 25,20 kg] der Wärmemangel: 371 456,9 — 152 221,0
= 219 235,9 kcal.

Damit ergibt sich:

bei geröstetem Spat: Reduktionskohlenstoff 24,10 kg, Warmemenge 175 075,9 kcal
„ rohem Spat: „ 13,96 „ „ 235 336,5 „
„ Roteisenstein: „ 23,53 „ „ 184 701,9 „
„ Brauneisenstein: „ 25,20 „ „ 219 235,9 „

Es ist somit bezüglich Kohlenstoffbedarfs der rohe Spat und bezüglich
Wärmebedarfs der geröstete Spat am günstigsten.

Der Wärmebedarf kann gedeckt werden durch Verbrennen von Kohlen-
stoff[1]) oder Zuführung von heißem Wind oder von beiden, welch letzteres im
Hochofenbetrieb praktisch stattfindet. Beim elektrischen Ofen kann der
Wärmemangel durch Umsetzung von Strom in Wärme ausgeglichen werden.

Zum Vergleich wurde angenommen, daß der gesamte Wärmemangel durch
Kohlenstoff gedeckt wird, wobei Kohlenoxyd entsteht. Dadurch ändern sich

---

[1]) Stahl u. Eisen, 43. Jg., Nr. 38: Über Versuche mit verschiedenen Brennstoffen bei
der Hochofenanlage der Gebr. Boehler & Co., A.-G., in Vordernberg von *Zeyringer*.

die Verhältnisse insofern, als Wind- und Gasmenge dann größer werden, als eingangs angenommen. Auch verschieben sich die Wärmeverhältnisse etwas.

Bei Kohlenoxydbildung hat man die Verbrennungswärme mit 2470 kcal einzusetzen. Wenn man die Kohlendioxydbildung und Methanbildung mit berücksichtigt, so wird die Verbrennungswärme etwas größer, und zwar 2800 kcal. Diese Zahl ergibt dann

$$\text{bei geröstetem Spat} \dots\dots\dots 62,52 \text{ kg C}$$
$$\text{,, rohem Spat} \dots\dots\dots\dots 84,04 \text{ ,, ,,}$$
$$\text{,, Roteisenstein} \dots\dots\dots\dots 65,96 \text{ ,, ,,}$$
$$\text{,, Brauneisenstein} \dots\dots\dots 78,29 \text{ ,, ,,}$$

Damit läßt sich der gesamte Kohlenstoffbedarf und Koksbedarf, der mit 85 Proz. Kohlenstoff eingesetzt wird, berechnen. Man erhält bei:

	C-Reduktion	C-Eisen	C-Warmemangel	Σ C	Koks.
Geröstetem Spat . .	24,10	3,50	62,52	90,12	106,02
Rohem Spat . . .	13,96	3,50	84,04	101,50	119,44
Roteisenstein . . .	23,53	3,00	65,96	92,49	108,70
Brauneisenstein . .	25,20	3,00	78,29	106,49	125,04

Um nun den Hochofenverhältnissen zu entsprechen, wurde der Wind mit 600° C und die Gicht mit 150° angenommen. Ist k der Wärmemangel in kcal, T_w und T_g die absolute Wind- und Gastemperatur, so ist nach *Brisker* mit

$$a = 2470,00 + 5,79 \cdot 0,24\, T_w,$$
$$b = 6,79 \cdot 0,24\, T_g$$

der Kohlenstoffbedarf

$$C = \frac{k}{a - b}.$$

Es ist hier:

$$a = 2470,00 + 5,79 \cdot 0,24 \cdot 600 = 3304$$
$$b = 6,79 \cdot 0,24 \cdot 150 \qquad\qquad = 244$$
$$a - b = \qquad\qquad\qquad\qquad\quad = 3060$$

und damit

$$C = \frac{k}{a - b} = \frac{k}{3060}$$

$$\text{bei geröstetem Spat} \dots\dots 24,10 + 3,50 + 57,21 = 84,81 \text{ kg C} = 99,78 \text{ kg Koks}$$
$$\text{,, rohem Spat} \dots\dots\dots 13,96 + 3,50 + 76,90 = 94,36 \text{ ,, ,,} = 101,01 \text{ ,, ,,}$$
$$\text{,, Roteisenstein} \dots\dots\dots 23,53 + 3,00 + 60,36 = 86,89 \text{ ,, ,,} = 102,22 \text{ ,, ,,}$$
$$\text{,, Brauneisenstein} \dots\dots 25,20 + 3,00 + 71,64 = 99,84 \text{ ,, ,,} = 117,02 \text{ ,, ,,}$$

Aus diesen Zahlen ergibt sich die Überlegenheit der verschiedenen Erzsorten für die Herstellung von 100 kg Metall.

In Wirklichkeit verschieben sich die Verhältnisse, besonders durch die physikalische Beschaffenheit der Erze, wie z. B. ihre Dichtheit. Es wird dadurch der Einfluß von CO bei dichten Erzen, wie beispielsweise Roteisenstein, nicht so intensiv wirken wie bei geröstetem oder durch Austreibung von Kohlensäure porös gewordenem rohen Spat. Die einzelnen Posten zeigen beim Vergleich, daß in der Schlacke sehr viel Wärme abgeführt wird. Wenn hier auch Brauneisenstein an letzter Stelle steht, so ist doch zu bedenken, daß er stark porös und dadurch der indirekten Reduktion leicht zugänglich ist.

Um jedoch die Thermoökonomie des gesamten Hochofenbetriebs kennenzulernen, ist der fühlbare und latente Wärmeinhalt der Gichtgase nicht als Verlust zu buchen, sondern beim wirklichen Prozesse in Anrechnung zu bringen. Bei einem Gichtgase von 58 Proz. N_2, 14 Proz. CO_2, 26 Proz. CO und 2 Proz. $(H_2 + C_mH_n)$ sind noch $26 + 2 = 28$ Proz. brennbarer Gase enthalten, die bei 150° Abgangstemperatur und 460 kcal innerer Energie (es sei $H_2 + C_mH_n$ vernachlässigt) per 1 cbm an Gesamtenergie abführen als:

1. Fühlbare Wärme:

$$1 \text{ kg Mol. Gas} = 30 \text{ kg Gas} = 22{,}4 \text{ cbm bei } 0°$$

$$= 22{,}4 \cdot \frac{423}{273} = 34{,}8 \text{ cbm bei } 150°,$$

$$1 \text{ cbm Gas von } 150° = \frac{30}{34{,}8} = 0{,}86 \text{ kg},$$

$$1 \text{ cbm Gas von } 150° = 0{,}86 \cdot 0{,}28 \cdot 150 = 36 \text{ kcal}.$$

2. Innere Wärme:

$$1 \text{ cbm Gas} = 460 \text{ kcal}.$$

Damit haben die obigen 450 cbm Gas noch an Energie zur Verwertung:

$$450 \cdot (36 + 460) = 223\,200 \text{ kcal}.$$

Die Hälfte dieser Energie wird in den Winderhitzern verbraucht, die andere Hälfte dient zum Kessel- oder Gasmotorenbetrieb.

Ein weiteres Moment der wärmewirtschaftlichen Beurteilung ist neben der Wärmemenge die Temperatur. Beim Hochofen ist diese an eine gewisse Grenze gebunden, unterhalb und oberhalb derselben geht der Prozeß nicht. Ist q der Effekt der Reaktion $C + O_2$, c_p die spezifische Wärme von CO_2 bei konstantem Druck, m die Menge CO_2, so ist die Temperatur

$$t = \frac{q}{c_p \cdot m}.$$

Wird bei Koks per 1 kg $q = 8000$ kcal angenommen, so gibt die Sauerstoffverbrennung von 1 kg Koks mit $c_p = 0{,}5$

$$t = \frac{8000}{3\tfrac{2}{3} \cdot 0{,}5} = 4360°.$$

Nimmt man Luft mit 21 Proz. O_2 und 79 Proz. N_2, so ist

$$t = \frac{q}{\Sigma c_p \cdot m} = \frac{8000}{3\tfrac{2}{3} \cdot 0{,}32 + 9{,}3 \cdot 0{,}28} = 2100°.$$

Es ist nach *Le Chatelier* für CO_2 $\mu\, c_p = 6{,}8 + 0{,}0036\, t$,

für Luft $c_p = 0{,}28$ bis 2100°.

Nimmt man 25 Proz. Luftüberschuß, so ist

$$t = \frac{800}{3\tfrac{2}{3} \cdot 0{,}32 + 9{,}3 \cdot 0{,}28 + 3 \cdot 0{,}28} = 1740°.$$

Luftüberschuß ist dann nötig, wenn die Windgeschwindigkeit so groß ist, daß nicht aller O_2 zur Verbrennung kommen kann.

Um nun pro Zeiteinheit wenig Wärme zu verlieren, wendet man

1. sehr heißen Wind an,

2. pro Zeiteinheit reichlich O_2, also Druckluft.

Die vorerwähnte Temperatur von 1740°, zwischen 1600 und 1900° schwankend, ist nur unmittelbar über der flüssigen Schlacke in der Formzone zu messen, wobei C zu CO verbrannt wird, da nach früherem über 1000° CO und erst unter dieser Temperatur CO_2 entstehen kann.

$$2\,C + O_2 = 2\,CO\ +\ \ 58\,900\ \text{kcal},$$
$$2\,CO + O_2 = 2\,CO_2 + 136\,500\ \text{kcal}.$$

Um also große Wärmemengen zu erhalten, wird C unterhalb 1000° zu CO_2 verbrennen, also

$$\text{per 1 kg C} = \frac{58\,900 + 136\,500}{24} = \infty\ 8000\ \text{kcal}.$$

Beim Hochofenprozeß muß, wie gezeigt, C auch das Reduktionsmaterial CO liefern, das für die Verbrennung zu CO_2 den O_2 aus den Eisenerzen entnimmt, wobei folgende Reaktionen gelten:

$$Fe_3O_4 + CO = 3\,FeO + CO_2 - 18\,400\ \text{kcal}.$$
$$277\,400\ \text{kcal} + 29\,300\ \text{kcal} = 3 \cdot 75\,800\ \text{kcal} + 97\,700\ \text{kcal} - 18\,400\ \text{kcal}$$

und

$$FeO + CO = Fe + CO_2 + 7400\ \text{kcal}$$
$$75\,800\ \text{kcal} + 29\,300\ \text{kcal} = 0 + 97\,700\ \text{kcal} + 7400\ \text{kcal}.$$

Die unter den chemischen Zeichen angegebenen Zahlen geben die Bildungswärmen der Stoffe an.

Daraus ergibt sich

$$2\,Fe_3O_4 = 6\,FeO + O_2 - 101\,000\ \text{kcal},$$

und

$$2\,FeO = 2\,Fe + O_2 - 151\,600\ \text{kcal}.$$

Die Reaktion

$$FeO + CO \rightleftarrows Fe + CO_2$$

ist umkehrbar bei den im Hochofen vorhandenen Temperaturen. Man muß also dafür Sorge tragen, daß CO_2 rasch abgeführt wird, um nicht Fe wieder in FeO zurückzuverbrennen.

Wie schon bei der Generatorgaserzeugung erwähnt, spielen die Gleichungen

$$2\,C + O_2 = 2\,CO,$$
$$2\,CO + O_2 \rightleftarrows 2\,CO_2,$$
$$CO_2 + C \rightleftarrows 2\,CO$$

eine Hauptrolle.

Man erhält bei

$t = {}^\circ C$	CO = Proz.	CO_2 = Proz.
450	2,0	98,0
600	23,0	77,0
700	68,0	32,0
850	94,0	6,0
1000	99,3	0,7
1050	99,6	0,4
1100	99,8	0,2

Bei 1000° und darüber erhält man fast nur CO, bei 450° und darunter erhält man fast nur CO_2. Das Gleichgewicht dieser umkehrbaren Reaktion wird neben der Temperatur noch durch die Konzentration der verschiedenen Stoffe und den Druck, unter dem das System steht, bestimmt. Nach dem Massenwirkungsgesetz ist Produkt der Konzentration der verschwindenden Massen zu Produkt der entstehenden Massen konstant, also für $CO_2 + C \rightleftarrows 2\,CO$

$$\frac{\text{konz. CO} \cdot \text{konz. CO}}{\text{konz. } CO_2 \cdot \text{konz. C}} = \text{konst.}$$

Nach *van't Hoff* ist, wenn W die Wärmetönung des Prozesses, T die absolute Temperatur, R (= 1,98 kcal per 1 g Mol) die Gaskonstante, und k der natürliche Logarithmus der Gleichgewichtskonstanten

$$\frac{d \ln k}{d\,T} = \frac{W}{RT^2}\,.$$

Setzt man $k = \dfrac{[CO]^2}{[CO_2]}$, da [C] in sich konstant, so ist

$$\ln \frac{k_1}{k_2} = \frac{W}{R}\left(\frac{1}{T_1} - \frac{1}{T_2}\right)^{[1]}$$

k wächst also mit der Temperatur, wie die vorerwähnten Versuche zeigen.

Es werde der Weg von CO, das von der Sohle nach oben steigt, verfolgt. Es trifft zunächst auf das in den Erzen fein verteilte FeO, so daß

$$FeO + CO \rightleftarrows Fe \cdot + CO_2$$

entsteht. Fe beginnt in den Herd abzutropfen, CO_2 geht in der Schicht 1400 bis 1100° über in

$$CO_2 + C \rightleftarrows 2\,CO.$$

CO reduziert weiter. Je höher die Gase steigen, um so mehr Arbeit haben sie verrichtet und reichern sich mit CO_2 an. In der Zone 850° müßte 94 Proz. CO und 6 Proz. CO_2 im Gleichgewicht sein, wenn das Gemisch längere Zeit mit der glühenden Kohle in Verbindung wäre, da eine gewisse Zeit zur Reaktion stets erforderlich ist. Obiges Gleichgewicht stellt sich unter 800° langsam ein, wenn nicht gewisse beschleunigende Metalloxyde anwesend sind. Es geht

---

[1]) *Nernst,* Theoretische Chemie, 5. Aufl., S. 642.

also unter $800°$ mehr CO_2 weg, als der Formel $k = \dfrac{[CO]^2}{[CO_2]}$ entspricht, da die Gase schnell aufsteigen und also nicht die zur Reaktion nötige Zeit haben. Ferner hat die Reaktion

$$Fe_3O_4 + CO \rightleftarrows 3\,FeO + CO_2$$

stattgefunden. Diese tritt zu der obigen hinzu. Man findet bei

$t = °C$	$CO =$ Proz.	$CO_2 =$ Proz.	$k = \dfrac{[CO]^2}{[CO_2]}$
450	46	54	0,812
490	47	53	0,882
550	44	56	0,786
650	37	63	0,587
850	26	74	0,351
950	23	77	0,299

für die Reaktion $Fe_3O_4 + CO \rightleftarrows 3\,FeO + CO_2$. Weiter ergibt sich

$t = °C$	$CO =$ Proz.	$CO_4 =$ Proz.	$k = \dfrac{[CO]^2}{[CO_2]}$
552	54	46	1,160
596	56	44	1,250
651	58	42	1,380
662	58,4	41,6	1,400
680	59	41	1,440
250	61	39	1,560
850	68	32	2,120
900	71,5	28,5	2,510

für die Reaktion $FeO + CO \rightleftarrows Fe + CO_2$.

Da in der Gasphase keine Volumänderung eintritt, ist Unabhängigkeit von Druck vorhanden. Die hier angegebenen Untersuchungen sind in Fig. 121 zusammengefaßt.

Aus der Figur ist zu ersehen:

Alle Reaktionen spielen sich rechts der ausgezogenen S-förmigen Kurve für die Gleichgewichtswerte $CO_2 + C \rightleftarrows 2\,CO$ ab.

Links dieser Kurve ist CO nicht mehr beständig.

Rechts der S-Kurve sind die Existenzfelder von Fe, FeO und Fe_3O_4 gegeben.

An den Schnittpunkten mit S bei $690°$ ist Fe, FeO, C, CO und CO_2 koexistent.

An den Schnittpunkten mit S bei $650°$ ist FeO, Fe_3O_4, C, CO und CO_2 koexistent.

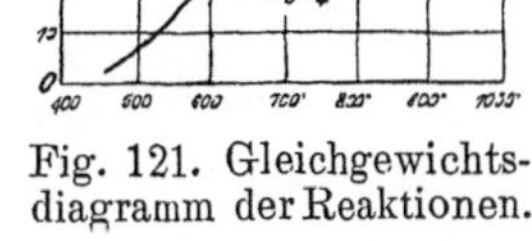

Fig. 121. Gleichgewichtsdiagramm der Reaktionen.

In der heißesten Zone geben die Reaktionen $FeO + CO \rightleftarrows Fe + CO_2$ und $C + CO_2 \rightleftarrows 2\,CO$ interessante Ausblicke. Bei Abwesenheit von FeO würde die Gaskurve mit der S-Kurve zusammenfallen. CO reagiert jedoch mit FeO, das Gleichgewicht wird also gestört, entstehendes CO_2 wird bei dieser Temperatur zu CO reduziert, wirkt auf neues FeO ein, so daß allmählich metallisches Fe entsteht. Die Gaskurve folgt, wie erwähnt, wegen FeO nach der S-Kurve, da mehr CO_2 entsteht, als dem S-Gleichgewicht entspricht. Die gestrichelte Linie ergibt etwa die Gaskurve. Bei 700 bis 800° wird die Reaktionsgeschwindigkeit $FeO + CO \rightleftarrows Fe + CO_2$ kleiner, CO erreicht deshalb die der S-Kurve entsprechende Konzentration. Unter 700° sind die Reaktionsgeschwindigkeiten schon sehr klein im Vergleich zur Geschwindigkeit des aufsteigenden Gases. Die Gase gehen aus diesen Gebieten zur Gicht, ohne daß ihre Zusammensetzung wesentlich geändert wird. Sie haben keine Zeit, mit den Oxyden die Gleichgewichtswerte zu erreichen, die für normale Reaktion bei genügend langer Zeit eintreten mußten.

In den vorhergehenden Berechnungen wurde gezeigt, wie man einerseits die zum Schmelzen theoretisch notwendige Kohlenmenge berechnet, wie man die zum Prozeß nötige Wärmemenge bestimmt, und wie man die Temperaturen und die dabei stattfindenden Reaktionen prüft[1]).

Außer den Hochöfen zur Eisendarstellung sind noch solche im Metallhüttenwesen in Verwendung, und zwar bei Quecksilber, Blei und Kupferstein. Es würde zu weit führen, für all diese derartige Beispiele durchzunehmen. Zu bemerken wäre jedoch, daß die Gichtgase bei den Blei- und Kupfersteinhochöfen derzeit meist ungenutzt die Gicht verlassen und die umliegende Gegend durch ihren Geruch benachteiligen. Da die Gase jedoch immerhin 700 bis 800 kcal. enthalten können, wäre ihre Ausnutzung wünschenswert. Durch Einbau von doppelten Gichtverschlüssen ist deren restlose Gewinnung möglich. Da diese Gase jedoch teilweise nicht mehr brennbar sind, so müßte entweder ihre Regenerierung oder ihre Verwendung in Mischfeuerung angestrebt werden.

In Fig. 122 sind die freien Bildungsmengen gewisser Reaktionen aufgezeichnet.

Nach *van't Hoff* ist dieselbe:

$$\mathfrak{A}_T = \mathfrak{R}\, T \ln k_T,$$

wo k_T die Dissoziationskonstante und $\mathfrak{R} = 1,98$ ist. Ferner ist die Wärmetönung:

$$W_T = \mathfrak{R}\, T^2 \frac{d \ln k_T}{d\, T}.$$

$\ln k_T$ ist abhängig von der Wärmetönung bei $T = 0$, der absoluten Temperatur, der Molekülzahl und der spezifischen Wärme der Moleküle bei der Temperatur T. Annähernd ist:

$$\ln k_T = \frac{\mathfrak{A}_T}{\mathfrak{R}T} = \int \frac{W_T}{\mathfrak{R}T^2}\, dT$$

$$= -\frac{WT}{10{,}52} + \Sigma \nu \cdot 0{,}76 \ln T + 0{,}43 \cdot \Sigma \nu\, C^2)$$

---

[1]) *Matsubara*, Transactions of the American Institute of Mining and Metall. Engineers Nr. 1051; Stahl u. Eisen, 43. Jg., Heft 7, S. 241 u. 242.

[2]) Siehe auch S. 24.

wo ν die Anzahl der Moleküle und C nahe an 3 ist. Der Wert W_T wird durch Messung bestimmt.

Aus vorstehenden Gleichungen folgt:

$$\mathfrak{A}_T - W_T = T\,\frac{d\,\mathfrak{A}_T}{dT}.$$

Man sieht aus der Gleichung, daß die Differenz der freien Bildungswärme und Wärmetönung mit steigender Temperatur steigt (S. 23).

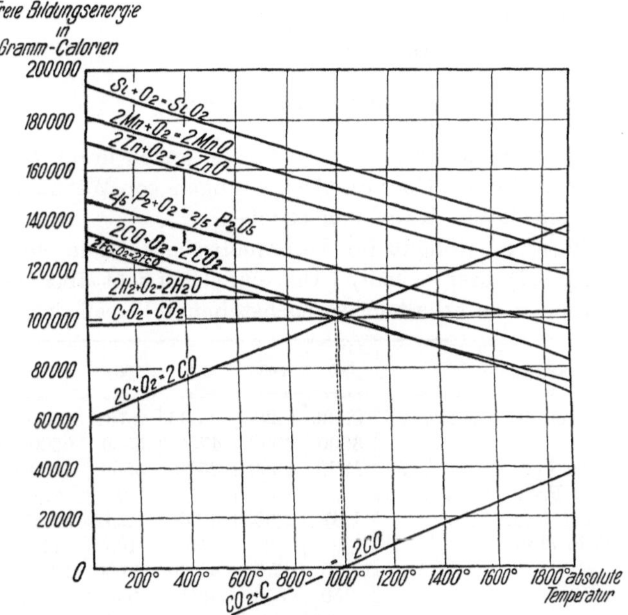

Fig. 122. Maximale Arbeitsfähigkeit einiger wichtiger Oxydationsreaktionen in ihrer Abhängigkeit von der absoluten Temperatur, bezogen auf 1 Mol Sauerstoff.

Kupolofen.

Im Kupolofen wird durch die eingeblasene Luft der zwischen dem Eisen geschichtete Koks zu Kohlensäure verbrannt, so daß dann die heißen Verbrennungsgase das Schmelzen des Roheisens veranlassen. Es wird so viel Luft geblasen, daß die Abgase fast nur CO_2 enthalten. Daher wird die ganze Verbrennungswärme des Kokses nutzbar gemacht. Die Verwendung der im Kupolofen abgehenden Gase wird bei der Abwärmeverwertung besprochen.

In Fig. 20 (Tafel I) ist ein Kupolofen abgebildet.
Der Schmelzprozeß des Eisens im Kupolofen wird ähnlich wie beim Hochofen gerechnet[1]).

---

[1]) Ausführliches: Feuerungstechnik 1. Jg., S. 281; ferner Revue de Métallurgie Bd. 19, S. 204; Die Wärme, 46. Jg., Nr. 46 und Seite 77 dieses Buches.

1 kg Koks erzeugt bei der vollständigen Verbrennung zu Kohlensäure 7200 kcal.

1 kg Roheisen braucht bei 15° Anfangstemperatur zur Verflüssigung 230 kcal.

Es müssen also ohne Wärmeverluste zu

$$1 \text{ kg Rohguß } \frac{230}{7200} = 0,03 \text{ kg Koks}$$

ausreichen.

Im Kupolofen wird an Schmelzkoks ca. 13 kg für 100 kg Eisen verwendet, also 0,13 kg für 1 kg Rohguß.

Der Wirkungsgrad der Anlage ist also

$$\frac{0,03}{0,13} = 0,23 \text{ oder } 23 \text{ Proz.,}$$

die restlichen 77 Proz. der zugeführten Wärme gehen durch Strahlung und mit den Abgasen verloren. Über die Aufstellungen von Wärmebilanzen siehe Beiträge zur Kenntnis des Kupolofenbetriebes.

Die Herstellung von Rohguß für Verbrauchsgegenstände wurde schon an früherer Stelle (S. 77) besprochen[1]). Um eine Übersicht über die gebräuchlichsten Dimensionen zu erhalten, sei nachstehende Tabelle gegeben:

Durchmesser in mm	500	600	800	1000	1200	1300	1500
Schmelzzone-Querschnitt qm . . .	0,196	0,283	0,503	0,784	1,131	1,327	1,767
Totale Ofenhöhe in mm	3500	4000	4750	5500	6500	6500	7000
Stundenleistung in kg	1370	1990	3500	5500	7950	9300	12400
Koksverbrauch in Proz.	6	6	8	9	9,5	10	11
Koksverbrauch per Min.	1,37	1,99	4,66	8,25	12,85	15,50	22,73
Wind per kg C in cbm	9	9	10	10,5	11	11	12
Wind per Min./cbm	12,33	17,91	46,60	86,60	118,38	170,50	272,76
Winddruck mm	250	350	475	650	750	800	1000
Düsenquerschnitt qm	0,057	0,085	0,151	0,235	0,339	0,398	0,530
Düsenzahl	4	6	8	10	12	12	12
Mit Vorherd H mm	300	300	400	450	480	500	550
Ohne Vorherd H mm	500	525	560	580	620	650	700
Mit Vorherd h mm	—	200	240	280	380	400	450
Ohne Vorherd h mm	—	200	240	280	380	400	450
Gewicht der Gicht kg	160	300	500	900	1200	1400	1800
Füllkoks mit Vorherd kg	200	250	400	500	700	800	1000
Füllkoks ohne Vorherd kg	250	350	350	750	900	950	1100

Dabei ist H die Höhe in mm von der Unterkante des Abflusses im Ofeninnern bis zur Mitte der ersten Düsenreihe, h der Abstand der Mitte der ersten bis zur Mitte der zweiten Düsenreihe.

---

[1]) Ausführliches: Feuerungstechnik 1. Jg., S. 281, und Stahl u. Eisen 44. Jg., 1924, Nr. 22, wonach $\dfrac{\text{nutzbare Schachthöhe}}{\text{lichter Ofendurchmesser}} = 6,4$ bei 10 Proz. Satzkoks ist; ferner in *Mathesius*, Die physikalischen und chemischen Grundlagen des Eisenhüttenwesens. Abschnitt: Eisen- und Stahlgießerei. 2. Auflage. Verlag Otto Spamer, Leipzig.

II. Siemens-Martin-Öfen und größere Flammöfen [1].

Siemens-Martin-Öfen: Die Skizze eines *Siemens-Martin*-Ofen zu geben, erübrigt sich, da derselbe allgemein bekannt ist. Es bestehen wohl einige Sonderausführungen, die von der herkömmlichen abweichen, und unter denen speziell der Martinofen mit gleichbleibender Flammenrichtung zu nennen wäre, doch sei diesbezüglich auf die Literatur verwiesen.

Daß der *Siemens-Martin*-Ofen in wärmetechnischer Beziehung noch viel zu wünschen übrig läßt, ist aus der Wärmebilanz solcher Öfen zu ersehen. Die Aufstellung einer solchen und die Errechnung [2] seines Nutzeffektes soll späterhin gezeigt werden. Während der Ausnutzung der Abgase bereits das größte Augenmerk zugewendet wird, ist andererseits das Gebiet der Wärmestrahlung noch Ursache großer Verluste. Wie diese Verluste verringert werden können, ist noch eine große Aufgabe der Ingenieure. Die zahlreiche Literatur [3] über diese Ofenbauart zeigt, daß dieser in der Industrie wohl am häufigsten vorkommende Ofen weitaus am öftesten und umfassendsten durchgearbeitet wurde [4], daß aber trotzdem noch zahlreiche Fragen zu lösen übrig bleiben. Die Bauart des Ofens allein verbürgt jedoch keinen guten Erfolg und keine wirtschaftliche Ausnutzung des Brennstoffes. Es hat hier außerdem noch die Kontrolle für die richtige Verbrennung einzusetzen, die wohl heute noch sehr vernachlässigt wird. Der *Siemens-Martin*-Ofen bietet so dem Wärmeingenieur ein großes Feld zur Betätigung. Es sei nun noch auf die wärmeökonomischen Untersuchungen an einem solchen eingegangen.

Ausführliche Untersuchungen hierfür sind von *N. Skarodoff* angestellt worden. In wärmetechnischer Beziehung kommt hierbei nicht die Tonnenzahl, sondern der thermische und thermodynamische Wirkungsgrad zur Geltung. Diese hier noch öfter auftretenden Wirkungsgrade besagen:

$$\eta_{th} = \text{thermischer Wirkungsgrad}$$

$$= \frac{\text{in Nutzarbeit umgesetzte Wärmemenge}}{\text{gesamte zugeführte Wärmemenge}} = \frac{W_1}{W} = \frac{W_1}{W_1 + W_2 + W_3}$$

$$\eta_{td} = \text{thermodynamischer Wirkungsgrad:}$$

$$= \frac{\text{in Nutzarbeit umgesetzte Wärmemenge}}{\text{im Prozeß zugeführte Wärmemenge}} = \frac{W_1}{W - W_3} = \frac{W_1}{W_1 + W_2}.$$

Das Schema Fig. 123 zeigt dies.

Man kann hierbei den indizierten und effektiven Wirkungsgrad noch unterteilen, je nachdem man die gesamte im geschmolzenen heißen Eisen im Ofen, am Indicator oder in der Darre liegende Energie oder die in der Pfanne, am Schwungrad oder nach Ausbringen aus der Darre vorhandene Energie bestimmt.

---

[1] Feuerungstechnik 11. Jg. Heft 2, S. 17: Die Grundlagen der Warmeverluste metallurgischer Öfen. Zeitschr. d. Ver. deutsch. Ing. 1924, Bd. 68, Nr. 48: Allgemeine Gesichtspunkte für den Bau von Martin-Öfen von *Diepschlag*.

[2] Stahl u. Eisen 1921, S. 1021 und 1924, S. 1324.

[3] Bericht Nr. 71, 81 u. 82 des Stahlwerksausschusses des Vereins deutscher Eisenhüttenleute und Stahl und Eisen 43. Jg., 1923, Nr. 3, S. 84 bis 90.

[4] Vgl. *Mayer*, Die Wärmetechnik des Siemens-Martin-Ofens. Knapp, Halle; ferner Stahl u. Eisen, 1913, Nr. 45; 1916, S. 1259; 1919, S. 1110, 1280; 1920, S. 1207.

Bei einem *Martin*-Ofen[1]) ist Steinkohle mit 77,7 Proz. C angenommen, das ein Gas von 5 Proz. CO_2, 25 Proz. CO, 1 Proz. CH_4, 14 Proz. H_2 und 55 Proz. N_2 mit 40 g Wasser pro cbm reines und trockenes Gas liefert. Das Gas werde im Regenerator auf 1000°, die Luft auf 1100° vorgewärmt. Es werde mit $\lambda = 1{,}20$ verbrannt. Dann enthält 1 cbm verbranntes Gas ca. 2000 kcal, und enthält 14,7 Proz. CO_2, 2,0 Proz. O_2, 10,0 Proz. H_2O und 73,3 Proz. N_2. Die Abgase, die mit ca. 1600° den Schmelzraum verlassen, nehmen per 1 cbm Gas 1240 kcal mit, also ist die im Prozeß pro 1 cbm Gas zugeführte Energie 2000 − 1240 = 760 kcal.

Die Wärmemenge richtet sich nach der Temperatur des Einsatzes und der Art des Prozesses, d. h. der Schmelzdauer. 1 kg Eisen enthält bei 1600°

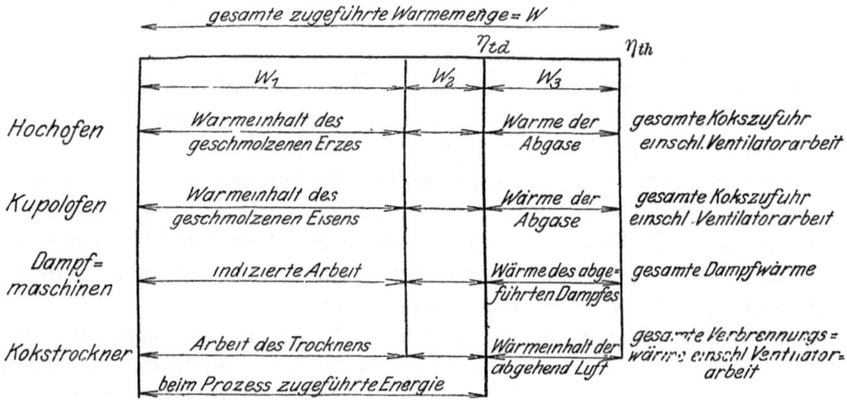

Fig. 123. Schema.

340 kcal. Ferner kommen die exothermischen und endothermischen Reaktionen des Eisens und des Kalkes usw. in Betracht. Die in den Schlacken abgehende Wärme muß in Abzug gebracht werden.

Die Schmelzdauer selbst hat in bezug auf den Wirkungsgrad des Ofens insofern einen Einfluß, als die Strahlungs- und Leitungsverluste in längerer Zeitdauer größer werden. Sie variiert in weiten Grenzen von 4 bis 15 Stunden.

Man rechnet nun für Chargen von:

15 t	eine Sohlenfläche von	18 qm,	also per qm	1,20 t
20 t ,,	,,	,, 20 ,,	,,	,, ,,	1,00 t
25 t ,,	,,	,, 24 ,,	,,	,, ,,	0,95 t
30 t ,,	,,	· ,, 27 ,,	,,	,, ,,	0,90 t
40 t ,,	,,	,, 33 ,,	,,	,, ,,	0,83 t
50 t ,,	,,	,, 40 ,,	,,	,, ,,	0,80 t
60 t ,,	,,	,, 45 ,,	,,	,, ,,	0,75 t

---

[1]) Stahl u. Eisen, 43. Jg., Nr. 32: Die Berechnung des Warmebedarfs der Siemens-Martin-Öfen von *Bauer*; Stahl u. Eisen, 43. Jg., Heft 32: Berechnung eines Siemens-Martin-Ofens; Iron Age Bd. 109, 1922, *D. Williams*, S. 577, 717, 853, 1075, 1279 ff.; Stahl u. Eisen, 43. Jg., Heft 3, S. 77.

Die Wärmebilanz stellt sich wie folgt:

A. Schmelzraum.

		+	−
W_a = Warmemenge in der Charge	W_a	
W_b = Wärmemenge durch Gasverbrennung	W_b	
W_c = Wärmemenge in den Abgasen		W_c
W_d = Wärmemenge der exothermischen Reaktion .	W_d	
W_e = Wärmemenge der endothermischen Reaktion		W_e
W_f = Wärme durch Strahlung und Leitung . . .		W_f
W_g = Wärme im Ofenrückstand		W_g

$$W_a + W_b + W_d = W_1$$
$$W_c + W_e + W_f + W_g = \quad W_2$$

Ist

W_x = Wärmemenge im ausgebrachten Material, so ist

$$\eta_{th} = \frac{W_x}{W_a + W_b} = \text{thermischer Wirkungsgrad des Schmelzraumes,}$$

$$\eta_{td} = \frac{W_x}{W_a + W_b - W_c} = \text{thermodynamischer Wirkungsgrad des Schmelzraums}$$

$$\eta = \frac{W_1 - W_2}{W_a + W_b} = \text{Wirkungsgrad des Schmelzraumes.}$$

B. Gesamter Ofen.

		+	−
		W_1	W_2
W_p = Warme zur Erwarmung des Gases	W_p	
W_ι = Warme zur Erwärmung der Luft	W_ι	
W_k = Wärme in den Abgasen vom Ofenende ab .		W_k

$$W_1 + W_p + W_\iota = W_1'$$
$$W_2 + W_b = \quad W_2'$$

also

$$\eta_{th}' = \frac{W_x}{W_a + W_b} = \eta_{th} = \text{thermischer Wirkungsgrad des Ofens,}$$

$$\eta_{td}' = \frac{W_x}{W_a + W_b + W_p + W_\iota - W_k} = \text{thermodynamischer Wirkungsgrad des Ofens,}$$

$$\eta' = \frac{W_1' - W_2'}{W_a + W_b} = \text{Wirkungsgrade des Ofens.}$$

Die Wirkungsgrade geben ein Bild über die Vollkommenheit des Prozesses. Um sie mit der Wirklichkeit in Einklang zu bringen, werden einmal die Verhältnisse ähnlich wie beim Hochofen auf Grund der vorhandenen Erfahrungszahlen berechnet, ferner an Hand der Ausführung gemessen. Ein Vergleich des wirklichen zum errechneten Prozesse gibt dann die Vollkommenheit der Anlage an.

Gießereiflammofen.

Der Gießereiflammofen ist ein Schmelzofen für Gießerei-Roheisen, bei dem der Herd ähnlich wie beim Martinofen ausgebildet ist und der meistens mit gleichbleibender Flammenrichtung gebaut wird. An Brennstoffen kommen die mannigfaltigsten in Frage, die sowohl einzeln wie in Kombination verwendet werden. Gerade dieser Ofen ist bis jetzt in wärmetechnischer Beziehung noch arg vernachlässigt worden und ist noch sehr verbesserungsbedürftig[1]). Die Berechnung des Wirkungsgrades eines solchen Ofens hat ähnlich wie beim Martinofen zu erfolgen. In diese Kategorie gehören auch die Metallschmelzöfen in der Bauart der Flammöfen.

III. Glasschmelzofen [2]).

In der Glasindustrie wechselt der Kohlenverbrauch für 1 kg Rohglas bei derselben Sorte Glas in Grenzen 1 : 2; ein Zeichen, daß vielfach noch unrationell gearbeitet und eine große Kohlenverschwendung getrieben wird. Glas wird in Hafen oder Wannen hergestellt. Das Schmelzen erfolgt in Öfen mit Schrägrostgeneratoren oder Rundrostgeneratoren mit Regenerativfeuerung. Für den Kohlenverbrauch in der Glashütte ist maßgebend:

1. Der Generator und der Regenerator,
2. der Glasofen.

1. Im Generator werden Steinkohle, Braunkohlenbriketts, Rohbraunkohle deutscher oder böhmischer Herkunft vergast. Für die in Deutschland vorhandenen ca. 700 Hafenöfen und 200 Wannenöfen werden mit wenig Ausnahmen Schrägrostgeneratoren und nur ausnahmsweise Rundrostgeneratoren mit festem oder drehbarem Rost verwandt. In manchen Fällen werden an Stelle von Schrägrost auch Planrostgeneratoren verwandt.

Die Verwendung von Steinkohle ergibt ein hochwertigeres Gas als die Verwendung von Braunkohlenbriketts oder Rohbraunkohle. Man kann daher auch höhere Temperaturen erzeugen, was beim Blasen von Tafelglas den Unterschied des rheinischen Verfahrens mit hoher Temperatur (lange und im Durchmesser kleine Zylinder) gegen das deutsche Verfahren (kürzere Zylinder mit größerem Durchmesser) bedingt.

Was die Gaszusammensetzung anbelangt, so soll dieselbe, besonders während des Blasprozesses oder Gießprozesses, stetig sein. Wenn Generatoren in längeren Zeiträumen beschickt werden, so zeigt sich, daß nach dem Aufgeben frischen Brennstoffes leuchtende Kohlenwasserstoffe gebildet werden, während nachher die Kohlenoxydbildung und Wasserstoffbildung überwiegt. Man muß daher bei Gasgeneratoren in kurzen Zwischenräumen den Brennstoff aufgeben, damit ein gleichbleibendes Gas erzielt wird.

Es seien zunächst die Analysen von Gasen, wie sie sich in den Generatoren von Glashütten ergeben, wiedergegeben:

100 kg Steinkohle von 7234 kcal, auf Schrägrost vergast, ergibt bei
$C = 77,65$ Proz., $H_2 = 4,53$ Proz., $O_2 = 10,00$ Proz., $N = 1,05$ Proz., Wasser $= 3,53$ Proz., Asche $= 4,16$ Proz.

495,02 kg Gas von Volumenprozenten
$CO = 22,90$ Proz., $CO_2 = 6,10$ Proz., $CH_4 = 1,90$ Proz., $H_2 = 7,40$ Proz. $N_2 = 61,7$ Proz.

mit 882,75 kcal per 1 kg Gas;

---

[1]) Stahl u. Eisen 1919, S. 590 u. 710.
[2]) Zeitschr. des Ver. deutsch. Ing. Bd. 67, Nr. 21: Aus der Technik des Glasschmelzofens von *Maurach*.

die Lösche   beträgt 10,50 Proz. und enthielt 53,80 Proz. C
„ feine Lösche   „   2,30 „   „   „   32,40 „   „
„ Asche   „   1,60 „   „   „   29,50 „   „
„ Schlacke   „   2,40 „   „   „   5,20 „   „

Die gleiche Kohle, auf Rundrostgenerator vergast, ergibt
478,09 kg Gas von Volumenprozenten

$CO = 29,60$ Proz., $CO_2 = 3,10$ Proz., $CH_4 = 2,30$ Proz., $H_2 = 8,50$ Proz.,
$N_2 = 56,50$ Proz.

mit 1075 kcal per 1 kg Gas; die Schlacke und Asche war 6,04 Proz. mit
4,70 Proz. C.

Mit Berücksichtigung der fühlbaren Wärme von 700° ergibt

1 kg Kohle im Schrägrostgenerator . . . . . . 5266 kcal
1 „   „   „   Drehrostgenerator . . . . . . 6034 „

Da die Bedienung der Generatoren im allgemeinen keine besseren Resultate zuläßt, ergibt sich hier die etwa 11,20 Proz. betragende Ersparnis der Drehrostgeneratoren.

Ein Vergleich mit Vergasung von Braunkohlenbriketts auf Schrägrost und Rundrost ergibt geringe Gewinne für letzteren, etwa 2 bis 3 Proz.

Man erhält bei Schrägrostgeneratoren mit Braunkohlenbriketts von 4900 kcal ein Gas von etwa Volumprozent:

$CO = 27,00$ bis $29,00$ Proz., $CO_2 = 5,00$ bis $6,00$ Proz.,
$H_2 = 10,00$ bis $13,00$ Proz., $CH_4 = 2,00$ bis $3,00$ Proz.,
$N_2 = 51,00$ bis $54,00$ Proz.

und aus 1 kg Braunkohlenbriketts 2,80 bis 3,20 cbm Gas von 1350 bis 1450 kcal und 470 bis 510°.

Die Asche beträgt etwa 5 bis 8 Proz.

Bei Drehrost läßt sich infolge der Eigenheit der Briketts ein nur geringer Gewinn erreichen.

Bei böhmischer Braunkohle mit ca. 20 Proz. Wassergehalt und 3 bis 7 Proz. Schwefel gegen 1 Proz. bei deutschen Braunkohlenbriketts sind Unterschiede bei beiden Generatorarten kaum festzustellen.

Bei deutscher Braunkohle mit oft 50 bis 60 Proz. Wasser ist für Drehrostgeneratoren bislang noch kein endgültiges Urteil erwiesen worden.

Der hohe Wassergehalt der Gase aus deutscher Braunkohle bindet einen großen Teil des Heizwertes des Brennstoffes. Durch Abkühlung der Gase vor dem Gebrauch, durch lange Kanäle zwischen Generator und Ofen wird das Wasser ausgeschieden, es geht aber seine ganze Wärme von 450 bis 550° bis zur Kondensation verloren. Ob dieselbe evtl. in Caloriferen, in Luft oder Kühlwasser gebunden werden kann, ist m. W. derzeit noch ungeklärt.

Zunächst ist noch auf die Urteergewinnung bei Vergasung in Glashütten hinzuweisen. Im bisherigen Prozeß fällt in den Kanälen eine gewisse Menge Urteer ab. Wenn vor der Vergasung die Urteergewinnung einsetzt, so wird das Gas geringer, die Verbrennungstemperatur wird für gewisse Prozesse zu niedrig, außerdem wird mehr Kohle gebraucht, da die im Urteer entzogenen Wärmeeinheiten ersetzt werden müssen.

In den Fig. 86 und 87 ist der Unterschied der Generatoren für Rohbraunkohle und Briketts gezeigt. In Fig. 86 ist $ab = 700$ mm, $bc = 700$ mm, in Fig. 87 $ab = 1000$ bis 1200 mm, $bc = 600$ mm. Der Brennstoff bei Rohkohle liegt dichter als bei den eckigen und kantigen Briketts. Es muß also im letzteren Falle ein größerer Widerstand gegen den Luftdurchgang geschaffen werden, um in der unteren Schicht die Verbrennung hintanzuhalten, damit in der darüberliegenden Reduktionsschicht CO_2 möglichst vollständig zu CO reduziert wird. Es ist also bei Verwendung von Briketts die Schütthöhe zu vergrößern und die Rosthöhe zu vermindern gegenüber dem Rohkohlengenerator.

Bei Mischung von Briketts und Rohkohle bei Verwendung von Braunkohle ist ein Mittelweg zu wählen. Es muß jedoch, um einen gleichmäßigen Brennprozeß zu erzielen, unbedingt für eine gute Durchmischung Sorge getragen werden.

Sehr wichtig ist die richtige Einhaltung der Brennstoffhöhe. Ist dieselbe zu niedrig, so kann die in der untersten Schicht erzeugte Kohlensäure nicht mehr zu Kohlenoxyd reduziert werden. Das Gas kommt dünn und teilweise verbrannt in den Ofen. Ist die Brennstoffschicht zu hoch, so findet eine träge Verbrennung statt. Die Reduktionsschicht bleibt zu kalt, die Kohlensäure wird ebenfalls nicht mehr reduziert.

Was die Verwendung von Dampf oder Unterwind anbelangt, so kann ersterer bei Steinkohle und Braunkohlenbriketts verwendet werden, letzterer auch bei böhmischer Braunkohle. Bei deutscher Braunkohle wird infolge der oft staubigen Beschaffenheit Unterwind unmöglich sein. Es müssen daher die natürlichen Zugverhältnisse des Schornsteins genau beachtet werden.

Die Berechnung der Feuerung, Verbrennungsgase und Regeneratoren ist wie sonst üblich. Das Generatorgas wird von 350 auf 1000°, die Luft von 15 auf 1000° erwärmt. Der Wirkungsgrad der Regeneration ist 88 bis 90 Proz., der Wirkungsgrad des Regenerationsverlustes zur gesamten in den Generator eingeführten Wärme 6 bis 7 Proz.

2. Die Hafenofen haben runde oder ovale Hafen, die Wannenofen rechteckähnliche oder T-förmige Gestalt. Fig. 124 zeigt einen Hafenofen, 125 einen Wannenofen.

Die Arbeit bei dem Ofen Fig. 124 ist etwa wie folgt: Morgens 8 Uhr wird das Gemenge eingebracht, 11 Uhr nachts ist die Schmelze beendet, bis 3 Uhr nachts wird dann kalt geschürt, um 5 Uhr wieder leichte Temperaturerhöhung gegeben, so daß von 6 bis 8 Uhr morgens dann gegossen werden kann.

Dem Gemenge wird etwas Kohle beigegeben, man erhält im Mittel aus 1000 kg Gemenge 830 bis 840 kg Glas, sowie 160 bis 170 kg Zersetzungsgase und Wasserdampf. Durch sachgemäßes Trocknen der Einzelteile des Gemenges kann die zur Erzeugung des Wasserdampfes nötige Wärme gespart werden. Das Gemenge enthält im Mittel bis 5 Proz. Wasser. Die in den Ofen eingeführte Wärme wird gebraucht:

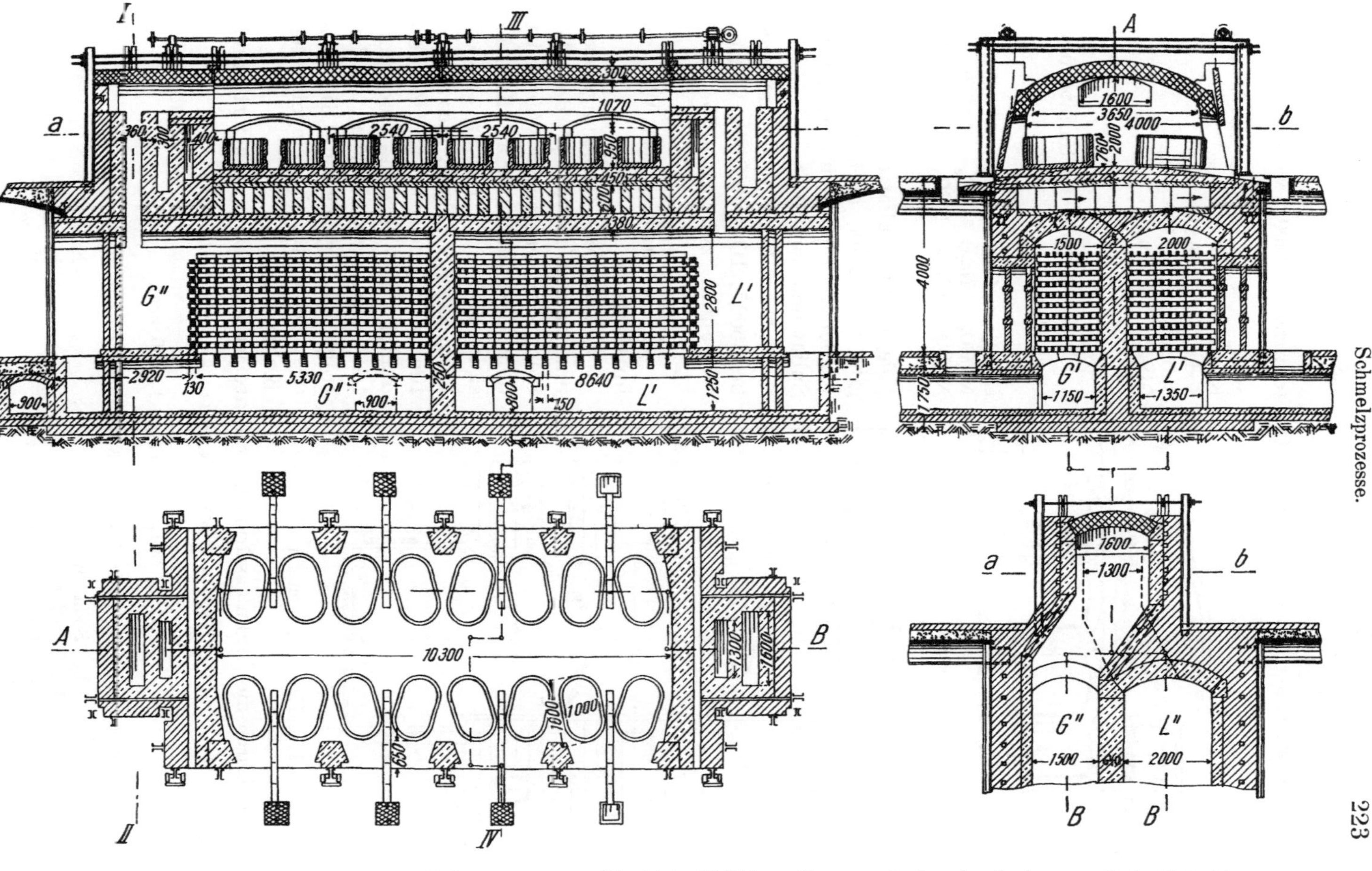

Fig. 124. 16 häfiger Regenerativglasschmelzofen.

a) für den Glasbildungsprozeß:

1. Erwärmung des Gemenges auf Ofentemperatur 1500°, wobei

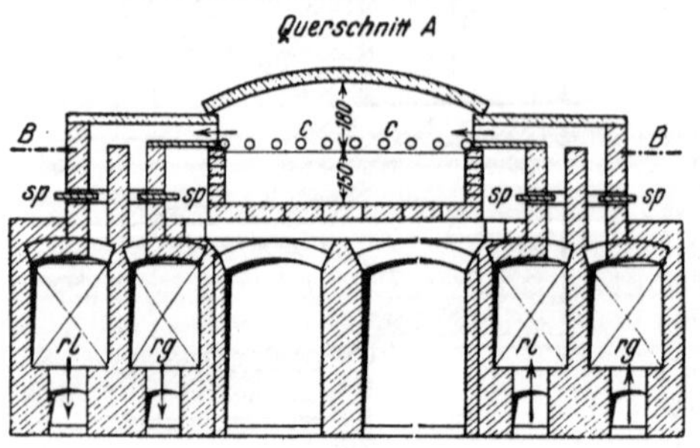

Sand . . . . 0,19 spezifische Wärme
Kalkstein . . 0,21   ,,   ,,
Soda 0,28   ,,   ,,
Sulfat 0,23   ,,   ,,
Glas 0,40   ,,   ,,

hat.

2. Zersetzung der Sulfate und Carbonate:

$$CaCO_3 = CaO + CO_2 - 41\,850 \text{ kcal}$$
$$Na_2CO_3 = Na_2O + CO_2 - 72\,250 \text{ ,,}$$
$$Na_2SO_4 = Na_2O + SO_3 - 135\,200 \text{ ,,}$$

(Die exakte Sulfatzersetzung ergibt mit Kohle auch Sulfit und Kohlensäure und Sulfit wiederum Sulfat und Sulfid.)

3. Schmelzung des Gemenges bei 1500°: Die spezifische Wärme schwankt zwischen 75 und 83 kcal.

4. Verdampfung des Wassers im Gemenge.

5. Aus den Zersetzungsgasen und dem Wasserdampf des Gemenges mitgenommene Wärme ist dem Gewichte nach an Kohlensäure 13,7 Proz. und an schwefliger Säure 4,4 Proz. des eingeführten Gemenges; an Wasserdampf sind 5 Proz. des eingeführten Gemenges vorhanden. Er beträgt im allgemeinen 0,61 Proz des Heizwertes der eingeführten Kohle.

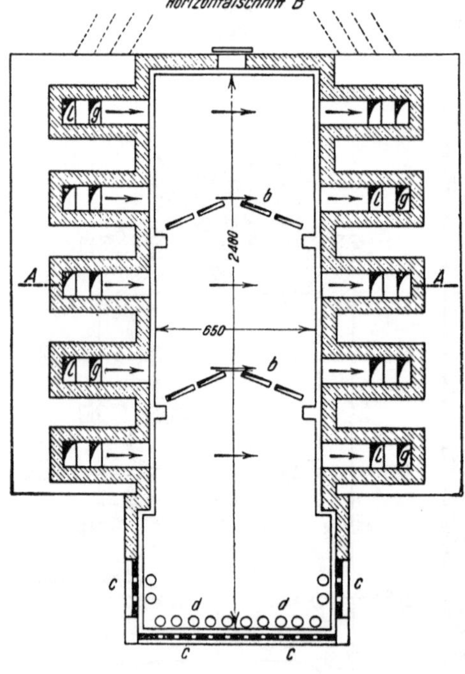

Fig. 125. Wannenofen.

6. Durch die Bildungswärme der Silicate wird an Wärme geliefert durch

$$Na_2O + 2\,SiO_2 = Na_2Si_2O_5 + 45\,200 \text{ kcal}$$

und

$$CaO + SiO_2 = CaSiO_3 + 17\,850 \text{ kcal.}$$

Dies berechnet sich an Bildungswärme zu Silicat aus

1 kg Soda zu . . . . 426 kcal
1 ,,   Sulfat zu . . . . 318 ,,
1 ,,   kohlensaurem Kalk zu . . . . 179 ,,

7. Die Wärme, welche das Gemenge einbringt, wird bei 30° angenommen; die spezifische Wärme desselben ist 0,22, die des Wassers 1,00.

8. Der Heizwert der Holzkohle ist 7500 kcal.

In praxi beträgt die für den Glasbildungsprozeß nötige Wärmemenge etwa 13,5 bis 14 Proz. des Heizwertes-der Kohle, wobei die Bildungswärme der Silicate und die Holzkohle berücksichtigt ist. Man benötigt zur Bildung von

$$1 \text{ kg Glas im Mittel } 1000 \text{ bis } 1050 \text{ kcal.}$$

In dieser Zahl ist jedoch das gesamte im Hafen erschmolzene Glas einbegriffen, also auch das Abfall- und das Restglas in den Hafen (das bis 50 Proz. des Einsatzes betragen kann).

b) Die Hafen geben einen Wärmeverlust. Die Hafen werden das erstemal bis 1500° erwärmt, nach dem Ausgießen sinkt die Temperatur bis 700 oder 650°. Die spezifische Wärme kann mit 0,24 bis 0,25 angenommen werden. Der prozentuale Verlust beträgt 5 bis 5,3 Proz. des Heizwertes der Kohle.

c) Die Abgase haben Luftüberschuß, und zwar verbrennen die Generatorgase etwa mit $\lambda = 1,26$, wobei vielfach $CO_2 = 17$ bis 17,5 Proz. beträgt. Diese Zahl enthält auch die Dissoziationskohlensäure der Gemengebestandteile. Die Temperatur am Fuße des Schornsteins ist ca. 390° C. Der Wärmeverlust ist etwa 18,5 bis 20,0 Proz. des Heizwertes der Kohle.

Das Temperaturgefälle der Abgase aus dem Ofen von 1180 bis 1250° und am Ende des Regenerators mit 390° ist für die Regeneration nutzbar gemacht.

d) Die Strahlungs- und Leitungsverluste sind schwer zu berechnen. Sie werden entweder als Restbetrag in die Bilanz eingeführt oder durch Rechnung festgestellt. Letztere erfolgt

$$\text{bis } 200° \text{ nach der Formel } W = a\,(T_1^4 - T_2^4)$$
$$\text{über } 200° \text{ bis } 1400° \text{ nach der Formel } T = -63\,(\log W)^2 + 177 \log W - 1603.$$

Es ergibt sich somit folgende Bilanz:

A. Wärmezufuhr:

1. Heizwert der Kohle	kcal = 96,8 Proz.
2. Heizwert des Dampfes des Generators . . .	„ = 3,2 „
	„ = 100 Proz.

B. Wärmeverbrauch:

1. Verlust im Generator	kcal = 12,2 Proz.
2. Abkühlung des Generatorgases	„ = 4,1 „
3. Glasbildung	„ = 13,7 „
4. Abgase	„ = 19,0 „
5. Regenerationsverlust	„ = 6,1 „
6. Hafenwärmeverlust	„ = 4,2 „
7. Leitungs-, Strahlungs- und sonstige Verluste .	„ = 40,7 „
	kcal = 100 Proz.

Die Wärmeverteilung im allgemeinen zeigt Fig. 126, während das detaillierte Diagramm aus Fig. 127 hervorgeht.

Was ist zu gewinnen und zu erzielen?

1. Möglichst gute Vergasung.

2. Die Wärme der Generatorgase bis an den Regenerator. Bei Rohbraunkohle kann durch die starke Abkühlung der Gase zwecks Kondensation von Wasser diese Wärme nutzbar gemacht werden. Ist kein Wasser auszuscheiden, so ist eine Temperatursenkung durch kurze Wege zu verhindern.

3. Die Abgaswärme ist durch Anlehnung an die theoretische Verbrennung zu vermindern. Die Abgaswärme von 390° kann für Dampfbildung zum Betrieb von Ventilatoren und Schleifmaschinen sowie zum Dampf für den Generator noch herangezogen werden[1]).

4. Die Strahlungs- und Leitungsverluste sind vor allem zu vermindern. Ofenwandungen sind so stark wie für den Betrieb zulässig zu machen. Öffnungen sind nicht größer als nötig auszuführen. Ähnlich wie bei Gasfabriken kann evtl. Wasservorwärmung erreicht werden.

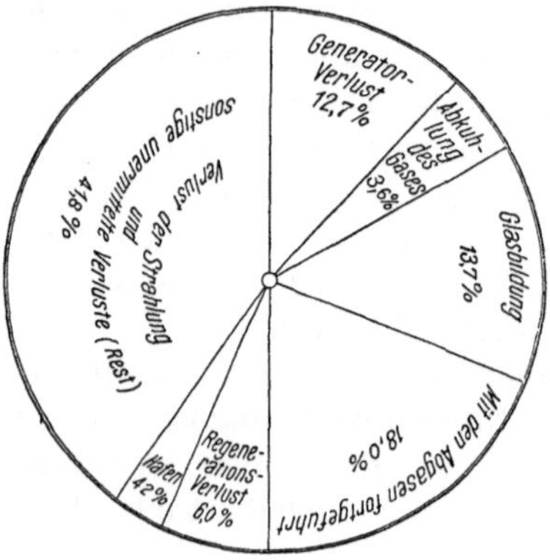

Neben dem Betrieb mit Kohle werden die Glasofen auch mit Ölfeuerung betrieben. Die kompendiöse Form des Generators fällt weg, die Verbrennung erfolgt fast theoretisch richtig, die Vorwärmung der Luft geschieht in Rekuperatoren. Es ist bei Ölfeuerung eine sehr feine Regulierung der Ofentemperatur zu erreichen.

Große Sorgfalt ist auch der Flammenführung der Glasöfen zuzuwenden. Sie soll so sein, daß die Wärme dem zu schmelzenden Material zufließt. Bei Wannenöfen soll vor der Abnahme des Schmelzgutes, das bei Fensterglas bei 1150 bis 1220° erfolgt, in der Läuterungszone die höchste Temperaturentwicklung 1350 bis 1430° herrschen. Bei Flaschenglas ist die Läuterungszone fast 0, da mit höherer Temperatur geblasen wird. Man hat in rechteckigen Wannenöfen in 24 Stunden bei freien Schmelzflächen von

Fig. 126. Wärmeverteilung eines Glasschmelzofens.

50 qm bei 10 t Rohglas　10 t Steinkohle
80　„　　„　20 t　　„　　20 t　　„
150 „　　„　30 t　　„　　30 t　　„

nötig, um Flaschen oder gewöhnliches Weißhohlglas zu schmelzen, während man bei Wasserglas die zweieinhalb- bis dreifache Menge schmelzen kann. Bei T-förmigen Wannen hat man in 24 Stunden bei 50 qm bei 9 t Rohglas 14 bis 15 t Steinkohle nötig[2]).

In der letzten Zeit wurden Versuche mit Öfen gemacht, die mit gereinigtem Generatorgas beheizt wurden. Dieselben sollen sowohl in bezug auf Kohlen-

---

[1]) Feuerungstechnik 12. Jg., Heft 2: Abwärme zu Warmluft- und Warmwassererzeugung.

[2]) Zeitschr. des Ver. deutsch. Ing. Bd. 67, Nr. 21: Glastechnik.

verbrauch als auch auf Güte und Reinheit des Glases äußerst gute Resultate gezeigt haben. Es ist erfreulich, daß in der Glasbranche in wärmetechnischer Hinsicht die deutsche glastechnische Gesellschaft in Frankfurt a. M. bahnbrechend vorgeht.

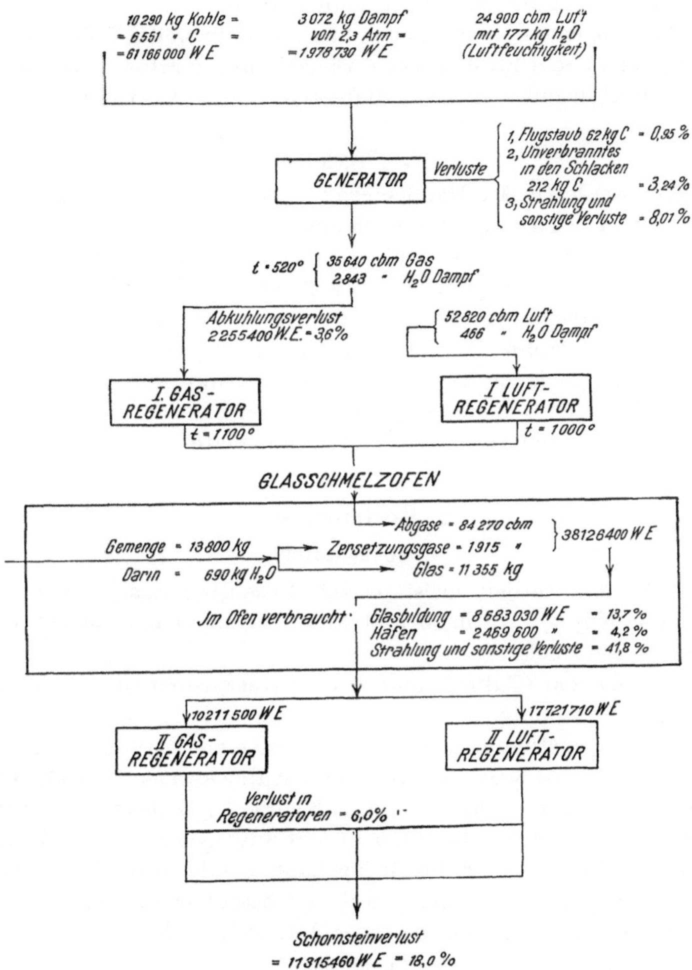

Fig. 127. Diagramm eines Glasschmelzofens mit Hafen.

IV. Emaillieröfen.

Diese Gattung von Öfen dient dazu, um das Emaille, welches auf die bereits vorher mit Grundmasse versehenen Gegenstände aufgetragen wird, zum Schmelzen zu bringen. Diese Öfen werden fast ausschließlich als Muffelöfen gebaut, wobei die Muffeln aus Gußeisen oder Schamotte hergestellt werden. Während man früher nur direkt geheizten Emaillieröfen begegnete, hat sich nunmehr der gasbeheizte Ofen doch schon teilweise durchgesetzt und ist speziell wegen seiner gleichmäßigen Temperatur und der Möglichkeit der intensiveren Ausnutzung den ersteren vorzuziehen. Auch der Kohlenverbrauch ist bei richtiger Handhabung wesentlich geringer und besteht auch die Möglichkeit, minderwertigere Kohle zu verwenden, während bei direkter Kohlenfeuerung nur Steinkohle verwendet werden kann.

Den Wärmeingenieuren steht auch hier noch ein weites Gebiet der Betätigung offen, da diese Industrie noch vielfach mit Kräften arbeitet, die der richtigen Wärmeausnutzung nicht die nötige Aufmerksamkeit schenkt.

V. Tiegelöfen.

Tiegelöfen werden in der Hauptsache zum Schmelzen von Eisen und Metallen verwendet. Die Bauart ist je nach dem Verwendungszweck und dem angewandten Brennstoff sehr verschiedenartig. Als Brennstoff kommt Koks, Öl, Kohle und Gas in Betracht. Es scheint, als wenn auf diesem Gebiete die flammenlose Oberflächenverbrennung Aussichten auf Anwendung hätte. Als Tiegelmasse wird Graphit oder Ton verwendet. Da bei diesen Öfen meistens nur ein reiner Schmelzvorgang ohne sonstige Reaktionen vor sich geht, ist die Wärmebilanz, mit Berücksichtigung letzteren Umstandes, aus der Wärmebilanz eines Martinofens mit Leichtigkeit abzuleiten.

2. Röstprozesse.
I. Schachtofen.

Schachtröstöfen werden meistens zur Erzaufbereitung verwendet. Bei den Erzen mit Kupfer, Antimon und Nickel erfolgt hauptsächlich eine Verbrennung des Schwefels.

Bei den Zinkerzen (Galmei) und dem Spateisenstein eine Zerlegung bzw. Oxydation der Carbonate.

Beim Brauneisenstein handelt es sich um eine Entwässerung, während beim Magneteisenstein eine Oxydation und Auflockerung vor sich geht.

Als Brennstoff zur Röstung kommt Kleinkoks, Feinkohle in Frage, die direkt mit dem zu röstenden Gut an der Gicht aufgegeben werden, doch werden auch kohlen- und gasbeheizte Röstöfen gebaut, bei denen die heißen Feuergase unten eingeführt und im Gegenstrom dem Röstgut entgegengeführt werden.

Die Berechnung ist ähnlich wie unter A I, wobei die in Frage kommenden Reaktionen zugrunde gelegt werden müssen.

II. Flammöfen.

Diese Öfen dienen ebenso wie die vorherbehandelten zur Erzaufbereitung, und zwar in den allermeisten Fällen zur Vertreibung bzw. Verbrennung des Schwefels. Aus diesem Grunde sind die Feuerungen meist von sehr kleiner Abmessung. Insbesondere werden sie zur Abröstung der nachfolgenden Metallerze: Kupferkies, Bleiglanz und Pyrit verwendet. Die Rechnung des Wärmehaushaltes ist aus dem bei den Schachtröstöfen Gesagten ohne weiteres zu konstatieren.

Außer den Schacht- und Flammöfen werden zur Röstung der Metallerze noch Öfen der verschiedensten Konstruktion. verwendet. Die Aufgabe des Wärmeingenieurs wird sein, immer den wirtschaftlichsten Ofen herauszufinden, der zu gleicher Zeit in metallurgischer Hinsicht den an ihn gestellten Anforderungen genügt.

Die Ausnutzung der Abgase dürfte sich wohl kaum verlohnen; diese Frage müßte von Fall zu Fall untersucht werden.

3. Glühprozesse.

Der Glühprozeß findet einesteils in der Eisen-[1] bzw. Metallindustrie, andererseits in der chemischen Industrie Anwendung. Im ersten Falle hat er den Zweck, die Metalle bzw. das Eisen durch Erwärmen leichter deformierbar zu machen, bzw. durch das Ausglühen aufgetretene Spannungen infolge Gefügeänderung zu beheben; im zweiten Falle wird durch den Glühprozeß in der Regel Hydratwasser ausgetrieben oder auch einfache chemische Umsetzungen vorgenommen.

In der Eisen- und Metallindustrie kommen folgende Öfen in Frage:

Tieföfen für Ingots,

Schweißöfen für vorgewalzte Blöcke, Platinen, Knüppel, Brammen,

Stoßöfen[2] für das gleiche Material,

Wärmeöfen[2] für vorgewalzte Bleche und dgl.

Glühöfen für Platten, Bleche, Draht und Stahlguß,

Schmiedeöfen zum Erwärmen von Schmiedegut verschiedenster Art,

Temperöfen zum Tempern von Gußstücken.

Die Beheizung dieser Öfen erfolgt je nach der gewünschten Temperatur und den zur Verfügung stehenden, jeweils billigsten Brennstoffen entweder durch direkte Feuerung, Kohlenstaubfeuerung, Ölfeuerung, Heißgasfeuerung oder Gasfeuerung mit angebautem Gaserzeuger oder aus einer zentralen Generatorenanlage, mit Naturgas, Koksofengas, Gichtgas oder Mischgas. Zur Verbesserung der Wärmeausnutzung und Erzielung einer höheren Verbrennungstemperatur werden diese Öfen entweder mit Regeneratoren oder mit Rekuperatoren ausgestattet. Bei Schwachgasen werden Regeneratoren für Gas- und Luftvorwärmung gebaut, während bei höherwertigen Gasen die Gasregeneratoren meistens weggelassen werden. Von dem Gesichtspunkte aus, daß bei gleichbleibender Flammenrichtung, also beim Rekuperativofen, die Bemessung der Luft- und Gasquerschnitte richtig vorgenommen und der Brenner leichter durchgebildet werden kann, ist diese Bauart dem Regenerativofen vorzuziehen. Da jedoch vielfach Rekuperatoren in Verwendung sind, die nicht dichthalten, und auch im Betriebe oft nicht die notwendige Sorgfalt auf die Reinigung der Rekuperatoren verwandt wird, ist es erklärlich, daß man

---

[1] Iron Age 113, Nr. 16, 1924 und Feuerungstechnik 12. Jg., Nr. 21 u. f., 1924, von *Schapira:* Über amerikanische Öfen zur Warmebehandlung von Eisen und Stahl.

[2] Stahl u. Eisen, 43. Jg., Heft 28, S. 920: Große amerikanische Stoß- und Warmeöfen; Yearbook of the American Iron and Steel Institute 1922, S. 395 bis 432 von *Chandler:* Wärmeöfen für Blöcke, Brammen und Knüppel, und Stahl und Eisen 44. Jg, Nr. 33, 1924: Betriebsuntersuchungen an kohlenstaubbeheizten Blockwärmeöfen von *Weyel.*

teilweise dem Regenerativofen den Vorzug gibt. Wärmetechnisch müßte der Rekuperativofen, falls er in seinen Einzelheiten richtig dimensioniert und durchkonstruiert wird, jedenfalls bevorzugt werden, wozu noch kommt, daß er auch leichter zu handhaben ist. Es erscheint also nur notwendig, ein richtiges Zusammenarbeiten der Ofenkonstrukteure und der Wärmeingenieure zu erreichen, um dieser Bauart den ihr gebührenden Platz einzuräumen. Die Brennstoffausnutzung kann besonders bei diesen Öfen durch Einbau von Abhitzekesseln verbessert werden; dieser Gesichtspunkt wird noch später eingehend behandelt werden.

Bezüglich des Temperns sei erwähnt, daß dieser Prozeß nach zwei Methoden durchgeführt wird, und zwar nach der europäischen oder der amerikanischen. Bei ersterer wird mit 850 bis 900°, bei letzterer bei 700 bis 740° getempert. Diese Temperaturen müssen mindestens 60 bis 75 Stunden aufrecht erhalten werden, während man bis zur Erreichung derselben 36 bis 48 und zur Abkühlung 40 bis 52 Stunden rechnet. Die gesamte Aufenthaltszeit eines Einsatzes beträgt daher durchschnittlich 140 bis 170 Stunden, und dies erklärt, daß der Kohlenverbrauch ein sehr erheblicher ist; natürlich schwankt dieser stark mit der Bauart. Bei bester Ausführung der Öfen rechnet man für 100 kg Guß 110 bis 140 kg Kohle von 7000 kcal Heizwert.

Die Wärmebilanz für einen Ofen dieser Gruppe aufzustellen ist nach dem in den vorangegangenen Abschnitten darüber Gesagten äußerst einfach[1]).

Ferner ist noch der Kohlen- oder Koksverbrauch für die Trockenkammern an Gießereien zu erwähnen. Für jährlich 500 t Guß kommen 25 bis 30 qm Grundfläche der Trockenkammer in Frage.

Bei direkter Heizung, wenn also die verbrannten Gase die Feuchtigkeit aus den Formen direkt ausziehen, müssen trockene Brennstoffe, am besten Koks oder Holzkohle, verwandt werden. Bei indirekter Beheizung muß der entstandene Wasserdampf durch eine Esse abziehen können. Die Feuerung erfolgt auf Planrost oder in Schüttfeuerungen[2]).

Man rechnet auf Trockenkammern bis

30 cbm Inhalt	. . . 0,5 bis 1,0 qm	Rostfläche
von 30 bis 120 „	„	. . . 0,4 „ 0,5 „	„
über 100 „	„	. . . 0,3 „ 0,4 „	„

Die Abzugsöffnung ist 0,4 bis 0,5 der Rostfläche.

Die Beheizung durch Abdampf kann nur bei 3 bis 4 Atm wegen der zu erreichenden Temperatur erfolgen, die durch Abgase der Kesselheizung ist möglich. Die Abgase des Kupolofens oder der Bessemerbirne sind bei kleinen Anlagen nur intermittierend, bei größeren mit dauerndem Schmelzbetrieb zu verwenden.

---

[1]) Stahl u. Eisen, 43. Jg., Heft 36, 1923: Die Anwendung der Tunnelglühöfen in der Tempergußindustrie.

[2]) Siehe *Oelschläger*, Die Beheizung der Trockenkammern in Eisen- und Metallgießereien. (In Zeitschr. „Die Gießerei" Jg. 1921, Heft 7. München, R. Oldenbourg.) The Foundry, 52. Jg., Heft 3, 1924: Gas in Anwendung in Gießereitrockenöfen.

Im weiteren Sinne gehören zu den Glühprozessen auch die Verfahren der Koksherstellung und der Leuchtgasbereitung, denn die dabei vor sich gehende Entgasung des Brennstoffes ist lediglich auf die Erwärmung desselben zurückzuführen. Mit Rücksicht auf die Gasgewinnung, welche den wesentlichsten Teil der Prozesse bilden, sind die Bauarten naturgemäß von den früher behandelten wesentlich abweichend.

In der chemischen Industrie finden wir in ähnlicher Weise Glühprozesse bei den Öfen zur Holzverkohlung, bei denen sich auch gleichzeitig ein Destillationsprozeß abspielt. Diese Öfen können in wärmetechnischer Beziehung noch wesentlich vervollkommnet werden. Alle vegetabilischen Produkte geben beim Glühen Kohlenwasserstoffe und andere organische Verbindungen ab, die sich in der Hitze zersetzen und zu Kohlensäure und Wasser verbrennen. Ist der Glühprozeß durch eine kleine Feuerung eingeleitet, so ist die Führung der Gase der Glühprodukte so zu leiten, daß sich dieselben an den heißen Retortenwänden unter Einführung evtl. an den Abgasen vorgewärmter Luft entzünden und so die zum Glühen nötige Wärme abgeben. Ist dieselbe nicht ausreichend, so wird durch eine verhältnismäßig kleine Feuerung, Halbgas oder Vollgasfeuerung, die noch fehlende Wärme zugeführt. Die Herstellung von Holzkohle und Lederkohle in vertikalen Retorten kann nach Einleiten des Prozesses ganz ohne fremde Brennstoffe vorgenommen werden; dabei kann noch Teer und Rohessig mit Säure gewonnen werden.

Holz ergibt bei 275° bei exothermer Reaktion CO_2, CO und Wasserdampf, bei weiterer Temperaturerhöhung und endothermer Reaktion erhält man Kohlenwasserstoffe, die in CH_4 und C_2H_4 zerfallen, und endlich bei 300° Essigsäure und Holzgeist. Die Ausbeute ist je nach der Geschwindigkeit des Arbeitsvorganges sehr verschieden. Es ergibt 100 kg lufttrockenes Holz:

	Kohle	Teer	Rohessig	Säure	Gas
Rotbuche a)	26,0	5,9	45,8	5,2	21,7
b)	21,9	4,1	39,5	3,9	63,8
Birke . . a)	29,2	5,5	45,6	5,6	19,7
b)	21,5	3,2	39,7	4,4	35,6
Eiche . . a)	34,7	3,7	44,5	4,1	17,2
b)	27,7	3,2	42,0	3,4	27,0
Fichte . a)	30,3	4,4	41,0	2,7	24,4
b)	24,2	9,8	42,0	2,4	24,1

wobei a) langsame, b) schnelle Destillation bedeutet.

Eine primitive Verbrennung des Teeres und der Gase findet bei der Herstellung von Holzkohle in Meilern statt; der wärmetechnische Effekt ist gering; es ergeben 100 kg Holz etwa 20 bis 25 kg Kohle, wobei keine Abfallprodukte verwendbar sind.

Ähnlich verhält es sich mit der Herstellung von Lederkohle, die für Härtemittel gebraucht wird.

4. Brennprozesse.

Dieser Vorgang spielt in der keramischen Industrie die größte Rolle, sowohl für die Herstellung von Mauersteinen, feuerfestem Material der Zementindustrie, sowie bei der Herstellung der üblichen Produkte in der Kalk-, Dolomit-, Magnesit- und Gipsindustrie.

Die für diesen Prozeß verwendeten Öfen wurden bereits in Abschnitt 2 und 3 angeführt; in der Hauptsache sind dies: Schacht-, Ring-, Tunnel-, Drehrohr-, Gaskammer-, Zickzack-, Flamm- und Etagenöfen. Die verwendeten Brennstoffe sind die verschiedenartigsten. Was speziell die keramische Industrie anbelangt, so ist der Prozeß fast an jedem Orte etwas verschieden, und zwar sowohl hinsichtlich der Temperatur als auch bezüglich der Schnelligkeit des Brennvorganges, bzw. der Dauer des Brennprozesses, weil die den Ausgangsstoff bildenden Tone gleichfalls sehr verschiedene Eigenschaften aufweisen. Im Zusammenhang damit ist auch die pro Gewichtseinheit nötige Wärmemenge sehr verschieden.

Bei Tonen und Kaolinen spielt die Temperatur des Prozesses eine große Rolle. Es soll daher zunächst diese Frage behandelt werden. Die höchsten Schmelzpunkte haben Tonschiefer mit 1850 und Kaolin mit 1830°. Durch Beimengungen von Flußmitteln wie K_2O, CaO, MgO, F_2C_3 wird proportional der Zusatzmenge dieser Stoffe der Schmelzpunkt herabgedrückt. Man bezeichnet als feuerfeste Tone solche, die über 1580° = Sk 26 (Sk = Segerkegel) schmelzen. Neben dem Schmelzpunkt ist der Sinterungspunkt wichtig. Es ist der Punkt, an dem sich die Tone und Kaoline in einem Übergangsstadium zwischen starrem und geschmolzenem Zustand befinden; es sind dann Teile des inhomogenen Gemisches in flüssigem Zustand und durchtränken dann andere noch in festem Zustand befindliche Teile. Rücken Schmelzpunkt und Sinterungspunkt nahe aneinander, so gibt schon eine geringe Erhöhung über den Sinterungspunkt den Schmelzpunkt, das Material fließt und das zu brennende Stück wird deformiert. Aus diesem Grunde ist die Erhaltung gleichmäßiger Temperatur sehr wichtig. Mauersteine aus kalkreichem Ton werden bei 790 bis 1010° (Sk 015a bis 05a), aus kalkarmem Ton bei 1050 bis 1090° (Sk 03a bis 01a) gebrannt. Es wird höchstens bis 1270 (Sk 9) gebrannt. Bei kalkreichen Tonen ist Sinterungs- und Schmelzpunkt nahe beieinander, bei kalkarmem Ton sind die beiden Punkte oft über 100° auseinander, der Brennprozeß ist nicht so empfindlich. Porzellan wird in Kapseln und Kassetten gargebrannt, und zwar bei 1400 bis 1500° (Sk 14 bis 18). Der Schmelzpunkt der Glasuren muß niedriger sein als der des gargebrannten Stückes. Er ist höchstens 1400 bis 1500° bei Porzellan. Steinzeug wird bei 1180 bis 1300° (Sk 5a bis 10) gebrannt. Hartsteingut wird bei 1250 bis 1350° (Sk 8 bis 12) und das großporige Weichsteingut bei 1160° (Sk 4a) gebrannt. Niedrige Brenntemperaturen hat Majolika bei ca. 1000 bis 1050°. Es gehören hierzu auch die Ofenkacheln. Die niedrige Schmelztemperatur wird durch Zusatz von Blei erreicht. Bei gewöhnlichem Steinzeug erfolgt zunächst Brennen bei 800 bis 950° (Sk 015a bis 07a), bei 1000 bis 1065° erfolgt das Brennen mit Glasur, bei noch höherer Temperatur erfolgt dann das Garbrennen.

Die Ofenarten und Feuerungen sind, wie schon erwähnt, gleichfalls sehr verschieden. Infolge des verhältnismäßig geringen Wärmeinhalts ist die Feuerungsmenge im Verhältnis zum Gewicht des gebrannten Materials gering. Man rechnet für 100 kg Schamottewaren 80 000 bis 100 000 kcal. Bei Porzellan, Mauerstein und Tonwaren ist diese Zahl etwa gleich groß. Je nach dem Brennstoff: Steinkohle, Rohbraunkohle[1]), Braunkohlenbriketts, und der Feuerungsart: direkte Feuerung, Halbgasfeuerung oder Generatorgasfeuerung, wird der Brennstoff bestimmt. Um die genaue Menge Brennstoff zu bestimmen, sind folgende Wärmemengen nötig:

1. Wärme zum Austreiben des chemischen und hygroskopischen Wassers; die Wärme wird zum Teil von den Abgasen geliefert. Der größte Teil des Wassers wird durch Lufttrocknung über dem Ofen durch dessen aufsteigende Wärme oder in besonderen Trockenöfen ausgetrieben. Ein Teil jedoch kann erst im Ofen ausgetrieben werden;
2. Wärme, die nötig ist, um die zu brennende Ware auf die Brenntemperatur zu bringen;
3. Wärmeverlust durch Abgase;
4. Wärmeverlust durch undichte Fugen;
5. Wärmeverlust durch Strahlung und Heizung;
6. Wärmeverlust infolge endothermischer Prozesse beim Brennen;
7. Wärmeverluste durch Brennen der Ofenmauerung und Verdampfen aufsteigender Bodenfeuchtigkeit.

Als Beispiel sei ein Gaskammerofen für Schamotte nach Fig. 128 (siehe Tafel V) berechnet.

Die Jahresproduktion sei 20 000 t Schamottewaren. Da 1 cbm Schamottewaren 1,7 t wiegt, ist das jährliche Volumen $\frac{20\,000}{1,7} = 11\,000$ cbm.

Bei 360 Arbeitstagen kann man für Einsetzen, Vorwärmen, Brennen und Abkühlen sowie Entleeren für eine Kammer 10 Arbeitstage rechnen, also pro Kammer 36 Brände im Jahre. Es werden also pro Brand $\frac{11\,000}{36} = 306$ cbm Schamottewaren gebrannt.

Die Ofenfüllung ist etwa 0,6, somit ist der Ofeninhalt: $\frac{306}{0,6} = 510$ cbm.

Bei 14 Kammern ist also der Inhalt einer Kammer $\frac{510}{14} = 36,4 = \sim 40$ cbm.

Das in einer Kammer pro Brand liegende Gewicht von Schamottewaren ist $40 \cdot 0,6 \cdot 1,7 = 40,800$ t. Damit ergibt sich der Wärmebedarf für eine Kammer:

1. 8 Proz. Wassergehalt, $q = 605,5 + 0,305\,t$, $t = 200°$
$$W_1 = 40\,800\,(606,5 + 0,305 \cdot 200)\,0,08 = 2\,175\,000 \text{ kcal.}$$

2. $c_p = 0,2$, $t = 1450°$
$$W_2 = 40\,800 \cdot 0,2 \cdot 1450 = 11\,830\,000 \text{ kcal.}$$

3. Unter der Annahme [durch evtl. mehrmalige Durchrechnung des Beispiels mit dem endgültigen Resultat in Übereinstimmung zu bringen], daß

---

[1]) Feuerungstechnik 11. Jg., Heft 23 u. 24, 1923: Braunkohlengas und seine Verwendung in der feinkeramischen Industrie von *Faber*.

Additional information of this book

(Der WÃrmeingenieur; 978-3-662-27639-6; 978-3-662-27639-6_OSFO5) is provided:

http://Extras.Springer.com

1000 kg vergaster Brennstoff 3590 kg Gas von 3 560 000 kcal Heizwert liefern und 5290 kg Verbrennungsprodukte ergeben, die bei 200° 5290 · 0,24 · 200 = 253 920 kcal enthalten, und daß für 1,000 t gebrannte Schamotte 0,310 t Kohlen nötig sind [31. Proz], hat man bei 40,800 t Ware

$$W_3 = 40\,800 \cdot 0,310 \cdot \frac{253\,920}{1000} = 3\,212\,000 \text{ kcal.}$$

4. und 7. sind Erfahrungswerte, 6. kann ebenfalls nicht genau bestimmt werden, da alle chemisch-physikalischen Vorgänge in dieser Richtung nicht erforscht sind. Man kann setzen:

4. für 1000 kg Schamottewaren 122 000 kcal, also

$$W_4 = 40,800 \cdot 122\,000 = 5\,000\,000 \text{ kcal.}$$

5. Allgemein ist der Strahlungs- und Leitungsverlust 10 Proz., er ergibt sich auch aus dem Strahlungskoeffizient von 3,60 und Leitungskoeffizient von 0,63 bis 0,69. Man erhält

$$W_5 = 40\,800 \cdot \frac{3\,560\,000}{1000} \cdot 0,10 = 14\,525\,000 \text{ kcal.}$$

6. und 7. nach diversen Angaben

$$W_6 + W_7 = 40,800 \cdot 105\,000 = 4\,300\,000 \text{ kcal.}$$

Damit ist der gesamte Wärmebedarf:

$$W = \Sigma W_1 \div W_7 = 41\,042\,000 \text{ kcal.}$$

Damit ergibt sich zum Brennen von 1000 kg Schamottewaren $\sim$ 1 000 000 kcal; da ferner 1000 kg Kohlen 3 560 kcal liefern, so erfordern 1000 kg Schamottesteine 280 kg Kohle.

Die Kohle von 3560 kcal für 1 kg kann Rohbraunkohle von 47 Proz. C und 12 Proz. hygroskopischem Wasser sein.

Es sind damit für 1 Kammer 40,8 · 280 = 11,5 t Kohle nötig.

Bei 28 stündiger Brenndauer sind also $\frac{11,500}{28} = 0,410$ t Kohle per Stunde und Kammer nötig.

Der thermische Wirkungsgrad des Ofens ist mit der Annahme W_6 = 2 000 000 kcal.

$$\eta_{th} = \frac{W_1 + W_6}{W} = \frac{9\,830\,000}{41\,042\,000} = 0,24 = 24 \text{ Proz.}$$

der thermodynamische ist

$$\eta_{td} = \frac{W_1 + W_6}{W - W_3} = \frac{9\,830\,090}{37\,830\,000} = 0,26 = 26 \text{ Proz.}$$

und der Ofenwirkungsgrad

$$\eta = \frac{W - W_3}{W} = \frac{37\,830\,000}{41\,042\,000} = 0,92 = 92 \text{ Proz.}[1]$$

[1] Chaleur et Industrie 4. Jg., Nr. 44, 1923: Die Öfen der keramischen Industrie von *Brémont*; Journal of the American Ceramic Society 7. Jg., Nr. 3, S. 175 bis 188 1924, by *Sherman*, und Chaleur et Industrie 1924, S. 96 u. f.

Die Brenntemperatur wird mit Segerkegeln gemessen. Die Klassifikation ist:

Nr. 022	600°	Nr. 1a	1100°	Nr. 26	1580°
„ 015a	790°	„ 5a	1180°	„ 30	1670°
„ 010a	900°	„ 10	1300°	„ 35	1770°
„ 05a	1000°	„ 15	1435°	„ 38	1850°
„ 01a	1080°	„ 20	1530°	„ 42	2000°

Tone, die schwerer schmelzbar als Kegel 26 sind, sind feuerfest:

Schamottewaren, Portlandzement und Hartporzellan schmelzen bei Kegel 10 bis 20,

Weichporzellan, Steinzeug, Steingut, Klinker schmelzen bei Kegel 1 bis 10,

Ziegelsteine, Töpfergeschirr und Glasuren schmelzen bei Kegel 05 bis 010.

Als Brennofen in der keramischen Industrie wird speziell in der letzten Zeit der Tunnelofen immer mehr bevorzugt und hat sich besonders in Amerika weit verbreitet, was darauf zurückzuführen ist, daß die Güte des gebrannten Gutes besser sein soll als im Ringofen. Auch in der Eisenindustrie zum Brennen der Konverterböden sind vielfach Tunnelöfen verwendet worden.

Auch bei den Brennprozessen wäre von Fall zu Fall zu untersuchen, ob nicht die Verwertung der Abgaswärme wirtschaftlich und gangbar ist. Da die Ofenbauarten außerordentlich verschieden sind, lassen sich bestimmte Angaben nicht machen, doch kommt insbesondere die Ausnutzung der Abgaswärme für Trockenzwecke in Betracht, während man bisher meist nur die Strahlungswärme zu diesem Vorgang benutzt.

5. Sublimierprozesse.

Hierbei werden die Körper aus dem festen in den dampfförmigen Zustand übergeführt, ohne den flüssigen Zustand zu durchlaufen, und die erhaltenen Dämpfe werden aufgefangen und kondensiert. Der Vorgang wird hauptsächlich bei Raffinationsprozessen angewendet und beruht darauf, daß bei gewissen Temperaturen und bestimmten Drücken ein Körper verdampft, während andere im festen Zustand zurückbleiben. Der Prozeß wird in Muffelöfen vorgenommen und das sublimierte Gut in Vorlagen gewonnen.

Dieser Prozeß kommt hauptsächlich für Zink in Frage. Der Brennstoffverbrauch ist je nach dem verwendeten Erz und der Ofenbauart sehr verschieden und schwankt zwischen 350 bis 700 Proz., wobei die Reduktionskohle, die mit dem Erz in den Muffeln eingesetzt wird, eingeschlossen wird. Wenn man nun bedenkt, daß die verwendeten Muffeln nur kurze Zeit halten und zum Brennen derselben auch wieder ein Brennstoffaufwand notwendig ist, so wird klar, daß hier ein Gebiet vorliegt, bei welchem noch große Brennstoffersparnisse möglich sind. Allerdings sprechen hier auch die hüttenmännischen Fragen und Gesichtspunkte ein wichtiges Wort, und es kann daher nur durch weitgehendes Zusammenarbeiten des Hüttenmannes mit dem Ofenkonstrukteur und dem Wärmeingenieur Abhilfe geschaffen werden. Die in Anwendung stehenden Öfen sind entweder als Regenerativ- oder als Rekuperativöfen ausgebildet, doch erscheinen die Bauarten noch vielfach verbesserungsbedürftig.

Die Ausnutzung der Abgase bleibt als ein aussichtsreiches Feld für den Wärmeingenieur.

Die Aufstellung einer Wärmebilanz ist nach dem in den vorhergegangenen
Abschnitten Gesagten ohne weiteres möglich, wenn die entsprechenden chemischen und physikalischen Vorgänge beachtet werden. Eine solche zu ent-
wickeln würde hier zu weit führen, weil insbesondere die Zusammensetzung der
Erze außerordentlich schwankt. Auch wechseln die Arbeitsbedingungen an
den verschiedenen Stellen außerordentlich stark.

6. Calcinieren.

Der Prozeß hat den Zweck, das in manchen Produkten vorhandene Hydratwasser zu entfernen. Es genügt meist eine Überhitzung von wenig über
100° bei gewöhnlichen technischen Produkten. Der Wärmebedarf setzt sich
zusammen aus der Lösung des Hydratwassers und dessen Verdampfung.

7. Kochen.

Dieser Prozeß findet in der Technik ausgedehnte Verwendung. Er
kommt vor:

   a) in der Bierbrauerei,
   b) in der Papierindustrie,
   c) in der Färberei,
   d) in der Wäscherei,
   e) in der Zuckerfabrikation,
   f) in der chemischen Industrie,
   g) in der Fettfabrikation,
   h) in der Seifenfabrikation,
   i) in der Sprengstoffindustrie,
   k) in der Lederindustrie,
   l) in der Salzerzeugung,
  m) in der Kaliindustrie,
   n) in der Genußmittelindustrie (Zuckerwaren, Schokolade),
   o) im Privatleben.

Die Wärme wird entweder durch direkte Beheizung (Feuerung) oder durch
indirekte, meist Dampfbeheizung, gewonnen. Der Dampf für diese Prozesse
selbst kann entweder Frischdampf oder Abdampf sein. Die Verwendung von
Abdampf ist unbedingt vorzuziehen, da dadurch vorher die zum Betriebe der
Anlage nötige Kraft und evtl. auch noch überschüssige Kraft gewonnen werden
kann.

Direkte Kochprozesse werden wie die Prozesse des Wärmeübergangs bei
Dampfkesseln berechnet.

Die hier eintretenden Verhältnisse werden in bezug auf Wärmewirtschaft
im Abschnitt „Abwärmeverwertung" besprochen.

8. Eindampfen.

Bei diesen Prozessen wird den Körpern überflüssiges Wasser entzogen; an tatsächlicher Arbeit wird also geleistet, wenn man im offenen Gefäß eindampft: verdampfte Wassermenge in kg × Gesamtwärme des Wassers bei einem bestimmten Luftdruck. Bei diesen Verhältnissen kann jedoch, wenn der Prozeß anders geführt wird, auch von einem andern Gedankengange ausgegangen werden. Zu der Lösung eines festen Körpers in Wasser wird eine gewisse Wärmemenge benötigt; dadurch sinkt die Temperatur der Lösung. Wird daher unter gewissen Bedingungen dieser Lösung diese Wärmemenge wieder zugeführt, só müßte eine Trennung von festem Körper und Flüssigkeit möglich sein. Die ideale Anwendung dieses Prinzips liegt in der Wärmepumpe. Man bringt die Flüssigkeit in die in Fig. 129 angegebene Apparatur. Nimmt man geringe Verluste durch Leitung und Strahlung und das Kompressionsrad reibungslos gehend an, so daß $p_1 \cdot v_1 = p_2 v_2$ ist, so wird bekanntlich bei gesättigtem Dampf, wie früher gezeigt wurde, durch Kompression Überhitzung hervorgerufen, es ist also $t_2 > i_1 \cdot i_2$ verdampft die Flüssigkeit in t_1, da nur auf der Trennungsfläche Wärmeübergang stattfinden soll. Dies kann so weit getrieben werden, bis der Druck p_1 sich 0 nähert. Dann verdampft auch keine Flüssigkeit mehr, das in p_1, t_1 befindliche Gut ist trocken.

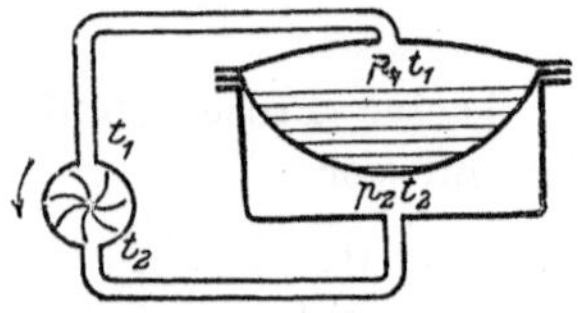

Auf diesem Gedanken aufbauend, wurde die Wärmepumpe[1]) entwickelt. Man kann Kolben- oder Zentrifugalpumpen oder Dampfstrahlkompressoren nehmen. Nach den Versuchen von *Stodola* wird 1 kg Steinkohle durch 0,4 bis 1,2 kW-St. je nach dem Dampfdruck ersetzt. Andere Versuche ergeben, daß bei 1 PS an der Kompressorwelle bei 1 Atm Heizungsüberdruck 21 kg Wasser und bei 2 Atm Heizungsüberdruck 12,5 kg Wasser verdampft werden. Für das Verdampfen von 1000 kg Wasser sind daher

Fig. 129. Eindampfapparat.

$$\text{bei 1 Atm Heizungsüberdruck} \ldots\ldots\ldots 48 \text{ PS}_e\text{-St.}$$
$$\text{,, 2 ,,} \qquad\qquad \text{,,} \qquad \ldots\ldots\ldots 80 \text{ ,,}$$

nötig.

Ein Beispiel der annähernd reversiblen Heizung (vollkommen reversibel ist bekanntlich kein Naturvorgang) sei nachfolgend ausgeführt[2]):

Ist Q_1 die zugeführte, Q_2 die abgeführte Wärmemenge, und T_1 und T_2 die entsprechende Temperatur, so ist die geleistete Arbeit bekanntlich

$$Q = Q_1 - Q_2 = Q_1 \frac{T_1 - T_2}{T_1} = - Q_2 \frac{T_2 - T_1}{T_1}.$$

---

[1]) Zeitschrift des bayerischen Revisionsvereins 1919, S. 189: *Deinlein*, Die Warmepumpe.

[2]) Ausfuhrliches siehe Feuerungstechnik 1. Jg., S. 160, ferner: *Gustav Fluigel*, Wärmewirtschaft und Anwendung der Wärmepumpe. Zeitschr. des Ver. deutsch. Ing. 1919, Nr. 46, S. 954, Nr. 47, S. 986, sowie *E. Josse*, Neuzeitliche Verwertung und Bewertung der Wärme. Zeitschr. für das gesamte Turbinenwesen 1920.

Ferner ist bei einem verlustlosen Prozeß:

$$\frac{Q_1}{T_1} = \frac{Q_2}{T_2}.$$

Die Anwendung ergibt Fig. 130.

Im Heizraum werde bei der Temperatur T_1 die Wärmemenge Q_1 erzeugt, welche in der Dampfmaschine auf Q_2 und T_2 durch Entnahme von Q herabgemindert wird.

Q wird in zwei Teile geteilt. Q' wird als Arbeit abgegeben, Q'' in der Kältemaschine komprimiert und in dem Kondensator, der hier als zu heizendes Gebäude gezeichnet ist, jedoch ebensogut eine Kochanlage sein kann, auf T_3 erniedrigt. Im Refrigerator wird dem Medium bei der Temperatur T_4 Wärme zugeführt. Die Abwärme Q_2 der Dampfmaschine wird im Gebäude oder einer Kochanlage auf die Temperatur T_3 ausgenützt. Die im Heizraum erzeugte Wärme wird in drei Teilen verwertet:

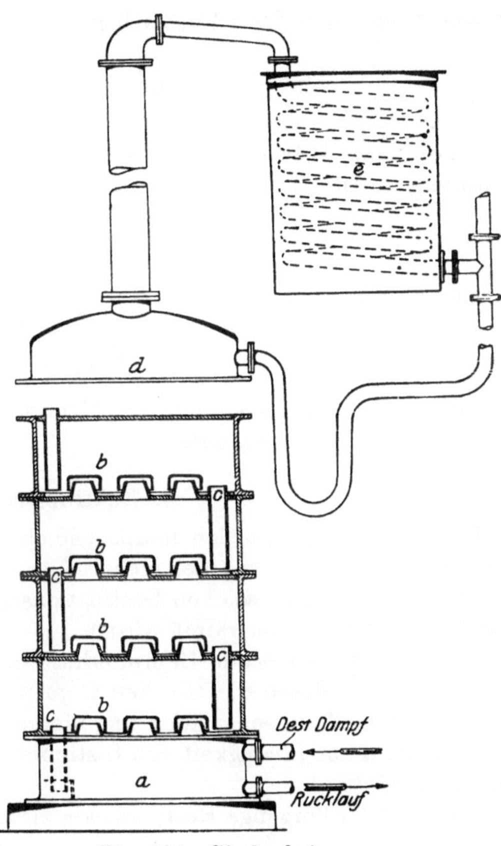

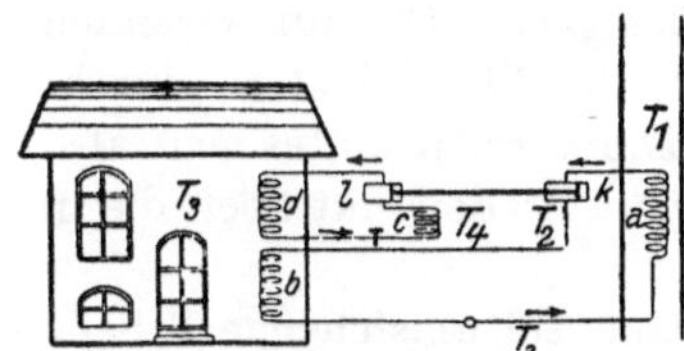

Fig. 130. Umkehrbare Heizung.

Fig. 131. Glockenkolonne.
a Untersatz, b Glocken, c Rücklaufrohre, d Haube, e Kondensator.

1. nach außen abgegebene Arbeit $Q' = Q'_1 \dfrac{T_1 - T_2}{T_1}$,

2. von der Kältemaschine erzeugte Wärme durch Q''.

Sie ist

$$Q_k = Q'' \frac{T_3}{T_3 - T_4} = Q''_1 \frac{T_1 - T_2}{T_3 - T_4} \cdot \frac{T_3}{T_1},$$

3. die im zu heizenden Raum oder in der Kochanlage verbrauchte Wärme:

$$Q_h = Q_2 = Q_1 - Q = Q_1 - Q_1 \frac{T_1 - T_3}{T_1} = Q_1 \frac{T_3}{T_1},$$

also ist die gesamte verbrauchte Wärmemenge:

$$Q_s = Q' + Q_k + Q_h = Q_1' \frac{T_1 - T_2}{T_1} = Q_1'' \frac{T_1 - T_2}{T_3 - T_4} \cdot \frac{T_3}{T_1} + Q_1 \frac{T_3}{T_1}$$

$$= \frac{1}{T_1} \left[Q_1' (T_1 - T_2) + Q_1'' \frac{T_1 - T_2}{T_3 - T_4} \cdot T_3 + Q_1 T_3 \right].$$

Ist die ganze Dampfmaschinenarbeit zur Kälteerzeugung umgesetzt, so ist

$$Q_s^k = Q_1 \left(\frac{T_1 - T_2}{T_3 - T_4} + 1 \right) \frac{T_3}{T_1}.$$

Ist die ganze Wärme zur Abgabe von Energie nach außen und zur Heizung bestimmt, so ist $Q_1' = 0$ und $Q_1'' = Q_1$, also

$$Q_s^h = Q_1 \left(\frac{T_1 - T_2}{T_1} + \frac{T_3}{T_1} \right).$$

Es ist also

$$Q_s^k - Q_s^h = Q_1 \frac{T_1 - T_2}{T_3 - T_4} \cdot \frac{T_4}{T_1} > 0,$$

d. h. durch Zwischenschaltung einer Kältemaschine wird eine Kraft- und Heizungsanlage besser ausgenützt[1]).

9. Rektifizieren.

Dieser Prozeß findet sich hauptsächlich in der Herstellung von Alkohol und Äther; er besteht in einer mehrfachen Destillation.

Fig. 131 zeigt einen solchen Destillationsapparat, wie er für Alkohol, Äther und Öle im Prinzip verwandt wird[2]).

Der unten einströmende Dampf erhitzt die Flüssigkeit. Die aufsteigenden Dämpfe werden durch die Glocken C gezwungen, die Flüssigkeit zu durchstreichen. In aufsteigender Richtung nimmt die Temperatur ab, es geht also in die Haube d nur Flüssigkeit von bestimmtem Höchstsiedepunkt über, die in c gekühlt wird.

Um über die Vorgänge Rechenschaft zu erhalten, sei umstehende Tabelle aufgeführt.

Ein Spiritusrektifizierapparat dient zur Gewinnung von Spiritus aus gegorenen Maischen. Das Ausgangsprodukt hat etwa 10 Volumprozent Alkohol.

---

[1]) *Altenkirch:* Gesundheitsingenieur 1919, S. 267, Die Erhöhung der Wirtschaftlichkeit von Heizungsanlagen durch den Einbau von Kältemaschinen; und derselbe Verfasser in Deutsch. Landwirtschafts-Maschinen-Bau 1919, S. 97: Die Verwendung von Kältemaschinen zur Verbesserung der Wärmewirtschaft in der Industrie und der Landwirtschaft.

[2]) Siehe: Chem. Technologie des Steinkohlenteers von *R. Weißgerber* (Otto Spamer, Leipzig), und Lehrbuch der chemischen Technologie von *H. Ost.* (Dr. Max Jänecke, Leipzig.) Abschn. Alkohol, Spiritus.

Alkoholgehalt der siedenden Flussigkeit Gew.-Proz.	Siedepunkt der Flussigkeit ° C	Alkoholgehalt des Dampfes Gew.-Proz.	Verstarkungsgrad
0	100,0	0,00	—
5	95,1	33,50	6,70
10	91,3	48,60	4,86
20	87,0	60,10	3,00
30	84,7	63,40	2,11
40	83,0	66,90	1,67
50	81,9	70,30	1,41
60	81,0	74,60	1,24
70	80,2	79,40	1,13
80	79,5	84,80	1,06
90	78,7	91,00	1,01
94	78,3	94,60	1,006

Es ist bei

78° die Verdampfungswärme des Wassers . . . . 549 kcal
　　　 ”　　　　　　　”　　　　　 ” Alkohols . . . . 209 ”
　　　 ” spezifische Wärme　 ” Wassers 1,000
　　　 ”　　　 ”　　　　　 ” Alkohols 0,615

Rohspiritus aus den Kartoffelbrennereien mit 80 bis 90 Proz. Alkohol wird durch fraktionierte Destillation ebenfalls in Spiritus und die verschiedenen Fuselöle Essig-, Butter-, Valeriansäure- und andere Ester übergeführt.

10. Verdampfen.

Der Prozeß ist mit dem von 7. Kochen und 8. Eindampfen fast identisch. Er wird entweder durch direkte Feuerung, feste Brennstoffe, flüssige oder gasförmige Brennstoffe oder durch indirekte Beheizung: Dampf oder heiße Luft oder Abgase vorgenommen. Bei der unter Eindampfen erwähnten Verdampfungsart ist gezeigt, daß man durch Erniedrigung des Dampfdruckes eine Verminderung der Verdampfungswärme und damit ein höheres Temperaturgefälle erhält. Man kann nun folgendermaßen verfahren, um den Dampfdruck im Verdampfungsraum zu erniedrigen. Das erste Verdampfungsgefäß wird mit Frischdampf oder Abdampf geheizt. Der Verdampfungsraum des ersten Gefäßes steht nun mit dem Heizraum des zweiten in Verbindung, gibt seine Wärme dorthin ab, kondensiert, ruft also eine Druckerniedrigung in diesem Raume hervor, wodurch das Temperaturgefälle im ersten Verdampfungsgefäß entsteht. Der Verdampfungsraum des zweiten Gefäßes kann eine in gleicher Art mit dem Heizraum eines dritten Verdampfungsgefäßes in Verbindung stehen. Auf diese Weise werden bis 6 Gefäße gekuppelt. Der Verdampfungsraum des letzten Gefäßes steht mit einem Kondensator oder Vakuumpumpe in Verbindung. Diese Art der Verdampfung findet sich in erster Linie in der Zuckerfabrikation bei den Mehrfachverdampfungsapparaten[1]). Eine eingehende Untersuchung über diese Verhält-

---

[1]) *Ost:* Lehrbuch der chem. Technologie, Zuckerindustrie. Dr. Max Jänecke, Leipzig.

nisse findet sich in der Zeitschrift des Vereins deutscher Ingenieure, Jg. 67, Nr. 11, *Gensecke*: „Über Kompressionsverdampfung". Es wird darin die Grenze der Wirtschaftlichkeit zwischen Brüdenverdichter und Mehrfachverdampfer gezeigt, wobei auch die Siedepunktserhöhung infolge Konzentration beim

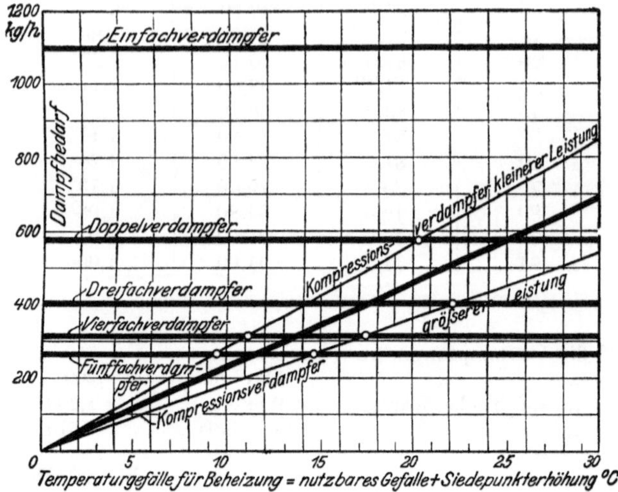

Fig. 132a. Dampfbedarf für 1000 kg-St. Wasserverdampfung (Frischdampf).

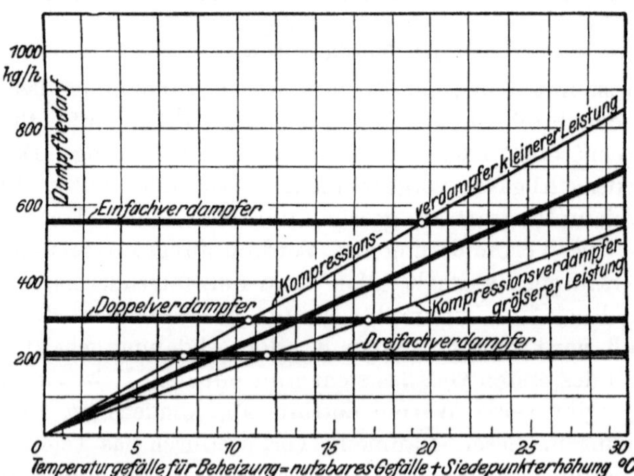

Fig. 132b. Dampfbedarf für 1000 kg-St. Wasserverdampfung (Abdampf).

Eindampfen beachtet ist. Es zeigt sich, daß nur bei kleinen Wärmegefällen der Brüdenverdichter dem Mehrfachverdampfer überlegen ist. Die vorstehenden 2 Diagramme (Fig. 132a und b) sind der Abhandlung entnommen.

Ist eine Verdampferanlage vorhanden, bei der außerdem eine kleine oder mittlere Wasserkraft zur Verfügung steht, so kann die für die Kompressionsverdampfung nötige Kraft zum Verdichten der Schwaden der Wasserkraft entnommen werden. Dadurch wird man vom Betrieb einer Dampfmaschine, die in gewissen Perioden still steht, während die Verdampfung stetig weitergeht, fast unabhängig. Als Beispiel sei eine Saline angeführt, bei der Kochsalz hergestellt wird.

11. Erwärmen.

Bei diesem Prozeß ist eine Wärmezufuhr manchmal nur bis zur Erhitzung auf eine gewisse Temperatur nötig, da dann exothermische Prozesse die Arbeit leisten.

Die Erzeugung von NO erfolgt nach

$$N_2 + O_2 = 2\,NO - 43\,000\ \text{kcal.}$$

mit $\dfrac{[O_2][N_2]}{[NO]_2} = $ konstant, also eine Verbrennung mit Wärmezufuhr.

Bei 2000° erhält man 1,2 Proz. NO
„   2500°   „   „   2,6   „   „
„   3000°   „   „   5,3   „   „

wobei über 2500° die Reaktion Bruchteile von Sekunden, unter 1500° Stunden dauert[1]).

12. Abspalten

ist auch ein chemischer Prozeß, indem bei Wärmezufuhr und Temperatur-erhöhung Stoffe zerlegt werden.

Bei niedrigen Temperaturen kommt die Zerlegung der Fette in Fettsäuren und Glycerin in Betracht.

Bei hohen Temperaturen und unter Druck im Autoklaven von 8 bis 10 Atm wird ebenfalls Fettverseifung vorgenommen.

Bei Erreichung von Dissoziationstemperaturen kann ebenfalls eine Abspaltung eintreten.

Für Strahlung und Leitung nach außen gehen oft 25 bis 50 Proz. der nötigen Wärme verloren.

13. Trocknen.

Der Trockenprozeß[2]) erfolgt entweder direkt durch Überleitung von Verbrennungsgasen in das zu trocknende Produkt oder durch direkt im Ofen erhitzte, vom Heizraum getrennte Trockenluft oder durch Luft, die von Dampfschlangen erwärmt wird. Das Prinzip besteht darin, daß Luft von gewisser Temperatur und Druck eine gewisse Menge Wasserdampf aufnehmen kann und dann als gesättigt bezeichnet wird. Hat sie weniger

---

[1]) Prozesse mit negativer Bildungswärme sind die Herstellung von Azetylen, Äthylen sowie verschiedener Explosivstoffe, wie Nitroglycerin und Pikrinsäure. *Stettbacher:* Die Schieß- und Sprengstoffe. J. Ambros. Barth, Leipzig.

[2]) Zeitschr. d. V. d. Ing. 67. Jg., Nr. 4: Beitrag zur Thermodynamik des Trocknens von *Merkel.*

Wasserdampf, so kann mit dieser Luft in Berührung stehendes Wasser verdampfen. Im nachstehenden ist eine Tabelle hierüber gegeben:

t	Spannung des Wasserdampfes in mm Quecksilber v. 0° p'	Gewicht von 1 cbm Wasserdampf bei $t°$ und p' mm in g γ'	Gewicht von 1 cbm trockener Luft von 1 Atm und $t°$ in kg γ''	Korrektur für feuchte Luft $\varDelta$
—20	0,77	0,90	1,351	0,001
—15	1,24	1,41	1,325	0,001
—10	1,95	2,17	1,300	0,001
— 5	3,01	3,27	1,276	0,002
0	4,58	4,84	1,253	0,003
+ 5	6,54	6,81	1,230	0,004
+10	9,21	9,41	1,208	0,006
+15	12,80	12,80	1,188	0,008
+20	17,50	17,30	1,167	0,011
+25	23,80	23,10	1,148	0,014
+30	31,80	30,40	1,128	0,018
+35	46,85	39,30	1,110	0,024
+40	54,90	50,70	1,093	0,031
+45	71,45	64,95	1,075	0,039
+50	92,00	82,30	1,058	0,050

Der Gebrauch der Tabelle gibt sich wie folgt: Der Partialdruck des Wasserdampfes erreicht bei bestimmter Temperatur einen Höchstwert p', der sich aus Reihe 2 der Tabelle bestimmt; er kann auch niedriger sein, dann ist die Luft ungesättigt. Beim Höchstdruck des Wasserdampfes hat 1 cbm Luft also nur ein bestimmtes Höchstgewicht Wasserdampf in sich; es ist γ' aus Tabelle Reihe 3. Enthält die Luft nur $\varphi\gamma'$ g Wasserdampf per 1 cbm, so heißt φ die relative Feuchtigkeit, es ist $0 > \varphi < 1$. Bei etwa 1 Atm ist dann der Teildruck p_D annähernd $\varphi = \dfrac{p_D}{p'}$. Es kann somit die Luft bei $t°$ noch $(1 - \varphi) \cdot \gamma' = \left(1 - \dfrac{p_D}{p'}\right)\gamma'$ g Wasserdampf aufnehmen.

Ist p der Druck von Luft und Wasser, so ist der

$$\text{Raumteil Luft } r_L = \frac{p - \varphi p'}{p}$$

$$\text{Raumteil Wasser } r_D = \frac{\varphi p'}{p}.$$

Das scheinbare Molekulargewicht ist also

$$\mu = 28,95 - 10,93\,\varphi\frac{p'}{p}.$$

und die Gaskonstante

$$R = \frac{29,27}{1 - 0,377\,\varphi\dfrac{p'}{p}}.$$

1 cbm feuchte Luft wiegt daher

$$\gamma = \gamma'' p - 0{,}000\,607\,\gamma' \cdot \varphi = 342\,\frac{p}{T} - 0{,}175\,\varphi\,\frac{p'}{T}$$

oder aus der Tabelle erleichtert:

$$\gamma = \gamma'' p - \triangle\,\varphi\,.$$

Wird Luft, die bei t_1 und p_1 die relative Feuchtigkeit φ_1 hat, auf t_2 und p_2 gebracht, so wird

$$\varphi_1\,\frac{p_1'}{p} = \varphi_2\,\frac{p_2'}{p}\,.$$

Wird $\varphi_2 > 1$, so ist Wasser niedergeschlagen worden. Diese Wassermenge in g für 1 cbm feuchte Luft von φ_1, p_1, t_1 ist

$$w = \frac{\varphi_1\,\dfrac{p_2}{p_2'} - \dfrac{p_1}{p_1'}}{\dfrac{p_2}{p_2'} - 1}\,\gamma_1'\,.$$

Wird $\varphi_2 < 1$, so kann die Luft noch Wasser aufnehmen. Diese Wassermenge hat im Zustande p_1, t_1 das Volumen

$$V_1 = \frac{\varphi_1\,\dfrac{p_2}{p_1} \cdot \dfrac{p_1'}{p_1} - 1}{\dfrac{p_2}{p_2'} - 1}\ \text{cbm}.$$

Mit diesen Daten lassen sich die Trockenanlagen berechnen. Man kennt den Feuchtigkeitsgrad der Luft, die Temperatur und den Barometerstand. Bei Erwärmen der Luft um eine bestimmte Temperatur läßt sich eine bestimmte Menge Feuchtigkeit aufnehmen. Man nimmt die Sättigung bis ca. 80 bis 85 Proz. an. Aus der pro 1 cbm aufzunehmenden Feuchtigkeit und der aus der Trockenmasse abzugebenden Feuchtigkeit bestimmt sich das Luftvolumen, das über das Trockengut geleitet werden muß. Aus der Zeit, in der die Trocknung erfolgen soll, und der Luftmenge bestimmt sich dann die Leistung des Ventilators und die Größe der Feuerung bei direkter Beheizung oder der Heizrohroberfläche bei indirekter Erwärmung.

Durch Aufnahme der Feuchtigkeit in Dampfform wird Wasser gebunden, die Luft also in der Temperatur wieder erniedrigt. Die Berechnung zeigt nachstehendes Beispiel: Aus 17 500 kg feuchter Ware mit 60 Proz. Feuchtigkeit sollen in 10 Stunden 45 Proz. Feuchtigkeit entfernt werden. Die zu entfernende Wassermenge beträgt rund 8000 kg. Die Trocknung soll bei 25° C vorgenommen werden, wobei man Außenluft von 5° C in gesättigtem Zustand verwendet, das Trockengut habe dieselbe Temperatur.

Die Abluft kann man mit 80 Proz. relativer Feuchtigkeit annehmen, die spezifische Wärme des Trockengutes mit 0,35, die Wärme für 1 kg Wasserverdampfung aus dem Gut $640 - t_a$ kcal. Die Anlage arbeitet im Gegenstrom, wobei die eingeführte Luft 60° habe und durch Wasserverdampfung und Trockenguterwärmung sowie Verluste auf 25° abgekühlt wird.

Es enthält

1 cbm Abluft 25°, 80° Feuchtigkeit . . . . 18,48 g Wasser per cbm
1 cbm Zuluft auf 25° erwärmt. . . . . . . 6,34 „ „ „ „
Daher Wasseraufnahme bei 25° . . . . . . 12,14 „ „ „ „

$$\text{Mindeste Luftmenge } \frac{8000}{0,001214} = 655\,000 \text{ cbm von } 25°,$$
$$= 610\,000 \text{ „ „ } 5°.$$

Es ist der Wärmebedarf:

a) Wasserverdampfung 8000 (640 − 5). . . . . = 5 080 000 kcal.
b) Erwärmung des Trockengutes 17 500 · 0,35 (25 − 5) = 122 500 „
c) Verluste 10 Proz. rund . . . . = 1 000 000 „
d) Erwärmung der Luft 610 000 · 0,3 (25 − 5) . . . . = 3 660 000 „

Gesamter Warmebedarf . . . . 9 862 500 kcal.

Bei Abkühlung der Luft freiwerdende Wärmemenge 610 000 · 0,3 (60 − 25) = 6 405 000 kcal. Man muß daher entweder eine höhere Erwärmung der Luft oder eine größere Luftmenge und damit auch Wärmemenge verwenden.

Man ersieht also, daß man in bezug auf Wärmebedarf aus der Luft ein viel größeres Quantum benötigt.

Bei Veränderung der Außentemperatur oder des Feuchtigkeitsgehalts ändern sich die Verhältnisse[1]). Ähnlich wie hier sind auch die Entnebelungsanlagen, wie sie in Färbereien und Papierfabriken benötigt werden, auszurechnen. Man hat dabei die per Stunde zu verdampfende Wassermenge einer Wasseroberfläche, die in Form von Wasserdampf in die Luft aufgenommen wird und bei Abkühlung sich niederschlagen würde, zu bestimmen. Sie ist nach *Dalton*

$$G = \frac{45,6 \cdot c \, (p_1 - p_2)}{B} \text{ kg per St./qm}$$

mit $c = 0{,}55$ für ruhende,

0,71 für leicht bewegte,

0,86 für stark bewegte Luft.

p_1 Spannung in mm Hg bei der Temperatur des verdunstenden Wassers.

p_2 Spannung in mm Hg bei der Temperatur der Raumluft für Wasser unter Berücksichtigung der relativen Feuchtigkeit.

B Barometerstand in mm Hg.

Die beim Sieden auftretende Verdampfung kann nach dieser Formel nicht bestimmt werden. Sie regelt sich allein nach der Wärmezufuhr in das Wasser.

---

[1]) Siehe: Heizungs- und Lüftungsanlagen in Fabriken von *Val. Hüttig*. Abschnitt Trocknen und Trockenanlagen sowie Entnebelungsanlagen. Otto Spamer, Leipzig.

14. Dörren.

Dasselbe ist ein starkes Trocknen animalischer und vegetabilischer Teile.
Es ist dabei zu berücksichtigen, daß neben dem Trocknen, dem Austreiben
hygroskopischen Wassers, auch noch evtl. Hydratwasser ausgetrieben werden
muß, wodurch ein erhöhter Wärmebedarf eintritt. Die
Berechnung erfolgt ähnlich wie unter 13.

15. und 16. Übertragung der Wärme auf Luft und Wasser.

Als Anwendung die Raumheizung, die Kesselheizung
und die Dampferzeugung.

Zunächst sei die

Raumheizung[1])

behandelt.

In Fig. 24, 31 bis 34 sind einige Öfen und Zentralheizungskessel abgebildet. Weitere Öfen geben
Fig. 133 bis 137 an.

Die Zeichnungen geben die Art der Befeuerung und
den Gang der Gase durch die Öfen mit Pfeilen an. Fig. 135
ist für Gasfeuerung eingerichtet. Die verbrannten Gase
strömen nach dem Schornstein.

In Fig. 136 und 137 ist Einheitsofen und Zentralheizungskessel dargestellt. Sie sind für alle Brennstoffe
gleich gut geeignet und geben eine sehr sachgemäße Ausnutzung der Wärme. Die Konstruktionen stammen von
Prof. Dr. *Brabbée*, Charlottenburg. Ausführliches über Ofen,

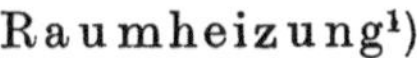

Fig. 133. Kachel-
ofen mit Rost.

Herde, Schornsteine geben die Schriften der Bayrischen
Landeskohlenstelle in München, Verlag München, Johannes Albert Mahr:
Untersuchungen über die wärmewirtschaftliche Anlage, Umgestaltung und
Benutzung von Gebäuden; Die wärmewirtschaftlichen Anforderungen an den
Bau der Hauskamine; Heiz- und Kochanlagen für Kleinhäuser; Grundsätze
für Kachelofen und Herdbau mit Darstellungen hierzu.

Bei den Schornsteinen wird für Hausfeuerungen nicht genügend auf Querschnitt und Höhe geachtet. Zu geringe Höhe bringt in oberen Stockwerken
zu geringen Zug. Zu große Querschnitte geben bei Nichtinbetriebnahme aller
angehängten Öfen ebenfalls zu wenig Zug. Wichtig ist auch der Einbau von
Wärmespeichern in Öfen. Dieselben bestehen meist aus Schamottesteinen
und dienen dazu, einerseits Temperaturschwankungen während der Feuerungs-
periode aufzunehmen, andererseits die rasche Auskühlung eines Raumes nach
abgebrannter Feuerung zu vermindern

Fig. 138 und 139 zeigen die sachgemäße Zuführung der Gase nach Töpfen
auf Kochherden. Die heißen Gase sollen senkrecht auf die zu erhitzenden
Flächen stoßen.

----

[1]) Archiv für Wärmewirtschaft 5. Jg., H. 3, 1924: Die wirtschaftliche Gestaltung
der Raumheizungsanlagen von *Beck*.

Herde[1]) für hochwertige und minderwertige Brennstoffe mit zwei auswechselbaren Rosten baut die Firma *Gebr. Körting*. Sie sind in Fig. 140 dargestellt. Der Winterrost wird gleichzeitig für den Kessel zur Bereitung von war-

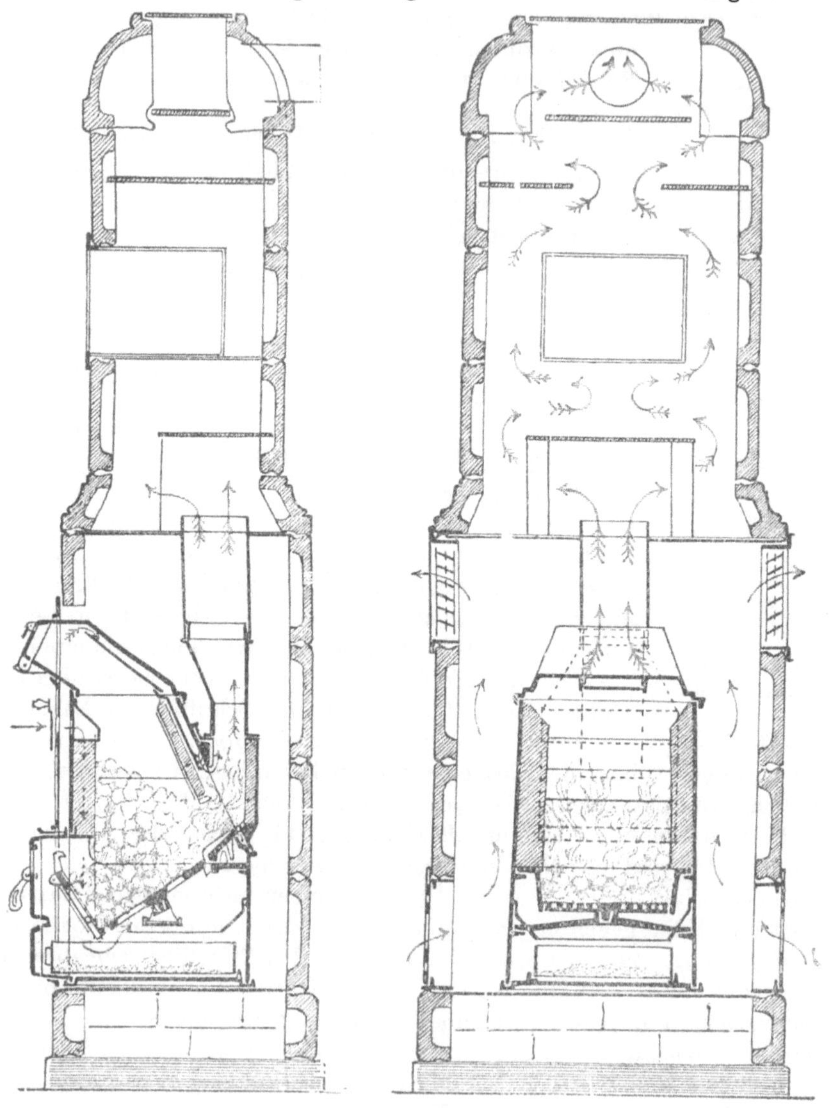

Fig. 134. Tonofen des *Württ. Hüttenwerks*, Wasseralfingen.

mem Wasser benützt. Er kann vermöge seiner Konstruktion auch mit minderwertigen Brennstoffen, Rohbraunkohle und Torf, beschickt werden.

---

[1]) Archiv für Warmewirtschaft 4. Jg., H. 7 u. 8, 1923: Die Warmewirtschaft im Küchenherd.

Für die Raumheizung kommen drei Systeme in Betracht:
direkte Heizung:

   a) mit eisernem Ofen,

   b) mit Kachelofen;

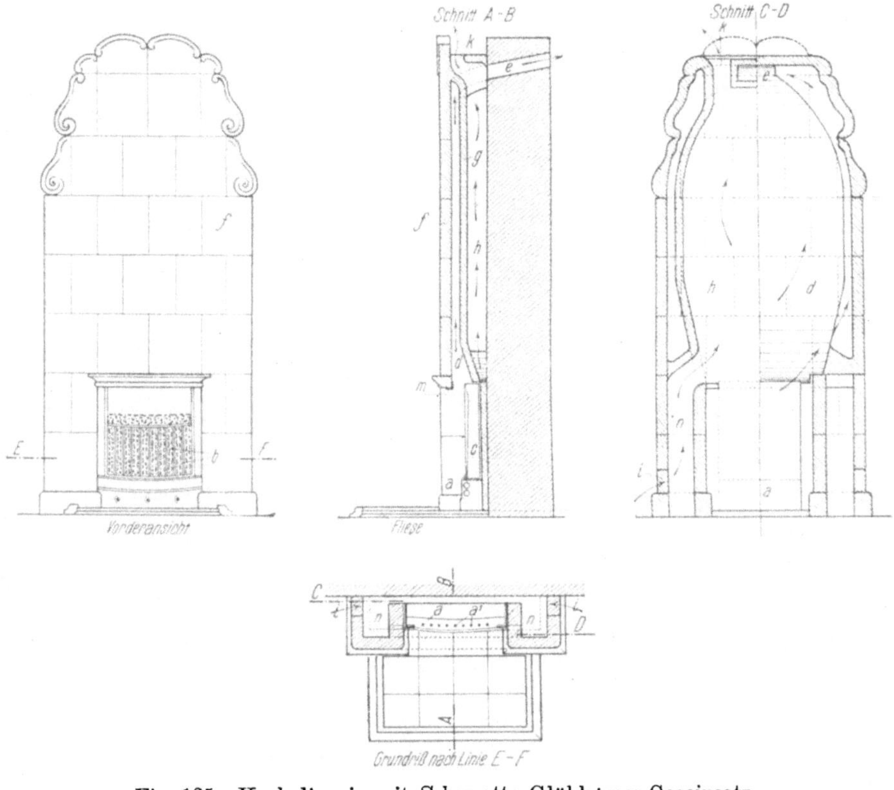

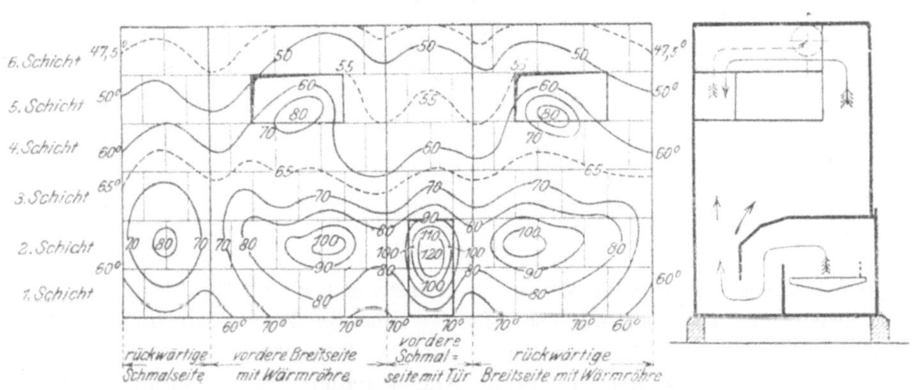

Fig. 135. Kachelkamin mit Schamotte-Glühkörper-Gaseinsatz.

Fig. 136. Einheitskachelofen nach *Brabbée*.

indirekte Heizung:

c) durch Heißluft, Wasser oder Dampf.

Der eiserne Ofen hat in den meisten Fällen keinen oder doch nur einen verhältnismäßig kleinen Wärmespeicher. Die Heizung erfolgt während des

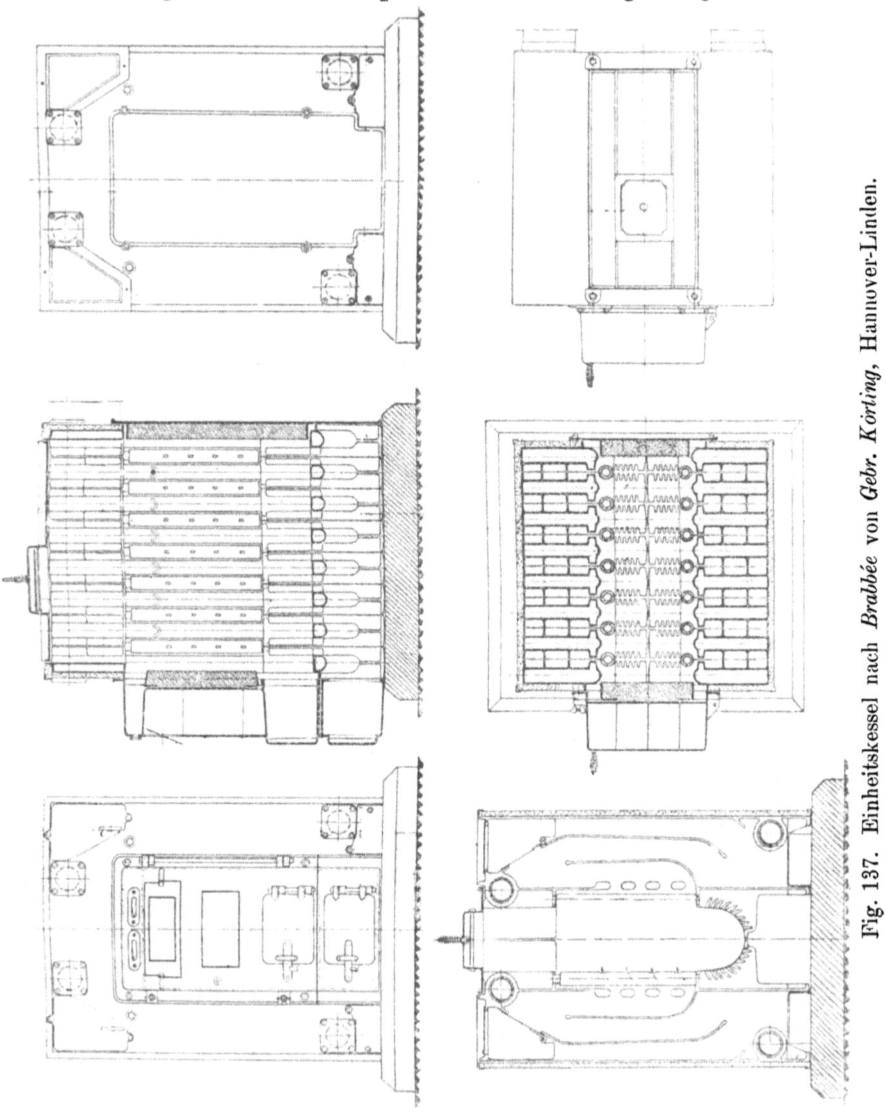

Fig. 137. Einheitskessel nach *Brabbée* von *Gebr. Körting*, Hannover-Linden.

ganzen Verbrennungsprozesses durch Wärmeleitung und Strahlung; hört die Verbrennung auf, so hört auch sehr bald nachher die Warmelieferung des Ofens auf. Da die Temperaturverhältnisse sehr stark wechseln, so muß auch die Wärmelieferung des Ofens wechseln. Dies geschieht durch Zufuhr von mehr oder weniger Verbrennungsluft. Im letzteren Falle läuft man leicht Gefahr, daß die Kohle zum Teil nur zu Kohlenoxyd verbrennt. Dies muß vermieden werden, indem man durch Vergrößerung der Widerstände im Ofen, also durch Führen der Gase durch weitere Züge, eine geringere Strömungsgeschwindigkeit der Luft erreicht. Auf der anderen Seite ist bekannt, daß $\frac{1}{2}O_2 + CO = CO_2$ bei Temperaturen unter 450° fast vollständig entsteht[1]). Man muß also die Verbrennungsgase ganz oder teilweise durch den Brennstoff leiten, um diese Oxydation zu erreichen. Letzteres Moment ist bislang noch wenig beachtet. Ein Verkleinern des Rostes durch Einsetzen feuerfester

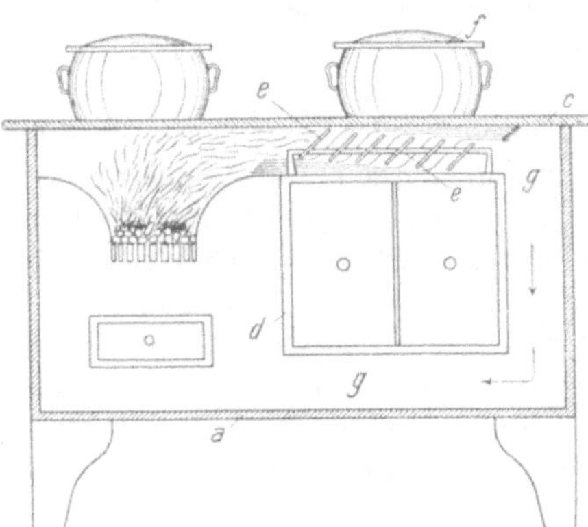

Fig. 138. Küchenherd mit Lenkplatten.

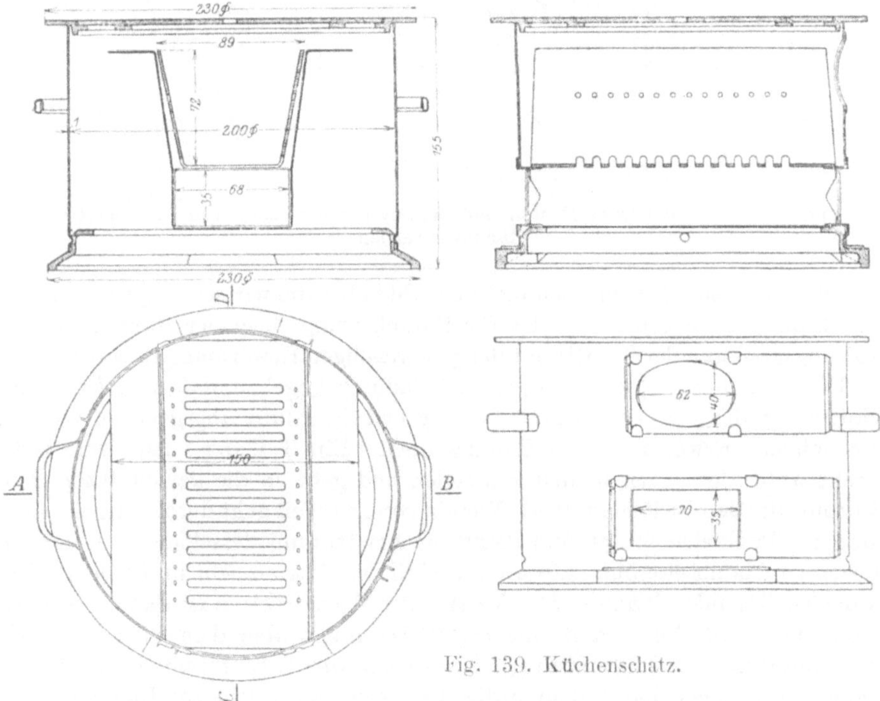

Fig. 139. Küchenschatz.

Steine und gleichzeitige Verringerung des Schachtraumes im Herbst und Frühjahr trägt auch wirksam zur rationellen Verbrennung und Brennstoffersparnis bei, bei großer Kälte wird der ganze Rost ausgenützt; siehe auch Seite 261.

---

[1]) Siehe auch Seite 25.

Bei Ofenheizungen kommt es oft vor, daß die Heizgase infolge falscher Führung der Gase im Ofen mit zu hoher Temperatur das Ofenrohr am Eingang in den Schornstein verlassen. Es rührt dies entweder von falscher Ofendimensionierung, schlechter Regulierfähigkeit der zur Verbrennung nötigen Luft oder plötzlicher Witterungsänderung her. Man baut dann sog. Wärmesparer ein. Dies sind entweder verbreiterte Ofenrohre oder Verlängerungen der Ofenrohre durch Umführen der Gase, Steigen und Fallen. Diese Sparer bieten eine erhebliche Abkühlungsfläche dar, so daß die Heizgase mit niedriger Temperatur in den Schornstein münden. Bei richtig konstruierten Öfen mit Luftregulierung für die Feuerung sind diese Apparate jedoch überflüssig.

Was den Wirkungsgrad einer Feuerung eines eisernen Ofens anbelangt, so sei sie analog der Besprechung bei Feuerungen behandelt. Die Verluste sind wie die dort angegebenen. Im allgemeinen schwankt der Feuerwirkungsgrad eines eisernen Ofens zwischen 78 bis 84 Proz. Mit diesem Feuerwirkungsgrad

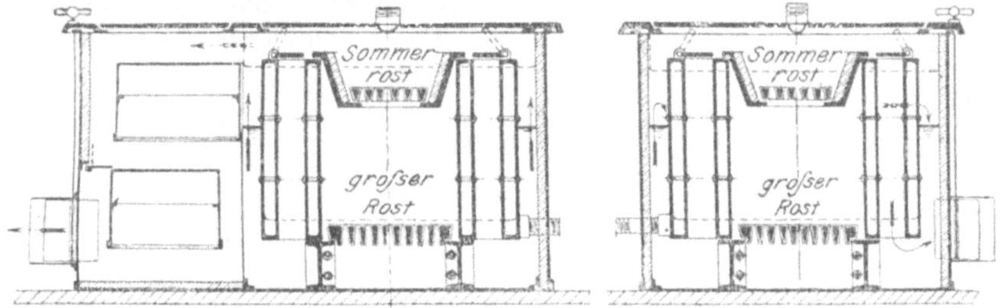

Fig. 140. Herd mit zwei Rosten und Warmwasserbereitung von *Gebr. Körting*, Hannover-Linden.

des Ofens läßt sich jedoch noch nicht ein Bild über die wirtschaftliche Wirkung für Raumheizung geben. Es ist für Raumheizung noch der Raumheizungswirkungsgrad und der Koeffizient der gleichmäßigen Erwärmung zu bestimmen.

Der Raumheizungswirkungsgrad ist dadurch gegeben, daß man feststellt, wieviel von der vom Ofen durch Leitung und Strahlung abgegebenen Wärme wirklich zur Erwärmung des Raumes dient. Ein Teil der Ofenwärme geht direkt unter dem Ofen in den Fußboden und geht in die darunterliegenden Räume oder den Erdboden über. Nur ein geringer Teil geht durch seitliche Leitung im Fußboden weiter und dient zur Erwärmung desselben nach der zu heizenden Raumseite hin. Ein anderer Teil der Wärme geht in die dem Ofen zunächst liegenden Wände. Der Verlauf der Wärmeaktion ist dann wie beim Fußboden. Ein Teil wird in gleicher Weise direkt über dem Ofen nach der Decke gestrahlt. Er fällt meist nicht stark ins Gewicht. Erst wenn diese Wärmemengen abgezogen sind, hat man die Wärmemenge, welche zur Raumheizung dient. Durch die Bauart, Wände, Türen, Fenster, Art der angrenzenden Räume, Temperatur derselben und mittlere Temperatur des zu heizenden Raumes wird die in ihm nötige Wärmemenge bestimmt[1]). Ist diese W_e,

---

[1]) Siehe *Hüttig*: Heizungs- und Luftungsanlagen in Fabriken, Abschn. Wärmeverlustberechnungen von Gebauden. Otto Spamer, Leipzig.

W_0 die gesamte vom Ofen abgegebene Wärmemenge, W die im Brennstoff zugeführte Wärmemenge, so ist

$$\frac{W_o}{W} = \text{Feuerwirkungsgrad des Ofens;}$$

$$\frac{W_e}{W_o} = \text{Raumwirkungsgrad des Ofens.}$$

Um nun eine gewisse Wärmemenge W_e zur Raumheizung zu erhalten, kann man eine kleine äußere Ofenfläche mit hoher Temperatur oder eine große außere Ofenfläche mit niedrigerer Temperatur wählen. Im ersteren Falle ist zu bemerken, daß die strahlende Wärme in der Nähe des Ofens sich unangenehm bemerkbar macht, jedoch die durch Leitung infolge der Luftströmung im Raume verteilte Wärme eine gute ist. Bei niedrigerer äußerer Temperatur des Ofens ist in der Nähe desselben die Strahlungswirkung angenehmer, es wird jedoch durch Luftströmung weniger Wärme verteilt.

Die hier in Betracht kommenden Verhältnisse werden durch den Koeffizienten der gleichmäßigen Erwärmung erfaßt. Sowohl in einem Querschnitt als auch in einem Längsschnitt durch einen viereckigen Ofen zeigt sich, daß die Temperaturverteilung eine sehr ungleichmäßige ist. An den Kanten ist sie bedeutend niedriger als in der Mitte der Querschnittsseiten; die Änderung wechselt in ° C im Verhältnis 1 : 3 bis 1 : 5. Es strahlen daher die Seiten bedeutend mehr Wärme aus als die Kanten. Damit ergibt sich eine ungleichmäßige Erwärmung des Raumes. Diese soll jedoch (von wenigen Fällen abgesehen) an allen Stellen gleichmäßig sein. Es ist daher Sorge zu tragen, daß die Ausstrahlung gleichmäßig stattfindet. Das geschieht durch Anpassung an die kreisrunde Form. Öfen mit scharfen Kanten sind also zu vermeiden, es sind große Abrundungen zu wahlen. Die ungleichmäßige Temperaturverteilung rührt daher, daß an den Kanten große Materialanhäufungen stattfinden, und daß die Verbrennungsgase an den inneren Kanten eine tote Isolierschicht lassen.

Der Koeffizient der gleichmäßigen Erwärmung wird am besten dadurch charakterisiert, daß man in einem unendlich großen oder doch sehr großen Raum die Temperatur mißt, die in 1 m Entfernung eines horizontalen Querschnitts auftritt, und dann das Verhältnis der größten zur kleinsten Temperatur, und zwar zweckmäßig absoluten Temperatur, aufstellt. Dabei ist die Außentemperatur des ungeheizten Raumes mit 15° anzunehmen. Zur eindeutigen Bestimmung dieses Koeffizienten ist dann entweder noch eine Temperatur der Querschnittsfläche in irgendeinem Punkte als gegeben anzuerkennen oder die vom Ofen in einer gewissen Zeit verbrauchte Brennstoffmenge zugrunde zu legen. Die Festlegung einer bestimmten Temperatur hat den Zweck größerer Unabhängigkeit von Verhältnissen, die mit der Brennstoffart wechseln. Die zweite Art würde zugleich einen, wenn auch nicht klar herausgearbeiteten Einblick in die Raumwirkung des Ofens ergeben. Ich halte die Festlegung einer bestimmten Temperatur an der Oberfläche, beispiels-

weise $50°$ C $= 223°$ abs. als niedrigste Temperatur, die auftritt, für zweckmäßig. Es ergibt sich dann folgendes Bild (Fig. 141).

Es ist dann

$$K = \frac{273 + t_2}{273 + t_1} = \frac{T_2}{T_1}\,.$$

Dieses Verhältnis wechselt von Querschnitt zu Querschnitt. Zweckmäßig
wird der Querschnitt in 130 cm über der Unterkante des Rostes gewählt.

Um auch ein Bild über die Wärmestrahlung in der Höhenrichtung des Ofens
zu bekommen, nimmt man den vertikalen Querschnitt größter Temperatur-
strahlung und bestimmt das Verhältnis der absoluten Temperaturen in 1 m
Abstand vom Ofen in Höhe 130 cm über Unterkante des Rostes und beispielsweise Rosthöhe. Dieses Verhältnis ist
wichtig, um zu ersehen, wie die strahlende Warme eines Ofens in Augenhöhe
und in Fußhohe ist.

Um einen Anhalt über die Warme-
abgabe vom eisernen Oten zu erhalten,
kann man im Mittel bei Dauerbetrieb
2500 kcal für 1 qm setzen. Bei unter-
brochenem Betrieb geht die Zahl bis auf
1500 kcal herunter[1]).

Als Heizungsmaterial kommen für
eiserne Öfen in Betracht:

Koks und Anthrazit. Diese Stoffe,
die fast keine flüchtigen Bestandteile

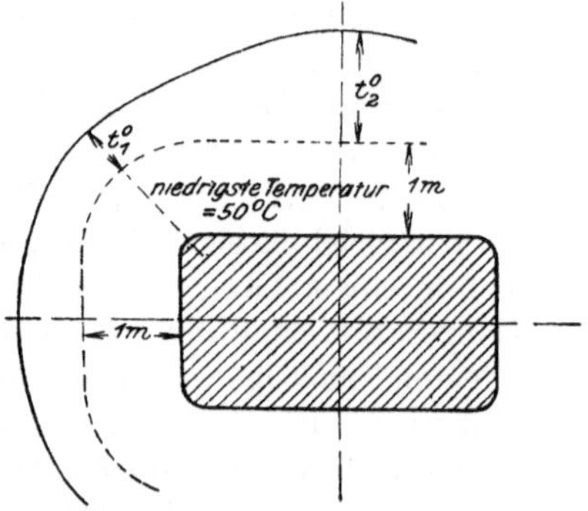

Fig. 141. Raumwirkungsgrad.

enthalten, brennen fast flammenlos. Es ist nur für vollständige Verbrennung
des Kohlenstoffes und Kohlenoxyds zu Kohlensäure Sorge zu tragen.

Mager-, Flamm- und Fettkohlen sind zu entgasen. Sie brennen mit ganzer
Flamme, es ist daher für einen genügend großen Verbrennungsraum zu sorgen.

Braunkohlenbriketts, Rohbraunkohle und Torf sind wegen ihrer raschen
Verbrennung besser in den nachstehend behandelten Kachelöfen zu verbrennen. Die letzteren zwei Brennstoffe enthalten viel Wasser, es muß daher
die Möglichkeit gegeben werden, das Wasser zu verdampfen.

Holz ist ebenfalls für Kachelöfen mehr als für eiserne Öfen geeignet.

Von flüssigen Brennstoffen wird Petroleum in gewöhnlichen Brennern
verbrannt. Es ist ebenso wie bei Gasheizung auf sachgemäße Ableitung der
Verbrennungsgase in den Schornstein Sorge zu tragen. Gas wird auf zwei
Arten zur Heizung verbrannt: entweder mit leuchtender Flamme, die dann
an hochpolierten, glänzenden Flächen durch Strahlung den Raum heizt, oder
durch Erhitzen von Schamottesteinen, wie die Fig. 135 zeigt.

Neben den eisernen Öfen kommen die Kachelöfen[2]) zur Einzelraum-

---

[1]) Der eiserne Zimmerofen, Vereinigung deutscher Eisenofenfabrikanten, Verlag
R. Oldenbourg, Munchen und Berlin.

[2]) Tabelle von *Barlach*, Verlag Albert Lüdtke, Berlin, und Der Kachelofen im
Siedlungsbau von *Ecker*, Verlag Albert Lüdtke, Berlin.

heizung in Betracht. Wenn man beim Kachelofen den Feuerwirkungsgrad bestimmt, so hat man noch viel weniger ein Bild der Leistung des Ofens als beim
eisernen Ofen. Beim Kachelofen wird der Brennstoff in kurzer Zeit verbrannt.
Der größte Teil der erzeugten Wärme wird in den Tonmassen des Ofens absorbiert, nur ein kleiner Teil tritt während der Verbrennung ins Zimmer infolge Strahlung und Leitung. Ein Teil geht in den Schornstein. Der Feuerwirkungsgrad eines Kachelofens ergibt sich ebenfalls wie bei eisernen Öfen
zwischen 77 und 85 Proz. Er ist dabei folgendermaßen gemessen:

Abwärme im Schornstein	4,0 bis 7,0	Proz.
Abwärme im Wasserdampf	0,2 „ 0,5	„
Unverbrannte Teile in den Rauchgasen .	6,0 „ 10	„
Verlust durch Ruß	0,2 „ 1,0	„
Verlust in der Asche	0,2 „ 3,0	„
Nachströmverluste	1,0 „ 3,0	„

Die restierende Wärme findet sich zum größten Teile, wie schon erwähnt,
in den Tonmassen des Ofens. Sie wird erst im Laufe des Tages durch Strahlung abgegeben. Ganz ähnlich wie beim eisernen Ofen liegen auch die Tempe-
raturverteilungsverhältnisse beim Kachelofen. Es ist daher auch der Raumwirkungsgrad und der Koeffizient der gleichmäßigen Verteilung zu bestimmen.
Infolge der stetig abnehmenden Temperatur des erhitzten Kachelofens und
der allmählich eintretenden gleichmäßigeren Verteilung der Wärme in ihm
ändert sich der Koeffizient der gleichmäßigen Erwärmung mit der Zeit. Er
nähert sich immer mehr dem Werte 1. Man müßte daher den Koeffizienten
gleich nach Vollendung der Verbrennung und dann evtl. nach 6 und 12 Stunden
feststellen.

Besonders wichtig ist bei Kachelöfen, zwecks guter Aufnahme der Wärme
während der Verbrennung, daß Materialanhäufungen vermieden werden. Sie
vermindern einesteils die Wärmeaufnahme, also auch den Feuerwirkungsgrad
des Ofens, andernteils die gleichmäßige Erwärmung des Raumes.

Auf diese Verhältnisse hat zuerst *Brabbée* hingewiesen. Aus dieser Erkenntnis heraus, abgesehen von den wirtschaftlichen Vorteilen der Normalisierung,
wurden unter seiner Mitwirkung Normalöfen konstruiert, wovon Fig. 136 schematisch den Einheitskachelofen zeigt.

Da die Ofenwirkung je nach dem Raum, in dem sie vorgenommen wird,
sich ändert, so hat *Brabbée* vorgeschlagen, die Raumheizwirkung eines Ofens
bezüglich Brennstoffverbrauch mit einem Normalofen zu vergleichen. Am
zweckmäßigsten wird hierbei ein elektrisch geheizter Ofen als Normalofen
gewählt, da dessen Energieverbrauch genau gemessen werden kann und nicht
von der Kohlenart, der Schornsteingröße und dem Zug sowie Sonne, Wind,
Regen abhängt. Der Vergleich selbst muß in Normalräumen erfolgen oder zum
mindesten in Räumen, die gleichen äußeren Bedingungen ausgesetzt sind.
Am besten ließe sich dieser Vergleich verschiedener Typen in der vorzüglich
eingerichteten Prüfungsanstalt für Heizungs- und Lüftungswesen an der Technischen Hochschule in Charlottenburg vornehmen. Diese müßte dann natürlich
über die örtlichen und preußischen Verhältnisse hinaus weiter ausgebaut
werden.

Neben dem eisernen und Kachelofen gibt es noch eine ganze Menge Ofenkonstruktionen, die eine möglichst große Brennstoffausnutzung und Raumwirkung bedingen. Es wird z. B. beim Hotobrauofen in einem offenen Kessel Dampf erwärmt. Dieser Kesseldampf schlägt sich im oberen Teil dieses stehenden zylindrischen Kessels nieder und fällt als Wasser nach unten, wo wieder neue Verdampfung stattfindet.

Bezüglich der Kochherde sind zu unterscheiden:

a) Herde, die nur zum Kochen dienen,

b) Herde zum Kochen und Heizen.

Bei den unter a) genannten Herden ist die Heizwirkung für den Raum unter allen Umständen auf ein Minimum zu beschränken. Die Flammenführung ist so zu leiten, daß die Flamme und verbrannten Heizgase auch wirklich die zum Kochen und Braten nötigen Töpfe senkrecht von unten treffen, ferner bei eingehängten Töpfen auch die Seitenflächen treffen und nicht, wie es meist der Fall ist, seitlich vorbeistreichen. Der Gasherd sowie der in Fig. 139 gezeigte Küchenschatz geben ein Bild richtiger Flammenführung.

Neben dem Kochen und Braten sollten die Abgase stets zur Warmwasserbereitung verwandt werden.

Bei den unter b) genannten Herden wird zweckmäßig nur ein Kachelherd verwendet. Er ist in der Lage, die beim Kochen nötige Brennstoffmenge bei einiger Vermehrung für die Kachelerwärmung nutzbar zu machen. Bei eisernen Herden ist in den Perioden der reinen Heizung die Feuerungsanlage, die für Kochen und Heizen zusammen bemessen wird, zu groß[1]).

Koks läßt sich in Herden rationell nur bei richtiger Rostkonstruktion, also zunächst reiner Verbrennung in hoher Brennstoffschicht zu Kohlensäure, verfeuern. Steinkohle muß richtige Vergasung und Verbrennung erhalten. Das Feuer brennt mit leuchtender Flamme. Beim Aufstoßen auf die noch kalten Töpfe und Pfannen tritt eine Abkühlung ein, welche bis unter die Entzündungstemperatur geht, so daß die noch nicht verbrannten Gase unverbrannt entweichen. Zugleich erfolgt ein Zersetzen der Kohlenwasserstoffe und ein Berußen der Töpfe. Dies erschwert die Wärmeleitung. Es ist deshalb, besonders beim Beginn des Kochens, für sorgfältige Verbrennung zu sorgen, am besten dadurch, daß man die Töpfe auf den hinteren Herdöffnungen, die nicht in der Verbrennungszone liegen, vorwärmt, und nach einigen Minuten dann auf die Öffnung über der Feuerung stellt.

Holz ist bekanntlich leicht im Herd zu verbrennen.

Mit Braunkohlenbriketts kann ähnlich wie mit Steinkohlen verfahren werden.

Rohbraunkohle und Torf bedingen eine hohe Brennstoffschicht, um sowohl das Wasser zu verdampfen, als auch eine Vergasung hervorzurufen, die der Verbrennung vorausgeht. Es muß bei allen Herden dafür gesorgt werden, daß, ähnlich wie bei Generatoren, die Verbrennungsluft an den Zügen der

---

[1]) Archiv für Wärmewirtschaft: Die Wärmewirtschaft des Küchenherdes, H. 7 u. 8, 1923.

abgehenden Gase vorgewärmt wird. Dann werden diese Herde auch zu wirtschaftlichen Hilfsmitteln und verhüten Brennmaterialvergeudung.

Normen über den Wirkungsgrad der Herde gibt es nicht. Neben dem Feuerwirkungsgrad, der heute vielleicht 40 bis 75 Proz. beträgt, dürfte der Kochwirkungsgrad, d. h. die Leistung an kochendem Wasser bei einer bestimmten Brennstoffmenge, meist nur 8 bis 15 Proz. betragen.

Ständige Prüfungen über Abgasbeschaffenheit bei Öfen und Herden lassen sich im täglichen Gebrauch nicht machen. Es muß daher Ofen und Herd so gebaut werden, daß er automatisch eine gute Verbrennung und Heiz- oder Kochwirkung gibt. Vorwärmung der Verbrennungsluft bei Öfen und Herden, bequeme Änderung der Rosthöhe bei Herden für die verschiedenen Verbrennungsstoffe, um die Brennstoffschicht zu regulieren, geben schon weitgehende Wirtschaftlichkeit.

Herde für flüssige Brennstoffe sind wenig im Gebrauch. Infolge der für die Kohlenwasserstoffe nötigen hohen Verbrennungstemperaturen und infolge Mangels eines geeigneten Verbrennungsraumes findet meist unvollständige Verbrennung und starke Rußbildung statt.

Bei gasförmigen Brennstoffen kommt Leuchtgas in den bekannten Gasherden zur Anwendung. Offene Gasherde sind weit weniger rationell als geschlossene, da letztere die Wärme besser auszunutzen in der Lage sind. Auch läßt sich bei Gasherden eine Regulierung der Wärmezufuhr ermöglichen. Bei Herden gibt ein vermindertes Auflegen von Brennstoff meist eine Verbrennung mit zu großem Luftüberschuß, da die Luftzufuhr praktisch selten reguliert wird.

Die Zentralheizungskessel[1]) baut man für Hochdruckdampfheizung, Niederdruckdampfheizung, Hochdruckheißwasserheizung und Niederdruckwarmwasserheizung.

Hochdruckdampfheizungen werden mit gesättigtem oder überhitztem Dampf ausgeführt. Es hat sich gezeigt, daß überhitzter Dampf hier wenig Vorteile bietet gegenüber gesättigtem Dampf, da sein Wärmeinhalt nur wenig größer ist. Ebenso zeigt ein Vergleich z. B. zwischen Dampf von 10 und Dampf von 0,1 Atm Überdruck, daß der gesamte Wärmeinhalt von 620,2 kcal auf 599,8 kcal und die für 1 Atm flüssiges Wasser von 100° zur Verfügung stehende Wärme von 520,6 kcal auf 502,2 kcal sinkt. Man erhält also durch den hohen Dampfdruck nur wenig mehr an Wärme.

Zur Heizung selbst ist daher Hochdruckdampf kaum wirtschaftlicher als Niederdruckdampf. Man hat jedoch mit den Hochdruckleitungen und heißen Heizkörpern zu rechnen. Hochdruckdampf kann evtl. nur in Betracht kommen, wenn von der Erzeugungsstelle des Dampfes weit entfernte Gebäude mit Dampf

---

[1]) Siehe auch die Schriften der Warmetechnischen Abteilung im Verband der Zentralheizungs-Industrie e. V., Berlin W 9, Linkstraße 20:

Heizerregeln für den wirtschaftlichen Betrieb von Zentralheizungs- und Warmwasserbereitungsanlagen; Verfeuerung von Braunkohlenbriketts, Torf, Holz und Rohbraunkohle in Zentralheizungskesseln; Brennstoffnot und Zentralheizung; Brennstoffersparnis bei Zentralheizungen.

beheizt werden sollen und es unmöglich ist, den Dampf an Ort und Stelle zu erzeugen. Jedoch selbst in diesem Falle werden Niederdruckdampfleitungen oft am Platze sein, da die Leitungen leichter zu verlegen sind und der Wärmeverlust ·durch geeignete Isolation und der Reibungsverlust durch sachgemäße Verlegung der Rohrleitung in sehr niedrigen Grenzen gehalten werden kann.

Man hat für Hochdruckdampfleitungen bei der Rohrlänge l in m, dem Durchmesser innen d in cm, dem Gewicht γ des Dampfes per 1 cbm als Mittel des Gewichtes am Anfange und Ende des Rohres, dem stündlich ausströmenden Dampfgewicht Q in kg, der Menge Niederschlagwasser W in kg per Stunde, sowie der Größe der Widerstände ξ, als Druckverlust in kg/qm

$$\Delta p = [1,9\,l + 0,8\,d \sum \xi] \frac{\left(Q + \dfrac{W}{2}\right)^2}{\gamma\,d^5}.$$

W ist eine Erfahrungszahl; sie ist bei $l = 1$ m und

$d =$	1,1	1,4	2,0	3,4	4,9	6,4	8,2	10,0
$W_1 =$	0,036	0,04	0,057	0,090	0,130	0,160	0,210	0,240
$W_2 =$	0,150	0,180	0,230	0,360	0,520	0,640	0,840	0,960

W_1 entspricht einem gut isolierten, W_2 einem nackten Rohr für normale äußere Temperaturen von 10°. Ferner ist:

$\xi = 1,0$ für ein rechtwinkliges Knie,

$\xi = 0,3$ bis 0,5 für einen kurzen Bogen,

$\xi = 1,0$ bis 3,0 für ein geöffnetes Ventil,

$\xi = 0,1$ bis 0,3 für einen geöffneten Hahn oder Schieber,

$\xi = 2,0$ für eine plötzliche Querschnittsveränderung.

Niederdruckdampfheizung wird entweder als direkte Niederdruckdampfheizung mit einem besonderen Heizkessel oder als Abwärme- oder Abdampfheizung ausgeführt[1]). Im ersteren Falle arbeiten die Kessel mit 0,04 bis 0,10 Atm Überdruck. Im letzteren Falle wird der Abdampf von Kraftmaschinen zur Heizung verwendet. Je nach der Höhe des Gegendruckes, bis 5 Atm, der dann zuerst für industrielle Koch- oder Trockenzwecke verwandt wird, wird von 0,10 Atm Überdruck bis zum Druck des Kondensators, also 80 bis 95 Proz., Vakuum, gearbeitet. Es ist dabei zu berücksichtigen, daß die Dampfmaschine nur eine gewisse Menge Abdampf liefert; man hat daher bei größerem Wärmebedarf noch durch reduzierten Frisch- oder Zwischendampf oder eine besondere Heizung nachzuhelfen. Die Berechnung erfolgt nach der gleichen Beziehung wie bei Hochdruckdampf.

Es läßt sich jedoch für niedrige Drucke die Formel für gerade Leitungen etwas vereinfachen; im Mittel ist hier $\gamma = 0,600$. Ist ferner K die Q und W

---

[1]) Archiv für Wärmewirtschaft 1924, Nr. 6: Dampfdruckminderung von *Hermenau*.

entsprechende Wärmemenge, so kann mit $w = 530$ als verfügbare Wärmemenge per 1 kg Niederdruckdampf und $\xi = 0$ gesetzt werden

$$\Delta p = \frac{K^2}{\left(\dfrac{d}{0{,}1}\right)^5}$$

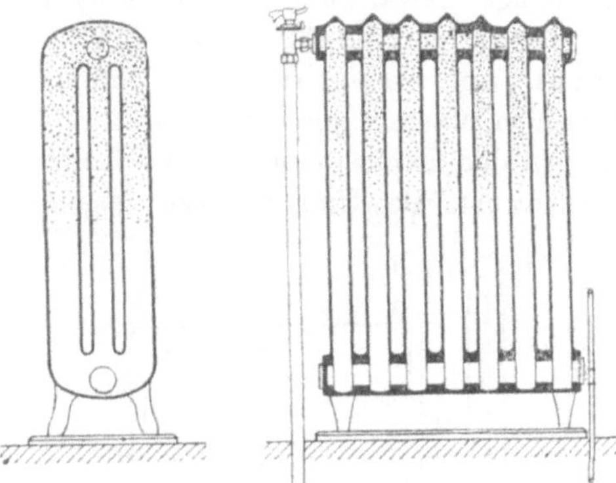

Fig. 142. Dampfeintritt von oben.

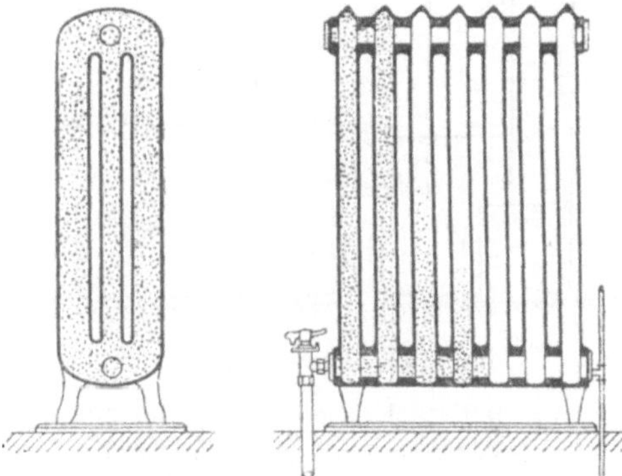

Fig. 143. Dampfeintritt von unten.

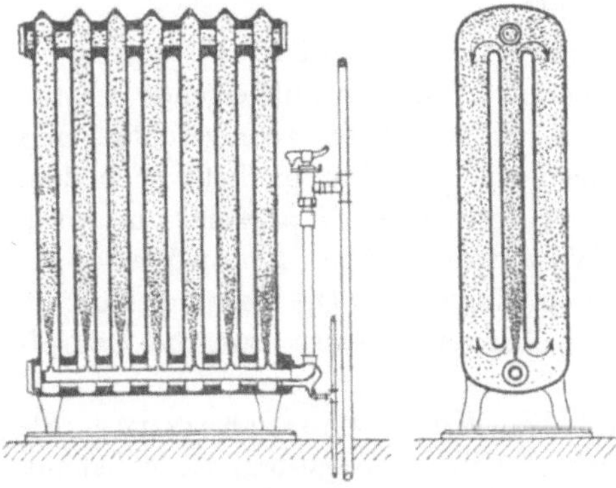

Fig. 144. Dampfeintritt beim Luftumwälzungs-
verfahren.

für 1 m Rohrlänge[1]).

Für den Wärmedurchgang von Ventilen rechnet man

bei 1,3 cbm lichtem Durchgang 3 500 kcal
„ 2,0 „　„　　　　　„　　8 000 „
„ 2,5 „　„　　　　　„　　20 000 „

Während bei Hochdruckheizungen die Heizkörper meistens glatte Rohre sind, werden bei Niederdruckheizungen neben glatten Rohren Rippenrohre und Heizkörper verwendet. Die Wärmeabgabe [2]) ist wie folgt für 1 qm Heizfläche bei 1° Temperaturunterschied zwischen Temperatur des Dampfes und des zu heizenden Raumes:

Hochdruckdampf:

Glatte Rohre . . . 12,5 bis 14,0 kcal
Rippenrohre . . . . 　　　　6,5 „
Rippenkörper . . . 4,5 „ 7,0 „
Heizkörper oder Radiatoren . . . . 8,5 „ 10,0 „

Niederdruckdampf:

Glatte Rohre . . . 11,0 bis 12,5 kcal
Rippenrohre . . . . 　　　　5,5 „
Rippenkörper . . . 　　　　4.5 „
Heizkörper oder Radiatoren . . . . . 6,5 „ 9,0 „

Besondere Aufmerksamkeit ist noch der guten Füllung der Heizkörper mit Dampf zu widmen.

---

[1]) Siehe auch: Heizung und Lüftung von *Brabbée*. Berlin, Julius Springer; und Heizungs- und Lüftungsanlagen in Fabriken von *Valerius Hüttig*. Otto Spamer, Leipzig.

[2]) Siehe auch *Rietschel*: Leitfaden zum Berechnen und Entwerfen von Luftungs- und Heizungsanlagen. Berlin, Julius Springer.

Gebr. Körting haben durch das Luftumwalzungsverfahren, d. h. durch Einführung des Dampfes unten in die Heizkörper durch ein Rohr mit besonderer Düse für jeden Heizkörper, eine gleichmäßige Erwärmung der Heizkörper erreicht. Welche Vorteile sich hieraus ergeben, zeigen die Fig. 142 bis 144.

Die Hochdruckheißwasserheizungen (*Perkins*-Heizungen) haben mit Rücksicht auf die hohen Drucke des heißen Wassers und damit schwierige technische Ausführung und besonders wegen der Explosionsgefahr bei Rohrrissen ihre Bedeutung verloren. Außerdem ist die Umlaufenergie gegenüber Niederdruckwarmwasserheizungen nicht besonders hoch. Es hat 1 kg Wasser bei einem abs. Druck von

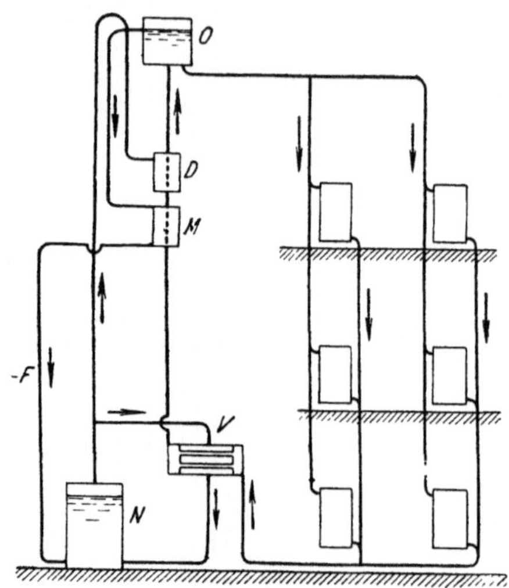

Fig. 145. *Reck*-Heizung.

Atm	°C	kcal
20	211,3	215,5
15	197,2	200,7
10	178,9	181,5
5	151,0	152,6
3	132,8	133,9
2	119,6	120,4
1	99,1	99,6
0,5	80,9	81,2
0,4	75,5	75,7
0,3	68,7	68,9
0,2	59,8	59,9
0,1	45,6	45,7

Um die Umlaufmenge des Wassers zu erhöhen, wird ihr nach dem System von *Reck* in Kopenhagen Dampf zugesetzt. Es hat

1 l Wasser von 100°	0,9	kg Gewicht und	100,5 kcal
1 l Dampf „ 100°	0,00060 „	„	„ 639,7 „

also hat

ein Gemisch von 90 Proz. Wasser und 10 Proz. Dampf 0,8160 kg Gewicht und 154,4 kcal.

Das Prinzip der Heizung ergibt Fig. 145.

Im Niederdruckdampfkessel *N* erzeugter Dampf wird im Vorwärmer *V* zur Erzeugung von warmem Wasser benutzt. Dieses aufsteigende warme Wasser wird bei *D* mit Dampf gemischt und steigt bis zum geschlossenen Gefäße *O*, wo sich Dampf und Wasser trennen. Der Dampf fließt nach dem Niederdruckkessel *N*, wobei er vorher den Verdichter *M* passiert, um durch seine Kondensation die Wärme an das Wasser abzugeben. Der zu Wasser gewordene Dampf strömt durch *F* wieder dem Kessel zu. Die Heizung selbst ist dann eine gewöhnliche Wasserheizung, wobei das Wasser etwa die Dampftemperatur hat.

Damit nähert man sich der gewöhnlichen Warmwasserheizung. Sie beruht darauf, daß das Wasser bei verschiedenen Temperaturen verschiedenes spezifisches Gewicht besitzt und dadurch nach Abgabe der Wärme nach dem an der tiefsten Stelle liegenden Kessel zwecks neuer Wärmezufuhr strömt. Die zwischen Hochdruckheißwasserheizung und Niederdruckwarmwasserheizung liegenden Mitteldruckwarmwasserheizungen mit Druck von 2 bis 4 Atm, also Temperaturen von 130 bis 142°, werden wenig gebaut.

Das ganze Prinzip beruht darauf: der durch die Verschiedenheit der spezifischen Gewichte des im Kessel erwärmten und in den Heizkörpern wieder abgekühlten Wassers entstehende Arbeitsdruck muß gleich oder größer sein als die Summe aller den Wasserumlauf hemmenden Widerstände.

Ist γ_1 das spezifische Gewicht des wärmeren, γ_2 das des kälteren Wassers, h die senkrechte Höhe zwischen Mitte Kessel und Mitte Heizkörper, c die Wassergeschwindigkeit, d der lichte Durchmesser und l die Rohrlänge, alles in m, so ist

$$\frac{\gamma_2 - \gamma_1}{\gamma_2 + \gamma_1} h = \frac{c^2}{4g}\left[\varrho \frac{l}{d} + \Sigma \xi\right],$$
$$\varrho \text{ ist} = 0{,}0144 + \frac{0{,}0094}{\sqrt{v}},$$

ξ ist wie bei Dampfleitungen erwähnt.

Ist W die zu befördernde Wärmemenge in kcal, und sind t_1 und t_2 zwischen zwei Stellen befindliche Temperaturdifferenzen, so ist

$$c = \frac{W}{2{,}7567 \cdot 10^6 \cdot d^2 \, (t_1 - t_2)} \; [1]).$$

Bezüglich der Wärmeabgabe per Stunde für 1 qm Heizfläche und 1° Temperaturunterschied zwischen Wasser und Raumluft hat man:

bei glatten Rohren . . . . 8,5 bis 10,8 kcal
Rippenrohre . . . .   4,5 „
Rippenkörper . . . .   4,0 „
Heizkörper oder Radiatoren . . . . . . 5,6 „   7,4 „

Der Wirkungsgrad der Heizungen hängt von der Art der Räume, der Umgebung und ihrer Temperatur sowie Lage und Wind und der Lage der Heizkörper ab. Der Feuerwirkungsgrad des Kessels ist einwandfrei zu bestimmen, der Raumwirkungsgrad variiert von Fall zu Fall und wechselt mit der Zeit bei demselben Raume.

Zur Regelung der einzelnen Räume dienen sog. Regulierventile. Dieselben haben noch sog. Vorventile eingebaut. Diese Vorventile werden beim Montieren und Inbetriebsetzen der Anlage so eingestellt, daß die sämtlichen Heizkörper gleichmäßig erwärmt werden. Sie dienen zum Ausgleich von Differenzen, die zwischen berechneter und ausgeführter Anlage liegen. Das Hauptventil wird durch eine bestimmte Drehung von der Öffnung 0 auf 100 Proz. geöffnet. Es soll so gebaut sein, daß der Drehungswinkel proportional der durchströmenden Wärmemenge ist. Neben der örtlichen Regelung des einzelnen Raumes sind bei Zentralheizungen noch generelle Regler nötig. Sie dienen dazu, die Leistung des Kessels durch Zufuhr von mehr oder weniger Verbrennungsluft

---

[1]) Gesundheitsingenieur 1924, Heft 27 und 28: *Behrens*, Rohrbemessung für Warmwasserheizungen.

entsprechend der Außentemperatur zu regeln und gleichzeitig die Kessel-leistung dem Wärmeverbrauch in den zu heizenden Räumen anzupassen.

Die Zentralheizungskessel werden entweder mit direktem Feuer oder durch Abgase oder Abdampf geheizt.

Bei direkter Feuerung war bisher die Koksfeuerung vorherrschend. Da die Kessel für eine maximale Außentemperatur von — 20° C bemessen werden und der Koks nur rationell verbrennt, wenn der Rost vollkommen bedeckt ist und die Höhe der Brennstoffschicht nicht unter etwa 150 mm sinkt, so geben sie bei geringerer Außentemperatur, etwa + 5° bis — 5°, eine zu große Wärmemenge ab. Um diesem Übelstand abzuhelfen, ist der Rost zu ver-kleinern. Dies geschieht durch Abdecken mit Schamottesteinen, wodurch ein Teil der Heizglieder ausgeschaltet werden kann und zugleich der Schacht für Aufnahme des Brennstoffes verkleinert wird. Bei vielen Kesseln können gewöhnliche Schamottesteine verwandt werden. Neben Koks wird in neuerer Zeit vielfach Brikettfeuerung für Zentralheizungskessel angewandt. Die Ver-wendung von Steinkohle, Rohbraunkohle und Torf ist in gleicher Weise mög-lich; es ist nur den Verbrennungsbedingungen dieser Stoffe: Entwässerung, Entgasung und Vergasung mit Rechnung zu tragen. Im allgemeinen kann je-doch von einer Universalfeuerung keine Rede sein. Jede Brennstoffart hat ihre Eigenheiten und verlangt demgemäß eine besondere Feuerung. Auf dem Gebiete der Verwendung ·minderwertiger Brennstoffe für Zentralfeuerungs-kessel muß noch manche Konstruktion geleistet werden. Sie kann sich eng an diejenige des Dampfkesselbaus, nur in verkleinertem Maßstabe, anschließen. Man muß sich klar sein, daß Koks nur glüht und ohne Flamme brennt, Stein-kohle und Braunkohle jedoch Vergasung und Verbrennung zugleich verlangen. Die Wärmeaufnahme gußeiserner und schmiedeeiserner Kessel ist etwa 7900 bis 8200 kcal per qm-St. und Koks, wobei der Wirkungsgrad aus Feue-rung und Kessel etwa 84 Proz. beträgt.

Die Heizung der Kessel mit Abdampf und Abwärme von Rauchgasen aus Zentralanlagen geschieht entsprechend den Grundsätzen im Abschnitt „Ab-wärmeverwertung".

Die Zentralheizung erfolgt neben Wasser und Dampf auch durch Luft in den sog. Luftheizungen. Die Kessel zur Erwärmung der Luft bei direkter Feuerung sind meist aus Gußeisen, evtl. in Verbindung mit Schamotte-kammern. Die Wärmeabgabe zwischen Feuerungsraum und zu erhitzender Luft beträgt bei

Tonöfen	600 kcal per 1 qm
glatter eiserner Oberflache	2000 „ „ 1 „
gerippter Oberfläche (inkl. der Rippenoberfläche) . . .	1200 bis 1500 „ „ 1 „

und per 1 Stunde.

Der Feuerwirkungsgrad, d. h. die an die Luft abgegebene Wärmemenge, direkt am Ofen gemessen, zu dem Wärmeinhalt des Brennstoffes ist·etwa 50 bis 65 Proz. Der Raumwirkungsgrad einer Luftheizung hängt davon ab, ob man eine Umluftheizung, d. h. eine Heizung, bei der die verbrauchte Luft dem Ofen wieder zugeführt wird, und bei der nur die Verluste durch

Ventilation von Türen, Fenstern Luftdurchlässigkeit des Mauerwerks und evtl. Ventilatoren ersetzt werden, hat oder eine Frischluftheizung, bei der die verbrauchte Luft ins Freie geht. Im letzteren Falle sollte der Bau so ausgeführt sein, daß die dem Ofen zugeführte Frischluft im Rekuperativsystem an der abziehenden Luft erwärmt wird. Ist W die in den Räumen nötige Wärmemenge, t_e die Temperatur der eintretenden, t_a die der austretenden Luft, so ist die Luftmenge in cbm

$$L = W \frac{1 + 0{,}0037\, t_a}{0{,}31 \cdot (t_e - t_a)}.$$

Ist die Außentemperatur, mit der die Luft dem Ofen zugeführt wird, t_0, so hat der Ofen abzugeben an Wärmemenge:

$$W_0 = \frac{0{,}31\, L\, (t'_e - t_0)}{1 + 0{,}0037\, t_0},$$

wobei t'_e die am Heizofen, t_e die am Eintritt in die zu heizenden Räume herrschende Temperatur bezeichnet und $t'_e - t_e$ etwa 1 bis 5° beträgt. An Verlusten durch Strahlung, Anfeuchtung der Luft hat man 10 bis 20 Proz. zu rechnen. Ist K die von 1 qm abgegebene Menge Wärme des Ofens in 1 Stunde, so ist seine Heizoberfläche

$$F = \frac{W_0}{K}\, \text{qm},$$

wenn die Heizung mit Frischluft erfolgt. Erfolgt sie mit Umluft, so ist etwa 80 Proz. von L zu brauchen und 20 Proz. Frischluft anzunehmen, so daß

$$F = 0{,}31\, L \left[\frac{0{,}8\, (t'_e - t_a)}{1 + 0{,}0037\, t_a} + \frac{0{,}2\, (t'_e - t_0)}{1 + 0{,}0037\, t_0} \right]$$

wird.

Zur Berechnung der Luftgeschwindigkeit hat man, wenn h der senkrechte Abstand von Mitte Heizkammer bis Mitte Luftaustrittsöffnung in m:

$$c = 0{,}5 \sqrt{\frac{2\, g\, p\, (t_e - t_a)}{273 + t_a}}.$$

Die Geschwindigkeit in den Frischluftkanälen zum Ofen wählt man 0,80 bis 1,00 m per Sekunde.

Für die Beheizung von Räumen spielt noch die Wärmeabgabe des Menschen und die Beleuchtung eine Rolle. Diese Wärmeabgabe beträgt per 1 Stunde

beim erwachsenen Menschen in ruhendem Zustande	96,0 kcal
„ „ „ bei leichter Arbeit	118,5 „
„ „ „ „ schwerer „	140,0 „
bei alten Personen	90,0 „

$^1/_3$ bis $^1/_4$ dieser Wärme wird zur Verdunstung der Feuchtigkeit auf der Haut gebraucht. Kinder geben etwa $^1/_2$ dieser Wärmemenge ab.

Die Beleuchtung ergibt stündlich bei

Petroleumlicht	0,0033 kg für 1 HK	36,0 kcal für 1 HK	
Argandbrenner	0,0100 cbm „ 1 „	50,0 „ „ 1 „	
Braybrenner	0,0130 „ „ 1 „	67,0 „ „ 1 „	
stehendem Gasglühlicht . .	0,0021 „ „ 1 „	6,5 „ „ 1 „	
Acetylenlicht	0,0006 „ „ 1 „	5,5 „ „ 1 „	
Kohlenfadenlicht	4,5 Watt „ 1 „	4,0 „ „ 1 „	
Metallfadenlicht	1,2 „ „ 1 „	1,0 „ „ 1 „	
Bogenlicht	1,1 „ „ 1 „	1,0 „ „ 1 „	

Ferner scheidet der Mensch durch die Haut und Atmung Wasser und Kohlensäure aus. Diese Stoffe müssen aus den Räumen entfernt werden, es wird dadurch Wärme abgeführt. Es scheidet in

stark besetzten Räumen 1 erwachsener Mensch . . . . 80 g

wenig besetzten Räumen 1 erwachsener Mensch . . . . 42 g

Wasser per Stunde aus, und es wird erzeugt per Stunde an Kohlensäure von $0\degree$ C in cbm

durch 1 erwachsenen Menschen bei körperlicher Arbeit	0,036 cbm
„ 1 erwachsenen Menschen in Ruhe	0,020 „
„ 1 halberwachsenen Menschen in Ruhe	0,016 „
„ 1 Kinde in Ruhe	0,010 „
„ 1 cbm Leuchtgas	0;570 „
„ 1 kg Petroleum	1,570 „
„ 1 kg Stearin	1,420 „

Die bei einem Raum infolge des Luftwechsels abzuführende Wärmemenge richtet sich:

1. nach der Temperatur,
2. nach der Feuchtigkeit[1]),
3. nach dem Kohlensäuregehalt.

1. Es ist

t die Raumtemperatur in 1,5 m über dem Fußboden,

L die stündlich nötige Luftmenge in cbm,

t_m die mittlere Raumtemperatur,

t_z die Temperatur der Zuluft,

W_1 die stündliche Wärmeabgabe der Menschen,

W_2 die stündliche Wärmeabgabe der Beleuchtung, Maschinen usw.,

W_3 die Wärmezufuhr oder Abfuhr durch die Umfassungswände,

so ist

$$L = \frac{[W_1 + W_2 \pm W_3](1 + 0,0037\,t)}{0,306\,(t_m - t_z)}.$$

2. Wenn

L den stündlichen Luftwechsel in cbm,

J den Raum in cbm für eine Person,

z die Benutzungsdauer in Stunden,

g die stündlich abgegebene Feuchtigkeitsmenge,

g_1 und g_2 die am Anfang und Ende der Raumbenutzung enthaltene Feuchtigkeitsmenge per 1 cbm in g,

---

[1]) Zeitschrift für Hygiene, 1909 von *Flügge*, Über Luftverunreinigung, Wärmestauung und Lüftung in geschlossenen Räumen.

g_a die in 1 cbm zugeführte Luft enthaltene Feuchtigkeitsmenge in g
bezeichnet,

so ist

$$L = \frac{\dfrac{J}{2}(g_1 - g_2) + g}{\dfrac{g_1 + g_2}{2} - g_a}.$$

3. Ist

     L die Luftmenge in cbm per Stunde,

     k der Kohlensäuregehalt in cbm per 1 cbm Raum,

     k_a der Kohlensäuregehalt der eingeführten Luft in cbm per 1 cbm
       Luft (im Mittel $k = 0{,}0004$),

     k_e die stündliche Kohlensäureerzeugung im Raume,

so ist

$$L = \frac{k_e}{k - k_a}.$$

Daraus ergeben sich folgende Tabellen:

Für 1. Stündlicher Luftwechsel, um 1000 kcal abzuführen:

$t_m - t_2$	L bei t_z ° in cbm			
	18	20	22	24
1	3484	3508	3531	3556
2	1742	1754	1766	1778
4	871	877	883	889
6	581	585	589	593
8	436	438	441	444
10	348	351	353	356

Für 2. Außentemperatur $+ 10°$, Innentemperatur $+ 20°$, Außenluft
80 Proz. Sättigung, $g = 80$ g, Feuchtigkeitsgehalt im Raum 70 Proz.:

$t_i - t_a$	L in cbm bei $z =$			
	1	2	4	6
4	25	29	31	32
6	21	27	30	31
8	17	25	29	30
10	13	23	28	30
12	9	21	27	29
15	3	18	25	28
20	—	13	23	26

Für 3. Ist der Kohlensäuregehalt höchstens 0,7 bis 1,5 pro Mille, so ist:

	Luftwechsel in cbm von 20° bei k pro Mille					
	0,7	0,8	1,0	1,2	1,4	1,5
Kräftiger Arbeiter bei Arbeit .	120,0	90,0	60,0	45,0	36,0	32,7
Kräftiger Arbeiter in Ruhe . .	76,7	57,5	38,3	28,8	23,0	20,9
Erwachsener	66,7	50,0	33,3	25,0	20,0	18,2
Halberwachsener	53,3	40,0	26,7	20,0	16,0	14,5
Kind	33,3	25,0	16,7	12,5	10,0	9,1
1 cbm Leuchtgas	2033	1525	1017	763	610	555

Man hat nun nach diesen drei Angaben den Luftwechsel zu bestimmen und dabei die größte Angabe der weiteren Rechnung zugrunde zu legen. Als Anhalt diene nachstehende Erfahrungstabelle, die den stündlichen Luftwechsel angibt:

Wohnräume	1 bis 2facher Rauminhalt				
Treppenhäuser, Flure					
bei starker Benutzung . .	3	„	4	„	„
bei geringer Benutzung . .	$^{1}/_{2}$	„	1	„	„
Restaurant	3	„	5	„	„
Garderoben	2	„	3	„	„
Einzellen in Irrenhäusern . . .	$^{1}/_{2}$	„	3	„	„
Einzellen in Gefängnissen . . .	$^{3}/_{4}$	„	1	„	„
Baderäume	2	„	3	„	„
Aborte	3	„	5	„	„
Küchen	4	„	5	„	„
Schiffe	4	„	10	„	„

Außer durch den Luftwechsel geht auch noch Wärme durch Strahlung und Leitung nach außen verloren; ist

W die an einem Flächenelement durch Strahlung und Leitung nach außen abgehende Wärmemenge in kcal,

$d\,f$ das Element,

k die Wärmedurchgangszahl (für Strahlung und Leitung),

t_i die innere,

t_a die- äußere Temperatur,

so ist

$$W = k\,d\,f\,(t_i - t_a).$$

Nach Versuchen ist nun k für 1 qm und $1° = t_i - t_a$ [1])

bei Außenwänden:

Mauerstein	Stärke in m	0,12	0,25	0,38	0,64	0,90
	k	2,4	1,7	1,3	0,9	0,7
Sandstein	Stärke in m	0,30	0,40	0,50	0,70	0,90
	k	2,2	1,9	1,7	1,4	1,2
Kalkstein	Stärke in m	0,30	0,40	0,50	0,70	0,90
	k	2,5	2,2	2,0	1,7	1,4
Stampfbeton	Stärke in m	0,05	0,10	0,15	0,20	0,30
	k	3,4	2,7	2,3	2,0	1,5

bei Innenwänden:

Mauerstein	Stärke in m	0,12	0,25	0,38	0,64
	k	2,2	1,5	1,2	0,8
Kalksandstein	Stärke in m	0,12	0,25	0,38	0,64
	k	2,3	1,7	1,4	1,0
Rabitzwand	Stärke in m	0,04	0,06	0,08	1,00
	k	3,1	2,8	2,5	2,3
Gipsdiele	Stärke in m	0,03	0,05	0,07	0,09
	k	3,2	2,9	2,7	2,4

---

[1]) Die wissenschaftlichen Grundlagen des Wärmeschutzes, Bayerisches Industrie- und Gewerbeblatt 1919, Nr. 788.

bei Fußböden und Decken:

Balkenlagen mit halbem Windelboden	$k = 0{,}35$	$0{,}50$
Gewölbe mit massivem Fußboden	$1{,}00$	—
Gewölbe mit Dielung darüber	$0{,}45$	$0{,}70$
Hölzerne Fußböden über dem Erdreich	$0{,}80$	
Massive Fußböden über dem Erdreich	$1{,}40$	—
Horizontale Massivdecke System *Kleine*	$0{,}35$	$0{,}70$
Rohrzellendecke System *Wayss*	$0{,}45$	$0{,}75$
Betonplattendecke	$1{,}80$	$1{,}80$

wobei die ersten Zahlen für Fußböden, die zweiten für Decken in qm für 1°
Temperaturdifferenz gelten.

Türen haben	$k = 2{,}0$
Einfache Fenster mit Glasfüllungen	$5{,}0$
Einfache Fenster mit doppelter Verglasung . . .	$3{,}5$
Doppelte Fenster	$2{,}3$
Einfache Oberlichter bei Außenluft	$5{,}3$
Doppelte Oberlichter bei Außenluft	$2{,}4$
Teerpappendach	$2{,}2$
Ziegeldach ohne Schalung , ...	$4{,}9$
Ziegeldach auf Lattung, Schalung und Putz . . .	$1{,}6$
Holzzementdach	$1{,}3$
Betondach mit Dachpappe und Putz	$2{,}6$
Wellblechdach ohne Schalung	$10{,}4$

Für Nord, Nordosten, Nordwesten und Osten kommt bei Außenflächen
15 Proz., für Westen, Südwesten, Südosten 10 Proz. Zuschlag. Für Eckräume,
hohe Flure usw. kommen Zuschläge von 5 bis 20 Proz.

Es ist noch die mittlere gebräuchliche Temperatur zu bestimmen; sie ist

in Süddeutschland als tiefste Außentemperatur . . .	$-20°$
„ Norddeutschland als tiefste Außentemperatur . .	$-25°$
„ Krankenzimmern	$+22°$
„ Wohnräumen	$+20°$
„ Sälen. . . . . . , ...	$+18°$
„ Fluren und Gängen	$+10$ bis $+18°$
„ Gewächshäusern	$+15$ „ $+25°$
„ Baderaumen	$+22°$
„ Ställen	$+15°$

Weiter ist noch die Heizung durch die Ofenrohre zu berücksichtigen. Sie
hängt von der Geschwindigkeit der Gase, mit der diese durch das Rohr strömen,
ab und beträgt mit $\varDelta$ als Temperaturdifferenz bei

	$v = 0{,}5$	$1{,}0$	$2{,}0$	$4{,}0$	$6{,}0$	$10{,}0$ m per Sek.
für $\varDelta = 20°$						
	$k = 1{,}2$	$2{,}0$	$3{,}1$	$4{,}1$	$4{,}7$	$5{,}3$ „ „ „
$\varDelta t = 40°$						
	$k = 1{,}6$	$2{,}6$	$3{,}7$	$4{,}7$	$5{,}3$	$5{,}9$ „ „ „
$\varDelta t = 60°$						
	$k = 1{,}8$	$2{,}8$	$3{,}9$	$4{,}9$	$5{,}5$	$6{,}0$ „ „ „

Von besonderer Wichtigkeit ist, daß die Wärme da abgegeben wird, wo
sie verbraucht wird. Es ist also Sorge zu tragen, daß an den Stellen, an denen

keine Wärme benötigt wird, durch Strahlung und Leitung ein Minimum verloren geht. Man muß also für sorgfältige Isolierung Sorge tragen.

Über die bei Heizungsanlagen vorhandenen Wärmeverhältnisse sollte stets ein Diagramm gezeichnet werden, um die Verteilung der Wärme zu ersehen.

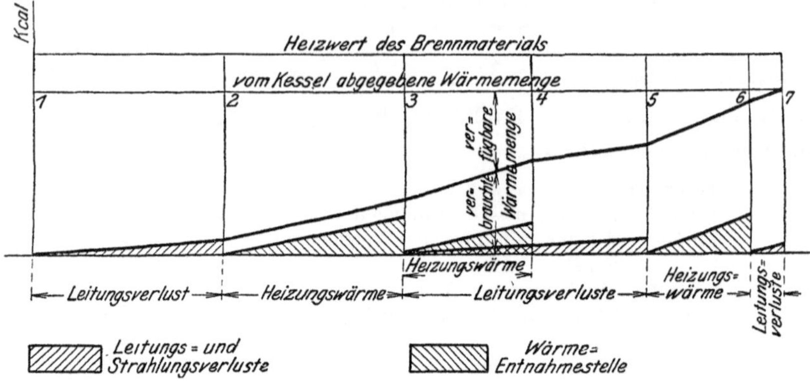

Fig. 146. Wärmediagramm.

Es ist in Fig. 146 angegeben. Da mit Ausnahme von Luftheizungen stets das gleiche Medium verwendet wird, kann man das Diagramm auch kreisförmig aufzeichnen, wie Fig. 147 zeigt.

Die Abszissen resp. der Kreisumfang entsprechen den Rohrleitungslängen bzw. den Längen der Heizschlangen oder Heizkörper. Die Wärmeverluste durch die Rücklaufleitungen können stets mit den Leitungsverlusten gebucht werden. Die ganze Abszissenlänge entspricht dem größten Leitungsweg. Die Wärmeverluste resp. Entnahmen werden also stets als Werte in einer gewissen Entfernung vom Kessel aufgetragen. Kürzere Leitungswege verschwinden dann früher. Es ergibt sich dadurch ein Bild der Stetigkeit der Wärmeabnahme.

Die Anlage von Fern- und Abwärmeheizungen ist genau so wie die zuerst beschriebenen zu berechnen. Die Wärmequelle zur Erzeugung der

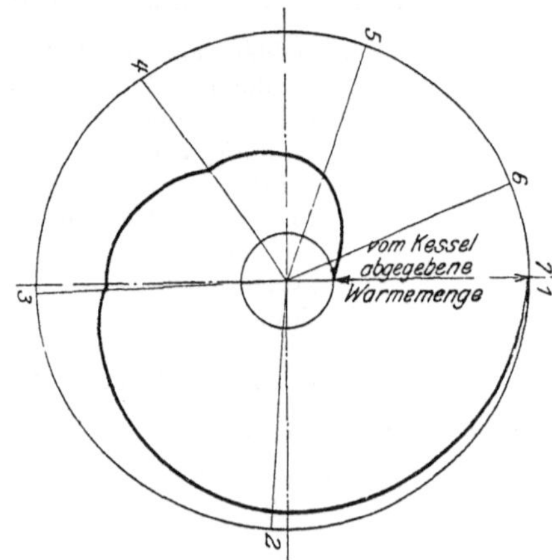

Fig. 147. Wärmediagramm.

Wärme ist Frischdampf, Abwärme aus Rauchgasen oder Dampfmaschinen. Von der Verbrauchsstelle bis zur Erzeugungsstelle treten die Gesichtspunkte der Wärmeleitung und Energieleitung in Betracht. Auf Seite 438 wird Näheres darüber gesprochen.

Eines der hauptsächlichsten Anwendungsgebiete der Ausnützung der Wärme durch Übertragung mittels eines Mediums sind die

Dampfkessel.

Sie werden nach verschiedenen Gesichtspunkten eingeteilt:
1. Kessel für Kleinbetriebe,
2. Großwasserraumkessel,
3. Kessel mit Heizröhren,
4. Kessel mit Siederöhren.
5. Hochdruckkessel,
6. Höchstdruckkessel.

1. Kessel für Kleinbetriebe werden nach den verschiedensten Konstruktionen ausgeführt als stehende und liegende Kessel mit Siede- und Heizröhren. Die Verbrennungsgase gehen meist mit verhältnismäßig hoher Temperatur ab. Der Wirkungsgrad dieser Kessel ist daher niedrig.

2. Die Großwasserraumkessel geben einen hohen Wirkungsgrad, da bei richtiger Konstruktion die Abgastemperatur niedrig und der Kohlensäuregehalt hoch gehalten werden kann. Durch das Vorhandensein eines großen Wasservolumens und Dampfvolumens sind sie in der Lage, bei plötzlicher gesteigerter Dampfentnahme eine hohe Dampferzeugung zu geben.

Die Feuerung der Großwasserraumkessel ist meist Innenfeuerung. Wenn minderwertige Brennstoffe verfeuert werden, ist zweckmäßig eine Vorfeuerung anzuordnen, wenn mit natürlichem Zug gearbeitet werden soll. Bei Ventilator- oder Dampfstrahlbetrieb kann der Rost auch noch innerhalb der Flammrohre ausreichen. Bei ganz hochwertigem Brennmaterial wird die Feuerung auch in ein wasserumspültes Rohr (*Tenbrink*feuerung) eingebaut.

3. Kessel mit Heizröhren werden entweder mit Unterfeuerung oder Innen-feuerung gebaut. Letztere Konstruktion ergibt die Lokomobil- und Lokomotivkessel.

Die Ausnützung der Brennstoffe ist bei den Lokomobil- und Lokomotivkesseln eine sehr gute. Es kann jedoch mit Rücksicht auf den beschränkten Feuerungsraum nur hochwertiges Material verwendet werden. Bei Verwendung minderwertigen Materials kommt eine Vorfeuerung, evtl. fahrbar, wie sie u. a. von *J. A. Topf & Söhne* in Erfurt ausgeführt wird (Fig. 148), zur Anwendung.

Bei Unterfeuerung kann jedes Brennmaterial benutzt werden.

4. Kessel mit Siederohren finden in neuerer Zeit immer mehr Anwendung. Ihre Vorteile liegen darin, daß die Rostfläche, ihre Beschickung und Entleerung sowohl von Hand als auch mechanisch gut durchführbar ist, daß jedes Brennmaterial verwandt werden kann, daß hohe Dampfspannung möglich ist.

5. Hochdruckkessel können im allgemeinen wie Kessel mit Siederohren ausgeführt werden. Sie werden für Druck bis 60 Atm gebaut.

6. Höchstdruckkessel sind Kessel mit über 60 Atm bis 224 Atm, also dem Druck, bei dem der kritische Zustand des Wassers erreicht ist.

Die Haupttypen sind in nachstehender Tabelle aufgeführt; in ihr bedeutet für 1 qm Heizfläche:

R die Raumbeanspruchung in cbm,

W den Wasserinhalt in Litern,

J den Dampfinhalt in Litern,

O die verdampfende Wasseroberfläche in qm,

D die stündlich in kg zu erzeugende Dampfmenge.

Kesselart	R	W	J	O	D
1. Stehende Feuerbüchskessel m. Quersieder	0,15 bis 0,30	15 bis 100	50 bis 75	0,10 bis 0,15	15
Stehende Heizrohrkessel	0,06 ,, 0,10	50 ,, 90	20 ,, 20	0,05 ,, 0,10	12
2. Einflammrohrkessel	0,50 ,, 0,70	200 ,, 250	75 ,, 95	0,25 ,, 0,30	20 bis 25
Zweiflammrohrkessel	0,45 ,, 0,50	180 ,, 220	80 ,,100	0,22 ,, 0,30	22 ,, 28
Doppelkessel:					
2 Flammrohre und 2 Dampfräume	0,22 ,, 0,24	170 ,, 180	80 ,,100	0,20	20 ,, 22
2 Flammrohre und 1 Dampfraum	0,25	220 ,, 225	40 ,, 50	0,10	10
Unten Flammrohr, oben Heizrohr und 2 Dampfräume	0,15	100 ., 110	30 ,, 35	0,08 ,, 0,10	18 bis 20
Unten Flammrohr, oben Heizrohr und 1 Dampfraum	0,12 bis 0,13	120 ,, 125	20 ,, 25	0,04 ,, 0,05	18
3. Heizrohrkessel mit Unterfeuerung	0,20 ,, 0,30	70 ,, 80	40 ,, 50	0,06 ,, 0,08	15 bis 18
Feuerbüchskessel mit vorgehenden Heizrohren	0,25 ,, 0,30	110 ,, 130	20 ,, 30	0,13 ,, 0,15	17 ,, 22
Feuerbüchskessel mit rückgehenden Heizrohren	0,20 ,, 0,25	100 ,, 120	50 ,, 60	0,12 ,, 0,15	18 ,, 20
4. 2 Wasserkammern und 1 Oberkessel	0,13 ,, 0,15	50 ,, 75	25 ,, 40	0,08 ,, 0,10	20 ,, 22
2 Wasserkammern und 2 Oberkessel	0,08 ,, 0,15	75 ,, 100	30 ,, 50	0,10 ,, 0,15	20 ,, 25
Ohne Wasserkammern und Oberkessel	0,07 ,, 0,10	25 ,, 30	15 ,, 20	0,02 ,, 0,03	12 ,, 14
Hochleistungs- und Steilrohrkessel	0,08 ,, 0,15	35 ,, 60	15 ,, 20	0,02 ,, 0,03	25 ,, 35
5. u. 6.[1]) Infolge der wenig zahlreichen Ausführungen lassen sich Mittelwerte noch nicht angeben; annähernd dürfte sein	0,50 ,, 0,60	15 ,, 25	30 ,, 40	—	40 ,,210

In den Fig. 149 bis 164 (teils auf Tafel VI und VII) sind die hauptsächlichsten Kesseltypen wiedergegeben.

Die Fig. 149 bis 163 zeigen die Typen, die für Dampfdrucke von 5 bis 25 Atm üblich sind. Die Kessel sind in den meisten Figuren mit Überhitzern ge-

---

[1]) Zeitschr. d. V. d. Ing. 67. Jg., Nr. 52: *Hartmann*, Der heutige Stand des Höchstdampfdruckbetriebes für ortsfeste Kraftanlagen.

Additional information of this book

(Der WÃrmeingenieur; 978-3-662-27639-6; 978-3-662-27639-6_OSFO6) is provided:

http://Extras.Springer.com

Additional information of this book

(Der WÃrmeingenieur; 978-3-662-27639-6; 978-3-662-27639-6_OSFO7) is provided:

http://Extras.Springer.com

baut. Die Feuerungen sind für verschiedene Brennstoffarten entweder Planroste oder Schrägroste oder Wanderroste. Der Weg der Heizgase ist

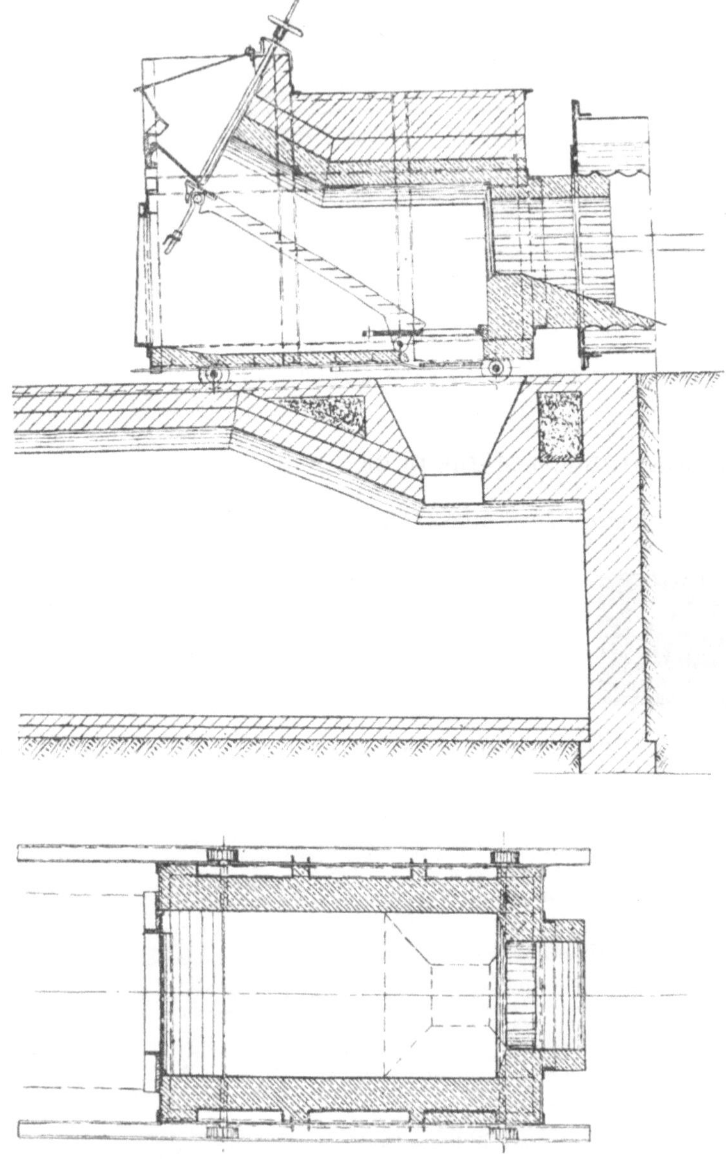

Fig. 148. Fahrbare Vorfeuerung für Heizrohrkessel von *J. A. Topf & Söhne*, Erfurt.

ebenfalls ersichtlich. In Fig. 159 bis 163 sind neuere Hochdruckkessel abgebildet. Die Fig. 159 zeigt einen Kessel, wie er von *A. Borsig*, Tegel ausgeführt ist. Seine Hauptabmessungen sind:

Heizfläche . . . .   300 qm
Betriebsdruck . . . .   60 Atm
Kesselinhalt . . . .   16 000 l
Vorwärmer . . . .   2 Atm
Dampfleistung . . . .   7 000 kg-St. (Mindestwert).

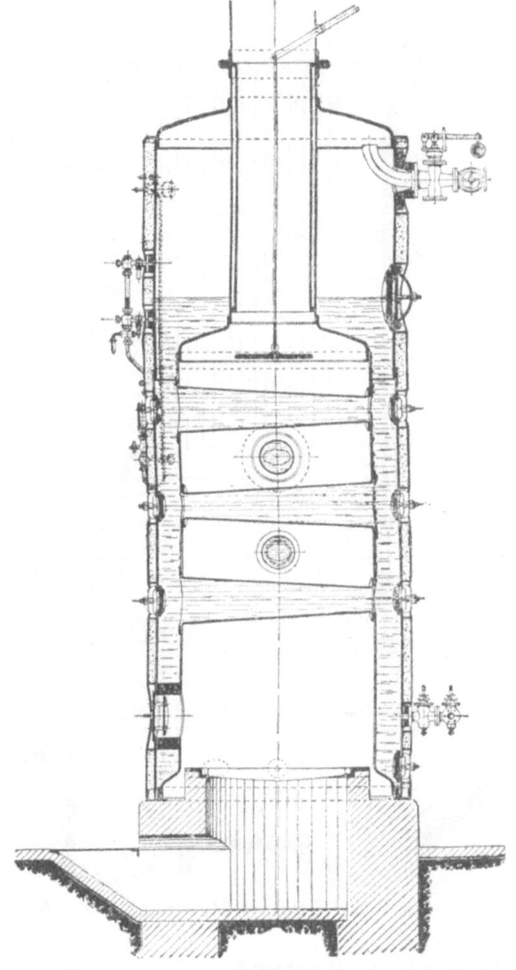

Fig. 149. Stehender Quersiederkessel. (*Hanomag*, Hannover.)

Bei diesen Kesseln sind Nietnähte vollkommen vermieden, die Trommeln werden entweder geschmiedet oder gepreßt.

In Fig. 160 ist ein *Borsigkessel* für 100 Atm Druck abgebildet. Er ist ähnlich wie die Wasserrohrkessel ausgeführt. Eine andere Type zeigt Fig. 161. Diese Bauart, die in ähnlicher Weise auch von *Hanomag* in Hannover-Linden ausgeführt wird, paßt sich dem Typ der Steilrohrkessel an. Abweichend hiervon sind die amerikanischen Konstruktionen. Der von den *Babcock-Werken* hergestellte Sektionalwasserrohrkessel ist für diverse Kraftwerke in

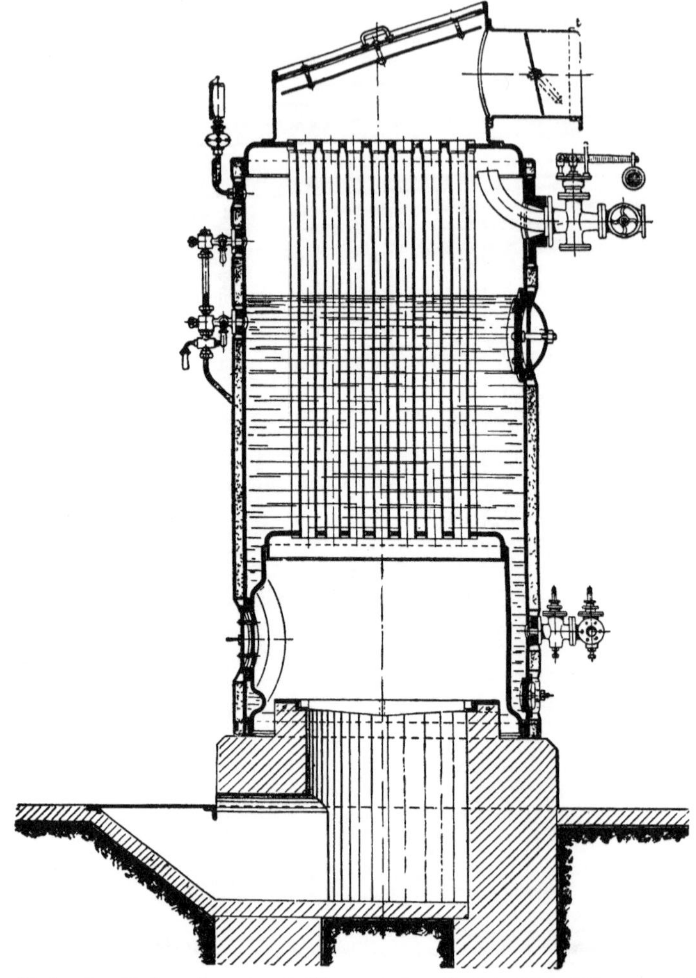

Fig. 150. Stehender Röhrenkessel mit Planrost für Steinkohle. (*Hanomag*, Hannover.)

Amerika für Höchstdruck umkonstruiert. Die Dimensionen des einen Kessels sind:

Kesselheizfläche . . . . 1 460 qm
gesamte Dampfüberhitzung . . . 502 ,, (Zwischen- und Frischdampf)
Rauchgasvorwärmer . . . . 860 ,,
Betriebsdruck . . . . 84 Atm
Dampfleistung . . . . 45 000 kg-St.
Wasserinhalt. . . . . 20 000 kg
Überhitzung . . . . 400°
Grundfläche . . . . 8,5 · 11,1 qm

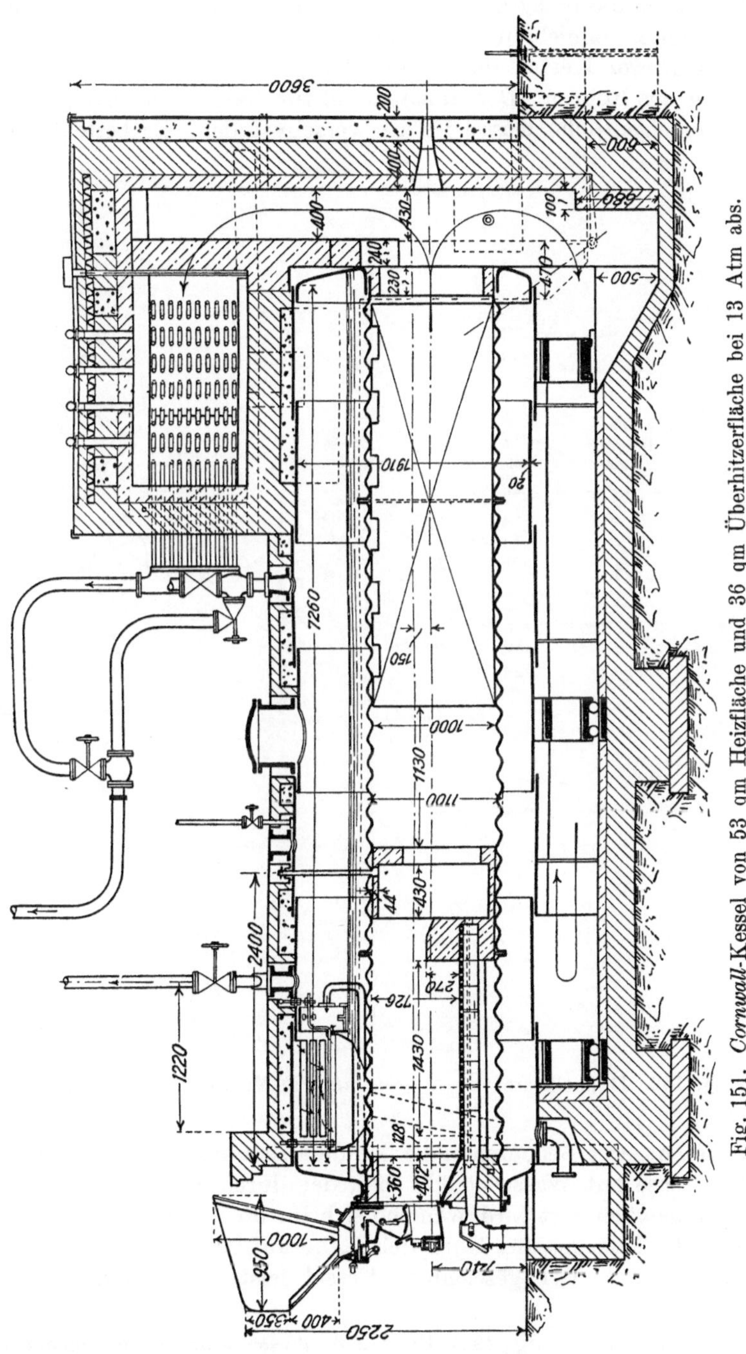

Fig. 151. *Cornwall*-Kessel von 53 qm Heizfläche und 36 qm Überhitzerfläche bei 13 Atm abs.

In Fig. 162 ist dieser Kessel abgebildet. Hinter dem Kessel ist der Gegen-strom-Economiser eingebaut. Wesentlich anderer Konstruktion sind die *Atmos*- und *Benson*-Kessel, die in Amerika gebaut werden. Beide Typen bestehen nur aus Rohren. Der *Atmos*-Kessel für 100 Atm ist in Fig. 163 dar-gestellt. Der eigentliche Kessel ist hier verschwunden. Er besteht nur aus

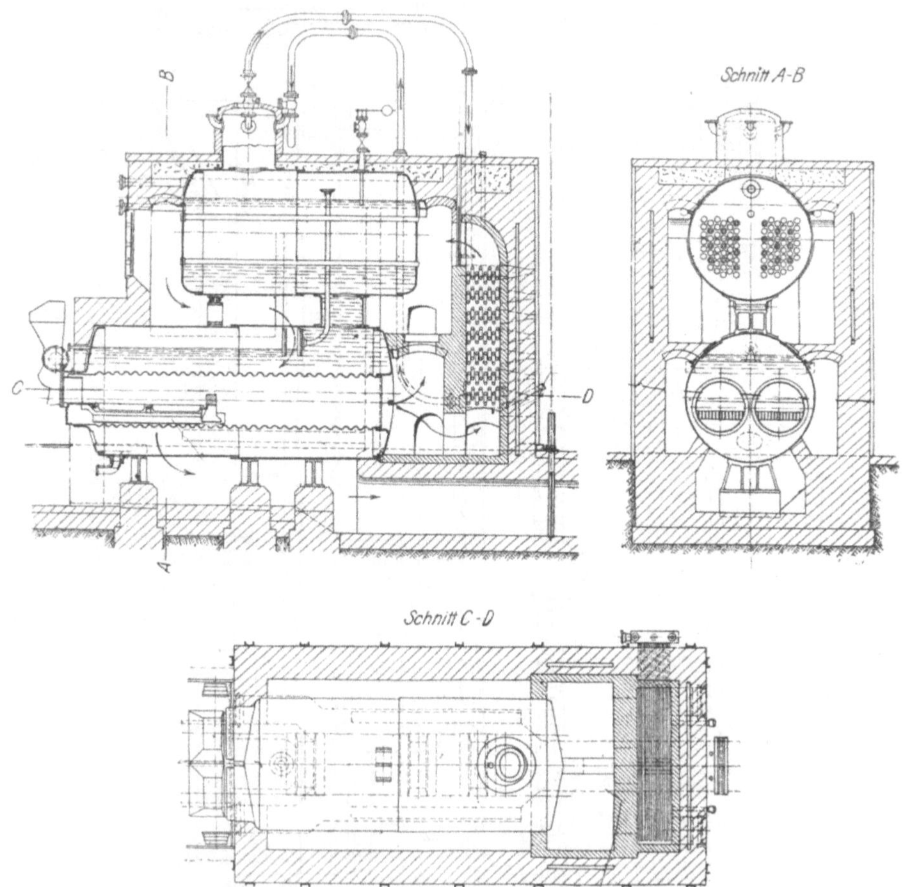

Fig. 152. Doppelkessel der *Maschinenfabrik Esslingen* in Esslingen.

Rohren, die mit etwa 5 Touren in der Sekunde sich um ihre Achse drehen und die nur teilweise mit Wasser gefüllt sind, das durch die Fliehkraft nach den Wandungen geschleudert wird, während sich im inneren Dampf bildet[1]). Da-durch wird die Leistung für 1 qm Heizfläche auf 200 bis 500 kg Dampf per Stunde gesteigert. Der gezeichnete Kessel leistet bei 52 qm Heizfläche

---

[1]) Feuerungstechnik 12. Jg., 1924, Heft 5 u. 6: *Wintermeyer*, Der umlaufende Dampf-kessel.

18 000 kg Dampf per Stunde bei 100 Atm und 420° C Dampftemperatur. Die Konstruktion von *Benson* erwärmt das Wasser auf 224 Atm, also die kritische

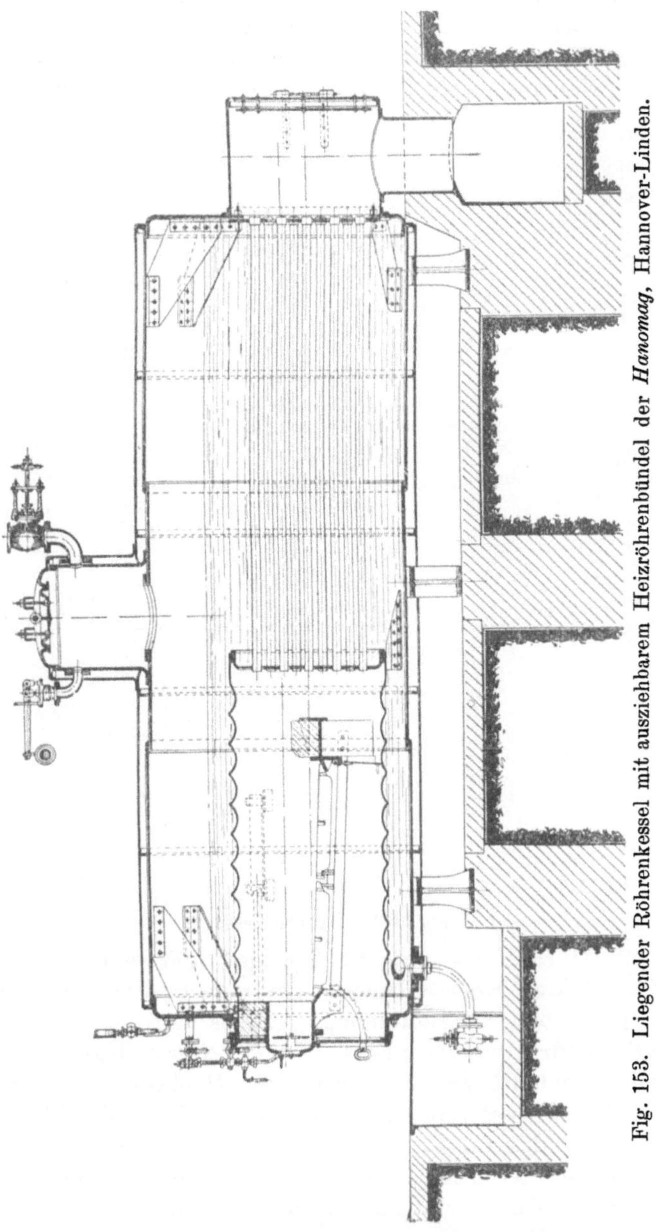

Fig. 153. Liegender Röhrenkessel mit ausziehbarem Heizröhrenbündel der *Hanomag*, Hannover-Linden.

Temperatur, führt es durch Schlangen, wo es in Dampfform übergeht und von 374° auf ca. 390° erwärmt wird (bei 374° und 224 Atm ist die Verdampfungswärme des Wassers = 0). Für die Verwendung wird der Dampf auf 105 Atm zurückgedrosselt.

Die hier einschlägigen Verhältnisse: die Kessel, die Vorwärmer, Überhitzer Armaturen, die zweckmäßige Feuerung sind noch im Werden. Die theoretischen Untersuchungen über die Eigenschaften des Dampfes sind ziemlich abgeschlossen. Näheres zeigt: Zeitschrift des Vereins deutscher Ingenieure

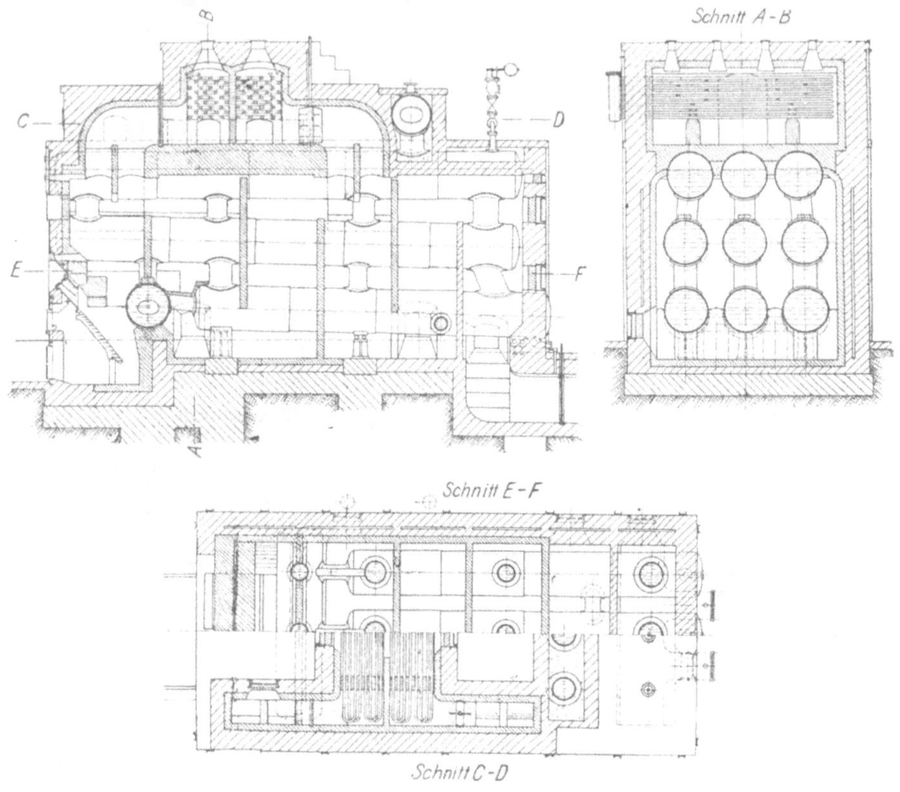

Fig. 155. Batteriekessel.

Bd. 67, Nr. 52. *O. H. Hartmann*: „Der heutige Stand des Höchstdruckdampfbetriebes für ortsfeste Kesselanlagen in den verschiedenen Industrieländern, Bd. 68, Nr. 4: *E. Josse*, Charlottenburg: „Eigenschaften und Verwertung von Hoch- und Höchstdruckdampf"; Bd. 68, Nr. 7: *Friedrich Münzinger*, „Die technischen und wirtschaftlichen Aussichten von Höchstdruckdampf"[1]).

Der Dampf im Kessel wird erzeugt durch die Abgabe der Wärme der Verbrennungsgase an das im Kessel befindliche Wasser, das bei bestimmtem Druck und bestimmter Temperatur sich in Dampf verwandelt. Um einen möglichst guten Wärmeübergang zu haben, ist Sorge zu tragen, daß die dem Wasser zugekehrte Seite keinen Schlamm und Kesselstein enthält und die dem Feuer zugekehrte Seite möglichst frei von Ruß und Flugasche ist.

---

[1]) Höchstdruckdampf von *Münzinger*, Berlin, Julius Springer.

In dem Maße, wie dem Kessel Dampf entnommen wird, sollte ihm wieder Wasser zugeführt werden. Das zugeführte Wasser hat meistens eine niedrigere Temperatur als die des Dampfes. Es muß durch die Wärmezufuhr aus den Heizgasen auf diese Temperatur gebracht werden. Theoretisch wäre daher zwecks möglichst großen Temperaturgefälles zur Wärmeaufnahme das Speisewasser an der heißesten Stelle einzuführen. Durch die intermittierende Tätigkeit der Speisung treten jedoch an dieser Stelle starke Temperaturdifferenzen auf, welche zu Spannungen Anlaß geben, die dem Kessel schaden. Es erfolgt

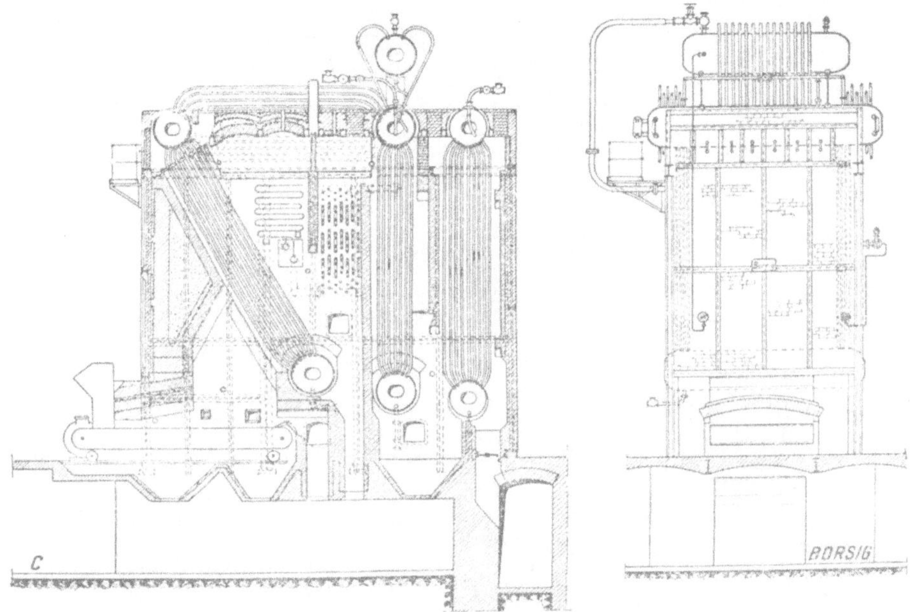

Fig. 159. *Schmidt-Borsig*-Hochdruckkessel.
300 qm Heizfläche, 60 Atm Betriebsdruck, mit Überhitzer, 2 Niederdruckkessel von 2 Atm.

daher die Speisewasserzufuhr so, daß das Speisewasser sich mit dem Kesselwasser mischt und von diesem Wärme entnimmt.

Über die Dimensionierung der Feuerungen ist schon früher gesprochen. Es ist noch das Verhältnis der Größe der Feuerung zur Heizfläche des Kessels und der Dampfbildung zu erörtern. Sind für eine Stunde D_1 kg Dampf von der Spannung p Atmosphären nötig, und ist der Wirkungsgrad des Kessels η, so läßt sich zunächst aus der Wärmetabelle über Dämpfe die Energie D_e kcal des Dampfes feststellen. Diese Dampfmenge, die entnommen wird, muß durch Speisewasser von $t°$ ersetzt werden. Der Wärmeinhalt des Speisewassers von $t°$ sei W_e kcal. Es sind damit dem Dampfkessel

$$D_e - W_e \text{ kcal}$$

zuzuführen.

Beim Wirkungsgrad η_1 ist also von den Heizgasen

$$\frac{D_e - W_e}{\eta_1}\,\text{kcal}$$

abzugeben.

Die Wirkungsgrade der Kessel liegen zwischen 78 und 90 Proz., d. h. das Verhältnis der von den Verbrennungsgasen abgenommenen Wärme zu der

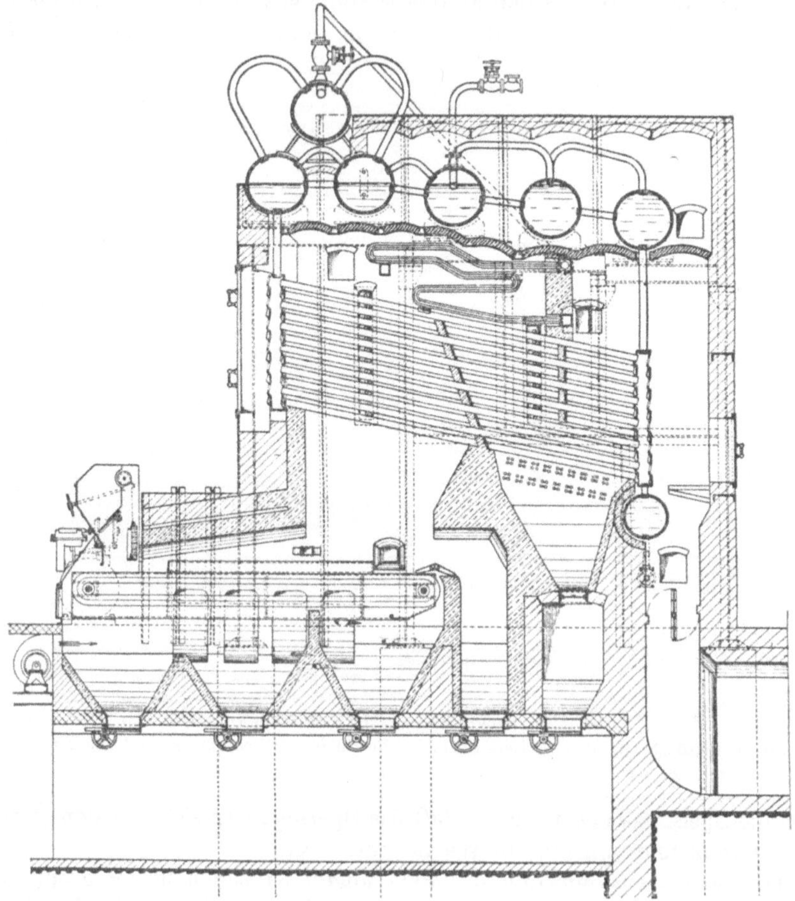

Fig. 160. 100-Atm-Kessel von *A. Borsig*, Tegel.

in Dampf erzeugten Wärme. Es hängt von der Temperatur des Speisewassers und der Stetigkeit der Dampfentnahme ab.

Die von den Heizgasen abgegebene Wärmemenge wird von der Heizfläche des Kessels auf das Wasser übertragen. Ist sie H qm, so ist die pro 1 qm Heizfläche übertragene Wärmemenge

$$\frac{D_e - W_e}{\eta_1 H}\,\text{kcal}$$

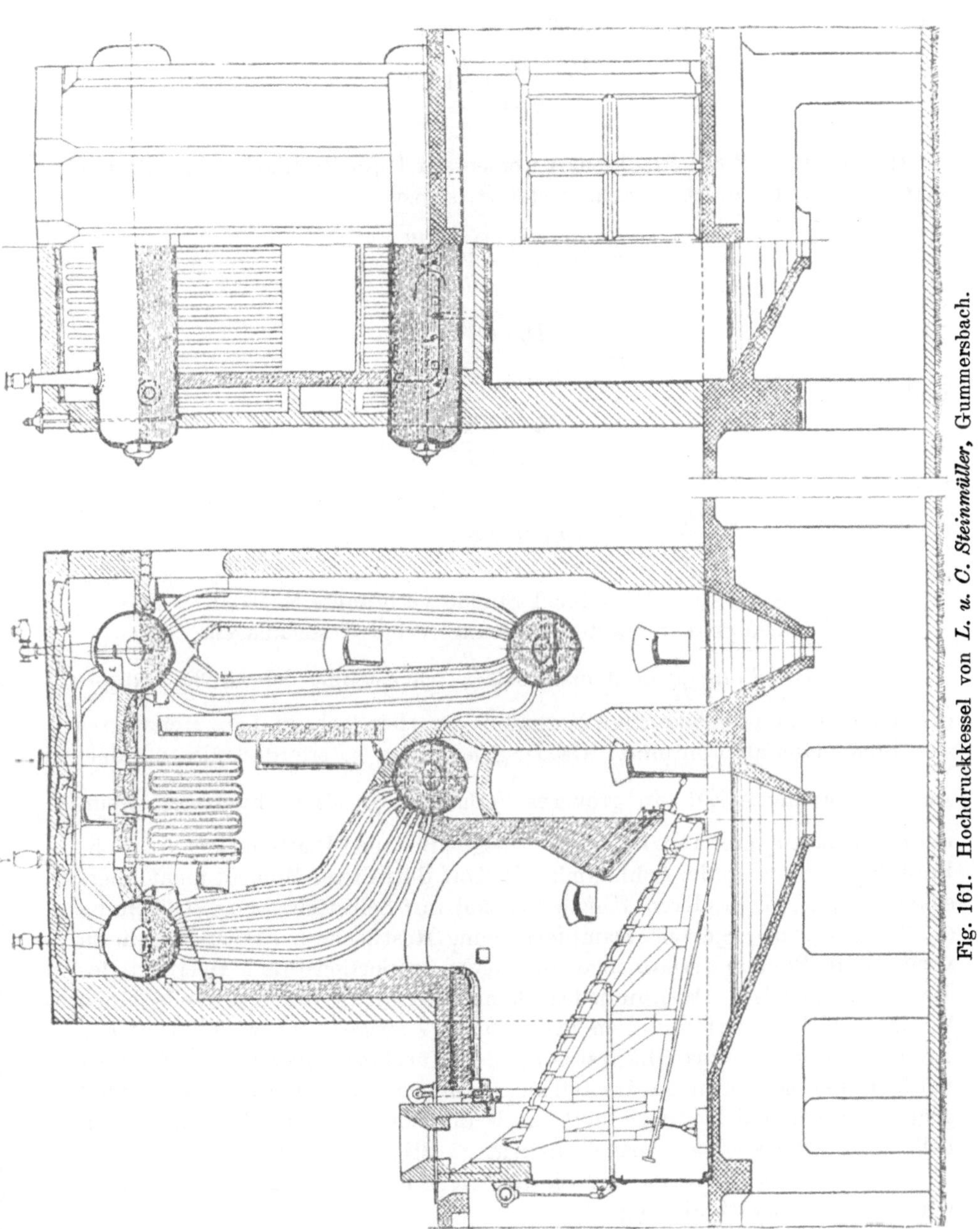
Fig. 161. Hochdruckkessel von *L. u. C. Steinmüller*, Gummersbach.

Ist der Wirkungsgrad der Feuerung, d. h. das Verhältnis der auf den Rost gegebenen Calorien zu den in den Heizgasen verfügbaren η_2, so sind auf dem Roste für 1 qm Heizfläche

$$\frac{D_e - W_e}{\eta_1 \cdot \eta_2 H}\, \text{kcal}$$

nötig.

Hat der Rost R qm Fläche und werden auf 1 qm Rostfläche G kg Brennmaterial vom Heizwert X kcal verfeuert, so ist

$$R \cdot G \cdot X = \frac{D_e - W_e}{\eta_1 \cdot \eta_2}$$

oder

$$\frac{R}{H} = \frac{D_e - W_e}{\eta_1 \cdot \eta_2 \cdot G \cdot X} \cdot \frac{1}{H}$$

und

$$G \cdot R = \frac{D_e - W_e}{\eta_1 \cdot \eta_2 \cdot X}$$

und

$$\frac{D_e - W_e}{R\,G} = \eta_1 \cdot \eta_2 \cdot X\,.$$

$R \cdot G$ ist das auf dem Rost für 1 Stunde verbrannte Material.

η_2 ist 78 bis 90 Proz. bei guten Feuerungen und Kesselanlagen.

Aus der Gleichung $\dfrac{R}{H}$ sieht man, daß $\dfrac{R}{H}$ wächst mit der Größe Dampferzeugung und im umgekehrten Verhältnis der Heizfläche und des Heizwertes des Brennmaterials abnimmt. Da D_e gegeben ist, so erfordert also minderwertiges Brennmaterial ein größeres Verhältnis $\dfrac{R}{H}$ als hochwertiges, wenn ein Kessel bestimmter Heizfläche H vorliegt. Bei allen Umstellungen auf Rohbraunkohle, Staubkohle, Schlammkohle, Torf darf dieses Moment nicht übersehen werden; alle anderen Hilfsmittel sind nur Selbsttäuschung. Gleichung $G \cdot R$ zeigt, daß bei gegebener Dampferzeugung, Rostfläche und Heizfläche die zu verfeuernde Brennmaterialmenge umgekehrt proportional dem Heizwert des Brennmaterials ist. Da nun jedes Brennmaterial an Ort und Stelle einen bestimmten Wert hat und sein Preis durch G ausgedrückt wird, so ist das Brennmaterial das vorteilhafteste, bei dem für konstantes D_e und H $G \cdot R$ am kleinsten ist. Bei neuaufzustellenden Anlagen kann man H entsprechend größer wählen und dadurch evtl. auch für minderwertige Brennstoffe an beliebigem Orte von der Grube entfernt günstige Bedingungen erzielen.

Gleichung $\eta_1\,\eta_2\,X$ besagt, daß die Dampferzeugung für 1 kg Brennmaterial von dessen Heizwert abhängt.

Um nun die Kessel vergleichen zu können, muß man die Dampfmengen verschiedener Spannung auf eine Normaldampfmenge: 1 kg Dampf von 1 Atm Spannung aus Wasser von $0°\,\mathrm{C} = 637$ kcal reduzieren.

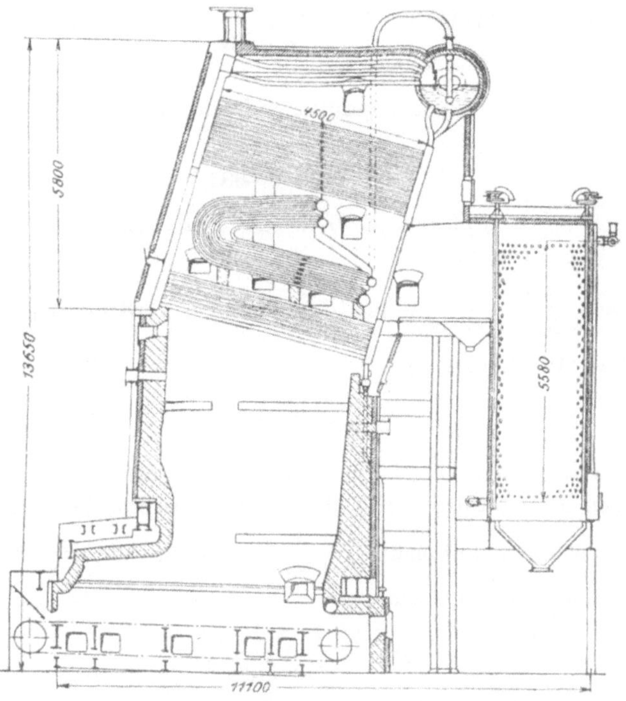

Fig. 162. Sektional-Wasserrohrkessel der *Babcock-Werke*.

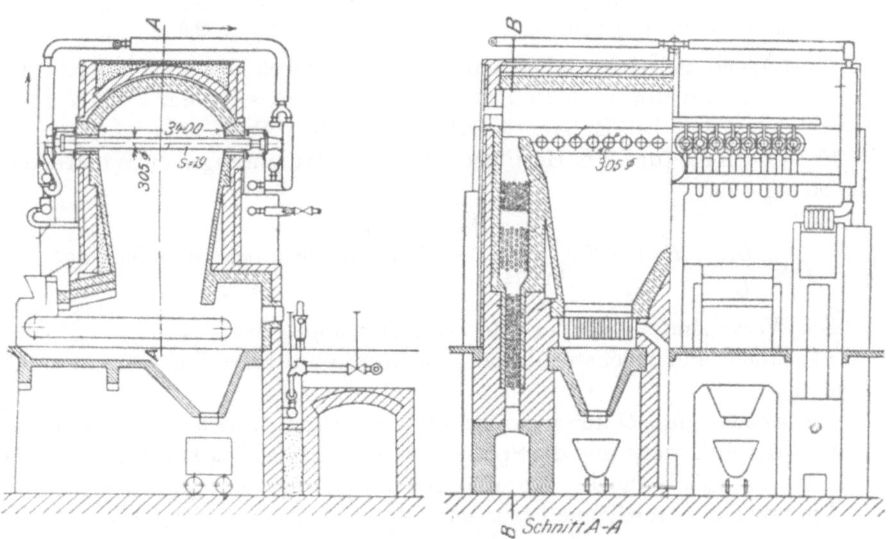

Fig. 163. Atmoskessel für 100 Atm., 400° C und 18 000 kg stündlicher Dampferzeugung.

Ist λ_e die Erzeugungswärme des Dampfes beliebiger Spannung, aus beliebiger Wassertemperatur erzeugt, also $\dfrac{D_e - W_e}{D_1} = \lambda_e$, wenn D_1 das Gewicht des Dampfes ist, so ist die sog. reduzierte Dampfmenge

$$m = \frac{D_e - W_e}{D_1 \cdot 637} = \frac{\lambda_e}{637}.$$

Da nun D_1 kg Dampf mit $R \cdot G$ kg Brennmaterial erzeugt werden, so werden von 1 kg Brennmaterial

$$x = \frac{D_e - W_e}{R \cdot G \cdot D_1 \cdot 637} \text{ kcal} = \text{reduzierte Verdampfung}$$

erzeugt. Dieser Wert ist auch

$$x = \frac{\eta_1 \cdot \eta_2 \cdot X}{637\, D_1} \text{ kcal} .$$

Die in vorstehenden Gleichungen genannten Werte variieren bei verschiedenartigen Brennstoffen sehr stark. Für hochwertiges Brennmaterial von 6500 bis 7500 kcal hat man $\dfrac{R}{H} = \dfrac{1}{35} \div \dfrac{1}{50}$, für minderwertiges Brennmaterial von 2000 bis 3500 kcal wird

$$\frac{R}{H_e} = \frac{1}{15} \div \frac{1}{35}.$$

Die Dampferzeugung für 1 kg Brennmaterial ist nach der Güte des Brennmaterials für 1 kg bei

Steinkohle von 7500 kcal	7,8 bis 8,3 kg Dampf	
„ „ 5500 „	5,6 „ 6,5 „	„
Rohbraunkohle von 2300 kcal	2,5 „ 2,8 „	„

Diese Werte gelten im allgemeinen für Flammrohrkessel. Für Steilrohrkessel werden sie um $10 \div 15$ Proz., bei Siederohrkesseln um 2 bis 7 Proz. überschritten und bei Heizrohrkesseln um 2 bis 7 Proz. unterschritten.

Es ist noch die für 1 qm Heizfläche erzeugte Dampfmenge von Wichtigkeit. Sie beträgt, da

$$D_e - W_e = \lambda_e D_1 \text{ ist,}$$

$$D = \frac{D_1}{H} = \frac{R \cdot G \cdot X}{\lambda_e} \cdot \eta_1 \cdot \eta_2 = \eta_1 \eta_2 \frac{\text{stündl. benötigte Wärmemenge}}{\lambda_e}$$

Die Werte sind in der Tabelle Seite 269 angegeben.

Für Hoch- und Höchstdruckkessel siehe die auf Seite 276 genannten Abhandlungen.

Man ersieht, daß D um so größer wird, je kleiner λ_e wird. λ_e läßt sich verkleinern durch Erwärmung des Speisewassers, d. h. die Einschaltung eines Vorwärmers vergrößert die für 1 qm Heizfläche erzeugte Dampfmenge.

Die pro 1 qm Heizfläche verbrannte Brennstoffmenge in kg ist

$$\frac{G \cdot R}{H} = \frac{\lambda_e D_1}{\eta_1 \eta_2 \cdot X \cdot H} = \frac{D \cdot \lambda_e}{\eta_1 \eta_2 X}.$$

Der Wert steigt wie folgt:

Sehr langsame Verbrennung . 1 bei guten Steinkohlen, 3,3 bei guten Rohbraunkohlen
Langsame Verbrennung . . 2 „   „   „   5,6 „   „   „
Normale Verbrennung . . . 3 „   „   „   8,8 „   „   „
Lebhafte Verbrennung ° . . 5 „   „   „   12,9 „   „   „

Die Menge Brennmaterial für 1 qm Rostfläche und Stunde

$$\frac{G \cdot R}{R} = G = \frac{\lambda_e D_1}{\eta_1 \eta_2 \cdot X \cdot R}$$

ist schon bei der Besprechung der Roste[1]) für Verbrennung ausführlich angegeben.

Die auf dem Rost erzeugte Wärmemenge ist per 1 qm und Stunde, wie folgt:

Steinkohle von 7500 kcal . . . . 850 000 kcal
Steinkohle von 7000 kcal. . . . . 720 000 „
Steinkohle von 6500 kcal . . . . 660 000 „
Braunkohlenbriketts von 4500 kcal. . . . . 600 000 „

Rohbraunkohle von 2100 kcal $\begin{cases} \text{Siebkohle} & . . . . . 600\,000\ „ \\ \text{Förderkohle.} & . . . . . 500\,000\ „ \\ \text{Klarkohle} & . . . . . 400\,000\ „ \end{cases}$

Torf, lufttrocken, von 2500 kcal . . . . 450 000 „
Holz von 3000 kcal . . . . 500 000 „

für normale Verhältnisse[2]).

Wie schon erwähnt, muß die Erzielung eines hohen Wirkungsgrades der gesamten Dampfanlage erreicht werden[3]). Dazu dient der Speisewasservorwärmer oder Economiser und der Überhitzer.

Der Speisewasservorwärmer wird geheizt durch:

1. durch die Abgase des Dampfkessels (selten direkt),

2. durch den Abdampf der Dampfmaschine, Dampfturbine, Dampfpumpe.

1. Ist H_v die Heizfläche des Vorwärmers, D_1 die stündlich nötige Speisewassermenge in kg, t_1 und t_2 die Anfangs- und Endtemperatur der Heizgase am Vorwärmer, t_1' und t_2' die Anfangs- und Endtemperatur des Wassers im Vorwärmer, so ist

$$\frac{H_v}{D} = \frac{1}{k\,[(t_1 - t_1') - (t_2 - t_2')]}\ \log\ \mathrm{nat}\ \frac{t_1 - t_1'}{t_2 - t_2'}$$

$$= \text{angenähert}\ \frac{2\,(t_2' - t_1')}{k\,[(t_1 - t_1') + (t_2 - t_2')]}.$$

Dabei ist bei Schrapern $k = 10$ bis 15, ohne dieselben $k = 5$.

Der Inhalt der Vorwärmer ist $0,5\,D_1$ bis $1,3\,D_1$.

Es kann t_2' bis über $130°$ C gesteigert werden, wobei dann $t_1 = 250 \div 300°$ C und $t_2 = 180°$ C ist. Der Zahlenwert von $\dfrac{H_v}{H}$ ist $^1/_3$ bis $^1/_2$ für mittlere Verhältnisse.

---

[1]) S. 106 u. f. und *Pohlhausen*, Berechnung, Ausführung und Wertung der heutigen Dampfkesselanlagen.

[2]) *H. Dubbel*, Taschenbuch für den Fabrikbetrieb. Julius Springer, Berlin.

[3]) Evaporator-Zeitschrift 1922/23, Heft 1. Wärmeverluste in Dampferzeugungsanlagen von *Christians*.

Die Vorwärmer selbst werden hinter den Kessel eingebaut; sie bestehen aus einem System vertikaler oder horizontaler Rohre oder einem Walzenkessel mit Heizrohren.

Sowohl beim Überhitzer als auch beim Vorwärmer ist die Bedingung zu erfüllen, daß den Heizgasen die notwendige Wärmemenge auch entnommen werden kann. Es ist daher der Wärmeinhalt der Heizgase vor und hinter dem Überhitzer oder Vorwärmer festzustellen. Von dieser Wärmemenge geht ein Teil, etwa 80 Proz., in den Überhitzer oder Vorwärmer über, während der Rest durch Strahlung oder Leitung verloren geht. Gleichzeitig ist auch die Temperatur der Heizgase zu bestimmen, um festzustellen, ob für den Wärmeübergang das nötige Temperaturgefälle an jeder Stelle vorhanden ist. Für diese Berechnung nimmt man zunächst den Überhitzer oder Vorwärmer als Teil des Kessels. Es wird eine sogenannte äquivalente Kesselheizfläche eingeführt, und zwar beim Überhitzer 0,67 der vorläufig angenommenen Überhitzerheizfläche, beim Vorwärmer 0,5 der vorläufig angenommenen Vorwärmerheizfläche. Eine zweimalige Durchrechnung ergibt in den meisten Fällen schon die endgültigen Resultate.

Aus Fig. 39a (S. 105) ist ein Economiser, Bauart *Kablitz*[1]), zu ersehen. Derselbe besteht aus einzelnen, leicht herausnehmbaren Rohrelementen mit senkrecht zur Hauptachse stehenden Rippen; diese Elemente bestehen aus Gußeißen und können sich frei ausdehnen. Sie lassen sich ohne weiteres für Drucke bis über 16 Atm verwenden und erlauben, die Abgase bis auf 120° bis 150° auszunützen. Der Transmissionskoeffizient dieser Economiser ist nach Versuchen etwa $k = 15$ per 1 qm Economiseroberfläche, wodurch eine verhältnismäßig kleine Anzahl Elemente wegen der großen Oberfläche pro laufenden Meter Economiserrohr nötig ist. Die leichte Herausnehmbarkeit und Reinigung ist für den Wirkungsgrad der Economiser von durchschlagender Bedeutung.

2. Die Vorwärmer werden mit Abdampf geheizt. Über derartige Anlagen wird unter „Abwärmeheizung" gesprochen.

Die Zuführung des Speisewassers erfolgt entweder intermittierend oder stetig. Bei der gewöhnlichen Speisewasserpumpe wird das Wasser kalt entweder in den Kessel oder in den Vorwärmer eingepreßt, bei Dampfstrahlpumpen wird es erwärmt. Man benötigt dabei etwa 20 bis 30 kg Dampf zur Förderung von 1 kg Speisewasser[2]).

Genaue Angaben enthält folgende Tabelle:

Dampfdruck des Kessels in Atm	Saughöhe des Wassers in m	Temperatur des Wassers in ° C	Temperatur des Gewässers in ° C.	Wasser-/Dampf- Gewicht
2	1,9	15	34	0,031
6	1,6	15	42	0,044
10	1,2	15	47	0,053

[1]) Feuerungstechnik 3. Jg., 1914/15, Heft 15, von *Kirsch*. Zeitschr. für Dampfkessel und Maschinenbetrieb 1921, Nr. 12, Der Kleinwasserraum-Economiser (Bauart *Kablitz*) *von Fahrbach*. Die Wärme 1923, Nr. 13 und 14, Kesselhauswirtschaft in russischen Zuckerfabriken von *Constant*.

[2]) *H. Berg*, Die Pumpen, Abschnitt Dampfstrahlpumpen. Julius Springer, Berlin, und *Ihering*, Die Gebläse.

Die ununterbrochene Speisung, bezw. diejenige, die sich automatisch dem Dampfverbrauch im Kessel anpaßt, ist u. a. die *Copes*-Speisewasserzuführung. Sie sucht die Speisung der Verdampfung anzupassen, kann jedoch nur bei Speisepumpen und nicht bei Injektoren verwandt werden. Fig. 164 (Tafel VI) zeigt den Apparat. Er besteht aus einem Thermostaten, der durch Dampf- und Wassertemperatur beeinflußt wird und dadurch ein Ventil öffnet oder schließt. Ausführliches findet sich bei *Schierenbeck*, Die ideale Kesselspeisung und ihre Verwirklichung; Archiv für Wärmewirtschaft 4. Jg., Heft 12.

Eine weitere wichtige Anlage beim Kessel ist die Speisewasserreinigung[1]). Ungereinigtes Speisewasser setzt Schlamm und Kesselstein ab, so daß der Wärmeübergang und damit Nutzeffekt des Kessels sich vermindert. Die Reinigung selbst ist mechanisch und chemisch. Erstere hat das Prinzip, in Klärbassins und Filtern grobe mechanische Beimengungen zu entfernen und dann auch das evtl. im Wasser enthaltene Öl durch Entöler und Filter zu beseitigen. Letztere befreit das Wasser von den darin gelösten Sulfaten, Chloriden und Carbonaten, von Magnesium und Calcium. Es ist

$$
\begin{aligned}
1 \text{ deutscher Härtegrad} &= 1{,}786 \text{ französische Härtegrade} \\
&= 1{,}250 \text{ englische Härtegrade} \\
&= 10{,}00 \text{ mg } CaO \\
&= 17{,}86 \text{ ,, } CaCO_3 \\
&= 7{,}15 \text{ ,, } MgO
\end{aligned}
$$

in 1 l Wasser.

Die Sulfate geben bei der Verdampfung des Wassers den festen Kesselstein; die Carbonate, die in dem kalten kohlensäurehaltigen Wasser gelöst sind, fallen beim Erhitzen des Wassers aus, da die Kohlensäure weggeht. Kohlensaurer Kalk ist in heißem Wasser fast gar nicht ($\frac{1}{50000}$), kohlensaure Magnesia sehr schwer löslich. Die Chloride zersetzen sich bei hohem Druck und Temperatur und geben Salzsäure ab, die den Kessel anfrißt.

Kohlensaurer Kalk reagiert bei hohen Dampfspannungen mit Magnesiumsulfat und -chlorid nach der Beziehung

$$
\begin{aligned}
CaCO_3 + MgSO_4 &= MgO + CaSO_4 + CO_2, \\
CaCO_3 + MgCl_2 &= MgO + CaCl_2 + CO_2.
\end{aligned}
$$

Das MgO aus $MgSO_4$ ist unlöslich und brennt fest, das MgO aus $MgCl_2$ scheidet sich in Flocken aus, die nicht festbrennen.

Zur Ausscheidung dieser Stoffe verwendet man:

a) Ätzkalk (1 cbm Wasser + 1 kg CaO); er wird nur bei Vorhandensein von Carbonaten benutzt.

b) Soda; sie dient vornehmlich zur Fällung von Calciumsulfat und Calciumbicarbonat.

c) Ätzkalk und Soda; diese beiden Stoffe lösen alle Sulfate und Carbonate vom Calcium und Magnesium.

d) Ätznatron wirkt wie unter c); es ist nur teurer.

---

[1]) The Engineer Jg. 137, 1924, Nr. 3557, Allgemeine Verfahren für die Wasserreinigung für industrielle Zwecke von *Heastic*.

e) Reinigung mit Zeolithen = basischen Aluminatsilicaten. Werden dieselben mit P (Permutit) bezeichnet, so folgt:

$$Na_2P + CaH_2(CO_3)_2 = Ca \cdot P + 2\,NaHCO_3,$$
$$Na_2P + CaSO_4 \qquad = CaP + Na_2SO_4.$$

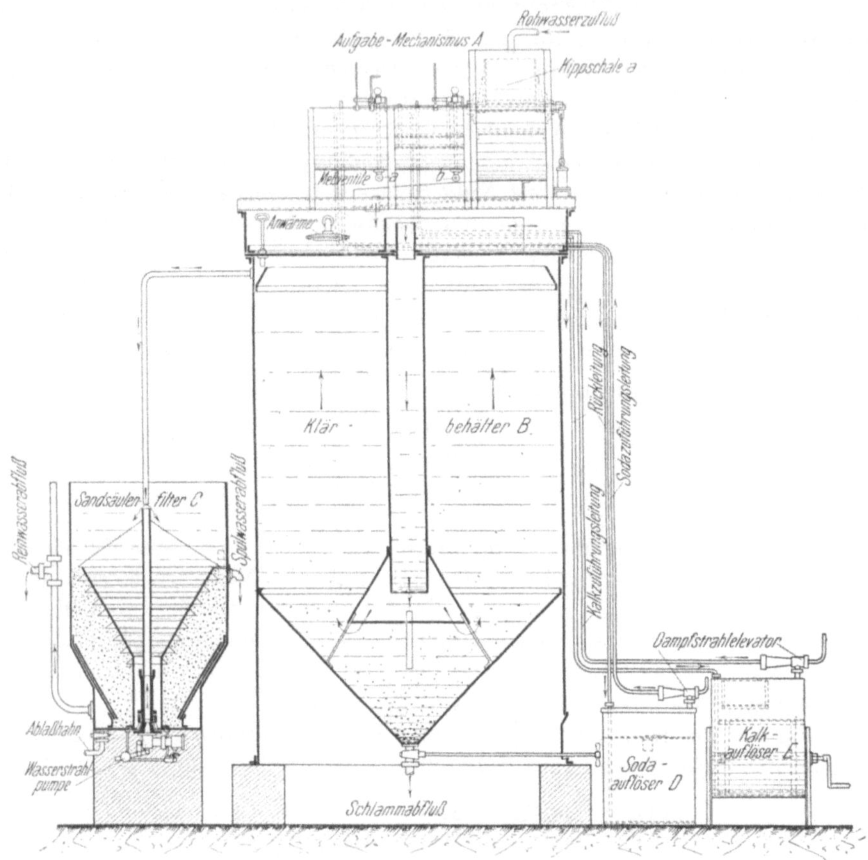

Fig. 165. Speisewasserreinigung von *Schumann*.

Wenn Permutit allen Natriumgehalt ausgetauscht hat, so kann es mit Kochsalz regeneriert werden:

$$CaP + 2\,NaCl = Na_2P + CaCl_2.$$

Anlagen für Kesselspeisewasserreinigung[1]) sind in Fig. 165 und 166 dargestellt.

In Fig. 166 ist in *2* eine Meßvorrichtung eingebaut, die das zu reinigende Wasser mißt. *3* ist ein Wasserrad, das das Rührwerk im Kalksättiger *13* bedient. *7* ist der Sodakasten. *9* ist ein Mischgefäß für die Mischung von

---

[1]) *Karl Schmid*, Reinigung und Untersuchung des Kesselspeisewassers. Konrad Wittwer, Stuttgart; und *Tetzner-Heinrich*, Die Dampfkessel, Abschnitt Reinigung des Kesselspeisewassers. Julius Springer, Berlin.

Kalk-, Soda- und Rohrwasser. Durch *6* fließt das Wasser nach *20* ab und steigt zwischen den spiralförmigen Flächen zwecks Absetzen der Verunreinigungen nach oben.

Die Reinigung der Kesselfläche ist sehr wichtig, da die Wärmeübertragung infolge des schlechten Leitungsvermögens 2 gegen 56 von Kesselstein zu Eisen außerordentlich vermindert wird. Eine 1 cm starke Eisenplatte entspricht im Wärmeleitvermögen einer 0,018 cm starken Kesselsteinschicht[1]).

Um nun die Leistung der Kesselanlage noch mehr zu erweitern und gleichzeitig auch für die Dampfverwertung in der Kraftanlage günstigere Werte zu schaffen, wird neben dem Economiser oder Speisewasservorwärmer noch ein Überhitzer eingebaut.

In der Nähe des Sättigungsgebietes gelten für Dämpfe nicht mehr die Gesetze der vollkommenen Gase. Wenn der kritische Punkt erreicht ist, wird:

$$c_p = \infty,$$

$$\left(\frac{\partial v}{\partial T}\right)_p = \infty,$$

$$\left(\frac{\partial v}{\partial p}\right)_T = \infty,$$

$$\left(\frac{d s}{\partial T}\right)_p = \infty.$$

Diese Werte spielen bei Dampfmaschinen, sofern nicht Höchstdruck in Betracht kommt, keine Rolle, da der Dampf fast nie bis zum Sättigungspunkt in der Maschine ausgenützt wird; bei Kältemaschinen, für negative Wärmeerzeugung, kommen diese Werte in Betracht. Aus den Gasgesetzen kann man nun für überhitzten Dampf bestimmen, wenn (unter Annahme gleicher Maßeinheiten)

$$\mathfrak{B} = 0{,}075 \left(\frac{273}{T}\right)^{\frac{10}{3}}$$

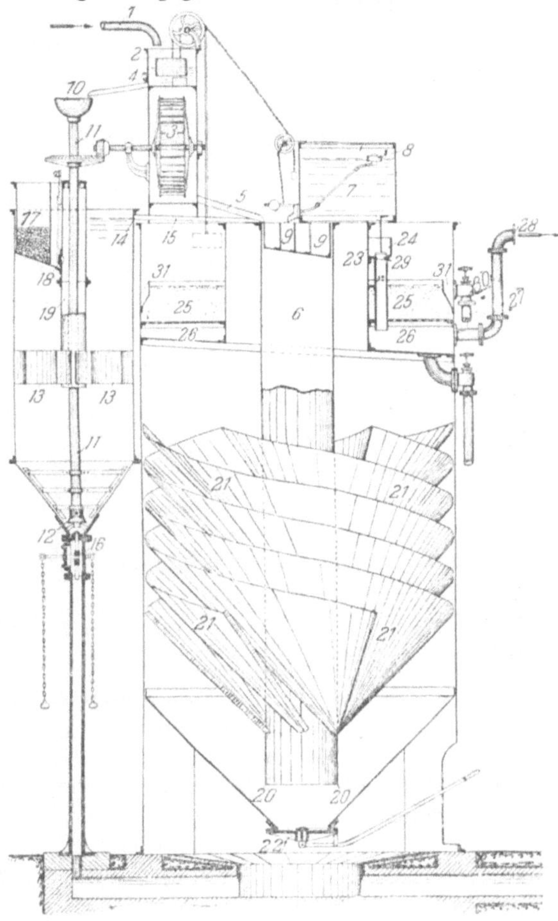

Fig. 166. Wasserreiniger *Kyll*.

---

[1]) Balcke-Kondensation, Verlag Maschinenbauaktiengesellschaft Balcke, Bochum.

$$\mathfrak{S} = \frac{10\,000}{427} \cdot \frac{10}{3} \cdot \frac{\mathfrak{B}}{T},$$

$$\mathfrak{R} = \frac{10\,000}{427} \left(\frac{13}{3}\,\mathfrak{B} - 0{,}001 \right)$$

ist, daß das spezifische Volumen:

$$v = 0{,}0047\,\frac{T}{p} - 0{,}001 - \mathfrak{B},$$

die Entropie:

$$s = 0{,}477 \log \mathrm{nat}\, T - 0{,}11 \log \mathrm{nat}\, p - \mathfrak{S}\,p - 1{,}0544,$$

die Energie:

$$U = 564{,}7 + 0{,}367\,(T - 273) - 78{,}1\,\mathfrak{B}\,p$$

$$= \frac{10}{3}\,p\,(v_1 - v_2) + 464{,}7,$$

der Wärmeinhalt:

$$i = 594{,}7 + 0{,}477\,(T - 273) - \mathfrak{R}\,p$$

$$= \frac{10}{3}\,p\,(v_1 - v_2) + p\,v_2 + 464{,}7,$$

und damit ist die Überhitzungswärme

$$\alpha = i - i_1 \ {}^{[1]}.$$

Für adiabatische Zustandsänderung ist:

$$\frac{p}{T^{\frac{13}{3}}} = \text{konst.},$$

$$T\,(v - 0{,}001)^3 = \text{konst.},$$

$$p\,(v - 0{,}001)^{1{,}3} = \text{konst.}$$

In nachfolgender Tabelle[2] sind die spezifischen Wärmen des überhitzten Wasserdampfes

$$c_p = \left(\frac{\partial q}{\partial T} \right)_p = T \left(\frac{\partial s}{\partial T} \right)_p$$

angegeben, wie sie zwischen der Sättigungstemperatur und der Überhitzungstemperatur gelten:

	$p =$ 1	2	4	6	8	10	12	14
	$t =$ 99,1	119,6	142,8	157,9	169,5	178,9	187,0	194,0
$\varDelta t = 100$	$c_p =$ 0,501	—	—	—	—	—	—	—
$\varDelta t = 200$	$c_p =$ 0,491	0,503	0,523	0,538	0,558	0,573	0,588	0,601
$\varDelta t = 300$	$c_p =$ 0,487	0,496	0,508	0,519	0,531	0,541	0,551	0,562
$\varDelta t = 400$	$c_p =$ 0,484	0,491	0,500	0,508	0,517	0,523	0,531	0,538
$\varDelta t = 500$	$c_p =$ —	0,489	0,496	0,504	0,510	—	—	—

[1] Index 1 für Dampf, 2 für Flüssigkeit.
[2] Nach Versuchen von *Knoblauch* und *Jakob*.

Damit ergibt sich die Energievergrößerung von 1 kg Dampf durch Wärmezufuhr, die aus den Abgasen entnommen wird. Diese Wärmezufuhr bewirkt:

a) das Nachverdampfen des aus dem Kessel mitgerissenen Wassers,

b) die Raumvergrößerung des Dampfes aus dem Kessel und des durch Nachverdampfen erzeugten Dampfes, da ja p konstant bleibt;

c) Verminderung der Kondensationsverluste in der Leistung und Erzielung trockenen Dampfes an der Gebrauchsstelle.

Die Heizfläche des Überhitzers richtet sich nach der Wärmeaufnahme, die aus:

1. Nachverdampfen des mitgerissenen Wassers,

2. Überhitzen des gesamten Dampfes um eine gewisse Temperatur besteht, und nach der Temperatur der Heizgase, die von der Größe der bestrichenen Kesselfläche abhängen, sowie dem Material, aus dem der Überhitzer besteht. Man rechnet im allgemeinen für 1 qm Überhitzerfläche und 1° C Temperaturunterschied per 1 Stunde 20 ÷ 30 kcal.

Wenn der Dampf zu lange im Überhitzer bleibt, so nimmt er mehr Wärme, als erwünscht und für die Maschine geeignet ist, auf; ebenso werden die Überhitzerrohre dann zu stark erwärmt. Im Mittel genügen 10 bis 16 m Dampfgeschwindigkeit in der Sekunde in den Überhitzerrohren. Es wird dann das Entnahmerohr für Heißdampf mit 50 m und für Sattdampf mit 20 bis 25 m Geschwindigkeit des entnommenen Dampfes dimensioniert. Die Überhitzer liegen in den Temperaturgrenzen von 450 bis höchstens 700° der Abgase.

Fig. 167 und 168 zeigen die Anordnung eines Überhitzers bei einem Doppelkessel und einem Wasserrohr-(Siederohr-)Kessel, wie sie von *J. A. Topf & Söhne* in Erfurt ausgeführt werden, siehe auch Fig. 35, 37, 151 bis 163.

Die Berechnung des Überhitzers ist wie folgt: Ist

D_1 die stündlich benötigte Dampfmenge von $t°$ C;

p_1 die Dampfspannung in Atm;

t_1 die zugehörige Temperatur in °C;

$(1 - x)$ die Feuchtigkeit in kg pro 1 kg in den Überhitzer strömenden Dampfes;

w_1 die Verdampfungswärme;

c_p die mittlere spezifische Wärme zwischen t_1 und $t°$;

Q die zur Überhitzung nötige Wärme in kcal/St.;

F die Überhitzerfläche in qm;

k die mittlere Übergangszahl in kcal/qm $=$ St.;

η der Wirkungsgrad des Überhitzers,

o ist

$$Q = \eta \cdot k F (t - t_1) = \eta D_1 [x + (1 - x) w_1] c_p (t - t_1) = \alpha D_1 .$$

Bei Hochdruckdampf und Höchstdruckdampf siehe die Seite 276 angeführten Schriften.

Was nun die Ersparnis an Brennstoff an Vorwärmern und Überhitzern anbelangt, so ergibt sie sich bei Vorwärmern zu

$$v = 0{,}50 \frac{t_1 - t_2}{k} = 0{,}50 \frac{\Delta t}{k} ,$$

wobei t_1 die Temperatur der abziehenden Gase vor dem Economiser,
t_2 die Temperatur der abziehenden Gase hinter dem Economiser,
k den Kohlensäuregehalt in Proz. der Abgase
bedeutet.

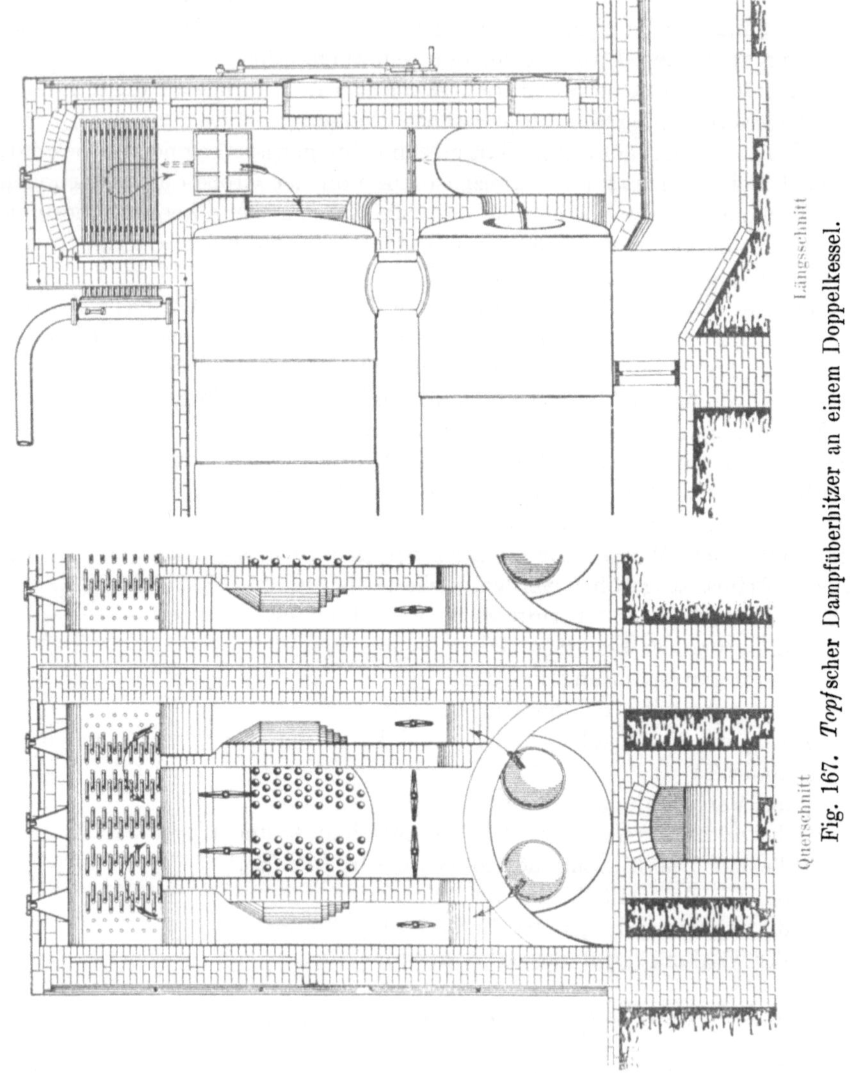

Fig. 167. *Topf*scher Dampfüberhitzer an einem Doppelkessel.

Der Wert v schwankt zwischen 5 und 15 Proz.
t_1 ist etwa $250 \div 230°$ C, $t_2 = 150 \div 180°$ C.

Für den Economiser ist die gewonnene Wärmemenge dem Werte α mal dem Gewicht des abgenommenen überhitzten Dampfes entsprechend. In Zahlenwerten ergibt sich 6 bis 12 Proz. im Mittel.

In Fig. 169 ist eine Abhitzekesselanlage mit Dampfüberhitzer abgebildet. Der Überhitzer ist am Eingang der Abgase in den Kessel angebracht und durch ein gekreuztes Rechteck gekennzeichnet. Um die für Überhitzung nötige Wärme zu erhalten, ist diese Anordnung nötig.

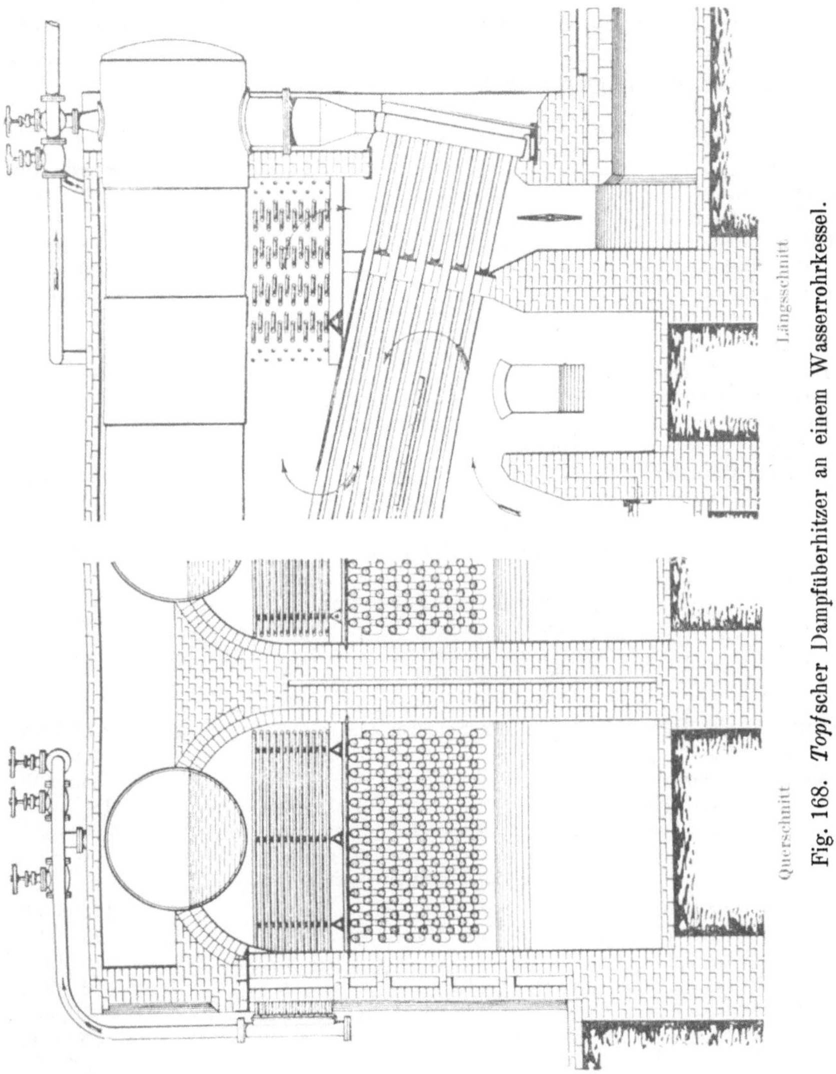

Fig. 168. *Topf*scher Dampfüberhitzer an einem Wasserrohrkessel.

Diese Wärmegewinne von Vorwärmer und Economiser treten natürlich als Ersparnisse an Brennstoff auf, da die reduzierte Verdampfung den Wert $D_e - W_e$ enthält; durch die Vergrößerung von W_e infolge des Vorwärmers wird $D_e - W_e$ kleiner. $D_e - W_e = \lambda_e D_1$ kcal wird durch den Überhitzer dadurch kleiner, daß der Wert $\lambda_e D_1$ um αD_1 verkleinert wird. Man hat dann noch

$(\lambda_e - \alpha)\, D_1 = \lambda_e D_1'$ als die vom Kessel zu erzeugende Dampfmenge anzusehen, und das Dampfgewicht pro Stunde ist nur D_1'.

Besonderer Wert ist bei Kesseln auf den Verlust durch Leitung und Strahlung zu legen, wie schon bei dem Kapitel über Verbrennung ausgeführt wurde.

Damit läßt sich eine Wärmebilanz eines Kessels[1]) aufstellen. Sie ist vom
Verein deutscher Ingenieure, dem Internationalen Verbande der Dampf-
kesselüberwachungsvereine und dem Verein deutscher Maschinenbauanstalten
aufgestellt und hat folgendes Schema:

Verdampfungsversuch.

Kesselsystem	Wasserrohrkessel
Kesselheizfläche	305 qm
Normale Kesselspannung	13 Atm
Rostfläche	8,16 qm
Überhitzerfläche	100,00 „
Economiserfläche	185,00 „

I. Notierungen.

1.	Dauer des Versuches	593 Min.
2.	Gesamter Kohlenverbrauch	11230 kg
3.	Rückstände in Asche und Schlacke	9,5 Proz.
4.	Gesamter Speisewasserverbrauch	77000 kg
5.	Mittlere Dampfspannung	12,5 Atm
6.	„ Temperatur des Speisewassers vor dem Economiser	11° C
7.	„ „ des Speisewassers hinter dem Economiser	88° „
8.	„ „ des überhitzten Dampfes	304° „
9.	„ „ im Kesselhaus	20° „
10.	„ „ der Feuergase im Feuerraum	1150° „
11.	„ „ vor dem Überhitzer	582° „
12.	„ „ hinter dem Überhitzer	487° „
13.	„ „ vor dem Economiser	352° „
14.	„ „ hinter dem Economiser	245° „
15.	Mittlerer CO_2-Gehalt der Gase am Schieber	12,6 Proz.
16.	„ O_2- „ „ „ „ „	6,8 „
17.	Zugstärke über dem Rost	5 mm W.-S.
18.	„ am Schieber	18 „
19.	„ des Unterwinds oder Evaporator unter dem Rost	0 „

II. Leistung und Ausnutzung.

1.	Kohlenverbrauch für 1 St.	1135,00 kg
2.	Kohlenverbrauch für 1 St. und 1 qm Rostfläche	139,00 „
3.	Dampferzeugung	7791,00 „
4.	Dampferzeugung für 1 qm Heizfläche	25,56 „
5.	Bruttoverdampfung: 1 kg Kohle erzeugt Dampf	6,86 „
6.	Gesamtwärme für 1 kg Sattdampf	669 kcal
7.	Temperatur des Sattdampfes	192° C
8.	Überhitzung beträgt	112° „
9.	Spezifische Wärme des Dampfes	0,54 kcal
10.	Gesamtwärme für 1 kg Heißdampf	729,00 „

---

[1]) Chaleur et Industrie **5**, 1924, Nr. 48, S. 182 und Nr. 49, S. 238, und Evaporator-
Zeitschrift 1922/23, Heft 5; 1924, Heft 6, Durchführung und Auswertung von Ver-
dampfungsversuchen von *Schierenbeck*.

$\left.\begin{array}{l} 11. \\ 12. \\ 13. \end{array}\right\}$ Nutzbar gewonnene Wärmemenge für 1 kg Dampf beim $\left\{\begin{array}{l} \text{Economiser} \dots\dots 88 - 11 = 77{,}00 \text{ kcal} \\ \text{Kessel} \dots\dots\dots 669 - 88 = 581{,}00 \text{ „} \\ \text{Überhitzer} \dots\dots 112 \cdot 0{,}54 = 60{,}00 \text{ „} \end{array}\right.$

$$\overline{718{,}00 \text{ kcal}}$$

14. Dampf insgesamt . . . . 718,00 „
15. Nutzbar gewonnene Wärme für 1 kg Kohle . . . . 6,86 · 718 = 4925,00 „
16. Calorimetrischer Heizwert von 1 kg Kohle . . . . 6121,00 „
17. Feuerwirkungsgrad . . . . 90,0° C
18. Kesselwirkungsgrad . . . . 89,5° „
19. Thermischer Wirkungsgrad . . . . 4925 : 6121 = 90,5 · 89,5 = 80,5° „
20. Thermodynamischer Wirkungsgrad . . . . 4925 : 5399[1)   =   93,0° „
21. Nettoverdampfung . . . . $\left.\right\}$ H_2O von 0° . . . 7,71 kg
22. Normaldampf für 1 St. und 1 qm Heizfläche . $\left.\right\}$ Dampf von 100°. 28,73 „

III. Wärmebilanz.

1. Im Dampf nutzbar gewonnen . . . . 4925 kcal = 80,5 Proz.
2. Schornsteinverlust . . . . 722 „ = 11,8 „
3. Restverluste . . . . 474 „ = 7,7 „
4. Heizwert der Kohle[2) . . . . 6121 kcal = 100,0 Proz.

Hierzu ist zu bemerken:

Im allgemeinen sind die Versuche zur Ermittlung des Wirkungsgrades der Kesselanlagen auf mehrere Tage auszudehnen und die Bedienung der Feuerung dem Heizer wie gewöhnlich zu überlassen. Erst, dann wird sich der wahre Wirkungsgrad, wie er im Dauerbetrieb ist, ergeben. Um nun die Fehler, die hierbei gemacht werden, zu prüfen, ist ein sog. Paradeversuch, etwa 8 bis 10 Stunden, zu machen und hiernach die einzelnen Werte zu vergleichen. Wichtig ist, daß bei diesen Vergleichen die Kohlensorte, Kohlengröße und der Heizwert der Kohle gleich sind.

Neben der Heizung der Kessel durch Verbrennung sind noch die elektrisch geheizten Dampfkessel[3) zu erwähnen. Es gibt hier zwei Methoden:

1. die Widerstandsheizung und
2. die Elektrodenheizung.

Im ersten Falle wird der elektrische Strom, Gleichstrom, Ein- oder Mehrphasenwechselstrom, durch einen Leiter gesandt, der sich erwärmt. Dieser Leiter liegt entweder direkt im Kessel und wird vom Wasser umspült, oder er wird mit einer Isolation umgeben. Außerdem kann der Draht auch unterbrochen werden, so daß der Strom teilweise durch das Wasser geht. Im letzteren Falle kann nur mit Wechselstrom gearbeitet werden. Ferner kann der Widerstandskörper an Stelle der Feuerung eingebaut werden, so daß dann der sog. elektrische Rost heiße Luft erzeugt, die durch Leitung und Strahlung den Dampf im Kessel hervorbringt. Fig. 170 zeigt einen Kessel mit Tauchrohrheizkörpern.

Die Elektrodenheizung, die nur bei Wechselstrom möglich ist, eignet sich für alle Spannungsarten.

[1) 6121 — 722 = 5399 (Kohle in der Asche ist nicht berücksichtigt).
[2) Siehe auch S. 59.
[3) *Zeulmann*, Elektrische Dampferzeugung. Zeitschr. d. V. d. Ing. 67. Jg., Nr. 1.

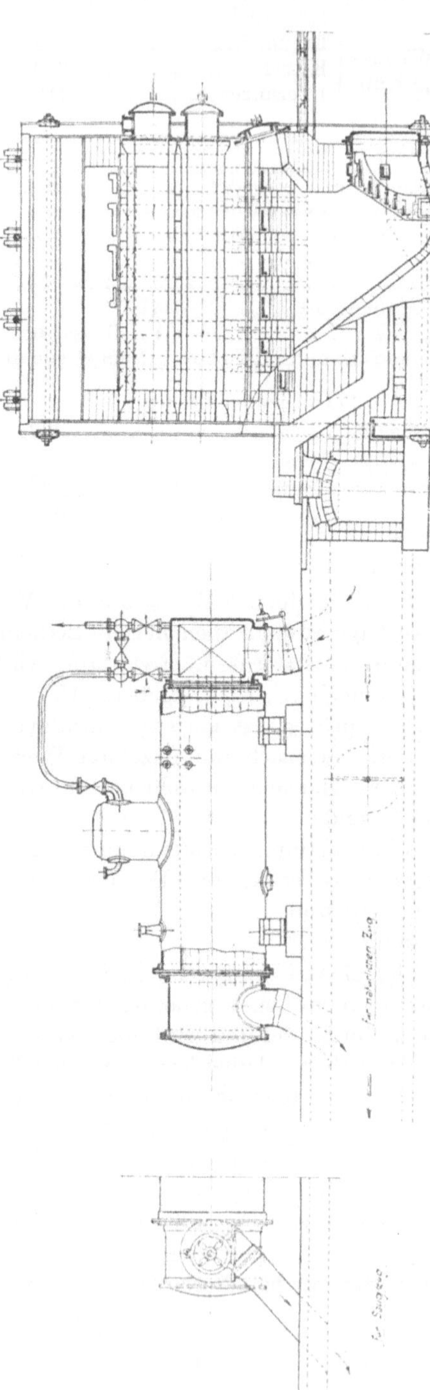

Fig. 169. Abhitzekesselanlage hinter Halbgeneratoröfen.

Der Strom wird hierbei durch das Wasser geleitet, so daß dasselbe direkt erwärmt wird. Fig. 171 zeigt eine derartige Ausführung der *A.E.G.* Berlin. Theoretisch ergibt sich aus

$$1 \text{ kW-St.} = 367000 \text{ mkg} = 845 \text{ kcal.}$$

Der Wirkungsgrad der Anlage besteht bei im Kessel befindlichen Elektroden nur in dem Kesselwirkungsgrad, während der Feuerwirkungsgrad wegfällt Man kann also mit 90 bis 94 Proz. rechnen.

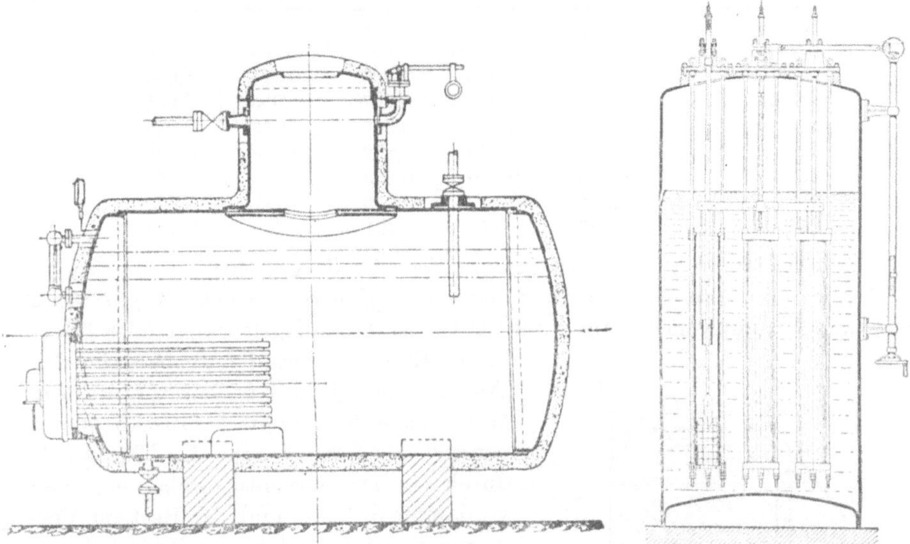

Fig. 170. Elektrischer Dampfspeicherkessel mit Tauchrohrheizkörpern.

Abb. 171. *A.-E.-G.*-Elektrodenkessel für hochgespannten Drehstrom mit Regulierantrieb.

Die Seite 200 unter 18. angeführten Medien dienen in der Hauptsache zur Zuführung von Wärme aus einem kälteren zu einem wärmeren Medium. Dazu ist in Wärme umgewandelte mechanische Arbeit nötig. Der Hauptvertreter dieses Typs sind die

Kältemaschinen[1]).

Man unterscheidet:

Kompressionskältemaschinen,

Absorptionskältemaschinen und

Wasserdampfkältemaschinen.

Die Kompressionskältemaschinen bestehen aus:

dem Kompressor,

dem Verdampfer oder Refrigerator und

dem Kondensator.

---

[1]) *Ostertag*, Kälteprozesse. Julius Springer, Berlin. *Hirsch*, Die Kältemaschine. Julius Springer, Berlin.

Der Kompressor entspricht der Dampfmaschine, der Verdampfer oder Refrigerator dem Dampfkessel, der Kondensator dem Kondensator der Dampfmaschine. Im Verdampfer wird Kohlensäure, Ammoniak oder schweflige Säure verdampft. Dies geschieht durch Aufnahme von Wärme von außen entweder aus der Luft oder vielfach einer Salzlösung, die als Medium für Wärmeübertragung dient. Es sei eine Tabelle[1]) für die spezifische Wärme von Salzlösungen angegeben:

1 kg Salzlösung hat bei einem Gehalt von Proz. Kochsalz:

Von	bei	— 10	0	+ 10	+ 30	+ 50° C
0 Proz.	$c =$	—	1,006	1,002	0,998	1,001
4 „	$c =$	—	0,944	0,947	0,955	0,961
8 „	$c =$	—	0,904	0,907	0,913	0,919
12 „	$c =$	—	0,869	0,872	0,878	0,883
16 „	$c =$	0,838	0,840	0,843	0,848	0,853
20 „	$c =$	0,812	0,814	0,816	0,821	0,824
24 „	$c =$	0,787	0,789	0,791	0,795	0,700

Der Arbeitsprozeß ist im Diagramm Fig. 172 dargestellt[2]).

Der aus dem Verdampfer angesaugte Dampf wird auf dem Weg *1* bis *2* adiabatisch komprimiert. Im Punkt *2* ist der Dampf getrocknet oder über-hitzt. Er wird hierauf unter Abgabe der Wärmemenge Q_a im Kondensator auf dem Weg *2* bis *3* verflüssigt. In *3* ist die Temperatur t_3. Nach *3* geht die Flüssigkeit durch ein Drosselventil, wobei ein Teil verdampft *3* bis *4* und der Rest im Verdampfer auf *4* bis *1* fast vollständig verdampft durch Wärmeaufnahme aus der Umgebung: aus Luft oder der Salzlösung. Die hier entnommene Wärme Q_k heißt die Kälteleistung. Ist L die Kompressorarbeit in Calorien, so ist

$$Q_a = Q_k + L \,.$$

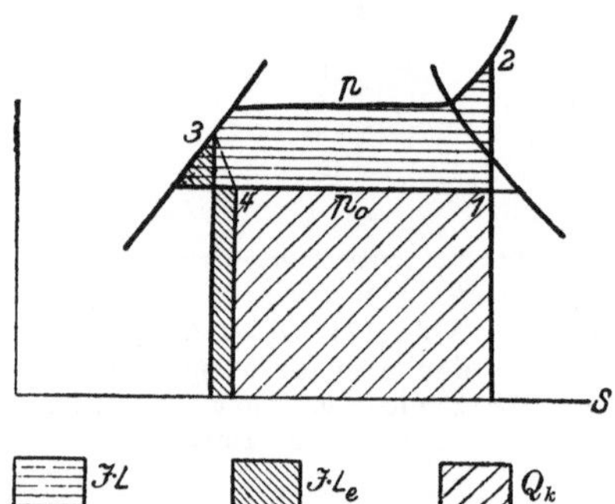

Fig. 172. Arbeitsdiagramm.

Der Wert Q_k soll möglichst groß, der Wert L möglichst klein sein. Es ist

$$\varepsilon = \frac{Q_k}{L} = \frac{Q_a}{L} - 1$$

der Leistungsfaktor der Maschine. Mit $L = 1$ PS-St. ist

$$Q_k = 632 \,\varepsilon = K = \text{Kälteleistung für 1 Stunde.}$$

Beim Durchströmen durch das Drosselventil geht eine gewisse Arbeit L_e verloren, man hat daher effektiv

$$\varepsilon' = \frac{Q_k + L_e}{L - L_e}$$

---

[1]) Nach *Gröber.*
[2]) *W. Schüle,* Technische Thermodynamik, 2. Auflage, Kap. 36 u. 81 sowie *Hans Lorenz,* Lehrbuch der technischen Physik, 2. Bd., § 7 u. § 29.

und

$$\xi = \frac{\varepsilon' - \varepsilon}{\varepsilon'} = \frac{L_e}{L}\left(1 + \frac{1}{\varepsilon}\right).$$

L wächst mit der Verdampfungswärme,

L_e ist nur von der spezifischen Wärme des Arbeitsstoffes abhängig.

ε wird also um so größer, je größer die Flüssigkeitswärme und je kleiner die Verdampfungswärme ist. In der Nähe des kritischen Punktes ist also der Prozeß ungünstig.

Der Prozeß des Drosselns ist nicht reversibel. Wird statt des Drosselventils ein Expansionszylinder genommen so hat man einen Carnotschen Kreisprozeß. Es ist dann

$$L = Q_a - Q_k,$$

also

$$\varepsilon = \frac{Q_k}{Q_a - Q_k} = \frac{T_k}{T_a - T_k}$$

und

$$\xi = \frac{L_e}{L} \cdot \frac{T_a}{T_k}.$$

Man hat: für Kohlensäure $\qquad \xi = 0{,}15 \div 0{,}40,$

für Ammoniak $\qquad \xi = 0{,}04 \div 0{,}08,$

für schweflige Säure $\quad \xi = 0{,}04 \div 0{,}08.$

Einen Einblick über die Vollkommenheit der Maschine erhält man, wenn man die wirklichen Prozesse mit den idealen vergleicht[1]), also:

a) Die Kompressionsarbeit ist

$$L = i_2 - i_1 \qquad \text{mit} \qquad s_2 = s_1;$$

bei Ansaugen von trockenem Dampf ist

$$L = \frac{k}{k-1} \cdot 10000\, p_k \cdot v_k^{da}\left[\left(\frac{p_a}{p_k}\right)^{\frac{k-1}{k}} - 1\right]$$

mit

$$k = \tfrac{4}{3} \text{ für Ammoniak}$$

und

$$k = \tfrac{5}{4} \text{ für schweflige Säure;}$$

bei Kompression auf trockenen Dampf

$$L = i_a^{da} - i_k^{da} + T_k\left(s_k^{da} - s_a^{da}\right).$$

b) Die Wärmemenge, die der Kondensator aufnimmt:

$$Q_a = i_2 - i_3.$$

c) Beim Passieren des Drosselventils:

$$i_3 = i_4,$$
$$i_3 = (i_k)^{fl} - x_4\, r_k.$$

d) Die Kälteleistung ist

$$Q_k = i_1 - i_4 = i_1 - i_3,$$
$$i_1 = (i_k)^{fl} + x_1\, r_k.$$

---

[1]) Die Zahlenwerte siehe Tabellen auf S. 18 und 19.

Damit ergibt sich:

$$L = Q_a - Q_k \, .$$

Die oberen Indexe da und fl beziehen sich auf Dampf und Flüssigkeit.

Während L für Ammoniak und schweflige Säure nach obiger Formel berechnet werden kann, ist für Kohlensäure eine zeichnerische Ermittlung aus dem Diagramm erforderlich wegen der ungenauen Berechnung in der Nähe des kritischen Punktes. Man erhält dabei folgende Werte mit dem Enddruck der Kompression von

	$p =$	60	80	100 Atm
$t_k = -30°$	$L =$	15,15	19,00	22,40
	$t°$	72,0	99,0	122,0
$t_k = -20°$	$L =$	11,30	14,87	17,88
	$t° =$	62,0	87,5	109,0
$t_k = -10°$	$L =$	7,86	11,13	13,84
	$t° =$	52,0	76,3	97,5
$t_k = 0°$	$L =$	4,85	7,76	10,25
	$t° =$	42,0	66,0	86,5

Was nun die geläufigen Drucke angeht, so sind

für Kohlensäure . . . . 60,0 Atm
  ,,   Ammoniak . . . . 9,8 ,,
  ,,   schweflige Säure . . . . 3,5 ,,

üblich; sie geben normale Kühlwassertemperaturen von 30° bei etwa 15° Anfangstemperatur. Fig. 173 gibt ein Bild einer Kohlensäurekühlanlage.

Ein weiterer Typ der Kompressionsmaschine ist die Kaltluftmaschine. Luft wird in einem Kompressor komprimiert, hierauf gekühlt und getrocknet und in einem Expansionszylinder expandiert. Die expandierte Luft strömt entweder in den Kühlraum oder durch ein Rohrsystem und wird dann aus dem Kühlhaus oder Rohrsystem, nachdem sie Wärme aufgenommen hat, vom Kompressor wieder angesaugt. Da 1 cbm Luft nur 0,3 kcal enthält, so sind große Luftmengen und daher große Maschinenabmessungen nötig.

Neben der Kompressionskältemaschine kommt die Absorptionskältemaschine in Betracht[1]). Sie erzeugt, wie die Ammoniakkältemaschine, Kälte durch Verdampfung von flüssigem Ammoniak. Die Ammoniakdämpfe werden durch Wasser absorbiert. Das Austreiben des absorbierten Ammoniaks erfolgt in einem Kocher. Es entsteht hier ein Druck bis 9 Atm. Die Dämpfe werden nun im Kondensator durch Abkühlung verflüssigt. Hierauf strömt das flüssige Ammoniak durch den Regler in den Verdampfer, wo es vergast und durch kaltes Wasser absorbiert wird. Das heiße, ammoniakarme Wasser des Kochers und das kalte, ammoniakreiche Wasser des Absorbers tauschen ihre Wärme im sog. Temperaturwechsler im Gegenstrom aus. Man hat also die Arbeit des Kompressors und die Wärme des Kochers zuzuführen. Der Absorber benötigt außerdem viel Kühlwasser. Die Maschine bietet da Vorteile, wo Heizdampf für den Kocher zur Verfügung steht.

---

[1]) Näheres hierüber sowie über die Anlage von Eis- und Kälteanlagen siehe: *W. Pohlmann*, Taschenbuch für Kältetechniker von *Georg Göttsche*, Hamburg, Hanseatische Verlagsanstalt.

Die vom Wasser des Absorbers aufzunehmende Wärme ist für 1 kg Ammoniak etwa 480 kcal. Diese Wärme ist vom Kühlwasser abzuführen. Die

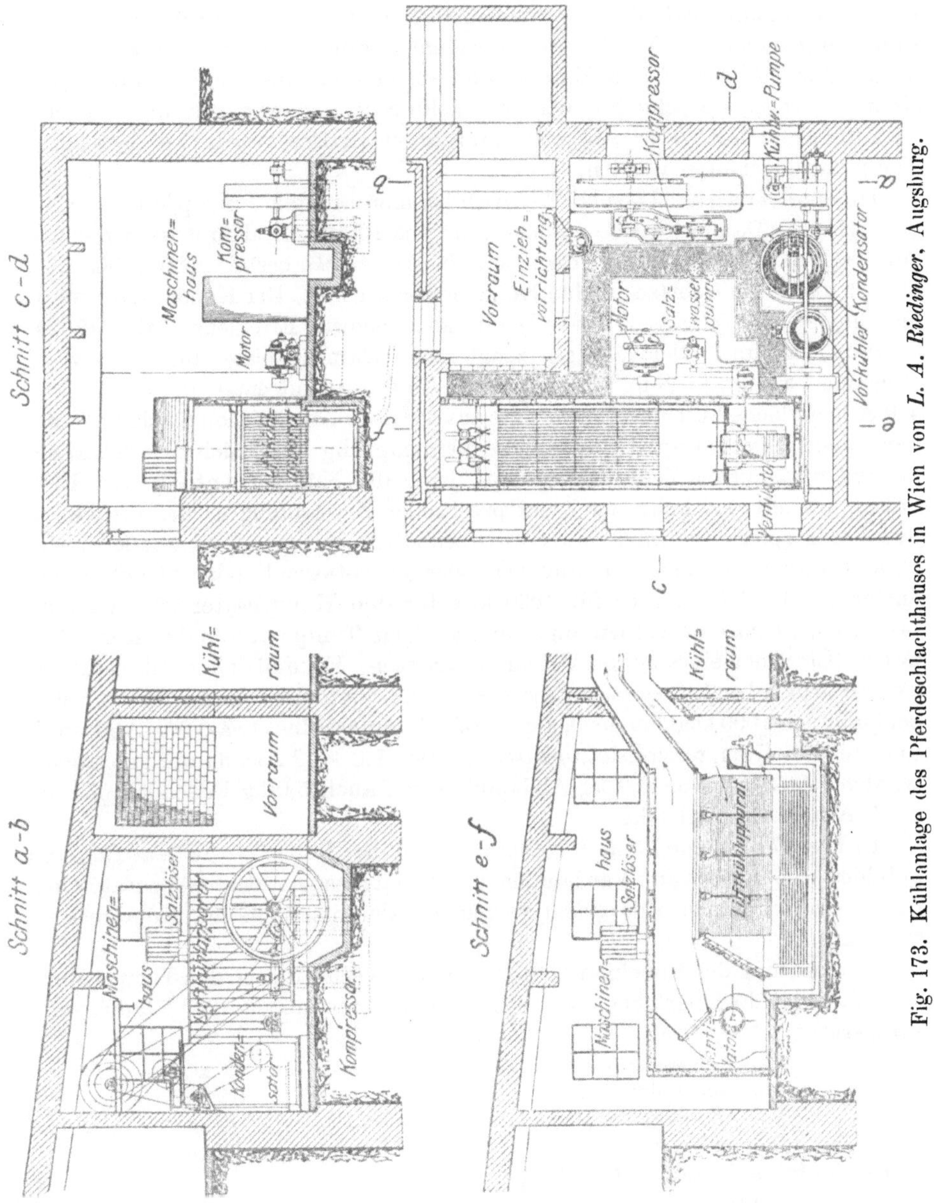

Fig. 173. Kühlanlage des Pferdeschlachthauses in Wien von *L. A. Riedinger*, Augsburg.

Maschine liefert für 1 kg Heizdampf von 4 Atm 300 bis 360 kcal per Stunde. Die Kühlwassermenge im Kondensator hat hier abzuführen: die im Kocher zugeführte Wärme und die Lösungswärme des Ammoniaks daselbst.

Eine weitere Ausführung der Kältemaschine ist die **Wasserdampf-Kältemaschine**. Sie besteht im Prinzip darin, daß Salzwasser unter hohem Vakuum verdampft wird. Das Vakuum wird durch eine Luftpumpe erzeugt. Die Wasserdämpfe des Kühlers werden im Absorber von konzentrischer Schwefelsäure aufgenommen. Die dadurch verdünnte Säure wird im Konzentrator wieder durch Abdampf eingedampft und wieder dem Absorber zugeführt. In einem Wärmeaustauschgefäß wird die kalte Säure vorgewärmt und die erwärmte abgekühlt. Der Absorber muß durch kaltes Wasser auf niedriger Temperatur gehalten werden.

Dampfstrahlkältemaschinen beruhen auf dem Prinzip, durch Kondensation des Dampfes Kälte zu erzeugen. Aus 1000 kg Abdampf werden etwa 200 000 kcal erzeugt. Das Prinzip nach *Josse-Gensecke* besteht darin, daß Abdampf durch ein Gebläse in den Kondensator strömt. Der Kondensator wird gekühlt, so daß sich daselbst der Dampf kondensiert. Er erzeugt dabei 95 bis 97 Proz. Vakuum. Gleichzeitig erzeugt dieses Dampfgebläse durch das vorstehende Vakuum in dem Verdampfer ein Vakuum und entzieht ihm die daselbst befindliche Luft und ferner den aus der dort befindlichen Salzlauge entstehenden Wasserdampf. Durch diese Verdampfung kühlt sich die Salzlauge ab und wird mittels Zentrifugalpumpe durch die Kühlvorrichtung oder Eisanlage gesandt und kehrt nach entsprechender Erwärmung wieder zurück in den Verdampfer. Die im Kondensator befindliche Luft und der kondensierte Dampf wird durch eine hin und her gehende, rotierende oder Strahlpumpe entfernt. Das Kühlwasser für 1000 kcal für den Kondensator ist etwa 350 bis 475 l, es darf denselben nur mit niedrigen Temperaturen bis max. 25° zwecks Erreichen eines hohen Vakuums verlassen. Es muß daher mit niedriger Temperatur 8 bis 12° zugeführt werden. Zum Vergleiche diene, daß zur Erzeugung von 1000 kcal bei der Dampfstrahlkältemaschine etwa 6,0 kg Abdampf und mit der Kompressionskältemaschine etwa 1,8 kg Frischdampf gebraucht werden. An Stelle von 6,0 kg Abdampf leisten auch 5,0 kg Frischdampf von ca. 7 Atm abs. das gleiche.

In Fig. 174 ist eine Dampfstrahlkältemaschine, Bauart *Josse-Gensecke*, abgebildet. Sie besteht aus Verdampfer und Kondensator. Beide Apparate sind durch einen Dampfstrahlapparat verbunden, der die Stelle des Kompressors versieht.

Die Leistung der einzelnen Kältemaschinen wechselt nach den Temperaturverhältnissen. Es liefert bei etwa — 8° Raumtemperatur und 20° Kühlwassertemperatur:

1 kg Kohlensäure	40 kcal
1 „ Ammoniak	279 „
1 „ schweflige Säure	79 „
1 „ Luft	20 „

ferner leistet man mit 1 PSi-St. bei

Kohlensäure	3800 kcal
Ammoniak	5400 „
schweflige Säure	5400 „
Luft	800 „

Was nun die im Kondensator gewonnene Wärme anbelangt, so wird diese durch Kühlschlangen an die Luft oder an Kühlwasser[1]) abgegeben. Bei größeren Anlagen können die hier vorhandenen Wärmemengen rationell ausgenutzt werden müssen, sei es zur Erwärmung von Räumen im Winter, sei es für andere Zwecke, als vorgewärmtes Wasch- und Kochwasser. Welche Vorteile damit verbunden sind, wurde bei der annähernd reversiblen Heizung (siehe S. 238) besprochen. Nachstehendes Beispiel gibt einen Anhalt:

In einem Betriebe werden stündlich 2000 kg Dampf gebraucht, und zwar

  1000 kg für eine 120-PS-Dampfmaschine,
  1000 kg für Warmwasserbereitung.

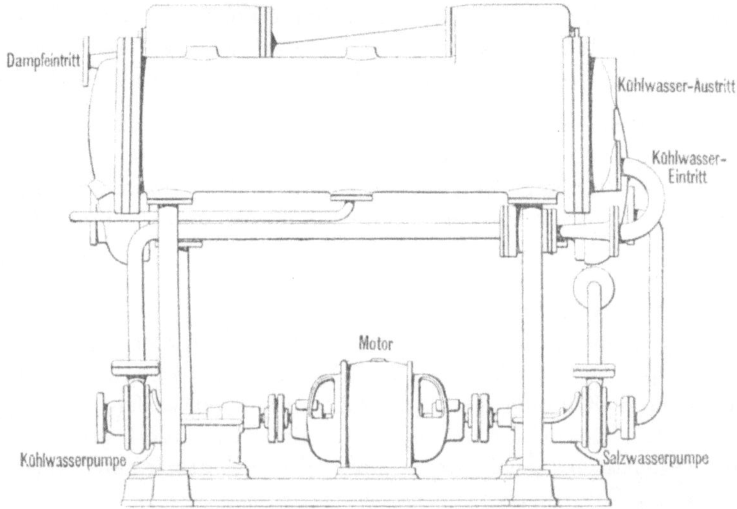

Fig. 174. Dampfstrahlkältemaschine, Bauart *Josse-Gensecke*, von *Rud. Otto Meyer*, Hamburg.

Diese werden bei 30 cbm stündlich zunächst durch Kühlung des Kondensators der Dampfmaschine auf 29° erwärmt und dann bis zur Gebrauchstemperatur von 50° um die weiteren 21° durch die 1000 kg Frischdampf.

Man nimmt nun, statt den Frischdampf zur Erwärmung zu verwenden, die Anlage einer Kältemaschine hierzu; die durch obige 1000 kg Dampf für Heißwasser verfügbare Dampfmenge treibe eine zweite Dampfmaschine mit 120 PS, die eine Kältemaschine von 400 000 kcal treiben kann. Die im Kondensator vorhandene Vorwärme ist dann ca. 500 000 kcal. Die Abwärme der beiden Dampfmaschinen ist 600 000 kcal. Wenn man nun das Kühlwasser zuerst durch den Kondensator der Kältemaschine und dann durch die zwei Kondensatoren der zwei Dampfmaschinen schickt, so erhält man 40 cbm von 50° C. Es steht also mehr Wasser als früher zur Verfügung; außerdem hat man noch stündlich 400 000 kcal Kälteleistung.

---

[1]) Zeitschr. d. V. d. Ing. 67. Bd., Nr. 9: Der Wärmeaustausch am Berieselungskühler v. *Nusselt*.

In gleicher Weise ergeben sich die Verhältnisse bei Heizungsanlagen. Eine solche habe stündlich 800 000 kcal nötig, wobei das Wasser, das aus den Heizräumen kommt, 40° C habe. In die Anlage werde eine Dampfmaschine von 120 PS eingeschaltet, die eine Kältemaschine wie oben von 400 000 kcal Kälteleistung betreibt. Das 40° warme Wasser wird dann im Kondensator der Kältemaschine auf 53° und in dem der Dampfmaschine auf 66° erwärmt. Die weitere nötige Erwärmung erhält es durch die Abgase der Kesselanlage. Bei einer Verdampfungstemperatur von 2° ist die theoretische Kälteleistung etwa 400 000 kcal, die effektive etwa 245 000 kcal.

Die Heizung allein hat einen stündlichen Kohlenverbrauch von etwa 140 kg guter Steinkohle, die Anlage bei Zwischenschaltung einer Dampfmaschine einen solchen von etwa 90 kg. Man erspart also durch die rationelle Ausnützung der Wärme 140 − 90 = 50 kg = 28 Proz. Bei 2000 Stunden Heizung werden also 50 · 2000 kg = 100 t Kohle erspart. In diesem Falle erhält man, wenn man auf Kohlenersparnis verzichten würde, für $\dfrac{100\,000}{50}$ = 2000 Stunden Kälte im Sommer.

Die Erzeugung tiefer Temperaturen, die mit der Gewinnung von flüssiger Luft, Sauerstoff, Stickstoff und Wasserstoff verbunden sind, erfolgt nach zwei verschiedenen Verfahren[1]):

1. Verfahren von *Claude*,
2. Verfahren von *Linde*.

Beiden gemeinsam ist das Prinzip, das Gas zu komprimieren, zu kühlen und dann expandieren zu lassen, wobei ein Teil ($4/5$) des expandierenden Gases zu einer zweiten Kühlung benutzt wird, während ein anderer Teil ($1/5$) dabei kondensiert (*Claude*), oder das ganze durch ein Drosselventil gekühlte Gemisch geht im Gegenstrom zurück, wobei durch die Abkühlung hinter dem Drosselventil flüssiges Gas abströmt [*Linde*[2])].

Claude benötigt für 1 kg flüssige Luft 1,2 bis 1,5 PS,
Linde benötigt für 1 kg flüssige Luft 1,0 bis 2,0 PS.

Die theoretischen Berechnungen auch für die ideale Kälteerzeugung sind in *Schüle*, Technische Thermodynamik, Bd. II, im Kapitel: Verflüssigung der Gase und Trennung von Gasgemischen, enthalten.

Die Fortleitung der Wärme geschieht in

Kanälen und Rohrleitungen.

Dabei ist darauf Rücksicht zu nehmen, daß durch Leitung und Strahlung nach außen der Verlust an fühlbarer Wärme, potentieller sowie kinetischer Energie ein Minimum wird.

Bei der Leitung in Kanälen sollen die Wandungen glatt sein, keine scharfen Ecken zeigen, keine plötzlichen Querschnittsveränderungen eintreten und vor allem die Bodenfeuchtigkeit ausgeschaltet werden. Ruhendes und strömendes

---

[1]) *Ewing*, Die mechanische Kälterzeugung, *Linde*, Zeitschr. für Kälteindustrie 1911, S. 132 und Zeitschr. d. V. d. Ing. 1900, S. 69.

[2]) Maschinenbau 1924, Nr. 20: Die Bedeutung hoher Drücke für die Tieftemperaturtechnik von *Hausen*.

Wasser im Boden wird unnötig erwärmt und verdampft. Besonders die Verdampfung verschlingt eine hohe Wärmemenge. Die Ventile sollen bequemen Durchfluß geben und, wo keine Druckverminderung verlangt wird, nicht drosseln. Die Geschwindigkeiten richten sich nach dem Druck, bei Gasen sind sie meist 2 bis 10 m per Sekunde. Den Temperaturverlust kann man in gemauerten Kanälen bei Gasen über 120° C etwa 3° per m überschläglich rechnen.

Bei der Leitung in Rohren ist gegen Wärmeverluste eine gute Isolation[1]) nötig. Ausführliche Untersuchungen sind darüber von der Wärmestelle des Vereins deutscher Eisenhüttenleute angestellt und in den Mitteilungen Heft 3, 24, 29, 39 veröffentlicht. Der Wärmedurchgang durch ein isoliertes Rohr ist, wenn D_a der äußere Durchmesser in m der Isolierung ist, t_d die Dampftemperatur, t_e die Lufttemperatur in ° C, L die Länge in m,

$$Q = k \cdot \pi D_a \cdot L \, (t_d - t_e)$$

wobei

$$k^2) = \cfrac{1}{\dfrac{1}{\beta_i \, D_i} + \dfrac{1}{\beta_a \, D_a} + \sum \dfrac{1}{2 \, \lambda_n} \log \mathrm{nat} \, \dfrac{D_{n+1}}{D_n}}$$

mit β_i und β_a als Wärmeübergangskoeffizient von Dampf an Rohr, resp. Isolation an Luft.

λ_n ist der Leitungskoeffizient des Rohrmaterials und Isoliermaterials, D_{n+1} und D_n der äußere und innere Durchmesser in m des Rohres resp. einer Isolierschicht.

Nach Versuchen ist nach *Eberle*

$\beta_i =$ 150
$\beta_a =$ 6 für gesättigten und $=$ 7 für überhitzten Dampf
$\lambda =$ 56 . . . . . für Schmiedeeisen
$ =$ 0,13 bis 0,16 ,, Asbest bis 100°
$ =$ 0,18 .,, 0,21 ,, ,, 150 bis 600°
$ =$ 0,08 ,, 0,12 ,, Kieselgur, naß aufgetragen
$ =$ 0,06 ,, 0,13 ,, Kieselgurformstein
$ =$ 0,03 ,, 0,06 ,, Korkmehl
$ =$ 0,06 ,, Korkstein
$ =$ 0,04 ,, 0,05 ,, Seidenzopf
$ =$ 0,6 ,, Zement[3]).

Sehr wichtig ist noch die Verwendung geeigneter Abzweigungen und Absperrungen. Von den vielen Ventilkonstruktionen sei in Fig. 175 diejenige von *A. Borsig*, Tegel gezeigt.

---

[1]) Archiv für Wärmewirtschaft 4. Jg., H. 11: Der Einfluß der Dampfverwertung auf die wirtschaftlichste Isolierstärke von *Cammerer* und Zeitschrift des Bayr. Revisionsvereins 28, 1924, Nr. 9, Bau von Dampfrohrleitungen.

[2]) *Hüttig*, Heizung und Lüftung in Fabrikbetrieben, Abschnitt: Wärmedurchgang bei Dampf an Luft- und Rohrleitungen und Isolierung von Rohrleitungen. Otto Spamer, Leipzig.

[3]) *Recknagel*, Kalender für Gesundheitstechniker.

Das Ventil wird aus der Strömung der Flüssigkeit oder des Gases herausgehoben, so daß ohne Richtungs- oder Querschnittsänderung der Durchfluß erfolgt. Die Druckverluste zeigen nachstehende Tabelle[1])

Dampfgeschwindigkeit in m-Sek.	Druckverlust in kg/ccm	
	gew. Absperrung	Borsig-Ideal-Ventil
10	0,015	0,000
20	0,060	0,009
30	0,130	0,010
50	0,340	0,035
80	0,920	0,085

Für hohe Dampfdrücke und Überhitzungen ist nicht allein der Ventilwiderstand, sondern besonders auch die sorgfältige Ausbildung der Dichtungsflächen nötig. Eine diesbezügliche Konstruktion führt die Firma *Schumann & Co.* in Leipzig-Plagwitz aus. An Stelle der konischen Dichtungsflächen an Absperrschiebern verwendet *Schumann* und andere Firmen parallele Dichtungsflächen. Nach beiden Seiten der Ventilachse werden Dichtungsplatten angebracht, die durch zweckmäßige Formgebung gegen Verziehen widerstandsfähig sind und genau in der Mitte den Anpreßdruck aufnehmen. Beim Öffnen des Ventils werden die Dichtungsplatten zunächst parallel zur Dichtungsfläche einige Millimeter abgezogen. Erst dann zieht die Spindel die Platten hoch und hält sie in der obersten Lage fest. Beim Schließen findet der umgekehrte Vorgang statt. Durch diese und ähnliche Konstruktionen wird ein Gleiten auf den Dichtungsflächen vermieden. Bei hohen Dampfdrücken verwendet man zum Zwecke schnellen Schließens durch Elektromotor angetriebene Ventile, die sich nach Angabe vorstehender Firma gut bewährt haben.

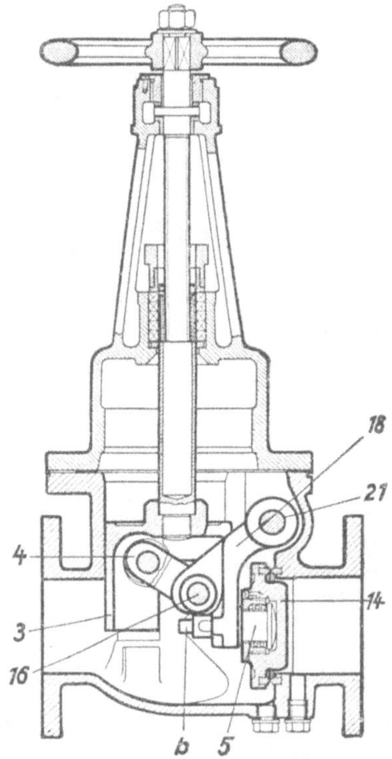

Fig. 175. Idealventil von *A. Borsig*, Tegel.

Weiter sind

feuerfeste Materialien

zu erwähnen. Sie haben den Zweck: hohen Temperaturen Widerstand[2]) zu leisten, gegen gewisse Schlacken und Gase unempfindlich zu sein,

---

[1]) Maschinenbau 1924, Nr. 20, S. 735 bis 738 und 742 bis 747.
[2]) Gas- und Wasserfach 1923, H. 3 bis 5, Metall und Erz **21**, 1924, Nr. 12, S. 272 bis 277 und die Wärme **47**, 1924, Nr. 30, Seite 351.

großes Strahlungsvermögen und geringes Wärmeleitungsvermögen zu besitzen und genügende Festigkeit[1]) auch bei hohen Temperaturen zu zeigen.

Feuerfesten Ton von der Zusammensetzung $Al_2O_3 : 2 SiO_2$ (in Molekülen) nennt man neutral; er hat Segerkegel Nr. 35, Schmelz- (Erweichungs-) temperatur 1770° C. Überwiegt SiO_2 oder Al_2O_3, so ist der Stein sauer oder basisch. Als Bindemittel beim Brennen der Steine dienen Alkalioxyde und Erdalkalioxyde[2]). Außer diesen Steinen, die für verschiedene Schmelztemperaturen hergestellt werden, kommen noch

> Silicasteine[3]),
> Dinassteine,
> Kohlensteine,
> Magnesitsteine,
> Zirkonsteine,
> Chromsteine[4]),
> Aluminiumnitrid[5]),
> Keramonit[6]),
> Thermonit[6]),

letztere für besonders hohe Temperaturen, zur Verwendung. Neben der Feuerfestigkeit kommt noch die Porosität und Gasdurchlässigkeit dieser Materialien in Betracht[7]).

Nach Versuchen von *Wologdine* ergeben sich folgende Werte, wobei unter wahrer Dichte d_w die Dichte des mit Wasser gesättigten, mit scheinbarer d_s die Dichte des ohne Wasser getränkten Materials verstanden wird, mit g die Gasdurchlässigkeit in Litern per Stunde[8]) bezeichnend:

Feuerfester Stein 1050°	$d_w = 2{,}61$	$d_s = 1{,}81$	$g = 14{,}7$
Feuerfester Stein 1300°	2,50	1,90	24,5
Magnesit-Stein	3,39	2,00	3,5
Chromeisen-Stein . . .	4,09	2,62	34,7
Steinzeug	2,36	2,13	—
Steingut	2,56	1,90	0,5
Mauerstein	2,54	1,95	0,7

[1]) Tonindustriezeitung 47. Jg., 1923, Nr. 104: Zum Erweichungsversuch für feuerfeste Steine von *Hirsch* und *Pulfrich*. Zwei Berichte der deutschen Keramischen Gesellschaft 4, 1924, Nr. 5 u. 6.

[2]) *H. Ost*, Lehrbuch der chemischen Technologie, Abschnitt: Feuerfeste Materialien. Dr. Max Janecke, Leipzig.

[3]) Transactions of the American Ceramic Society 22. Jg., 1922/23, S. 138—158 by Moore.

[4]) Chaleur et Industrie 4. Jg., 1923, Nr. 40, S. 579/87, Eigenschaften und Verwendung feuerfester Steine, Chromsteine von *Bogitsch*.

[5]) Chemisches Zentralblatt 95. Jg., 1924, Bd. 1, Nr. 9 und Comptes rendus hebdomadaires des séances de l'Académie des Sciences 177. Jg., 1923 par Malignon.

[6]) Feuerungstechnik 12. Jg., H. 12, Keramonit, Thermonit von *Beck*.

[7]) Feuerungstechnik, 11. Jg., H. 1, S. 7, Wärmeleitfähigkeit und Gasdurchlässigkeit feuerfester Steine. Zeitschr. d. V. d. Ing. Bd. 68, Nr. 8, S. 191, Wärmeleitvermögen feuerfester Steine bei hohen Temperaturen.

[8]) *Le Chatelier*, Kieselsäure und Silikate, deutsch von *Finkelstein*, Leipzig, Akademische Verlagsgesellschaft G. m. b. H., und *Block*, Das Kalkbrennen, Abschnitt: Das Feuerkleid, Leipzig, Otto Spamer.

5. Verwertung der Wärme zu Kraftzwecken.

Die Verwertung der Wärme zu Kraftzwecken geschieht:
a) durch direkte Verbrennung des Brennstoffes in der Kraftmaschine,
b) durch Verwendung eines Energieträgers zwecks Ausnützung der Wärme
in der Kraftmaschine (Dampf, Quecksilber, schweflige Säure).

Die unter a) genannten Maschinen heißen Motore; sie sind entweder als Zylindermaschinen oder Turbinen ausgebildet.

Die unter b) genannten Maschinen sind Dampfmaschinen oder Dampfturbinen.

Während man bei reinem Kraftbetrieb darauf Rücksicht nimmt, das Temperaturgefälle in der Maschine soweit wie möglich auszunützen, da die abgehende Wärmemenge, abgesehen von wenigen Fällen, als Verlust zu buchen ist, ist bei kombiniertem Kraft- und Heizbetrieb das Verhältnis anders. Das Temperaturgefälle im Kraftbetrieb wird nur zwischen den Stufen ausgenützt, in denen es einen hohen thermodynamischen Wirkungsgrad der im Arbeitsprozeß verfügbaren Wärmemenge (also zugeführte minus abgeführte Wärmemenge) ergibt. Die weitere abgeführte Wärmemenge wird zu Heizungszwecken verwendet, und zwar auch innerhalb der Temperaturgrenzen, die am wirtschaftlichsten sind. Es kann dabei vorkommen, daß die Endtemperatur des Arbeitsprozesses und die Anfangstemperatur des Heizprozesses nicht zusammenfallen, sondern eine positive oder negative Differenz ergeben. In diesem Falle muß, je nach den Bedürfnissen, ein Ausgleich geschaffen werden, und zwar so, daß der Gesamtwirkungsgrad ein Maximum erreicht.

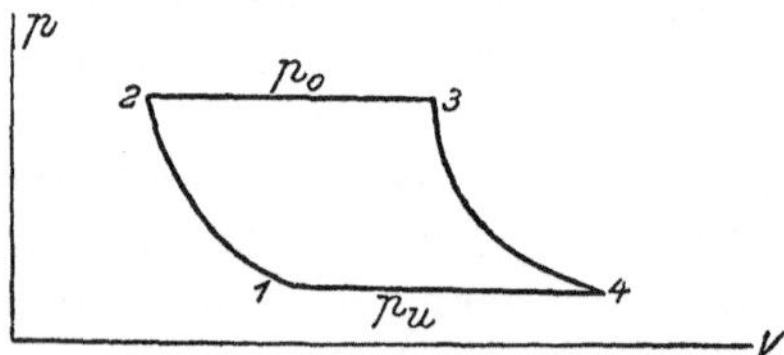

Fig. 176. Diagramm der Heißluftmaschine.

Es seien nun zunächst die mit direktem Brennstoffverbrauch arbeitenden Maschinen behandelt:

Heißluftmaschinen,
Verbrennungsmotoren, als Zwei- und Viertaktmaschinen,
Gasturbinen und Ölturbinen.

Die Heißluftmaschinen werden fast gar nicht mehr verwandt. Ihr Arbeitsprozeß verläuft zwischen zwei Linien gleichen Druckes und zwei Adiabaten.

Es ist die Nutzarbeit nach Fig. 176

$$L = G\,c_p\,[(t_3 - t_2) - (t_4 - t_1)],$$

wo G das im Prozeß bewegte Luftgewicht in kg, c_p die spezifische Wärme bei konstantem Druck, angenommen ist. Es ist

$$\frac{V_1}{V_4} = \frac{V_2}{V_3} = \frac{T_1}{T_4} = \frac{T_2}{T_3}$$

und

$$\left(\frac{p_o}{p_u}\right)^{\frac{k-1}{k}} = \frac{T_2}{T_1} = \left(\frac{V_1}{V_2}\right)^{k-1}$$

mit $k = 1{,}3$.

Beim wirklichen Arbeitsprozeß tritt an Stelle der adiabatischen die polytropische Kurve $p \cdot v^n = $ konst.

Die Verbrennungsmotoren[1]) arbeiten als Verpuffungs- oder als Gleichdruckmaschinen. In Fig. 177 und 178 sind die zwei Diagramme dieser Maschinen angegeben. Das gestrichelte Diagramm ist das theoretische.

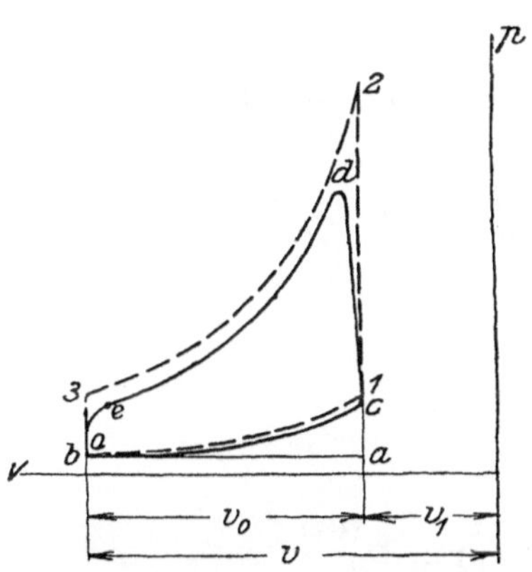

Fig. 177. Diagramm der Verpuffungsmaschine.

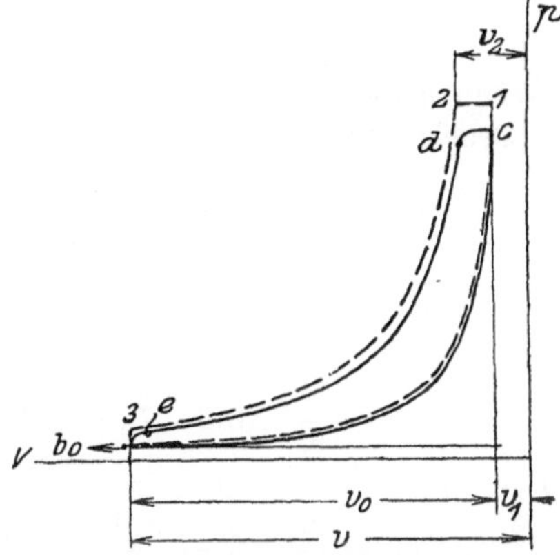

Fig. 178. Diagramm der Gleichdruckmaschine.

Die Maschinen arbeiten im Viertakt oder im Zweitakt. Während die Viertaktmaschinen die vier Wege:

1. Ansaugen,
2. Komprimieren,
3. Verbrennen und Expandieren (Arbeitshub),
4. Auspuffen

haben, wird bei den Zweitaktmaschinen der Saug- und Auspuffhub im gleichen Zylinder weggelassen und dafür eine Luftpumpe und Brennmaterialpumpe eingeführt.

Weiter werden die Maschinen mit einfach und doppelt wirkendem Zylinder ausgeführt, ferner mit einem oder mehreren Zylindern, die auf eine Welle vermittels Kurbel wirken, gebaut.

---

[1]) La Technique moderne 16. Jg., 1924, Nr. 4, Beitrag zur Theorie der Verbrennungskraftmaschine von *Brukkus* und Die Wärme 47. Jg., 1924, Nr. 15, Die Temperaturverteilung sowie die Verluste während der Verbrennung bei Gasmotoren von *Schmolke*.

Bei **Verpuffungsmaschinen** besteht das Diagramm aus zwei Adiabaten bei der Volumveränderung und aus zwei Isopteren (Linien gleich bleibenden Rauminhalts).

Ist G_l das beim Saughub zugeführte Gewicht von Luft und Verbrennungsstoff und c_v^l deren spezifische Wärme,

G_R das Gewicht der verbrannten Gase und c_v^R deren spezifische Wärme, so ist

die zugeführte Wärmemenge $Q_1 = G_l\, c_v^l\, (T_2 - T_1)$,

die abgeführte Wärmemenge $Q_2 = G_R\, c_v^R\, (T_3 - T_0)$,

der theoretische thermische Wirkungsgrad $\dfrac{Q_1 - Q_2}{Q_1} = \eta_{th}$

und die in Arbeit verwandelte Wärme $Q = Q_1 - Q_2$.

Es läßt sich durch Umrechnung zeigen, daß

$$\eta_{th} = 1 - \frac{T_0}{T_1}.$$

Wenn man statt G_l, c_v^l, G_R, c_v^R, T die entsprechenden Arbeiten, Volumen und Drucke einsetzt, so ist

$$L = 427\,Q = \frac{p_2\,v_1}{k-1}\left(1 - \frac{1}{\varepsilon^k - 1}\right) - \frac{p_1\,v_1}{k-1}\left(1 - \frac{1}{\varepsilon^k - 1}\right)$$

$$= \frac{v_1\,(p_2 - p_1)}{k-1}\left(1 - \frac{1}{\varepsilon^k - 1}\right)$$

mit

$$\varepsilon = \frac{v}{v_1} \quad \text{und} \quad L_1 = 427\,Q_1$$

und

$$\eta_{th} = \frac{L}{L_1} = 1 - \frac{1}{\varepsilon^k - 1} = 1 - \varepsilon^{1-k} = \left(1 - \frac{v_1}{v}\right)^{k-1}$$

$$= 1 - \left(\frac{p_1}{p}\right)^{\frac{k-1}{k}}$$

Bei **Gleichdruckmaschinen**[1]) ist Q_1 und Q_2 analog, jedoch steht statt c_v^l c_p^l. Es wird jedoch

$$L = 427\,Q = p_1\,(v_2 - v_1) + \frac{p_1\,v_2}{k-1}\left(1 - \frac{1}{\partial^{k-1}}\right) - \frac{p_1\,v_1}{k-1}\left(1 - \frac{1}{\varepsilon^k - 1}\right)$$

mit

$$\delta = \frac{v}{v_2} \quad \text{und} \quad L_1 = 427\,Q_1$$

und

$$\eta_{th} = \frac{L}{L_1} = 1 - \frac{1}{k}\,\frac{\varepsilon_1^k - 1}{\varepsilon^{k-1}(\varepsilon_1 - 1)}$$

mit

$$\varepsilon_1 = \frac{v_2}{v_1}$$

----

[1]) Zeitschr. d. V. d. Ing. Nr. 51/52, Bd. 66, 1922: Der Deutzer liegende kompressorlose Dieselmotor von *Schmidt*.

Die wirkliche indizierte Arbeit ist infolge der unvollkommenen Verbrennung, der Verluste durch Kühlung und durch Strahlung geringer. Ist p_i der mittlere indizierte Druck, so ist

$$Q_i = 0{,}00234\, p_i \cdot v_0 \text{ kcal},$$
$$L_i = p_i\, v_0 \text{ mkg}$$

mit

$$v_0 = \frac{9000\, N_i}{n\, p_i} \text{ cbm bei Viertaktmaschinen}$$

und

$$v_0 = \frac{4500\, N_i}{n\, p_i} \text{ cbm bei Zweitaktmaschinen.}$$

p_i ist von dem Heizwert des Gas-Luftgemisches abhängig sowie auch von dem Lieferungsgrad des Saughubes.

Ist $\mathfrak{H}$ der untere Heizwert von 1 cbm Brennstoff,

resp. h der untere Heizwert von 1 kg Brennstoff,

L' die zur Verbrennung zugeführte Luftmenge in cbm.

η_l der Lieferungsgrad des Saughubes (bei $0°$ C),

so ist der Heizwert

$$\mathfrak{H}_g = \frac{\mathfrak{H}}{1 + L'}$$

und

$$Q_i = 0{,}00234\, p_i\, v_0 = \eta_i\, \eta_l \cdot \mathfrak{H}_g \cdot v_0 \text{ kcal},$$

also

$$p_i = 427\, \mathfrak{H}_g\, \eta_i\, \eta_l \text{ kg per 1 qm.}$$

Werden bei der Maschine in der Stunde M kg Brennstoff verbraucht, so ist der wirkliche Wärmeaufwand für jeden Verbrennungshub

$$Q_w = \frac{M\, h}{30\, n} \qquad \text{bzw.} \qquad \frac{M\, h}{60\, n} \text{ kcal}$$

für Vier- und Zweitaktmaschinen; ebenso ist

$$L_w = \frac{14{,}233}{n}\, M\, h \qquad \text{bzw.} \qquad \frac{7{,}117}{n} \cdot M \cdot h \text{ mkg}$$

für Vier- und Zweitaktmaschinen.

Damit ist der indizierte thermische Wirkungsgrad[1]

$$\eta_i = \frac{Q_i}{Q_w} = \frac{L_i}{L_w} = \frac{632\, N_i}{M\, h}.$$

Das Verhältnis des indizierten thermischen Wirkungsgrades zum theoretischen thermischen Wirkungsgrad ist

$$\eta_g = \frac{\eta_i}{\eta_{th}}.$$

---

[1] Power, 57. Jg., Nr. 16 u. 17, 1923, A practical way to study engine performance by *Schweitzer*.

Es ist dies der Gütegrad der Maschine in bezug auf Wärmeausnützung oder Völligkeit des Diagramms. Ist

$$\eta_m = \frac{N_e}{N_i} = \text{mechanischer Wirkungsgrad}$$

des Prozesses, so ist der wirtschaftliche Wirkungsgrad

$$\eta_w = \eta_m \cdot \eta_g \cdot \eta_{th} = \eta_m \cdot \eta_i ,$$

also

$$\eta_w = \frac{632 \, N_e}{M \, h} .$$

Es ist nach praktischen Erfahrungen

$\eta_m = 0,80$ bis $0,85$ bei Verpuffungsmotoren,
$\eta_m = 0,70$ bis $0,79$ bei Gleichdruckmotoren.

η_e ist vom Barometerstand abhängig;

es ist bei einer Höhe über dem Meere

von   0   200   400   600   1000   1500   2000   2500   3000

der normale Barometerstand in mm Quecksilbersäule

   760   742   724   707   674   635   598   554   512

das Barometerverhältnis

   1,000   0,978   0,954   0,932   0,887   0,836   0,787   0,730   0,675

und die Abnahme von η_e in Proz.

   0,0   2,2   4,6   6,8   11,3   16,4   21,3   27,0   32,5

Die Verbrennungsmotoren zerfallen in:

a) Kleinmotoren, die meist mit Benzol, Benzin, Spiritus, Naphtha, Petroleum, Ergin arbeiten.

Bei normaler Belastung haben die Motoren für 1 PS und Stunde einen Wärmeverbrauch von 2300 bis 4100 kcal. Die kleinere Zahl gilt für größere Motoren bis etwa 40 PS, die größere für etwa 2-PS-Motoren.

Da 1 PS und Stunde = 632 kcal ist, so sieht man, wie geringe Wärmemengen im Arbeitsprozeß verbraucht werden. Im allgemeinen kann man setzen:

Wärmever-brauch in kcal/PS-St.	Nutz-arbeit Proz.	Nutzbare Abwärme kcal/PS-St.		Insgesamt	
		im Kühlwasser bis 20° C	in den Abgasen	kcal	Proz.
2 500	25	500	800	1300	52
3 000	22	600	950	1550	51
3 500	18	700	1100	1800	51
4 000	16	800	1250	2050	51
45 000	14	900	1400	2300	51

Dabei ist die Kühlwassertemperatur mit 50 bis 70° C angenommen, und die Menge ist 21 bis 28 kg für 1 PS-St. bei normaler Motorleistung und bis 40 kg für 1 PS-St. bei halber Belastung des Motors.

Die Abgase haben Temperaturen von 350 bis 600° C bei voller Motorbelastung und 225 bis 400° C bei halber Belastung. Ihr Wärmewert schwankt von 1700 kcal bei voller bis etwa 2000 kcal für 1 PS und Stunde bei halber Belastung. Es sind hierbei Motoren von 3500 kca¹ für 1 PS und Stunde angenommen.

Nachstehende Tabelle gibt den Brennstoffverbrauch in kg von Maschinen bis 50 PS an:

Motorart	Unt. Heizwert 1 cbm od. 1 kg	Effekt. Luftbedarf cbm	5 PSe per 1 PSe	10 PSe per 1 PSe	25 PSe per 1 PSe	50 PSe per 1 PSe
Leuchtgas	5 000	8,0	0,57	0,52	0,48	0,47
Anthrazitgas	1 250	1,5	—	2,70	2,40	2,25
Koksgas	1 150	1,3	—	2,90	2,60	2,40
Braunkohlenbrikettgas	1 150	1,3	—	2,90	2,60	2,40
Petroleumverpuffung	10 500	18	0,50	0,46	0,40	0,38
Rohölgleichdruck	10 000	18	0,24	0,22	0,20	0,19
Benzin	11 000	16	0,29	0,25	0,25	0,24
Rohspiritus von 90 Vol.-Proz..	5 700	10	0,48	0,44	0,44	0,43
Vegetabilische Öle	9 300	18	—	0,30	0,27	—

b) Mittlere und große Motoren nach dem Verpuffungsprinzip von 50 PS bis 5000 PS und mehr.

Die Wärmeverhältnisse dieser Maschinen sind in nachstehender Tabelle veranschaulicht.

Motorart	Gasverbrauch cbm/PS-St.	Heizwert des Gases kcal/cbm	Gesamte mittl. Wärmemenge kcal/PS-St.	In Nutzarbeit umgesetzt kcal	In Nutzarbeit umgesetzt Proz.	Reibungsarbeit bei Vollast in Proz. d. gesamt. Wärmemenge	Kühlwasser Menge 1 PS-St.	Kühlwasser °C	Kühlwasser Wärmemenge	Kühlwasser Proz.	Abgase °C	Abgase Wärmemenge kcal	Abgase Proz.	Gesamte Wärme in Kühlwasser u. Abgasen kcal
Leuchtgas . .	0,50—0,67	4500—6000	2800	632	22,6	6—10	30—37	50—57	1100	35—43	350—660	1100	30—40	77,4
Koksofengas	0,80	3500—4500	3200	632	19,7	6—10	30—42	35—42	1250	35—42	400—500	1250	30—40	80,4
Generatorgas	2,00—2,30	1100—1500	2600	632	24,5	6—10	30—36	50—55	1050	35—41	350—500	750	22—35	75,5
Gichtgas . . .	2,80	750— 850	2200	632	28,8	6—10	30—40	35—40	950	35—40	380—420	660	27—37	71,2

Der mechanische Wirkungsgrad ist bei diesen Maschinen etwas niedriger als bei den Kleinmotoren, er ist bei Vollast 69 bis 74 Proz., bei halber Belastung 55 bis 64 Proz.

c) Gleichdruckmaschinen nach dem System *Diesel*[1]).

Bei diesen Maschinen zerfällt die eingeführte Wärmemenge in drei Teile, und zwar Wärme durch:

1. den eingeführten Brennstoff,
2. die komprimierte Einspritzluft,
3. die eingesogene Verbrennungsluft.

Man unterteilt also

$$Q_1 = G_i c_p^i (T_2 - T_1) = Q_1' + Q_1'' + Q_1'''$$

in

$$Q_1' = B \cdot h \, ,$$

---

[1]) Dieselmaschinen, Zeitschr. d. V. d. Ing. Verlag, Berlin.

wo B die stündlich eingeführte Brennstoffmenge vom untern Heizwert h für 1 kg ist,

in

$$Q_1'' = \frac{N_P}{B} \cdot 632 \,,$$

wobei N_P die Arbeit der Luftpumpe in PS pro Arbeitshub ist, und in

$$Q_1''' = [(0{,}23\, c_{O_2} + 0{,}7627\, c_{N_2} + 0{,}0005\, c_{CO_2} + 0{,}0068\, c_{H_2O}) \cdot J \cdot t$$
$$+ 0{,}0068\, J \cdot 637]\,\text{kcal}.$$

Hierbei ist die Zusammensetzung der Luft

$$0{,}2300\, O_2 + 0{,}7627\, N_2 + 0{,}0005\, CO_2 + 0{,}0068\, H_2O$$

in Gewichtsprozenten und c die entsprechende spezifische Wärmemenge. Ferner ist

$$J = 14{,}5\, \alpha$$

mit

$$\alpha = \frac{1}{1 - \dfrac{79 \cdot O_2}{21 \cdot N_2}} = \text{Luftüberschuß } \lambda$$

mit O_2 und N_2 in Volumprozenten.

Die indizierte Arbeit ist somit für 1 kg Brennmaterial $\dfrac{N_i}{B} \cdot 632$ kcal.

Die im Kühlwasser[1]) entführte Wärmemenge ist

$$Q_2' = W\,(t_1 - t_2)\,,$$

wo W die stündliche Kühlwassermenge in kg und t_1 und t_2 die Anfangs- und Endtemperatur des Kühlwassers ist.

Mit den Abgasen gehen ab bei der Temperatur von $t_0\,°$ C

$$Q_2'' = [(c_{O_2} \cdot O_2 + c_{N_2} \cdot N_2 + c_{CO_2} \cdot CO_2)\, t + c_{H_2O} \cdot t + 637]\,\text{kcal};$$

dabei ist O_2, N_2, CO_2 in Gewichtsprozenten angegeben. Die Abgase sollen kein CO enthalten; im Falle, daß CO vorhanden ist, kommt noch $c_{CO} \cdot CO$ hinzu.

Die Wärmeverluste in Verbrennungsmotoren durch Leitung und Strahlung werden von *Schmolke*[2]) rechnerisch verfolgt. Er kommt hierbei zu der Formel

$$Q = 0{,}99\,\sqrt[3]{p^2\, T_1}\,(1 + 1{,}24\, c)(T_1 - T_2)\, F + 0{,}362\left[\left(\frac{T_1}{100}\right)^4 - \left(\frac{T_2}{100}\right)^4\right] F$$

mit p als Spannung in Atm,
    T_1 die absolute Temperatur des Gases,
    T_2 die absolute Temperatur der Wand,
    F die vom Kolben freigelegte Wand, welche Wärme abführt in qm,
    c die mittlere Kolbengeschwindigkeit in m-Sek.
Sie zerfällt in zwei Teile:
        der erste Summand ist die Leitung,
        der zweite Summand die Strahlung.

---

[1]) Engineering 1924 Nr. 3055: July 18: Über Heißkühlung.
[2]) Die Wärme 46. Jg., Nr. 45 u. 47. Jg., Nr. 15. Zeitschr. d. V. d. Ing. 67. Bd., Nr. 28, 1923: Wärmeübergang in der Verbrennungskraftmaschine von *Nußelt*.

Die Zeitschrift des Vereins deutscher Ingenieure[1]) gibt nachstehende Verhältnisse bei Dieselmotoren an:

Motor normal .	15 PS			70 PS			250 PS			300 PS			1000 PS		
Zylinderzahl .	1			1			4			3			4		
Touren p. Min.	230			170			350·			160			125		
Nutzbelastung	0,50	0,75	1,00	0,50	0,75	1,00	0,50	0,75	1,00	0,50	0,75	1,00	0,50	0,75	1,00
Wärmeverbrauch kcal	2830	2510	2280	2210	1970	1900	2380	2390	2285	2360	1490	1890	2423	2174	2143
Kühlwasser bei 10 u. 70° C in kg/PS-St. . . .	16,0	13,2	11,2	9,1	9,0	8,8	10,5	9,8	9,2	13,6	—	8,6	15,3	14,1	13,4
Abgastemperatur °C	—	—	—	247	298	371	290	350	420	290	390	497	195	235	295

Was nun die einzelnen Posten anbelangt, so ist der mechanische Wirkungsgrad bei Vollast 74 bis 78 Proz., bei Dreiviertellast 67 bis 74 Proz., bei Halblast 58 bis 65 Proz.

Die Luftpumpenarbeit schwankt zwischen

14 bis 8 Proz. bei 15- bis 250-PS-Motoren und Vollast
21 „ 8 „ „ 15- „ 250- „ „ Dreiviertellast
28 „ 8 „ „ 15- „ 250- „ „ Halblast.

Der indizierte thermodynamische Wirkungsgrad stellt sich bei den einzelnen Maschinengattungen etwa wie folgt:

Kleinmotore bis 40 PS . . . . $\eta_{th} = 67$ Proz.
Motore mit Verpuffung von 100 PS . . . . $\eta_{th} = 27$ „
„ „ „ „ 1000 „ . . . . $\eta_{th} = 27$ „
„ „ „ „ 5000 „ . . . . $\eta_{th} = 25$ „
Dieselmaschinen von 15 PS . . . . $\eta_{th} = 44$ „
„ „ 300 „ . . . . $\eta_{th} = 40$ „
„ „ 1000 „ . . . . $\eta_{th} = 37$ „

Über die Verwertung der Abwärme der Motoren, die bis 70 Proz. der zugeführten Wärmemenge beträgt, und von der über 50 Proz. der zugeführten Wärmemenge noch verwertet werden kann, wird im Abschnitt 6 gesprochen.

In den Fig. 179 bis 181 sind die gebräuchlichen Typen von Verbrennungsmotoren dargestellt.

Um nun bei Verbrennungsmaschinen den Arbeitsprozeß richtig zu regulieren und eine zweckentsprechende Verbrennung zu erreichen, muß vor allem der Zündung und dem Ausblasen der verbrannten Gase große Sorgfalt ge-

---

[1]) Zeitschr. d. V. d. Ing. 1911, S. 591 u. 1339, 1912, S. 458, 1914, S. 1049 u. 1291, 1923, S. 658 bis 662, 677 bis 699, 725 bis 735.

widmet werden. Bei unrichtiger Zündung wird evtl. eine ungenügende Verbrennung oder eine zu späte Verbrennung hervorgerufen, so daß unverbrannte
Gase oder noch zu hoch komprimierte Gase austreten. Im letzteren Fall wird
durch die unreinen Gase, die im Zylinder verbleiben, ebenfalls eine ungenügende
Verbrennung erreicht, da das angesaugte Luftvolumen zu klein ist.

Wie bei der Verbrennung im Zerstäuberbrenner muß auch zur Verbrennung in der Maschine selbst eine gute Mischung von Brennstoff und Luft erreicht werden. Das Einführen fester Brennstoffe hat sich nicht bewährt, es
läßt sich eine richtige Verbrennung ohne Ausscheidung fester Teile an der
Wand der Zylinder oder in den Düsen der Gasturbinen nicht erreichen. Diese

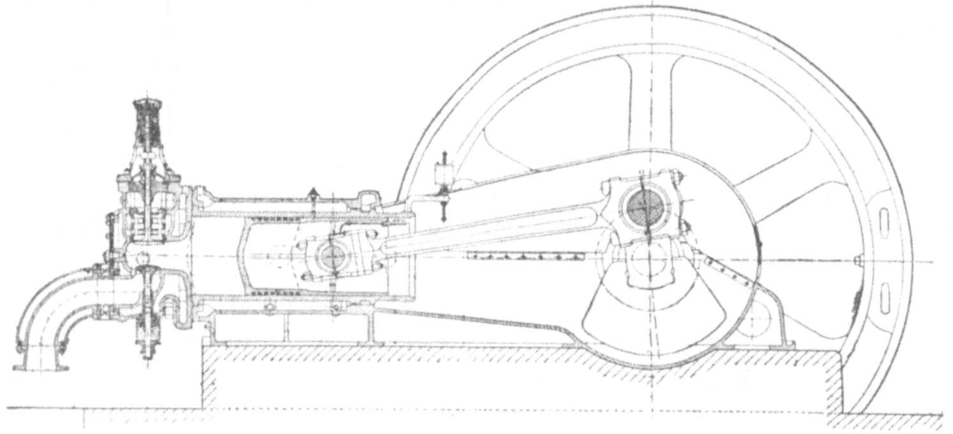

Fig. 179. Viertaktmotor der *Gasmotorenfabrik Deutz.*

Ausscheidungen führen zur Zerstörung der Wandungen des Zylinders oder
Verengung der Turbinendüsen und Zerstörung der Turbinenräder. Der feste
Brennstoff muß vorläufig in flüssigem oder gasförmigem Zustand eingeführt
werden. Die Konstruktionen hierfür sind bei jeder Firma anders; sie lassen
sich im allgemeinen in

      Carburatoren,
      Vergaser und
      Einspritzpumpen

einteilen[1]).

Zur rationellen Wirtschaft einer Verbrennungsmaschine gehört eine sorgfältige Regelung. Es wurde bei den Motoren gezeigt, daß eine Veränderung
der Belastung im allgemeinen eine Erhöhung des Wärmebedarfs für 1 PS und
Stunde und damit auch eine entsprechende Erhöhung des Brennstoffbedarfs
für 1 PS und Stunde bedingt. Um diese Verschwendung zu vermeiden, ist es
erforderlich, ein Diagramm des Kraftbedarfs einer Anlage zu entwerfen
und hiernach festzustellen, ob eine oder mehrere Verbrennungsmaschinen auf-

---

[1]) Die Wärme, 1924, Nr. 22 und 23.

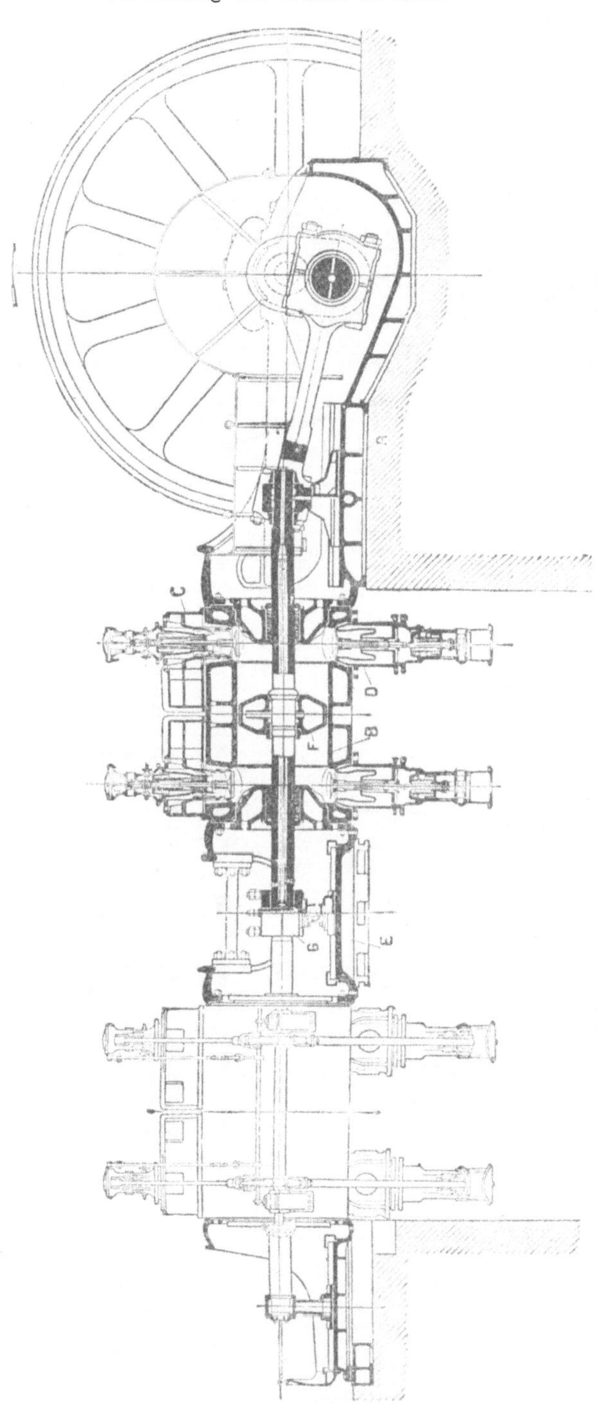

Fig. 180. Doppeltwirkende Nürnberger Gasmaschine 3000 PS der *Maschinenfabrik Augsburg-Nürnberg*.

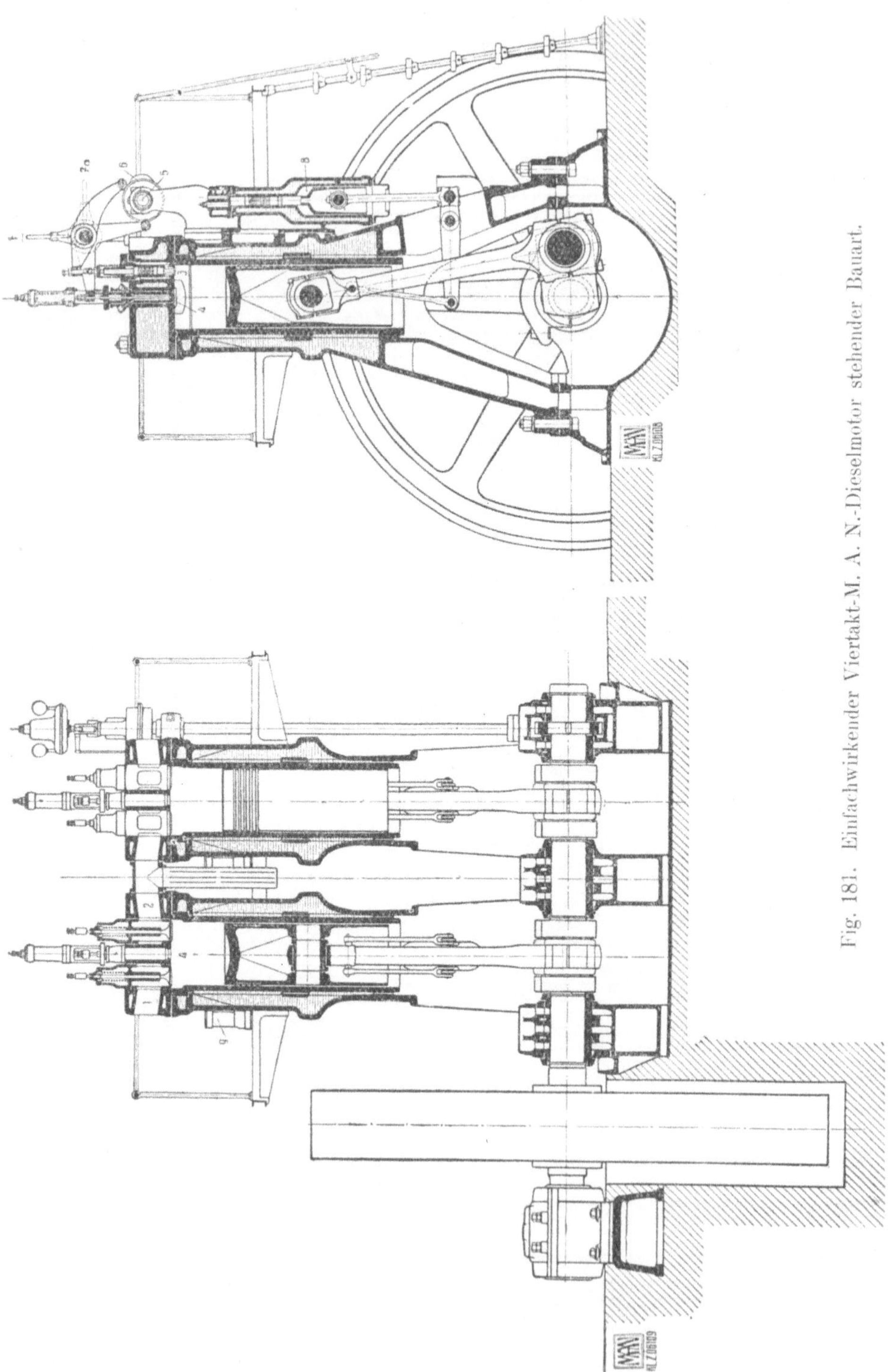

Fig. 181. Einfachwirkender Viertakt-M. A. N.-Dieselmotor stehender Bauart.

gestellt werden sollen. Die Verbrennungsmaschine erfordert nicht, wie die Dampfmaschine, einen Dampfkessel, der erst nach Anheizen und Erzeugen von Dampf die Betriebsfähigkeit der Anlage gestattet. Vielmehr kann die Verbrennungsmaschine in einigen Minuten bei Leuchtgas, Petroleum usw. in Betrieb gesetzt werden.

Ist in Fig. 183 das Arbeitsdiagramm gegeben, so ist es eine Verschwendung, den Motor von 600 bis 650 PS durchlaufen zu lassen. Es empfiehlt sich vielmehr die Anlage von zwei Motoren, eines 200 bis 225 PS, der von 4 Uhr nachmittags durch die ganze Nacht bis etwa 6 Uhr morgens läuft, und eines zweiten, der von 6 Uhr morgens bis 4 Uhr nachmittags läuft und etwa 600 bis 650 PS hat. Die Aggregate können auch anders gewählt werden, z. B. drei gleiche Motoren von 200 bis 225 PS, der eine ist dann dauernd in Betrieb.

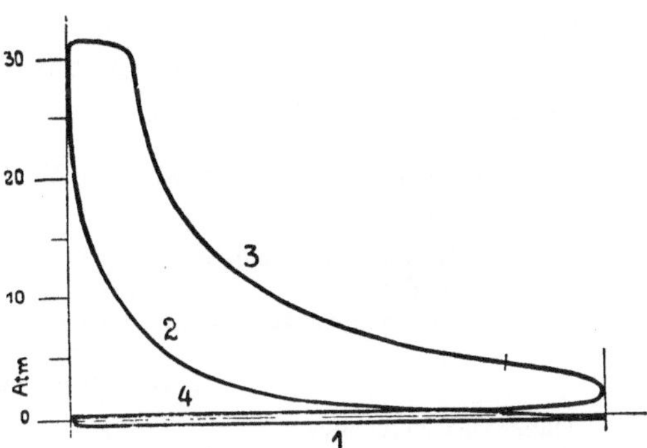

Fig. 182. Arbeitsdiagramm des Viertakt-M. A. N.-Dieselmotors der Fig. 181.

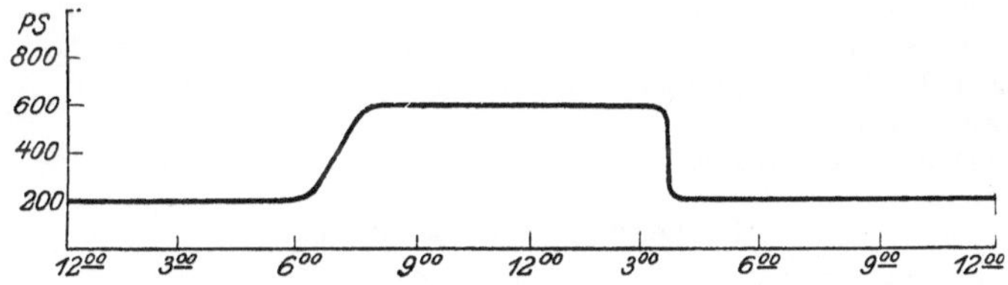

Fig. 183. Arbeitsdiagramm.

Die nachstehende Berechnung zeigt die Ersparnis an Brennstoffen:

A.　　　　　　　　200 PS　　　täglich 14 St.　　　Vollast
　　　　　　　　　600 „　　　　　 „　 10 „　　　　Vollast
　　Wärmebedarf für 200-PS-Motor　. . . . 2000 · 200 · 14 ＝　5 600 000 kcal
　　　　 „　　 „　600- 　 „　　　. . . . 1900 · 600 · 10 ＝ 11 400 00　„
　　Gesamter Wärmebedarf in 24 St. . . . . 17 000 000 kcal

B.　　　　　　　　200 PS　　　täglich 14 St.　　　Drittelbelastung
　　　　　　　　　600 „　　　　　 „　 10 „　　　　Vollbelastung
　　Wärmebedarf für 600-PS-Motor　. . . . 2600 · 200 · 14 ＝　7 240 000 kcal
　　　　 „　　 „　600- 　 „　　　. . . . 1900 · 600 · 10 ＝ 11 400 000　„
　　Gesamter Wärmebedarf in 24 St. . . . . 18 640 000 kcal

Man erspart daher im Falle A. in 24 Stunden

$$18\,600\,000 - 17\,000\,000 = 1\,600\,000 \text{ kcal.}$$

Hat man Benzol von 9500 kcal für 1 kg, so erspart man für 24 Stunden

$$\frac{1\,600\,000}{9500} = 168 \text{ kg Brennstoff.}$$

Um wirtschaftlich mit Verbrennungsmaschinen zu arbeiten, ist bei unvollständiger Belastung der Brennstoffzuführung große Sorgfalt zuzuwenden. Es muß neben der Brennstoffzuführung auch die Luftmenge reguliert werden.

Zur Prüfung einer Verbrennungsmaschine wird das Diagramm mittels des Indikators aufgenommen. Aus diesem Diagramm läßt sich der mittlere indizierte Druck berechnen. Es stellt sich dann die Prüfung einer Verbrennungsmaschinenanlage wie folgt:

Prüfung einer Anlage einer Verbrennungskraftmaschine.

Motor . . . .
Zylinderdurchmesser . . . .
Hub . . . .
Touren per Minute für normale Leistung . . . .

I. Versuchsnotierungen.

1. Dauer des Versuches . . . . Min.
2. Gesamter Brennstoffverbrauch . . . . kg
3. Tourenzahl. . . . .
4. Abnahme des Indikatordiagramms . . . . $0^h\ 0^m\ 0^s$ $0^h\ 5^m\ 0^s$
5. Gewicht am Bremszaum . . . . kg
6. Gesamte Menge des Kühlwassers . . . . „
7. Eintrittstemperatur des Kühlwassers . . . . ° C
8. Austrittstemperatur des Kühlwassers . . . . ° C
9. Temperatur der Außenluft . . . . ° C
10. Temperatur der Abgase . . . . ° C
11. Auspuffzündung . . . . $^h\ \ ^m\ \ ^s$ $^h\ \ ^m\ \ ^s$
12. Tourenzahl des Luftkompressors . . . . $0^h\ 0^m\ 0^s$ $0^h\ 5^m\ 0^s$
13. Tourenzahl des Motors . . . .
14. CO_2-Gehalt der Auspuffgase . . . .

II. Leistung und Ausnutzung.

1. Brennstoffverbrauch für 1 St. . . . . kg
2. Mittlerer indizierter Druck . . . . Atm
3. Mittlere indizierte Leistung . . . . $N_i' =$ PS
4. Indizierte Leistung . . . . $N_i =$ PS[1])
5. Gebremste Belastung . . . . N_e PS
6. Mechanischer Wirkungsgrad . . . . $\dfrac{N_e}{N_i} = \eta_m$
7. Heizwert des Brennstoffes für 1 kg. . . . . kcal
8. In 1 St. zugeführte Wärmemenge an Brennstoff . . . . „
9. Wärmeinhalt der zugeführten Luft in 1 St. . . . . „
10. Wärmeinhalt des zugeführten Wasserdampfes in 1 St. . . . . „
11. Gesamte zugeführte Wärmemenge in 1 St. . . . . $9 + 10 = 11$ kcal
12. In den Heizgasen abgeführte Wärmemenge in 1 St. . . . . „
13. Im Prozeß zur Verfügung stehende Wärmemengen in 1 St. . . . . . $12 - 11$ „
14. Theoretischer thermischer Wirkungsgrad . . . . $\dfrac{13}{11} = \eta_{th}$
15. Wirtschaftlicher Wirkungsgrad . . . . $\eta_m \cdot \eta_i = \eta_w$
16. Gütegrad der Maschine . . . . $\dfrac{\eta_i}{\eta_{th}} = \eta_g$

---

[1]) Der Unterschied zwischen mittlerer indizierter Leistung und indizierter Leistung ist durch die im Luftkompressor bedingte Vorkompression gegeben.

III. Wärmebilanz für 1 kg Brennmaterial.

1. Indizierte Maschinenbelastung . . . . PS
2. Mit dem Brennstoff zugeführte Wärmemenge . . . . kcal
3. Mit der Luft zugeführte Wärmemenge:
    a) Saugluft . . . . „
    b) Druckluft . . . . „
4. Mit dem Wasserdampf zugeführte Wärmemenge . . . . „
5. Gesamte zugeführte Wärmemenge . . . . kcal
6. In indizierte Leistung verwandelte Wärmemenge II, 3 . . . . kcal = . . . Proz.
7. In Nutzleistung verwandelte Wärmemenge . . . . „ = . . . „
8. In Reibung verwandelte Wärmemenge . . . . „ = . . . „
9. In indizierte Leistung verwandelte Wärmemenge II, 4 . . . . „ = . . . „
10. Durch das Kühlwasser abgeführte Wärmemenge . . . . „ = . . . „
11. In den Abgasen abgeführte Wärmemenge . . . . „ = . . . „
12. Im Wasserdampf abgeführte Wärmemenge . . . . „ = . . . „
13. Durch Strahlung und Leitung abgeführte Wärmemenge . . . . . . „ = . . . „
14. Gesamte zugeführte Wärmemenge (III, 5) . . . . kcal = 100 Proz.
15. Zur Verfügung stehende Wärmemenge . . . . 14—11 = kcal
16. Thermodynamischer Wirkungsgrad . . . . $\dfrac{6}{15} = \eta_{thd} =$ „

Die direkte Verwendung der im Brennstoff enthaltenen Energie für
Turbinen wird in Verpuffungs- und Gleichdruckturbinen[1]) vorgenommen.

Da das Turbinenrad sich mit gleichbleibender Geschwindigkeit drehen
muß, um einen guten Wirkungsgrad zu erreichen und um den Anforderungen
der Energieabnahme für Elektromotoren, Werkzeugmaschinen usw. gerecht
zu werden, muß auch das Treibmittel gleichmäßig zuströmen. Bei der Verpuffungsturbine herrscht zunächst hoher Druck, der mit abnehmender Gasmenge sinkt. Dem hohen Druck entsprechen große Ausströmungsgeschwindig-
keiten, dem niedrigen Druck kleinere. Es muß also, wenn gleichmäßige
Radgeschwindigkeit erreicht werden soll, in die heißen Ausströmdüsen noch
eine Regulierung eingebaut werden, durch welche die Gase, je nach der Druckhöhe, mehr oder weniger expandieren, ehe sie in das Rad eintreten. Damit ist
eine nutzlose Arbeit geleistet. Bei der Gleichdruckturbine fällt dieser Übelstand von vornherein weg. Der Druck im Verbrennungsraum, aus dem die
Gase zum Turbinenrad abströmen, hat durch die mit gleichmäßigem Drucke
eingeführte Verbrennungsluft und die stetige Verbrennung eine konstante
Spannung, mit der die Gase abströmen. Die Turbine kann dann als Aktions-
und Reaktionsturbine gebaut werden. Bei der ersteren wird der gesamte
Druck in Geschwindigkeit umgesetzt, ehe das Gas das Laufrad betritt, bei
der letzteren erfolgt noch Expansion im Laufrade. Im Falle der Reaktions-
turbine arbeitet das Rad in einem Raume viel höherer Temperatur als im
Falle der Aktionsturbine. Mit Rücksicht auf die Widerstandsfähigkeit des
Materials arbeitet man vorteilhafter mit der Aktionsturbine.

---

[1]) Mechanical Engineering 45. Jg., Nr. 11, 1923. Wassergekühlte Verbrennungs-
turbine.

Die Aktionsturbine kann mit einem oder mehreren Rädern hintereinander arbeiten. Die Räder können durch Anwendung von Geschwindigkeitsstufen oder durch Druckstufen miteinander verbunden werden. Fig. 184 zeigt die Verwendung von Geschwindigkeitsstufen, Fig. 185 die Verwendung von Druckstufen.

Es wird bei Verwendung von Geschwindigkeitsstufen der im Brennraum vorhandene Druck p_1 sofort auf die atmosphärische oder Vakuumspannung herabgesetzt. Die dabei entstehende Geschwindigkeit sei c. Die Schaufeln

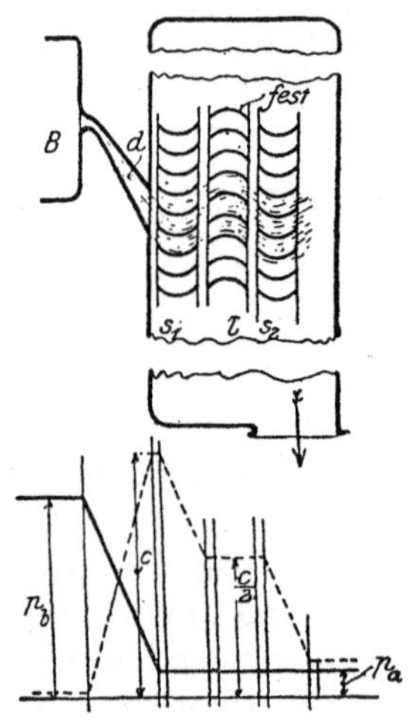

Fig. 184. Gasturbine mit Geschwindigkeitsstufen.

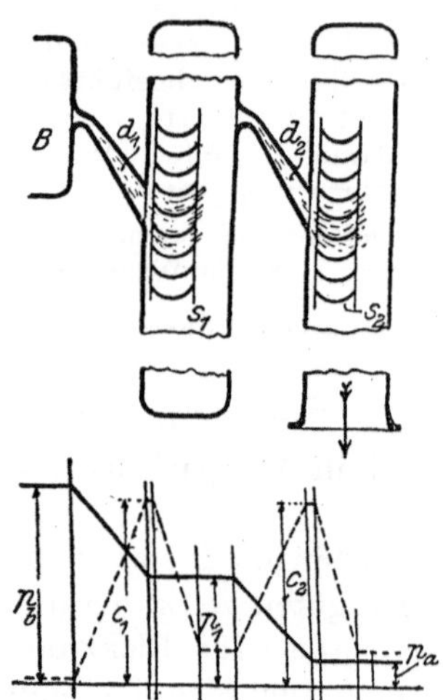

Fig. 185. Gasturbine mit Druckstufen.

werden nun derart gebaut und die Umfangsgeschwindigkeit derart festgelegt, daß die Gase in das feste Leitrad mit der Geschwindigkeit $\dfrac{c}{2}$ eintreten. Im zweiten Leitrade wird $\dfrac{c}{2}$ beim Austritt fast auf 0 reduziert.

Bei Verwendung von Druckstufen wird der im Brennraum herrschende Druck p_0 zunächst auf die Geschwindigkeit $c_1 < c$ gebracht, wobei noch der Druck p_1 vorhanden ist. Die Gase verlassen das Rad mit der Geschwindigkeit fast gleich 0. p_1 wird durch die zweite Düse in die seinem Druck entsprechende Geschwindigkeit verwandelt, die gleich c_1 sein muß, wenn gleich große Laufräder gewählt werden.

Bei Geschwindigkeitsstufen arbeitet man im Rade mit niedrigeren Temperaturen, da der ganze vorhandene Druck gleich in Geschwindigkeit umgesetzt wird.

Als Beispiel sei 1 kg Petroleum von h kcal mit L' kg Luft verbrannt im Gleichdruckverfahren. Ist c_p die konstante spezifische Wärme der Abgase, die Anfangstemperatur der Luft sei t_a, die des Gemisches nach der Verbrennung t_b, die der Abgase t_c, so ist

die zugeführte Wärmemenge $Q_1 = h$ kcal,
die abgeführte Wärmemenge $Q_2 = (1 + L')\, c_p t_c$,
die nutzbare Wärmemenge $Q = Q_1 - Q_2$
$$= h - (1 + L')\, c_p\, t_c .$$

Die Verbrennungstemperatur ist

$$t_b = t_a + \frac{h}{(1 + L')\, c_p} .$$

Die Expansion der Gase erfolgt in einer gekühlten Düse nach dem Gesetz $p \cdot v^{1,35} = $ konst. Damit ist

$$\frac{273 + t_b}{273 + t_c} = \left(\frac{p \text{ im Verbrennungsraum}}{p \text{ für den Auspuff}}\right)^{\frac{1,35-1}{1,35}} = x ,$$

$$t_c = \frac{273 + t_b}{x} - 273 .$$

Die Ausströmgeschwindigkeit der Gase aus Düsen ist

$$c = \varphi \sqrt{2\, g\, \frac{1,35}{1,35 - 1}\, R\, (t_b - t_c)}\ \text{m per 1 Sek.}$$

mit R im Mittel $= 32$.

Ist die Austrittsgeschwindigkeit c_1, so ist die theoretische Arbeit

$$L = \frac{1 + L'}{2\, g}\, (c^2 - c_1^2) .$$

Nach den Erfahrungen bei Dampfturbinen ist die Nutzarbeit

$$L_n = 0{,}5\, L .$$

Diese Nutzarbeit verringert sich:

a) um die Arbeit der Luftkompression von 1 Atm auf p_1 Atm, also bei isothermischer Kompression

$$L_a = p_1\, v_1 \log \text{nat} \frac{p_1}{1} = p_1\, v_1 \log \text{nat}\, p_1$$

für 1 kg Luft, also für L' kg Luft:

$$L'_a = L' \cdot L_a = L'\, p_1\, v_1 \log \text{nat}\, p_1 .$$

Die wirkliche Arbeit ist

$$L''_a = x\, L'_a \qquad (x = \sim 1{,}5 \div 1{,}7) .$$

b) Arbeit zum Eindrücken des Brennstoffes:

$$L_b = \varphi\, L \qquad (\varphi = 0{,}5 - 1{,}5 \text{ Proz.}) .$$

Damit ist die theoretische Arbeit:

$$L_{th} = L - L'_a - L_b ,$$

wirkliche Arbeit

$$L_w = L_n - L''_a - L_b .$$

Der thermische Wirkungsgrad ist:

$$\text{theoretisch } \eta_t = \frac{L_{th}}{h} = \frac{(L - L_a' - L_b)}{427 \cdot h},$$

$$\text{wirklich } \eta_w = \frac{L_w}{h} = \frac{(L_n - L_a'' - L_b)}{427 \cdot h}.$$

Der thermodynamische Wirkungsgrad ist

$$\text{theoretisch } \eta_{th} = \frac{(L - L_a' - L_b)}{h - (1 + L')\, c_p\, t_c} \cdot \frac{1}{427}$$

$$\text{wirklich } \eta_{thu} = \frac{(L_n - L_a'' - L_b)}{h - (1 + L')\, c_p\, t_c} \cdot \frac{1}{427}.$$

Nachstehende Tabelle gibt einige Zahlen für Petroleum von $h_u = 10\,00$ kcal und $c_p = 0{,}24$; $t_a = 15°$.

Q_1 kcal	Q_2 kcal	Q kcal	t_b °C	t_c °C	p_1 Atm	c m-sek	c_1 m-sek	L mkg	L_a' mkg	L_b mkg	L_{th} mkg
10 000	5706	4294	1615	913	6	1170	234	1 680 000	362 400	—	1 317 600
10 000	5182	4818	833	423	6	900	180	1 945 000	724 800	—	1 220 200
10 000	4481	5519	1615	717	12	1330	266	2 165 000	504 000	—	1 661 000
10 000	3147	6853	833	307	12	1020	204	2 490 000	1 008 000	—	1 482 000

η_t	η_{th}	L_n mkg	L_a'' mkg	L_l mkg	L_w mkg	η_w Proz.	η_{thw} Proz.	$\frac{G}{g}$	$100\frac{Q}{Q_1}$
30,7	71,4	840 000	603 000	—	237 000	5,6	13,1	2,55	42,9
28,5	59,1	972 500	1 210 000	—	— 237 500	— 5,6	— 11,6	5,00	48,2
38,9	70,6	1 082 000	840 000	—	242 500	5,6	10,2	2,55	55,2
34,5	50,8	1 245 000	1 680 000	—	— 435 000	— 11,2	— 16,2	5,00	68,5

In der unten angeführten Zeitschrift „The Engineer"[1]) wird eine ausführliche Besprechung der bisher bekannt gewordenen Systeme der Gasturbine einschließlich einer übersichtlichen Tabelle über alle bekanntgewordenen Einzelheiten gegeben. Die theoretischen Grundlagen der verschiedenen Turbinensysteme finden sich in *Schüle*[2]), Technische Thermodynamik, Bd. II, im Kapitel, Die Gasturbine, wo das Gleichdruck-, das Explosionsverfahren und das gemischte Gleichdruck- und Explosionsverfahren behandelt ist. Aus der Zusammenstellung in „The Engineer" ist folgendes bemerkenswert:

Die Tourenzahlen schwanken von 3000 per Min. der *Holzwarth*schen Turbine bis 20 000 per Min. der *Armengaud et Lemale*schen Turbine resp. 27 000 per Min. der *Rateau*schen Abgasturbine.

Der Explosionsdruck ist bei der *Holzwarth*schen bis 14 Atm (bisher ca. 8,5 Atm ausprobiert) und bei der *Armengaud et Lemale*schen in der Verbrennungskammer für Luft 5,3 Atm und für Öl 7,0 Atm.

---

[1]) The Engineer 135. Bd., Nr. 3514, 3515, 3516, 3517, 3518, 1923; und 136. Bd., Nr. 3546, S. 646 u. 647, 1923, u. Bd. 85, S. 466 bis 468, 490 bis 491, 515 bis 517, 557 bis 559, 583 bis 584, 595 bis 598 und 630 bis 632, 1923.

[2]) Elektrotechnische Zeitschrift 1921, H. 29 u. 30, Die Gas- und Ölturbine von *Schüle*.

Die **Temperatur** ist bei *Holzwarth* ca. 1150°, bei *Armengaud et Lemale* wird sie auf 593° für den Eintritt in die Schaufeln vermindert.

Der **Auspuff** ist bei *Holzwarth* etwas höher, bei *Armengaud et Lemale* niedriger als der Atmosphärendruck.

Die **Austrittstemperatur** schwankt überall zwischen 400 und 500° C.

Der **Brennstoffverbrauch** variiert sehr stark.

Holzwarth hat keine Angaben,
Armengaud et Lemale bei 20 000 Touren 0,68 kg-PS-St. Öl
    ,, 4 250 ,,   1,25 kg-PS-St. Öl,
  dazu kommt noch ein hoher Dampfverbrauch;
Rateau benötigt 1,36 kg-PS-St. Petroleum als Auspuffgas eines *Breguet*-Flugmotors mit
  0,23 kg-PS-St. Petroleum.

Die **Leistung** ist

bei *Holzwarth* über . . . . 500 PS_e
,, *Armengaud et Lemale* über . . 25 ,, bei 20 000 Touren,
          ca. 400 ,, ,, 4 250 ,,
,, *Rateau* . . . . ca. 50 ,,
während die *Breguet*-Maschine mit . 300 ,, arbeitet.

Der **thermische Wirkungsgrad** soll sein:

bei *Holzwarth* . . . . . . 24,7 Proz.
,, *Armengaud et Lemale* . 9,5 ,, bei 20 000 Touren ohne Kompressor
         5,2 ,, ,, 4 250 ,, ,, ,,
,, *Rateau* . . . . 2,5 ,,

Die **Umfangsgeschwindigkeit** der Schaufeln ist

bei *Holzwarth* . . . . 2,9 m-Sek. bei 1100 mm Laufraddurchmesse›
,, *Armengaud et Lemale*
   für 20 000 Touren 2,7 m ,, 152 ,, ,,
    ,, 4 250 ,, 3,5 ,, ,, 952 ,, ,,
,, *Rateau* . . . . 4,3 ,, ,, 184 ,, ,,

Die verhältnismäßig wenigen brauchbaren Gasturbinen zeigen, daß das Problem einer wirtschaftlichen, brauchbaren Konstruktion noch nicht gelöst ist. Einerseits ist es, wie ,,The Engineer'' aus den Zerstörungen an solchen Turbinen ersehen läßt, das Material, das den hohen Temperaturen in den Verbrennungskammern nicht dauernd genügenden Widerstand bietet, andererseits sind die Verbrennungskammern noch zu empfindlich. Die Frage des Materials für die Schaufeln gilt als gelöst; es ist jedoch nicht zu vergessen, daß die Industrie bisher noch nicht in der Lage war, andere Urteile als diejenigen der Versuchsmaschinen kennen zu lernen.

Die **Erbauer** der Turbinen sind:

Holzwarth-Turbine, *Brown, Boveri & Cie.*, Mannheim; *Thyssen & Co.*, Mülheim/Ruhr.

Armengaud et Lemale-Turbine, *Societé des Turbomoteurs*, Paris.

Rateau-Turbine, *Sauter Harlé et Co.*, Paris,

womit nur die hauptsächlichsten, bisher bekannten Firmen erwähnt sind[1]).

Nachdem die direkte Verbrennung von Brennstoffen in Maschinen behandelt ist, gehe ich zur Behandlung der **Dampfmaschinen und Dampfturbinen** über.

Die Maschinen werden entweder mit Naßdampf oder Heißdampf betrieben und zerfallen in

> Gegendruckmaschinen,
> Auspuffmaschinen und
> Kondensationsmaschinen.

Während oder nach dem Arbeitsprozeß kann die gesamte oder ein Teil der verwandelten Dampfmenge entnommen werden, um einem Heizprozeß zugeführt zu werden. Man spricht dann von Zwischendampf- oder Anzapfdampf- und Abdampfverwertung.

Es seien zunächst die Grundlagen für Dampfmaschinen und Dampfturbinen angeführt, wobei die Verwertung von Zwischendampf zunächst ausgeschaltet ist. Der Abdampf kann entweder in einem Kondensator oder in einer Heizvorrichtung weiter verwandt werden. Es sei nur angenommen, daß der Abdampfdruck, gleichviel welcher Größe, konstant bleibt.

a) Dampfmaschinen[2]).

Sind F_v und F_h die wirksamen Kolbenflächen vor bzw. hinter der nach der Kurbel gehenden Kolbenstange in qcm,

p_{iv} und p_{ih} die entsprechenden indizierten Spannungen in Atm,

N_{iv} und N_{ih} die entsprechenden indizierten Leistungen in PS, so ist, wenn

c die mittlere Kolbengeschwindigkeit pro Sekunde in m

und s der Kolbenhub in m ist,

$$N_{iv} = \frac{F_v \cdot c \cdot p_{iv}}{150},$$

$$N_{ih} = \frac{F_h \cdot c \cdot p_{ih}}{150},$$

$$N_i = N_{iv} + N_{ih}$$

$$= \sim \frac{F\,c\,p_i}{75},$$

wenn während

$$F = \frac{F_v + F_h}{2}$$

---

[1]) Weitere Literatur: Schweizerische Bauzeitung 53. Bd. 1909, Essai d'une turbine à pétrole par Barbezal, Cassius Magazine 1907 u. 1908; Die Gasturbine von *Hans Holzwarth*, 1911. Verlag Julius Springer, Berlin. Zeitschr. d. V. d. Ing. 1920, S. 197; Die Entwicklung der Holzwarth-Gasturbine seit 1914 von *Holzwarth*. Journal für Gasbeleuchtung 39. Jg., 1912, Über die Gasturbine; Baustoff u. Wärmewirtschaft 6. Bd., Heft 3, 1924: Die Arbeit an der Gas- und Ölturbine von *Gentsch*.

[2]) Anleitung zur Berechnung einer Dampfmaschine von *Graßmann*. Berlin, Julius Springer.

und
$$p_i = \frac{p_{iv} + p_{ih}}{2}$$
gesetzt werden kann.

Bei Mehrzylindermaschinen werden die Leistungen der einzelnen Zylinder summiert.

$\dfrac{Fc}{75} = \dfrac{F \cdot s}{30 \cdot 75}$ heißt die Leistungskonstante, d. h. die Leistung pro 1 Atm, indizierte Spannung.

Der mittlere indizierte Druck ist, wenn mit Fig. 186 und 187

p_1 die absolute Eintrittsspannung in Atm,

p' die absolute Austrittsspannung in Atm,

f_1 der Spannungskoeffizient für p_1,

f' der Spannungskoeffizient für p',

z ein Koeffizient für Vorausströmen und kleine Fehler (z ist < 2 Proz. $\div 5$ Proz. von p_i)

$$m = \frac{s_0}{s},$$
$$p_i = f_1 p_2 - f' p' - z.$$

Es ergibt sich
$$f_1 = f_i (1 + m) - m$$
mit
$$m = \frac{s_0}{s} = \frac{\text{schädlicher Raumhub}}{\text{Kolbenhub}}$$
und
$$f_1 p_2 s = f_i p_1 (s_0 + s) - p_1 s_0.$$
Mit
$$i = \frac{s}{s_1} (1 + m) + m s \quad \text{für Einzylindermaschinen},$$
bzw.
$$i = \frac{s}{s_1'} v (1 + m) + m' s' \quad \text{für Verbundmaschinen}$$

[$i =$ Gesamtexpansionsgrad, $v =$ Verhältnis-Inhalte der Zylinder],

wobei s_1 den Kolbenweg bis zur Absperrung in m,

s' und s_1' den Kolbenweg und den Kolbenweg bis zur Absperrung im Hochdruckzylinder in m bedeutet,

ist die Endspannung
$$p_2 = \frac{p_1}{i}.$$

Für das Expansionsgesetz $p \cdot V^n =$ konst. ist:
$$f_i = \frac{1}{i} \left[1 + \frac{1}{n-1} \left(1 + \frac{1}{i^n - 1} \right) \right];$$

für $p V =$ konst. ist:
$$f_i = \frac{1 + \log \operatorname{nat} i}{i}.$$

Nachstehende Tabelle gibt die Werte von f_i:

i	pV	$pV\,1{,}185$	$pV\,1{,}200$	$pV\,1{,}300$
1,5	0,937	0,930	0,927	0,922
2	0,847	0,831	0,825	0,813
3	0,700	0,674	0,663	0,645
4	0,596	0,567	0,554	0,533
5	0,522	0,489	0,475	0,455
6	0,465	0,432	0,417	0,397
7	0,421	0,387	0,373	0,357
8	0,385	0,352	0,337	0,318
10	0,330	0,298	0,285	0,266
15	0,247	0,218	0,206	0,190
20	0,200	0,173	0,163	0,149
25	0,168	0,144	0,135	0,122
30	0,147	0,124	0,116	0,104

Der Gegendruck p' ist als Mittelwert aufzufassen.

Es ergibt sich für f' bei Kondensationsmaschinen, wenn ist
der Beginn der Kompression von Hubende

| 20 | 30 | 40 | 50 | 85 Proz., |

der schädliche Raum 2,5 Proz.

$$f' = 1{,}376 \qquad 1{,}696 \qquad 2{,}067 \qquad 2{,}476 \qquad 4{,}143$$

der schädliche Raum 5,0 Proz.

$$f' = 1{,}252 \qquad 1{,}478 \qquad 1{,}748 \qquad 2{,}056 \qquad 3{,}328$$

und der schädliche Raum 10,0 Proz.

$$f' = 1{,}155 \qquad 1{,}310 \qquad 1{,}499 \qquad 1{,}716 \qquad 2{,}649$$

bei kleinen Kompressionsgraden ist

$$f' = 1{,}000 \text{ bis } 1{,}024.$$

Man hat hierbei $p\,V^{1{,}100} = $ konst. gewählt.

Bei Naßdampf und starkem Nachverdampfen kann der Wert f' um 10 Proz. und mit starker Kompression um 20 Proz. größer werden.

Bei Auspuffmaschinen mit 5 Proz. schädlichem Raum ist bei
der absoluten Kompressionsendspannung von:

| 5 | 6 | 7 | 8 | 9 | 10 | 11 | 12 Atm |

und einem Gegendruck von abs. 1,1 Atm.

$$f' = 1{,}130 \quad 1{,}189 \quad 1{,}259 \quad 1{,}327 \quad 1{,}396 \quad 1{,}470 \quad 1{,}555 \quad 1{,}636$$

einem Gegendruck von 1,5 Atm

$$f' = 1{,}169 \quad 1{,}153 \quad 1{,}145 \quad 1{,}188 \quad 1{,}234 \quad 1{,}282 \quad 1{,}333 \quad 1{,}386$$

einem Gegendruck von 2,0 Atm

$$f' = 1{,}033 \quad 1{,}055 \quad 1{,}077 \quad 1{,}105 \quad 1{,}135 \quad 1{,}164 \quad 1{,}195 \quad 1{,}233$$

einem Gegendruck von 3,0 Atm

$$f' = 1{,}009 \quad 1{,}017 \quad 1{,}025 \quad 1{,}041 \quad 1{,}058 \quad 1{,}073 \quad 1{,}089 \quad 1{,}106$$

Ist der schädliche Raum $\gtrless$ 5 Proz., so ist f' proportional zu 5 Proz. zu vergrößern oder zu verkleinern

Fig. 186 gibt das Diagramm einer Einzylindermaschine.

Bei Zwei- und Dreizylindermaschinen werden die Diagramme der einzelnen Zylinder bei gleichem Maßstab der Spannungen und Diagrammlängen, die den Zylindervolumina entsprechen, über-einander gezeichnet, wobei auch die schädlichen Räume entsprechend zu beachten sind. In Fig. 187 ist das Diagramm einer Dreizylindermaschine wiedergegeben.

Die Diagramme werden zunächst mit einer sie völlig umhüllenden Expansions-linie umgeben. Für Naßdampf hat man dabei die Beziehung $p \cdot V = \text{konst.}$ Es ergibt sich dann die Leistung der größten im Diagramm sichtbaren Dampfmenge

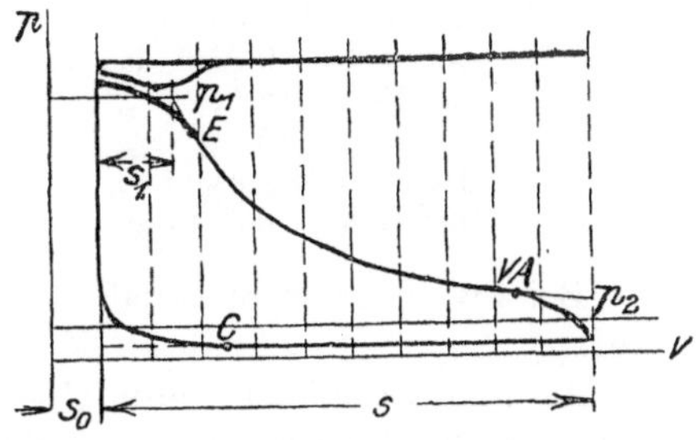

Fig. 186. Diagramm der Einzylinder-maschine.

inkl. des schädlichen Raumes bei Expansion im Hochdruckzylinder bis zum Volumen des Niederdruckzylinders einschließlich dessen schädlichen Raumes. Die Expansion ist i und

$$p_{red} = f_1\, p_1 = \varphi\, f_i\, p_1\, (1 + m)$$

mit
$$f_i = \frac{1 + \log \text{nat}\, i}{i}.$$

Das Verhältnis der wirklichen Arbeitsfläche zu der nach obigem Diagramm erhaltenen ist der sog. Völligkeitsgrad. Er umschließt:

a) den Flächenverlust durch den Gegendruck im Niederdruckzylinder;

b) den Flächenverlust durch die schädlichen Räume; die Anteile jedes Zylinders sind durch dessen Einströmdruck be-grenzt;

c) den Verlust durch die Kompressionsarbeit jedes Zylinders;

d) die Druckverluste zwischen den Diagrammen;

e) die Abweichung der Expansionslinie gegen die Kurve $p \cdot V = \text{konst.}$

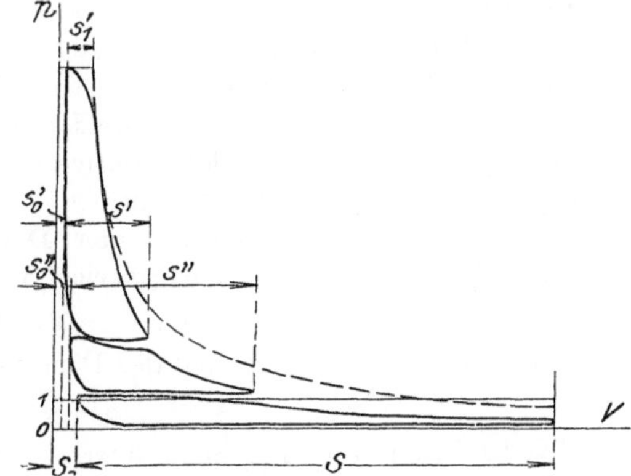

Fig. 187. Diagramm der Dreizylindermaschine.

Bezüglich der Völligkeit ist bei schädlichen Räumen von 5 bis 8 Proz. und einem Vakuum von 0,2 bei langsam gehen-den Maschinen mit kleinem schädlichen Raum und viel Heizung:
$$\varphi = 75 \text{ Proz.,}$$

bei mittleren Tourenzahlen und Naßdampf: $\varphi = 65$ bis 70 Proz.,

bei mittlerer Überhitzung: $\varphi = 57$ bis 67 Proz.,

bei hoher Überhitzung: $\varphi = 55$ bis 60 Proz.,
bei Zwischenüberhitzung: $\varphi = 60$ bis 65 Proz.

Was das Raumverhältnis der Zylinder anbelangt, so hat man

bei Zweizylindermaschinen:
bei 6 bis 8 Atm das Volumverhältnis 1 : 2,25 bis 1 : 2,40
„ 10 „ 12 „   „   „   1 : 2,28 „ 1 : 3,00
„   15 „   „   „   1 : 4,00
bei Dreizylindermaschinen:
bis 12 Atm das Volumverhältnis . . 1 : 2,25 bis 2,80 : 5,00 bis 7,00.

Bei Zwischendampfentnahme treten natürlich andere Raumverhältnisse auf.

Als praktische Werte zum Überschlag der mittleren indizierten Spannung bei normaler Leistung ist nach *Graßmann*

bei Einzylindermaschinen mit Kondensation . . . . $p_i \ = 1{,}2 + 0{,}20\, p_1$
„ Einzylindermaschinen mit Auspuff . . . . $p_i \ = 1{,}2 + 0{,}25\, p_1$
„ Zweiverbundmaschinen mit Kondensation . . . . $p_{red} = 1{,}2 + 0{,}09\, p_1$
„ Dreiverbundmaschinen . . . . $p_{red} = 1{,}2 + 0{,}05\, p_1$
„ Dreiverbundmaschinen (Schiffsmaschinen) . . . . $p_{red} = 1{,}5 + 0{,}07\, p_1$

Für die Nennleistung der Maschine wird meist

$$p_{red} = 1{,}2 + 0{,}12\, p_1$$

gewählt.

Für die wärmewirtschaftliche Beurteilung der Dampfmaschinen kommt deren Dampfverbrauch in Frage. Er setzt sich zusammen aus:

a) dem vom Kessel gelieferten Arbeitsdampf G,

b) dem durch Kompression im schädlichen Raum vorhandenen Dampf G_0.

G besteht aus dem durch das Speisewasser gemessenen Wassergewicht abzüglich

des Leitungskondensats,

der Kondensate in den Heizräumen, Deckeln und Aufnehmern, jedoch einschließlich der für Manteldampf benötigten Menge.

Ist $G_i = G + G_0$, so ist der effektive Dampfverbrauch gleich dem Arbeitsdampf + dem Kompressionsdampf.

Ist $G_i < G + G_0$, so enthält der Dampf einen Wassergehalt $G_w = G + G_0 - G_i$, der als Niederschlagsverlust vorliegt. Man setzt

$$G_w = x\,(G + G_0)$$

entsprechend dem Wassergehalt des Dampfes

$$1 - x.$$

Ist der Dampf an einer Stelle überhitzt, statt gesättigt, so erhält man bei der Berechnung als gesättigter Dampf zu hohe Werte. Ist der wirkliche Dampfinhalt bekannt, so läßt sich das richtige spez. Gewicht und damit die Temperatur des Dampfes berechnen.

Der mittlere Dampfinhalt wird nach *Hrabák* berechnet als

$$G_i' = 3600\, F\, c \left[\left(\frac{s_1}{s} + m \right) \gamma_1 - \left(\frac{s_k}{s} + m \right) \gamma_k \right],$$

wobei γ_1 das spez. Gewicht des Dampfes beim Eintritt,

γ_k das zu s_k gehörige spez. Gewicht,

s_k den Kompressionsweg von der Meßstelle bis Kolbenhubende bedeutet.

Für 1 PS und Stunde beträgt der Dampfverbrauch

$$C_i' = \frac{G_i'}{N_i} = \frac{27}{p_i}\left[\left(\frac{s_1}{s} + m\right)\gamma_1 - \left(\frac{s_k}{s} + m\right)\gamma_k\right]$$

für eine Einzylindermaschine.

Bei einer Mehrzylindermaschine hat man

$$C_i' = \frac{G_i'}{\Sigma N_i} = \frac{27}{p_{red}} v\left[\left(\frac{s_1'}{s'} + m'\right)\gamma_1' - \left(\frac{s_k'}{s'} + m\right)\gamma_k'\right],$$

wobei sich m', γ_1', γ_k', s', s_1', s_k' auf den Hochdruckzylinder beziehen, v gibt die Reduktion auf den Niederdruckzylinder an und ist das Verhältnis des Inhalts des Hochdruck- zum Niederdruckzylinder.

Für den Niederdruckzylinder ist der Dampfverbrauch pro PS und Stunde

$$C_N = \frac{27}{p_{red}}\left[\left(\frac{S_1}{S} + m\right)\gamma_1 - \left(\frac{S_k}{S} + m\right)\gamma_k\right],$$

wo sich S, S_1, m, γ_1, γ_k auf den Niederdruckzylinder beziehen.

Ein Vergleich mit der wirklichen Dampfmenge und der auf Grund obiger Rechnung bestimmten zeigt, daß erstere größer ist. Es rührt dies daher, daß Wärmeabgabe an die Zylinderwände stattfindet. Bei Naßdampf findet Kondensation an den Wänden statt, bei überhitztem Dampf ist die Überhitzung am Schlusse geringer, als die Rechnung ergibt.

Wie aus der Dampftabelle ersichtlich, ist nach Verlauf der Expansion die Energie des Dampfes größer als am Anfang. Die Expansionsarbeit sowie die Energievermehrung muß also durch

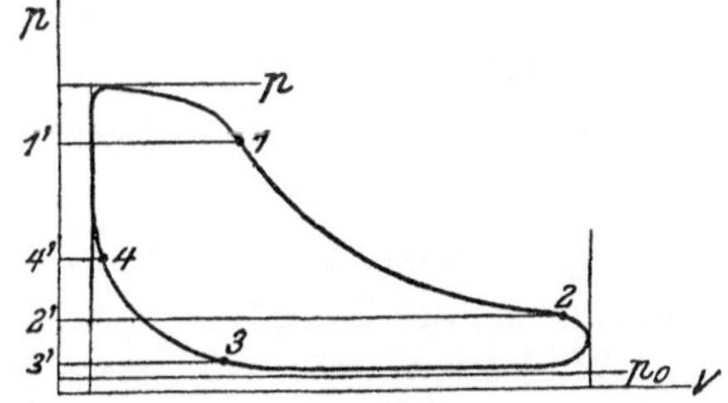

Fig. 188. Dampfdiagramm.

rückerstattete Austauschwärme gedeckt werden. Um ferner den Wassergehalt des ausströmenden Dampfes teilweise zu verdampfen, sind noch 2- bis 6 mal größere Wärmemengen (Auspuffwärme) nötig, als zuvor angegeben wurde. Das ermöglicht einen Schluß auf die Größe der Niederschlagsmenge, die nötig ist, um den Wänden die erforderlichen obigen Wärmemengen zuzuführen.

Nimmt man ein Diagramm nach Fig. 188, so hat man die Wärmemengen in den vier Stufen:

$$\text{Eintritt } Q_{41} = (\varphi + m)i_1 - \varphi i - m i_4 + \frac{p_{41}}{p_i}\cdot\frac{632}{D_i},$$

$$\text{Expansion } Q_{12} = (\varphi + m)(i_2 - i_1) + \frac{p_{12}}{p_i}\frac{632}{D_i},$$

$$\text{Austritt } Q_{23} = \varphi\, i_0 + m\, i_3 - (\varphi + m)\, i_2 + \frac{p_{23}}{p_i}\frac{632}{D_i},$$

$$\text{Kompression } Q_{34} = m\, (i_4 - i_4) + \frac{p_{34}}{p_i}\frac{632}{D_i},$$

wobei

m das Verhältnis der im schädlichen Raume abgesperrten Dampfmenge zu der während eines Arbeitsspiels gebrauchten Frischdampfmenge D_i ist, und zwar

$$m = \frac{27\,(\varepsilon_0 + \varepsilon_3)}{p_i\, D_i\, v_3},$$

$$\varepsilon_0 = \frac{\text{schädlicher Raum}}{\text{Hubraum}},$$

ε_1, ε_2, ε_3 das Verhältnis des vom Kolben bis zu einer gewissen Stelle durchlaufenden Raumes zum ganzen Hubraume,

$$\varphi = \frac{\text{Dampfgewicht im Zylinder}}{\text{gesamtes Dampfgewicht (Zylinder + Mantel)}},$$

$p_{11} = $ mittlerer Druck der Fläche 4 1 1' 4' 4

$p_{12} = $,, ,, ,, ,, 1 2 2' 1' 1

$p_{23} = $,, ,, ,, ,, 2 3 3' 2' 2

$p_{34} = $,, ,, ,, ,, 3 4 4' 3' 3

ist.

Hierbei ist alles auf 1 kg des von der Maschine benötigten Dampfes reduziert $\left(\dfrac{1}{D_i}\right)$.

Die an den Kondensator oder Auspuff abgegebene Wärmemenge ist

$$Q_0 = i_0 + t_e,$$

mit t_e die Temperatur des austretenden Dampfes und i_0 die Verdampfungswärme, die der Dampfspannung entspricht, bezeichnet.

Wird die Wärmemenge statt auf 1 kg Arbeitsdampf auf einen Hub bezogen, so sind die Werte Q mit $\dfrac{D_i\, N_i}{120\, n}$ zu multiplizieren.

Bei Mehrzylindermaschinen ist bei Aufnehmern für i der entsprechende Wert einzuführen, ferner ist $\dfrac{632}{D_i}$ mit $\dfrac{N_I}{N_i}$, $\dfrac{N_{II}}{N_i}$, wobei N_I und N_{II} die indizierte Leistung ihrer Zylinder ist, zu multiplizieren.

Ferner gilt die Gleichung für jeden Zylinder sinngemäß:

$$Q_{41} + Q_{12} + Q_{23} + Q_{31} = \mu\,(i - i') - S + K,$$

wo

$$\mu = \frac{\text{dem Zylindermantel niedergeschlagenes Dampfgewicht}}{\text{gesamtes verbrauchtes Dampfgewicht}},$$

$S = $ die durch Ausstrahlung pro 1 kg Arbeitsdampf verlorene Wärme,

$K = $ die durch Kolbenreibung erzeugte Wärme für 1 kg Arbeitsdampf.

Es muß also zur Erhöhung der Energie des Dampfes bei der Expansion die Wärmemenge Q_{12}, zur Verdampfung beim Auspuff die Wärmemenge Q_{23} hergegeben werden.

Nach Versuchswerten von *Hrabák* ist der Abkühlungsverlust bei der Einströmung $C_i'' \sqrt{c}$ und hat mit c in m-Sek. bei

Maschinen mit Kulissensteuerung	7,0 bis 6,5 kg
Auspuffmaschinen mit Expansionssteuerung	6,0 „ 5,0 „
Einzylinder-Kondensationsmaschinen ohne Heizung . .	5,5 „ 5,0 „
Einzylinder-Kondensationsmaschinen mit Heizung . .	4,5 „ 4,2 „
Zweizylinder-Kondensationsmaschinen	4,0 „ 3,5 „
Dreizylinder-Kondensationsmaschinen	3,2 „ 3,0 „
Zweizylinder-Auspuffmaschinen	4,2 „ 4,0 „

für gesättigten Dampf einschließlich der evtl. Heizung.

Bei Verbundmaschinen mit Heizung mit Kesseldampf beim Hochdruckzylinder und Heizung mit Aufnehmerdampf beim Niederdruckzylinder gehen die Werte bis auf die Hälfte herab.

Der Hochdruckzylinder hat für 1 PS$_i$ und Stunde bei normaler Belastung 0,2 bis 0,3 kg Dampf zur Heizung nötig.

Man hat die Abkühlungsverluste G_i'' bei verschiedenen Füllungen etwa

$$G_i'' = C_i'' \cdot N_i.$$

Bei Niederdruckzylindern mit 40 bis 50 Proz. Füllung nehmen mit der Höhe des Aufnehmerdruckes die Abkühlungsverluste zu.

Bei 1,5 Atm abs. Aufnehmerdruck sind 30 Proz. der Arbeitsdampfmenge bei ungeheizten, 2 Proz. der Arbeitsdampfmenge bei geheizten einschließlich Heizdampf normale Werte für den Abkühlungsverlust. Der Wert steigt im Verhältnis der Wurzel aus dem absoluten Aufnehmerdruck zu 1,5.

Bei Heißdampfmaschinen bestehen die Abkühlungsverluste in einer Temperaturabnahme gegenüber der berechneten Endtemperatur.

Bei kleinen Füllungen 8 bis 10 Proz. von Einzylindermaschinen reichen 300° kaum aus, um den überhitzten Dampf durch Expansion in trockenem und nicht in nassem Zustand zu erhalten.

Bei Verbundmaschinen mit 40 bis 50 Proz. Füllung im Hochdruckzylinder ergeben sich 60 bis 80° C Temperaturabnahme zur Deckung der Abkühlungsverluste. Im Niederdruckzylinder wird nur bei Zwischenüberhitzung eine bemerkenswerte Überhitzungstemperatur erreicht. Bei 40 bis 50 Proz. Füllung dieses Zylinders und 1,5 Atm Aufnehmerspannung hat man einen Abkühlungsverlust von etwa 60° C.

Außer durch Abkühlung geht auch noch Dampf durch Undichtigkeit verloren. Zur Deckung dieser Verluste rechnet man $C_i''' = 5$ Proz. von C_i'.

Der gesamte Dampfverbrauch ist also für 1 PS$_i$ und Stunde $C_i = C_i' + C_i'' + C_i'''$ kg.

Wird dieser Verbrauch C_i mit dem Wärmeinhalt des Dampfes multipliziert, so erhält man den Wärmeverbrauch Q_i der Maschine für 1 PS und Stunde. Damit ergibt sich der

thermische Wirkungsgrad zu $\eta_{th} = \dfrac{632,3}{Q_i}$.

Der schon früher angegebene thermodynamische Wirkungsgrad wird gefunden, indem man das Verhältnis des Dampfverbrauchs der vollkommenen Maschine, d. h. der Maschine, die ohne Verluste, mit adiabatischer Expansion bis auf den Kondensatordruck oder Auspuffdruck arbeitet, zu dem Dampfverbrauch der vorliegenden Maschine feststellt.

Ist z. B. für 1 kg Dampf von 300° und 12 Atm die Expansion auf den Kondensatordruck 0,1 Atm gegeben, so kann man 195 kcal ausnutzen. Damit werden für 1 PS$_i$ und Stunde $\dfrac{632,3}{195} = 3,24$ kg Dampf benötigt.

Die Maschine benötigte jedoch nach Versuchen 4,8 kg Dampf. Es ist damit

$$\eta_{th\,d} = \frac{3,24}{4,80} = 0,675 = 67,5 \text{ Proz.}$$

Über den Gütegrad von Maschinen ist im Anhang zu den Regeln über Leistungsversuche angenommen, daß die Dampfmenge mit demselben Expansionsgrad unter Einbeziehung der schädlichen Räume wie die wirkliche Dampfmenge expandiere. Das hier entstehende Diagramm wird dann mit dem abgenommenen verglichen.

Gegenüber den stationären und beweglichen Betriebsmaschinen weisen die Fördermaschinen pro PS$_e$ und Stunde einen hohen Dampfverbrauch auf. Es hängt dies von den Betriebsverhältnissen: Teufe, Fördergeschwindigkeit, Nutzlast, Dauer der Sturzpausen, Art des Umsetzens mehr etagiger Körbe und der Konstruktion der Maschine: Art des Dampfes, Spannung, Kolbengeschwindigkeit, Konstruktion der Maschine ab.

Die älteren Bergwerksmaschinen haben 30, 40, selbst 50 kg Dampfverbrauch für eine Schachtpferdekraft. Neuere Maschinen ergeben nach Veröffentlichungen des „Glückauf"[1]) und Vereins deutscher Ingenieure[2]) folgende Dampfverbrauchsziffern:

Maschinenart	An der Maschine		Teufe	Nutzlast für 1 Zug	Mittlere Seilgeschwindigkeit	Geleistete Schachtpferde	Zahl der Züge	Dampfverbrauch für 1 Schachtpferdest.
	abs. Dampfdruck	Überhitzung	M.	kg	m	PS	1 Std.	kg
Zwillingsmaschine mit Auspuff	8,14	—	612	3280	10,40	138,4	18,6	20,22
Zwillingsmaschine mit Kondensation	6,30	—	277	2320	7,44	141,5	59,5	19,50
Zwillingstandemmaschine								
mit Kondensation	13,50	7,2	738	5150	13,43	441,0	31,2	11,73
mit Auspuff	8,40	—	607	4650	10,90	275,0	26,3	21.10

Die Bauarten der Maschinen sind:

Zwillingsmaschine: Füllung bis 35 bis 40 Proz. beim Anfahren bei 3 Atm abs. Expansionsenddruck, Füllung 15 bis 22 Proz. im Beharrungszustande.

---

[1]) Glückauf 1906, S. 634, 665; 1907, S. 33; 1910, Heft 16; 1912, Heft 7; 1913, Heft 34.
[2]) Zeitschr. d. V. d. Ing. 1904, S. 154; 1907, S. 77; 1911, S. 1456.

Zwillingstandemmaschine: Füllung des Hochdruckzylinders beim Anfahren 40 Proz.

Zwillingsverbundmaschinen werden nur als ältere Maschinen noch vorkommen.

In Fig. 189 und 190 ist eine liegende und eine stehende Dampfmaschine abgebildet.

Die liegende ist eine Gleichstrommaschine, die stehende eine Heißdampfmaschine kurzer Bauart[1]).

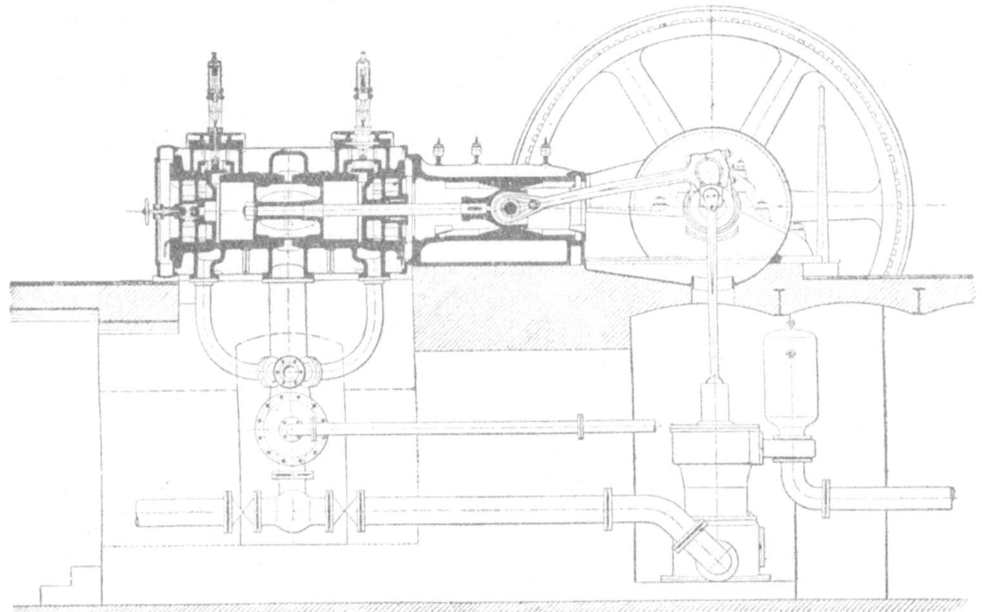

Fig. 189. Gleichstrommaschine von 150 PS (Querschnitt) der *Maschinenbau-A.-G. vorm. Starke & Hoffmann*, Hirschberg i. Schl.

Entsprechend der Wirtschaftlichkeit des Hoch- und Höchstdruckdampfes sind entsprechende Dampfmaschinen und Dampfturbinen gebaut. Die bisher erzielten Erfolge sind in den auf Seite 276 angeführten Schriften enthalten. Es wird auf das schon längst in Amerika übliche Regenerativprinzip hingewiesen, das dem Rankineprozeß, also der adiabatischen Expansion, gegenüber unbedingt vorzuziehen ist. Der Dampf wird hierbei nach teilweiser Arbeitsleistung durch Anzapfung der Maschine entnommen und zur Vorwärmung des Speisewassers verwandt. Es wird damit alle im Kessel in den Dampf gegebene Wärme, abgesehen von den Verlusten durch Leitung und Strahlung, ausgenutzt

---

[1]) Über Dampfmaschinen und Steuerungen ist infolge der sehr reichhaltigen Literatur von weiteren Abbildungen abgesehen. Siehe u. a.: Kolbendampfmaschine und Dampfturbinen von Prof. Ing. *H. Dubbel*, Die Steuerungen der Dampfmaschine von Prof. Ing. *H. Dubbel*. Julius Springer, Berlin und Mechanical Engineering **46**, 1924, Nr. 5.

und zuerst zur Erzeugung von mechanischer Arbeit in der Maschine verwertet und hierauf dem Speisewasser in voller restlicher Höhe zugeführt[1]), ohne daß eine Abgabe an das Kühlwasser des Kondensators erfolgt. Damit wird das Speisewasser auf evtl. so hohe Temperaturen vorgewärmt, daß eine Abgasverwertung in Economisern hinfällig ist. Die mit hoher Temperatur weggehenden Abgase können dann, ähnlich wie in Industrieöfen, zur Luftvorwärmung dienen. Der Gedanke, auch Kesselfeuerungen mit Rekuperatoren oder Regeneratoren auszurüsten, ist nicht mehr von der Hand zu weisen. Ob es dabei möglich ist, mit $\pm\,1$ mm Zug im Feuerraum des Kessels auszukommen, oder ob die Feuerung, was bei Kohlenstaub und Öl ohne weiteres möglich ist, wie in Industrieöfen mit einem gewissen Überdruck arbeitet, können erst künftige Konstruktionen und Versuche klarlegen. In der Zeitschr. d. V. d. Ing., 68 Bd., Nr. 4 ist auf Seite 19 eine andere Art Luftvorwärmer beschrieben, die in Schweden ausgeführt ist. Die Wärme der Abgase wird hier in einem drehenden Metallkörper gespeichert und nach gewisser Zeit, ähnlich also wie im Regenerator, durch entgegenströmende Luft wieder aufgenommen.

Der hochgespannte Dampf kann nun in Kolbenmaschinen oder Dampfturbinen aufgenommen werden. Durch den höheren Druck und die höhere Temperatur ist in der Maschine ein höheres Wärmegefälle[2]) disponibel, und zwar macht sich das Steigen des Druckes und der Temperatur in höherem Grade als proportional geltend; in gleicher Weise macht sich auch der Einfluß des Gegendruckes geltend. Die Verhältnisse lassen sich durch Betrachtung der J-S Tafel beleuchten.

Bei zu starker Entspannung des Dampfes tritt der Einfluß des Naßdampfes sowohl bei der Kolbenmaschine als auch bei der Turbine auf. Man muß daher mit hohem Gegendruck arbeiten, damit der thermodynamische Wirkungsgrad der Maschine ein günstiger wird. Dann empfiehlt sich eine Überhitzung, um den Einfluß des Naßdampfgebietes wieder auszuschalten. Der thermodynamische Wirkungsgrad der Kolbendampfmaschine ist dem der Turbine im Hochdruckgebiet, besonders bei hohem und höchstem Druck, stark überlegen, es müssen also neue Konstruktionen im Turbinenbau gesucht werden, bis sich auch im Hochdruckgebiet günstige Wirkungsgrade ergeben. Während die Kolbenmaschine hier auf 95 und mehr Prozent kommt, dürfte die Dampfturbine auf etwa 80 Proz. kommen. Diese Hoch- und Höchstdruckturbinen werden dann als sog. Vorschaltturbinen ausgebildet, um das hohe Druckgefälle rationell auszunutzen.

Die Verwendung des Dampfes mit 224,2 Atm und 374° direkt in der Maschine wurde bisher noch nicht vorgenommen. Der Dampf wird bei der Anlage in Rugby (Amerika) der Benson Engineering Co. auf 105 Atm von 224,2 Atm und 388° nach Verlassen des Kessels abgedrosselt und dann bis 420°C erwärmt. Dann erst wird die mechanische Energie aus ihm erzeugt. Da nach den Gesetzen der mechanischen Wärmetheorie durch Drosselung, abgesehen von Reibungs-, Strahlungs- und Leitungsverlusten, der Wärmein-

---

[1]) Mechanical Engineering 46, 1924, Nr. 3, by Brown and Drewry.
[2]) Siemens-Zeitung 3. Jg., Heft 6, S. 245—250, 1923, von *Gleichmann*.

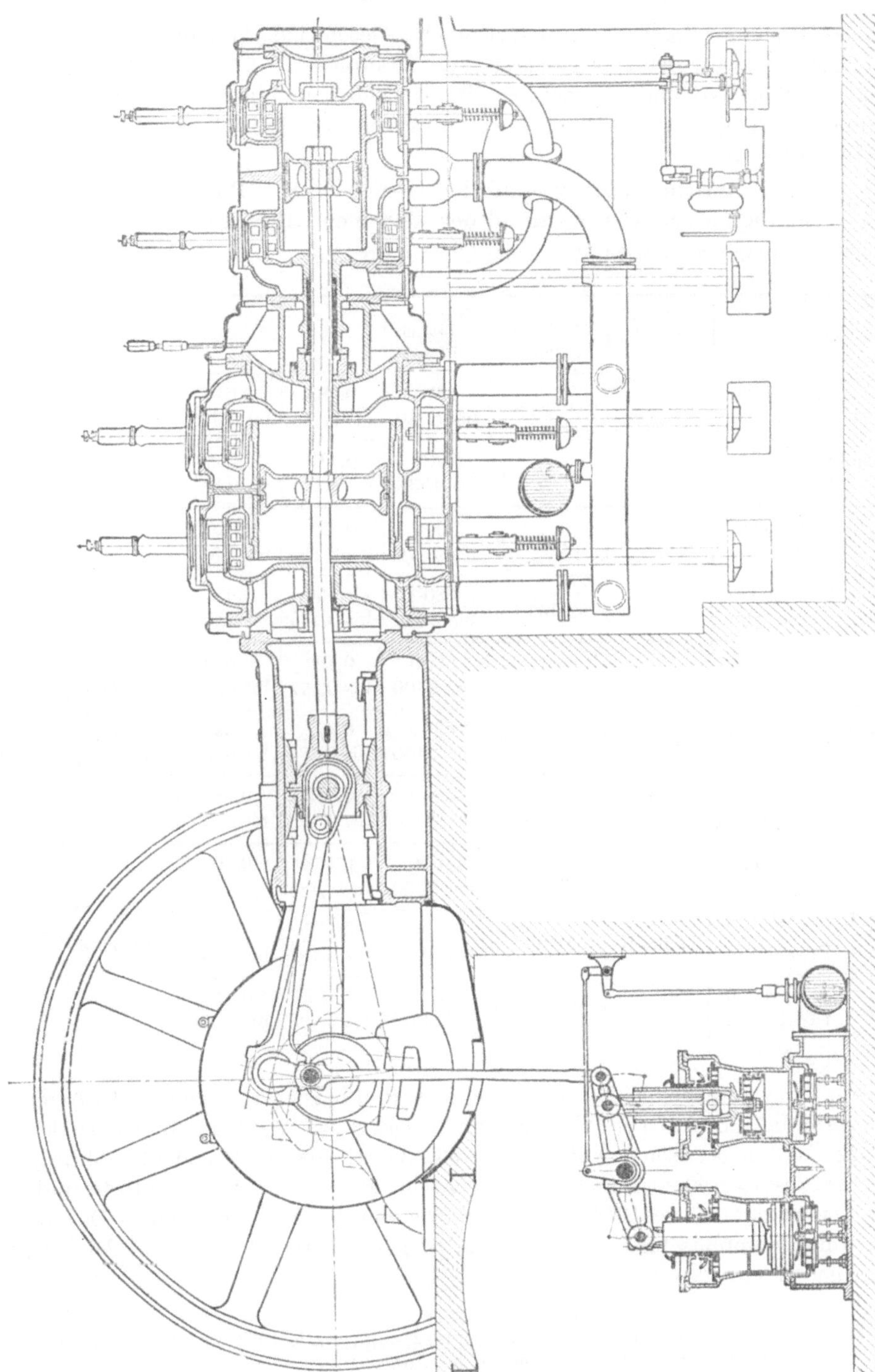

Fig. 190. Kurzgebaute Doppel-Heißdampf-Tandemmaschine nach *Max Schmidts* Patenten von 1200 bis 1400 PS der *Maschinenbau-A.-G. vorm. Starke & Hoffmann*, Hirschberg i. Schl.

halt bei Rückführung auf die ursprüngliche Geschwindigkeit des Dampfes nicht geändert wird, ist die Erzeugung des Dampfes von 224 Atm statt 105 durch konstruktive und wärmetheoretische (Verdampfungswärme = 0) Erwägungen bedingt. Nach Angaben von Engineering 115. Bd. vom 22. und 29. Juni 1923 ist

> der thermische Wirkungsgrad des Kessels   80   Proz.
> der thermische Wirkungsgrad der Turbinen   31,5 Proz.

bei einer Leistung von 1674 PS an der Turbinenwelle.

Maschine			Eintrittsspannung Atm	Verbrauch kg/PS₁-St.	Wärmeverbrauch kcal/PS₁-St.	η_{th}	η_{thd}	Speisewasservorwärmung bis
Einzylindermaschine	Auspuff	gesättigter Dampf	10 bis 12	10,0 bis 8,5	6670 bis 5680	0,095 bis 0,110	0,645 bis 0,716	über 90°
		300 bis 325° Überhitzung		7,3 bis 6,0	5300 bis 4530	0,119 bis 0,140	0,768 bis 0,810	
	Kondensation	gesättigter Dampf	8 bis 10	7,5 bis 7,0	5000 bis 4670	0,127 bis 0,135	0,520 bis 0,534	30 bis 45°
		300 bis 350° Überhitzung	10 bis 12	5,2 bis 4,5	3800 bis 3400	0,166 bis 0,186	0,636 bis 0,674	
Zweizylindermaschine	Kondensation	gesättigter Dampf	8 bis 12	7,5 bis 5,5	5000 bis 3700	0,127 bis 0,172	0,520 bis 0,665	30 bis 40° bei Dampf aus Aufnehmer 60 bis 100°
		270° Überhitzung		6,0 bis 4,8	4300 bis 3400	0,147 bis 0,184	0,591 bis 0,695	
		300 bis 350° Überhitzung		5,0 bis 4,2	3660 bis 3200	0,173 bis 0,199	0,682 bis 0,722	
Dreizylindermaschine	Kondensation	gesättigter Dampf	12 bis 15	6,0 bis 5,1	4000 bis 3400	0,158 bis 0,185	0,606 bis 0,680	20 bis 30°
		270° Überhitzung		5,0 bis 4,5	3600 bis 3200	0,177 bis 0,197	0,667 bis 0,717	
		300 bis 350° Überhitzung		4,5 bis 4,0	3300 bis 3000	0,192 bis 0,209	0,714 bis 0,735	

Aus der vorstehenden Tabelle ergibt sich, daß bei den Drucken bis 15 Atm der Verbrauch in kcal per PS_i und Stunde sehr hoch ist, wenn man berücksichtigt, daß theoretisch eine PS_i-St. nur 632,3 kcal entspricht[1]). Die Erhöhung des Druckes über 60 Atm und der Temperatur ergibt günstigere Resultate und zwar bis etwa 2000 kcal/PS_i-St., also eine wesentliche Verbesserung. Damit kann die Dampfmaschine und Dampfturbine in Wettbewerb mit der Dieselmaschine treten.

---

[1]) Zeitschr. d. Bayerischen Revisionsvereins 27. Jg., Nr. 1, 1923, Dampfverbrauchs- und Leistungsversuche an Dampfmaschinen im Jahre 1921.

Wie zuvor erwähnt, kann durch Zwischendampfentnahme nach einer gewissen Leistung mechanischer Energie eine Verwertung der gesamten im Dampf enthaltenen Wärme erreicht werden. Während bei Hoch- und Höchstdruckdampf dieser Dampf dem Speisewasser zugeführt wird, wird er bei niederen Drucken für Kochen und Heizen, Trocknen, Eindampfen u. a. verwandt. Durch die Zwischendampfentnahme strömt nicht mehr der gesamte Dampf des Zylinders oder der Turbine, welchen der Dampf entnommen wird, nach dem folgenden Zylinder oder der folgenden Turbine, sondern es strömt diesen weniger Dampf zu.

Damit ändert sich das Verhältnis der Zylinder von Hochdruck und Niederdruck gegenüber der reinen Kondensationsmaschine. Es hängt ferner vom Druck im Aufnehmer ab. Je kleiner das Verhältnis der Volumina von Hochdruckzylinder zu Niederdruckzylinder ist, und je höher die Zwischendampfspannung ist, um so weniger Dampf kann der Maschine entnommen werden. Mit dem üblichen Verhältnis 1 : 2,8 bis 1 : 3 kann man schon beträchtliche Dampfmengen entnehmen. Für spezielle Verhältnisse geht man bis 1 : 1, bei noch größerem Verhältnis wird die Leistung des Niederdruckzylinders zu klein, so daß dann besser die Maschine als Gegendruckmaschine läuft[1]).

Die Verhältnisse, die sich hierbei ergeben, sind u. a. in eingehender Weise von Dr.-Ing. *Schneider* in seinem Werke: Die Abwärmverwertung im Kraftmaschinenbetrieb, Verlag Julius Springer in Berlin dargelegt. Die Diagramme, Fig. 191, 192, 193, 194, entstammen diesem Werke. Sie lassen klar erkennen, wie bei steigendem Druck und gleichem Gegendruck der Dampfverbrauch der Maschine sich vermindert und erhöhter Gegendruck den Dampfverbrauch steigert. Bei Kondensationsmaschinen wird die Abwärme des Dampfes im Kondensator vernichtet. Daher ist ein gutes Vakuum Bedingung. Nachstehende Tabelle zeigt, welcher Prozentsatz an Abwärme im Kondensator aufgenommen werden muß bei verschiedenen Anfangsspannungen gesättigten Dampfes, wenn kein Zwischendampf entnommen würde.

Anfangs-Spannung in Atm	Kondensator								
	Spannung in Atm	Temp. in °C	Proz. Ab-wärme	Spannung in Atm	Temp. in °C	Proz. Ab-wärme	Spannung in Atm	Temp. in °C	Proz. Ab-wärme
10			92,8			94,3			94,8
20	0,1	45,6	91,8	0,2	59,8	92,6	0,3	68,7	93,1
40			90,8			91,7			92,0
100			94,6			95,4			95,7

Die Tabelle zeigt, daß bei höherer Spannung als etwa 40 Atm die Abwärme, die der Kondensator aufnehmen muß, prozentual wieder größer wird. Es hängt dies mit dem Maximum des Wärmeinhalts des Dampfes zusammen. Man gewinnt also, wenn man den Dampfdruck ohne Zwischendampfentnahme vergrößert, thermisch nichts.

---

[1]) Anleitung zur Berechnung einer Dampfmaschine, S. 352, von *Graßmann*. Julius Springer, Berlin 1924.

Bezüglich der Höhe des Vakuums bei Kolbendampfmaschinen ergibt sich, daß bei etwa 85 bis 86 Proz. das günstigste Vakuum liegt[1]). Über 88 Proz. wird der spezifische Dampfverbrauch höher. Im Gegensatz hierzu steht die

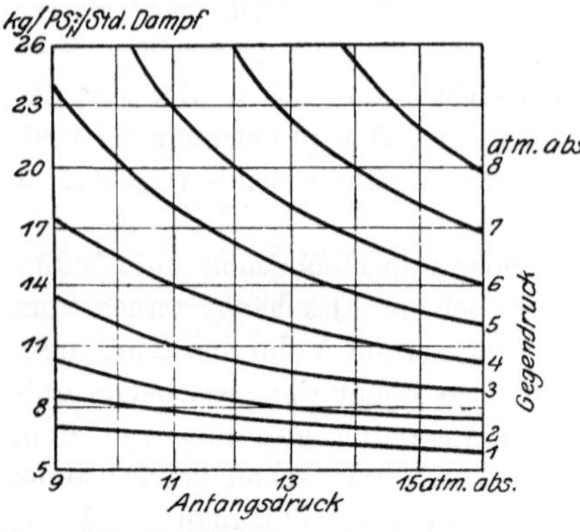

Fig. 191. Dampfverbrauch der verlustlosen Sattdampfmaschine.

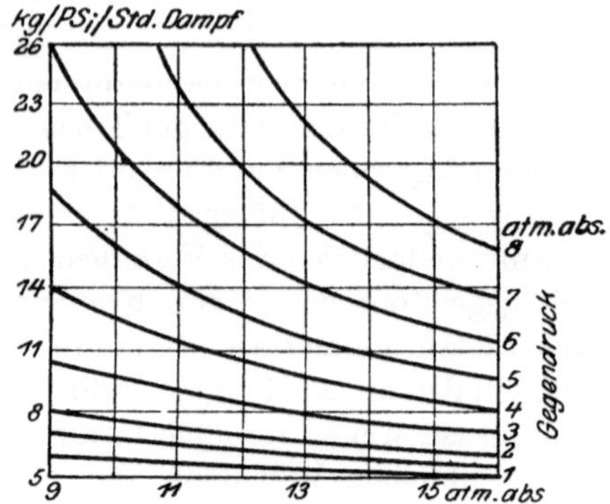

Fig. 192. Dampfverbrauch der verlustlosen Heißdampfmaschine.

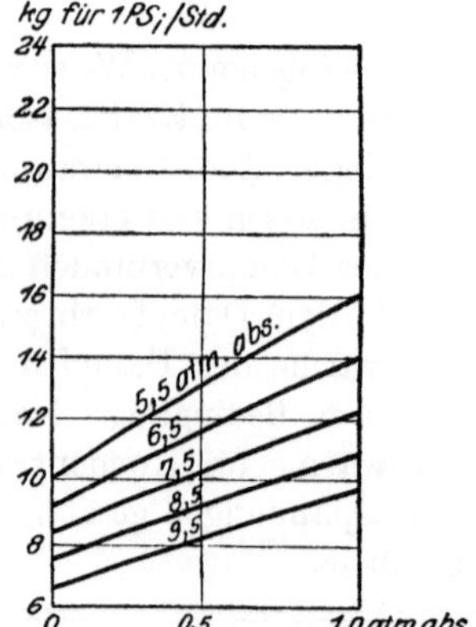

Fig. 193. Dampfverbrauch der Kon-
densations- und Auspuffmaschine.

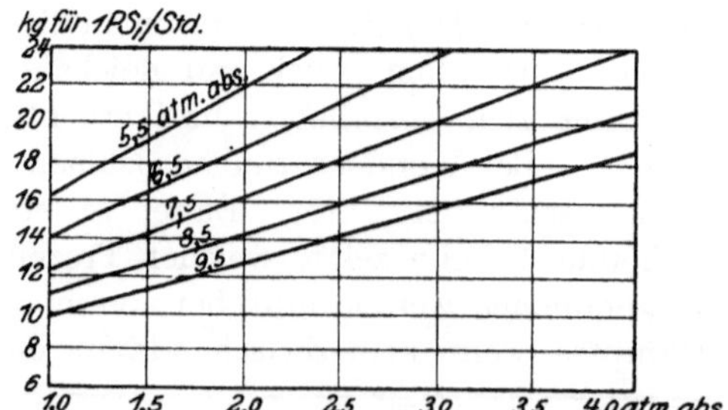

Fig. 194. Dampfverbrauch der Gegendruckmaschine.

Dampfturbine in Niederdruckgebiet. Dieselbe arbeitet bei ca. 15° warmem Kühlwasser mit einem Vakuum von 95 bis 96 Proz., bei 27° etwa 92 Proz.

---

[1]) Die noch hohe Temperatur bei dem üblichen Vakuum hat man durch sog. Zwei-stoffmaschinen noch weiter auszunutzen versucht und nimmt als zweiten Stoff schweflige Säure oder Quecksilber, oder evtl. arbeitet man mit niederen Drücken nur mit einem dieser Stoffe. Verschiedene diesbezügliche Anlagen sind beschrieben in: Génie Civile 84. Jg., Nr. 1, 1924, Quecksilberdampfkraftanlage in Hartford; Engineering 117. Jg., 1924, Nr. 3027, Quecksilber als Treibmittel in Zweistoffturbinen; The Engineer, Das Emmet-Quecksilberdampfkraftwerk (Hartford); Proceedings of the Institution of Mechanical Engineers 2. Jg., S. 895 bis 976, 1923, by Kearton; Mechanical Engineering 46. Jg., 1924, Nr. 3, und Stahl und Eisen 44. Jg., 1924, Nr. 30, S. 887 bis 890 und Feuerungs-technik 13. Jg. 1924, Heft 6, Seite 61 und 62. Aus dem T-S-Diagramm des Queck-silbers ergibt sich, daß der Arbeitsprozeß sich dem Carnot-Prozeß weit mehr nähert

Es entspricht die Änderung des Vakuums um 1 Proz. einer Änderung des Dampfverbrauchs in entgegengesetzter Richtung um etwa 2 bis 2,5 Proz.

In Fig. 195 ist eine Zwischendampfmaschine abgebildet. Sie ist für Kondensation und Zwischendampfbetrieb eingerichtet. Die Veränderung des Diagramms einer Einzylinder- und einer Gleichstrommaschine zeigen die Fig. 196 und 197. Die Fig. 196 links zeigt Vorausströmung im Hochdruckteil des Zylinders, Fig. 196 rechts die Veränderung von Voreinströmung und Kompression, die eine veränderte Zwischendampfentnahme bedingen. Fig. 197

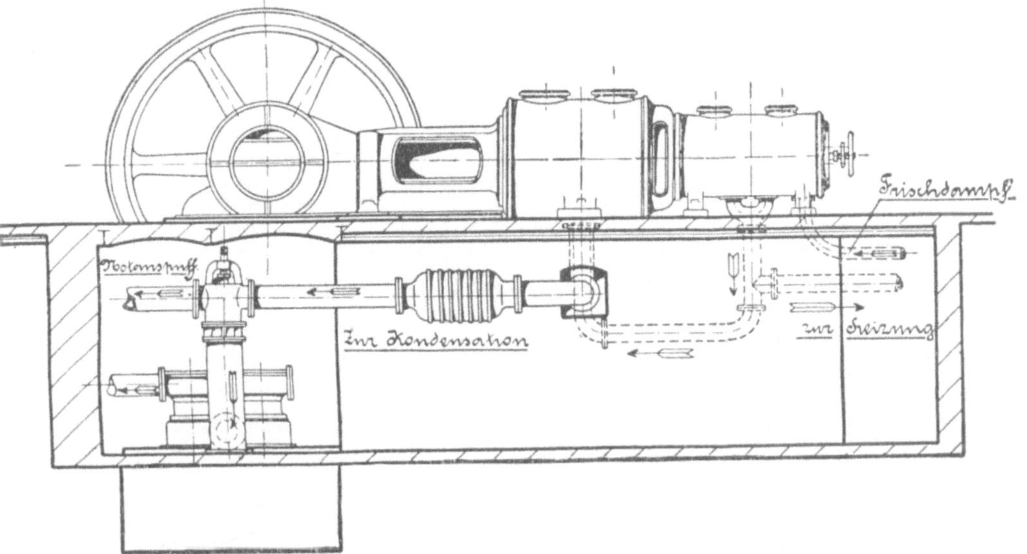

Fig. 195. Tandemmaschine mit Kondensation und Zwischendampfentnahme der *Maschinenbau-A.-G. vorm. Starke & Hoffmann*, Hirschberg i. Schl.

zeigt den Einfluß der Zwischendampfentnahme im Dampfmaschinendiagramm einer Gleichstrommaschine. Die weiteren Möglichkeiten sind Arbeit der einen Zylinderseite als Gegendruckmaschine für Heiz- oder Kochzwecke, Arbeit der anderen Zylinderseite als Auspuff oder Kondensationsmaschine. Ausführliches

---

als bei Wasserdampf. Da bei tiefen Temperaturen der Dampfdruck des Quecksilbers sehr klein und das spezifische Volumen sehr groß ist [$t = 30°$, $p = 10^{-5}$ Atm, $v = 600$ cbm/kg], so würden die Maschinenabmessungen hierbei enorm. Man arbeitet daher in den höheren Regionen der Temperatur mit Quecksilberdampf und in den niederen mit Wasserdampf. Der Prozeß der Anlage in Hartford ist folgender: Quecksilber wird mit 3,47 Atm abs. bei 425° verdampft, auf 450° überhitzt und dann in einer Turbine auf 0,035 Atm abs. bei 212° gedrosselt. Dieser Quecksilberdampf umspült die Rohre eines über dem Quecksilberkessel befindlichen Wasserkessels, erzeugt Wasserdampf, der in einer Dampfturbine von 2000 kW verarbeitet wird, während die Quecksilberturbine 1800 kW Leistung hat. Der Wasserdampfkessel ist also der Kondensator der Quecksilberturbine. Nimmt man den thermischen Wirkungsgrad der Turbinen 0,50, den Gütegrad 0,76 [Dampfturbine 0,8, Quecksilberturbine 0,76], den gesamten Kesselwirkungsgrad des Quecksilber- und Dampfkessels mit 0,7, so ist der effektive Wirkungsgrad 0,50 · 0,76 · 0,70 = 0,27 gegen ca. 0,20 bei den bisherigen Dampfanlagen.

ist in dem schon erwähnten Werke von *Schneider* enthalten. Für die Zwischendampfentnahme sind an die Maschine folgende Bedingungen zu stellen:

1. Der Druck des Entnahmedampfes muß auf gleicher Höhe bleiben oder darf nur in bestimmten Grenzen schwanken.

Diese Bedingung ist durch die Konstruktion der Heiz- und Kochapparate und evtl. durch die chemischen und physikalischen Eigenschaften der zu erwärmenden Substanz bedingt.

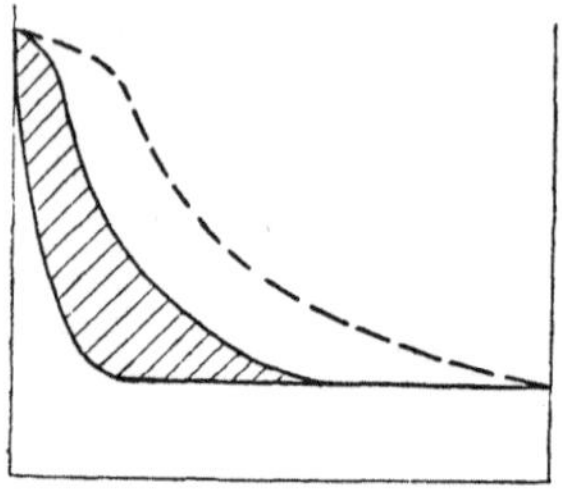
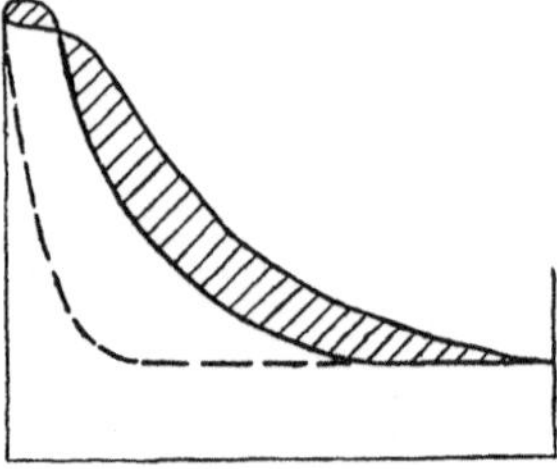

Fig. 196[1]). Einzylindermaschine mit Zwischendampfentnahme.

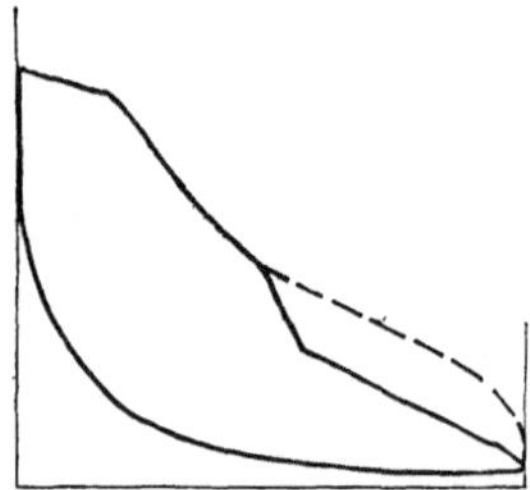
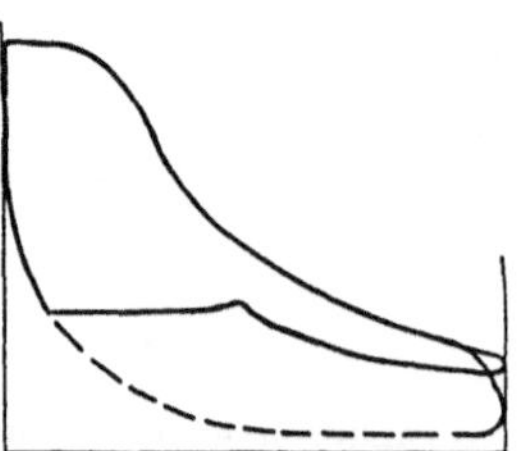

Fig. 197[1]). Zwischendampfentnahme während der Expansion oder Kompression der Gleichstromdampfmaschine.

2. Der Gang der Maschine, also die Tourenzahl und die abgegebene mechanische Energie, muß so reguliert werden, daß die Dampfentnahme je nach den Bedingungen zwischen beliebigen Grenzen schwanken kann.

Dies ist infolge der stetigen Lieferung von mechanischer Energie und der Veränderlichkeit des Wärmebedarfs von Koch- und Heizanlagen notwendig.

3. Reicht der von der Maschine gelieferte Höchstwert an Zwischendampf für die Heizungszwecke nicht aus, so muß selbsttätig abgedrosselter Frischdampf in die Heizleitung strömen, ohne die Maschine zu durchfließen.

Diese Bedingung ist durch vergrößerten Heizdampfbedarf gegeben, wenn die Entnahme mechanischer Energie feststeht und die dabei größtmögliche Zwischendampfentnahme, welche die Steuerungsverhältnisse zulassen, nicht ausreicht.

---

[1]) Die Diagramme sind entnommen aus: *Schneider*, Abwärmeverwertung im Kraftmaschinenbetrieb. Julius Springer, Berlin 1920.

Dampfturbinen[1]) setzen die potentielle Energie des Dampfes in kinetische um. Diese Umänderung kann wie bei Gasturbinen durch Druckabstufung oder durch Geschwindigkeitsabstufung erfolgen oder durch kombinierte Anwendung beider erreicht werden. Man erhält damit Reaktions- und Aktionsturbinen, die in einstufige und mehrstufige zerfallen. Die Beaufschlagungsart ergibt radiale, axiale und tangentiale Räder.

Die theoretische Berechnung des Dampfverbrauchs erfolgt nach den Gesetzen des Ausflusses von Dämpfen oder Gasen aus Düsen. Die Düsen werden gegen das Laufrad nicht erweitert oder erweitert.

Ist p_1 der absolute Druck vor der Düse,

    p_2 der absolute Gegendruck hinter der Düse,

    p_m der absolute Druck im engsten Querschnitt,

    F_m der kleinste Düsenquerschnitt (bei erweiterten Düsen),

    F_2 der erweiterte Düsenquerschnitt,

    G_m die Ausflußmenge bei erweiterten Düsen,

$$\beta = \frac{p_m}{p_1} = \left(\frac{2}{m+1}\right)^{\frac{m}{m-1}},$$

    $m = 1{,}035 + 0{,}1\,x$ für gesättigten Wasserdampf,

    $m = 1{,}300$ für überhitzten Wasserdampf,

    G die Ausflußmenge bei nicht erweiterten Düsen,

so ist

bei nicht erweiterten Düsen[2])

a) $p_2 > \beta\, p_1$
$$G = \xi\, G_m$$

und für trockenen, gesättigten Dampf sowie überhitzten Dampf für

$\dfrac{p_2}{p_1} =$	1,00	0,98	0,96	0,94	0,92	0,90	0,85	0,80	0,70	0,58
$\xi =$	0,00	0,31	0,43	0,52	0,60	0,66	0,77	0,86	0,96	1,00.

Die Werte von G_m sind bei erweiterten Düsen angegeben. Da jedoch der Wert der Zuflußgeschwindigkeit c_0 in obigem Werte von G nicht berücksichtigt ist, so kann man auch von p_1, t_1 auf p_2 das durch Expansion entstehende Wärmegefälle h' bestimmen. Ist c' die diesem entsprechende Geschwindigkeit, so ist

$$c' = \sqrt{c_0^2 + 8378\,h'}$$

und

$$G = \frac{F_2\,c'}{v_2'}\ \text{kg}.$$

F_2 ist in qm angegeben, und v_2' ist das spezifische Volumen, das bei adiabatischer Expansion von $p_1\,t_1$ auf p_2 entsteht.

b) Ist $p_2 < \beta\,p_1$, so ist bei verlustloser Strömung im Ausflußquerschnitt F_2 der Druck $\beta\,p_1$; die weitere Expansion auf p_2 findet im Schrägabschnitt und im Spalt statt.

---

[1]) *Stodola*, Dampf- und Gasturbinen. Julius Springer, Berlin 1922.

[2]) Siehe Seite 22.

Bei erweiterten Düsen ist:

a)
$$p_2 < \beta\, p_1,$$

und man hat

$$\frac{G_m}{F_m} = 0{,}5\,p_1 + 0{,}1 \text{ für gesättigten Dampf}$$

von $p_1 = 3$ bis 15 Atm.

Zahlenmäßig ist bis auf 2 bis 3 Proz. obige Formel genau für gesättigte Dämpfe. Es ist für

abs. $p_1 =$ 15 14 13 12 11 10 9 8 7 6 5 4 3 2 1 Atm

$\dfrac{G_m}{F_m} =$ 7,46 7,07 6,58 6,09 5,59 5,10 4,60 4,11 3,61 3,11 2,60 2,10 1,59 1,07 0,55

in kg per Stunde und qmm Düsenfläche, wobei G_m unabhängig von p_2 ist.

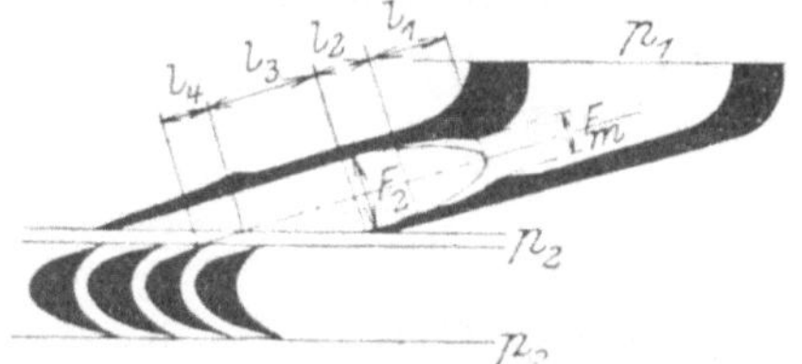

Fig. 198. Erweiterte Düse.

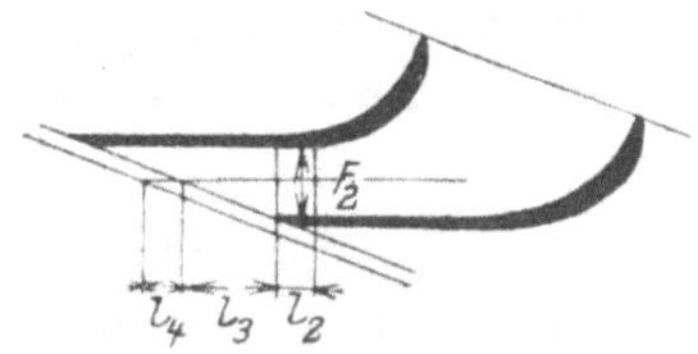

Fig. 199. Nicht erweiterte Düse.

Für je 11° Überhitzung vermindern sich die Werte um je 1 Proz.

b)
$$p_2 > \beta\, p_1.$$

Es tritt

$$G = \mu\,\xi.G_m\,\frac{F_2}{F_m} = \mu\,\xi\,G_m\,q$$

als Ausflußmenge auf.

μ ergibt sich aus großen Strömungsverlusten zu $0{,}5\,(q+1)$, wobei für

$\dfrac{p_2}{p_1} =$	100	80	70	60	50	20	10	8	6	4	2
bei gesättigtem Dampf	13,802	11,555	10,395	9,163	7,980	3,966	2,436	2,069	1,716	1,349	1,015
bei überhitztem Dampf	9,681	8,271	7,529	6,761	5,959	3,214	2,075	1,818	1,545	1,258	1,005

für q gesetzt werden kann.

Es ist stets $G \lesseqgtr G_m$ für alle Düsenarten.

In den Düsen Fig. 198 und 199 entstehen auch noch Strömungsverluste, und zwar:

z_0 in der Einströmung bis F_m; der Wert kann bei richtig abgerundeten Düsen außer acht gelassen werden;

z_1 im erweiterten Teile (z_1 fällt also bei nicht erweiterten Düsen weg),

$$z_1 = h'\frac{\zeta}{k}\cdot\frac{q-1}{q};$$

z_2 im parallelen Teile, der häufig fehlt,

$$z_2 = h' \cdot 2\,\zeta\,\frac{l_2}{\sqrt{F_2}};$$

z_3 im Schrägabschnitt,

$$z_3 = h' \frac{\zeta_1}{\mathrm{tg}\,\alpha_2};$$

$$z_4 = z_3 \frac{l_4}{l_3}$$

mit $\qquad k = \dfrac{\sqrt{F_2} - \sqrt{F_m}}{l_1},$

$$\zeta = 0,01 \text{ bis } 0,02,$$

$$q = \frac{F_2}{F_m}.$$

Damit ist die effektive Ausflußgeschwindigkeit

$$c_1 = \sqrt{1 - \frac{z_0 + z_1 + z_2 + z_3 + z_4}{h'}} \cdot c'$$

$$= 91{,}53 \sqrt{1 - \frac{z_1 + z_2 + z_3 + z_4}{h'}} \cdot p'.$$

Am Ende des parallelen Stückes ist der Zustand des Dampfes $i_c = i_2^{da} + z_0 + z_1 + z_2$.

Damit ergibt sich die Temperatur, das spezifische Volumen und die Dampfnässe. Ferner ist

$$q = \frac{F_2}{F_m} = \frac{G_m}{F_m} \cdot \frac{v_e}{i_1 - i_e} \cdot 3{,}035$$

mit $\dfrac{G_m}{F_m}$ aus vorhergehender Tabelle.

Dampfverluste erhält man wie bei Dampfmaschinen. Es sind die Dampfverluste der Stopfbüchse zu berücksichtigen.

$$G_b = f \frac{\mu \cdot \xi \, p_v}{2 \sqrt{z}} \, \text{kg-St.}$$

mit $\qquad \mu = 0,8$ bis $0,9$,

$\xi =$ wie in vorhergehender Tabelle nach dem Verhältnis

$$\frac{\text{Druck vor der Stopfbüchse}}{\text{Druck hinter der Stopfbüchse}},$$

$p_v =$ Druck vor der Stopfbüchse,

$f =$ freier Durchgangsquerschnitt der Labyrinthe in qmm,

$z =$ Zahl der Labyrinthe.

Dieser Wert ist noch zu dem Werte G_m resp. G zu addieren.

Bei Turbinen läßt sich die Leerlaufsarbeit N_r berechnen; sie ist, wenn

$D_m =$ Durchmesser des Teilkreises der Schaufeln in Metern,

$n =$ minutliche Umlaufszahl,

u = Umfangsgeschwindigkeit in m,

γ = spez. Gewicht des Dampfes in kg/cbm,

L = mittlere Schaufellänge in cm,

β = 2,4 für einkränzige Räder,

$\quad$ = 2,8 für zweikränzige Räder,

$\quad$ = 3,8 für dreikränzige Räder,

$\quad$ = 5,8 für vierkränzige Räder

$\qquad$ bei Werten $l = 1$ cm bis 10 cm,

$$N_r = 1,46\, D_m^2 + 0,83 \cdot D_m \cdot L^{1,5} \cdot \frac{\mu^3 \cdot \gamma}{10^6} \text{ nach } \textit{Stodola},$$

$$= \beta \cdot 10^{-6} \cdot D_m^4 L \cdot n^3 \cdot \gamma \text{ nach } \textit{Forner}.$$

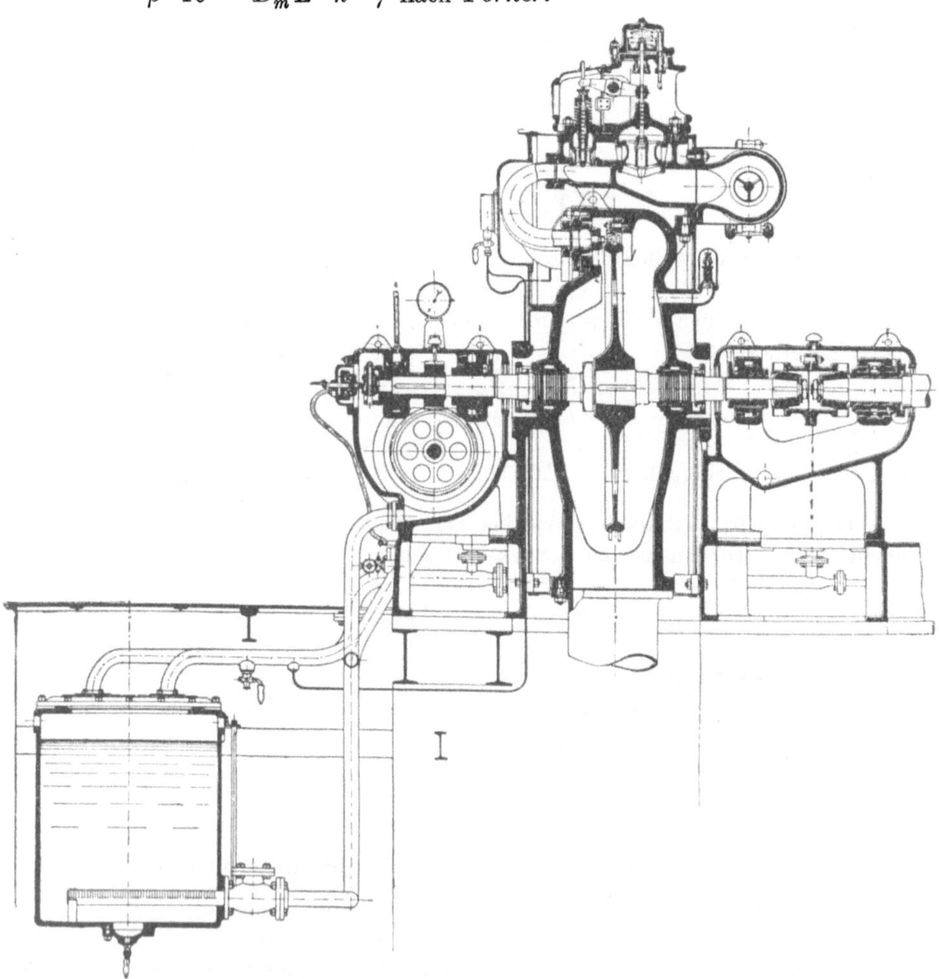

Fig. 200. Gegendruckturbine für 700 PS und 3000 Umdrehungen in der Minute von *J. A. Maffei*, München.

Die Turbinen[1]) werden als Gegendruck- und als Kondensationsturbinen oder als Zwischendampfturbinen (Entnahmeturbinen) gebaut. Gegendruckturbinen haben eine Abdampfspannung über 1 Atm abs., bei 1 Atm abs. werden sie Auspuffturbinen genannt.

Kondensationsturbinen haben Vakuum bis 98 Proz. Zwischendampfturbinen gestatten die Dampfentnahme an irgendeiner Stufe des arbeitenden Dampfes.

In Fig. 200 ist eine Gegendruckturbine dargestellt, während Fig. 201 eine Entnahmeturbine wiedergibt. Über die Verhältnisse bei höheren und höchsten Dampfspannungen wurde schon auf Seite 333[2]) gesprochen.

---

[1]) Wärme und Wärmewirtschaft der Kraft- und Feuerungsanlagen in der Industrie von *Tafel*. R. Oldenbourg, München u. Berlin 1924 und Entwerfen und Berechnen der Dampfturbinen von *Morrow*, deutsch von *Kisker*. Julius Springer, Berlin.

[2]) Power 58. Jg., Nr. 23, 1923, Hochdruck, Zwischenüberhitzung und Zwischenverdampfung von *Hirschfeld* und *Ellenwood*.

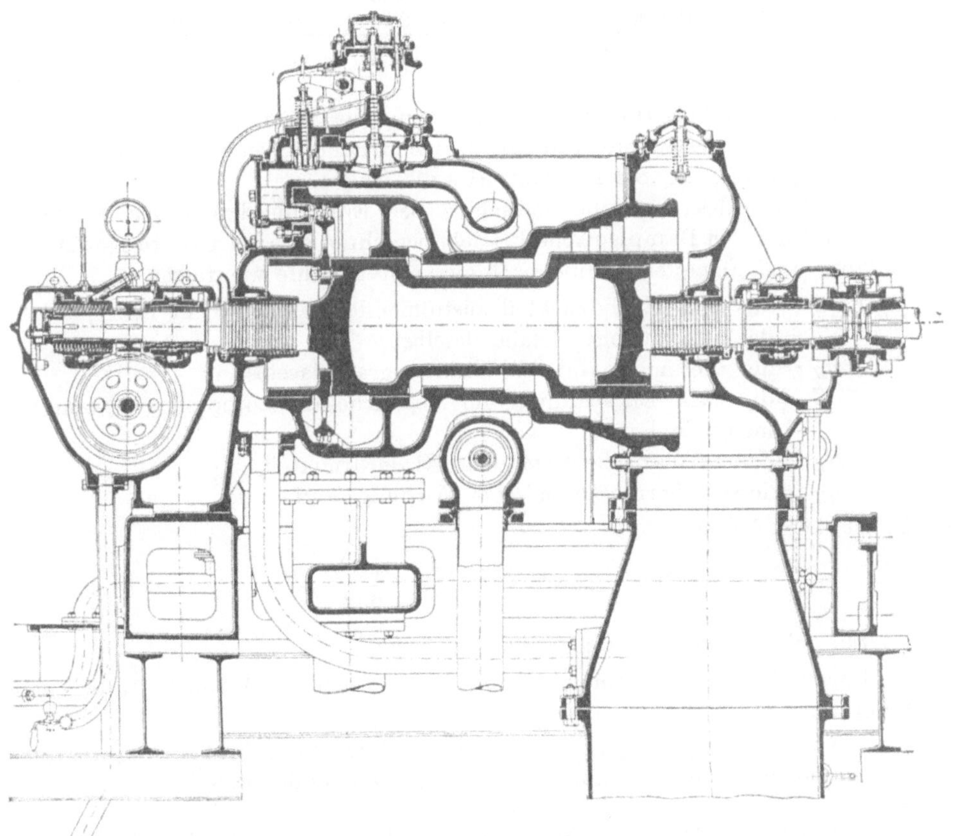

Fig. 201. Längsschnitt durch eine Entnahmeturbine von *J. A. Maffei,* München.

Was die Verteilung des Wärmegefälls auf zwei oder drei Stufen anbelangt, so wird bei Dampfmaschinen der Hochdruckzylinder bei normaler Belastung die größte Energie abgeben und erst bei höchster Belastung eine volle Ausnutzung der Leistungsfähigkeit des Niederdruckzylinders sich ergeben. Dies wird schon wegen des höheren thermodynamischen Wirkungsgrades der Kolbenmaschine in hohen Druckstufen anzustreben sein. Bei Dampfturbinen hat der Niederdruck den höheren thermodynamischen Wirkungsgrad, es empfiehlt sich also, nach dieser Seite den vollen Wert des günstigsten Gefälles in Anspruch zu nehmen[1]). Nach den Veröffentlichungen von *Gensecke* in der Zeitschrift f. d. ges. Turbinenwesen 1909, S. 158 ist die nachstehende Verteilung des adiabatischen Wärmegefälles an einer verschieden stark belasteten 300 kW-Parsonsturbine gegeben:

Pferdestärken	450	310	170	Leerlauf
Hochdruckteil kcal . .	49,0	50,0	53,0	43,0
Mitteldruckteil kcal . .	54,5	55,5	55,5	42,0
Niederdruckteil kcal . .	91,0	80,0	62,0	20,0
kcal	194,5	185,5	170,5	105,0

Bei normaler Belastung ist die Ausnutzung des Wärmegefälles im Niederdruckteil fast das Doppelte von der im Hochdruckteil, bei weniger als halber Belastung fast gleich, bei Leerlauf etwa die Hälfte.

Die Gesamtleistung einer Maschine bei Entnahmedampf (siehe auch Seite 361 u. f. bei Dampfspeicherbetrieb) berechnet sich bei zweistufiger Ausnutzung und Dampfentnahme nach der ersten Stufe wie folgt:

Ist G = das dem Hochdruckteil zuströmende Dampfgewicht in kg,

$\quad S_H$ = das adiabatische Gefälle daselbst,

$\quad \eta_H$ = der thermodynamische Wirkungsgrad daselbst,

$\quad E$ = die nach Entspannung im Hochdruckteil entnommene Dampfmenge in kg,

$\quad S_N$ = das adiabatische Gefälle im Niederdruckteil,

$\quad \eta_N$ = dessen thermodynamischer Wirkungsgrad,

so ist die Leistung

$$N_i = \frac{G \cdot S_H \cdot \eta_H}{632} + \frac{(G - E)\, S_N \cdot \eta_N}{632}.$$

Für reinen Kondensationsbetrieb ist $E = 0$.

Daraus läßt sich bestimmen, wenn eine gegebene Arbeitsleistung verlangt ist:

a) Größte Dampfmenge G_1, wenn nur Hochdruckteil die Leistung abgibt, und dann aller Dampf für Entnahme verwendet wird.

---

[1]) Siemens-Zeitschrift 2. Jg., Heft 7 bis 9, Dr. *W. Stiel,* Über den Dampfverbrauch und die Wirtschaftlichkeitsgrenzen von Kolbenmaschinen und Dampfturbinen für Heizdampfzwecke.

b) Kleinste Dampfmenge G_2, wenn reiner Kondensationsbetrieb vorliegt, um die Größe der Niederdruckstufe festzulegen.

c) Entnahmedampfmenge E, die zwischen o und der aus a bestimmten Menge liegt.

Ist die Größe E der Entnahme gegeben, und ist p_e der Entnahmeüberdruck, so ist

$$\frac{G_2}{G_e - E} = \frac{p_e}{p_x},$$

wo G_e die bei der Entnahme E für die Maschine nötige Dampfmenge ($G_1 > G_e > G_2$) und p_x der Überströmdruck von einer zur anderen Stufe ist. p_x ist dann für die Zwischendampfverwertung entsprechend abzudrosseln[1]).

Wenn man die Werte des Dampfmehrverbrauchs bei Kolbenmaschinen und Dampfturbinen graphisch als Funktion des Dampfverbrauchs ohne Entnahme aufzeichnet, so ergibt sich ein von R. *Schneider* im schon erwähnten Werke entworfenes Diagramm, das in Fig. 202 abgebildet ist.

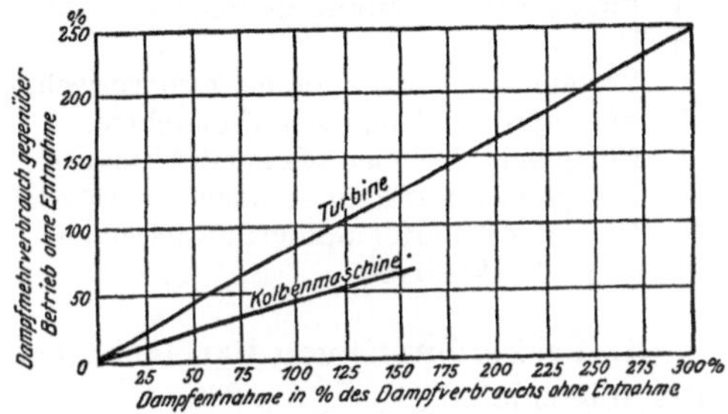

Fig. 202. Zwischendampfentnahme bei Turbine und Kolbenmaschine.

Wenn nun die verschiedenen Maschinentypen für Krafterzeugung verglichen werden, so ergeben sich folgende Tabellen[2]):

a) Es beträgt der Wärmeverbrauch bei

1. Dieselmaschinen . . . . 1800 bis 2300 kcal/PS-St.
2. Höchstdruckdampfmaschinen und Turbinen . . . . . . 2000 ,, 2800 ,,
3. Gasmaschinen . . . . 2300 ,, 3100 ,,
4. Flüssigkeitsverpuffungsmaschinen . . . . 2900 ,, 3600 ,,
5. Dampfturbinen . . . . 3100 ,, 4300 ,,
6. Verbund-Heißdampfkondensationsmaschinen . . . . . 3400 ,, 4600 ,,
7. Verbund-Heißdampfauspuffmaschinen . . . . 3800 ,, 6100 ,,
8. Einzylinder-Heißdampfauspuffmaschinen . . . . 6000 ,, 7400 ,,
9. Einzylinder-Sattdampfkondensationsmaschinen . . . . 6600 ,, 8300 ,,
10. Einzylinder-Sattdampfauspuffmaschinen . . . . 7300 ,,10000 ,,

Es ist dabei angenommen, daß eine Zwischendampfentnahme nicht statt findet.

b) Da 1 PS-St. = 632 kcal hat, so ergibt sich der effektive thermische Wirkungsgrad bei:

1. Dieselmaschinen . . . . zu 35,1 bis 27,5 Proz.
2. Höchstdruckdampfmaschinen und Turbinen . . . . ,, 31,5 ,, 22,5 ,,
3. Gasmaschinen . . . . ,, 27,5 ,, 20,4 ,,
4. Flüssigkeitsverpuffungsmaschinen . . . . ,, 21,8 ,, 17,6 ,,

---

[1]) Näheres: *Schneider*, Abwärmeverwertung im Kraftmaschinenbetrieb. Berlin, Julius Springer und *Stodola*, Dampf- und Gasturbinen, S. 714 ff. Julius Springer, Berlin 1922.

[2]) Teilweise nach: *Schneider*, Abwärmeverwertung im Kraftmaschinenbetrieb. Berlin, Julius Springer.

  5. Dampfturbinen . . . . zu 20,4 bis 14,7 Proz.
  6. Verbund-Heißdampfkondensationsmaschinen . . . . „ 18,6 „ 13,8 „
  7. Verbund-Heißdampfauspuffmaschinen . . . . „ 16,6 „ 10,3 „
  8. Einzylinder-Heißdampfauspuffmaschinen . . . . „ 10,5 „ 8,6 „
  9. Einzylinder-Sattdampfkondensationsmaschinen . . . . . . „ 9,6 „ 7,6 „
 10. Einzylinder-Sattdampfauspuffmaschinen . . . . „ 8,7 „ 6,3 „

c) Die Wärmeverluste für 1 PS effektiv sind nachstehend aufgeführt; sie können nicht mehr anderweitig nutzbar gemacht werden:

  1. Dieselmaschine . . . . 400 bis 1100 kcal
  2. Höchstdruckdampfmaschinen und Turbinen . . . . ca.   100 „
  3. Gasmaschine . . . . 650 „ 1600 „
  4. Flüssigkeitsverpuffungsmotore . . . . 600 „ 1700 „
  5. Dampfturbine . . . .   450 „
  6. Verbund-Heißdampfkondensationsmaschine . . . .   200 „
  7. Verbund-Heißdampfauspuffmaschine . . . .   200 „
  8. Einzylinder-Heißdampfauspuffmaschine . . . .   120 „
  9. Einzylinder-Sattdampfkondensationsmaschine . . . . . .   650 „
 10. Einzylinder-Sattdampfauspuffmaschine . . . . 120 bis 150 „
 11. Gegendruckturbine . . . .   150 „

d) Bei Zuführung von 100 000 kcal zur Krafterzeugung ist die Nutzleistung die folgende:

  1. Dieselmaschine . . . . 55,5 bis 43,5 PS-St.
  2. Höchstdruckdampfmaschine und Turbinen . . . . . . ca. 50 „ 36 „
  3. Gasmaschine . . . . 43,5 „ 32,0 „
  4. Flüssigkeitsverpuffungsmaschine . . . . 34,5 „ 27,8 „
  5. Dampfturbine . . . . 32,2 „ 23,2 „
  6. Verbund-Heißdampfkondensationsmaschine . . . . 29,4 „ 21,7 „
  7. Verbund-Heißdampfauspuffmaschine . . . . 26,2 „ 16,3 „
  8. Einzylinder-Heißdampfauspuffmaschine . . . . 16,6 „ 13,5 „
  9. Einzylinder-Sattdampfkondensationsmaschine . . . . . 15,2 „ 12,0 „
 10. Einzylinder-Sattdampfauspuffmaschine . . . . 13,7 „ 10,0 „
 11. Gegendruckturbine . . . . 13,2 „ 8,4 „

Die Abwärme für je 100 000 kcal nutzbarer Abwärme entspricht einer Maschinenleistung bei:

  1. Dieselmaschinen . . . . von 250,0 bis 91,0 PS
  2. Höchstdruckdampfmaschine und Turbinen . . . . . ca.   7,0 „
  3. Gasmaschinen . . . . „ 166,0 „ 60,5 „
  4. Flüssigkeitsverpuffungsmaschinen . . . . „ 100,0 „ 47,5 „
  5. Dampfturbinen . . . . von 16,8 „
  6. Verbund-Heißdampfkondensationsmaschinen . . . . „ 29,3 „
  7. Verbund-Heißdampfauspuffmaschinen . . . . „ 23,8 „
  8. Einzylinder-Heißdampfauspuffmaschinen . . . . „ 20,4 „
  9. Einzylinder-Sattdampfkondensationsmaschinen . . . . . . „ 25,0 „
 10. Einzylinder-Sattdampfmaschinen mit Gegendruck . . . . . von 15,6 bis 11,0 „
 11. Gegendruckturbinen . . . . „ 14,8 „ 8,8 „

Die großen Leistungen bei 1 und 3 sind nur dann maßgebend, wenn nur die Abgase, also nicht das Kühlwasser, für Abwärmeverwertung ausgenützt werden. Dies ist nur der Fall, wenn eine große Leistung und eine geringe

Heizdampfmenge nötig ist. Werden Abgase und Kühlwasser verwendet,
so werden die Zahlen bei

1. Dieselmaschinen . . . . 111,0 bis 91,0 PS
2. Gasmaschinen . . . . 77,0 „ 60,5 „
3. Flüssigkeitsverpuffungsmaschinen . 47,5 „

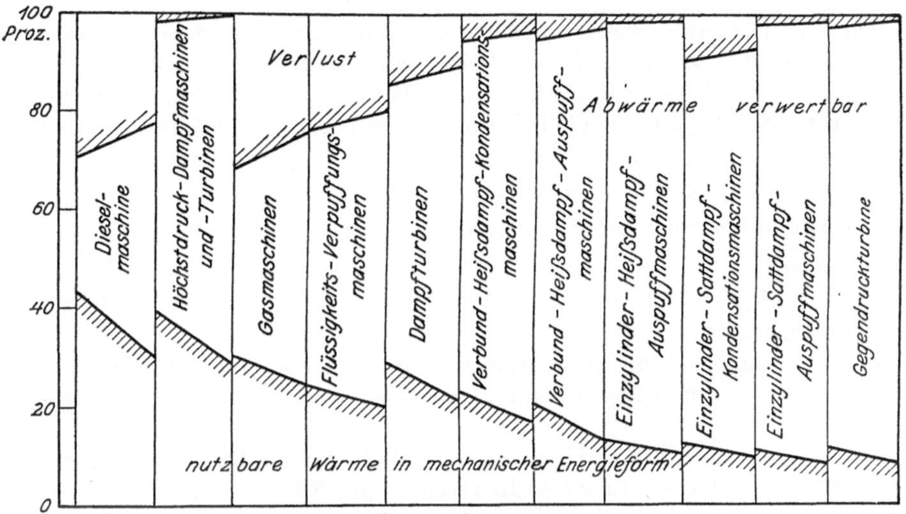

Fig. 203. Ausnützung von 100 000 kcal.

Es verteilen sich also 100 000 zugeführte kcal wie folgt:

	PS	Den PS entsprechen 1000 kcal	Als Abwässer verwertete 1000 kcal	Verlorene 1000 kcal
1. Dieselmaschinen	55,5 bis 43,5	44 bis 30	28 bis 48	28 bis 22
2. Höchstdruckdampfmaschine und Turbinen	50,0 „ 36,0	40 „ 29	59 „ 70	1,5 „ 1,0
3. Gasmaschinen	43,5 „ 32,0	30 „ 24	38 „ 52	32 „ 24
4. Flüssigkeitsverpuffungsmasch. .	34,5 „ 27,8	24 „ 20	52 „ 60	24 „ 20
5. Normale Dampfturbinen . . .	32,2 „ 23,2	29 „ 21	57 „ 68	14 „ 11
6. Verbund-Heißdampfkonden-sationsmaschinen	29,4 „ 21,7	23 „ 17	71 „ 79	6 „ 4
7. Verbund-Heißdampfauspuff-maschinen	26,2 „ 16,3	21 „ 13	74 „ 84	5 „ 3
8. Einzylinder-Heißdampfauspuff-maschinen	16,6 „ 13,5	13 „ 11	85 „ 87,5	2 „ 1,5
9. Einzylinder-Sattdampfkonden-sationsmaschinen	15,2 „ 12,0	12 „ 9	78 „ 83	10 „ 8
10. Einzylinder-Sattdampfauspuff-maschinen	13,7 „ 10,0	11 „ 8	87,2 „ 90,7	1,8 „ 1,3
11. Gegendruckturbine	13,2 „ 8,4	12 „ 8,4	86 „ 90	2 „ 1,6

Diese Werte, graphisch aufgetragen, ergeben Fig. 203.

Weiterhin wird die Wärme zu Kraftzwecken verbraucht und bei Kraftverwendung Wärme erzeugt:

<table>
<tr><td>a) bei Injektoren und Ejektoren,</td><td>e) bei Leitung von Flüssigkeiten,</td></tr>
<tr><td>b) bei Pumpen,</td><td>f) bei Leitung von Elektrizität,</td></tr>
<tr><td>c) bei Kompressoren,</td><td>g) bei elektrischem Schmelz-,</td></tr>
<tr><td>d) bei jeder Reibung,</td><td>   Schweiß- und Lötverfahren.</td></tr>
</table>

Die Injektoren[1]) saugen durch das erzeugende Vakuum, das ein aus einer Düse ausströmender Dampf bei Erweiterung erzeugt, das Wasser an. Es hängt jedoch der Druck, gegen den das Wasser geführt wird, von dessen Temperatur ab. Bei 1 m Saughöhe kann die Temperatur bei einem Druck von

4	5,5	6,5	10 Atm
53	54	47	42° C

betragen; also können bei 24° C warmem Wasser

Saughöhen von	1	2,5	3,5	5	6	6,5 m
Drucke „	1,5 bis 16	2 bis 12	2,3 bis 9	3 bis 7	3 bis 6	4 bis 4,5 Atm

überwunden werden.

Die im Dampf enthaltene Wärme wird dem Wasser zugeführt; es geht natürlich ein Teil durch Expansion und die Arbeit der Förderung des Wassers verloren.

Bei Ejektoren[1]), die die Hebung der Flüssigkeiten mit Dampf vornehmen, findet durch die Dampfzufuhr eine Erwärmung der Flüssigkeit statt. Sie sind saugend oder nicht saugend. Durch die Mischung von Dampf und Wasser wird das spez. Gewicht des Gemisches geringer, etwa 0,5 bis 0,3. Nimmt man also die dem verfügbaren Dampfdruck entsprechende Wassersäule, so kann bis zum doppelten Maß dieser Wassersäule das Gemisch Wasser und Dampf gefördert werden, sofern vorher keine Saugarbeit geleistet wurde. Je höher die Wassertemperatur, die gefördert werden soll, um so niedriger ist die Förderhöhe. Ist z. B. das Wasser 80°, so ist die noch freie Spannung

$$1,00 - 0,48 = 0,52 \text{ Atm} = 5,2 \text{ m WS},$$

es kann also noch 2 bis 3 m hoch gefördert werden.

Bei saugenden Ejektoren ist bei 3 bis 10 Atm abs. die verfügbare Druckhöhe

$$3 \text{ bis } 10 - 1 = 2 \text{ bis } 9 \text{ Atm} = 20 \text{ bis } 90 \text{ m WS}.$$

Es kann also ohne Saugwirkung bis 40 m Höhe Förderleistung erzielt werden.

Der Wirkungsgrad der Saugwirkung ist $1/_2$ bis $1/_3$ desjenigen der Druckwirkung, man hat also auch 24 m Druckwirkung und $\frac{16}{2} = 8$ m Saugwirkung.

Selbstredend ist der Dampfverbrauch sehr groß und damit der Wirkungsgrad gering, jedoch immer noch größer als bei Dampfmaschine 10 Proz. und Pumpe 75 Proz., also insgesamt $10 \cdot 75 \doteq 7,5$ Proz.

Die Dampfdruckpumpen oder Pulsometer[2]) ergeben per 1 kg Dampf

---

[1]) Die Pumpen, Abschn. Gleichförmig wirkende Wasserstrahlpumpen und Dampfstrahlpumpen von *Berg*. Julius Springer, Berlin.

[2]) Die Wärmekraftmaschinen, der Pulsometer von *Musil-Ewing*. B. G. Teubner, Leipzig.

(möglichst trocken) etwa 3000 bis 4000 kg/m gehobenes Wasser, benötigen also 54 bis 90 kg Dampf per PS_e und Stunde. Die ersten 10 m Förderhöhe ergeben etwa 2° Temperaturerhöhung, je weitere 10 m ergeben etwa 1,5° Temperaturerhöhung.

Gasdruckpumpen[1]) (Humphrey-Pumpen), die im Viertakt arbeiten, benötigen an Anthrazit im Gaserzeuger pro effektive Pferdestärke und Stunde etwa 0,50 bis 0,67 kg. Der effektive Wirkungsgrad ist, auf den Heizwert des Gases bezogen, $\eta = 16$ Proz.

Die minutliche Leistung der Pumpen ist bei

Injektoren	bis	1 cbm	gegen	10,0	Atm
Ejektoren	„	5 „	„	10,0	„
Dampfdruckpumpen	„	7 „	„	0,7	„
oder	„	23 „	„	5,0	„
Gasdruckpumpen	„	165 „	„	0,9	„

Pumpen[2]) erzeugen beim Komprimieren, also Hochdrücken der Flüssigkeit auf einen bestimmten Druck Wärme. Diese Wärme ist, da sie meist nur geringe Temperaturerhöhungen zeigt, nicht verwertbar.

Kompressoren und Gebläse[3]) (Luft, Kohlensäure, Ammoniak, schweflige Säure) verbrauchen mechanische Arbeit, um entweder den Druck und damit auch die Temperatur oder die Temperatur und damit auch den Druck auf ein höheres Niveau zu heben. In beiden Fällen ist Wärme abzuführen. Bei Luftkomprimierung ist nur die der mechanischen Arbeit entsprechende Wärme oder ein Teil derselben abzuführen. Bei Kältemaschinen ist die im Medium bei niederer Temperatur aufgenommene Wärme ebenfalls abzuführen. Darüber ist schon unter Kältemaschinen auf Seite 295 gesprochen.

Die Wärmeabfuhr bei Luftkompressoren ist, wenn G kg Luft von p_1 Atm und $T_1°$ auf p_2 Atm und $T_2°$ komprimiert werden, in kcal, $\Re$ in kcal, bei isothermischer Kompression:

$$Q_{is} = G\,\Re \cdot T_1 \log \text{nat} \frac{p_2}{p_1}$$

und bei polytropischer Kompression mit n als Polytrope:

$$Q_{pol} = \frac{k-n}{k-1} \cdot \frac{1}{n-1}\, G \cdot \Re\,(T_2 - T_1).$$

Reibung verwandelt sich in Wärme. Sie ist entweder abzuführen oder im transportierten Medium (Luft, Wasser) weiterzuleiten, um dann durch Leitung und Strahlung meist von selbst zu verschwinden, ohne weiter verwendet werden zu können.

Der elektrische Strom von J Ampere und E Volt gibt in z Stunden im Widerstand R Ohm eine Wärmemenge von

$$Q = 0{,}239 \cdot J^2 \cdot R \cdot z = 0{,}239\,E \cdot J\,z \text{ gcal.}$$

---

[1]) Zeitschr. d. Ver. d. Ing. 55. Jg., 1911, S. 267 und 57. Jg., 1913, S. 885 u. 942.

[2]) Die Pumpen von *Berg*. Julius Springer, Berlin.

[3]) Die Gebläse von *Jhering*. Julius Springer, Berlin und Die Luftpumpen von *Hirsch*. Dr. Max Jänicke, Hannover.

Die Verwertung in der Kesselheizung ist schon besprochen. Die Verwertung für Glüh[1]-, Schweiß-, Löt-, Schmelzzwecke erfolgt nach dieser Formel. Es seien daher die Widerstandszahlen einer Anzahl Stoffe aufgeführt, wobei $R_{15} = c\,\dfrac{l}{q}$ ist, mit l in m als Länge, q in qmm als Querschnitt. Der weitere Wert α der Tabelle ergibt Temperaturkoeffizienten bei 15° C. Ist nun R_l der Widerstand bei $t°$ C, R_{15} bei 15°, so ist

$$R_t = R_{15}\,[1 + \alpha\,(t - 15)]$$

$$t = 15 + \frac{R_t - R_{15}}{\alpha\,R_{15}}\,.$$

Nachstehende Tabelle gibt die gebräuchlichen Werte:

	c	α
Aluminium	0,03	$+0,0037$
Aluminiumbronce . .	0,13 bis 0,29	$+0,001$
Blei	0,21	$+0,0037$
Eisen	0,10 bis 0,14	$+0,0045$
Konstantan	0,5	$-0,00003$
Kupfer	0,017 bis 0,0175	$+0,004$
Messing	0,07 „ 0,08	$+0,0015$
Nickel	0,12	$+0,0037$
Nickelin	0,40 bis 0,44	$+0,00022$
Platin.	0,094	$+0,0024$
Quecksilber	0,95	$+0,00087$
Zink	0,06	$+0,0039$
Zinn	0,12	$+0,0045$
Kohle	100 bis 1000	$-0,0003$ bis $-0,008$

Bei Wechselströmen und Induktionserscheinungen sei auf die Spezialwerke[2] verwiesen; es ist hier auf die Phasenverschiebung φ von Strom und Spannung zu achten. Die durch elektrischen Strom erzeugten hohen Temperaturen werden vornehmlich im Hüttenbetrieb zum Schmelzen von Metallen verwandt. Es sind zwei Wege möglich:

1. das Lichtbogenverfahren,
2. das Widerstandsverfahren.

Beide Verfahren werden schon im großen industriell ausgeführt. Näheres darüber findet sich in *Mathesius*: Die physikalischen und chemischen Grundlagen des Eisenhüttenwesens, Otto Spamer, Leipzig. Ein Ofen für das Lichtbogenverfahren ist in Fig. 204 abgebildet[3]. Die Elektroden stehen dem Bade

---

[1] Forging, Stamping, Heat Treating 8. Jg., Nr. 12, 1922, Elektrisch beheizte Industrieöfen von *Drinks*; The Engineer 137. Jg., Nr. 3553, 1924, Industrielle Anwendung elektrischer Heizung von *Drake*; und Metal Industry, London 22. Jg., Nr. 4, 1923, Elektrische Widerstandsöfen und ihre Anwendung von *Darling*; Zeitschrift des Vereins deutscher Ingenieure 67. Jg., 1925, Nr. 25: Die Anwendung der Elektrizität zu Heizzwecken von *Zeulmann*; Mitteilung der Vereinigung der Elektrizitätswerke 1922, Nr. 21: Die Elektrizität als Wärmequelle im Haushalt, Gewerbe und Industrie von *Passavant*.

[2] Elektrotechnik von Dipl.-Ing. *Schenkel*, Leipzig, J. J. Weber, und La Technique Moderne 15. Jg., 1923, Nr. 8, Erhitzung durch Induktionsströme mit hoher Frequenz von *Ribaud*.

[3] Feuerungstechnik 12. Jg., Heft 5, Der Greaves-Etchell elektrische Stahlofen von *Illies;* und The Blast Furnace and Steel Plant 1923, January, S. 64 bis 68.

gegenüber. Andere Konstruktionen bilden statt durch das Bad den Lichtbogen über dem Bade, wie z. B. *Stassano.* Ein Ofen, der als reiner Widerstandsofen anzusehen ist, und bei dem das Bad den sekundären Stromkreis für einen Wechselstromtransformator bildet, ist in Fig. 205 abgebildet.

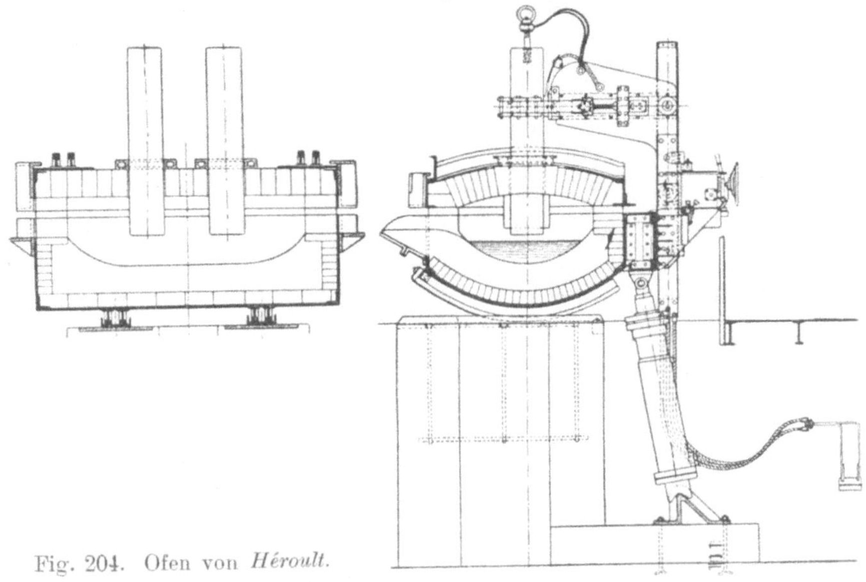

Fig. 204. Ofen von *Héroult.*

Das Bad bildet hier einen in sich geschlossenen Ring. Bei beiden Ofenarten sind Verluste nur durch Leitung und Strahlung vorhanden. Der Stromverbrauch des Heroult-Ofens ist wie folgt:

Kalter Einsatz . . . .   2 t Einsatz   920 kW-St. per Tonne
                             10 „   „   660   „   „   „

Warmer Einsatz . . . .   2 „ ·   „   400   „   „   „
                             10 „   „   200   „   „   „

Beim Röchling-Rodenhauser Ofen:

Flußeisenschrott . . . .   2 t Einsatz 1000 kW-St. per Tonne
                             10 „   „   660   „   „   „

Flüssiges Thomasflußeisen. . . . .   2 „   „   170   „   „   „
                             10 „   „   100   „   „   „   [1]

Aus den **wärmetheoretischen Entwicklungen** sowie aus den Wirkungsgraden bei Industrieöfen und beim Kraftbetrieb ergibt sich, daß weit über die Hälfte der in einen industriellen Ofen oder eine Kraftmaschine gesandten Wärme aus denselben wieder austritt. Sie kann nun entweder durch Abkühlung oder Leitung ins Freie dem Prozeß verloren gehen, oder sie kann weiter

---

[1] Stahl und Eisen 1923, 23. Aug., S. 1095 u. f., Bilanz eines Elektrostahlofens (Bauart Röchling-Rodenhausen) von *O. von Keit* und *W. Rohland*, ferner 1923, 17. Mai, S. 662, Das Elektrohüttenwerk in Porjus und 1923, 15. Nov., S. 1431, Über Brasiliens erste Hochofenanlage 1914, Nr. 18, Fortschritte in der Elektrostahlerzeugung von *Sommer*, und *Ruß*, Die Elektrostahlöfen. R. Oldenbourg, München und Berlin.

verwendet werden. Hat sie noch eine hohe Temperatur, so kann sie zur Dampferzeugung verwandt werden, um dann mechanische Arbeit zu leisten. Hat sie eine niedere Temperatur und wie bei Dampf noch eine geringe Spannung, so bietet sich in Koch- und Heizprozessen reichhaltige Verwendung. Hat sie bei

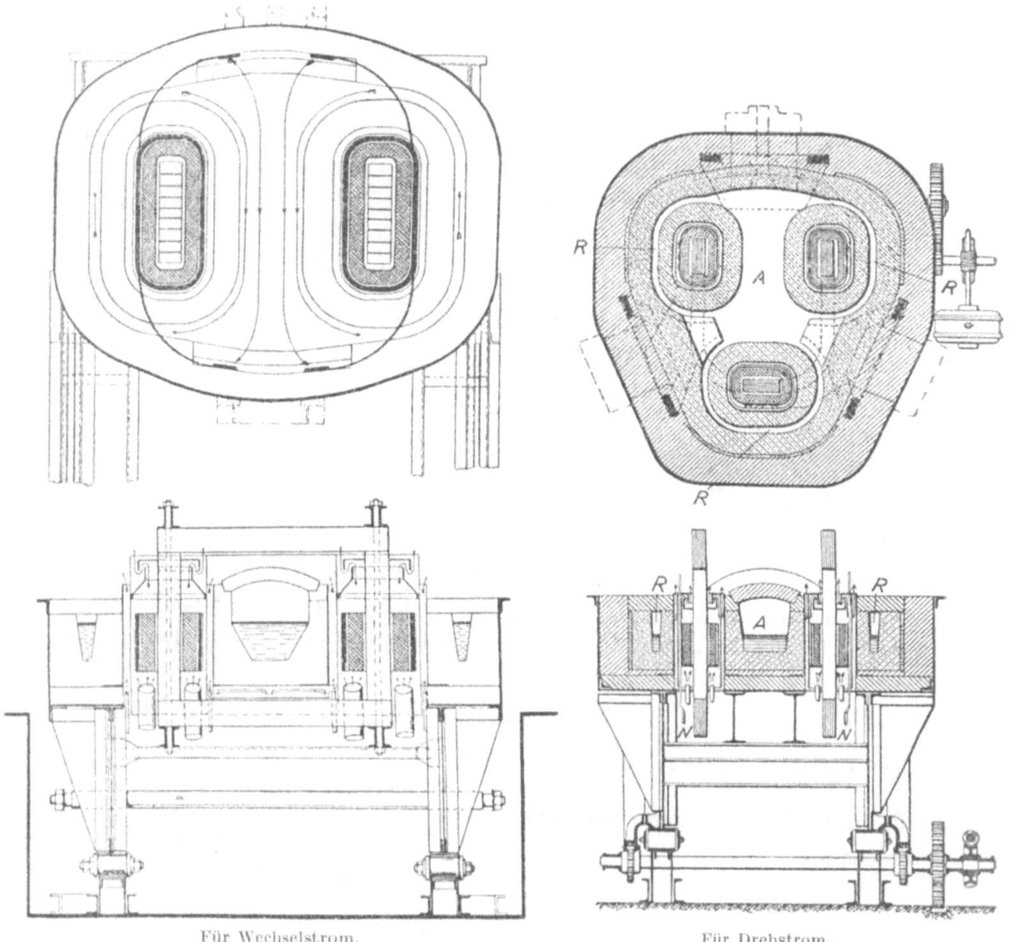

Fig. 205. Ofen von *Röchling-Rodenhauser.*

niederer Temperatur nur geringe Spannung, so kann evtl. Dampf aus einem Medium, wie schweflige Säure, erzeugt werden, der bei niederer Temperatur hohe Spannung hat. Dann wird dieser Dampf in einer Kraftmaschine nochmals zur mechanischen Energieerzeugung ausgenutzt, um dann im Kondensator oder evtl. einer Kochanlage kondensiert zu werden. Jedenfalls spielt die Verwertung der Abwärme eine ebenso wichtige Rolle wie die Erzeugung mechanischer Energie selbst, wenn man eine Anlage wirtschaftlich ausnutzen will.

6. Abwärmeverwertung[1].

Die Verwertung der Abwärme kann nicht für sich geschlossen betrachtet werden, sie greift bei rationeller Anwendung in die ganze Fabrikanordnung ein. Es werden daher im folgenden auch einige an sich zu den vorhergehenden Abschnitten gehörige Ausführungen gegeben.

Abwärme ergibt sich:

1. in Form von Wasserdampf,
2. in Form von Wasser,
3. in Form von Verbrennungsgasen.

Die Abwärme in Form von Wasserdampf wird entweder direkt verwertet oder aufgespeichert und rührt von Dampfmaschinen oder Dampfturbinen her, nachdem in diesen Maschinen zunächst der Dampf ganz oder teilweise zwecks Kraftleistung entspannt wurde. Die Aufspeicherung der Wärme geschieht in Wärmespeichern und kann auf zwei Arten geschehen:

1. durch Dampfraumspeicher.
2. durch Wasserraumspeicher.

Im Dampfraumspeicher wird der Dampf direkt gespeichert. Er wird unter Druckerhöhung in denselben eingeführt und unter Druckverringerung ihm entnommen.

Beim Wasserraumspeicher sind zwei Systeme zu unterscheiden. Beim Gefällespeicher wird die in Form von Dampf dem Speicher zugeführte Wärme zur Erhöhung der Temperatur des Wassers verwandt, wobei gleichzeitig eine Druckerhöhung stattfindet. Bei der Entnahme verwandelt sich das Wasser in Dampf, der unter Druckverminderung abfließt. Beim Gleichdruckspeicher oder Speiseraumspeicher wird die überschüssige Wärme, die hierbei nicht in Dampfform auftritt und noch keine mechanische Arbeit geleistet hat, aus den Heizgasen der Feuerung im Kessel selbst in Form von heißem Wasser aufgenommen. Bei der Entnahme von Dampf aus dem Kessel braucht dann der Druck nicht zu sinken, es findet eine Dampfbildung aus dem heißen Wasser statt.

---

[1] Abwärmeverwertung ist vom Gesichtspunkte moderner Energiewirtschaft aus nicht mehr als Bezeichnung zur Ausnutzung für die nicht zu mechanischer Energie umgewandelte Wärme haltbar. Es wird ein Teil der aus Kohle, Wasser oder Wind erzeugten Energie als mechanische und ein Teil als thermische Energie verwertet. Beide Verwertungsarten sind gleich wichtig und ergeben nur vereint einen wirtschaftlich wertvollen Wirkungsgrad. Man verwendet daher besser den Ausdruck „thermische Energieverwertung".

Da das Volumen von Dampf vielfach größer ist als das von Wasser, so können schon wegen der Dimensionierung große Wärmemengen nur in Wasserraumspeichern aufgestapelt werden; für kleinere oder mittlere Verhältnisse reicht jedoch ein Dampfraumspeicher aus. Er findet sich in zwei Hauptausführungen: Dampfspeicher nach *Harlé-Balcke* und Raumspeicher nach *Balcke* oder *Estner-Ladewig*.

Beim *Harlé-Balcke*-speicher kann, ähnlich wie bei der Gasfabrikation das Sammeln des Gases, in Dampfspeichern das Sammeln des Dampfes erfolgen.

Die Speicher selbst sind wie Gasometer gebaut und zeigen die Anordnung wie Fig. 206.

Der Dampf strömt also unter eine schwimmende Glocke; je nach der Schwankung des Dampfzuflusses oder -abflusses sinkt oder steigt die Glocke.

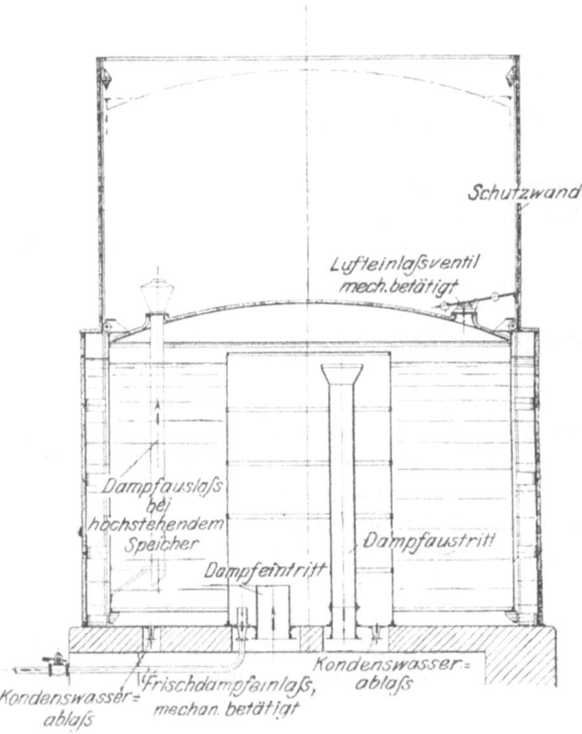

Fig. 206. Dampfspeicher, System *Harlé-Balcke* der *Maschinenbau-Aktiengesellschaft Balcke* in Bochum.

In Fig. 207 ist ein Raumspeicher dargestellt.

Der in den Raumspeicher eintretende Dampf bleibt nicht, wie beim Dampfspeicher mit beweglicher Glocke, unter annähernd fast demselben Druck, sondern er komprimiert den schon im Speicher vorhandenen Dampf. Selbstredend kann die Kompression nur bis zu der dem zutretenden Dampf entsprechenden Spannung gehen.

Bei den von der *Maschinenfabrik Augsburg-Nürnberg A.-G.* gebauten *Estner-Ladewig*-Raumspeichern wird an Stelle der gewöhnlichen Isolation eine Luftschicht zwischen äußerer und innerer Isolation eingefügt. Diese Luftschicht kann entweder durch Abdampf oder durch Heizgase, ehe sie dem Schornstein zuströmen, auf einer hohen Temperatur gehalten werden, so daß der Speicher im Innern nur ganz geringe Wärmeverluste hat.

Wie bei Gasometern, so ist auch bei Dampfraumspeichern darauf zu achten, daß kein Unterdruck entsteht, da sonst ein Eindrücken des Speichers erfolgt. Der Speicher ist daher mit den nötigen Sicherheitsvorrichtungen, wie Luft-

eintrittsventil und Triebdampfeintrittsventil für Unterdruck, zu versehen.
Ebenso ist auch ein Sicherheitsventil für Überdruck anzubringen. Der Wärmeverlust dieser Speicher ist verhältnismäßig gering; er beträgt nur einige Prozente. Versuche ergaben den stündlichen Dampfverlust bei Raumspeichern
zu 0,8 Proz. oder 0,25 kg Dampf für 1 qm Abkühlungsfläche.

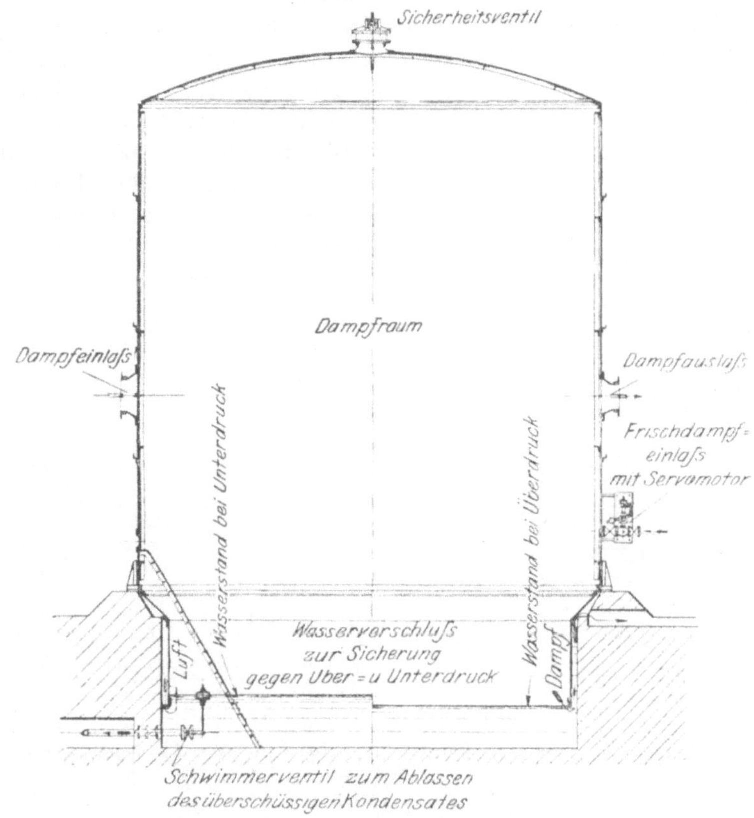

Fig. 207. Raumspeicher der *Maschinenbau-Aktiengesellschaft Balcke* in Bochum.

Die Wasserraumspeicher, die schon lange wohl ohne klare Erkenntnis des Speicherproblems in einem großen Speiseraum der Dampfkessel angewandt wurden, haben folgende Ausführungsformen:

Wärmespeicher nach *Rateau*[1]),

Wärmespeicher nach *Ruths*,

Speiseraum und Großwasserraumspeicher.

Die älteste, klar ausgebildete Gefällespeicherform ist die von *Rateau*, während
in dem *Ruths*-Wärmespeicher alle Ergebnisse moderner Wärmewirtschaft und
alle Gesichtspunkte über Energiespeicherung von Wärme vereint sind. Der

---

[1]) Glückauf 1914, Nr. 15 u. 16, verbesserte Auflage Mai 1920, Größenbemessung
und Wirtschaftlichkeit von Abdampfverwertungsanlagen von *Hantog* und *Ammon*.

Speiseraum- und Großwasserraumspeicher verfolgen dieselben Zwecke wie *Ruths*, nur auf Grund anderer Erwägungen.

In Fig. 208 ist ein stehender Tellerspeicher von *Rateau* abgebildet. Der eintretende Dampf wird auf mit Wasser gefüllten Tellern kondensiert.

Fig. 209 zeigt einen liegenden Wärmespeicher. Demselben wird der Dampf durch Rohre, die im Wasser liegen, zugeführt.

Beim Tellerspeicher bestreicht der Dampf flache Teller, also eine große Wasseroberfläche, zwecks Kondensation, beim Röhrenspeicher findet eine Mischung von Wasser und Dampf und starke Wasserzirkulation statt.

Die in diesen Speichern übliche Drucksteigerung beträgt bis 0,5 Atm und die Erhöhung der Temperatur des Wassers ca. 4° C. Dadurch, daß der Dampf in Wasser verwandelt wird,

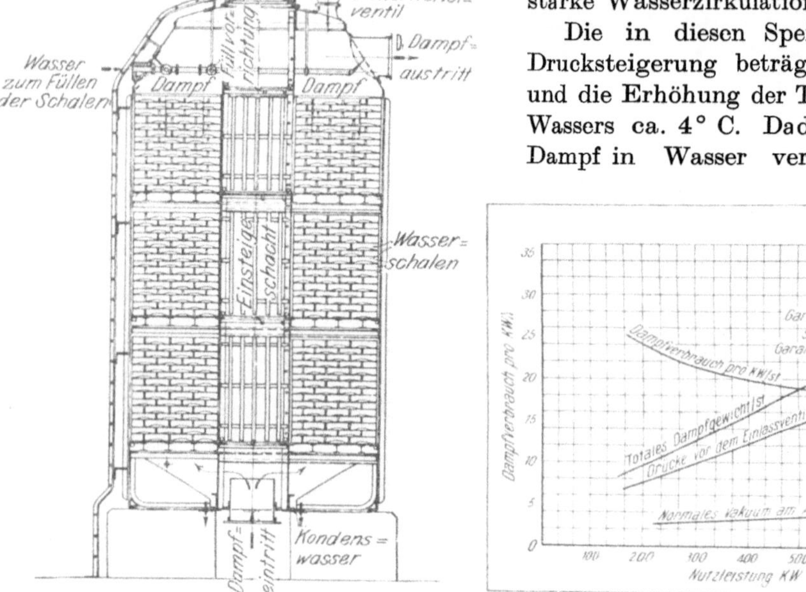

Fig. 208. Tellerspeicher, System *Rateau,* der *Maschinenbau-Aktiengesellschaft Balcke* in Bochum.

seine Wärme an das Wasser abgibt, tritt eine Erwärmung des letzteren ein. Sobald durch Entnahme von Dampf der Druck sinkt, wird durch die dadurch entstehende Überhitzung des Wassers der vorher kondensierte Dampf wieder erzeugt und wandert zur Verbrauchsstelle.

Infolge der Kondensation des Dampfes in Wasser ist eine Volumverminderung vorhanden, das Volumen des Speichers ist also verhältnismäßig klein. Selbstredend ist eine gute Isolation des Speichers erforderlich, so daß die Verluste durch Strahlung und Leitung gering ausfallen. Die neueren Untersuchungen haben gezeigt, daß sich die Verluste innerhalb 24 Stunden auf wenige Prozente beschränken.

Fig. 208 rechts zeigt die Abnahmeversuche an einem *Rateau*schen Speicher; der Speicher dient zur Erzeugung von Energie in einer Niederdruckdampfturbine bei den Bergwerken in Lens.

Die Bemessung des Speichers erfolgt nach folgenden Gesichtspunkten:

<pre>
1000 kg Dampf von 1 Atm enthalten . . . . 638 000 kcal
1000 kg kondensierter Dampf enthalten . . . . 100 000 „
Es sind somit aufzunehmen . . . . 538 000 „
</pre>

Soll nun die Temperaturschwankung 20° C betragen, so ist an Wasser nötig

$$\frac{538\,000}{20} = 26\,900 \text{ kg}.$$

Der Speicher von *Ruths* und der Speiseraum- und Großwasserraumspeicher unterscheiden sich prinzipiell voneinander. Der *Ruths*-Speicher nimmt die Wärme des Zwischendampfes und überschüssigen Hochdruckdampfes auf; der Druck im Speicher ist fast stets niedriger als der des Kessels. Er ist also in der Anlage ein Mitteldruckspeicher und kann Energie von höherer Spannung aufnehmen, jedoch nur Energie der Speicherspannung oder niederer Spannung abgeben. Der Speiseraum- und Großwasserraumspeicher nimmt die Brennstoffwärme im Speisewasser oder Kessel auf. Der Dampf wird mit der Kesselspannung entnommen, wodurch der Speicher in der Anlage als Hochdruckspeicher gekennzeichnet wird[1]).

Die Abbildung eines *Ruths*-Speichers ergibt Fig. 210.

Er ist ein Walzenkessel, der gegen Wärmestrahlung durch Isolation geschützt ist. Seine Füllung ist etwa 90 Proz. Wasser. Der eingeleitete Dampf wird durch die Diffusorrohre d dem Wasser zugeführt, wodurch der Wasser-

---

[1]) Stahl und Eisen 43. Jg., Nr. 8, Das Speicherproblem in der Dampfwirtschaft von Dr.-Ing. *C. Kießelbach* in Bonn.

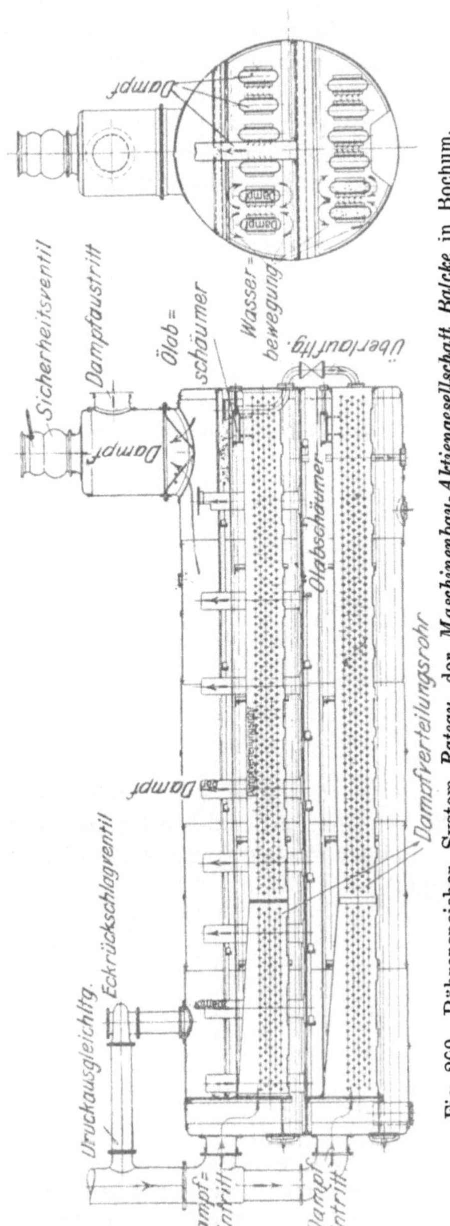

Fig. 209. Röhrenspeicher, System *Rateau*, der Maschinenbau-Aktiengesellschaft Balcke in Bochum.

umlauf zugleich geregelt wird. Die Entnahme des Dampfes erfolgt im Dom a
durch das automatische Ventil f. Da der Dampf mit Wasser in Berührung
steht, so kann nur gesättigter, jedoch kein überhitzter Dampf entnommen
werden, während zum Einleiten sowohl gesättigter als auch überhitzter Dampf
verwendbar ist. Um jedoch auch überhitzten Dampf entnehmen zu können,
wird bei Zuführung überhitzten Dampfes die Überhitzungswärme ähnlich wie
in Regeneratoren in gußeisernen Platten aufgenommen und dem entweichen-
den Dampf wieder zugeführt[1]).

Der **Speiseraumspeicher** ist gegenüber den bisherigen Systemen kein
neues Glied, sondern wird in dem Kessel selbst gebildet. Jeder Kessel hat einen
höchsten und niedrigsten Wasserstand. Das zwischen diesen zwei Wasser-
ständen liegende Wasservolumen ist der Speiseraum, der also mit Dampf oder
Wasser oder Dampf und Wasser gefüllt werden kann. Um dieses Volumen
möglichst groß zu erhalten, ist bei neuen Kesseln ein den Verhältnissen der
Speicherung entsprechender Wasserraum vorzusehen oder bei älteren Anlagen
noch ein Kessel einzufügen[2]).

Es handelt sich nunmehr um die Gesichtspunkte, welche die Speichergröße
bestimmen.

Bei den Dampfraumspeichern ist der Wärmeinhalt von 1 cbm Dampf wie
folgt:

1 Atm abs.	370 kcal
2 ,, ,, ...	720 ,,
3 ,, ,, ...	1060 ,,
4 ,, ,, ...	1380 ,,
5 ,, ,, ...	1720 ,,
7 ,, ,, ...	2370 ,,
10 ,, ,, ...	3350 ,,
13 ,, ,, ...	4300 ,,
16 ,, ,, ...	5280 ,,
20 ,, ,, ...	6500 ,,
25 ,, ,, ...	8100 ,,

. Bei Entspannung von 1 cbm Dampf von 16 auf 13 Atm abs. werden also
980 kcal frei, das sind 1,5 kg Dampf von 13 Atm abs.

Bei den Wasserraumspeichern ist der Wärmeinhalt von 1 cbm Wasser wie
folgt:

1 Atm abs.	97 000 kcal
2 ,, ,, ...	114 000 ,,
3 ,, ,, ...	124 000 ,,
4 ,, ,, ...	133 000 ,,
5 ,, ,, ...	139 000 ,,
7 ,, ,, ...	149 000 ,,
10 ,, ,, ...	162 000 ,,
13 ,, ,, ...	170 000 ,,

[1]) Zeitschr. d. V. d. Ing. 66. Jg., Heft 21, S. 509 bis 513, 1922, Heft 22, S. 537 bis
542, Heft 24, S. 597 bis 605, Dampfspeicher von Dr. *J. Ruths*, Stockholm.

[2]) Archiv für Wärmewirtschaft 4. Jg., Heft 10, Das Wärmespeicherproblem unter
besonderer Berücksichtigung der Leistungselastizität von Dampfkesseln von Dr. *Robert
Jurenka* und Ing. *H. Witz*, Oberhausen, Rhld.

<pre>
 16 Atm abs. . . . . 176 000 kcal
 20 ,,   ,, ... 183 000 ,,
 25 ,,   ,, ... 189 000 ,,
 40 ,,   ,, ... 205 000 ,,
 60 ,,   ,, ... 218 000 ,,
100 ,,   ,, ... 229 000 ,,
150 ,,   ,, ... 235 000 ,,
200 ,,   ,, ... 221 000 ,,
224 ,,   ,, ... 171 000 ,,
</pre>

Wenn man also 1 cbm Wasser entspannt, so erhält man bei Entspannung von 16 auf 13 Atm abs. 4000 kcal Wärmeeinheiten. Dies ergibt 8,5 kg Dampf von 13 Atm abs. Bei Entspannung von 25 auf 20 Atm abs. werden 3000 kcal Wärme frei, die 6,5 kg Dampf von 20 Atm abs. geben. Zu bemerken ist, daß durch die Entspannung das Wasservolumen vergrößert wird, so daß die freiwerdende Wärme nicht gleich der Differenz der Wärmeinhalte ist, die in der Tabelle angegeben sind. Man benötigt hierzu die spezifischen Volumina des Wassers; dieselben sind bei

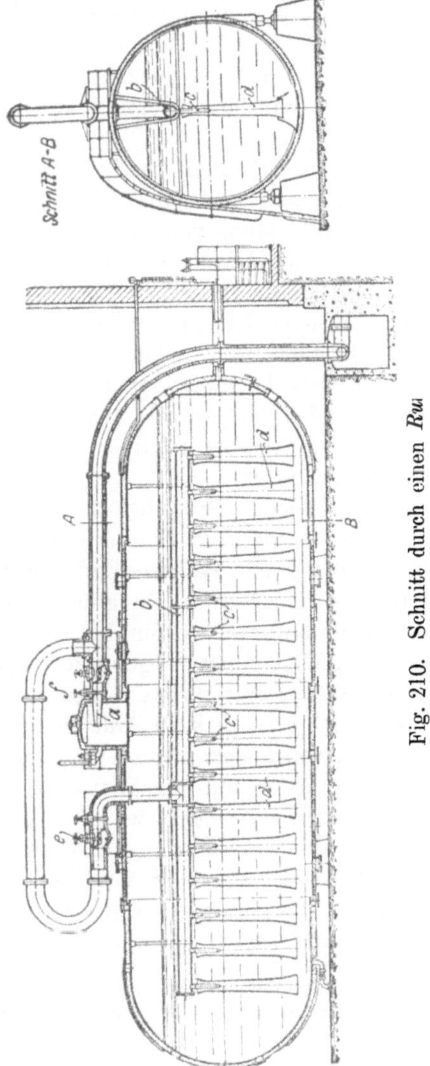

Fig. 210. Schnitt durch einen Ru

<pre>
 1 Atm Überdruck 1042,6 l per Tonne
 2 ,,   ,,   1058,9 l ,,   ,,
 3 ,,   ,,   1070,5 l ,,   ,,
 4 ,,   ,,   1080,3 l ,,   ,,
 5 ,,   ,,   1089,0 l ,,   ,,
 7 ,,   ,,   1104,9 l ,,   ,,
10 ,,   ,,   1124,6 l ,,   ,,
13 ,,   ,,   1141,9 l ,,   ,,
16 ,,   ,,   1156,0 l ,,   ,,
20 ,,   ,,   1176,0 l ,,   ,,
25 ,,   ,,   1197,0 l ,,   ,,
40 ,,   ,,   1250,0 l ,,   ,,
100 ,,   ,,   1418,0 l ,,   ,,
150 ,,   ,,   1592,0 l ,,   ,,
200 ,,   ,,   1880,0 l ,,   ,,
224 ,,   ,,   2900,0 l ,,   ,,
</pre>

Die freiwerdende Wärme verdampft einen Teil des Gewichtes des entspannten Wassers, wobei sie ganz als Verdampfungswärme zur Verfügung steht.

Die Wasserraumspeicher haben folgende Bedingungen zu erfüllen:

1. Die Kesselleistung ist für normale Verhältnisse zu bemessen;

2. Die Kessel sollen dauernd gleichmäßig mit dem höchsten Wirkungsgrad betrieben werden;

3. Das Mehr an mechanischer Energie gegenüber Normalleistung soll aus dem Speicher gedeckt werden dadurch, daß die Mittel- oder Niederdruckstufe der Kraftanlage in erhöhtem Maße herangezogen wird;

4. Die Minderleistung gegenüber Normalleistung wird dadurch ausgeglichen, daß der Frischdampf des Kessels direkt im Speicher seine Wärme wieder an Wasser abgibt;

5. Ist die Zwischendampf- und Abdampfmenge nicht der Maschinenleistung angepaßt, so ist sie aus dem Speicher zu entnehmen oder in denselben einzuleiten.

Diese Bedingungen verlangen bei Speicheranlagen eine größere Anzahl Überström- und Reduzierventile; ferner sind an die Kraftmaschine gewisse Bedingungen zu stellen, die der Einbau des Speichers bedingt[1]:

1. Die Kraftanlage muß aus einem Hochdruck- und Niederdruckteil bestehen;

2. Der Gegendruck im Hochdruckteil und der Admissionsdruck im Niederdruckteil wechseln;

3. Die Leistung von mechanischer Arbeit wird ganz verschiedenartig und wechselnd zwischen Hochdruck- und Niederdruckteil verteilt.

Die Schaltungsschemata der Speicher sind je nach der Industrie verschieden. Im nachstehenden sind einige angegeben. Fig. 211 zeigt die Schaltung in einer Textilfabrik. Zu bemerken ist, daß die Beschaffung eines Speichers die Anlage einer hochwertigen Kondensation in keiner Weise überflüssig macht. In Fig. 212 ist die Anordnung in einer Zellstoffabrik gegeben. Beide Figuren zeigen den Speicher in den Mitteldruck eingebaut, so daß er von dort aus ausgleichend wirkt.

Der Gleichdruck- oder Speiseraumspeicher läßt zahlreiche Schaltungen zwischen Kessel und Speiseraum zu[2]. Da für den eigentlichen Kessel die Schwankung des Wasserstandes nur in geringen Grenzen zweckmäßig ist, wird der Speicherraum in einen besonderen Kessel gelegt, der mit dem normalen Dampfkessel verbunden ist. Bei Spitzenleistungen wird der Kessel mit auf Dampfspannung vorgewärmtem Wasser gespeist, bei Normalleistung mit gewöhnlichem Wasser evtl. aus dem Economiser. Diese Art der Speicherung eignet sich besonders für Anlagen, in denen die Feuerung nicht unabhängig ist, sondern von anderen Verhältnissen, wie bei Gichtgas, Koksofengasfeuerung, abhängt. Hier muß die Wärme bei hoher Temperatur, mit welcher sie geliefert wird, gespeichert werden. Ein Drosseln auf Mitteldrücke hätte keinen Zweck. Eine Anordnung eines Gleichdruckspeichers gibt Fig. 213, die für einen *Stirling*kessel ausgeführt ist. Über den Oberkessel ist ein Speicherkessel angebracht, über diesem liegt der Dampfsammler. Beide Kessel sind durch Rohre mit dem Oberkessel verbunden. Was die Speicherfähigkeit beider Kesselarten

---

[1] La Technique Moderne 16. Jg., 1924, Nr. 11.

[2] Mitteilungen der Wärmestelle des Vereins deutscher Eisenhüttenleute Nr. 57, Formen und Wirtschaftlichkeit von Dampfspeichern von *Kurt Rummel*.

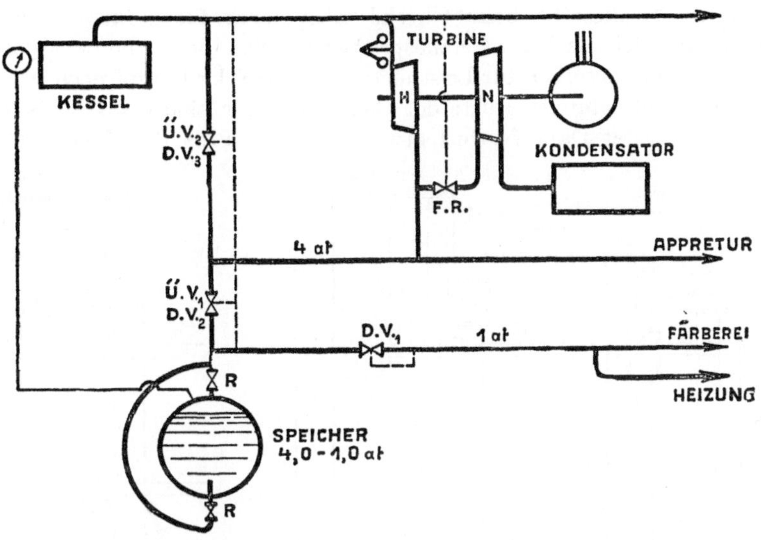

Fig. 211. Schaltbild einer Textilfabrik mit *Ruths*-Speicher der *MAN*-Augsburg-Nürnberg.

H = Hochdruckstufe der Turbine FR = Füllungsregler
M = Mitteldruckstufe der Turbine $ÜV$ = Überstromventil
N = Niederdruckstufe der Turbine DV = Druckminderventil
R = Rückschlagklappe.

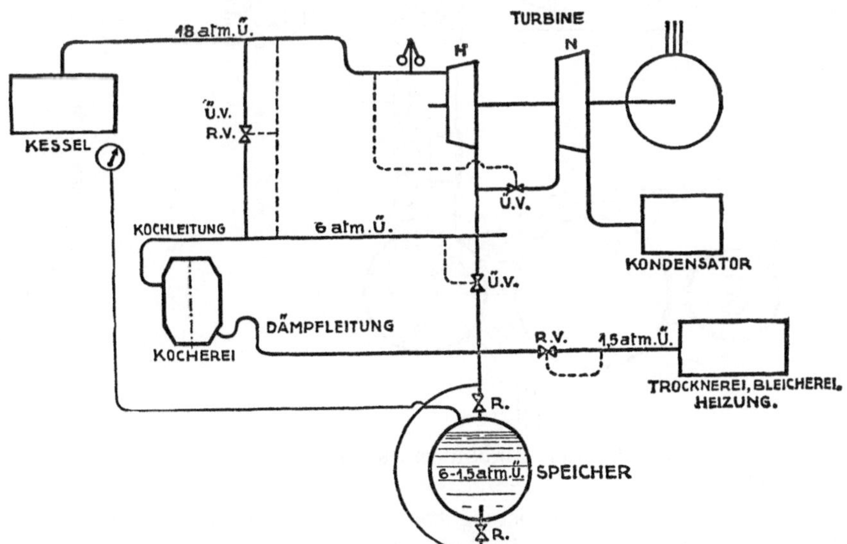

Fig. 212. Schaltbild einer Zellstoffabrik mit *Ruths*-Speicher der *MAN*-Augsburg-Nürnberg.

H = Hochdruckteil der Turbine $ÜV$ = Überstromventil
N = Niederdruckteil der Turbine RV = Druckminderventil
R = Rückschlagklappe

anbelangt, so ist dieselbe beim Gleichdruckspeicher für größere Speicher-
belastungen möglich als beim Gefällespeicher[1]). Was die Größe der Speicher
anbelangt, so sind dieselben für Leistungen über 8000 kg Dampf noch bequem
möglich. Die Abkühlungsverluste der Gefällespeicher sind etwa 2 bis 7° in
24 Stunden, und der Dampfverlust etwa 0,1 bis 0,5 Proz. der Kesselleistung.

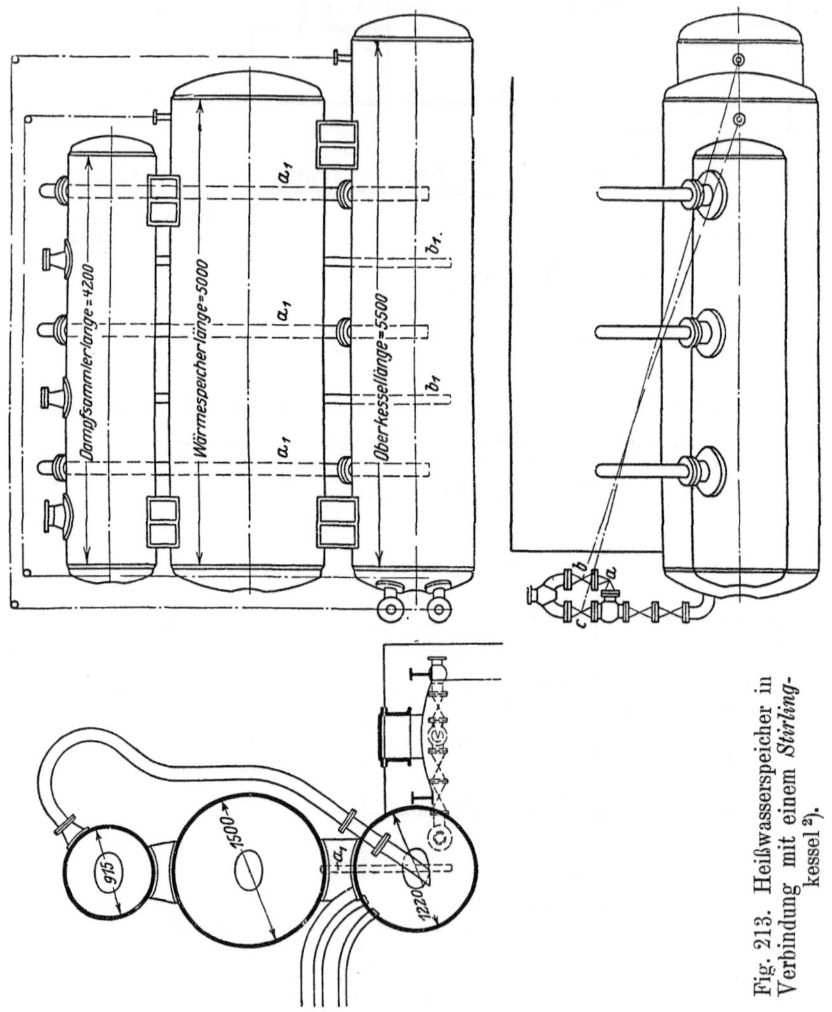

Fig. 213. Heißwasserspeicher in Verbindung mit einem *Stirling*-kessel[2]).

Die Vorteile, welche der Einbau eines Speichers als Ausgleichapparat
bietet, sind:

1. Aufnahme der Spitzenleistung beim Kraft- und Heizbetrieb;
2. Gleichmäßige Belastung der Anlage bei höchstem Wirkungsgrad (16 bis
   25 Proz. Brennstoffersparnis);

---

[1]) Stahl und Eisen 1922, Heft 42, S. 924 bis 933.
[2]) Archiv für Wärmewirtschaft 4. Jg., Heft 10, S. 189.

3. Verminderung der Reservekessel und Spitzenkessel;

4. Verminderung der Kosten für Wartung und Bedienung der Kessel;

5. Gleichmäßige Fabrikation (30 Proz. Erhöhung); es kann stets der augenblickliche Dampfbedarf entsprechend den Fabrikationsbedürfnissen gedeckt werden.

6. Große Dampfbereitschaft und daher Abkürzen des Anwärmens und des Kochens [1]).

Ist der Durchmesser eines Speichers $d\,m$, sind mittlere Länge $l\,m$, die Füllung 90 Proz., W_v der maximale Wasserinhalt in kg, W_l der minimale Wasserinhalt in kg, D die gesamte entnommene Dampfmenge in kg, D_1 die per 1 kg maximaler Füllung zugeführte Dampfmenge, so ist

$$D = D_1 \cdot W_v = W_v - W_l$$

$$J = \frac{\pi}{4} d^2 \cdot l = \infty\, 0{,}0012\, W_v = \infty\, 0{,}0012\, \frac{D}{D_1}.$$

Sind r_v und r_l die gesamten Verdampfungswärmen bei den Füllungen W_v und W_l, q_v und q_l die zugehörigen Flüssigkeitswärmen, so ist mit λ als Gesamtwärme des zugeführten Dampfes, x als Dampfgehalt:

$$\lambda \cdot D = W_v q_v - W_l q_l = W_v \left[q_v - q_l \left(\frac{r_v}{r_l} \right)^{\frac{1{,}4}{x}} \right]\ [2]).$$

Für die Entladung ist die Spannung geringer; ist λ' die entsprechende Gesamtwärme, D' die entnommene Dampfmenge, so ist

$$\lambda' \cdot D' < \lambda D.$$

Wird der Speicher nunmehr wieder geladen, so ist nicht mehr die Zuführung von λD, sondern nur $\lambda' D'$ Wärmeeinheiten, also $\frac{\lambda'}{\lambda} D'$ kg Dampf nötig. Es wird also der Speicherdruck schon erreicht bzw. die der Spannung erforderliche Füllung vorhanden sein, ehe die gesamte zur Verfügung stehende Dampfmenge D kondensiert ist. Daher werden die Speicher mit Wasserstandsgläsern, die nach Atmosphären eingeteilt sind, versehen. Ist bei einem gewissen Speicherdruck der Wasserstand zu hoch, so muß Wasser abgelassen, ist er zu niedrig, zugefüllt werden.

Wenig Anwendung hat die Akkumulierung der Wärme in flüssigen Lösungen von Salzen [3]), NaOH und $CaCl_2$, gefunden. Sie besteht darin, daß man in einer konzentrierten Lösung dieser Salze Abdampf von Dampfmaschinen oder Dampfturbinen absorbieren läßt. Die beim Absorbieren frei werdende Wärme wird dann zur Dampferzeugung in einem Kessel benutzt, der von der Lauge nach verschiedenen Konstruktionsprinzipien umspült wird. Hat die

---

[1]) Stahl und Eisen, 43. Jg., 1923, Nr. 8, Das Speicherproblem in der Dampfwirtschaft von *Kießelbach.*

[2]) Näheres: Feuerungstechnik 11. Jg., 1923, Heft 19, Der Dampfspeicher von *Ruths*, von *Heepke.*

[3]) Wärme wird frei: 1. durch Kondensation des Dampfes, 2. durch Verdünnung der Salzlösung. Dadurch wird die Temperatur der Salzlösung erhöht, siehe auch Thermodynamik, verdünnte Lösungen, von *Planck*. Leipzig, Veit & Co.

Lauge eine bestimmte Konzentration erreicht, so muß sie wieder eingedampft werden. Dieses Eindampfen wird entweder mit Dampf vorgenommen, oder es erfolgt im Vakuum, oder es wird durch eine Wärmepumpe ausgeführt. Das System läßt sich auch für kombinierten Heiz- und Kraftbetrieb ausführen. Ein Nachteil ist das Arbeiten mit Laugen.

Die in dem Abdampf der Dampfmaschinen oder Turbinen abgehende Wärme, welche einen niederen Druck und niedere Temperatur hat, wird in Kondensatoren abgeführt; man unterscheidet:

Mischkondensation und

Oberflächenkondensation.

Das Prinzip der Kondensation besteht darin, daß man die im Dampf enthaltene Wärme an Wasser abgibt. Die Abgabe erfolgt entweder durch Mischen von Wasser und Dampf: Mischkondensation, oder durch Erhitzen von Wasser in Kesseln, die von Dampf umspült werden: Oberflächenkondensation. Bei ersterer Form geht in das Wasser auch die im Dampf enthaltene Ölmenge über.

Die Mischkondensation besteht darin, daß man durch eine Brause kaltes Wasser in den Abdampfraum einführt. Dieses kalte Wasser, welches stets Luft mit sich führt, kondensiert den Dampf. Es muß dann durch eine Pumpe Wasser, Dampf und Luft abgeführt werden, um im Kondensator die entsprechende Spannung und Temperatur zu halten. Das Abführen geschieht durch eine Kolbenpumpe, die Wasser, Dampf und Luft gemeinsam oder Wasser für sich und Dampf und Luft für sich absaugt. Statt der Kolbenpumpe findet sich in neuerer Zeit die rotierende Luftpumpe, die mit Elektromotor oder kleiner Dampfturbine betrieben wird. Fig. 214 zeigt eine Mischkondensationsanlage mit rotierender Luftpumpe. Sie ist für eine Walzenzugmaschine gebaut. Infolge der plötzlich auftretenden hohen Abdampfmenge sind Mischkondensationen hier den Oberflächenkondensationen vorzuziehen, die mehr einer gleichmäßigen Beanspruchung gewachsen sind. Um die Pumpe zu sparen, findet sich noch eine zweite Ausführung, dadurch gekennzeichnet, daß das Wasser durch sein eigenes Gewicht aus dem Kondensator nach unten abfließt und dabei in demselben das der Temperatur entsprechende Vakuum erzeugt. Die Abfallsäule des Wassers entspricht dem in m Wassersäule gemessenen Vakuum (also < 10 m). Fig. 215 zeigt einen derartigen Kondensator. In der Mitte oben ist der Kondensator, rechts aus dem tiefliegenden Wasserbassin wird das Kühlwasser angesaugt und hochgepumpt, rechts daneben ist die Luft- und Dampfpumpe, während links die Turbinenanlage mit Abdampfleitung ist.

Die für Kondensation nötige Wassermenge berechnet sich wie folgt:

Ist D die stündliche Dampfmenge in kg,

r die Verdampfungswärme des Wassers bei

t ° C des Abdampfes,

G die stündliche Kühlwassermenge in kg,

t_1 dessen Temperatur, so ist annähernd

$$G\,(t - t_1) = Dr.$$

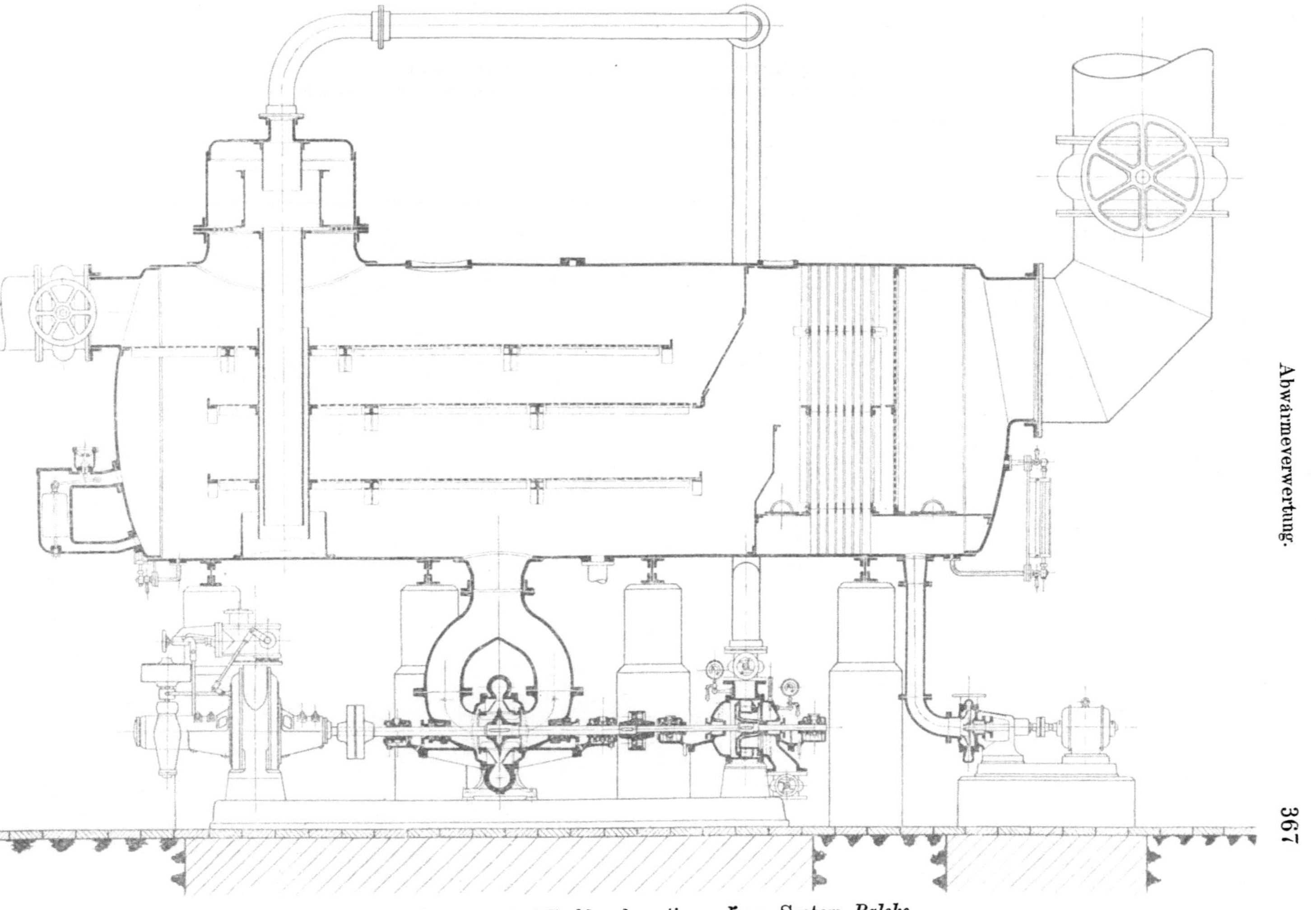

Fig. 214. Liegende Mischkondensationsanlage, System *Balcke*.

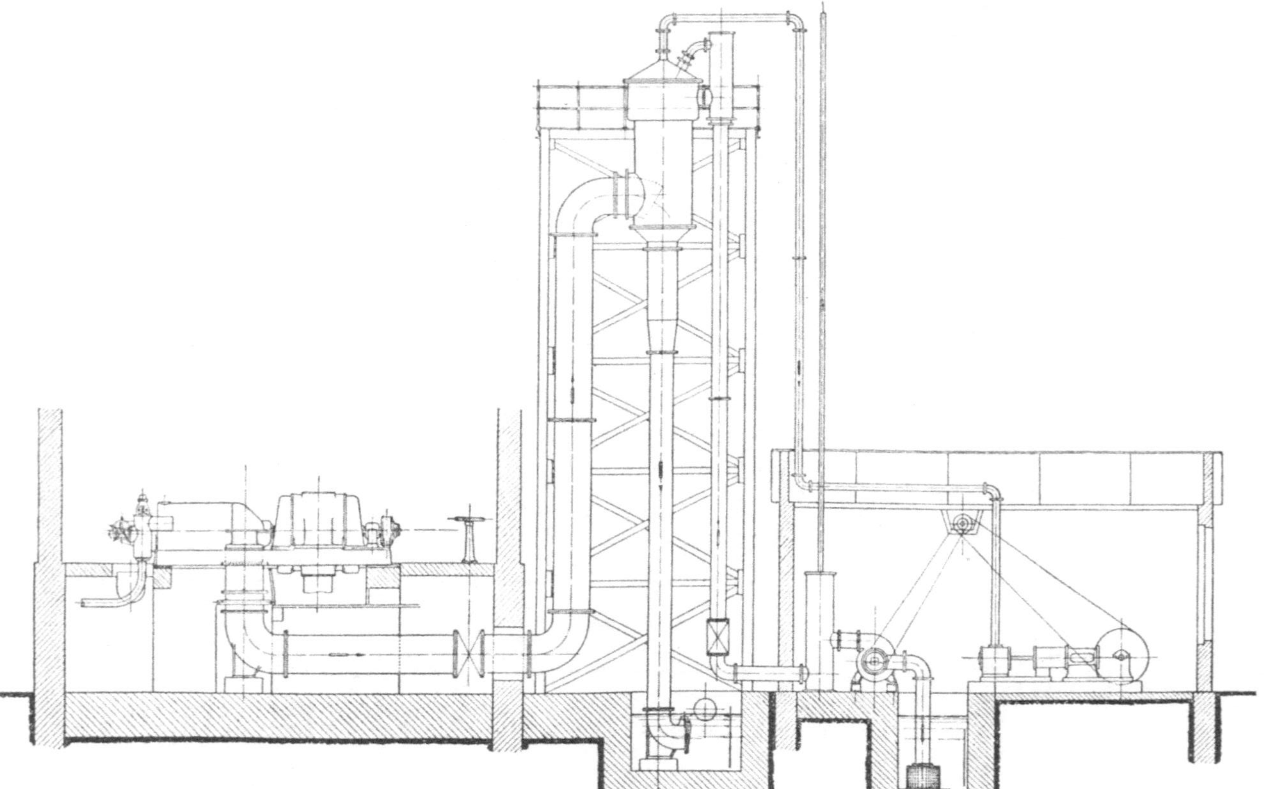

Fig. 215. Dampfturbinenanlage mit außerhalb des Maschinenhauses befindlichem barometrischen Kondensator von *Brown, Boveri & Cie.*, Aktiengesellschaft, Mannheim.

Man sieht hieraus, daß $\dfrac{G}{D}$, also die Kühlwassermenge per 1 kg Dampf, sich umgekehrt wie die Temperaturdifferenz vom Abdampf und Kühlwasser verhält. Bei kleinen Werten von $t - t_1$ wird also $\dfrac{G}{D}$ verhältnismäßig viel rascher steigen

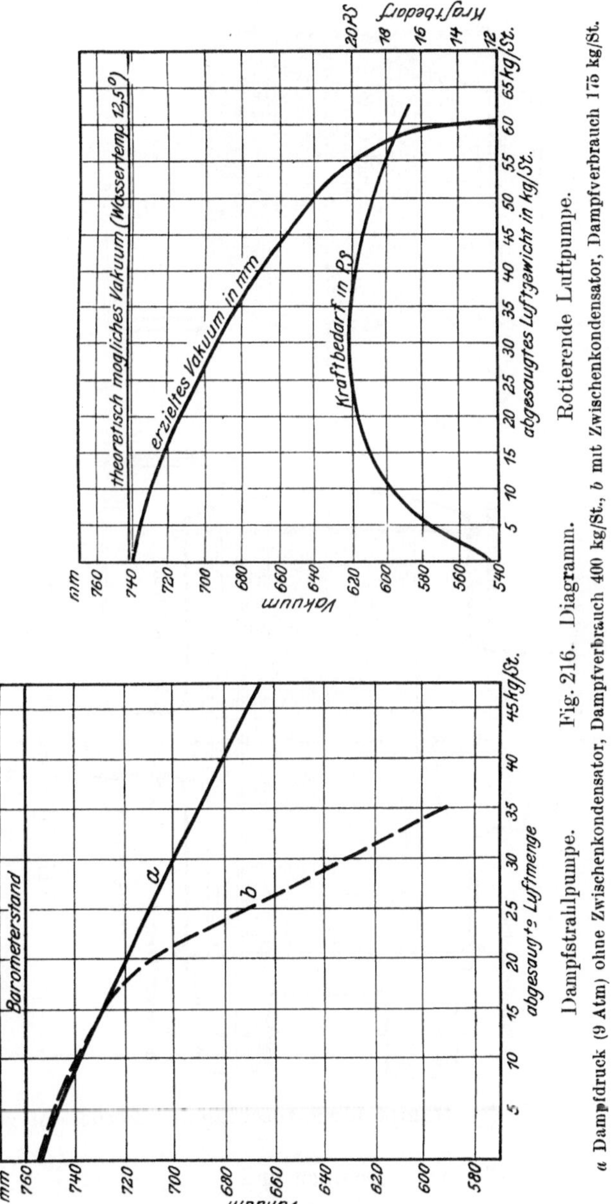

Rotierende Luftpumpe.

Dampfstrahlpumpe.

Fig. 216. Diagramm.

a Dampfdruck (9 Atm) ohne Zwischenkondensator, Dampfverbrauch 400 kg/St., *b* mit Zwischenkondensator, Dampfverbrauch 175 kg/St.

als bei großen. Es hat also wenig Zweck, über gewisse Wassermengen hinaus-
zugehen, da bei gegebenem t_1 sich dann t nur wenig ändert, d. h. das Vakuum nur
unmerklich beeinflußt. Die Dampfmenge D berechnet sich wie folgt: Ist

      C_i die Dampfmenge pro PS$_i$-St., die zugeführt wird,

      C_m das Niederschlagswasser pro PS$_i$-St.,

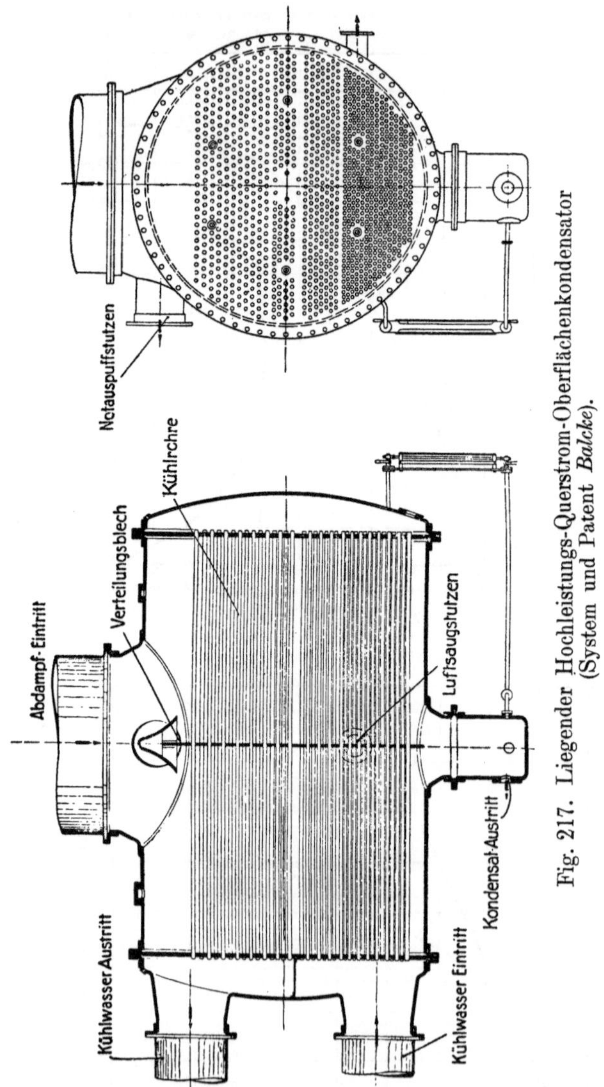

Fig. 217. Liegender Hochleistungs-Querstrom-Oberflächenkondensator
(System und Patent *Balcke*).

so sind $D = C_i - C_m$ kg Dampf niederzuschlagen. Ferner ist zu beachten,
daß etwa

      120 kcal bei Heißdampfmaschinen und

      100 kcal bei Sattdampfmaschinen

durch Strahlung verloren gehen, und daß, wenn

q_1 die Flüssigkeitswärme des Niederschlagswassers ist, an Stelle von $D \cdot r$ in Wirklichkeit zu setzen ist:

$$D\,r \doteq N_i \cdot C_i \cdot r' = N_i\left[(C_i - C_m)\,(\lambda_i - q_1) - 623,3 - 120\,(resp.\ 100)\right]$$

mit λ_1 als Gesamtwärme des in den Kondensator tretenden Dampfes.

Bei den Luftpumpen zum Absaugen der Luft zwecks Erzeugung von Vakuum soll hier neben den bekannten Kolbenpumpen und Turbinenpumpen noch auf die Dampfstrahlluftpumpe hingewiesen werden. Sie hat etwa

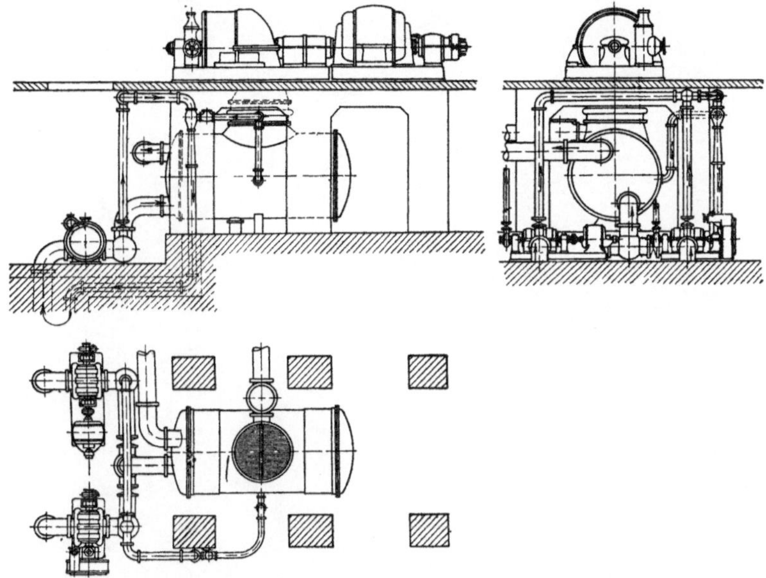

Fig. 218. Oberflächenkondensator der *Maschinenfabrik Augsburg-Nürnberg.*

denselben Dampfbedarf wie die Turbinenluftpumpen. Der Abdampf kann bei den Dampfstrahlluftpumpen entweder zur Kesselspeisewasserwärmung oder zu Heizzwecken verwendet werden. Die von *Balcke* angestellten Versuche sind in Fig. 216 wiedergegeben, aus der alles ersichtlich ist[1]).

Ein Oberflächenkondensator ist in Fig. 217 und 218 abgebildet. Aus Fig. 217 ist ersichtlich, wie das Wasser und die Luft sowie der Abdampf strömen. In Fig. 218 ist eine ganze Anlage skizziert.

Da bei den Oberflächenkondensatoren die Wärme durch die Wände der Kondensatorrohre abgegeben wird, muß für reine Oberfläche derselben gesorgt werden. Um die mechanische oder chemische Reinigung der Rohre in gewissen Zeitabständen zu vermeiden, und um stets reine Übergangsflächen zu schaffen, ist reines Kühlwasser nötig. Dieses Kühlwasser wird entweder aus Brunnen

---

[1]) Näheres Kondensationsanlagen, Verlag Maschinenbau-Aktiengesellschaft Balcke in Bochum.

stets frisch entnommen, und dann ist seine Reinigung sehr teuer, oder es macht einen Kreislauf, indem es an Kühlern wieder abgekühlt wird. Dann ist nur der Wasserverlust zu decken. In gleicher Weise ist das Speisewasser, das als Kondensat niedergeschlagen ist, in den Kessel zurückzuführen, wobei nur etwaige Verluste durch Lecken, Probieren zu decken sind. In nachfolgender Fig. 219 ist nun ein von der *Maschinenbau-Aktiengesellschaft Balcke* in Bochum

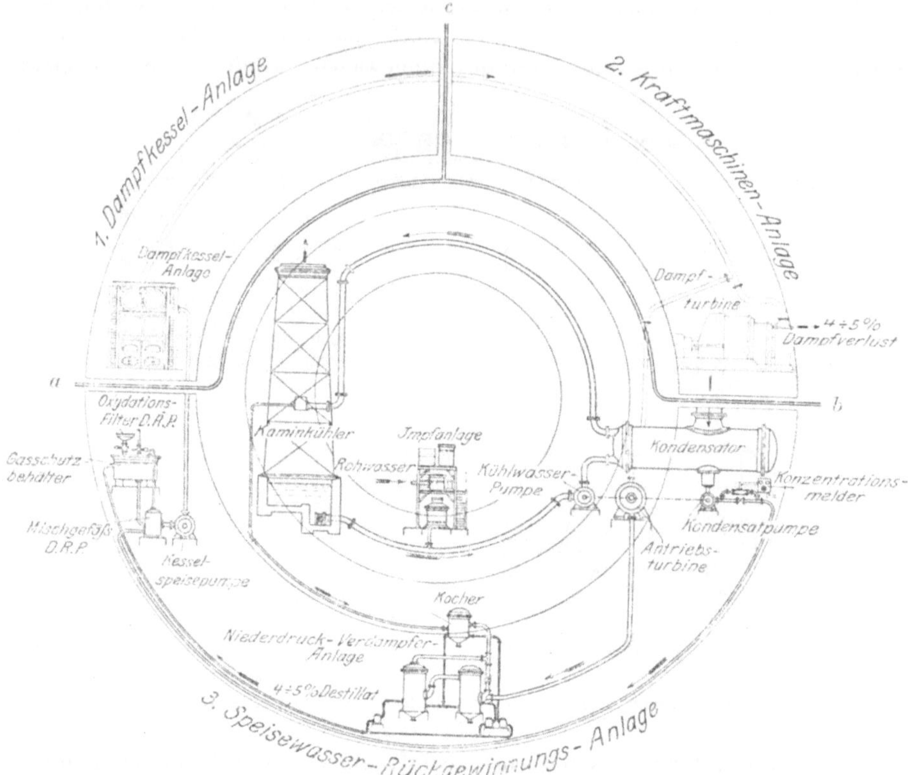

Fig. 219. Geschlossener Wasserkreislauf, Umschaltung mit *Balcke*-Niederdruck-Verdampfer mit Thermokompressor.

a Lieferung von staub- und gasfreiem Kesselspeisewasser in genügender Menge.
b Lieferung von einem gleichmäßig hohen Vakuum, bezogen auf die Kaltwassertemperatur.
c Lieferung von Frischdampf in genügender Menge unter garantiertem Druck.

ausgearbeitetes System abgebildet, das den ganzen Wasserkreislauf einer modernen Anlage zeigt. Wenn an Stelle der Dampfturbine eine Dampfmaschine tritt, ist noch ein Entöler einzuschalten. Dies ist nötig, denn es sind

$$5 \cdot 10^{-4}\,\text{mm Ölschicht} = 5 \cdot 10^{-3}\,\text{mm Kesselstein} = 25 \cdot 10^{-1}\,\text{mm Eisenwand}.$$

Man erreicht etwa 10 bis 15 g Öl auf 1000 kg Dampf bei der Reinigung. Zu der Fig. 219 ist zu bemerken, daß die Dampfanlage dazu dient, reinen Kühlwasserzusatz zum Oberflächenkondensator zu erhalten. Die *Balcke-Bleicken-*

Verdampferanlage hat den Zweck, ganz reines Kesselspeisewasser zu erzeugen, das im Gasschutzbehälter gegen Aufnahme von Luft und Gasen aus der Luft geschützt ist.

Die durch den Abdampf entstandene warme Wassermenge wird je nach der Temperatur und den Betriebsverhältnissen zur Heizung oder Kesselspeisung verwandt. Im letzteren Falle ist dafür Sorge zu tragen, daß das Kesselspeisewasser möglichst rein zugeführt wird. Es wird deshalb am besten destilliertes Wasser erzeugt. Dies geschieht

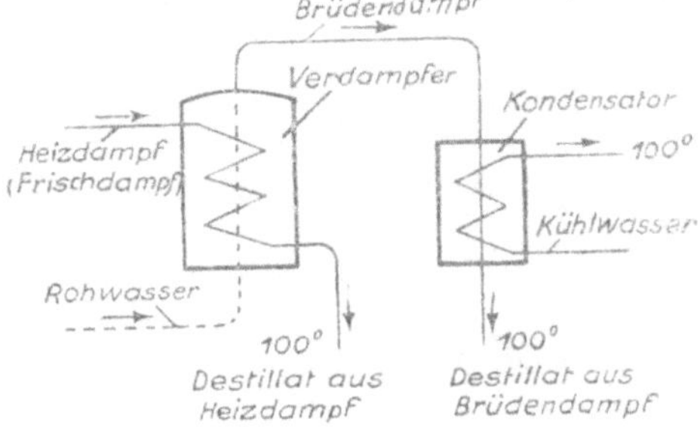

Fig. 220. Destillationsverfahren.

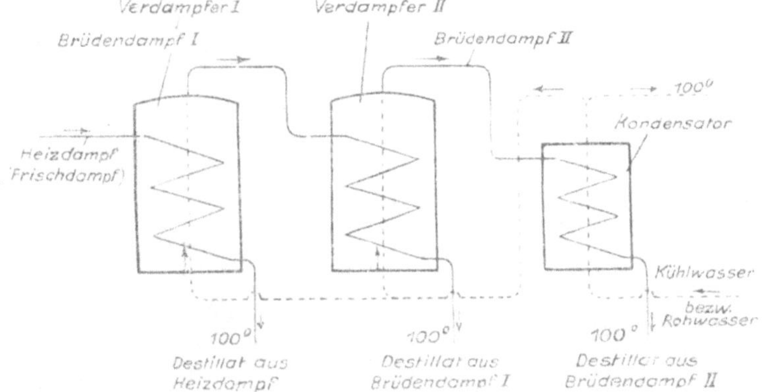

Fig. 221. Mehrfachverdampfer.

auf verschiedene Weise. In Fig. 220 ist das gewöhnliche Destillationsverfahren angegeben.

Man verwendet in diesem System Frischdampf. Die Dampfwärme wird, abgesehen von Strahlungs- und Leitungsverlusten im Verdampfer, vollkommen ausgenutzt. Da jedoch die Wärme des kondensierten Dampfes verlorengeht, ist der Wirkungsgrad des

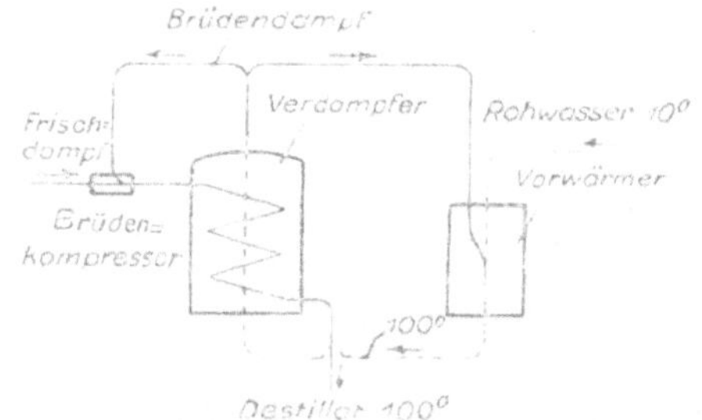

Fig. 222. Thermo-Kompressionsverfahren.

Systems gering. Es ist daher nötig, die Wärme des Brüdendampfes noch nutzbar zu verwenden. Dies kann im sog. Mehrfachverdampfer geschehen, der in Fig. 221 dargestellt ist[1]). Es geht jedoch immer noch ein Teil der Wärme im Kondensatorwasser verloren. Um diesem Übelstande abzuhelfen, hat die *Maschinenbau-Aktiengesellschaft Balcke* in Bochum mit Hilfe eines Thermokompressors ein Verfahren ausgearbeitet, das in Fig. 222 dargestellt ist und

[1]) Siehe auch Seite 241.

theoretisch 100 Proz. Nutzeffekt gibt. Es kann der gesamte Heizdampf und Brüdendampf nutzbar weiterverwandt werden. Die Anlage wird in Fig. 223 dargestellt. Das Diagramm der theoretischen Wärmeausnutzung zeigt Fig. 224.

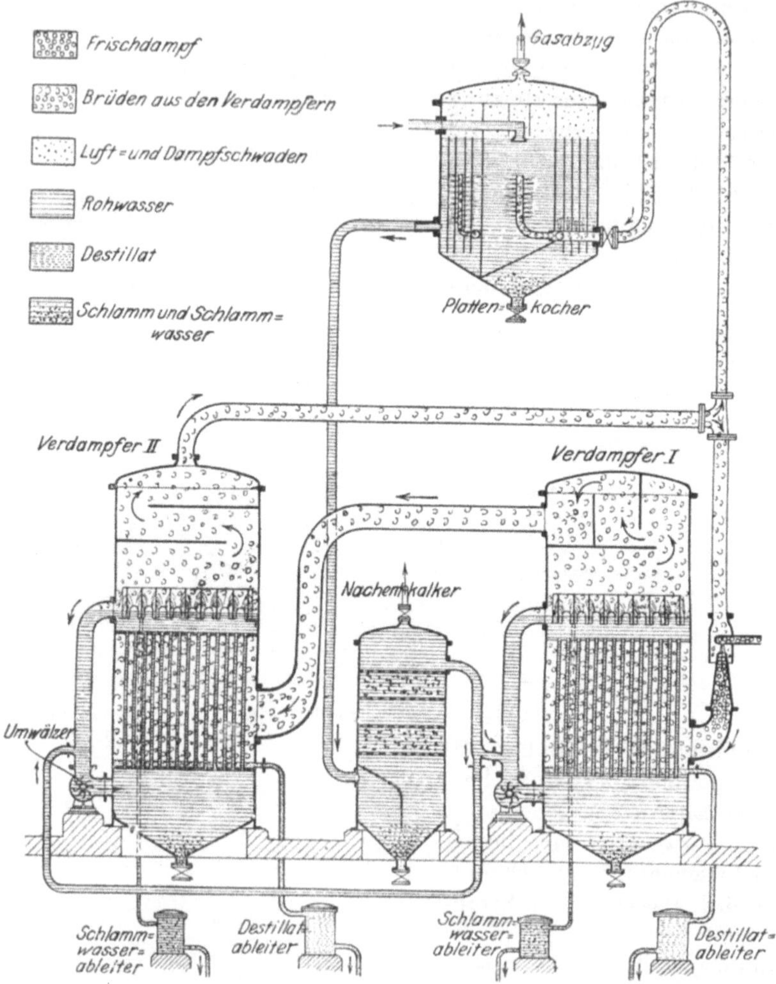

Fig. 223. Verdampfanlage mit Wasservorreinigung der *Maschinenbau-Aktiengesellschaft Balcke* in Bochum.

Um nun auch noch die bei Turbinen auftretende Abdampfwärme bei 0,1 Atm mit 45° C und 0,03 Atm mit 25° C wenigstens teilweise auszunutzen, hat man im Elektrizitätswerk Straßburg in E[1]). die in Fig. 225 dargestellte Anordnung getroffen.

Beim Oberflächenkondensator wird ein Bündel Rohre vom Kühlwasserdurchfluß abgesperrt. Diese abgesperrten Rohre münden nach den Kam-

---

[1]) Zeitschrift des Vereins deutscher Ingenieure 58. Jg., 1914, S. 1295.

mern t und t'. Durch $t\,t'$ wird das Wasser dem Kessel nachgeliefert, das durch Undichtheiten, Sicherheitsventile, Stopfbüchsen und Kondenstöpfe verlorengeht. Es ist im Mittel 5 Proz., kann aber bis 10 Proz. der erzeugten Dampfmenge steigen. In der kalten Jahreszeit wird der Schieber s geschlossen.

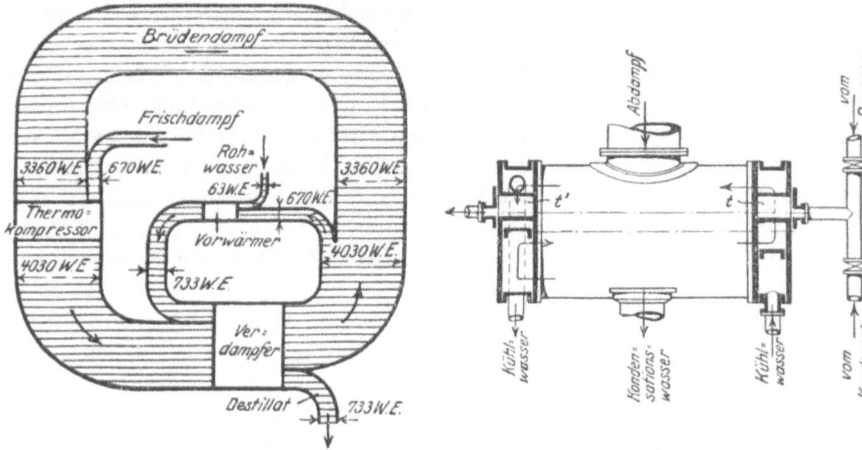

<table>
<tr><td>Fig. 224. Wärmediagramm.</td><td>Fig. 225. Speisewasservorwärmung am Oberflächenkondensator der Dampfturbine.</td></tr>
</table>

Es strömt daher das kalte Kondensat vom Kondensator durch die abgeschlossenen Rohrbündel, wird hier erwärmt und fließt nach dem Rauchgasvorwärmer. In der warmen Jahreszeit hat das Kondensatorwasser bis 30°. Es wird daher der Schieber s' geschlossen und das Zusatzwasser (bis 25°), das kälter ist als

das Kühlwasser (30°), aus dem Kondensator durch die Rohre der Kammern $t\,t'$ vorgewärmt. Bei obengenanntem Werke in Straßburg wird bei einer 8000-kW-Turbine das Kondensat um 8° vorgewärmt.

Vielfach ist es nötig, das Zusatzwasser durch einen Wasserreiniger oder eine Destillationsanlage zu enthärten. Eine andere als die *Balcke*sche Ausführung ist

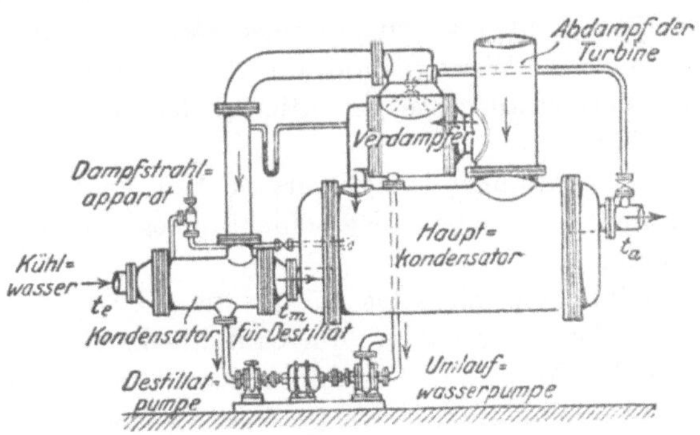

Fig. 226. Destillationsanlage *Josse-Gensecke*.

die von *Josse & Gensecke*[1]). Sie ist in Fig. 226 wiedergegeben und gibt nach Versuchen einen thermischen Wirkungsgrad von 50 bis 60 Proz. Es strömt hierbei ein Teil des aus der Turbine kommenden Abdampfes direkt in den Kondensator, ein Teil in einen Verdampfer. Damit in letzterem Verdampfung möglich ist, muß der Druck daselbst niedriger sein als im Hauptkondensator.

---

[1]) Mitteilung der Vereinigung der Elektrizitätswerke 1919, S. 90.

Dies wird erreicht durch einen vor dem Kondensator liegenden Vorkondensator. Das Kühlwasser tritt aus dem Vorkondensator mit der Temperatur t_m aus, die kleiner ist als die Austrittstemperatur t_a des Hauptkondensators. Es herrscht somit im Vorkondensator ein niedrigerer Druck als im Hauptkondensator. Dieser niedrigere Druck des Kondensators herrscht auch im Verdampfer; es ist also dort auch die Temperatur niedriger als die des Turbinenabdampfes. Demgemäß strömt Wärme vom Turbinenabdampf nach der Flüssigkeit im Verdampfer. Diese wird verdampft und im Vorkondensator kondensiert und durch die Destillatpumpe abgeführt. Eine ausgeführte Anlage mit 8000-kW-Dampfturbine hat einen Hauptkondensator von 1300 qm, einen Vorkondensator von 207 qm, einen Verdampfer von 105 qm. Bei einer Kühlwasserzuflußtemperatur von 27,7 ° C und Abflußtemperatur von 36,2 ° C und 93 Proz. Vakuum im Hauptkondensator lassen sich 8 Proz. Zusatzwasser für die Kessel destillieren.

Josse hat zahlreiche Versuche gemacht, um die Wärmeübertragung festzustellen; diese Versuche, zusammen mit denen von *Schneider*, geben etwa nachstehende Werte:

1. Die Dampfgeschwindigkeit entlang der wärmeaufnehmenden Fläche ist ohne Bedeutung für die Höhe der Wärmeübertragung. Es rührt dies daher, daß der Dampf infolge seiner Bewegung genügend durchgewirbelt wird.
2. Die Wassergeschwindigkeit ist von maßgebender Bedeutung[1]).
3. Es beträgt die Wärmeübertragungszahl pro 1 qm Fläche, 1 ° C Temperaturdifferenz und eine Stunde bei einer Wassergeschwindigkeit von

0,250 m-Sek.	. . . . . .	1300 kcal	1,000 m-Sek.	. . . . . 3250 kcal
0,500 „	. . . . . .	2100 „	1,500 „	. . . . . . 4100 „
0,750 „	. . . . . .	2700 „	2,000 „	. . . . . . 4800 „

Diese Zahlen setzen luftfreien Dampf voraus; wird der Dampf lufthaltig, so sinken die Werte bis auf die Hälfte oder ein Viertel. Dies rührt daher, daß der Wärmetransmissionskoeffizient der Luft etwa 100 mal kleiner ist als der des Dampfes.

Die Abkühlung des Wassers aus Kondensatoren zwecks Wiederverwendung bei niederer Temperatur geschieht in sog. Rückkühlanlagen. Sie sind ausgebildet als:

Kühlteiche mit 3 bis 4,5 qm für 1 PS_e;

Gradierwerke mit 0,3 qm Grundfläche oder 3,00 l Wasser per Stunde per 1 PS_e bei 20 bis 30 ° Abkühlung des Wassers, wenn dieselben im freien durch Luftzug kühlen; sind sie geschlossen und nach *Worthington* mit gerollten Blechen von etwa 0,5 mm Stärke, 120 mm Durchmesser und 200 bis 300 mm Höhe gefüllt, so ergibt eine Bauhöhe von 4 bis 6 m für 1 qm Grundfläche etwa für 400 kg Abdampf Abkühlung um etwa 25 °. Der Luftzug ist entweder natürlich oder wird durch Ventilation erzielt.

Streudüsen treiben das Wasser kegelförmig in die Höhe, wobei es dann in einen Teich zurückfällt. Das Wasser muß mit einer Pumpe von ca. 1 bis 2 Atm den Düsen zugeführt werden.

---

[1]) Unterschied zwischen Parallelströmung und turbulenter Strömung.

Kaminkühler sind die am häufigsten angewendeten Rückkühlanlagen. In Fig. 227 ist ein Kaminkühler abgebildet. Man kann überschläglich bei stündlich 8000 kg Dampf pro 100 kg Dampf etwa 1,25 qm + 5 qm Gesamtzuschlag und bei höheren Werten für 100 kg Dampf bei 0,8 qm + 15 qm Gesamtzuschlag geben. Dies ergibt pro 1 qm Grundfläche etwa 3,5 bis 4,5 cbm Dampf per Stunde[1]). Die Wirkung der Kaminkühler wie auch der anderen, hängt ab von:

1. dem Zustand der Luft beim Eintritt: Feuchtigkeitsgehalt und Temperatur, sowie Barometerstand;
2. Temperatur des zu kühlenden Wassers;
3. Stärke des Wassertropfen;
4. Fallhöhe der Wassertropfen;
5. Luftgeschwindigkeit;
6. Abflußtemperatur des gekühlten Wassers;
7. Zustand der Luft beim Austritt: Feuchtigkeitsgehalt und Temperatur sowie Barometerstand.

Aus diesen Werten läßt sich der Verdunstungsverlust berechnen. Es tritt dazu noch ein kleiner Zuschlag für Verspritzen des Wassers. Es hat beispielsweise 1 kg Luft von 35° und 40 Proz. Sättigung gegenüber 1 kg Luft von 50° und 90 Proz. Sättigung einen Wärmeinhalt von 46 kcal mehr, der mit 4,8 kcal auf Lufterwärmung und 41,2 kcal auf Sättigung entfällt. Der Verdunstungsverlust ist also $\dfrac{41,2}{46} = 0,89$, d. h. von der Abdampfmenge (nicht Menge des zu kühlenden Wassers) werden also 0,89 Teile verdampft. Bei anderen Temperaturen und Sättigungszahlen erhält man andere Werte. 0,11 Teile der Wärme des Abdampfes werden von der Luft aufgenommen.

Es soll nun die Verwertung der Wärme von Abgasen[2]), und zwar brennbaren und verbrannten, behandelt werden.

Die Abgase von Hochöfen und Koksöfen[3]) werden in Großgasmotoren oder unter Dampfkesseln verwertet. Koksofengase kommen außerdem wie Leuchtgas zur Beleuchtung und Heizung in Betracht. Sie unterscheiden sich vom Leuchtgas dadurch, daß sie Luft enthalten.

Der Koksverbrauch für 1 t Roheisen ist zwischen 0,950 und 1,150 t. Diese geben für 1 t Koks 4500 bis 5000 cbm Abgase von 900 bis 1000 kcal für 1 cbm Abgas. Die dem Hochofen zugeführte Wärmemenge verbraucht für den Ofen selbst 50 bis 54 Proz., für die Winderhitzung 12 bis 16 Proz.;

---

[1]) *Otto H. Mueller* jun., Die Beurteilung von Rückkühlanlagen. Wien 1909, Zeitschrift der Dampfkesseluntersuchungs- und Versicherungs-Gesellschaft a. G. sowie Zeitschr. d. V. d. Ing. 68. Jg., Nr. 7, 1924, Berechnung von Kühltürmen von Dr. *C. Geibel*.

[2]) Archiv für Wärmewirtschaft 4. Jg., Heft 11, Die Verwertung der Abgase von Kessel- und Trockenanlagen zur Erhöhung des Wirkungsgrades der Feuerungen von *Claaßen*. Ein Teil der Abgase der Kessel (20 bis 30 Proz.) wird wieder in den Verbrennungsraum zurückgeführt; es soll dadurch eine bessere Verbrennung und damit höherer CO_2-Gehalt der Abgase erreicht werden, ferner Seite 189, 377 u. f.

[3]) Die Abgase von Koksöfen stellen ein hochwertiges Gas dar, das außer für direkten Kraftbetrieb in gleicher Weise wie Leuchtgas verwendet wird.

es bleiben also 38 bis 30 Proz. für Krafterzeugung und Abwärmeverwertung übrig. Für die Gebläse und Hilfsmaschinen gehen 8 bis 10 Proz. ab; man hat also zur Verfügung in anderweitiger als der für den Hochofen nötigen Form 30 bis 20 Proz., im Mittel 25 Proz., der zugeführten Energie des Kokses. Ehe diese Gase weiter verwendet werden, müssen sie gereinigt werden[1]). Dies geschieht nach dem Trocken- oder Naßverfahren. Die abgesonderten Koksteilchen können zur Brikettfabrikation verwandt werden, während die bei der Reinigung durch Wasserzuführung entstandene Temperaturerniedrigung einen Wärmeverlust bedeutet.

Die Koksofengase ergeben aus 1 t Steinkohle 250 bis 310 cbm Gas von 3500 bis 4500 kcal für 1 cbm Gas. Es können hiervon bei Regenerativ- oder Rekuperativöfen 40 Proz., ohne die Apparate 25 Proz., verwertet werden. Die Reinigung selbst bezweckt die Gewinnung von Teer, Benzol, Ammoniumsulfat usw.[2]). Vor der Reinigung findet ebenfalls eine Kühlung statt. Die hier abgenommene Wärme kann zur Warmwassererzeugung nutzbar gemacht werden.

Es entsteht nun die Frage, ob die Gase in Gasmaschinen oder unter Dampfkesseln und in Dampfmaschinen oder Turbinen zunächst Arbeit leisten sollen.

Abgesehen von der Preisfrage, die für 1 kW im Jahresdurchschnitt zu bestimmen ist unter Beachtung der wirklich vorhandenen Bedürfnisse und Abnahme von Energie, kommt für die Maschinen folgendes in Betracht.

Bei voller Belastung der Anlage ist der Wirkungsgrad der Kraftanlage bei Gasmaschinen 30 bis 35 Proz., bei Dampfkraftanlagen 12 bis 16 Proz. Bei halber Belastung oder weniger fällt der Wirkungsgrad der Gasmaschine sehr stark und sehr rasch, der der Dampfkraftanlage geht nur wenig zurück. Bei Überbelastung ist die Dampfkraftanlage der Gasmaschinenanlage überlegen. Bei wechselnder Belastung müssen daher bei Gasmaschinen mehrere kleinere Aggregate, die sich den Belastungen anpassen, vorhanden sein. Für Überbelastung sind Zusatzaggregate erforderlich.

Die Kühlwassermenge der Dampfkraftanlage ist bedeutend höher als bei der Gasmaschinenanlage.

Der Wirkungsgrad der Anlage hängt bei Dampfkraftanlagen in hohem Maße von der Kesselhauswartung ab. Die verbrannten Gase gehen bei schlechter Wartung mit hohem CO- und O_2-Gehalt in den Schornstein.

Ist für Abwärme Verwertung gegeben, so kann sie bei der Dampfkraftanlage besser ausgenutzt werden. Es kommt hier die Frage der Wärmeabgabe an benachbarte Werke, die später erörtert wird, in Betracht.

Die Verwendung der Abgase zu Feuerungen wurde schon im 4. Abschnitt gezeigt, die Verwendung für Gasmaschinen im 5. Es kommt daher nur noch die weitere Verwendung der verbrannten Gase in Betracht.

---

[1]) Siehe Anmerkung Seite 191 und 203.

[2]) Chemische Technologie des Steinkohlenteers von *R. Weissgerber* (Otto Spamer, Leipzig): Die Chemie der Kokerei; und Kraftgas von *Ferd. Fischer* (Otto Spamer, Leipzig): Leuchtgas, Kokereigas, Kraftgas.

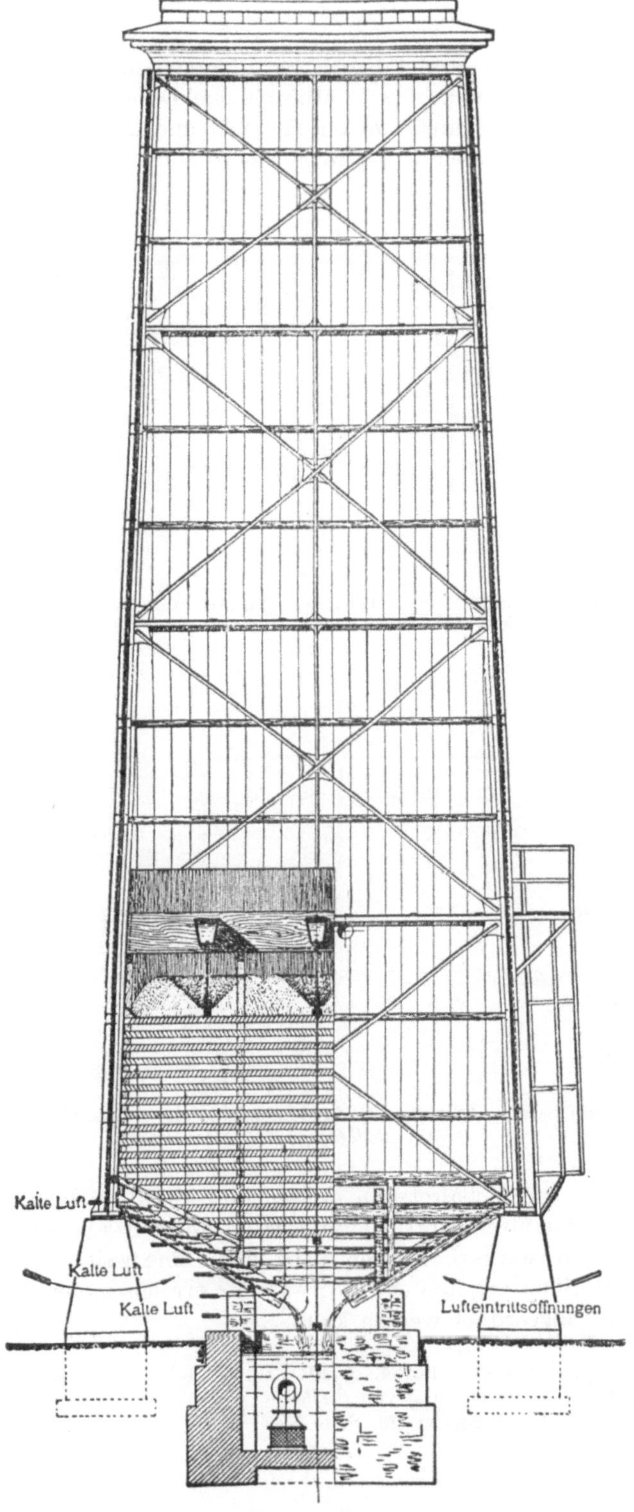

Fig. 227. Treppenrost-Kaminkühler der *Maschinenbau-Aktiengesellschaft Balcke* in Bochum.

Die Abgase[1]) der Motoren haben im allgemeinen eine Temperatur von 500 bis 600° bei Gasmaschinen und 350 bis 450° bei Dieselmaschinen. Sie werden in Abhitzekessel geleitet, wovon Fig. 228 und 229 zwei Ausführungen zeigen[2]). Die Kessel haben in der Regel Überhitzer, die vor dem eigentlichen

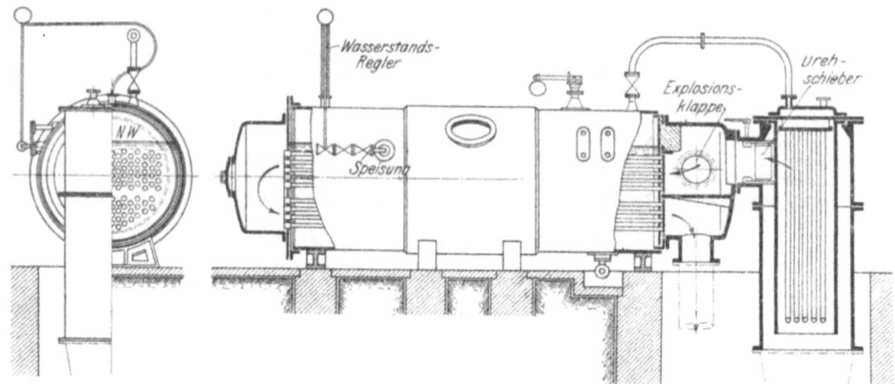

Fig. 228. Abhitze-Zweizugkessel für Gasmaschinen mit in die Auspuffleitung eingebautem Überhitzer der *Dampfkesselfabrik vorm. Arthur Rodberg, A.-G.*, Darmstadt.

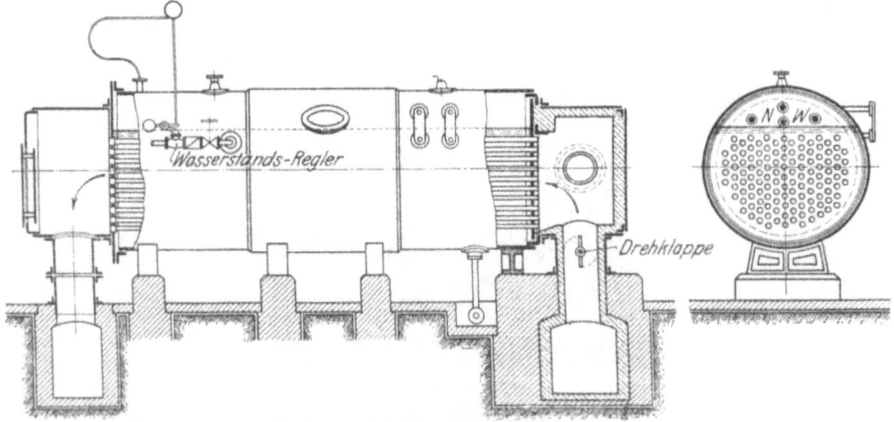

Fig. 229. Ausziehbarer Abhitzekessel für Industrieofen der *Dampfkesselfabrik vorm. Arthur Rodberg, A.-G.*, Darmstadt.

Dampferzeuger vorgeschaltet sein müssen und aus dem Gasstrom zur Regelung der Heißdampftemperatur ausgeschaltet werden können.

Bei guten Wasserverhältnissen kann man eine weitere Ausnutzung der Abgase durch Hinzuschalten eines Vorwärmers erreichen, der über dem Kessel oder daneben angeordnet werden kann.

---

[1]) Archiv für Wärmewirtschaft 4. Jg., Heft 12, Betriebsversuche an einer Gasdynamomaschine mit Abhitzeverwertung von *Steffes.*

[2]) Génie civile 84, 1924, Nr. 23, Seite 554.

Die normalen Werte bei 1 PS_e der Gasmaschine sind 0,8 bis 0,9 kg Dampf von 12 bis 15 Atm bei 550° C Abgastemperatur.

Diese Abhitzekessel eignen sich außer für Hoch- und Koksöfen auch für die Abgase von Rollöfen, *Siemens-Martin*öfen[1]), Stoßöfen, Flammöfen usw. und

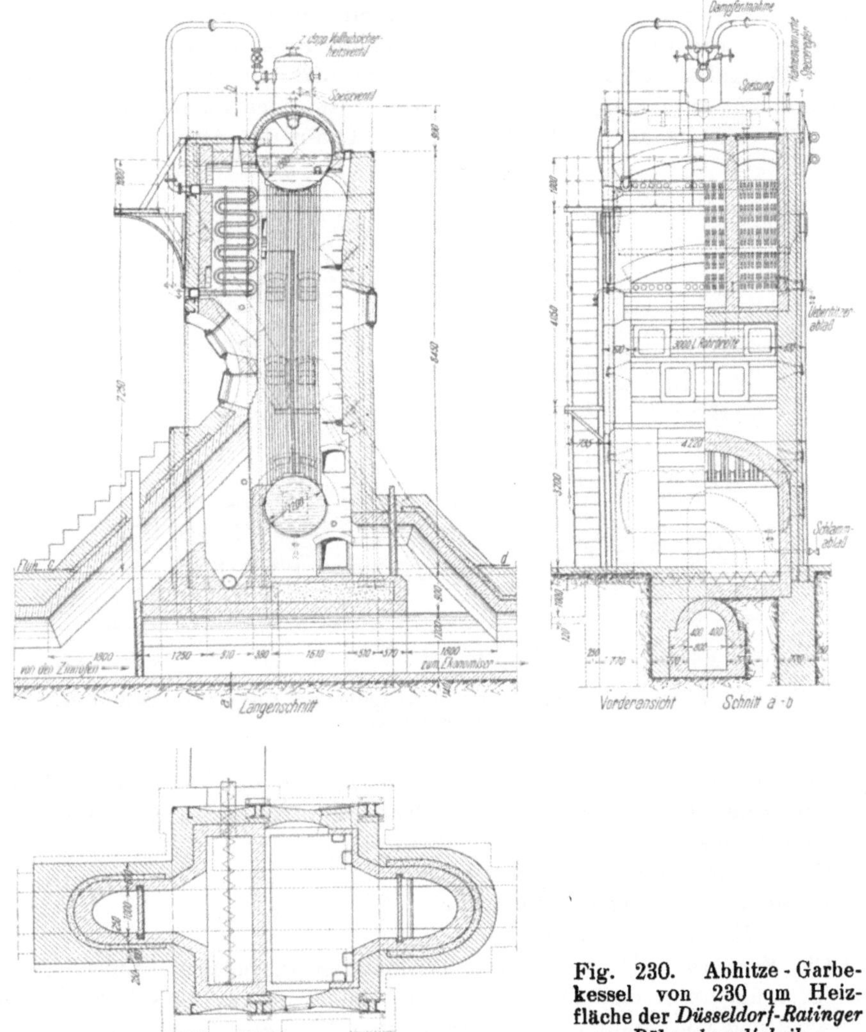

Fig. 230. Abhitze - Garbe-kessel von 230 qm Heiz-fläche der *Düsseldorf-Ratinger Röhrenkesselfabrik.*

rotierenden Zementöfen, da daselbst Temperaturen von 450 bis 750° bei den Abgasen vorkommen; näheres siehe Seite 189, 190, 201, 382 u. f.

---

[1]) Stahl und Eisen 44. Jg., Nr. 3, Betriebserfahrungen mit Abhitzekesseln hinter *Siemens-Martin*öfen von *Schuster.*

Bei einem R o l l o f e n von stündlich 1100 kg Kohle haben die Abgase ca. 750°. Das Speisewasser für den Abhitzekessel, der Dampf von 10 Atm und 300° erzeugen soll, habe 40°. Es lassen sich dann mit diesen Abgasen stündlich 3300 kg obigen Dampfes erzeugen.

Ein rotierender Z e m e n t o f e n, der stündlich 3 t gebrannten Zement liefert, benötigt 900 kg Staubkohle. Die Abgase haben 500° C. Aus dem Rohmaterial werden 33 Proz. CO_2 ausgetrieben. Bei einem Luftüberschuß von 1,5 und $c_p = 0,24$ ergeben sich stündlich ca. 1 900 000 kcal. In ihnen ist jedoch auch Wasserdampf enthalten. Man kann daher mit einer Dampferzeugung per 1 Stunde von 1200 kg bei 10 Atm und 300° C aus den Abgasen rechnen.

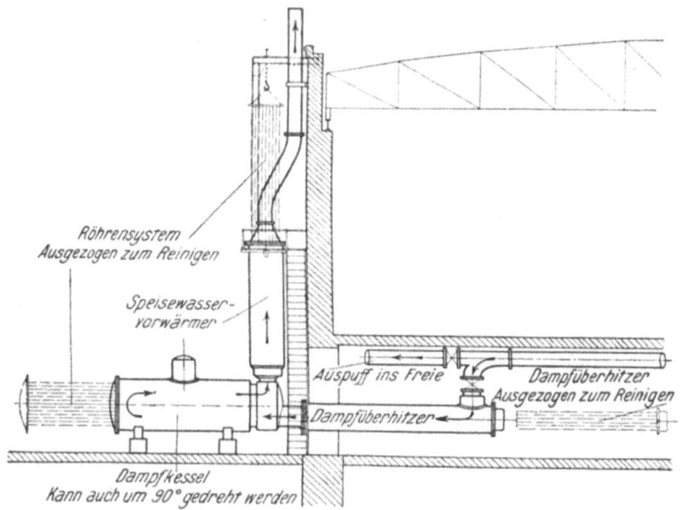

Fig. 231. Abgasverwertung für Dampferzeugung der *Gasmotorenfabrik A.-G. Köln-Ehrenfeld.*

Im allgemeinen geben die *Siemens-Martin-*Öfen und Puddelöfen Abgase mit mindestens 600 bis 750° in großer Menge, letztere Öfen vielfach noch mit höheren Temperaturen.

Die Abhitze kann verwertet werden:

1. zur Vorwärmung des Einsatzes,
2. zur Erzeugung von Dampf.

Die Vorwärmung des Einsatzes erhöht den thermischen Wirkungsgrad der Öfen nur um wenige Prozent, von 10 bis 18 auf ca. 12 bis 21 Proz. Die Einschaltung von Abhitzekesseln erhöht den Wirkungsgrad der Anlage auf 40 bis 55 Proz.

Am zweckentsprechendsten sind hier die Wasserrohrkessel, die Heizrohrkessel kommen wegen der Reinigung hier weniger in Betracht. In Fig. 230 ist ein Abhitzekessel für Z i n n s c h m e l z ö f e n dargestellt. Was die Leistung dieser Kessel anbelangt, so seien im nachstehenden einige Angaben gemacht, die natürlich je nach den Betriebsverhältnissen schwanken.

Es werden 1 850 000 cbm Abgase auf 0° reduziert bei einer Temperatur von ca. 900° und einer Abgangstemperatur hinter dem Kessel von 450° in 24 Stunden zugeführt. Damit werden pro 1 qm Heizfläche 11 kg Dampf von 8 Atm erzeugt. Die Überhitzung beträgt 300°. Die Abgase umspülen noch einen gußeisernen Economiser von 120 qm.

Puddelöfen bei 40 bis 85 qm Heizfläche der Abhitzekessel geben 2 bis 3 kg Dampf für 1 kg Kohle im Ofen, Schweißöfen bei 120 qm Heizfläche der Abhitzekessel 3 bis 5,5 kg Dampf für 1 kg Kohle im Ofen.

Gebr. Weißbach in Chemnitz machen für Abwärmeverwertung folgende Angaben:

Stoßofen mit 8 t stündlichem Einsatz gibt in den Abgasen 1 000 000 kcal stündlich zur Ausnützung frei, die 1400 kg Dampf von 14 Atm und 325° C erzeugen.

Glühofen mit stündlich 100 kg Koks geben 160 000 kcal/Std. in den Abgasen zur Ausnützung frei.

Was nun weiter den Übergang der Wärme der Gase zum Wasser anbetrifft, so sind die allgemeinen Zahlen maßgebend. Man muß jedoch die Heizflächen von der in den Abgasen vorhandenen Flugasche kräftig reinigen, mit Preßluft bis 6 Atm.

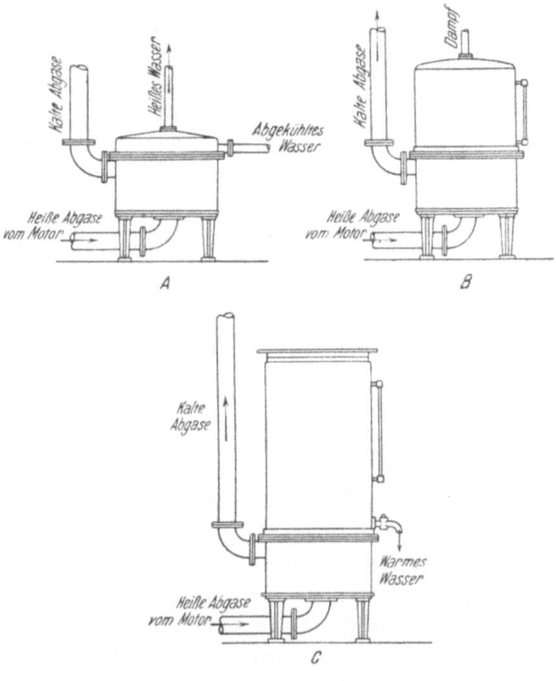

Bei den vorerwähnten Öfen und bei Hochöfen fließt ferner

Fig. 232. Abgasverwertung für Heißwasserbereitung der *Maschinenfabrik Augsburg-Nürnberg.*

sehr viel glühende Schlacke ab. Auch die hier vorhandene Wärme kann nutzbar gemacht werden, indem man die Schlacke in Wasser fließen läßt, wodurch Niederdruckdampf erzeugt wird, der in Niederdruckturbinen ausgenutzt werden kann oder zur Heizung dient. Aus 250 t Schlacke lassen sich bis jetzt 600 bis 750 PS an mechanischer Energie erzeugen.

Die Abwärme der Verpuffungsmotoren und Dieselmotoren mit direkter Brennstoffverwertung ist besonders in den Apparaten der Motorenfabriken, wie *Maschinenfabrik Augsburg-Nürnberg, Gasmotorenfabrik Deutz, Motorenfabrik Oberursel,* durchgebildet worden[1]). Bei großen Anlagen wird in Dampfkesseln Dampf für Kraft- oder Heizzwecke, bei kleinen Anlagen Dampf oder

---

[1]) Siehe auch Revue de Métallurgie 1923, Nr. 11, Über Versuche an einer *MAN*-Großgasmaschine und Abhitzekessel der *Dinglerschen Maschinenfabrik* in Zweibrücken.

heißes Wasser für Heizzwecke erzeugt. Fig. 231 zeigt die Anlage für eine Großgasmaschine oder Dieselmaschine zur Erzeugung von Dampf bis 15 Atm. In Fig. 232 ist die Anordnung für Erzeugung von heißem Wasser angegeben.

Den Wärmeübergang kann man bei gußeisernen Heizflächen für 1 qm Heizfläche mit 2000 bis 3000 kcal per Stunde annehmen, wobei 1 PS-St. etwa für 0,2 qm Heizfläche ausreicht.

Genauere Zahlen ergeben:

Mittl. Temperaturdifferenz zwischen Gas und Wasser	Warmeübergang für 1 qm 1 St. und 1° C.
40°	6,0
50°	7,0
60°	8,0
80°	9,0
100°	10,5
150°	11,5
200°	14,0

Bei der Verwendung von Abwärmeverwertern ist bei Verpuffungs- und Dieselmaschinen darauf zu achten, daß der Gegendruck im Kessel 0,17 bis 0,21 Atm nicht überschreitet. Eine gute Übertragung ergeben lange Wege des Gases und Wassers, wobei besonders eine nicht zu kleine Gasgeschwindigkeit den Effekt erhöht.

Sehr wichtig ist noch die Abwärmeverwertung in Gasanstalten[1]). Die Abgase der meist mit Rekuperatoren gebauten Gasöfen haben 400 bis 600°, bei Regeneratoren 275 bis 300°. Im ersten Fall kann durch die Abgase hochgespannter Dampf, wie kurz vorher bei den Puddel- und Schweißöfen gezeigt, erzeugt werden. Im letzteren Fall kann niedrig gespannter Dampf oder Heißwasser erzeugt werden. Es ergibt ein Ofenblock von 8 bis 10 Öfen in der Stunde bei Rekuperatoren etwa 1300 kg hochgespannten Dampf, bei Regeneratoren etwa 1200 kg Heißwasser oder Niederdruckdampf.

In der chemischen Industrie gibt es sehr viel exothermische Prozesse. Bei geeigneter Konstruktion der Apparatur läßt sich die hier frei werdende Wärme abführen und für andere Zwecke sachgemäß verwerten. Besonders auf diesem Gebiet kann noch Bedeutendes geleistet werden.

Die Abwärme wird natürlich neben der Erzeugung von Dampf und heißem Wasser auch zur Erzeugung von heißer Luft verwandt. In Gegenden, wo für Trockenanlagen und Dörranlagen von vegetabilischen Stoffen oder für Trockenanlagen chemischer Produkte große Mengen warmer Luft gebraucht werden, ist die Herstellung letzterer direkt vorzuziehen. Es geschieht dies in sog. Caloriferen. Die zu erhitzende Luft wird mittels Ventilators durch ein Gitterwerk aus Röhren gepreßt; in dem Gitterwerk strömen Abdampf oder Abgase. Die Anwendung derartiger Systeme wird später bei den Details besprochen.

Direkt warme Luft als Abwärme erhält man durch die Kühlluft von Elektro-

---

[1]) Feuerungstechnik 11. Jg., Heft 11, Die Verwertung der Abhitze der Gaswerksöfen von *Litinsky*.

motoren und Automobilmotoren. Nach Angaben beträgt die Temperaturerhöhung rotierender elektrischer Maschinen

$$t = \frac{V}{\sum F} \cdot \frac{333}{1 + 0{,}107\,v} \quad \text{bei stark lackierter Oberfläche}$$

und

$$t = \frac{V}{\sum F} \cdot \frac{460}{1 + 0{,}250\,v} \quad \text{bei schwach lackierter oder blanker Oberfläche,}$$

wo V den Gesamtverlust in Watt, innerhalb des Maschinenteils, v die Umfangsgeschwindigkeit in m per Sekunde, $\sum F$ die wärmeabgebende Oberfläche
in qm bedeutet[1]).

Diese Wärme ist für Trockenanlagen von Gemüsen und Heizung von
Bureaus nutzbar gemacht.

Während bei rotierenden Maschinen die Luft durch die in die Maschinen
eingebauten Ventilatoren bewegt wird, muß sie bei Transformatoren durch
einen besonderen Ventilator abgeführt werden.

Man erhält für 100 kW bei 97 Proz. Wirkungsgrad und 35° Temperatur
der Abluft ca. 2250 kcal per Stunde.

Die Stapelung von Energie kann erfolgen:

1. mechanisch,
2. kalorisch,
3. chemisch

Die mechanische Stapelung von Energie erfolgt durch Erhöhung der
potentiellen Energie beim Pumpen von Gebrauchswasser in Reservoirs.
Dieser Weg, die direkte Verbindung von städtischen Elektrizitätswerken mit
Wasserwerken und Aufstapelung der Überschußenergie in Wasserreservoirs,
ist noch wenig beschritten, da im allgemeinen die aufzustapelnde Energiemenge gering ist. In Großstädten, wie Berlin, Halle, Leipzig, London, Paris.
wäre jedoch dieser Gesichtspunkt unbedingt zu beachten.

Bei Überlandzentralen wird der Überfluß der Kraft einer Talsperre und
der Mangel an Kraft in einer anderen Talsperre durch das Netz ausgeglichen.
Es kann jedoch immer noch ein Kraftüberschuß vorhanden sein. Dieser
Kraftüberschuß, der vielfach als nutzlos zu Tal laufendes Wasser vergeudet
wird, kann durch Aufpumpen von Wasser einer Talsperre nach dem Reservoir einer anderen durch elektrische Kraftübertragung nutzbar gemacht
werden.

Bei Zwischenschalten einer Dampfzentrale ändern sich die Verhältnisse.
Man entlastet die Dampfzentrale.

Die Aufspeicherung großer Mengen Kraft in umlaufender Energie ist bis
jetzt noch nicht gelungen.

---

[1]) Zeitschr. d. V. d. Ing. 68. Jg., Nr. 7, 1924, Betriebsergebnisse mit Luftkühlern
für Turbodynamos von *W. Bedbur*, und AEG.-Mitteilungen 1924, Heft 3, Turbogeneratoren mit Kreislauf der Kühlluft von *Pohl.*

Eine weitere Aufspeicherung von Kraft kann durch Kompression von Luft erzielt werden. Man muß dabei jedoch auf sehr hohe Drücke (200 bis 400 Atm) gehen und große Reservekessel haben. Erfolgt die Kompression isothermisch, d. h. die Temperatur am Ende gleich der am Anfang, so beträgt die Arbeit um 1000 cbm Luft von 15° von 1 Atm abs. auf 200 Atm zu drücken,

$$52\,980\,000 \text{ mkg} = 196 \text{ PS in 1 Stunde} = 124\,000 \text{ kcal.}$$

Die dabei abgeführte Wärmemenge ist $= 124\,000$ kcal.

Um die Luft auf 400 Atm zu drücken, sind

$$59\,930\,000 \text{ mkg} = 222 \text{ PS in 1 Stunde} = 140\,000 \text{ kcal nötig.}$$

Die dabei abgeführte Wärmemenge ist $= 140\,000$ kcal.

Es sind noch die Gewichtsakkumulatoren hydraulischer Anlagen zu erwähnen. Die Energiemenge ist, wenn F in qcm der Plungerquerschnitt, p in Atm der Betriebswasserdruck und h die Hubhöhe der Belastung in m ist

$$E = F \cdot p \cdot h \text{ mkg.}$$

Sie kann in ganz kurzer Zeit verwertet werden.

Die kalorische Stapelung der Energie erfolgt in Wärmespeichern, und zwar Cowpern, Regeneratoren und Dampf- oder Wasserspeichern. Hierbei wird auch auf die schon besprochene Umsetzung elektrischer Energie in Kesseln hingewiesen[1]).

Ferner wird der elektrische Strom zu Trocknungszwecken verwandt. Wechselstrom von 15 bis 20 Perioden, durch frisches Holz geleitet, verharzt das in ihm vorhandene Wasser. Bei 150 Amperestunden für 1 cbm Holz bei der Stromstärke von 4 bis 5 Ampere und 40 Volt Spannung wird für Möbelhölzer und von 9 bis 10 Ampere und 40 Volt Spannung für Eisenbahnhölzer der Prozeß durchgeführt.

Die Verwendung von elektrischer Energie für Heizung erfolgt durch Gleichstrom oder Wechselstrom in Widerstandsheizkörpern zur Erzeugung von warmer Luft oder Heißwasser oder ohne Verwendung von Widerstandsheizkörpern bei Wechselstrom durch direkte Leitung des Stromes in Wasser und Erwärmung desselben.

Die chemische Stapelung der Energie erfolgt in den elektrischen Akkumulatoren. Sie geben 90 bis 95 Proz. der zugeführten Elektrizitätsmenge und 70 bis 75 Proz. der zugeführten Energie bei ein- bis zehnstündiger Entladung zurück.

Nach dieser Übersicht sollen nunmehr die Möglichkeiten der Abwärmeverwertung der einzelnen Industrien behandelt werden. Es kommen hauptsächlich in Betracht die Industrien nebenstehender Zusammenstellung.

Die Tabelle entstammt einem Aufsatz von *M. Gerbel* aus der „Zeitschrift der Dampfkessel-Untersuchungs- und Versicherungs-Gesellschaft A.-G.", Wien 1917, S. 102.

---

[1]) Seite 293.

Kraft- und Wärmebedarf und -abfall verschiedener Industrien.

Pos.	Industriezweig	Einheit	Kraft PS-St.	Fabrikationsdampf kg	Fabrikationsdampf in kg für 1 PS-St.	Abfallenergie
				I. Abwärme verfügbar.		
	Elektrochemische Industrie:					
1	Aluminium . . .	kg	35	—	0	Bei Verwendung von Dampf-
2	Luftsalpeter . .	kg	11	minimal	fast 0	kraft sind je nach Temperatur-
3	Wasserstoff . . .	cbm	11	—	0	niveau resp. Dampfspannung
4	Kalkstickstoff . .	kg	5	minimal	fast 0	für 1 PS-St. an Abwärme ver-
5	Calciumkarbid. .	kg	5	—	0	fügbar bei 2400 kcal = 4 kg
						Vakuumdampf = 50 kg Warm-
	Andere Industrien;					wasser von 70°.
6	Sauerstoff (Luft-					3800 kcal = 6,0 kg Dampf
	destillation). .	cbm	4	—	0	von 1 Atm
7	Holzstoff. . . .	kg	2	—	0	5000 kcal + 7,5 kg Dampf
8	Elektrizität . . .	kW-St.	1,5	—	0	von 2 Atm
9	Spinnerei. . . .	kg	0,3	minimal	fast 0	7800 kcal − 11,5 kg Dampf
10	Walzeisen (Flach-					von 4 Atm
	eisen, Draht) .	kg	0,16	—	0	11 000 kcal = 16,0 kg Dampf
11	Eis	kg	0,15	minimal	0	von 6 Atm
12	Zement	kg	0,03	—	0	
13	Weizenmühle . .	kg	0,10	—	fast 0	
				II. Keine oder wenig Abfallenergie verfügbar.		
14	Bier	l	0,2 bis 0,3	0,5 bis 0,9	3 bis 6 bis 9	Die bei der Krafterzeu-
15	Papier	kg	0,4 „ 0,6	2,5 „ 3,0	4 „ 6 „ 7	gung resultierende Abfall-
16	Kartoffelstärke .	kg	0,1 „ 0,15	1 „ 2	7 „ 11 „ 20	energie wird im eigenen Be-
17	Cellulose. . . .	kg	0,4 „ 0,5	5,5 „ 6,5	13 „ 16	trieb oder fast ganz auf-
18	Weberei	kg	0,5 „ 1,0	8 „ 12	8 „ 16 „ 24	gebraucht.
19	Leder	kg	1,0 „ 1,8	16 „ 24	12 „ 18 „ 24	
				III. Abfallkraft verfügbar.		
20	Kunstseide . . .	kg	6 bis 8	110 bis 150	14 bis 20 bis 25	Da für 1 kg Fabrikations-
21	Preßhefe (Lüf-					dampf $^1/_6$ bis $^1/_{16}$ PS-St. er-
	tungsverfahren)	kg	0,6 „ 1,0	16 „ 22	15 „ 25 „ 40	zeugt werden können, blei-
22	Zucker	kg	0,15 „ 0,25	5 „ 6	16 „ 25 „ 40	ben nach Deckung des Eigen-
23	Wäscherei . . .	kg	0,3 „ 0,4	9 „ 11	22 „ 30 „ 37	bedarfs an Kraft noch nam-
24	Leim	kg	0,7 „ 0,9	25 „ 35	28 „ 40 „ 50	hafte Mengen Abfallkraft ver-
25	Kartoffelsyrup .	kg	0,05 „ 0,07	2,2 „ 2,8	30 „ 45 „ 56	fügbar.
26	Färberei . . . ,	kg	0,05 „ 0,01	3 „ 5	30 „ 65 „ 100	
27	Spiritus (Dick-					
	maische) . . .	l	0,1 „ 0,2	6 „ 15	30 „ 70 „ 150	
28	Seife	kg	0,1 „ 0,2	6 „ 18	30 „ 80 „ 180	
29	Badeanstalten. .	Pers.	0,3 „ 0,5	40 „ 70	30 „ 100 „ 230	
30	Zentralheizungen	cbm-St.	minimal	0,02 „ 0,04	fast 0	

Weitere Werte sind für Elektroöfen:

Salpetersäure	1 kg 11,0 kW	Zink	1 kg	4,8 kW
Ferrosilicium 30 Proz.	1 „ 4,2 „	Carborundum .	1 „	8,5 „
Ferrosilicium 75 Proz.	1 „ 12,0 „	Graphitelektroden	1 „	7,5 „ [1]
Ferronickel 50 Proz. .	1 „ 13,0 „	Aluminium . . .	1 „	2,5 „
Ferromangan 80 Proz.	1 „ 3,1 „	Silico-Aluminium	1 „	13,0 „ (28 Al und 55 Si)
Ferrochrom 65 Proz. .	1 „ 7,0 „	Silico-Mangan .	1 „	5,2 „ (7 Tellur und 10 Si)
Phosphor	1 „ 8,0 „			

---

[1] Stahl und Eisen 43. Jg., Nr. 34, Die Elektrodenherstellung in Amerika.

ferner[1]) als Anhaltspunkt für

Zuckerherstellung . . . 25 bis 30 Proz. des Rübengewichts an Braunkohle
6,2 „ 9 „ „ „ „ Steinkohle
Rübenschnitzeltrocknung 4 „ 6 „ „ „ „ Braunkohle
1 „ 1,5 „ „ „ „ Steinkohle
Molkerei . . . . 7 „ 12 „ „ Milchgewichts an Braunkohlenbriketts
Müllerei . . . . 500 000 kcal per Tonne bei 90 t Tagesleistung
700 000 „ „ „ „ 30 t „

Die Eisen verarbeitenden Maschinenfabriken benötigen im Sommer nur Kraft, im Winter Kraft und Heizdampf; der Heizdampf wird in den meisten Fällen aus dem Abdampf der Kraftmaschine erzeugt werden. Die auf die Einheit der Produktion umgerechnete Energiemenge schwankt bei Maschinenfabriken per 1 kg zwischen 0,05 und 20 PS.

Die Maschinenfabriken, die neben Eisen auch Holz verarbeiten, also Waggonfabriken, landwirtschaftliche Maschinenfabriken, Mühlenfabriken u. a. m., benötigen sowohl im Sommer als im Winter Heizdampf zum Dämpfen und Trocknen der Hölzer.

Das System der Dampferzeugung über den Glühöfen ist mehr oder weniger verlassen und hat der Gas- und Lufterhitzung Platz gemacht. Sofern aus der Abhitze der Feuergase Dampf erzeugt werden soll, geschieht dies besser in besonderen Abhitzekesseln. Der Dampfdruck dieser Maschinen schwankt zwischen 12 und 4 Atm Überdruck. Bei dampfhydraulischen Pressen mit Übersetzung direkt von der Kolbenstange aus kann nur mit Vollfüllung, nicht mit Expansion gearbeitet werden. Bei dampfhydraulischen Pressen mit Kniehebelübersetzung und bei Dampfhämmern wird mit Expansion gearbeitet. Die anderen Maschinen arbeiten teils mit Vollfüllung, teils mit Expansion.

Der bei diesen Maschinen entweichende Dampf wird zweckmäßig in einen Wärmespeicher[2]) zwecks Ausnutzung in einer Abdampfturbine oder Heizung geleitet. Mit Rücksicht auf die stoßweise und ungleichmäßige Dampfzufuhr ist der Wärmespeicher verhältnismäßig groß zu wählen. In gleicher Weise wie der Dampf für den Preßdruck kann auch der für den Rückzug und sonstige Verrichtungen nach Arbeitsleistung im Wärmespeicher verwandt werden.

Der Dampfverbrauch der Maschinen richtet sich nach der Konstruktion.

Bei dampfhydraulischen Pressen wird das erzeugte Preßwasservolumen mal Preßwasserdruck bestimmt, das, mit 1,1 bis 1,2 multipliziert, gleich dem Dampfzylindervolumen mal Dampfdruck ist. Der Gegendruck richtet sich nach der Auspuffleitung und der Stärke des Rückzugs und der nötigen Kolbengeschwindigkeit. Er ist 1,5 bis 3,0 Atm abs. Dampfhämmer arbeiten mit expandierendem Oberdampf, der aus der Vollfüllung des Rückzugs stammt, oder mit frischem Oberdampf. Die Füllung wechselt je nach der Arbeitsleistung. Nach Versuchen von *Daelen* rechnet man pro 1 cbm Stahlverdrängung bei dampfhydraulischen Pressen 250 kg Steinkohle von 7000 kcal, bei Dampfhämmern erniedrigt sich diese Zahl, weil die Expansion des Dampfes ausgenützt werden kann, auf 150 bis 220 kg Steinkohle von 7000 kcal.

---

[1]) Wärme 45. Jg., Nr. 2. S. 30. nach *Berner*.
[2]) Siehe auch Seite 447.

Bei sachgemäßer Disposition des Anlage- und des Arbeitsprogrammes der verschiedenen Maschinen läßt sich der gesamte Kohlenverbrauch um mindestens 20 bis 40 Proz. gegenüber den üblichen Anordnungen ermäßigen. Es ist geradezu eine Kohlenverschwendung, wenn besonders geheizte Dampfkessel den Dampf für die Hämmer erzeugen und auch die Kraft für die übrigen Maschinen der Schmiede durch Frischdampf aus diesem oder einem besonders geheizten Dampfkessel in einer Dampfmaschine oder Dampfturbine erzeugt wird, oder wenn diese Kraft aus einer Kraftzentrale entnommen wird[1]).

Möbelfabriken werden stets den Abdampf zum Dämpfen und Trocknen der Hölzer benötigen.

In der Papier- und Zellstoffindustrie wird die Abdampfverwertung nachher ausführlicher besprochen. Es wird in vielen Fällen der Prozeß so zu führen sein, daß keine besonderen Heizdampfkessel und daß kein Frischdampf, der nicht vorher in der Maschine entspannt wurde, verwendet werden.

In der Mühlenindustrie sollte viel stärker als bisher der Abdampf zum Trocknen des Getreides und evtl. auch des fertigen Mehles bis auf einen gewissen Grad verwandt werden.

Die Verarbeitung der Steine und Erden wird später unter Abdampfverwertung ausführlicher besprochen.

In der Glasindustrie wird im allgemeinen bei Glashütten wenig Abfallwärme durch die Kraftmaschine entstehen; die Maschine kann, ausgenommen die Fabriken mit *Owen*schen Maschinen, die Abfallwärme nur zur Herstellung von warmem Wasser für das Reinigen der Gläser und für die Schleiferei liefern.

Pulverfabriken benötigen viel Abfallwärme.

Die Abfallwärme der Dampfmaschinen und Dampfturbinen dient zur Trocknung der Rohbraunkohle in der Brikettindustrie.

Die Kraftmaschinen der Nahrungsmittelindustrie können die Abwärme zur Trocknung abgeben.

Es sei nun der Wärmebedarf verschiedener Fabriken behandelt:

1. Cellulose- und Papierfabriken.

Diese Betriebe sind entweder:

    reine Cellulosefabriken[2]),

    reine Papierfabriken[3]),

    gemischte Werke mit Cellulose- und Papierfabriken.

Der in reinen **H** o l z s c h l e i f e r e i e n erzeugte Holzschliff wird entweder durch direkte Wasserkraft oder durch Elektrizität von einer Zentrale hergestellt; der bei Dampfmaschinenbetrieb vorhandene Abdampf von 100 bis 1000 PS kann in der Holzschleiferei selbst nicht verwandt werden.

Man benötigt zum Schleifen von 1000 kg Holz etwa 40 bis 50 PS_e.

---

[1]) Archiv für Wärmewirtschaft 4. Jg., Nr. 1, 1923, Abwärme von Dampfhämmern von *Weidemann* und Maschinenbau 3. Jg., Heft 12, 1924, Dampf oder Luft für den Hammerbetrieb von *Balcke*.

[2]) *Schubert*, Cellulosefabrikation.

[3]) Die Papierfabrikation von *Dathe*, Verlag Kunst und Wissenschaft, sowie Auzzüge aus der Literatur der Zellstoff- u. Papierfabrikation. Ver. d. Zellstoff- u. Papierchemiker, Berlin.

In den Cellulosefabriken benötigt man nach *Lest* für 1 kg fertigen Zellstoff im Mittel 5500 bis 6000 kcal; der Druck des Hochdampfes ist 3 bis 6 Atm.

Der Zellstoff selbst wird entweder nach dem *Mitscherlich*- oder dem *Kellner-Ritter*-Verfahren hergestellt. Bei ersterem Verfahren, das indirekte Kochung vornimmt, wird das durch die Hackmaschine zerkleinerte Holz in stehende Kocher von 50 bis 120 cbm Fassungsraum gebracht. In diese Kocher wird die Sulfitlauge gebracht und hierauf, nach Verschluß der Kocher, das Ganze durch Rohrschlangen, in denen Dampf von 5 bis 6 Atm strömt, auf 125 bis 140° C erhitzt und 20 bis 30 Stunden mit dieser Temperatur gekocht. Beim zweiten Verfahren, das direkte Kochung bedingt, wird der Kocherinhalt zunächst vorgewärmt und das Ganze dann etwa 8 Stunden durch Einleiten von Dampf bei 160° C gekocht. Nach dem Kochen wird der Zellstoff mit heißem Wasser ausgewaschen[1]).

Die Sulfitlauge wird in Röstöfen aus Schwefelkies hergestellt. Die Röstgase verlassen den Ofen mit 700 bis 900° C. Sie müssen, da sie nur SO_2 und kein SO_3 enthalten sollen, auf etwa 120° schnell abgekühlt werden. Es wird die hier zu entnehmende Wärme zur Vorwärmung von Wasser in Economisern ausgenutzt. Das vorgewärmte Wasser dient zur Speisung von Dampfkesseln.

---

[1]) In Mitteilung Nr. 4 der schwedischen Ingenieurwissenschaftlichen Akademie wird durch Oberingenieur *Lundblad* die Wärmewirtschaft der Cellulosefabrikation behandelt.

Beim Sulfitverfahren wird Energie gebraucht:

1. für Kraftzwecke, dieselbe steht meistens aus den Wasserkräften zur Verfügung;

2. zum Kochen der Cellulose; bei modernen Verfahren kann man 1860 kg Dampf von 5 Atm pro 1 t 90 proz., nicht gebleichter Cellulose nehmen;

3. zum Trocknen der Cellulose; bei älteren Maschinen mit 2,7 Atm Dampfspannung kommen 2130 kg Dampf pro 1 t Cellulose, bei neueren Maschinen kommt man auf 1630 kg Dampf, wobei evtl. Abdampf von 1 Atm verwandt werden kann; wird vor dem Trocknen das Wasser durch Riffelwalzen nur ca. 50 Proz. ausgepreßt, so erreicht man einen Dampfverbrauch von 1100 kg.

4. Für Heizzwecke kommen etwa 110 kg Dampf pro Tonne Cellulose in Frage;

5. aus der Lauge lassen sich per Tonne Cellulose 250 000 kcal Sulfitspiritus gewinnen sowie durch weiteres Eindampfen ein gut brennbares Pulver;

6. damit wird der Brennstoffverbrauch per 1 t Cellulose ca. 100 kg Holz von 4200 kcal;

7. zur Deckung der Verluste der Dampferzeugung und der ungleichmäßigen Feuerung zwecks Anpassung an den Dampfverbrauch; ein Wärmespeicher ermöglicht hier eine gleichmäßige Kesselbelastung und rationelleres Kochen.

Beim Sulfatverfahren wird Energie gebraucht:

1. für Kraftzwecke wie unter 1. des Sulfitverfahrens;

2. zum Kochen abzüglich der im Verfahren freiwerdenden 100 000 kcal Reaktionswärme ca. 1650 kg Dampf per 1 t Cellulose.

3. Zum Eindicken der Lauge ca. 2400 kg Dampf per 1 t Cellulose;

4. zum Trocknen etwa wie unter 3. des Sulfitverfahrens;

5. für diverse Zwecke etwa 250 kg per 1 t Cellulose;

6. die Dampferzeugung erfolgt hier im Kesselhaus, hinter dem Sodaofen und als Rückgewinnung beim Eindampfen;

7. der Brennstoffverbrauch erfolgt im Kesselhaus mit ca. 45 kg Holz von 4200 kcal per 1 t Cellulose;

8. der Dampfspeicher ist wie unter 7. des Sulfitverfahrens vorteilhaft.

Siehe ferner Handbuch der chemischen Technologie. VII: Papierfabrikation von *Fischer*. Otto Wigand, Leipzig.

Man benötigt:

1. Kraft zum Zerkleinern des Holzes, für die Rührwerke und den Transport;
2. Dampf zum Kochen des zerkleinerten Holzes;
3. Heißwasser zum Waschen des gekochten Holzes.

Der Kraftbedarf der Maschinen ist für 1 t Tageserzeugung ungebleichten Zellstoff etwa 12 bis 15 PS. Es müssen also etwa 17 bis 20 PS an der Dampfmaschine für 1 t ungebleichten Zellstoff entnommen werden.

Der Bedarf an Kochdampf ist für eine Tonne etwa 3000 kg von 6 Atm bei einer Überhitzung von 200°.

Der Stoff wird gebleicht und ungebleicht verwandt. Das Bleichen geschieht durch Chlor und benötigt zum Bleichen von 1 t Zellstoff eine Elektrolyseuranlage von 10 PS, wobei 100 kg Chlorkalkersatz erzeugt werden, sofern kein Chlorkalk verwandt wird.

Zum Trocknen des ungebleichten Stoffes werden für 1 t etwa 2000 kg Dampf von 2 Atm benötigt.

In vielen Fällen wird nur die Hälfte des Stoffes gebleicht, die andere Hälfte ungebleicht verwandt.

Um zu untersuchen, ob eine solche Anlage mit Turbine oder Dampfmaschine wirtschaftlicher arbeitet, sei nachstehende Berechnung aufgestellt[1]):

Es werden täglich 200 t Zellstoff, 100 t gebleichter und 100 t ungebleichter, hergestellt. Dazu seien 8 Kocher von 25 t Leistung in 12stündiger Kochzeit vorhanden. Die Kochtemperatur sei 150° C.

Es ergibt sich damit ein Kraftverbrauch an den Verbrauchsstellen zu:

$$200 \cdot 15 + 100 \cdot 10 = 3000 + 1000 = 4000 \text{ PS.}$$

Wird eine Dampfturbine angewandt, so ist die Erzeugung elektrischen Stromes zwecks Übertragung der Energie an die Verbrauchsstellen nötig. Man hat daher die Primärturbine mit $\dfrac{4000}{0,8} = 5000$ PS zu bauen.

Da man Koch- und Trockendampf abzapft, muß man auf eine hohe Kesselspannung, etwa 18 Atm, gehen. Man zapft dann bei 6 und 2 Atm ab.

Bei 6 Atm sind $200 \cdot 3000 = 600\,000$ kg Dampf, bei 2 Atm $200 \cdot 2000 = 400\,000$ kg Dampf täglich abzuzapfen. Die Dampfturbine wird daher bei 11 bis 12 kg Dampf für 1 PS und Stunde in 24 Stunden $5000 \cdot 12 \cdot 24 = 1\,320\,000$ kg Dampf benötigen.

Es sind daher für 1 t Zellstoff (50 Proz. gebleicht, 50 Proz. ungebleicht) $1\,320\,000 : 200 = 6600$ kg Dampf nötig.

Wird eine Dampfmaschine mit teils elektrischem, teils mechanischem Antrieb aufgestellt, so sei angenommen, daß je zur Hälfte mechanisch und zur Hälfte elektrisch gearbeitet werde.

Der mechanische Antrieb benötige an der Primäre $\dfrac{1500}{0,85} = 1765$ PS, der elektrische Antrieb benötige an der Primäre $\dfrac{1500}{0,80} = 1875$ PS, somit im ganzen

---

[1]) Näheres siehe Lest, Wärmewirtschaft in der Papier- und Zellstoffabrikation. Umbau oder Neuanlage. Berlin, Verlag der Papierzeitung.

1765 + 1875 = 3604 PS, wozu noch 1000 PS für die Bleicherei kommen. Es ist also eine Dampfmaschine von 4640 PS nötig. Sie ist als Zwillings-Compound-Tandemmaschine, 2 · 2457 PS, ohne Kondensator mit Receiver-druck-Regler und Ausgleicher für obige Entnahmemengen zu bauen und benötigt etwa 9 kg Dampf per 1 PS und Stunde.

Man benötigt also

$$4640 \cdot 9 \cdot 24 = 1\,002\,240 \text{ kg Dampf.}$$

Es sind daher für 1 t Zellstoff (50 Proz. gebleicht, 50 Proz. ungebleicht): 1 002 240 : 200 = 5011 kg Dampf nötig.

Wird eine Dampfmaschine ohne Anzapfung mit direktem Koch- und Trockendampf gewählt, so ist der Dampfverbrauch bei 4,5 kg für 1 PS und Stunde

$$4640 \cdot 4,5 \cdot 24 + 600\,000 + 400\,000 = 1\,501\,120 \text{ kg Dampf.}$$

Somit benötigt 1 t Zellstoff (50 Proz. gebleicht, 50 Proz. ungebleicht):

$$1\,501\,120 : 200 = 7056 \text{ kg Dampf.}$$

Wird statt der Dampfmaschine in diesem letzten Falle eine Turbine genommen, so ändert sich diese Zahl nur wenig nach unten.

Man sieht hieraus, daß die Dampfmaschine mit Compound-Anordnung für 6 Atm Zwischendampf und 2 Atm Abdampf die günstigsten Werte liefert.

Man erhält somit für

1 kg Zellstoff Turbodynamo mit zweimaliger Entnahme . . . . 6,6 kg Dampf
1 „   „   Dampfmaschine mit einmaliger Entnahme und Gegendruck 5,0 „   „
1 „   „   Dampfmaschine ohne Entnahme . . . . 7,1 „   „

Die zum Trocknen des Zellstoffes benötigte Wärmemenge errechnet sich wie folgt:

Die feuchte aus der Spindelpresse kommende Pappe[1]) hat etwa 65 Proz. Wasser; sie wird bei ca. 50° in etwa 8 bis 9 Stunden getrocknet. Nimmt man die spezifische Wärme der Pappe zu 0,65 kcal für 1 kg, und ist die Außenluft 15°, so ist erforderlich für 1000 kg Pappe von 65 Proz. Wasser:

a) Erwärmung der Pappe von 15 auf 50° (1000—650) · 35 · 0,65 =   7 962,5 kcal
b) Verdunstung des Wassers 650 · (618—15) . . . . = 391 950,0 „
c) Erwärmung der Luft:
   1 cbm Luft von 15° enthält gesättigt . . . 12,8 g Wasser
   1 „   „   „ 50°   „   0,7 gesättigt . 57,6 g „
   1 „   „ nimmt also auf bei 50° . . . . 44,8 g „

Es sollen 650 000 g Wasser aufgenommen werden, daher werden $\dfrac{650\,000}{44,8}$

= 14500 cbm Luft nötig; man benötigt hierfür 14 500 × 35 × 0,305 = <u>399 912,5 kcal</u>

Insgesamt 554 700,0 kcal

Hat der Kondensator oder Calorifer von 2 Atm Spannung des Dampfes 75 Proz. Wirkungsgrad, so benötigen

$$\text{trockene 1000 kg Pappe} = \sim 2\,100\,000 \text{ kcal.}$$

---

[1]) Nach *Schneider*, Abwärmeverwertung im Kraftmaschinenbetrieb. Julius Springer, Berlin, und Kraft und Wärmewirtschaft in der Papierindustrie. Verlag AEG, Berlin.

Bemerkt sei noch, daß Laubholzcellulose etwa 7 bis 9 Atm beim Natronverfahren und Espartogras und Stroh $2^1/_4$ bis 4 Atm nach dem gleichen Verfahren benötigt. Die Kochtemperatur ist dabei $2^1/_2$ bis $3^1/_2$ Stunden.

Bei reinen Papierfabriken[1]), die den Zellstoff und Holzschliff beziehen, rechnet man für 1 kg fertigen Papiers 4000 kcal.

Wie sich die Verhältnisse bei einer Dampfanlage gestalten, soll an einem Beispiel gezeigt werden.

Für eine tägliche Produktion von 15 000 kg holzfreien Schreibpapiers ist erforderlich:

```
1 Kollergang und 1 Zerfaserer . . . . . . . . . . .   50 PS
2 Holländer à 500 kg Eintrag . . . . . . . 2 · 25 = 50 „
1 Jordanmühle . . . . . . . . . . . . . . . . . . .   50 „
1 Papiermaschine 2400 breit²) . . . . . . .  60 bis 100 „
Pumpen . . . . . . . . . . . . . . . . . . . . .      40 „
12 Walzenkalander . . . . . . . . . . . . . . .      50 „
Aufzug, Koller, Papiersaal, Werkstatt, Licht . . .   35 „
     Die drei letzten Maschinen werden elektrisch an-
     getrieben, so daß sie an der Dampfmaschine etwa
     20 Proz. mehr Kraft benötigen. Es ist also
der gesamte Kraftbedarf aufgerundet . . . . . . . . 400 „
```

Diese 400 PS geben bei einem Dampfverbrauch von 7 kg für 1 PS und Stunde bei 1 bis $1^1/_2$ Atm abs. Gegendruck in 24 Stunden $400 \cdot 7 \cdot 24 = 67\,200$ kg Abdampf.

Man benötigt zum Trocknen für ca. 1000 kg Trockenstoff aus schmierigem Stoffe 3600 bis 4000 kg Abdampf von 1 bis $1^1/_2$ Atm abs.

Der in der Kautschpresse, im Naßfilz und Steigfilz befindliche Stoff wird dort von 85 Proz. auf 55 Proz. und dann auf 0 Proz. an den Trockentrommeln getrocknet.

Die verlangten 15 000 kg Papier benötigen also im ganzen 54 000 bis 60 000 kg Abdampf, der Abdampf der Maschine reicht somit aus.

Ein weiterer wärmeverbrauchender Prozeß ist die Entnebelung. Sie muß sich durch Caloriferen aus dem Abdampf auch noch bewerkstelligen lassen und die Kondensation aller über der Maschine gebildeten Wasserdämpfe bei $50°$ an der Decke verhindern.

Es seien noch die Wärmeverhältnisse gemischter Werke, Zellstoffabrik oder Dampfschleiferei und Papierfabrik, besprochen.

Die Verbindung einer Zellstoffabrik mit einer Papierfabrik ermöglicht stets die Verwertung fast der gesamten Abwärme, da, wie aus Vorgehendem ersichtlich, jede einzelne Anlage ohne Frischdampf arbeiten kann.

Wenn beispielsweise die vorerwähnte Zellstoffabrik von den 200 t täglichem Zellstoff 60 t zu einseitig und zweiseitig glatten Zellstoffpapieren verarbeitet, so kommt noch der Kraftbedarf der Papierfabrik hinzu. Es sind etwa rund 1300 PS. Wird diese Maschine als Zwillings-Gegendruckmaschine gebaut, so

---

[1]) Wärme und Wärmewirtschaft der Kraft- und Feuerungsanlagen in der Industrie, Abschn. Papierfabrikation von *Tafel*. R. Oldenbourg, München und Berlin.

²) Trockenzylinderheizung und variabler Dampfmaschinenantrieb, in Wochenblatt für Papierfabrikation 1918, Heft 15 u. 17, von Dr. *W. Stiel*.

benötigt sie beim Spannungsgefälle von 18 auf 2 Atm für 1 PS und Stunde 7 kg Dampf. Es werden daher stündlich 9100 kg Dampf von 2 Atm frei. Zum Trocknen sind für stündlich 60 000 : 24 = 2500 kg nach früherem 2,5 · 3600 = 9000 kg Abdampf nötig. Dieser reicht somit gerade aus. Es bleibt noch etwas Dampf für die Entnebelungsanlage, Raumheizung und Auflösungszwecke übrig.

Anders gestalten sich die Verhältnisse bei Dampfschleifereien und Druckpapierfabrikation. Um 60 t Holzschliffdruckpapier in 24 Stunden zu erzeugen, sind im ganzen vier Magazinschleifer von je 1400 PS an der Welle von je zwei Schleifern nötig. Die Papierfabrikation erfolgt auf zwei Papiermaschinen[1]) von je 650 PS, für die übrige Anlage sind an den Wellen ca. 900 PS nötig, so daß der gesamte Kraftverbrauch 2 · 1400 + 1300 + 900 = 5000 PS an den Wellen beträgt. Der Zwischen- oder Abdampf von 2 Atm ist in 24 Stunden 60 · 4000 = 240 000 kg, also für 1 Stunde 10 000 kg.

Man hat nun die Wahl:

1. Dampfturbine mit elektrischem Antrieb und Zwischendampfentnahme. Sie muß an die Welle 6000 PS abgeben. Man erhält dann einen stündlichen Dampfverbrauch von

$$797\,00 : 24 = 33\,200 \text{ kg.}$$

2. Zwei Dampfmaschinen, wobei die Schleifer mit den Dampfmaschinenwellen direkt gekuppelt sind. Man erhält dann, bei zwei gleichen Dampfmaschinen, einen stündlichen Dampfverbrauch von

$$744\,000 : 24 = 31\,000 \text{ kg.}$$

3. Zwei ungleiche Dampfmaschinenpaare, und zwar für je zwei Schleifer eine Dampfmaschine als Zwillings-Verbundkondensationsmaschine von 1900 PS und für je eine Papiermaschine und Zubehör eine Dampfmaschine von 700 PS. Letztere arbeitet mit 2 Atm Gegendruck. Der stündliche Dampfverbrauch ist

$$653\,300 : 24 = 27\,220 \text{ kg.}$$

4. Es wird eine Kombination von Gegendruckkolbenmaschine und Abdampfkondensationsturbine gewählt. Die Schleifer werden paarweise mit einer Einzylinder-Gegendruck-Zwillingsmaschine von je 1900 PS angetrieben. Hierauf werden 10 000 kg Dampf entnommen. Es verbleiben dann von den rund 26 000 kg Dampf für die zwei Kolbenmaschinen 16 000 kg Dampf für die Abdampfkondensationsturbine, die bei rund 9 kg Dampfverbrauch noch 1800 PS leistet. Dies reicht für die Papiermaschinen und Hilfsmaschinen aus. Es ist in diesem Falle der stündliche Dampfverbrauch

$$26\,000 \text{ kg.}$$

Man sieht aus diesem Beispiel, wie durch zweckentsprechende Kombination der Kraftmaschinen der stündliche Dampfverbrauch von 33 200 kg auf 26 000 kg reduziert werden kann. Allein es ist hier stets eine bedeutende Menge Abwärme verfügbar. Sie kann nur vermieden werden, wenn die Schleifer

---

[1]) Verhältnis der Abdampfmengen zum erforderlichen Heizdampf bei Antrieb des variablen Teiles der Papiermaschine durch eine Einzeldampfmaschine von *Strauch.* Wochenblatt für Papierfabrikation 52. Jg., 1921, Nr. 22.

von einer Wasserkraft bedient werden. Auch bei einer Dampfzentrale und elektrischer Übertragung hat man die Abwärme an der Zentrale disponibel.

Auch das Kondenswasser des heißeren Trockenzylinders kann zur Erwärmung der Luft der Entnebelungsanlagen verwandt werden.

Es ist also bei richtig angelegten Fabriken stets möglich, ohne Frischdampf zu arbeiten. Selbstredend müssen die Abdampfleitungen sowohl genügend groß dimensioniert, als auch richtig isoliert sein.

Bei neueren Anlagen ist die Frage berechtigt, ob der Dampfturbineneinzelantrieb[1]) oder der elektrische Einzelantrieb vorzuziehen sei. Für größere Maschineneinheiten ist der Wirkungsgrad der Dampfturbine zum Generator, sofern man die Übersetzung durch gut ausgebildete Pfeilradgetriebe vornimmt, ein außerordentlich hoher und der Betrieb vollkommen gleichförmig. Es kommen jedoch die Verluste von einer Zentralturbine bis zum elektrischen Einzelantrieb in Betracht. Jedoch wird der Dampfbedarf bei Einzelturbinen mehr dem Betrieb angepaßt als bei einer Zentralturbine. Wenn man dafür dann noch, den schwankenden Dampfbedarfsverhältnissen entsprechend, einen *Ruths*-Wärmespeicher einschaltet, so kann die Produktion der Kocher gesteigert und der Brennstoffverbrauch vermindert werden[2]). Gleichzeitig wird der Überschußdampf im Speicher aufgenommen und entweder für Heizungs- oder Rostausgleich abgegeben.

Andererseits ist zu berücksichtigen, daß bei Turbineneinzelantrieb auch im Rohrsystem, vom Kessel zu den einzelnen Turbinen, Verluste entstehen und daß die Überwachung der Turbinen sorgfältiger sein muß als diejenige von Motoren. Jedoch ist wieder das Regelverhältnis der Tourenzahl für die Papiermaschine in größerem Maße bei der Turbine als beim Motor möglich.

<h2 style="text-align:center">2. Zuckerfabriken[3]).</h2>

Die Zuckerfabriken stellen entweder Rohzucker oder Raffinadezucker, allein oder beides gleichzeitig her.

Die Angaben über den Verbrauch von Rohzuckerfabriken mit einer täglichen Verarbeitung von ca. 15 000 Zentnern = 750 t Rüben schwanken zwischen 56,0 und 63,5 kg Dampf pro 100 kg Rüben; dabei ist der Kraftbedarf 1,2 bis 1,5 PS für 100 kg Rüben[4]).

Zum Waschen der Rüben wird Wasser von 40 bis 45° C gebraucht. Nach Passieren der Schnitzelmaschinen erfolgt das Auslaugen in den Diffusionsapparaten. Zwischen diese sind Saftwärmer eingeschaltet. Die Erhitzung erfolgt hierbei auf 70° C durch doppelte Böden oder Heizröhren. Aus 100 kg

---

[1]) Siehe auch Wochenblatt für Papierfabrikation 1922, Nr. 34 und 36: Über die wirtschaftliche Kraftversorgung großer Papierfabriken, von Dipl.-Ing. *Fritz Schiebuhr.*

[2]) Kraft und Wärmewirtschaft in der Papierindustrie. Verlag Allgemeine Elektrizitätsgesellschaft Berlin 1922, und Der Papierfabrikant 1921, H. 35 u. 36, von *Axel Håkanson.*

[3]) Siehe auch *W. Greiner*, Verdampfen und Verkochen. 2. Aufl. Otto Spamer, Leipzig 1920; *Schneider*, Abwärmeverwertung im Kraftmaschinenbetrieb. Julius Springer, Berlin 1920; *Strohmann-Schander*, Handbuch der Zuckerfabrikation und *Wohryzek*, Chemie der Zuckerindustrie.

[4]) Zentralblatt für die Zuckerindustrie 1914, S. 1615: *Heinze*, Dampf und Wärme in der modernen Zuckerindustrie.

Rüben werden 120 bis 162 l Dünnsaft gewonnen. Hierauf erfolgt in Scheideapparaten bei 80 bis 90° C die Neutralisation der organischen Säuren und die Abscheidung der Phosphorsäure und des Eiweißes durch Ätzkalk. In den nun folgenden Saturationsapparaten wird der Ätzkalk durch CO_2 gefällt. CO_2 und Ätzkalk sind in der Zuckerfabrik selbst hergestellt. Die bei diesem Prozeß frei werdende Wärme kann noch zur Warmwasserbereitung oder evtl. später zu besprechenden Schnitzeltrocknung verwandt werden. Leider geschieht dies bislang wohl noch nirgends. Die Safttemperatur in den Saturationspfannen ist ca. 70 bis 75°. Nach Filtrieren wird der noch schwach alkalische Saft bei 100° zum zweiten und dritten Male mit CO_2 saturiert. Danach erfolgen noch eine oder zwei Filtrationen. Nach deren Beendigung wird der 10 bis 12 Proz. Zucker enthaltende Saft in Drei- bis Sechsfachverdampfapparaten eingedampft. Es dient jedesmal der Brüden des einen Apparates zum Beheizen des folgenden. Der erste Apparat wird mit Abdampf der Maschine beheizt. Der entstandene Dicksaft, der eine verhältnismäßig niedere Temperatur hat, wird nochmals erwärmt und mit H_2SO_4 saturiert. Hiernach erfolgt das Verkochen bis zur Umkrystallisation des Rohzuckers.

Die in den Diffusoren ausgelaugten und dann ausgepreßten Schnitzel werden entweder mit Abdampf oder an Heizgasen im Gleichstrom eines besonderen Trockenofens getrocknet[1]). Sie werden als Viehfutter verwandt. Manche Fabriken geben die Schnitzel auch als Naßschnitzel ab. *K. Loß* hat die Wärme für die Verarbeitung von 100 kg Rüben wie folgt verteilt:

Mechanische Arbeitsleistung	4,2 kg Dampf	
Wärmeinhalt der verschiedenen Produkte und Abfälle .	15,1 ,,	,,
Strahlungs- und Leitungsverluste	12,7 ,,	,,
Kondensation der Verkochstation	12,0 ,,	,,
Rübenwäsche, Diffusion, Absüßen der Schlammpressen .	2,0 ,,	,,
Verlust im Fallwasser	6,0 ,,	,,
Diverse Verluste	4,0 ,,	,,
Gesamter Dampfverbrauch	56,0 kg Dampf	

Nach *Classen* sind zum Anwärmen und Kochen der Rüben pro 100 kg ca. 45 kg Dampf von 2 Atm abs. nötig[2]).

Man sieht aus dieser Zusammenstellung, daß die Strahlungs- und Leitungsverluste sehr hoch sind, und daß in der Verkochstation viel Dampf kondensiert wird.

Die *Allgemeine Elektrizitätsgesellschaft*, Berlin hat in einer Druckschrift: „Wärmewirtschaft und Zentralisierung der Kraftanlage in der Zuckerfabrik", die Kraft- und Wärmeverhältnisse ausführlich behandelt und insbesondere die verschiedenen Verdampferarten des Dampfverbrauchs einer eingehenden Untersuchung unterzogen[3]).

---

[1]) Zentralblatt für die Zuckerindustrie 1913, S. 85, 255, 402ff.: Schnitzeltrocknung mit Kesselabgasen, und dieselbe Zeitschrift 1915, S. 829ff.: *Claassen*, Die Rübentrocknung. Die Schnitzel haben vor dem Pressen 6 Proz. Trockensubstanz, nach dem Pressen 14 Proz. Trockensubstanz und nach dem Trocknen ca. 85 Proz. Trockensubstanz.

[2]) Siehe auch *Schneider;* Abwärmeverwertung im Kraftmaschinenbetrieb, 7. Rübenzuckergewinnung. Julius Springer, Berlin.

[3]) Siehe auch Seite 240.

Es werden darin verglichen:

Normale Verdampfstation: 1 Vorverdampfer und 4 Verdampfer, nicht zentralisierte Kraftanlage mit Hoch- und Niederdruckkessel,
100 kg Rüben = 52,6 kg Kesseldampf, 47 kg Dampf der Verdampfstation;

Normale Verdampfstation: 1 Vorverdampfer und 4 Verdampfer, zentralisierte Kraftanlage mit Hoch- und Niederdruckkessel,
100 kg Rüben = 46,9 kg Kesseldampf, 44,5 kg Dampf der Verdampfstation;

Fünffach-Verdampferstation: 1 Vorverdampfer und 5 Verdampfer, zentralisierte Kraftanlage mit Hoch- und Niederdruckkessel,
100 kg Rüben = 44,8 kg Kesseldampf, 41,7 kg Dampf der Verdampferstation;

Druck-Verdampferstation: 3 Verdampfer, zentralisierte Kraftanlage mit Hoch- und Niederdruckkessel,
100 kg Rüben = 43,7 kg Kesseldampf, 40,6 kg Dampf der Verdampferstation; der Dampf ist mit 560 kcal per kg eingesetzt (Speisewasser von 100° C).

Die Raffinerien benötigen Kochdampf von 4 bis 5 Atm abs. zum Ausdecken des Granulated, zum Lösen und Eindicken. Das Auskochen der Knochenkohle und das Entfeuchten des Handelszuckers wird mit 1,5 Atm abs. bewirkt.

Die Zuckerbrote, die von den Zentrifugen oder Nutschen kommen, werden auf drei Arten getrocknet[1]):

a) Es erfolgt Lufttrocknung an erwärmter Luft.

b) Die Brote werden 12 bis 14 Stunden in Luftkammern bei 60 bis 70° C vorgetrocknet bei atmosphärischem Druck und sodann im Vakuum bei 10 bis 15 mm Quecksilbersäule 6 Stunden getrocknet; hiernach werden sie bei atmosphärischem Druck nochmals 2 bis 3 Tage nachgetrocknet.

c) Die Brote werden wie unter b) vorgetrocknet, hierauf bei 10 bis 15 mm Quecksilbersäule im Vakuum getrocknet, dann wieder 10 bis 12 Stunden auf 50° bei atmosphärischem Druck erwärmt und endlich nochmals in ein gleich starkes Vakuum gebracht. Die Dauer der Vakuumbehandlung beträgt jedesmal 6 Stunden.

Die Lufttrocknung unter a) erfordert für 100 kg fertigen Zucker 20 bis 30 kg Dampf, die Vakuumtrocknung unter b) oder c) nur 5 bis 6 kg Dampf.

Bei kombinierten Werken ändert sich im Dampfverbrauch nichts.

Nach anderen Angaben ist bei Zuckerfabriken der Wärmeverbrauch wie folgt.

Für 100 kg Rüben sind nötig:

Für Arbeitsleistung	1000 kcal
Für Anwärmen der Säfte auf die Temperatur des I. Körpers	12000 „
Für Zerlegen des Dicksaftes in Zucker und Melasse	6000 bis 8000 „
Für Verdampfen des Wassers aus den Preßschnitzeln	18000 „ 20000 „
Man benötigt also insgesamt	37000 „ 41000 „

Was den bei Kolbendampfmaschinen auftretenden Ölgehalt des Zwischen- oder Abdampfes anbelangt, so ist ihm keine große Bedeutung beizumessen, da das Öl an den nassen Verdampferflächen nicht haften bleibt und daher den Wärmeübergang wenig oder fast gar nicht beeinflußt.

---

[1]) *Dande*, Vorrichtungen zum Trocknen von Zucker. Zeitschrift des Vereins der deutschen Zuckerindustrie 1913, S. 283ff und Handbuch der chemischen Technologie, VI: Zucker von *Fischer*. Otto Wigand, Leipzig.

In der vorerwähnten Schrift der *Allgemeinen Elektrizitäts-Gesellschaft,* Berlin, ist auf den schwankenden Dampfverbrauch, besonders der Kocherei,

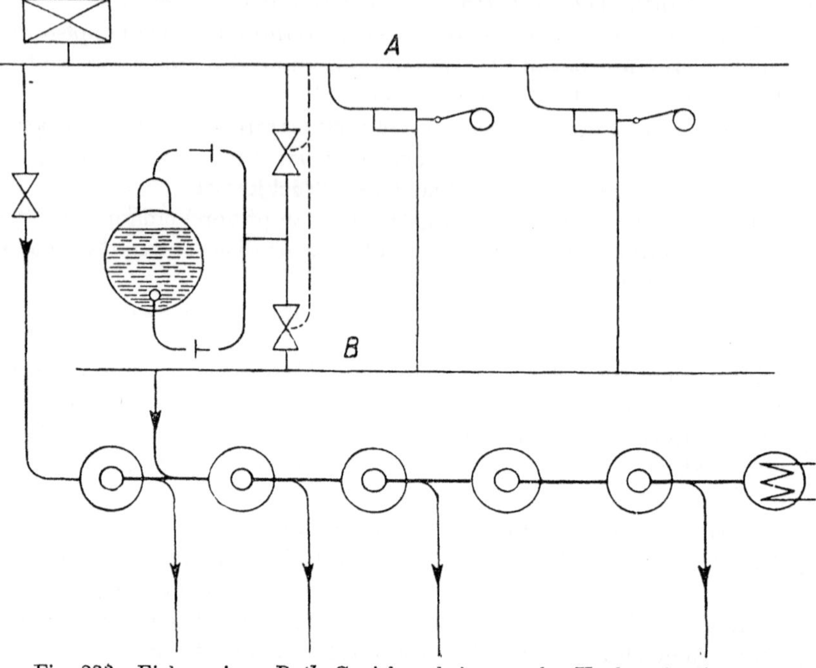

Fig. 233. Einbau eines *Ruths*-Speichers bei normaler Verdampfstation nach *Allgemeine Elektrizitäts-Gesellschaft,* Berlin.
A = Frischdampfnetz, *B* = Abdampfnetz.

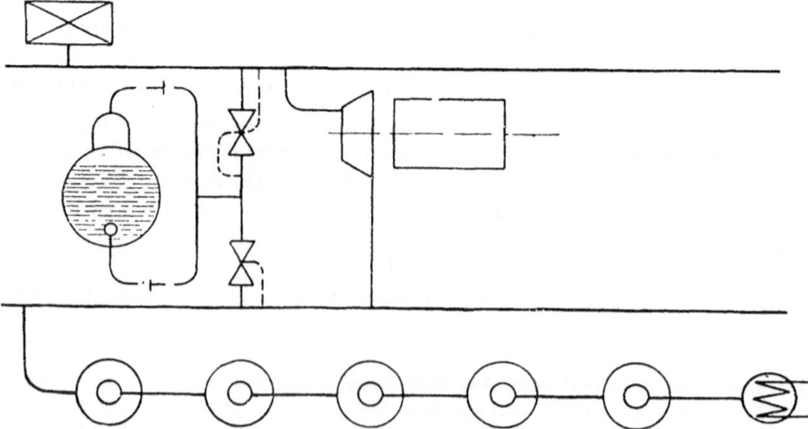

Fig. 234. Einbau eines *Ruths*-Speichers bei Fünffachverdampfung nach *Allgemeine Elektrizitäts-Gesellschaft,* Berlin.

und damit auch der ganzen Anlage hingewiesen. Es wird die ungleiche Belastung des Kesselhauses vermieden und die Erhöhung des Wirkungsgrades erreicht durch den Einbau eines *Ruths*-Wärmespeichers. In Fig. 233 und 234 ist die Anordnung des *Ruths*-Wärmespeichers für zwei Zuckerfabriken gezeigt. In Fig. 233 ist eine Anlage mit Niederdruckkesseln und Einzelantrieb dargestellt, der Speicher ist parallel zu den Kraftmaschinen geschaltet. In Fig. 234 ist zentralisierter Betrieb vorgesehen, der nur mit Hochdruckkesseln arbeitet[1]).

3. Textilindustrie[2]).

a) **Wärmebedarf der Spinnereien.** Alle Spinnereien benötigen Wärme im Winter zur Saalheizung; die Temperatur daselbst soll 20 bis 25° C betragen, wobei die Luft etwa 70 Proz. Feuchtigkeit enthalten soll. Es ist also die angewärmte Luft in Befeuchtungsapparaten zu befeuchten[3]). Zur Verdampfung dieses Wassers wird ein Teil Wärme verbraucht[4]).

Große Mengen warmes Wasser benötigt man zunächst zum Rotten oder Rösten des Flachses. Neben dem natürlichen Rösten kommt das künstliche Röstverfahren in Betracht. In Röstkästen von etwa 2,70 m Breite, 1,95 m Länge und 1,25 m Höhe werden 6½ bis 7 Zentner Strohflachs eingebracht. Diese Kästen werden in die Röstkanäle, die etwa 30° warmes Wasser enthalten, getaucht. Die Röstkanäle haben die in Fig. 235 dargestellte Form. Daraus ist der Gang der Kästen zu ersehen. Es werden stündlich 6 bis 8 cbm

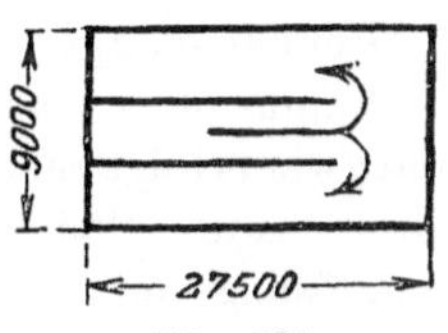

Fig. 235.

warmes Wasser durch die Kanäle geführt, die im ganzen 36 Kästen fassen. In 24 Stunden werden 5 Kästen eingesetzt und herausgenommen. Nach dem Rösten erfolgt die Trocknung auf Hordenwagen in 30 mm hoher Schicht. Die Hordenwagen werden in einen Doppelkanal mit je 12 nebeneinanderstehenden Wagen gebracht; bei der Einfahrt hat das zu trocknende Gut ca. 85 bis 90 Proz. Feuchtigkeit, bei der Ausfahrt 20 bis 30 Proz. Die Temperatur bei der Einfahrt wird 30 bis 40° C, bei der Ausfahrt 80 bis 90° C genommen. Die Trockenkanäle sind etwa 16 m lang, 6 m gesamt breit und 1,6 m hoch. Die Luft kann durch Abdampf erwärmt und durch Exhaustor bewegt werden.

Die Leinenspinnereien benötigen beim Naßspinnen warmes Wasser von ca. 30 bis 35°, durch das der Faden läuft. Nach dem Spinnen sind die Garne wieder in Trockenräumen zu trocknen.

Der Luftwechsel in den Spinnereien ist im Winter etwa ein 2- bis 3facher, im Sommer ein 3- bis 5facher für die Spinnsäle. In den Hordensälen ist er Winter und Sommer ein 4½- bis 5½facher wegen der starken Staubentwicklung.

---

[1]) Zentralblatt für die Zuckerindustrie 1922, Heft 43: Wärmewirtschaft der Zuckerfabriken in Verbindung mit Dampfspeichern und Hochdruckmaschinen von *Claassen*.

[2]) Von *Georgievics* und *Erban*, Gespinstfasern, Wäscherei, Bleicherei, Färberei, Druckerei, Appretur.

[3]) Siehe Seite 242.

[4]) *O. Gerold*, Die Entnebelung gewerblicher Betriebe, Sozialtechnik 1913, S. 25, und Die wirtschaftliche Bedeutung der Heizung, Befeuchtung und Entstaubung in der Karderie einer Hanfspinnerei, Sozialtechnik 1914, S. 25.

b) **Wärmebedarf der Weberei.** Warmes Wasser wird in der Schlichte, Wäscherei und Putzerei benötigt. Ferner werden die Trommeln der Schlichtmaschinen mit Niederdruckdampf von $1^1/_2$ bis $2^1/_2$ Atm abs. beheizt. Nach dem Schlichten erfolgt Trocknen mit Heißluft. Ist das Gewebe fertig, so wird die Schlichte, die bekanntlich für die Kettenfäden nötig ist, wieder ausgewaschen. Das Gewebe wird in mit Dampf geheizten Walzenmaschinen und in Zentrifugen getrocknet[1]). Hierauf wird nochmals durch Dampf in Bürstmaschinen eine Bearbeitung zwecks Erzielung einer glatten Oberfläche vorgenommen.

Man rechnet als Gesamtverbrauch für 100 kg geschlichtetes Garn, also einschließlich Kochen und Warmhalten der Schlichte, 310 bis 410 kg Dampf von $1^1/_2$ bis $2^1/_2$ Atm abs., für das Heizen der Trommeln von Schlichtmaschinen und das Trocknen mit Heißluft wird für 100 kg geschlichtetes Garn 140 bis 175 kg Dampf von $1^1/_2$ bis $2^1/_2$ Atm abs. gerechnet[2]).

c) **Wärmebedarf der Färberei**[3]). Man unterscheidet Faserfärbung, Garnfärbung und Stoffärbung.

Der Färbung geht vielfach die Wäscherei der Garne in warmem Wasser voraus.

Baumwollgarn wird in Strang-, Kopsform oder als Kette bearbeitet werden, und zwar erfolgt zuerst das Abkochen oder Bäuchen, dann das Spülen, Chloren, Absäuern und Spülen nach dem Absäuern. Das Abkochen in Ätznatron- oder Sodalösung von $2°$ Bé erfolgt in offenen Bäuchkesseln 10 bis 12 Stunden oder in Druckkesseln 5 Stunden bei 2 bis 4 Atm abs. Hierauf erfolgt Ausspülen mit warmem und kaltem Wasser und dann Zentrifugieren zur Entfernung des Wassers. Nach dem Chloren erfolgt Auswaschen in schwach angesäuertem und dann reinem, kaltem Wasser.

Flachs wird vornehmlich im Rasen gebleicht.

Hanf wird fast nicht gebleicht, Jute ähnlich wie Baumwolle, jedoch ohne Kochen mit Alkalien.

Wolle wird zunächst als Schweißwolle gewaschen in der sog. Vorwäsche bei $45°$ warmem Wasser. Die Apparate hierfür heißen Leviathan. Fig. 236 stellt einen solchen Apparat dar.

Durch a wird die Wolle untergetaucht, die Rechen bewegen sie, c schafft sie aus und preßt das Wasser aus.

Das Waschen der gesponnenen Wolle geschieht in heißem Wasser von 35 bis $45°$ C mit Seife und Soda; nach $1/_4$- bis $1/_2$ stündigem Waschen kommt das Garn in Zentrifugen zwecks Entfernen des Wassers.

Sowohl Wollgarne als auch Gewebe müssen carbonisiert werden, d. h. die pflanzlichen Verunreinigungen sind zu entfernen. Nach Imprägnierung mit 1 bis $2°$ Bé starker Schwefelsäure und Vortrocknung bei 30 bis $45°$ C erfolgt Erhitzung auf 80 bis $100°$ C.

[1]) Siehe auch Zeitschrift des Vereins deutscher Ingenieure Bd. 67, Nr. 11: Wärmewirtschaft in der Textilindustrie, von Prof. *Chr. Eberle*, Darmstadt, und Die Wärme 1924. Nr. 6, S. 261 bis 264.

[2]) Werkstatttechnik 17. Jg., Heft 20: Umbau der Tuchfabrik von Tannenbaum, Pariser & Co. in Luckenwalde, von *Schlesinger*.

[3]) *Löwenthal*, Handbuch der Färberei und Handbuch der chemischen Technologie. VII: Färberei der Gespinstfasern von *Fischer*. Otto Wigand, Leipzig.

Das Bleichen der Wolle geschieht mit schwefliger Säure, die durch Verbrennen von Schwefel erzeugt wird. Hierauf folgt das Waschen mit Wasser bei 25° C.

Seide wird von Sericin bei 90 bis 95° C in Marseiller Seifenlösung mit 30 bis 49 Proz. Seife gereinigt. Der Prozeß dauert etwa 2 Stunden. Nach Auswaschen mit schwacher Sodalösung erfolgt das Reparieren oder Weißkochen in schwächerem Seifenbade als zuvor. Hierauf erfolgt Spülen und Zentrifugieren. Das Bleichen erfolgt mit schwefliger Säure. Hierauf erfolgt kräftiges Auswaschen.

Um durch die Entfernung von Sericin beim Entbasten keinen zu großen Gewichtsverlust zu erhalten, wendet man das Assouplieren an. Es besteht in Netzen mit Seifenlösung, Bleichen in der Schwefelkammer sowie Behandlung einer 3° Bé-Mischung von 1 Tl. Salpetersäure und 5 Tl. Salzsäure und dem eigentlichen Souplieren, d. h. Behandlung in einem Bade von 50 bis 55° C $1^1/_2$ Stunden lang. Das Bad enthält 3 bis 4 g Weinstein per 1 l Wasser.

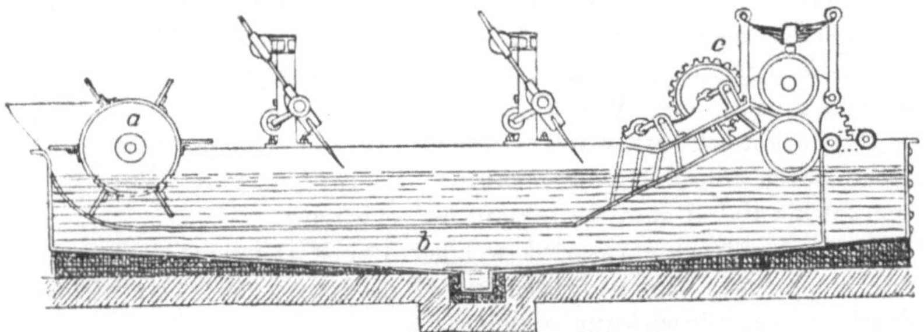

Fig. 236. Leviathan.

Tussahseide wird in heißem Sodabade und Seifenbade bearbeitet. Bleichen geschieht hier mit Wasserstoffsuperoxyd oder ähnlichen Bleichmitteln.

Das Waschen der Gewebe der verschiedenen Faserstoffe erfolgt ähnlich, nur müssen die Apparate für die Führung der Gewebe eingerichtet werden.

Das Färben erfolgt in der Hauptsache in kaltem oder warmem oder heißem Wasser. Das Färben erfolgt im Einbad- oder Zweibadverfahren, je nachdem nur in einem Bade oder in zwei Bädern, eines für Beizen und eines für Färben, gearbeitet wird. Beim Färben erfolgt zunächst die Herstellung der Farbstofflösungen in heißem oder Kondensationswasser, das jedoch ganz frei von Öl sein muß. Das Färben geschieht bei losen Fasern, bei Garnen und bei Geweben; nach dem Färben erfolgt das Ausspülen und Zentrifugieren sowie Trocknen.

Der Färbeprozeß bei Baumwolle auf ungebeizter Wolle mit Teerfarbstoffen der Benzidin- oder Diaminfarben erfolgt im kochenden Bade. Bei Schwefelfarbstoffen wird in kaltem oder warmem Bade neben dem kochenden Bade gearbeitet.

Der Färbeprozeß bei Baumwolle auf gebeizter Wolle erfolgt mit basischen Farbstoffen zunächst dadurch, daß man die Baumwolle im heißen Bade bis

15 Stunden beizt. Hierauf erfolgt halbstündiges Verweilen in einem zweiten
Bade gewöhnlicher Temperatur, 15 bis 20° C. Das Färben erfolgt in einem
weiteren Bade, dem allmählich unter Temperaturerhöhung bis 60° C die Farb-
stofflösung zugesetzt wird.

Bei Alizarinfarbstoffen erfolgt die Beize bei Altrot durch mehrmaliges
Einbringen in eine Lösung mit ranzigem Olivenöl, Turnantöl genannt, und
Soda, und jedesmaligem Trocknen bei 60° C. Nach Einweichen der Baumwolle in Wasser und Trocknen bringt man die Ware in ein Tanninbad, Alaun-
bad und schwefelsaures Tonerdebad. Nach Auswaschen erfolgt das Einbringen
in das Alizarinbad, das langsam bis 100° erhitzt wird. Bei dieser Temperatur
bleibt die Ware ½ bis 1 Stunde. Hierauf erfolgt das Avivieren mit Soda
und Seife, evtl. auch Zinnsalz. Nach diesem Prozeß erfolgt das Schönen,
d. h. eine zweimalige Behandlung mit heißer Sodalösung. Bei Färbung als
Neurot ist der Beiz- und Färbeprozeß etwas einfacher.

Farbstoffe, die sich erst auf der Faser bilden, machen auf ihr einen Oxy-
dationsprozeß durch. Das Garn wird nach ½ stündigem Aufenthalt bei
gewöhnlicher Temperatur in dem Einbadschwarz langsam bis 60° erwärmt,
worauf der Färbeprozeß zu Ende ist. Hierauf folgt Spülung und Auswaschen
mit Seife in lauwarmem Wasser.

Bei Oxydationsschwarz erfolgt zunächst das Einbringen der Ware in ein
Spezialbad bei gewöhnlicher Temperatur. Hierauf wird die Ware in warmer
Luft von 30 bis 40° allmählich bis auf 60° erwärmt.

Das Dampfanilinschwarz wird weniger bei Färbereien als bei Schwarz-
druckereien erzeugt. Das aufgedruckte Muster wird dem Dampf ausgesetzt
und durch dessen Einwirkung erzielt.

Sehr wichtig ist auch das Färben mit Küpenfarbstoffen. Die Küpen
werden bei 40 bis 50° C angesetzt und heißen Stammküpen. Nach Reduktion
der Farbstoffe zu Leukoverbindungen wird die Lösung in der Färbeküpe
entsprechend verdünnt. Nach der Färbung und Oxydation der Ware an der
Luft erfolgt Ausspülen, Absäuern und Trocknen.

Die Indanthrenfarben werden in der Hydrosulfitküpe bearbeitet und dann
wie zuvor mit der Färbung vorgegangen. Gleiches geschieht bei den Algol-
farbstoffen und den Cibafarbstoffen.

Der Färbeprozeß bei Wolle erfolgt bei basischen Farbstoffen durch Ein-
geben der Wolle in das 20° warme Bad und darauffolgendes Erhitzen bis zur
Siedetemperatur. Das Kochen dauert dann ½ Stunde, worauf Abkühlen in
dem Bade, Spülen und Trocknen erfolgt.

Saure Farbstoffe färben in kochendem Bade.

Benzidinfarbstoffe werden zum Färben in Bädern verwandt, die von normaler Temperatur bei eingebrachter Wolle auf Siedetemperatur erhitzt werden. Das Kochen währt dann etwa 1 Stunde.

Beizenfarbstoffe können im Einbad- und Zweibadverfahren verwandt
werden. Im Einbadverfahren, das nur für helle Farben brauchbar ist, wird
nach dem Beizen des Stoffes in das gleiche Bad die Farbe eingebracht. Der
Prozeß, der natürlich Dampf erspart, erfolgt wie das Zweibadverfahren.

Wolle wird in einem Bade, das Kalium- oder Natriumbichromat enthält, bei Siedetemperatur mit einer Chromverbindung belegt. Nach dem Beizen wird die Wolle gespült und in das Färbebad gebracht. Die Wolle kommt bei 25 bis 35° in das Färbebad, das bis zur Siedehitze erwärmt wird.

Indigofarbstoffe werden wie bei Baumwolle in Hydrosulfitküpen bei 50° konstanter Temperatur zur Wollfärbung verwandt.

Bei Seide kommt das Erschweren und Färben in Betracht. Ersteres geht dem Färbeprozeß voraus oder mit ihm zusammen.

Bei Erschweren und Buntfärben erfolgt zunächst das Pinken, d. h. Einbringen in ein 30° Bé-Bad von Doppelchlorzinn. Nach einstündigem Aufenthalt darin wird die Seide ausgewaschen und ausgeschleudert. Hierauf geht sie in ein 60° warmes Natriumphosphorbad von 5 bis 10° Bé $^1/_2$ bis 1 Stunde. Hierauf folgt Waschen. Dieser Prozeß kann zweimal erfolgen, so daß Seide wieder bis pari kommt. Bei Erschwerung über pari erfolgt Ziehen durch eine 2 bis 4° Bé starke Wasserglaslösung von 40° C. Hierauf erfolgt Waschen und Absäuern und dann das Färben; in das Bad geht man bei 60° C und steigert die Temperatur bis 100° C. Den Schluß bildet das Spülen und Avivieren.

Bei Schwarzfärben erfolgt das Erschweren in einer Eisenbeize oder Gerbstoffbeize. In dieser Beize bleibt die Seide 1 Stunde bei 15° C. Nach dem Waschen kommt sie in ein Seifenbad von 100° C. Diesem Bade folgt ein angesäuertes in Ferrocyankalium; dann Auswaschen und Einbringen in ein siedendes Bad von Catechu, dessen Temperatur nach kurzer Zeit auf 70 bis 60° erniedrigt wird. Die Seide bleibt hier etwa 6 Stunden. Je nach der Beschwerung erfolgt ein zweites Bad ähnlicher Zusammensetzung. Nunmehr kommt die Seide in das Färbebad von anfangs 60°; die Temperatur steigt bis 95°. Hierauf folgt Auswaschen und Trocknen.

Kunstseide wird mit basischen und substantiven Farbstoffen behandelt.

Wie ersichtlich, ist in der Färberei sehr viel Dampf, heißes Wasser und warme Luft nötig. Im allgemeinen genügen Dampfspannungen bis 3 Atm abs., meist $1^1/_2$ Atm abs. Man sollte daher stets den Dampf zuvor in einer Maschine entspannen. Der Kraftbedarf einer Färberei gibt zu wenig Abdampf für Heizzwecke; es ist also stets Frischdampf nötig. Besonderen Wert hat man auf gute Isolation aller Leitungen zu legen; dieses Moment wird heute noch in vielen Färbereien viel zu wenig gewürdigt.

Am besten verwendet man niedrige Spannungen, 6 bis 7 Atm abs., die dann auf $1^1/_2$ bis 3 Atm entspannt werden.

Die Erhitzung der Bäder erfolgt entweder durch direkte Dampfzuführung oder durch Erhitzung mittels Rohrschlangen. Im ersteren Falle wird das Bad immer mehr verdünnt. In den Färbereien sind durch vorgetrocknete Luft Entnebelungsanlagen anzubringen. Besonderen Wert sollte man auch auf die Isolation der Küpen, der Metallbassins, legen. Wohl die meisten mittleren und kleineren Färbereien könnten hier gegenüber den jetzigen Verhältnissen 20 bis 40 Proz. Wärme sparen. Große Textilfabriken dürfen grundsätzlich keinen Frischdampf zur Färberei brauchen. Er kann bei den vielen hundert Pferdestärkenmaschinen immer als Zwischen- oder als Abdampf entnommen werden. Ein Beispiel zeigt eine von *Gebr. Weissbach* in Chemnitz ausgeführte Anlage. Eine Färberei in Greiz i. V. benötigte stündlich 78 t Dampf aus 28 Kesseln mit 3200 qm Heizfläche, wovon 3 Stück Hochleistungskessel 1000 qm 16 Atm abs. hatten, die übrigen 5 bis 12 Atm abs. Die Krafterzeugung erfolgte durch zwei Kondensationsmaschinen von 120 und 180 PS und einige kleinere Maschinen. Nach dem Umbau für 4 Hochleistungskessel leistet die Gegendruckturbine 1400 kW-St. bei 32 t Dampf stündlich, der, da vollkommen ölfrei, zur direkten Beheizung von Färbe- und Kochbehältern verwendet wird. Das Werk gebraucht 400 kW-St. für sich, 1000 kW-St. gibt es ans Elektrizitätswerk ab[1]).

d) **Appreturanstalten und Bleichereien**[2]).

Die Kalander, Pressen und Dekatierapparate benötigen bei richtiger Dimensionierung nur Dampf von $1^1/_2$ bis $3^1/_2$ Atm abs. Die Walkmaschinen arbeiten mit Wasser bis 30° C. Die Trockenkammern haben Luft von 40 bis 55°. Alle diese Operationen lassen sich mit Abdampf bewerkstelligen.

e) **Wäschereien**[3]).

Der Dampfverbrauch in den Wäschereien ist sehr groß zur Bereitung von heißem Wasser von 100°. Bei richtigem Betrieb der Waschmaschinen, zweckentsprechender Isolation dürfte jedoch in manchen Wäschereien der Abdampf der Kraftmaschine ausreichen.

Bei den Färbereien, Appreturanstalten und Wäschereien, sofern sie nicht an große Webereien oder Spinnereien angeschlossen sind, ist die Aufstellung von Dampfmaschinen nötig, die einen geringen thermodynamischen Wirkungsgrad haben. Der hier fehlende Wirkungsgrad wird durch die zweckmäßige Verwendung der Abwärme ersetzt.

Kleine Färbereien haben Dampfmaschinen von 15 bis 40 PS_e. Diese sind Einzylindersattdampfauspuffmaschinen. Wenn sie bei 7 Atm abs. und 2,5 Atm abs. Gegendruck für 1 PS-St. 12 000 kcal benötigen, so ist der Dampfverbrauch von 7 Atm Sattdampf

$$\text{bei 15 PS} \ldots \ldots \ldots 276 \text{ kg per Stunde}$$
$$\text{„ 40 „} \ldots \ldots \ldots 736 \text{ „ „ „}$$

Es enthält also der Abdampf von $2^1/_2$ Atm abs.

$$\text{bei 15 PS} \ldots \ldots 167\,646 \text{ kcal per Stunde}$$
$$\text{„ 40 „} \ldots \ldots 446\,825 \text{ „ „ „}$$

Damit können bei 80 Proz. Wirkungsgrad und Ausnutzung bis 30° C erzeugt werden per Stunde

bei 15 PS	500 kg Wasser von 100°		bei 40 PS	1300 kg Wasser von 100°
	+ 750 „	„ „ 60°		+ 2000 „ „ „ 60°
	+ 1300 „	„ „ 30°		+ 3560 „ „ „ 30°

Es ergibt sich somit der thermodynamische Wirkungsgrad der Anlage bei 15 und 40 PS zu 79 Proz. gegenüber dem thermodynamischen Wirkungsgrad

---

[1]) Die Bedeutung des Ruths-Speichers f. Färbereien von *Christ.* Die Wärme 1924, Nr. 46.

[2]) Handbuch der chemischen Technologie VII: Bleicherei von *Fischer.* Otto Wigand, Leipzig.

[3]) *Spiegelberg,* Allgemeine Angaben über Wäschereianlagen. Gesundheits-Ingenieur 1919, S. 61.

der Anlage bei Verwendung von Frischdampf für die Dampfmaschine von 8000 kcal/PS-St. und Frischdampf für die Heißwasserbereitung von ca. 47 Proz.

4. Bierbrauerei.

Der Wärmebedarf einer Brauerei[1]) wird nach dem Bierausstoß bemessen. Er beträgt bei Natureiskühlung, ausschließlich der Mälzerei, für 1 hl Bierausstoß

bei den besten Brauereien . . . . 70 000 kcal
„ „ durchschnittlichen Brauereien 85 000 bis 120 000 „

oder in Kohle von 7500 kcal umgesetzt:

bei den besten Brauereien . . . . 9,3 kg
„ „ durchschnittlichen Brauereien . . 11,5 bis 16,0 „

Bei Kühlung mittels einer Kältemaschine verdoppeln sich die vorgenannten Zahlen.

Der Energiebedarf zerfällt in **Kraftbedarf** für Beleuchtung, Wasserbeschaffung, Aufzüge, Treberpresse, Antrieb von Rührwerken, Maischpumpen, Würzepumpen, Eismaschine und deren Hilfsmaschinen, Flaschenkellerei und bei Malzfabrikation, ferner für Förderanlagen von Gerste und Malz, mechanische Wender des Keimgutes, Maschinen zum Sortieren und Reinigen der Gerste sowie des Malzes und Putzen der Gerste, und in **Heizbedarf** zu Kochzwecken, Warmwasserbereitung und Trocknen.

Der Prozeß zerfällt in:

a) Verarbeitung des Hopfens,

b) Verarbeitung der Gerste und

c) Herstellung des Bieres.

a) Hopfen wird bei 22 bis 65° C getrocknet. Die Trocknung erfolgt auf Darren mit direkter Feuerung oder mit Abdampfheizung.

b) Gerste[2]) wird bei 50 bis 60° C in etwa 24 Stunden getrocknet. Hierauf erfolgt die Bereitung des Grünmalzes. Zunächst wird der Gerste in den sog. Weichen Wasser zugeführt. Diese Zuführung des Wassers geschieht bei 30° bis 32° C. Hierauf läßt man die Gerste 4 Stunden stehen, wäscht gründlich ab, gibt dann Kalkwasser von 25° C, läßt 4 Stunden wiederum stehen, gibt dann Wasser von 20° C und läßt abermals 4 Stunden stehen. Hierauf wäscht man mit Luft ab und läßt die Gerste 6 Stunden ohne Wasser stehen. Die Gerste bleibt daraufhin 6 Stunden mit Wasser von 20° C und dann wieder 6 Stunden ohne Wasser stehen. Nach etwa 2 bis 4 Tagen oder später fängt dann die Gerste an zu spitzen. Bei manchen Gerstensorten tritt an Stelle der sog. zuvor erwähnten Warmwasserweiche die Heißwasserweiche mit Wasser von 40 bis 50° auf kurze Zeit, 20 bis 30 Minuten. Nachdem die Gerste nunmehr die Quell-

---

[1]) Ausführliches siehe: *Max Delbrück*, Illustriertes Brauereilexikon. Paul Parey, Berlin; und *Schneider*, Abwärmebedarf im Kraftmaschinenbetrieb. Julius Springer, Berlin, dem teilweise die Bedarfszahlen für mechanische und kalorische Energie und die Figur 238 entstammen, ferner *Thausing*, Bierbrauerei und *Moritz* und *Moris-Windisch*, Brauwissenschaft.

[2]) Handbuch der chemischen Technologie VI: Bierbrauerei, Malzbereitung von *Fischer*. Otto Wigand, Leipzig.

reife erreicht hat, erfolgt das Ausweichen und der Transport auf die Tenne zum Keimen. Man unterscheidet:

Tennenmälzerei,   Kastenmälzerei und

Trommelmälzerei[1]).

Für 100 kg Gerste sind 2,0 bis 2,4 hl Inhalt der Weiche nötig. Es bedürfen 100 kg Gerste beim ersten Einweichen 2,0 hl, bei jeder Erneuerung des Wassers dann 1,2 hl und beim Reinigen 0,5 hl Wasser.

Bei der Tennenmälzerei rechnet man auf 100 kg = 1,5 bis 1,6 hl Trockengerste 3,4 qm Grundfläche. Auf der Tenne wird das sog. Grünmalz erzeugt; die Gerste beginnt zu keimen und bekommt 6 bis 8 mm lange Würzelchen. In diesem Stadium (8 Tage) wandert das Grünmalz auf den Schwelkboden und wird dort vorgetrocknet. Die Grundfläche des Schwelkbodens beträgt $^1/_2$ bis $^1/_3$ derjenigen der Tennen. Vom Schwelkboden kommt das Grünmalz auf die Darre. Man unterscheidet:

Plattendarren,   Jalousiedarren,

Rauchdarren,   Vakuumdarren,

Luftdarren,   Trommeldarren,

Strahlrohrdarren,   Walzendarren.

Zwei-, Drei-Hordendarren,

Wichtig ist hier die Heizvorrichtung und die Luftregulierung. Die Heizvorrichtung ist selten direkte Befeuerung, die sog. Rauchmalze ergibt. Meist wird indirekte Feuerung verwandt, indem die Heizgase durch Rohre geleitet werden und so die Luft erwärmen. Bei Dampfheizung erfolgt die Beheizung wie bei der indirekten Feuerung. Sehr wichtig beim Darren ist die Einhaltung der Temperatur und die Zufuhr von frischer, erwärmter Luft. Im Mittel ist die Temperatur 50 bis 60° C, die Darrzeit 46 Stunden. Evtl. wird bei 95 bis 100° C noch abgedarrt. Man rechnet auf 100 kg Trockengerste 320 bis 380 l Grünmalz und 75 bis 80 kg Darrmalz. Das Verhältnis der Tennenfläche zur Darrfläche ist 13,3 : 1 bis 21,2 : 1. Ferner rechnet man 50 bis 60 kg Darrmalz auf 1 qm Grundfläche in 24 Stunden. Was den Wärmebedarf anbetrifft, so rechnet man für 100 kg helles, geputztes Darrmalz auf Zweihordendarren 140 000 bis 154 000 kcal, auf Dreihordendarren 100 000 bis 110 000 kcal bei einer Darrzeit von 24 Stunden. Für dunkles Malz, das 48 Stunden gedarrt wird, ist der Wärmeverbrauch derselbe. Es rührt dies daher, daß für 1 qm Hordenfläche bei hellem Malz 150 bis 200 mm, bei dunklem 250 bis 300 mm hoch geschüttet wird.

Bei der Kastenmälzerei hat man auf 1 qm Hordenfläche 350 kg Gerste aufgeweicht, also etwa 800 mm Schütthöhe. Man bedarf dabei für 100 kg täglich zu verarbeitender Gerste für den Ventilator, Anfeuchtapparat und Wender 9 bis 12 PS, der Wärmebedarf beträgt für 100 kg helles, geputztes Darrmalz etwa 60 000 bis 90 000 kcal.

Bei der Trommelmälzerei hat man die Systeme von *Galland*, von *Schwager* und von *Topf & Soehne* in Erfurt. Bei der letzteren Anordnung hat man bei 10 t Gerstenschüttung für die Trommeldrehung 0,9 PS, für die Wasserdruck-

---

[1]) Siehe auch Seite 424.

pumpe von 6 Atm 1,5 PS und den Ventilator von 1,5 cbm-Sec 5,5 PS. Der Wasserbedarf einer Trommel ist per Tag 3,5 cbm. Die Keimdauer ist hierbei etwa 192 Stunden; 42 Stunden wird die Trommel gedreht, 150 Stunden ist sie in Ruhe. Die Trommeln fassen 4000 bis 15 000 kg Gerstenschüttung.

Die Trocknung erfolgt bei Kasten- und Trommelmälzerei wie bei Tennenmälzerei.

Vielfach wird das Malz von 5 bis 6 Proz. noch auf 3 bis $2^1/_2$ Proz. getrocknet. Dieses Nachtrocknen geschieht bei 95° bis 100° C (Abdarren).

c) Bierbereitung. Das geschrotete Malz wird zunächst eingemaischt[1]). Die hierbei in Betracht kommende Temperatur schwankt in weiten Grenzen; sie ist im Mittel 40 bis 50° C. Man benötigt für 1000 kg Malzschüttung etwa 30 bis 35 hl Wasser. Die Heizung erfolgt mit Abdampf oder Zwischendampf von 1,5 bis 3 Atm abs. Nach dem Einmaischen kommt der Inhalt des Maischbottichs in die Maischpfanne und von dort in den Läuterbottich oder auf Maischfilter. Hier erfolgt die Trennung der festen Bestandteile, der Treber und der gelösten Bestandteile, der Stammwürze oder Vorderwürze voneinander. 1000 kg Malzschrot ergeben 1,5 bis 2,0 cbm Treber im Bottich. Diese liegen 300 bis 400 mm hoch, also hat man für 1000 kg Malzschrot 5 bis 7 qm Bodenfläche. Die Höhe des Läuterbottichs ist etwa $^1/_4$ des Durchmessers. Nach Ablaufen der Stammwürze werden die Treber nochmals ausgewaschen (Anschwänzen genannt). Die sog. Nachwürze, welche die noch in den Trebern enthaltene Würze und die Verzuckerung der noch nicht aufgeschlossenen Stärke enthält, wird mit der Stammwürze vereinigt. Die Treber werden nochmals mit Wasser behandelt. Dieses sog. Glattwasser wird in der Spiritusfabrikation und als Viehfutter verwertet. Das Anschwänzwasser hat 80 bis 90° C, das Glattwasser 70 bis 80° C. 1000 kg Malzschüttung benötigen 40 bis 52 hl Anschwänzwasser. Die so erhaltene Würze wird in der Würzpfanne eingedampft.

Das Maischen zerfällt in das Dekoktions- oder Kochverfahren und das Infusions- oder Aufgußverfahren.

Das Dekoktionsverfahren teilt sich in das Dreimaischverfahren, das Zweimaischverfahren, das Einmaischverfahren, das Kurzmaischverfahren, das Eiweißrastverfahren, das Druckmaischverfahren, das *Schmitz*sche Verfahren, das Springmaischverfahren und das Maischverfahren mit sortiertem Malzschrot. Es arbeiten fast alle diese Verfahren mit atmosphärischem Druck. Sie benötigen in diesem Falle für 1000 kg Malz ca. 800 kg Dampf von 2 Atm abs., bei Druckmaischverfahren bei 2 bis $2^1/_2$ Atm abs. 700 bis 720 kg Dampf. Es beträgt beim Dreimaischverfahren die Temperatur der entnommenen Maische:

nach dem ersten Sud (1. Maische) 50 bis 52° C,

nach dem zweiten Sud (2. Maische) 62 bis 65° C

und

nach dem dritten Sud (3. Maische oder Abmaischen) 70 bis 75° C.

---

[1]) Handbuch der chemischen Technologie VI: Bierbrauerei, Bereitung der Bierwürze von *Fischer*. Otto Wigand, Leipzig.

Der erste und zweite Sud resp. die erste und zweite Maische heißen Dickmaische, die dritte Maische heißt Läutermaische.

Bei den anderen Verfahren wird nur in zwei oder einer Operation gemaischt; ferner wird die Temperatur und die Zeit des Maischens entsprechend variiert.

Beim Infusions- oder Aufgußverfahren ist kein Maischekochen vorgesehen. Es wird die Maischtemperatur entweder durch Einmaischen mit Wasser von über 75° C und Abkühlung erzielt oder durch Erwärmen auf die Maischtemperatur. Selbstredend ist bei diesen Verfahren weniger Wärme als beim Dekoktionsverfahren nötig. Es ist nur die letztere, die sog. aufwärtsmaischende Infusion, in mannigfaltigen Maischverfahren üblich.

Im Läuterbottich rechnet man auf 1000 kg Einmaischmenge 400 kg Dampf. Der Läuterbottich hat meistens wie die Maischpfanne einen Doppelboden, um die richtige Temperatur zu erreichen.

Nach der Vereinigung der Stamm- oder Vorder- und der Nachwürze bringt man diese Mischung in die Sudpfanne oder Hopfenpfanne, in der gekocht wird. Dort wird die Würze konzentriert, sterilisiert, und die koagulierbaren Eiweißstoffe werden abgeschieden. Ebenfalls hier erhält das Bier die richtige Farbe und den Geschmack. Diese Sudpfannen haben meist Doppelböden, die mit Dampf von 1,5 bis 3 Atm abs. geheizt werden und Wirkungsgrade von 88 bis 93 Proz. haben. Bei Würzen nach dem Dekoktionsverfahren wird $1^1/_2$ bis 3 Stunden, nach dem Infusionsverfahren bis 5 Stunden gekocht. Man benötigt für 1000 kg Malz. 1300 bis 3100 kcal. Ist der Kochvorgang beendet, so kommt die Würze in die Kühlschiffe oder Kühlapparate. Die Kühlung erfolgt durch Luft, Kühlwasser oder Berieselungskühler. Es wird dabei entweder normal kaltes Wasser oder mit Eis gekühltes Wasser verwandt. Aus den Kühlapparaten läuft die Würze in die Gärbottiche[1]) und von da in die Lagerfässer. Die Gärbottiche und Lagerfässer liegen in gekühlten Räumen. Man rechnet hierbei bei Kühlung durch Sole in eisernen Rohren, einschließlich des Verlustes durch Beeisen der Rohre, für 1 qm Rohroberfläche, 1° Temperaturdifferenz und 1 Stunde 12 kcal. Das Salzwasser von $-3°$ C und die Deckentemperatur von $+2°$ C des Kellers bei 0° Bodentemperatur des Kellers entführt pro 1 m Rohrlänge von 50 mm lichter Weite und 170 mm Umfang in der Stunde 10,2 kcal. Bei direkter Verdampfung des Kältemediums in den Rohren der Keller hat man für 1 qm Rohroberfläche, 1° Temperaturdifferenz und 1 Stunde 10 kcal Wärmeentführung. Mehr als 250 m Rohr bei Sole und 200 m bei direkter Verdampfung geben am Ende der Rohre an der Wärmeabführungsstelle zu hohe Temperaturen. Die Kälte, die dem Gärkeller zugeführt wird, geschieht vielfach durch Luftumlaufkühlung. Im Lagerkeller ist ruhende Kühlung vorgesehen. Man benötigt für 1 qm Grundfläche bei täglich

10 Betriebsstunden im Lagerkeller	4,90,	Gärkeller	6,54 m
15	„	„	„	3,27,	„	4,36 „
20	„	„	„	2,45,	„	3,27 „
24	„	„	„	2,04,	„	2,56 „

---

[1]) Handbuch der chemischen Technologie VI: Bierbrauerei, Gärung von *Fischer*. Otto Wigand, Leipzig.

Kühlrohre von 50 mm lichtem Durchmesser. Diese Zahlen entsprechen für 1 qm Grundfläche einer stündlich zu entführenden Wärmemenge

$$\begin{array}{ll}
\text{im Lagerkeller} \ldots\ldots\ldots & \text{von } 500 \text{ kcal} \\
\text{„ Gärkeller} \ldots\ldots\ldots & \text{„ } 667 \text{ „}
\end{array}$$

Nach der Lagerung ist noch in der Flaschenabführung Kälte und in der Küferei sowie Faß- und Flaschenreinigung Wärme nötig.

Der Wasserverbrauch und Kraftbedarf für die Faßreinigung beträgt für 200 Fässer in 1 Stunde bei 1 Atm Wasserüberdruck am Spülkopf

$$\begin{array}{ll}
\text{bei 2 Spülköpfen.} \; . & 4{,}5 \text{ bis } 5 \text{ cbm und } 2{,}5 \text{ PS} \\
\text{„ 3 „ . .} & 6 \text{ „ „ } 3{,}0 \text{ „}
\end{array}$$

Der Wasser- und Kraftbedarf beträgt pro Stunde für 1000 Flaschen:

$$\begin{array}{l}
0{,}300 \text{ bis } 0{,}600 \text{ l für die Weiche,} \\
0{,}200 \text{ l für die Bürstmaschine,} \\
0{,}200 \text{ l für je einen Ausspritzapparat}
\end{array}$$

bei 1,5 PS.

Man rechnet bei 1000 kg Malzschüttung = 52 hl Bier im Mittel 20 bis 35 hl Warmwasser für die Reinigung der Flaschen und Fässer.

Weiter wird noch Wärme für die Trebertrocknung und die Hefefabrikation benötigt.

Die Treber werden von 80 Proz. Wassergehalt entweder direkt auf 8 bis 10 Proz. getrocknet oder zuerst auf ca. 50 Proz. ausgepreßt und dann auf 8 bis 10 Proz. Wassergehalt getrocknet. Im ersteren Falle geben 1000 kg Einmaischmasse 1300 kg nasse, 80 Proz. Treber und 330 kg Trockentreber. Für 1000 kg Naßtreber sind 770 bis 850 kg Abdampf nötig. Bei auf 50 Proz. abgepreßten Trebern rechnet man auf 1000 kg ungepreßte Treber 460 bis 540 kg Abdampf.

Die Naßluft hat 80 Proz. Feuchtigkeit; sie wird nach dem Ablassen aus den Gärbottichen zunächst gewaschen und auf Tellertrockenapparaten bis auf 5 Proz. Wassergehalt getrocknet. Dies kann mit Abdampf von 2 bis 5 Atm abs. geschehen. Es gibt auch Apparate (*Oschatz*), die 6 bis 8 Atm abs. benötigen. Man erhält aus 1000 kg Malzschüttung = 52 hl Bierausstoß, 2 bis 2,2 hl dickbreiige Hefe.

Was nun den Gesamtdampfbedarf[1]) einer Brauerei anbelangt, also den Dampfbedarf für Kraft und Heizzwecke, so ist derselbe für 1000 kg Malzschüttung 6000 bis 10 000 kg bei Natureiskühlung. Er ergibt für

Warmwasser		
für Reinigungszwecke	40 bis 50°	20 bis 30 hl
zum Einweichen	40 „ 50°	20 „ 30 „
„ Einmaischen	40 „ 50°	30 „ 35 „
Heißwasser		
zum Anschwänzen	70 „ 90°	40 „ 50 „

---

1) *Spalek,* Über Kohlenökonomie in Brauereibetrieben. Zeitschrift des österreichischen Ingenieur- und Architektenvereins 1915, S. 521 ff.

Dampf
   für die Gerstentrocknung . . . . . . 2 Atm abs.   gering
    „   „ Hopfendarre . . . . 2 „   „   „
    „   „ Malzdarre . . . . 2 „   „   „
    „   „ Maischpfanne . . . . . 1,5 bis 3 „   „   800 kg
    „ den Läuterbottich . . . . . 1,5 „ 3 „   „   400 „
    „ die Sudpfanne . . . . . . 1,5 „ 3 „   „ 1300 bis 3000 kg
    „   „ Trebertrocknung . . . . 1,5 „ 3 „   „   770 „ 850 „
    „   „ Hefetrocknung . . . . 1,5 „ 3 „   „   gering

Dabei kann man annehmen, daß, wenn alle Kondensabwässer soweit wie möglich noch verbraucht werden, vom Zwischen -und Abdampf benötigt wird:

    für Wasser- und Heißwasserbereitung . . .   8 bis 12 Proz.
    „ Maischen und Abläutern . . . . 30 „ 38 „
    „ Würzekochen . . . . 48 „ 58 „

Der Kraftbedarf, bei dem der Heizdampf durch Zwischen- und Abdampfentnahme gewonnen werden kann, ist bei künstlicher Kühlung mittels des Kompressionssystems viel höher als bei Natureiskühlung. Während des Sommerbetriebes ist der Kraftbedarf für die Kühlmaschine ebenso groß wie für sämtliche anderen Brauereimaschinen zusammen. Im Winter bedarf die Kühlmaschine weniger Kraft.

Man rechnet bei Betrieben mit 1 Sud bei täglich bis 30 Ztr. = 600 kg Schüttung, für 1 Ztr. = 50 kg Schüttung, je 1 PS, einschließlich einer kleinen Mälzerei, ohne diese 0,75 PS. Die Unterlagen für den Kraftbedarf schwanken sehr; nachstehende Tabelle gibt einen Überblick über den Kraftbedarf in PS per 1 Stunde bei

	Schüttung Ztr.	Maschinen innerhalb des Sudhauses PS	Schroterei PS	Gesamt PS	Für 1 Ztr. = 50 kg Schüttung PS
1	20	21,1	6,0	27,1	1,36
2	40	33,2	15,0	48,2	1,21
3	64	—	—	77,8	1,23
4	70	35,3	15,1	50,4	0,72

Bei 1 hat man eine elektrisch angetriebene Transmission;
bei 2 in Sudhaus und Schroterei besondere Elektromotoren;
bei 3 eine gemeinsame Dampfmaschine;
bei 4 in Sudhaus und Schroterei besondere Elektromotoren.

Zu bemerken ist noch, daß bei 2 die Arbeit des Rückbeförderns des Dampfwassers der Braupfannen in die Kessel eingeschlossen ist, sowie gleichzeitig die Treber-Schneidevorrichtung lief. Diese beiden Arbeiten bedingen per 1 Ztr. = 50 kg Schüttung, 0,37 PS.

1 und 3 haben gewöhnliche Rührwerke,
2 und 4 haben Propellerrührwerke.

Man hat ferner

Bei einer Schüttung von Ztr.	Im Maischbottich PS	In der Würzepfanne PS	In der Maischpfanne PS	Umhacker im Läuterbottich PS	Austreber-Maschine	Treberschnecke PS
20	1,4 bis 2,4	0,2 bis 0,3	—	1,4	1,2	—
40	5,8 „ 7,6	0,3 „ 3,7	—	0,3	1,6	0,3
70	3,4 „ 9,0	0,6 „ 2,0	1,8	2,9	3,4	0,5
162	6,8 „ 18,4	1,1 „ 1,6	2,9 bis 3,3	0,3	0,3	0,7

Fig. 237 zeigt den Gesamtkraftbedarf einer Brauerei in 24 Stunden, wobei im Sudhaus dreimal je 64 Ztr. = 3200 kg gemaischt wurden.

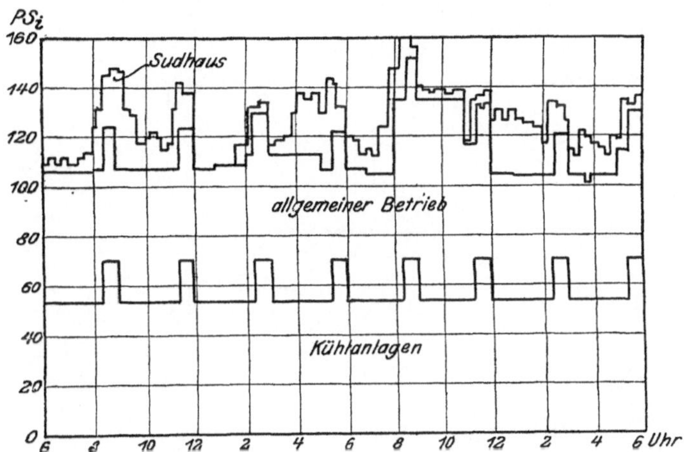

Fig. 237. Gesamtkraftbedarf einer Brauerei für 3 tägliche Maischen von je 64 Ztr. = 3200 kg.

Vielfach findet man noch Beheizung der Braupfannen mit direktem Feuer. Dabei wird dann die Kraft meist auf elektrischem Wege von einer Zentrale bezogen; die Abgase dienen zum Vorwärmen. Während bei den Brauereien, die ihre Kraft selbst mit Dampfmaschinen erzeugen und eine Kompressionskältemaschine besitzen, stets genügend Heizdampf vorhanden ist, würde bei Brauereien ohne Kompressionskältemaschine oder ohne eigene Kraftanlage zur Verminderung des Brennstoffverbrauchs die Wärmepumpe geeignet sein.

Bei Brauereien bis 12 000 hl jährlichen Bierausstoß dürfte mit der Gegendruckmaschine, bei größeren mit der Entnahmemaschine ohne Frischdampfverwertung auszukommen sein. Zur Erzeugung von Kälte kommt evtl. neben der Kompressionsmaschine noch die Absorptionsmaschine in Betracht. Die Ammoniakpumpe derselben benötigt nur ein Achtel des Dampfes der Kompressionsmaschine.

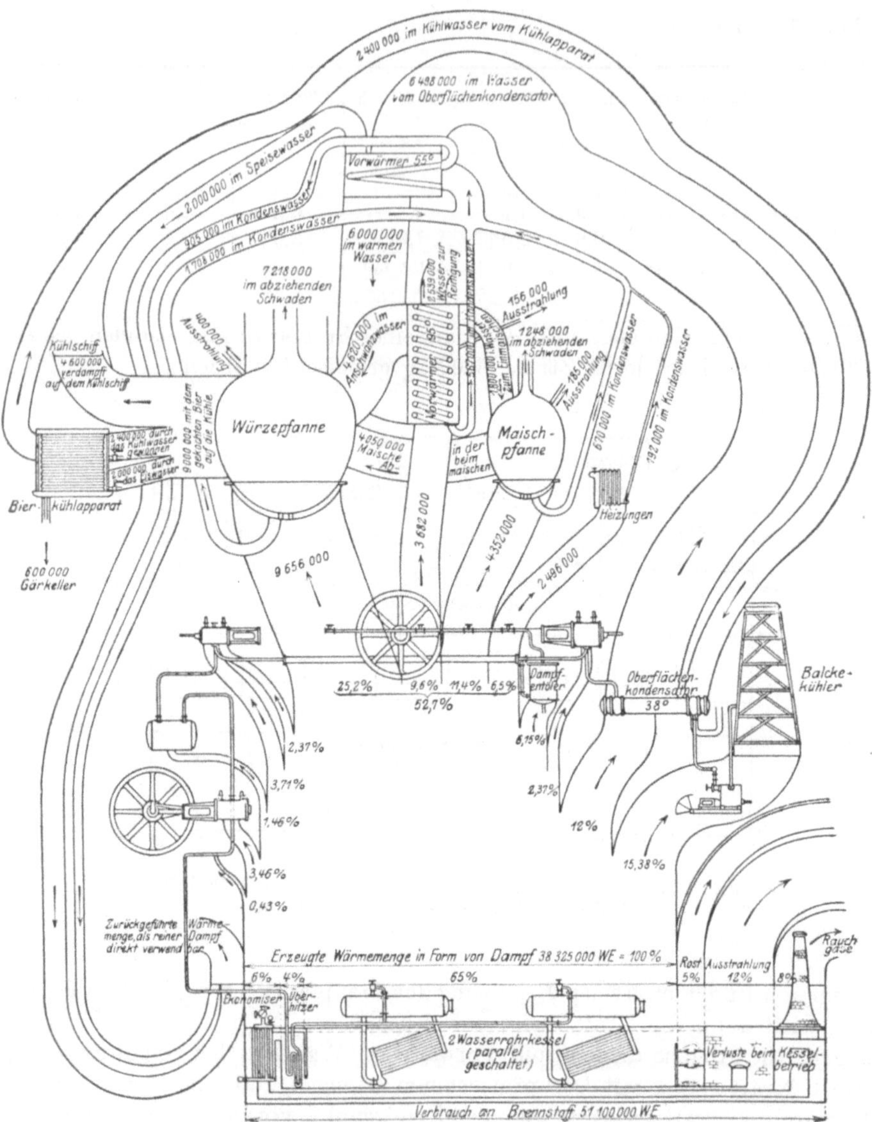

Fig. 238. Wärmebilanz einer Brauerei bei täglich 1000 hl Bierausstoß.

Die Wärmeverteilung einer modernen Brauerei zeigt Fig. 238[1]).
Man ersieht aus ihr, daß

in Arbeit verwandelte Wärme . . . . 11,91 Proz.
zum Heizen und Kochen nutzbar gemachte Wärme . 64,70 „
im ganzen nutzbar gemachte Wärme . . . . 76,61 „

beträgt.

---

[1]) *Schneider*, Abwärmeverwertung im Kraftmaschinenbetrieb. 3. Aufl. Julius Springer, Berlin 1920.

Wie in einer Brauerei mit täglich 3 Suden von je 4500 kg Malz sich die Kraftverhältnisse[1]) stellen, zeigt Fig. 239. Sie entstammt der Zeitschrift des Vereins deutscher Ingenieure 1912, Nr. 3. Es werden bei jedem Sud 3 Maischen und 1 Würze gekocht.

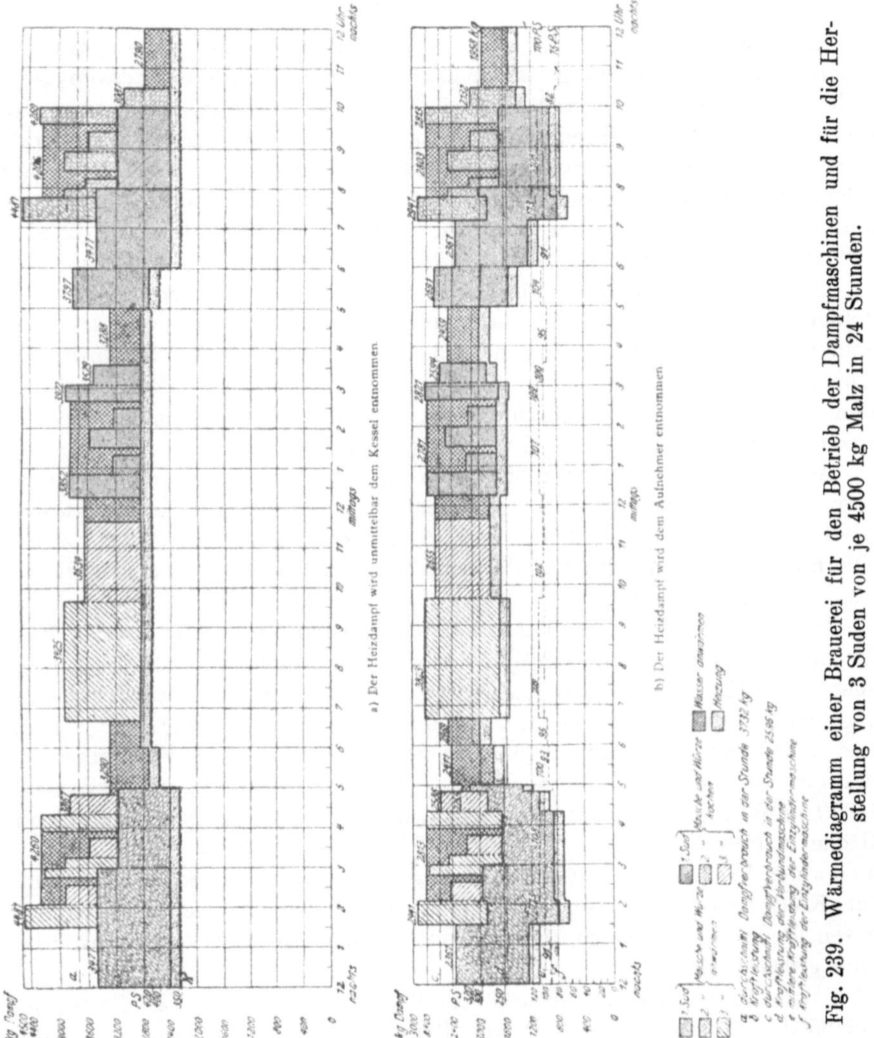

Fig. 239. Wärmediagramm einer Brauerei für den Betrieb der Dampfmaschinen und für die Herstellung von 3 Suden von je 4500 kg Malz in 24 Stunden.

Wie aus den vorhergehenden Angaben ersichtlich, reicht ohne Zwischendampfentnahme der Abdampf der Kraftmaschine in der Brauerei nicht zu Heizzwecken. Es muß also Frischdampf zugesetzt werden. Dies bedeutet immer einen Verlust an Wärme. Es würde also auch in diesem Falle die

---

[1]) *Fehrmann*, Beiträge zur Frage des Kraft- und Dampfverbrauchs in Brauereien. Wochenschrift für Brauerei 1914, S. 47 ff.

Aufstellung einer Wärmepumpe lohnend sein. Die Verhältnisse können dann stets so gewählt werden, daß nach Verbrauch des für den Kompressor der Wärmepumpe nötigen Abdampfes bei Verwendung der Wärmepumpe kein Frischdampf mehr nötig ist.

5. Chemische Industrie.

In der chemischen Industrie ist für viele Zwecke wenig Kraft und viel Koch- und Heizdampf nötig. Er steigt oft bis 6 und 7 Atm abs. Es empfiehlt sich daher hohe Kesselspannung und Überhitzung. Bei 6 bis 7 Atm wird dann ein Teil Dampf abgenommen, ein anderer Teil wird in der Mittel- oder Niederdruckstufe zwecks weiterer Entnahme am Ende der Mitteldruckstufe oder als Abdampf der Niederdruckstufe zur restlichen Krafterzeugung verwandt. Ob der Abdampf aus den Heiz- und Trockenapparaten noch in einer Abdampfturbine verwandt werden kann, hängt von den Verhältnissen ab.

Der Dampf selbst wird für Destillationszwecke, Calcinieren, Trocknen, Laugenerzeugung, Auslaugen, Verdampfen, Lösen usw. verwandt. In vielen Fällen muß er ganz ölfrei sein, es empfiehlt sich daher die Verwendung einer Turbine, da die Dampfmaschine keinen ölfreien Abdampf liefert. Auch aus den Reaktionsöfen mit exothermer Reaktion wird viel Wärme abgeführt. Sie kann für Abwärmedampfkessel nutzbar gemacht werden.

Alle Möglichkeiten können hier nicht aufgezählt werden. Es kann jedoch, wenn die Temperatur gegeben ist — und sie ist in vielen Fällen nicht mehr als 100 bis 130° —, mit Dampf von 1,5 bis 3,0 Atm abs. gearbeitet werden. Die hohen Dampfspannungen, die keine mechanische Energie erzeugen, sind zu vermeiden[1]).

In chemischen Fabriken läßt sich durch Anwendung der sog. *Raschig*-Ringe (regellos geschüttete Ringe in Zylinderform von 25 mm Höhe, 25 mm Durchmesser und 0,8 mm Stärke) Wärme ersparen. Die Dimensionen der Ringe[2]) ergeben in 1 qm Raum 220 qm freie Oberfläche, dabei sind 0,920 cbm Raum frei und 0,080 cbm Raum gefüllt, sie wiegen 630 kg. Der Widerstand des Raumes ist für 1 m Höhe und 1 m Sekundengeschwindigkeit von Gasen 0,020 m WS. Bei Berieselung mit Flüssigkeit bis 2 cbm per 1 qm Grundfläche und Stunde bleiben 0,020 m WS Widerstand, bei 6 cbm Flüssigkeit steigt der Widerstand auf 0,040 m Wassersäule. Der *Raschig*-Turm spielt für Kondensation von Gasnebeln, z. B. Teer- und Pechnebel in Kokereigasen, Reinigungsvorgänge für feste Beimengungen aus Gasen und Abkühlung eine große Rolle.

1 cbm *Raschig*-Ringe kühlen 5 cbm Wasser von 35° auf 13° C stündlich bei 6500 cbm Luft von 12° C und 80 Proz. und Feuchtigkeit am Anfang mit 0,070 m WS.

Die fraktionierte Destillation, die sonst mit Abdampf ausgeführt wurde, läßt sich mit *Raschig*-Türmen ohne Abdampf bewerkstelligen. Es ergibt sich

---

[1]) Wärme und Wärmewirtschaft der Kraft- und Feuerungsanlagen in der Industrie, Abschnitt Chemische Industrie im allgemeinen von *Tafel*. R. Oldenbourg, München u. Berlin.

[2]) Ringe aus Eisen. Je nach den Betriebsverhältnissen kommen auch andere Stoffe hierfür in Frage.

bei der Destillation von Spiritus folgendes: Eine Destillationsblase von 10 000 l Inhalt mit Siebkolonne aus Kupfer von 7 m Länge, 0,9 m Durchmesser und 40 Siebböden wurde mit einer gleich langen *Raschig*-Kolonne von 0,6 m Durchmesser versehen. Dephlegmator und Kühler blieben. Bei Destillation von 50 Proz. Branntwein ergab sich in beiden Fällen 95 Proz. Alkohol. Bei der Siebkolonne dauerte der Verlauf 2 bis 3 Stunden, bei *Raschig*-Kolonne 15 Minuten, beim Nachlauf waren dieselben Verhältnisse. Mit der Siebkolonne dauerte der Prozeß im ganzen 36 Stunden, mit der *Raschig*-Kolonne 22 Stunden. Bei der Siebkolonne war der Druck in der Blase 2,0 m WS, bei der *Raschig*-kolonne 0,4 bis 0,8 m WS. Aus der Zeitersparnis ergibt sich eine proportionale Dampfersparnis. Bei Benzol-, Toluol- usw. Destillation ergeben sich ähnliche Verhältnisse.

Industrien mit zahlreichen Verdampfungsprozessen nehmen als Zusatz zur Kraftanlage einen Wärmespeicher. Infolge der vielfach niederen Drucke kommen hier außer dem *Ruths*speicher auch der *Rateau*- und Dampfraumspeicher in Betracht[1]).

Wenn die Verdampfungsprozesse weniger Dampf gebrauchen, als die Kraftmaschinen an Abdampf liefern, ziehen manche Fabriken den Motorenantrieb evtl. unter Erzeugung von Kraftgas in Generatoren vor. Die hier entstehende Abwärme wird meist in Form von warmem Wasser gewonnen, das für Auswaschprozesse verwandt wird. Die Wassermengen, die zu entfernen sind, werden vielfach zunächst in Pressen, Zentrifugen oder Nutschen entfernt. Erst hierauf wird der weitere Prozeß durch Eindampfen oder Trocknen vorgenommen.

Um ein Bild über die durch Pressen, Zentrifugieren oder Nutschen nötigen Wassermengen zu erhalten, seien in nachstehender Tabelle verschiedene Verdünnungen angenommen, die zunächst auf 30 Proz. Wassergehalt in diesem Prozeß verdickt werden. Dann setzt die Trocknung ein, die auf 10 Proz. Wassergehalt trocknet.

100 kg Fertigsubstanz mit 10 Proz. Feuchtigkeit aus einer Lösung mit

5	10	20	30	50 Proz.

festen Stoffen bedingt durch Pressen, Zentrifugieren oder Nutschen auf 30 Proz. Feuchtigkeitsgehalt eine Wasserentfernung von

1671,4	771,4	321,4	171,4	54,4 Liter.

Dann sind in jedem Falle noch 28,6 l durch Trocknung zu entfernen[2]).

6. Sprengstoffindustrie.

Bei der Herstellung der Pulver, der Nitratsprengstoffe, Nitrosprengstoffe und der Zündmittel muß mit meist niederen Temperaturen oft im Vakuum getrocknet werden. Es genügt hier stets Abdampf von geringer Spannung von 0,5 bis $2^{1}/_{2}$ Atm abs. Es ist hier auf sehr genaue Temperaturerhaltung

---

[1]) Balcke-Mitteilungen 1922, Heft 1: Bemessung und Wirtschaftlichkeit von Dampfspeicher, von Dr. *L. Heuser*.

[2]) Zeitschrift des Vereins deutscher Ingenieure 1921, S. 863—866.

achtzugeben, da durch Überhitzung leicht Pfannen- oder Schrankbrände oder
evtl. Explosionen entstehen können[1]).

Die Verwertung der Abwärme in dieser Industrie zeigt eine von *Gebr.
Weissbach* in Chemnitz ausgeführte Anlage bei einer ungarischen Spreng-
stoffabrik. Die Fabrikräume müssen stets 30° C haben, Kollergänge Ober-
flächentemperaturen von 100° C, Trockenräume 70 bis 80° C, Gelatinier- und
Paraffinbäder höhere gleichmäßige Temperaturen.

Apparate und Maschinen benötigen . . . .   570 000 kcal
Heizung an normalen Tagen im Winter . . . . 1 250 000   ,,
Gesamter Wärmebedarf . . . . 1 820 000   ,,

Ferner kommt der Wärmebedarf der Speiseanstalten, Badeanstalt und
Speisewasservorwärmung in Betracht. Gewählt sind:

3 Wasserrohrkessel von je 150 qm Heizfläche mit 16 Atm abs.,
1 Auspuffmaschine von 135 PS,
1 Auspuffmaschine von 226 PS.

Abdampf an der 135-PS-Maschine:

an der Verbrauchsstelle gesättigt mit 658 000 kcal,

Abdampf der 226-PS-Maschine:

an der Verbrauchsstelle 1 280 000 kcal.

Das Werk besteht aus 96 Gebäuden, die bis 1800 m voneinander entfernt liegen bei 11 m Höhenunterschied.

Die Heizung ist Mitteldruckheizung mit 1,5 Atm; das Heizwasser hat
115° C; die Erzeugung erfolgt in Gegenstromvorwärmern.

7. Kaliindustrie[2]).

Die bergmännisch gewonnenen Kalisalze werden nicht alle direkt als
Düngemittel verwendet. Sie müssen in vielen Fällen konzentriert werden.

Der Rohcarnallit (rein KCl, $MgCl_2$, 6 H_2O) wird mit einer aus dem laufenden Betriebe stammenden Lauge von 10 bis 20 Proz. $MgCl_2$ und mit NaCl
kalt gesättigt, bei Siedehitze ausgelaugt. Es wird dadurch fast nur der Carnallit gelöst. Aus der geklärten heißen Lösung wird KCl zu $^2/_3$ bis $^3/_4$ beim
Erkalten auskrystallisiert. Der Krystall enthält 70 Proz. KCl und ca. 28 Proz.
NaCl. Die restierende Mutterlauge wird in Vakuum-Verdampfapparaten
eingedampft. Daraus fällt künstlicher Carnallit mit dem Reste des Kalis
aus. Dieser künstliche Carnallit wird mit Wasser oder verdünnter Chlor-
magnesiumlauge weiter zerlegt.

Die Firma *Maschinenbau-Aktiengesellschaft Balcke* in Bochum hat einen
neuen Löseapparat in Verkehr gebracht, der in den Balcke-Mitteilungen 1922,
Heft 3 beschrieben ist, und der mit Rücksicht auf rationelle Wärmewirtschaft
ausgebildet wurde. An Stelle der langen Träger mit Schnecken, die, im Gegen-
stromprinzip betrieben, eine große Abkühlfläche darboten, setzt *Balcke* einen
Apparat nach Fig. 240. Der Apparat ist in mehrere Kammern eingeteilt, deren

---

[1]) Näheres: *Stettbacher*, Die Schieß- und Sprengstoffe. Joh. Ambr. Barth, Leipzig 1919
und *Gody*, Fraité théoretique et pratique des matières explosibles. Wesmael-Charlier,
Namur.

[2]) Chemie und Industrie der Kalisalze von *E. Erdmann.*

jede ein Rührwerk hat. Er hat eine kleine Laugenoberfläche und wird durch heizbare Böden oder Schlangen geheizt, oder es wird Dampf direkt eingeleitet. Ein Rührwerk sorgt für Durchwirbelung. Am unteren Ende des Löseapparates werden die Rückstände und Schlamm abgeführt. Der Apparat kann im Gleichstrom und Gegenstrom arbeiten.

Die Sylvinite und Hartsalze werden direkt verarbeitet ohne Lösung, während die Kainite (KCl, $MgSO_4$, $3\,H_2O$) in ähnlicher Weise wie die Carnallite verarbeitet werden.

Die Verdampfstationen sind entweder Vakuum- oder Vakuummehrfach-Verdampfapparate. Auch hier kann die Wärmepumpe gut verwertet werden.

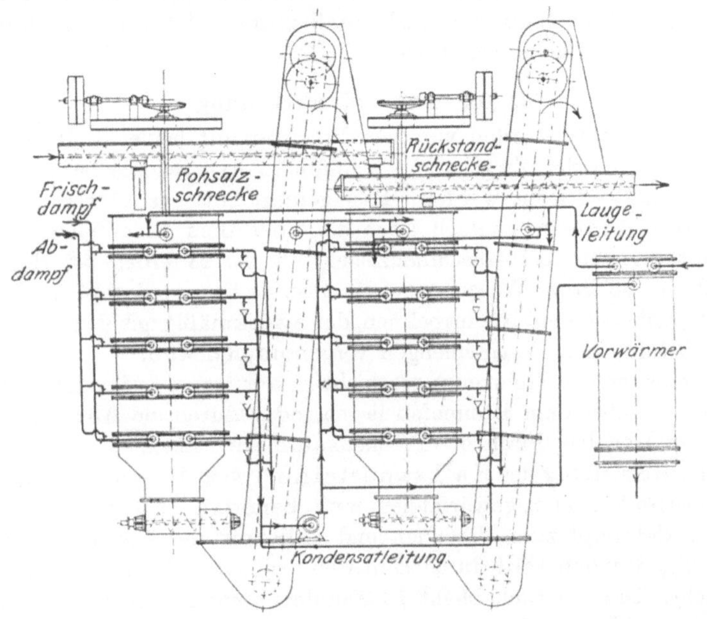

Fig. 240. Löseapparat mit Gleichstrom-Gegenstrom-Apparaten D. R. P. a. für Beheizung mit Frischdampf, Abdampf oder beliebigen Wärmequellen.

Das Ausfallsprodukt wird in langen Drehöfen mit Innenfeuerung im Gleichstrom getrocknet. Krystallwasserhaltige Salze werden noch calciniert, da die Trommeln dieses Wasser nicht austreiben, sondern nur das feuchte Salz trocknen.

Kaliumsulfat wird bei mäßiger Wärme aus einer Lösung von Kalium-Magnesiumsulfat und Kaliumchlorid ausgefällt.

Natriumsulfat wird bei niederer Temperatur aus Magnesiumsulfat und Natriumchlorid hergestellt.

Magnesiasalze sind als Kieserit im Löserückstand und als Chlormagnesium in der Endlauge des Carnallits vorhanden. Aus den Löserückständen des Carnallits scheidet man durch kaltes Wasser Kieserit aus. Derselbe wird als Blockkieserit erhärtet. Durch heißes Wasser erfolgt seine Umwandlung in Bittersalz.

Aus den Chlormagnesium-Endlaugen wird in der sog. Bromsäule das Brom durch Chlor ausgetrieben.

Pottasche, Kalihydrat, Natriumhydrat werden durch Elektrolyse hergestellt und in Mehrfachverdampfapparaten eingedampft.

8. Kochsalz[1]).

Dasselbe wird entweder bergmännisch gewonnen und dann in der Saline gelöst und umkrystallisiert oder als Sole schon der Erde entzogen. Die gesättigte Sole wird in Siedepfannen zur Krystallisation versotten. Die Siedepfannen werden entweder direkt mit Feuer geheizt oder mit Abdampf betrieben. Auch Mehrfachverdampfapparate und Wärmepumpen sind in modernen Werken vorhanden. Nach der Auskrystallisation erfolgt die Trocknung auf offenen, von unten geheizten Böden.

9. Ton- und Erdverarbeitung.

Die Rohprodukte werden vor dem Brennen mit heißer Luft getrocknet. Das in den Poren der Ziegelsteine befindliche hygroskopische Wasser muß bei 110 bis 120° entfernt werden. Hier genügt entweder Abdampf von $1^1/_2$ bis $2^1/_2$ Atm abs. oder vielfach auch die über dem Ringofen aufsteigende heiße Luft. Es sind bei Maschinenziegeln 18 bis 23 Proz., bei Handstrichziegeln 27 bis 30 Proz. Wasser vor dem Brennen zu verdampfen. In beiden Fällen empfiehlt sich ein Nachtrocknen, das zweckmäßig mit den in den heißen Abgasen befindlichen Wärmemengen vorgenommen wird.

Das Trocknen des Steinzeugs geschieht in der freien Luft oder in Trockenkammern, die über dem Brennofen liegen, oder durch die Abwärme der Abgase, die in Kanälen durch die Trockenkammern ziehen.

Bei der Herstellung der Kalksandsteine[2]) wird Wasser zum Löschen des Kalkes, das im Winter angewärmt sein muß, benötigt. In den Steinerhärtungskesseln wird Dampf zum Trocknen und Erhärten der Ziegelsteine benötigt. In 1 bis $2^1/_2$ Stunden wird durch Einleiten von Dampf der Druck auf 9 Atm abs. erhöht. Dieser Druck bleibt 10 Stunden stehen. Den aus einem Kessel frei werdenden Dampf leitet man nach einem neuen Kessel über. Den Abdampf der Maschinen kann man zum Vorheizen der Erhärtungskessel verwenden. Bei rationeller Anlage lassen sich 33 bis 36 Proz. gegenüber reiner Frischdampfverwendung ersparen. Da in der Kalksandsteinindustrie, besonders wenn der Kalksandstein aus Felsquarzit hergestellt wird, also im allgemeinen noch eine Schotterfabrik oder Fabrik für feuerfeste Steine vorgeschaltet ist, sehr große Mengen mechanischer Energie benötigt werden, also auch viel Abdampf entsteht, ist ein Wärmespeicher zweckmäßig. Allerdings ist zu bedenken, daß der Härtedruck 8 bis 12 Atm betragen muß. Die Kraftanlage muß also mit Hochdruckkesseln betrieben werden, denen jedoch immer noch Niederdruckkessel (8 bis 12 Atm) beizufügen sind. Der Speicher muß also

---

[1]) Salzbergbau und Salinenindustrie von *Fürer*.

[2]) Zeitschrift des bayerischen Revisionsvereins 1912, S. 165: Dampfverbrauch einer Kalksandsteinfabrik; und Tonindustriezeitung 1924, Heft 26 und 27, Wärmewirtschaft in Kalksandsteinfabriken von *Eberle*.

ein *Ruths*speicher sein. Es lassen sich dann die Dampfmengen rationeller hin und her wälzen.

Im allgemeinen ist auch der Kraftbedarf für das Drehen der Trommeln, der Flügelmühlen und den Betrieb der Pressen bedeutend.

In der Wasserglasfabrikation wird das bei 1500° geschmolzene Glas in Druckkesseln bei 5 bis 7 Atm abs. im Wasser zu einer sirupdicken Flüssigkeit gelöst. Der Abdampf oder Zwischendampf der Maschine reicht zum Betrieb der Mühlen nicht aus. Es muß Frischdampf zugesetzt werden.

Die Herstellung der Erdfarben verlangt Trocknung der gefärbten Erden. Dies geschieht an der Luft, in Nutschen mit Vakuum oder in Trockenkammern. Abdampf reicht immer für diese Zwecke, da keine höheren Temperaturen als 100 bis 105° zum Trocknen nötig sind.

10. Torf[1]).

Bei der Verwendung des Torfes sind große Mengen Wasser zu entfernen. In Fig. 241 sind die Wärmeverhältnisse und Wasserverhältnisse des Torfes dargestellt. Dabei ist eine Trockensubstanz bei 0 Proz. Wasser von 4400 kcal zugrunde gelegt. Der Torf wird zunächst auf Pressen bis auf 85 Proz. entwässert und nach dem Verfahren von *Paßburg* in Stufentrocknern in zwei Stufen auf 25 Proz. Wassergehalt entwässert.

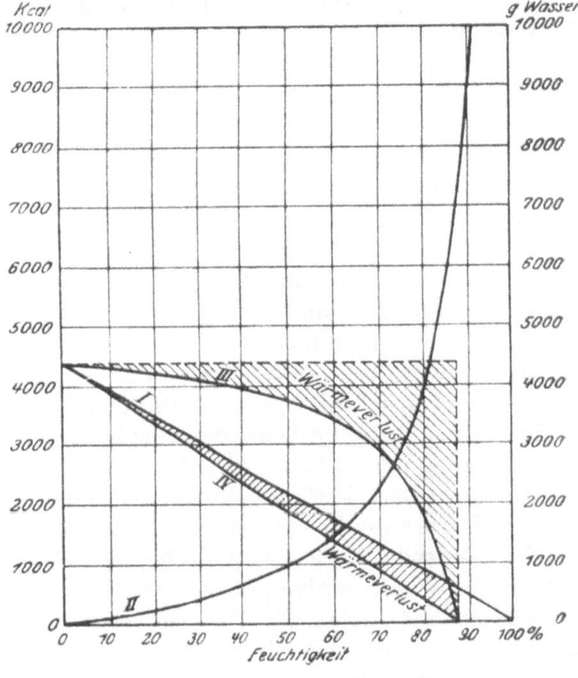

Fig. 241. Torfdiagramm.

Man erhält aus 100 t Naßtorf von 90 Proz. Feuchtigkeit 13,3 t Trockentorf von 25 Proz. Feuchtigkeit. Der Heizwert desselben ist dann ca. 3200 kcal. Zur Erzeugung der Kraft und Trocknungswärme wird eine Verbundmaschine betrieben. Die Verhältnisse liegen so, daß der Niederdruckzylinder die Kraft abgibt, die zum Betrieb des Torfwerkes nötig ist. Die Kraft des Hochdruckzylinders ist anderweitig verfügbar. Der Trockendampf wird als Zwischendampf aus dem Receiver entnommen. Demselben werden 68 bis 71 Proz. Dampf entnommen bei 4,5 bis 5,2 Atm abs.

Bei einer Entnahme von 68 bis 71 Proz. Zwischendampf verhält sich die Kraftverteilung auf Hochdruckzylinder und Niederdruckzylinder etwa wie 100 : 33.

---

[1]) Torfverwertung von *Hausding*.

Eine 1000-PS-Dampfmaschine gibt also rund 750 PS zur freien Verfügung ab, während 250 PS im Torfwerk selbst zum Antrieb aller Maschinen benötigt werden und der Zwischendampf und Abdampf zu Trocknungszwecken dient. Wird im Sommer der Torf an der Luft auf ca. 30 Proz. vorgetrocknet, so kann im Winter dieser Torf noch auf weitere 22 bis 18 Proz. nachgetrocknet werden, so daß das Werk neben Kraft auch noch Torf abgibt.

1000 PS_i mit 70 Proz. Zwischendampfentnahme benötigen ca. 8,5 kg Dampf bei 275° pro PS_i und Stunde. Man erhält somit zum Trocknen per Stunde 6000 kg Zwischendampf von 3 bis 4 Atm abs. Diese geben in einem Zweistufenapparat eine Verdampfung von etwa 14 000 kg Wasser. Dies entspricht einer Naßtorfmenge von 16,1 t und damit einer Trockentorfmenge von 25 Proz. Wasser von 2,1 t.

Für 1 PS_i benötigt man 1,6 t Trockentorf von 25 Proz. Die Kraftanlage benötigt also 2,6 t Trockentorf, und es bleiben somit stündlich noch 0,5 t Trockentorf zum Verkauf.

Wird im Winter nur von 30 bis 37 Proz. auf 18 bis 22 Proz. getrocknet, so ist der Torfverbrauch pro PS_i und Stunde noch geringer und die Leistung der Trockenanlage größer.

Bei 1,5 kg pro PS_i und Stunde von 20 Proz. Wassergehalt kann man 62,5 t Torf von 30 Proz. auf 20 Proz. trocknen und hat für die Dampfmaschine pro Stunde 1,5 t Torf und zum Verkauf 53 t Torf von 20 Proz. Wasser, da die gesamte Torfmenge von 20 Proz. Wasser 54,5 t für 1 Stunde beträgt.

In Gegenden, wo Torf und Wasserkräfte vorhanden sind, trocknet man mit der Wärmepumpe. Es liefert bekanntlich 1 PS_e und Stunde die Entziehung von 15 bis 18 und mehr kg Schwadendämpfe. Bei 1000 kW, die in 12 Stunden zur Verfügung stehen, lassen sich also in dieser Zeit 25 t Trockentorf erzeugen.

Als ein weiteres Verfahren kommt dasjenige in Betracht, das die in einem Teil des Torfes erzeugten Schwadendämpfe im folgenden niederschlägt. Durch die frei werdende Wärme wird die folgende Schicht erwärmt, das im Innern befindliche Wasser verdampft, während gleichzeitig die außen kondensierten Schwadendämpfe ablaufen. Die neu erzeugten Dämpfe gehen nunmehr in den dritten Posten und wiederholen den Prozeß.

Bedeutende Fortschritte sind in der Entfernung eines Teiles des Wassers durch Pressen erzielt. Von den verschiedenen Konstruktionen hat sich besonders die *Madruck*-Entwässerungspresse durchgesetzt, die den Torf bis 50 Proz. Wassergehalt abpreßt und dadurch einen der Rohbraunkohle ähnlichen Verbrennungsstoff erzeugt[1]).

11. Braunkohlenbrikettierung.

Die Braunkohle enthält 20 bis 70 Proz. Wasser. Dementsprechend ist ihr Heizwert gering. Um ihn zu erhöhen, wird die Kohle auf 10 bis 16 Proz. getrocknet. Diese Trocknung erfolgt durch heiße Luft bei Temperaturen,

---

[1]) Zeitschrift des Vereins deutscher Ingenieure 66. Jg., 1922, S. 190. und 68. Jg., 1924, S. 585, ferner *G. Keppeler*, Die künstliche Entwässerung von Rohtorf. Sonderdruck aus Technik in der Landwirtschaft.

die während des Trockenprozesses von 100 auf 30° fallen. Man verwendet hierbei Teller-, Röhren- oder Jalousietrockenöfen. Die heiße Luft wird meist durch Dampf erzeugt, selten direkt durch eine besondere Feuerung, es genügt der Abdampf der Brikettpressen. Man erhält auf 2800 kg Rohbraunkohle im Mittel 1000 kg Braunkohlenbriketts, wenn man die Schwadendämpfe anwendet; ohne Verwendung dieser Dämpfe benötigt man 3300 kg Rohbraunkohle.

In den „Mitteil. der Vereinigung der Elektrizitätswerke" Nr. 274, Oktober 1920 findet sich von *Kreyßing* ein Vergleich über die Erzeugung von 10 000 kcal Gas bei verschiedenen Verarbeitungsmethoden der Rohbraunkohle. Es ist

a) bei direkter Vergasung:

    1 kg grubenfeuchte Rohbraunkohle

        = 1,3 cbm Gas à 1100 kcal + 4 Proz. Teer à 9000 kcal

        = 1430 + 360 kcal;

        = 1790 kcal;

b) bei Brikettierung ohne Verwendung der Schwadendämpfe:

    1 kg Brikett = 2,2 cbm Gas à 1400 kcal + 10 Proz. Teer à 9000 kcal

        = 3080 + 900 kcal;

        = 3980 kcal;

    1 kg grubenfeuchte Rohbraunkohle

        = 0,303 kg Brikett

        = 1206 kcal;

        = 1206 kcal;

c) bei gewöhnlicher Schwelung:

    1 kg Grudekoks ergibt zugleich 0,130 kg Teer à 9000 kcal

    1 kg grubenfeuchte Rohbraunkohle

        = 0,244 kg Grudekoks + 0,032 kg Teer

        = 1083 + 288 kcal

        = 1371 kcal;

d) bei Schwelung im Drehofen:

    1 kg Grudekoks à 6200 kcal

        = 3,7 cbm Gas à 1200 kcal

        = 4440 kcal

    1 kg Grudekoks ergibt zugleich 0,283 kg Teer à 9000 kcal

    1 kg grubenfeuchte Rohbraunkohle

        = 0,286 kg Grudekos + 0,080 kg Teer

        = 1270 + 720 kcal

        = 1990 kcal.

Man erhält demnach:

Erzeugungsart	10 000 kcal Gasheizwert	10 000 kcal Gesamtenergie
Direkte Vergasung	+ 0,28 kg (4 Proz.) Teer aus 6,98 kg Rohbraunkohle	davon 0,22 kg (4 Proz.) Teer 5,59 kg Rohbraunkohle
Brikettierung	+ 0,32 kg (3 Proz.) Teer aus 3,24 kg Briketts = 10,70 kg Rohbraunkohle	davon 0,27 kg (3 Proz.) Teer aus 2,74 kg Briketts = 8,29 kg Rohbraunkohle
Gewöhnliche Schwelung	+ 0,30 kg (3,2 Proz.) Teer aus 2,25 kg Grudekoks = 9,23 kg Rohbraunkohle	davon 0,23 kg (3,2 Proz.) Teer aus 1,78 kg Grudekoks = 7,29 kg Rohbraunkohle
Schwelung im Drehofen	+ 0,63 kg (8 Proz.) Teer aus 2,25 kg Grudekoks = 7,87 kg Rohbraunkohle	davon 0,42 kg (8 Proz.) Teer) aus 1,49 kg Grudekoks = 5,21 kg Rohbraunkohle

Dabei ist berücksichtigt, daß der Wärmeaufwand im Schwelofen mit 800° größer ist als im Drehofen mit 450°.

Es verteilt sich die Energie:

	auf Gas in Proz.	auf Teer in Proz.
bei direkter Vergasung	79,9	20,1
bei Brikettierung	77,4	22,6
Gewöhnliche Schwelung	79,0	21,0
Schwelung im Drehofen	63,8	36,2

12. Mineralölfabrikation, Kerzen- und Seifenfabrikation[1].

Die Verarbeitung von Teer und die Erzeugung der verschiedenen Stoffe aus Teer geschieht meistens durch Destillationsverfahren, die viel Dampf, jedoch meist nicht über 3 bis 6 Atm, benötigen. In den meisten Fällen reicht der Abdampf der Kraftanlage bei weitem nicht zur Heizung aus, man verwendet daher zweckentsprechend Hoch- und Niederdruckkessel und entnimmt Zwischendampf bei etwa 6 Atm und einen Gegendruck der Maschine von 2 Atm, welchen Druck auch der Niederdruckkessel hat. Bei Einschaltung eines Wärmespeichers läßt man den Niederdruckkessel mit höherer Spannung arbeiten, etwa 6 Atm, und reguliert den Speicher auf 3 bis 1 Atm. Es können hier *Rateau-* oder Raumspeicher ebenso wie *Ruths*speicher verwendet werden.

Bei Destillationen mit höheren Siedepunkten über 200° ist direkter Hochdruckdampf erforderlich[2].

Die Verarbeitung von Mineralölen sowie animalischen und vegetabilischen Ölen und Fetten findet ebenfalls durch Destillations- und Rektifikationsverfahren, die viel Dampf benötigen, statt. Es gilt dafür das vorher Gesagte in gleicher Weise.

Die Fabrikation der Kerzen erfordert Einhaltung genauer Temperaturen und große Kühlwassermengen[3]. Dieselben führen also große Wärmemengen ab. Teilweise wird das Kühlwasser durch Kältemaschinen erzeugt. Es sei dabei auf die auf Seite 295 behandelte Kälteerzeugung bei Heizvorgängen hingewiesen.

13. Holzarbeitungsindustrie.

Die Holzbearbeitungsindustrie kann den Abdampf von 1,5 Atm zum Leimkochen und Harzkochen verwenden. Die Trocknung des Holzes in Trockenkammern sollte auch stets mit Abdampf bewirkt werden. Nur in den Betriebspausen über Nacht ist Frischdampf nötig[4].

14. Holzimprägnierung.

Es gibt hier zwei Verfahren: das von *Powell* und das *Rütger*sche.

Das *Powell*sche Verfahren legt das zu imprägnierende Holz in eine Lösung aus den Rückständen und Abfällen der Zuckerfabrikation. Der Prozeß erfolgt bei atmosphärischem Druck und etwa 100° und dauert 15 bis 16 Stunden.

---

[1] Kokerei u. Teerprodukte von *Spilker*; Das Erdöl von *Kißling*; Ceresinfabrikation von *Lach*; Technologie der Fette und Öle von *Hefter*; Handbuch der Seifenfabrikation von *Deite*.

[2] Chemische Technologie des Steinkohlenteers von Dr. *R. Weißgerber*. Otto Spamer, Leipzig.

[3] Die Schwelteere von Dr. *W. Scheithauer*; die Kerzenfabrikation. Otto Spamer, Leipzig.

[4] Stahl u. Eisen 44. Jg., 1924, Nr. 32, Über Abhitzeverwertung von *Siemens-Martin*-Öfen zur Holztrocknung.

Das *Rütger*sche Verfahren imprägniert mit Chlorzink oder Kreosotöl. Nach dem Dämpfen der Schwellen oder Telegraphenstangen bei 2 bis 3 Atm abs. werden sie in dem abgeschlossenen Kessel einem Vakuum von 600 mm Quecksilbersäule ausgesetzt, um Luft und Wasser zu entfernen. Hierauf wird bei 65° das Kreosotöl oder Chlorzink eingelassen und das Ganze unter 6 bis 8 Atm abs. Druck gebracht. Nach $^1/_2$ bis 1 Stunde ist der Prozeß beendet.

15. Trockenanlagen.

Besondere Bedeutung haben die Trockenanlagen für Nahrungs- und Genußmittel[1]) erlangt. Das den Rohstoffen zu entziehende Wasser wird entweder direkt durch Berührung mit den Feuergasen abgeführt oder durch mit Luft gemischte Feuergase oder durch heiße Luft, die durch eiserne Röhren, in denen die Rauchgase strömen, erwärmt wird; mitunter erfolgt auch die Erwärmung durch Abdampf oder Frischdampf.

Die Temperaturen sind:

bei Gemüse	50	bis	70° C	bei	10	bis	15	Proz.	Ausbeute
„ Steinobst	70	„	82	„	„	15	„	18	„ „
„ Kernobst	95	„	100	„	„	15	„	25	„ „
„ Feigen usw.	90	„	95	„	„	25	„	30	„ „
„ Teigwaren (lange Ware)	25	„	„	75	„	80	„	„	
„ Teigwaren (kurze Ware)	40	„	„	75	„	80	„	„	
„ Kartoffeln	30	„	„	15	„	20	„	„	
„ Zichorie	90	„	„	22	„	27	„	„	
„ Zuckerrüben	95	„	„	20	„	23	„	„	

Die Temperaturen lassen sich auch erhöhen; die schnellere Trocknung bewirkt eine Verminderung der Schönheit des Aussehens.

Die Trocknung erfolgt bei atmosphärischem Druck oder im Vakuum.

Was die Trockensysteme anbelangt, so unterscheidet man:

Darrentrocknung

Kanaltrocknung und

Trommeltrocknung.

Fig. 242 (siehe Tafel VIII) zeigt die Anordnung einer Trockenanlage geschlossener Bauart.

Die Anlage reicht für eine Trocknung von 10 bis 12,5 t Kartoffeln in 24 Stunden aus. Der Koksbedarf ist hierfür 1,2 t, der Kraftbedarf 12 PS. Es genügen zur Bedienung ein Heizer und ein Hilfsarbeiter. Zum Vorbereiten der Ware, das in 8 Stunden erfolgt, sind 6 PS für die Wasch- und Zerkleinerungsmaschinen, Triebwerke und Fördereinrichtungen, sowie zwei Personen für die Maschinen und zwei zum Transport während dieser Zeit nötig. Man benötigt daher für 10 bis 12,5 t Kartoffeln zum Trocknen in 24 Stunden im ganzen 11 760 000 kcal, oder für 1 t Kartoffeln zum Trocknen per Stunde 490 000 kcal.

---

[1]) Handbuch der Kartoffeltrocknerei von *Parrow*. Berlin, P. Parey; Zeitschrift des österreichischen Ingenieur- und Architektenvereins 1916, S. 75: *Freund*, Die Milchtrocknungstechnik; Glasers Annalen 1916, S. 154: Zur Frage der Trocknung von landwirtschaftlichen Futtermitteln, besonders der Kartoffeln, von *Buhle*.

Additional information of this book

(Der WÃrmeingenieur; 978-3-662-27639-6; 978-3-662-27639-6_OSFO8) is provided:

http://Extras.Springer.com

In den Fig. 243 und 244 sind zwei weitere Anordnungen der Firma *J. A. Topf & Soehne* in Erfurt gegeben; beide Apparate stellen Getreidetrockner dar. Die Arbeitsweise ergibt sich aus den Figuren ohne weiteres.

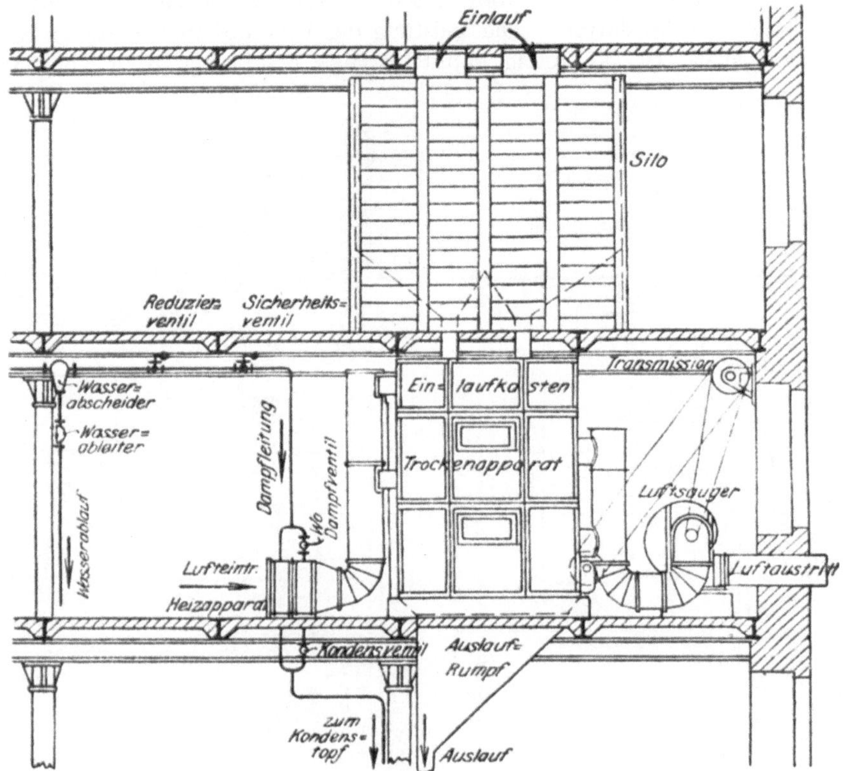

Fig. 243. *Topf*-Trockner für stündlich 500 kg.

Diese beiden Apparate haben schon folgende Leistungen nach Angabe der Firma *J. A. Topf & Soehne* in Erfurt:

Trockengut	Wassergehalt		Bei einer stdl. Leistung von 250 kg Wärmeaufwand		
	vor	nach	Kraftbedarf	Triebdampf	Koks
	dem Trocknen				
Weizen, Roggen, Gerste, Hafer	17 bis 18 Proz.	12 bis 13 Proz.			
Mais, Erbsen u. dergl. . .	18 „ 20 „	14 „ 15 „	1,25 PS	50 kg	5 kg
Rübensamen u. dergl. . .	20 „ 22 „	15 „ 16 „			
Malz, feucht durch Lagern	6 „ 7 .,	4 „ 5 „			

Wichtig ist besonders noch die Malzdarre. Über die verschiedenen Systeme ist schon auf Seite 406 gesprochen. In Fig. 245 a ist eine Universaldarre mit drei Horden, in Fig. 245 b eine Brünedarre, in Fig. 245 c eine Vertikaldarre abgebildet. Die unter Fig. 245 a abgebildete Darre wird mit zwei und drei Horden gebaut. Die Luft wird durch die in dünnen schmiedeeisernen Rohren strömenden Rauchgase in der Heizkammer erwärmt. Man kann dann mit hohen Temperaturen und wenig Luft auf der untern Abdarrhorde trocknen und zugleich durch Einbau der oberen Sau mit viel Luft und niederen Temperaturen auf den zwei oberen Horden, Schwelk- und Trockenhorde, darren. Die Leistung der Dreihordendarre dieser Konstruktion ist ca. 100 kg fertig geputztes Malz bei 11 bis 16 kg Kohle von

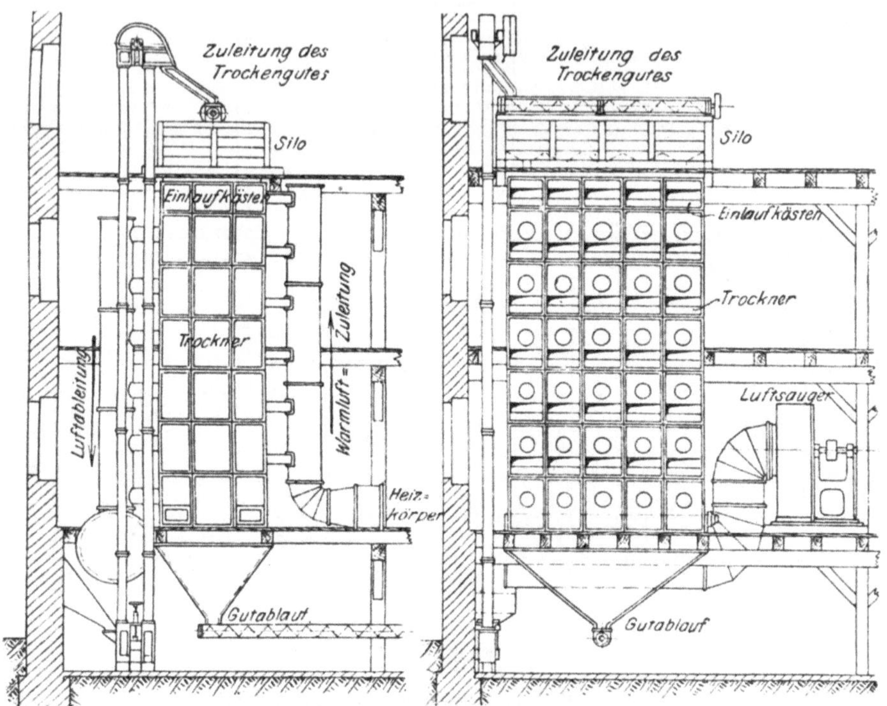

Fig. 244. *Topf*-Trockner für stündlich 7500 kg.

7500 kcal in 24 Stunden per 1 qm Hordengrundfläche, während die Zweihordendarre ca. 50 Proz. höheren Kohlenbedarf hat; letztere werden bis 200 qm Grundfläche gebaut.

Um die Temperaturen und Luftmengen jeder einzelnen Horde von den andern unabhängig zu machen, wurde die sogenannte Brünedarre[1]) geschaffen. Aus der Fig. 245 b ist ersichtlich, daß zwischen sämtlichen Horden sogenannte Luftmischkammern sich befinden, die eine ganz beliebige Temperierung und Lüftung jeder einzelnen Horde gestatten. Die Horden arbeiten mit und ohne Ventilator und gestatten Leistungen von 70 kg Malz in 12 Stunden per 1 qm. Infolge dieser vielseitigen Variation läßt sich die Temperatur in einer Darre in etwa 20 Minuten um 40° C erhöhen, wodurch dem Malz die verschiedensten Eigenschaften beigelegt werden können.

---

[1]) Wochenschrift für Brauerei 1912, Nr. 36.

Fig. 245 a.

Da sich für Darren von Malz die Trommeltrocknung nicht bewährt hat,
und man bestrebt war, die Arbeit auf den großen Hordenflächen, sei es
von Hand oder mechanisch, zu vereinfachen, hat man eine sogenannte

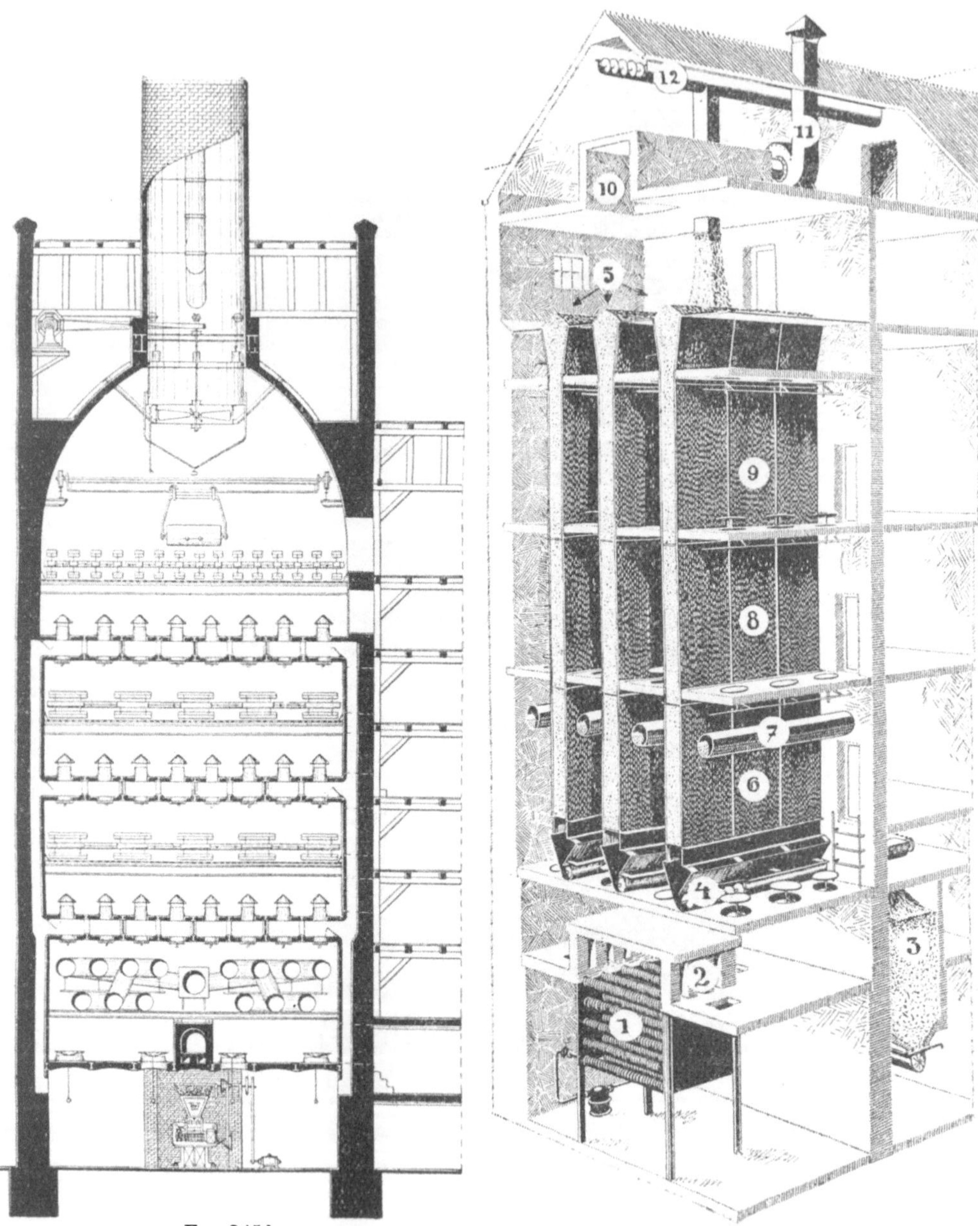

Fig. 245 b.   Fig. 245 c.

Fig. 245 a bis 245 c. Darren der Firma *J. A. Topf & Soehne* in Erfurt.

Vertikaldarre eingeführt, die in Fig. 245 c dargestellt ist. Die Darrböden
sind hier vertikal angeordnet. Zwischen denselben befindet sich das Malz.
Zwischen den Darren sind Gänge, die erlauben, den Darrvorgang zu be-

obachten. Die warme Luft steigt nun schlangenförmig durch die Darr-
boden. Die Konstruktion erlaubt, die Durchströmrichtung durch die einzelnen Darren zu verändern. Dadurch wird das bei Horizontaldarre erforderliche Wenden des Malzes nicht erforderlich. Das Abreiben der Keime,
wie es beim Wenden geschieht, fällt hier weg. Die Leistung dieser Darren
soll das Dreifache derjenigen mit horizontalen Horden überschreiten.

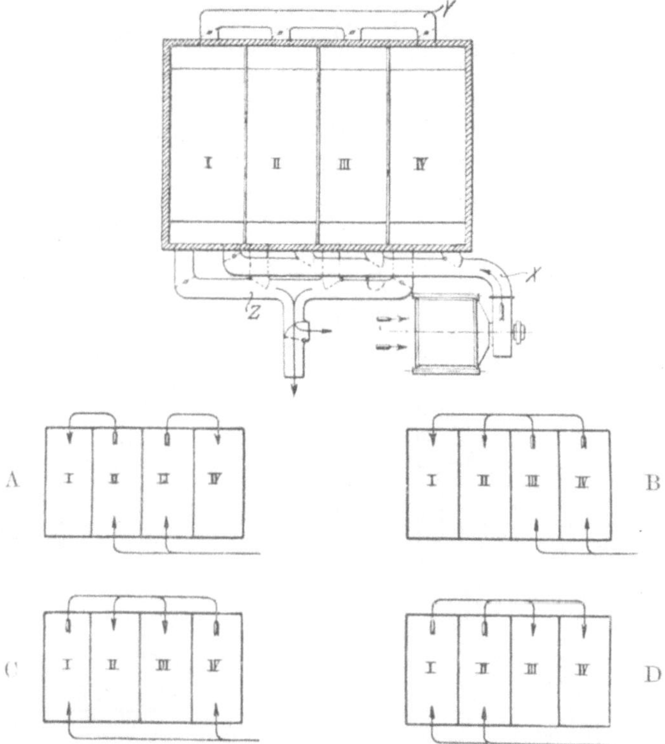

Fig. 246. Kieskammertrockenanlage, System *Balcke*.

Andere Ausführungen stammen von der Firma *Maschinenbau-Aktiengesellschaft Balcke.*

Fig. 246 zeigt die nach dem System *Balcke* gebaute Kammertrocken-
anlage. Es ist in den Bildern A, B, C und D:

bei A die Kammer I neugefüllt, II und III getrocknet, I und IV vorgetrocknet
.. B .. „ II ., III „ IV „ II ., I   „
.. C „ „ III „ IV „ I „ III ., II   „
.. D „ „ IV .; I „ II „ IV „ III   „

Es ist x die Warmluftverteilungs-Rohrleitung, y die Luftumführungs-
Rohrleitung und z die Abluft- oder Rückluft-Rohrleitung.

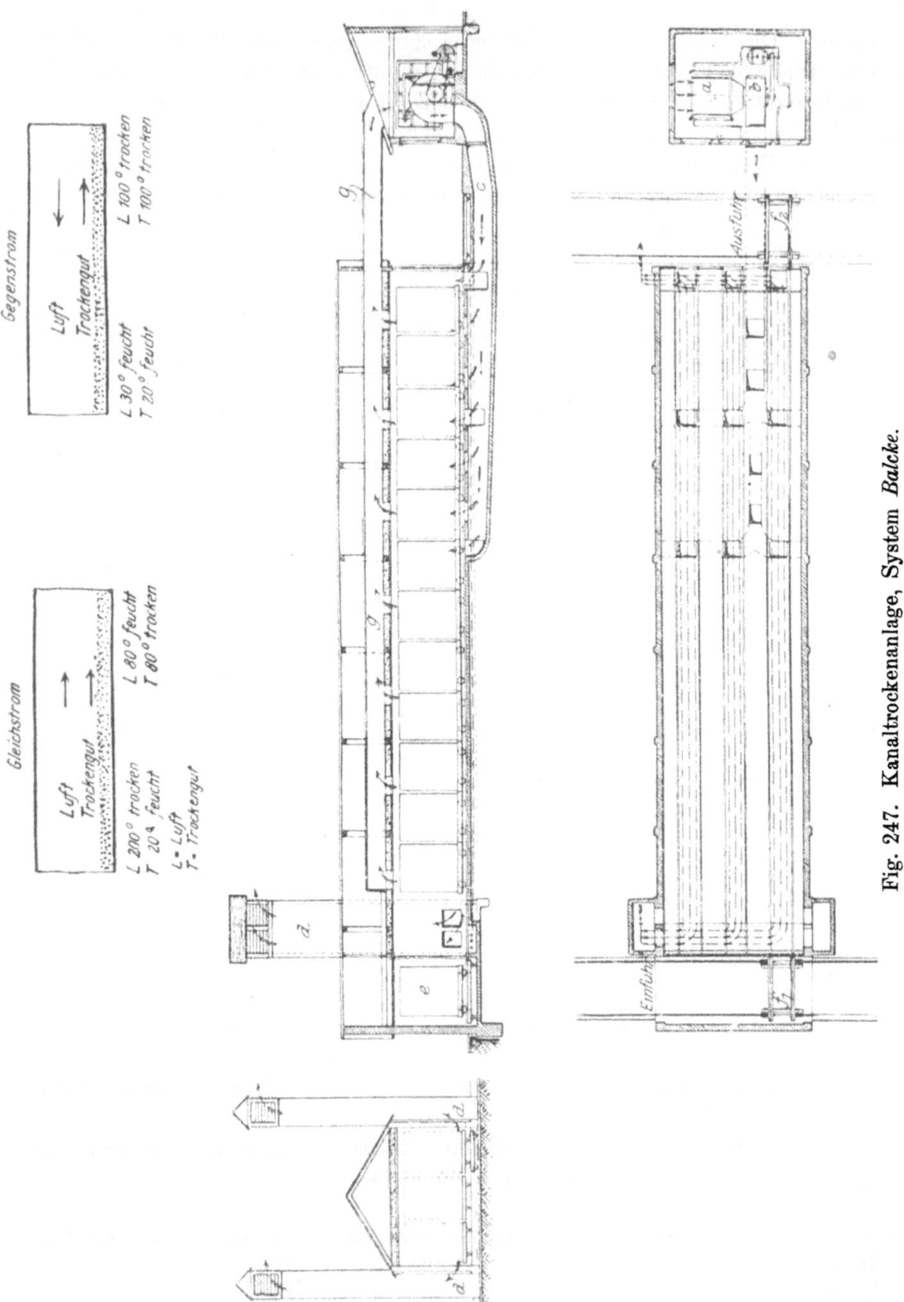

Fig. 247. Kanaltrockenanlage, System *Balcke*.

Eine Kanaltrockenanlage, System *Balcke*, wie sie für alle Trockenarten,
Holz, Fourniere, Ziegel, Pappe, Zellstoff, Leder, Garn, Leim, Nudeln, Obst
und Gemüse, gebraucht werden kann, zeigt Fig. 247.

Es bedeutet darin:

a den Luftkondensator,   e die Trockenwagen,
b den Ventilator,   f die Schiebebühne
c den Warmluftkanal,   und
d die Abluftschächte,   g den Umluftkanal.

Das Prinzip des Gleichstroms und Gegenstromes[1] ist dabei schematisch abgebildet.

Die Anordnung eines Vakuumtrockenschranks, System *Balcke*, zeigt Fig. 248.

Er dient für die Trocknung chemischer Farben und Präparate. Auch für die Getreidetrocknung wird bei niederem Vakuum von 5 mm Quecksilbersäule bei 20 bis 25° C noch 1 bis 2 Proz. Wasser verdampft. Es ist diese Trocknung im Vakuum wichtig für Weizentrocknung, da bei höheren Temperaturen, über 50° C, der Kleber des Weizens glasartig wird und die Backfähigkeit verliert.

Wie beim Kanalsystem kann auch bei der Trommeltrocknung das Gut in rotierender Trommel mit oder gegen den heißen Luftstrom oder die Feuergase bewegt werden. Im letzteren Falle wird meist Gleichstrom ausgeführt, damit die noch heißen Feuergase mit dem feuchtesten Material, z. B. Zuckerrübenschnitzel oder sonstige feuchte Schnitzel oder Erzeugnisse, zusammenkommen und ein Verkohlen vermieden wird.

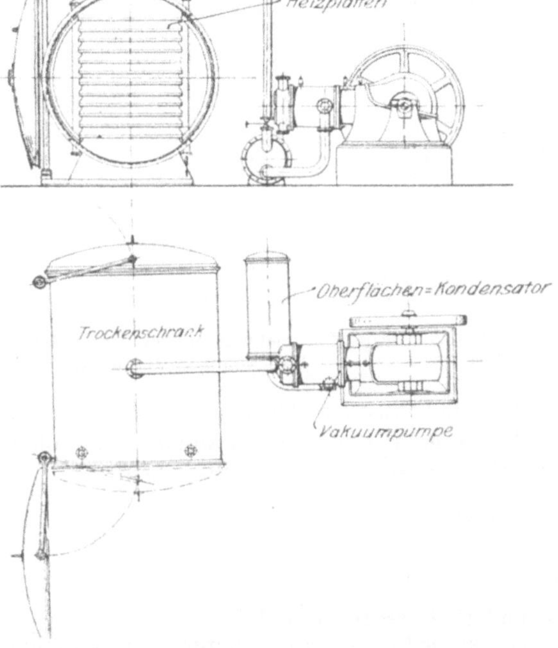

Fig. 248. Vakuumtrockenschrank, System *Balcke*.

Die Trommeltrocknung hat sich für die Trocknung feuchter Kohle vielfach bewährt. Insbesondere ist sie für alle Stoffe brauchbar, die keinem empfindlichen Keimungsvorgang unterliegen, und bei denen eine gleichmäßige Trocknung nicht Verwendungsbedingung ist.

Neben den Trockenapparaten wird besonders in der Textilindustrie und der Leder- sowie Pappenindustrie die Trocknung in zimmerähnlichen Räumen vorgenommen. Sie werden durch warme Luft auf 25 bis 30° vermöge der Abdampf- oder Frischdampfheizung erwärmt. Diese Luft streicht durch natürlichen Zug durch den Raum ins Freie.

[1] Wochenblatt für Brauerei 1916, S. 5, Trocknung im Gleichstrom oder Gegenstrom.

Wie die Verhältnisse des Wärmebedarfs für Lederfabriken sind, zeigen Fig. 249 und 250. Sie entstammen der „Zeitschrift für Dampfkessel- und Maschinenbetrieb" 1919[1]).

Bei der in Fig. 249 gezeichneten Kurve gibt die gerade Linie die gleichmäßigen Abwärmemengen für eine Auspuffmaschine an. Man sieht hieraus, daß man mit dem Abdampf der Kraftmaschine für eine Lederfabrik nicht auskommt. Die Abdampfmenge ergibt im Jahresmittel eine Maschine von 800 PS. Im Sommer hat man den Abdampf einer 630-PS-Maschine nötig, während der Kraftbedarf etwa nur $^2/_3$ beträgt. Immerhin kann man etwa $^1/_2$ des Wärmebedarfs der Lederfabrik im Jahresmittel durch Abdampf decken.

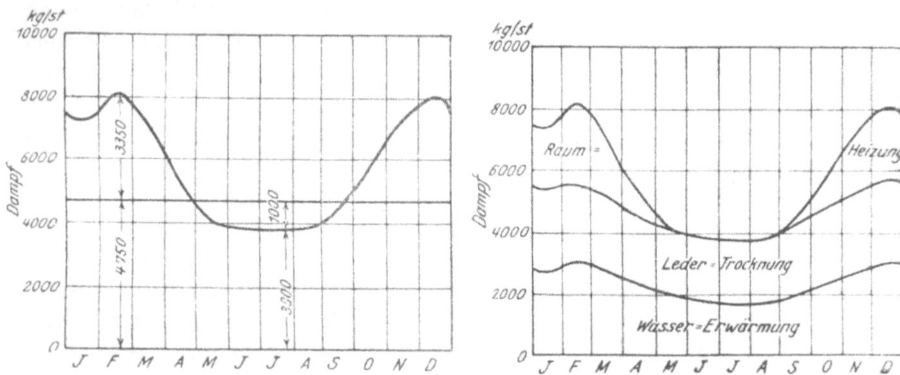

Fig. 249. Jahreswärmebedarf einer Lederfabrik. Fig. 250. Schwankungen des Wärmebedarfs einer Lederfabrik.

Trockenräume benötigen noch viele Industrien: Gelatinefabriken, Abziehbilderfabriken, lithographische Anstalten und ähnliche Fabriken. Es sollen hier noch einige veröffentlichte Versuchsergebnisse angeführt sein:

Lederfabrik [2]):

10stündige Arbeitszeit,
174 PS im Mittel,
8,5 Atm Sattdampf,
Frischdampf wird für Heiz- und Kochzwecke verwandt,
Abdampf wird für Trockenzwecke und Warmwasserbereitung verwandt, Juli und August ergeben 60 Proz.,
    September bis Juni ergeben 80 Proz. als Ausnützung durch die Abdampfverwertung für Heizzwecke beim Brennstoffverbrauch,
Heizung bedarf 88,5 Proz.,
Krafterzeugung 11,5 Proz. der gesamten Brennstoffmenge.
Ohne Abdampfverwertung ist der Mehrverbrauch an Brennstoff 38 Proz.,
    dabei entfallen
        auf Heizung 64,0 Proz.,
        auf Krafterzeugung 36,0 Proz.
Die gesamten Kosten der Krafterzeugung sind bei Abdampfverwertung nur 44 Proz. der gesamten Kosten ohne Abdampfverwertung.

---

[1]) Dipl.-Ing. *M. Hirsch*, Über Wärmewirtschaft in der Lederindustrie.
[2]) Zeitschrift des bayerischen Revisionsvereins 1913, S. 130, von *Stanef* und Die Wärme 47. Jg., 1924, Nr. 29, S. 335—337.

Lithographische Anstalt[1]):

9,5stündige Arbeitszeit,

97 PS im Mittel,

9,0 Atm bei 220° Dampftemperatur,

Heizung der Trockenräume das ganze Jahr,

Heizung der Arbeitssäle und Bureaus im Winter. Im letzteren Falle muß noch
Frischdampf zugesetzt werden.

Durch Abdampf werden in den Monaten
November bis März 80 Proz.,
April, Mai, September, Oktober 40 Proz.,
Juni, Juli, August 12 Proz. des Kohlenverbrauchs für die Heizung nutzbar
gemacht.

Auf die Heizung entfallen 62 Proz., auf die Krafterzeugung 38 Proz. des Kohlenverbrauchs.

Ohne Abdampfverwertung hat man 40 Proz. mehr Brennstoffe nötig. Es treffen
dann auf die Heizung 45 Proz. und auf die Krafterzeugung 55 Proz.

Kraftkosten bei Abdampfverwertung 67 Proz. derjenigen ohne Abdampfverwertung.

Man sieht aus diesen Zahlen, wie wichtig die Verwertung des Abdampfes
für die Ersparnis an Kohlen ist. Es ist dabei gleichgültig, ob die Verbrennung
von hochwertiger oder von minderwertiger Kohle erfolgt. Da letztere im
allgemeinen bei den Orten, die entfernt von der Grube liegen, für 1000 kcal
viel teurer ist, sollte die restlose Verwendung des Abdampfes unter allen
Umständen angestrebt werden.

16. Maschinenfabriken.

Von großer Bedeutung ist die Abwärmeverwertung in Maschinenfabriken.
Im allgemeinen ist in den Sommermonaten nur Kraftbedarf vorhanden, die
Wärmemenge für Warmwasserbereitung zu Wasch- und Badezwecken ist ge-
ring. Im Winter benötigt man meist die ganze Abwärme zur Fabrikheizung.

Fig. 251 zeigt die typischen Verhältnisse des Kraftbetriebs einer Maschinenfabrik. Sie zeigt die verbrauchte Kohlenmenge bei Auspuff- und bei Kondensationsbetrieb.

Fig. 252 zeigt das Heizdiagramm, d. h. den Kohlenverbrauch für Warmwasser und für Heizung derselben Fabrik. Die Übereinanderlage der Diagramme zeigt, an welchen Stellen der Abdampf der Kraftmaschine bei dieser
Fabrik nicht ausreicht. Fig. 253 und 254 zeigen die Kombination von Kraft-
und Heizdiagramm; man wählt Auspuffbetrieb mit Abdampfverwertung und
Frischdampfzusatzheizung in den Fällen November bis März, Auspuffbetrieb
mit Abdampfverwertung, wobei noch Abwärme überschüssig ist, in den Fällen
Oktober und April, Kondensationsbetrieb und Frischdampfheizung in den
Fällen Mai bis September, da der Gesamtkohlenverbrauch hier kleiner ist als
bei Auspuffbetrieb mit Abdampfheizung. Hat man eine Verbundmaschine, so
kann man mit Zwischendampfentnahme arbeiten. Dieselbe hat in den Fällen
April bis Oktober Bedeutung. April und Oktober kann durch Zwischendampfentnahme, bei der bekanntlich der Kohlenverbrauch etwas höher als bei

---

[1]) Ebenda 1913, S. 110, von *Stanef.*

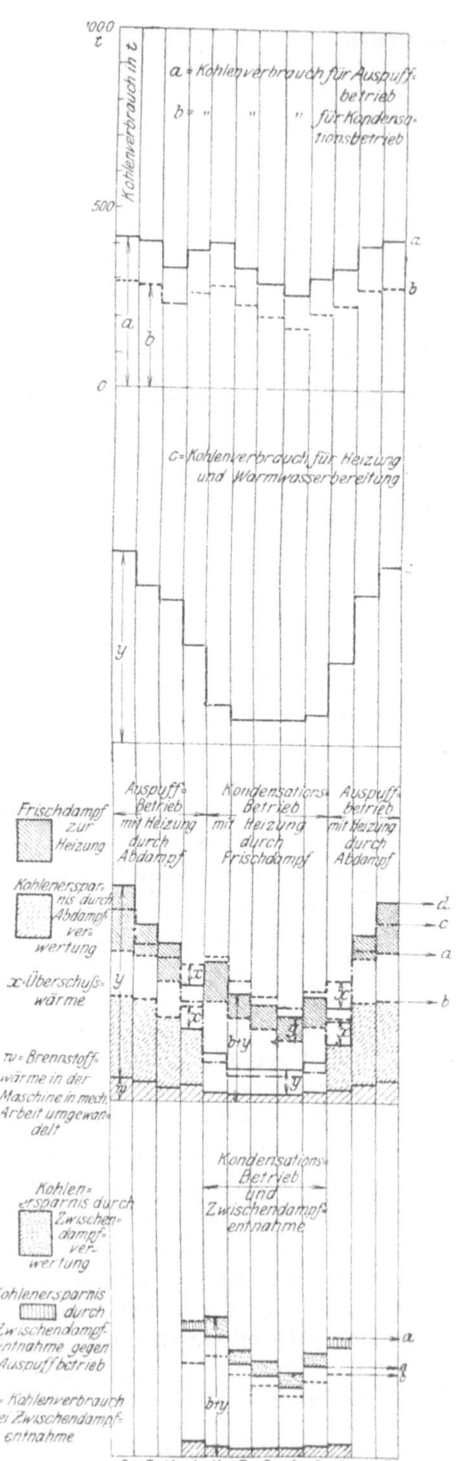

Fig. 251.

Kraftdiagramm einer Maschinenfabrik.

Fig. 252.

Heizdiagramm einer Maschinenfabrik.

Fig. 253.

Kraft- und Heizdiagramm einer Maschinenfabrik.

Fig. 254.

Kraft- und Heizdiagramm einer Maschinenfabrik bei Zwischendampfentnahme.

Auspuff ist, die überschüssige Abwärme gespart werden. Mai bis September kann durch Zwischendampfentnahme die Kohle für Frischdampfheizung gespart werden, wenn auch der Kohlenbedarf für Kraftbetrieb etwas höher ist als bei reinem Kondensationsbetrieb ohne Zwischendampfentnahme.

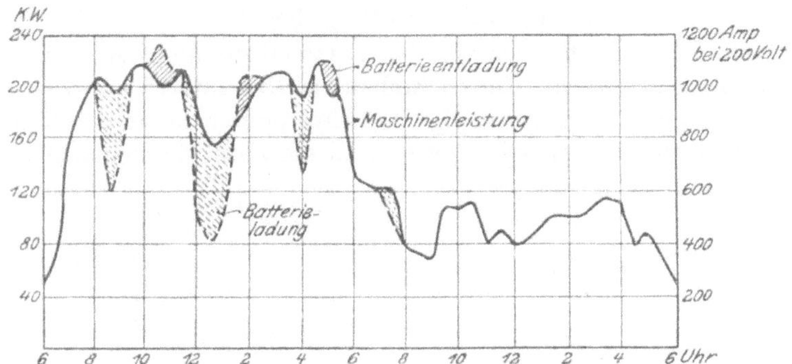

Fig. 255. Tägliche Kraftschwankung einer Maschinenfabrik.

Wenn man die Kohle für Heizung in den Monaten November bis März zuerst zur Energieerzeugung verwenden würde, so könnte diese Überschußenergie an benachbarte Werke oder an eine Zentrale abgegeben werden. Es wären dann dem Nachbarwerk oder der Zentrale in dieser Zeit weniger Kohle zuzuführen.

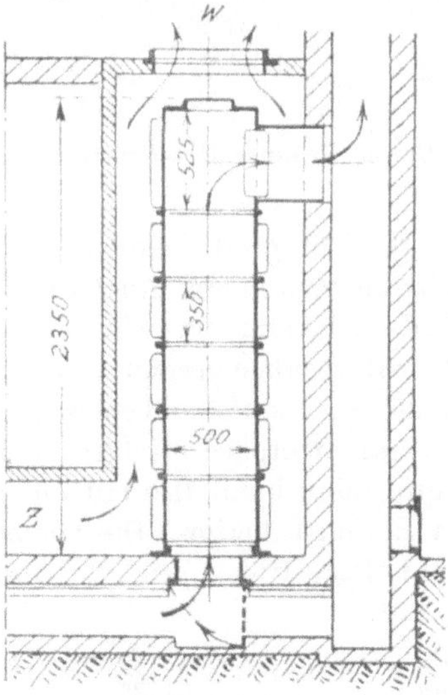

Wichtig sind neben den jährlichen Schwankungen des Kraft- und Heizbedarfs von Fabriken auch noch die täglichen. Fig. 255 zeigt ein solches Diagramm. Man sieht hieraus, daß der Heizbedarf mit dem Kraftbedarf ziemlich zusammenfällt, so daß die Verwendung der Abwärme sachgemäß erfolgen kann. Es ist ein Wintertag mit Fabrikheizung zugrunde gelegt.

Die Abwärme aus den Heizgasen von Kesseln und Trockenkammern wird in Fabriken zweckmäßig noch zur Raumheizung benutzt. Beispiele sind die *Kori*-Öfen nach Fig. 256.

Fig. 256. *Kori*-Ofen.

$Z - W$ ist der Weg der zu erwärmenden Luft. Ein solcher Calorifer hat bei 500 mm Durchmesser und 350 mm Höhe etwa 13,5 qm Oberfläche. Wenn nur per 1 qm 1000 kcal per Stunde übergehen, so hat man stündlich 13 500 kcal = 3,5 kg Kohle erspart.

Eine Gesamtanlage für Abwärmeverwertung in Fabriken mit Dampfkraft zeigt Fig. 257.

Der Abdampfspeicher wird hier verhältnismäßig klein; er trocknet und überhitzt den ihm zugeführten Abdampf mit den vorher ausgenutzten Abgasen. Die daran anschließende Warmwasserheizung ist selbst bei großen Entfernungen der Büros verwendbar (Fernheizwerk).

17. Landwirtschaftliche Betriebe.

Die Dampfpflüge ergeben während der Arbeitszeit eine Menge Abwärme, die bis jetzt nutzlos ins Freie geht. Durch Einbau von Überhitzern und Vorwärmern bei den Zugmaschinen läßt sich der Kohlenverbrauch herabsetzen. Die Gewichtsvermehrung spielt hier bei den ohnehin schweren Maschinen keine Rolle.

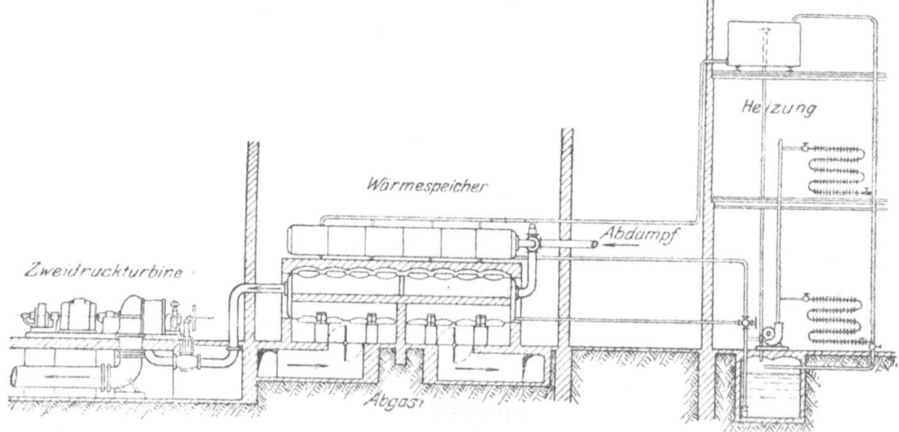

Fig. 257. Kombinierte Abhitzeverwertungsanlage der *Erstne Brünner Maschinenfabriks-Gesellschaft*, Brünn.

Die Maschinenfabriken, die angrenzend an die Fabrik oft große Felder haben, können die Abwärme im Frühjahr zur Bodenbeheizung verwenden. Auch in anderen Gegenden läßt sich vielfach die Abwärme von Fabriken für eigene Gewächshäuser und Bodenbeheizung ausnutzen. Studien hierüber haben gezeigt, daß der Ertrag der Felder bei beheiztem Boden bedeutend höher ist als bei unbeheiztem.

Die Beheizung des Erdbodens kann durch Schamotterohre erfolgen; der stündliche Wärmebedarf ist etwa 30 kcal für 1 qm. Man kann also mit einer 1000-kW-Turbine $300 \cdot 300 = 90\,000$ qm $= 9$ ha Boden beheizen. Die bisher bekannten Resultate ergeben, daß die Ernte acht Tage früher erfolgte, und daß der Mehrbetrag betrug bei:

Blumenkohl	50 Proz.	Kohlrabi	40 Proz.
Kopfsalat	15 „	Tomaten	36 „
Schoten	60 „	Artischocken	90 „

Ferner gab der Boden im Versuchsjahr zwei Kartoffelernten. Selbstredend muß dann auch für vermehrte Düngung gesorgt werden[1]).

---

[1]) Es sind auch Versuche mit Düngung durch CO_2 der Abgase gemacht, die bis jetzt zufriedenstellend ausgefallen sind. Siehe auch Zeitschrift des Vereins deutscher Ingenieure 1917, S. 401: Hebung des Gartenertrags durch Bodenheizung mit Abwärme und *Block,* Kalkbrennen, 2. Aufl., Abschn. N, Kap. 93. Otto Spamer, Leipzig 1924.

18. Lokomotivbetrieb[1]).

Wie der Kohlenverbrauch der einzelnen Lokomotiven sich gestaltet, geht aus Fig. 258 hervor. Die in den einzelnen Linien eingezeichneten Worte geben links die Speisewassertemperatur sowie die ev. Verwendung eines Ekonomisers, die Lokomotivkonstruktion und Dampfart, sowie den prozentualen Kohlenverbrauch gegenüber der normalen Naßdampf-Zwillingslokomotiven ohne Wasservorwärmung an[2]).

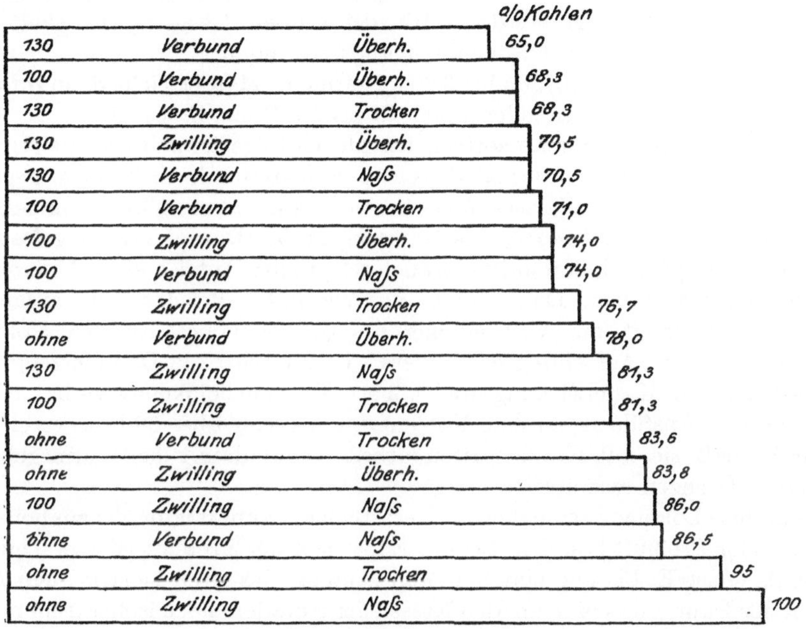

Fig. 258. Lokomotivgütegrade[3]).

Der Abgas- und Abdampfverwertung wird ebenfalls Rechnung getragen. Bei Speisewasservorwärmung durch Abdampf erzielt man 13 bis 19 Proz. Kohlenersparnis gegenüber der Maschine ohne Abdampfvorwärmung; bei noch hinzutretender Abgasvorwärmung geht diese Zahl auf 17 bis 26 Proz. Die

---

[1]) *Schneider*, Abwärmeverwertung im Kraftmaschinenbetrieb. Julius Springer, Berlin. *Strahl*, Die Kohlenersparnis oder größere Leistungsfähigkeit der Lokomotiven durch Vorwärmung des Speisewassers. Glasers Annalen 1915, II, S. 23.

[2]) Zeitschrift des Vereins deutscher Ing. **68**, 1924, Nr. 38, Seite 997: Die Kolbendampfmaschinenlokomotive mit Kondensation von *Pfaff* und Seite 1004: Die Kondensationslokomotive mit Turbinenantrieb; **48**, 1904, Sonderabdruck, Vergleichende Versuche mit gesättigtem und mäßig überhitztem Dampf an Lokomotiven von *Rühl*; Speisewasser-Vorwärmer-Anlagen, Bauart Knorr, für Lokomotiven, Verlag Knorr-Bremse-Aktiengesellschaft, Berlin-Lichtenberg.

[3]) Dr. *Schneider*, Abwärmeverwertung im Kraftmaschinenbetrieb. Julius Springer, Berlin, und Archiv für Wärmewirtschaft 1923, Heft 8: Wärmewirtschaft bei Dampflokomotiven, von Dr. *Schneider*.

Vorwärmung bis 100° läßt sich durch den Maschinenabdampf, diejenige bis 125 bis 130° durch Zwischendampf- oder Abgasverwertung erzielen. Zur Vorwärmung werden vom Abdampf im ganzen 20 Proz. benötigt; es stehen also 80 Proz. für das Anfachen des Feuers noch zur Verfügung[1]).

An Stelle der Dampfstrahlpumpe wird vielfach die Kolbenspeisepumpe genommen, die ihren Abdampf ebenfalls zur Verfügung stellt.

Der Abgasvorwärmer steht in der Rauchkammer. Er wird von den aus den Heizrohren tretenden Abgasen umspült, während dieselben gleichzeitig vom Blasrohr angesaugt werden. Mit der großen Gasgeschwindigkeit ist nach Früherem ein guter Wärmedurchgang verbunden.

Der Überhitzer soll auf 300 bis 350° erwärmen. Man erreicht dann infolge verschwundener Eintrittskondensation 15 bis 20 Proz. Ersparnis.

Man stellt bei Verbundlokomotiven, trotzdem infolge der weitgehenden Überhitzung die Verminderung der Niederschlagsverluste in einem Zylinder gegenüber der Verteilung des Wärmegefälles in zwei Zylindern erreicht ist, immerhin noch 5 bis 7 Proz. Kohlenersparnis bei sachgemäßer Dampfverteilung fest.

Der Abdampf der Lokomotive ist auch schon zum Antrieb einer Abdampfturbine benutzt worden. Diese treibt einen Ventilator, der das Feuer anfacht. Man erreicht damit die Verringerung des Gegendruckes auf den Kolben und eine stetigere Anfachung des Feuers. Damit wird die Dampferzeugung stetiger und der Kesselwirkungsgrad höher. Die Turbolokomotive hat nach den neuesten Ausführungen eine Kohlenersparnis von über 50 Proz. erreicht, dadurch, daß sie mit Kondensation arbeitet und damit das Wärmegefälle in weiten Grenzen ausnützt[2]).

Feuerlose Lokomotiven haben als Kessel einen Akkumulator, der aus heißem Wasser oder Preßluft besteht. Bei der Expansion der Preßluft ist Erwärmung nötig, da sonst Eisbildung eintritt. Man kann zur besseren Isolation den Abdampf der Dampfmaschine um den Kessel, der trotzdem noch isoliert sein muß, leiten. Dadurch ist in das Wärmegefälle vom Kesselinnern bis zur Außenflächenkesselisolation ein größerer Wärmewiderstand eingeschaltet.

Die hier für Lokomotiven erwähnten Gesichtspunkte gelten auch für Straßenwalzen, fahrbare Lokomobilen und für Dampfpflüge.

19. Schiffsmaschinen.

Während die modernen Passagierdampfer mit rationeller Abwärmeverwertung ausgerüstet sind, lassen andere Hochsee- und Binnendampfer hier noch viel zu wünschen übrig[3]).

Bei Schiffen mit Dampfkesseln und Dampfmaschinen oder Turbinen ist Vorwärmer und Überhitzer notwendig; außerdem können Zwischen- und Abdampf sowie die Abgase für Heizzwecke, Warmwasserbereitung und Luft-

---

[1]) *Dinglers* Polytechnisches Journal 1904, Über Heißdampflokomotiven und die Ausnutzung der Abgase des Kessels durch Vor- und Zwischenüberhitzer von *Löw*.

[2]) Dampfturbinenlokomotiven mit Kondensation von *Lorenz*. Kruppsche Monatshefte 1924, Novemberheft.

[3]) Schiffbau-Kalender, Hilfsbuch der Schiffbauindustrie, Abschn. Wärmewirtschaft an Bord von Schiffen. Reinhold Strauß K.-G., Berlin.

erhitzung verwendet werden. *Offerdinger* erreicht durch Anwendung von zwei
Entnahmestufen, deren eine aus dem Receiver zwischen Hoch- und Nieder-
druckzylinder gespeist wird, und deren andere allen Abdampf der Haupt- und
Hilfsmaschinen erhält, eine Kohlenersparnis von 3,5 bis 4,2 Proz., wenn das
Speisewasser durch die zwei Stufen auf 126 resp. 136,5° C erwärmt wird.

Bei Schiffen mit Dieselmaschinen von 40 PS an kann die Wärme des
Kühlwassers und der Abgase ebenfalls verwandt werden.

20. Gebäude.

Zwecks sachgemäßer Ausnutzung der Heizungswärme, ob sie nun in Form
von direkter Wärme aus Brennstoffen, Frischdampf oder Abdampf erfolgt,
ist die Bauart des Gebäudes, die Lage der zu erwärmenden Räume und der
Schornsteine von großer Bedeutung. Ausführliche Bearbeitung dieses Ge-
bietes ist von Prof. *Knoblauch*, Prof. *Schachner* und Priv.-Doz. *Hencky*[1]) vor-
genommen und in einer Druckschrift: „Untersuchungen über die wärmewirtschaftliche Anlage, Ausgestaltung und Benutzung von Gebäuden", von der
Bayer. Landeskohlenstelle in München (Komm.-Verlag Albert Mahr,
München), herausgegeben. Es zeigt sich, daß ungünstige Einteilung, also z. B.
Bewohnen abgesonderter Eckräume, Einzelhaus an Stelle von Doppel- oder
Reihenhaus und dünne Wände, Material der Wände[2]) einen außerordentlichen
Einfluß auf den Wärmebedarf des Hauses ausüben und Unterschiede bis 100 Proz.
hervorrufen können. Wichtig ist ferner bei Gebäuden die Anzahl der Kamine,
und zwar ist eine größere Anzahl kleinerer Kamine vorteilhafter als wenige
große Kamine, ferner ist für genügende Höhe der Kamine zu sorgen, damit der
Zug ungehindert erfolgen kann. Ein Überragen durch benachbarte Gebäude
ist zu vermeiden. Dann ist auch noch die Lage der Kamine so zu wählen, daß
sie eine möglichst kleine Abkühlung erhalten, also ins Innere der Gebäude.
Ferner muß beim Bau, besonders von Einzelwohnhäusern, auf die Lage und
Windrichtung Rücksicht genommen werden, und zwar sollen Flure und
Treppenhäuser nach der am meisten abgekühlten Seite liegen, eine kleine
Veränderung der Lage auf einem Grundstück kann oft zu einem prinzipiell
größeren oder kleineren Wärmebedarf führen.

21. Heizkraftwerk und Fernheizwerk.

Das Heizkraftwerk erzeugt zunächst mechanische Energie, die es im eigenen
Betriebe bzw. in eigener Anlage verwertet oder noch anderwärts; z. B. in Form
von elektrischer Energie, an ein Stromnetz abgibt, und dann Abwärme[3]), die es
im eigenen Komplex zu industriellen oder Heizungszwecken[4]) verwendet; über-

---

[1]) Zeitschrift für Wohnungswesen in Bayern, 1920, Nr. 11 und 12, und Wärmewirtschaft im Siedlungsbau von *Scholtz*. Verlag Albert Lüdtke, Berlin.

[2]) Thermosbau von *H. Pohlmann*. Julius Springer, Berlin, und Gesundheitsingenieur
1918, S. 121: *Schmidt*, Brennstoffverbrauch von Heizungs- und Lüftungsanlagen verschiedener Bauarten in Schulgebäuden.

[3]) Chaleur et Industrie 4, Nr. 43, S. 846—849, 1923.

[4]) Chaleur et Industrie 4, Nr. 42, 1923: Über den Gewinn und die Benutzung des
Auspuffdampfes für Heizzwecke, von *Pierre*.

schüssige Abwärme wird, wenn möglich, abgegeben, anstatt im Kondensator kondensiert. Eine scharfe Trennung von Heizkraftwerk und Fernheizwerk ist nicht gegeben. Im allgemeinen spricht man von Heizkraftwerk, wenn Kraft und Wärme in einem zusammengehörigen Komplex verwendet wird, also in

Häuserkomplexen,	Krankenhäusern,
Geschäftshäusern,	Badeanstalten und
Hotels,	städtischen Anlagen.

Dabei ist es gleichgültig, ob die Kraftanlage eine Dampfkraftanlage oder eine Motorenanlage ist. Auch bei einer Wasserkraftanlage[1]) kann nachts die überschüssige Energie in elektrisch beheizten Kesseln gespeichert werden, die dann tagsüber den Dampf zur Kraft oder Heizung abgeben.

Das Fernheizwerk[2]) leitet die Wärme nicht allein in die die Zentrale umgebenden Anlagen, sondern auf große Entfernungen.

In Wohnhäusern[3]) ist im Sommer der Bedarf an Kraft für Licht und Aufzüge sowie der Bedarf an Wärme für Dampfkochung und Warmwasserbenutzung geringer als im Winter. Es paßt sich also der Kraft- und Wärmebedarf im allgemeinen einander an. Für das einzelne Wohnhaus ist im allgemeinen eine Kraft- und Abwärmeverwertungsanlage zu klein und zu unrationell, da die Schwankungen des Bedarfs an Kraft und Wärme in einem Hause zu groß sind. Es empfiehlt sich, mehrere Häuser zu einem Komplex zu vereinen. Für Kraftzwecke, Beleuchtung und Aufzüge ist dies schon geschehen; die Abwärme dieser Anlagen ist jedoch noch nicht ausgenützt.

Als Beleuchtung kommt in diesen Werken nur elektrische Beleuchtung in Frage. Im Winter wird der Abdampf vielfach nicht für den Wärmebedarf des Komplexes ausreichen, es empfiehlt sich daher die Verwendung zweistufiger Expansion, die mit Zwischendampfentnahme arbeitet. Der Kochdampf wird durch die Zwischendampfentnahme gedeckt, der Heizdampf durch den Auspuff. Der zurückkehrende Auspuff dient zur Warmwasserherstellung. Eine solche Anlage, die ein großes Rohrsystem erfordert, macht sich durch die restlose Ausnützung der aus den Brennstoffen gewonnenen Wärme bezahlt.

In Geschäftshäusern[3]) ist der Kraftbedarf höher als in Wohnhäusern; er schwankt jedoch stark mit der Tageszeit. Außer der Beleuchtung braucht man Kraft für Aufzüge, Entstaubungsanlagen, Ventilatoren, Kühlanlagen, Laden der Batterien evtl. von Geschäftselektromobilen und kleinere Arbeitsmaschinen. Der Wärmebedarf für Heizzwecke und Warmwasserbereitung ist infolge des starken Verkehrs größer als in Wohnhäusern.

Bei Warenhäusern[3]) ist die Gesamtbelastung für Kraft im Juni etwa die Hälfte von der im Dezember, wo sie am größten ist. Sie verteilt sich

---

[1]) Bayrisches Industrie- und Gewerbeblatt 1912, S. 311: *Schneider*, Wasserkraft, Heizungskraft und Lichtwerk.

[2]) Archiv für Wärmewirtschaft 4. Jg., Nr. 2, 1923: Heizkraftwerke mit Fernversorgung, von *Heilmann*, und Ventilations- und Heizungsanlagen von *Dietz*. R. Oldenbourg, München und Berlin.

[3]) Die Hochbaukonstruktionen. Des Handbuches der Architektur dritter Teil, 4. Band. Arnold Bergsträsser, Darmstadt.

für Mitteldeutschland in Prozenten wie folgt, wenn der Dezemberbedarf
= 100 Proz. ist:

Januar	87 Proz.
Februar	77 ,,
März	74 ,,
April	62 ,,
Mai	57 ,,
Juni	50 ,,
Juli	54 ,,
August	55 ,,
September	59 ,,
Oktober	70 ,,
November	80 ,,
Dezember	100 ,,

Der Heizbedarf folgt dem Kraftbedarf, er ist in den Wintermonaten größer
als in den Sommermonaten. Da zu verschiedenen Tageszeiten natürlich keine
Übereinstimmung möglich ist, muß ein Ausgleich durch Aufstellung von
elektrischen oder Wärmeakkumulatoren geschaffen werden. Da die Drucke für
Heizdampf gering sind, kommt in erster Linie ein *Rateau*speicher in Frage.
Der Dampfraumspeicher eignet sich nur, wenn, was selten der Fall ist, genügend
Platz zur Verfügung steht.

Um den geringeren Wärmebedarf im Sommer, der meist weit unter der
Abwärme der Kraftmaschine liegt, und den hohen Wärmebedarf im Winter,
der meist bis zur Abwärmeabgabe der Kraftmaschine reicht, wenn nicht gar
noch größer ist, rationell zu verwerten, wird die Kraftmaschine unterteilt.
Die Sommermaschine arbeitet mit hohem thermodynamischen Wirkungsgrad,
bei der zweiten, der Wintermaschine, welche den ganzen Abdampf verwertet,
braucht hierauf, besonders wenn auch noch Zwischendampfentnahme nötig
ist, keine Rücksicht genommen zu werden.

Was die Betriebszeit anbelangt, so ist in Geschäftshäusern von 7 Uhr
morgens ansteigend, zwischen 10 Uhr vormittags und mit eventueller Mittags-
pause bis 3 Uhr nachmittags, der größte Verkehr, also auch Wärmebedarf,
der evtl. von $^1/_2$6 bis 6 Uhr nochmals ansteigt. Der Lichtbedarf ist in den
Morgenstunden geringer als in den Abendstunden, der Kraftbedarf für Aufzüge usw. beginnt um 8 Uhr, steigert sich bei evtl. ankommenden Waren
um 10 Uhr auf etwa $^1/_2$ bis 1 Stunde und ist in den Abendstunden mit Rücksicht auf die Expedition wieder größer.

In Hotels sind ähnliche Verhältnisse. Licht, Kraft und Wärme werden
Tag und Nacht benötigt, die Maschinenanlage wird, wie bei Geschäftshäusern,
unterteilt. Die Anlage eines elektrischen oder kalorischen Speichers wird ebenfalls die Wirtschaftlichkeit erhöhen.

Der Bedarf an mechanischer Energie ist im Sommer, ähnlich wie bei Warenhäusern, etwa die Hälfte wie im Winter. Es ist darnach die Sommermaschine
zu dimensionieren. Der elektrische Speicher ist für die Sommer- und Wintermaschine geeignet zu bemessen. Im Sommer wird etwa während der 6 Hauptbetriebsstunden ebensoviel Energie verbraucht, wie während der 18 übrigen
des Tages. Der Speicher muß also das 6fache der stündlichen Leistung der

Sommermaschine aufnehmen, wenn dieselbe, 18 Stunden ruht. Im Winter werden 12 bis 16 Hauptbetriebsstunden mit wechselnder Belastung sein, während in den übrigen Stunden im Mittel ein Drittel der Belastung genügt. Der Speicher muß also dann das 4 bis 5fache der Leistung der Wintermaschine

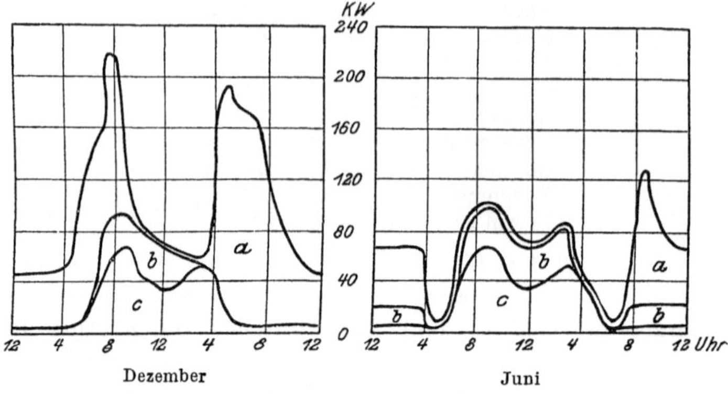

Fig. 259. Kraftbedarf von Krankenhäusern[1]).

a = Beleuchtung, b = Lüftung, c = Heizung.

aufnehmen. Dies entspricht dem 8- bis 10fachen der Leistung der Sommermaschine.

Der kalorische Speicher muß im Sommer, wenn die Abwärme der Maschine für die ganze Zeit von 24 Stunden ausreicht, die Abwärme von 4 bis $4^1/_2$ Stunden aufnehmen, im Winter die Abwärme von 2 bis $2^1/_4$ Stunden. In dieser Ruhezeit ist kein Wasser-, sondern zuerst nur geringer Heizbedarf nötig.

Krankenanstalten[2]) benötigen Kraft und Wärme ähnlich wie Hotels; jedoch ist der Wärmebedarf ein bedeutend größerer; auch sind die Schwankungen des Kraftbedarfs bedeutender im Verlauf eines Tages. Die

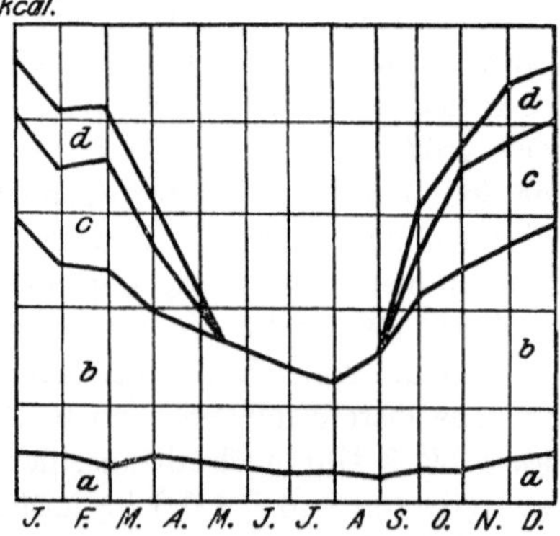

Fig. 260. Wärmeaufwand einer Klinik[1]).

a = Wärmeaufwand für warmes Gebrauchswasser,
b = Wärmeaufwand für Kraftanlage und Nutzdampfverbrauch,
c = Wärmeaufwand für Dampfheizung,
d = Wärmeaufwand für Warmwasserheizung.

Fig. 259 zeigt den typischen Kraftbedarf im Juni und Dezember innerhalb je 24 Stunden, Fig. 260 während eines Jahres.

Während der Kraftbedarf nur für Beleuchtung, Aufzüge, Waschmaschinen, kleine Apparate nötig ist, ist der Wärmebedarf für Heizung, Lüftung,

---

[1]) *Schneider*, Abwärmeverwertung im Kraftmaschinenbetrieb. Julius Springer, Berlin.
[2]) *Dietz*, Statistik über den technischen Energiebedarf in neueren Krankenanstalten. Gesundheits-Ingenieur 1912, S. 637, und Warmwasserbereitungsanlagen und Badeeinrichtungen von *Roose*. R. Oldenbourg, München und Berlin.

Bäder für Dampf und Wasser, Desinfektion, Wäsche, Küche, Trocknung,
nötig. Er wird deshalb nicht aus der Abwärme der Kraftanlage gedeckt.
Nach *Dietz*s Statistik über den technischen Energiebedarf in neueren Krankenanstalten (Gesundheits-Ingenieur 1912, S. 637) ergibt sich der Wärmebedarf
für das ganze Krankenhaus für Dampf-, Heiß- und Warmwasserversorgung
bei einer Anstalt mit

        500 Betten . . . . 9,0 Milliarden kcal im Jahr
       1000   „   15,5   „   „   „   „
       1500   „   22,0   „   „   „   „

Wird diese Wärme zuvor für Krafterzeugung nutzbar gemacht, so ergibt
dieselbe bei

        500 Betten . . . . 2,0 Millionen PS-St.
       1000   „   3,5   „   „
       1500   „   5,0   „   „

Da der Kraftaufwand für ein Bett im Jahre zwischen 500 und 800 PS-St.,
also per Tag zwischen 1,4 und 2,2 PS-St. wechselt, so ersieht man, daß ein
Krankenhaus stets Überschußkraft hat und dieselbe nach außen abgeben kann,
sofern die gesamte erzeugte Wärme zuerst in einer Dampfmaschine oder
Turbine zwecks Erzeugung mechanischer Energie verwertet wird. Es
wird daher ein besonderer Wärmespeicher nicht nötig sein, sondern die
Heizkessel werden mit großem Wasserraum ausgebildet, um eine gleichmäßige
Feuerung verändertem Dampfbedarf anzupassen[1]). Im Archiv für Wärmewirtschaft Heft 8, 1923, hat Prof. Dr. *Aschof* in Düsseldorf die Wärmewirtschaft
in Krankenhäusern[2]) behandelt. Ich entnehme diesem Aufsatz folgende Werte:

Wäschebedarf: 6 bis 10 kg per Person und Woche.
Wasserbedarf: 100 kg trockene Wäsche benötigen
                         1,4 cbm Wasser von 60° und
                         2,8 „   „   „ 10°.
Dampfverbrauch: 100 kg trockene Wäsche benötigen 250 bis 300 kg Dampf.
Küche: 100 kg Speise benötigt 19 bis 24 kg Dampf,
                         1 Personenstunde benötigt 0,55 kg Dampf.
Bäder: 1 Brausebad   1000 bis 1300 kcal.
                   1 Wannenbad   6400 bis 9600 kcal.
Elektrizität: 1000 Betten 230 000 bis 250 000 kW-St. per Jahr in Kranken-
                   häusern und 150 000 bis 300 000 kW-St. per Jahr in Heil- und
                   Pflegeanstalten.

In „Wärme" 46. Jg., Nr. 39, zeigt Dr. *Aschof* die Ersparnis an Wärme bei
zweckentsprechender Abwärmeverwertung in einem Krankenhaus, wobei er
einen Mehrverbrauch an Brennstoffen gegenüber wirtschaftlicher Wärmeausnutzung von 65 Proz. nachweist.

---

[1]) Zeitschrift für Dampfkessel- und Maschinenbetrieb 1918, S. 229.
[2]) Archiv für Wärmewirtschaft 5. Jg., Heft 3, 1924: Abdampfverwertungsanlage im
städt. Rudolf Virchow-Krankenhaus in Berlin, von *Ploppe*.

Badeanstalten[1]) benötigen wenig Kraft, jedoch viel Wärme. Der Bedarf an Wärme ist:

Erwärmung der Baderäume . . . . 20° C
Wasser der Wannenbäder wird mit kaltem
  Wasser gemischt . . . . 35 bis 45° C
Inhalt einer Badewanne . . . . 200 „ 250 l
Inhalt eines Luxusbassins . . . . 350 „ 550 l
Wasserwärme des Schwimmbades . . . . . 23 „ 25° C
Dampfbadtemperatur . . . . 35 „ 42° C
Heißluftbadtemperatur . . . . 60 „ 80° C

Wie sich die Wärmeverhältnisse gestalten, wenn das Bad mit Abwärme einer Kraftanlage betrieben wird, wobei gleichzeitig das in der Nähe befindliche Rathaus geheizt wird, zeigt Fig. 261. Die Füllung der Badebassins erfolgt zwischen 9 Uhr abends und 3 Uhr morgens. Als Kraftwerk dient in obigem

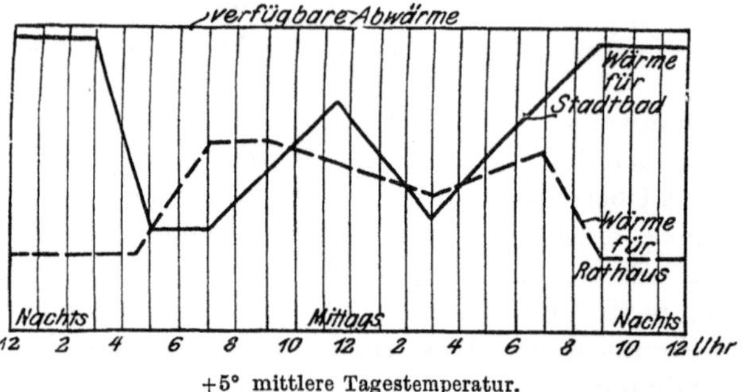

Fig. 261. Abwärmeverwertung eines Bades[2]).

Beispiel ein Wasserwerk. Es handelt sich um das Wasserwerk, Rathaus und Stadtbad in Mülheim a. d. R.

Es ist jedoch nicht immer möglich, am Erzeugungsort von Kraft Abwärme zu verwerten und an den Orten mit großem Wärmebedarf die vorher dabei erzeugte Kraft auszunutzen. Deshalb muß man die an einer Stelle erzeugte Kraft und Wärme weiterleiten. Die Weiterleitung der Kraft geschieht elektrisch, hydraulisch oder pneumatisch resp. auch in Form von Dampf. Wärme wird in Form von Dampf, Warmwasser und Druckheißwasser weitergeleitet.

Der Dampf wird als Hoch-, Mittel- oder Niederdruckdampf weitergeleitet. Die Bewegung des Dampfes geschieht durch Druckdifferenz an der Zuführungs- und an der Entnahmestelle.

Wasser wird als Warmwasser oder Druckheißwasser weitergeleitet. Im ersten Fall ist stets eine Pumpe nötig.

---

[1]) Gesundsheits-Ingenieur 1912, S. 389: Das städtische Hallenschwimmbad in Spandau mit Fernwarmwasserversorgung durch Abdampfverwertung; ferner 1913, S. 41: Die badetechnische Einrichtung des Stadtbades Mülheim a. Ruhr, und S. 217: Ausnützung des Kühlwassers von Maschinenanlagen für Bade- und Heizungszwecke; und Kalender für Heizungs-, Lüftungs- und Badetechniker, V. und VI. Abschnitt. Carl Marhold, Verlagsbuchhandlung, Halle a./S.

[2]) Nach *Schneider*, Abwärmeverwertung im Kraftmaschinenbetrieb. Julius Springer, Berlin.

Bei Fernwasserheizungen sind auch die Druckverhältnisse zu untersuchen. Sie werden am besten in einem Kreisdiagramm (Fig. 262) studiert.

Der innere Kreis entspricht der Länge der Hauptleitung von Vor- und Rücklauf. Auf dieser Linie werden die Druckverhältnisse abgetragen.

P ist die Pumpe im Kesselhaus,

H ist der gesamte maximale Druck bei Beginn der Leitung,

e ist der Druck am Ende der Rücklaufleitung vor dem Saugstutzen der Pumpe,

$H—e$ ist der von der Pumpe zu erzeugende Druck,

a ist der statische Druck im Ruhezustande,

b ist die Druckerhöhung über a für den Bewegungszustand,

c ist die durch den Betrieb an den einzelnen Stellen entstehende Druckentlastung,

d ist der verbleibende Gesamtdruck,

I bis IV sind die Anschlüsse.

Bei x wird je nach der Druckhöhe ein Ausdehnungsgefäß oder ein Windkessel angebracht. Im letzteren Fall kann durch Erhöhung des Luftdrucks, im ersteren durch einen Schwimmer eine Regulierung der Pumpenleistung erzielt werden.

In ähnlicher Weise können auch die Ferndampfleitungen untersucht werden.

Die Strömungsgeschwindigkeiten richten sich nach dem zulässigen Druckverlust. Er wird bei Dampfleitungen verhältnismäßig hoch zugelassen, besonders wenn im Heizwerk mit hohen Drucken gearbeitet wird.

Bei Dampf können oft mehrere Atmosphären Spannungsabfall zugelassen werden, bei Wasser kann der Abfall nur gering sein. Man hat daher auch hohe Dampfgeschwindigkeiten, bis 100 m per Sekunde; bei Wasser wählt man meist 2 bis 3 m per Sekunde.

Was die Temperatur der Warmwasserleitung anbelangt, so ist sie an der Gebrauchsstelle ca. 90° und in der Rücklaufleitung 65°. Man entnimmt einem Liter Wasser 25 kcal. Bei Fernleitung arbeitet man jedoch mit Temperaturen von 115 bis 140°. Man muß also an der Gebrauchsstelle diese Temperatur herabmindern durch Zusatz von Rücklaufwasser. Hat man z. B. stündlich 1 000 000 kcal nötig, und fließt das Wasser von 90 auf 65°, so muß die Pumpe $\dfrac{1\,000\,000}{90—65} = 40\,000$ l per Stunde umwälzen. Hat man im Vorlauf jedoch 115° und im Rücklauf nur 65°. so hat die Pumpe nur $\dfrac{1\,000\,000}{115—65} = 20\,000$ l in der Stunde umzuwälzen.

Bei Verwendung von Druckwarmwasser, das als Kühlwasser einer Kraftzentrale gewonnen wird, nimmt man vielfach keine Rückleitung, weil genügend Wasser zur Verfügung steht. An den Gebrauchsstellen darf dann kein vollständiger Abschluß sein, es muß stets etwas Wasser ablaufen, um in den Rohrleitungen Bewegung zu haben.

Die Abwärme für Fernheizung erhält man vielfach aus Elektrizitätszentralen, Gaswerken und Wasserwerken. Sie kann vor allem für Badeanstalten,

Beheizung staatlicher und städtischer Gebäude, Museen, aber auch für Wohn-
häuser, Geschäftshäuser, Hotels nutzbar gemacht werden. Durch diese Verwertung wird der Kohlenverbrauch ganz bedeutend herabgesetzt. Es kann
trotz einer Verminderung des Kohlenbedarfs bei Abwärmeverwertung gegenüber dem Kohlenbedarf für getrennte Erzeugung von Licht und Wärme
sowohl eine bessere Beleuchtung als auch eine bessere Heizung erzielt werden.
Besonders bei kleineren Zentralheizungen und bei Ofen- und Herdheizungen
herrscht noch eine große Kohlenverschwendung.

Die Verhältnisse des Bedarfs sind u. a. beim Heizkraftwerk Dresden
studiert; Fig. 263 gibt ein Bild davon.

Den Hausbrandkohlenbedarf und den Lichtbedarf durch Kohlen zeigt
nachstehende Tabelle für das mittlere Deutschland, jeweils in Prozenten des

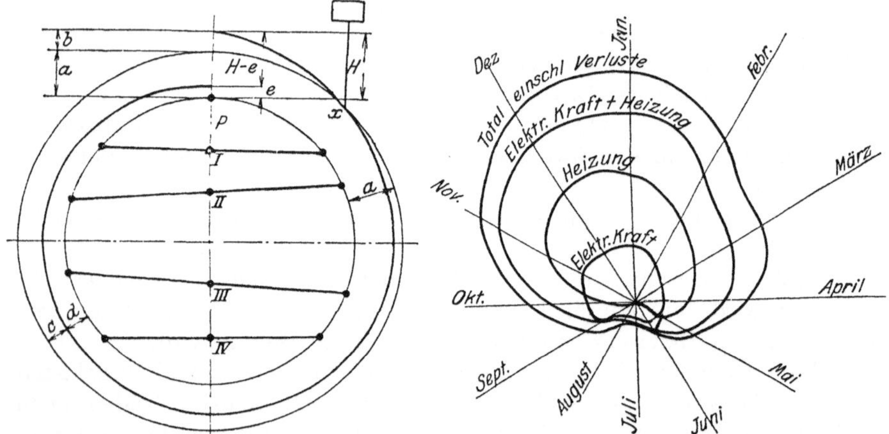

Fig. 262. Kreisdiagramm. Fig. 263. Belastung des Heizkraftwerkes Dresden.

gesamten Jahresbedarfs für Hausbrand, Beleuchtung und Gesamtbedarf, wobei das Verhältnis von Hausbrand zu Beleuchtung 4 : 1 angenommen ist.

	Jan.	Febr.	März	April	Mai	Juni	Juli	Aug.	Sept.	Okt.	Nov.	Dez.
Hausbrandbedarf in Proz.	21	15	13	7	1	—	—	—	3	9	13	18
Beleuchtungsbedarf „ „	13	11	9	6,4	5	4,2	4,7	5,4	7	9,5	11,3	13,5
Gesamtbedarf in Proz.	19,4	14,2	12,2	6,9	1,8	0,8	0,9	1,1	3,8	9,1	12,7	17,1

Wenn man die Abwärme aus dem Beleuchtungsbedarf verwertet, so würden
sich die Zahlen für den Gesamtbedarf reduzieren lassen, und man erhält
in Prozenten:

Jan.	Febr.	März	April	Mai	Juni	Juli	Aug.	Sept.	Okt.	Nov.	Dez.
16,8	12	10,4	5,6	1	0,8	0,9	1,1	2,4	7,2	10,4	14,4

jeweils als Gesamtbedarf der bisherigen Verbrauchsziffer, somit nur 83 Proz.

Man erhält also:

bei getrenntem Kohlenbedarf für Beleuchtung und Heizung . . . 8,3 Proz.
„ vollständiger Abwärmeverwertung . . . . 6,8 „

als Jahresmittel des gesamten bisherigen Brennstoffbedarfs. Um ein Bild
über den Wärmebedarf zu haben, sind folgende Grundlagen untersucht:

Es beträgt der Gesamtwärmeverbrauch[1]):

für 1 cbm beheizten Raum in Wohnungen im Jahresmittel . . . . 22,5 kcal
„ 1 „   „   „   „ Volksschulen „   „   . . .   21,0 bis 33,9 „
„ 1 „   „   „   „ Mittelschulen „   „   . . . . 23,7 „ 32,5 „
„ 1 „ umbauten „   „ Wohnungen „   „   . . . . 12,4 „

Was nun die Verwendung des Heizkraftwerkes anbelangt, so sollte es
besonders in Industrievierteln viel mehr gebaut werden.

Während Maschinenfabriken, Papierverarbeitungsfabriken, Holzwaren-
fabriken, Preßwerke einen großen Kraftbedarf haben, haben Färbereien[2]),
Wäschereien einen großen Wärmebedarf. Anstatt daß jede Fabrik eine kleine
Dampfmaschinenanlage hat, die meist unwirtschaftlich arbeitet, gibt ein
Zentralwerk, und wenn es nur 200 bis 300 PS hat, all diesen Fabriken billiger
als zuvor Kraft und Wärme ab. Im Winter ist Zusatzwärme nötig, wenn die
daraus zuvor erzeugte Kraft nicht an eine große Zentrale abgegeben werden
kann. Die Zwischenschaltung eines Wärmespeichers und Kraftspeichers erhöht den Wirkungsgrad.

Schon *Rietschel* hat den Wert des Heizkraftwerkes erkannt; er sagt:

„Der große Vorteil, der in der gegenseitigen Ergänzung eines Lichtwerkes
und eines Heizwerkes liegt, sollte die großen Elektrizitätsgesellschaften (m. E.
auch die Gaswerke und Wasserwerke) dahin führen, in Verbindung mit an-
gesehenen Heizungsfirmen der Ausführung von Fernheiz- und Lichtwerken
näherzutreten. Ich glaube bestimmt, daß bei der richtigen Wahl des Aus-
führungsgebietes nicht nur vom gesundheitlichen Standpunkt und vom Standpunkt der Annehmlichkeit, sondern auch vom wirtschaftlichen Standpunkt
sich für alle Teile große Vorteile erzielen lassen.“

Wie das Fernheizwerk angelegt wird, ob mit Dampfmaschinen oder Dampfturbinen, oder kombiniert mit Dampfmaschine und Dampfturbine, hängt
von den Wärmebedürfnissen ab. Meist sind die Maschinen zu unterteilen,
so daß eine Maschine oder zwei oder drei, je nach den Bedürfnissen oder der
Jahreszeit, laufen.

Bei Ölmaschinen ist der Abwärmewert viel kleiner; sie dürften also in
erster Linie als Sommermaschinen und als Kraftreserve für den Winter dienen.

Über die Vereinigung von kohlenverbrauchenden Werken mit Wind- und
Wasserkräften wird später gesprochen.

---

[1]) Gesundheits-Ingenieur 1918, S. 121 und 1918, S. 373, *O. Schmidt*, sowie Mitteilungen der Wärmestelle des Vereins deutscher Eisenhüttenleute Heft 43, wobei die
in dieser Abhandlung angegebenen Werte viel höher sind.

[2]) Feuerungstechnik 11. Jg., Heft 15, 1923: Ein Beitrag zur Abfallkraftverwertung,
von *Weißbach.*

Bei der Fortleitung der Wärme in Form von Dampf sind verschiedene Gesichtspunkte zu beachten:

Sachgemäße Isolation,
Gute Rohrverlegung,
Ausdehnungsrohre,
Luftsammler,

Entwässerungen,
Absperrungen,
Gefälle der Rohrleitung,
Gute Flanschverbindung.

Dieselben sind für ein wirtschaftliches Arbeiten, nach den allgemeinen technischen Erfahrungen angewandt, unbedingt nötig, um Mißerfolge zu vermeiden. Die Wärmeverluste betragen im allgemeinen zwischen 2 und 5 Proz. der geförderten Wärmemenge; siehe auch Seite 30 und 302.

An dieser Stelle sei darauf hingewiesen, daß eine rationelle Wärmewirtschaft in erster Linie bei der Feuerung beginnt, und daß eine richtige Verbrennung nur durch geeignete Zugverhältnisse[1]) erreicht werden kann.

Der natürliche Zug ist von den Witterungsverhältnissen abhängig; um diese Abhängigkeit zu vermeiden, wendet man Druckzug- oder Saugzug an. Ersterer wird bekanntlich durch Druckventilatoren, seltener durch Dampfstrahlgebläse erzeugt. Er dient dazu, die Widerstände in hochgeschichtetem, meist minderwertigem Brennmaterial zu überwinden. Letzterer wird in Form von Ventilatoren vor dem Schornstein zur Anwendung gebracht, und zwar als direkter Saugzug, bei dem der Ventilator alle Abgase nach dem Schornstein wirft, als indirekter Saugzug, bei dem durch einen Ventilator Frischluft in den Schornstein geblasen wird und durch eine injektorartige Düse ausströmt, und als kombinierter Saugzug, bei dem nur ein Teil der Rauchgase durch den Ventilator injektorartig in den Schornstein geblasen wird. Die Ausgestaltung dieser Methoden verdankt man der Gesellschaft für künstlichen Zug in Berlin-Reinickendorf; nach Angaben dieser Gesellschaft soll der indirekte Saugzug bei normalen Verhältnissen den geringsten Widerstand ergeben. Der Kraftbedarf bei Saugzuganlagen schwankt zwischen 0,5 bis 1,6 Proz. der verfeuerten Kohlenmenge, wobei Versuche ergaben, daß der CO_2-Gehalt der Abgase gegenüber den andern Zugarten sich erhöht. Die Anwendung sowohl von Druck als auch Saugzug ermöglicht eine vorteilhafte Ausnützung der Abwärme der Gase, da der Zug nicht mehr von den Witterungsverhältnissen beeinflußt wird und die durch den Einbau von Abwässerverwertungsapparaten erhöhten Widerstände sicher überwunden werden. Die Verwendung des Saugzuges für Abdampfspeicher zeigt nachstehende Fig. 264a und b.

Die Ausnützung der Abdampfmengen im Berg- und Hüttenbetrieb geschieht u. a. durch Zwischenschaltung von Abdampfspeichern in Niederdruckturbinen zum Antrieb von Dynamos, Kompressoren etc. Diesen Niederdruckturbinen werden evtl. Hochdruckstufen vorgeschaltet, um bei ungenügender Abdampfmenge keinen durch Ventil gedrosselten Frischdampf zuführen zu müssen. Sie gestatten auf diese Weise kleinere Abdampf-

---

[1]) *Helios*, 1923, Nr. 3 und 4, Künstlicher Zug und Abwärmeverwertung von *Blau*, und Evaporator-Zeitschrift 1922/23, Heft 4, Die Wahl von natürlichen oder künstlichen Zuganlagen von *Rühl*.

speicher und eine Frischdampfentnahme aus den Kesseln zwecks gleichmäßiger Belastung, wenn die Hochdruckmaschinen die Dampfentnahme aussetzen. Bei der Anlage der Figur 264 ist nun erreicht, daß die vielen Umsteuerungen, die vorerwähnte Betriebsweise bedingen, vermieden werden. Es werden die Abgase von Martin-, Stoß-, Glühöfen zur Erzeugung von

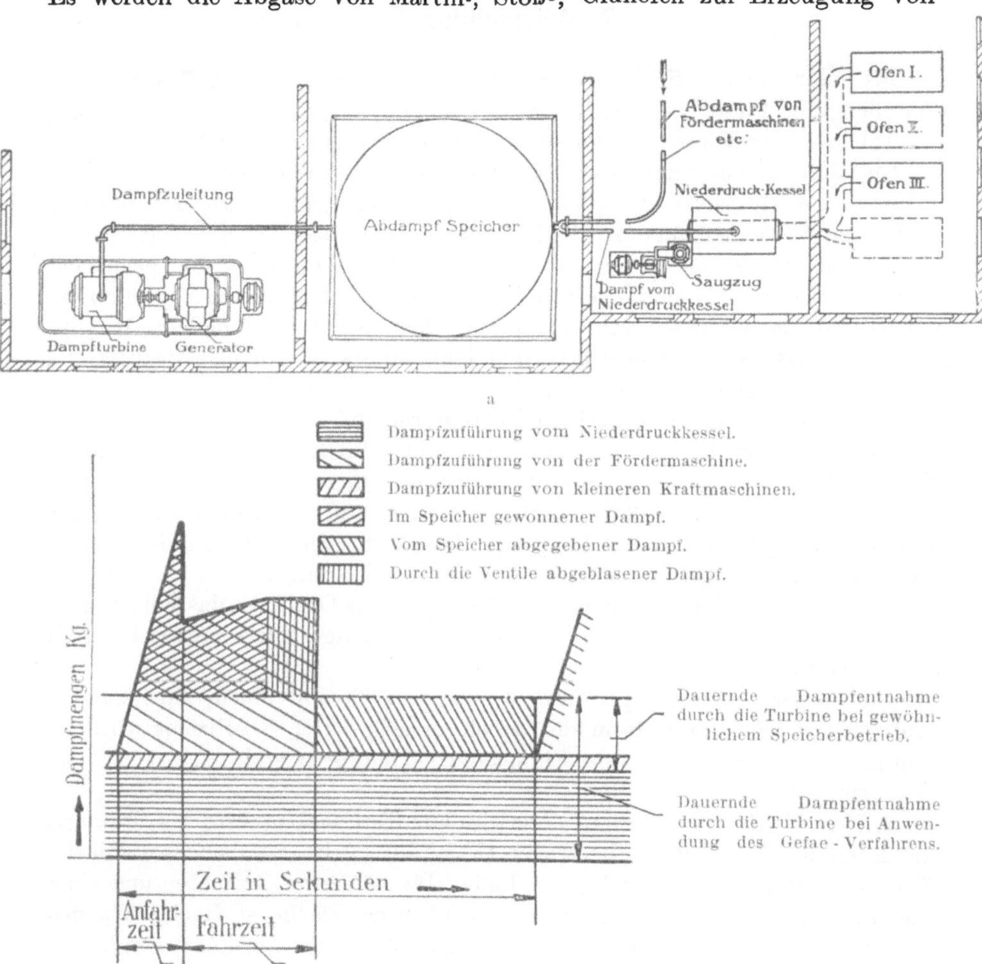

Fig. 264. Abdampfspeicheranlage der *Gesellschaft für Abwärmeverwertung*, Berlin-Reinickend.

Niederdruckdampf benützt, der mit dem Abdampf der Primärdampfmaschinen im Abdampfspeicher gemischt wird. Damit werden das Schwankungsverhältnis der zufließenden Dampfmengen und die Abmessungen des Abdampfspeichers verringert. Fig. 264 b zeigt, wie bei diesem Verfahren die dauernde Dampfentnahme und damit die Leistung der Abdampfturbine erhöht wird.

7. Wärmebilanzen.

Bei jeder Anlage, die Wärme verbraucht oder erzeugt, sind Bilanzen aufzustellen. Die Bilanz kann sich beziehen auf einen einzelnen Versuch, auf eine
Anzahl von Versuchen und auf den Mittelwert verschiedener Versuche.

Die Untersuchung hat analytisch und graphisch zu erfolgen.

Bei der analytischen Behandlung wird die zugeführte und abgeführte sowie
verbrauchte Wärmemenge, sowie die Temperatur an den verschiedenen Stellen
und die geleistete indizierte und effektive Arbeit berechnet und gemessen.
Es wird ferner das in den einzelnen Phasen theoretisch mögliche Maximum bei
verlustfreien Maschinen bestimmt und mit dem Ergebnis verglichen. Hierauf
werden die Verlustposten bestimmt und daran untersucht, ob und wie dieselben
vermindert werden können.

Die Berechnung der einzelnen Fälle wurde im früheren behandelt. Im
nachfolgenden werden die Resultate hauptsächlich graphisch behandelt.
Man gewinnt aus diesen Diagrammen, welche am besten für Maximal- und
Minimalwerte sowie für Mittelwerte entworfen und gezeichnet werden, ein
klares, anschauliches Bild der Vorgänge. Die Wärmeverhältnisse selbst werden
an Wärmediagrammen geprüft. Es kommt hier in Betracht:

1. Das P - V - Diagramm. Der Druck wird als Ordinate, das Volumen als
Abszisse aufgetrager. Die von den P-V-Linien eingeschlossene Fläche stellt
die geleistete Arbeit dar.

Die ausgemessene Diagrammfläche in qcm, die mit einem Koeffizienten
multipliziert wird, gibt dann die Arbeit in mkg. Der Koeffizient wird bestimmt, indem man die der Einheitsfläche entsprechende Arbeit in mkg
bestimmt.

2. Das T - S - Diagramm. Die absolute Temperatur wird als Ordinate,
die Entropie als Abszisse abgetragen (Fig. 265). Adiabaten sind parallel der
T-Linie, Isothermen parallel der S-Linie. Die von zwei Ordinaten und einer
Zustandslinie, sowie der Abszisse eingeschlossene Fläche stellt eine Wärmemenge dar, die bei dem Körper entweder zugeführt oder abgeführt wurde. Es
stellt demnach die von einer geschlossenen Kurve umschlossene Linie einen
Wärmeverbrauch oder eine Wärmeerzeugung, je nach dem Arbeitsprozeß,
dar. Die Einheit der Fläche wird ebenfalls analog wie bei dem P-V-Diagramm
in kcal ausgewertet. In diesem Diagramm werden für gewisse Untersuchungen
noch die Kurven konstanten Volumens $V = $ konst. und konstanten Wärmeinhalts $J = (U + p\,V) = $ konst. eingetragen. Man kann dann bei der Entropie gleich den Wärmeinhalt ablesen. Bei Wasserdampf wird zweckmäßig die
Kurve der gesättigten Dämpfe mit $x = 0,9$, $x = 0,8$ usw. eingetragen.

3. Das J-S-Diagramm [Mollier-Diagramm][1]. Der Wärmeinhalt J wird als Ordinate, die Entropie S als Abszisse aufgetragen. Fig. 266 zeigt ein solches Diagramm. Man liest die Änderung der Wärme als Ordinate ab. Bei Dämpfen trägt man in dieses Diagramm die Linien konstanten Druckes p in Atmosphären, konstanten Volumens V, konstanter Temperatur t und der Dampfsättigung x ein. Der Flächeninhalt $J \cdot S$ hat keine Bedeutung.

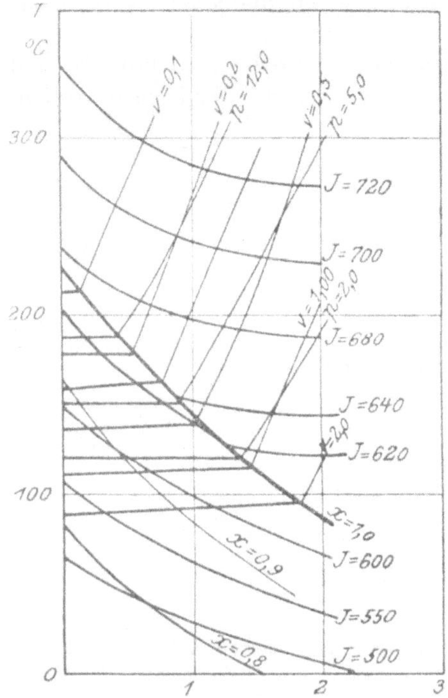

Fig. 265. T-S-Diagramm für Wasserdampf.

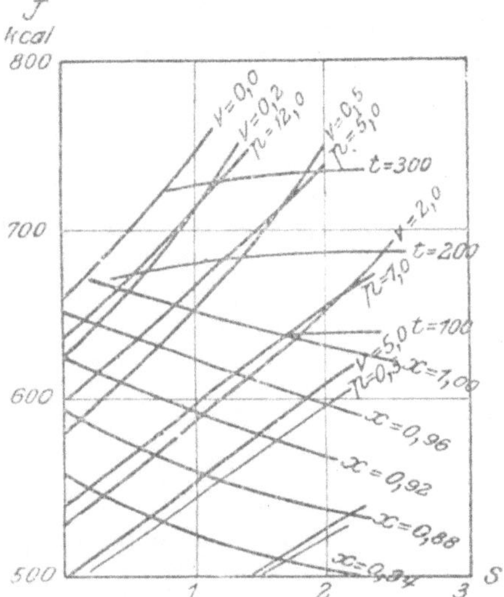

Fig. 266. J-S-Diagramm für Wasserdampf.

Tafeln für Luft und Wasserdämpfe sind verschiedenen Werken beigegeben. Einige bemerkenswerte sind

für Luft: *Ostertag*, Die Entropietafel für Luft. Julius Springer, Berlin;

für Wasserdampf: *Schüle*, Technische Thermodynamik, Bd. I und II, Julius Springer, Berlin; *Mollier*, Neue Tabellen und Diagramme für Wasserdampf, Julius Springer, Berlin; und J-S-Tafel für Wasserdampf von *Bantlin*. Julius Springer, Berlin.

Es seien zunächst die verschiedenen Diagramme beleuchtet:

a) Verbrennung und Vergasung der Kohle.

In Fig. 267 ist die theoretische Wärmeverteilung von 1 kg Kohle in einem Tiegelofen angegeben. Die verwendete Kohle hat 6239 kcal. Die Verbrennung geht ohne Luftüberschuß bei 0° C vor sich. Die höchste erreichbare Temperatur ist 2150° C.

---

[1] *A. Bantlin*, Über das Aufzeichnen der Entropiediagramme des Wasserdampfes. Konrad Wittwer, Stuttgart 1921.

Im Diagramm ist über der Feuerbrücke die höchste erreichte Temperatur angegeben, über Herd ist der Temperaturverlust durch ausgenutzte Wärme und Strahlungsverlust vermerkt, über Zug der Verlust durch Zug, über Schornstein der Verlust im Schornstein durch Abzug der verbrannten Gase. Die schräg rechts abwärts schraffierten Flächen geben die jeweils vorhandene Wärmemenge an.

In Fig. 268 ist die gleiche Kohlensorte von 75 Proz. C, 5,3 Proz. H_2 und 12,7 Proz. Asche mit 50 Proz. Lüftüberschuß verbrannt. Die höchste erreich-

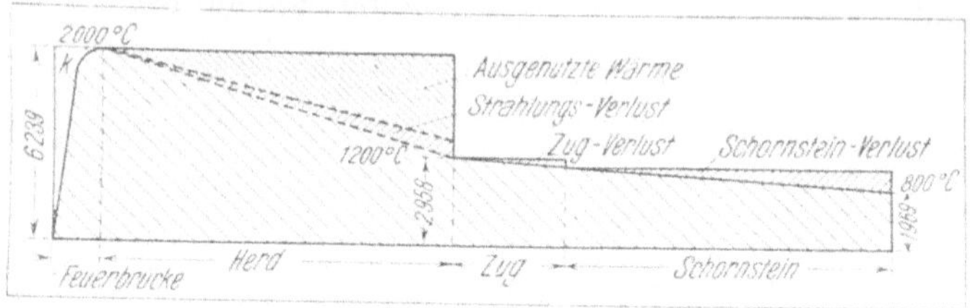

Fig. 267. Theoretische Verbrennung.

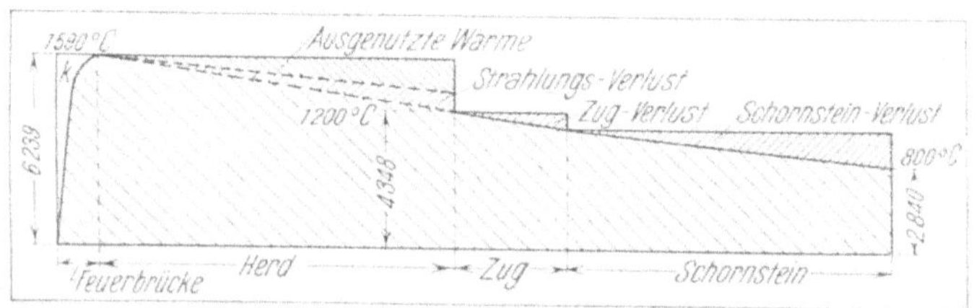

Fig. 268. Verbrennung mit 50 Proz. Luftüberschuß.

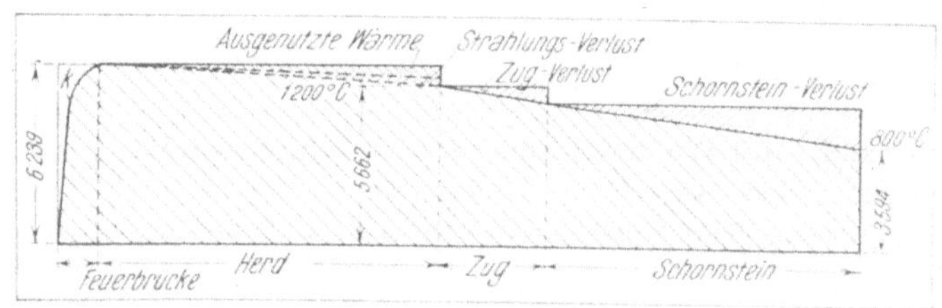

Fig. 269. Verbrennung mit 116 Proz. Luftüberschuß.

bare Temperatur ist 1590 °C. Der Luftüberschuß ist hier $1{,}50 \cdot 1{,}624 = 2{,}436$ cbm von 0 ° C.

Wird diese Kohle auf einem Planrost verbrannt, so ergeben sich die Verhältnisse wie in Fig. 269. Der Luftüberschuß beträgt hier $2{,}16 \cdot 1{,}624 = 3{,}500$ cbm von 0 ° C, die maximale Temperatur 1320 ° C.

In Fig. 270 ist eine Gasfeuerung angegeben und in Fig. 271 eine Rekuperatorfeuerung.

In allen Fällen ist angenommen, daß die Muffel mit 1200 ° C geheizt werden muß, daß also die Abgase diese Temperatur besitzen. Wie sie weiter

verwandt werden, hat für die Muffel und den Wirkungsgrad der Feuerung für
die Muffel keine Bedeutung.

Eine kritische Bewertung der fünf Fälle ergibt:

Fig. 267, theoretische Verbrennung:

Von 6239 kcal werden im Ofen 3281 kcal ausgenutzt. Davon gehen 680 kcal
durch Strahlung verloren, 2601 kcal = 41,7 Proz. werden von der Charge
aufgenommen, 2958 kcal = 47,5 Proz. strömen ab; im ganzen gehen 2958
+ 680 = 3638 kcal = 58,3 Proz. verloren. 950° Temperaturgefälle werden
nutzbar gemacht.

Fig. 268, 50 Proz. Luftüberschuß:

Von 6239 kcal werden im Ofen 1891 kcal ausgenutzt. Davon gehen 391 kcal
durch Strahlung verloren, 1500 kcal = 24,9 Proz. werden von der Charge auf-

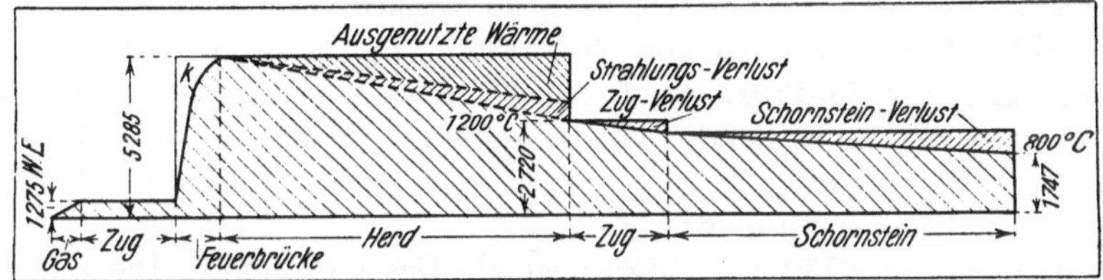

Fig. 270. Gasfeuerung.

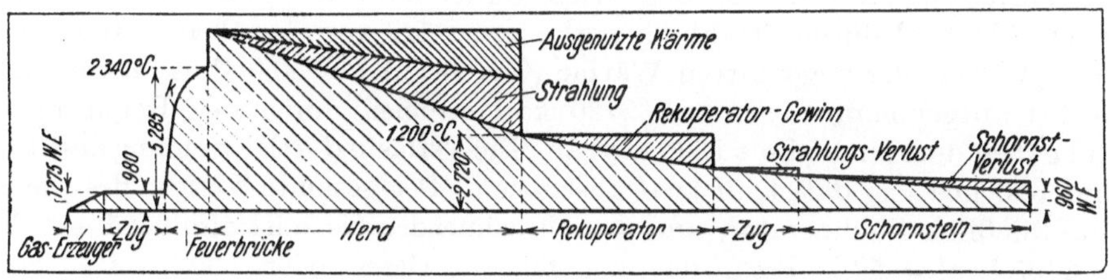

Fig. 271. Rekuperatorfeuerung.

genommen, 4348 kcal = 69,8 Proz. strömen ab; im ganzen gehen 4348 + 391
= 4739 kcal = 75,1 Proz. verloren. 390° Temperaturgefälle werden nutzbar
gemacht.

Fig. 269, 116 Proz. Luftüberschuß:

Von 6239 kcal werden im Ofen 568 kcal ausgenutzt. Davon gehen 200 kcal
durch Strahlung verloren. 368 kcal = 5,9 Proz. werden von der Charge aufgenommen, 5671 kcal = 91,1 Proz. strömen ab; im ganzen gehen also 5671
+ 200 = 5871 kcal = 94,1 Proz. verloren. 120° Temperaturgefälle werden
nutzbar gemacht.

Fig. 270, Gasfeuerung:

Von den 6239 kcal werden 10 bis 15 Proz. vom Generator verbraucht. Es
stehen also im Gas noch 5285 kcal zur Verfügung. Durch die Vergasung
kann bei richtiger Mischung mit 5 bis 10 Proz. Luftüberschuß das Gas verbrannt werden. Von dem Ofen werden 2565 kcal ausgenutzt. Davon gehen
540 kcal durch Strahlung verloren, so daß von der Charge 2025 kcal = 38,4 Proz.

des Gaswertes = 32,5 Proz. des Brennstoffes aufgenommen werden. 2720 kcal = 51,6 Proz. des Gaswertes = 43,7 Proz. des Brennstoffes strömen ab, so daß im ganzen 2720 + 540 = 3260 kcal = 61,6 Proz. des Gaswertes oder 6239 − 5285 + 3260 = 67,5 Proz. des Brennstoffes verlorengehen. 1140° Temperaturgefälle werden nutzbar gemacht. Die Vergasung kann durch Luft oder Dampf ausgeführt werden.

Luft ist ein Brennstoff, Wasserdampf ist kein Brennstoff; er hat große Wärmeaufnahmefähigkeit, was beim Abzug der Gase mit 1200° ins Gewicht fällt. Wird Wasserdampf zugesetzt, so wird die hier zugesetzte Wärme bei der Verbrennung wieder frei.

Wenn durch den im Dampf vorhandenen Sauerstoff 25 Proz. des für die Vergasung nötigen Sauerstoffes zugeführt werden, so werden für 1 kg Kohle 0,73 cbm Dampf bei 0° C der Abgase, also 374 kcal, abgeführt.

Die Abkühlung der Gase vor Eintreten in die Feuerung auf 0° C gibt, bei Vergasung mit 25 Proz. des für die Vergasung nötigen Sauerstoffes im Wasserdampfe zugeführt, bei der Verbrennung 1525 kcal mehr als bei Vergasung nur durch Luftzuführung.

Fig. 271. Rekuperativfeuerung:

Es werden von 6239 kcal 5285 kcal als Gas gewonnen. Die auf 1000° vorgewärmte Luft ergibt einen Zuschuß von 1280 kcal, so daß 6585 kcal zur Verfügung stehen. Von dem Ofen werden 3845 kcal ausgenutzt. Davon gehen 725 kcal durch Strahlung verloren, so daß von der Charge 3120 kcal = 47,3 Proz. der zugeführten Wärme (Gas + Luft) = 50,0 Proz. des Brennstoffes aufgenommen werden. 2720 kcal strömen durch den Rekuperator und geben dort an die Luft 1280 kcal ab. Die Verluste durch Strahlung daselbst sind 300 kcal, so daß 1140 kcal abströmen. Der gesamte Verlust des Ofens einschließlich Rekuperator, und der abströmenden Gase ist also 6585 − 3120 = 3465 kcal = 52,7 Proz. des zugeführten Gases oder 2396 − 3119 kcal = 50 Proz. des Brennstoffes.

Wenn man auf niedere Temperaturen bis 500° herab arbeitet, so wird auch die Rostfeuerung wirtschaftlicher; sie ergibt trotz des großen Luftüberschusses eine verhältnismäßig gute Leistung.

Wichtig ist auch die rechnerische und graphische Verfolgung der Verbrennungsvorgänge im Generator nach *Le Chatelier*.

Die Vergasung erfolgt nach:

a) $C + \frac{1}{2} O_2 + 2 N_2 = CO + 2 N_2 + 29\,450$ kcal,

b) $C + H_2O = CO + H_2 - 28\,800$ kcal

und für die Gleichgewichtszustände je nach der Temperatur:

c) $2\,CO \rightleftarrows CO_2 + C + 38\,800$ kcal,

d) $H_2O + CO \rightleftarrows CO_2 + H_2 + 48\,200$ kcal,

e) $CH_4 + H_2O \rightleftarrows CO + 3\,H_2$.

Aus c) und d) ersieht man, daß stets CO_2 entstehen muß; der Gehalt wird durch die Temperatur bestimmt. Diese Verhältnisse wurden schon an anderer Stelle behandelt. (Seite 64 u. f.)

Wird nun nach *Le Chatelier*[1]) zum Studium des Problems der Kohlenstoff in feiner Körnung, der als fester Körper das spez. Gewicht 1,8 hat, verteilt, so wird das spez. Gewicht ca. 1,0. Der Zwischenraum der Schüttung ergibt dann etwa 44 Volumprozente. Die Zuführung der Kohle erfolgt mit $C = 12$ g pro Sekunde und qm. Die Zuführung der Luft nach Gleichung a) ergibt aus 12 g Kohlenstoff 67 l Gas bei theoretischer Verbrennung. Man erhält dann die Durchzugsgeschwindigkeit der Luft zu 0,150 m für 0°, und 0,750 m für 1000°.

Fig. 272 und Fig. 273 ergeben dann die Temperatur und Reduktions-verhältnisse.

Die untere Temperatur zeigt, daß hierbei die Schlacken fließen. Durch die abkühlende Wirkung von Dampf wird gemäß Fig. 274 erreicht,

     a) daß durch Dampf eine Gasmenge eingeführt wird, die Wärme bindet;

     b) daß der Dampf Wärme zur Zersetzung benötigt.

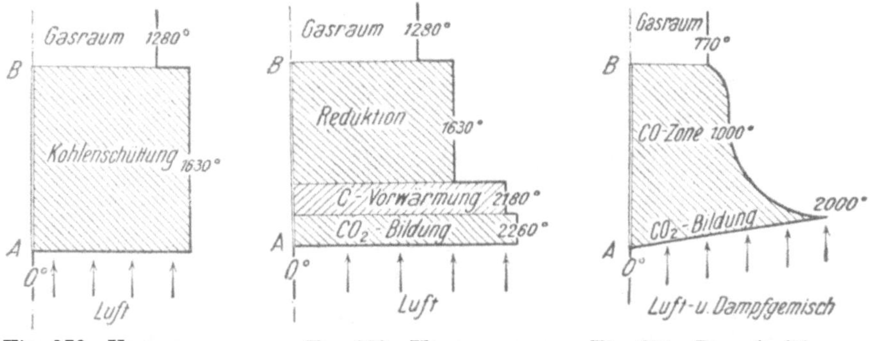

Fig. 272. Vergasung.   Fig. 273. Vergasung.   Fig. 274. Dampfzuführung.

Es ist dabei $\tfrac{1}{4}$ H_2O auf 1 C oder 375 g Dampf auf 1 kg Kohlenstoff angenommen. Man erhält dann:

$$\begin{aligned}
&\text{für die } CO_2\text{-Zone} &\ldots\ldots\ldots\ldots &\quad 2000° \\
&\text{,, \quad ,, \quad CO- \quad ,,} &\ldots\ldots\ldots\ldots &\quad 1000° \\
&\text{,, \quad den Gasraum} &\ldots\ldots\ldots\ldots &\quad 770°.
\end{aligned}$$

Nimmt man statt Dampf Wasser in fein zerstäubtem Zustande, so ergibt sich

$$\begin{aligned}
&\text{für die } CO_2\text{-Zone} &\ldots\ldots\ldots\ldots &\quad 1850° \\
&\text{,, \quad ,, \quad CO- \quad ,,} &\ldots\ldots\ldots\ldots &\quad 850° \\
&\text{,, \quad den Gasraum} &\ldots\ldots\ldots\ldots &\quad 640°.
\end{aligned}$$

In beiden Fällen ist der Einfachheit halber angenommen, daß kein CO_2 zurückbleibt. Das Vorhandensein desselben erhöht die Temperatur etwas. In Wirklichkeit werden infolge Strahlung und Leitung die Kurven, besonders bei der Höchsttemperatur, abgerundet sein.

Bei den Drehrostgeneratoren ist die sekundliche Kohlenzufuhr von 12 g pro qm zu gering; die Verhältnisse sind entsprechend umzurechnen; man nimmt bei guter Steinkohle 28 bis 50 g pro qm in der Sekunde[2]).

[1]) *Le Chatelier*, Le chauffage industriel, Dunot, Paris; und Stahl und Eisen 43. Jg., Nr. 13: Über die Verbrennlichkeit der Kohle, von *A. Korevaar.*
[2]) Gas und Wasserfach 67. Jg., 1924, S. 257, 279, 296, 311, 325 u. f.

Um nun weiter die Verhältnisse am Generator zu verfolgen, wird die Vergasung von Kohlenstoff mit Luft und Wasser graphisch aufgetragen, und zwar

als Bildungswärmediagramm (Fig. 275),
als thermisches Wirkungsgraddiagramm (Fig. 276),
als Heizwertdiagramm (Fig. 277).

Die Ordinaten geben die Volumprozente CO, die rechtwinklig dazu liegenden Abszissen die Volumprozente H_2, die schiefwinkligen Ordinaten BC die Volumprozente CO_2.

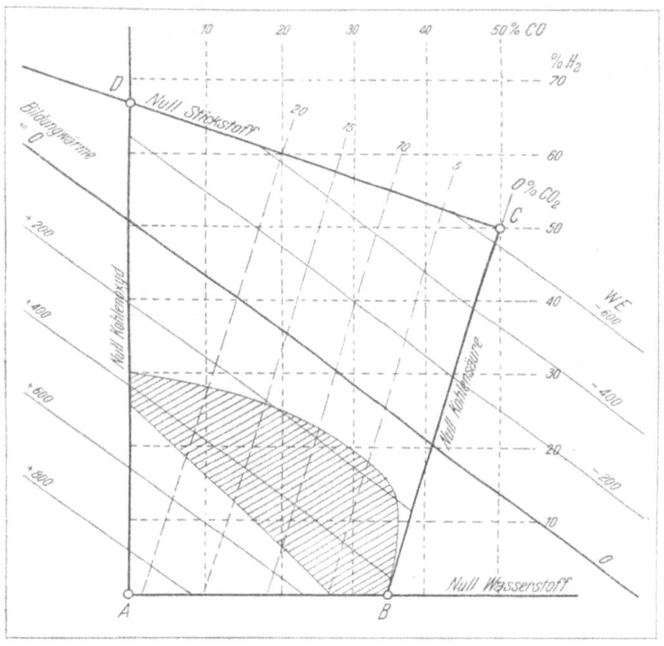

Fig. 275. Bildungswärmediagramm.

A ist reines, ideales Rauchgas mit 21 Proz. CO_2,
B ist reines, ideales Generatorgas mit 34,7 Proz. CO und
C ist reines, ideales Wassergas mit 50 Proz. H_2.

Die schraffierte Fläche gibt die für die Generatorgase üblichen Verhältnisse an. Das Bildungswärmediagramm zeigt die Größe der Bildungswärme für die den Koordinaten entsprechende Gaszusammensetzung per 1 g Kohlenstoff, das thermische Wirkungsdiagramm die prozentuelle Temperaturerniedrigung gegenüber reiner Verbrennung und Gaserzeugung ohne Temperaturerhöhung (Seite 23, 48 und 66), das Heizwertdiagramm den Heizwert der entstandenen Gasart.

Wird aus reinem Kohlenstoff ideales Generatorgas von 34,7 CO + 65,3 N_2 hergestellt, so ist der Heizwert dieses Gases, auf 0° C und 760 mm Hg bezogen, 70,35 Proz. des Heizwertes des dazu verwandten Kohlenstoffes. Wenn Gene-

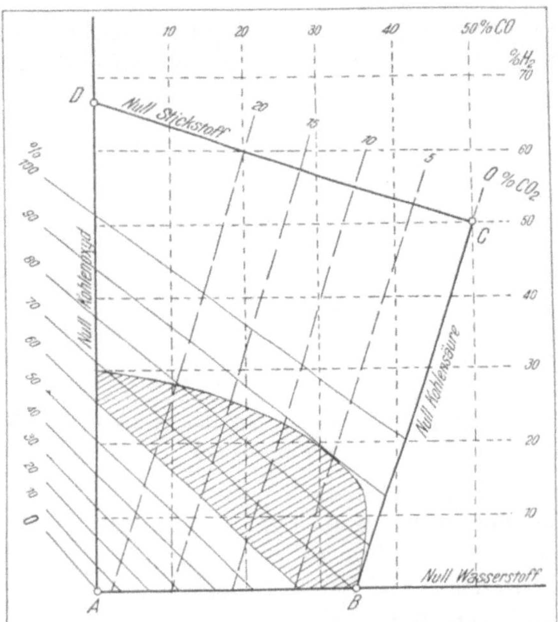

Fig. 276. Thermisches Wirkungsdiagramm.

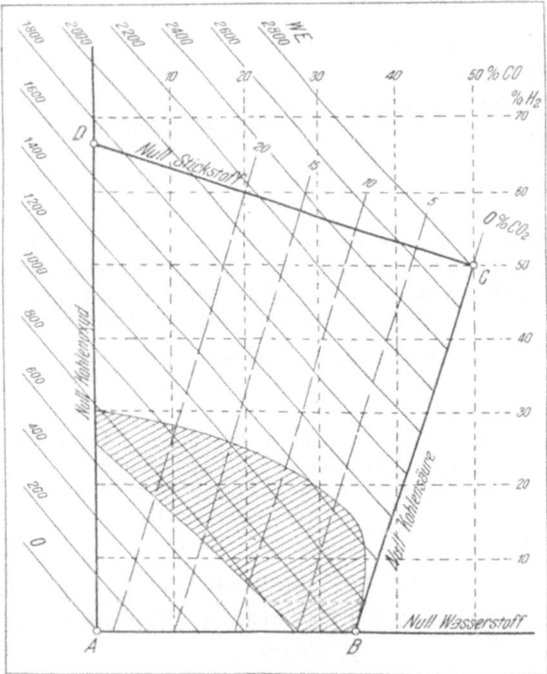

Fig. 277. Heizwertdiagramm.

ratorgas höhere Heizwerte hat, so rührt dies daher, daß außer Kohlenstoff im Brennstoff auch Kohlenwasserstoffe und Wasserstoff enthalten sind. Außer-

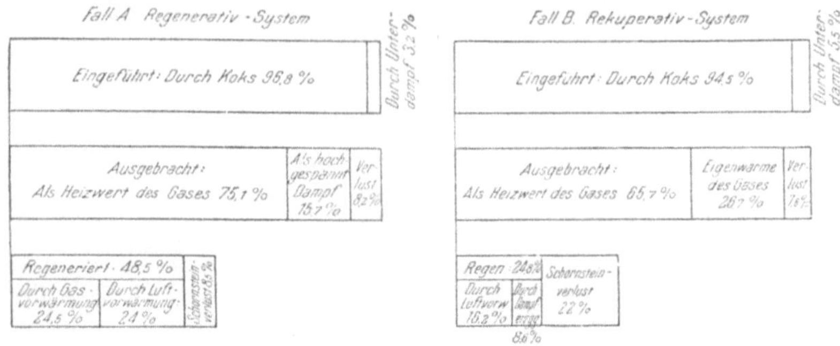

Fig. 278. Wärmeverteilung in Proz. der gesamten in den Generator eingeführten Wärmemenge.

dem wird vielfach die fühlbare Wärme des Gases mit in den Heizwert eingerechnet[1]).

Auch die Verhältnisse des **Rekuperators** und **Regenerators**[2]) sind graphisch in den einzelnen Fällen aufzuzeichnen. Fig. 278 und 279 zeigen einen Vergleich im Gaswerkbetrieb. Die Werte sind für 1 kg des in den Generator eingeführten Kohlenstoffs berechnet. Die Schaubilder entsprechen der Rechnung bei Regeneratoren an

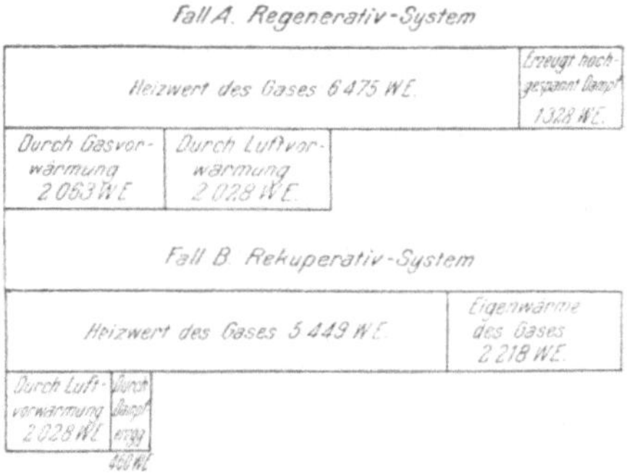

Fig. 279. Nutzbar gemachte WE bezogen auf 1 kg des in den Generatoren eingeführten Kohlenstoffs.

---

[1]) *Schüle*, Technische Thermodynamik, Band II, Nr. 74, Der Kraftgasprozeß. Darin wird der Prozeß mit wasserstofffreier Kohle, Luft und Wasserdampf behandelt, wobei der Wasserdampf aus der fühlbaren Wärme des erzeugten Gases hergestellt wird. Man erhält dann die bekannten drei Bedingungsgleichungen, mit $\mathfrak{v}(CO)$, $\mathfrak{v}(H_2)$, $\mathfrak{v}(CO_2)$, $\mathfrak{v}(N_2)$ die Anteile der Gase in Raumteilen eines Kubikmeter bezeichnend, also

$$\mathfrak{v}(CO) + \mathfrak{v}(H_2) + \mathfrak{v}(CO_2) + \mathfrak{v}(N_2) = 1,$$

und

η_{ch} dem thermochemischen,

η_w dem thermischen Wirkungsgrad bei der Ausnützung der fühlbaren Wärme des erzeugten Gases zur Wasserdampferzeugung bezeichnend,

$$\mathfrak{v}(CO) - 0{,}306\,\mathfrak{v}(H_2) + 1{,}653\,\mathfrak{v}(CO_2) = 0{,}347$$

$$\eta_{ch} = 0{,}697\,\frac{\mathfrak{v}(CO) + 1{,}003\,\mathfrak{v}(H_2)}{\mathfrak{v}(CO) + \mathfrak{v}(CO_2)}$$

$$\mathfrak{v}(CO) + \mathfrak{v}(CO_2) = 0{,}114\,\frac{\mathfrak{v}(H_2)}{\eta_w(1-\eta_{ch})}$$

oder wenn auf 1 kg Brennstoff zur Gaserzeugung q kg Wasser nötig sind,

$$\eta_w = 0{,}076\,\frac{q}{1-\eta_{ch}}$$

[2]) *Litinsky*, Wärmewirtschaftsfragen. Otto Spamer, Leipzig.

*Koppers*schen Regenerativöfen in Wien und bei Rekuperatoren an Vertikalöfen System *Pintzsch-Bolz* in Zagreb.

Die Bilanzen lauten bei Regeneratoren für 24 Stunden Betriebszeit:

Eingeführt:

Im Heizwert des Kokses	392,328 Mill. kcal	=	96,8 Proz.
Im Unterdampf	12,556 „ „	=	3,2 „
Insgesamt	404,884 Mill. kcal	=	100,0 Proz.

Abgeführt:

Im Heizwert des Gases	304,214 Mill. kcal	=	75,1 Proz.
Im Wärmeinhalt des Gases	25,774 „ „	=	6,3 „
Im verdampften Speisewasser	63,641 „ „	=	15,7 „
Flugstaub und Asche	3,815 „ „	=	1,0 „
Sonstige Verluste	7,440 „ „	=	1,9 „
Insgesamt	404,884 Mill. kcal	=	100,0 Proz.

Es sind daher nutzbar gemacht . . . . 90,8 Proz.
Die vom Regeneratorgas in den Regeneratoren aufgenommene Wärme ist 99,608 Mill. kcal.
Die von der Verbrauchsluft in den Regeneratoren aufgenommene Wärme
ist . . . . 97,984 „ „
Daher sind wiedergewonnen . . . . 48,5 Proz. = 197,592 „ „
Im Schornstein sind verloren . . . . 8,5 „ = 34,295 „ „

Bei Rekuperativöfen ergeben die Bilanzen in 24 Stunden:

Eingeführt:

Im Heizwert des Kokses	20,247 Mill. kcal	=	94,5 Proz.
Im Unterdampf	1,191 „ „	=	5,5 „
Insgesamt	21,438 Mill. kcal	=	100,0 Proz.

Abgeführt:

Im Heizwert des Gases	14,086 Mill. kcal	=	65,7 Proz.
Im Wärmeinhalt des Gases	5,735 „ „	=	26,7 „
Kohlenstoff in den Schlacken	0,316 „ „	=	1,5 „
Sonstige Verluste	1,301 „ „	=	6,1 „
Insgesamt	21,438 Mill. kcal	=	100,0 Proz.

Es sind nutzbar gemacht . . . . 92,4 Proz.
Die Regeneration der Wärme ergibt folgendes:
Durch die Vorwärmung der Sekundärluft gewonnen . . . . 3,582 Mill. kcal.
Durch Dampf aus der Abhitze gewonnen . . . . 1,191 „ „
Daher sind wiedergewonnen . . . . 23,3 Proz. = 4,773 „ „
Im Schornstein sind verloren . . . . 22 „ = 4,733 „ „
Der Unterfeuerungsverbrauch beider Anlagen ergibt:

	Regenerator	Rekuperator
Kohlendurchsatz in 24 Stunden	483 122 kg	22 481 kg
Feuchtigkeit der Kohle	2,73 Proz.	3,03 Proz.
Aschegehalt der Kohle	9,39 „	8,74 „
Trockener Rohkoks verbraucht	59 527 kg	3115 kg
Prozent des Kohlendurchsatzes	12,3 Proz.	13,9 Proz.
Reinkoks verbraucht	48 854 kg	2723 kg
Prozent des Kohlendurchsatzes	10,1 Proz.	12,1 Proz.
Verbrauch in kg Kohlenstoff	47 050 kg	2585 kg
Prozent des Kohlendurchsatzes	9,7 Proz.	11,5 Proz.
kcal in Koksform pro 1 kg Kohle	778 kcal	903 kcal
Mehrverbrauch im Rekuperator	—	+15 Proz.

Sehr instruktiv sind auch die graphischen Darstellungen der Generator-verluste in Diagrammen. In den Fig. 280 und 281 sind zwei Diagramme gegeben.

Fig. 282 zeigt die Bilanz des *Dellwick-Fleischer*-Prozesses.

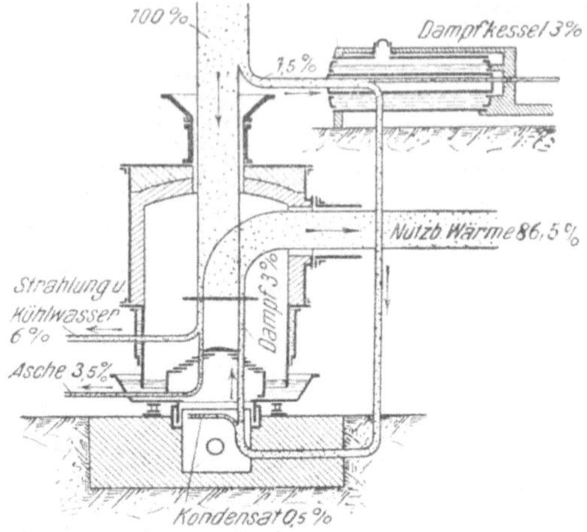

Fig. 280. Wärmebilanz eines Heizgenerators.

Die Untersuchung der direkten Verbrennung der Kohle für Heiz-zwecke ist für Dampferzeugung von besonderer Bedeutung. Es sind dabei folgende Gesichtspunkte von Wichtigkeit: Dampfleistung und Nutzeffekt des Kessels in Abhängigkeit von der Kohlensorte und in Abhängigkeit vom Zug.

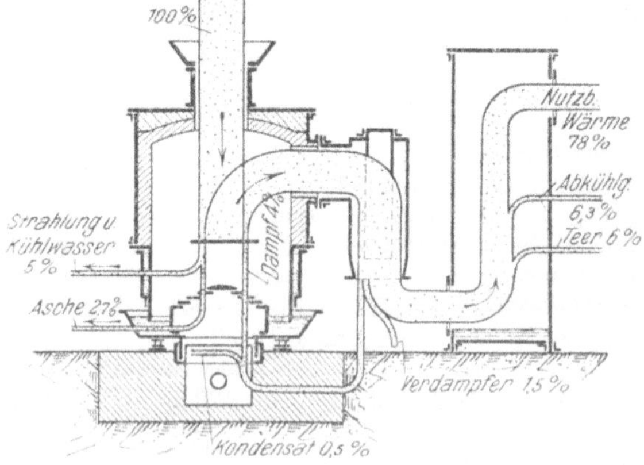

Fig. 281. Wärmebilanz eines Kraftgenerators.

Dies veranschaulichen die Fig. 283 und 284, die sich je nach der Kohlen-sorte ändern.

Um nun die Kesselfeuerung richtig zu bedienen, muß die stündlich nötige Dampfmenge bekannt sein. Es ist also ein Diagramm des Dampfver-brauchs bei verschiedener Kraftleistung und Abwärmeverwertung zu entwerfen.

Es kommt in Betracht:

1. Kraftentnahme und Kondensation,
2. Kraftentnahme und Auspuff,
3. Kraftentnahme und Abdampfverwertung für Heizzwecke,
4. Kraftentnahme und Zwischendampfverwertung sowie Abdampfverwertung in Abdampfturbine,
5. Kraftentnahme und Zwischendampfverwertung sowie Abdampfverwertung zu Kondensation oder Auspuff.

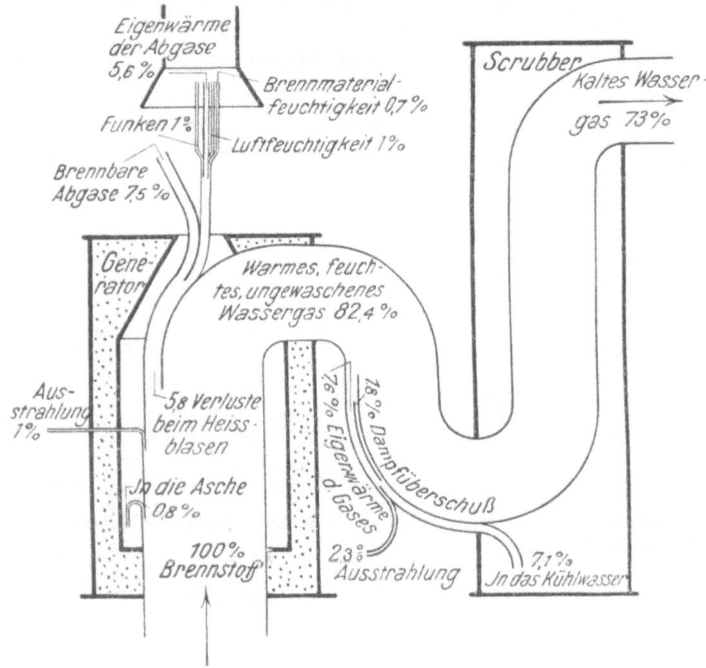

Fig. 282. Wärmebilanz des *Dellwick-Fleischer*-Prozesses.

Die Kurven bei Kondensation variieren natürlich wieder mit der Temperatur des Kühlwassers. Sie haben im allgemeinen das Aussehen der Fig. 285.

Zwecks einer eingehenden Betriebskontrolle sind auch die Verhältnisse der Verbrennung zu prüfen. Es sind Diagramme aufzustellen, aus denen für eine gewisse Kohlensorte der Mehrverbrauch an Kohle bei bestimmter Dampfleistung infolge unvollkommener Verbrennung zu ersetzen ist. In der Abszisse wird das für theoretische Verbrennung fehlende Prozentvolumen an $CO_2 + O_2$ der Verbrennungsgase aufgetragen. In der Ordinate wird der Mehrverbrauch an Brennstoff infolge der unvollständigen Verbrennung resp. des Luftüberschusses angegeben. Der Einfluß der Kohlenwasserstoffe ist ebenfalls zu berücksichtigen und aus der Figur zu ersehen (siehe hierzu Fig. 286).

Ferner werden die früher bei Heizungen angegebenen Wärmeverluste bei verschiedenen Kesselbeanspruchungen als Funktion der Kesselbeanspruchung festgelegt.

Bei stark wechselndem Dampfdruck ist es auch zweckmäßig, das Diagramm hierfür und die jeweilige Kesselbeanspruchung zu bestimmen. Die Diagramme wechseln mit der Veränderung der Art des Brennstoffes.

Wichtig sind auch die Wärmeverluste der Kessel bei Betriebsstillstand. Auch hierüber gibt ein Zeitdiagramm wichtige Aufschlüsse.

Auf Grund dieser Diagramme können dann die später zu besprechenden Gesamtdiagramme geprüft werden.

b) Dampfmaschinen und Dampfturbinen.

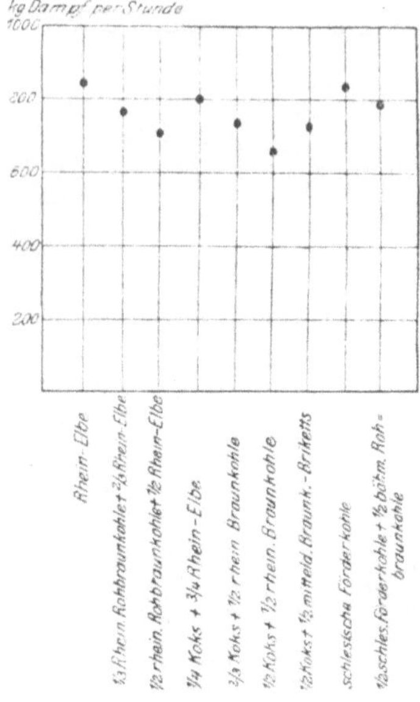

Fig. 283. Abhängigkeit von der Kohlensorte.

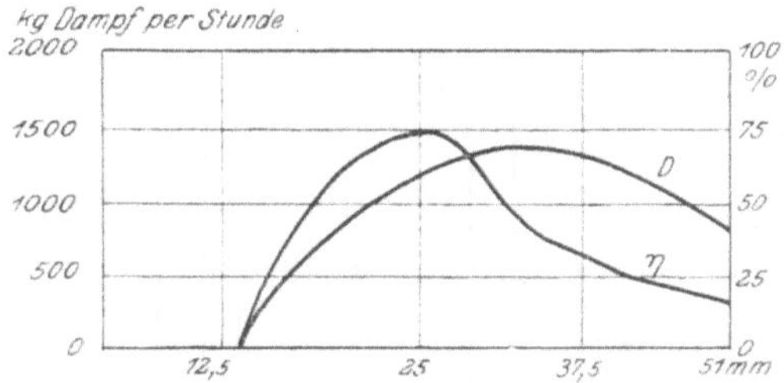

Fig. 284. Abhängigkeit vom Zug.

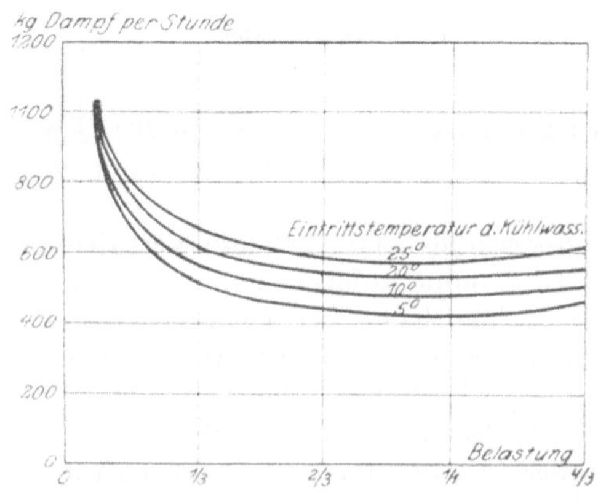

Fig. 285. Kennlinien des Dampfverbrauchs.

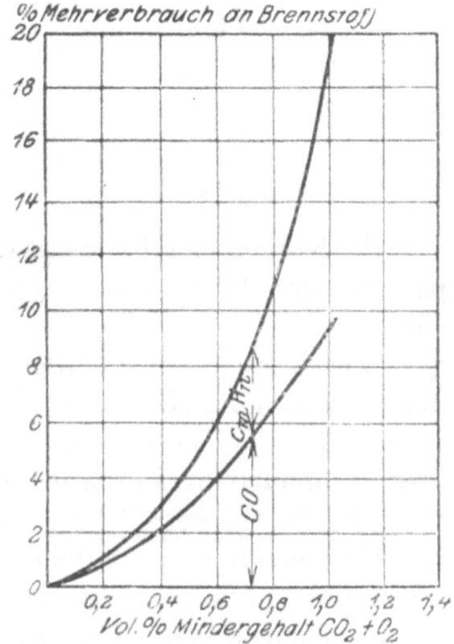

Fig. 286. Brennstoff und Luft.

Das Diagramm über die Abhängigkeit des Dampfverbrauches von der Belastung, das je nach dem Dampfdruck und der Dampftemperatur variiert, ist schon erwähnt.

Die indizierte Leistung der Maschine ist durch Indikatordiagramme festzulegen. Diese sollen in bestimmten Zeitabschnitten, je nach der Größe der Anlage, bei kleinen alle 6 Monate, bei größeren alle 1 bis 4 Monate, wiederholt und verglichen werden.

Damit kann dann durch Vergleich mit der vollkommenen und der verlustlosen Maschine sowie Aufzeichnung der Diagramme hierfür ein Bild über die Anlage für Krafterzeugung gewonnen werden.

Die für die Versuche in Betracht kommende Tabelle zeigt sich in nachstehender Form:

Prüfungsdaten:		I.	II.	III.
		Dat.	Dat.	Dat.
Normale Eintrittspannung . . . . Atm	p	Mittl. Temp.	Mittl. Temp.	Mittl. Temp.
Normale Überhitzungstemperatur . . . . °C	t			
A. Belastung:				
Effektive Pferdestärken	PS			
Indizierte Pferdestärken	„			
Kesselspannung	Atm			
Eintrittsspannung . . . . $p_a =$	„			
Expansionsendspannung . . . . $p_e =$	„			
Gegendruck . . . . $p_0 =$	„			
Überhitzungstemperatur	°C			
B. Dampfverbrauch stündlich:				
D_i wirklicher Dampfverbrauch	kg/PS$_i$			
D'_i auf $t°$ umgerechneter Dampfverbrauch . . .	„			
D_0 Dampfverbrauch der vollkommenen Maschinen	kg			
D_1 Dampfverbrauch der verlustlosen Maschinen .	„			
$\eta_{th} = \dfrac{D_0}{D_i} =$ thermodyn. Wirkungsgrad	Proz.			
$\eta_g = \dfrac{D_1}{D_i} =$ Gütegrad	„			
Verluste stündlich:				
$v_1 =$ Drosselung im Überhitzer und Einlaßsteuerung	kcal Proz.			
$v_2 =$ unvollkommene Expansion	kcal Proz.			
$v_3 =$ unvollk. Expansion des Kompressionsdampfs	kcal Proz.			
$v_4 =$ Restverluste	kcal Proz.			
$v =$ gesamte Verluste	kcal Proz.			

Diese Werte werden dann in ein Diagramm gemäß Fig. 287 eingetragen.

Hat die Maschine mehrere Zylinder, so wird die Untersuchung mit Tabelle und Diagramm für jeden Zylinder durchgeführt, ferner eine Summentabelle,

Summendiagramm für die Maschine als Ganzes entworfen. Die Receiververhältnisse, Druck und Temperatur, sind dabei zu berücksichtigen. Bei Zwischendampfentnahme oder Zuführung nach einem Wärmespeicher ist die Menge und evtl. Stetigkeit auch einzuführen. Die Tabelle für Niederdruckzylinder erhält also über der Belastung noch einen Kopf:

Receiver:					
Spannung	Atm				
Temperatur	°C				
Zugeführte Dampfmenge der indizierten Leistung	kg/PS$_1$				
des Hochdruckzylinders	kcal				
Entnommene Dampfmenge der indizierten Leistung	kg/PS$_1$				
des Hochdruckzylinders	kcal				
Verlust im Receiver	„				
In Prozenten der zugeführten Dampfmenge . .	Proz.				
Zwischendampfentnahme:					
D_2' = stündl. Entnahme für 1 PS$_1$ des Hochdruckzylinders	kg				
D_2 = stündl. Entnahme für 1 PS$_1$ der Maschine	„				
In Prozenten der zugeführten Dampfmenge . .	Proz.				
Für den Niederdruckzylinder verbleibende Dampfmenge	kg				
Wärmespeicher:					
Spannung a^h b^{min} c^{sek}	Atm				
Wasserinhalt a^h b^{min} c^{sek}	kg				
Spannung a'^h b'^{min} c'^{sek}	Atm				
Wasserinhalt a'^h b'^{min} c'^{sek}	kg				
Vergrößerung des Wasserinhalts in $(a'-a)^h$ $(b'-b)^{min}$ $(c'-c)^{sek}$	kg				
Mittlere Spannung	Atm				
Energieinhalt a^h b^{min} c^{sek}	kcal				
Energieinhalt a'^h b'^{min} c'^{sek}	„				
Zunahme	„				

Die für den Niederdruckzylinder verbleibende Dampfmenge in kg wird bei der Tabelle des Niederdruckzylinders höher sein als der wirkliche Dampfverbrauch D_i des Niederdruckzylinders. Die Differenz stellt den Verlust im Receiver dar. D_2' und D_2 werden in das Diagramm des Hochdruckzylinders resp. der ganzen Maschine eingetragen.

Bei Dampfturbinen wird eine ähnliche Tabelle und ein ähnliches Diagramm aufgestellt. An Stelle des thermodynamischen Wirkungsgrades wird hier der thermische Wirkungsgrad

$$\eta_{th} = \frac{\text{Wärmewert der indizierten Arbeit pro 1 kg Dampf}}{\text{Wärmewert von 1 kg Dampf — Wärmewert des Speisewassers}}$$

$$= \frac{w_1}{D_i\,(i_1 - q_s)} = \sim \frac{1}{D_i} \text{ für trockenen Dampf.}$$

Bei überhitztem Dampf ist der sog. reduzierte Dampfverbrauch:

$$D_r = \frac{i - q_s}{i_1 - q_s}\, D_i$$

und analog

$$\eta_{th} = \frac{i_1\,(i - q_s)}{D_r\,(i_1 - q_s)^2} = \sim \frac{1}{D_r}\ \text{für überhitzten Dampf,}$$

wo

i die Dampfwärme des überhitzten Dampfes,

i_1 die Dampfwärme des gerade trockenen Dampfes, und

q_s der Wärmeinhalt des Speisewassers ist.

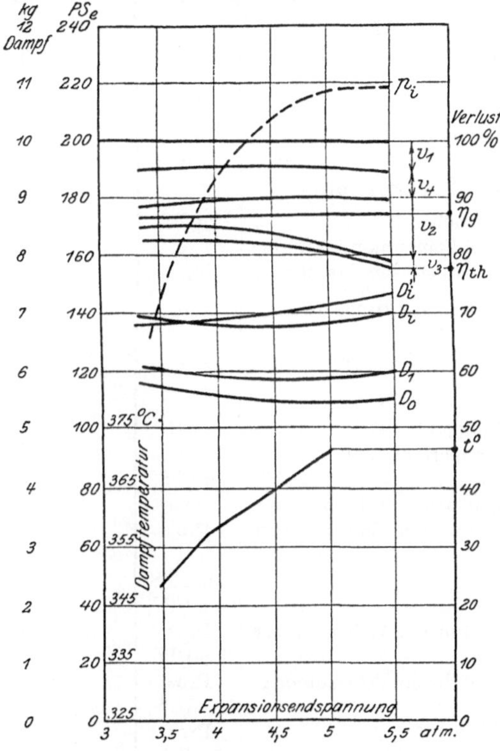

Fig. 287. Prüfungsdiagramm der Dampfmaschine.

Man kann bei diesem Vergleich den Wert des Vakuums besser erkennen.

An Stelle der bei der Dampfmaschine auftretenden stündlichen Verluste treten bei der Turbine auf:

$v_1 =$ Drosselung im Überhitzer und in den Düsen,

$v_2 =$ Laufschaufelverluste,

$v_3 =$ unvollkommene Expansion,

$v_4 =$ Restverluste,

$v =$ Gesamtverluste.

Ähnlich wie bei Generatoren wird am besten für die ganze Kraftanlage ein den Verhältnissen entsprechendes Diagramm gezeichnet. Fig. 288 zeigt eine solche Anordnung.

Übersichtlich wird dasselbe auch nach Fig. 289 a und b ausgezeichnet.

c) Motorendiagramme.

Ähnlich wie für die Dampfmaschine wird auch eine Tabelle und ein Diagramm für Motore entworfen. Die Tabelle enthält folgende Daten:

Prüfungsdaten:		I. Dat. mittl. Temp.	II. Dat. mittl. Temp.	III. Dat. mittl. Temp.
A. Belastung:				
Effektive Pferdestärken	PS			
Indizierte Pferdestärken	,,			
Maximale Spannung.	Atm			
Expansionsendspannung	,,			
Gegendruck.	,,			
B. Brennstoffverbrauch:				
G_i = wirklicher Verbrauch	kg/PS$_i$			
G_0 = Verbrauch der vollkommenen Maschine	kg			
G_1 = Verbrauch der verlustlosen Maschine.	,,			
$\eta_{th} = \dfrac{G_0}{G_i}$ = thermodynam. Wirkungsgrad . .	Proz.			
$\eta_g = \dfrac{G_1}{G_i}$ = Gütegrad	,,			
C. Verluste:				
Kühlwassereintrittstemperatur	° C			
Kühlwasseraustrittstemperatur	° C			
Kühlwassermenge	kg/PS$_i$			
v_1 = abgeführte Wärmemenge im Kühlwasser	kcal			
in Proz. der zugeführten Wärmemenge	Proz.			
Abgastemperatur	° C			
Abgasmenge	cbm/PS$_i$			
v_2 = Wärmeinhalt der Abgase	kcal/PS$_i$			
in Proz. der zugeführten Wärmemenge	Proz.			
v_3 = sonstige Verluste	kcal/PS$_i$			
in Proz. der zugeführten Wärmemenge	Proz.			
v_4 = evtl. Luftpumpe	kcal/PS$_i$ Proz.			
v = Gesamtverluste	kg/PS$_i$ Proz.			

Das Diagramm zeigt Fig. 290.

Da bei Motoren die Verhältnisse des Brennstoffsverbrauchs mit der Belastung sehr stark sich ändern, sind für jede Maschine noch einige andere Diagramme nötig. Sie ergeben sich ohne weiteres aus den Bezeichnungen der Fig. 291 bis 294.

Das Diagramm der Maschine wird wie das der Dampfmaschinenanlage entworfen. Es ist in Fig. 295 dargestellt.

Große Wärmemengen werden auch im Kühlwasser von Luftkompressoren abgeführt. Als Beispiel sei ein Luftkompressor von 779 PS angegeben, der nach Versuchen 7219,3 cbm == 8376 kg Luft stündlich ansaugt und auf 7,03 Atm abs. komprimiert, wobei die Endtemperatur der Luft 48,5° beträgt. Zur Kühlung des Kompressors werden 21 600 kg Kühlwasser stündlich benötigt, die um 20,4° C erwärmt werden. Man hat also für 1 PS stündliche Kompressorleistung 27,7 kg Kühlwasser um 20,4° erwärmt, also 565,1 kcal an das Kühlwasser abgegeben.

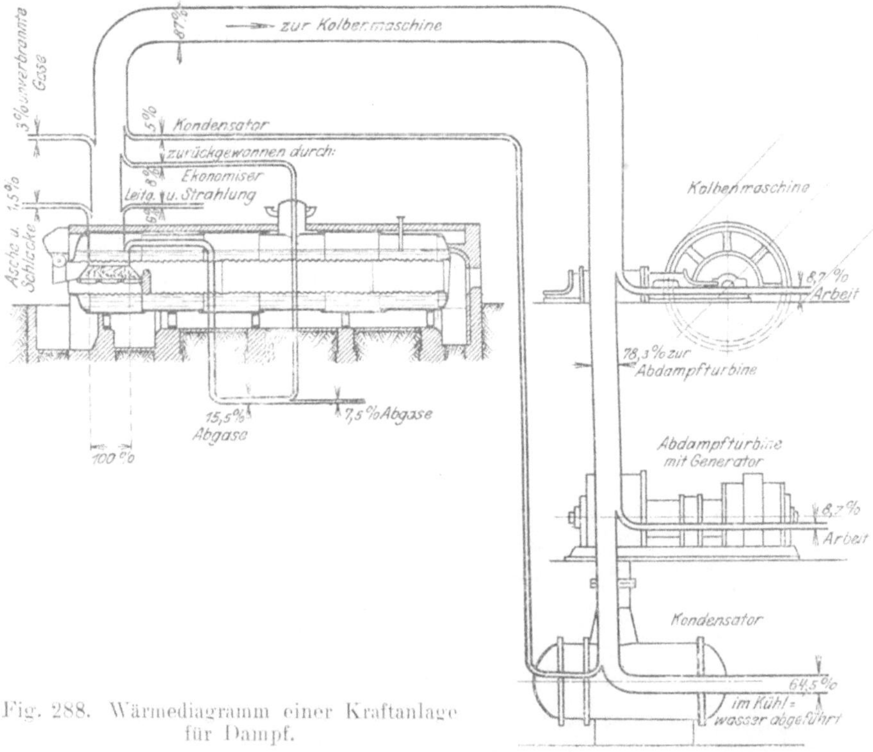

Fig. 288. Wärmediagramm einer Kraftanlage für Dampf.

Die isothermischen Wirkungsgrade der Kompressoren sind 66 bis 71 Proz. 34 bis 29 Proz. werden im Kühlwasser des Kompressors, Kühlwasser für die Luft und für Reibungswärme aufgezehrt. Eine weitere kalorische Ausnutzung der Kühlwasserwärme, besonders bei Dampfkompressoren, ist leicht möglich. Die Endtemperatur des Kühlwassers ist meist 30 bis 38°.

d) **Heizungsdiagramme**[1]).

Für industrielle Ofenanlagen sind die tabellarischen Untersuchungen schon früher angeführt. Sie werden ebenfalls in ein Diagramm gezeichnet.

---

[1]) Siehe auch Ob.-Ing. *P. Meyer*, Sparsame Wärmewirtschaft und Abwärmeverwertung bei Verbrennungskraftanlagen und industriellen Öfen, J. Springer, Berlin; Privatdozent Dr. *Karl Bunk*, Die Wärmewirtschaft auf Gaswerken. Journ. f. Gasbeleuchtung 30, S. 477, 1920.

Da jedoch die Belastung eines Ofens meist konstant bleibt, d. h. die Charge einer bestimmten Substanz meist nur wenig variiert, kommt nur das Kreisdiagramm oder lineare Diagramme in Frage. Ebenso ist es in einer Gasanstalt, sofern die Kohle gleichmäßig ist. In Fig. 296 ist ein Diagramm für einen Schrägofen angegeben.

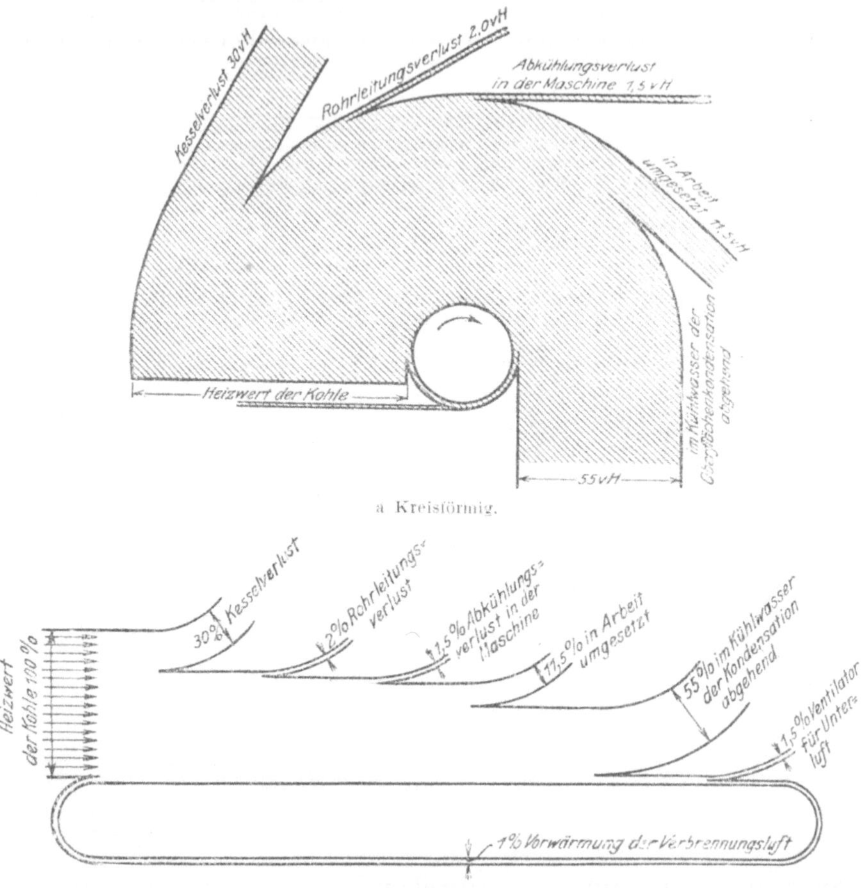

Fig. 289. Wärmediagramm.

Anschließend an dieses Diagramm soll noch die vielfach unbeachtet gebliebene rationelle Wärmewirtschaft für Gaswerke[1]) besprochen werden. Man hat zwei Prozesse:

a) Unterfeuerung für die Entgasung,
b) Entgasung der Kohle.

a) Die Unterfeuerung für die Entgasung ist entweder eine gewöhnliche Feuerung[2]) oder ein Zentralgenerator, ein Einzelgenerator. Man muß daher im ersten

---

[1]) Chemische Technologie des Leuchtgases von *Volkmann*. Leipzig, Otto Spamer.
[2]) Siehe Seite 150 u. f.

Falle für eine Verbrennung sorgen, die gemäß den allgemeinen Prinzipien der Verbrennung auf dem Rost stattfindet. Dazu darf nicht mit unnötigem Luftüberschuß verbrannt werden; es muß der Kohlensäuregehalt der Verbrennungsgase vor Eintritt in den Regenerator oder Rekuperator den höchstmöglichen Wert erreichen. Je nach der Güte des Kokses werden von der Unterfeuerung 15 bis 22 Proz. der im Ofen zugeführten Kohle verbraucht. Vom Heizwert dieses

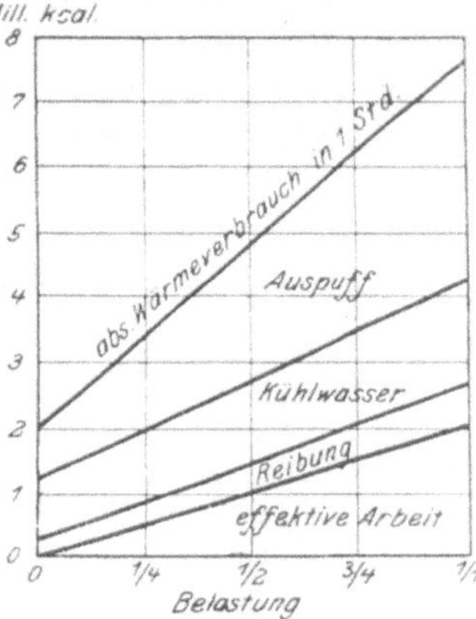

Fig. 291. Absolute Werte der Belastung.

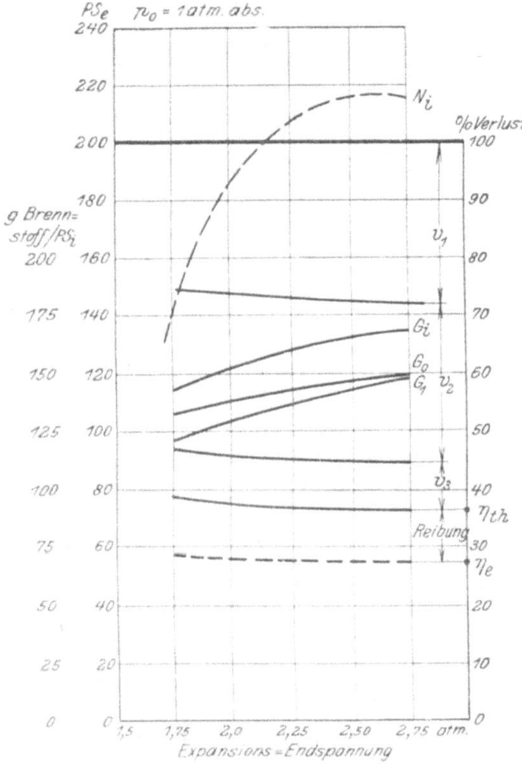

Fig. 290. Prüfungsdiagramm des Motors.

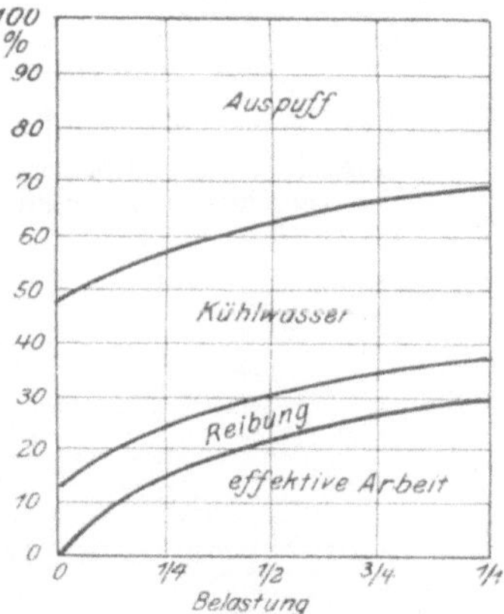

Fig. 292. Relative Werte der Belastung.

Unterfeuerungskokses sind vor Eintritt in die Regeneration oder Rekuperation noch 50 bis 60 Proz. als fühlbare Wärme vorhanden. Die Hälfte davon dient zur Vorwärmung der Oberluft, die andere Hälfte ist anderweitig verfügbar, beispielsweise für Dampf- oder Warmwassererzeugung.

Zur Erwärmung der Oberluft dient als Verhältnis der Wärmeaufnahmefähigkeit von Oberluft: Wärmeinhalt der Abgase = 1 : 2 (Volumverhältnis Oberluft: Abgase = 1 : 1,85). Die Abgase werden hier auf 500 bis 600° abgekühlt.

Bei Verwendung von Leuchtgas zur Unterfeuerung werden die Abgase infolge Erwärmung der Oberluft auf 250° bis 350° abgekühlt, da Leuchtgas mehr Oberluft benötigt.

Die Abwärme nach Verlassen der Regeneratoren oder Rekuperatoren ist also noch 25 bis 30 Proz. des Heizwertes des Kokses und kann von 500 bis 600° (evtl. auch 700°) bis auf 250 bis 300° (Temperatur am Schorn-

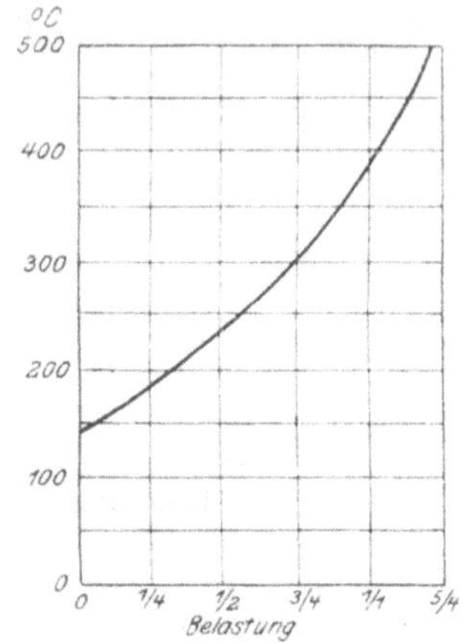

Fig. 293. Auspufftemperaturen bei verschiedenen Belastungen.

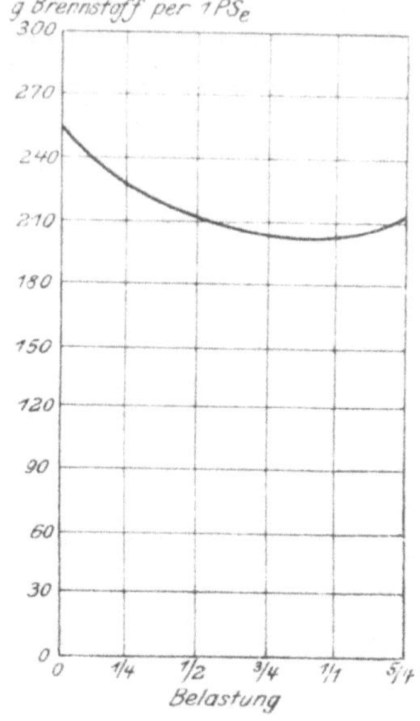

Fig. 294. Günstigste Brennstoffzufuhr in kg/PS bei verschiedenen Belastungen.

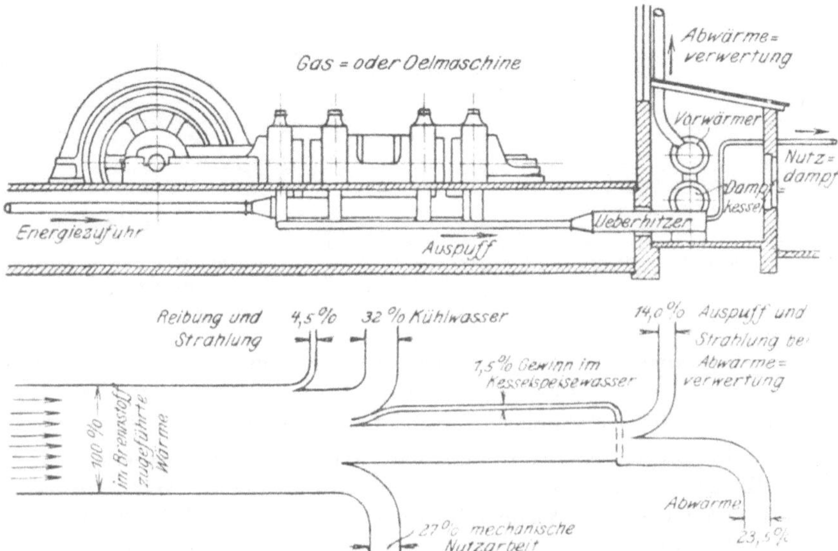

Fig. 295. Wärmediagramm einer Motoranlage.

stein schieber) ausgenutzt werden. Am zweckmäßigsten wird diese Wärme zur Dampferzeugung verwandt. Man kann hochgespannten Arbeitsdampf oder niedrig gespannten Heizdampf erzeugen. Letzteres ist insofern unwirtschaftlich, als der Wärmeinhalt hochgespannten Dampfes nur um weniges höher ist als der niedriggespannten. Ersterer ergibt eine hohe Arbeitsenergie. Eine Überhitzung des Dampfes ist infolge der Temperaturverhältnisse leicht möglich. Der erzeugte Dampf dient zur Deckung des Dampfbedarfs im eigenen Werk und zur Abgabe, sei es zur Erzeugung mechanischer und dann elektrischer Kraft, sei es zu Heizzwecken. Bei Erzeugung mechanischer Kraft und Vorhandensein einer Koksbrikettfabrik ist natürlich der Umweg über elektrische Pressen zu verwerfen. Der Abdampf der Dampfmaschine wird als ·Heizdampf im Gaswerk weiter verwandt. Im Gaswerk benötigt man an Dampf:

für Maschinen	5 bis 7 Atm	10 bis 20 kg per PS und Stunde
„ Ammoniakkalkpumpe	5 „ 7 „	
„ Benzolpumpe und Verheizung .	5 „ 7 „	
„ Ammoniakverarbeitung	0,5 „ 1,0 „	350 bis 420 kg je nach Gehalt per 1 cbm Ammoniakwasser
„ Benzolgewinnung u. Destillation	0,5 „ 0,7 „	4 bis 5 kg per 1 kg Vorprodukt
„ Wassergaserzeugung	0,5 „ 1,0 „	0,70 bis 0,90 kg per 1 cbm Gas
„ Wassergasgebläse	5,0 „ 7,0 „	
„ Generatoren der Öfen	0,5 „ 1,5 „	0,3 bis 0,6 kg per 1 kg Koks

Für Heizungszwecke sind nötig: Raumheizung, Behälterheizung und Badewasser.

Bei Verwendung eines Zentralgenerators statt einer Einzelunterfeuerung hat man eine höhere Ausbeute des Brennstoffes, es werden 75 bis 79 Proz. gegenüber der Unterfeuerung. Der Zentralgenerator gestattet eine gleichmäßigere und besser regulierbare Erzeugung von Unterfeuerungsgas. Auch ist der Verlust an Unverbrauchtem und Schlacke geringer als bei Unterfeuerung. Im Zentralgenerator sind diese Verluste 0,5 bis 3 Proz., in der Unterfeuerung 8 bis 12 Proz. In großen Gaswerken ist daher vielfach eine Schlackenaufbereitungsanstalt bei Unterfeuerung zweckmäßig.

b) Bei der Entgasung der Kohle, die Gas, Teer, Gaswasser und Koks ergibt, kann man die fühlbare Wärme verwenden.

Gas wird mit Kühlwasser gekühlt, das mit 30° bis max. 60° abgeht. Dieses Kühlwasser wird entweder zur Weitererwärmung in Dampf für die Abhitzekessel verwandt oder für die Kühlung der Anker der Kammeröfen, bei niedriger Temperatur für Ammoniakkühlung oder für die Kühlung der Kondensationsanlage benutzt.

Gaswasser wird durch Abwasser aus kondensiertem Dampf vorgewärmt oder durch das Kühlwasser der Gaskühlung. Wird mit Dampf gearbeitet, so gehen davon verloren 65 bis 70 Proz., im Abwasser mit 70°; 22 bis 28 Proz. im Verdichtungskühler oder Rückflußkühler, 10 bis 12 Proz. in den Abgasen des Kohlensäureausscheiders. Dabei wird diesen Abgasen ein Teil Wärme durch das Rohwasser entnommen.

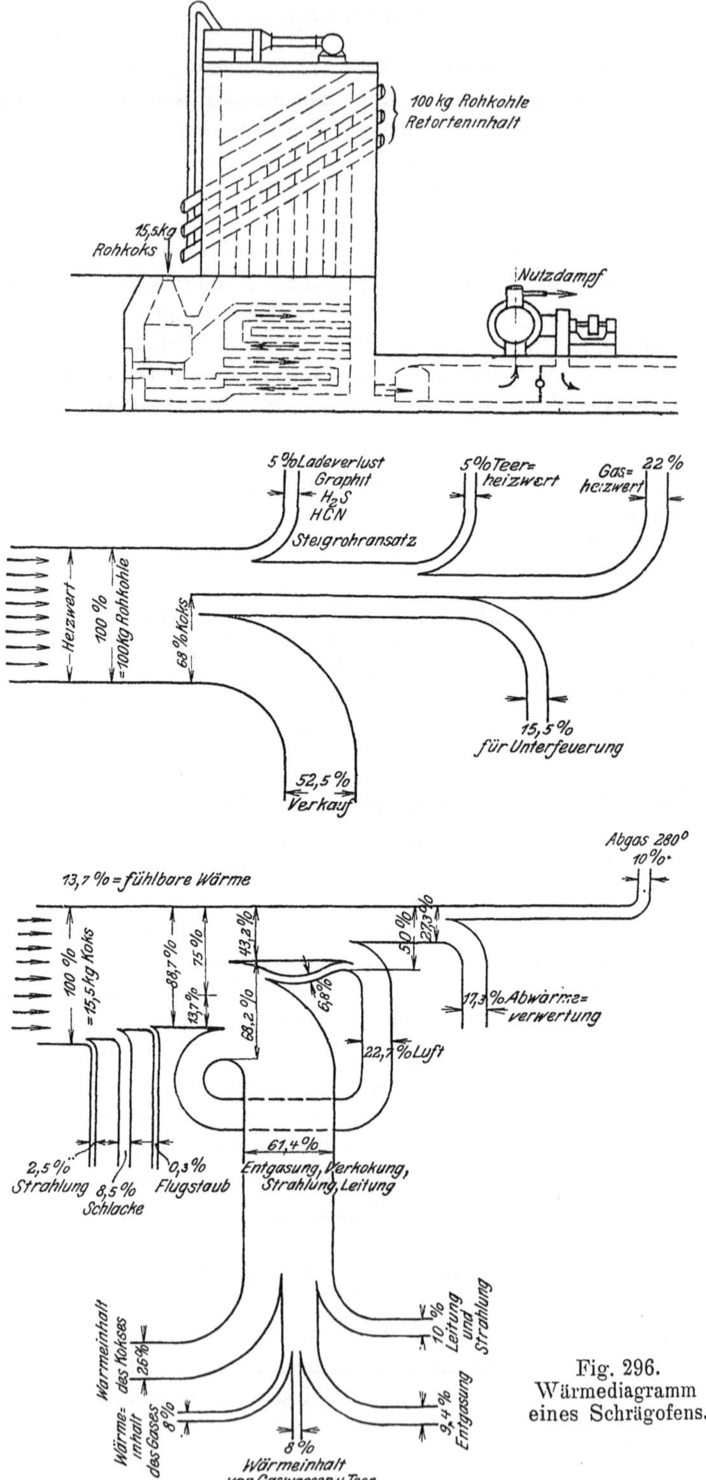

Fig. 296.
Wärmediagramm eines Schrägofens.

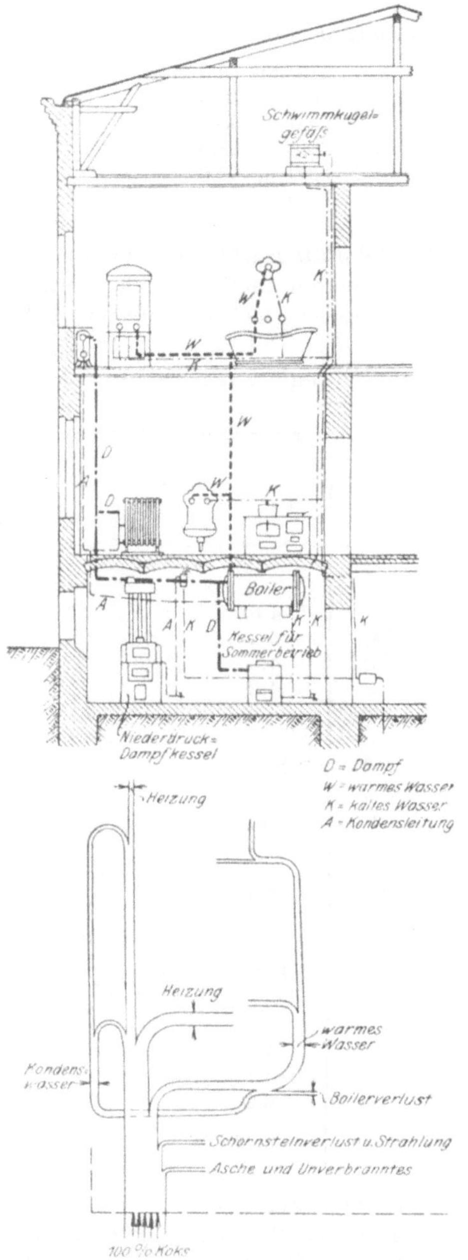

Fig. 297. Raumheizungsdiagramm.

Der Koks[1]) aus den Retorten hat pro 1 kg 350 bis 400 kcal Wärmeinhalt bei einer Temperatur von 900 bis 1000°. Man kann ihn als Unterfeuerungskoks oder für die Generatoren in diesem Zustande verwenden. Der Rest, 85 bis 78 Proz., wird durch Löschen an offener Luft seines Wärmeinhalts beraubt.

Bei Wassergaserzeugung ist die Wärmeverteilung wie folgt:

Heizwert des Kokses .	100,0 Proz.
Heizwert des Wassergases	47,0 ,,
Heizwert des unzersetzten Wasserdampfes .	2,5 ,,
Wärmeinhalt des Wassergases	6,5 ,,
Wärme zur Dampferzeugung	5,5 ,,
Verlust in den Heißblasegasen	31,0 ,,
Verlust durch Strahlung und Heizung .	5,5 ,,
Verlust durch C in den Schlacken	2,0 ,,

Die Heißblasegase können unter Zusatz vorgewärmter Verbrennungsluft auf 250 bis 300° C in Abhitzekesseln ausgenützt werden.

Wichtig ist die Ausnützung der durch Strahlung und Leitung an den Öfen und Ummauerungen hervorgebrachten Wärme. Die Isolation durch Luftschichten ist nicht immer zweckmäßig, da sie bei hoher Temperatur versagt und an Stelle der Isolierung durch die erhitzte Luft Strahlung nach der Außenwand stattfindet. Man nützt auch diese Wärme durch Einlegen von Rohrschlangen aus, in denen Wasser erwärmt wird.

---

[1]) Feuerungstechnik 11. Jg., Heft 10: Trockene Kokskühlung, von *Palm.*

Die Verluste durch Strahlung und Leitung betragen

beim Eisenhochofen	11,0 bis 19,0 Proz.
„ Koksofen	5,0 „ 10,0 „
„ Drehrohrofen	25,0 „ 33,0 „
„ Siemens-Zinkofen ·.	30,0 „ 33,0 „
„ Tiegelofen	38,0 „ 39,0 „
„ Glasschmelzofen	35,0 „ 42,0 „

Bei Raumheizungsanlagen hängt der Wirkungsgrad nicht nur von der Heizungsanlage, sondern vielfach in noch höherem Maße von der Bauart des Gebäudes ab. Das Diagramm ist, wie zuvor schon mehrfach erwähnt, laut Fig. 297 zu zeichnen.

Was die tabellarische Untersuchung der Heizung[1]) anbelangt, so ergeben sich folgende Verhältnisse:

Beheizt 2800 cbm Zimmer Beheizt 2200 „ Flur und Dachgeschoß Unbeheizt 1800 „ Räume Gesamt 6800 „ umbauter Raum		I. Dat.	II. Dat.	III. Dat.
Außentemperatur:				
Mitte Haustüre außen	° C	— 4,0		
Mitte erster Stock außen	° C	— 5,2		
Mitte zweiter Stock außen	° C	— 4,6		
Mitte Dachgeschoß außen	° C	— 4,2		
Innentemperatur:				
Alle Zimmer gleichmäßig beheizt . .	° C	+20,0		
Alle Flure gleichmäßig beheizt	° C	+15,0		
Räume unbeheizt (Mittel)	° C	+ 2,2		
Wärmeverbrauch:				
Für 1 cbm beheiztes Zimmer	kcal-St.	20,00		
Für 1 cbm beheizten Flur und Dach- geschoß	„	17,80		
v für 1 cbm umbauten Raum	„	13,00		
Vergleichswerte:				
Mittlere äußere Temperatur	° C	— 4,5		
Mittlere Innentemperatur	° C	+13,7		
Δ = mittlere Temperaturdifferenz	° C	18,2		
$\dfrac{v}{\Delta}$ = Wärmeverbrauch f. 1° mittl. Temp.-Diff.	kcal	0,72		

Das Diagramm für vorstehende Tabelle zeigt Fig. 298.

Als Abszissen werden die mittleren Temperaturdifferenzen, als Ordinaten die benötigten kcal für die diversen Brennstoffsorten genommen. Die Diagramme werden für diverse Rostflächen: ganzer Rost, $^7/_8$, $^3/_4$, $^1/_2$, $^5/_8$ Rost,

---

[1]) Siehe auch: Heizungs- und Lüftungsanlagen in Fabrikbetrieben, von *V. Hüttig*. Otto Spamer, Leipzig, und Mitteilungen der Wärmestelle des Vereins deutscher Eisenhüttenleute Heft 43.

bei diversen Brennstoffsorten aufgezeichnet. Man kann dann daraus für eine bestimmte mittlere Temperaturdifferenz, die sich mit der Jahreszeit ändert, die günstigste Rostfläche und Brennstoffart festlegen.

In Fig. 299 ist eine Kraft- und Heizungsanlage abgebildet. Die Kraftzentrale besteht aus:

2 Wasserröhrenkesseln je 160 qm Heizfläche und je 60 qm Überhitzern, Normalleistung 25 kg Dampf von 12,5 Atm Überdruck und 350° C,
1 Anzapf-Turbine 210 kW-St. mit Generator,
1 Auspuff-Dampfturbine 110 kW-St. mit Generator.

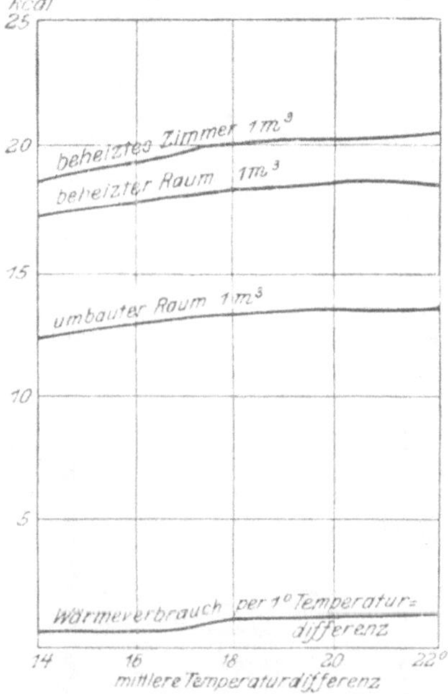

Fig. 298. Raumbeheizungsdiagramm.

Die Turbinen können als Auspuff- und Kondensationsmaschinen geschaltet werden. Ihr Dampfbedarf beträgt bei Auspuffbetrieb 18 kg, bei Vakuumbetrieb 10 kg/PS-St.

Der Höchstwärmebedarf für die Heizungs- und Lüftungsanlage des Gebäudes (einschl. eines geringen Aufwandes für Warmwasserversorgung für Hausreinigung) beträgt 1,4 Mill. kcal-St.

Dies sind ca. $^2/_3$ der von der großen Turbine gelieferten Abdampfmenge. Bei Vakuumbetrieb wird der Abdampf in einen Rhombicus-Luftkondensator niedergeschlagen. Das Vakuum wird im Kondensator auf 70 bis 80 Proz. gehalten. Die vom Kondensator benötigte Luftmenge beträgt im Sommer bei + 20° C Lufttemperatur 100 000 cbm-St., im Winter 60 000 cbm-St., die für die Lüftung und Heizung des Hauses gebraucht werden.

Der für die Warmwasserheizung des Gebäudes benötigte Abdampf wird in stehenden Gegenstrom-Apparaten niedergeschlagen. Die Heizung ist als Pumpenheizung mit Antrieb der Pumpen durch Kleindampfturbine und Elektromotor ausgeführt.

Die vom Luftkondensator gelieferte Warmluft wird in Blechkanälen an der Decke des Kellergeschosses verteilt und mittels senkrechter Kanäle, die in den zu lüftenden Etagen mit Austrittöffnung versehen sind, direkt in die ohne Unterteilung angelegten Geschäftsräume eingeblasen. Abluftkanäle sind nicht angeordnet.

In Fig. 300 a ist eine Wärmestation mit Wärmespeichern für die Abdampfverwertungsanlage einer Zeche dargestellt. Bei dieser Anlage wird der gesamte vorhandene Abdampf wärmetechnisch verwertet. Die Anlage ist von der Firma *Dampfkesselfabrik vorm. Arthur Rodberg, A.-G.*, Darmstadt, ausgeführt.

Fig. 300 b gibt eine schematische Übersicht über die Abwärmeausnutzung mit den zugehörigen Apparaten und Rohrleitungen.

An Abdampfquellen stehen zur Verfügung:

1. der Abdampf von zwei Fördermaschinen,
2. der Abdampf eines Hochdruckkolbenkompressors,
3. der Abdampf der Hilfsturbine von der Oberflächen-Kondensation eines Turbokompressors.

Diese sämtlichen Abdampfquellen arbeiten auf ein gemeinsames Netz, wobei der stoßweise austretende Abdampf der beiden Fördermaschinen zuerst durch einen Niederdruck-Wärmespeicher mit Wasserfüllung in einen gleichmäßigen Dampfstrom umgewandelt wird, ehe er in die Abdampfsammelleitung eintritt.

An das Abdampfnetz sind folgende Abdampfverbraucher angeschlossen:

a) eine Warmwasserheizungsanlage,
b) eine Badewasserbereitungsanlage,
c) eine Speisewasseraufbereitung,
d) eine Dampfluftheizung (Großraumheizung mit Lufterhitzern) für die Werkstatt,
e) ein Mischvorwärmer für das Kondensat der Oberflächenkondensation.

Die Einrichtung ist derart getroffen, daß der Abdampf in der Hauptsache von den vier

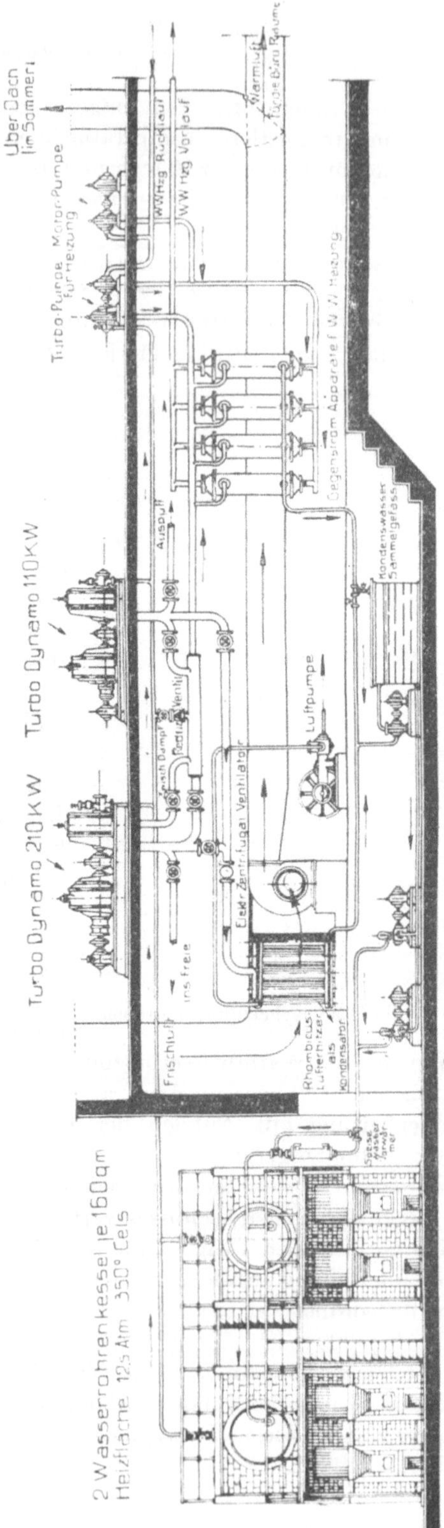

Fig. 299. Heizungs- und Kraftanlage mit Luftkondensation von *Rudolf Otto Meyer*, Hamburg.

erstgenannten Anlagen aufgenommen wird; in den Mischvorwärmer gelangt
nur der Überschuß, der nicht in a bis d ausgenutzt wird.

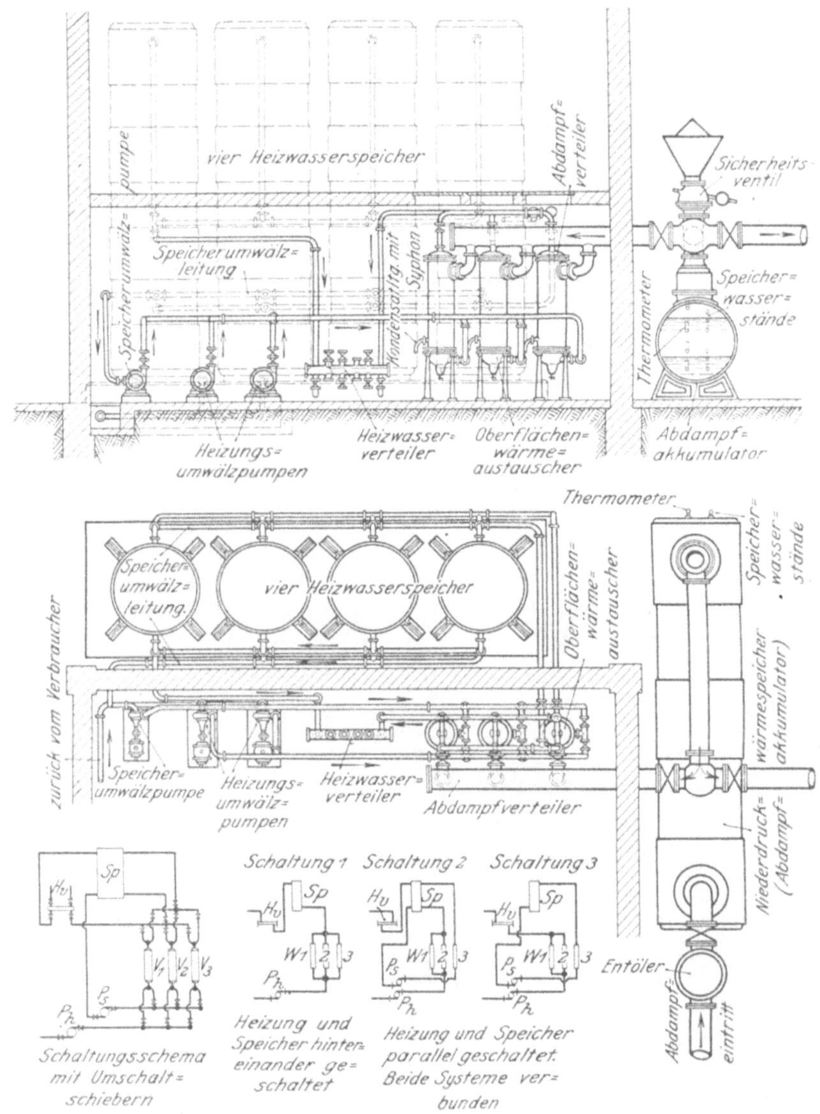

Fig. 300a.

Die Wärmeverteilung der verfügbaren Abdampfwärmemengen auf die
verschiedenen Wärmeverbraucher ist in dem Diagramm Fig. 300 c für einen
Tag mittlerer normaler Förderung dargestellt; für die Heizung ist hierbei
strenge Kälte (15° C) vorausgesetzt. Der Wärmebedarf der Badewasser-

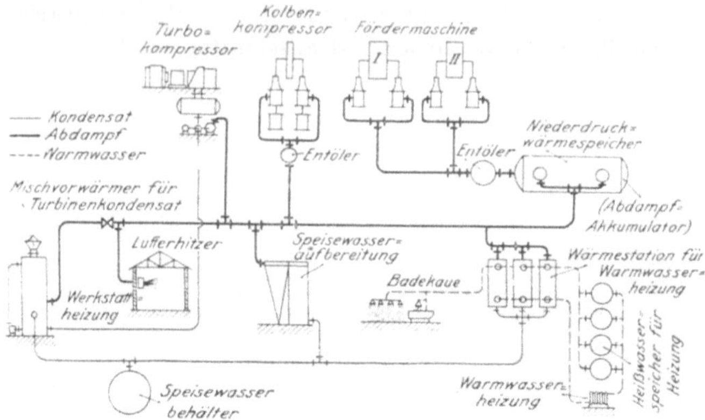

Fig. 300 b.

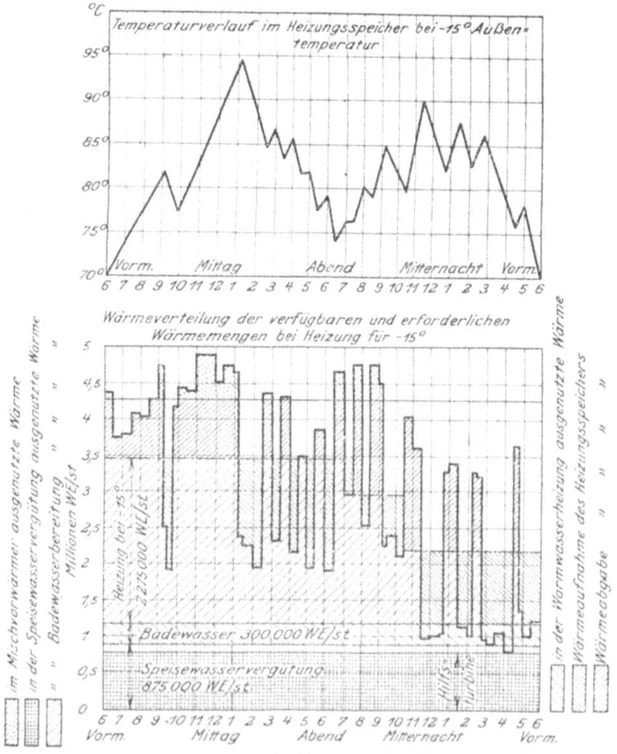

Fig. 300 c.

Fig. 300 a bis 300 c. Wärmestation mit Wärmespeichern für eine Zeche, ausgeführt von
Dampfkesselfabrik vorm. Arthur Rodberg A.-G., Darmstadt.

bereitung und der Speisewasservergütung ist nahezu konstant. Bei der Heizung ist berücksichtigt, daß ihr Wärmebedarf um 7 Uhr abends (nach Schluß der Büros) um ca. 20 Proz. und nach $10^1/_2$ Uhr abends (nach Schluß der Nachmittagsschicht) durch entsprechende Verminderung der Heizung in den Betrieben und Wohnhäusern um weitere 40 Proz. abnimmt. In dem Diagramm ist die Luftheizung der Werkstatt nicht besonders aufgeführt, sondern in die Warmwasserheizung eingerechnet.

Die Wärmeübertragung von dem Abdampf an das Heizungswasser erfolgt durch drei Oberflächenvorwärmer, deren Dampfräume an die Abdampfsammelleitung angeschlossen sind.

Da die Abdampflieferung infolge des periodischen Betriebes der Fördermaschinen und des Hochdruckkompressors im Laufe des Tages stark schwankt, wie das Diagramm Fig. 300c erkennen läßt, wird die Heizungszentrale mit Wärmespeichern ausgerüstet, welche die zeitweise überschüssige Abdampfwärme aufnehmen, um sie in Zeiten ungenügender Abdampflieferung an die Heizung abzugeben. Diese Wärmespeicher bestehen einfach aus vier Kesseln mit konstantem Wasservorrat, die Wärmeaufnahme kennzeichnet sich durch entsprechende Temperaturerhöhung des Speicherwassers, die Wärmeabgabe durch fallende Temperatur, wie das Diagramm Fig. 300c erkennen läßt.

Besondere Sorgfalt ist auf zweckmäßige Verbindung des Wärmespeichers mit der Heizungszentrale gelegt. Die Disposition ist bei der vorliegenden Anlage so eingerichtet, daß drei Schaltungsmöglichkeiten bestehen, die in Fig. 300a angegeben sind.

Der Übergang von der einen Schaltung zur anderen erfolgt durch einfache Umstellung der zugehörigen Absperrschieber. Jeder einzelne Wärmeaustauscher kann sowohl mit dem Heizungswasser-Kreislauf als auch mit dem Speicherwasser-Kreislauf verbunden werden.

Die in Fig. 300 dargestellte Anlage bildet ein typisches Beispiel für eine vollkommene Abdampfverwertung in einem Bergwerksbetrieb ohne Abdampfkraftanlagen. In vielen Fällen läßt sich auch eine Vereinigung von Abdampfkraft- und Abdampfheizungsanlagen durchführen, wobei im Winter mehr Abdampf für die Heizung und im Sommer mehr Abdampf für die Krafterzeugung verwendet wird.

e) Gesamtdiagramme.

Neben dem Studium der Einzeldiagramme darf das Gesamtdiagramm einer in sich geschlossenen Anlage: Maschinenfabrik, Schmiedeofenanlage, Glühofenanlage, Textilfabrik, Heizkraftwerk, Heizungsanlage, nie vernachlässigt werden. Aus ihnen kann man entnehmen, ob Bedarfsfälle an einer Stelle und Verluste an einer anderen nicht kombiniert werden können. Wie die Verhältnisse in einer modernen Dampfanlage gehandhabt werden, zeigt Fig. 301. In ihr werden jeden Tag die stündlichen Mittelwerte von z. B. $6^{\underline{30}}$ bis 7^{30}, 7^{30} bis 8^{30}, oder höhere Mittelwerte, z. B. 6^{00} bis 8^{00}, 9^{00} bis 10^{00}, oder 6^{00} bis 9^{00}, 9^{00} bis 12^{00} usw., eingetragen. Diese Werte werden zu Kurven verbunden. Alle Wochen oder Monate werden die Mittelwerte hieraus bestimmt und mit den Zahlen für wirtschaftlichsten Betrieb, die sich aus einwandfreien Berechnungen ergeben,

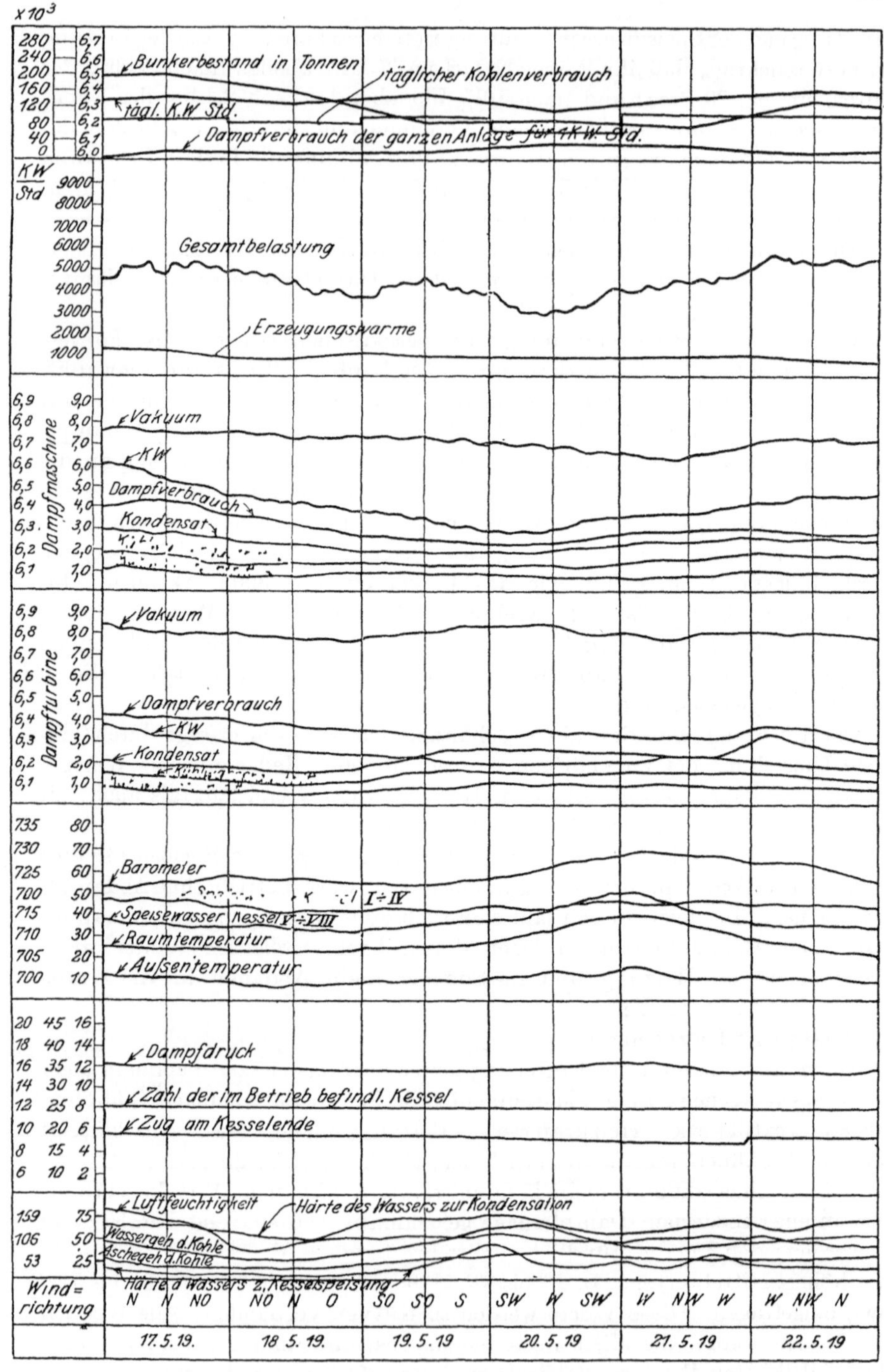

Fig. 301. Diagramm einer Dampfanlage.

Kessel-Nr.　Monat:

Bezeichnung	
Dampfpreis per 1 Tonne	
m/m Wassersäule Zugverhältnisse — Schieber	
m/m Wassersäule Zugverhältnisse — Feuerraum	
m/m Wassersäule Zugverhältnisse — Unterw.	
Verlust Proz.	
Abgase — Temperatur	
Abgase — Gasgehalt Proz. — Rest	
Abgase — Gasgehalt Proz. — CO O (O)	
Abgase — Gasgehalt Proz. — CO_2 CO O	
Proz. Wärmeausnutzung	
kcal/kg Erzeugungswärme	
Verdampfungsziffer	
Dampf — °C Temperatur — Max.	
Dampf — °C Temperatur — Ablesung	
Dampf — Atm-Druck — Max.	
Dampf — Atm-Druck — Ablesung	
Speisewasser — Härte	
Speisewasser — °C Vorwärmer-Temperatur — Austritt	
Speisewasser — °C Vorwärmer-Temperatur — Eintritt	
Speisewasser — Menge kg	
Proz. Wassergehalt	
Proz. Asche	
Kohle — kcal-Heizwert — mittel	
Kohle — kcal-Heizwert — II	
Kohle — kcal-Heizwert — I	
Kohle — kg Sorte — Σ	
Kohle — kg Sorte — II	
Kohle — kg Sorte — I	
Betrieb — Anheizzeit	
Tag	

Maschine Nr.:　Monat:

Bezeichnung	
Bemerkungen	
Luftverhältnisse — Außentemperatur	
Luftverhältnisse — Raumtemperatur	
Luftverhältnisse — Feuchtigkeit	
Kondensation — Barometer	
Kondensation — Vacuum	
Kondensation — Temperatur des Kondensators	
Kondensation — Kondenswasser — Austrittstemperatur	
Kondensation — Kondenswasser — Eintrittstemperatur	
Leistung[1] — KW Stundenzähler — KW	
Leistung[1] — KW Stundenzähler — Differenz	
Leistung[1] — KW Stundenzähler — Ablesung	
Leistung[1] — momentane Ablesung KW	
Stündliche Dampfmenge nach Speisewasser oder Dampfwasser	
Dampf — Zylinder: Niederdruck — Temperatur — Max.	
Dampf — Zylinder: Niederdruck — Temperatur — Ablesg.	
Dampf — Zylinder: Niederdruck — Atm-Druck — Max.	
Dampf — Zylinder: Niederdruck — Atm-Druck — Ablesg.	
Dampf — Zylinder: Mitteldruck — Temperatur — Max.	
Dampf — Zylinder: Mitteldruck — Temperatur — Ablesg.	
Dampf — Zylinder: Mitteldruck — Atm-Druck — Max.	
Dampf — Zylinder: Mitteldruck — Atm-Druck — Ablesg.	
Dampf — Zylinder: Hochdruck — Temperatur — Max.	
Dampf — Zylinder: Hochdruck — Temperatur — Ablesg.	
Dampf — Zylinder: Hochdruck — Atm-Druck — Max.	
Dampf — Zylinder: Hochdruck — Atm-Druck — Ablesg.	
Betrieb	
Tag	

1) Ist kein Generator vorhanden, so werden zweckmäßig zwei Torsiographen eingeschaltet und aus deren Diagramm die Energie bestimmt; siehe Zeitschr. d. V. d. Ing. 1916, Seite 811, von *Geiger*.

verglichen. Aus den Stundenwerten und Tageswerten ersieht man die Schwankungen und Störungen, aus den wöchentlichen oder monatlichen Werten den Betriebszustand der Anlage.

Die nebenstehenden zwei Tabellen auf S. 480 zeigen, in welcher Weise die Angaben der Apparate bei Dampfkessel und Dampfmaschine in Formulare eingetragen werden, die zu obiger graphischer Übersicht dienen.

Auch die Untersuchung von Generatoren ist im einzelnen durchzuführen. Nachstehendes Formular gibt hierfür eine Unterlage.

Generator der Firma:
     Rostart:
     innerer Schachtdurchmesser:
     innere l. Höhe von Rostoberkante bis Mitte Gasabzug:
     Bemerkungen:
Datum: Versuchsbeginn:
     Versuchsende:

A. Analysen.

Kohle:
Kohlenstoff . . . . Gew.-Proz.
Wasserstoff . . . . „
Schwefel . . . . „
Sauerstoff . . . . „
Stickstoff . . . . „
hygroskop. Wasser . . . . „
Asche . . . . „
oberer Heizwert . . . . kcal
unterer Heizwert . . . . kcal

Gas:

	Vol. Proz.	spez. Gewicht kg/cbm	kg Gas	kg Gas-art	in 100 kg Gas sind bei			
					C	H_2	O_2	N_2
CO		1,251						
H_2		0,089						
CH_4		0,715						
C_nH_m		1,250						
CO_2		1,966						
O_2		1,430						
N_2		1,255						
	100,0			100,0	c_1			

oberer Heizwert von 1 cbm Gas laut Analyse . . ... kcal
oberer Heizwert von 1 cbm Gas nach Kalorimeter ... kcal
unterer Heizwert von 1 cbm Gas laut Analyse . . ... kcal
unterer Heizwert von 1 cbm Gas nach Kalorimeter ... kcal
tatsächlicher oberer Heizwert von 1 cbm Gas . . ... kcal
tatsächlicher unterer Heizwert von 1 cbm Gas . . ... kcal

B. Materialverbrauch.

Kohlenmenge während der Versuchsdauer . . . . kg
Rückstände während der Versuchsdauer . . . . kg
    Wassergehalt der Rückstände . . . . Proz.
    trennbare Substanz in den Rückständen ... Proz.

Dampfverbrauch. . . . . kg
   Dampfspannung . . . . Atm
   Dampftemperatur . . . . ° C
Luftverbrauch von atm. Spannung . . . . cbm
   Lufttemperatur . . . . ° C
   Barometerstand . . . . mm Hg
   Luftüberdruck unter dem Rost . . . . mm W.-S.
   Luftfeuchtigkeit . . . . Proz. relat.
Ventilatorenergie . . . . kW-St.
Gastemperatur am Abzug . . . . ° C
Gasüberdruck am Abzug . . . . mm W.-S.
   Wassergehalt per 1 cbm Gas. . . . . g Wasser bei . . . ° C und mmHg
Schütthöhe der Kohle von Oberkante Rost . . . . mm
Kohlenstoffmenge für Vergasung für 100 kg zugeführten Brennstoff:
   Zugeführt in den Generator für 100 kg Brennstoff . . . . kg C
   es enthalten 100 kg Brennstoff . . . . kg Rückstände
   100 kg Rückstände . . . . kg C
   also in Rückständen von 100 kg Brennstoff . . . . kg C
   somit vergast aus 100 kg Brennstoff . . . c_2 kg C
   es verbleiben davon . . . kg Rückstände
   mit . . . kg C
   und . . . kg Asche
Aus der Analyse ergeben c_1 kg C . . . . 100 kg Gas,
somit 100 kg Brennstoff mit c_2 kg C . . . . v_2 kg Gas.

C. Resultat.

Analyse des Gases aus 100 kg Brennstoff.

Elemente	C	H_2	O_2	N_2	kg Gas-art	spez. Vol.	cbm Gasart $^0/_{760}$ mm
CO							
H_2							
CH_4							
C_nH_m							
CO_2							
O_2							
N_2							
	c_2			v_2			

N_2-Kontrolle aus dem Luftverbrauch:
   . . . kg Gesamtbrennstoff enthält . . . . kg N_2
   . . . kg Gesamtluft enthält . . . . kg N_2
   . . . kg Gesamtbrennstoff enthält im Gas . . . . kg N_2
   100 kg Brennstoff enthält im Gas . . . . kg N_2

H_2-Kontrolle aus dem Wasserverbrauch:
   . . . kg Gesamtbrennstoff enthält . . . . kg H_2
   . . . kg Gesamtluft enthält . . . . kg H_2
   . . . kg Dampf enthält . . . . kg H_2
   . . . kg Gesamtbrennstoff verbraucht . . . . kg H_2
   . . . kg Gesamtgas enthalt im Wasserdampf . . . . . kg H_2
   . . . kg Gesamtasche enthält . . . . kg H_2
   . . . kg Gesamtbrennstoff enthält im Gas . . . . kg H_2
   100 kg Brennstoff enthält im Gas . . . . kg H_2

Wärmebilanz:

1 kg Brennstoff ergibt . . . . v_1 cbm Gas
unterer Heizwert von 1 cbm Gas . . . . g_1 kcal
unterer Heizwert von 1 kg Brennstoff . . . . . b_1 kcal

Wärmeausnutzung in Proz. $100 \dfrac{v_1 \cdot g_1}{b_1} = \ldots$

Stoffbilanz.

1 kg Brennstoff enthält . . . . a_1 kg C

1 kg Brennstoff ergibt im Gas . . . . $\dfrac{c_2}{100}$ kg C

Brennstoffausnutzung in Proz. $100 \dfrac{a_1}{\dfrac{c_2}{100}} = \ldots\ldots$

Brennstoffdurchsatz per Stunde . . . . kg
Brennstoffdurchsatz per Stunde und qm . . . . kg
1 kg Brennstoff ergibt ... cbm Gas von ... kcal unt. Heizwert
somit stündliche Wärmeerzeugung . . . . kcal.

Verbrennungstemperatur.

Zur Verbrennung von 100 cbm Gas:
a) theoretische Luftmenge
$$L_{th} = O_2 \cdot \frac{100}{21} = [0{,}5\,(CO + H_2) + 2 \cdot CH_4 + 3 \cdot C_nH_m - O_2]\frac{100}{21} \;^1)$$

b) effektive Luftmenge bei p Proz. Luftüberschuß
$$L_{eff} = L_{th}\left(1 + \frac{p}{100}\right)$$

c) fühlbare Wärme der Luft bei $t_1°$ C
$$W_L = L_{eff} \cdot 0{,}332 \cdot t_1 = \ldots \text{ kcal}$$

d) fühlbare Wärme des Gases bei $t_2°$ C

$$\begin{aligned}
CO \quad &\cdot 0{,}332 = \quad \ldots \text{ kcal per } 1°\,C^1) \\
H_2 \quad &\cdot 0{,}332 = \quad \ldots \quad ,, \\
CH_4 \quad &\cdot 0{,}700 = \quad \ldots \quad ,, \\
C_nH_m \quad &\cdot 0{,}910 = \quad \ldots \quad ,, \\
CO_2 \quad &\cdot 0{,}517 = \quad \ldots \quad ,, \\
O_2 \quad &\cdot 0{,}332 = \quad \ldots \quad ,, \\
N_2 \quad &\cdot 0{,}332 = \quad \ldots \quad ,, \\
\hline
&\times t_2 = \quad \ldots \text{ kcal}
\end{aligned}$$

e) Gesamte fühlbare Wärme von Gas und Luft . . . . . . e kcal

f) Verbrennungsprodukte:
Kohlensäure $CO + CH_4 + C_nH_m + CO_2$ . . . . . $= f_1$ cbm
Wasserdampf: $H_2 + 2\,CH_4 + 2\,C_nH_m + a_1$ . . . $= f_2$ cbm
$\quad a_1$ bei 0° und 760 mm Hg per 100 cbm Gas aus
$\quad$ der Gasanalyse.

Sauerstoff: $0{,}21 \cdot L_{th} \cdot \dfrac{p}{100}$ . . . . $= f_3$ cbm

Stickstoff: $0{,}79 \cdot L_{eff} + N_2$ . . . . $= f_4$ cbm

g) Verbrennungstemperatur:
$$t = \frac{100\,H_n + e}{f_1 \cdot 0{,}562 + f_2 \cdot 0{,}485 + (f_2 + f_3)\,0{,}356} = \ldots\ldots°\,C.$$

$^1)$ CO_2, CO, H_2, HC_4, C_nH_m, O_2, N_2 sind Volumprozente; die Zahlenwerte der spezifischen Wärmen: siehe Beiträge zur Feuerungstechnik, Kap. I und II, von *Jüptner*. Leipzig, Arthur Felix.

In ähnlicher Weise lassen sich alle Untersuchungen durchführen. Es sind stets zwei Bilanzenposten zu beachten:

die Wärmebilanz und

die Stoffbilanz.

Erstere zeigt, wie weit die in den Prozeß in Form von Brennstoff eingeführte Wärme nutzbar zu machen ist, letztere, welche Teile der brennbaren Substanzen für die Weiterverwendung verwertet werden, und welche Teile während des Prozesses nutzbar verloren gehen oder durch ein Aufarbeitungsverfahren gewonnen werden können.

Sowohl der Wärmeingenieur eines Werkes als der Betriebsingenieur dürfen sich nicht damit begnügen, die Diagramme nur auf dem Bureau zu zeichnen und zu studieren. Sie gehören an die Verbrauchsstellen. Besonders der Wärmeingenieur soll stunden- und tagelang die Erzeugungsstellen studieren und prüfen, alle Stellen des Kesselhauses, der Dampfmaschine, des Ölmotors, des Glühofens, jede Leitung, Pumpe, Transmission und Kraftmaschine, ob Drehbank, Bohrmaschine, hydraulische Presse, Dampfhammer, Webstuhl, Spinnmaschine, Hechelmaschine, Waschkessel, Färbekufe, muß er studieren; die Temperaturverhältnisse, die Wärmeverluste, die Wärmezuführung, der Wärmeverbrauch ist an jeder Stelle praktisch zu prüfen und durch Rechnung und Diagramm zu vergleichen. Auf diese Weise wird volkswirtschaftliche Wärmewirtschaft getrieben. Die Resultate der Prüfung und Berechnung müssen durch entsprechende Verbesserung in Einklang gebracht werden.

Hierbei ist jedoch nicht nur der Kohlenverbrauch allein zu beachten, vielmehr ist bei oxydierender, neutraler oder reduzierender Flamme bei Schmelz-, Glüh-, Röstprozessen zu prüfen, wie groß der Materialverlust durch Oxydation, Reduktion oder Verdampfen, Sublimieren ist. Eine ungeeignete Ersparnis an Kohlen für einen Prozeß kann zu einer Verschwendung des zu verarbeitenden Materials führen. Der materielle und volkswirtschaftliche Wert dieses verlorenen Materials ist evtl. größer als die Ersparnis an Kohle für den vorliegenden Arbeitsprozeß; außerdem ist die Kohle, die zur Herstellung des Materials, je nach dessen Zusammensetzung, nötig war, verloren.

Der Verlust an Wärme, sei es in der Feuerung, am Ölmotor, an der Waschmaschine, kann nicht nach dem Gefühl bestimmt werden; nur die Messung und Rechnung kann ihn feststellen.

Jede Vergrößerung der Entropie bedeutet einen Wärmeverlust ohne äquivalente Arbeit; an diesem Kennzeichen ist letzten Endes jeder Arbeitsprozeß auf seine Vollkommenheit zu prüfen.

8. Energiemessung in der Wärmewirtschaft.

Alle physikalischen Vorgänge werden gegenwärtig durch Gleichungen von der Form $f(m, l, t) = \Psi(m', l', t')$ ausgedrückt, wobei m die Masse, l die Länge und t die Zeit bedeuten. Nach den bis jetzt geltenden Anschauungen über die Masse und Zeit waren ferner noch die Bedingungen nötig:

$$f(m) = \Psi(m') \quad \text{mit} \quad l = l' = 1,$$
$$t = t' = 1,$$
$$f(l) = \Psi(l') \quad \text{mit} \quad m = m' = 1,$$
$$t = t' = 1,$$

und

$$f(t) = \Psi(t') \quad \text{mit} \quad m = m' = 1,$$
$$l = l' = 1.$$

Die *Einstein*schen Untersuchungen ergaben die Variation der Masse mit der Geschwindigkeit $v = \dfrac{l}{t}$; es fallen dann die drei letztgenannten Bedingungsgleichungen

$$m = m'$$
$$t = t'$$
$$l = l'$$

weg. Für technische Zwecke ist jedoch diese Variation vorläufig noch als bedeutungslos erkannt, und demgemäß bleiben die drei letzten Gleichungen über die Gleichartigkeit der Masse der Raum- und der Zeitdimensionen bestehen; daraus folgt, daß die gleichartigen Exponenten auf beiden Seiten gleich sein müssen, d. h.

$$m^x = m'^x,$$
$$l^y = l'^y,$$
$$t^z = t'^z$$

mit x, y, z beliebig zwischen $+\infty$ und $-\infty$, reell und imaginär getrennt, variierend. Es zeigt sich daraus dann, daß

1. die Massen während des Vorganges konstant bleiben, also kein Verlust an Materie eintreten kann (Stoffbilanz);
2. die Längen auch beiderseits gleich sein müssen, was so zu verstehen ist, daß z. B. bei Energieumsetzungen auf der einen Gleichungsseite zu einer Massendimension gehörige Längendimension, die u. a. aus dem Quadrat der Geschwindigkeit abgeleitet wird, auf der anderen Gleichungsseite gleich der Längendimension wird, die aus der in der Kraft enthaltenen Längendimension infolge ihrer Beschleunigungskomponente und dem Wege, den diese Kraft zurücklegt, sich ergibt;
3. Eine ähnliche Überlegung wie unter 2. folgt für die Zeitdimensionen.

Bei einer Beobachtung läßt sich direkt mit den fünf Sinnen messen. Alle Messungen reduzieren sich jedoch auf: Längenmessungen: Massen werden durch Gewichts- oder Federwagen gemessen, wobei die Hebelverhältnisse oder Federzusammendrückungen gemessen werden; Temperaturen ergeben sich durch Skalen an Thermometern, Lichtstärken durch Längenverschiebungen an Photometern, Farben durch Drehungen und Bestimmung von Bogen an Spektroskopen, Luftdrucke durch Skalen an Barometern, Dampfdrücke, elektrische Stromstärken, elektrische Spannungen durch Ausschläge an Meßinstrumenten, Luftfeuchtigkeit durch Ausschläge an Hygroskopen, Wärmemengen durch Längenveränderungen oder durch Dampferzeugung unter Messung des verdampften Wassers und des Dampfdruckes, Töne durch Längen von Saiten und deren Ausschläge, Zeiten durch die Wege des Pendels oder Drehungen der Erde u. a. m. Die gemessenen Längen $l, m, n \ldots$ stehen nun mit der zu bestimmenden Größe r in irgendeinem Zusammenhang:

$$r = F\,(l,\ m,\ n \ldots).$$

Wird dieselbe Erscheinung von verschiedenen Forschern oder von demselben Forscher verschiedene Male beobachtet, so ergeben sich bei sonst gleichen Versuchsbedingungen jedesmal andere Werte. Es ist daraus der Mittelwert der Beobachtungen, der mittlere Fehler des Mittelwertes und der mittlere Fehler einer Beobachtung auf Grund der Methode der kleinsten Quadrate festzulegen. Dabei muß auf das Gewicht der einzelnen Beobachtungen Wert gelegt werden. Vielfach ist es üblich, den eigenen Beobachtungen das Gewicht 1, denjenigen anderer Beobachter ein geringeres Gewicht beizulegen. Dieser Eitelkeit darf sich ein objektiver Beurteiler nicht hingeben, sofern er sich nicht unbedingt davon Rechenschaft gibt, daß er eine größere Gewandtheit und Erfahrung in der Behandlung der Apparate, deren Fehlerquellen und der Sicherheit des rechtzeitigen Ablesens hat, als ein anderer Beobachter desselben Phänomens.

Es sind zwei verschiedene Resultate[1]) zu bestimmen:

1. Die Grundbedingungen sind immer die gleichen, es müßte also stets dasselbe Resultat r sich zeigen. Ein Beispiel hierfür ist die Bestimmung der Verdampfungswärme des Wassers.

2. Die Grundbedingungen sind verschieden; es soll das mittlere Resultat r über eine gewisse Zeitspanne festgelegt werden. Ein Beispiel ist eine Dampfmaschine, die eine stets gleichmäßig belastete Dynamo antreibt. Infolge der Ungleichheit der Kohle ist die Dampfspannung, Überhitzung oder Feuchtigkeit des Dampfes, die Füllung, die Tourenzahl der Maschine u. a. m. in gewissen Grenzen schwankend. Damit ändert sich auch der thermodynamische Wirkungsgrad. Es soll dann der mittlere thermodynamische Wirkungsgrad und die mittlere indizierte und effektive Leistung festgelegt werden.

---

[1]) Näheres siehe: *Wilh. Weitbrecht*, Ausgleichsrechnung nach der Methode der kleinsten Quadrate, Sammlung Göschen, und *Kohlrausch*, Lehrbuch der praktischen Physik, Allgemeines über Messungen. Leipzig 1901, B. G. Teubner.

1. Es werden durch verschiedene Beobachtungsreihen die Werte

$$r_1 = F\,(l_1,\ m_1,\ n_1 \ldots)\ \text{vom Gewichte}\ g_1,$$
$$r_2 = F\,(l_2,\ m_2,\ n_2 \ldots)\ \text{vom Gewichte}\ g_2,$$
$$\ldots\ldots\ldots\ldots\ldots\ldots\ldots\ldots\ldots\ldots\ldots$$
$$r_n = F\,(l_n,\ m_n, n_n \ldots.)\ \text{vom Gewichte}\ g_n$$

aufgestellt.

Es ist dann das mittlere Resultat

$$r = \frac{g_1\,r_1 + g_2\,r_2 + g_3\,r_3 \ldots + g_n\,r_n}{g_1 + g_2 + g_3 \ldots + g_n}.$$

Die Fehler der einzelnen Resultate sind dann

$$\Delta_1 = r - r_1,$$
$$\Delta_2 = r - r_2,$$
$$\ldots\ldots\ldots\ldots$$
$$\Delta_n = r - r_n$$

und damit

das Gewicht des mittleren Resultats:

$$g = g_1 + g_2 + g_3 \ldots + g_n,$$

der mittlere Fehler der Gewichtseinheit:

$$g_r = \pm \sqrt{\frac{g_1\,\Delta_1^2 + g_2\,\Delta_2^2 + g_3\,\Delta_3^2 + \ldots + g_n\,\Delta_n^2}{n - 1}}$$

der mittlere Fehler des mittleren Resultats:

$$M = \pm \sqrt{\frac{g_1\,\Delta_1^2 + g_2\,\Delta_2^2 + g_3\,\Delta_3^2 + \ldots g_n\,\Delta_n^2}{(g_1 + g_2 + g_3 \ldots + g_n)\,(n - 1)}},$$

der mittlere Fehler eines einzelnen Resultats:

$$m_\lambda = \pm \sqrt{\frac{g_1\,\Delta_1^2 + g_2\,\Delta_2^2 + g_3\,\Delta_3^2 \ldots + g_n\,\Delta_n^2}{g_\lambda\,(n - 1)}}$$

mit λ zwischen 1 und n.

2. Es werden wie unter 1 durch verschiedene Beobachtungsreihen die Werte

$$r_1 = F\,(l_1,\ m_1,\ n_1 \ldots),$$
$$r_2 = F\,(l_2,\ m_2,\ n_2 \ldots),$$
$$\ldots\ldots\ldots\ldots\ldots\ldots\ldots$$
$$r_n = F\,(l_n,\ m_n,\ n_n \ldots)$$

festgestellt.

Sind die Beobachtungen von verschiedenen Beobachtern oder bei verschiedener Disposition desselben Beobachters ausgeführt, so haben sie auch wieder verschiedene Wertigkeiten $g_1,\ g_2 \ldots g_n$. Die Beobachtungen, die ein mittleres Resultat über die Zeit t Sekunden geben sollen, hängen jetzt auch von den Intervallen, in denen gemessen wurde, ab. Sind die Intervalle der Zeiten t_{21}, t_{32}, $t_{43} \ldots t_{n\,(n-1)}$ Sekunden zwischen den Beobachtungen 1, 2, 3, 4 $\ldots n$, so kommt

$$\text{für } r_1 \text{ das Gewicht } \frac{1}{2\,t}\, t_{21} \cdot g_1 \qquad = g_1{'}$$

$$\text{für } r_2 \text{ das Gewicht } \frac{1}{2\,t}\, (t_{21} + t_{32})\, g_2 = g_2{'}$$

$$\ldots \ldots \ldots \ldots \ldots \ldots \ldots \ldots \ldots \ldots \ldots \ldots$$

$$\text{für } r_n \text{ das Gewicht } \frac{1}{2\,t}\, t_{n\,(n-1)} \quad g_n = g_n{'}$$

in Betracht unter der Annahme, daß die kleine Veränderung in der Güte der Kohle, der Dampfspannung usw. stetig erfolgt.

Die Werte $g_1{'}$, $g_2{'} \ldots g_n{'}$ treten an Stelle der entsprechenden Werte g_1, $g_2 \ldots g_n$ unter 1.

In der Energiewirtschaft für Wärme sind nun zu messen:

1. Massen, und zwar:
    a) feste,
    b) flüssige,
    c) gasförmige;
2. Drücke;
3. Tourenzahlen;
4. Drehmomente;
5. Energiemengen, und zwar:
    a) mechanische Energie,
    b) Wärmeenergie,
    c) elektrische Energie;
6. Temperaturen;
7. Heizwerte;
8. Rauchgase;
9. Zeiten;
10. Längen, Flächen und Volumen.

Es sei nun auf die Einzelheiten eingegangen:

1. Massen.

Die einfachste Art des Messens erfolgt durch Messen des Raumes und Multiplizieren des Rauminhalts mit dem spez. Gewichte. Die erhaltenen Resultate sind meist ungenau wegen der nicht exakten Raumbestimmung und Veränderlichkeit des spez. Gewichtes, wenn es sich um geschichtete Massen handelt.

Die wichtigste und zuverlässigste Art der Messung geschieht durch Wiegen mittels Wagen. Dieselben sind Hebelwagen oder Federwagen. Erstere geben durch Vergleiche mit Normalgewichten die Größe der Masse an, letztere durch Zusammendrücken von Federn. Die einwandfreie Wägung erfolgt durch die Hebelwage, welche geeicht ist und mit geeichten Gewichten arbeitet. Es darf dann bei Höchstbelastung die Unempfindlichkeit 0,6 pro Mille nicht überschreiten, und bei $^1/_{10}$ der Höchstbelastung darf der Fehler der Wägung nur $^1/_5$ desjenigen bei Höchstbelastung sein, d. h. der relative Fehler kann das Doppelte bei $^1/_{10}$ der Höchstbelastung als bei Höchstleistung betragen. Unter der Empfindlichkeit einer Wage versteht man den Ausschlag, den der Wagebalken bei einseitig aufgelegtem Übergewicht des Einheitsgewichtes ergibt. Er ändert sich mit der Höhe der Belastung der Wage in geringem Maße nach unten. Bei Beschaffung der Wagen ist darauf zu achten, daß die Schneiden zum Aufhängen der Wagschalen genau parallel der Schneide der Drehachse sind.

Es muß nach beiden Seiten die einfache, doppelte und dreifache usw. Empfindlichkeit genau gleich sein.

Außer den direkten Hebelwagen mit gleich langen Wagebalken werden für größere Massen noch Dezimal- und Zentesimalwagen verwandt. Letztere haben zum Ausgleich der Momente meist noch ein Laufgewicht. Bei reiner Verwendung von Laufgewichten auf einer Wägeseite spricht man von reinen Laufgewichtswagen. Sie haben meist zwei Laufgewichte. Das eine, größere, dient zur Einstellung im groben, das andere, kleinere, bewirkt die Feineinstellung. Das kleine Laufgewicht wird entweder auf einem besonderen Wagebalken verschoben, oder es läuft auf einer Skala des großen Laufgewichtes. Dadurch können dann automatische Druckvorrichtungen auf Karten ausgeführt werden. Die Druckvorrichtung tritt vielfach erst dann in Tätigkeit, wenn der Gewichtsausgleich, d. h. Horizontalstellung des Wiegehebels, erfolgt ist. In ähnlicher Weise sind auch Gleiswagen ausgeführt; sie werden u. a. mit Fahrsperre ausgeführt. Der gefüllte Wagen kann dann nur in einer Richtung die Wage befahren und in einer anderen die Wage verlassen. Dadurch ist eine Kontrolle der z. B. nach dem Kesselhause geschafften Kohlen bedingt. Das Abfahren selbst von der Wage ist wiederum erst möglich, wenn der Wagen gewogen ist. Da das Rückfahren der entleerten Wagen oft ebenfalls wieder über die Wage erfolgen muß, ist durch weitere Konstruktionen nur ein Zurückfahren der leeren Wagen evtl. unter Kontrolle des Taragewichts möglich. Andere Wagen ermöglichen eine bestimmte Füllung von Karren. Sie schließen nach Einfließen der Massen in den Karren den Zufluß selbsttätig ab.

Automatische Wagen verwendet man häufig zur dauernden Betriebsüberwachung. Die Last selbst verschiebt, unter Zwischenschaltung eines Servomotors, das Laufgewicht bis zum Einspielen des Wagbalkens. Das Gewicht wird dann abgelesen, auf eine Karte gedruckt oder bei einem Zählwerk registriert. Weniger zuverlässig ist bei festen Stoffen, z. B. Kohle, das Anfüllen eines Meßgefäßes, das nach Füllung selbsttätig entleert wird, und wobei die Zahl der Füllungen gemessen wird. Es müssen bei festen Stoffen reichliche Durchschnittsproben mittels Wägen gemacht werden, das Material muß sehr homogen sein oder ganz gleichmäßige Korngröße haben.

Auf diese Weise lassen sich feste, flüssige[1]) und gasförmige Körper wiegen.

---

[1]) Wärmestelle des Vereins deutscher Eisenhüttenleute, Mitteilung Nr. 48: Mengenmeßgeräte für feste Körper, und Nr. 40: Mengenmeßgeräte für Flüssigkeiten, Gase und Dämpfe.

In jedem Falle ist das Gewicht der Umhüllung abzuziehen, bei gasförmigen der Auftrieb der Luft zu berücksichtigen.

Zum Messen flüssiger Massen gibt es noch weitere Apparate. Hierher gehören die sog. Flüssigkeitsmesser; sie registrieren nach Volumen oder nach Gewicht. Erstere haben vielfach die Ausführung, daß abwechselnd von zwei Gefäßen eines gefüllt, das andere entleert wird. Die Zahl der Kippungen ergibt dann die verbrauchte Flüssigkeitsmenge.

Flüssigkeitsmengen, die in Rohrleitungen fließen, werden gemessen durch:

Volummesser: Dieselben füllen entweder durch Hochsteigen von Kolben Zylinder oder füllen Scheiben oder Becherwerke;

Geschwindigkeitswassermesser: Das durchfließende Wasser treibt ein Rad. Hierher gehören die Woltmannmesser und die Strahlmesser.

Venturimesser sind Druckmesser. Das Rohr wird schlank kegelig auf ein Viertel des Querschnitts eingeschnürt und die Druckverminderung durch die in der Einschnürung entstandene Geschwindigkeitsvergrößerung bestimmt. Die Druckverminderung selbst wird durch Differentialmanometer festgestellt. Die Druckentnahme darf nicht durch senkrechten Anschluß erfolgen, sondern muß in ringförmigen Schlitzen am Rohre geschehen.

Wassermengen werden ferner durch Ausfluß aus sauber gearbeiteten Mündungen von bestimmtem Querschnitt gemessen. Ist h die Höhe zwischen Mitte Ausfluß und oberer Kante des Wasserspiegels resp. die hydrometrische Druckhöhe des Wassers, so ist die sekundlich ausfließende Wassermenge:

$$v = k \cdot f \sqrt{2gh} \text{ cbm}$$

mit f in qm und h in m sowie $k = 0{,}62$ für gut scharfe, $k = 0{,}99$ für gut abgerundete und polierte Mündungen. Die Ausflußöffnungen dürfen nicht zu nahe beieinander stehen, ebenso muß h so hoch sein, daß kein Ausströmtrichter entsteht. Ist der Wasserzufluß ungleichmäßig, so läßt man das Wasser aus mehreren Öffnungen abfließen und fängt das je aus einer Öffnung fließende Quantum auf. Dieses wird gewogen, und auf Grund dieser Messung wird der Ausfluß aus den anderen Öffnungen berechnet. Natürlich müssen alle Öffnungen in gleicher Höhe h liegen.

Diese Messungsart dient zur Feststellung des Druckes, der in Geschwindigkeit umgesetzt ist. Aus der dadurch berechneten Geschwindigkeit, die über die verschiedensten Querschnittspunkte gemessen wird, läßt sich die mittlere Geschwindigkeit, und damit die im Rohr durchströmende Flüssigkeit, Dampf- oder Gasmenge berechnen.

Brabbée und *Prandtl* verwenden zur Messung sog. Pilotrohre[1]). Der Gesamtdruck $p_1 = p + \dfrac{w^2}{2\,g}\,\gamma$ wird durch eine der Strömung entgegengesetzte Bohrung

---

[1]) Siehe auch Zeitschr. des Ver. deutsch. Ing. Bd. 67, S. 568, 1923, von *Winkel*, und S. 944. von *E. Beyerhaus*, Reg.- und Baurat: Über Pilotröhren zur Messung der Richtung und Geschwindigkeit beschleunigter Stromfäden.

gemessen, der statische Druck p durch einen seitlich am Staurohr angebrachten Schlitz. Damit ist $\dfrac{w^2}{2\,g} \cdot \gamma$ bestimmt, woraus

$$w = \sqrt{2\,g\,\frac{p_1 - p}{\gamma}}$$

bestimmt wird. Fig. 302 zeigt das Staurohr von *Prandtl*. Das Mikromanometer ist meist ein U-förmig gebogenes Rohr, in dem die Flüssigkeitssäulen verschieden hoch stehen. Der Flüssigkeitsspiegel wird zwecks Verhinderns des Verdampfens mit Petroleum überdeckt.

Diese Messungsmethode läßt sich auch auf die Messung von Gasmengen anwenden. Eine andere Methode besteht darin, daß man die Gase durch bestimmte scharfkantige oder gut abgerundete Querschnitte strömen läßt. Die Resultate werden dann erhalten:

a) durch einmalige Eichung mit bekannten Gasmengen, z. B. aus Gasometern;

b) durch Berechnung auf Grund der Versuche von *A. O. Müller* und von *Brandis*.

Die Druckentnahme folgt in zylindrischen Rohren mit dem 2,5fachen Rohrdurchmesser vor und dem 8fachen Rohrdurchmesser hinter der Öffnung als Zylinder.

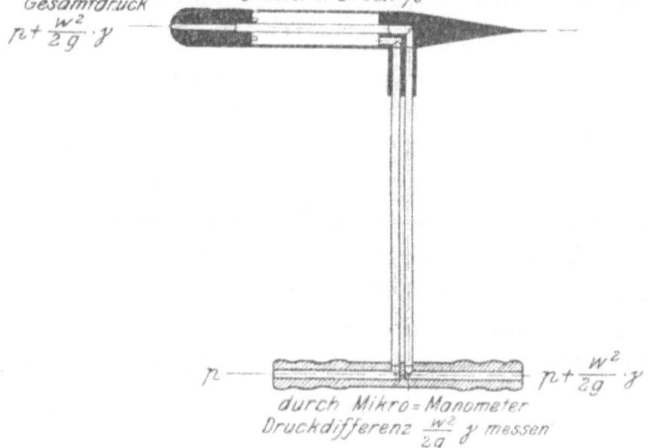

Fig. 302. Staurohr von *Prandtl*.

Man erhält für kleine Druckgefälle

$$(p_2 - p_1)\,\text{kg/qm} = (p_2 - p_1)\,\text{mm WS.} = \frac{p_2 - p_1}{\gamma}\ \text{m Gassäule,}$$

$$\text{Gasmenge } V = k \cdot f \sqrt{2\,g\,\frac{p_2 - p_1}{\gamma}}\ \text{cbm per Sekunde}$$

f ist der Querschnitt der Öffnung in qm,
F ist der Querschnitt des Rohres in qm,
k der Ausflußkoeffizient,
w die Gasgeschwindigkeit in m im Rohre.

also auch

$$V = F \cdot w = KF\sqrt{2\,g\,\frac{p_2 - p_1}{\gamma}} = k\,f\sqrt{2\,g\,\frac{p_2 - p_1}{\gamma}}.$$

I. Bei der Ausströmung des Gases ins Freie aus einem Gefäß ist $k = 0{,}60$; dabei ist die Öffnung scharfkantig.

II. Hat man $\dfrac{1}{k} = \dfrac{1}{\alpha} - m$, so ist mit $m = \dfrac{f}{F}$ für Ausströmung aus einem Rohr ins Freie:

$m = \dfrac{f}{F}$	$\sqrt{m} = \dfrac{d}{D}$	Luft α	Mündung			
			scharfkantig [1]		abgerundet	
			k	K	k	K
0,1	0,316	0,61	0,606	0,061	1,005	0,101
0,2	0,477	0,62	0,625	0,125	1,020	0,204
0,3	0,548	0,63	0,649	0,195	1,048	0,314
0,4	0,632	0,66	0,676	0,260	1,091	0,436
0,5	0,707	0,68	0,724	0,326	1,155	0,578
0,6	0,774	0,72	0,800	0,480	1,250	0,750
0,7	0,836	0,77	0,914	0,640	1,401	0,981
0,8	0,894	0,85	1,133	0,906	1,667	1,333
0,9	0,948	0,92	1,582	1,424	2,170	1,950
1,0	1,000	1,00	∞	∞	∞	∞

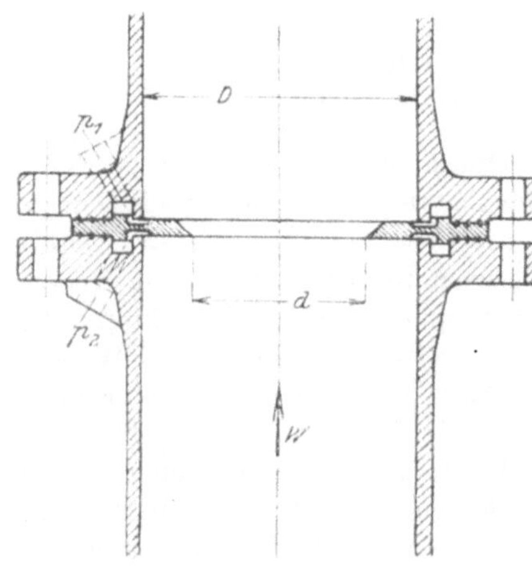

Fig. 303. Drosselscheibe.

α ist dabei der Kontraktions-koeffizient,

γ ist das spez. Gewicht des Gases unter Berücksichtigung von Temperatur, Druck und Feuchtigkeit und für Luft von 15° C bei 760 mm QS in trockenem Zustande $= 1$.

III. Durch Einsetzen einer Drosselscheibe nach Fig. 303 wird beiderseits der Drosselscheibe der Druck p_1 und p_2 gemessen. Vor dem Staurad sind bei Richtungsänderung $4\,D$, bei einer Querschnittsverengerung oder Erweiterung $8\,D$, hinter dem Staurad bei einer Richtungsänderung oder Querschnittsverengung $3\,D$, bei einer Querschnittserweiterung $6\,D$ als zylindrische Länge auszubilden. Es ist hiernach

$$V = C + kf\sqrt{2g\,\frac{p_2 - p_1}{\gamma}} = C + KF\sqrt{2g\,\frac{p_2 - p_1}{\gamma}} = C + K'\sqrt{\frac{p_2 - p_1}{\gamma}}.$$

Es ist dabei

$$K' = 2{,}773 \cdot \frac{f}{\left[1 - m\left(1{,}17 + \dfrac{D^2}{0{,}36}\right)\right]^{0,25}},$$

$$K = \frac{K'}{F\sqrt{2g}}, \qquad k = \frac{K'}{f\sqrt{2g}}.$$

[1] Nach *A. O. Muller*.

Damit erhält man die Werte nachstehender Tabelle:

D Meter	$m = 0,5$		$m = 0,6$		$m = 0,7$		$m = 0,8$	
	C	K'	C	K'	C	K'	C	K'
0,10	0,0004	0,0127	0,0005	0,0163	0,0007	0,0218	0,0008	0,0273
0,20	0,0014	0,0504	0,0019	0,0643	0,0024	0,0819	0,0030	0,1068
0,30	0,0028	0,1115	0,0038	0,1420	0,0050	0,1800	0,0062	0,2330
0,40	0,0044	0,1945	0,0060	0,2460	0,0080	0,3080	0,0100	0,3980
0,50	0,0069	0,2980	0,0094	0,3730	0,0120	0,4670	0,0160	0,5960
0,60	0,0085	0,4220	0,0120	0,5250	0,0160	0,6540	0,0200	0,8230
0,70	0,0115	0,5620	0,0160	0,6980	0,0215	0,8620	0,0280	1,0710
0,80	0,0125	0,7180	0,0215	0,8900	0,0280	0,0920	0,0320	1,3350

Eine weitere Meßmethode ist die Mengenmessung in einem Behälter, der vom Druck p_1 auf p_2 aufgepumpt wird. Ist die zugehörige Temperatur dabei T_1 und T_2, R die Gaskonstante, γ_0 das spez. Gewicht bei p_0 und T_0, V das Volumen des Behälters, so ist die Gasmenge

$$G = \frac{V}{R}\left(\frac{p_2}{T_2} - \frac{p_1}{T_1}\right) = \gamma_0 V \frac{T_0}{p_0}\left(\frac{p_2}{T_2} - \frac{p_1}{T_1}\right).$$

In Gasometern, die mit bestimmtem Druck belastet sind, werden durch Hochgehen und Niedergehen ebenfalls bestimmte Gasmengen gemessen.

Ferner sind noch die nassen und trockenen Gasuhren zu erwähnen. Erstere sind genauer, jedoch dürfen sie nicht in Räumen unter 0° C verwandt werden. Es ist auch darauf zu achten, daß der Wasserspiegel, in den die Sektoren der *Crossley*-Trommel eintauchen, nicht variiert. Kleine Differenzen im Wasserspiegel spielen eine geringe Rolle, da beim Abschluß die schmale Sektorspitze der Kammer abwärts gekehrt wird.

Für genauere Messungen wird der Wasserspiegel durch steten Zulauf und einen Überlauf auf gleicher Höhe gehalten. Der Druckabfall für den Betrieb ist 1,5 bis 2,0 mm WS. Die Entnahmegeschwindigkeit gestattet bis etwa 100 Touren per Minute, sofern die Entnahme stetig erfolgt. Bei stoßweiser Entnahme ist ein Druckausgleicher, Gummibeutel oder Tauchglocke, einzuschalten. Die Messung ist auf 0,2 Proz. genau, sofern nicht durch stoßweise Entnahme oder zu große Drehgeschwindigkeit der Wasserspiegel Schwankungen ausgesetzt wird, welche die absperrenden Kanten dann freigeben. Trockene Gasmesser bestehen aus zwei sich selbst steuernden Blasebälgen; ihre Genauigkeit ist, wie schon bemerkt, geringer.

Werden aus Flüssigkeiten Dämpfe zur Arbeitsleistung oder Heizung erzeugt, so ist deren Messung möglich:

a) durch Messung der in den Kessel gespeisten Flüssigkeit. Am Anfang und Ende des Versuchs ist das Niveau der Flüssigkeit im Kessel sowie die Dampfspannung auf gleiche Höhe zu bringen. Bei Sattdämpfen wird Flüssigkeit mitgerissen und dadurch das Resultat der Dampfmessung ungenau.

b) Es wird der kondensierte Dampf gemessen. Mitgerissenes Wasser beeinflußt das Resultat wie zuvor.

c) Dampfmesser[1]) bestimmen die durch den Querschnitt F gehende Dampfmenge durch Messung des Druckes vor und hinter der Drosselscheibe vom Querschnitt F. Es ist das Dampfgewicht

$$G = c\,F\sqrt{(p_2 - p_1)\,\gamma} = \sim c\,F\sqrt{(p_2 - p_1)\,p_2}\,.$$

wo　　c eine Konstante,

　　　F der Querschnitt in qm,

　　　p_2 und p_1 der Druck vor und hinter der Drosselscheibe,

　　　γ das spez. Gewicht vor der Drosselscheibe ist.

Man hat zwei Ausführungen:

F ist invariabel; es wird $p_2 - p_1$ und p_2 gemessen. Mittels Getriebe wird $(p_2 - p_1)\,p_2$ gemessen. Durch weiteres Getriebe wird die Proportionalität

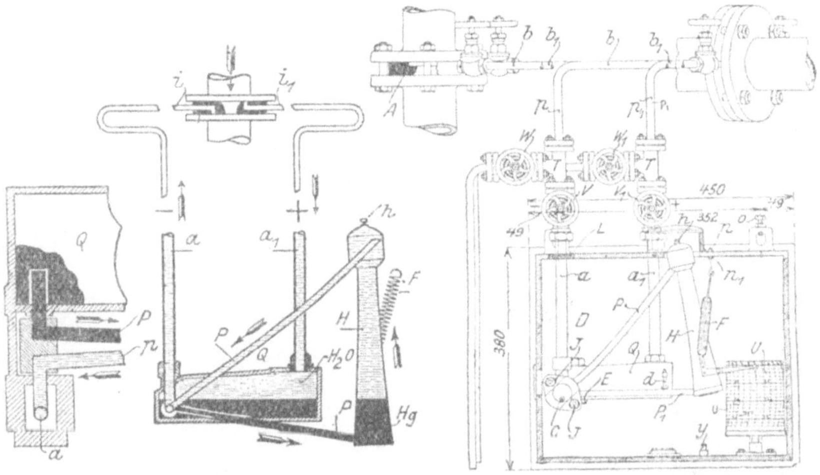

Fig. 304. Dampfmesser der *Gehre-Dampfmesser-Gesellschaft*, Berlin.

zwischen G und dem Ausschlag des Apparates erreicht. Dieser Ausschlag kann durch Schreibzeug aufgezeichnet werden.

$p_2 - p_1$ ist invariabel; F und p_2 variieren; p_2 kann zugleich auf F einwirken. Es gibt dann F das Maß für die Dampfmenge. c ist durch Versuch festzustellen und berücksichtigt zugleich die bei den Apparaten verwandte Näherungsformel.

Einen Dampfmesser, der übrigens auch für Messung von Luft, Gas und Wasser dient, nach dem Prinzip konstanten Durchflußquerschnitts, zeigt Fig. 304. Die vor und hinter der Meßscheibe vorhandene Druckdifferenz bewirkt ein Überfließen des Quecksilbers Q in das beweglich gelagerte Rohrdreieck $P - H - p$. Dasselbe ist in geeichten Federn F aufgehängt und ändert je nach Belastung seine Lage. Die Ausschläge werden am Schreibhebel als Wurzelwerte von $p_2 - p_1$ aufgezeichnet. Dieser Apparat eignet sich für kleinere

---

[1]) Technische Messungen: Dampfmesser von *Gramberg*. Julius Springer, Berlin.

Druckschwankungen. Bei größeren Druckschwankungen wird durch einen Hilfskolben noch eine Beeinflussung des Drehpunktes im Verhältnis $\sqrt{\gamma}$ vorgenommen, so daß die Aufzeichnungen genau sind. Die Apparate können noch mit einem Zählwerk versehen werden, so daß an Stelle des momentanen Dampfgewichts auch noch die gesamte durchgeflossene Dampfmenge abgelesen werden kann.

Eine andere Art Durchflußmesser zeigt Fig. 305. Bei a und b münden die Rohre einer Meßdüse beliebiger Konstruktion und beliebiger Drücke beiderseits des Kolbens c. Durch Vermittlung der Feder e wird die Kette f auf die Scheibe g aufgewickelt. Auf der Axe dieser Scheibe befindet sich ein Magnet, der einen

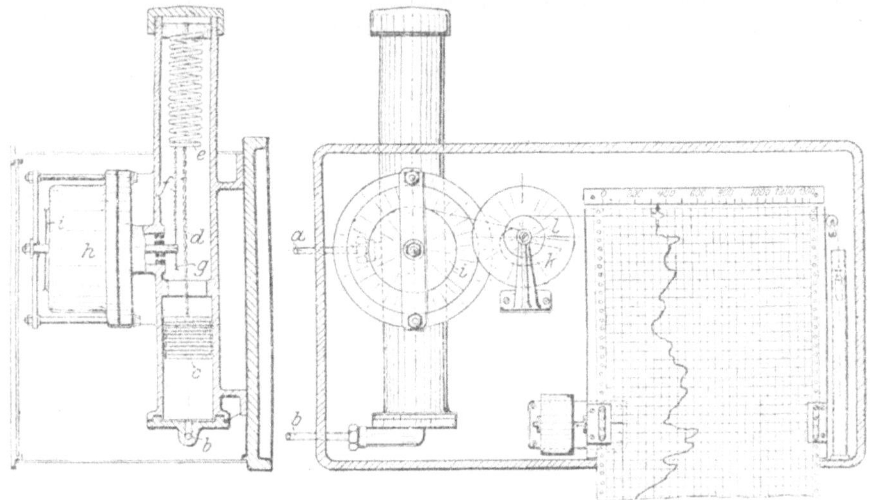

Fig. 305. Durchflußmesser der *Allgemeinen Feuerungstechnischen Gesellschaft*, Berlin.

zweiten, ebenfalls drehbaren Gegenmagneten magnetisch kuppelt. Die Magnete, die in der Kapsel h sich befinden, sind durch eine Metallwand getrennt, so daß der Dampfmesser dicht abgeschlossen ist. Der äußere Magnet vermittelt über die Kurvenscheibe k die Radizierung der Meßwerte auf das Diagrammblatt. Durch die magnetische Kupplung sind Stopfbüchsen vermieden.

Beim *Claaßen-Staben*schen Dampfmesser wird ein Konus in einer kreisförmigen Öffnung bewegt; je nach Größe des Druckunterschiedes beim Durchströmen wird der Konus gehoben oder gesenkt und überträgt diese Bewegung mittels Winkelhebels auf ein Schreibwerk. Der Durchflußquerschnitt F, der kreisförmige Durchmesser D und der augenblickliche Konusdurchmesser d haben die Beziehung $F = \dfrac{\pi}{4} \cdot (D^2 - d^2)$. Ist H der Hub, c eine Konstante, w ist mit $F = c \cdot H$

$$H = \frac{\pi}{4\,c} D^2 - \frac{\pi}{4\,c} d^2 = C_1 - C_2\, d^2,$$

also der Konus, wenn man Reibung usw. berücksichtigt, eine parabelähnliche Kurve.

Da nun $G = c \cdot F \sqrt{p_2} \cdot \sqrt{p_2 - p_1}$ ist, und hier $p_2 - p_1$, wegen des konstanten Gewichtes des Konus konstant ist, so ist

$$G = \sim C' \cdot F \cdot \sqrt{p_2} = \sim (c_1' - C_2'\, d^2)\, \sqrt{p_2} = \sim C'' \cdot H \sqrt{p_2},$$

also bei konstantem Dampfdruck ist die Durchflußmenge proportional dem Hube des Konus.

An Stelle der Scheibe und des Winkelhebels wird beim *Mattern*schen Dampfmesser die Druckdifferenz an der Meßscheibe zur Bewegung eines Zeigers benutzt, der über die Kontakte eines Widerstandes gleitet und diesen Widerstand verändert. Damit wird der Gang eines von elektrischem Strom durchflossenen Zählers beeinflußt.

Der Venturi-Dampfmesser von *Siemens* überträgt die Druckdifferenz auf ein Quecksilberdifferentialmanometer. In demselben befindet sich ein Schwimmer, dessen Bewegungen weitergeleitet und registriert werden[1]).

Es soll noch ein Wort über die Messung der Rauchgasmengen gesagt werden.

Man kann hier den Ausfluß aus Gasen ins Freie zugrunde legen oder evtl. im Schornstein eine Drosselscheibe einbauen und nach der Formel S. 492

$$V = C + K' \sqrt{\frac{p_2 - p_1}{\gamma}}$$

rechnen.

Bei Absaugung der Rauchgase[2]) mit Ventilatoren wird eine Normaldüse nach Fig. 306 eingebaut. Die Berechnung erfolgt dann nach der Formel S. 491 mit

$$\frac{1}{k} = \sqrt{\frac{1}{\alpha^2} - (1 - \zeta\, l)\, m^2}\,.$$

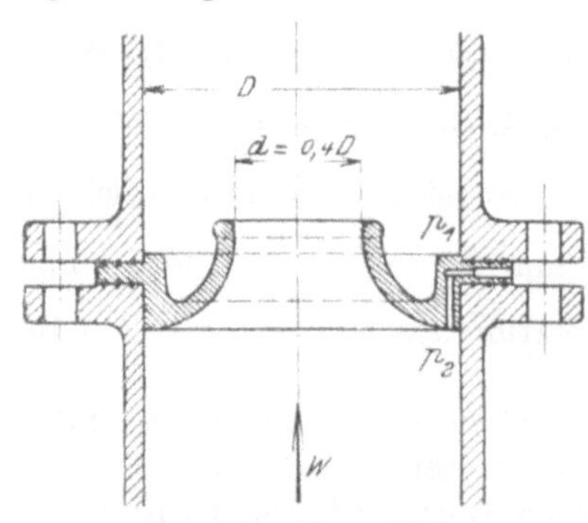

Fig. 306. Normaldüse.

k ist der früher erwähnte Koeffizient, ebenso α. Sie werden aus der in diesem Abschnitt gegebenen Tabelle entnommen.

ζ ist der Reibungskoeffizient, S. 30.

l in m ist der Abstand der Druckentnahmestellen p_2 und p_1.

Staurohre lassen sich bei Rauchgasen nicht verwenden, da sie leicht durch Ruß verstopft werden.

Ferner läßt sich durch die Verteilung der Rauchgasgeschwindigkeiten über den meist viereckigen Fuchs die durchströmende Rauchgasmenge messen. Es ist

$$V = \int w_f \cdot d f\,.$$

[1]) Siehe auch *Seufert*, Über Dampfmessung. Berlin 1920, Verlag des Vereins deutscher Ingenieure.

[2]) Siehe über diese Meßmethode auch Zeitschr. des Ver. deutsch. Ing. Bd. 66, Nr. 51/52: Messung großer Gasmengen, von *Wenzel* und *Schwarz*.

Der Querschnitt wird in eine Anzahl Rechtecke oder Quadrate zerlegt, für welche die mittlere Geschwindigkeit mit den bekannten Geschwindigkeitsmessern bestimmt wird.

2. Drucke.

Es sind Drucke über und unter atmosphärischem Druck zu messen. Die Messung erfolgt durch

Manometer,   Barometer,   Zugmesser.

Die Manometer[1]) sind als Plattenfeder- oder als Röhrenfedermanometer ausgebildet. Gegen Erschütterungen sind Plattenfedermanometer weniger empfindlich; die größere Genauigkeit haben Röhrenfedermanometer. Die Drucke werden an Skalen durch Zeiger angezeigt. Zwecks sicherer Anzeige soll der Zeiger bequem bis zur doppelten Größe des normal anzeigenden Druckes ausschlagen. Erwärmung ändert die Angabe; ebenso bleiben die Instrumente bei plötzlichen Entlastungen zurück, bei Belastungen eilen sie vor. Die Manometerfeder oder -platte soll mit Wasser gefüllt sein, deshalb sind U-oder Schleifenrohre anzubringen, die einen steten Wasserinhalt garantieren. Vielfach werden Stoßminderer eingebaut. Das Zuleitungsrohr gibt bei senkrechter Stellung und Wasserfüllung über die Anschlußhöhe der Feder oder Platte einen zusätzlichen Druck an.

Bei der Anzeige der Manometer ist der Barometerstand zu beachten. Bekanntlich ist

1 techn. Atm = 1 kg/qcm = 735,5 mm QS. bei 0° C.

Ist also der Barometerstand b mm, so ist der entsprechende Druck $\dfrac{b}{735,5}$ techn. Atm.

Zeigt das Manometer p Atm Überdruck an, so ist der absolute Druck $p + \dfrac{b}{735,5}$ Atm. Daraus ergibt sich dann die Siedetemperatur des Wassers. Zeigt das Vakuummeter v cm = 10 v mm QS, so ist der absolute Druck bei einem Barometerstand von b mm $(b - 10\,v)$ mm QS $= \dfrac{b - 10\,v}{735,5} = p'$ techn. Atm abs. Damit wird die höchste Temperatur des Kondensators auf der Dampftabelle bestimmt.

Barometer werden als Quecksilber- oder Aneroidbarometer ausgeführt. Erstere sind als Heberbarometer und Gefäßbarometer gebaut. Das Barometer gibt den wirklichen am Standort vorhandenen Luftdruck an. Es ist jedoch bei Quecksilberbarometern die Depression infolge des Quecksilberdampfes und bei Gefäßbarometern und Heberbarometern mit ungleich weiten Schenkeln noch die Kapillardepression zu berücksichtigen.

---

[1]) Handbuch der technischen Meßgeräte, Abschnitt Messung von Druck und Zug bei Flüssigkeiten und Gasen von *Block*, Ausschuß für wirtschaftliche Fertigung, Berlin; und Nouveau guide pour l'essai des moteurs, Manomètres, par Buchetti, Libraire polytechnique Ch. Béranger, Paris, sowie Technische Messungen, Abschnitt Messung der Spannung von *Gramberg*, Julius Springer, Berlin.

Die Depression infolge des Quecksilberdampfes[1]) beträgt bei

°C	0	10	20	30	40	50	60	80	100	120	140
mm Hg	0,020	0,027	0,037	0,053	0,077	0,112	0,164	0,353	0,746	1,534	3,059

Die Kapillardepression ist, wenn

T die Oberflächenspannung des Hg $= 0{,}550$-g-Gewicht per cm,

r der Halbmesser der Röhre,

σ das spez. Gewicht $= 13{,}6$ bei $0°$ C,

α der Randwinkel:

$$h = \frac{2\,T\cos\alpha}{\sigma r}.$$

Beide Werte sind der Ablesung zuzuzählen; bei Heberbarometern die Differenz der beiden h für die zwei verschieden starken Röhren.

Will man obige Berechnung auf Meereshöhe beziehen, so hat man das Resultat noch mit der Standkorrektion zu versehen. Umgekehrt, wenn man

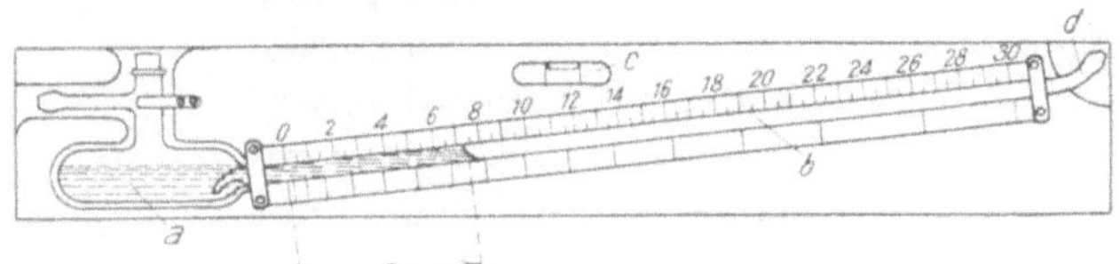

Fig. 307. Zugmesser nach *Krell*.

die öffentliche meteorologische Angabe entnimmt, so hat man den wahren Barometerstand durch entgegengesetzte Korrektur mit der Standkorrektion festzustellen.

Ist b' die örtliche, infolge der Depression reduzierte Ablesung des Quecksilberbarometers,

b die auf Meereshöhe reduzierte meteorologische Angabe,

so ist die Standkorrektion

$$m = b - b'.$$

Ist h die Höhe des Ortes in m über dem Meere, so ist annähernd

$$h = 18\,464 \log\frac{b}{b'}(1 + 0{,}00367\,t),$$

wo t die Temperatur in $°$ C bedeutet.

Bei Aneroidbarometern muß die Ablesung A auf die örtliche barometrische Ablesung reduziert werden; es ist

$$b' = A + \alpha + \beta\,t.$$

α ist die Teilungsverbesserung,

$\beta\,t$ die Temperaturkorrektion.

Die Werte werden bei jeder Instrumenteichung bestimmt.

---

[1]) Nach *Landolt* und *Börnstein*, Physikalisch-chemische Tabellen. Julius Springer, Berlin.

Aus dem Barometerstand läßt sich auch die Dichte der Luft festlegen. Sie ist für 0° C

$$\sigma = 0{,}00129 \, \frac{b'}{76} \, .$$

Zugmesser sind als Mikromanometer anzusprechen. Sie dienen zur Messung kleiner Druckdifferenzen. Man unterscheidet:

a) einfache Zugmesser,

b) Zugunterschiedmesser.

a) Die einfachste Ausführung besteht in einer U-förmig gebogenen Glasröhre, in welche eine Sperrflüssigkeit, meist gefärbtes Wasser, eingefüllt wird. Der eine Schenkel wird mit dem Meßraum verbunden. Der Höhenunterschied in den zwei Schenkeln gibt den Zug in mm WS an.

Zwecks genauerer Messungen dient der in Fig. 307 dargestellte Zugmesser. Er ist mit einer Wasserwage versehen. Bei d wird an die Meßstelle angeschlossen. Ohne Unterdruck muß der Flüssigkeitsspiegel, der gefärbter Alkohol ist, bei 0 stehen. Die Eichung gibt mm WS an[1]).

Der in Fig. 308 dargestellte Zugmesser bringt wie der vorige die Zugkraft in vergrößerter Form zur Darstellung. Die Skala ist verschiebbar und wird so eingestellt, daß der Nullpunkt an der Trennungsfläche zwischen schwerer und leichterer Flüssigkeit steht. A qmm sei der Querschnitt der Erweiterung, a qmm derjenige der Röhren. Der Unterdruck wird bei c der schwereren Flüssigkeit angeschlossen. Die Differenz in der Höhe der großen Querschnitte p_1 und das Sinken der Trennungslinie p_2 steht im Zusammenhang

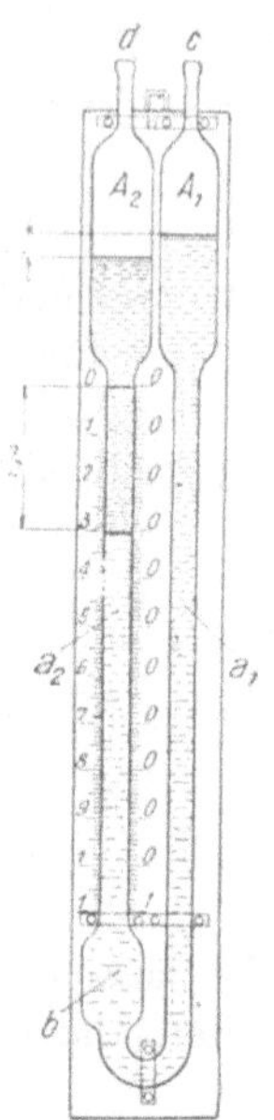

Fig. 308. Zugmesser mit vergrößerter Skala zur Füllung mit zwei sich nicht mischenden Flüssigkeiten.

$$p_2 = \frac{A}{a} \, p_1 \, .$$

Ist $\varDelta$ der Unterdruck in mm WS, und sind s_1 und s_2 die spez. Gewichte der Flüssigkeiten per qmm, so ist

$$p_1 \, s_1 - \varDelta = p_2 \, s_2 \, .$$

Auf Grund dieser Beziehung läßt sich das Instrument eichen.

Eine weitere Anordnung ist der Zugmesser mit Tauchglocke, der nach Fig. 309 mit Zeiger und Fig. 310 mit Schreibzeug ausgeführt ist.

Das Rohr r wird mit der Meßstelle verbunden. Die Füllung des Gefäßes a ist Paraffinöl.

---

[1]) Siehe Feuerungstechnik 11. Jg., Heft 12: Neue Flüssigkeitsmanometer und deren Anwendung in der Heizungs- und Lüftungstechnik, von *E. Nickel*, Berlin.

In Fig. 311 ist ein Zugmesser mit Membrane dargestellt.

b) Die Zugunterschiedmesser dienen dazu, die Differenz des Zuges an zwei verschiedenen Meßstellen festzulegen. Die einfachste Art besteht darin, daß man an den schon erwähnten U-förmigen Zugmesser jede der beiden Enden an eine jeweils zu messende Stelle anlegt. In gleicher Weise können die Zugmesser der Fig. 307 bis 309 und 311 verwandt werden. In Fig. 309 ist die Glocke *g* luftdicht zu schließen und mit der einen Meßstelle zu verbinden.

Um sowohl den Unterdruck selbst als auch den Zugunterschied zu messen, sind beide Systeme zu einem Apparate verbunden. Fig. 312 zeigt einen solchen Apparat. Das Zifferblatt hat zwei Zeiger; der eine zeigt den Unterschied z. B. zwischen Fuchs und Feuerraum, der andere den Unterdruck im Feuerraum.

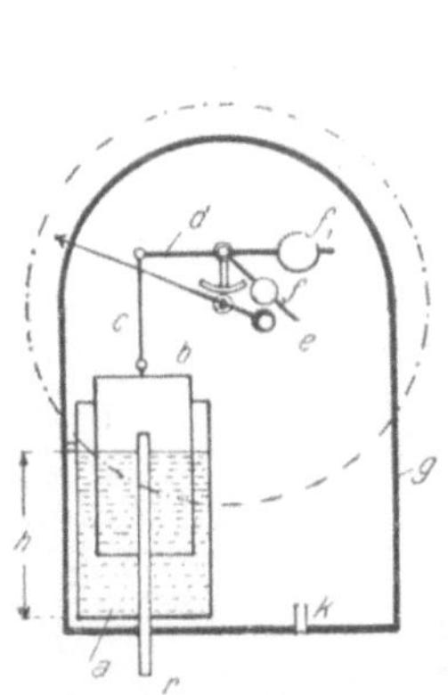 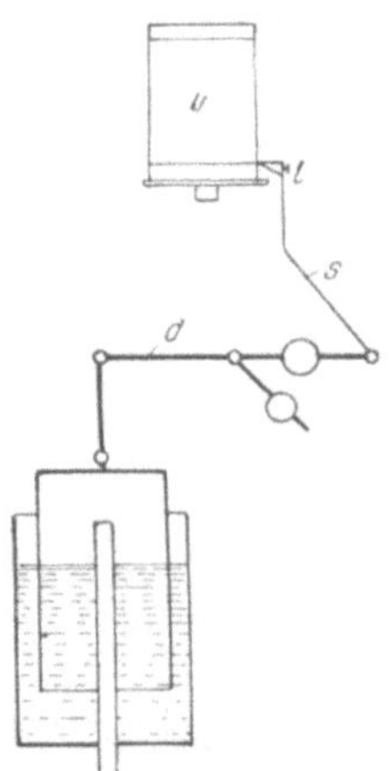

Fig. 309. Zugmesser mit Tauchglocke.   Fig. 310. Zugmesser mit Schreibvorrichtung.

Man kann natürlich den Apparat auch mit Schreibvorrichtung versehen. Ein aufgezeichnetes Diagramm sieht etwa wie Fig. 313 aus.

Bei diesem Apparat sind drei Fälle der Zeigerstellung[1]) möglich:

Zugunterschied größer als Zugkraft im Feuerraum. Man hat dann die Zeigerstellungen Fig. 314.

Zugunterschied und Zugkraft im Feuerraum annähernd gleich; die Zeigerstellung zeigt Fig. 315.

Zugunterschied kleiner als Zugkraft im Feuerraum. Dann ergeben sich die Zeigerstellungen Fig. 316.

Da es, besonders für den Heizer, schwierig ist, die Zeigerstellungen richtig zu beurteilen, hat man einen Doppelunterdruckmesser gebaut, der in Fig. 317 dargestellt ist. Er bezweckt die direkte Angabe der Zugkraft im Feuerraume und im Fuchs. Die Zugkraft im Feuerraume ist stets geringer als die im Fuchs; es findet also kein Überkreuzen der Zeiger statt. Die möglichen Zeigerstellungen gibt Fig. 318 wieder.

---

[1]) Feuerungstechnik 12. Jg., Heft 14: Beurteilung und Kontrolle der Verbrennungsvorgänge bei Feuerungen, von *Dosch*.

Es bedeutet darin Stellung

a: normale Zeigerstellung für gute Verbrennung auf Grund von Versuchen;

b: es ist Luftüberschuß vorhanden;

c: es ist Luftmangel vorhanden;

d: bei erhöhter Zugkraft im Fuchs muß bei richtiger Verbrennung auch die Zugkraft im Feuerraum erhöht werden;

e: bei verminderter Zugkraft im Fuchs muß bei richtiger Verbrennung auch die Zugkraft im Feuerraum vermindert werden.

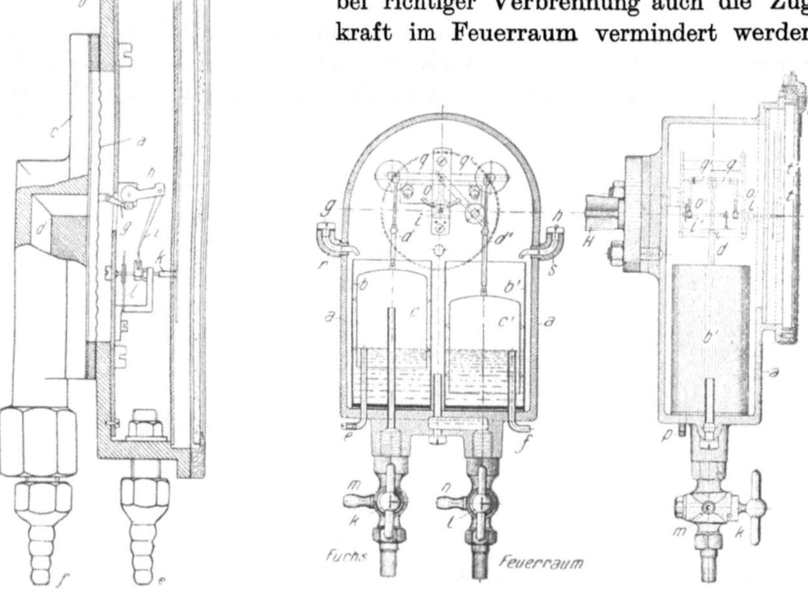

Fig. 311. Zugmesser mit Membrane.   Fig. 312. Verbundzugmesser mit Anzeige.

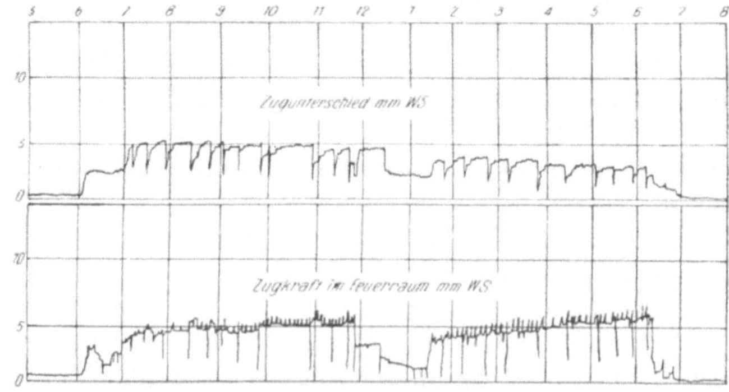

Fig. 313. Aufzeichnungen des Verbundzugmessers an einer Feuerung mit mechanischer Beschickung.

Die Wichtigkeit der Zugmesser zur Prüfung von Feuerungen, seien es industrielle Feuerungen oder Kesselfeuerungen, ist meist zu wenig gewürdigt. Zum ordnungsmäßigen Betrieb einer Feuerung mit bestimmtem Brennstoff,

d. h. bei rationellster Verbrennung und Ausnutzung der Wärme der Heizgase, ist an jeder Stelle ein bestimmter Zug nötig, der die in diesem Falle günstigste Luftmenge für die Verbrennung anzeigt. Ändert sich dieser Zug, so ändert sich auch die Luftmenge, und die Verbrennung und Heizgasausnützung verschlechtern sich. Gemessen wird nun bei Feuerungen der Zug im Feuerraum und vor dem Rauchschieber im Fuchs. Die dazwischen liegenden Verhältnisse ergeben sich aus der Konstruktion der Anlage. Bei Unterwind oder Dampfstrahlfeuerungen ist auch noch der Überdruck unter dem Rost zu bestimmen.

Für jede Schieberstellung im Fuchs ist eine bestimmte Zugstärke als wirtschaftlich gegeben.

Wenn nun die Verbrennung im Feuerraum normal verläuft, so ist dort die bestimmte günstige Zugstärke vorhanden. Beim Abbrennen der Brennstoffschicht wird diese luftdurchlässiger, und es tritt mehr Luft in den Verbrennungsraum ein. Da die Brenngeschwindigkeit sich kaum ändert, erfolgt die Verbrennung mit größerem Luftüberschuß, und es entsteht eine größere Gasmenge. Die Fortführung derselben durch die Züge erfordert mehr Arbeit, es muß also der Zug im Feuerraum sinken. Gleichzeitig vermindert sich der Kohlensäuregehalt der Verbrennungsprodukte. Bei Luftüberschuß vermindern sich Kohlensäuregehalt und Zugstärke im Feuerraum.

Bei Brennstoffschicht, die höher als normal ist, wird der Luftzutritt erschwert und ungenügend; evtl. können brennbare Gase (CO) entstehen. Es entstehen bei der Verbrennung weniger Gase als normal, die eine geringere Arbeit des Fortschaffens benötigen, d. h. die Zugkraft steigt.

Bei Luftmangel vermehrt sich evtl. der Kohlensäuregehalt, bestimmt wird jedoch die Zugstärke im Feuerraum vermehrt.

Um diese Fehler auszugleichen, muß also die Schieberstellung verändert werden; zu jeder Schieberstellung ist die zugehörige Zugstärke vor dem Schieber und im Feuerraum festzulegen.

An dieser Stelle sei auf zwei Faktoren hingewiesen, die bei den Meßapparaten zu berücksichtigen sind:

1. Einfluß der Stöße oder plötzlicher Schwankungen in der Stetigkeit:

2. Einfluß der Trägheit der bewegten Teile der Apparate.

Plötzlichen Stößen können die Apparate nicht so schnell folgen, wie das durch ihr Auftreten und Verschwinden bedingt ist; auch würde die Ablesung und Registrierung dabei außerordentlich erschwert werden. Andererseits ergeben diese Stöße Änderungen in der tatsächlichen Lieferung, die nicht vernachlässigt werden dürfen. Aus diesem Grunde werden die Apparate mit Dämpfern versehen, die das plötzliche Anschwellen der Anzeige beim Steigen des Stoßes hemmen, das plötzliche Abflauen der Anzeige beim Fallen des Stoßes ebenfalls hemmen. Die Anzeige ergibt dann einen Mtelwert. Dieser Mittelwert h ist dann evtl. nach einer geometrischen Reihe proportional der gemessenen Menge s, also

$$s = a + b \cdot h + c h^2 + d h^3 \ldots$$

mit $a, b, c, d \ldots$ als Koeffizienten. Aus den Anzeigen h ist dann das Diagramm für s zu konstruieren, das dann erst planimetriert werden kann.

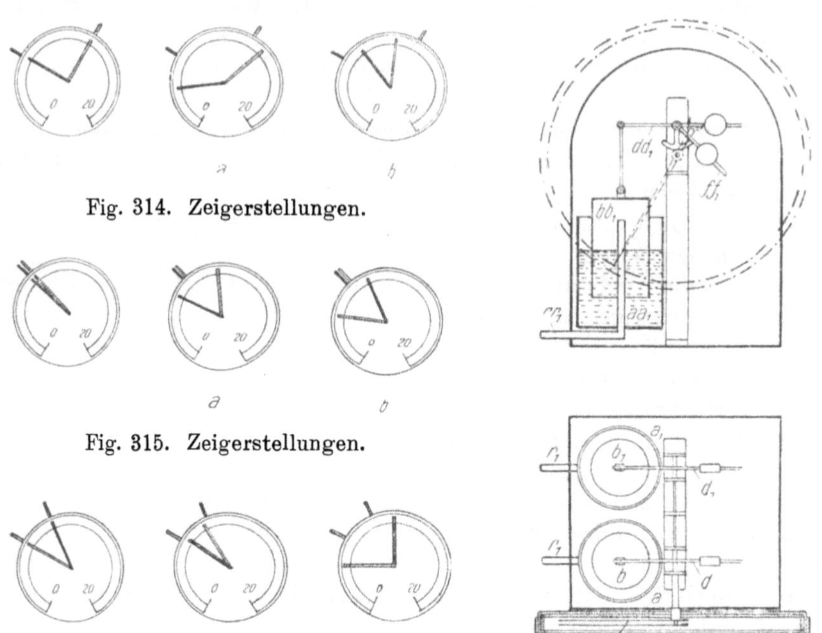

Fig. 314. Zeigerstellungen.

Fig. 315. Zeigerstellungen.

Fig. 316. Zeigerstellungen.

Fig. 317. Doppelunterdruckmesser mit Anzeige.

Die Trägheit der bewegten Teile hemmt die Richtigkeit der Anzeige im entgegengesetzten Sinne des Verlaufes des zu messenden Prozesses. Man muß also bei der Auswertung der Fläche eines Diagramms darauf Rücksicht nehmen.

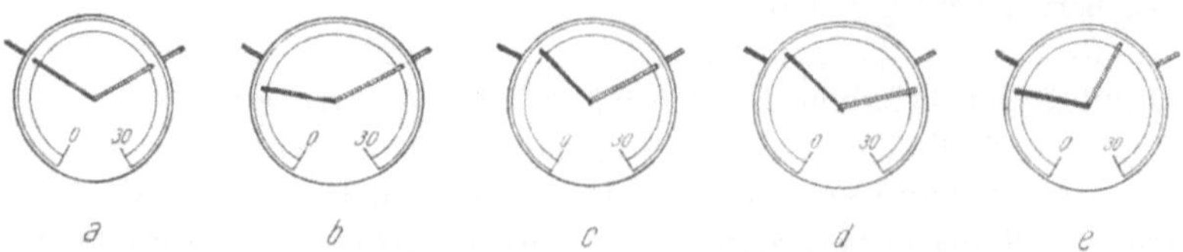

Fig. 318. Zeigerstellungen des Doppelunterdruckmessers.

Die Ausschaltung der Trägheit ist besonders bei Inbetriebsetzung und Außerbetriebsetzung des Meßapparates wichtig. Man wird demgemäß das Diagramm nicht über die ganze Zeit der Messung, sondern unter Abzug einer Anlaufzeit und Auslaufzeit verwerten. Die Trägheit selbst im stetigen Verlauf kann als Teil der Dämpfung betrachtet werden.

3. Tourenzähler[1]).

Tachometer geben die augenblickliche minutliche Tourenzahl an. Sie werden auch mit einem Schreibwerk versehen und zeigen, Tachographen genannt, stetig die augenblickliche minutliche Tourenzahl auf. Sie werden als mechanische, hydraulische und elektrische Apparate gebaut. Im letzteren Falle kann man einen Fernmeldeapparat anschließen.

Zählwerke notieren an einem Zählwerk fortlaufend die Gesamttourenzahl. Die minutliche Tourenzahl wird bestimmt durch Subtraktion der Beobachtungszahlen am Ende und Anfang eines Zeitintervalls und Division dieser Zahl durch die Minuten dieses Zeitintervalls. Mittels Stechuhr werden runde Angaben, etwa 100, 150, 200, des Zählwerks registriert und dann entsprechend auf die Minute umgerechnet. Die fortlaufende Notierung von Tourenzahl und Zeit ergibt durch Ausrechnung nach obigen Methoden die Gleichmäßigkeit der Tourenzahlen.

4. Drehmomente[2]).

Sie werden mittels des *Prony*schen Zaums gemessen. Es ist darauf zu achten daß die Bremsbacken gut gekühlt werden und alle Wagekanten mit geringster Reibung laufen.

Zur Erzeugung der Reibung dienen Bremsbacken aus Hartholz oder Metall oder Bremsbänder. An Stelle des *Prony*schen Zaums tritt auch die Seilbremse.

Um das stete Einspielen des Hebels zu vermeiden, hat man auch selbstspannende Bremsen konstruiert. Die verschiedenen Systeme sind in Fig. 319 bis 322 dargestellt.

Beim *Prony*schen Zaum ist das Moment:

$$M_d = G \cdot l,$$

bei der Federwage ist das Moment:

$$M_d = (Q - P) \cdot 2r,$$

bei der *Brauer*schen selbstregelnden Bremse ist das Moment:

$$M_d = Q \cdot r + (P' - P) r_1$$

und bei der selbstregelnden Bremse ist das Moment:

$$M_d = G_1 \left(\frac{D}{2} + d \right) - G_2 \frac{D}{2} + d' \right).$$

Wenn man auf einer Welle Schaufeln oder Scheiben anbringt, die sich in einem Gehäuse mit Spiel drehen, und in dieses Gehäuse Wasser füllt, so

---

[1]) Nouveau guide pour l'essai des moteurs par *Buchetti*, compteurs de tours, Libraire polytechnique Ch. Béranger, Paris; und Handbuch der technischen Meßgeräte von *Block*, Messung der Geschwindigkeit, Ausschuß für wirtschaftliche Fertigung, Berlin, sowie Technische Messungen, Abschnitt: Messung der Zeit und der Geschwindigkeit von *Gramberg*. Julius Springer, Berlin.

[2]) Nouveau guide pour l'essai des moteurs par *Buchetti*, Freins ordinaires et automatiques, Libraire polytechnique Ch. Béranger, Paris.

wird auf das Gehäuse ein Drehmoment[1]) bei Umdrehung der Welle ausgeübt.
Dieses Drehmoment wird dann ähnlich wie beim *Prony*schen Zaum gemessen[2]).

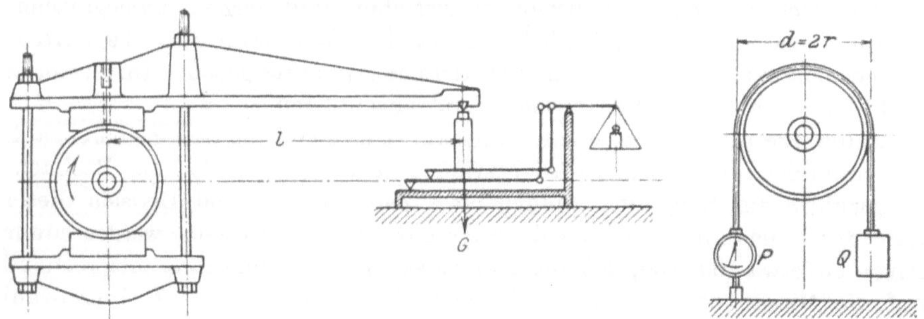

Fig. 319. *Prony*scher Zaum. Fig. 320. Federwage.

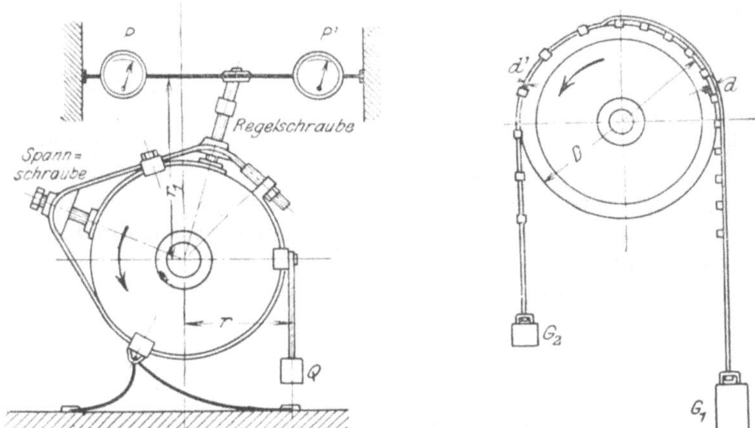

Fig. 321. *Brauers* selbstregelnde Bremse. Fig. 322. Selbstregelnde Bremse.

Die Torsion einer Welle dient ebenfalls zur Messung von Momenten[3]). Ist

   δ der Verdrehungswinkel,

   G der Gleitmodul,

   l die Wellenlänge für den Winkel δ,

   d der äußere Wellendurchmesser,

   d_1 der innere Wellendurchmesser bei Hohlwellen,

so ist

$$M_d = \frac{\pi \cdot G \cdot \delta\,(d^4 - d_1^4)}{32\,l} \ \mathrm{cmkg}\,.$$

---

[1]) Nouveau guide pour l'essai des moteurs; Indicateurs de torsion ou torsiomètres par *Buchetti*, Libraire polytechnique Ch. Béranger, Paris.

[2]) Zeitschrift des Vereins deutscher Ingenieure 68. Jg., 1924, Nr. 32, Torsionsdynamometer von *Klein*.

[3]) Schiffbaukalender, Abschn. Drehschwingungen, Berlin, Zeitschrift Schiffbau.

Drehmomente werden ferner elektrisch gemessen; es ist, wenn
  z die Zugkraft in kg,
  D der Durchmesser in cm des Ankers,

$$M_d = z\,\frac{D}{2}\,10^{-2}\ \text{mkg}\,.$$

Ist bei Drehstrom p die Phasenzahl,
                     z die Drahtzahl pro Phase,
                     J der Strom,
                     $\mathfrak{S}$ das Feld des Läufers,

so ist
$$M_d = 1{,}146 \cdot 10^{-10} \cdot p\,z \cdot J\,\mathfrak{S}\ \text{mkg}\,.$$

Bei Gleichstrom ist mit
  $2\,p$ als Polzahl,
   z Zahl der wirksamen Arbeiten,
   $\mathfrak{S}$ Gesamtsahl der im Anker nötigen Kraftlinien,
  $2\,a$ Zahl der Ankerstromzweige,

$$M_d = 3{,}25 \cdot 10^{-10}\,\frac{J \cdot p}{2\,a} \cdot z \cdot \mathfrak{S}\,;$$

für Hauptschlußmotoren ist das Anlaufmoment:

$$M_d = \frac{z}{61{,}6}\,J \cdot \mathfrak{S}\,,$$

wobei $\mathfrak{S}$ aus der Spannung ε sich berechnet, mit n als minutlicher Drehzahl,
bei Nebenschlußmaschinen durch

$$\varepsilon = \mathfrak{S} \cdot z \cdot \frac{n \cdot p}{6\,a} \cdot 10^{-7}$$

und bei Hauptschlußmaschinen durch

$$\mathfrak{S} = \sim k \cdot J\,.$$

An dieser Stelle sind noch zwei Meßinstrumente zu erwähnen, welche in
den letzten Jahren von der Firma *Lehmann & Michels* in Hamburg-Schnelsen
in die Technik eingeführt wurden. Es sind das:

  Der Torsiograph und
  der Vibrograph.

Jede Verdrehung und Schwingung, gleichgültig welcher Art, bedeutet einen
Energieverlust, unabhängig von den sonst in Betracht kommenden Gesichtspunkten der Materialbeanspruchung, Lebensdauer, Arbeitsgenauigkeit usw.

Der Torsiograph zeichnet die Ergebnisse auf einem fortlaufenden Band
in Kurven, die durch *Fourier* sche Reihen[1]) zergliedert werden können, auf.
Er dient zur Messung von Drehbeanspruchungen, Ungleichförmigkeitsgraden,
kritischen Schwingungszahlen und Schwingungen.

Der Vibrograph zeichnet in ähnlicher Weise wie der Torsiograph auf.
Das Verwendungsgebiet sind Erschütterungen, Biegungseigenschwingungen
von Wellen und sonstigen Maschinenteilen, auch Schiffen, Bestimmung von

---

[1]) Technische Schwingungslehre von *Hort*, Berlin, Julius Springer und Praktische
Analysis, S. 122, von *von Sanden*, Leipzig, B. G. Teubner.

Zug- und Druckspannungen, Relativbewegungen, Vibrationen von Wellen, Getrieben, Maschinenteilen und Maschinen, sowie kritischen Drehzahlen. Die eingehende Literatur hierüber ist:

Elektrotechnische Zeitschrift. 1918, S. 109 ff.; 1921 Mai.

Melliands Textilberichte. II., 1921, Heft 14.

Geiger, Augsburg, Biermannstr. 22, Selbstverlag: Über Verdrehungsschwingungen von Wellen, insbesondere von mehrkurbligen Schiffsmaschinenwellen.

Zeitschrift des Vereins deutscher Ingenieure. 1916, S. 811 und 861; 1922, S. 437 bis 440.

Gestaltung. 1922, 12. und 19. August.

Motorwagen. XX., 1917, S. 213 bis 215 und S. 231 bis 234.

Schiffbaukalender, Hilfsbuch der Schiffbauindustrie, Abschnitt Drehschwingungen, Berlin, Reinhold Strauß, K.-G.

Die Berechnung und Bestimmung der Drehmomente dient vornehmlich zur Bestimmung der Energie.

5. Energiemessung.

Ist M_d in mkg das Drehmoment,

$\quad$ n die minutliche Tourenzahl,

$\quad$ N_e die Anzahl der effektiven Pferdestärken,

so ist

$$N_e = \frac{M_d \cdot n}{716} = 0{,}001396\, M_d \cdot n .$$

Mittels dieser Formel lassen sich die an Maschinen abgebremsten Momente in effektive Pferdestärken umrechnen.

Zur Untersuchung der inneren Vorgänge in Maschinen dienen die Indikatoren[1]). Die Indikatoren haben entweder innenliegende oder außenliegende Federn. Fig. 323 und 324 zeigen zwei neuere Indikatoren.

Beide Indikatoren bestehen aus dem Kolbengehäuse mit Kolben und Feder, Schreibgestänge und Trommel. Bei dem Indikator Fig. 324 besteht die Kolbenstange aus einem hohlen Stift, der nirgends angebohrt ist; das Schreibgestänge ist mit einer Hülse geschützt. Interessant ist bei dieser Konstruktion der Momentverschluß, der S. 509 abgebildet ist. Er gestattet, mit einem Handgriff das Oberteil der Indikatoren zu lösen.

Der Indikator gibt den in der Arbeitsmaschine herrschenden Druck als Ordinate, das Volumen oder den Weg des Kolbens als Abszisse an. Daraus ergibt sich, wenn

N_i die indizierte Leistung in PS,

F_w die wirksame Kolbenfläche,

p_i der mittlere induzierte Druck in kg/qcm,

---

[1]) Der Indikator und das Indikatordiagramm von *Wilke*, Verlag Otto Spamer, Leipzig; Technische Neuerungen, Abschnitt Indikator von *Gramberg*, Verlag Julius Springer, Berlin und Nouveau guide pour l'essai des moteurs, construction des indicateurs par *Buchetti*, Libraire polytechnique *Ch. Béranger*, Paris; Geschichtliche und technische Entwicklung des Indikators von *Rosenkranz*, Verlag Weidmannsche Buchhandlung, Berlin.

n_w die wirksame minutliche Hubzahl (minutliche Umlaufszahl bei ein-
fachwirkenden, doppelte minutliche Umlaufszahl bei doppeltwirken-
den, halbe minutliche Umlaufszahl bei im Zweitakt wirkenden Maschinen),

s der Kolbenhub in m,

C die Zylinderkonstante

$$N_i = \frac{s \cdot F_w \cdot n_w \cdot p_i}{60 \cdot 75} = C \cdot n_w \cdot p_i.$$

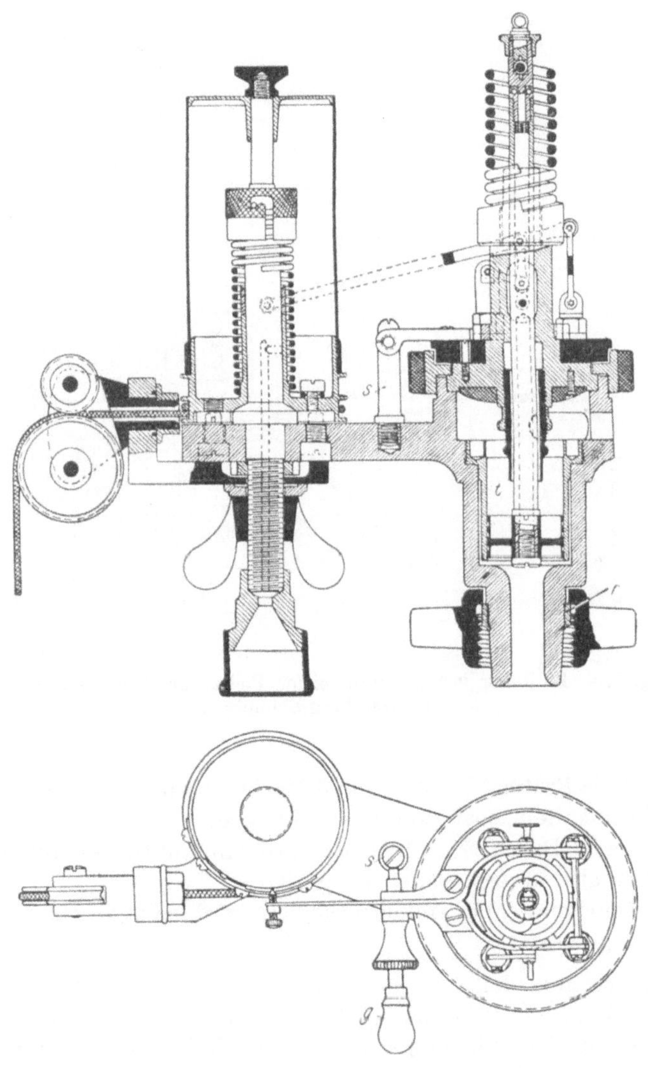

Fig. 323. Indikator mit außenliegender Feder, Bauart *H. Maihak*, Aktiengesellschaft,
Hamburg.

Für die Indikatoren und Indikatorfedern gelten noch folgende Bestimmungen:

1. Der Indikator ist auf Kolbenreibung, Dichtheit, Gang des Schreibzeuges zu prüfen.

2. Die Indikatorfedern sind durch Gewichtsbelastung zu eichen.

3. Die Prüfung der Federn muß auch in Verbindung mit dem Schreibzeug erfolgen.

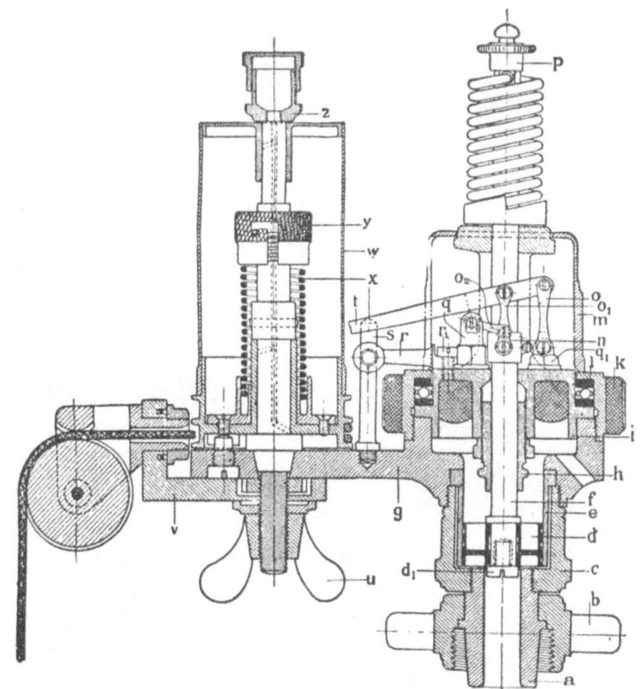

Fig. 324. Indikator mit außenliegender Feder von *Lehmann & Michels* in Hamburg-Schnelsen.

4. Es ist die Prüfung bei 20° C und 100° C vorzunehmen, sofern die Feder nicht in kaltem Zustande gebraucht wird.

5. Federn für Drucke über 1 Atm abs. sind in fünf Stufen, für Drucke unter 1 Atm abs. in drei Stufen zu prüfen.

6. Der Durchmesser des Indikatorkolbens wird bei etwa Zimmertemperatur 20° C gemessen.

Ergibt sich nun, daß bei den Federn die Proportionalität zwischen Zusammendrückung und Belastung nicht vorhanden ist, so sind sie durch andere zu ersetzen. Ist dies nicht möglich, so ist das Diagramm vor der Auswertung von p_i, entsprechend der aufgezeichneten Zusammendrückung, in den Ordinaten zu reduzieren nach folgendem Gesetze.

Ist bei einer Feder die Zusammendrückung und der Druck

$$
\begin{aligned}
a_1 \ \text{mm} &= p_1 \ \text{kg/qcm} = \text{Atm} \\
a_2 \ \text{,,} &= p_2 \ \text{,,} \quad = \ \text{,,} \\
a_3 \ \text{,,} &= p_3 \ \text{,,} \quad = \ \text{,,} \\
a_4 \ \text{,,} &= p_4 \ \text{,,} \quad = \ \text{,,} \\
a_5 \ \text{,,} &= p_5 \ \text{,,} \quad = \ \text{,,}
\end{aligned}
$$

so wird ein Diagramm mit a als Abszissen, p als Ordinaten aufgezeichnet und daraus der effektive Druck p' bei der Ordinate a' entnommen.

Reduziert man das Diagramm auf a mm $= p$ kg/qcm, so ergibt der Druck p' den Wert $a'' = \dfrac{p'}{p} a$ mm.

p' kann man statt aus dem Diagramm auch rechnerisch durch eine arithmetische Reihe höherer Ordnung (da keine Proportionalität zwischen Abszisse und Ordinate vorhanden ist) berechnen.

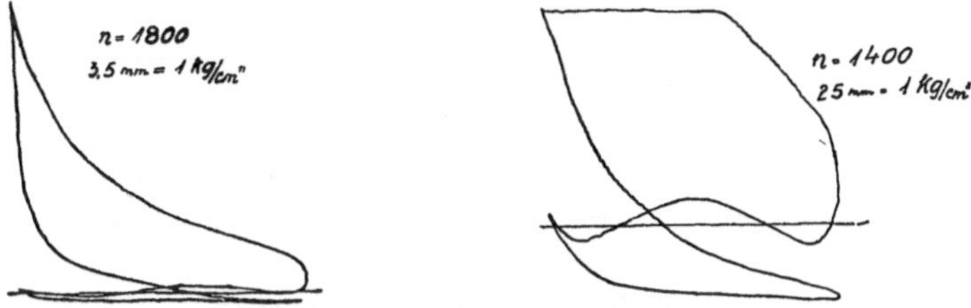

Fig. 324a. Diagramme mit Juhasz-Indikator von *Lehmann & Michels* in Hamburg-Schnelsen in $^{1}/_{2}$ natürlicher Größe.

Da die normalen Indikatoren für höhere Drehzahlen keine genauen Diagramme ergeben, ist man zu Sonderkonstruktionen geschritten, die nach verschiedenen Prinzipien gebaut werden. Eine vorzüglich arbeitende Konstruktion ist die Juhasz-Indiziereinrichtung, von *Lehmann & Michels* in Hamburg-Schnelsen gebaut, die gestattet, bei Drehzahlen bis 6000 in der Minute einwandfreie Diagramme zu entnehmen. Das Prinzip des Apparates besteht in der Zwischenschaltung eines Steuerorgans, so daß das entstehende Diagramm den Mittelwert zahlreicher Kreisprozesse darstellt; das Diagramm wird mit Schreibstift auf Papier in der Größe eines gewöhnlichen Dampfmaschinendiagramms aufgezeichnet und kann demgemäß sofort ausgewertet werden. Fig. 324a zeigt zwei mit diesem Indikator aufgenommene Diagramme in halber natürlicher Größe.

Eine weitere, von Dr. *Geiger* in die Praxis eingeführte Indikatorkonstruktion ist der von derselben Firma gebaute Präzisions-Schwachfeder-Indikator. Er schaltet die lästigen und das Diagramm verzerrenden Indikatorschwingungen aus; dieses Instrument wird als Abnahmeinstrument benutzt ähnlich wie das Kontrollmanometer gegenüber dem gewöhnlichen Manometer. Fig. 324b zeigt zwei Schwachfederdiagramme, und zwar das Diagramm links mit gewöhnlichem, rechts mit *Geiger*schem Indikator.

Außer den Indikatoren mit momentaner Prüfung der Arbeitsleistung gibt es auch solche, die automatisch das Diagramm planimetrieren und an einem Zählwerk die gesamte indizierte Arbeit registrieren.

Fig. 325 zeigt ein solches Instrument. Es gibt die Grundlage, um neben der Prüfung der Feuerungsanlage, der Leistung der Kessel auch die Wirtschaftlichkeit der Kraftmaschine zu übersehen. Weiter gibt es ein Mittel an die Hand, im Vergleich mit der Produktion den Kraftverbrauch festzustellen.

Die Fig. 325 zeigt links den Schnitt durch einen Arbeitszähler, rechts die Anordnung bei einer vertikalen und horizontalen Dampfmaschine. Es empfiehlt sich nicht, einen Arbeitszähler und Indikator zu kombinieren, da einerseits der Arbeitszähler ständig mitlaufen soll und andererseits der Indikator beliebig ein- und ausgeschaltet werden muß. Andererseits ist es nicht zweckmäßig, stundenlang sämtliche Kreisprozesse am Indikator, die doch nicht aufgezeichnet werden können, mitlaufen zu lassen.

Wärmeenergie wird bei fühlbarer Wärme durch Gewicht oder Volumen des Gases oder Dampfes, spezifische Wärme sowie Temperatur bestimmt.

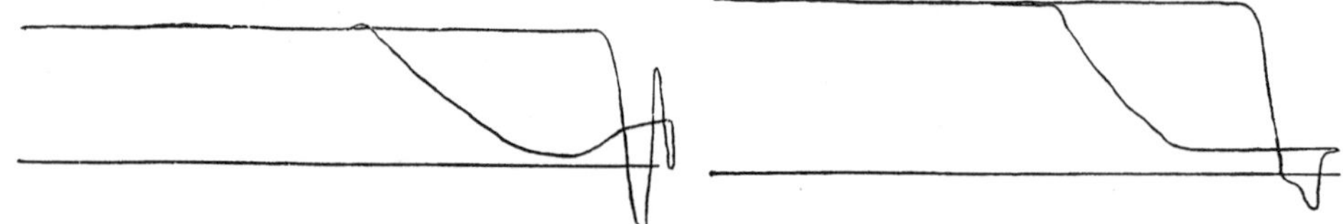

Fig. 324 b. Schwachfeder-Diagramme.

Die latente Wärme wird durch Verbrennungsversuche, durch chemisch-physikalische Umsetzungen oder durch Berechnung aus den Elementenergien bestimmt.

Vielfach wird auch die Energie elektrisch gemessen. Sind Abnahmestellen vorhanden, so dienen die elektrischen Meßinstrumente für Stromstärke, Spannung, Volt-Ampere oder Kilowatt, Phasenverschiebung und Polzahl sowie Phasenzahl zur Bestimmung der abgegebenen Energie. Unter Berücksichtigung des sehr genau festzustellenden Wirkungsgrades des Motors durch anderweitigen Versuch oder durch Berechnung und unter Berücksichtigung des Wirkungsgrades des Riemens oder Seiles läßt sich dann die Energie an der Welle der Kraftmaschine berechnen. Als gebräuchliche Werte, sofern keine genaue Charakteristik der Maschine bekannt ist, dienen folgende Zahlen:

$$\text{Kleine Generatoren bis 1 kW} \quad \eta = 0{,}70 \text{ bis } 0{,}75$$
$$\text{Mittlere Generatoren bis 50 kW} \quad \eta = 0{,}80 \text{ ,, } 0{,}90$$
$$\text{Große Generatoren über 51 kW} \quad \eta = 0{,}90 \text{ ,, } 0{,}95$$

Die Maschine wird zweckmäßig mit ihrer normalen Leistung belastet. Der Wirkungsgrad der Übertragung ist folgender:

Lederriemen	$\eta = 0{,}97$ bis $0{,}94$	Gefräste Zahnräder	$\eta_n = 0{,}97$ bis $0{,}96$
Kamelhaarriemen	$\eta = 0{,}96$,, $0{,}93$	Grisson-Getriebe	$\eta = 0{,}96$,, $0{,}88$
Stahlband	$\eta = 0{,}99$,, $0{,}98$	Arnoldsche Zahnketten	$\eta = 0{,}96$
Hanfseil	$\eta = 0{,}96$,, $0{,}95$	Stotzsche Ketten	$\eta = 0{,}95$
Baumwollseil	$\eta = 0{,}96$,, $0{,}95$	Zobelsche Treibkette	$\eta = 0{,}96$

An Stelle der Belastung der Generatoren durch einen Anschluß an eine Verbrauchsstätte, der stets schwankend ist, wird eine Belastung mit Wasserwiderständen vorgenommen. Als übliche Verhältnisse gelten hier:

Um 1000 kW in Wärme überzuführen, sind nötig bei einer Erwärmung von:

30° C	8,0 l-Sek.	Wasserzulauf bei	2,8 qcm/Amp	bei einseitiger Elektrodenfläche
50° C	4,8 „	„	„ 4,8	„	„	„	„
70° C	3,4 „	„	„ 8,2	„	„	„	„
90° C	2,7 „	„	„ 16,0	„	„	„	„

Dabei sind die Platten etwa 8 cm voneinander entfernt aufzustellen für je 1000 Volt Spannungsdifferenz in Wasser von 2000 Ohm/qcm spezifischen Widerstand.

Die Widerstände werden zweckmäßig in Fässer eingebaut. Sie lassen sich auch in nahe liegende Seen oder fließende Gewässer legen.

6. Temperaturen[1]).

Es sei die bei einem umkehrbaren *Carnot*schen Kreisprozeß, der zwischen der Wärmezufuhr Q_1 und Wärmeabfuhr Q_2 bei den entsprechenden Temperaturen T_1 und T_2 geleistet wurde, L_1 die der Wärmezufuhr Q_1 entsprechende Arbeit, L die Q entsprechende Arbeit, dann ist

$$\frac{Q_1 - Q_2}{Q_1} = \frac{L}{L_1} = \frac{T_1 - T_2}{T_1},$$

$$\frac{T_1}{T_2} = \frac{1}{1 - \dfrac{L}{L_1}}.$$

L und L_1 wird durch Versuche bestimmt. Ist T_1 oder T_2 gegeben, so kann T_2 oder T_1 berechnet werden. Es sei nun die Temperatur des schmelzenden Eises mit T_0 bezeichnet und als gegeben angenommen. Wird nun der Kreisprozeß zwischen der Temperatur $\mathsf{T} > T_0$ geführt, so ist

$$\mathsf{T} = T_0 \frac{1}{1 - \dfrac{L}{L_1}}.$$

Ist $\mathsf{T} < T_0$, so ist

$$\mathsf{T} = T_0 \left(1 - \frac{L}{L_1} \right).$$

Diese Temperaturbezeichnung ist die sog. thermodynamische Temperatur, die also aus

$$\frac{Q_1 - Q_2}{Q_1} = \frac{L}{L_1} = \frac{\mathsf{T}_1 - \mathsf{T}_2}{\mathsf{T}_1}$$

folgt.

Um nun die absolute Temperatur zu bestimmen, nimmt man in praxi ein einem idealen Gase verwandtes Gas, Wasserstoff H_2. Ist dieses Gas weit

---

[1]) *Knoblauch* und *Hencky*, Anleitung zu genauen technischen Temperaturmessungen. R. Oldenbourg, München.

genug vom Kondensationspunkt entfernt, so kann es als ideales Gas betrachtet werden. Es sei T_0 die Temperatur des schmelzenden Eises, p_0 der entsprechende

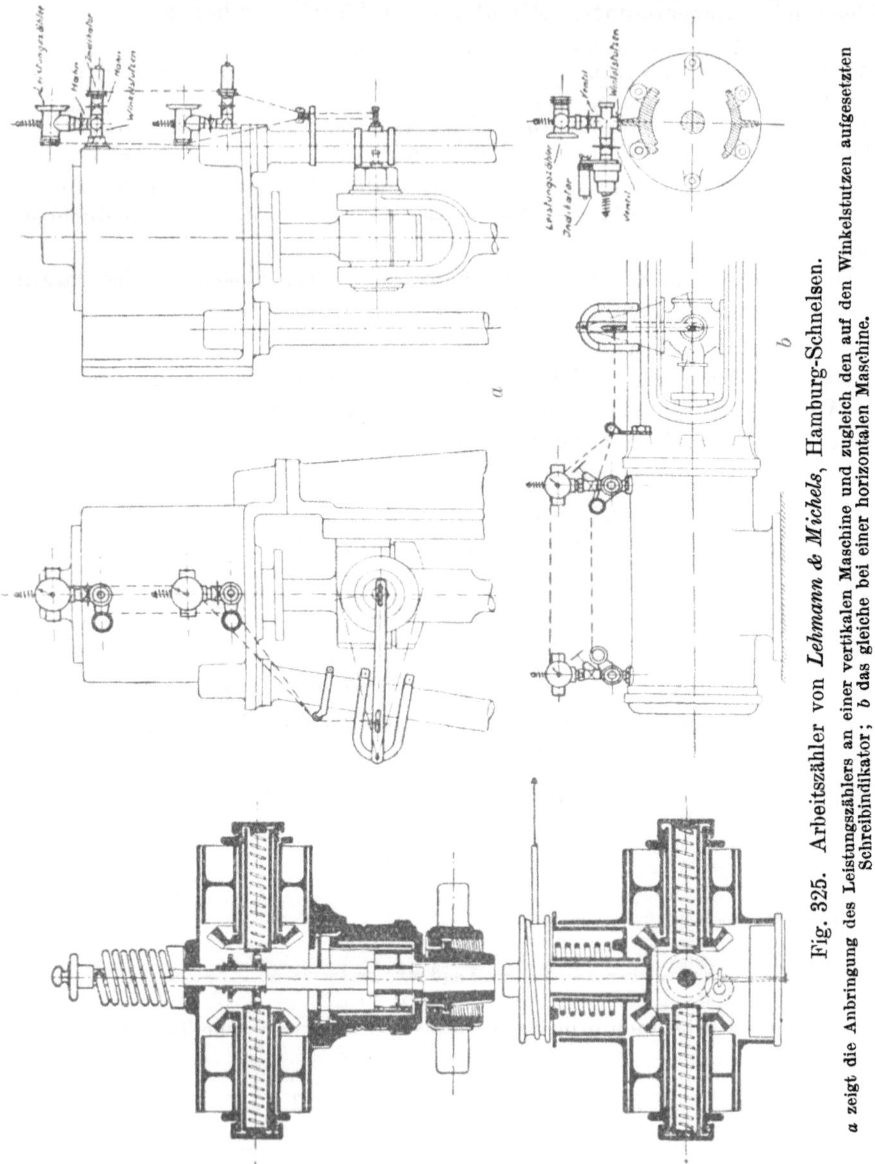

Fig. 325. Arbeitszähler von *Lehmann & Michels*, Hamburg-Schnelsen.
a zeigt die Anbringung des Leistungszählers an einer vertikalen Maschine und zugleich den auf den Winkelstutzen aufgesetzten Schreibindikator; *b* das gleiche bei einer horizontalen Maschine.

Druck, T_{100} die Temperatur des siedenden Wassers bei 760 mm Barometerstand p_{100} der zugehörige Druck, T und p eine beliebige Temperatur und der zugehörige Druck von H_2, so ist

$$T - T_0 = (p - p_0)\,\frac{T_{100} - T_0}{p_{100} - p_0}.$$

$T_{100} - T_0$ werde gleich $100°$ gesetzt.

Ist α der Druckkoeffizient von Wasserstoff, so ist

$$\alpha = 0{,}003\,661 = 1 : 273{,}15$$

$$p_{100} - p_0 = 100\,\alpha\,p_0\,,$$

also

$$T - T_0 = 273{,}15\,\frac{p - p_0}{p_0}\;.$$

Man setzt nun die absolute Temperatur T_0 des schmelzenden Eises bei 760 mm Barometerstand

$$T_0 = 273{,}15\,,$$

dann wird

$$T = 273{,}15\,\frac{p}{p_0}\;.$$

p_0 wird durch Versuch bestimmt. Dann kann man in einem Diagramm mit p als Abszisse und T als Ordinate ein Diagramm aufzeichnen und die zugehörigen Werte von p und T beim Wasserstoffthermometer ablesen. Fig. 326 zeigt dies.

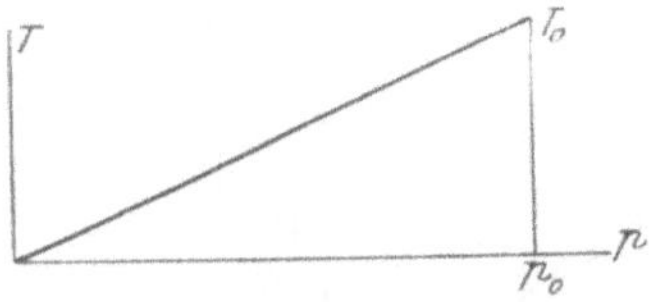

Nach den Gasgesetzen ist

$$p\,v = \frac{p_0\,v_0}{273{,}15}\,T = m \cdot R \cdot T\,,$$

Fig. 326. Temperatur-Druck-Diagramm.

und dessen Gesetz gehorcht H_2 in sehr weiten Grenzen. Wird nun ein *Carnot*scher Kreisprozeß mit H_2 durchgeführt, so ist

$$\frac{L}{L_1} = \frac{T_1 - T_2}{T_1}\,,$$

wobei T_1 und T_2 die mit dem H_2-Thermometer gemessenen Temperaturen sind. Es sind die thermodynamisch bestimmten Temperaturen mit denen des H_2-Thermometers identisch innerhalb der Grenzen, in denen H_2 nicht vom idealen Gase abweicht.

Geht man auf beliebig tiefe Temperaturen zurück, so gilt nicht mehr das Gesetz

$$p \cdot v = m\,R\,T\,.$$

Nimmt man dafür das *von der Waal*sche, so ist

$$p = \frac{m\,R\,T}{v - b} - \frac{a}{v_2}\,,$$

es ergibt sich also

$$\frac{p}{p_0} = \frac{T - \dfrac{a}{m\,R\,v}}{T_0 - \dfrac{a}{m\,R\,v}}\;.$$

T_0 sei die thermodynamische Temperatur des schmelzenden Eises, T und T_0 seien die Temperaturen nach der absoluten Skala des H_2-Thermometers, also

$$\frac{p}{p_0} = \frac{T}{T_0}\;.$$

Es ergibt sich daher als Beziehung zwischen den thermodynamisch gemessenen Temperaturen und zwischen den absoluten Temperaturen des H_2-Thermometers bei Annahme der *van der Waals*chen Beziehung

$$\frac{T}{T_0} = \frac{\mathsf{T} - \dfrac{a}{m\,R\,v}}{\mathsf{T}_0 - \dfrac{a}{m\,R\,v}}.$$

Bei tiefen Temperaturen ist also zwischen der Angabe der thermodynamischen Skala und der Angabe des H_2-Thermometers eine Differenz. Neben dem Wasserstoffthermometer wird auch noch das Luftthermometer, besonders für höhere Temperaturen, verwandt. Für besonders niedere Temperatur nimmt man außer dem Wasserstoffthermometer auch das Heliumthermometer. Die allgemeine Form dieser Thermometer zeigt Fig. 327.

Der Ballon G ist aus verschiedenen Glassorten und bei höheren Temperaturen (bis 1700°) aus Platin-Iridium hergestellt.

Wegen der nicht vollen Idealität der Gase zeigen Luft, Wasserstoff und Heliumthermometer kleine Unterschiede: Luftthermometer zeigt zwischen 20 und 40° um 0,01° höher an als Wasserstoffthermometer. Wasserstoffthermometer zeigt zwischen —182 und 192° 0,1° niedriger an als

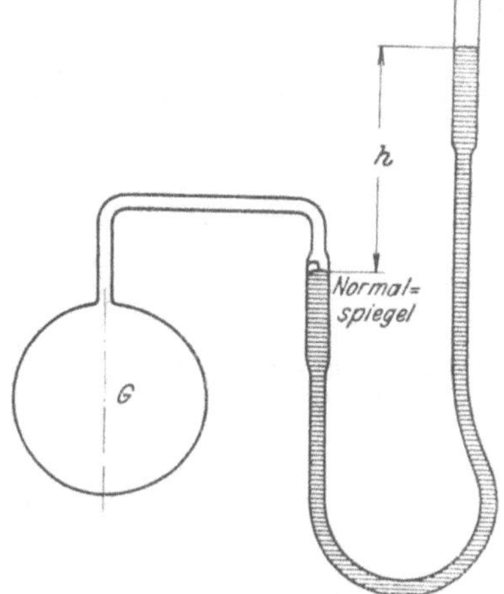

Fig. 327. Gasthermometer.

Heliumthermometer. Wasserstoffthermometer ist nur bis — 190° zu benutzen.

Heliumthermometer wird bis — 259° benutzt.

Für gewöhnliche Messungen verwendet man das Quecksilberthermometer. Es reicht von — 39° bis + 270°. Bei höheren Temperaturen wird der obere Raum unter Druck gesetzt mit N_2 oder CO_2. Es reicht dann das Thermometer aus Glas bis 550°, aus Quarz bis 800°. Bei Temperaturen niedriger als 39° nimmt man als Füllung Alkohol, Toluol, Pentan. Bei Pentan kann man bis — 200° messen. Je nach der Glasart weicht das gewöhnliche Quecksilberthermometer vom Luftthermometer ab; es ist beim

Luftthermometer	Thermometer aus			
	Jenaer Glas	gewöhnl. Glas	gewöhnl. Glas	Krystallglas
0°	0°	0°	—	—
40°	40,11°	40,20°	—	—
60°	60,10°	60,18°	—	—
100°	100,00°	100,00°	100,00°	100,00°
200°	200,04°	—	199,70°	201,35°
300°	301,90°	—	301,08°	305,72°

Wenn der Thermometerfaden aus dem zu messenden Raume heraussieht, so ist eine Korrektur nötig. Ist t die Ablesung, t_f die Temperatur des herausragenden Fadens, f die Zahl der Grade des herausragenden Fadens, so ist die additive Korrektur:

$$\Delta t = \frac{1}{6300}\, f\,(t - t_f)\ .$$

Weit herausragende Fäden sind nach Möglichkeit zu vermeiden, da sie eine gewisse Unsicherheit der Ablesung bedingen.

Neben dem Thermometer dienen zur Temperaturmessung die Dilatometer. Man bestimmt die aus einem Gefäß ausströmende Flüssigkeitsmenge in einem bestimmten Temperaturintervall. Wenn man nun die bei einer anderen Temperatur ausfließende Menge bestimmt, so kann man daraus die Temperatur berechnen.

Sehr wichtig sind die elektrischen, thermoelektrischen, Strahlungs- und optischen Pyrometer[1] geworden.

a) **Widerstandspyrometer oder Bolometer**[2].

Der Widerstand eines Drahtes ändert sich mit der Temperatur. Ein um Quarz gewickelter Platindraht wird an die zu messende Temperaturstelle gebracht und der Widerstand dann mittels *Wheatstone*scher Brücke nach Fig. 328 gemessen.

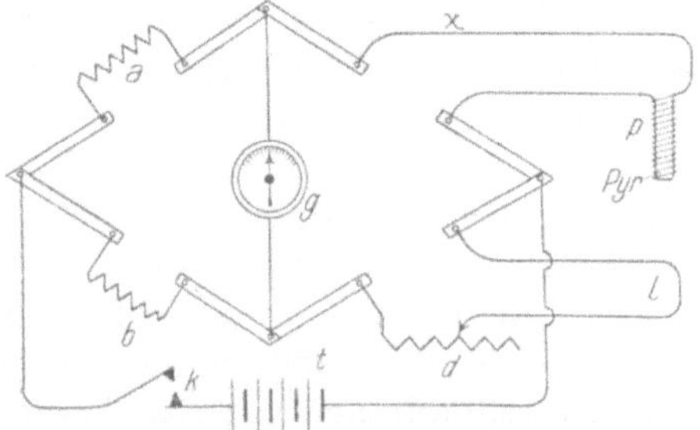

Fig. 328. Schematische Anordnung von Widerstandspyrometern.

Auf diese Weise lassen sich Temperaturen auf 0,27° genau messen. Das obere Meßbereich ist etwa + 700° C. Bei tiefen Temperaturen unter — 200° verwendet man statt des Platindrahtes einen Golddraht, der bis — 259° geeicht ist. Durch geeignete Umschaltvorrichtungen können beliebig viele Meßstellen an ein Ableseinstrument, das unabhängig von der Meßstelle gelegt werden kann, kontrolliert werden.

b) **Thermo - elektrische Pyrometer**[2].

Sie beruhen auf dem Prinzip, daß die verschiedene Erwärmung zweier Lötstellen eines Drahtes elektromotorische Kräfte auslöst. Diese werden gemessen und stehen in einem Zusammenhang mit den Temperaturdifferenzen. Man verwendet für

Temperaturen unter	— 205°		Gold — Silber
,,	von	— 204 bis + 700°	Konstantan — Eisen
,,	,,	— 190 ,, + 100°	Kupfer — Konstantan
,,	,,	,, + 600°	Konstantan — Silber
,,	,,	— 200 ,, + 1600°	Platin — Platinrhodium (10 Proz.)

[1] Wärmestelle des Vereins deutscher Eisenhüttenleute, Mitteilung Nr. 37.
[2] Feuerungstechnik 11. Jg., 1922, Heft 4, S. 43: Schwierigkeiten beim Messen hoher Temperaturen von *Illies;* und *Iron* and Coal Trades Review 1921, May 20.

Fig. 329 und Fig. 330 zeigen die Anordnung von thermo-elektrischen Pyrometern. Bei diesen Thermometern ist zu beachten, daß das Instrument die Temperaturdifferenz zwischen der Lötstelle i und den kalten Enden r und r_1 anzeigt. Wird der Pyrometerkopf wesentlich heißer als die Raumtemperatur, bei der r und r_1 geeicht wurde, so müssen sog. Kompensationsleitungen ver-

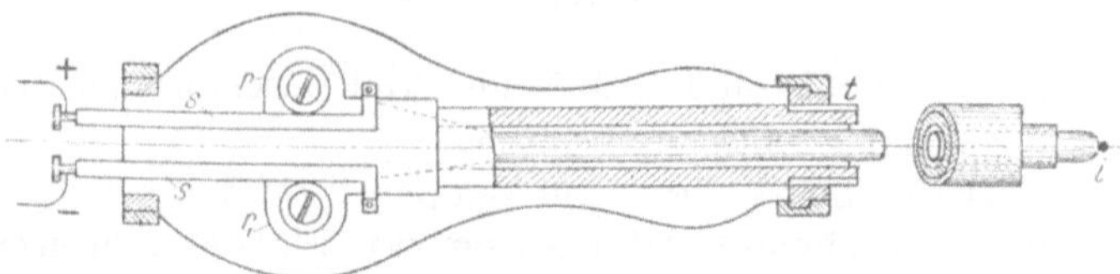

Fig. 329. Thermo-elektrisches Pyrometer.

wendet werden, die den Anschluß des Meßinstrumentes bei entsprechend niederer Temperatur erlauben. Die Ablesung erfolgt an einem Galvanometer.

Bei den bisher genannten zwei elektrischen Thermometern wurde eine Meßstelle stets an den Ort der zu messenden, evtl. sehr hohen Temperatur gebracht. Es liegt deshalb sowohl beim Einführen des Instrumentes, als auch bei der Lagerung an der heißen Stelle die Möglichkeit einer Beschädigung vor. Dazu tritt noch die Einwirkung von Gasen und dem geschmolzenen Material. Ferner können Strahlungseinwirkungen sich zeigen. Um diesen Einflüssen zu begegnen, werden die Elemente in sog. Schutzrohre eingebracht, die dann mit zugleich in den zu messenden Raum eingeführt werden. Bis 600° C verwendet man Eisenrohre, bis 1100° Quarzrohre, ferner Silitrohre aus Siliciumkarbid. Die allgemeine Verwendung bei Temperaturen über 1000° hat sich bei vorstehenden zwei Instrumenten nicht eingebürgert, besonders wegen des sachgemäßen Schutzes der Ele-

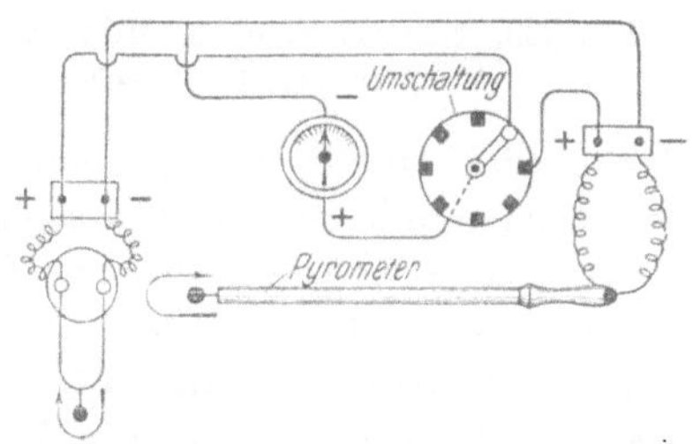

Fig. 330. Thermo-elektrisches Pyrometer mit verschiedenen Beobachtungsstellen.

mente bei höheren Temperaturen, welche vornehmlich mit Strahlungspyrometern gemessen werden. Man unterscheidet zwei Arten von Strahlungspyrometern[1]):

Gesamtstrahlungspyrometer und
Teilstrahlungspyrometer.

c) Gesamtstrahlungspyrometer.

Dieselben beruhen auf dem Prinzip, die gesamte von einem absolut schwarzen Körper ausgestrahlte Energie zu messen und danach seine Temperatur zu bestimmen. Ein absolut schwarzer Körper ist, wie früher ausgeführt, ein solcher, dessen Emission gleich seiner Absorption ist, wenn er sich mit seiner Um-

---

[1]) *Burgess* und *Le Chatelier:* Die Messung hoher Temperaturen. Julius Springer, Berlin.

gebung im Temperaturgleichgewicht befindet. Dies trifft für Körper im ge-schlossenen Raume zu. Damit nun ein solcher Körper beobachtet werden kann, wird in den Raum eine kleine Öffnung gemacht, durch die er Strahlen nach einem Pyrometer sendet, dessen Erwärmung gemessen wird. Es entsteht dadurch ein kleiner Fehler, der durch Korrektionen empirisch beseitigt werden kann. Wird der Körper, der in dem Raume als absolut schwarzer Körper zu betrachten ist, außerhalb des Raumes aufgestellt und dann unter der Annahme, daß seine Temperatur noch nicht gesunken sei, mit demselben Instrument gemessen, so erhält dieses einen anderen Ausschlag. Es rührt dies daher, daß infolge mangelnden Temperaturgleichgewichts keine der Absorption ent-sprechende Emission erfolgt. Man kann dann eine Strahlungsart, die Licht-energie, herausgreifen und messen und daraus auf die Temperatur des strahlen-

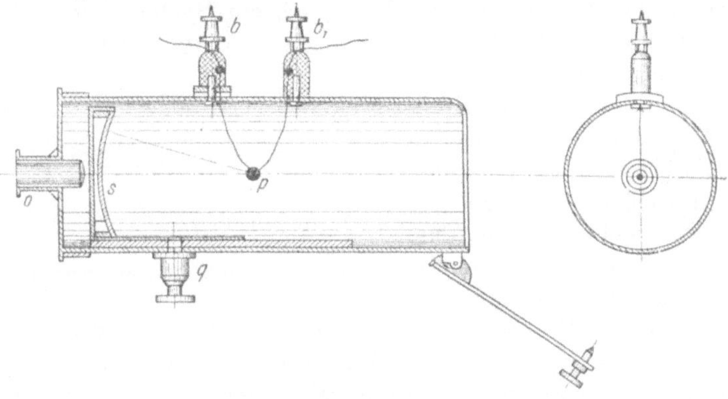

Fig. 331. Strahlungspyrometer.

den Körpers schließen. Näheres siehe Seite 119. Die Wärmestrahlung, die auch in diesem Falle physikalisch eindeutig erfolgt, kann jedoch nicht mehr zur Messung herangezogen werden, da die Gesetze, die hier zugrunde liegen, noch nicht einwandfrei gefunden sind. Die Instrumente für die Messung der Licht-strahlen allein werden unter d bei den Teilstrahlungspyrometern behandelt.

Die vom absolut schwarzen Körper ausgesandte Strahlung[1]) wird auf eine Widerstandsspirale oder auf ein Thermoelement geleitet.

Instrumente mit Widerstandsspirale sind das *Hirschson*sche, solche mit Thermoelement das *Féry*sche und das Ardometer von *Siemens*. In Fig. 331 ist ein Strahlungspyrometer gezeigt. Alle in dasselbe eintretenden Strahlen werden durch einen Spiegel nach dem Thermoelement p gestrahlt. An Stelle des Spiegels tritt auf der rechten Instrumentseite eine Linse, welche die parallelen Strahlen nach p konzentriert. Der in p entstehende Strom wird mit einem Galvanometer gemessen.

Da die Intensität der Wärmestrahlung umgekehrt mit dem Quadrat der Entfernung wächst, so könnte man annehmen, daß auch die Ablesungen von der

---

[1]) Zeitschrift für Physik Bd. 15, Nr. 1, 1923: Gesamtstrahlung des Eisens bei hohen Temperaturen, von *Hase*.

Entfernung des Pyrometers von der Meßstelle abhängig sind. Die sehr feine Berührungsstelle der Metalle ergibt jedoch Ablesungen, die in weiten Grenzen unbeeinflußt sind. Aus Fig. 332 ist zu ersehen, daß der Spiegel in 4 m Entfernung in p ein kleineres Bild, als in 2 m Entfernung in p_1 vom Rohre r erzeugt. Das Bild ist jedoch immer noch größer als die Meßstelle. In 2 m Entfernung fängt der Spiegel doppelt soviel Strahlen auf wie in 4 m Entfernung. Da jedoch in 2 m Entfernung das Bild in p_1 doppelt so groß ist wie in 4 m Entfernung in p, so ist die Intensität der Strahlung auf die Lötstelle in beiden Fällen dieselbe. Praktisch gilt dies bis etwa 30 m Entfernung.

Nach dem *Stefan-Boltzmann*schen Strahlungsgesetz ist die Strahlungsenergie der vierten Potenz der absoluten Temperatur proportional, daher sind auch die Galvanometerausschläge dieser vierten Potenz proportional.

An Stelle des Thermoelements tritt auch ein System von Meßdrähten, das durch die auffallende Wärme gedehnt oder gekrümmt wird. Die Messung dieser Dehnung oder Krümmung erfolgt mechanisch mittels Zeigers.

Das Meßbereich dieser Pyrometer geht bis 4000° C. Was das Anwendungsgebiet anbelangt, so dienen sie vornehmlich für das Messen der Temperatur in Brennöfen, Schmelzöfen, Glühöfen mit

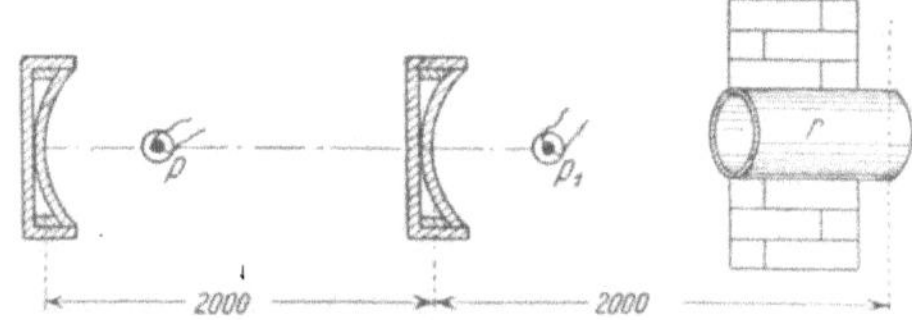

Fig. 332. Wärmestrahlungspyrometer.

kleinen Öffnungen. Bei Hafenöfen, wie sie in der Glasindustrie vorkommen, sind die Öffnungen, aus denen die Glasbläser die Pfeifen füllen, für Gesamtstrahlungspyrometer schon etwas groß. Es müssen durch Sondermessungen die Korrekturzahlen für die Instrumentablesung bestimmt werden.

Die bisher genannten drei Instrumente:

Widerstandspyrometer,

Thermo-elektrische Pyrometer,

Gesamtstrahlungspyrometer

sind, nachdem sie geeicht sind, in ihren Angaben von der Geschicklichkeit des Beobachters unabhängig, sie geben die Messung objektiv an. Die Messung selbst kann an beliebiger Stelle und dauernd abgelesen werden. Aus diesem Grunde eignen sich die Angaben der Instrumente zur Registrierung auf Registriertrommeln. Damit ist eine dauernde objektive Betriebsüberwachung möglich, ein Vorteil, der für den richtigen Verlauf eines Prozesses nicht hoch genug angeschlagen werden kann.

d) **Teilstrahlungspyrometer.**

Sie beruhen auf dem Prinzip, daß mit zunehmender Temperatur auch die Ausstrahlung von Lichtstrahlen zunimmt, sie werden daher meist **optische Pyrometer** genannt. Fig. 333 zeigt ein solches Pyrometer.

Bei l befindet sich eine Glühlampe; der Faden wird so stark erhellt, daß er die gleiche Helligkeit wie die Wärmequelle hat. Ergibt die stärkste Helligkeit des Fadens noch nicht diejenige der Wärmequelle, so wird ein Teil des Lichtes der Wärmequelle durch die Absorptionsspiegel m, die aus schwarzem

Glas bestehen, absorbiert. Dadurch läßt sich dann Lichtgleichheit erreichen.
Statt der Glühbirne, wie bei den Apparaten von *Holborn-Kurlbaum*, verwenden *Wanner*, *Féry* usw. zwei getrennte, halbkreisförmige Lichtfelder.
Das eine wird von der Wärmequelle, das andere von einer Lampe beleuchtet.

Die Apparate von *Holborn-Kurlbaum* geben Messungen bis $+ 4000°$, die
*Wanner*schen bis 2000°.

Die Angaben dieser Instrumente sind subjektiv, doch haben Versuche ergeben, daß ungeübte Beobachter bei ca. 1000° C auf 5° ungenau, geübte auf
1 bis 2° genau messen.

Weiterhin sind noch zu erwähnen die **Wasserpyrometer**. Ein Nickelzylinder wird auf die Temperatur des zu messenden Körpers gebracht und dann

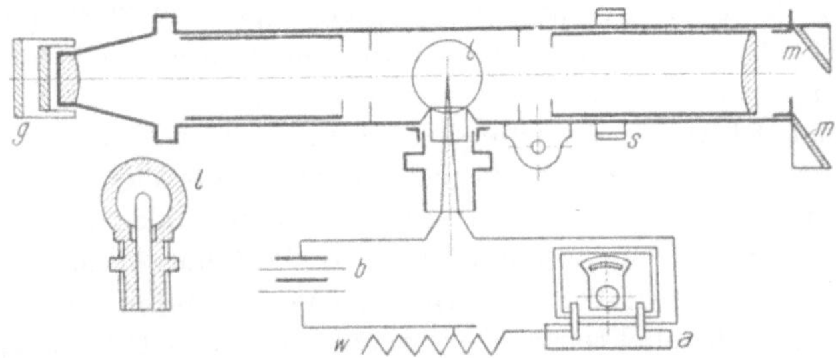

Fig. 347. Schematische Anordnung von optischen Pyrometern.

in Wasser geworfen, dessen Temperatur bestimmt ist. Man kann bis 980° bei
etwa 10° Fehler nach dieser Methode messen.

Die Messung mit Segerkegeln für Temperaturen von 600 bis 2000° ist
schon früher erwähnt, Seite 235. Es spielt hier auch die Zeit, welche zum
Schmelzen nötig ist, eine Rolle. Die Temperatur gilt als erreicht, wenn der
60 mm hohe Segerkegel mit seiner Spitze die Unterlage berührt.

Für alle Instrumente sind Eichungen nötig. Es wurden daher verschiedene
Schmelztemperaturen genau bestimmt, ebenso Verdampfungstemperaturen
sowie Glühfarben. Es ist die Temperatur bei 760 mm Barometerstand:

von schmelzendem	Eis	. . . .	0° C
„ verdampfendem	Wasser	. . . .	100° C
„ schmelzendem	Zinn	. . . .	232° C
„	„	Blei	327° C
„	„	Zink	419° C
„	„	Antimon	632° C
„	„	Aluminium	657° C
„	„	Kochsalz	800° C
„	„	Silber	960° C
„	„	Kupfer	1062° C
„	„	Gold	1063° C
„	„	Platin	1755° C

Die Glühfarben des Eisens sind:

Schwache Rotglut (sog. Grauglut) . . . . 525° C
dunkelrot . . . . 700° C
dunkelkirschrot . . . . 800° C
kirschrot . . . . 900° C
hellkirschrot . . . . 1000° C
dunkelorange . . . . 1100° C
helle Glut . . . . 1150° C
hellorange . . . . 1200° C
weißglühend . . . . 1300° C
Schweißhitze . . . . 1400 bis 1500° C
blendend weiß . . . . ca. 1600° C

Es handelt sich nun noch um die Anwendung der verschiedenen Apparate. Zur Eichung dient am besten das Gasthermometer.

Für gebräuchliche Temperaturen zwischen — 30 und 300° sind für technische Zwecke Quecksilberthermometer am bequemsten zu handhaben. Sie sind genügend genau. Für Temperaturen bis 1100°, besonders bei Feuerungen, werden thermo-elektrische Pyrometer bevorzugt. Für Glüh- und Schmelzprozesse kommen neben den Segerkegeln, die nur die erreichten Endtemperaturen angeben, Strahlungs- und optische Pyrometer oder Gaspyrometer in Frage. Bei den Strahlungspyrometern ist zu berücksichtigen, daß für die Messungen eine reine Atmosphäre nötig ist, und daß außer der reinen Strahlungswärme oft auch reflektierte Wärmestrahlen in das Pyrometer kommen. Wird der Körper, z. B. ein glühender Stahlblock, mit einer Oxydationsschicht umgeben sein, so erfolgt eine zu niedere Temperaturangabe, da die Oxydationsschicht Wärme schlecht leitet. Bei optischen Pyrometern muß die direkte Lichtstrahlung der Wärmestelle gemessen werden. Es darf ebenso wie zuvor keine Oxydschicht vorhanden sein.

Beim Nachprüfen der Pyrometer soll stets die von der Firma angegebene Grundtemperatur mit geprüft werden.

Bei der Temperaturmessung muß man auch mit der Trägheit der Thermometer rechnen, d. h. es vergeht eine gewisse Zeit, bis die Thermometerkugel oder das Thermoelement oder der Bolometerdraht auf die zu messende Temperatur eingestellt sind. Gleichzeitig muß die Wärmequelle so groß sein, daß die nach dem Meßinstrument abfließende Wärme sofort aus der Wärmequelle ersetzt wird, ohne daß sie auch nur eine minimale Temperaturerniedrigung erleidet.

Sehr wichtig ist es, daß die Verbindungen der Anzeigeinstrumente bei elektrischer Messung auf gleicher Temperatur gehalten werden und weder durch Leitung noch Strahlung Wärme zugeführt erhalten, zum mindesten nicht einseitig. Bei gleichzeitiger, gleichmäßiger Erwärmung kann dieses Moment in Rechnung gestellt werden. Die Anwendung der Temperaturmessung ergibt sich in der sog. Feuerleitung der Verbrennungs-, Schmelz- und Glühprozesse. Sie verfolgt den Zweck, entweder stetige Erhaltung der Temperatur zu erzielen, oder entsprechend dem Prozeß die Temperatur zu variieren.

Bei allen Prozessen, die mit Gasen arbeiten, finden Dissoziationserscheinungen statt; es ist wichtig, den für die Temperatur entsprechenden Dissoziationsdruck zu kennen. Über denjenigen bei Verbrennung zu CO und CO_2 wurde schon früher gesprochen. Ebenso wurde der Hochofenprozeß berührt; bei ihm treten verkoppelte und katalytische Reaktionen bei $CO + FeO$ auf.

$CO_2 + C = 2\,CO$ tritt bei Temperaturen über $450°\,C$ ein. Diese Reaktion wird durch Mn, Ni, Co und Fe katalytisch beeinflußt. Das CO in statu nascendi ergibt

$$FeO + CO = CO_2 + Fe$$

Es ist die Temperatur niedrig zu halten, damit nicht die Reaktion

$$F_2O_3 + CO = 2\,FeO + CO_2$$

eintritt. Es muß also die Feuerleitung so geführt werden, daß bei niedriger

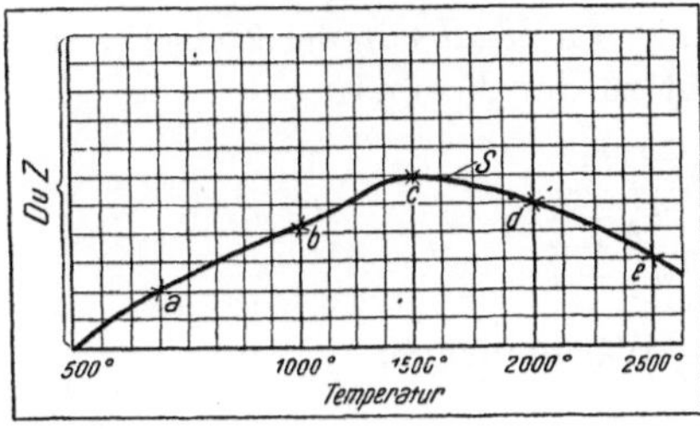

Fig. 334. Diagramm für Druck und Zug.

Temperatur vollkommene Verbrennung stattfindet und möglichst wenig FeO gebildet wird.

Bei Vergrößerung des Druckes kann die Zersetzung des Calciumcarbonates in Calciumoxyd und Kohlensäure wieder rückgängig gemacht werden. Es ist der Dissoziationsdruck bei

547° C	27 mm	810° C	678 mm
610° C	46 „	812° C	753 „
625° C	56 „	815° C	760 „
740° C	255 „	865° C	1333 „
745° C	289 „		

Man muß durch guten Zug das gebildete CO_2 ableiten.

Gips $CaSO_4 + aq$ wird bei $107{,}3°$ in Stückgips $CaSO_4 \cdot 1\tfrac{1}{2}\,H_2O$ bei 760 mm QS verwandelt.

Bei $130°$ wird reiner $CaSO_4$ erzeugt. Er kann dann nicht mehr zum Gießen und Stampfen verwandt werden.

Bei 400 bis $500°$ wird ebenfalls reiner $CaSO_4$ erzeugt. Er kann jedoch vollkommen hydratieren und erhärten im Gegensatz zum Brennen bei $130°$. Dieser Gips heißt Estrichgips.

Portlandzement erhält bei $1500°$ das Maximum der Erhärtungsfähigkeit. In dem Diagramm Fig. 334 ist in der Abszisse die Temperatur, in der Ordinate die Druck- und Zugfestigkeit angegeben. Es ist dabei

bei *a* das Brennprodukt gelb,
„ *b* „ „ braungelb,
„ *c* „ „ grün,
„ *d* „ „ blaugrau,
„ *e* „ „ grünschwarz (kieselsaures Eisenoxyd).

Wichtig ist auch die Brenntemperatur von keramischen Produkten. Sowohl durch die Temperatur als auch durch die Zeit wird die Güte des Endprodukts bedingt. Es muß ein Teil der Rohmaterialien in geschmolzenem Zustand und ein Teil in gesintertem Zustande verharren. Steinzeug und Mauersteine werden direkt an der Flamme gebrannt; es spielt also auch die reduzierende oder oxydierende Flamme eine Rolle. Porzellan wird in Kassetten oder Kapseln gebrannt, so daß der Einfluß der Flamme eliminiert ist.

Auch beim Brennen von Ultramarinfarben spielt die Feuerleitung eine große Rolle.

Den Einfluß der Temperatur auf die Verbrennungsvorgänge und die Wirkung der Feuerung zeigt eine Untersuchung von *Hudler* in der Zeitschr. des Ver. deutsch. Ing. 1920, Nr. 40. Er kommt zu der Formel:

$$W = \frac{k \cdot F}{2{,}302} \cdot \frac{T_0 - T_1}{\log_{10} \dfrac{T_0 - t}{T_1 - t}},$$

wo W die an die Heizfläche abgegebene Wärmemenge,

     K die Wärmedurchgangszahl,

     F die Heizfläche,

     T_0 die Anfangstemperatur und

     T_1 die Endtemperatur des Gases während der Wärmeabgabe,

     t die Temperatur des zu heizenden Gutes

bezeichnet.

Unter sonst gleichbleibenden Verhältnissen wird W um so größer, je größer die Anfangstemperatur T_0 wird.

T_0 wird bekanntlich um so größer, je weniger Luftüberschuß vorhanden ist; damit wird auch der CO_2-Gehalt steigen. Je geringer der Luftüberschuß, um so geringer die Abgasmenge und damit die abgeführte Wärmemenge. Wird die Wärme zwischen hohen Temperaturdifferenzen entnommen, so ist eine große Menge der zugeführten Wärme ausgenutzt. Es sinkt damit der Brennstoffverbrauch, d. h. die Brenngeschwindigkeit, T_0 wird erhöht durch Vorwärmung der Luft und des Gases.

Bei der Temperaturbestimmung muß man sich darüber klar sein, welche Temperatur gemessen wurde; die Temperatur des Raumes, in dem das Meßinstrument, Widerstandsspirale oder Thermoelement, liegt, oder die Temperatur der Oberfläche, an dem das Instrument oder Schutzrohr anliegt oder eine Temperatur, die durch Leitung und Strahlung auf das Meßelement, von diversen Seiten einwirkend, entsteht. Es ist dann von Fall zu Fall eine Korrektion anzubringen, um die an einer Stelle gewünschte Temperatur zu erhalten. Die Wichtigkeit der Temperaturüberwachung an allen für den Wirkungsgrad einer Anlage wichtigen Stellen wird mehr und mehr erkannt; zudem hat sie bei geeigneten Instrumenten den Vorteil einer bequemen Kontrolle[1]). Als Beispiel

---

[1]) Temperaturüberwachung in Kraftwerken, von Dr.-Ing. *G. Keinath.* Elektrotechnische Zeitschrift 1921, Heft 18; und vom gleichen Verfasser: Die Temperaturmessung in elektrischen Maschinen. Elektrotechnik und Maschinenbau 1922, Heft 9 und 10; und Temperaturmessungen in der Glasindustrie und Keramik des gleichen Verfassers in Sprechsaal, Zeitschrift für die keramischen, Glas- und verwandten Industrien 1923, Heft 2 und 3.

für den Wert einer erfolgreichen Temperaturüberwachung sei nur erwähnt, daß im Großkraftwerk Bitterfeld der Chemischen Fabrik Griesheim-Elektron eine Temperaturerniedrigung von 2° C der Eintrittstemperatur des Kühlwassers 10 000 t Kohle jährliche Ersparnis geben. Wenn auch an anderen Stellen die zweckmäßig zu erreichende Temperatur bei Veränderung derselben kleinere Ersparnisse ergibt, so sind dieselben im Laufe der Jahre immer noch größer als die Kosten der Beschaffung von Meßinstrumenten und deren Überwachung[1]).

7. Heizwerte.

Heizwerte werden bei Brennstoffen gemessen. Es gibt dafür drei Methoden:
1. Verbrennung des Brennstoffes im Sauerstoffstrom unter atmosphärischem Druck[2]);
2. Verbrennung des Brennstoffes im Sauerstoff unter Druck;
3. Verbrennung des Brennstoffes mit gebundenem Sauerstoff.

Die beiden ersten Apparate sind die üblichen; eine Untersuchung des Brennstoffes erfolgt nach nachstehendem Schema:

Analyse: Datum:

I. Beobachtungen.

1. Gewicht des Kalorimeterwassers . . . .   g
2. Wärmekapazität der Metallteile in g Wasser . . . .   g
3. Wasserwert des Kalorimeters in gcal . . . .   gcal
4. Gewicht des verbrannten Stoffes . . . .   g
5. Temperaturerhöhung im Kalorimeter . . . .   ° C
6. Korrektur für Abkühlungsverluste beim Versuch . . . .   ° C
7. Effektive Temperaturerhöhung . . . .   ° C

II. Ergebnisse des Versuchs.

8. Beobachtete Wärmemenge . . . .   gcal
9. Korrektur für Zündung und Säurebildung . . . .   „
10. Verbrennungswärme für 1 g Brennstoff zu Kohlensäure und flüssigem Wasser . . . .   gcal
11. Menge des Verbrennungswassers . . . .   g
12. Latente Verdampfungswärme . . . .   cal
13. Verbrennungswärme von 1 g Brennstoff zu Kohlensäure und Wasserdampf bis 15° C . . . .   gcal

III. Chemische Untersuchung.

14. Grobe Feuchtigkeit, d. h. Gewichtsverlust nach 2 tägigem Liegen an der Luft . . . .   Proz.
15. Trockenverlust des lufttrocken gemachten Brennstoffes bei 110°, auf lufttrockenen Brennstoff bezogen . . . .   „

---

[1]) Zur Technik der Temperaturmessungen, von Dr.-Ing. *Karl Hencky*. Zeitschr. des Ver. deutsch. Ing. Bd. 68, Nr. 13.

[2]) Chemisches Zentralblatt 95, S. 7, 1924: Das registrierende Thomas-Kalorimeter von *Stavorius;* und Chaleur et Industrie 4, Nr. 44, 1924: Unmittelbare Bestimmung des Heizwerts, von *de la Condamine.*

IV. Resultate.

16. Unterer Heizwert von 1 g lufttrockenem Brennstoff . . . . gcal
17. Unterer Heizwert von 1 g ursprünglichem Brennstoff . . . . „
18. Brennbare Substanz des lufttrockenen Brennstoffes . . . . Proz.
19. Reinasche des lufttrockenen Brennstoffes . . . . „
20. Hygroskopisches Wasser des lufttrockenen Brennstoffes . . . . . . „

100,0 Proz.

21. Brennbare Substanz des ursprünglichen Brennstoffes . . . . Proz.
22. Reinasche des ursprünglichen Brennstoffes . . . . „
23. Gesamtwassergehalt des ursprünglichen Brennstoffes . . . . „

100,0 Proz.

24. Elementaranalyse des lufttrockenen Brennstoffes . . . . Proz.
    a) Kohlenstoff . . . . „
    b) Wasserstoff . . . . „
    c) Sauerstoff . . . . „
    d) Stickstoff . . . . „
    e) Schwefel . . . . „
    f) Asche . . . . „
    g) Wasser . . . . „

100,0 Proz.

25. Elementaranalyse des wasser- und aschefreien Brennstoffes:
    a) Kohlenstoff . . . . Proz.
    b) Wasserstoff . . . . „
    c) Sauerstoff . . . . „
    d) Stickstoff . . . . „
    e) Schwefel . . . . „

100,0 Proz.

26. Berechneter unterer Heizwert nach der Verbandsformel . . . . . . gcal
Diese Resultate gelten für . . . . . .-Kohle von . . . . . . Schacht.

Die Heizwertbestimmungen erfolgen in Kalorimetern[1]). Auf Seite 35 sind die grundlegenden Typen angegeben. Das Prinzip aller Kalorimeter besteht darin, daß man die bei der Verbrennung entstehende Wärme an Wasser oder eine andere Flüssigkeit abgibt und die dabei entstehende Temperaturerhöhung mißt, welche, mit der Menge des Wassers multipliziert, die erzeugte Wärmemenge ergibt. Ein Teil der Wärme geht auch an die Apparatur über; es ist daher eine Korrektur, durch den Wasserwert derselben bedingt, anzubringen. Die bekanntesten Kalorimeter sind:

Junkers-Gaskalorimeter;   *Berthelot*-Mahler-Kalorimeter,
Union-Gaskalorimeter,   *Hempel*sches Kalorimeter.
Thomas-Gaskalorimeter,   *Parr*sches Kalorimeter.
Fischer-Kalorimeter,

Außer mit diesen Kalorimetern werden die Heizwerte rechnerisch bestimmt. Die Verbandsformel ist schon auf Seite 35 erwähnt. Die *Gmelin*sche[2]) Formel lautet für 1 kg:

$$W = (100 - H_2O + Asche) \cdot 8080 - c_1 \cdot H_2O,$$

---

[1]) Wärmestelle des Vereins deutscher Eisenhüttenleute, Mitteilung 19/21.
[2]) Österreichische Zeitschrift für Berg- und Hüttenwesen 365, 1886.

wo H_2O und Asche den Gehalt dieser Stoffe in 1 kg Brennstoff angeben und c folgende Werte hat:

3 Proz. Wasser	$c_1 = -400$
3 bis 4,5 ,, ,,	$c_1 = 600$
4,5 ,, 8,0 ,, ,,	$c_1 = 1200$
8,5 ,, 12 ,, ,,	$c_1 = 1000$
12 ,, 20 ,, ,,	$c_1 = 800$
20 ,, 28 ,, ,,	$c_1 = 600$
über 28 ,, ,,	$c_1 = 400$

Wenn O_k die Sauerstoffmenge zur Verbrennung des reinen Kohlenstoffes in 1 kg Brennstoff, $O_g = O - O_k$ oder Sauerstoffmenge zur Verbrennung des gasförmigen Brennstoffes gleich Sauerstoffmenge zur Verbrennung des gesamten Brennstoffes weniger Sauerstoffmenge zur Verbrennung des reinen Kohlenstoffes von 1 kg Brennstoff ist (Versuch nach *Berthier*scher Methode), so entwickelt *Jüptner*

$$W = 7630\,C + c_1 \cdot O_g .$$

mit

$\dfrac{O_g}{O_k}$	Holz und Torf	Braunkohle	Steinkohle
0,25	—	5500	5600
1,00	4830	3420	3500
2,00	4666	3350	3210
3,00	4470	3370	3180
4,00	4255	3500	3150
5,00	4045	3700	3130
6,00	3830	3950	3100
7,00	—	—	3070
8,00	—	—	3050

(Spaltenüberschrift: c_1 für)

Jüptner[1]) hat später folgende Werte bestimmt, damit er von der Art des Brennstoffes ganz unabhängig wird:

Gasgiebigkeit des trocknen und aschefreien Brennstoffes:

$\dfrac{O_g}{O_k}$	0—33 Proz.	33—47,5 Proz.	45,7—75 Proz.	75—100 Proz.
		Werte von c_1		
0,08	5000	—	—	—
0,10	4900	—	—	—
0,20	4320	4800	—	—
0,30	3730	4220	4900	—
0,40	3380	3850	4350	—
0,50	3150	3600	4020	—
0,60	3000	3400	3820	—
0,80	2850	3210	3600	4815
1,00	2850	3130	3550	4480
2,00	—	—	3550	4170
3,00	—	—	—	4070
4,00	—	—	—	3970
6,00	—	—	—	3770

---

1) *Jüptner*, Die Bestimmung des Heizwertes von Brennmaterialien. Sammlung chemischer und chemisch-technischer Vorträge Bd. 2, Heft 12.

Gonfal[1]) hat die *Jüptner*sche Formel wie folgt umgeändert:

$$W = 8150\,C + c_1 \cdot G,$$

wo G den Gehalt an flüchtigen Stoffen in 1 kg Brennstoff bedeutet und c_1 folgende Werte hat

$$
\begin{aligned}
G &= 0{,}02 \text{ bis } 0{,}15 & c_1 &= 13\,000\\
&\ 0{,}15 \text{ ,, } 0{,}30 & &10\,000\\
&\ 0{,}30 \text{ ,, } 0{,}35 & &\ 9\,500\\
&\ 0{,}35 \text{ ,, } 0{,}40 & &\ 9\,000
\end{aligned}
$$

De Paepe hat in obiger Formel G verändert und erhält mit den gleichen Zahlenwerten

$$W = 8150\,C + c_1 \frac{100\,G}{G+C}.$$

Jüptner[2]) hat noch eine dritte Methode der Heizwertbestimmung: Ist W_k der Heizwert des Brennstoffes nach dem *Berthier*schen Kalorimeter, so ist derselbe in Wirklichkeit

$$W = W_k + 1000\,G.$$

Zu den Heizwertbestimmungen gehört auch die Bestimmung der spezifischen Wärme der Stoffe. Deren Bestimmung ist meist nicht nötig, da diese Zahlen aus physikalischen Tabellen entnommen werden können.

Jedoch ist die Messung der Wärmemengen nötig.

Bei festen, flüssigen und gasförmigen Körpern ist:

$$Q = G \int_{t_2}^{t_1} c_p \, dt,$$

wo $\quad Q$ die Wärmemenge,

$\quad\ G$ das Gewicht des Körpers.

$\quad\ c_p$ die spezifische Wärme bei konstantem Druck,

$\quad\ t_1$ und t_2 die Temperaturgrenzen sind.

Für gasförmige Körper ist bei konstantem Volumen:

$$Q = V \int_{t_1}^{t_2} c_v \, dt,$$

wobei V das Volumen des Gases und

$\quad c_v$ die spezifische Wärme bei konstantem Volumen ist.

Für c_p und c_v wird meist ein Mittelwert genommen.

Wichtig ist die Berechnung der in den Rauchgasen enthaltenen Wärmemenge. Sie wird entweder dadurch vorgenommen, daß man die Temperatur mißt und die mittleren spezifischen Wärmen der analysierten Rauchgase für CO_2, CO, H_2O, O_2 und N_2 einsetzt, oder mit einem Mittelwert der spezifischen Wärme je nach dem CO_2-Gehalt rechnet.

Neben dem Kalorimeter für Brennstoffuntersuchungen gibt es noch Kalorimeter für Dampfwärmebestimmung. Diese erfolgen durch Drosselkalorimeter und Abscheidekalorimeter sowie elektrische Kalorimeter.

---

[1]) Revue chimique industrielle 7, Nr. 75.
[2]) Bulletin de l'Association Belge des Chimistes.

Beim Drosselkalorimeter strömt der Dampf von bestimmtem Druck p_1 und Temperatur t_1 durch eine Drosselscheibe in ein Hohlgefäß, das gut isoliert ist. In diesem Hohlgefäß habe der Dampf im überhitzten Zustande den Druck p_2 und die Temperatur t_2. Sind im Zustande p_1, t_1 in 1 kg Dampfgemisch x kg Dampf und $(1-x)$ kg Wasser, λ_1 und q_1 die Dampf- resp. die Flüssigkeitswärme für je 1 kg, und sind im Zustande p_2, t_2 die dem Druck p_2 entsprechende Temperatur t_2', λ_2 die Dampfwärme, c_p die spezifische Wärme des überhitzten Dampfes, so ergibt sich aus der Gleichsetzung der Wärmemengen in beiden Fällen

$$x\,\lambda_1 + (1-x)\,q_1 = \lambda_2 + c_p\,(t_2 - t_2')\,.$$

Die Werte λ, q und c_p sind aus den Tabellen zu entnehmen und damit x zu bestimmen.

Ein brauchbarer Apparat dieser Art ist von *Schäffer* & *Budenberg* in Magdeburg-Buckau gebaut.

Abscheidekalorimeter scheiden das Wasser mechanisch aus.

Elektrische Kalorimeter führen dem nassen Dampf soviel Wärme durch erhitzte Drahtspiralen zu, daß er eben überhitzt wird. Die Wärmezufuhr ergibt sich aus dem Verbrauch an elektrischer Energie. Dabei geht man von dem Grundsatz aus, daß die Wärmezufuhr erst dann bei gleichbleibendem Druck eine Temperaturerhöhung ergibt, wenn alles Wasser in Dampf verwandelt ist.

Neben der Feuchtigkeit des Dampfes ist auch die Feuchtigkeit der Luft zu messen. Das geschieht durch sog. Psychrometer. Sehr bekannt ist das Aspirationspsychrometer von *Fueß*. An zwei Thermometern, einem trockenen t und einem feuchten f, die gegen Strahlung jeder Art geschützt sind, wird zu gleicher Zeit abgelesen. Das trockene Thermometer ist gegen Feuchtigkeit jeder Art zu schützen, des feuchte wird von einer mit Wasserdampf gesättigten Atmosphäre umgeben. Ist z. B. die Ablesung am trockenen Thermometer $t_t = 20°$, am feuchten $t_f = 15°$, so ist

Sättigungsdruck bei 20° . . . . . $p_t = 17{,}5$ mm Quecksilber
Sättigungsdruck bei 15° . . . . . $p_f = 12{,}8$ „ „
also der Dampfteildruck . . . . $p_e = 12{,}8 - \frac{1}{2}\,(20 - 15)^{1)}$
$\qquad\qquad\qquad\qquad\qquad\qquad = 10{,}3$ mm Quecksilber
damit ist die relative Feuchtigkeit $\quad r = \dfrac{10{,}3}{17{,}5} \cdot 100 = 58{,}9$ Proz.
bei 20° enthält die gesättigte Luft $\quad w = 17{,}5$ g Wasser
somit die untersuchte Luft . . . $w_u = 10{,}2$ g „
der Luftteildruck ist bei 760 mm
Barometerstand . . . . $p = 760 - 10{,}3$
$\qquad\qquad\qquad\qquad\qquad\qquad = 749{,}7$ mm.

Aus der der Luft beigemengten Feuchtigkeit ergibt die Dampftabelle die darin enthaltene Wärmemenge.

---

1) Empirisch ist $p_e = p_f - \frac{1}{2}\,(t_t - t_f)\,.$

Andere Messungen beruhen auf der Absorption des Wasserdampfes in geschlossenen Gefäßen durch $CaCl_2$, wobei zugleich die Druckminderung gemessen wird. Der Barometerstand der feuchten Luft abzüglich der abgelesenen Druckverminderung bei gleichbleibender Temperatur ergibt den Druck der trockenen Luft.

Bekannt zur ungefähren Messung der Feuchtigkeit ist auch das Haarhygrometer.

In ähnlicher Weise, sowie durch Rechnung, läßt sich auch der Feuchtigkeitsgehalt von Gasen bestimmen. Es ist Druck des Gemisches = Druck des trockenen Gases + Druck des Wasserdampfes, wobei stets das

$$\text{Volumen des trockenen Gases + Volumen des Wasserdampfes,}$$
$$= \text{Volumen des Gemisches}$$

ist. Legt man kg Moleküle zugrunde, so ist das Volumen für $0°$ und 760 mm Hg 22,4 cbm oder für $15°$ und 735,5 mm Hg 24,4 cbm.

Mit $R = \dfrac{848}{\mu}$ mit μ das Molekulargewicht in kg (μ für $O_2 = 32$), wird

$$P_{\text{Dampf}} \cdot V = G_{\text{Dampf}} \cdot R_{\text{Dampf}} \cdot T ,$$
$$[P_{\text{Gemisch}} - P_{\text{Dampf}}] \cdot V = G_{\text{Gas}} \cdot R_{\text{Gas}} \cdot T$$

und daraus:

$$\frac{P_{\text{Dampf}}}{P_{\text{Gemisch}}} = \frac{\mu_{\text{Gemisch}} \cdot G_{\text{Dampf}}}{18\, G_{\text{Gas}} + \mu_{\text{Gemisch}} \cdot G_{\text{Dampf}}}.$$

P_{Dampf} ist der Dampfdruck im Gemisch,

jedoch nicht identisch, sondern kleiner, als der Sättigungsdruck des Dampfes bei der gegebenen Temperatur. Der Druck des trockenen Gases läßt sich aus der Analyse des Gases berechnen, während der Druck des Gemisches durch Versuch bestimmt wird. Damit kann man dann die relative Sättigung[1]) und das Molekulargewicht des Gemisches und daraus die Dampfmenge in einem cbm Gemisch bestimmen. Voraussetzung ist, daß kein kondensiertes Wasser in Nebelform sich im Gas oder an Staubteilen vorfindet.

8. Rauchgase und Gase überhaupt[2]).

Die Rauchgase sind auf ihren Gehalt an CO_2, CO, H_2[3]) und O_2 zu untersuchen, ferner ist die Menge unverbrannter Stoffe, C und C_mH_n festzustellen; zuletzt wird auch der Wassergehalt bestimmt.

CO_2, CO und O_2 werden in sog. Rauchgasanalysatoren (Orsat-Apparaten) untersucht. Es werden hierbei 100 Raumteile der Rauchgase, die auf die Temperatur der Meßflüssigkeit abgekühlt sind, mit der Meßflüssigkeit in Berührung gebracht. Je nach der Flüssigkeit wird CO_2, CO oder O_2 absorbiert. Bei der Absorption mit 100 Raumteilen des Gases gibt die Raumverminderung

---

[1]) Feuerungstechnik 11. Jg., Nr. 3: Die Bestimmung des Feuchtigkeitsgehaltes von Generatorgas, von *Maase*.

[2]) Technische Messungen, Abschnitt: Gasanalse von *Gramberg*. Julius Springer, Berlin.

[3]) Feuerungstechnik 11. Jg., Heft 16, 1923: Über die Bestimmung des Wasserstoffes im Generatorgas, von *Wilhelm*.

den Prozentgehalt des absorbierten Gases an. In Fig. 335 und 336 sind zwei
Apparate für die Messung von zwei Gasen und in Fig. 337 ein solcher für die
Messung von drei Gasen dargestellt.

Zur Absorption der Gase nimmt man für Kohlensäure Ätzkali oder Ätznatron, und zwar 1 Gewichtsteil Ätzkali auf 2 bis 3 Gewichtsteile Wasser; bei
Ätznatron nimmt man eine etwas weniger konzentrierte Lösung. Die Kalilauge hat etwa 1,24 bis 1,32 spez. Gewicht.

Für Kohlenoxyd benutzt man Kupferchlorür, das in Salzsäure oder Ammoniak gelöst ist. Bei der Absorption wird jedoch Salzsäure oder Ammoniak
frei. Salzsäure muß in Kali-
lauge, Ammoniak in verdünnter Schwefelsäure absorbiert
werden, ehe man zur Bestimmung des Restes der Verbren-

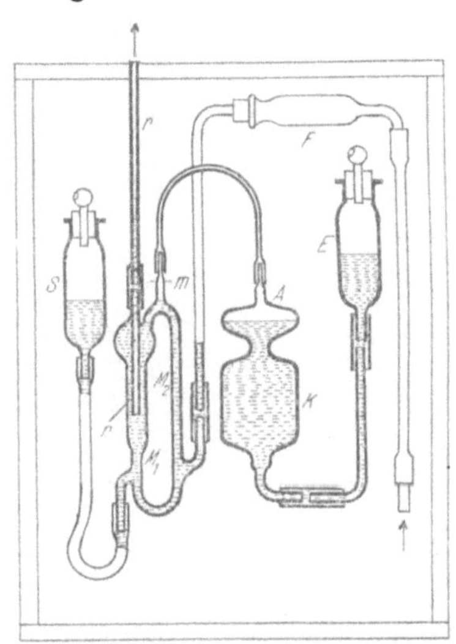

Fig. 335. Orsat-Apparat.

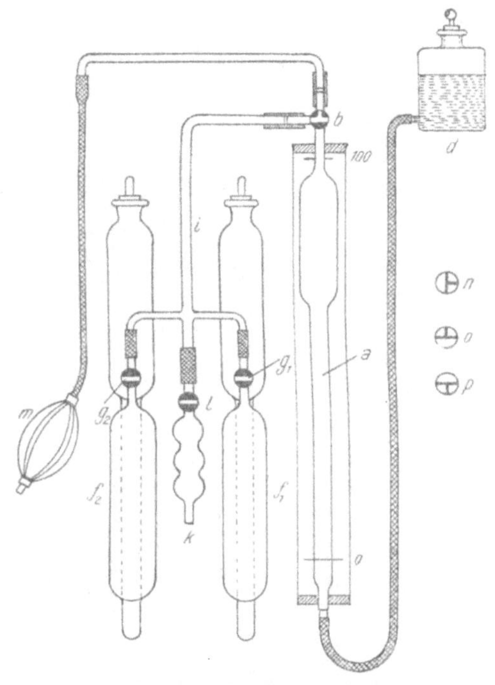

Fig. 336. Orsat-Apparat, Bauart *Fuchs.*

nungsgase schreiten kann. Sauerstoff kann in verschiedenen Lösungen absorbiert werden: 15 g Pryogallussäure werden in 30 ccm heißem Wasser gelöst. Nach dem Erkalten werden 80 ccm Kalilauge vom spez. Gewicht 1,24
zugesetzt. Neben diesem gebräuchlichsten Mittel findet sich auch eine
Lösung von Eisenchlorür oder Ferrosulfat in Kaliumtartrat, weiterhin wird
Natriumnitrit in Kobaltchlorür- oder Kobaltsulfatlösung gelöst.

Die hier erwähnten Apparate werden von Hand bedient.

Um stetig eine Kontrolle der Rauchgase zu haben, verwendet man selbsttätige Gasanalysatoren. Der Gasstrom wird stetig dem Feuerzeuge entnommen
und dem Analysator zugeführt. Dann erfolgt selbsttätig eine Messung. Einen
neueren Apparat dieser Art zeigt Fig. 339. Der Apparat ist kräftig gebaut gegenüber den Orsat-Apparaten, die eine sorgfältige Handhabung beanspruchen.

Statt dieser periodischen Messung kann man auch einen Aspirator während einer bestimmten Betriebszeit, etwa 4 oder 8 Stunden, durch Wasserentleerung mit Heizgasen füllen und dann eine durchschnittliche Probe nehmen.

Außer der Volumveränderung der Gase kann auch die absorbierte Menge durch die infolge der Absorption der Gase entstandene Wärme gemessen werden. Die Apparate heißen Thermoskope. Fig. 338 zeigt einen solchen Apparat für Kohlensäure.

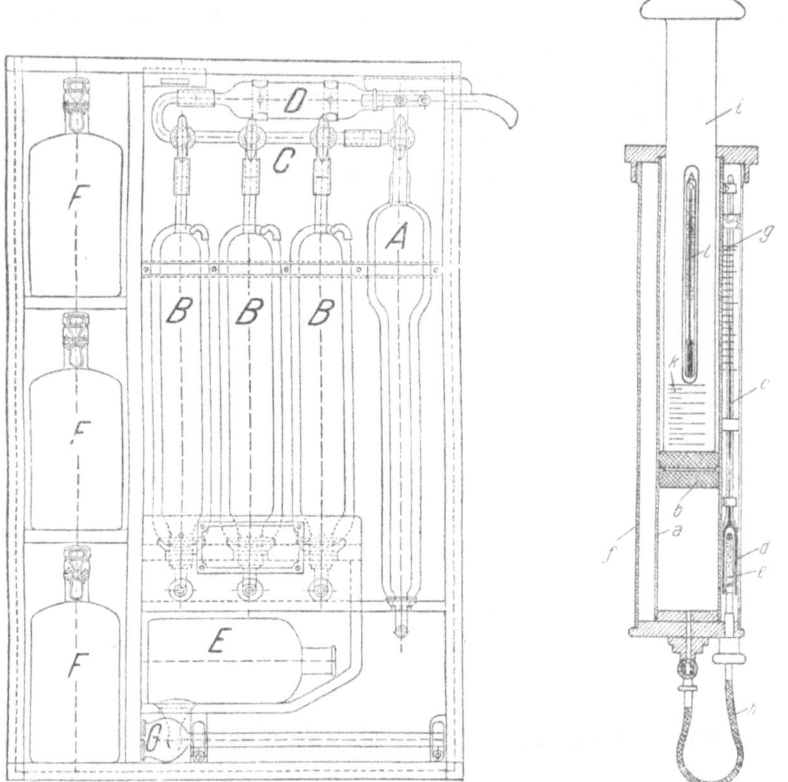

Fig. 337. Orsat-Apparat, Bauart *Schmitz.*

Fig. 338. Kohlensäurethermoskop.

Da die entwickelte Wärmemenge der chemischen Massenumsetzung proportional ist, solange keine merkliche Dissoziation, die hier nicht vorliegt, eintritt, so ergibt die Temperaturerhöhung direkt ein Maß für die Menge der absorbierten Kohlensäure.

Der Ökonograph (Patent *Hartung-Hallwachs*) der *Allgemeinen Feuerungstechnischen Gesellschaft m. b. H.*, Berlin W 9, Köthenerstr. 22 ist ein automatisch arbeitender Absorptionsapparat. Durch eine hydraulische Gaspumpe wird fortlaufend eine Probe entnommen, welche durch eine Absorptionsflüssigkeit gedrückt wird und die auftretende Volumverminderung automatisch aufzeichnet. Das Schema des Apparates ist in Fig. 340 zu ersehen. Bei 3 strömt das Gas zu, bei 7 ab. Durch 68 und 67 wird die Probe entnommen und in das Absorptionsgefäß 94 gegeben. Die nicht absorbierten Gase heben die Glocke 26,

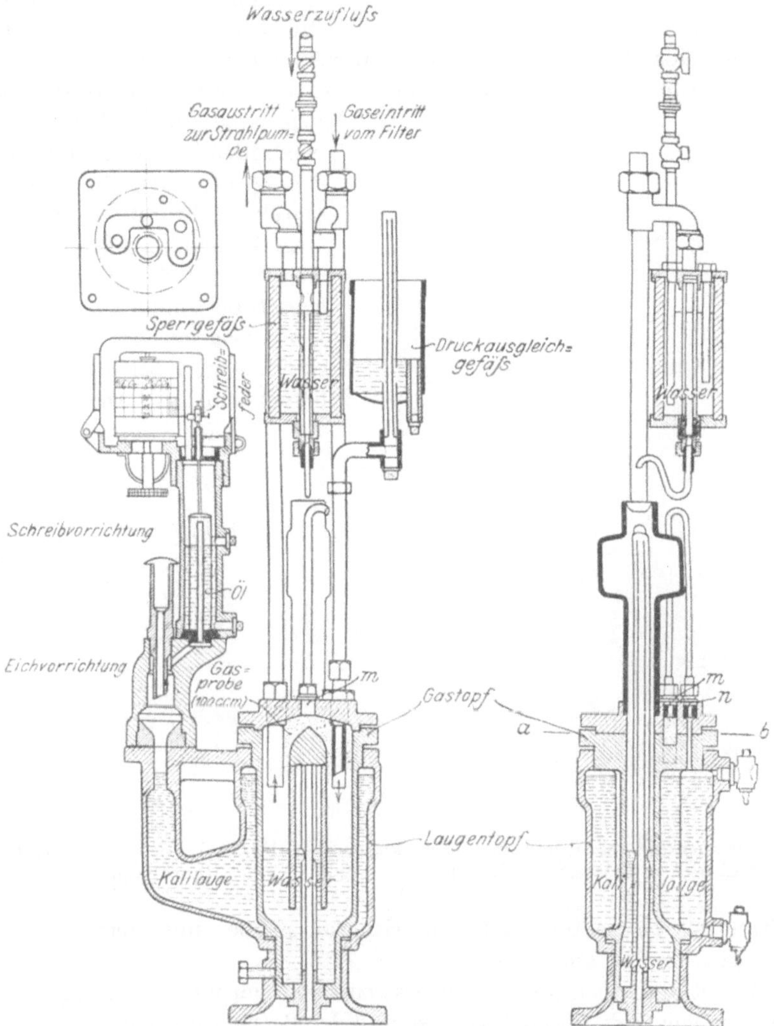

Fig. 339. Aci-Apparat der *Gesellschaft für Kohlenersparnis* in Köln a. Rh.

die das Schreibwerk betätigt. 9 ist ein Wasserzufluß, der regulierbar ist und damit die Arbeitsgeschwindigkeit des Apparates bestimmt.

Die Bestimmung von CO, C_nH_m und H_2 findet außer der schon berührten Absorption sicherer durch Verbrennung statt, wobei dann entweder die entstehende Wärme oder die Volumveränderung gemessen wird. Bei Anwesenheit von H_2 außer CO kann die Volumänderung nur bei Drücken über der Siedetemperatur des Wassers zur Messung herangezogen werden. Die Zündung erfolgt meist durch einen Induktorfunken oder durch Katalysatoren und eine Heizkammer. Ein Apparat mit Induktorfunken ist das Uniongaskalorimeter, ein Apparat zweiter Art der Doppelapparat-Ökonograph für CO_2 und CO.

Bei dem Apparat von Prof. *Strache*, ausgeführt von *W. H. Joens & Co.*, Komm.-Ges., Düsseldorf, tritt an Stelle einer Absorptionsflüssigkeit ein festes Absorptionsmittel. Mittels einer Pumpe wird ein bestimmtes Gasvolumen angesaugt und dann durch Niederdrücken des Kolbens in das Absorptionsgefäß gedrückt. Durch Absorption entsteht eine Druckabnahme, aus welcher dann der Kohlensäuregehalt bestimmt werden kann. Die Variation des Barometerstandes wird bei dem Apparat berücksichtigt. Das Absorp-

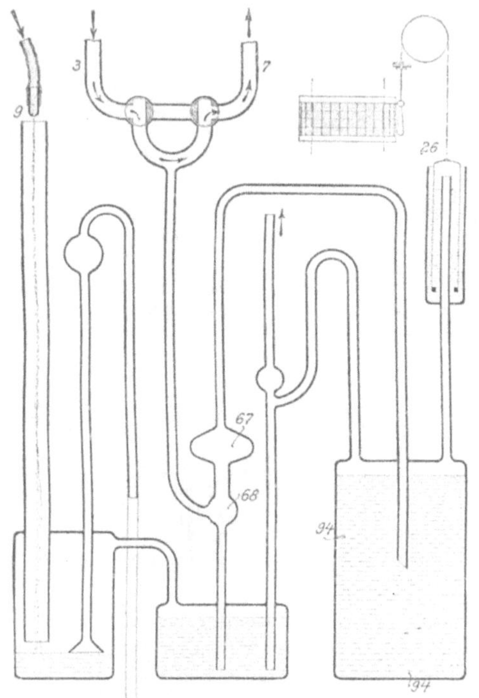

Fig. 340. Ökonograph der *Allgemeinen Feuerungstechnischen Gesellschaft*, Berlin.

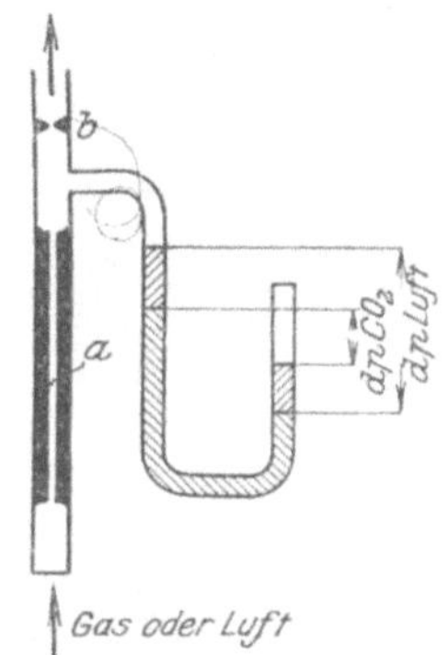

Fig. 341. Prinzip des *Union-*Rauchgasprüfers.

tionsmittel ist gelöschter Kalk in Hirsekorngröße und reicht für ca. 1000 Untersuchungen aus.

Wichtig ist, daß auch die Rauchgasapparate dauernde Anzeige geben und die Anzeigen sich registrieren lassen, so daß der Betriebsleiter jederzeit in der Lage ist, den Verbrennungsprozeß zu prüfen.

An Stelle der Absorptionsflüssigkeiten sind bei neueren Apparaten der Gasanalyse andere Eigenschaften des Gases getreten. Im nachstehenden seien einige Haupttypen erwähnt.

Der Apparat der *Union Apparatebau-Gesellschaft* in Karlsruhe i. B. beruht auf dem Prinzip, daß Kohlensäure schwerer als Luft, jedoch weniger zäh als Luft ist. Wenn man durch eine Röhre nach Fig. 341 Gas oder Luft strömen läßt, so strömt durch die Kapillare bei a kohlensäurehaltige Luft schneller aus als reine. Die bei b abgesaugte Gasmenge mit dem Druck p erzeugt dann in der U-förmigen Röhre bei Kohlensäuregehalt eine kleinere Depression. In dem Apparat wird nun diese verschiedene Depression in zwei kreisförmig gebogenen Röhren bei Luft und bei Rauchgas vermittels eines Zeigers zur Anzeige gebracht.

Ein Kohlensäureprüfer, der ebenfalls auf dynamischen Prinzipien beruht, ist der *Ranarex*-Rauchgasprüfer der *Allgemeinen Elektrizitätsgesellschaft*, Berlin. Er beruht auf dem Prinzip des verschiedenen spez. Gewichtes von Luft und Rauchgasen. Das Prinzip des Apparates ist in Fig. 342 dargestellt.

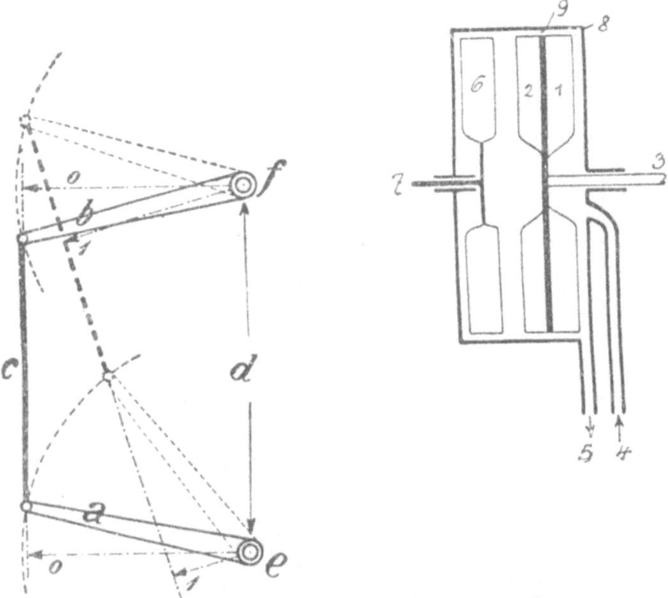

Fig. 342. *Ranarex*-Rauchgasprüfer der *Allgemeinen Elektrizitäts-Gesellschaft*, Berlin.

In der Gasdruckkammer 8 tritt bei 4 das Gas ein und bei 5 aus. Die Welle 3 wird von außen angetrieben. Saugflügel 1 und Treibflügel 2 bewirken dauernd den Zustrom frischen Gases durch den Schlitz 9 nach der Meßkammer, die ein Förderabteil und ein Meßabteil hat. Der Treibflügel 2 versetzt das Gas in ein aerodynamisches Drehfeld, welches vom Flügelrad 6 aufgefangen wird und dessen Bewegungsenergie verzehrt, indem es die Welle 7 dreht. Das Drehmoment dieser Welle ist proportional dem spez. Gewichte des durchströmenden Gases. Es werden nun um c und f je eine solche Meßkammer, die eine mit Luft, die andere mit Rauchgas betrieben, gelegt. Die Hebelenden der Wellen 7 sind durch die Stange c, die kürzer ist als der Abstand der zwei Meßradachsen, miteinander verbunden. Die Ausschläge der Hebel, die verschieden sind, beeinflussen sich so lange, bis beide Drehmomente gleich sind. Die hierdurch bedingte Stellung wird durch einen Zeiger angezeigt.

Die Antriebskraft der Räder selbst ist ca. 25 Watt, wobei bei

reiner Luft . . . . 350 g/cm

Rauchgas mit 10 Proz. CO_2 . . . . 365 „

„ „ 20 „ „ . . . . 380 „

Drehmoment erzeugt werden. Der Apparat arbeitet also ganz zuverlässig.

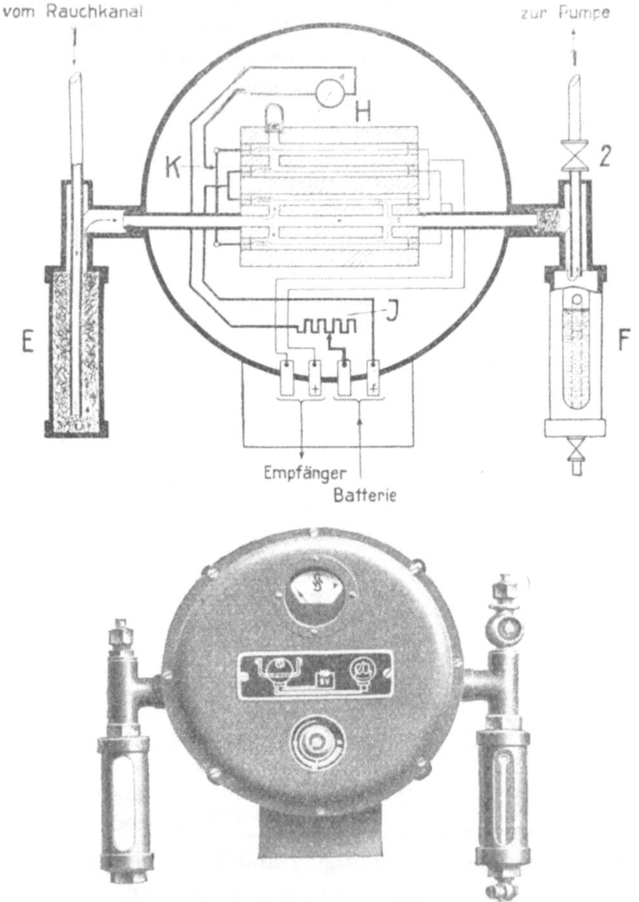

Fig. 343. Meßanordnung und Schaltbild des elektrischen CO_2-Messers der *Siemens & Halske A.-G., Wernerwerk*, Siemensstadt bei Berlin.

Auf dem Prinzip des unterschiedlichen Wärmeleitungsvermögens verschiedener Gase beruht der *Siemens*-Rauchgasprüfer (CO_2-Messer). In einem Metallblock, Fig. 343, sind 4 Bohrungen, die mit dünnen Platindrähten durchspannt sind. Durch 2 Bohrungen fließt das Rauchgas, 2 Bohrungen enthalten Luft. Durch eine kleine Batterie werden die Drähte erhitzt. J ist ein Regulierwiderstand, H ein Strommesser. Infolge des verschiedenen Wärmeleitvermögens von Luft und Rauchgas ist der Widerstand in den Drähten der Rauchgas- und der Luftbohrungen verschieden. Dieser Widerstand wird nach Schaltung der *Wheatstone*schen Brücke gemessen. Die Doppelbohrungen sind mit Rücksicht auf größere Empfindlichkeit gewählt. Der Meßstrom ist 0,35 Amp. bei ca.

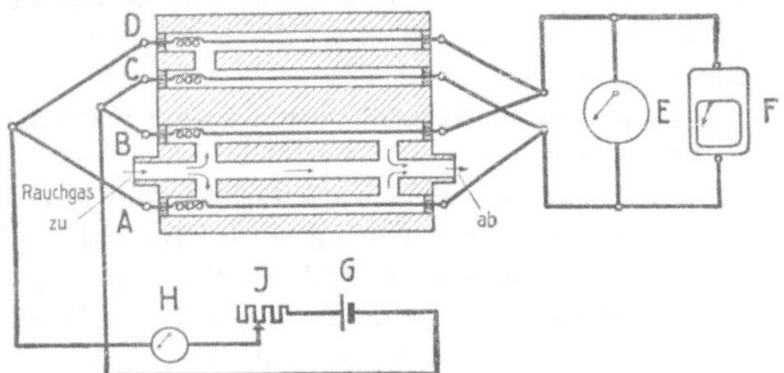

Fig. 344. Elektrischer CO-Messer der *Siemens & Halske A.-G., Wernerwerk,* Siemensstadt bei Berlin.

6 Volt. Aus dem geringen Strom ist es ersichtlich, daß man es nur mit geringer Übertemperatur zu tun hat.

Wenn man nun ein Gasgemisch, das noch brennbare Bestandteile, also CO und H_2, sowie wie bei allen Rauchgasen auch freien O_2 enthält, an einem

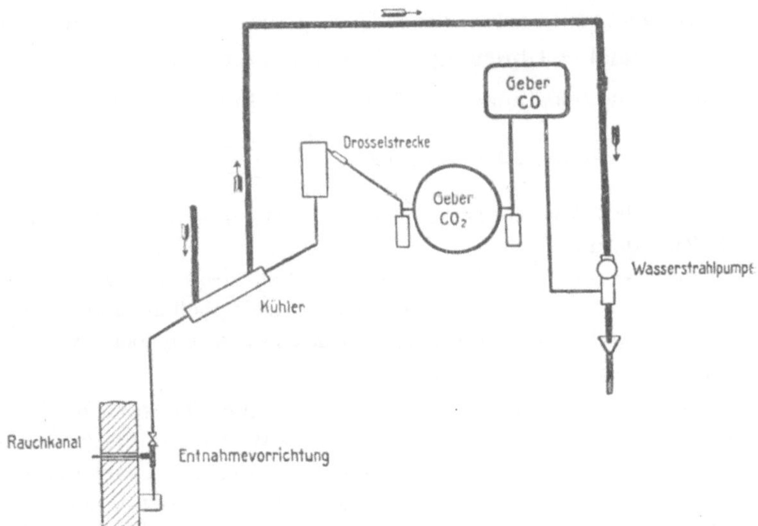

Fig. 345. CO_2- und CO-Messer der *Siemens & Halske A.-G., Wernerwerk,* Siemensstadt bei Berlin.

glühenden Drahte vorbeileitet, so wird von einer gewissen Drahttemperatur ab im Gasgemisch Verbrennung von CO und H_2 zu CO_2 und H_2O erfolgen. Bei Platindraht findet infolge katalytischer Wirkung dieser Vorgang schon bei etwa 450° statt; die Verbrennung erhöht dann die Temperatur des Drahtes, und zwar um so mehr, je mehr verbrennbare Stoffe im Rauchgas noch enthalten sind. Auf diesem Prinzip beruht der elektrische CO-Messer der *Siemens & Halske A.-G.*, *Wernerwerk*, Siemensstadt bei Berlin. Eine Abbildung eines solchen Apparates, der dem vorigen ganz ähnlich ist, zeigt Fig. 344. Die Platindrähte sind hier viel stärker und kürzer. Der Anschluß des Apparates kann direkt an ein Leitungsnetz erfolgen, wenn erwünscht. Beide Apparate lassen sich bequem kuppeln, wie Fig. 345 zeigt.

Der Wassergehalt wird durch Absorption mit fester Kalilauge oder Kondensation auf $0°$ festgestellt.

Die Rauchgasanalyse ist das wichtigste Mittel für die Prüfung der Güte der Verbrennung. Bei keiner Feuerung sollte ein Rauchgasprüfer, wenigstens zur Bestimmung von Kohlensäure, fehlen. Wenn angängig, soll neben Kohlensäure die Gegenprobe auf Sauerstoff und auf Kohlenoxyd gemacht werden. Erst dann läßt sich die Güte der Verbrennung, Luftzufuhr und Höhe der Brennstoffschicht beurteilen und das zweckmäßige Maß des Zuges festlegen.

9. Zeiten.

Zeiten werden mit Uhren gemessen. Taschenuhren sind am gebräuchlichsten. Für technische Messungen genügen ganze Sekunden. Bei länger dauernden Messungen, etwa 4 Stunden und mehr, muß man den täglichen Gang δu der Uhr berücksichtigen, besonders wenn verschiedene Beobachter bei einer Untersuchung mit verschiedenen Uhren messen. Die Beziehungen sind:

$$\text{Sollstand} = \text{Uhrenangabe } U + \text{Uhrstand } \Delta u.$$

Sind τ_2 und τ_1 die Sollstände am Ende und Anfang des Versuches, so ist

$$\text{der tägliche Gang } \delta u = \frac{\Delta u_2 - \Delta u_1}{\tau_2 - \tau_1}.$$

Zu bemerken ist, daß Ankeruhren gegen Erschütterungen weniger empfindlich sind als Zylinderuhren.

Genaue Zeiten werden mit Stoppuhren und elektrischen Uhren gemessen, die alle Sekunden einen rasch laufenden Papierstreif lochen, und bei denen die fragliche Zeit durch einen besonderen Druckkontakt gelocht wird.

10. Längen, Flächen, Volumen.

Längen werden mit geeichten Maßstäben gemessen. Es kann bis $^1/_{10}$ mm bei Millimeterteilung abgelesen werden. Genauere Messungen werden mit dem Vergrößerungsglas abgelesen oder die Maßstäbe werden mit Nonien versehen.

Flächen[1]) werden durch Unterteilung in Rechtecke oder Quadrate ausgemessen. Die an der Begrenzungskurve übrigbleibenden Figuren sind als Dreiecke oder Trapeze auszuwerten. Die mechanische Flächenmessung, besonders von Indikatordiagrammen, erfolgt auch durch Planimeter. Man unterscheidet:

Polarplanimeter und

Kompensations- sowie Kugelplanimeter.

---

[1]) Praktische Analysis, Abschnitt: Mechanische Quadratur, von *von Sanden*. B. G. Teubner, Leipzig.

Die Polarplanimeter sind zur Bestimmung von Flächen bei Pol außen auf $^1/_{300}$ genau. Es ist zweckmäßig, nach einer gewissen Zahl Messungen die Tourenzahl der Einheitsfigur zu prüfen. Fig. 346 zeigt schematisch die Verwendung des Polarplanimeters.

Die Kompensations- sowie die Kugelplanimeter vermeiden die sog. Rollenschiefe. Sie sind bedeutend besser. Die größere Genauigkeit der Messung kommt gegenüber den anderen technischen Fehlerquellen nicht in Betracht.

Volumina werden bei einfachen Formen durch Rechnung ermittelt. Ist die Form nicht genau mathematisch festzulegen und zu berechnen, so werden feste, flüssige und gasförmige Körper, letztere zwei in Gefäße eingeschlossen, gewogen und unter Berücksichtigung des bekannten spez. Gewichts und der Gewichte der Umhüllung berechnet. Bei mangelnder Kenntnis der spez. Gewichte kann auch die Volumverdrängung beim Eintauchen in Wasser, Petroleum usw. und der evtl. Gewichtsverlust hierbei zur Berechnung dienen. Hohlkörper werden durch Füllen mit Wasser und Bestimmung der eingefüllten Wassermenge geeicht.

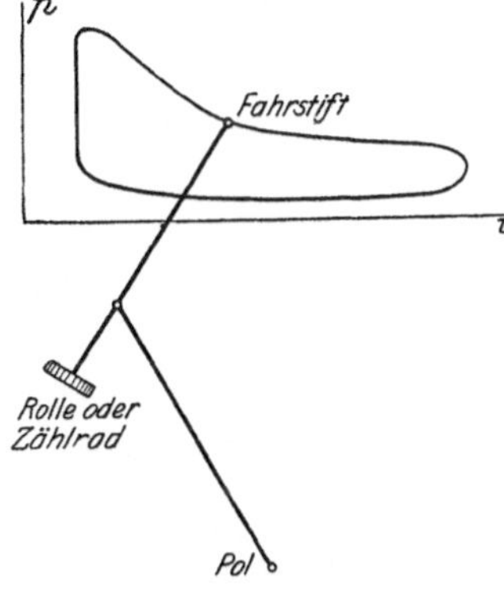

Fig. 346. Polarplanimeter.

Was nun die in den vorerwähnten Punkten angegebenen Messungen anbelangt, so können dieselben entweder in gewissen Zeitintervallen von Hand ausgeführt werden, so daß man den zu einem gewissen Zeitpunkt vorhandenen Zustand bestimmt, oder es wird ein Mittelwert durch stetige Probenahme bestimmt, um dann durch Untersuchung der Probe das mittlere Resultat zu bestimmen. Bedingung ist dabei, daß der Vorgang stetig mit gleichförmiger Geschwindigkeit oder in gleichen Perioden sich vollzieht.

Endlich lassen sich an den Apparaten Registrier- und Schreibvorrichtungen anbringen, die enweder in kurzen Zeitabschnitten oder stetig den Vorgang aufzeichnen. In diesem Falle ergibt sich ein anschauliches Bild des ganzen Vorganges; aus der Veränderung der aufgezeichneten Ordinaten läßt sich auf die bei den Vorgängen auftretenden Einflüsse schließen. Die Integration kann nur geschehen, wenn die Bestimmungsproportional der Diagrammhöhe h ist, andernfalls ist ein Integrationsdiagramm umzuzeichnen gemäß der Gleichung $s = f(h)$.

Bei großen Anlagen, die wegen ihrer Weitläufigkeit dem einzelnen keine Übersicht erlauben, sind Registrierapparate zur dauernden stetigen und gleichmäßig intermittierenden Kontrolle nötig. Wichtige Beobachtungen sind mittels Fernregistriervorrichtung in einem Zentralbureau zu melden. Daneben sollen bei großen Anlagen stets auch Apparate für Einzelmessung vorhanden sein, die einerseits die Dauerapparate in ihren Angaben kontrollieren, andererseits zur Aufsuchung evtl. Fehler an jeder Stelle angeschlossen werden können.

Kleine Anlagen sollen zum allermindesten Zugmesser besitzen. Orsatapparate für Einzelmessung sowie Thermometer oder Pyrometer für Temperaturmessung dürfen nirgends fehlen. Man weist oft auf die Kosten dieser Apparate hin. Wenn man jedoch bedenkt, daß man bei ganz kleinen Verbrennungsanlagen für industrielle Öfen oder für Dampfkessel bei richtiger Verbrennung 10 bis 15 Proz. Kohlen ersparen kann, so machen sich die Apparate schon in einem Jahre bezahlt. Außerdem ist die rationellste Ausnutzung der Brennstoffe ein volkswirtschaftliches Gebot; eine Unterlassung dieser einfachen Kontrolle ist unzulässig.

Was nun den Gebrauch der Apparate anbelangt, so gehört immer eine gewisse Übung dazu; sie muß erlangt werden im Interesse wirtschaftlicher Verwendung der Brennstoffe. Bei der Auswahl kommt es sowohl auf die Sorgfalt an, mit der der Apparat ausgeführt ist, als auch auf das Prinzip, nach dem er konstruiert ist, und auf den Zweck, zu dem er gebraucht wird.

9. Verbindung der verschiedenen Energiequellen.

Wärmeanlagen dienen zur Erzeugung mechanischer Energie, zu Koch- und Heizzwecken, Schmelzzwecken, Glühzwecken, Trockenzwecken usf. Andere Energieanlagen, besonders die aus Wasserkräften, dienen zur Abgabe mechanischer oder elektrischer Energie. Die übrigen in der Natur vorkommenden Energiequellen: Sonnenstrahlung, Wind, Ebbe und Flut sowie die Strahlungsenergie der Materie sind nur wenig ausgenützt. Daher findet sich meist die Kupplung von Wärmeanlagen mit Wasserkraftanlagen, mechánisch oder elektrisch, manchmal auch die Kupplung mit Windkraftanlagen.

Die Wasserkraftanlagen wechseln in ihrer Energieabgabe mit der Jahreszeit. Innerhalb einer Spanne von 24 Stunden ist sie ziemlich konstant. Für technische Zwecke wird während des Tages der größte Teil der Energie verbraucht. In den Morgenstunden und Abendstunden wird Energie für Beleuchtungszwecke benötigt. Von etwa 10 Uhr abends bis 7 Uhr morgens sind nur wenige Fabriken, die Energie entnehmen, sowie wenige Anlagen für Beleuchtung und evtl. elektrische Heizung vorhanden. In dieser Zeit muß die überschüssige elektrische Energie der Wasserkraftanlagen zur Entlastung von Brennkraftanlagen benutzt werden. Das kann durch verschiedene, schon erwähnte Mittel geschehen. Die elektrische Energie dient zum Betrieb von Pumpen, welche Wasser in ein Hochreservoir pumpen. Dieses Hochreservoir speist entweder eine Wasserleitung oder es ist eine Talsperre, die bei Tag Strom abgibt. Eine weitere Anwendung ist die Umsetzung der überschüssigen Energie in Wärme. Diese Wärme dient zum Vorwärmen von Wasserleitungswasser im Winter oder zur Erzeugung von heißem Wasser oder Dampf in Dampfkesseln oder in Wärmespeichern. Diese bei Nacht oder an Ruhetagen aufgespeicherte Energie in Wärmeform braucht nicht durch Brennmaterial erzeugt zu werden. Es ist dabei zu berücksichtigen, daß diejenige Energiemenge, die auf diese Weise in Wärme umgesetzt wird, abgesehen von Wartung, Schmierung und Abnutzung, kostenlos geliefert wird, d. h. die Verzinsung und Amortisation der Anlage ist nicht voll in den Strompreis einzusetzen. Wird sie jedoch in Rechnung gestellt, so kann die bisherige produktive Energiemenge geringer bewertet werden.

Die Abgabe der überschüssigen Energie erfolgt entweder an dampfelektrische Zentralen oder an Einzelverbraucher. Besonders auch für Zentralheizungen von Häuserblocks oder Fabriken dürfte die Wärmeerzeugung während der Nachtzeit aus überschüssiger elektrischer Energie in Kesseln oder Wärmespeichern zu empfehlen sein. Viele Fabriken haben keine eigene Kraftanlage mehr, sie beziehen ihren Strom aus einer Zentrale. Während der Heizperiode ist es dann nötig, einen oder mehrere Kessel zu heizen, die nur für Heizungszwecke dienen und den Dampf vorher nicht durch Kraftentnahme entspannen. Die hier aufgewendeten Kohlenmengen können durch das nachts nutzlos zu Tale laufende Wasser erspart werden. Welche Gewinne hierbei erzielt werden können, möge nachstehendes Beispiel zeigen.

Ein Wasserkraftelektrizitätswerk habe im Winter, d. h. von Oktober bis März, durchschnittlich 2000 kW = 2600 PS per Stunde abzugeben. Die Belastung des Werkes ist folgende:

Belastung in kW im	Oktober u. März	November u. Februar	Dezember u. Januar
12^{00} bis 5^{59}	700	800	900
6^{00} „ 11^{59}	1000	1800	1900
12^{00} „ 1^{30}	1000	1000	1000
1^{30} „ 4^{29}	1800	1800	1900
4^{30} „ 5^{59}	2000	2000	2000
6^{00} „ 10^{29}	1400	1500	1700
10^{30} „ 11^{59}	700	800	900

Es stehen daher an Überschußenergie zur Verfügung, wenn Sonntage wie Werktage gerechnet werden.

im Oktober . . . . pro 24 Stunden 14 450 kW
„ November . . . . „ 24 „ 13 250 „
„ Dezember . . . . „ 24 „ 10 600 „
„ Januar . . . . „ 24 „ 10 600 „
„ Februar . . . . „ 24 „ 13 250 „
„ März . . . . „ 24 „ 14 450 „

Damit kann an Wärme erzeugt werden, wenn man annimmt, daß 1 kW-St. = 770 kcal erzeugt ($\eta = 0,89$; es gibt Ausführungen mit $\eta = 0,97$):

im Oktober . . . . pro 24 Stunden 11 126 500 kcal
„ November . . . . . . „ 24 „ 10 202 500 „
„ Dezember . . . . . „ 24 „ 8 162 000 „
„ Januar . . . . 24 „ 8 162 000 „
„ Februar . . . . „ 24 „ 10 202 500 „
„ März . . . . „ 24 „ 11 126 500 „

Daher werden im ganzen Monat, zu 30 Tagen gerechnet, an Brennstoff erspart unter der Annahme, daß zur Heizung Koks von 6500 kcal verwandt wird und der Wirkungsgrad des Kessels zur Dampferzeugung 65 Proz. beträgt, ca.:

im Oktober . . . . 33 380 kg Koks
„ November . . . . 30 600 „ „
„ Dezember . . . . 24 485 „ „
„ Januar . . . . 24 485 „ „
„ Februar . . . . 30 600 „ „
„ März . . . . 33 380 „ „

Neben der Erzeugung von Wärme für Heizungszwecke kann jedenfalls in vielen Orten die Eliminierung unrationeller kleiner Dampfanlagen, z. B. in Färbereien, Gerbereien usw., dadurch erreicht werden.

Was nun die Kraftanlagen mit Verwendung beliebiger Brennstoffe anbelangt, so verteilt sich die erzeugte Energie in folgende Teile:

1. Kraftbedarf von Wärmekraftmaschinen zum Betrieb von Arbeitsmaschinen, Aufzügen, Kälteerzeugung, Transportanlagen und Beleuchtung;
2. Wärmebedarf für Fabrikationszwecke durch Verwendung von Kochdampf, Heißwasser, Heißluft, Heizgasen und Heizflüssigkeiten.
3. Wärmebedarf für Raumheizungszwecke.

An früherer Stelle ist eine Zusammenstellung gegeben, wie sich der Kraft- und Wärmebedarf auf die einzelnen Industriezweige verteilt.

a) Ist der Kraftbedarf vorherrschend, so kann der Wärmebedarf bei Dampfmaschinen, Dampfturbinen sowie Motoren aus der Abwärme dieser Maschinen gewonnen werden; außerdem ist Abwärme noch übrig.

b) Bei einer Anzahl von Industrien ist der Kraftbedarf so groß, daß die dabei entstehende Abwärme gerade voll verwendet wird.

c) Bei dem dritten Teile der Industrien überwiegt der Wärmebedarf. Die Abwärme des Kraftbedarfs reicht nicht aus, es muß noch direkte Wärme zugeführt werden.

Unter a) reihen sich sämtliche elektrische Zentralen ein; diese sind bis jetzt nur zur Abgabe von Kraft bestimmt; die Abgabe von Wärme tritt nur vereinzelt hervor. Da nun diese Werke riesige Abwärmemengen haben, so müssen sie dafür Verwendung finden. Die Anlage von Fernheizwerken zur Abgabe von Koch- und Heizwärme ist überall zu erstreben.

Weiterhin gehören hierher viele Kraftwerke in Fabriken, besonders Maschinenfabriken. Die Abwärme kann neben der Heizung der eigenen Fabrikräume an benachbarte Industrien, wie kleinere Färbereien oder Gerbereien, zu industriellen Zwecken, oder an Fabriken und Wohnräume zu Heiz- und Kochzwecken abgegeben werden. Ob dabei niedergespannter Dampf, evtl. bis 3 Atm bei Gegendruckmaschinen, oder heißes oder warmes Wasser fortgeleitet wird, hängt von den jeweiligen Bedürfnissen ab.

Auch Gaswerke können hier als Kraftwerke, Erzeugung von Gas, aufgefaßt werden. Der Verwendung der Abwärme von Öfen steht nichts im Wege.

Die Weiterleitung der Wärme in Form von Abgasen dürfte sich wegen der Verschmutzung der Leitungen, der hohen Temperatur der Abgase und der Erosion der Leitungen kaum empfehlen. Es ist stets der Weg über Dampf oder Heißwasser zu wählen.

Die Werke unter b), bei denen bei richtig bemessener Kraftanlage und rationeller Ausnützung des Dampfes oder Brennstoffs in der Dampfkraftmaschine oder im Motor noch so viel Abwärme übrigbleibt, daß die Fabrikations- und Heizwärme gerade gedeckt wird, sollten grundsätzlich nicht an eine Zentrale angeschlossen werden, wenn sie von dort nur Kraft und keine Fabrikationswärme beziehen.

Werke, die, wie unter c), mit der eigenen Abwärme nicht ausreichen, sind, sofern es die Verhältnisse gestatten, so auszuführen, daß sie die überschüssige Kraft an eine Zentrale abgeben können.

Bei diesen Überlegungen ist zu berücksichtigen, daß nach der jeweiligen Fabrikationsart und besonders nach der Belastung der Fabrik und nach der Jahreszeit sich die Verhältnisse zwischen Kraft- und Wärmebedarf verschieben.

Im Sommer, wenn nirgends Raumheizung benötigt wird, ist das Verhältnis Kraftbedarf : Wärmebedarf im Höchstfall 1 : 0, im Winter stets kleiner.

Wie die Maschinen, ob reiner Dampfbetrieb oder reiner Motorbetrieb oder gemischter Betrieb, gewählt werden, hängt von der Variation des Belastungsgrades, d. h. dem Verhältnis der abgegebenen Leistung zur normalen Maschinenleistung (= der Leistung des günstigsten Brennstoffverbrauchs) ab.

Für die verschiedenen Belastungsverhältnisse ist der spezifische Wärmeverbrauch, d. h. der Wärmeverbrauch für 1 PS_e-St., zu bestimmen. Aus dem Minimalwert des spezifischen Wärmeverbrauchs einer Maschine bestimmt man die normale Belastung. Bei Überschreiten der Normalbelastung oder bei Unterschreiten wird der spezifische Wärmeverbrauch stets höher.

Die Überlastbarkeit der Maschinen ist verschieden. Dampfmaschinen ertragen starke Überlastungen und geben bei allen Kraftmaschinen die geringste Steigerung des spezifischen Wärmeverbrauchs. Dampfturbinen sind etwas ungünstiger. Dieselmotoren ertragen nur geringe Überlastung, der spezifische Wärmeverbrauch steigt stark an. Sauggasmotoren ertragen fast gar keine Überlastung. Gasmotoren, Petrolmotoren mit Verpuffung ergeben geringe Überlastung bei starker Erhöhung des spezifischen Wärmeverbrauchs.

Ebenso ist die Unterbelastung zu beachten. In dieser Beziehung sind die Dampfmaschinen, dann die Dampfturbinen am günstigsten. Motore sind sehr ungünstig (S. 464 und 468).

Wenn eine Anlage normal belastet ist, so tritt meist morgens und abends infolge der Beleuchtungsbedürfnisse eine stärkere Belastung ein. Diese kann nun auf verschiedene Weise ausgeglichen werden. Ist sie nur gering, so läßt sich die Kraftmaschine überlasten. Bei großen Fabriken und besonders bei elektrischen Zentralen ist eine Überlastung der Maschine schon mit Rücksicht auf die Zeitdauer nicht angängig. Eine Unterbelastung der Maschinen den ganzen Tag über ergibt eine unrationelle Verwertung des Brennstoffes.

Bei Dampfanlagen ist man geneigt, diese Überlastung durch Inbetriebsetzen einer weiteren Dampfmaschine oder Turbine auszugleichen. Ob es dabei ausreicht, die Kesselbatterien zu forcieren, oder ob neue Kessel angeschlossen werden, ist in jedem einzelnen Fall zu entscheiden. Im letzteren Fall muß der Kessel schon unter Dampf gesetzt sein. Sein Brennstoffverbrauch während der Stillstandspause ist den übrigen Kesseln für die Normalleistung oder für den spezifischen Wärmeverbrauch für die Überlastungsmaschinen in Rechnung zu stellen. Es sei hier gleich angefügt, daß der Brennstoffverbrauch für Anheizen und Ruhepausen bei allen Kesseln oder Motoren für den spezifischen Wärmeverbrauch mit in Rechnung gestellt sein muß; sonst erhält man ein falsches Bild; es ergibt sich sonst beim Jahresabschluß eine gewisse Brennstoffmenge, die aus der Kraftmaschinenberechnung nicht zu ersehen ist.

Mit Rücksicht auf die Kesselbelastung und Kesselzahl ist deshalb zu erwägen, ob die Zusatzkraftmaschine nicht als Verpuffungs- oder als Gleichdruckmotor ausgeführt wird.

Rücksichten auf die Wahl der Maschine bestimmen die Fragen der Einheitlichkeit der Maschinen und der Beschaffungs- und Amortisationskosten. Welche Abschreibungssätze hier in Frage kommen, erhellt aus nachstehender Tabelle.

	Mittlere Lebensdauer Jahre	Abschreibung in Proz. des Anlagekapitals		
		Tagbetrieb	Tag- und Nachtbetrieb	periodischer Betrieb
Feste Gebäude	60	2 bis 4	2 bis 5	—
Fachwerksbauten	40	3 ,, 5	3 ,, 5	—
Dampfkessel, Vorwärmer	18	5 ,, 10	7,5 ,, 12	4 bis 7
Überhitzer, Wasserreiniger . . .	15	5,5 ,, 11	8 ,, 13	5 ,, 8
Kolbendampfmaschinen	22	4 ,, 10	5 ,, 12	3 ,, 5
Dampfturbinen	17	7 ,, 12	8 ,, 13	4 ,, 7
Dieselmotoren	15	8 ,, 12	12 ,, 15	7 ,, 9
Gasmotoren	14	8 ,, 12	12 ,, 15	8 ,, 9,5
Wasserturbinen	20	6 ,, 8	10 ,, 15	5 ,, 7
Wasserräder	20	7 ,, 9	10 ,, 16	6 ,, 8
Pumpen, Rohrleitungen	25	3 ,, 9	4 ,, 10	3 ,, 5
Kochkessel, Kufen	15	8 ,, 12	12 ,, 15	—
Heizanlagen	20	4 ,, 10	6 ,, 10	—
Dynamos, Motore	25	3 ,, 9	5 ,, 12	3 bis 5
Elektrische Akkumulatoren . . .	8	—	15 ,, 20	—
Bogenlampen	10	—	12 ,, 15	—
Wärme-Akkumulatoren (Dampf) .	15	—	8 ,, 13	—
Glasöfen	10	8 bis 12	12 ,, 15	—
Keramische Öfen	10	8 ,, 12	12 ,, 15	—
Chemische Heizapparate	12	8 ,, 12	12 ,, 15	—

Was nun die Wahl der normalen Maschinenbelastung anbelangt, so muß aus dem Arbeitsprogramm diese normale Belastung entwickelt werden. Sind schwere Arbeitsmaschinen, Pressen, Kollergänge usw. vorhanden, die intermittierend tätig sind, so muß auch deren Beschleunigung beim Anlauf in Rechnung gestellt werden. Es ist daher erforderlich, die Kraftmaschine in den Pausen dieser Maschinen stark unterlastet laufen zu lassen.

Die technische Prüfung dieser Frage wird durch eine kaufmännische ergänzt. Sie bezieht sich auf die Größe der Anlage, ihre Amortisierung und die Höhe der laufenden Betriebskosten. Die letzteren werden sich in der Hauptsache aus den Kosten des Brennstoffes zusammensetzen; Schmierung und Bedienung sind von geringerem Einfluß.

Wichtig ist ferner die Benutzungsdauer einer Anlage. Aus ihr ergibt sich der Ausnutzungs- und der Belastungsfaktor der Maschine. Es ist der

$$\text{Ausnutzungsfaktor} = \frac{\text{durchschnittliche Belastung} \times \text{jährliche Betriebszeit}}{\text{normale Belastung} \times 8760 \ (\text{resp. } 7200)} .$$

$$\text{Belastungsfaktor} = \frac{\text{durchschnittliche Belastung} \times \text{jährliche Betriebszeit}}{\text{normale Belastung} \times \text{jährliche Betriebszeit}} .$$

8760 Stunden sind volle Tag- und Nachtarbeit.

7200 Stunden sind 300 Arbeitstage à 24 Stunden.

Eine Betriebsverbesserung ergibt bei gleichbleibendem Wärmepreis eine proportionale Erhöhung des Ausnützungsfaktors (unter Berücksichtigung des Belastungsfaktors < 1 ist die Zahl geringer, ebenso bei Belastungsfaktor > 1). In welchem Verhältnis die Kapitalkosten für die Leistungseinheit bei bestimmter Durchschnittsleistung zu der Zunahme der Betriebszeit abnehmen, zeigt Fig. 347.

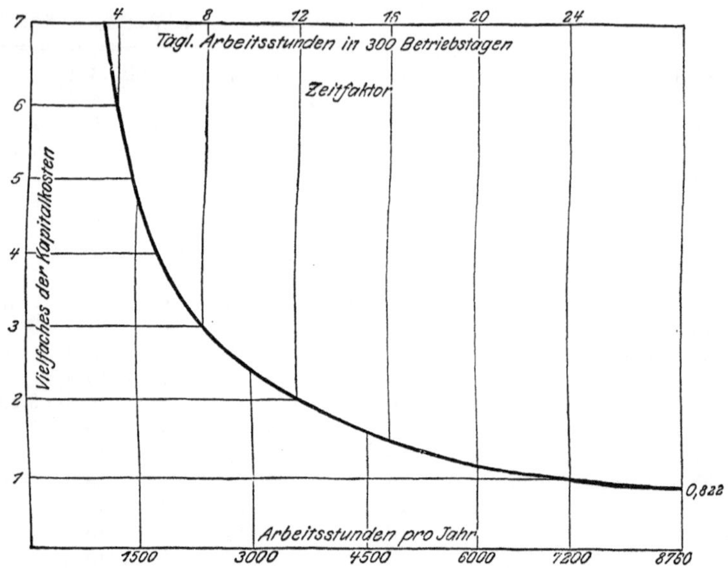

Fig. 347. Diagramm der Belastung.

Die Gesamtkosten für die Leistungseinheit sind zusammengesetzt aus:

Kapitalkosten,

Brennstoffkosten und

Kosten für Bedienung, Schmierung, Unterhaltung.

Die Kapitalkosten verringern sich pro Leistungseinheit mit der Betriebszeit;

die Brennstoffkosten verringern sich ebenfalls mit der Betriebszeit, und zwar bei Dampfkraftanlagen stärker als bei Motoranlagen;

die Kosten für Bedienung, Schmierung und Unterhaltung steigen etwas mit Vergrößerung der Betriebszeit infolge der teueren Nachtarbeit.

Die Wichtigkeit des Wärmespeichers und elektrischen Speichers, evtl. auch des Hochreservoirspeichers ist schon an andern Stellen, S. 293 u 355 usw. erwähnt. Ein Verfahren zur Aufspeicherung elektrischer Energie, das von Dr.-Ing. *Marguerre*, Mannheim, in der Zeitschrift Elektrotechnik und Maschinenbau, 51. Jg., Heft 14 beschrieben ist, sei hier noch erwähnt. Beispielsweise wird an ein Leitungsnetz ein synchroner Motorgenerator angeschlossen, der auf der einen Seite mit einer Dampfturbine, auf der anderen mit einem Dampfverdichter gekuppelt werden kann. Ferner sind 2 Speicher, für Hochdruck- und für Niederdruckdampf, vorhanden. Die Abdampfleitung der Dampfturbine und der Zuleitungsdampf des Dampfverdichters sind mit dem Niederdruckspeicher, die Frischdampfleitung der Dampfturbine und die Abdampfleitung für komprimierten Dampf des Dampfverdichters sind mit dem Hochdruckspeicher verbunden. Ist nun Energiemangel vorhanden, so arbeitet die Dampfturbine auf dem Hochdruckspeicher in den Niederdruckspeicher, indem sie elektrische Energie erzeugt und in das Netz speist. Ist Energieüberschuß vorhanden, so arbeitet das Netz durch den Motor-Generator als Motor auf den Dampfverdichter, der dann aus dem Niederdruckspeicher den Dampf in den Hochdruckspeicher zurückführt. Auf diese Weise kann der Ausgleich zwischen Mangel und Überschuß an elektrischer Energie ermöglicht werden. Es hindert nichts, zwei oder drei Speicher parallel zu schalten, so daß dieselben eine bedeutende Wärmekapazität besitzen.

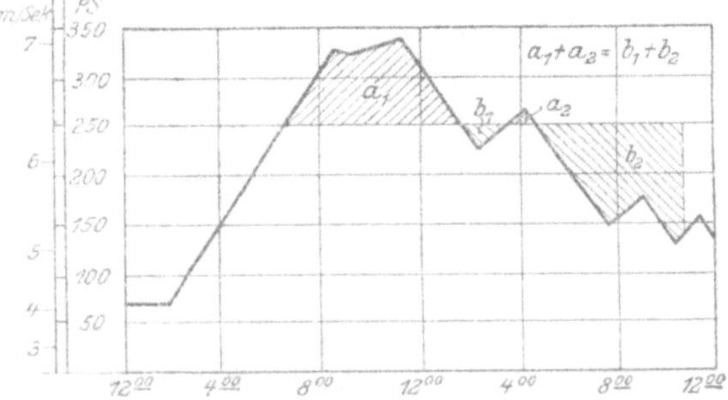

Fig. 348. Diagramm eines Windkraftwerkes.

Bei der Kupplung von Dampfkraftanlagen oder Verbrennungsmotoren mit Wasserkraftanlagen oder Windkraftanlagen sind auf die Eigenheiten der beiden letzten einzugehen. Während die Dampfkraftanlagen durch Zuschaltung oder Abschaltung von Kesseln und Maschinen jederzeit in ihrer Energieabgabe reguliert werden können, ist dies bei Wasser- und Windkraftanlagen nicht der Fall. Die einer Wasserkraftanlage zu entziehende Energie bleibt im allgemeinen während 24 Stunden ziemlich konstant, wechselt jedoch im Laufe eines Jahres sehr oft bedeutend. Wird also zu einer bestimmten Zeit eine gewisse Energiemenge verlangt, so muß sich die Dampfanlage den Verhältnissen anpassen, da man billigerweise der Wasserkraftanlage das Energiemaximum entzieht und nur die fehlende Energiemenge durch eine Dampfanlage oder Motoranlage deckt.

Bei einer Windkraftanlage wechselt die abzugebende Energie im Laufe eines Tages schon sehr stark[1]), es müßte also die Dampfanlage oder Motorenanlage, welche die zusätzliche Kraft ergibt, in ihrer Belastung stark schwanken. Um dies zu vermeiden, um nun einen guten Wirkungsgrad der Dampf- oder Motorenanlage zu erreichen, ist daher das Einschalten eines Wärmespeichers oder eines elektrischen Speichers unbedingt nötig. Auf dieser Grundlage dürfte

---

[1]) Zeitschr. des Ver. deutsch. Ing. Bd. 68, Nr. 8: Die Erforschung der Windverhältnisse, von *Rosenmüller*, und in derselben Nummer: Kritische Bemerkungen zur Windstatistik in Deutschland und zur Kenntnis vom Wasser bei Technikern, von *Keßner*; ferner: Die Winde in Deutschland, von *Aßmann*. Fr. Vieweg & Sohn, Braunschweig. In neuester Zeit kommt noch die Ausnützung des Magnus-Effektes durch die *Flettner*sche Erfindung an rotierenden Zylindern hinzu, siehe V. D. I. Nachrichten Nr. 48, 26. Nov. 1924 und Technische Rundschau, Wochenschrift des Berliner Tageblatts, Der *Flettner*-Rotor, von *Freudenberg*.

die Verwertung der Windkraft noch bedeutende Fortschritte erzielen können. Insbesondere käme die Beleuchtung und Kraftversorgung von Inseln dann auf zweckmäßige Basis. Man würde an geeigneten Stellen Windkraftwerke[1]) aufstellen, die entweder mit oder ohne Dampf- resp. Motoranlage auf einen Wärmespeicher durch Vermittlung der Elektrizität arbeiten. Auch ließe sich damit der ganze Heizbedarf decken.

Die Leistung einer Windkraftanlage ist

$$N = \frac{F \cdot v^3}{\alpha}$$

mit N als Zahl der Pferdestärken, F der von Wind gedrückten Fläche in qm, v der sekundlichen Windgeschwindigkeit in m, α einem Koeffizienten, der bei neuen Anlagen 1500 und weniger, bei älteren 2500 ist. Der Wert v ist in bezug auf Größe und Richtung stark variabel. In vorstehender Fig. 348 ist das Diagramm für ein Windkraftwerk gegeben. Die Ordinaten geben die Pferdestärken, bei kubischer Teilung zugleich auch die Windstärken, die Abszissen die Zeiten an. Die höchste Belastung des Werkes ist:

bei $v = 7$ m-Sek. 343 PS,
ferner „ $v = 6$ „ 216 „
„ $v = 5$ „ 125 „
„ $v = 4$ „ 64 „
„ $v = 3$ „ 27 „

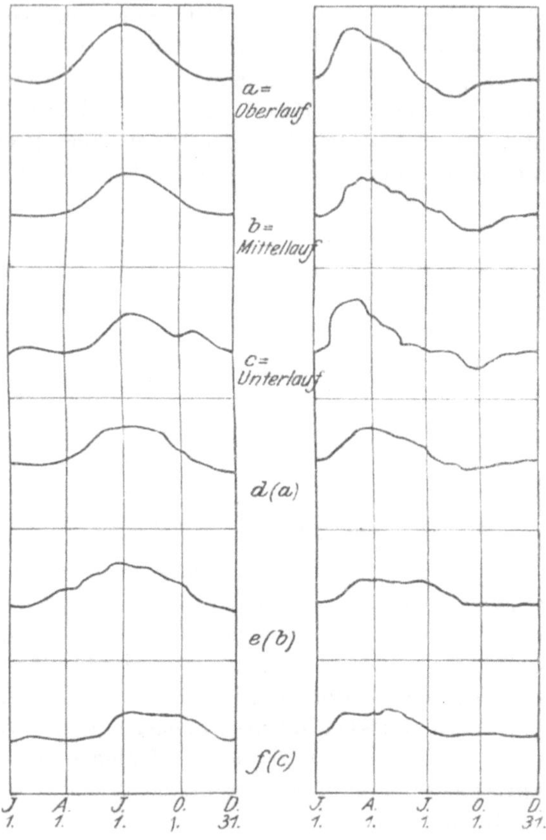

Fig. 349. Pegelstände eines Hochgebirgsflusses.

Fig. 350. Pegelstände eines Mittelgebirgsflusses.

Die Integration der Diagrammfläche ergibt 5185 PS-St. Bei einer Belastung von 250 PS-St. sind in 24 Stunden $250 \cdot 24 = 6000$ PS-St. nötig. Das Windkraftwerk kann ohne Speicher nur 4560 PS-St. liefern, daher ist sein Ausnutzungsgrad $\frac{4560}{6000} = 0{,}76$. Ist jedoch ein Speicher vorhanden, so ist sein Ausnutzungsgrad $\frac{5185}{6000} = 0{,}86$.

[1]) Die Windkraftmaschinen, von *Neumann*. Bernh. Friedr. Voigt, Leipzig.

35*

Die Zusatzkraft ist ohne Speicher von $12^{\underline{00}}$ bis 6^{36}, 1^{36} bis 3^{12}, und 4^{36} bis $12^{\underline{00}}$ also für 15 Stunden 36 Min. nötig. Mit Speicher kann die überschüssige Kraft von 6^{36} bis 1^{36} gespeichert werden, und wird dann von 1^{36} bis 3^{12} und 4^{36} bis 10^{46} abgegeben, so daß die Zusatzkraft nun von $12^{\underline{00}}$ bis 6^{36} und 10^{46} bis $12^{\underline{00}}$ nötig ist, also während 7 Stunden 50 Min.

Hydrologische Untersuchungen haben gezeigt, daß sich der Wasserstand der Gewässer von Jahr zu Jahr ändert. Der Variation sowohl der Wassermenge als auch des Gefälles kann durch Zahl und System der Turbinen oder Wasserräder Rechnung getragen werden. In Fig. 349 sind die Pegelstände eines Alpengewässers dargestellt. Die Diagramme a, b, c zeigen den Pegelstand desselben Flusses in einem Jahre, gleichzeitig an verschiedenen Stellen gemessen; Diagramme d, e und f zeigen die Mittel aus zehnjähriger Beobachtung desselben Flusses an den gleichen Aufnahmestellen. Derartige Diagramme, die in ihrem Verlauf stets die gleiche charakteristische Form für einen Flußlauf haben, sind bei der Kupplung von Wasserkraft- und Dampfkraftwerken stets aufzustellen. Tritt natürlich zwischen zwei Beobachtungsstellen ein großes Sammelreservoir, wie z. B. Genfer See, Bodensee, masurische Seen, so wird das Diagramm für die unterhalb des Sammelbassins liegenden Stellen sehr stetig.

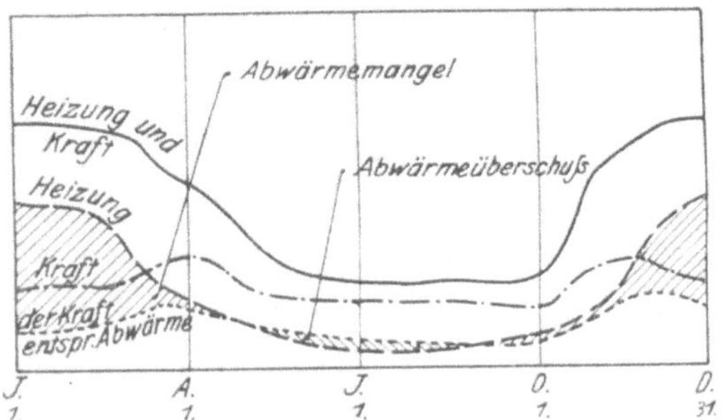

Fig. 351. Kraft- und Wärmebedarf eines Heizkraftwerkes.

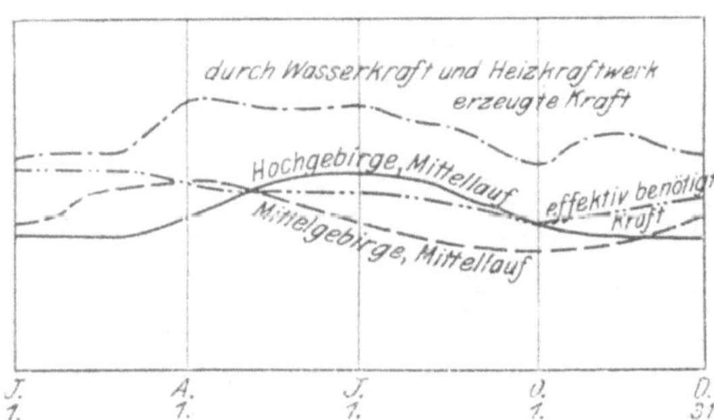

Fig. 352. Ausbeute einer Wasserkraftanlage.

Talsperren dienen demselben Zweck. Sie geben in den meisten Fällen keine so scharfe Beeinflussung wie große natürliche Seen.

Flüsse, denen die Hauptwassermenge nicht durch Hochgebirge, sondern durch Mittelgebirge zufließt, haben Pegelstände, die etwa der Fig. 350 entsprechen.

Der Unterschied der beiden Diagramme liegt in der größten Wasserlieferung nach der Schneeschmelze, die bei Hochgebirgsflüssen erst nach Juni, bei Mittelgebirgsflüssen nach März eintritt. Diese charakteristischen Merkmale treten bei den Flüssen in allen Erdteilen auf, sie markieren sich in kontinentalem Klima viel stärker als in ozeanischem.

Im Vergleich hierzu ist der Kraftbedarf, der Wärmebedarf sowie der Kraft- und Wärmebedarf eines Heizkraftwerkes in Fig. 351 dargestellt.

In Fig. 352 ist die Ausbeute der in Fig. 349 und 350 dargestellten Pegelstände an Energie dargestellt[1]). Ein Vergleich von Fig. 351 und 352 zeigt, daß bei einem Hochgebirgsfluß sich die Kraftabgabe des Wasserkraftwerkes und die Kraftabgabe des Dampfkraftwerkes besser ergänzen als bei einem Mittelgebirgsfluß.

Man wird sagen können, daß ein Teil der Kraft des Heizkraftwerkes im Sommer brach liegt, während ein Teil der Kraft eines Heizkraftwerkes im Winter brach liegt. Es ist also durch großzügige Kupplung von Wasserkraftwerken und Heizkraftwerken dieser Energievergeudung zu begegnen.

Bekanntlich ist, wie schon früher ausgeführt, der Bedarf an Beleuchtung und Raumheizung in den Wintermonaten größer als im Sommer. Daher kann die Abwärme, welche durch die erhöhte Beleuchtung bei Brennstoffkraftwerken zur Verfügung steht, im Winter ausgewertet werden; infolge des Nieder-

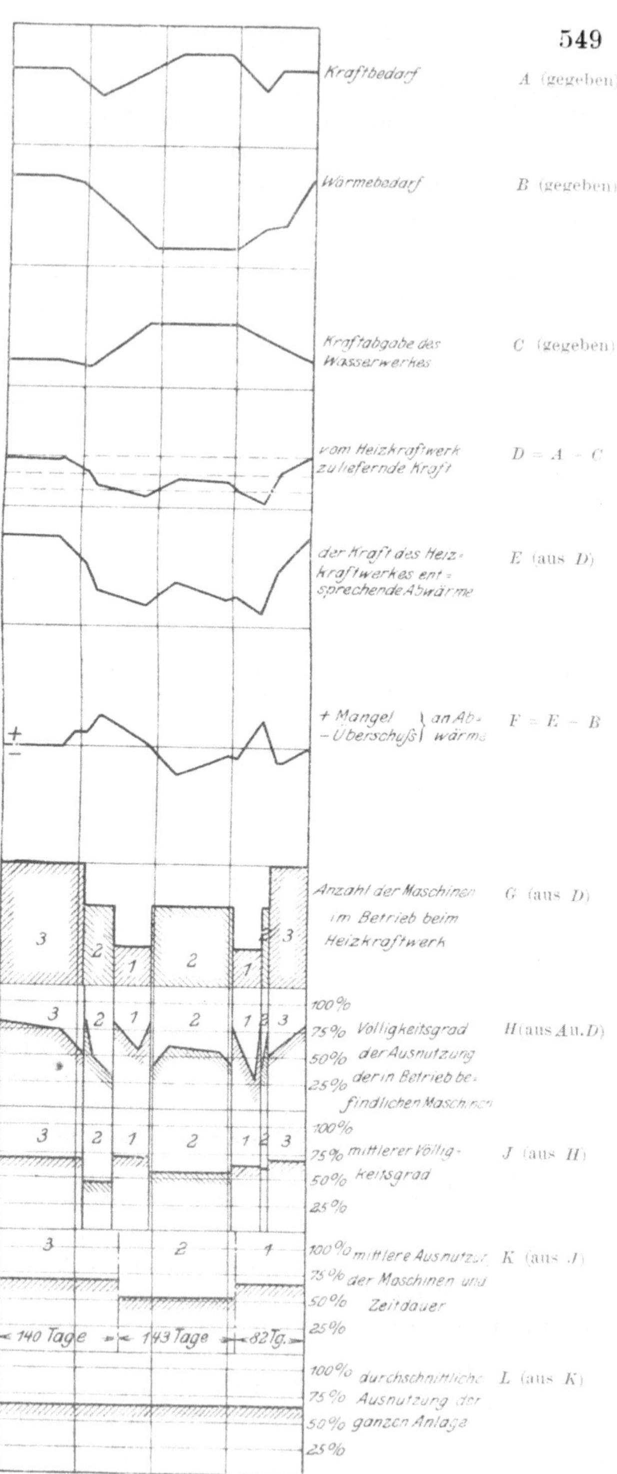

Fig. 353. Diagramm für die Betriebsverhältnisse eines Heizkraft- und Wasserkraftwerkes.

---

[1]) Handbuch der Ingenieurwissenschaften. Dritter Teil: Der Wasserbau, § 6, von *Bubendey*. Wilhelm Engelmann, Leipzig.

gangs der Kraftleistung der Wasserkraftwerke in dieser Jahreszeit entsteht kein Kraftüberschuß.

Im Sommer, wo die Beleuchtung geringer wird, und wo auch die Raumheizung nur minimal nötig ist, kann die Leistung des Dampfkraftwerkes bedeutend reduziert, wenn nicht gar stillgelegt werden. Das Wasserkraftwerk gibt erhöhte Kraft ab.

Es ist erforderlich, daß die Brennstoffkraftwerke so gebaut werden, daß eine Unterteilung der Kraftabgabe je nach der Zuführung von Kraft durch Wasserkraftwerke und je nach dem Heizwärmebedarf möglich ist.

Wie sich die Betriebsverhältnisse eines Heizkraftwerkes mit Zuführung von Kraft aus einem Wasserkraftwerke gestalten, zeigt Fig. 353. Beim Heizkraftwerk sind drei gleich große Maschinen zugrunde gelegt.

Aus dem Ausnutzungsgrad der einzelnen Maschinen ergibt sich, ob die Unterteilung richtig ist, oder ob eine andere zweckmäßiger wäre. Es ist dann die Untersuchung mit der neuen Unterteilung nochmals durchzuführen.

Was die Kupplung von Wasserkraft- und Windkraftwerken, evtl. noch mit Dampf- oder Motorkraftwerken, anbelangt, so ist zu bemerken, daß im Frühjahr und Herbst meist die stärksten Winde wehen. Wird also ein Mittelgebirgsfluß zur Kupplung herangezogen, so ergibt sich im Frühjahr eine Summierung von mechanischer Kraft, die ein Stillegen des Dampf- oder Motorkraftwerkes ermöglichen kann. Im Herbst, wo die Wasserkraft gering ist, unterstützt das Windkraftwerk und entlastet zugleich das Dampf- oder Motorkraftwerk. Erfolgt die Kupplung mit einem Hochgebirgsfluß, so unterstützt derselbe den Kraftbedarf im Sommer, wo das Windkraftwerk schwach belastet ist. Es kann also von Frühjahr bis Herbst, wo der Wärmebedarf meist stark sinkt, eine starke Entlastung des Dampf- oder Motorkraftwerkes eintreten. Zur rationellen Ausnutzung des letzteren ist in diesem Falle ein Speicher unentbehrlich. Dabei ist zu beachten, daß außer dem Speicher für Wärme und Elektrizität auch die Speicherung von Wasser in Hochreservoiren für Wasserversorgung in Betracht kommt.

Aus allem ist ersichtlich, daß die heutige Technik Mittel in die Hand gibt, die eine wirtschaftliche Ausnutzung aller uns zur Zeit zur Verfügung stehenden Energiequellen zulassen. Die hier investierten Anlagekosten lassen sich infolge der guten Ausnutzung der Maschinen, des sparsamen Betriebes und der Ausnutzung der jeweils am billigsten arbeitenden Energiequelle wohl immer amortisieren und verzinsen. Die Berechnung hierfür ist von Fall zu Fall aufzustellen.

Außer Wasserkraft und Windkraft kann hier auch Ebbe und Flut herangezogen werden. Eine Frage ist die, ob der *Ruth*speicher sich in gleich einwandfreier Weise wie bisher, auch für die Lösung des Problems des Großspeicherbaues eignet, der in weitverzweigten Anlagen als Regulator der Belastung eingeschaltet werden muß.

10. Forderungen.

Die Forderungen einer rationellen Energiewirtschaft beziehen sich auf:

1. rationelle Verwendung der Brennstoffe aller Art;
2. rationelle Ausnützung der vorhandenen Wasserkräfte und Windkräfte;
3. rationelle Ausnützung der sonst noch in der Natur gegebenen bedeutenden Energiequellen:
   - a) Sonnenwärme,
   - b) Ebbe und Flut,
   - c) Luftelektrizität;
4. Ausnützung der ungeheuren Strahlungsenergien aus der Materie.

Die Energie selbst wird gebraucht:

- A. als mechanische Energie in der Kraftwirtschaft, wozu auch im weiteren Sinne die Verwendung der Elektrizität zählt;
- B. als thermische Energie, wozu auch diejenige chemischer Umsetzungen sowie die Erzeugung von Leuchtgas und Kraftgas zählt.

Die Kritik über die Verwendung der Energie bezieht sich auf:

- I. vorhandene Anlagen, die aus irgendwelchen Gründen nicht verändert werden können;
- II. vorhandene Anlagen, die durch teilweisen Umbau rationeller gestaltet werden können;
- III. neu zu erbauende Anlagen.

1. Zu der Frage der rationellen Verwertung der Brennstoffe gehört in erster Linie ihre sachgemäße Verteilung in bezug auf ihre Güte und die Transportwege.

Ein Brennstoff darf nicht nach dem Gewicht, sondern er muß nach kcal per kg beurteilt werden. Es seien nun verwendet:

a) Steinkohlen	von 7600	kcal
b) Koks	„ 7000	„
c) Braunkohlenbriketts	„ 4800	„
d) böhmische Rohbraunkohlen	„ 4500	„
e) Torf	„ 3600	„
f) deutsche Rohbraunkohle	„ 2300	„

an Orten, die 100, 500 und 1000 km von der Erzeugungsstelle entfernt liegen. Die Feuerung sei am Verbrauchsort stets für den betreffenden Brennstoff eingerichtet; die Feuerungen haben also jeweils den gleichen Wirkungsgrad[1]). Zum Transport des Brennstoffes mit der Eisenbahn werden pro t/km 0,016 kg

---

[1]) Er variiert streng genommen mit der Brennstoffart, selbst bei jeweils geeigneter Feuerung für eine bestimmte Brennstoffart.

Steinkohle von 7000 kcal verbraucht. Der tägliche Bedarf an Calorien auf dem Roste der Feuerung seien 100 000 000 kcal.

Es sind dann erforderlich am Verbrauchsort an:

a) Steinkohlen . . . . 13,16 t   d) böhmischen Rohbraunkohlen 22,22 t
b) Koks . . . . 14,29 t   e) Torf . . . . 27,78 t
c) Braunkohlenbriketts . . . . 21,28 t   f) deutschen Rohbraunkohlen 43,49 t

Zum Transport dieser Mengen sind an Steinkohlen auf der Lokomotive erforderlich bei:

	100 km		500 km		1000 km	
	Tonnen	kcal	Tonnen	kcal	Tonnen	kcal
a) Steinkohlen	0,021	59 600	0,105	798 000	0,210	1 596 000
b) Koks	0,023	74 800	0,115	874 000	0,230	1 748 000
c) Braunkohlenbriketts	0,035	66 000	0,175	1 330 000	0,350	2 660 000
d) böhmischen Rohbraunkohlen .	0,036	73 000	0,180	1 368 000	0,360	2 736 000
e) Torf	0,044	34 400	0,220	1 672 000	0,440	3 344 000
f) deutschen Rohbraunkohlen . .	0,070	32 000	0,350	2 660 000	0,700	5 320 000

Man braucht daher zur Erzeugung von 100 000 000 kcal am Verbrauchsort unter Berücksichtigung des Transportes an kcal bei

	100 km	500 km	1000 km
a) Steinkohlen	100 159 600	100 789 000	101 596 000
b) Koks	100 174 800	100 874 000	101 748 000
c) Braunkohlenbriketts	100 266 000	101 330 000	102 660 000
d) böhmischen Rohbraunkohlen	100 273 000	101 368 000	102 730 000
e) Torf	100 334 400	101 672 000	103 344 000
f) deutschen Rohbraunkohlen.	100 532 000	102 660 000	105 320 000

Es ist daher der prozentuale transportwirtschaftliche Wirkungsgrad bei Verwendung von 100 000 000 kcal in einer Entfernung von

	100 km	500 km	1000 km
a) Steinkohlen	99,84	99,21	98,43
b) Koks	99,82	99,13	98,29
c) Braunkohlenbriketts	99,73	98,69	97,41
d) böhmischen Rohbraunkohlen	99,73	98,60	97,34
e) Torf	99,67	98,45	96,77
f) deutschen Rohbraunkohlen.	99,47	97,41	94,95

Diese Zahlen zeigen, in welcher Weise die Beförderung minderwertiger Brennstoffe auf zunehmende Entfernungen wärmewirtschaftlich ungünstiger wird. Wenn man noch bedenkt, daß meist auch der Wirkungsgrad der Feuerung bei minderwertigen Brennstoffen geringer wird, so fallen die transportwirtschaftlichen Wirkungsgrade bei zunehmender Entfernung noch mehr. Es erhellt daher das bekannte Erfordernis, auf größere Entfernungen hochwertige Brennstoffarten zu versenden[1]).

---

[1]) Glasers Annalen 47, Heft 2, 1924: Ermittlung des für den Bezug von verschiedenen Brennstoffen wirtschaftlichen Bereiches, von *Richard*.

Ein wichtiger Punkt ist die Lagerung[1]) der Brennstoffe und der Transport[2]) zur Verwendungsstelle. Durch Einwirkung von Sonne und Regen sowie Wind erleidet der Brennstoff, wenn auch langsam, eine Veränderung. Flüchtige Teile werden abdestilliert oder ausgelaugt und gehen damit verloren. Der Wert und das Gewicht des Brennstoffes gehen zurück. Bei großen Stapeln ist die Oberfläche im Verhältnis zum Gewicht gering, so daß die Einwirkung der Sonne und Atmosphärilien unbedeutender ist als bei kleinen Stapeln. Es steigt jedoch die Gefahr der Selbstentzündung und muß daher für geeignete Lüftung gesorgt werden, damit keine unzulässige Erwärmung der Brennstoffe auftritt. Die Überdachung großer Stapel ist mit Rücksicht auf Höhe der Zu- und Abtransportanlagen der Kohle schwierig. Eine Lösung dieser Frage auf diesem Gebiete wäre möglich entweder durch verschiebbare Bedachungsanlagen, die je nach Bedarf nur den für Zu- oder Abtransport nötigen Teil des Stapels unbedeckt lassen, oder durch konstruktiv tiefliegende Transportanlagen, die einschließlich des Brennstoffstapels überdacht sind.

Was die Anlagen selbst anbelangt, so müssen dieselben trotz evtl. Speicher eine gewisse Betriebselastizität besitzen, da nur bei wenigen Werken durch Speicher ein vollkommener Ausgleich möglich ist.

Für Dampfkraftanlagen muß diese Elastizität im Kesselhaus liegen. Die von dort abgegebene Dampfenergie wird in der Dampfmaschine weiterverarbeitet. Der Einbau eines Dampfspeichers gestattet wohl dann eine Regulierung, doch hat nur ein kleiner Teil der Kesselbetriebe einen Dampfspeicher. Es muß daher die Betriebselastizität in den weitaus meisten Fällen im Kesselhaus aufgenommen werden. Der erste Faktor ist die Feuerung. Sie kann einesteils durch Variation des Brennstoffes reguliert werden, andernteils durch mehr oder weniger starke Beschickung. Allein in beiden Fällen geht der Wirkungsgrad der Feuerung zurück, und es findet daher eine Verschwendung von Brennmaterial statt. Mit der Rostanlage eng verbunden ist die Schornsteinanlage und damit der Kesselzug. Er läßt sich durch Öffnen der Schieber in gewissen Grenzen regulieren. Da er jedoch von den Wirkungsverhältnissen abhängt und bei bestimmter Abgastemperatur mehr und mehr versagt, so geht man besser zu Verhältnissen über, deren Regulierung in der Hand der Kesselwärter liegt. Das eine Element ist der Unterwind. Er bedingt natürlich eine andere Rostanlage als der natürliche Zug. Um jedoch ganz unabhängig von der Höhe des Schornsteins und den Witterungsverhältnissen zu sein, werden die Abgase mittels Saugzugs abgeführt. Welches System dabei gewählt wird, ist bei richtiger Anlage gleichgültig. Der Saugzug hat außerdem den Vorteil, daß die Abgase bei viel niedrigerer Temperatur als bei natürlichem Schornsteinzug abgeführt werden, so daß eine bessere Ausnützung gegeben

---

[1]) Power 58, Nr. 24, S. 539—541, 1923, und *Fuel* in Science and Practice 3, Nr. 4, S. 115—122, 1924.

[2]) Feuerungstechnik 11. Jg., Heft 1: Die Stapelung von Brennstoffen, von *Hermanns*, und Maschinenbau 2, Heft 22/23, 1923: Neuzeitliche Kohlenverladeanlagen, von *Fiola*, sowie Mechanical Engineering 46. Jg., 1924, Nr. 4: Kohlenspeichermöglichkeiten von *Birch* und *Coes*.

ist[1].) Die beste Elastizität ergibt jedoch der Wasserinhalt des Kessels und eine
sachgemäße Speisung. Es ist schon früher ausgeführt, daß der Wasserinhalt des
Kessels bei Nachverdampfung infolge starker plötzlicher Dampfentnahme und
damit eintretenden Spannungsabfalls das Reservoir bildet, allerdings ist es bei
Kesseln mit großem Wasserraum schwieriger, einen Druckabfall wieder auszugleichen. Er verlangt eine viel längere Zeit oder eine viel stärkere Rostbeanspruchung als ein Kessel mit kleinerem Wasserraum (Gegensatz zwischen
Flammrohrkessel und Wasserrohrkessel). Nachstehende Angabe zeigt einen
Vergleichsfall:

	1 Stück Wasserrohrkessel	3 Stück Zweiflammrohrkessel
Heizfläche	300 qm	375 qm
Wasserinhalt	18 000 kg	80 000 kg
Dampfspannung	10 Atm	10 Atm
Belastung	25 kg/qm	20 kg/qm
Stündl. Dampfleistung	7500 kg	7500 kg
Nachverdampfung		
bei 1 Atm Druckabfall	150 kg	600 kg
„ 2 „ „	225 „	900 „
„ 3 „ „	300 „	1200 „
Die prozentualen Werte sind		
bei 1 Atm Druckabfall	2	8
„ 2 „ „	3	12
„ 3 „ „	4	16 .

Diese Werte können auch durch vermehrte Rostbelastung aufgenommen
werden, sofern die Anlage dauernd normal belastet ist.

Die Kesselspeisung erfolgt entweder intermittierend durch Anlassen des
Heizers oder automatisch durch Speisewasserregler. Damit kann der Wasserstand schwankend oder auf gleicher Höhe gehalten werden. Wie früher ausgeführt, ist die Speisung dann zweckmäßig, wenn die Kesselbelastung klein ist;
in diesem Fall kann eine Heißwasserreserve geschaffen werden. Ist der Kessel
ganz aufgespeist und tritt eine anormale Dampfentnahme ein, so kann durch
Spannungsabfall und Verdampfen der Reserve des Speiserauminhalts dieser
Bedarf gedeckt werden. Ein Speisen von kaltem oder vorgewärmtem Speisewasser wäre in diesem Falle verfehlt. Bei obigen Kesseln ist die Reserve durch
den Speiseraum für den

    Wasserrohrkessel . . . . 450 kg = 6 Proz.
    3 Stück Zweiflammrohrkessel . . . . . 1500 „ = 20 „

Damit ist die gesamte Reserve für

	Wasserrohrkessel	3 Stück Zweiflammrohrkessel
1 Atm Druckabfall	8 Proz. = 600 kg	28 Proz. = 2100 kg
2 „ „	9 „ = 675 „	32 „ = 2400 „
3 „ „	10 „ = 750 „	36 „ = 2700 „

Über die weiteren Elemente für rationelle Dampfanlagen, über die Wärmespeicher, wurde schon ausführlich auf S. 268 u. 355 ff. gesprochen. An der
Maschine selbst läßt sich eine Betriebselastizität weniger aufnehmen. Man

---

[1]) Helios 1923, Nr. 3 u. 4, Künstlicher Zug und Abwärmeverwertung von *Blau;* und
Evaporator-Zeitschrift 1922/23, Heft 4, Die Wahl von natürlichen und künstlichen Zuganlagen von *Rühl.*

kann zwar bei wechselndem Eintritts- und Austrittsdruck, Zwischendampfentnahme, verschiedenen Dampfmengen dieselbe mechanische Leistung ent-
ziehen, allein die Elastizität der Energieentnahme muß stets vom Kesselhaus
oder Wärmespeicher entnommen werden[1]).

Für industrielle Feuerungen, also besonders Glüh-, Härte-, Wärmöfen
usw., kommt die direkte Feuerung weniger in Frage, es sei denn, daß es sich
um Kleinanlagen handelt. In diesem Falle wird die Halbgas- oder Gasfeuerung
verwandt. Der Brennstoff wird dabei im angebauten oder in Zentralgenera-
toren vergast. Hier ist eine möglichst gleichbleibende Entnahme von Wärme
anzustreben, da die Betriebselastizität von Halbgas- und Gasgeneratoren nicht
in so weiten Grenzen wie bei Kesselfeuerungen möglich ist. Die bei zu großer
Gaserzeugung aus dem Ofen abgehende Abwärme kann natürlich in Dampfkesseln oder Heizungskesseln aufgenommen werden, und zwar in starken
Variationen. Dazu tritt das Moment, daß fast bei allen Industrieofenanlagen
zur Verarbeitung des erhitzten Materials Kraftanlagen: Walzwerke, Dampfhämmer, hydraulische Pressen, Fallhämmer, Luftdruckhammer usw. nötig
sind. Benötigt der Ofen zur Erreichung der Verarbeitungswärme z. B. bei
Blöcken große Wärmemengen, so wird alles im Generator erzeugte Gas im
Ofen verbrannt, und der Kessel bekommt nur verbrannte Abgase. Zu dieser
Zeit ruhen jedoch die Walzwerke, Dampfhämmer usw. Kommt der Block aus
dem Ofen, so wird der Gasverbrauch des Ofens kleiner, er gibt weniger Abgase
und der Generator Überschuß an Gas. Es benötigt nunmehr das Walzwerk,
der Dampfhammer usw viel Kraft, also auch Dampf, das überschüssige
Gas kann nun unter dem Kessel zu vermehrter Dampferzeugung verwertet werden. Dieses Element stellt den Wärmespeicher für industrielle Feuerungen dar[2]).

Ein wichtiges Kapitel ist die Beheizung der Kleinöfen, besonders in der
Eisenindustrie. Die unrationelle Verbrennung von Kohle und Koks in offenen
Feuerungen[3]) und die Erwärmung in diesen Feuern, die direkt mit der äußeren
Luft durch Strahlung in Verbindung stehen, macht moderneren Konstruktionen
Platz. Zwei Beispiele hierfür geben Fig. 354 und 355. Sie zeigen, wie durch
sachgemäße Anordnung der Feuerung und Erwärmen in einem geschlossenen
Raume die Brennstoffausnützung vergrößert wird und zugleich eine bessere
Durchwärmung des inneren Kerns ohne zu starke Oberflächenerhitzung mit
dem dabei bedingten Abbrand möglich ist. Da bei direkter Brennstoff-
beschickung vielfach die für rationelle Verbrennung oder Vergasung nötige
Aufsicht bei diesen Anlagen fehlt, geht man heute vielfach zur Öl-, Leuchtgas-
und elektrischen Beheizung über. Ein Ofen für Ölbeheizung ist aus Fig. 356 zu
ersehen. Die Ölbeheizung ermöglicht genaue Einhaltung der Temperatur, so
daß ein Angreifen von Zinn und Eisen stark herabgemindert wird. Einen

---

[1]) Stahl u. Eisen 44. Jg., Nr. 46, 47 u. 49, Entwicklungslinien der Dampfkraftmaschinen und die Aussichten des Gasmaschinenbetriebes von *Hoff*.

[2]) Feuerungstechnik 12. Jg., Heft 11/15, 1923: Gasverbrauch und Gaswirtschaft
im Hütten- und Zechenbetrieb, von *Schömburg*.

[3]) Iron Age 113, Nr. 2, 1924: Brennstoffverbrauch zur Erhitzung von Eisen, von
Williams.

Ofen mit Gasfeuerung[1]) von gewöhnlichem Druck zeigt Fig. 357. Um nun auf kleinem Raum hohe Flammentemperaturen zu erreichen, ging man beim *Selas*-Verfahren dazu über, Gas und Luft zu mischen und bis 1400 mm W.-S. zu komprimieren. Dies hat außerdem den Vorteil, daß man von den Druckschwankungen der Gaszentrale unabhängig ist. Dieses Moment: die Unabhängigkeit vom Druck der Zentrale erlaubt eine einfache Einregulierung, die über jede gewünschte Zeitspanne anhält. Dieses Prinzip hat sich nicht nur für Leuchtgas, sondern für alle Gasarten, Koksofengas, Hochofengas, Generatorgas, Ölgas usw. außerordentlich bewährt und wird für große und kleine industrielle Öfen jeder Art verwandt. Der Vorteil ist vor allem der, daß am Ofen nur ein Brenner ist, der Luft und Gas im richtigen Verhältnis ausströmen

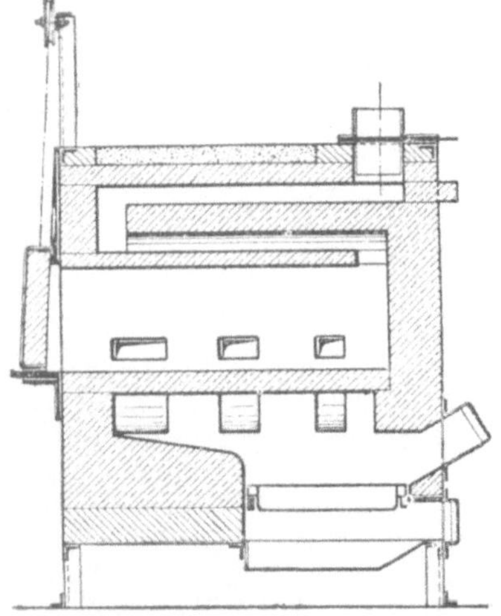 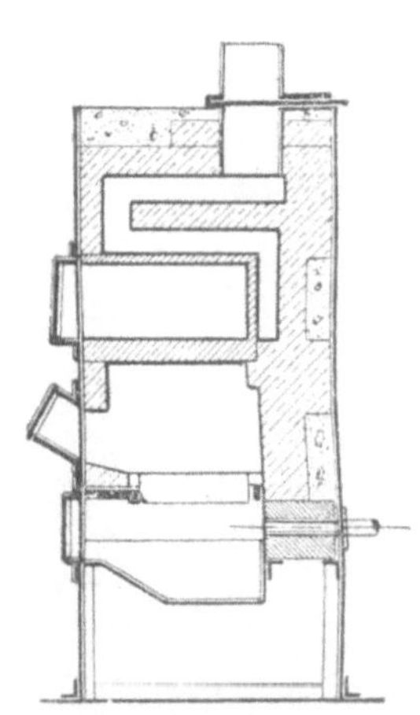

Fig. 354. Glühofen der Firma *W. Ruppmann*, Stuttgart.

Fig. 355. Muffelofen der Firma *W. Ruppmann*, Stuttgart.

läßt und zugleich schon eine rationellster Verbrennung entsprechende Durchmischung vorfindet. Die Abbildungen Fig. 358 bis 363 in Tafel IX geben Öfen, die nach diesem Prinzip gebaut sind. Man ersieht daran die einfache Gaszuführung. Bei diesem Verfahren enthalten die Abgase fast kein CO und O_2, es ist also eine vollkommene Verbrennung gegeben. Auf S. 129 ist schon auf den Vorteil der Überdrücke im Verbrennungsraum hingewiesen.

Sehr rationell arbeitet der elektrische Ofen, da nur die durch Strahlung und Leitung abgehende Wärme dem Prozeß nicht nutzbar gemacht werden kann[2]). Allerdings ist zu berücksichtigen, daß der Wirkungsgrad des Brennstoffes über Kessel, Dampfmaschine oder Turbine und. Generator in Rechnung gestellt werden muß. Die Lichtbogenwärme wird vornehmlich zu Schweißzwecken benützt, während die Widerstandswärme für industrielle Wärme-, Glüh- und

[1]) Das Gas- und Wasserfach 67, Heft 11, 1924: Gasfeuerung gegen Ölfeuerung für Härteanlagen, von *Messinger*.

[2]) Mitteilung der Vereinigung der Elektrizitätswerke 23, Nr. 357, 1924: Versuche an einer elektrischen Schmiedeesse, von *Rohrbeck*.

Heizprozesse dient. Man führt hierbei den Strom entweder mittels zweier Elektroden durch ein Bad selbst (elektrischer Salzbadofen), oder man erwärmt Widerstände, und diese teilen durch Leitung und Strahlung die Wärme dem zu erwärmenden Gegenstand mit. In Fig. 364 ist ein Salzbadhärteofen abgebildet. Die Elektroden und der Gang des Stromes sind ohne weiteres erkenntlich.

Beachtenswert ist noch der Verbrauch von Kohle für Bäckereien.

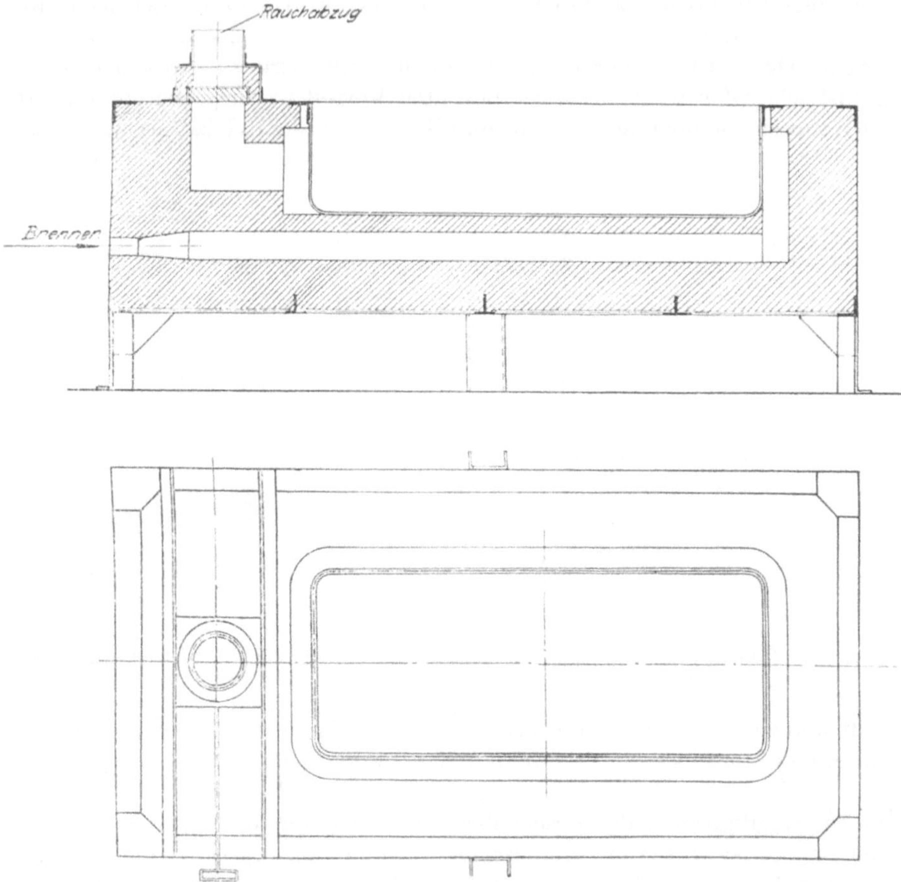

Fig. 356. Verzinnungspfanne für Gas- oder Ölfeuerung von *Gebr. Pierburg*, Berlin-Tempelhof.
(Nutzlänge 2000 mm, Nutzbreite 800 mm, Nutztiefe 850 mm.)

Man hat zwei Arten von Backöfen: gewöhnliche Backöfen und Dampfbacköfen. Der Wärmebedarf ist folgender:

Für frischgebackenes Brot ist der Ausbackverlust durch Verdampfen von Wasser 11 Proz.

Zum Ausbacken von 100 kg Brot Fertiggewicht sind nach Versuchen, abzüglich des Wertes für Wasserverdampfung und Wrasenerzeugung, 33 000 kcal nötig; zur Wrasenerzeugung sind für 100 kg Brot Fertiggewicht 2800 kcal nötig.

Additional information of this book

(Der WÃrmeingenieur; 978-3-662-27639-6; 978-3-662-27639-6_OSFO9) is provided:

http://Extras.Springer.com

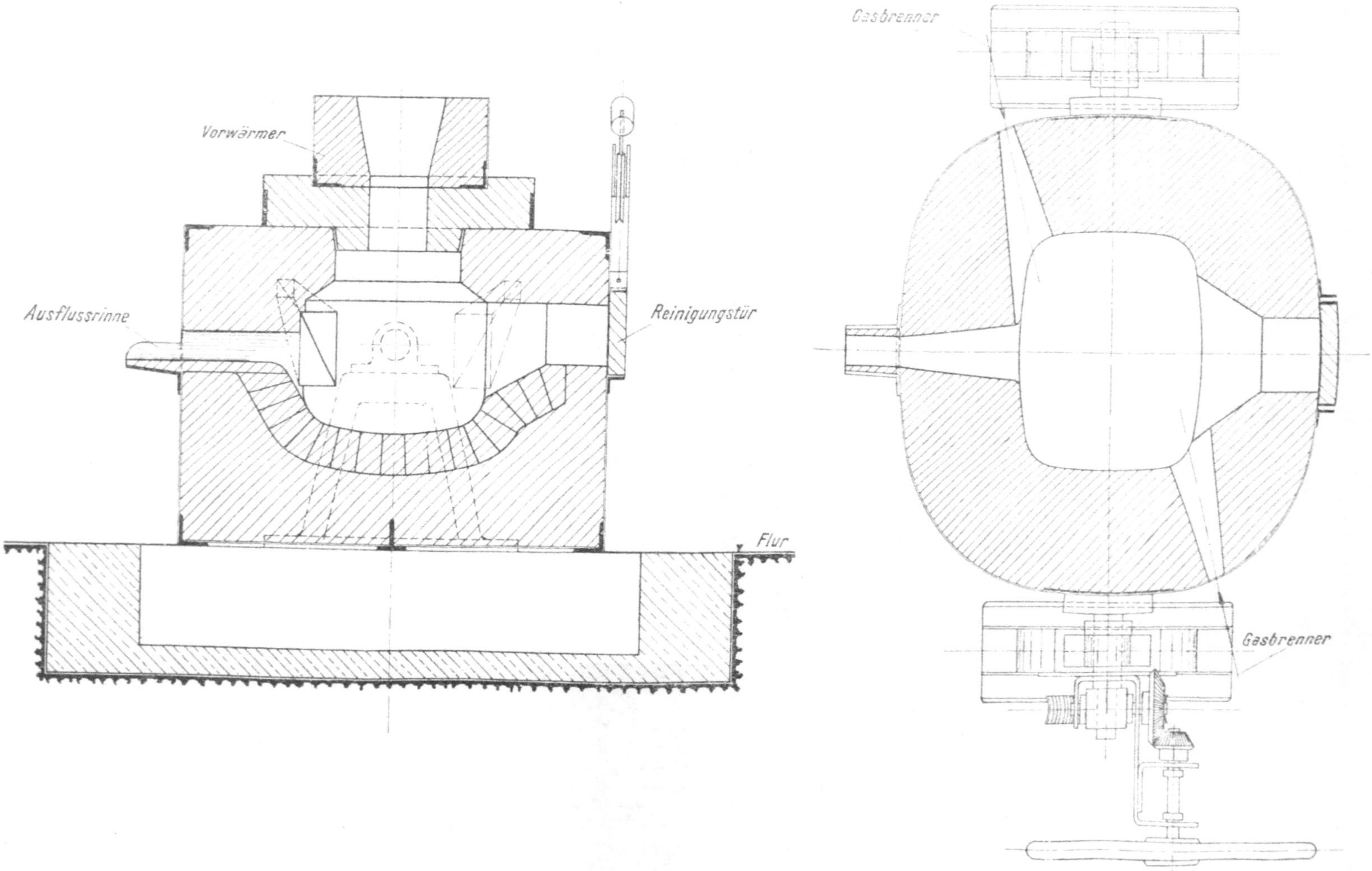

Fig. 357. Schmelzofen mit Gasfeuerung von *Gebr. Pierburg*, Berlin-Tempelhof.

Daraus ergibt sich der Wärmebedarf für

Backen von 100 kg Brote . . . . 33 000 kcal
Wasserverdampfung von 12,5 kg . . . . . . 8 000 „
Wrasenerzeugung von 100 kg Fertiggewicht . 2 800 „
Gesamter Wärmebedarf für 100 kg Fertiggewicht 43 800 kcal.

Nach Versuchen an Dampfbacköfen beträgt der Wärmebedarf zum Backen von 100 kg Brot:

$$100 \text{ kg Brot} = 75 \text{ kg Mehl} = 21,5 \text{ kg Braunkohlenbriketts}$$
$$\text{à } 4000 \text{ kcal} = 85\,000 \text{ kcal.}$$

Es ist daher der Wirkungsgrad des Dampfbackofens $\eta = 50,5$ Proz. Bei gewöhnlichen Backöfen ist der Wirkungsgrad noch geringer. Auch hier dürfte sich eine Prüfung der Feuerung bzw. des Luftüberschusses empfehlen. Der Gesamtwirkungsgrad ist jedoch größer, da der Backofen auch Wärme zur Raumheizung der Backstube abgibt. Man kann hier für 100 kg Brot etwa 8500 kcal Wärme für Raumheizung rechnen.

Wenn man die verschiedensten Verwendungsgebiete der Wärme verfolgt, so zeigt

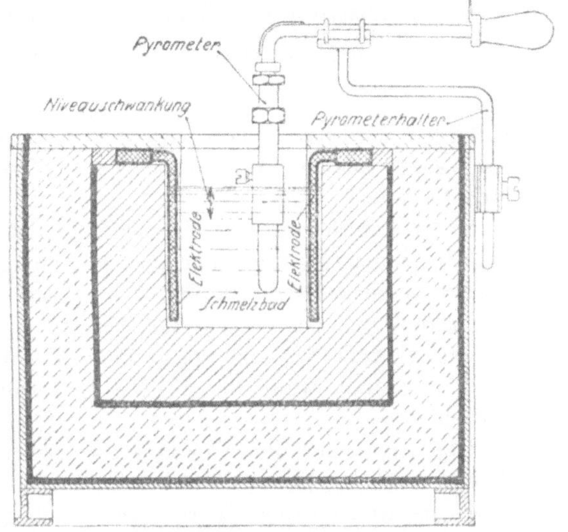

Fig. 364. Elektrischer Salzbadeofen.

sich stets, daß ein richtig geleiteter Prozeß die Abwärme sehr stark beeinflußt, und daß trotz alledem die Abwärme, ob sie nun aus einer Dampfmaschine oder Dampfturbine kommt, oder ob sie von Industrieöfen stammt, noch einen großen Prozentsatz der Wärme des Brennstoffes, oft in latenter Form, enthält. Es ist daher notwendig, zur rationellen Verwertung dieser Wärme, wo angängig, zu schreiten. Das Gegebene ist meist die Dampfverwertung oder Dampf- oder Warmwasserbereitung für Heizzwecke, und zwar derart, daß nur Kondenswasser als letzter Wert abläuft. Ein neues Gebiet der Abwärmeverwertung unter Tage behandelt *Heise* unter: Die Abdampfbewetterung, eine neue Art der Abdampfverwertung auf Bergwerken in „Wärme", 47. Jg., Nr. 8. Er zeigt darin, daß die Erwärmung der Luft durch Abdampf und die damit erzeugte Depression in vielen Gruben den Ventilator ersetzen kann. In Tabellen führt er aus:

		Depressionszuwachs in mm W.S bei Erwärmung um			
a) Schachtteufe:	100 m	10° C	4,3 mm	30° C	11,7 mm
	500 m	10° C	21,5 mm	30° C	58,5 mm
	1000 m	10° C	43,0 mm	30° C	117,0 mm.

b) Wettermenge:

	Erwärmung um 10° C	Erwärmung um 30° C
1000 cbm-Min.	316 kg-St. Dampf	948 kg-St. Dampf

c) Schachtteufe bei einem Druckabfall von 0,20 Atm:

	200 m	600 m	1000 m
Lichter Rohrdurchmesser	1 Atm	1 Atm	1 Atm
200 mm	1 800 kg Dampf	950 kg Dampf	— Dampf
300 mm	11 900 kg Dampf	6 000 kg Dampf	4300 kg Dampf
400 mm	— Dampf	13 200 kg Dampf	9400 kg Dampf

Die Kondensatoroberfläche für 4 m Wettergeschwindigkeit und dabei für

1000 kg-St. Dampf   bei 40° Temperaturgefälle   818 qm
           „ 60°   „   546 „

Außerdem wird durch diese Art der Abdampfverwertung das Niederschlagen des Wassers aus dem Wetter sich vermindern oder aufhören, da die Luft zunächst erwärmt wird.

In der Zeitschr. des Ver. deutsch. Ing. 1920, Nr. 34, findet sich von *Rummel* eine Zusammenstellung über die Wirkungsgrade von Anlagen. Aus ihr Entnommenes siehe Seite 562 und 563.

Dazu ist zu bemerken, daß bei sachgemäßer Abwärmeausnützung der gesamte thermische Wirkungsgrad auf 90 bis 92 Proz. erhöht werden kann. Es kann somit wohl die Hälfte der bisherigen Brennstoffmenge erspart werden.

Die Verwertung der Abwärme teilt sich in diejenige kleiner und mittlerer Werke und diejenige großer Werke.

Kleine und mittlere Werke, die örtlich günstig liegen, sollen sich zwecks gemeinsamer Wärmewirtschaft für Kraft- und Fabrikationswärme zusammenschließen. Es kämen hier als zusammengehörig in Betracht:

a) Maschinenfabriken,
    Färbereien,
    Gerbereien,
    Holzverarbeitungswerkstätten;
b) keramische Werke,
    Kalkwerke;
c) kleinere Elektrizitätswerke,
    Trocknereien,
    Pappefabriken mit Wasserkraft.

Große Werke der Industrie vereinigen sich evtl. zu zwei oder drei gegenseitig. Ein Vorschlag ist:

a) Bergwerke oder Hüttenwerke,
    chemische Fabriken;
b) große Maschinenfabriken der Veredelungsindustrie für Eisen und Metalle,
    Ölfabriken.

Eine besondere Stellung nehmen die Gasanstalten und Elektrizitätswerke ein. Die hier entstehenden großen Mengen Abwärme können nur durch Niederdruckkraftanlagen oder Wärmefernleitungswerke ausgenützt werden. Im Umkreis von 2 bis 4 km ist bei städtischen Werken stets eine stetige und bedeutende Wärmeabnahme zu erzielen, wenigstens in den Wintermonaten. Durch Abgabe von warmem und heißem Wasser läßt sich auch im Sommer die Abwärme verwerten.

Anders liegen die Verhältnisse bei elektrischen Dampfkraftwerken abseits von großen Städten. Hier kommt die Bodenheizung zur Erhöhung des landwirtschaftlichen Ertrages im großen in Frage.

Besonders in mittleren und kleineren Universitätsstädten mit ihren zahlreichen medizinischen Kliniken, die einen großen Wärmebedarf im Sommer und Winter haben, kann mit Abwärmeverwertung der dort vorhandenen Gas- und Elektrizitätswerke viel Kohle gespart werden. Es zeigt dies folgendes Beispiel.

Eine Universitätsstadt von 24 000 Einwohnern benötigt, abgesehen von der Universität, im Jahr an Kohlen:

für Hausbrand	11 000 t
„ das Elektrizitätswerk einschl. der Universität . . .	6 000 t
„ „ Gas- und Wasserwerk einschl. der Universität .	4 500 t
Die Universität benötigt besonders	2 900 t
wovon auf die medizinischen Kliniken entfallen	2 000 t

Die Abwärme des Elektrizitätswerks entspricht bei einem Nutzeffekt der Kesselanlagen von 75 Proz., der Dampfkraftmaschinen von 12 Proz. einer Kohlenmenge von 3700 t. Wenn nun von dieser Abwärme nur 80 Proz. nutzbar gemacht werden, so entspricht dies einer Kohlenmenge von 2960 t. Es kann die ganze Universität, auch unter Berücksichtigung des erhöhten Winterverbrauchs, der im Monatsmittel der doppelte des Sommerverbrauchs ist, von der Abwärme des Elektrizitätswerks gespeist werden. Sollte dieselbe, je nach der Art der Institute, durch evtl. große botanische Gärten usw., nicht ausreichen, so kann auch die Abwärme des Gaswerkes mit herangezogen werden. Die Universitätsgebäude selbst liegen, wenn auch zerstreut, doch in Komplexen zusammen.

Für Fernheizwerke, d. h. Werke, welche Energie in Form von Wärme übertragen, empfiehlt sich eine ähnliche Anordnung wie für Fernleitungen von Preßwasser. Zum Ausgleich auftretender Stauungen sind Wärmeakkulumatoren einzubauen. Wenn in dieser Beziehung die Fernheizwerke weiter ausgearbeitet werden, läßt sich ihre Anwendung vergrößern.

2. Der Ausnützung der Wasserkräfte wird zur Ersparnis von Brennstoffen weitgehendes Interesse entgegengebracht. Jedoch zum Ausbau der Wasserkräfte sind große Mengen mechanischer Arbeit erforderlich, die von Baggern und Lokomotiven zum weitaus größten Teile geleistet werden müssen.

Es ist jedoch zu untersuchen, auf welche Art des Betriebes, mit Dampf oder elektrisch, die meiste Kohle erspart wird.

Wärmewirkungsgrad einzeln betriebener[1]) Kessel, Gaserzeuger und Kraftmaschinen bei betriebsmäßiger Belastung[2]) [ungefähre Zahlen[3]) bei Verwendung hochwertiger Brennstoffe].

	Kessel oder Gaserzeuger[4]) Proz.	Kraftmaschine ausschl. Kessel oder Gaserzeuger[5]) Proz.	Kraftmaschine einschl. Kessel oder Gaserzeuger[6]) Proz.
1. Mit Kohlen gefeuerter Kessel mit Überhitzer und Wasservorwärmer	70 bis 80	—	—
2. Mit Gas gefeuerter Kessel bei reinem, kaltem Gas von gleichmäßigem Druck, ausschl. Gaserzeuger	75 ,, 85	—	—
3. Abstichgaserzeuger mit Koks unter voller Ausnützung der fühlbaren Wärme . .	82 ,, 89	—	—
4. Mischgaserzeuger unter voller Ausnützung der fühlbaren Wärme ohne Gewinnung von Nebenerzeugnissen . .	75 ,, 85	—	—
5. Kaltgaserzeuger mit Teergewinnung ohne Ammoniakgewinnung	65 ,, 80	—	—
6. Kaltgaserzeuger mit Teergewinnung mit hoher Ammoniakgewinnung	50 ,, 60	—	—
7. Hochofen, als Gaserzeuger betrachtet, ohne Berücksichtigung der fühlbaren Wärme[6])	45 ,, 55	—	—
8. Koksofen, Erzeugnisse Kaltgas und Koks	75 ,, 80	—	—
9. Gasanstalt, Erzeugnisse Kaltgas und Koks (ohne Wassergasgewinnung) . . .	60 ,, 75	—	—
10. Dampflokomotiven	—	—	3 bis 7
11. Kleine Auspuffmaschinen, Dampfscheren und -pressen bei ungleichmäßigem Betrieb	—	—	3 ,, 6
12. Auspuffdampfmaschinen bei Vollast .	—	—	7 ,, 9
13. Kolbenmaschinen mit Kondensation. .	—	—	9 ,, 16
14. Dampfturbinen in Großkraftwerken . .	—	—	13 ,, 17
15. Großgasmaschinen	—	20 bis 24	—
16. Großgasmaschinen mit Abhitzekesseln, deren Dampf in Turbinen ausgenützt wird	—	23 ,, 28	—
17. Großgasmaschinen mit Abhitzekesseln u. Kühlwasserverdampfung, deren Dampf in Turbinen ausgenützt wird	—	25 ,, 31	—

[1]) Anlagen, aus mehreren Einheiten bestehend, haben ungünstigere Wirkungsgrade.

[2]) Zwischen $3/_4$-Last und Vollast bei ortsfesten Anlagen.

[3]) Die Zahlen schwanken stark nach Art des Brennstoffes, der Betriebsweise und der Güte der Gesamtbetriebsführung.

[4]) $\dfrac{\text{kcal des erzeugten wärmetechnischen Betriebsstoffes (z. B. Dampf, Gas, Halbkoks)}}{\text{kcal des hierfür aufgewendeten wärmetechn. Betriebsstoffes (z. B. Kohlen, Dampf)}}$; Teer und schwefelsaures Ammoniak sind nicht berücksichtigt.

[5]) $\dfrac{\text{an der Maschinenwelle erzeugte Nutzarbeit}}{\text{kcal des hierfür aufgewendeten wärmetechnischen Betriebsstoffes}}$.

[6]) $\dfrac{\text{Gas-kcal}}{\text{Koks-kcal}}$.

	Kessel oder Gaserzeuger[1]) Proz.	Kraftmaschine ausschl. Kessel oder Gaserzeuger[2]) Proz.	Kraftmaschine einschl. Kessel oder Gaserzeuger[2]) Proz.
18. Großgasmaschinen mit Abhitzekesseln ohne Kühlwasserverdampfung, einschl. Gaserzeuger ohne Gewinnung von Nebenerzeugnissen	—	—	18 bis 22
19. Großgasmaschinen mit Abhitzekesseln ohne Kühlwasserverdampfung, einschl. Gaserzeuger mit Teergewinnung . . .	—	—	17 „ 21
20. Großgasmaschinen mit Abhitzekesseln ohne Kühlwasserverdampfung, einschl. Gaserzeuger mit Teer- und Ammoniakgewinnung	—	—	13 „ 17
21. Großgasmaschinen mit Abhitzekesseln und Kühlwasserverdampfung und Ausnützung des Dampfes zu Heizzwecken	—	—	„ 55
22. Dampfmaschinen mit Ab- und Zwischendampfverwertung zu Heizzwecken . .	—	—	„ 70
23. Dieselmaschinen ohne Abhitze- und Kühlwasserverwertung	—	28 bis 35	—

Der Dampfbagger arbeitet mit darauf angebrachten Dampfkesseln und Dampfmaschinen; die Anlage kann als komplette Dampfmaschinenanlage angesehen werden.

Der elektrische Bagger hat Elektromotoren als Kraftmaschinen.

Die Dimensionen dieser Maschinen sind wie folgt:

Leistung in leichtem Boden
im cbm per Stunde . . . 22 40 90 180 240 700
Betriebsmaschine . . PS 20 30 45 90 120 280

Bei den Dampfbaggern ist zu berücksichtigen, daß eine Abwärmeverwertung nicht stattfinden kann. Man kann also mit einem Wärmewirkungsgrad von etwa 8 Proz. rechnen.

Bei elektrischen Baggern wird der elektrische Strom in Zentralen mit viel wirtschaftlicher arbeitenden Maschinen erzeugt. Eine Abwärmeverwertung daselbst kommt bis jetzt selten in Frage. Der Wirkungsgrad an den Sammelschienen kann maximal mit 14 Proz. angenommen werden. Es tritt jedoch der Wirkungsgrad der Übertragung hinzu, der bei elektrischen Baggeranlagen verhältnismäßig gering ist, da die Zuleitungen zum Bagger nicht mit der Sorgfalt wie bei stationären Anlagen verlegt werden können. Der Wirkungsgrad der Übertragung ist etwa 75 Proz., der Wirkungsgrad der Motoren beim Baggerbetrieb etwa 88 Proz. Es ergibt sich also der Wirkungsgrad der elektrischen Bagger zu 9,3 Proz.

Über die Verwertung der Wasserkräfte und Windkräfte wurde schon früher gesprochen (Seite 546 ff.).

---

[1]) und [2]) siehe Fußnoten 4 und 5 S. 562.

3. Die Ausnützung der Sonnenwärme ist bis jetzt wenig gelungen. Dies dürfte durch Heranziehen der Wärmespeicher möglich sein. Die Erzeugung von Kraft und deren Akkumulierung ist wegen der immensen elektrischen Akkumulatoren, die dafür nötig wären, unmöglich.

Ebbe und Flut bergen ungeheure Kräfte; ein groß angelegtes Werk (kleine werden zu teuer) muß mit thermischen oder elektrischen Akkumulatoren ausgerüstet sein.

Wind[1]) findet zu Pumpwerken, Krafterzeugung und Elektrizitätserzeugung Verwendung. Die enormen Energiemengen gehen vielfach noch nutzlos verloren. Der vom Wind ausgeübte Druck ist

$$
\begin{array}{llll}
\text{bei} & 0,3\ \text{m per Sekunde} & \ldots & 0,008\ \text{kg/qm} \\
\text{„} & 1,7\ \text{m „} & \text{„} & \ldots & 0,250\ \text{„} \\
\text{„} & 6,7\ \text{m „} & \text{„} & \ldots & 3,840\ \text{„} \\
\text{„} & 12,9\ \text{m „} & \text{„} & \ldots & 14,250\ \text{„}
\end{array}
$$

Die Luftelektrizität ist schon aufgefangen und zu Motorbetrieb verwendet.

Wenn man bedenkt, daß die Energie des Wassers, von Ebbe und Flut und des Windes pro Tag viel größer sind als die aus Kohle gewonnene Energie, so kann durch Durchbildung der Gewinnung dieser Energien Kohle außerordentlich eingespart und ihre Verwendung auf die Fälle beschränkt werden, wo nur Kohle allein verwendet werden kann.

Die Erforschung und Nutzbarmachung der Strahlungsenergie der Materie bietet der Energiewirtschaft Ausblicke, die eine Umwälzung in der Erzeugung von mechanischer und thermischer Energie bedeuten.

Der Auswertung aller dieser Probleme ist die größte Unterstützung zuteil werden zu lassen. Der Staat, der zuerst erfolgreiche Lösungen hat, kann am billigsten Energie herstellen. Es müssen noch technische Einrichtungen gefunden werden, die in ihrem Bau nicht so ungeheuerliche Dimensionen aufweisen wie die, welche derzeit für Sonnenwärme, Ebbe und Flut sowie Wind für Großauswertung nötig sind.

I. Vorhandene Anlagen, bei denen ein größerer Umbau aus pekuniären Verhältnissen, aus Platzmangel oder wegen Alters nicht mehr möglich ist, sind aufs sorgfältigste zu prüfen. Die Feuerungen sind mit entsprechenden Rosten zu versehen, die Kontrolle der Feuerung bzw. des Zuges und des Kohlensäure-, Kohlenoxyd- und Sauerstoffgehaltes der Verbrennungsgase muß überall einsetzen, und zwar bei Kesselfeuerungen, industriellen Feuerungen, Öfen, Herden und Zentralheizungen. Bei wasserhaltigen Brennstoffen ist mit der Abwärme die Luft vorzuwärmen. Die Leitungen für Wärme sind zu isolieren. Es genügt nicht nur für Frischdampfleitungen. Auch Abdampfleitungen, Behälter zur Erzeugung von heißem und warmem Wasser sind zu isolieren. Bei Isolierung ist zwischen fester Isolierung und Luftisolierung zu unterscheiden. Bei hohen Temperaturen wird der Wert der Luftisolierung

---

[1]) Siehe Zeitschr. des Ver. deutsch. Ing. 1920, S. 925: Dr.-Ing. *M. Mayerson*, Beitrag zur Kenntnis und zum Entwerfen von Windkraftanlagen.

infolge der erhöht eintretenden Strahlung illusorisch. Es ist dann feste Isolierung oder eine weitere Luftisolierung zu wählen. Anlagen, welche keine Verwertung des Abdampfes haben, sind auf die wirtschaftlichste Weise für Kraftverbrauch bei Kraftmaschinen für Dampf und Öl oder Gas einzustellen. Wo Abwärme vorhanden ist, und wo durch eine besondere Feuerung Wärme nötig würde, ist die Abwärme hinzuleiten.

Die unnötigen Verluste bei Kraftübertragung sind auf ein Minimum zu beschränken. Es ist also für richtige Seil- oder Riemenspannung, für sachgemäße Instandhaltung der Transmissionen, für ein Arbeitsprogramm mit möglichst stetiger Kraftentnahme und für durchlaufend gleichmäßige Belastung der Arbeitsmaschinen, wo angängig, zu sorgen. Einschalten und Ausschalten von Riemen und Kupplungen ist auf ein Mindestmaß zu beschränken.

II. Anlagen, bei denen durch eine Umänderung an Brennstoffen gespart werden kann, sind umzuändern. Wird in einer Anlage Wärme gebraucht, und zugleich von einer Zentrale Kraft bezogen, so ist zu prüfen, ob nicht durch Aufstellung einer Dampfmaschine oder eines Motors, selbst mit schlechtem thermischen Wirkungsgrad, die Kraft an der Zentrale für andere Werke, die keine Abwärme benötigen, frei wird, oder gar in der Zentrale ohne Abwärmeverwertung gespart werden kann.

Ist Abwärme im Überfluß da, so ist zu prüfen, ob durch deren Verwertung im eigenen Werk, Aufstellung von Überhitzern und Economisern, nicht eine Ausnützung erzielt werden kann. Ist dies erreicht und noch Abwärme vorhanden, so ist sie an benachbarte Werke oder, sofern die Betriebsverhältnisse es gestatten, zu Heizungs- und Warmwasserzwecken abzugeben. Gegebenenfalls sind Wärmespeicher und Wärmepumpe einzuschalten.

Ist in Anlagen Kraft im Überschuß vorhanden, und hat man auch bei Speicherung keine passende Verwendung dafür, so ist sie in Wärme zu verwandeln und abzugeben.

III. Neuanlagen sind so auszubilden, daß Kraft- und Wärmebedarf ins Gleichgewicht gebracht werden oder die je nach der Anlage entstehende überschüssige Kraft oder überschüssige Wärme in einer Form erscheint, die eine Abgabe an andere Zwecke zwecks rationeller Verwertung ermöglicht.

Die Gesichtspunkte für die Verwertung der Brennstoffe: ihr rationeller Transport und ihre rationelle Verwertung: Überführung in Gas und Gewinnung von Teer und Koks, Verbrennung von Koks, Überführung in Staub, Trocknung durch Abwärme vor der Verbrennung, Erzeugung höchstzulässiger Temperaturen, sind bei der Anlage jeder neuen Feuerung von Fall zu Fall genau zu untersuchen.

Wenn die hier angegebenen und angedeuteten Gesichtspunkte beachtet und weiter verfolgt werden, so kann die Wärmewirtschaft viel rationeller sich gestalten. Die Leistung als Endprodukt kann gleichbleiben oder vergrößert werden, wobei gleichzeitig der Brennstoffverbrauch gegenüber dem jetzigen Verbrauch erniedrigt wird.

Zu den weiteren Aufgaben des Wärmeingenieurs gehört die wärmewirtschaftliche Betrachtung sämtlicher Arbeitsoperationen. Insbesondere sollte der Wärmeingenieur auch die Übertragung mechanischer Energie betrachten und dem Vorurteil gegen Zahnräder, das heute durch die Erzeugung hochwertiger Getriebe[1]) besonders mit Pfeilverzahnung hinfällig ist, entgegentreten. Diese Getriebe bedingen gegen Riemen und Seile, die stets Dehnungen unterworfen sind, höhere dauernde Wirkungsgrade. Was die aufzunehmenden Stöße anbelangt, so ist zu beachten, daß einesteils eine sorgfältige Einschaltung mechanischer Energie durch geeignete Kupplungen dieselben stark vermindert und andernteils elastische Kupplungen durch Gummi oder Leder bessere Dienste leisten als die Aufnahme in Riemen und Seilen. Die neueren Gebiete der Technik:

Großzahlforschung und

Menschenwirtschaft

müssen auch in der Wärmewirtschaft einsetzen. Die Großzahlforschung[2]) kann neben den Eigenschaften der Brennstoffe besonders die Resultate des Personals an den Meßinstrumenten und die Einwirkung aller möglichen äußeren Umstände auf die Genauigkeit der Messung, die Sorgfalt der Bedienung einer Feuerungsanlage, Vergasungsanlage, Dampfmaschinen- oder Dampfturbinenanlage, Heizungseinrichtung usw. ergeben.

Die Menschenwirtschaft[3]) soll die geeigneten Führer für die vielseitigen Fragen der Wärmewirtschaft erkennen lassen, die einesteils geeignet sind, sämtliche in einem Komplex zu erfassenden und auftretenden Fragen zu bearbeiten, andererseits auch in der Lage sind, geeignete und zuverlässige Hilfskräfte zu erziehen, die brauchbare Unterlagen für den Führer schaffen.

Die Ziele der Wärme- und damit der Energiewirtschaft[4]) liegen in folgenden Faktoren:

hohe Temperaturen, um große Wärmegefälle zu erhalten,

hohe Drücke, um konzentriert arbeiten zu können,

hohe Geschwindigkeiten, um große Energiemengen auf kleinem Raum umzusetzen.

Wichtig ist, an allen Stellen die tatsächlich vorliegende Energieform mit der physikalisch und chemisch günstigsten zu vergleichen; dabei müssen natürlich alle in Betracht kommenden Gesetze berücksichtigt sein.

Das Resultat ist am vollkommensten, bei dem die Entropie am wenigsten geändert ist.

---

[1]) Maschinenbau 3, Heft 7, 1924: Hochwertige Stirnradgetriebe mit Pfeilverzahnung, von *Meyer* und AEG.-Mitteilungen 1924, Nr. 4: Energieumformung durch Zahnradvorgelege, von *Kraft*.

[2]) Stahl und Eisen 43. Jg., Nr. 37: Wissenschaftliche Forschung in der Eisenindustrie, von *Goerens*, und *Daeves*, Großzahlforschung, Verlag Stahleisen, Düsseldorf.

[3]) Zeitschr. des Ver. deutsch. Ing. Bd. 68, Nr. 17: Menschenwirtschaft, von *Friedrich*.

[4]) Zeitschr. des Ver. deutsch. Ing. Bd. 68, Nr. 8: Neue Wege der Energiewirtschaft, von *Löffler*, und Stahl und Eisen 44. Jg., 1922, Nr. 32, S. 941 bis 946.

Sachregister.

Abdampfbewetterung 559.
Abdampfkältemaschine300.
Abdampfspeicher 356, 448.
Abgase 42, 128, 205, 378, 469.
— der Kokerei 155.
— der Motoren 380.
Abgasschaubild 51.
Abgasverluste 67, 312.
Abgasverwertung 289, 323, 380.
Abgaswärme 48, 211, 377.
Abhitze-Industrieöfen 191. 382.
Abhitzekessel 291, 381.
Abkühlungsverluste der Dampfmaschine 330.
— durch Leitung 26, 115, 302.
— durch Strahlung 28, 473.
Abschreibungen 544.
Absorption 117, 365.
Absorptionskältemaschine 298.
Absperrventile 304.
Abspalten 242.
Abstichgenerator 173.
Abwärme der Kraftmaschine 347, 356, 366, 432, 447, 461.
Abwärmeverwertung 355.
— der Motore 380, 383.
— der Elektrizitätswerke 561.
— der Gasanstalten 384, 561.
Acetylen 196.
Ammoniak-Dampftabelle 18.
Ammoniakgewinnung 145, 151.
Analyse von Brennstoffen 41, 59, 63, 524.
Appreturanstalt 404.

Arbeitszähler 511.
Armengaúdturbine 322.
Asche 103, 124.
Ascheentfernung 130.
Aufbereitung der Schlacke 103.
Aufwurffeuerung 104.
Ausfluß 21.
Ausnutzungsfaktor 544.

Bäckerei 556.
Badeanstalten 443.
Bagger 563.
Barometer 497.
Belastung einer Anlage 364, 431, 461, 476, 553.
Belastungsfaktor 544.
Beleuchtung 263.
Benzolextraktion 148.
Bergwerksdampfmaschine 332.
Berliner Ofen 82.
Bierbrauerei 405.
Bildungswärme 214, 455.
Bodenbeheizung 435.
Bolometer 516.
Brabbéeofen 246.
Brauneisenstein 201.
Braunkohlenbrikettierung 420.
Braunkohlengas 146, 156, 169, 177.
Braunkohlengenerator 157.
Braunkohlengroßfeuerung 107.
Braunkohlenteer 147.
Braunkohlenverbrennung 84, 99, 106.
Braunkohlenvergasung 146, 157, 177.
Brennen von Chamotte 80, 232.
— von Geschirr 232.
— von Gips 81.
— von Kalk 232.

Brennen von Mauersteinen 80, 232.
— von Porzellan 232.
Brenner für Öl 130, 140.
— für Gas 191.
Brenngeschwindigkeit 106.
Brennprozeß 232.
Brennstoffe allgemein 34, 58.
— Analyse 59, 63, 524.
— gasförmig 42, 64, 140, 157.
— fest 36, 41, 59.
— flüssig 63, 71, 143.
— minderwertig 59, 99.
— Transport 551.
— Untersuchung 524.
— Vorkommen 34, 40, 61.
— Wassergehalt 36, 59, 63.
— Zusammensetzung 59, 63, 64.
Brennzone im Generator 175.
Brikettieren von Braunkohle 177, 420.

Calcinieren 236.
Calciumcarbid 196.
Carburieren 180.
Cellulose 41, 389.
Cellulosefabrikation 389.
Chamottebrennen 233.
Chemische Industrie 414.
Chemischer Wärmespeicher 365, 386.
Claaßen-Dampfmesser 495.
Clapeyronsche Gleichung 10.
Copes-Speisewasserzuführung 285.

Dampf 17, 240, 242, 268.
Dampfbagger 563.
Dampfbedarf der Brauerei 409.
— der Cellulosefabrikation 389.

Dampfbedarf der Papier-
fabrikation 393.
Dampfdruckkonstante 24.
Dampfdruckpumpe 351.
Dampfentnahme 337, 346,
362.
Dampferzeugung 242, 296.
Dampfheizung 256.
Dampfkessel 268.
Dampfkesselberechnung
278.
Dampfmaschine 324.
Dampfmaschinenunter-
suchung 462.
Dampfmesser 494.
Dampfspeicher 355, 362.
Dampfspeicherberechnung
359, 365.
Dampfstrahlpumpe 284.
Dampf, hydraulische Presse
388.
Dampftabelle für Ammo-
niak 18.
— für Kohlensäure 20.
— für Quecksilber 498.
— für schweflige Säure 18.
— für Wasser 17.
Dampfturbine 341.
— Düsen der 341.
Dampfturbinenunter-
suchung 462.
Dampfverbrauch 328.
— Wärmebestimmung 527.
— Zerstäuber 141.
Darrentrocknung 423.
Dauerbrandofen 94.
Destillation 373, 375.
Diagramm für Gaswerke 470.
— für Gesamtanlage 474,
475, 478.
— für Heizung 473.
— für Kraft 461.
— für Motore 465.
— für Vergasung 459.
Dieselmotor 308.
Dissoziation 25.
Dörren 246.
Doppelfeuergenerator 166.
Doppelgas 180.
Drallsteine 98.
Drehmoment 504.
Drehofen 80, 150.
Drehrostgenerator 163.
Drosselkalorimeter 528.
Drosseln 22.

Drosselscheibe 492.
Druck 9, 497.
Druckmessung 497.
Druckzerstäuber 139, 140.
Durchflußmesser 495.
Düsen 341.

Eickworthbrenner 193.
Eindampfen 237.
Einheitsofen 248.
Einheitszentralheizungs-
kessel 249.
Einstromheizung 117.
Eiserner Ofen 249.
Ejektor 350.
Ekonomiser 283.
Elastizität einer Anlage 553.
— von Kraftanlagen 553.
— von industriellen Feue-
rungen 555.
Elektrisch geheizter Dampf-
kessel 293.
— geheizter Industrieofen
352.
Elektrizitätswerk 444, 561.
Elektromotor 511.
Emaillierofen 227.
Emissionsvermögen 117.
Energie 2.
— freie 5.
— gebundene 5.
Energiemessung 485, 507.
Energiequellen 32.
Entgasung 40, 70, 145.
Entnahmedampfmaschine
337.
Entnahmedampfturbine
346.
Entropie 4.
— von Dämpfen und Gasen
17, 18, 19.
Entstehung der Brennstoffe
41.
Erwärmen 242.
Erzsorten 201.
Etagentrockner 423.

Färberei 400.
Fehler der Messung 403.
Fernheizwerk 438.
Fernwasserheizung 444.
Feste Brennstoffe 59, 68.
Festrostgenerator 157, 159.
Feuchtigkeit 243.
Feuchtigkeitsmesser 528.

Feuerbrückengewölbe 97.
Feuerfeste Materialien 304.
Feuerleitung 521.
Feuerstau 95.
Feuerung:
Aufwurffeuerung 104.
Flammenlose 112.
Gasfeuerung 181.
Halbgasfeuerung 70, 102,
109.
Herdfeuerung 255.
Innenfeuerung 86.
Kohlenstaubfeuerung 120.
Ölfeuerung 130.
Ofenfeuerung 248.
Treppenrostfeuerung 106.
Unterfeuerung 86.
Unterschubfeuerung 93,
108.
Vorfeuerung 87.
Vorschubfeuerung 107.
Wanderrostfeuerung 100,
107.
Wurffeuerung 89.
— für feste Brennstoffe 68,
83.
— für flüssige Brennstoffe
71, 130.
— für gasförmige Brenn-
stoffe 72, 181.
Feuerungstechnischer
Rechenkörper 53.
Flammenlose Verbrennung
112, 191.
Flammofen für Hütten-
wesen 217.
— für keramische Industrie
110.
Fluchtlinientafel 55.
Flugasche 90, 95, 104.
Flüssige Brennstoffe 63, 71,
130.
Flüssigkeitsmessung 490.
Freie Energie 5, 7.
Fundamentaldreieck 13.

Gas 9, 42, 51, 63, 145, 380,
555.
Gasanstalt 151, 467, 561.
Gasanstaltsteer 141.
Gasbrenner 189, 191.
Gasdruckpumpe 351.
Gasdruckfeuerung 556.
Gasdurchlässigkeit 305.
Gaserzeuger 161.

Gaserzeugungsdiagramm 467.
Gasfabrikation 151.
Gasfeuerung 191, 377.
Gasförmige Brennstoffe 63, 72, 145.
Gaskammerofen 233.
Gasmessung 491.
Gasmotor 307.
Gasmotorenuntersuchung 318.
Gasthermometer 512.
Gasturbine 322.
Gebäude 438.
Gefällespeicher 355, 359.
Gegendruckdampfmaschine 324, 377.
Gegendruckturbine 345, 347.
Gegenstromheizung 117.
Generator 220, 459.
    Braunkohlengenerator 157.
    Drehrostgenerator 160.
    Festrostgenerator 157.
    Hellergenerator 172.
    Planrostgenerator 158.
    Rohbraunkohlengenerator 157.
    Rostloser Generator 172.
    Schrägrostgenerator 157.
    Torfgenerator 171.
    Zweifeuergenerator 166.
Generatorbelastung 181, 454.
Generatorgas 63, 161, 453.
Generatoruntersuchung 481.
Gersteverarbeitung 405, 425.
Gesamtdiagramm 478.
Gesamtstrahlung 119.
Gesamtstrahlungspyrometer 517.
Geschäftshaus 439.
Geschirrbrennen 232.
Gichtgas 63, 73, 174, 211.
Gießereiflammofen 219.
Gips 81.
Glasfabrikation 220.
Glasofen 222.
Glasschmelzen 224.
Gleichdruckmotor 311.
Gleichdruckspeicher 355, 362.
Gleichdruckturbine 319.
Gleichgewichtsdiagramm 212.

Gleichstromdampfmaschine 333.
Glühfarben 520.
Glühofen 229, 323, 555.
Glühprozesse 229.
Großgasmaschine 311, 380.
Großzahlforschung 556.
Grudekoks 149.

Hafenofen 222.
Halbgasfeuerung 107, 159.
Halbkoks 148.
Hausbrandbedarf 145.
Heißluftmaschine 306.
Heizbedarf einer Maschinenfabrik 432.
— einer Lederfabrik 431.
Heizen 246.
Heizkörper 257.
Heizkraftwerk 438.
Heizung:
    Dampfheizung 256.
    Diagramm für Heizung 466.
    Einheitszentralheizungskessel 249.
    Fernheizwerk 438.
    Gebäudeheizung 438.
    Hochdruckdampfheizung 256.
    Hochdruckheißwasserheizung 259.
    Luftheizung 261.
    Niederdruckdampfheizung 257.
    Ofenheizung 248.
    Raumheizung 246, 252.
    Reckheizung 259.
    Umkehrbare Heizung 237.
    Warmwasserheizung 259.
    Zentralheizung 256.
Heizungsdiagramm 473.
Heizwert 35, 43, 524.
Hellergenerator 173.
Helmholtzsche Gleichung 23, 215.
Herd 255.
Hochdruck, Absperrung 304.
— Dampfheizung 256.
— Dampfkessel 270.
— Dampfmaschine 333.
— Dampfturbine 333, 345.
Holz 172, 389, 422.
Holzbearbeitungsindustrie 422.

Holzimprägnierung 422.
Holzkohle 231.
Holzschleiferei 389.
Holztrocknung 386.
Holzwarthturbine 322.
Hopfenverarbeitung 405.
Horizontalofenteer 148.
Horizontalretortenofen 151.
Hotel 440.
Hydrierung 42.

Idealventil 304.
Imprägnierung von Holz 422.
Indicator 507.
Indicatorfeder 509.
Industrieöfen 132, 181, 217, 227, 381, 555.
Industrieofenbrenner 195.
Injektor 350.
Innenfeuerung 86.
J-S-Diagramm 450.
Juhasz-Indiziervorrichtung 510.

Kablitzfeuerung 106.
Kachelofen 253.
Kaliindustrie 416.
Kalkbrennen 78.
Kalkofen 78, 133.
Kalksandsteinindustrie 418.
Kältemaschinen 295.
— Abdampfkältemaschine 300.
— Absorptionskältemaschine 298.
— Dampfstrahlkältemaschine 300.
— Kompressionskältemaschine 296.
— Wasserdampfkältemaschine 300.
Kaminkühler 377.
Kammerofen 152.
Kammertrocknung 428.
Kanäle 302.
Kanaltrocknung 429.
Katapultfeuerung 89.
Kernsubstanz 36.
Kerzenfabrikation 422.
Kirchhoffsches Gesetz 117.
Kleinmotoren 310.
Kleinöfen der Eisenindustrie 555.
Klinik 441.

Kochen 236.
Kochsalzindustrie 418.
Kohle 58.
— Verbrennung und Vergasung 450.
Kohlenentstehung 41.
Kohlenoxyd 43, 55, 64, 69.
Kohlenoxydmesser 530, 536.
Kohlensäure 50, 64, 200, 298, 436.
— Dampftabelle 19.
Kohlensäuremesser 529, 531.
Kohlensorten 59.
Kohlenstaubfeuerung 120.
Kokerei 153.
Kokereiteer 147.
Koks 149.
Koksofengase 377.
Kompressionskältemaschine 295.
Kompressionsverdampfung 241.
Kompressor 351.
Kondensation 355, 365.
Kondensationsdampf 370.
Kondensationsdampfmaschine 331.
Kondensationsturbine 345.
Kondensationswärme 37, 347.
Kondensator:
    Mischkondensator 366.
    Oberflächenkondensator 371.
Koriofen 434.
Kraft 2, 504.
Kraftbedarf einer Maschinenfabrik 387, 432.
Kraftdiagramm 449.
Kraftmaschinen, Abwärme der 371.
Kraftspeicherung 385.
Kraftwerke:
    Belastung 461, 542, 553.
    Heizkraftwerk 438.
    Wasserkraftwerk 548.
    Windkraftwerk 546.
Kraftübertragung 511.
Kraft- und Heizungsanlage 474.
— und Wärmebedarf 387.
Krankenhaus 441.
Kreisprozeß 5.
Kritischer Druck 13, 16.

Kritische Geschwindigkeit 116.
— Temperatur 13, 16.
Küchenherd 246, 255.
Kühlluft der Motoren 385.
Kühlwasser 369.
Kupolofen 77, 215, 224.
Kupplung von Kraftanlagen 546.

Lagerung der Kohle 40.
Landwirtschaft 435.
Längenmessung 537.
Le Châtelier 57, 453.
Lederfabrik 431.
Leitung, Abkühlungsverluste durch Leitung 116, 303.
— der Wärme 21, 115.
— Reibung in der 30.
Leuchtgas 151.
Lithographische Anstalt 432.
Lokomotiven 436.
Löseapparat 417.
Luft 44.
Luftfaktor 45.
Luftgas 174, 198.
Luftheizung 261.
Luftüberschuß 45.
Luftumwälzverfahren 258.
Luftverflüssigung 302.
Luftwechsel 263.
Luftzerstäuber 141.

Maischen 407.
Mälzerei 406.
Manometer 497.
Martinofen 218, 381.
Maschinenfabrik:
    Abwärmeverwertung 388, 542.
    Heizbedarf 387, 432.
    Kraftbedarf 387, 432.
Massenbestimmung 488.
Maßsystem 2.
Mauerstein 80, 232.
Mechanische Wärmespeicherung 385.
Mehrfachverdampfung 241.
Menschenwirtschaft 566.
Messung 484.
Messungsfehler 486.
Minderwertige Brennstoffe 61, 99, 158.

Mineralölfabriken 422.
Mischkondensation 366.
Mittelwert 486.
Möglichkeit der Vergasung 175.
Molekulargewicht 20.
Mondgas 179.
Motor:
    Dieselmotor 308, 311.
    Gasmotor 308.
    Kleinmotor 310.
Motorendiagramm 465.
Motorenuntersuchung 465.
Muldenrost 100.
Müllverbrennung 122.

Nernstsches Theorem 8.
Neutralisationswärme 25.
Niederdruckdampfheizung 257.
Niederdruckdampfzylinder 331.
Niederdruckturbine 346.
Nusseltsche Formel 83, 116.

Oberflächenkondensator 371.
Oberflächenverdampfung 245.
Ofen:
    Berliner Ofen 82.
    Drehofen 122, 382.
    Einheitsofen 246.
    Elektrischer Ofen 352.
    Flammofen 133, 183, 217, 228.
    Glasofen 222.
    Glühofen 112, 229, 383.
    Hafenofen 222.
    Hochofen 73, 200.
    Horizontalofen 151.
    Kachelofen 253.
    Kalkofen 78, 133.
    Koksofen 153.
    Kupolofen 77, 214, 224.
    Martinofen 218, 381.
    Ringofen 80.
    Rollofen 382.
    Schmelzofen 133, 200, 220.
    Schmiedeofen 183, 229.
    Schrägkammerofen 151.
    Siemens-Martinofen 217, 381.
    Stoßofen 181, 229, 383.

Ofen (Forts.):
Temperofen 230.
Tiefofen 183.
Trockenofen 230.
Vertikalofen 152.
Wannenofen 222.
Zickzackofen 82.
Ofenfeuerung 252.
Ofenwirkungsgrad 252.
Ölbrenner 140.
Ölfeuerung 130.
Ölgas 197.
Ölleitung 143.
Optisches Pyrometer 519.
Orsat-Apparat 529.
Oxydationswärme 24, 35, 74, 215.

Papierfabrikation 389.
Parallelstromheizung 117.
Pegelstand 548.
Pellisbrenner 195.
Permutitverfahren 286.
Pilotrohr 490.
Plancksche Gleichung 10.
Plancksches Strahlungsgesetz 119.
Planimeter 537.
Planrost 83, 86, 158.
Planrostgenerator 158.
Porzellanbrennen 232.
Pressen 388.
Prüfungsdiagramm 464, 468.
Pulsometer 351.
Pumpen 351.
Pyrometer:
Optisches Pyrometer 519.
Strahlungspyrometer 517.
Thermoelektrisches Pyrometer 516.
Widerstandspyrometer 516.

Quecksilber:
Dampfkessel 338.
Dampfmaschine 338.
Dampftabelle 498.
Quecksilberthermometer 515.

Radioaktivität 33.
Raschigringe 414.
Rateauspeicher 358.
Rauchgasmesser 529.
Rauchgasverlust 50.

Rauchgaszusammensetzung 46, 50, 66, 128.
Raumheizung 246.
Raumheizungsdiagramm 473.
Raumwirkungsgrad 252.
Rechenkörper, feuerungstechnischer 53.
Reckheizung 259.
Regenerator 187, 457.
Reibung 30, 351.
Rektifizieren 239.
Rekuperator 185, 457.
Reynoldsche Gleichung 116.
Ringofen 80.
Rohbraunkohle 59, 99, 146, 157, 177, 181.
Rohbraunkohlengenerator 157.
Rohbraunkohlenteer 147.
Rohrleitung 303.
Romanzement 81.
Rost:
Drehrost 162.
Festrost 157.
Muldenrost 100.
Planrost 96, 158.
Schrägrost 158.
Treppenrost 107.
Wanderrost 100, 108.
Rostbelastung 108, 126, 181, 283.
Rostloser Generator 172.
Röstprozeß 228.
Roteisenstein 202.
Rückkühlung 378.
Ruthsspeicher 359.

Sauerstoffmesser 530, 536.
Saugzug 447.
Schachtgenerator 73, 76, 173, 200.
Schachtofen 208.
Schiffsmaschinen 437.
Schlackenaufbereitung 103.
Schlackenentfernung 129.
Schlackenstauer 102.
Schmelzen 200.
Schmelzofen 133, 200, 220.
Schmelzprozeß 200.
Schmelzpunkte 16.
Schmelzwärme 16.
Schmiedeofen 183, 229.
Schneiden 197.
Schrägkammerofen 151.

Schrägretortenofen 152.
Schrägrost 158.
Schrägrostgenerator 158.
Schwarzer Körper 28.
Schwarze Strahlung 29.
Schweflige Säure 18.
Schwelteer 149.
Segerkegel 235.
Selas-Verfahren 556.
Siemens-Martinofen 217, 381.
Spateisenstein 201.
Speiseraumspeicher 360.
Speisewasserreinigung 285.
Speisewasservorwärmung 283.
Spektrum 119.
Spezifische Wärme 20.
Spinnerei 399.
Spiritus 239.
Sprengstoffindustrie 415.
Staubfeuerung 120.
Staurohr 491.
Steinkohle 60.
Steinkohlenentgasung 150.
Steinkohlenverbrennung 35, 83.
Steinkohlenvergasung 145, 157.
Stickstoff 42, 128, 145, 242.
Stoßofen 181.
Strahlung 28, 117, 225, 520.
— Abkühlungsverluste durch 206, 225, 312, 331, 473.
Strahlungspyrometer 517.
Strömung 21, 302.
Sublimierprozesse 235.
Sulfatverfahren 390.
Sulfitverfahren 390.
Schwachfederindicator 510.
Schweißen 197.

Teer:
Braunkohlenteer 147.
Gasofenteer 147.
Hochtemperaturteer 148.
Koksofenteer 155.
Tieftemperaturteer 147.
Teilstrahlungspyrometer 519.
Temperatur 5, 512.
Temperaturmessung 512.
Temperaturleitung 27.
Tempern 230.

Terbeckbrenner 191.
Textilindustrie 399.
Thermodynamische Temperatur 514.
Thermoelektrisches Pyrometer 516.
Thermoelektrizität 29.
Thermometer 515.
Tiefofen 183.
Tieftemperaturteer 147.
Tonindustrie 232.
Topftrockner 424.
Torf 419.
Torsiograph 506.
Torsionsmessung 505.
Tourenzähler 504.
Transport von Brennstoffen 551.
Treppenrost 107.
Trigas 199.
Trockenanlagen 423.
Trocknen 242.
Trocknung:
    Dampftrocknung 240.
    Kanaltrocknung 429.
    Lufttrocknung 244, 424.
    Vakuumtrocknung 430.
Tropffeuerung 130.
Tunnelofen 80.
Turbine für Dampf 341.
— für Gas 319.
T-S-Diagramm 449.

Überhitzer 287.
Überhitzter Wasserdampf 16.
Überlastbarkeit 543.
Überschußenergie 541.
Uhren 537.
Umkehrbare Heizung 238.
Unterfeuerung 86.
Unterschubfeuerung 108.
Unterwasserfeuerung 119.
Unterwindfeuerung 87, 106.
Urteer 146.
Urteergewinnung 166.

Vakuumtrocknung 430.
van der Waalssche Gleichung 9.
— t'Hoffsche Gleichung 24, 212, 214.
Verbesserung von Anlagen 564.
Verbindung von Energiequellen 541.

Verbrennung 39, 68.
— von Abfallstoffen 122.
— fester Brennstoffe 73.
— flüssiger Brennstoffe 130.
— gasförmiger Brennstoffe 181.
— flammenlose 112, 191.
— von Generatorgas 42, 181, 453.
— von Kohlenwasserstoffen 42.
— von Kokslösche 99.
— von Metallen und Metalloiden 74.
— auf dem Rost 83.
— von Schlammkohle 99.
Verbrennung und Vergasung 450.
Verbrennungsmotore 307.
Verbrennungstemperatur 48, 115, 177, 213.
Verbrennungsvorgänge 35, 64, 177, 191, 450.
Verbrennungswärme 24, 43, 64.
Verdampfung 240.
Verdampfungsversuch 292.
Verdampfungswärme 10, 17.
Vergasung 69, 145, 157.
Vergasungsdiagramm 66.
Verkokung 171.
Verpuffungsmotor 308.
Verpuffungsturbine 319.
Vertikalofen 152.
Vibrograph 506.
Volumenmessung 537.
Vorfeuerung 110.
Vorschubfeuerung 106.
Vorwärmer 283, 373.

Wage 488.
Wanderrost 100, 108.
Wannenofen 222.
Wärme 1.
— spezifische 19.
— Verwertung zu Heizzwecken 200.
— Verwertung zu Kraftzwecken 306.
Wärmebedarf 200, 306, 354.
Wärmebilanzen 449.
Warme der Abgase 43, 377, 380.

Warmedurchgang 28, 280, 283, 289, 303, 376, 384.
Wärmeerzeugung 24, 33, 35, 43, 64, 74, 200, 306, 451.
Warmeinhalt 15.
Wärmefunktion 7.
Wärmeleitung 21, 26, 115.
Wärmemessung 527.
Wärmepumpe 237.
Wärmespeicher 355.
Wärmestation 474.
Warmestrahlung 27, 117.
Wärmetönung 7, 24, 64, 74, 455.
Wärmeübergang 28, 280, 283, 289, 303, 376, 384.
Wärmeübertragung 376, 384.
Warenhaus 439.
Warmwasserheizung 259.
Wasser 10, 17.
Wasserdampf 17, 18.
Wassergas 177, 459.
Wassergehalt der Brennstoffe 59, 63, 145.
Wasserglas 419.
Wasserkraft 548.
Wasserkreislauf 372.
Wasserraumspeicher 355.
Wasserreinigung 285.
Weberei 400.
Widerstandspyrometer 516.
Windkraft 546.
Wirkungsgrad 218, 252, 278, 293, 310, 323, 336, 344, 349, 371, 385, 458, 544.
Wohnhaus 438.
Wurffeuerung 89.

Zeitbestimmung 537.
Zement 80, 122, 382.
Zentralgenerator 470.
Zentralheizung 256.
Zentralheizungskessel 246.
Zentrifugieren 415.
Zerstäuber 140.
Zuckerfabriken 395.
Zug 127.
Zugmesser 418.
Zündgeschwindigkeit 57.
Zwischendampfentnahme:
    bei Dampfmaschinen 333.
    bei Dampfturbinen 346.